생활속의 생명과학

Biology-Science for Life 제5판

WITH PHYSIOLOGY

김재근 · 안정선 · 안태인 · 이병재 · 정학성

Colleen Belk
Virginia Borden Maier

Pearson
BIO BIOSCIENCE
(주)바이오사이언스출판

이 도서의 국립중앙도서관 출판예정도서목록(CIP)은 서지정보유통지원시스템 홈페이지(http://seoji.nl.go.kr)와 국가자료공동목록시스템(http://www.nl.go.kr/kolisnet)에서 이용하실 수 있습니다.
(CIP제어번호 : CIP2016013080)

생활속의 **생명과학** 제5판

초판 인쇄: **2016년 6월 20일** 3쇄 인쇄: **2019년 2월 28일**
초판 발행: **2016년 6월 30일** 3쇄 발행: **2019년 3월 5일**

저 자: Colleen Belk, Virginia Borden Maier
역 자: 김재근 · 안정선 · 안태인 · 이병재 · 정학성
발행인: 문 정 구
발행처: (주)바이오사이언스출판
본 사: **10860 경기도 파주시 탄현면 국화향길 10-56, 1동**
서울 사무소: **06569 서울특별시 서초구 도구로 115, 1층(방배동)**
전 화: (02)581-4057~8
팩 스: (02)581-4059
이메일: inquiry@biosciencepub.com
홈페이지: http://www.biobooks.co.kr
ISBN: 978-89-6824-053-9 93470

등록번호: 제22-3079호
값 23,000원

BIO BIOSCIENCE **(주)바이오사이언스출판**

저자 소개

콜린 벨크(Colleen Belk)와 **버지니아 보덴 메이어(Virginia Borden Maier)**는 십 년 넘게 미네소타 덜루스 대학에서 비전공 학생을 위한 생물학을 공동으로 강의했다. 메이어가 뉴욕주 로체스터의 성 존 피셔 대학으로 이직한 후에도 10여 년 동안 생물학 강의를 위해 서로 협력했으며, 그들의 서로 다른 전공 분야가 상호 보완 역할을 함으로써 큰 도움이 되었다. 비전공 생물학 강의 외에 벨크는 전공 학생을 위한 일반생물학, 유전학, 세포생물학, 분자생물학을 강의하고 있다. 메이어는 전공 학생을 위한 생물학, 진화생물학, 식물학, 생태학, 보존생물학을 강의하고 있다.

한 학기에 생물학 전체를 강의하려는 몇 번의 다소 고통스런 시도 끝에 두 저자는 더 나은 방법을 찾을 필요가 있다는 결론에 도달했다. 그들은 생물학이 어떻게 직접 학생들의 생활에 영향을 주는지를 이해할 때 학생들이 더욱 열심인 것을 알게 되었다. 저자들은 학생들이 흥미를 가질 것으로 생각되는 이야기를 중심으로 강의를 개편하기 시작했다. 이런 이야기들로 생물학 강의를 이끌면서 생물학을 배우는 학생들의 집중력과 의지력에 차이가 있음을 그들은 금방 알게 되었다. 이 방식이 학생들의 이해를 증진시켰을 뿐 아니라 저자들의 강의하는 기쁨도 배가시켰다. 생물학 개념이 녹아 있는 재미난 이야기를 학생들에게 보여주는 것 자체가 보다 즐거운 일이다. 또한 이 방식은 그들의 강의에 활력을 주었다.

서문

학생에게

인간 복제를 받아들여야 하는지, 생명이 언제 시작되고 끝이 나는지, 지구온난화에 대해 어떻게 대처해야 하는지, 생명체를 누가 소유하는지, 멸종위기종에 대한 우리의 책임은 무엇인지 등과 같은 질문들에 대해 이 강의를 거의 40년 가르친 후 우리는 지식의 양만으로는 만족스러운 대답을 얻을 수 없는 사실을 깨달았다. 이들 질문에 대처하기 위해서는 사실의 기계적 암기를 넘어서는 과학적 교양의 개발이 필요하다. 개인적으로, 사회적으로, 생태적으로 책임 있는 결정을 내리기 위해서는 생물학의 기본 원리를 이해함과 동시에 이들 지식을 도구로 사용하여 생물학이 관련된 윤리적이고 도덕적인 문제를 분석할 수 있어야 한다. 이것이 이 교재의 목표이다.

여러분이 생물학을 이해하고 자신의 지식을 계속 늘어가는 문제들에 활용하도록 도와주기 위해 이 책의 각 장은 생물학이 필수적인 역할을 담당하는 강한 흥미를 돋우는 이야기를 중심으로 꾸려졌다. 이야기를 통해 관련된 생물학의 원리를 배울 뿐만 아니라 복잡한 문제를 해결하는데 과학이 어떻게 이용되는지를 알게 될 것이다. 이 책에 제시된 전략을 응용하는 것을 배우면서 당신의 비판적인 사고 기술을 개발하게 될 것이다.

당신이 생물학에 종사할 계획이 없더라도 잘 개발된 비판적인 사고 기술은 현안에 대해 좋은 결정을 하게 하고 자신의 생활에 영향을 미칠 개인적인, 사회적인, 생태적인 주요 현안에 대해 잘 사고된 사실에 근거한 의견을 형성할 수 있게 한다.

강의 담당자에게

당신은 생물학 비전공 학생에게 생물학을 강의하는 것이 전공 학생에게 강의하는 것과 다르다는 것을 알고 있을 것이다. 이들 대부분은 다른 생물학 강의를 다시 수강하지 않을 것이므로 당신의 강의는 이들이 일상생활과 과학 간의 관련성을 알게 되고 생물학이 어떻게 우리의 생활 전체에 걸쳐 엮여 있는지를 이해할 수 있는 마지막 기회일 것이다. 학생들이 언젠가는 과학적으로 중요한 문제들에 대해 투표할 것이고, 사회에서 고위직을 차지할 것이며, 배심원으로 참여하며, 자신들과 가족을 위한 건강관리 결정을 하게 될 것을 알고 있기 때문에 이들 학생들의 주의를 사로잡는 것이 중요함을 당신은 인식하고 있다. 교재는 당신의 목적 달성을 돕기 위해 제작되었다.

이제 대부분의 비전공 생물학 강사들은 이 교재가 학생의 흥미를 얻기 위해 전체에 엮어진 흥미로운 이야기를 사용한다는 점에서 다른 교재와 다르다는 것을 알고 있다. 학생을 끌어들였으면 장의 끝까지 계속 이야기로 돌아가서 그들이 흥미를 갖게 하며, 그때는 학생들이 각 주제에 대해 자료에 근거한 자신의 의견을 형성할 수 있게 된다. 이야기는 다른 비전공 생물학 교재와 비슷한 범위의 깊이와 폭을 갖도록 세심하게 조정되었다.

경험은 학생들이 우리가 바라는 것만큼 많은 것을 기억하지 않는다는 것을 가르쳐주었다. 그러나 그들은 생물학이 관련된 새로운 질문에 과학적 방법을 적용하는 방법을 기억하며 또한 과학이 세계를 이해하는 다른 방법과 어떻게 다른지를 잘 이해하고 있다. 학생들이 마주칠 정보를 비판적으로 평가할 능력을 갖추고 이 과정을 마칠 수 있도록 하기 위해 교재는 과학의 과정에 강한 강조를 두어 과학적 방법을 적용하고 모든 기회에 자료를 분석하는 것을 실습할 기회를 제공하였다.

5판의 개선사항

전판들에 대한 긍정적 반응은 이야기와 함께 과학을 제시하는 접근이 학생과 강사 모두에게 도움이 됨을 확인시켰다. 5판에서는 두 특징을 더하고 몇몇 장을 재조직하였다. 또한 이야기를 새로 다듬었으며 전판의 인기 있는 특징과 보충들도 좀 더 증진시켰다.

새로운 특징: 데이터로 해결하기와 그럴듯한 소린데 그런가?

5판에서 우리는 각 장에서 숫자를 선택하는 **데이터로 해결하기** 문제를 새로이 추가했다. 학생들은 도표, 표, 혹은 글로 쓰여진 자료를 주의 깊고 비판적으로 분석하고 해석하도록 인도하는 질문을 받는다. 각 장은 적어도 하나의 비판적 자료 분석 질문을 포함한다. 예를 들어 6장에서 학생들은 흡연에 연관된 암 위험을 보여주는 도표를 평가하게 된다.

새로운 장 끝의 특징, **그럴듯한 소린데 그런가?**는 우리 학생들이 흔히 가지고 있는 일반적인 오개념을 다룬다. 예를 들어 4장에서 설사제가 영구적인 체중 감소를 가져올까를 다룬다. 학생들이 그런 오개념을 알아보고 버리는 것을 돕기 위해 오개념에 대한 기술 다음에는 공부한 장의 생물학적 개념을 사용해

서 오개념의 신뢰성에 대한 비판적 분석에 이르게 하는 인도된 질문이 따른다.

새로운 생리학 범위와 새 장

너무 적은 장들로 너무 많은 내용을 다룬다는 강사들의 우려를 반영하여 생리학 내용이 상당히 재조직되었다. 두 장에서 다루었던 내용이 세 장으로 갈라졌다. **17장**은 학생들의 폭음의 생물학적 및 안전상 결과에 대한 이해를 돕기 위해 소화와 배설 기관계의 생물학 논의를 하였으며, **18장**은 흡연이 인체에 미치는 영향과 관련하여 호흡계와 심혈관계의 생물학 논의를 하였다.

개정된 단원 1 범위

사이비과학 정보를 분석하는 연습이 학생들에게 더 필요하다고 느껴, 2장은 1장의 과학적 방법에 대한 소개를 강화하는 데 사용했다. 거기서 생명과 진화에 대해 공부하기 위해 새롭게 얻은 기술을 대중적 문화에서 그려지는 것처럼 좀비가 “살아” 있는지, 인간이 더 높은 존재로 진화하는 과정에 있는지 등을 분석하는 데 사용하게 된다. 학생들은 버뮤다 삼각지대가 대량 선박과 항공기가 사라지는 장소인지, 설탕을 섭취하는 것이 과다행동을 야기하는지, 그리고 칠면조에 있는 트립토판이 사람들을 피곤하게 만드는지 여부를 결정하면서 기본적인 생화학을 학습하게 된다.

새로운 이야기

세포호흡과 체중에 대한 **4장**에 저체중이 과체중보다 덜 건강하며 과체중의 건강 결과는 생각보다 더 높은 체중에서 시작함을 보여주는 메타데이터를 추가했다. 지구온난화와 광합성에 대한 **5장**은 이 과정으로 야기된 지속적인 지구변화를 반영하도록 새로워졌다. 세포분열에 대한 **6장**은 안젤리나 졸리 같은 유명인사에 의한 대중적 투쟁의 예를 사용하여 다양하게 얻어지는 암의 생물학을 이해하도록 돕는다. 단백질 합성의 **9장**은 소위 말하는 유전약제학은 물론이고 애완동물과 인간의 클로닝의 현재 상황을 반영하기 위해 새로워졌다.

생물다양성(**13장**)의 논평은 추정된 다른 종에 대한 인간의 우수성에 대한 질문을 검토한다. 근육, 골격, 내분비 기관계는 여자 스키점프가 최초로 2014년 올림픽 종목으로 포함됨을 중심으로(**20장**), 신경계는 대학생이 처방되지 않은 ADD약을 공유하는 현상을 강조하게 수정되었다(**22장**).

개선된 교육학

전편처럼 세부항목인 **더 자세히 알아보기**를 통해 강사들의 유연성을 증가시키는 데 집중했다. 잘 다듬어졌고 교재에서 보다 잘 알아보게 되었다. 학생의 과학적 용어를 구축하도록 도와주는 **언어의 뿌리**는 교재의 장에 통합되었고 학생은 용어가 나타면 곧 정의를 발견할 수 있다. **쉬어가기**와 **시각화** 질문은 거의 모든 장에서 확대되고 새로워졌다. 각 장에 있고 학생을 대중매체의 보다 좋은 소비자가 되도록 개발하기 위한 많은 **현명한 독자** 글 또한 새로워졌다.

역자소개

김재근
서울대학교 사범대학 생물교육과(이학사)
서울대학교 사범대학 과학교육과(교육학석사)
미국 캘리포니아대학교(Ph.D)
서울대학교 생물교육과 교수
E-mail: jaegkim@snu.ac.kr

이병재
서울대학교 자연과학대학 미생물학과(이학사)
서울대학교 자연과학대학 미생물학과(이학석사)
서울대학교 자연과학대학 미생물학과(이학박사)
서울대학교 생명과학부 교수
E-mail: imbglmg@snu.ac.kr

안정선
서울대학교 문리과대학 식물학과(이학사)
서울대학교 자연과학 식물학과(이학석사)
미국 테네시대학교 식물학과(이학박사)
전 서울대학교 생물과학부 교수
E-mail: ancs@snu.ac.kr

정학성
서울대학교 문리과대학 식물학과(이학사)
서울대학교 문리과대학 식물학과(이학석사)
미국 테네시대학교 식물학과(이학박사)
전 서울대학교 생명과학부 교수
E-mail: minervas@snu.ac.kr

안태인
서울대학교 사범대학 생물교육과(이학사)
미국 테네시대학교 동물학과(이학석사)
미국 테네시대학교 동물학과(이학박사)
전 서울대학교 생명과학부 교수
E-mail: ahntaein@snu.ac.kr

역자 서문

저자인 **벨크(Colleen Belk)**와 **메이어(Virginia Borden Maier)**는 생물학 비전공 학생들을 위한 교양 생물학 교과서로 "생활속의 생명과학"을 5판에 걸쳐 저술하면서 교양생물학을 강의하려면 생물학이 학생들의 생활에 어떻게 영향을 주는지를 이해할 때 학생들이 더욱 열심인 것을 알고 학생들이 흥미를 가질 것으로 생각되는 이야기를 중심으로 교과서를 개편해 오고 있다.

단학기 교양생물학을 수강하는 대부분 학생들은 다른 생물학 강의를 선택할 기회가 없을 것이며 이 강의를 통해서 학생들은 생물학이 어떻게 우리의 생활 전체에 걸쳐 엮여 있는지를 이해할 수 있는 마지막 기회일 것이다.

21세기 생명과학의 발달과 강력한 컴퓨터의 발명으로 인간 유전체 분석 이후 생물학 분야는 정보의 폭발이 일어나고 있음은 주지의 사실이다. 이러한 생명과학의 정보를 바탕으로 인간 복제를 받아들여야 하는지, 생명은 어떻게 시작되고 끝나는지, 지구 온난화에 대해 어떻게 대처해야 하는지, 생물자원은 누가 소유하는지, 멸종위기종에 대한 우리의 책임은 무엇인지, 지식의 양만으로는 이들 질문에 대해 만족스러운 대답을 얻을 수 없다. 이들 질문에 대처하기 위해서는 과학 지식의 암기를 넘어서는 과학적 교양의 개발이 필요하다.

저자들은 이에 착안하여 비전공 학생들이 개인적으로, 사회적으로, 생태적으로 책임 있는 결정을 내리기 위해서는 생물학의 기본 원리를 이해함과 동시에 이들 지식을 도구로 사용하여 생물학이 관련된 윤리적이고 도덕적인 문제를 분석할 수 있게 하는 것을 이 교재의 목표로 삼고 있다.

특히 이 5판에서는 앞 판까지의 긍정적 반응을 받았던 이야기로 시작되는 각 장의 도입부를 강화하고, 전판의 있기 있는 여러 특징들을 더욱 보강하였다. 5판의 추가된 새로운 특징으로 **데이터로 해결하기**, **그럴듯한 소린데 그런가?**를 추가하였다. 데이터로 해결하기는 도표, 표 등의 자료를 분석하고 해석하여서 관련 개념을 이해하도록 질문을 제시하였다. 그럴듯한 소린데 그런가?는 각 장의 핵심 개념과 관련하여 학생들이 흔히 갖는 오개념을 바로 잡기 위하여 비판적 분석을 통해서 바른 개념을 가지도록 질문을 통해서 유도하고 있다. 그리고 일부 장들에서 새로운 이야기로 메타데이터 관련 해석이나 안젤리나 졸리 같은 유명 인사들의 이야기로 생물학의 이해를 돕는 등, 참신한 내용들로 보강되었다

역자 일동은 이처럼 이 교과서는 지식내용에 얽매이지 않고 일상생활의 쟁점 해결을 위한 탐구 중심으로 구성된 것이 특징이며 다년간 교양생물학을 강의한 경험에서 매우 잘 조직화된 교재임을 확신한다.

이 책의 번역에서 전문용어는 [한국생물과학협회]가 제정한 제3판 [생물학용어집]을 기준으로 하였으며, 일부 한자 용어들은 현대 추세에 맞추어 띄어쓰기를 하였다.

끝으로 이 책의 번역에 동참하여 주신 여러 교수님과 좋은 교재의 선택과 출판에 노고를 아끼지 않은 (주) 바이오사이언스 출판의 문정구 대표이사님을 비롯한 편집부 홍수희 팀장님에게 감사드린다.

2016년 5월
역자 일동

흥미로운 이야기를 통해 생활 속의 생물학을 보여준다

각 장마다 생물학 개념이나 실례를 보여주거나 설명해주는 화제 혹은 최신 이슈와 관련된 흥미로운 이야기들로 구성된다.

CHAPTER 17 폭음

학생 나이 21살 되다.

▲개정 내용!

완전히 새롭게 보강된 여섯 개의 장과 새로이 추가된 장 하나를 통해 실생활과 관련된 생물학 개념들을 보여준다.

- **2장:** 공상 과학, 나쁜 과학, 사이비 과학
- **4장:** 체중과 건강
- **13장:** 지구의 가장 위대한 종
- **새로운 장! 17장:** 폭음*
- **18장:** 공기 정화
- **20장:** 사람의 성 차이*
- **22장:** 공부 약물*

*17~22장에는 동식물의 해부생리에 대한 내용이 많이 보강되어 있다.

소화계와 비뇨계

토요일 밤 마릭은 친구 린의 21번째 생일을 축하하기 위하여 깜짝 파티를 연다. 린은 마릭보다 몇 살 어리다. 린은 고등학교 교환 학생이었을 때 2년 동안 마릭의 여동생과 한 방을 사용하면서 마릭의 가족과 함께 살았다. 지금은 미국 대학에서 외국 학생으로 린은 술을 마셔본 경험이 전혀 없다. 마릭은 린이 이 생일을 크게 기대하고 있으며 술을 최소한 조금은 마실 계획이란 것을 알고 있다. 마릭은 어린 여동생에게 한 것처럼 린의 보호자라고 느끼기며 린이 술을 마시면서 부정적인 결과는 줄이고 장점을 즐기는 방법을 배우도록 린을 도우려 한다.

마릭이 염려하는 일부 부정적 결과는 자기의 경험과 지난 학기에 들었던 건강 과목에서 알코올 남용에 대한 리포트를 작성하면서 알게 된 정보에 근거를 두고 있다.

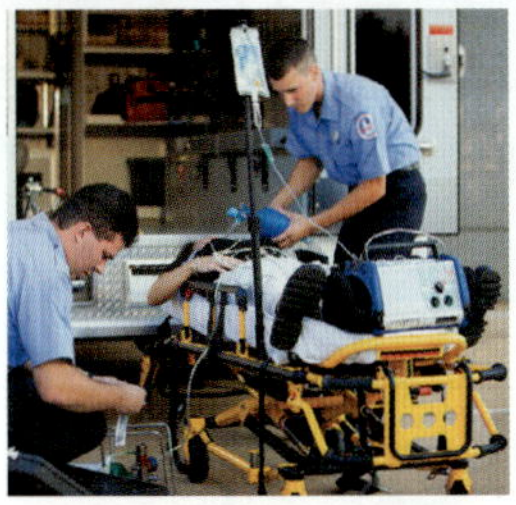

그는 그녀가 과음 위험에 처할 만큼 술 마시는 것을 원하지 않는다.

마릭은 친구 린을 걱정한다.

마릭이 거주하는ㄴ 기숙사 신입생 층에 살던 한 학생이 경찰의 미성년자 음주 단속을 피하려고 도망가다가 실족하여 발목이 부러졌다. 마릭의 화학 실험 파트너는 술에 취한 운전수와 함께 탄 차가 눈 덮인 길에서 나무를 들이받아 코가 부러졌다. 마릭은 건강 과목에서 리포트를 작성하면서 지난해에 30,000명이 넘는 학생들이 알코올 중독으로 치료를 요한다는 것을 지적한 정부의 웹사이트를 알게 되었으며, 린에게 이와 같은 일이 일어나는 것을 원하지 않았다. 또한 그는 대학 캠퍼스에서 성폭력이 빈번한 것도 염려하면서, 린이 대학에 다니는 동안 성폭력을 당한 20% 여학생 중의 한 명이 되는 것을 원치 않는다.

마릭은 의예과 생물학 전공인 린을 설득하기 위한 계획을 세우려고 한다. 술을 많이 마시는 것은 몸에 해롭다는 것은 그녀가 확신할 수 있을 것으로 생각되는 쟁점이다. 마릭은 술을 마시기 전에 음식을 먹는 것이 일부 알코올 흡수에 도움이 되며 술을 마시면 탈수가 일어난다는 것을 들었다. 따라서 그는 초점을 술을 마신 효과가 소화계와 비뇨계에 미치는 영향에 맞추려고 한다.

또는 그녀의 안전이 위태롭게 되는 것도...

◀ **새롭게 추가된 장**

17장*은 이전 판에서 여러 장에 흩어져 있던 내용인 소화기계와 비뇨기계를 다룬다. 새롭게 추가된 이 장에서는 이런 주제들을 좀 더 쉽게 이해할 수 있도록 도와준다.

화관 속에서 정상적인 것보다 더 긴 시간을 보내며, 소화효소에 노출이 증가되면 설사의 원인이 될 수 있다.

마릭은 술을 마시기 전에 식사를 많이 하는 것이 좋다는 말을 들었다. 이는 위에 음식이 들어 있으면 유문 괄약근이 닫혀 있게 하기 때문이다. 위는 소장만큼 알코올을 잘 흡수하지 않으므로 알코올이 소장으로 내려가는 것을 방지해서 혈류로 알코올이 들어가는 것을 지연시킬 수 있다. 그래서 마릭은 생일 파티에 앞서 린을 대리고 나가서 식사를 할 예정이다.

소장에서 사용되는 많은 소화효소들은 **췌장(pancreas)**이라는 기관에서 생산된다. 췌장 분비물은 소장으로 들어오는 위산을 중화시키며 탄수화물 지방 단백질 및 핵산을

과 물로 구성되어 있다. 오줌을 **배설(excretion)**하는 동안 오줌은 신장을 떠나 방광으로 흐른다.

알코올은 오줌의 형성을 촉진하고, 방광에서 방출되는 **배뇨(micturition)**라는 과정에서 오줌의 부피를 증가시킨다는 의미의 이뇨 작용이 있다. 생산된 오줌의 부피 증가와 오줌을 누어야 할 필요에 대한 각성 둔화가 결부되어 방광이 꽉 차게 되면 중독이 초래될 수 있다. 배뇨는 전형적으로 의식적으로 조절되는 것일지라도 중독된 사람은 방광을 비우기도 전에 움직여서 자신에게 오줌을 흘리기도 한다. 이런 경우 몸은 잠재적으로 치명적인 방광 파괴를 방지하기 위해 배뇨에 대한 의식적인 조절을 무시한다.

알코올은 진정작용이 있어 뇌 기능을 지연시키며 인식, 반사 및 균형에 변화를 야기하며, 언어가 불명료하게 한다. 중독의 진정효과를 방지하려는 시도로 마릭의 친구들 중에는 술을 에너지 음료와 섞기도 한다. 마릭은 린은 그만 마셔야 할 때를 각성하는 것을 개발해야 할 것이기 때문에 그녀가 이렇게 하는 것은 권하지 않을 것이다. 이는 중독의 진정 효과가 부분적으로 에너지 음료의 자극 효과로 인해서 가려진다면 더 어렵게 될 것이다.

노폐물을 다루는 것에 더하여 비뇨계는 혈액의 부피, 산성도, 염분 균형에도 중요

▲

장 전반에 걸쳐 주제 이야기가 지속적으로 나타난다. ▶
이 예에서는 한 학생이 폭음에 대해 겪은 내용을 살펴봄으로써 학생들이 소화기계에 대해 배울 수 있도록 하고 있다.

과학적으로 글을 읽고 쓰는 기술을 배우고 연습한다.

이전 판들의 뛰어난 특징들은 그대로 유지한 채, 이번 판에서는 과학적 정보나 그 유사한 정보를 비판적으로 분석할 수 있도록 학생들의 과학적 사고 능력을 배양시킨다.

새로운 내용!

각 장의 마지막 부분에 제공되는 **그럴듯한 소린데 그런가?**를 통해, 흔히 알고 있는 생물학 관련 오해와 잘못된 상식을 보여주는 일련의 질문들을 학생들이 답할 수 있도록 유도했다.

그럴듯한 소린데 **그런가?**

흔히 인간복제를 마치 복제인간을 시험관에서 키우고 발달시켜서 원래의 사람과 구별되지 않는 동일한 사람을 만드는 것으로 표현한다. 만약 당신이 WNBA(미국 여자 농구협회) 선수인 리사 레슬리(Lisa Leslie)의 5명 복제인간을 만들기 위하여, 그녀의 처리된 세포를 다섯 개의 시험관에 넣고 배양해서 농구코트에 데려갈 만큼 키웠다고 가정해 보라. 이 복제인간 각각은 WNBA에서 성공할 만큼 운동능력, 힘과 기질을 가질 것이다.

복제인간은 모든 점에서 동일하다.

그럴듯한 소리이지만 그렇지 않다.

1. 인간복제 기술에 의해 생긴 배아가 발생을 계속하기 위해서는 어떤 일이 일어나야 할까?
2. 성인 세포를 이용한 인간생식복제가 성인 복제인간을 만들게 할까?
3. 만약 리사 레슬리가 다섯 번 복제되었다면 그리고 각 아기가 각기 다른 음식을 먹고 자라서 건강한 사람으로부터 그렇지 못한 사람이 되었다면, 모든 사람이 6피트 5인치의 신장을 가지겠는가?
4. 일란성 쌍생아는 서로 서로 복제인간이다. 어떤 비유전적 요인이 일란성 쌍생아와 같은 복제인간이 서로 다른 인간성, 욕망 그리고 관심을 가지도록 하는가?
5. 1~4번 질문에 대한 답을 생각하고 위의 굵은 글씨로 쓴 문장이 그럴듯하지만 그렇지 않은 이유를 설명하라.

그럴듯한 소린데 그런가?가 다루는 오개념들은 다음과 같다.

- "어떤 제품이 광고 내용처럼 효과가 있음이 임상적으로 증명된다면, 이것이 나에게도 효과가 있다는 것을 의미한다" –1장
- "피부 태닝 베드를 사용하는 것은 안전할 뿐 아니라, 건강에도 도움을 준다." – 6장
- "어떤 부부에게 2명의 아들이 있다면, 다음에 나을 자식이 여자가 될 확률이 높다." – 8장
- "인간의 눈은 너무 복잡해 우연히 무에서 진화한 것이 아니다." –11장
- "요즘 어린이들이 맞는 백신의 개수는 일반적인 면역체계가 감당하기에 너무나 많다" –19장

등등

현명한 독자

GMO 표시

다음은 GMO FREE NY(http://gmofreeny.net/thecaseforgmolabeling.html)라는 웹사이트에서 2014년에 발췌한 것으로 유전자변형 식품표시를 주장하는 것이다. 이 글의 저자는 밝히지 않았다.

"유전자변형(GM; 유전공학 혹은 GE라고도 불림)은 식물이나 동물이 박테리아나 바이러스와 같은 관련 없는 생물체에서 발견되는 형질을 가지도록 만드는 것이다."

저자는 그리고 많은 나라들이 GMO 식품을 표시하도록 법으로 요구한다고 지적하며 다음과 같이 말했다. "미국사람들은 GMO 식품을 1996년부터 알지 못하는 체로 먹어왔으며 모르는 것에 대해 동의해왔다. 우리는 궁극적으로 기니픽이다."

1. 저자는 유전자변형을 유전자를 농작물에서 농작물로 옮기는 것이 아니라 박테리아나 바이러스로부터 농작물로 옮기는 것이라고 표현했다. 당신은 왜 저자가 다른 종류의 생물체 대신에 박테리아나 바이러스에 초점을 맞추었다고 생각하는가?
2. 식품이 박테리아나 바이러스의 DNA로 변형되었다고 가정해 보라. 그 음식이나 다른 음식의 DNA가 섭취된 후에 어떻게 될까; 이 DNA가 박테리아나 바이러스의 단백질을 만드는 데 사용되었는가? 혹은 이것이 분해될까?
3. 만약 당신이 전체의 글을 읽는다면 저자가 GMO 섭취가 가져올 잠재적인 부정적 결과에만 초점을 맞추었다는 것을 발견할 것이다. 예를 들어, GMO 미표시 음식을 먹는 사람을 기니픽으로 비유한 것을 생각해 보라. 만약 저자가 그의 혹은 그녀의 주장을 좀 더 부드럽게, 즉 좀 더 영양가 있게 조작된 농작물들이 이들에 대한 초기의 기대에 부응하자 못했다거나 이 농작물의 혜택이 위험성을 능가하지 못했다라고 표현했다면, 식품표시에 관한 그의 혹은 그녀의 주장이 좀 더 신뢰가 갈까? 왜 그런가 아니면 왜 그렇지 않은가?
4. 어떤 의견의 한 부분이 전통적인 뉴스 이야기같이 실제적인 증거를 가질 필요는 없다. 이 의견 조각에서 저자는 강한 언어를 사용하였으며 심지어는 문장을 감탄사로 끊었으며, 대안을 제시하지 않았으며, GM 식품을 표시해야 한다는 것을 확신시키기 위하여 과장된 결론을 내리기도 하였다. 이런 전략이 당신에게 먹혀들어갔는가? 혹은 좀 더 균형있는 접근이 당신으로 하여금 그의 혹은 그녀의 의견에 좀 더 동의하도록 하는가?

Source: http://gmofreeny.net/thecaseforgmolabeling.html

각 장마다 제공되는 **"현명한 독자"**를 통해 해당 주제와 연관되어 다양한 언론 매체에서 발췌한 최신 내용을 살펴본다. 비판적 사고 질문들을 통해 언론에서 제시하는 과학적 정보와 데이터를 학생들이 평가할 수 있도록 했다.

데이터와 시각적 정보 활용하기

이 책의 가장 큰 특징 중 하나인 시각적 구성이 더욱 보강되고 새로운 교수법을 제공하여 학생들이 데이터와 시각적 정보를 해석하는 데 도움이 되도록 했다.

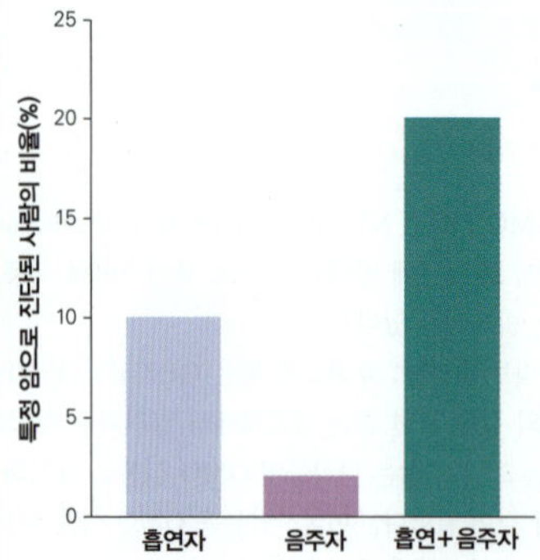

◀ **데이터로 해결하기**

암의 위험인자가 흡연 및 음주와 더하기로 관련이 있는가 아니면 곱하기로 관련이 있는가? 답에 대한 설명을 하시오.

그림 6.2 알코올과 담배는 시너지효과를 지닌다. 음주를 하는 동안 흡연을 하는 것은 건강에 매우 해로운 습관이다.

새로운 내용!

"데이터로 해결하기" 문항들의 그래프, 표, 그림 등에 범례들이 추가되었으며 이를 통해 학생들이 데이터를 좀 더 세밀히 해석할 수 있도록 하였다.

데이터로 해결하기 ▶

기원전 8000년부터 기원전 1500년까지 인구가 4배 증가하였음에도 불구하고 그래프는 편평해 보인다. 이 시기에 인구는 지수적으로 증가하였는가?

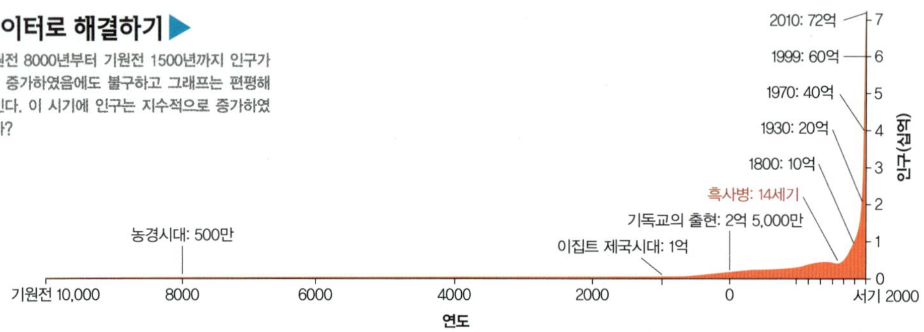

그림 14.3 지수적 증가. 지구의 인구는 농경 이후 18세기까지 매우 서서히 증가하였다. 그 이후의 빠른 증가는 전체 수에 비례하여 일어나 J형으로 나타났다.

시각화 ▼

액체 표면의 분자가 기체상으로 탈출할 때 증발이 일어난다. 증발된 분자의 대부분이 이 그림의 어디에 나타날까? 왜?

그림 5.3 **물에서 수소결합**. 수소결합은 열을 흡수함으로써 파괴되며, 열을 방출함으로써 다시 형성된다.

시각화 ▼

이 그림에 나타난 구조에만 근거하여 바이러스의 어떤 구조가 바이러스가 세포에 부착하는 데 가장 도움이 될 것으로 보이는가?

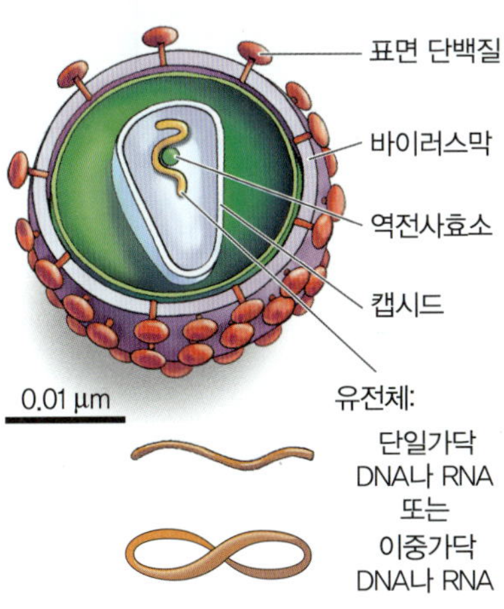

그림 19.4 **바이러스의 구조.** 바이러스는 단백질 피막으로 싸인 유전물질로 구성되어 있다. 그림에서 보는 바와 같은 일부 바이러스는 또한 막으로 싸여 있다.

보강!

"시각화" 문항과 제공되는 그림 및 설명을 통해 학생들은 좀 더 세밀하게 그림들을 살펴볼 수 있으므로 해당 내용을 보다 잘 이해할 수 있다.

중요 개념들을 익히고 시각화하기 위한 도구들!

이 책에는 검증된 다양한 교수법들이 적용되어 있어, 익숙하지 않은 생물학 개념들을 학생들이 좀 더 쉽게 이해할 수 있도록 했다.

진화의 과정

evol- '펼쳐지다'를 의미한다.

일반적으로 진화라는 용어는 "변화"를 뜻하고 진화의 개념은 생물의 집단에 적용됨으로써 이러한 정의를 반영한다. **생물집단(biological population)**은 다른 집단과 다소 분리된 같은 종 개체들의 집단으로, 다른 집단과는 대부분 지리적으로 격리되어 있다. **생물학적 진화(biological evolution)**는 세대를 거듭하여 발생하는 생물집단 특성의 변화이다. 진화적이라고 판단되는 집단 내의 변화는 유전자를 통하여 부모에서 자손에게 전해지는 변화를 가리킨다.

새로운 내용!

"언어의 뿌리" 내용이 본문에 추가되어 학생들이 생물학 용어의 어원을 배울 수 있도록 했다.

"언어의 뿌리" 요약집이 각 장 끝부분에 제공된다.

언어의 뿌리

다음 어원들은 주로 라틴어나 그리스어에서 기원하며 아래와 같은 뜻을 가지고 있어 용어를 해석하는 데 도움을 준다:

evol-	'펼쳐지다'의 의미. 용어: *evolution*
homini-	인간 같다는 의미. 용어: *hominid, hominin*
homolog-	비슷하거나 기원이 같음을 나타냄. "일치한다"는 의미의 단어에서 유래. 용어: *homologous, homology*
macro-	대규모를 의미. 용어: *macroevolution*
-metric	측정한다는 의미. 용어: *radiometric*
micro-	극소량을 의미. 용어: *microevolution*
radio-	방사선의 복합형. 용어: *radiometric*

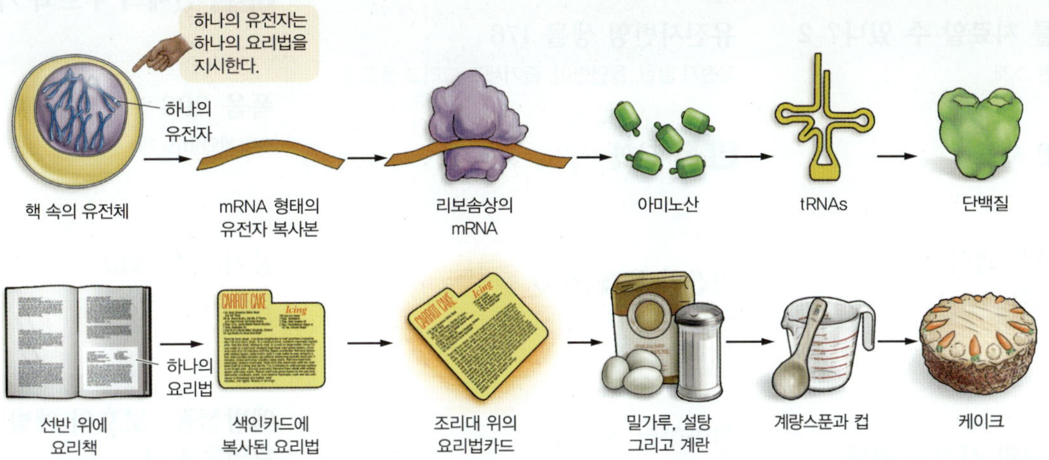

그림 9.6 단백질 합성과 케이크 굽기. 선반 위의 요리책은 핵에 있는 유전체와 비슷하다. 요리방법을 색인 카드에 복사하는 것은 유전자를 mRNA로 만들기 위하여 복사하는 것과 유사하다. 요리법카드가 조리대에 놓이는 것과 같이 mRNA도 리보솜에 놓인다. 케이크를 만드는 재료들은 밀가루, 설탕, 버터, 우유 그리고 계란이다. 단백질을 만드는 재료들은 여러 가지 아미노산이다. 재료들은 계량컵이나 스푼(tRNA)으로 들어낸다. 이때 하나의 컵에는 하나의 재료만을 담는다. 계량스푼이나 컵은 재료들을 조리대로 가져온다. 재료(아미노산)들을 항상 원래의 요리법(유전자)에 있는 지시대로 첨가한다.

▲ **독특한 시각적 유추**와 비유 기법을 통해 익숙한 대상과 경험과 연관지음으로써 학생들이 복잡한 생물학 개념들에 대해 직관적인 이해를 할 수 있도록 했다.

시각화된 표를 제공하여 정보를 한곳으로 모아 시각적으로 쉽게 분석하고 비교할 수 있도록 했다. ▶

표 7.2 어느 정도 IQ가 유전될까? IQ 유전력의 다양한 측정값, 그리고 개인의 잠재적인 지능을 결정하는 유전자들을 이해하기 위하여 IQ값을 사용하는 것의 단점 및 문제점을 요약하였다.

측정방법	유전자에 의해 결정되는 표현형의 퍼센트값	이 결과를 해석할 때의 주의 사항	모든 유전력 측정에 적용할 때의 주의 사항
어떤 집단에서 부모의 IQ와 자녀의 IQ 간의 상관계수	42%	부모와 자녀가 같이 살 때, 상관관계에서 환경의 영향을 배제할 수가 없다.	• 유전력 값들은 그들이 측정된 집단에 특이하다. • 어떤 형질에 대한 높은 유전력은 이것이 환경조건에 심각하게 영향을 받지 않는다는 것을 뜻하지는 않는다. • 유전력은 집단을 측정하는 것이지 개인을 측정하는 것은 아니다.
1란성 쌍생아와 2란성 쌍생아의 각 쌍에서 IQ를 비교하는 자연실험	52%	1란성 쌍생아를 2란성 쌍생아보다 더 닮았다고 취급하기 때문에, 유전력 값이 과대평가될 수 있다.	
1란성 쌍생아와 2란성 쌍생아를 각각 분리하여 키웠을 때의 IQ를 비교하는 자연실험	72%	적은 샘플 수가 결과를 왜곡시킬 수 있다.	

주요 목차

차례

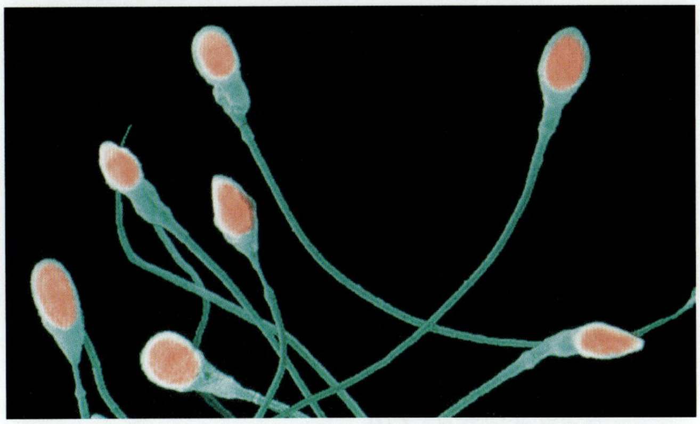

단원 4 생태학

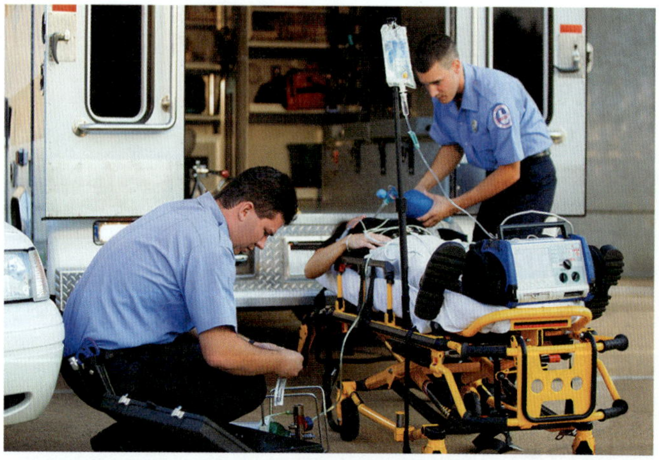

CHAPTER 1

과학이 감기를 치료할 수 있나?

또 감기! 나는 무엇을 할 수 있을까?

과학적 방법에 대한 소개

우리는 모두 경험한 적이 있다. 심한 감기에서 막 회복된 지 얼마 되지 않았는데, 아침에 새로운 감기의 시작 신호인 목구멍이 따끔거림을 느낀다. 시기 또한 항상 최악이다. 하필 중요한 시험과 보고서 마감일이 다가오고 많은 약속이 잡혀진 때이다. 당신은 왜 다시 아픈가? 당신은 감기에 대해 무엇을 할 수 있나?

만일 친구나 친척에게 물어보면 감기를 예방하고 치료하는 통상적인 충고를 듣게 될 것이다: 다량의 비타민 C를 섭취해라, 아연 정제를 먹어라, 자주천인국 차를 충분히 마셔라, 명상하라, 더 많이 휴식하라, 매일 활기차게 운동하라, 바깥에 나갈 때는 모자를 써라! 일부는 당신의 상식과 상충하거나 반대되기까지 하는 충고를 듣게 될 것이다.

다량의 비타민 C를 섭취하라?

자주천인국 차를 마셔라?

만일 건강 뉴스를 잘 알고 있다면 아마 더 당황할지도 모른다. 한 웹사이트는 대중적으로 팔리는 감기 치료제가 효과적이라고 보고하지만 지역 TV 뉴스는 이 약의 위험성과 무 효과를 강조한다. 어떻게 결정해야 할까?

당황한 상황에 직면한 대부분의 사람은 자기에게 가장 합당한 충고를 따를 것이고, 그것이 효과가 없다면 다른 처방을 따를 것이다. 생각을 검증하고 작동하지 않는 것을 버리는 것은 매일 경험하는 일종의 과학이다. 그러나 이 기술은 한계가 있다. 예를 들어, 새로운 감기 처방 후에 당신이 좋아졌다 하더라도 처방이 효과적인지 혹은 감기가 사라졌기 때문에 회복된 것인지를 알 수 없기 때문이다.

전문 과학자들이 하는 일은 일상적인 과학의 보다 정교한 변형인데, 결과에 대한 가능한 다른 설명을 제거하는 것을 도와주는 전략을 사용한다. 일부 과학 분야는 난해한 단어 혹은 복잡하고 비싼 장비를 사용하지만, 생각을 검증하는 기본과정은 모든 과학 분야에서 보편적이다. 이 과정을 이해하는 것은 건강문제, 지구온난화, 생명과 우주의 기원 같은 당신이 관심이 있고 흥미를 돋우는 많은 논쟁에 대한 정보를 보다 확신을 갖고 평가하도록 돕는다. 이 장에서는 여기서 고려하는 감기 치료법이 있는가? 라는 질문을 함으로써 과학자가 사용하는 강력한 과정을 소개한다.

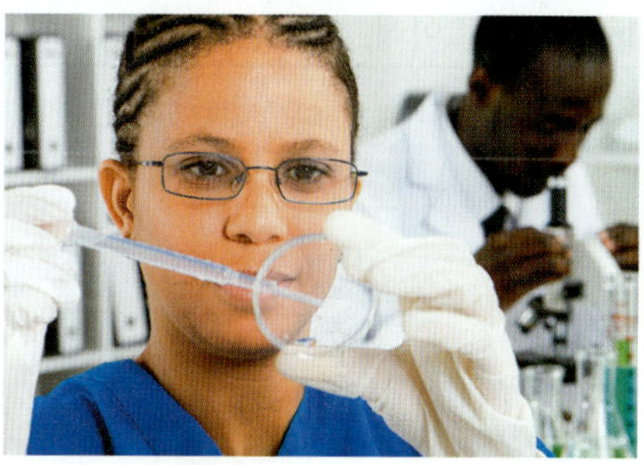

과학자는 어떤 충고가 최선인지를 어떻게 결정하나?

1.1 과학의 과정

과학(science)이라는 용어는 지식 체계라고 할 수 있다. 예를 들어, **생명과학(biology)**은 생명에 대한 연구이다. 아마도 과학에 대한 당신의 인상은 과학이 세계에 대한 일련의 사실들을 거의 완벽하게 기억하는 것을 요구하는 것일 수 있다. 실제로는 이 목표는 불가능하고 불필요하다. 어쨌든 우리는 참고서를 갖고 있다. 과학의 실제 활동은 세계에 대해 이미 알려진 것을 기억하는 것이 아니라 새롭고 알려지지 않은 무엇인가를 발견하기 위해 과학의 과정을 사용하는 것이다.

bio- 생명을 의미한다.

-ology 지식의 분지 혹은 학문을 의미한다.

세계를 관찰하고 작동하는 일에 대해 생각을 제안하고 검증하여, 검증의 결과에 따라 우리의 생각을 버리든지 변형하는 이 과정이 **과학적 방법(science method)**의 요체이다. 과학적 방법은 효과적이고 효율적으로 문제를 해결하고 질문에 답할 수 있게 한다. 우리는 과학적 방법을 사용하여 감기를 예방하고 치료하는 복잡한 문제를 풀 수 있을까?

가설의 본질

우리의 건강 유지에 도움이 될 행동에 대해 우리의 친구와 가족이 한 말들(예를 들어, 모자를 써라)은 부분적으로는 우리 신체가 감기에 저항하는 방식에 대한 그들의 이해에 근거를 두고 있다. "사물이 작용하는 방식"에 대한 생각을 **가설(hypothesis)**이라고 부른다. 보다 정확하게 말하면 가설은 **관찰(observation)**에 대해 제안된 설명이다.

hypo- 바로 아래, 밑 혹은 기초를 의미한다.

생물학의 가설은 신체와 생물계가 작용하는 방식에 대한 지식, 유사한 상황에서의 경험, 다른 과학 연구에 대한 이해 및 논리적인 사고의 결과로 생성되지만 또한 우리의 창조적인 정신에 의해 형성된다(그림 1.1). 어머니가 감기를 피하기 위해 옷을 따뜻하게 입으라고 말할 때 그 충고는 다음 가설에 근거를 두고 있다. 몸이 차면 병에 더 잘 걸린다.

과학의 특징은 가설이 철저한 검증을 거친다는 것이다. 따라서 과학적인 가설은 **검증할 수(testable)** 있어야 한다, 즉 가설은 측정할 수 있는 사물의 관찰을 통해 가설이 평가될 수 있어야 한다. 모든 가설이 검증될 수 있는 것은 아니다. 예를 들어, "감기는 정신적 에너지가 교란되어 생긴다"는 말은 과학적인 가설이 아닌데, 정신적 에너지는 그 존재가 증명되지 않았고 따라서 검사에서 측정될 수 없기 때문이다.

더욱이 초자연적 힘의 간섭이 요구되는 가설은 과학적으로 검증될 수 없다. 어떤 것이 **초자연적(supernatural)**이라면 자연의

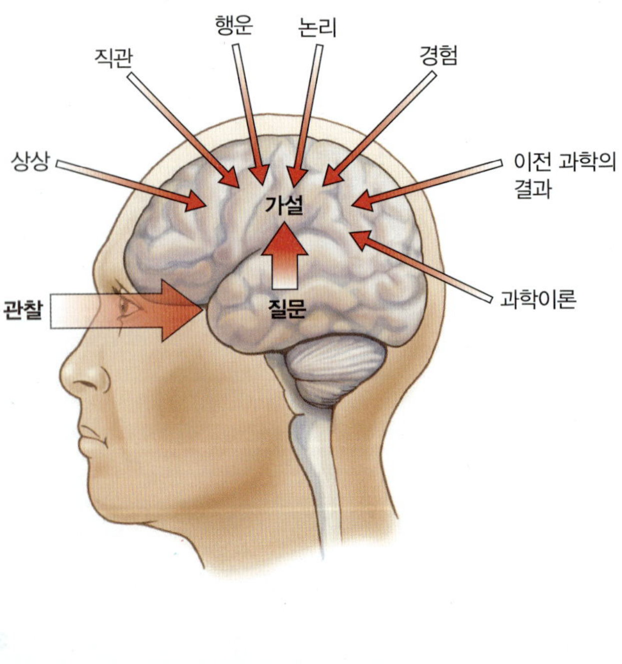

◀ 시각화

대부분 대학은 인문사회 전공 학생에게 과학과목 수강을 요구하듯이 과학 전공 학생에게 인문 사회학 과목 수강을 요구한다. 과학자들은 그들이 보다 좋은 과학자가 되는데 도움이 되는 어떤 기술을 인문 사회 과학에서 얻을까?

그림 1.1 **가설 생성.** 우리 모두는 가설을 만들어낸다. 논리적이고 창조적인 많은 다른 요인들이 가설 도출에 영향을 미친다. 과학적 가설은 검증될 수 있고 또한 반증될 수 있다.

법칙에 구애되지 않으며, 그 행동은 자연에 대한 현재의 이해로는 예측할 수 없다. 과학적 가설은 또한 **반증될 수(falsifiable)** 있어야 한다. 즉, 관찰(들)은 가설이 거짓임을 잠정적으로 증명할 수 있어야 한다. 추운 온도에 노출되면 감기에 걸리기 쉽다는 가설은 반증될 수 있는데, 예를 들어 추위에 노출된 사람이 추위로부터 보호된 사람보다 감기에 더 잘 걸리지 않는다는 관찰처럼 그 가설을 거부할 수 있는 관찰을 상상할 수 있기 때문이다. 물론 모든 가설이 거짓으로 증명되는 것은 아니나 틀린 생각이 파기될 수 있다는 것은 과학에서 필수적이며, 생각의 파기는 생각이 거짓임을 증명할 수 있을 때만 가능하다. 반증될 수 없음은 초자연적 가설이 과학적이지 못한 다른 이유이다. 초자연적 힘은 어떤 검증 결과도 야기할 수 있으므로 초자연적 힘에 의존하는 가설은 반증될 수 없다.

마지막으로, "시험에서 부정을 저지르는 것은 나쁘다" 같은 판단인 가설은 과학적이지 않은데 사람마다 옳고 그름에 대한 기준이 다르기 때문이다. 이러한 서술들을 반증하는 것은 불가능하다. 도덕, 윤리 혹은 판단의 문제에 대한 해답을 찾기 위해 우리는 철학과 종교 같은 이해를 얻는 다른 방법에 의존한다.

과학의 학설

대부분의 가설은 과학 이해의 보다 큰 그림에 일치한다. 만성적 위 및 내장 염증이 자극성 음식을 너무 많이 먹어서 일어난다는 식습관과 건강에 대한 일반적인 믿음을 과학자들이 어떻게 뒤집었는지 검토함으로써 이 관계를 알 수 있다. 이 믿음에 따라 궤양에 대한 표준 치료가 행해졌다. 환자들은 위산 수준을 감소시키는 약을 처방받았고 산성 혹은 자극이 많은 음식을 피하라는 충고를 받았다. 이 치료는 거의 실패했고 궤양은 만성적 내지는 아마도 평생의 문제라고 여겨졌다.

1982년 호주의 과학자 로빈 워런(Robin Warren)과 배리 마셜(Barry Marshall)은 헬리코박터 파이로리(*Helicobacter pylori*)라는 세균이 그들이 관찰한 거의 모든 궤양 조직에 있음을 발견했다(그림 1.2). 이 관찰로부터 그들은 헬리코박터 파이로리 감염이 대부분 궤양의 원인이라고 생각했다. 배리 마셜은 살아 있는 헬리코박터 파이로리를 마신 후 급성 위 통증으로 고생함으로써 이 가설을 자신에게 검증하였다.

워런과 마셜의 동료들은 처음에는 그런 간단한 원인으로 궤양이 생긴다는 것을 확신하지 않았다. 오늘날 헬리코박터 파이로리 감염이 대부분 궤양의 원인이라는 가설은 사실로 수용되었다. 왜 그렇게 되었을까? 첫째로 궤양의 원인에 대한 합리적인 대체 가설들(예를 들어, 자극이 많은 음식의 소비)이 지속적인 가설 검증으로 배제되었다. 둘째로 이 가설은 아직까지 배제되지 않았다. 즉 헬리코박터 파이로리 제거가 대부분 궤양을 치료하는 데 실패했음을 보여줄 만큼 주의 깊게 설계된 실험이 없기 때문이다.

헬리코박터 파이로리와 궤양의 관계를 사실로 고려하는 세 번째 이유는 이것이 잘 수용된 과학 원칙인 병의 배종설을 확인하기 때문이다. **과학학설(scientific theory)**은 여러 다른 독립적인 연구들에 의해 잘 지지된 가설에 근거한 일련의 관련된 관찰에 대한 설명이다. 배종설의 기본 전제는 미생물(눈에 보이기는 너무 작은 생물)이 모든 혹은 일부 인간 질병의 원인이라는 것이다.

생물학자인 루이스 파스퇴르는 처음으로 세균이 우유를 상하게 하는 것을 관찰하였다. 이 관찰로부터 그는 같은 종류의 생물이 인간에게 해를 끼칠 수 있다고 사고하였다. 이어서 로버트 코흐가 생쥐에서 탄저균과 특정 치명적 증상 사이의 연결을 보여준 것은 이 설에 대한 또 다른 증거를 제공하였다. 배종설은 어떤 미생물을 표적으

(a)

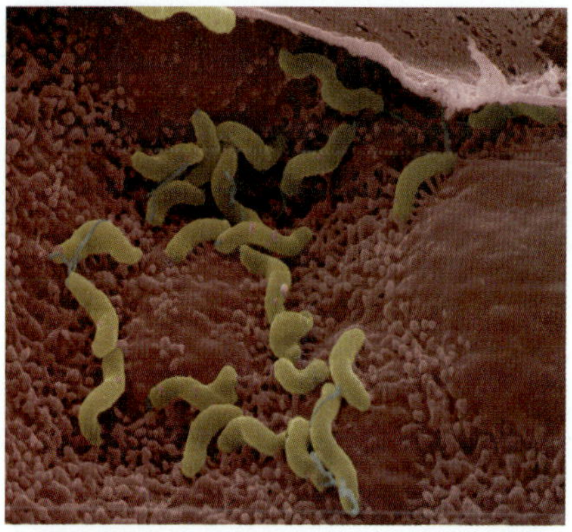

(b)

그림 1.2 획기적인 과학 발견. (a) 위 내벽의 헬리코박터 파이로리(전자현미경 사진) (b) 로빈 워런과 배리 마셜은 그들의 헬리코박터 파이로리와 궤양의 연관성 발견으로 2005년도 노벨의 학상을 수상하였다.

당신이 친구나 친척에게 감기의 예방과 치료에 대해 묻는다면 일상적인 충고를 듣게 될 것이다.

로 항생제를 처리하면 세균에 의한 궤양 같은 병을 치료할 수 있다는 관찰에 의해 더욱 강화되었다.

일상적 사용에서 학설(theory)이란 단어는 "제한된 정보에 근거한 검증되지 않은 가설"과 동의어이다. 대조적으로, 과학자는 이 용어를 자연계가 작용하는 방식에 대해 잘 지지된 생각을 말할 때 사용한다. 모든 과학적 학설의 지지 기반은 다중 가설검증으로 구성된다.

가설검증의 논리

감기 예방에 대한 가장 일반적인 가설은 비타민 C 보충제 복용이 건강을 지켜준다는 것이다. 이 가설은 특히 일반적으로 알려진 다음 사실을 고려하면 매우 매력적이다.

1. 과일과 채소에 다량의 비타민 C가 들어 있다.
2. 과일과 채소를 많이 먹는 사람은 이들 음식을 피하는 사람보다 일반적으로 건강하다.
3. 비타민 C는 목과 코의 염증을 감소시키는 소염제로 알려져 있다.

이에 근거하여 우리는 다음과 같은 검증될 수 있고 반증될 수 있는 가설을 세울 수 있다. 비타민 C 섭취는 감기에 걸릴 위험을 감소시킨다. 이 가설은 기술한 사실과 비타민 C가 건강을 지켰다고 주장하는 많은 사람의 경험으로 보아 이치에 맞다.

이 가설을 구축하기 위해 사용된 방법은 **귀납적 사고(inductive reasoning)**이다. 귀납은 일반 원칙을 발견하기 위해 일련의 특정 관찰(사실 1-3)을 종합한다. 귀납적 사고는 세계를 이해하는 데 필수적인 도구이다. 그러나 조심할 필요가 있다: 귀납적으로 추론된 가설이 의미가 있다는 것이 가설의 진실성을 의미하지 않는다. 다음의 예는 귀납적으로 사고된 가설이 후에 거짓으로 증명될 수 있음을 분명하게 보여준다.

induc- 원리를 도출하기 위해 (혹은 이유가 나타나기 위해) 이성에 의존함을 의미한다.

태양이 지구를 회전한다는 고대 가설을 생각해 보자. 이 가설은 태양이 매일 일출 시 동쪽 수평선에 나타나고 일몰 시 서쪽 수평선 너머로 사라진다는 관찰에 근거하므로 논리적이다. 거의 모든 역사 동안 이 가설은 거의 모든 서양 사회에서 "사실"로 간주되어 왔다. 이 가설은 17세기 초 금성에 대한 갈릴레오 갈릴레이(Galileo Galilei)의 관찰 결과에 의해 뒤집혔다. 그의 관찰은 태양이 지구 주위를 돈다는 가설이 틀렸음을 증명하였다. 갈릴레오의 관찰은 지구가 태양 주위를 회전한다는 니콜라이 코페르니쿠스(Nicolaus Copernicus)의 보다 현대적 가설을 확인하는 데 도움을 주었다.

따라서 비타민 C에 대한 가설이 논리적이라도 틀렸는지 증명하기 위해 검증이 필요하다. 가설검증은 **연역적 사고(deductive reasoning)** 혹은 연역이라는 과정에 근거한다. 연역은 기대되는 관찰을 예측하는 일반적인 원리를 사용한다. 이 **예측(prediction)**은 활동, 검증, 혹은 조사의 결과와 관계가 있다. 다시 말해, 예측은 가설에 대한 검증으로부터 기대되는 결과이다.

deduc- 이성으로 추론하고 사실로부터 결정함을 의미한다.

연역적 사고는 "만일/그러면"의 서술 양식을 취한다. 즉, 만일 일반 원칙이 맞는다면 그러면 특정 결과의 관찰을 기대하게 된다. 비타민 C 가설에 대해 다음과 같

쉬어가기 다음 대본을 잘 생각해 보자. 당신의 동료인 호머는 공짜 음식을 잘 찾아내고 도넛을 매우 좋아하는 것으로 유명하다. 어느 날 아침 휴게실에 들어서자 텅 빈 도넛가게의 상자를 발견했다. 이 정보에 의하면 도넛에 생긴 가장 그럴듯한 일은 무엇인가? 이 가설은 연역적인가 아니면 귀납적인가?

은 예측을 할 수 있다: 만일 비타민 C가 감기에 걸릴 위험을 감소시킨다면, 그러면 비타민 C 보충제를 정기적으로 복용하는 사람이 보충제를 먹지 않는 사람보다 감기에 덜 걸릴 것이다.

연역적 사고는 그 결과인 예측과 함께 가설을 검증하는 강력한 수단이다. 그러나 연역적 사고의 서술 구조는 예측이 사실이 아니면 가설은 분명하게 배제되지만, 사실이라고 해서 가설을 증명하는 것은 불가능하다. 이 단점이 비타민 C와 감기에 관한 만일/그러면 서술에 나타나 있다(그림 1.3).

비타민 C 보충제를 복용한 사람과 먹지 않은 사람 사이의 비교에서 가능한 결과를 생각해 보자: 복용한 사람이 비복용자보다 감기에 더 걸렸다; 두 경우 같은 수가 감기에 걸렸다, 복용한 사람이 비복용자보다 감기에 덜 걸렸다. 이 결과가 이 가설에 대해 무엇을 알려줄까?

만일 비타민 C를 복용한 사람이 비복용자보다 감기에 더 걸렸거나 같은 수가 걸렸다면 비타민 C가 감기에 대한 보호를 제공했다는 가설은 분명히 배제될 수 있다. 그러나 복용한 사람이 정말로 감기에 덜 걸렸다면 어떻게 될까? 이것이 사실이라면 우리는 가설이 지지를 받았고 배제되지 않았다고 말할 수 있을 뿐이다.

비타민 C가 감기를 예방한다는 가설이 사실이라고 말하는 것이 왜 불가능한가? 비타민 복용 습관이 다른 사람들 사이의 감기 감수성 차이를 설명하는 **대체가설(alternative hypothesis)**이 있기 때문이다. 다시 말해, 연역적 서술의 그러면 부분의 진실을 보인 것이 만일 부분의 진실을 보장하지 않는다.

쉬어가기 만일/그러면 서술을 잘 생각해 보자. 만일 당신의 동료인 호머가 모든 도넛을 다 먹었다면, 그러면 30분 전에 휴게실에 놓아둔 상자에는 도넛이 남지 않았을 것이다. 도넛이 없다고 가정하고 당신은 방금 호머가 도넛을 다 먹었다는 것을 증명했는가? 이유를 설명하라.

잦은 운동이 감기에 대한 감수성을 감소시킨다는 대체가설을 생각해 보자. 또한 비타민 C 보충제를 복용하는 사람이 복용하지 않는 사람에 비해 규칙적으로 운동할 가능성이 더 높을 것으로 가정하자. 이 두 가설이 사실이라면, 그러면 비타민 C 보충제 복용자가 비복용자에 비해 감기에 덜 걸린다는 예측이 사실이 되겠지만, 비타민 C가 감기의 위험을 줄인다는 원래의 가설이 사실이기 때문은 아니다. 대신, 비타민 C 보충제 복용자가 운동할 가능성이 높으므로 비복용자에 비해 감기에 덜 걸린다. 즉, 감기에 대한 민감성을 줄이는 것은 운동이다.

1차 검증에서 배제되지 않아 사실처럼 보이는 가설은 후에 다른 검증 결과에 의해 배제될 수 있다. 비타민 C 섭취가 감기에 대한 민감성을 감소시킨다는 가설이 이 경우다. 비타민 C의 효능에 대한 논쟁은 노벨상 수상자인 화학자 라이너스 폴링(Linus Pauling)에 의해 1970년대에 대중화되었다. 폴링은 1930년대부터 1970년대 사이에 발표된 연구 결과들을 근거로 비타민 C를 다량 복용하면 감기에 대한 민감성을 45%까지 줄일 수 있다고 주장했다. 그러나 주의 깊게 반복된 실험은 이 가설을 지지하지 못했다. 폴링이 인용한 많은 연구는 비타민 C 복용자와 비복용자 사이의 감기에 대한 민

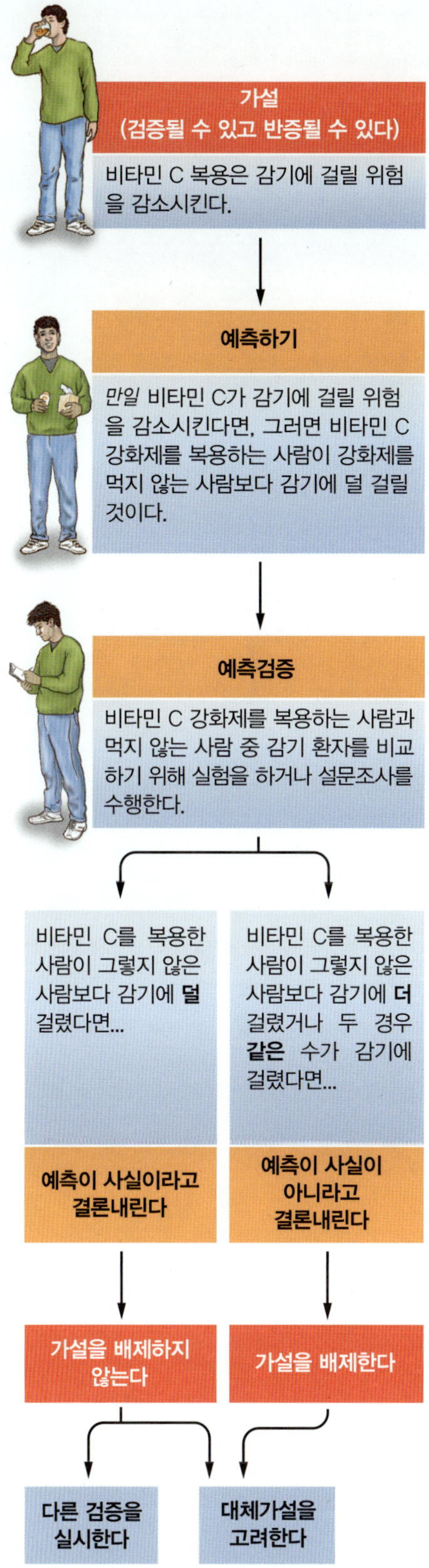

그림 1.3 과학적 방법. 가설의 검증은 논리적 경로를 따른다. 이 흐름도가 과학자가 취한 연역적 과정을 보여준다.

시각화▶
이 흐름도에 따르면 과학자는 그들의 가설이 연구에 의해 지지되어도 대체가설을 고려해야만 한다. 이유를 설명하라.

감성 차이를 설명해줄 대체가설이 있었다. 오늘날 감기를 연구하는 과학자 대부분은 비타민 C가 감기를 예방한다는 가설은 확실하게 반증되었음에 동의한다.

비타민 C 가설의 예는 또한 과학 정보의 소통 필요성을 강조한다. 당신은 왜 비타민 C가 감기를 예방한다는 믿음이 널리 퍼졌는지 알 수 있다. 만일 당신이 과학지식은 틀린 생각의 배제에 의해 발전한다는 것을 모른다면 노벨상 수상 과학자의 책은 비타민 C의 효능에 대한 결정적 발언과 같았을 것이다. 이 결정적 발언이 실제로는 틀렸음을 보이는데 수년간의 조심스러운 연구가 필요했다.

1.2 가설검증

이전의 논의는 실망스러울 수 있다. 가설이 반증될 수 있는 가능성이 항상 있을 때 과학자는 어떻게 가설의 진실을 증명할 수 있나? 감기예방에 대한 가설 중 하나가 지지를 받았다고 해도 대체가설을 제거하는 어려움으로 인해 정말 가장 좋은 시도가 무엇인지를 우리는 결코 알 수 없을까? 대답은 '예' 와 '아니오'이다.

가설은 절대적인 진실이라고 증명될 수 없다; 특정 현상에 대한 원인을 아직까지 평가하지 않은 가설에서 발견할 가능성이 항상 있다. 그러나 실제적으로는 가설은 의심의 여지없이 증명될 수 있다. 즉, 한 가설이 반복된 검증으로 그릇됨이 증명되지 않았고 대부분의 합리적인 대체가설이 제거되었을 때 과학자는 이 가설을 실제적 의미에서 진실로 인정한다. 따라서 과학에서 "진실"은 현재의 가능한 모든 정보에 근거해 우리가 알고 이해하는 것이라고 정의할 수 있다. 그러나 과학자는 현재의 진실이 언젠가는 거짓으로 입증될 가능성을 항상 열어두고 있다.

많은 가설을 검증할 수 있는 가장 효과적인 방법은 철저한 과학적 실험을 거치는 것이다. 실험은 감기가 바이러스에 의해 발병한다는 것을 의심의 여지없이 증명하였다. 바이러스는 매우 단순한 구조인데, 전형적으로 짧은 유전물질 가닥과 몇몇 단백질이 비교적 단단한 단백질 껍질 안에 들어 있으며 때로는 막으로 싸여 있다. 바이러스는 증식을 위해 세포를 감염시켜야 한다. 다양한 감기의 원인으로 알려진 200종류 이상의 바이러스 중 대부분은 코와 목의 세포에 감염한다. 대부분 감기바이러스 감염의 특성인 재채기, 기침, 코 막힘, 목통증은 바이러스 침입에 대한 신체 면역반응의 결과인 것 같다(그림 1.4).

이미 알겠지만, 한 바이러스 감염에서 살아남으면 그 바이러스가 일으키는 병에 거의 다시 걸리지 않는다. 예를 들어, 수두에 두 번 걸리지는 않는데 수두 바이러스에 대한 한 번 노출(감염 혹은 백신에 의해)이 재감염에 대해 면역을 일생 동안 제공하기 때문이다. 감기바이러스의 숫자가 많다는 것이 감기에 대한 면역과 예방 백신 개발을 불가능하게 한다. 따라서 과학자는 감기에 대한 실험연구를 예방과 치료 방법에 집중한다.

실험 방법

실험(experiment)은 특정 가설을 검증하기 위해 마련되고 고안된 일련의 행동이나 관찰이다. 일반적으로 실험은 과학자가 연구의 대상에 영향을 미칠 수 있는 조건을 조절하는 것을 허용한다. 환경을 조작함으로써 과학자는 결과를 설명할 일부 대체가설들을 제거할 수 있다.

과학에서 실험은 정비사가 자동차 문제를 진단할 때 하는 일과 유사하다. 엔진이 시

시각화 ▼

이 과정에서 약품이나 다른 처리에 의해 바이러스를 파괴하거나 면역반응을 교환할 수 있어서 감기증상을 완화시킬 수 있는 두 곳을 지적하라.

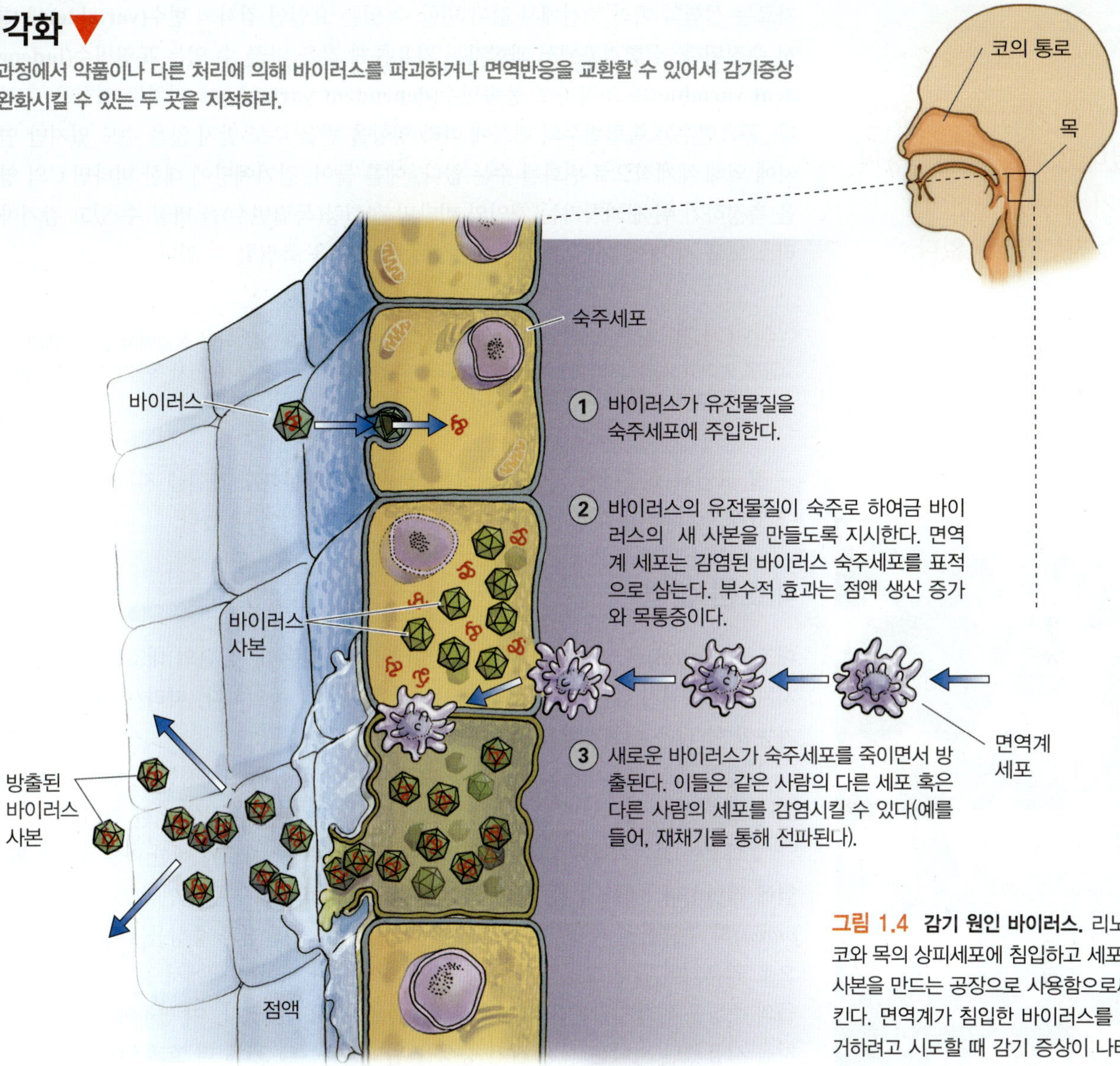

그림 1.4 감기 원인 바이러스. 리노바이러스는 코와 목의 상피세포에 침입하고 세포를 바이러스 사본을 만드는 공장으로 사용함으로써 병을 일으킨다. 면역계가 침입한 바이러스를 제어하고 제거하려고 시도할 때 감기 증상이 나타난다.

동되지 않는 이유는 다양하다. 만일 정비사가 시동을 다시 걸기 전에 닥치는 대로 모두를 교체했다면 어느 부품이 문제를 일으켰는지 알 수 없을 것이며, 수많은 부품의 교체 비용을 내는 고객은 불만일 것이다. 대신 정비사는 우선 배터리 전원을 검사할 것이고, 괜찮으면 합리적인 다음 문제는 시동모터일 것이다. 그래도 시동이 걸리지 않으면 연료펌프를 조사할 것이고, 문제를 발견할 때까지 이 방식은 계속된다. 유사하게 과학자도 특정 현상을 설명할 수 없는 가설을 체계적으로 제거하고자 한다.

그림 1.5 관찰에 의한 가설검증. 화석 기록은 진화 역사에 대한 가설을 검증하는 데 자료를 제공한다.

모든 과학적 가설이 실험을 통해 검증되는 것은 아니다. 예를 들어, 생명의 기원이나 공룡의 멸종은 실험으로 검증할 수 없다. 대신 이들 가설은 자연계를 주의 깊게 관찰하여 검증할 수 있다. 예를 들어, 화석이나 바위에 보존된 다른 증거를 조사하여 공룡의 멸종에 대한 가설을 검증할 수 있다(그림 1.5).

과학자가 가설검증 동안 얻는 정보를 **자료(data)**라고 한다.

당신이 새로운 감기약을 복용한 후 좋아졌다고 해도 약물 복용이 효과적이기 때문에 당신이 회복되었는지는 알 수 없다.

자료는 실험의 여러 조건에서 값이 변할 수 있는 요인인 검사의 **변수(variable)**에 대해서 수집된다. 실험검증에서 과학자는 자유롭게 값을 바꿀 수 있는 **독립변수(independent variable)**를 조작하여 **종속변수(dependent variable)**에 미치는 영향을 측정한다. 종속변수는 독립변수의 변화에 따라 영향을 받을 수도 받지 않을 수도 있지만 연구자에 의해 체계적으로 변화될 수는 없다. 예를 들어, 감기예방에 대한 비타민 C의 영향을 측정하기 위해 과학자는 개인의 비타민 섭취량(독립변수)을 바꿀 수 있고 감기바이러스 노출 시 병에 대한 그들의 감수성(종속변수)을 측정할 수 있다.

쉬어가기 헬리코박터 파이로리와 위궤양의 연관성을 확립한 어떤 실험에서 실험쥐에게 세균을 먹이고 처리하지 않은 쥐와 비교한 궤양의 발생을 측정하였다. 여기서 독립변수와 종속변수는 각각 무엇인가?

잘 고안된 실험에서 얻어진 자료는 연구자가 확실하게 가설을 지지하거나 배제할 수 있게 한다. 이는 대조된 실험이었을 때 그럴 가능성이 더 높다.

대조된 실험

대조군(**control**)은 과학에서 매우 특별한 의미를 갖는다. 실험의 대조군 대상은 실험 처치에 노출되지 않는 점을 제외하고는 실험 대상과 동일하다. 따라서 대조된 실험은 가능한 한 많은 대체가설을 제거하기 위해 설계된다.

실험의 대상자가 선발되면 그들을 대조구 혹은 실험구로 배정한다. 잘 고안된 실험의 결과로 만일 대조군과 실험군이 다르다면 차이는 실험 처치에 의한 것이다.

그림 1.6 자주천인국(*Echinacea purpurea*), 미국 국화과 식물. 이 식물의 잎과 뿌리의 추출물은 미국에서 판매되는 약초처방 중 가장 대중적인 것 중 하나이다.

효과적인 감기처방에 대한 우리의 질문은 가능한 약 치료에 대한 다양한 대조된 실험에 적합하다. 예를 들어, 북미 초원의 일반적인 식물인 자주천인국(*Echinacea purpurea*)의 추출물을 차의 형태로 마시는 것은 감기의 발병과 증상을 감소시키는 처방으로 권유되어 왔다(그림 1.6). 이 차의 효과에 대한 과학 실험에서 감기환자들에게 그들의 증상을 완화시키는 차의 효과를 평가하도록 요청하였다. 이 연구에서 자주천인국 차를 사용했던 사람은 차가 감기 증상을 완화시키는데 33% 더 효과적이라고 느꼈다. "33% 더 효과적"은 자주천인국 성분이 없는 차의 효과에 대한 의견과 비교한, 즉 대조군의 결과와 비교한 것이다.

대조군과 실험군은 결과를 설명할 대체가설을 제거하기 위해 가능한 한 서로 비슷해야 한다. 감기 처치의 경우에서, 두 집단은 나이, 식이요법, 스트레스 수준, 혹은 감기 감수성에 영향을 미칠 다른 요인에서 조직적으로 달라서는 안 된다. 그룹 사이의 차이를 제거하기 위한 효과적인 방법의 하나는 개인들을 **무작위 배정(random assignment)**하는 것이다. 예를 들어, 모든 지원자의 이름을 모자에 넣고, 그 중 반을 뽑아서 실험군으로 나머지는 대조군으로 지정할 수 있다. 각 군은 연구 대상자들의 대략적인 단면일 것이다. 방금 기술한 자주천인국 차의 연구에서 대조군과 실험군의 구성원 모두는 고용주의 병원에서 감기 증상을 치료받으려는 양로원의 여성 고용인이었다. 지원자들은 병원에 들어오는 대로 실험군 혹은 대조군에 무작위적으로 할당되었다.

잘 대조된 실험 설계의 두 번째 단계는 모든 대상을 실험기간 동일하게 대하는 것이다. 이 연구에서 모든 참가자는 차의 알려진 장점에 대해 동일한 정보를 받았고 증상이 사라질 때까지 매일 5~6컵을 마시도록 지시받았다. 그러나 대조군의 개인들에게는 자주천인국 성분이 없는 "모조 차(sham tea)"를 주었다. 모든 대상을 동일하게 취급

쉬어가기 자주천인국 차 실험에서 병원을 찾은 처음 25명을 대조군에 다음 25명을 실험군에 작위적으로 배정했다. 실험군이 대조군보다 수일 일찍 회복되었다고 가정하자. 이 실험 설계에서 대상의 작위적 배정을 배제하지 않은 결과를 설명할 수 있는 대체가설을 기술하라.

하는 것은 대상과 연구자 사이의 상호작용에 관련된 어떤 요인도 결과에 영향을 미치지 못하도록 한다.

모조 차는 특정 약을 조사할 때 대조군에게 주는 설탕 약에 해당한다. 의도적인 효과가 없는 다른 약물처럼 모조 차를 **위약(placebo)**이라 부른다. 위약을 사용하는 것은 두 군의 개체들 사이에 단 하나 일치적인 차이—이 경우는 마시는 차의 종류—를 만든다.

자주천인국 차 연구에서 자료는 감기 증상이 모조 차를 마신 대조군에 비해 실험군에서 낮았음을 보여주었다. 이 연구에서 대조군을 이용했기 때문에 두 구릅의 차이가 자주천인국 차의 효과 때문이라고 확신할 수 있다. 대조군이 대체가설이 실험 결과를 설명할 가능성을 크게 감소시켰으므로 연구자는 감기에 대한 자주천인국 차의 진정한 긍정적 효과를 측정했다고 강하게 추론할 수 있다(그림 1.7).

이상의 연구는 자주천인국 차가 감기 증상을 완화시킨다는 가설을 지지한다. 그러나 한 번의 실험으로 가설을 의심의 여지없이 받아들이는 것은 거의 있을 수 없다. 각각 다른 실험 설계와 식물의 여러 부위를 이용한 수십 번의 연구들로 감기와 다른 감염에 대한 자주천인국 성분의 효과를 조사했다. 일부는 긍정적 결과를 보였지만 다른 경우는 아무것도 보여주지 않았다. 이 대중적인 차의 효과에 대해 상당한 회의와 의견 충돌이 있다. 가설에 대한 지속적인 대조된 실험을 통해서만 "자주천인국 차가 감기 치료에 효과적인가?" 라는 질문에 정확한 해답이 발견될 것이다.

실험 설계에서 편견을 최소화하기

과학자와 연구대상인 사람들은 특정 가설이 시험되기 전에 그 가설의 진실성에 대해 강한 의견을 가질 수 있다. 이 의견이 뜻하지 않게 참여자로 하여금 실험의 결과에 영

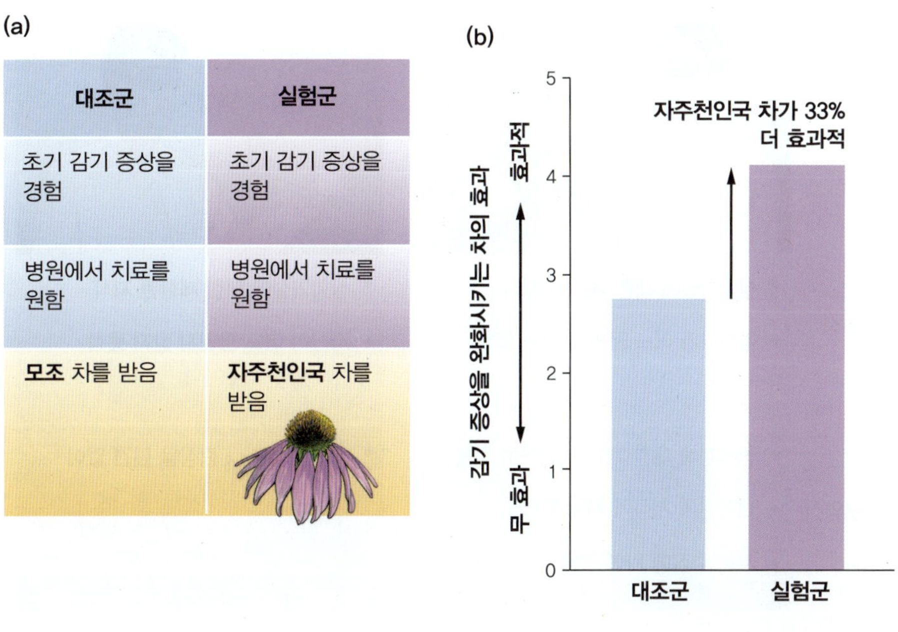

◀데이터로 해결하기
그림 (b)의 세로축이 0에서 5까지가 아니고 2에서 5까지의 범위를 가지게 그려졌다고 상상하도록 하단을 가리자. 이것이 결과를 해석하는 데 영향을 미치는가?

그림 1.7 대조된 실험. (a) 감기 치료제로서의 자주천인국 차 효과를 검사하기 위한 대조된 실험에서 95명 전부는 마시는 차의 종류를 제외하고는 동일하게 처리되었다. (b) 실험 결과는 자주천인국 차가 감기 증상을 치료하는데서 모조 차보다 33% 효과적임을 보여주었다.

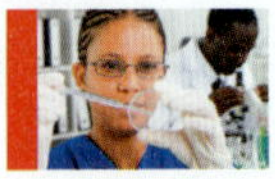

전문 과학자들이 하는 일은 일상적인 과학의 보다 정교한 버전이다.

향을 미치게 하거나 혹은 **편견(bias)**을 초래할 수 있다.

편견의 잠재적 근원의 하나는 대상의 기대인데, 실험 대상 개인들은 연구자가 그들에게 기대한다고 느끼는 행동을 의식적이든 무의식적이든 모방할 수 있다. 예를 들어, 자신이 자주천인국 차를 복용하는 것을 아는 사람은 그가 보다 빨리 회복될 것으로 확신할 수 있다. 그래서 감기 증상을 약하게 보고할 수 있다. 이 잠재적 문제는 실험 대상인 사람이 자신이 경험하게 될 것을 정확히 알지 못하는 실험인 **맹검실험(blind experiment)**을 설계함으로써 피할 수 있다. 이는 약품 처방 실험에서 참여자가 먹는 것이 약인지 혹은 위약인지를 알려주지 않는 것을 의미한다.

또 다른 편견의 근원은 측정과 결과의 평가에서 일어나는 연구자의 지속적인 오류에 기인한다. 이 현상을 관찰자 편견이라고 한다. 자주천인국 차 실험에서 **관찰자 편견(observer bias)**은 여러 형태를 취할 수 있다. 특정 결과에 대한 기대는 자주천인국 차를 마시는 사람에게 감기의 증상에 대해 약간 다른 말을 할 수 있다. 또는 만일 차를 마신 사람이 감기에 덜 걸리기를 기대했다면 감기 증상에 대한 측정에서 작은 잘못을 저질러 최종 결과에 영향을 미칠 수 있다.

실험자의 편견을 없애기 위해 자료 수집자 자체도 "맹검"이 되어야 한다. 이상적인 경우 처리를 담당하는 과학자, 의사 혹은 기술자가 모든 자료가 수집되기 전까지는 실험 대상이 실험군 혹은 대조군에 속하는지 알지 못한다(그림 1.8). 자료 수집자의 맹검화는 자료가 편견이 없고 **객관적(objective)**임을 보장한다.

연구 대상자와 측정을 수행하는 기술자 모두가 가설이 무엇인지 혹은 대상이 어느 군에 속하는지 모를 경우 이 실험을 **이중맹검(double blind)**이라고 한다. 이중맹검 실험은 결과에 대한 사람의 영향을 거의 배제한다. 연구자와 대상이 특정 실험 처리의 예상 결과에 대한 기대가 적으면 실험 결과는 더 믿을 만하다고 여겨진다.

상관관계를 사용한 가설검증

이중맹검, 위약-대조, 무작위적 실험은 의학 연구의 황금 기준이다. 그러나 사람이 실험대상인 경우 잘 대조된 실험을 수행하기는 어렵다. 실험군과 대조군이 거의 동일하게 처리되어야 한다는 요구조건은 어떤 사람은 자기도 모르게 처치를 받지 않는다는

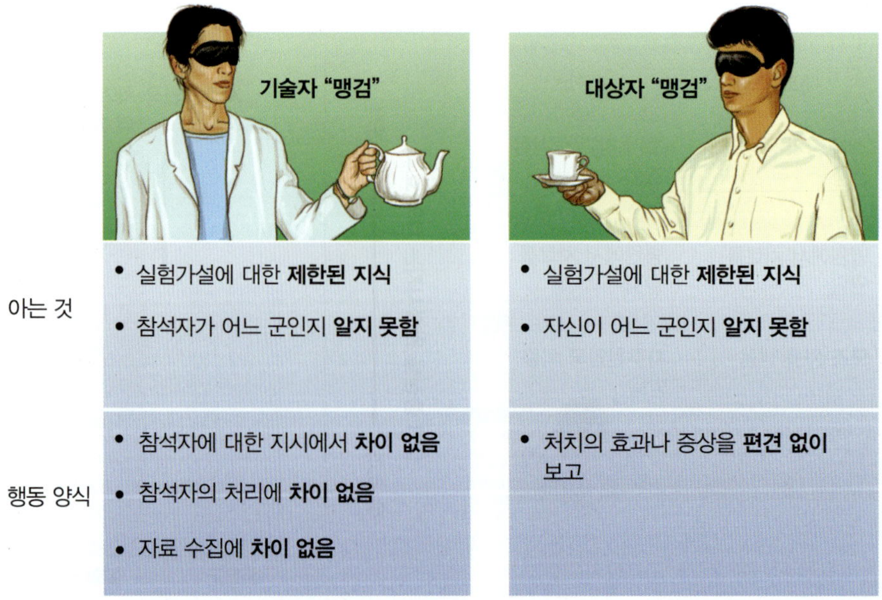

그림 1.8 이중맹검 실험. 이중맹검 실험은 보다 객관적인 자료를 낳는다.

것을 의미한다. 코감기에 걸린 건강한 지원자의 경우 모조 차의 위약처치는 그 사람에게 별 피해를 주지 않는다.

그러나 위약처치는 많은 경우 불가능하거나 비윤리적이다. 예를 들어, 대조된 실험을 통해 피임약의 효과를 조사하는 것을 상상해 보라. 이는 어떤 다른 피임기구도 사용하지 않은 여성에게 임신을 방해할 수도 방해하지 않을 수도 있는 약의 복용을 요구하게 될 것이다.

모델계에 대한 실험. 인간을 대상으로 할 경우 윤리적 혹은 실질적 문제를 야기할 수 있는 가설을 검증할 때 과학자는 **모델계(model systems)**를 이용할 수 있다. 세포나 유전자의 기능 이해를 돕는 기초연구에서는 일부 세균, 꼬마선충, 초파리 혹은 실험실의 접시에서 증식하는 큰 동물에서 분리된 세포와 같이 잘 자라고 다루기 쉬운 생물이 모델계이다. 인간의 건강이나 질병을 연구하는 경우 모델계는 일반적으로 다른 포유류와 사람 세포이다. 사람을 제외한 포유류는 특히 의학연구에서 모델생물로 유용한데 그들이 진화적으로 사람과 매우 밀접하게 연관되어 있기 때문이다. 그들은 우리처럼 털이 있고 자손을 위해 젖을 생산하며 따라서 해부학적으로나 생리학적으로 유사성이 많다(그림 1.9).

일부 연구에서는 사람과 크기가 비슷한 개, 돼지보다 밀접한 진화적 연관성을 갖는 침팬지를 필요로 한다. 대부분의 생화학적 연구에 주로 사용되는 동물은 집쥐, 생쥐, 기니피그 같은 설치류이다.

모델계, 특히 동물의 이용은 잠재적인 약품이나 다른 치료를 사람이 사용하기 전에 실험적 검사를 가능하게 한다. 모델생물에 대한 연구는 암, 심장병, 알츠하이머병 및 AIDS(후천성면역결핍증)를 포함한 거의 모든 심각한 인간의 건강 위협을 보다 잘 이해하는 데 공헌했다. 그러나 동물을 연구에 이용하는 윤리적 관심은 지속되고 있고 이런 연구를 어렵게 한다. 더욱이 공유된 진화적 역사에도 불구하고 동물은 인간과 중요한 차이가 있을 수 있으므로 동물연구의 결과를 항상 인간에게 직접 적용할 수 있는 것은 아니다. 인간 건강에 대한 가설을 인간에서 검증하는 것이 이들 문제에 대한 가장 분명한 해답이다.

요인 사이의 관계 찾기. 인간에 대하여 대조된 실험이 어렵거나 불가능할 때 과학자들은 또한 **상관관계(correlation)**를 이용하여 가설을 검증한다. 상관관계는 두 변수 사이의 관계이다.

감기에 대한 감수성을 감소시키기 위해 명상하라는 제안은 높은 정신적 스트레스와 감기바이러스에 대한 높은 감수성 사이의 상관관계에 기인한다(그림 1.10). 이 상관관계는 감기바이러스를 함유하는 점비액을 처리하기 전에 개인적인 정신적 스트레스 수준을 조사한 연구자에 의해 만들어졌다. 후에 의사는 이 연구에 참여한 사람들의 감기 발생빈도와 증상을 보고했다. 이 연구에서 모든 참석자에게 감기바이러스가 처리되었지만 연구자는 참석자의 스트레스 수준에 영향을 미치지 않았음에 유의하라. 다시 말해, 사람들이 낮은 혹은 높은 스트레스 처치에 무작위적으로 배정되지 않았기 때문에 이 실험은 대조된 실험이 아니다.

쉬어가기 이 연구에서 연구자가 독립변수를 조작하지 않았지만 아직도 독립변수와 종속변수가 있다. 그들은 무엇인가?

(a)

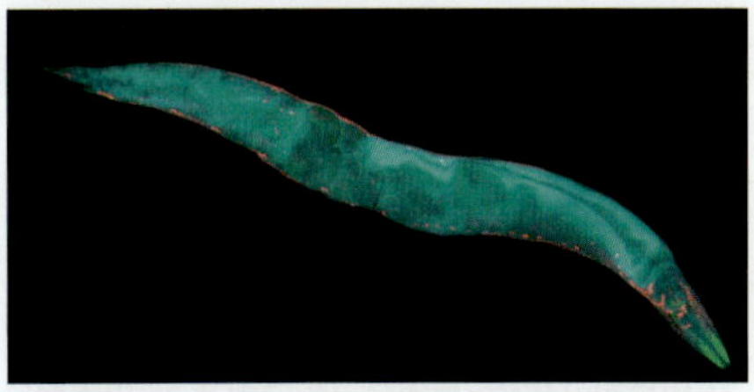

(b)

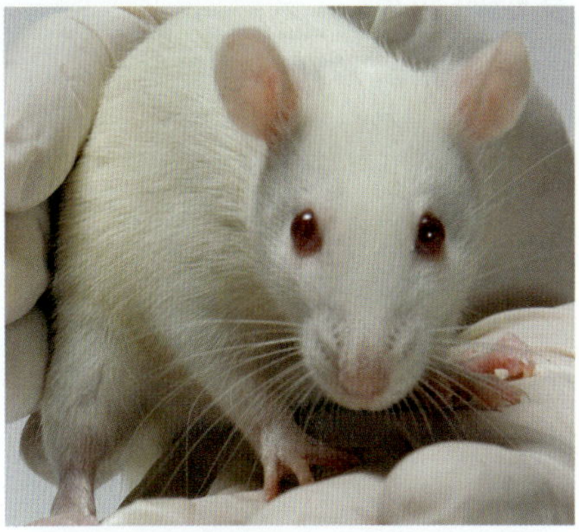

(c)

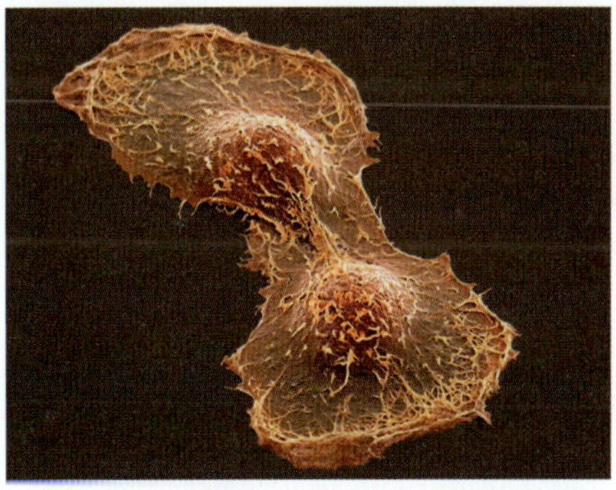

그림 1.9 과학에서 모델계. (a) 선충인 *Caenorhabditis elegans*에 대한 연구는 동물 발생과 유전에 주요 발전을 이루었다. (b) 전통적인 실험실 쥐는 키우고 관리하기 쉽고 포유류로서 인간을 위한 약과 치료를 검사하는 중요한 모델계이다. (c) HeLa 세포는 1951년 Henrietta Lacks로부터 생검된 암 조직으로부터 유래되었다. 이 세포들은 영구히 분열하는 독특한 성질을 갖는다. 따라서 이들은 HIV부터 인간생장호르몬까지 다양한 주제의 연구에 유용하다.

데이터로 해결하기 ▶

이 도표는 스트레스 지수가 동일한 사람이 아니라 비슷한 사람을 묶었다. 왜 그렇게 해야만 했을까? 만일 스트레스 지수가 3인 사람과 4인 사람의 감기 감수성이 같다면 상관관계에 대해 의문을 가져야 하나?

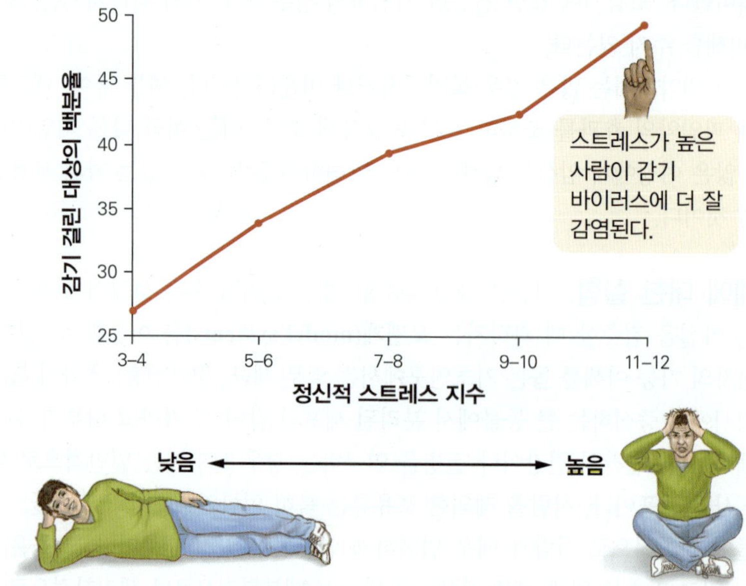

그림 1.10 스트레스 수준과 병의 상관관계. 도표는 높은 수준의 스트레스를 겪는 사람은 낮은 수준의 스트레스를 겪는 사람보다 감기바이러스에 노출된 후 바이러스에 더 잘 감염됨을 보여준다.

그림 1.10에 나타난 자료를 검토해 보자. 도표의 수평축 혹은 **x축(x-axis)**은 독립변수를 나타낸다. 이 변수는 스트레스이며, 대상자는 왼쪽 끝의 낮은 스트레스 수준에서 오른쪽의 높은 스트레스 수준까지의 스트레스 수준의 등급으로 나뉜다. 수직축 혹은 **y축(y-axis)**은 종속변수로 의사에 의해 보고된 감기에 걸린 참여자의 백분율을 나타낸다. 도표의 각 점은 개인군을 대표하며 각 스트레스군의 몇 퍼센트가 임상적 감기에 걸렸는지를 말해준다.

도표의 다섯 점을 잇는 선은 스트레스 수준과 감기바이러스 감염 사이의 관계인 상관관계를 나타낸다. 선이 오른쪽으로 가면서 증가하므로 양성 상관관계를 보여준다. 이 자료는 높은 스트레스를 겪는 사람은 더 많이 감기에 걸린다는 것을 보여준다. 그러나 이 관계가 높은 스트레스가 감기 감수성을 증가시킨다는 것을 의미할까?

스트레스가 감기를 일으킨다고 결론짓기 위해서는 대조군 실험에서 주어진 것과 같은 확신이 필요하다. 다시 말하면, 상관관계를 얻기 위한 측정에 참여했던 사람들이 스트레스 수준 외에는 모든 점이 유사하다고 가정해야만 한다. 이것이 좋은 가정일까? 반드시 그렇지는 않다. 대부분의 상관관계는 대체가설을 제어할 수 없다. 스트레스를 더 느끼는 사람은 시간이 없다고 느끼고 더 자주 즉석요리에 의존하므로 식사가 빈약할 수 있다. 반대로 스트레스를 많이 느끼는 사람은 감기바이러스에 더 많이 노출된 환경에 있을 수도 있다. 스트레스 수준이 다른 사람 사이의 이러한 차이가 감기 감수성에 영향을 미칠 수 있다(그림 1.11). 따라서 두 요인 사이의 강한 상관관계에도 불구하고 스트레스가 감기에 대한 저항성을 감소시킨다고 강하게 추론할 수 없다.

상관관계를 이용하는 연구자는 그들 대상을 면밀히 조사함으로써 대체가설들을 제거할 수 있다. 예를 들어, 스트레스와 감기 감수성에 대한 연구는 스트레스 수준이 다른 범주의 사람이 나이, 성, 교육, 감염된 사람에의 노출에서 차이가 있는지를 평가했다. 이 중 어떤 요인도 낮은 스트레스군과 높은 스트레스군 사이에서 차이가 없었다.

▼ 시각화

높은 스트레스와 높은 감기빈도가 왜 운동부족과 실제로 연결되는지를 설명하라(짙은 청색 화살표처럼).

(a) 높은 스트레스가 높은 감기 빈도의 원인인가?

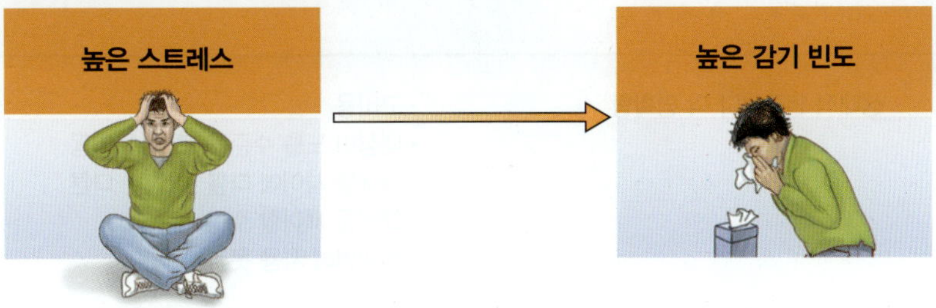

(b) 아니면 높은 스트레스의 원인 중 하나가 높은 감기 빈도의 원인인가?

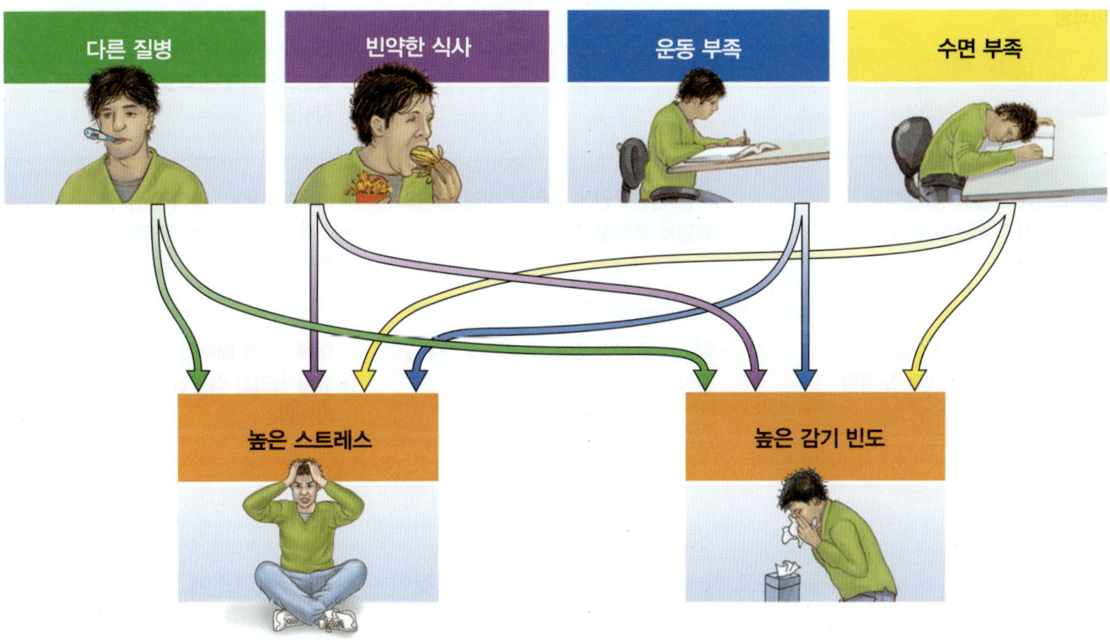

그림 1.11 **상관관계가 인과관계를 의미하지 않는다.** 일반적으로 상관관계는 모든 대체가설을 배제하지 못한다.

이 분석이 높은 스트레스 수준이 정말로 감기 감수성을 증가시킨다는 가설에 대한 신념을 높여주지만, 스트레스가 높은 생활양식을 갖는 사람은 스트레스가 적은 생활양식을 갖는 사람과 중요한 차이를 가지고 있을 수 있다. 이 중요한 차이의 하나가 감기 빈도의 차이에 대한 진정한 원인일 가능성이 있다.

이상의 논의로부터 두 요인 사이의 상관관계를 보여주는 것만으로 둘 사이의 인과관계를 나타내기는 어렵다. 다시 말해, 상관관계는 인과관계와 동일하지 않다. 예를 들어, 추운 날씨에 노출과 감기 유행 사이에는 일반적으로 이해되는 상관관계가 있다. 실제로 바깥 기온이 떨어지면 감기 발생이 증가한다. 그러나 수많은 대조된 실험은 추운 것이 감기 감수성을 증가시키지 않는다는 것을 보여주었다. 대신 찬 외부 온도는 다른 사람(바이러스도 포함)과의 밀접한 접촉을 증가시킴을 의미한다. 상관관계

표 1.1 상관관계 연구의 유형

이름	기술	찬성	반대
생태적 연구	병 수준이 비정상적으로 높은 특정 집단 조사(예, 산업공장 주변의 "암 집단" 조사)	저렴하고 상대적으로 수행이 용이함	환경요인에 노출이 실제로 발병과 관계되는지 불확실함
단면 조사	환경 요인에 노출량과 병의 존재를 결정하기 위한 집단 개체에 질문	생태적 연구보다 더 명확함	• 고비용 • 대상이 노출 수준을 모를 수 있음 • 개체들 사이에 다를 수 있는 다른 요인을 제어할 수 없음 • 희귀병에 사용 못함
환자군-대조군 연구	나이와 다른 요인이 일치하는 건강인과 환자 사이의 특정 환경요인에 노출을 비교함	• 비교적 빠르고 저렴함 • 희귀병에 최상의 방법	• 노출에 의한 병의 절대 위험을 측정하지 않음 • 대체가설을 제거하기 위한 적절한 대조구 선택이 어려움 • 환경요인과 연관되었을 단일 병만 검사함
코호트 연구	환경요인에 노출과 병 유행을 측정하면서 개체군을 추적함	• 특정 환경요인에 관련된 여러 질병의 위험을 결정할 수 있음	• 비싸고 시간이 많이 걸림 • 대체가설을 제어하기 어려움 • 희귀병에 가능하지 않음
상관관계 연구	다양한 수준의 독립변수를 경험한 개체들을 한 실험 처리에 노출함	• 적어도 관심이 있는 한 환경요인에 노출량을 제어할 수 있음	• 대체가설을 배제할 수 없음 • 실험 처리가 적용될 수 있는 가설에만 가능함

에도 불구하고 찬 공기가 감기를 일으키는 것이 아니고 바이러스에 노출이 감기를 일으킨다.

상관관계 연구는 질병의 원인과 분포를 연구하는 역학의 주된 수단이다. 역학에서 자주 사용되는 기술은 단면 조사이다. 이 조사에서는 많은 개인들에게 특정 조건의 존재를 조사하고 여러 요인에 노출 여부를 묻는다. 단면 조사의 한계는 상관관계 해석에 연관된 모든 문제에 덧붙여 대상 편견의 영향과 낮은 회답률이 포함된다. 표 1.1은 우리의 환경과 건강 사이의 연관성 연구에 이용된 다양한 상관관계 전략의 개관을 보여준다.

1.3 통계학의 이해

당신은 감기 예방과 처방에 대한 과학 문헌을 조사하면서 여러 감기 완화 수단의 효과에 대한 "유의성"에 관한 기술을 보았을 것이다. 예를 들어, 요인 A가 감기 증세를 감소시켰지만 연구 결과는 "유의성이 없다" 라는 보고가 있을 수 있다. 다른 연구는 요인 B가 병을 "유의하게 감소시켰다"라고 기술할 수 있다. 우리는 이 설명이 요인 B가 우리를 좋게 할 수 있고 요인 A는 효과가 없다는 것을 의미한다고 가정할 수 있다. 과학 연구에서 유의성(significance)은 일상에서 사용되는 의미와는 다르게 정의되기 때문에 이것은 바른 가정이 아니다. 과학에서 사용되는 이 용어를 이해하기 위해서 우리는 통계학에 대한 기본적 이해가 필요하다.

통계검정이 알려줄 수 있는 것

우리는 **통계**(statistics)라는 용어를 흔히 축적된 정보의 요약을 나타내는 데 사용한다. 예를 들어, 야구선수의 타자로서 성공은 총 안타 수를 타수로 나눈 평균 타율로 요약된다. **통계학(statistics)**은 약간 달라서 자료를 비교하고 평가하는 데 이용되는 수학의 특수한 분야이다.

실험 조사는 집단의 작은 하위 집단, 혹은 **표본(sample)**을 이용한다. 통계적 방법은 표본으로부터 자료를 요약할 수 있다. 예를 들어, 실험군과 대조군이 겪은 감기의 평균 기간을 나타낼 수 있다. 통계학에서는 이것을 **평균(mean)**이라 부른다. 그 후 **통계검정(statistical test)**은 표본으로부터 요약한 결과를 전체 집단으로 확대시키는 데 이용될 수 있다.

과학자가 실험을 수행할 때 실험 처치가 전체 집단에 진정한 효과가 있다고 가설을 세운다. 표본은 항상 전체 집단의 불완전한 단면이기 때문에 집단의 표본에 대한 실험은 진정한 효과를 예측할 수 있을 뿐이다.

한 대학의 1965년 여학생의 평균 머리 길이가 오늘날의 그것에 비해 짧았다는 가설을 고려해 보자. 이 가설을 검증하기 위해 졸업앨범에서 사진을 비교할 수 있다. 만일 사진에서 여학생들의 머리 유형이 유사하다면 여대생들의 평균 미리 길이는 사진의 평균 길이와 비슷할 것이라고 합리적으로 가정할 수 있다. 그러나 만일 사진의 여학생들의 머리 유형이 단발머리에서 긴 땋은 머리까지 다양하다면 어떨까? 이 경우는 사진의 평균 길이가 여대생들의 평균 길이와 유사한지를 결정하기 어렵다. 변이가 심하면 사진에서 매우 긴 머리 여학생을 우연히 높은 빈도로 포함할 수 있어, 표본의 평균 길이를 전체 학생들의 평균보다 훨씬 길게 한다(그림 1.12).

표본의 개체수와 표본 내의 변이가 주어지면, 통계검정은 두 그룹 간의 차이가 두 표본이 뽑힌 두 집단 간에 내재하는 진정한 차이를 반영할 가능성을 계산한다. **통계적으로 유의한(statistically significant)** 결과는 실험군과 대조군 사이의 우연한 차이 때문일 가능성이 희박하며 따라서 두 그룹 간의 진정한 차이를 나타낼 수 있다.

쉬어가기 평균 머리카락 길이가 1965년 학급에서 60 cm, 2015년 학급에서 65 cm였다고 가정하자. 2015년 모습에서 변이가 주어졌지만 그 정보는 통계적으로 유의하지 않다. 2015년의 평균적 머리 길이가 1965년의 평균보다 더 길다고 할 수 있는가?

자주천인국 차에 대한 실험의 경우 통계검정은 연구자에 의해 관찰된 감기 증상의 33% 완화가 통계적으로 의미가 있음을 보여주었다. 다시 말해, 두 그룹 사이의 차이가 우연에 의할 확률은 아주 낮다. 만약 실험이 적절하게 고안되었다면 통계적으로 의미 있는 결과는 연구자로 하여금 처리의 효과가 있다고 강하게 추론하도록 한다.

시각화 ▼

1960년대 사진은 최근의 사진에 비하여 여성 집단의 인종 다양성이 훨씬 적다. 이것이 비교에 어떤 영향을 미치겠는가? 감기 처치 사례에서 인종 다양성 결핍은 결과의 해석에 어떤 영향을 미치는가?

(a) 이 사진의 평균 머리 길이는 짧다

- 작은 변이
- 학번 전체 여성의 평균을 반영할 확률이 높다

(b) 이 사진의 평균 머리 길이보다...

- 높은 변이
- 학번 전체 여성의 평균을 반영할 확률이 낮다

따라서 현재 머리가 1965년보다 더 길다?

그림 1.12 **통계학의 역할.** 통계검증은 그룹들이 우연에 의해서만 다를 확률을 결정하기 위해 그룹 내의 변이를 계산한다.

통계 검정이 알려줄 수 있는 것: 더 자세히 알아보기 ▼

감기 처방에 대한 다른 연구를 평가함으로써 통계검정의 역할을 보다 면밀히 살펴보자. 이 연구는 아연 정제가 감기 증상을 완화시키는 효과를 조사하였다.

어떤 형태의 아연은 일부 감기바이러스가 코 공간의 내피세포로 들어가는 것을 막는다. 이 관찰로부터 감기 초기에 아연을 복용하면 감염되는 세포 수를 줄이고 따라서 감기의 증세나 기간을 감소시킨다는 가설을 세웠다. 이 가설을 검증하기 위해 클리브랜드 병원의 연구자들은 감기 증상이 나타난 24시간 안에 이중맹검 연구에 자원한 고용자 100명의 표본을 사용한 연구를 수행하였다. 그들은 대상을 실험군과 대조군에 무작위적으로 배정했다. 실험군의 대상은 아연 정제를 받았고 대조군의 대상은 위약을 받았다. 두 군의 대상자는 모두 알약의 사용법에 대해 동일한 지시를 받았고 회복될 때까지 증상을 평가하도록 요구받았다.

실험 자료가 요약되었을 때 통계는 아연군의 평균 회복기간이 위약군에 비해 3일 이상 짧았다는 것을 보여주었다(그림 1.13). 외형적으로 이 결과는 가설을 지지하는 것으로 보인다. 그러나 여성의 머리 길이의 사진을 상기하라. 우연의 효과 때문에 통계검정이 필요하다.

표본오차 문제

실험 결과에 대한 우연의 효과를 **표본오차(sampling error)**라 한다. 보다 명확하게는 표본과 표본이 뽑힌 집단 사이의 차이가 표본오차이다. 유사하게, 모든 실험에서 실험처리에 배정된 사람들과 대조군에 배정된 사람들은 무작위적 면에서 서로 다를 것이다. 실험처리에 의한 진정한 효과가 없더라도 실험군과 대조군에서 관찰된 결과는 결코 동일할 수 없다.

예를 들어, 우리는 사람마다 감기 감염에서 회복되는 능력은 차이가 있음을 알고 있다. 한 지원자에게 아연 당의정을 주고 다른 지원자에게 위약을 주었다면 그들의 감기 기간은 다를 것이다. 만일 아연 복용자가 위약 복용자보다 감기에 짧게 걸렸다고 해도 조사는 우리의 가설에 대해 이야기할 것이 별로 없을 것이다. 아연 복용자가 다른 이유 때문에 덜 심하게 앓았을지 모른다.

각 군에 5명의 지원자가 있고 차이를 보았다고 상상해 보자. 혹은 차이가 3일이 아니고 하루라고 상상해 보자. 아연 정제가 효과가 있다고 어떻게 결정할 수 있을까? 통계검정은 자료를 보고 그 결과가 표본오차에 의한 것일 가능성, 즉 **확률(probability)**을 결정하게 한다. 이 경우 통계검정이 실험군에서 감기 기간의 감소 원인에 대한 두 가능성을 구분했다: 아연 정제의 감기 치료제로서의 효과 때문에 차이가 났거나 아니면 대조군과 우연한 차이 때문이다. 결과는 단순히 우연에 의해 두 군이 차이가 날 가능성은 10,000분의 1(0.01%) 이하로 낮음을 보여주었다. 다시

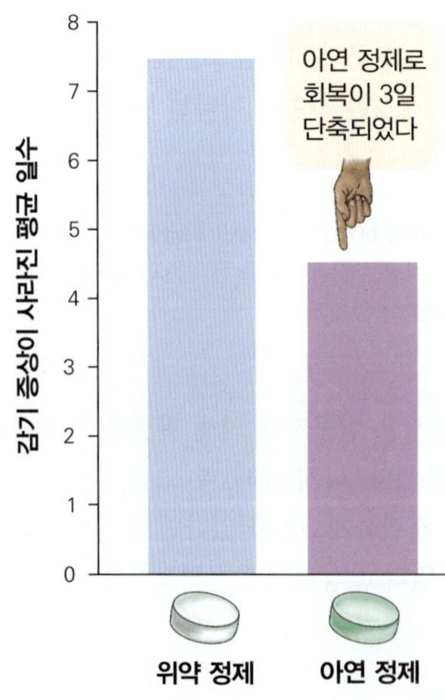

◀ 데이터로 해결하기

때로는 그래프에 선을 또는 막대를 사용한다. 이들 두 평균점(평균 7.5와 4.5)을 왜 선으로 연결하지 않은 것으로 생각하는가?

그림 1.13 **아연 정제가 감기 기간을 감소시킨다.** 위약을 먹은 사람들의 약 7.5일에 비해 아연 정제를 먹은 개인들은 약 4.5일 동안 감기를 앓았다.

더 자세히 알아보기, 계속

말해, 실험 결과는 통계적으로 유의하다.

표본 내 변이량은 종종 평균의 **표준오차(standard error)**로 표시되어 통계적으로 측정된다; 변이가 더 클수록 더 큰 표준오차가 나온다(그림 1.14). 간단히 말해, 집단의 진정한 평균치는, 평균치에 표준오차를 더한 값과 평균치에서 표준오차를 뺀 값 사이의 어디엔가 존재할 가능성이 매우 높다. 여러분은 전에도 여론 조사를 발표할 때 **표준오차**라는 용어를 들었을 것이며 그 범위를 흔히 **오차범위**(margin of error)라고 한다. 만일 가설이 사실이라면 표준오차가 작은 결과일수록 통계적으로 유의할 가능성이 높다.

통계적 유의성에 영향을 미치는 요인들

표본오차에 영향을 미치는 실험의 특성 중 하나는 대조군과 실험군의 개체수인 **표본크기(sample size)**이다. 만일 처치가 효과가 없으면 작은 표본크기는 단순히 큰 표본오차 때문에 다른 결과를 나타낼 수 있다. 이미 기술된 비타민 C 가설의 경우가 그렇다. 큰 표본크기를 사용한 차후의 검정은 비타민 C가 감기를 예방한다는 가설을 최종적으로 배제하게 하였다.

반대로 처치의 효과가 사실이지만 표본크기가 작으면 한 번의 실험으로 가설이 지지된다고 확실하게 결정하지 못할 수 있다. 예를 들어, 48명이 참가한 위스콘신 병원에서의 연구는 자주천인국 차를 사용한 실험군이 바이러스에 노출된 후 위약을 받은 사람에 비해 30% 적게 감기 증상을 경험했음을 보여주었다. 그러나 이 연구의 작은 표본크기는 이 결과가 통계적으로 의미가 없음을 의미한다. 이 실험에 근거하여 아직도 자주천인국 차가 긍정적 효과가 있는지를 말할 수가 없다.

연구 참여자가 많을수록 연구자는 진정한 실험처치의 효과를 비록 그것이 아주 작더라도 볼 가능성이 높다. 예를 들어, 6년에 걸친 21,000명 남성 흡연자에 대한 핀란드의 연구는 비타민 E 보충제를 복용한 남성은 비복용자에 비해 5% 적게 감기에 걸림을 보여주었다. 이 경우, 큰 표본크기가 비타민 E가 감기 질환에 비교적 적지만 진정한 효과가 있음을 알게 하였다. 다시 말해, 이 통계적으로 유의한 결과는 현실에서 **실제적**(practical) 의미는 별로 없다. 가설, 실험 조사, 표본크기 및 통계적, 실제적 유의성의 관계가 그림 1.15에 요약되었다.

그러나 이 논의에 마지막 경고가 있다. 통계적으로 유의한 결과는 **우연에 의할 가능성**

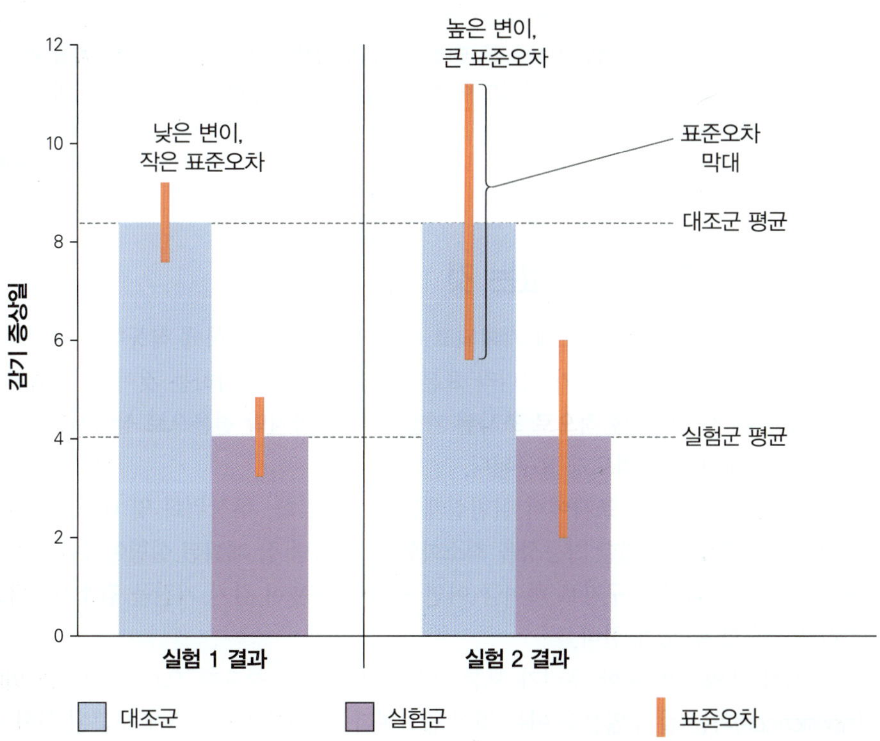

그림 1.14 표준오차. 이 막대도표의 적색 선은 각 시료 평균의 표준오차를 나타낸다. 변이가 큰 시료는 변이가 작은 시료에 비해 큰 표준오차를 갖는다. 대조군과 실험군의 평균이 동일하지만 오른편 시료의 큰 변이 때문에 왼편에 요약된 자료만 유의한 차이를 나타낸다.

◀ 시각화

측정된 표본의 크기가 증가하면 보통은 표준오차는 감소한다. 왜 그렇다고 생각하는가?

더 자세히 알아보기, 계속

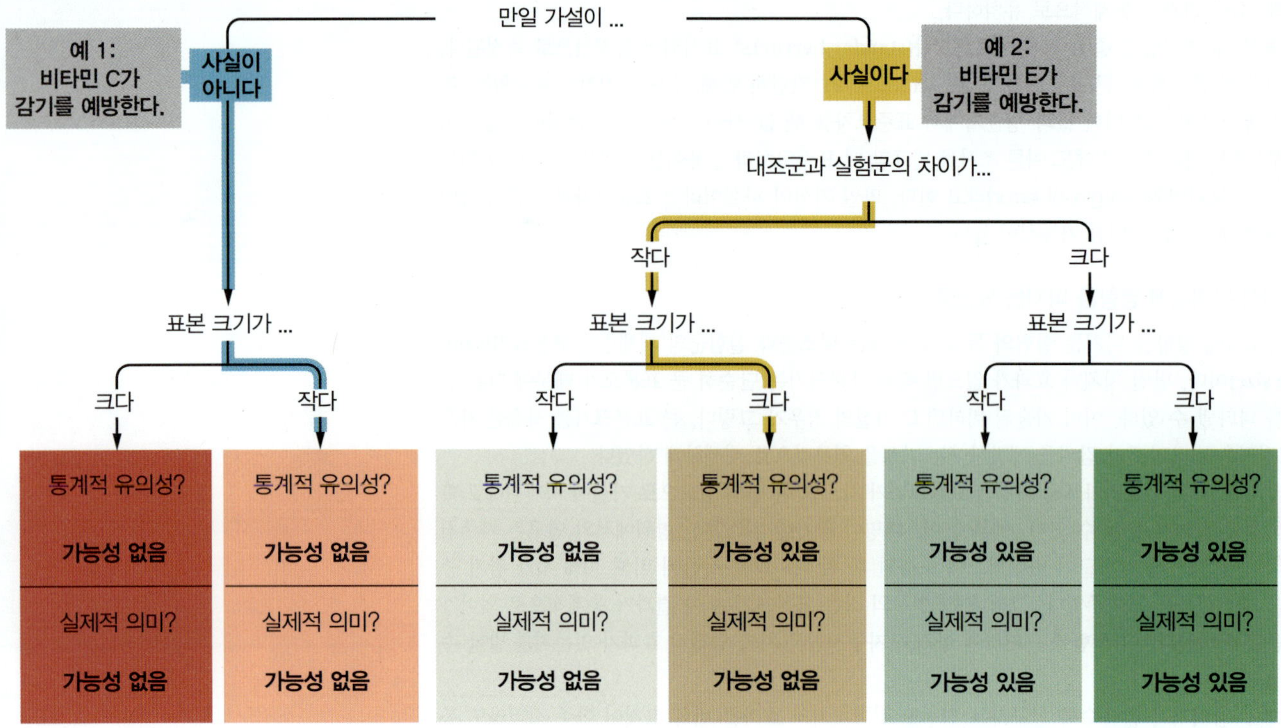

그림 1.15 **통계적 유의성에 영향을 미치는 요인들.** 이 흐름도는 실험처치의 진정한 효과와 표본 크기가 통계적 유의성을 얻을 가능성에 미치는 관계를 요약한 것이다.

시각화 ▲

약 80,000명 여성을 20여 년 동안 추적한 간호사 건강 조사는 흰 밀가루나 설탕 같은 정제된 탄수화물이 적고 야채유와 단백질이 상대적으로 많은 음식이 고도로 정제된 탄수화물을 먹는 여성에 비해 심장병 위험을 30% 감소시킴을 발견했다. 이 결과는 이 흐름도의 어느 곳에 해당하나?

(probability)이 5% 이하인 결과로 정의된다. 만일 모든 과학 연구가 같은 기준을 사용한다면, 통계적으로 유의한 20개의 결과마다 하나는(전체의 5%) 실제로는 사실이 아닌 효과를 보고하는 것이다. 다시 말해, 일부 통계적으로 유의한 결과도 긍정 오류인데, 놀랄만큼 큰 표본오차를 나타낸다. 이 잠재성이 지지를 받은 한 실험이 가설의 정확성을 모든 과학자들에게 확신시키기에는 충분하지 않은 이유이다.

우연에 의한 결과의 가능성이 0.01% 이하라는 통계검정에도 불구하고 우리는 이 가설에 대해 동일한 결과를 낸 추가적인 검사를 본 후에만 아연 당의정이 감기 기간을 감소시킴을 확신해야 할 것이다. 실제로 과학자들은 아직도 이 가설을 검증하고 있으며 감기처방으로서 아연의 효과에 대해서는 아직도 합의점이 없다.

통계검정이 알려줄 수 없는 것

모든 통계검정은 실험이 바르게 기획되고 수행되었다는 가정하에 작동한다. 다시 말해, 통계검정은 관찰자 오차가 아니라 표본오차의 기회를 평가하는 것이며, 통계적으로 의미 있는 결과도 실험적으로 조사된 가설에 대한 마지막 결론으로 삼아서는 안 된다. 실험 자체에 대한 검토가 요구된다.

아연 당의정의 효과 조사에서 실험설계는 이중맹검화, 무작위화 및 대조됨으로써 대체가설이 결과를 설명할 가능성을 최소화했다. 이처럼 잘 계획된 실험이라면 통계적으로 유의한 결과는 연구자로 하여금 아연 당의정 복용이 감기 기간을 감소시킨다고 강하게 추론할 수 있게 한다.

통계적 유의성은 또한 우리가 보통 "의미 있는 혹은 중요한"으로 정의하는 의미(significance)와는 같지 않음을 아는 것이 중요하다. 불행하게도 뉴스에 보고된 실험 결과는 종종 이 중요한 차이를 구분하지 않고 의미 있는(significant)이란 용어를 사용한다. 과학이 전달되는 방법에서 오해의 소지가 있는 측면뿐만 아니라 이런 문제를 이해하는 것은 당신으로 하여금 과학 정보를 보다 잘 이용하게 할 것이다.

1.4 과학 정보의 평가

앞 절은 우리 질문에 대한 분명한 과학적 해답이 느리게 얻어지는 이유를 이해하는 데 도움이 됐어야 한다. 물론 잘 계획된 실험으로 진실에 접근할 수 있다.

1차출처

실험에 대한 보고를 비판적으로 보면 취해야 할 행동에 대해 잘 알고 결정을 내리는 데 도움이 된다. 감기 예방과 치료에 대한 대부분의 연구는 먼저 연구자가 작성하고 과학계에서 심사한 **1차출처(primary source)**로 발표된다(그림 1.16). **동료심사(peer review)** 과정은 전문 학술지에 출판하기 전에 다른 과학자가 실험의 결과와 결론에

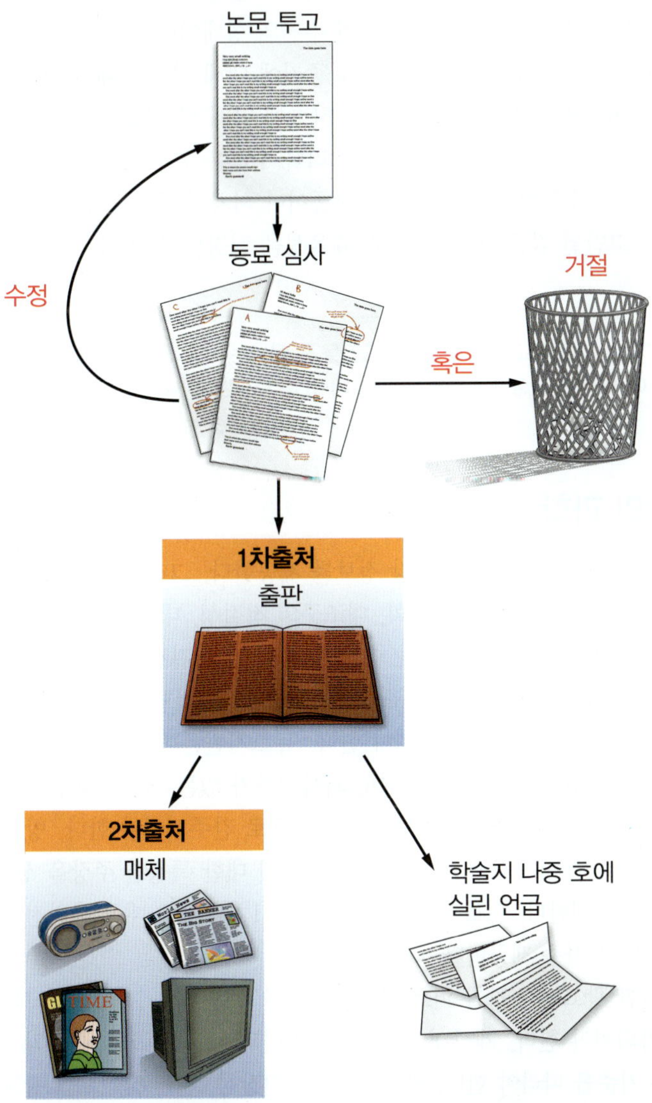

그림 1.16 1차출처: 과학 결과의 발표. 대부분 과학 학술지는 논문 게재 전에 엄격한 평가를 거칠 것을 요구한다.

◀ **시각화**

익명의 전문가에 의한 원고 심사가 어떻게 최종 논문을 보다 믿을 수 있게 하는가?

대해 비판하기 때문에 과학적 정보에 대한 확신을 높이는 데 도움이 된다. *Science*, *Nature*, *Journal of the American Medical Association* 같은 학술지와 다른 수백 종 학술지의 연구논문은 현재의 과학 지식에 대한 첫 번째이며 가장 믿을 만한 출처이다.

그러나 매주 수백 편씩 발행되는 과학 논문을 평가하는 것은 우리 중 누구도 혼자서 할 수 없는 작업이다. 우리가 단지 특정 관심 분야에 집중한다 해도 많은 과학 논문에 사용된 기술적인 용어들이 우리 이해에 상당한 장벽이 될 수 있다.

1차 문헌을 읽는 대신 대부분의 사람은 책, 뉴스 보도, 광고와 같은 **2차출처(secondary source)**로부터 과학 지식을 얻는다. 우리는 이 상황에서 어떻게 정보를 평가할까? 다음 절은 그런 평가를 위한 전략을 제공하고, 이 책에서 반복되는 현명한 독자(Savvy Reader)는 이 평가 기술의 연습을 도와줄 것이다.

일화로부터의 정보

자주천인국 차나 아연 당의정 같은 영양 보충제에 대한 정보는 종종 **일화증거(anecdotal evidence)**의 형태인데, 이는 개인의 사적인 경험에 근거한 충고를 의미한다. 친구가 열심히 비타민 C를 칭찬하는 것은 그것이 그녀를 도왔다고 느끼기 때문인데, 이것이 일화의 일반적 형태인 추천의 한 예이다. “그들에게 효과가 있기 때문에” 유명인을 이용해 상품을 광고하는 것은 전형적인 추천의 형태이다.

잘 계획된 과학연구와는 전혀 다른 일화증거에 대해 결론을 내릴 때 매우 조심해야 한다. 예를 들어, 어떤 사람의 할아버지가 하루에 담배 한 갑을 피웠는데 94세까지 살았다는 일화를 많은 사람들이 들어왔다. 그러나 수많은 연구는 흡연과 조기 사망의 분명한 연관성을 보여주었다. 일화가 어떤 상품이나 처치의 장점을 보여줄 수 있지만, 가설에 대한 잘 고안된 검증만이 안전성과 효율성을 결정할 수 있다.

쉬어가기 과학을 발표하는 데 있어서 도전들 중 하나는 자료에 대한 통계적 요약보다 일화증거가 사람들에게 더 큰 인상을 준다는 것이다. 왜 그렇다고 생각하나?

뉴스에서의 과학

대중적인 뉴스 출처는 끊임없이 건강 정보를 제공한다. 그러나 일반적인 매체의 연구결과에 대한 보도에는 보통 실험 계획, 대조군의 적절성, 대상의 수, 연구비 지원 기관에 대한 정보가 포함되어 있지 않다. 어느 누구가 인간 건강이나 환경 재앙의 위험들에 대한 극적인 뉴스를 지지하는 연구의 질을 어떻게 평가할 수 있을까?

첫째, 매체 보고의 출처를 고려해야 한다. 뉴스기관은 연예계 신문보다 사실을 더 신뢰할 수 있게 보고하는 것이 분명하며, 과학기자가 있는 뉴스 기관은 과학기자가 없는 기관보다 연구의 내용을 더 잘 보고하는 것으로 간주되어야 한다. 방송 시간을 채울 필요가 있는 텔레비전의 이야기 프로는 건강에 대한 특정한 주장을 선전하는 손님을 정기적으로 초대한다. 이들 손님은 일화 혹은 1차출처에 대한 불완전한 요약에 근거한 정보를 너무 자주 제공한다.

돈을 지불한 광고는 정보를 퍼트리는 합법적인 수단이다. 그러나 광고의 주장은 주의 깊게 평가되어야 한다. 계산대 위 혹은 처방약의 광고는 그들 주장의 진위에 대해 철저한 정부 기준을 따라야 한다. 약초 보충제, 건강식 상품, 식이요법 광고는 낮은 기준이 적용된다. 광고주는 자주 광고의 서술을 설명하도록 요구받기 때문에 작은 활자 내용을 확실히 검토하자.

건강 정보에 대한 또 다른 일반적인 출처는 인터넷이다. 알다시피 누구든지 인터넷에 정보를 올릴 수 있다. 일반적인 웹 검색엔진에 "감기 예방"을 쳐 넣으면, 높이 평가되는 학교나 정부의 출처로부터 상품을 팔려는 작은 회사 혹은 강하지만 지지되지 않은 치료법을 갖고 있는 개인까지 수천의 웹 쪽이 돌아올 것이다. 흔히 잘 고안된 웹사이트의 신뢰성을 결정하는 것이 어려울 수 있으며, 위키피디아 같은 자주 이용되는 사이트라도 틀린 혹은 오도하는 정보를 포함할 수 있다. 웹을 건강 정보의 출처로 사용할 때 고려해야 할 몇 가지는 다음과 같다.

1. 미국국립보건원(NIH) 혹은 메이오(Mayo) 클리닉 같은 권위 있는 의학 기관이 유지하는 웹사이트를 선택하라.
2. 웹사이트를 유지하는 데 돈이 든다. 웹사이트가 상품이나 행사를 추천하는지를 고려하라. 특정 상품에 대한 광고가 있으면 웹사이트의 편견을 경계해야 한다.
3. 웹사이트가 마지막으로 개정된 시기를 검토하고 처음 게재한 후 내용이 개정되었는지를 살펴라. 과학과 의학은 수시로 새로운 자료를 평가해야 하는 분야이다. 믿을 만한 웹사이트는 자주 개정될 것이다.
4. 증명되지 않은 주장을 하는지를 결정하라. 참고문헌을 찾아보고 동료-심사를 거친 학술지에 실리지 않은 연구에 의심을 가져라.

2차출처로부터의 과학 이해

매체 출처가 비교적 믿을 수 있다고 만족하면, 그곳에서 제공하는 과학적 주장을 검토할 수 있다. 이야기와 과학을 평가하기 위해 과학의 과정과 실험계획에 대한 지식을 이용하라. 주장에 대한 이야기가 과학적 연구 결과를 제공하는지 혹은 검증되지 않은 가설을 대상으로 만들어진 것인가? 잘못된 가설을 배제하도록 고안된 실험으로 과학적 방법을 이용하여 결과가 얻어졌는지? 이야기가 상관관계를 원인과 혼동하고 있는지? 정보가 실험실 밖 상황에 적용될 수 있는지 혹은 정보가 임시석 혹은 동물 연구에 기반을 둔 것인지?

보고자가 얼마나 공부했는지에 대한 단서를 찾아라. 과학자는 일반적으로 그의 논문에서 연구의 한계를 논의한다. 이 주의가 기사나 텔레비전 방송에서 언급되었는가? 그렇지 않다면 보도자는 결과의 응용성을 과도하게 강조할 수 있다.

그 다음 과학 발견 자체가 논쟁의 여지가 있는지 살펴보라. 오랫동안 지지되어 왔던 가설을 배제한 것인가? 인간 사회에서 논란의 여지가 있는 주제에 관한 것인가? 사회 정책에 변화를 초래할 수 있는가? 이들 경우 극도로 조심하라. 새롭고 예측하지 않았던 연구 결과는 다른 과학적 증거와 이해의 관점에서 평가되어야 한다. 다른 전문가의 언급이 없는 보고는 연구의 문제점을 빠트리거나 다른 연구와의 관계에서 연구를 다루지 않을 수 있다. 이 장의 '현명한 독자' 란은 뉴스 보도를 평가할 때의 질문과 대답에 대한 점검표이다.

마지막으로 뉴스 매체는 일반적으로 편집자가 뉴스로 가치가 있다고 생각하는 과학 기사만 강조한다. 이미 본 것처럼 과학적 이해는 동일한 가설에 대한 많은 검증을 거쳐 마침내 자연현상에 대한 정확한 이해에 이르게 되므로 비교적 느리게 축적된다. 뉴스

기관은 또한 두 종류의 연구가 있더라도 가설을 덜 지지하는 결과를 낸 연구보다는 가설을 지지하는 연구를 보고할 가능성이 높다.

가장 권위 있는 매체 출처조차도 독자가 바라는 만큼 철저하지 못할 수 있다. 예를 들어, *New England Journal of Medicine*에 발표된 최근 평론에서 신약에 대한 뉴스 매체의 보도를 평가했다. 무작위적으로 선택된 207건의 보도 중 40%만이 인용한 전문가가 신약과 경제적으로 관련이 있음을 독자에게 밝혔다. 이 잠재적 이익의 상충은 전문가의 신뢰성에 영향을 미칠 수 있다. 다른 40%의 뉴스 보도는 약의 장점에 대해 기본적인 통계 분석을 실시하지 않았다. 뉴스 보도의 대부분은 또한 절대적인 이익(약으로 몇 명이 도움을 받았나)과 상대적인 이익(같은 증상에 대한 다른 처방에 비교해 얼마나 많은 사람이 약으로 도움을 받았나)을 구별하지 못했다. 이 학술지 평론은 과학 주제에 대한 뉴스 보도를 읽거나 시청할 때 조심해야 할 필요가 있음을 생생하게 상기시킨다.

이 모든 지시를 따른 후에도 몇몇 과학 연구에 대해 잘 연구된 보도들이 상충되고 혼동된 결과를 초래하는 것을 보게 될 것이다. 이제는 알겠지만, 혼동은 과학적 과정의 본성이다. 현상에 대한 이해를 찾는 초기에 많은 가설이 제안되고 논의되며, 일부는 검증되어 즉시 배제되고, 일부는 실험에 의해 지지되나 후에 보다 철저한 실험으로 배제된다. 단지 과학 연구의 과정과 함정을 분명히 이해함으로써 "아는 것"과 "모르는 것"을 구별할 수 있게 된다.

1.5 감기 치료법이 있는가?

이 논의는 우리를 어디에 남겨 놓았나? 우리는 감기의 효과를 줄이거나 예방하는 최선의 방법을 찾을 수 있을까? 미국에서 매년 10억 건 이상의 감기가 보고되어 병원 방문, 치료 및 병가로 수십 억 달러가 소모된다. 따라서 감기의 여러 원인 바이러스로부터 효과적인 보호책을 찾기 위해 엄청난 노력을 기울이고 있다.

의학서적 데이터베이스를 조사한 결과 감기 감염의 생물학, 치료 및 결과에 대해 매년 거의 100편의 논문이 발표된다. 이 연구들로 감기바이러스의 구조와 생화학, 세포 침입 방법, 감염에 대한 신체의 반응에 대한 중요한 발견들이 이루어졌다.

쉬어가기 감기 치료와 예방에 대한 최신의 연구를 어디서 찾을 것인가?

모든 연구와 약간의 희망적 가능성의 출현에도 불구하고 아직도 가장 좋은 예방책은 오랫동안 소중하게 간직한 '손을 깨끗이 하라'는 것이다. 많은 연구는 효과적인 손 씻기 과정을 실행하는 사람들은 감기 감염률이 20~30% 낮음을 보여주었다. 감기바이러스는 표면에서 수 시간 동안 살 수 있으므로, 만일 손 표면에서 바이러스를 집어서 눈, 입, 코로 옮기면 일주일 코감기를 스스로 감염시키는 것이다(그림 1.17).

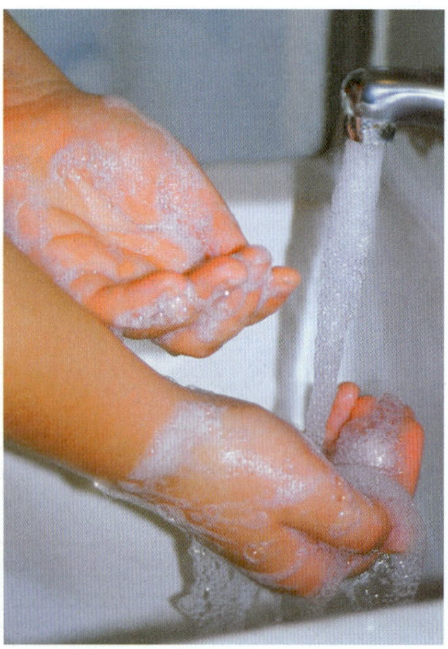

그림 1.17 감기 예방. 감염에 대한 최상의 방어는 효과적인 손 씻기이다. 20초 동안 액체 비누칠 하고 10초 동안 수돗물로 씻어라. 적어도 60% 에탄올을 포함하는 알코올에 근거한 손 젤은 덜 효과적이나 필요할 때는 사용해도 좋다.

물론 감기바이러스에 노출된 사람이 모두 감기에 걸리는 것은 아니다. 아마도 개인의 위생 차이 때문에 한 사람이 다른 사람보다 감기에 많이 걸리지는 않을 것이다. 스트레스와 감기 감수성 사이의 관계를 보여주는 상관관계가 가치가 있다. 연구는 바이러스에 노출된 사람 중 감염될 가능성은 많은 대학생이 분명히 겪고 있는 높은 정신적 스트레스에 따라 증가됨을 보여준다.

자주천인국 차와 아연 정제와 함께 비타민 C도 감염 후 감기 증상을 완화시키는 증거가 일부 있기는 하지만, 연구는 또한 비타민 C 섭취, 음식의 질, 찬 공기에 노출 및 운동 빈도는 감기 감수성과 관계가 없음을 보여준다. 놀랍게도, 의학 연구로 천연두나 소아마비 같은 치명적인 바이러스가 제거되었음에도 불구하고 감기를 치료하기 위해서 과학자들이 갈 길은 아주 멀다.

현명한 독자

뉴스에서 과학 평가를 위한 도구 세트

다음 점검표는 뉴스에서 과학 정보를 평가하는 안내자로 사용될 수 있다. 위험신호를 올린 모든 문제가 이야기의 결론에 대해 당신을 조심스럽게 만들어야 하겠지만 어떤 문제도 당신이 이야기(및 관련된 연구)를 거부하게 해서는 안 된다. 그러나 일반적으로 이야기에 의해 올려진 붉은 기가 적을수록 과학연구의 의미에 대한 보도는 보다 신뢰할 수 있다. *Nashua*(New Hampshire) *Telegraph*의 테리 굽타의 기사에서 추출한 감기에 대해 제안된 치료법 설명을 평가하는데 **표 1.2**를 이용하라.

> 면허를 갖춘 안마 치료사인 폴라 포르티어(Paula Fortier)는 그녀의 특별한 양조법을 공유했다. 끓는 물이나 차에 고춧가루, 꿀, 방금 짠 레몬을 넣는다. 자신의 열띤 탁월한 조합을 설명할 때 그녀의 열정은 감기보다 더 전염성이 있는 것 같다. "당신의 목구멍이 열린다"라고 그녀는 말한다. "당신은 덜 자극받으며 불필요한 독성을 땀으로 분비한다." 그녀는 기호와 아량에 따라 재료들의 정확한 양을 변화시킨다. 뜨거운 물에 관해서는, "몸 전체가 아프고 쑤신데 대해 그녀가 가장 애용하는 치료는 2컵의 사과발효 식초를 넣은 욕조에서 15분간 열탕을 하는 것이다. 이는 독성을 방출하고 염증을 줄이고 당신의 기분을 좋게 한다."

표 1.2 과학 뉴스 평가를 위한 안내서

질문에 대해 적절한 상자에 표시하라.

질문	선호하는 답		붉은 기 올리기	
1. 기사의 근거는 무엇인가?	가설검증	☐	검증되지 않은 주장 기사의 주장을 지지하는 자료가 없다.	☐
2. 과학자는 어디에 소속되나?	독립적(대학 혹은 정부 기관)	☐	산업체나 옹호단체에 고용됨 자료와 결론이 편향될 수 있다.	☐
3. 연구비 지원기관은 어딘가?	정부 혹은 공평한 기관 (편견 없는)	☐	산업체 혹은 당파적 지원(편견 있는) 자료와 결론이 편향될 수 있다.	☐
4. 만일 가설검증이 상관관계이면: 연구자가 합리적인 대체가설을 제거하려고 하였나?	예	☐	아니오 상관관계는 원인과 동등하지 않다. 가설검증은 대체가설이 조사되지 않으면 약한 지지를 얻는다.	☐

계속

표 1.2 과학 뉴스 평가를 위한 안내서. (계속)

질문	선호하는 답		붉은 기 올리기	
만일 가설검증이 실험이면: 실험처치가 대조구와 실험구의 유일한 차이인가?	예	☐	아니오 실험은 대체가설이 조사되지 않으면 약한 지지를 얻는다.	☐
5. 실험의 표본 개체들이 집단의 좋은 단면인가?	예	☐	아니오 결과는 전체 집단에 적용되지 않을 수 있다.	☐
6. 자료를 상대적으로 많은 개체로부터 얻었나?	예	☐	아니오 연구는 표본오차 경향이 있다.	☐
7. 참여자가 자신의 그룹과 "기대 결과"에 대해 맹검화되었나?	예	☐	아니오 대상기대가 결과에 영향을 줄 수 있다.	☐
8. 자료 수집가와 분석가가 연구 참여자에 대해 맹검화되었나?	예	☐	아니오 관찰자 편견이 결과에 영향을 줄 수 있다.	☐
9. 뉴스 보도자가 같은 주제에 대한 다른 실험을 언급했나?	예	☐	아니오 결과가 이상한지 혹은 보다 폭 넓은 결과들의 양상에 부합하는지 결정할 수 없다.	☐
10. 뉴스가 다른 독립적인 과학자의 언급을 포함하고 있나?	예	☐	아니오 결과가 이상한지 혹은 그 분야의 다른 사람에 의해 의심을 받는지 알 수 없다.	☐
11. 보도자가 연구의 한계를 언급했나?	예	☐	아니오 보도자가 연구를 비판적으로 읽지 않을 수 있고 결과의 응용을 과도하게 기술할 수 있다.	☐

그럴듯한 소린데 **그런가?**

피부 관리 제품의 광고는 종종 "이 제품은 …에 임상적으로 증명되었다"와 같은 구절을 포함한다. 이 기술은 여드름을 약화시키고 거친 피부를 제거하고 검은 점을 밝게 한다고 주장하는 국소 크림을 사도록 당신을 확신시킬 수 있다. 이 결정은 다음 기술에 대한 당신의 믿음에 기초할 수 있다.

만일 제품이 선전하는 대로 작용함이 임상적으로 증명되었다면, 그것은 제품이 당신에게 쓰일 수 있음을 의미한다.

그럴듯한 소리이지만 그렇지 않다.

1. "임상적으로"는 일반적으로 제품이 모종의 실험을 거쳤다는 것을 의미한다. 크림이 여드름을 감소시킬지를 검사하는 이상적인 실험을 기술하라.
2. 이 실험의 결과가 진짜 크림을 사용한 환자와 위약을 사용한 환자 사이에서 여드름의 정도에서 통계적으로 의미있는 차이를 보였다고 가정하자. 여드름의 이 차이가 필연적으로 클까?
3. 실제로, "임상적 증명"은 종종 제품에 대한 소비자 평가, 다시 말해 제품을 사용한 결과 여드름이 감소했는지를 묻는 조사에 의존한다. 이러한 종류의 실험적 접근의 문제점은 무엇인가?
4. 만일 실험이 잘 대조되고 이중맹검 처리되었다고 해도 한 번의 실험 결과가 가설을 증명하나?
5. 이 통계적으로 의미있는 결과가 이 실험에서 크림을 사용한 모든 사람이 위약을 사용한 사람보다 여드름이 적었음을 의미하나?
6. 1~5번 질문에 대한 답을 생각하고 위의 굵은 글씨로 쓴 문장이 그럴듯하지만 그렇지 않은 이유를 설명하라.

복습

요약

1.1

과학적 가설의 특성을 기술하라.

- 과학은 자연계가 작용하는 방법에 대한 설명인 가설을 검증하는 과정이다. 과학적 가설은 검증할 수 있고 반증할 수 있어야 한다.

과학적 가설과 과학학설을 비교하고 대비하라.

- 과학학설은 여러 다른 독립적인 연구들에 의해 잘 지지된 가설에 근거한 일련의 관련된 관찰에 대한 설명이다.

연역적 사고와 귀납적 사고를 구별하라.

- 가설은 종종 여러 관찰을 하고 그들을 설명할 일반 원칙을 추론하는 것으로 구성된 귀납적 사고를 통해 개발된다.
- 가설 검증은 연역적 사고의 과정을 통해 검증되는데, 그것은 연구자로 하여금 기대되는 관찰에 대하여 특정한 예측을 하도록 한다.

가설이 연역적 사고에 의해 완벽하게 증명될 수 없는 이유를 설명하라.

- 가설을 완벽하게 증명하는 것은 불가능한데, 주어진 가설 외에도 예측된 결과에 이르게 하는 다른 이유가 있을 수 있기 때문이다.

1.2

대조된 실험의 특성을 기술하고 어떻게 이들 실험이 결과에 대한 대체 가설을 제거시키는지 설명하라.

- 대조된 실험은 무작위적으로 배정된 실험군과 대조군을 비교하여 실험 처치의 효과에 대해서 가설을 조사한다.
- 대조군은 처치한 것을 제외하고는 실험군과 동일하게 취급된다.

실험을 설계할 때 편견을 최소화하는 전략을 나열하라.

- 과학 결과의 편견은 대상자와 자료 수집가 모두 누가 어느 군에 속하는지를 모르는 이중맹검 실험으로 최소화될 수 있다.

상관관계를 정의하고, 가설 검증에서 이 기술을 사용하는 것의 편익과 한계를 설명하라.

- 인간에 대한 대조된 실험을 수행하는 것이 비윤리적으로 판단되는 경우 과학자는 종종 상관관계를 이용한다. 인간과 다른 포유류 같은 모델생물 사이의 구조와 기능의 상관관계는 가설들을 실험적으로 조사하게 한다.
- 상관관계는 대체가설을 배제할 수 없다. 따라서 상관관계 연구는 두 요인 사이의 관계를 기술할 수 있으나 한 요인이 다른 요인을 유발했다고 강하게 추론하지 않는다.

1.3

통계검증이 제공하는 정보를 기술하라.

- 통계학은 결과가 집단의 표본에 대한 실험 처치의 진정한 효과를 반영하는지를 결정함으로써 실험 결과를 평가하는 것을 돕는다.
- 통계적으로 유의한 결과는 실험군과 대조군 사이의 차이가 우연에 의할 가능성이 거의 없다.
- 실험 결과가 매우 유의한 경우라도 과학자들이 처치의 진정한 효과에 대해 합의하기까지 가설은 여러 번 검증된다.

1.4

1차출처와 2차출처를 비교하고 구별하라.

- 정보에 대한 1차출처는 전문적 학술지에 발표된 실험 결과와 발표 전에 다른 과학자에 의해 심사된 실험 결과이다.
- 2차출처는 일반적으로 1차출처에서 발표된 과학 연구들을 요약한 뉴스, 책 혹은 웹사이트 등이다. 이들은 동료에 의해 심사되지 않았고 종종 잘 지지되지 않은 정보를 포함한다. .

2차출처로부터의 과학 정보를 평가하는 데 사용할 수 있는 기술을 요약하라.

- 일화적 증거는 믿지 못할 정보 평가 수단이며, 매체 출처는 질이 다양하므로 정보의 신뢰성을 평가할 때 뉴스 보도와 광고를 구별하는 것이 중요하다. 인터넷은 풍부한 정보의 출처지만 사용자는 특정 웹사이트의 신뢰성에 대한 단서를 찾아야 한다.
- 과학에 대한 이야기는 실제로 수행된 연구에 대한 정보, 연구자 주장의 보편성, 같은 주제에 대한 다른 연구들에 대해 조심스럽게 평가되어야 한다. 과학 정보에 대한 혼동된 이야기는 간혹 과학 분야 자체의 논란을 반영한다.

언어의 뿌리

다음 어원들은 주로 라틴어나 그리스어에서 기원하며 아래와 같은 뜻을 가지고 있어 용어를 해석하는 데 도움을 준다:

bio-	생명을 의미한다. 용어: *biology*
deduc-	이성으로 추론하고 사실로부터 결정함을 의미한다. 용어: *deductive reasoning*
hypo-	바로 아래, 밑 혹은 기초를 의미한다. 용어: *hypothesis*
induc-	원리를 도출하기 위해 이성에 의존함을 의미한다. 용어: *inductive reasoning*
-ology	지식의 분지 혹은 학문을 의미한다. 용어: *biology*

기본문제

1. 실험 설계에서 위약의 가치는 무엇인가?

2. 다음 중 귀납적 사고의 예는 무엇인가?

A. 모든 소는 풀을 먹는다.
B. 내 소는 풀을 먹고 내 이웃의 소는 풀을 먹는다; 따라서 모든 소는 아마도 풀을 먹는다.
C. 만약 모든 소가 풀을 먹는다면, 미네소타의 소를 무작위적으로 검사하면 그들이 풀을 먹는 것을 알게 될 것이다.
D. 소는 그들이 사는 농장에 따라 풀을 먹을 수도 안 먹을 수도 있다.

3. 과학적 가설은 ___________이다.

A. 의견
B. 관찰에 대한 제안된 설명
C. 사실
D. 쉽게 증명되는 사실
E. 과학자가 제안한 생각

4. 과학학설은 과학 가설과 어떻게 다른가?

A. 약한 증거에 기반한다.
B. 진리로 증명되지 않았다.
C. 반증될 수 없다.
D. 수많은 관찰을 설명할 수 있다.
E. 전문적 과학자에 의해 제안된다.

5. 치킨 누들 수프를 먹는 것은 효과적인 감기 처방이다는 가설에 대한 예측은 무엇인가?

A. 치킨 누들 수프를 먹은 사람은 먹지 않은 사람에 비해 감기 기간이 짧았다.
B. 치킨 누들 수프를 먹지 않은 사람은 길고 심한 감기를 앓았다.
C. 감기바이러스는 치킨 누들 수프에서 살지 못한다.
D. 치킨 누들 수프를 먹은 사람은 먹지 않은 사람에 비해 건강하게 느낀다.
E. 치킨 누들 수프를 먹으면 재채기가 난다.

6. 5번에서 예측한 것이 사실로 증명된 가설검증을 수행했다면 나는 ___________

A. 가설을 증명했다.
B. 가설을 지지했다.
C. 가설을 반증하지 않았다.
D. B와 C가 옳다.
E. A, B, C 모두 옳다.

7. 실험의 대조군 대상은 ___________

A. 대부분 면에서 실험군 대상과 동일해야 한다.
B. 자신이 실험군 혹은 대조군에 속하는지 몰라야 한다.
C. 실험군 대상과 동일하게 연구자와 상호작용해야 한다.
D. 실험 결과를 설명할 수 있는 대체가설 제거를 도와야 한다.
E. 위의 모두.

8. 실험 참여자나 자료를 수집하는 기술자 모두가 누가 대조구 혹은 실험구에 있는지를 모르는 실험은 ___________

A. 대조됨.
B. 편향됨.
C. 이중맹검 처리됨.
D. 반증될 수 있음.
E. 예측불가능함.

9. 외부 온도와 집단의 감기 환자 수 사이와 같은 두 요인 간의 관계를 ___________ (이)라 한다.

A. 의미 있는 결과
B. 상관관계
C. 가설
D. 대체가설
E. 실험 조사

10. 과학 결과의 1차출처는 ___________이다.

A. 뉴스 매체
B. 다른 사람의 일화
C. 동료 심사된 학술지
D. 인터넷
E. 위 모두

11. 지방 신문의 한 이야기는 매일 1온스(28.35 g)의 밀크 초콜릿을 매일 먹으면 쥐의 심장병 위험을 줄였고, 이 결과는 통계적으로 유의하다고 보도하였다. 이는 ___________을(를) 의미한다.

A. 밀크 초콜릿을 먹는 사람은 먹지 않는 사람보다 건강하다
B. 초콜릿을 먹은 쥐와 먹지 않은 쥐에서 심장병 비율의 차이는 우연에 의한 것보다 크다
C. 쥐는 밀크 초콜릿을 좋아한다
D. 밀크 초콜릿은 심장병 위험을 줄인다

E. 매일 2온스의 밀크 초콜릿이 1온스보다 심장 건강에 더 좋은 것 같다

12. 11번 문제에서 기술된 밀크 초콜릿과 심장병에 대한 이야기의 어떤 면이 결과를 덜 확신하게 하는가?

A. 연구는 큰 밀크 초콜릿 제조사에 의해 지원되었다.

B. 10 마리의 쥐가 이 연구에 사용되었다.

C. 쥐들 사이의 유일한 차이는 실험군은 정규 식사에 더하여 초콜릿을 주었고 대조군은 추가 음식이 없었다는 것이다.

D. 보도자는 다른 연구가 밀크 초콜릿이 심장병에 유익한 효과가 없음을 보였다고 적었다.

E. 위의 모두.

응용문제

1. 비만과 제II형 당뇨 사이에는 강한 상관관계가 있다. 즉, 비만인은 그렇지 않은 사람에 비해 당뇨에 더 잘 걸린다. 이것이 비만이 당뇨의 원인임을 의미하는지에 대해 설명하라.

2. 감기 증상을 완화시키는 비타민 C의 효과에 대한 실험에서, 초기 감기 증상 때문에 대학 보건소를 방문한 학생들은 비타민 C를 받거나 혹은 약국에서 파는 약을 받았다. 그리고 감기의 증상과 기간을 보고했다. 학생과 보건소 담당자 모두 학생이 어떤 처치를 받는지 알았다. 연구 결과는 비타민 C가 감기 증상과 기간을 의미 있게 줄였음을 보고하였다. 이 결과를 의심스럽게 만드는 요인은?

3. 뇌에서 유래된 향신경성물질(BDNF)은 신경세포인 뉴런이 자라고 생존하는 것을 도와주는 뇌에서 생성된 물질이다. BDNF는 또한 뉴런의 연결을 증가시키고 학습과 정신기능을 개선한다. 쥐와 생쥐에 대한 격렬한 바퀴 달리기의 효과를 조사한 2002년 연구는 BDNF 수준과 달린 거리 사이에 양성 상관관계를 발견했다. 이 결과로부터 어떤 결론을 얻을 수 있나?

연관문제

1. 감기 예방과 치료에 관한 많은 연구는 제약회사가 지원하거나 회사에 고용된 과학자에 의해 수행된다. 이들 회사는 종종 다른 회사의 경쟁자가 그들의 연구 결과를 이용해서 그들보다 먼저 신약을 개발할 것이라는 두려움 때문에 과학자들이 결과를 발표하는 것을 허용하지 않는다. 과학 연구가 개인 회사에 의해 소유되고 제어되는 것을 우리 사회가 허용해야만 하는가?

2. 정부 지원을 받는 과학자가 어떤 연구를 하는지를 사회가 제한해야만 하는가? 예를 들어, 많은 사람들이 인간 태아조직에 대한 연구를 제한해야 한다고 믿고 있는데 이 연구가 낙태를 정당화한다고 믿기 때문이다. 대부분의 미국인이 이렇게 느낀다면 정부는 이 연구에 대한 지원을 하지 말아야 하는가? 공적 자금을 지원하지 않는데 따른 위험은 없을까?

CHAPTER 2

공상 과학, 나쁜 과학, 사이비 과학

죽은 사람이 좀비로 되돌아올 수 있을까?

물, 생화학, 세포

우리는 과학에 근거를 두었을 것으로 추정되는 정보의 홍수 속에 살고 있다. 그 정보들 중 일부는 텔레비전이나 영화에서 본 것과 같은 과학적 근거가 희박한 오락물인 반면, 나쁜 과학은 버뮤다 삼각지대에서 사라진 항공기나 선박처럼 아주 어리거나 무식한 사람들에게만 그럴듯하며, 일부 정보는 그것을 믿어야 할지 여부를 가려내기가 힘들만큼 그럴듯하다.

당신의 룸메이트가 물을 한 병 가지고가면 시험을 더 잘 칠 수 있을 것이라고 한다면 당신은 아마도 그녀를 믿을 것이다. 많은 부모들이 아이들에게 사탕이나 단 음료를 먹이면 활동성이 높아진다고 믿는다. 추수감사절 만찬에서 칠면조를 먹고 나서 단지 게으르거나 또는 칠면조에 들어 있는 무엇이 사람을 피곤하게 해서 졸음이 온다고 하는 친척이 있는가?

버뮤다 삼각지대 위에서 항공기가 사라지는가?

단 음료를 마시면 활동성이 고조되는가?

이런 사례들은 별도 해롭지 않다. 시험장에 물을 가지고 가건, 단것을 적게 먹건 또는 추수감사절 만찬 후에 조는 것이 우리를 해치지는 않는다. 그러나 질환이나 암을 치료하기 위하여 일반적 의약품 대신에 대체의약으로 크리스털과 자석을 사는 데 돈을 허비한다면 어떤가?

실제가 그렇지 못할 경우 어떤 사람들은 그 상품 또는 그 아이디어에 과학적 증거가 있다고 주장한다. 고의적은 아닐 수도 있다. 예를 들어 과학적 총의가 모아지기도 전에 나쁜 과학에 의존하거나 빈약한 설계 또는 부적절한 대조로 진행된 실험과 같은 단 하나의 연구 사례로 결론을 내리는 것은 잘못된 결론일 가능성이 크다. 또 다른 경우로 파렴치한 사람들은 자기들이 퍼트리고자 하는 신념 또는 이데올로기에 정당성을 부여하기 위하여 과학을 사용한다. 거짓 또는 지지도가 빈약한 과학적 증거를 사용하면서 모호한 주장을 과대 포장하려는 것을 사이비 과학이라고 한다.

과학이 지지하는 한 아이디어 또는 산물이 정상적인지 여부를 분석하는 기능을 개발하는 데 도움이 되도록 하기 위하여 공상과학, 지지도가 빈약하거나 나쁜 과학 및 사이비 과학의 사례를 분석함으로써 이들 각각의 속성을 좀 더 쉽게 인식할 수 있을 것이다.

칠면조를 먹어서 졸음이 오는가?

그림 2.1 항상성. 항상성을 유지하려면 여러 감각기관과 생리적 시스템 사이에 복잡한 되먹임 기작이 필요하다. 검은머리박새는 대기 온도가 영하로 내려가도 낮 동안 심부 체온을 42°C로 유지할 수 있다.

2.1 생명의 정의

좀비는 살아서 되돌아온 인간의 시체로 가상한다. 흔히 죽지 않은 또는 죽었지만 걷는 좀비들은 살아 있는 인간의 살을 먹거나 피를 마시면서 살아간다고 생각된다. 좀비가 실제로 살아 있지 않음을 알지만 다른 살아 있는 생물들과 많은 특징을 공유하고 있다.

생물들은 공통적인 생물학적 분자 세트를 가지고 있으며 세포들로 구성되어 있다. 대부분 생물들에서 발견되는 다른 특성으로는 생장, 운동, 생식, 외부 환경적 자극에 대한 반응 및 **물질대사(metabolism)**가 포함된다. 물질대사는 에너지를 생산하기 위한 물질의 분해, 생명에 필요한 물질의 합성, 이들 과정에서 생성된 노폐물의 배출을 비롯한 세포에서 일어나는 모든 화학적 과정을 포함한다.

언뜻 보기에 좀비들은 생명에 대한 이 정의에 부분적으로 맞는 것처럼 보인다. 좀비들은 부상당한 것으로 인해서 운동이 부자유스럽지만 분명히 움직일 수 있다. 좀비들은 살아 있는 인간을 공격할 때 더 많은 좀비들을 생산하기 때문에 번식하는 것처럼 보인다. 마찬가지로 좀비들은 먹이를 구하기 위하여 인간에게 비틀거리며 다가오는 것처럼 제한된 수의 자극에 대하여 반응도 한다.

그러나 더 자세히 살펴보면 좀비가 생물을 닮은 정도에 대하여 의문을 갖게 된다. 좀비들은 생장하지 않는다. 시간이 지나도 어린이 좀비는 성인 좀비가 되지 않는다. 그리고 좀비가 인간을 무는 동안 좀비들이 번식하는 것도 생물들이 할 수 있는 생식과 같은 종류가 아니다. 생물들은 생식을 할 때 그 자손들에게 유전정보를 전달한다. 좀비들은 먹은 고기를 실제 물질대사로 분해하는 것 같지 않다. 좀비들은 자신에게 영양을 공급하기보다 좀비를 퍼트리기 위해서 인육을 먹는 것처럼 보인다.

homeo- 같거나 유사함을 의미한다.

생물의 또 다른 특성은 계속적으로 변하는 외부 환경에도 불구하고 일정한 내부 환경을 유지하는 **항상성(homeostasis)**이다(그림 2.1). 좀비들은 많은 부상을 당하고 사지가 잘려나가도 체온과 혈압을 놀랍게도 잘 유지한다. 불행하게도 좀비들은 제한된 항상성 능력으로 인해서 공격을 받을 때마다 앞서 받은 치유되지 못한 상처에 새로운 부상이 누적되면서 점진적으로 감퇴하는 것을 방지할 수가 없다.

생물 집단의 마지막 특징으로 생물들은 시간이 지나면서 평균적 신체적 특징이 변하는 진화를 할 수 있다. 좀비들은 교배를 하지 않기 때문에 유전자를 전달할 수 없으며 진화가 불가능하다.

쉬어가기 좀비 문화에서 인기 있는 주제는 좀비 세상의 종말이다. 좀비들이 인류를 쓸어버릴 수 있다면 이와 같은 상황이 발생할 것이다. 좀비에 물린 사람은 누구도 좀비가 되는 것을 피할 수 없기 때문에 좀비 공격 과정에 전염되는 병원체는 독성이 매우 강하다. 이처럼 강한 독성이 어떻게 좀비 세상의 종말을 끝나게 할까?

우리가 좀비에 재미있어 하는 것은 좀비가 일부 그럴듯한 과학적 증거를 보여주기 때문이다. 그들은 산자와 죽은자 사이에 존재하면서 감염된 좀비가 무는 것을 통해서 좀비를 전파시키는 것이 우리가 알고 있는 다른 감염성 질환에서 작용하는 것과 같은 방식이다. 이와 같은 그럴듯한 과학적 개념과 더불어 진실인 것처럼 그럴듯하게 보이는 것을 그냥 받아들이는 우리의 자발성이 우리들로 하여금 우리가 보는 여흥만 유일하게 문제되는 것이 아니라면 믿겨지지 않는다는 불신감을 접어두게 할 수 있다.

2.2 물의 성질

학생이 시험 시간에 물을 마시는 것이 시험을 더 잘 보게 할까? 이 가설이 이스트 런던 대학에서 연구자들에 의해서 검증되었을 때 그들은 그야말로 그렇다는 것을 발견하였다(그림 2.2). 이 연구를 분석하기에 앞서 물의 일부 성질들에 대하여 알아보고 그 성질들이 이 결과를 설명하는데 사용될 수 있는지 여부를 알아보자.

물은 수소와 산소, 2원소로 구성되어 있다. **원소(element)**는 물질의 기본요소이며 끓이기와 같은 정상적인 물리적 방법으로는 더 이상 쪼갤 수 없는 원자로 구성되어 있다.

원자(atom)는 특정한 원소의 성질을 갖는 최소한의 단위이다. 화학자들에 의해서 92개의 천연 원소의 원자들이 묘사되었으며, 몇 개의 더 많은 원자들이 실험실에서 제조되었다. 수소, 산소 및 칼슘은 생물학적 시스템에서 흔히 발견되는 원소의 예이다. 각 원소는 하나 또는 두 문자 기호로 나타내는데, 이를테면 수소는 H로, 산소는 O로, 칼슘은 Ca로 나타낸다.

원자는 **양성자(proton)**, **중성자(neutron)** 및 **전자(electron)**라는 원자보다 작은 입자로 구성되어 있다. 양성자는 양전하를 띠며, 양성자와 전기적으로 중성인 중성자가 한 원자의 **핵(nucleus)**을 이룬다. 특정한 원소의 모든 원자들은 동일한 수의 양성자를 가지며, 이것이 그 원소의 **원자번호(atomic number)**가 된다. 음전하를 띤 전자는 핵의 바깥에 있는 "전자구름"에서 발견된다. 전자는 양전하를 가지는 핵 쪽으로 끌린다. 중성인 원자(neutral atom)는 동일한 수의 양성자와 전자를 갖는다(그림 2.3a~c). 전기적으로 전하를 띠는 **이온(ion)**은 동일한 수의 양성자와 전자를 갖지 않는다(그림 2.3d). 이런 경우에 원자는 중성이 아니며 전하를 띤다.

데이터로 해결하기 ▼

어느 변수(시험에 물을 가지고 가기 또는 시험 점수)가 독립변수(그 수치가 실험적으로 조작될 수 있는 것)이며 어느 축(x 또는 y)에서 그것을 찾을 수 있는가? 두 처치군 사이에 통계적으로 다른 차이가 있다면 그것은 그래프에 어떻게 나타내어야 하는가?

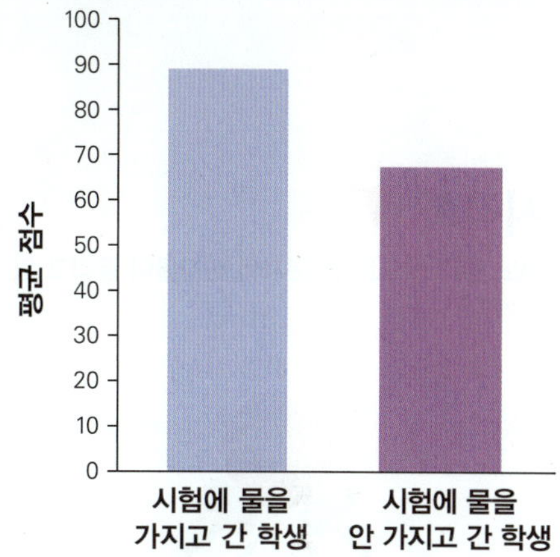

그림 2.2 시험에 물을 가지고 가기. 이 그래프는 시험에 물을 가지고 간 학생과 가지고 가지 않은 학생들의 시험 점수를 비교한 연구에서 얻은 것과 유사한 데이터를 보여주고 있다.

그림 2.3 원자의 구조. 산소 원자(a)는 8개의 양성자와 8개의 중성자를 갖는 핵을 갖고 있으며 8개의 전자들이 궤도를 돌고 있다. 탄소(b)도 중성인 원자이며 6개의 양성자, 6개의 중성자, 6개의 전자로 구성되어 있다. 수소는 1개의 양성자와 1개의 전자를 가진 중성 원자(c)로 존재하거나 하나의 양성자로만 구성된 양전하를 띤 이온(d)으로 존재할 수 있다.

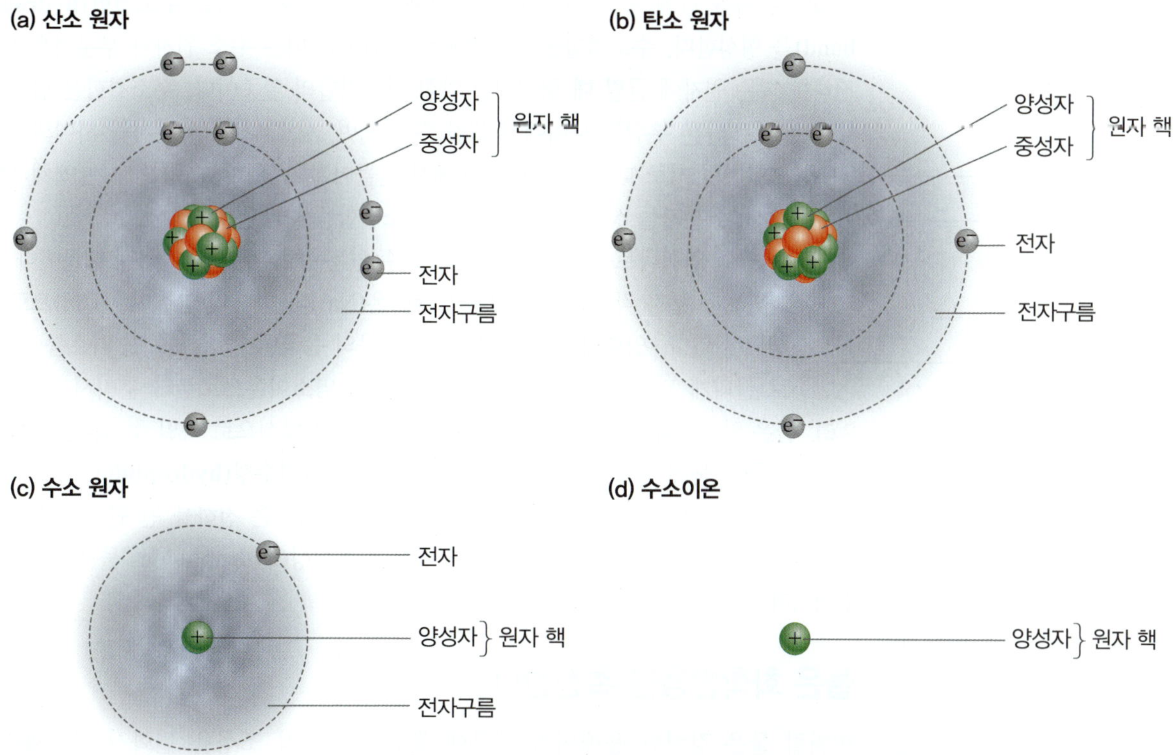

물의 구조

물의 화학식은 H_2O이며, 이는 산소 1개당 수소 2개를 갖고 있음을 의미한다. 물은 다른 분자와 마찬가지로 둘 또는 그 이상의 원자들이 화학결합으로 연결되어 있다. 분자는 동일한 또는 서로 다른 원자들로 구성되어 있다. 예를 들면, 산소 분자는 서로 결합한 산소 원자 2개로 구성되어 있으며, 이산화탄소 분자는 1개의 탄소와 2개의 산소 원자로 구성되어 있다.

물은 좋은 용매이다

물은 폭넓게 다양한 물질들을 녹이는 능력을 갖고 있다. 한 물질을 다른 물질과 섞었을 때 녹은 것을 **용질(solute)**이라고 한다. 용질을 물과 같은 액체에 녹였을 때 그 액체를 **용매(solvent)**라고 한다. 일단 녹으면, 용질의 구성 성분들은 물속에서 자유롭게 이동할 수 있으며, 화학 혼합액 또는 화학 용액이 된다.

물은 한 분자의 다른 부분 또는 다른 극이 서로 다른 전하를 갖는 **극성(polar)**이 있기 때문에 좋은 용매이다. 이 극성은 산소가 수소를 비롯한 다른 원자들보다 전자를 더 크게 유인하는, 즉 **전기적음성(electronegative)**이기 때문에 생기는 것이다. 산소의 전기적 음성도로 인해서 물 분자의 전자들은 수소 원자의 핵 주변보다 산소 원자의 핵에 가까운 곳에서 더 많은 시간을 보낸다. 더 많은 음전하의 전자들을 가지면서, 물에서 산소는 부분적 음전하를 운반하게 되며 그리스어 문자, δ^- 기호로 나타낸다. 그리고 수소 원자는 부분적으로 양전하를 가지며 δ^+ 기호로 나타낸다(그림 2.4). 한 분자에서 원자들이 부분적 전하를 갖지 않을 경우에는 **비극성(nonpolar)**이라고 한다. 예를 들면 탄소-수소 결합은 전자를 동일하게 공유하므로 비극성이다.

시각화 ▼

어느 원자 쪽으로 물 분자의 전자들이 끌리고 있는가?

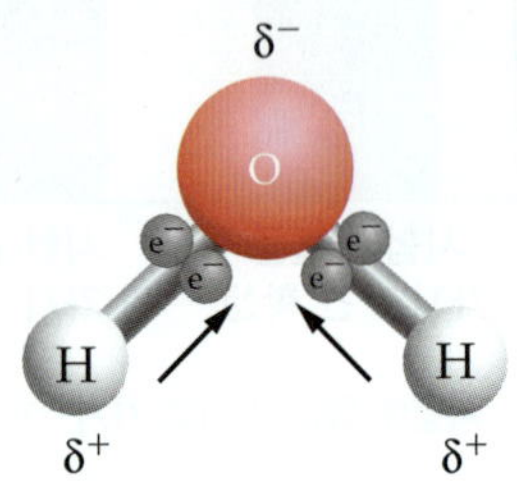

그림 2.4 **물 분자에서 극성.** 물은 극성 분자이다. 물 분자의 원자들은 전자를 불균등하게 공유하고 있다.

물 분자들은 한 분자에서 부분적으로 양전하를 띠는 수소 원자가 부분적으로 음전하를 띠는 다른 분자의 산소 원자에 가까이 위치하는 경향성을 갖고 있다(그림 2.5a). 인접한 분자들 간에 수소 원자와 산소 원자 사이의 약한 인력은 **수소결합(hydrogen bond)**을 형성한다. 수소결합은 부분적으로 양전하를 띠는 수소 원자가 부분적으로 음전하를 띠는 원자에 끌릴 때 형성되는 약한 화학결합의 일종이다. 수소결합은 한 분자 내에서 서로 다른 부위들 사이에서 생길 수 있으며, 서로 다른 물 분자들 사이의 수소결합처럼 서로 다른 분자들 사이에서 만들어질 수 있다. 그림 2.5b는 액체 상태에서 물 분자들 상호간에 형성되는 수소결합을 나타낸 것이다.

물이 염화나트륨과 같은 염을 녹일 수 있는 능력은 바로 그 극성 때문이다. 염화나트륨 분자 각각은 하나의 나트륨이온(Na^+)과 하나의 염소이온(Cl^-)으로 구성되어 있다. 염화나트륨의 경우, 물 분자의 음극이 양전하를 띤 나트륨이온으로 끌리게 되며 나트륨이온을 음전하를 띤 염소이온으로부터 분리시킨다(그림 2.6). 물은 알코올과 같은 다른 극성 분자들도 비슷한 방식으로 녹일 수 있다. 극성 분자들은 물에 녹을 수 있는 능력이 있기 때문에 **친수성(hydrophilic "물을 좋아하는")** 분자라고 한다. 기름과 같은 비극성 분자들은 전하를 띤 원자를 갖고 있지 않으며 물과 쉽게 섞이지 않기 때문에 **소수성(hydrophobic "물을 두려워하는")**이라고 한다.

hydro- 물을 의미한다.

-philic 좋아한다를 의미한다.

-phobic 두렵다를 의미한다.

물은 화학반응을 촉진한다

이처럼 물은 강력한 용매이기 때문에 물질의 화학적 조성을 변화시키는 **화학반**

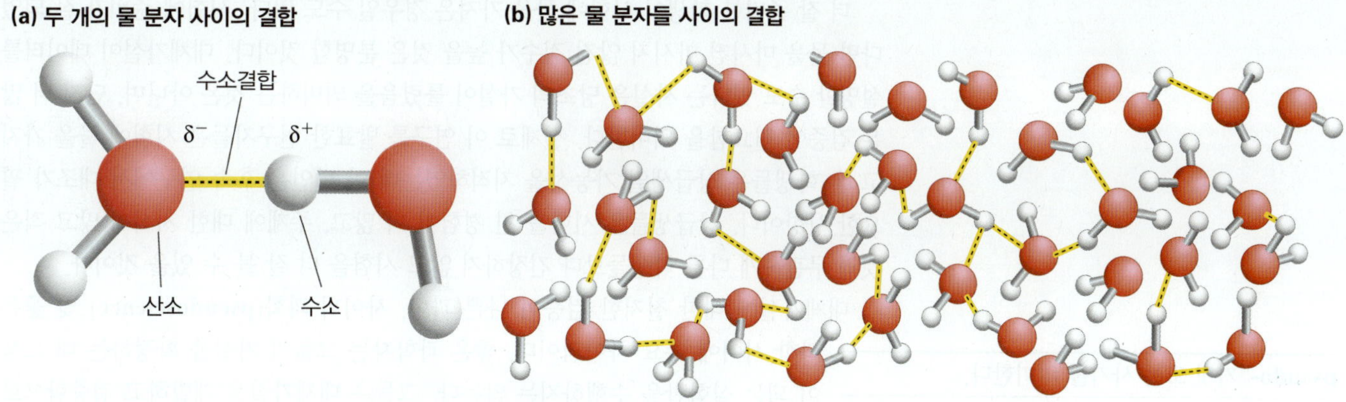

그림 2.5 **수소결합.** (a) 2개의 물 분자 또는 (b) 많은 다른 물 분자들 사이에서 수소 원자와 산소 원자 사이에 약한 인력이 있으면 수소결합이 형성될 수 있다.

응(**chemical reaction**)을 촉진할 수 있다. 혼합물에서 용질은 **반응물질(reactants)**이라고 하며, 이들은 상호 부닥치며 반응 과정에서 화학결합의 변화가 일어날 수 있게 해준다. 화학반응의 결과로 형성된 분자를 **생성물질(products)**이라고 한다.

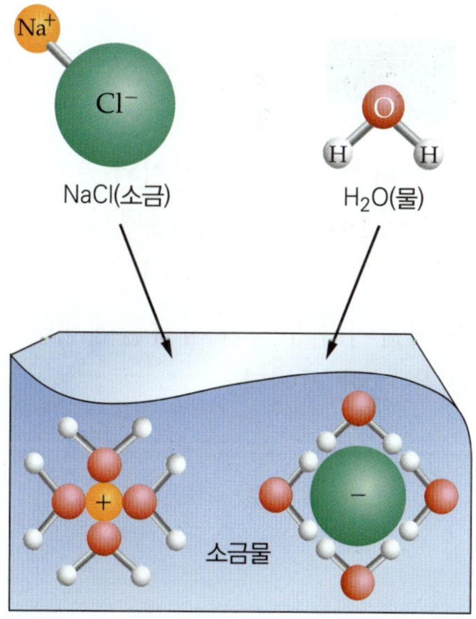

그림 2.6 **용매로서 물.** 소금을 물에 넣으면, 물 분자의 음전하를 띤 부분들이 양전하의 나트륨 이온을 둘러싸며, 물 분자의 양전하를 띤 영역들은 음전하를 가진 염소이온을 둘러싸서 나트륨과 염소 사이의 결합을 끊음으로 소금이 물에 녹는다.

물은 응집한다

유사한 분자들이 서로 달라붙는 경향을 **응집력(cohesion)**이라고 한다. 응집력은 대부분 액체보다 물에서 훨씬 더 강하며, 많은 생물학적 시스템의 중요한 특성이 된다. 예로서, 많은 식물들은 뿌리로부터 잎으로 물을 수송하는 데 있어서 이 응집력에 의존한다.

물은 온도를 안정화시킨다

물에 열에너지를 가하면 초기에는 물 분자들 상호간의 수소결합을 파괴하는 효과를 갖는다. 그러므로 이 열에너지는 물의 온도를 변화시키지 않고 흡수될 수 있다. 수소결합이 파괴되고 난 다음이라야 추가된 열이 온도를 올릴 수 있다. 달리 말해서 최초에 입력된 에너지는 흡수된다.

물 가설은 더 많은 실증을 요구한다. 이제 물 마시기가 시험에서 학생의 수행능력에 도움이 되는지에 대한 당초의 질문으로 되돌아가자. 앞에서 살펴본 일부 물의 성질들이 혈압을 조절하고, 녹아 있는 영양분을 몸으로(뇌를 포함) 운반하고 체온을 유지하는 데 도움을 줄 능력을 부여한다는 것을 상상하는 것은 어렵지 않다. 또한 스트레스가 심한 시험 동안 혈압과 체온을 안정적으로 유지하고 열심히 일하는 뇌에 영양분을 운반하는 것이 시험에서 수행능력을 향상시킴을 의미한다는 것도 상상하기가 어렵지 않다. 이 정도로 여기에서 멈추고 싶지만, 좋은 과학자는 믿을 만하기 때문에 단순히 결과를 받아들이지는 말아야 한다. 좋은 과학자는 대체가설도 평가해야만 한다.

쉬어가기 시험 치는 동안 마실 물을 가지고 온 학생이 높은 점수를 받은 것에 대하여 다른 설명을 생각할 수 있는가?

더 잘 준비한 학생이 시험에 물을 가져온 경우일 수도 있다. 시험에 준비가 잘 되었다면 물을 마시건 마시지 않건 점수가 높을 것은 분명할 것이다. 대체가설이 데이터를 설명할 수도 있다는 사실은 당초의 가설이 틀렸음을 의미하는 것은 아니며, 단지 더 많은 검증이 필요함을 의미한다. 실제로 이 연구를 발표한 연구자들은 시험에 물을 가지고 온 학생들은 상급생일 가능성을 지적하였는데 이 변인은 후속 연구에서 대조가 필요한 사항이다. 상급생들은 시험을 친 경험이 더 많고, 주제에 대한 지식이 많고 적은 것과 무관하게 다른 학생들보다 긴장하지 않고 시험을 더 잘 볼 수 있을 것이다.

대체가설에 대한 철저한 검증이 나쁜 과학, **사이비 과학(pseudoscience)** 및 좋은 과학 사이에 주요 차이점이다. 좋은 과학자는 그들의 가설을 확정하는 데 도움이 되는 실험만을 수행하지는 않는다. 그들은 대체가설을 개발하고 검증함으로써 그들의 가설을 폐기할 방법도 활발히 모색한다.

pseudo- 거짓 또는 사기를 의미한다.

2.3 생물학도를 위한 화학

일부 나쁜 과학은 항공기와 선박이 버뮤다 삼각지대에서 사라지는 것처럼 매우 어린 아이들이나 무지한 사람들에게만 믿을 만한 것이다.

많은 사람들이 화학에 겁을 먹고 화학적 원리를 이해하는 노력에 꽁무니를 뺀다. 가장 기본적인 화학에 대한 이해만 하더라도 허구로부터 사실을 구분하는데 도움이 될 수 있다. 화학에 대한 기본적 이해는 선박이나 항공기가 소위 버뮤다 삼각지대 상에서 실종에 대한 주장이 과학에 또는 사이비 과학에 근거한 것인지 생각하는데 도움이 될 수 있다.

생물학 시스템의 화학은 탄소 원소에 기초를 두고 있다. 탄소 함유 분자를 다루는 화학의 분야를 **유기화학(organic chemistry)**이라고 한다. 탄소는 다른 원소들과 반응하여 모든 생물체를 구성하는 더 복잡한 분자들을 생산한다. 이들 상호작용 또는 화학결합은 몇 가지 간단한 패턴을 따른다.

화학결합

원자와 분자들 사이의 화학결합에는 구조를 안정화시키는 데 도움이 되는 인력이 작용한다. 일반적으로 여기에는 전자의 공유 또는 전달이 관여한다. 탄소는

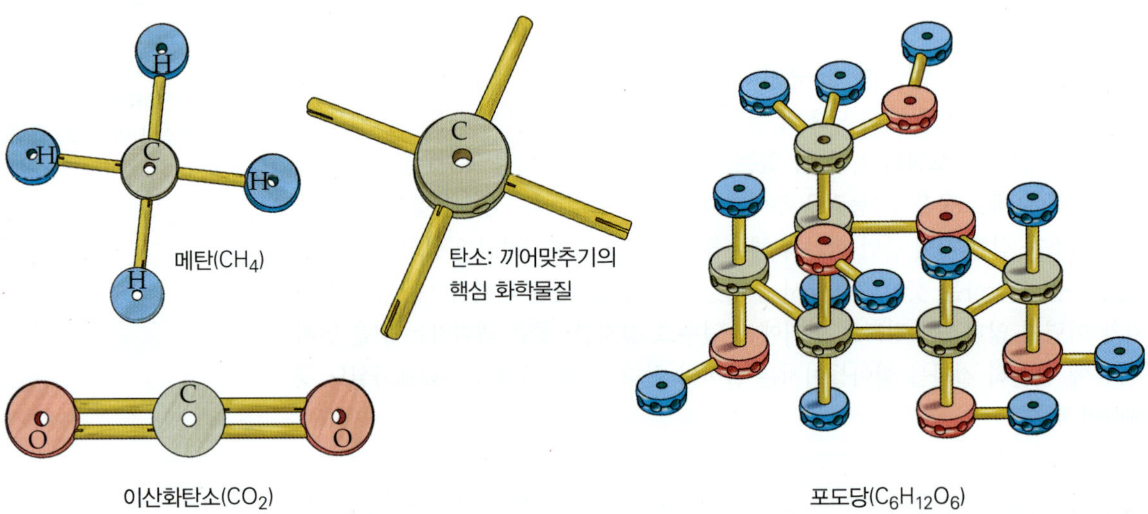

그림 2.7 탄소, 화학적 조립식 장난감의 연결부. 탄소는 한 번에 4개의 공유결합을 형성하기 때문에 탄소 함유 화합물은 매우 다양한 모양을 가질 수 있다.

4개까지의 다른 원소들과 결합을 할 수 있는 능력이 있기 때문에 흔히 화학결합에 참여한다. 조립식 장난감의 연결부처럼 탄소는 복수의 연결부를 가지고 있어서 탄소 함유 분자들은 무한한 형태의 변형이 가능하다(그림 2.7).

탄소는 4개의 짝이 없는 외곽 전자를 가지므로 4개의 결합을 만들 수 있다(그림 2.8a). 탄소는 짝을 이루는 원자가 요구하는 전자의 수에 따라서 4개의 단일결합, 2개의 이중결합, 1개의 이중결합과 2개의 단일결합 등을 만들 수 있다. 메탄은 탄소가 수소와 4개의 단일결합을 만들 때 형성된다.

쉬어가기 아래의 구조에 대하여 화학적으로 맞지 않는 것은?

H−C=C−H

버뮤다 삼각지대. 버뮤다 삼각지대는 플로리다 해변에서 떨어져 있는 대략 3각형인 지역이다(그림 2.9). 선박과 항공기가 다른 지역보다 이 지역에서 더 높은 비율로 실종된다는 실제적인 증거가 없는 것이 사실인데도 갈만한 일부 여행자들의 두려움을 해소해주지 못하고 있다.

해양 탐험 초창기에 이와 같은 "실종"은 바다의 괴물에 초점을 두었으며, 후에는 중력 또는 자기장의 교란에 대한 관념으로 대체되었다. 중력과 자기장에 대한 이해가 고조되면서 이와 같은 설명에 대한 매력은 감소되었다. 현재 회자되고 있는 설명에는 메탄이 등장한다. 이 상상에는 해양에 퇴적된 메탄이 거대한 거품을 만들어서 바다 밑바닥으로부터 치솟아 배를 가라앉힌다고 가정한다. 이 기체 거품이 해양에서 빠져나와 대기로 올라가 번개를 맞으면 항공기를 떨어트릴 화재를 일으킨다는 것이다. 이 가설을 지지할 어떤 과학적 증거도 없지만 모든 사이비 과학처럼 이 경우에는 화학 같은 과학적 원리를 포함시킴으로써 그 가능성은 높아지고 있다.

(a) 탄소(C)의 전자구조

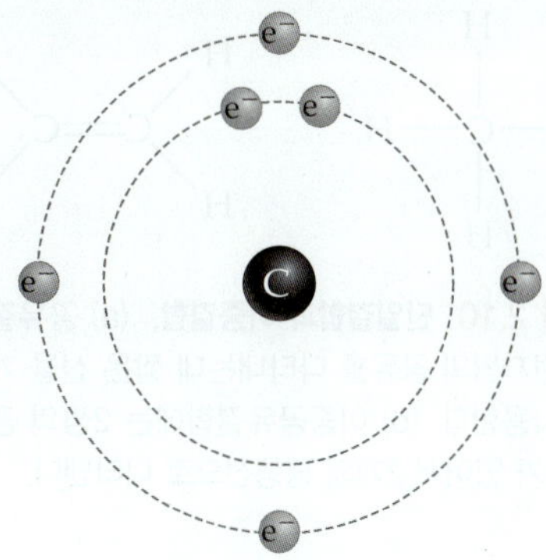

(b) 메탄(CH_4)

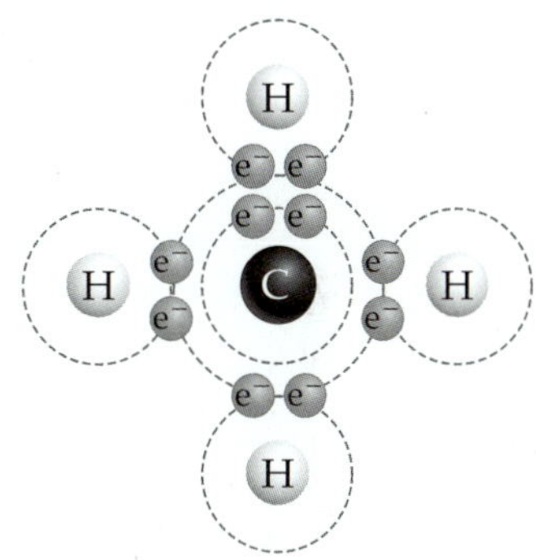

그림 2.8 공유결합. (a) 탄소는 원자가 궤도에 짝을 이루지 못한 4개의 전자를 갖고 있어서 화학결합을 4개까지 할 수 있다. (b) 메탄은 4개의 수소에 공유결합을 한 탄소로 구성되어 있다.

그림 2.9 물속 메탄 퇴적물. 버뮤다 삼각지대의 선박과 항공기 "실종"에 대한 현대 사이비 과학의 설명은 메탄가스 거품이 해저에서 솟구쳐 선박을 넘어뜨리고 번개를 맞아서 항공기를 추락시킨다는 검증되지 않은 가설을 포함하고 있다.

◀ 시각화

버뮤다 삼각지대에 메탄 퇴적물이 존재하지만 다른 많은 해저에도 그만큼 또는 더 고농도로 존재한다. 메탄 가설이 지지되려면 비슷한 크기의 메탄 퇴적물이 있는 다른 해양 지역의 무엇이 참이어야 하는가?

(a) 메탄 (b) 에틸렌

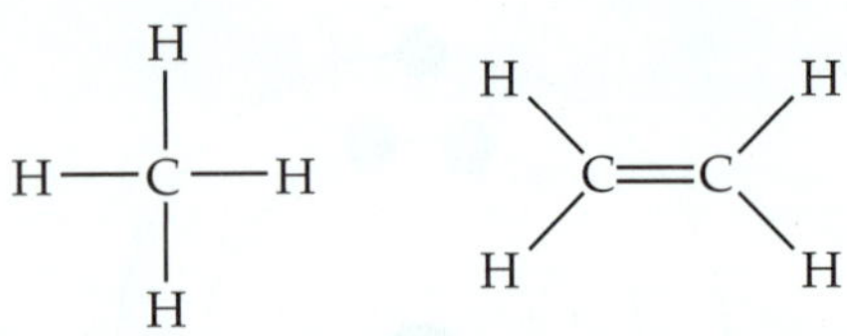

그림 2.10 단일결합과 이중결합. (a) 공유결합은 전자쌍의 공유를 나타내는데 짧은 선을 기호로 사용한다. (b) 이중공유결합에는 2쌍의 공유 전자가 있어서 2개의 평행선으로 나타낸다.

화학결합: 더 자세히 알아보기 ▼

화학결합을 만드는 것은 그 원자의 전자구조에 달려 있다. 핵을 둘러싸고 있는 전자구름의 전자들은 핵으로부터의 거리에 따라서 서로 다른 수준의 에너지를 가지고 있다. 첫 번째 수준, 또는 **전자껍질(electron shell)**은 핵에서 가장 가까우며, 여기에 위치한 전자들은 가장 낮은 에너지를 가지고 있다. 두 번째 에너지 수준은 약간 더 멀리 떨어져 있으며, 전자들은 약간 더 많은 에너지를 가지고 있다, 등등.

각각의 에너지 수준은 특정한 전자 수를 가질 수 있다. 첫 번째 껍질은 2개의 전자를 가지며, 두 번째 껍질은 8개의 전자를 가진다. 전자들은 높은 에너지 수준의 껍질을 채우기에 앞서 가장 낮은 에너지 껍질을 먼저 채운다. 예를 들면, 전자 1개를 갖는 수소는 그 첫 번째 껍질을 채우는데 1개의 전자가 더 필요하다.

원자가껍질(valence shell)이라고 하는 외곽의 껍질에 같은 수의 전자를 가진 원자들은 비슷한 화학적 행동을 나타낸다. 원자가껍질이 전자들로 가득 채워지면 그 원자는 일반적으로 다른 원자와 화학결합을 형성하지 않는다. 원자가껍질이 전자들로 채워지지 않은 원자들은 흔히 화학결합을 통해서 연결된다.

바깥 원자가껍질에 4개 또는 5개의 전자를 가진 원자들은 원자가껍질을 완성하기 위하여 전자를 공유하는 경향이 있다. 원자들이 전자를 공유할 때에는 **공유결합(covalent bond)**이 형성된다.

공유결합은 공유한 전자쌍을 나타내는 짧은 선으로 표시한다(그림 2.10a). 이중결합에는 두 쌍의 공유 전자가 관여한다. 이중결합은 2개의 평행한 선으로 표시한다(그림 2.10b).

원자가껍질에 단 1개, 2개, 또는 3개의 전자를 가진 원자는 전자를 잃는 경향이 있으며, 그래서 양전하를 띤 이온이 된다. 반면에 원자가 궤도에 6개 또는 7개의 전자를 가진 원자들은 전자를 받아들이는 경향이 있어서 음전하를 띤 이온이 된다. 양전하를 갖는 이온과 음전하를 갖는 이온들은 이온결합이라는 유형의 결합을 이룬다.

상호간에 유사한, 반대 전하에 의해서 끌린 전하를 띤 원자들 사이에 **이온결합(ionic bond)**이 형성된다. 예를 들면, 나트륨 원자가 하나의 전자를 잃고, 염소 원자가 하나의 전자를 받아들이면 나트륨 원자는 염소 원자와 이온결합을 이루어 소금이 된다(그림 2.11). 이온결합에는 2개 이상의 원자들이 관여할 수 있다. 칼슘은 2개의 염소 원자와 반응하여 염화칼슘($CaCl_2$)이 되는 것은 칼슘이 원자가껍질에 2개의 전자를 갖고 있기 때문이다.

이온결합도 공유결합처럼 강한 결합이다. 그러나 이온결합은 물처럼 전하를 갖는 용액과 섞으면 더 쉽게 파괴된다.

어떤 순간에도 순수 용액에서 물 분자들의 일부는 해리되어서 H^+와 OH^-이온이 된다. **pH** 눈금은 용액에서 이들 이온의 상대적인 양에 대한 척도이다(그림 2.12). **산(acid)**은 용액에 H^+를 제공하는 물질인 반면에 **염기(base)**는 H^+를 받아들이는 물질이다. 산성도가 높은 용액은 OH^-이

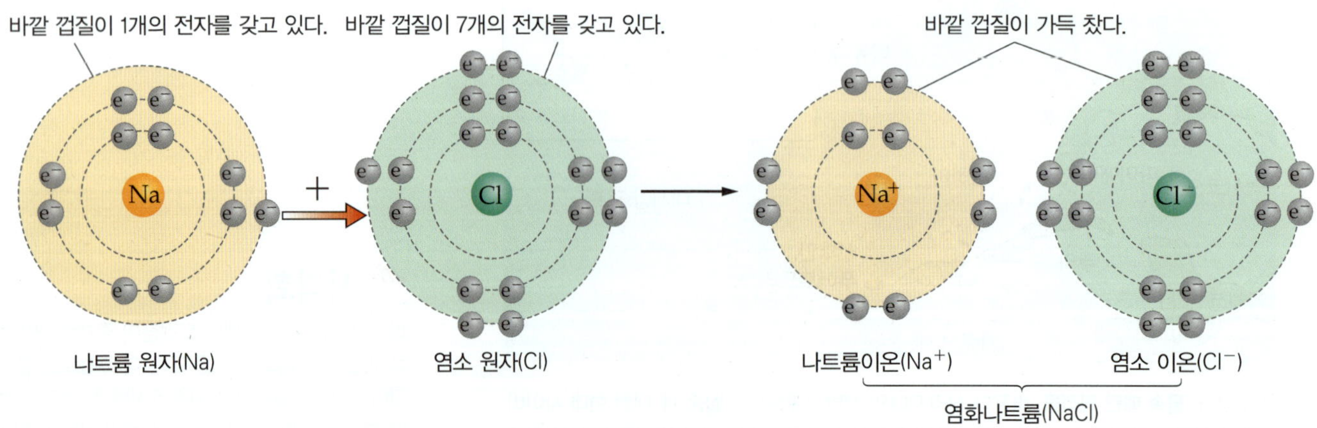

그림 2.11 이온결합. 원자들 사이에 전자들이 옮겨가면 이온결합이 만들어진다.

더 자세히 알아보기, 계속

온에 비하여 H^+이온의 농도가 더 높다. H^+ 농도가 더 높을수록 pH는 낮아진다. 염기성 용액은 OH^-이온에 비하여 H^+이온이 적으므로 높은 pH를 갖는다. 순수에는 이들 이온이 동량 존재하며, 그래서 중성이며 pH 7이 된다. 대부분 세포의 pH는 7에 매우 가깝다.

2.4 생체 고분자

고분자(macromolecule)는 소단위들로 구성된 큰 유기분자이다. 생물체에 존재하는 고분자에는 탄수화물, 단백질, 지질 및 핵산이 있다. 일부는 체내에서 합성되며 다른 일부는 음식물로부터 얻는다. 음식물의 고분자들은 먹은 것이 우리에게 영향을 미치는 방식과 관련하여 많은 꾸며낸 이야기의 초점이 되는 수가 있다.

탄수화물

당 또는 **탄수화물(carbohydrate)**은 세포의 작용에 주된 에너지원이며 세포에서 중요한 구조적 역할을 한다. 가장 단순한 탄수화물은 탄소, 수소 및 산소로 구성되어 있으며 (CH_2O)의 비율로 되어 있다. 예로서, 탄수화물인 포도당은 $6(CH_2O)$ 또는 $C_6H_{12}O_6$로 표시한다. 포도당은 단순당 또는 **단당류(monosaccharide)**이며, 단 하나의 고리 모양의 구조로 구성되어 있다. 2당류는 2개의 고리가 함께 연결되어 있다. 설탕은 포도당과 과일에서 발견되는 당인 과당으로 구성된 2당류이다.

많은 개별 **단량체(monomer)**를 연결시키면 **중합체(polymer)**가 만들어진다. 당 단량체의 중합체를 **다당류(polysaccharide)**라고 한다(그림 2.13). 식물들은 일종의 구조

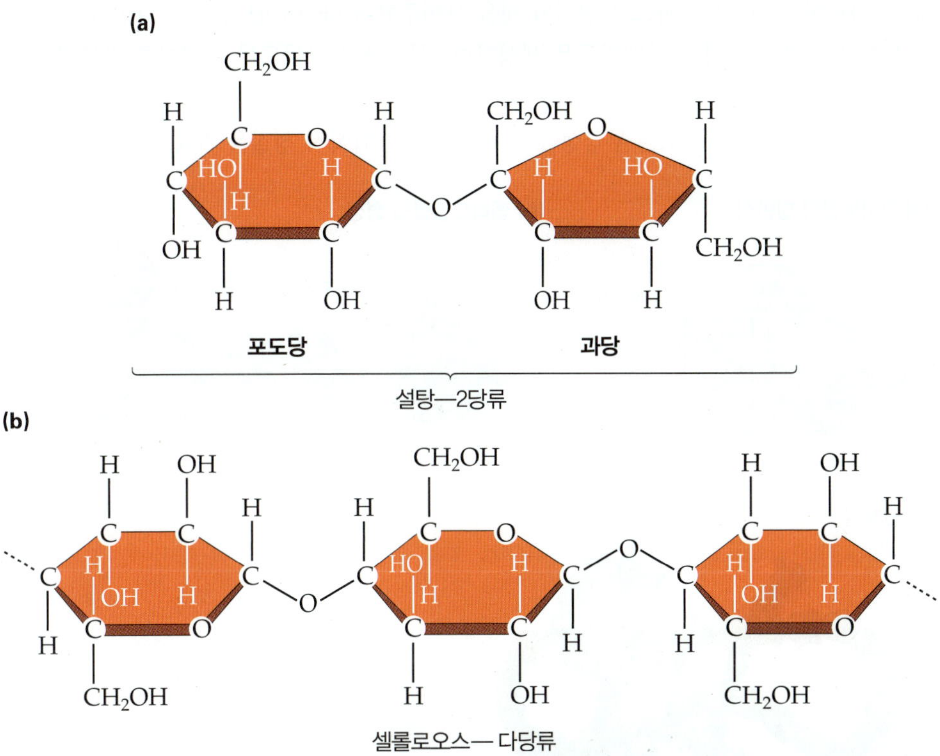

그림 2.13 **탄수화물.** (a) 2당류는 2개의 개별적인 당 단량체들로 구성된다. (b) 다당류는 공유결합으로 연결된 긴 당의 사슬이다. 셀룰로오스는 포도당 단량체들로 구성된 다당류이며 식물 세포벽에서 구조적 역할을 담당한다.

시각화 ▼

pH 5인 물질은 pH 7인 물질에 비하여 몇 배의 H^+이온을 가지고 있을까?

그림 2.12 **pH 눈금.** pH 눈금은 수소이온 농도에 대한 척도이며 눈금 범위는 0(가장 강산)에서 14(가장 강염기)까지이다. 각 pH 눈금 단위는 10배(10×)의 H^+이온의 농도 차이를 나타낸다.

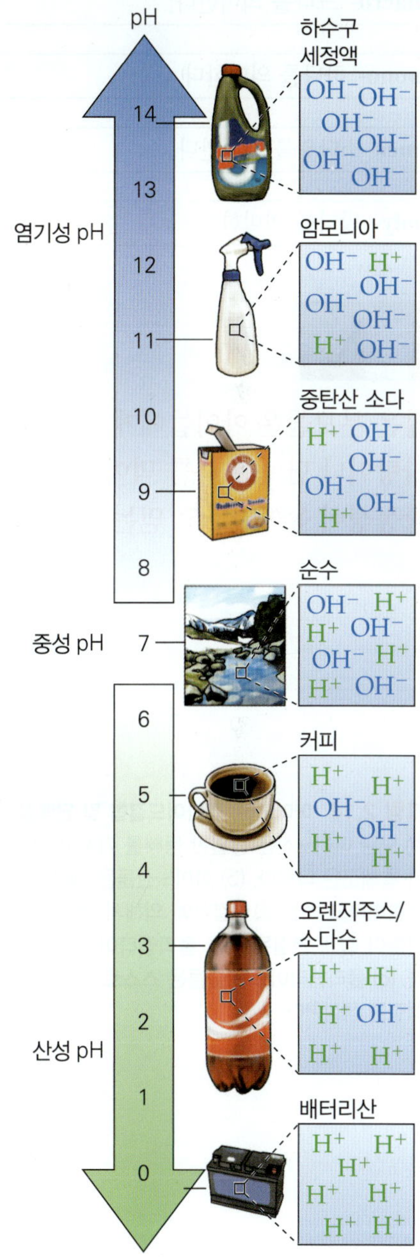

적 골격으로 세포벽에 견고한 다당류를 사용한다. 곤충, 거미 및 바닷가재의 외골격은 키틴 다당류로 구성되어 있으며, 세균의 세포를 싸고 있는 세포벽은 구조적 다당류가 풍부하다.

단백질

생물체는 광범위한 다양한 작용에 **단백질(protein)**을 필요로 한다. 단백질은 세포의 중요한 구조적 요소이며, 세포막을 구성하는 데 필요하며 대부분 세포의 건량의 반을 차지한다. 동물 근육과 같은 일부 세포들은 주로 단백질로 구성되어 있다. **효소(enzyme)**라고 하는 단백질은 세포 내에서 분자들을 합성하고 분해하는 모든 화학반응을 촉진시키거나 조절을 돕는다. 효소의 촉매력(화학반응의 시작을 돕는 능력)은 정상적인 세포의 조건에서 대사작용이 일어날 수 있게 해준다. 단백질은 또한 기질이 세포 내로 들어가는 통로로도 작용하며, 생물체의 온몸으로 화학적 신호를 보내는 호르몬의 기능을 할 수도 있다.

macro- 크다를 의미한다.

mono- 하나를 의미한다.

-mer 소단위를 의미한다.

poly- 많다를 의미한다.

단백질은 **아미노산(amino acid)**이라는 단량체 소단위들로 구성된 고분자이다. 공통적으로 나타나는 아미노산은 20가지이다. 탄수화물처럼 아미노산은 탄소, 수소, 산소로 구성되어 있으며 이들은 아미노산의 카르복실기($-COO^-$)를 형성한다. 추가적으로 아미노산은 다른 여러 측쇄군과 더불어 아미노기($-NH_2^+$)의 부분으로 질소를 가지고 있다. 측쇄군은 아미노산에 서로 다른 화학적 성질을 부여하는 화학적 작용기이다(그림 2.14a).

많은 부모들은 아이들에게 사탕이나 단 음료수를 먹이면 활동성이 높아진다고 믿는다.

아미노산들의 중합체는 다양한 순서로 연결되며 폴리펩타이드라고 한다. 공유결합이 인접한 아미노산을 서로 연결한다. 그림 2.14b는 3개의 아미노산으로 발린, 알라닌, 페닐알라닌이 펩타이드결합으로 연결된 것을 보여주고 있다. 아미노산들은 다양한 순서로 서로 연결되어 다른 단백질들을 생성하며 이는 마치 아이들이 목걸이를 만들기 위하여 다른 모양의 구슬들을 사용하는 것과 마찬가지 방식이다(그림 2.14c). 각각의 아미노산 측쇄군은 극성 또는 무극성을 비롯한 특정한 화학적 성질을 가지고 있다. 각

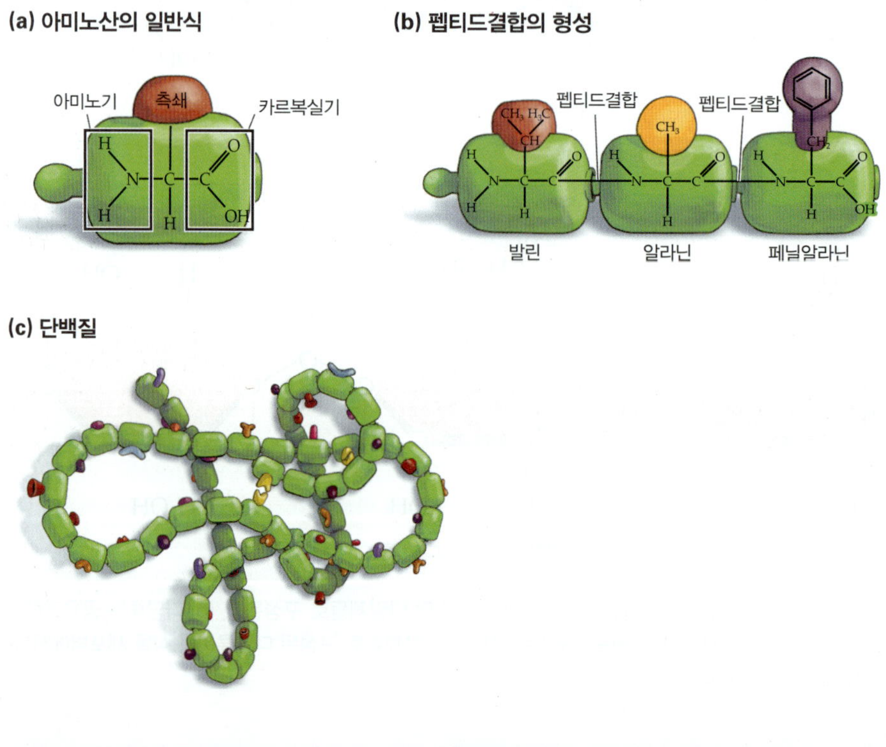

그림 2.14 아미노산, 펩타이드결합 및 단백질. (a) 모든 아미노산은 동일한 등뼈를 가지고 있지만 측쇄군은 다르다. (b) 아미노산들은 펩타이드결합이라고 하는 화학결합에 의해서 연결된다. 이들이 길게 연결된 것을 폴리펩타이드라고 한다. (c) 폴리펩타이드 사슬들은 스스로 접혀서 단백질을 생성한다.

단백질은 아미노산들의 특정한 순서로 구성되어 있기 때문에 각 단백질은 특정한 모양을 가지며 그래서 특이한 화학적 성질을 가지고 있다.

지질

지질에는 3가지 다른 종류가 있으며, 이들은 주로 탄화수소로 만들어진 부분적으로 또는 전적으로 소수성인 유기분자이다. 3종류의 지질에는 지방, 스테로이드 및 인지질이 있다

지방. **지방(fat)**의 구조는 3-탄소 글리세롤 분자에 3개의 긴 탄화수소 사슬이 결합해 있다(그림 2.15a). **탄화수소(hydrocarbon)**는 탄소와 수소가 많다. 가솔린에 들어 있는 탄화수소처럼 이들은 연소하면 에너지를 낼 수 있다. 이 긴 탄화수소 사슬을 **지방산(fatty acid)** 꼬리라고 한다. 지방은 소수성이며 생물체 내에서 에너지를 저장하는 작용을 한다. 지방산 꼬리는 에스테르 결합이라는 화학결합을 통해서 글리세롤에 공유결합을 하고 있다.

스테로이드. **스테로이드(steroid)**는 4개의 융합된 탄소를 함유하는 고리들로 구성되어 있다. 콜레스테롤(그림 2.15b)은 우리에게 친숙한 스테로이드이며, 동물 세포에서 주된 기능은 막의 유동성을 유지하는 것을 돕는 데 있다(식물 세포는 콜레스테롤을 가지고 있지 않다). 그 밖의 스테로이드에는 성호르몬인 테스토스테론, 에스트로겐, 황체호르몬이 있으며, 이들은 생식기관에서 생성되며 온몸에 영향을 미친다.

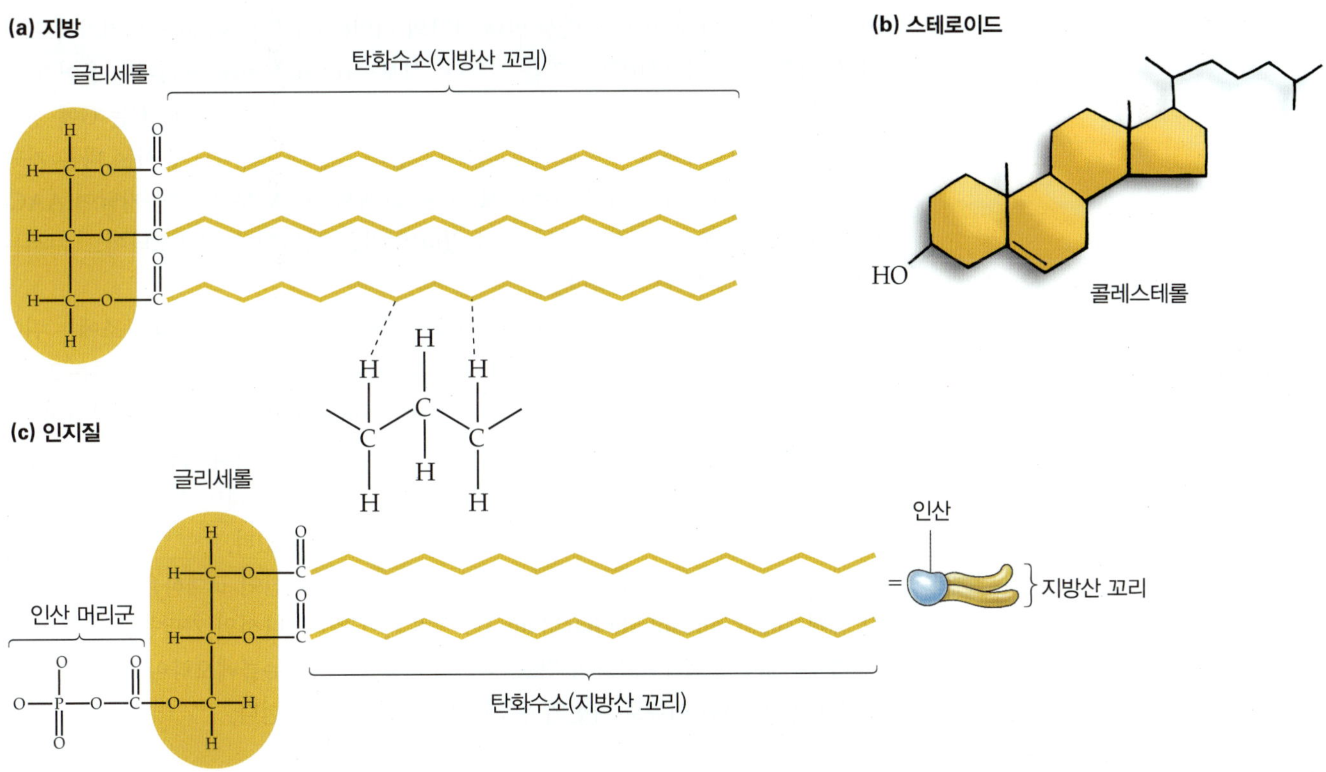

그림 2.15 **3종류의 지질.** (a) 지방은 3개의 탄화수소가 풍부한 지방산 꼬리가 연결된 글리세롤로 구성되어 있다. (b) 콜레스테롤은 동물 세포막에 흔한 스테로이드이다. (c) 인지질은 2개의 지방산이 결합한 글리세롤 등뼈와 1개의 인산 머리군으로 구성되어 있다. 오른쪽의 모식도는 흔히 인지질을 나타낸다.

인지질. **인지질(phospholipid)**은 각각의 글리세롤 분자에 2개(식용 지질과는 달리 3개가 아님)의 지방산 꼬리가 결합하여 있다는 것 이외에는 지질과 비슷하다. 인지질에서 제3의 결합은 인산 머리군에 대한 것이다. 인산 머리군은 4개의 산소 원자가 부착한 인 원자로 구성되며 친수성이다. 그래서 인지질은 하나의 친수성 머리와 2개의 소수성 꼬리를 갖는다(그림 2.15c). 인지질은 흔히 추가적인 머리군이 인산에 첨가되어 있어서 각 인지질에 특이적인 화학적 성질을 부여한다. 인지질은 세포를 싸고 있는 막의 중요한 구성요소이며 막은 세포 내에서 구획을 짓는다.

핵산

핵산은 **뉴클레오타이드(nucleotide)**라는 단량체의 긴 사슬로 구성되어 있다. 뉴클레오타이드는 당, 인산, 질소 함유 염기로 구성되어 있다. 생물체에는 2종류의 핵산이 있다. **리보핵산(ribonucleic acid, RNA)**은 세포가 단백질을 합성하는 데 핵심적인 역할을 한다(뒷장에 상세히 설명되어 있다). 거의 모든 생물에서 1차적인 유전정보의 저장을 담당하고 있는 핵산은 **디옥시리보핵산(deoxyribonucleic acid, DNA)**이다. 그림 2.16은 DNA 분자의 3차 구조와 내부적으로 확대하여 화학적 구조를 나타낸 것이다. 우리는 DNA가 서로 감겨서 이중나선을 이루는 2개의 굽은 가닥으로 구성되어 있음을 볼 수 있다. DNA에서 당은 5-탄당 디옥시리보오스이다. DNA의 질소 함유 염기 또는 **질소염기(nitrogenous base)**는 4개의 서로 다른 화학구조 중의 하나이며, **아데닌(adenine, A)**, **구아닌(guanine, G)**, **티민(thymine, T)**, **시토신(cytosine, C)**으로, 각각 다른 이름을 가지고 있다. 뉴클레오타이드는 나선의 길이를 따라 공유결합에 의해서 서로 연결되어 있다.

질소염기는 나선의 폭을 가로질러 상호간에 수소결합을 형성한다. 한 분자의 DNA에서 한 가닥의 아데닌(A)은 항상 반대 가닥의 티민(T)과 짝을 이룬다. 마찬가지로 구아닌(G)은 항상 시토신(C)과 짝을 이룬다. **상보성(complementary)**이란 용어가 이들 짝짓기를 설명하는 데 사용된다. 예를 들면, A는 T에 상보적이며, C는 G에 상보적이다. 그러므로 DNA 이중나선의 한 가닥 상의 뉴클레오타이드 순서는 다른 가닥의 뉴클레오타이드의 순서를 예측하게 한다. 그래서 DNA 분자의 한 가닥이 AACGATCCG 뉴클레오타이드로 구성되어 있다면 다른 가닥의 뉴클레오타이드 순서는 TTGCTAGGC임을 알 수 있다.

이 염기 짝짓기의 결과로 DNA 나선의 폭은 균일하다. DNA 나선의 구조에는 튀어나오거나 움푹 들어간 곳이 없다. 그 이유는 A와 G는 **푸린(purine)**이라고 하는 2개의 고리로 구성된 구조이며, C와 T는 **피리미딘(pyrimidine)**이라고 하는 단일 고리 구조이기 때문이다. 푸린은 항상 피리미딘과 짝을 이루므로 나선의 폭을 가로질러 항상 3개의 고리가 존재한다. A와 T 염기쌍은 서로를 잡고 있는 2개의 수소결합을 가지고 있다. G와 C 염기쌍은 상호간에 3개의 수소결합을 가지고 있다.

나선의 각 가닥은 그래서 나선의 길이를 따라서 당과 인산이 교대하는 계열인 **당-인산 등뼈(sugar-phosphate backbone)**로 구성되어 있다. 나선의 가닥들은 나선의 한 쪽 면에는 뉴클레오타이드들이 위로, 나선의 다른 쪽 면은 뉴클레오타이드들이 아래로 향하고 있다. 이런 이유로 나선의 두 가닥은 역평행하다고 한다.

추수감사절 만찬에서 칠면조를 먹고 나면 졸아야 한다는 친척은 단지 게으른 것인가 아니면 칠면조에 들어 있는 어떤 것이 사람을 피곤하게 만드는 것인가?

쉬어가기 아이들에게 단 음료수와 스낵을 주는 행사의 종류를 생각해보자. 설탕이 행동에 미치는 영향을 보고자 할 때 고려해야 할 다른 요인들이 있는가?

(a) DNA 이중나선은 두 가닥으로 만들어져 있다.

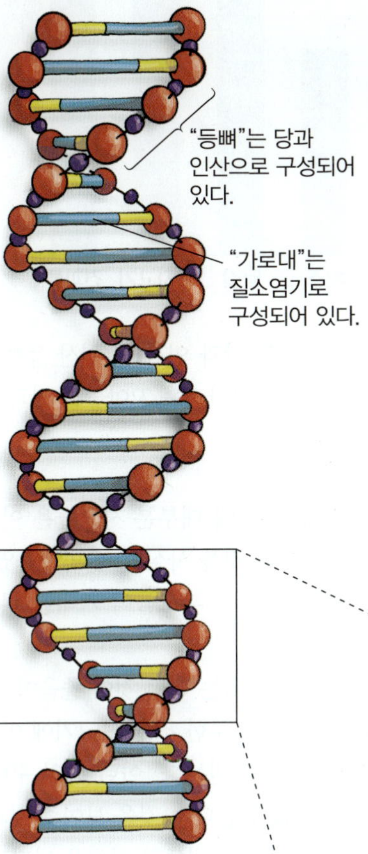

(b) 각 뉴클레오타이드는 인산, 당, 질소염기로 구성되어 있다.

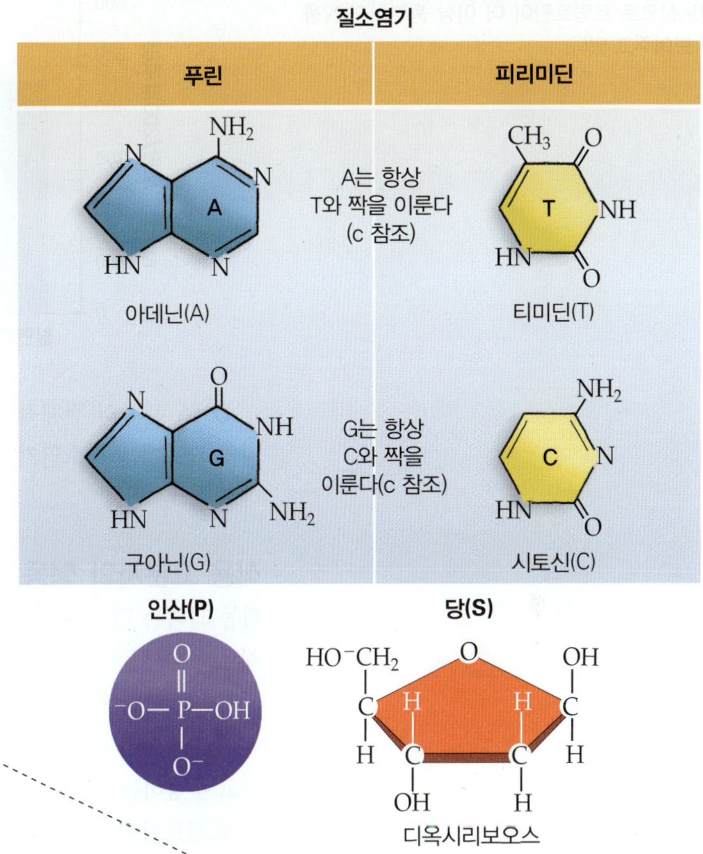

(c) 각 가닥은 역평행한 뉴클레오타이드의 사슬이다.

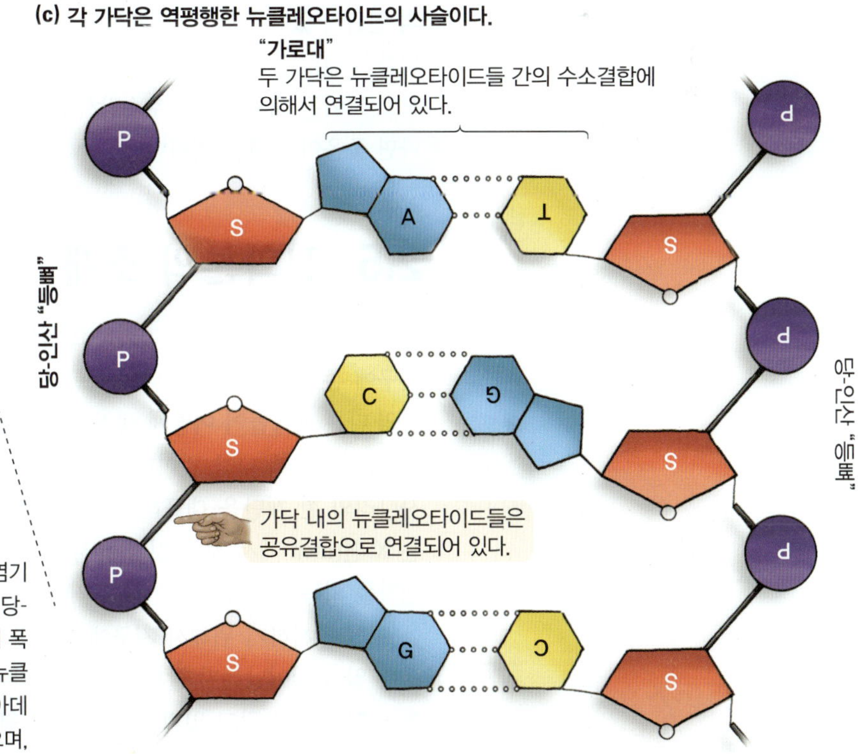

시각화 ▲

이 그림의 (a) 부분에서 적색과 보라색 구슬은 무엇을 나타내는가? 질소염기에는 왜 2가지의 색상과 크기가 있는가?

그림 2.16 **DNA의 구조.** (a) DNA는 당, 인산, 질소 염기로 구성된 이중나선 구조이다. (b) 나선의 각 가닥은 당-인산 등뼈를 이루는 당과 인산의 반복 단위와 나선의 폭을 가로지르는 질소염기들로 구성되어 있다. (c) 각 뉴클레오타이드는 인산, 당, 질소염기로 구성되어 있다. 아데닌, 구아닌은 푸린으로 이중고리 구조를 가지고 있으며, 시토신과 티민은 피리미딘으로 하나의 고리구조를 가지고 있다.

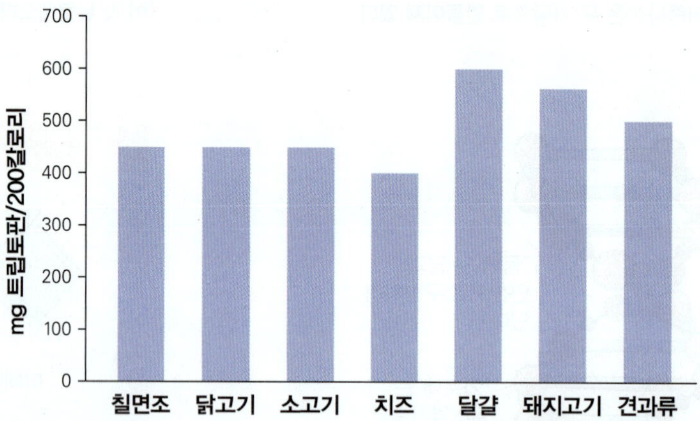

그림 2.17 음식물에 트립토판 농도. 이 도표는 다른 많은 일반적인 음식에 비하여 칠면조는 아미노산으로 트립토판이 더 이상 풍부하지 않음을 보여주고 있다.

DNA 분자의 전체적인 구조는 사다리의 바깥 면은 당과 인산(당-인산 등뼈), 사다리의 가로대는 질소염기 서열 A, C, G, T로 구성된 줄사다리를 꼬아놓은 것과 비슷하다고 할 수 있다.

식용 고분자와 행동. 충분한 과학적 증거가 없었을 때 대부분 사람들은 아이들의 활동 과다는 단 음료수 또는 스낵을 먹어서 유도된다는 것을 사실인 양 받아들였다. 실제로는 아이들이 단것을 먹고 활동이 과다하게 되는 것을 부모들이 기대한다는 것을 지지하는 과학적 증거가 더 많다.

추수감사절 만찬 후에 소파로 가면서 칠면조에 들어 있는 어떤 것이 졸음이 오게 한다고 주장하는 것을 들은 적이 있는가? 흔히 단백질이 풍부한 칠면조 고기에 아미노산인 트립토판이 많이 들어 있어서 졸음의 원인이 된다고 믿는다. 이런 식의 꾸며낸 이야기는 과학자들이 수면과 기분은 트립토판의 영향을 받는다는 것을 보여준 것과 모종의 연관이 있다. 그러나 단백질이 풍부한 다른 음식에서 트립토판 함량을 나타낸 데이터를 보면(그림 2.17) 이런 식의 이야기는 무덤으로 보내야만 한다. 더 잘 입증되는 것으로 보이는 대체가설은 추수감사절 같은 때 흔히 있는 것처럼 많은 양의 음식을 먹고 나면 졸음이 온다는 것이다.

2.5 진화론의 소개

인간은 더 우수한 존재로 진화하고 있는가? **진화론(theory of evolution)**은 40억 년 전 지구에 존재하였던 단 하나의 공통조상으로부터 오늘날 지구상에서 발견되는 수천만 종의 다른 생물들이 어떻게 생겨나게 되었는가를 설명해준다. 진화론은 뒷장들에서 훨씬 더 상세하게 다룰 것이다. 여기에서는 오늘날 지구상의 생물들이 인간성으로 가는 사다리의 한 계단을 대표하고 있는지를 이해하기 위한 노력을 할 것이다. 이 사다리는 X-맨(men)에서 보는 것과 유사하게 슈퍼파워를 제공할 하나 또는 두 개 특별한 유전자를 획득하는 것처럼 인간이 기어오를 수 있는 가로대를 몇 개 더 가지고 있는가?

이를 조사하기 위해서 지구에 살았던 최초의 생물인 단세포 박테리아(그림 2.18)에 무슨 일이 일어났는지 살펴보자. 박테리아는 유전물질을 담고 있는 별도의 막으로 싸인 구획인 핵을 갖고 있지 않기 때문에 **원핵(prokaryotic)**생물로 분류된다. 이 생물들은 어떤 내부막 구획도 갖고 있지 않다. 그러나 이들은 형태를 유지하는 데 도움이 되는 **세포벽(cell wall)**은 갖고 있다(그림 2.18b).

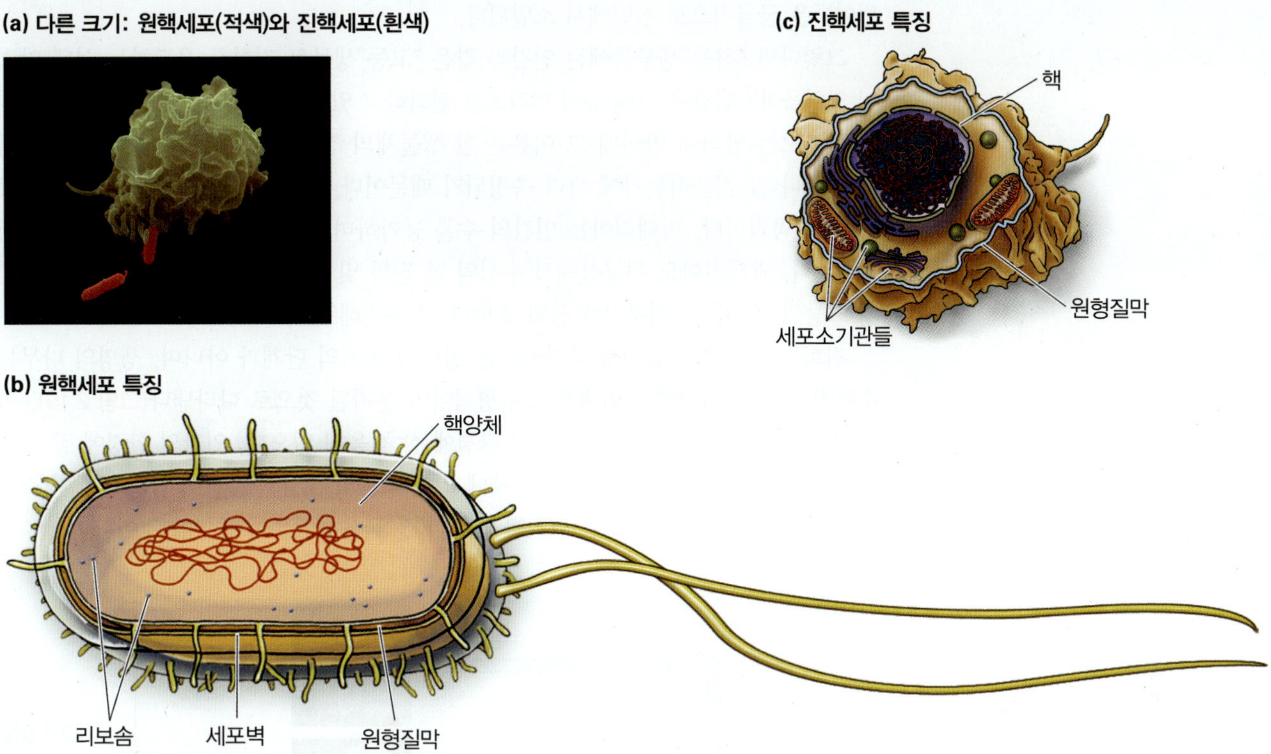

그림 2.18 원핵세포와 진핵세포. (a) 2마리의 박테리아 세포와 하나의 백혈구의 크기로 보는 것처럼 원핵세포는 일반적으로 그 직경이 진핵세포의 1/10 정도이다. (b) 원핵세포는 구조적으로 단순한 세포이다. (c) 진핵세포는 구조적으로 더 복잡한 세포이다.

박테리아의 조상은 진핵생물이라는 구조적으로 더 복잡한 생물도 탄생시켰다. **진핵(eukaryotic)** 세포는 유전물질을 싸고 있는 핵을 가지고 있다(그림 2.18c). 또한 진핵세포는 세포소기관이라는 막으로 싸인 준세포 구조들을 갖고 있다. 세포소기관들은 뒤에서 더 자세하게 다룰 것이다. 지금은 세포소기관들이 세포가 정상적인 기능을 하도록 세포 내에서 특수한 역할을 함께 수행하는 것을 이해하는 것으로 충분하다. 진핵생물에는 아메바나 효모 같은 단세포 생물들과 다세포성인 식물, 균류, 동물들이 포함된다.

원핵세포와 진핵세포 사이에는 차이가 있지만 많은 비슷한 점도 있다. 실제로 모든 생물들은 같은 종류의 고분자들과 기타 구조적 특징들을 갖는 세포들로 구성되어 있으며, 이는 한때 공통조상을 공유했기 때문이다.

쉬어가기 좀 더 최근 진화의 역사에서 공통조상을 공유하는 생물들은 유연관계가 더 먼 생물들보다 더 많은 유전자들을 공유한다. 이를 진화의 시간대에서 현재 시간대로 가져오기 위해서 우리 가족을 생각해보자. 왜 친사촌은 더 먼 친척보다 나와 더 많은 생물학적 유사성을 공유할까?

생물군들 사이의 분기와 차이점은 시간에 따라서 개체군 집단의 특성이 점진적으로 변화하는 과정인 **자연선택(natural selection)**의 결과로 생겨났다. 자연선택은 단일 조상으로부터 생명이 다양화되는 주된 과정이었는데 그 이유는 개체 생물들은 서로 간에 차이가 있으며, 그 중 일부 변이는 생존과 생식의 기회를 증가시키기 때문이다. 생존과 생식을 증가시키는 유전형질은 시간이 가면서 더욱 많아진다. 반대로 성공적이지 못한 변이들은 궁극적으로 집단에서 소멸된다.

그렇다면 "하등"생물들에는 인간과 같은 "고등"생물로 진화를 유도하는 선택 압력이 있었을까? 인간은 현재 슈퍼 인간으로 진화하고 있는가? 이것은 과학자들이 진화의 과정을 보는 방식이 아닌데 그 이유는 한 생물체의 진정한 성공 또는 실패는 그 환경에 얼마나 잘 적응하는가에 따라 측정되기 때문이다. 많은 점에서 박테리아는 인간보다 더 성공적이다. 박테리아는 인간의 수를 능가하며 인간보다 훨씬 다양한 환경에서 발견된다. 박테리아도 지구상에서 수십억 년 진화 및 다양화되고 있는 데 비하여 인간과 그들의 조상들은 지구상에 불과 몇백만 년 존재해왔다.

진화는 진보나 복잡성을 증가시키는 일련의 별개의 단계가 아니며, 생명의 나무는 수직적인 계단 대신에 일반적으로 수평적이며 분지된 것으로 나타낸다(**그림 2.19**). 이런 의미에서 박테리아는 박테리아의 환경에 잘 적응해 있으며, 인간의 환경에 잘 적응한 인간처럼 고도로 진화해 있다. 실제에 있어서 좀비 세상의 종말이 와서 인간이 소멸된다면 박테리아가 인간보다 그들 환경에 더 잘 적응하였음이 증명될 것이다.

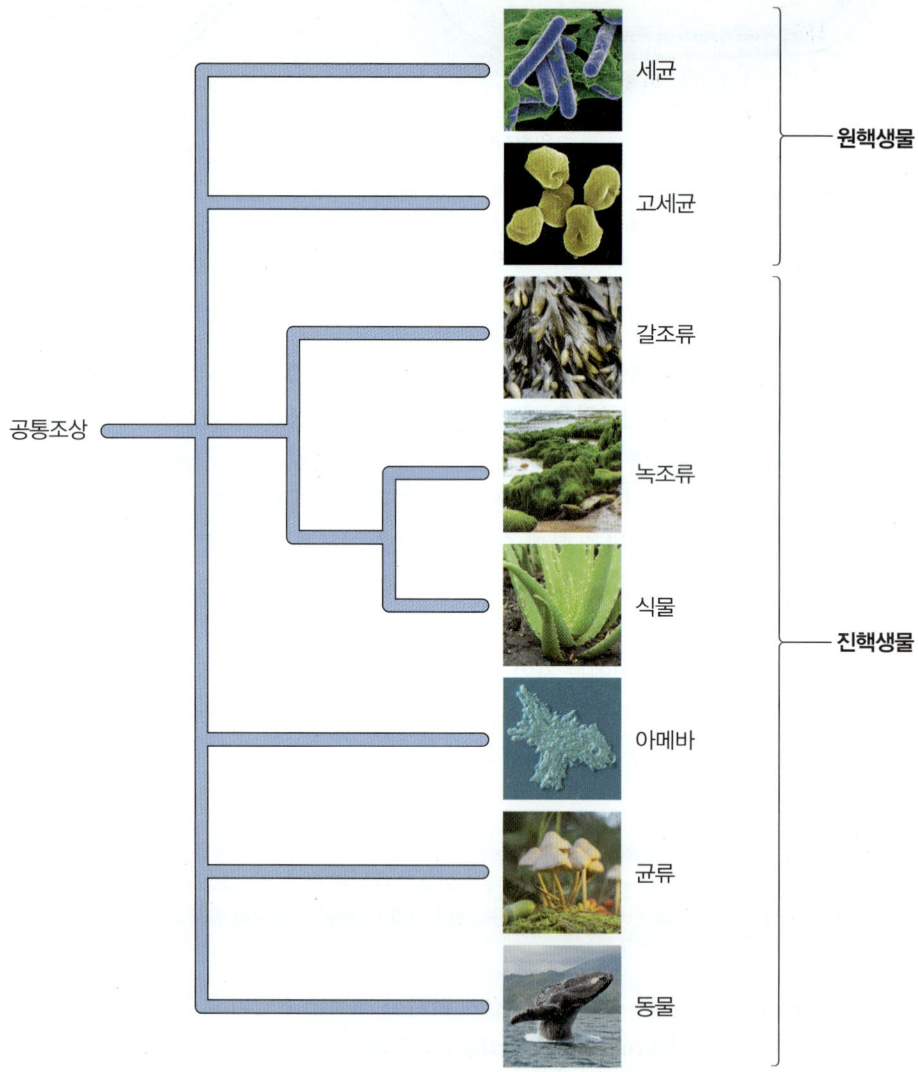

그림 2.19 생명 계통수에서 공통조상. 모든 생물들은 기본적인 특징들을 공유하고 있으며, 좀 더 특이적인 유사성에 근거하여 생명 계통수에 배치할 수 있다. 이 그림에서는 단순화하기 위해서 많은 생물군들을 생략하였다.

현명한 독자

이온수

몇 개의 미국계 회사들이 이온수라는 것을 시판하고 있다. 이것들은 물을 크기에 따라서 여과하는 작은 여행가방 모양의 시스템인데 1000달러 가까운 가격으로 싱크대에 장착할 수 있다. 다음은 이들 제조업체의 웹사이트가 내세우고 있는 주장들의 예이다:

이온수는 수산화이온이라는 전하를 띤 입자를 생산하는 음전하를 포함하고 있다. 당신이 일반적인 대부분 의사들이 모르고 있는 천연수를 찾고 있다면 이 놀라운 치료 효과가 있는 물을 마셔볼 필요가 있다. 이온수를 마시면:

- 더 젊게 느껴지고 더 활력을 갖게 하는데 도움이 되며
- 약을 먹지 않고도 만성적인 통증이 사라지며
- 밤새, 매일 저녁 잠을 잘 자는 데 도움이 되며
- 신속하게 에너지와 스태미나를 끌어올려 좋아하는 모든 것을 할 수 있고, 당신의 삶을 엄청 향상시킬 수 있다.
- 고질병, 두통, 고콜레스테롤, 당뇨, 관절염, 우울증을 떨쳐버린다

일부 제조업체는 그들 제품이 많은 종류의 암을 치료할 수 있다고까지 주장한다. 이온수의 항암 특징을 지지하는 취지의 연구는 이온수가 손상을 야기하는 활성 산소를 청소하는 능력에 대한 주장도 들어 있다. 이 주장을 검증하기 위해서 제조사들은 이온수 또는 수돗물에 다양한 생쥐 조직을 노출시킨 다음 활성 산소의 농도를 측정하였다(그림 2.20).

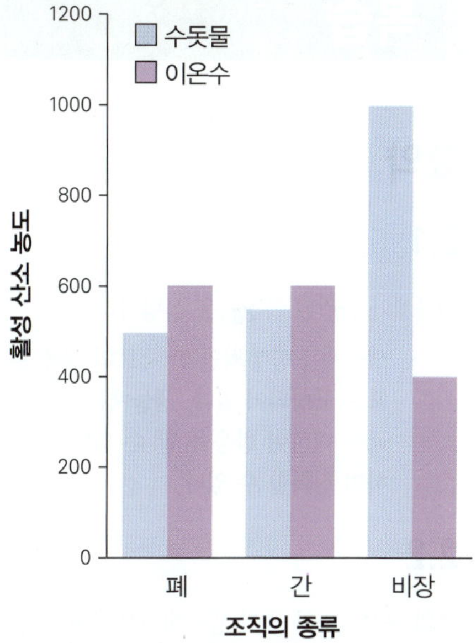

그림 2.20 **이온수의 항암 효과.** 생쥐의 여러 조직에서 활성 산소의 농도를 나타내었다.

1. 당신이 알고 있는 물에 근거하여, 음전하를 갖고 있는 이온수가 수산화이온을 만든다고 주장하는 것이 통하는 말인가?
2. 이 주장들을 처음 2개의 적색 깃발을 표에 기재하여 평가하자(1장 표 1.2에 제공된 점검표에 있는 질문을 사용하라).
3. 이들 웹사이트에 사용된 언어들이 과학자들이 일반적으로 결과를 설명하는 방식과 다른 예를 들어보라.
4. 그림 2.20에 보는 도표는 활성 산소의 감소가 암의 감소와 관련이 있다는 증거를 보여주고 있는가?
5. 그림 2.20에 나타낸 도표에 무슨 통계적 핵심요소가 빠져 있는가?

그럴듯한 소리인데 **그런가?**

최근에 "왓슨"이라는 슈퍼컴퓨터가 두 명의 제퍼디(*Jeopardy*) 게임 챔피언을 이겼다. 이 컴퓨터는 광범위한 다양한 주제의 질문에 답하였으며, 내기를 할 줄도 알고 답을 모를 때에는 나가 앉기도 하였다. 많은 시청자들에게 이 컴퓨터는 정보를 기억해낼 뿐만 아니라 인간이 하는 방식과 매우 유사하게 추론도 하여서 사람들이 정보와 사고력이 프로그램 가능한 기술인지를 의심하게 하였다.

언젠가 컴퓨터는 탁월한 인공 지능을 가지고 나타나서 조절하는 인간의 자리를 쟁취할까?

그럴듯한 소리이지만 그렇지 않다.

1. 컴퓨터는 데이터를 기억해내고 확률을 계산할 수는 있다. 2.1절에 나타낸 생명의 특징을 사용하여 컴퓨터에는 없는 생물체의 특징을 나열해보라.
2. 서양장기 게임을 하는 컴퓨터는 상대방 인간이 움직이는 것에 반응할 수는 있지만 독립적이 되려면 컴퓨터는 더욱더 많은 자극에 대하여 반응할 수 있어야만 한다. 당신은 미래에 프로그래머가 컴퓨터가 반응할 수 있는 모든 다른 자극들을 예측하는 것이 가능하리라고 생각하는가?

3. 인간 지능의 핵심적 특징은 학습하는 능력이다. 저장된 데이터를 검색하는 것과 학습하는 것이 차이나는 것은 일부 생물학적 정의나 생물학적 과정의 단계를 기억하는 것이 진정으로 정의와 과정을 이해하는 것이 다른 것과 마찬가지다. 시험에 대비하여 정의를 암기했을 때와 시험이 약간 다른 방식으로 정의를 사용하는 것을 물었을 때 무슨 일이 생기는가?

4. 새로운 상황에 지식을 적용하는 데 있어 누가 더 잘 준비가 되었다고 생각하는가? 암기를 잘한 학생인가 아니면 이해를 잘한 학생인가?

5. 1~4번 질문에 대한 답을 생각하고 위의 굵은 글씨로 쓴 문장이 그럴듯하지만 그렇지 않은 이유를 설명하라.

복습

요약

2.1

생물체와 관련된 특징들을 설명하라.

- 생물체는 공통적인 한 세트의 생체 분자들을 가지고 있으며, 세포로 구성되어 있다. 생물체는 생장, 물질대사, 생식 및 외부 자극에 대하여 반응을 할 수 있다. 또한 생물체는 항상성을 유지하며 진화할 수 있다.

2.2

물의 구성요소와 물이 생물체에서 중요하게 되는 특징들을 나열하라.

- 물은 산소 원자 1개와 수소 원자 2개로 구성되어 있다.
- 물은 부분적으로 극성과 수소결합을 형성하는 능력이 있기 때문에 좋은 용매이다. 물에서 수소결합은 화학반응을 돕고, 응집을 촉진하며, 열 흡수를 허용한다.

원자의 구조가 화학결합에 어떻게 영향을 주는지 설명하라.

- 화학결합은 원소의 전자구조에 의존한다. 핵에 가까운 전자는 핵에서 더 멀리 있는 전자보다 더 적은 에너지를 가지고 있다.
- 원자가 껍질에 여백이 있는 원자들은 화학결합을 형성한다.

2.3

탄소가 생물체의 중요한 요소인 것은 무엇 때문인가?

- 지구상의 생명체는 탄소 원소의 화학에 기초를 두고 있으며, 탄소는 4개의 다른 원소와 결합을 할 수 있다.

수소결합, 공유결합 및 이온결합을 비교하고 차이를 말하라.

- 수소결합은 인접한 분자들에서 수소 원자와 산소 원자들 사이의 약한 인력이다.
- 공유결합은 원자들이 전자들을 공유할 때 형성된다. 이 결합은 강한 결합이다.
- 이온결합은 양전하와 음전하를 띤 이온들 사이에서 형성된다. 이 결합은 약한 결합이다.

2.4

탄수화물, 단백질, 지질, 핵산과 세포에서 이들 고분자들의 역할을 설명하라.

- 탄수화물은 에너지 저장 기능을 하며 구조적 역할을 담당한다. 이들은 단일 단위 단당류 또는 당 단량체들이 공유결합에 의해서 연결된 복수 단위 다당류일 수 있다.
- 단백질은 세포에서 구조적, 효소 및 수송체 역할을 한다. 단백질은 공유결합으로 연결된 아미노산 단량체들로 구성되어 있다.
- 지질은 부분적으로 또는 완전히 소수성이며 3가지 다른 형태로 존재한다. 지방은 글리세롤과 3개의 지방산으로 구성되어 있으며, 에너지를 저장한다. 인지질은 글리세롤과 2개의 지방산 및 인산기로 구성되어 있으며, 세포막의 구조적 요소로 중요하다. 스테로이드는 4개의 융합된 고리로 구성되어 있다. 콜레스테롤은 일부 동물 세포막에서 발견되며 유동성의 유지를 돕는다. 그 밖의 스테로이드는 호르몬으로 작용한다.
- 핵산은 뉴클레오타이드 중합체이며, 뉴클레오타이드 각각은 당, 인산 및 질소 함유 염기로 구성되어 있다.

2.5

원핵세포와 진핵세포를 비교하고 차이를 말하라.

- 세포에는 크게 2가지 종류가 있다. 핵과 막으로 싸인 세포소기관을 가진 것은 진핵세포이며, 핵이나 막으로 싸인 세포소기관이 없는 것은 원핵세포이다.

진화론을 일반적으로 요약하라.

- 모든 생물체들은 동일한 유기화학과 기본적 세포 특징을 공유하는 세포들로 구성되어 있다. 이들 유사성은 지구의 모든 생명체는 단일 공통조상에서 유래하였다는 진화론에 대한 지지를 제공한다.

언어의 뿌리

다음 어원들은 주로 라틴어나 그리스어에서 기원하며 아래와 같은 뜻을 가지고 있어 용어를 해석하는 데 도움을 준다:

homeo-	같거나 비슷함을 의미한다. 용어: *homeostasis*
hydro-	물을 의미한다. 용어: *hydrophilic, hydrophobic*
macro-	큼을 의미한다. 용어: *macromolecule*
-mer	소단위를 의미한다. 용어: *polymer, monomer*
mono-	하나를 의미한다. 용어: *monosaccharide, monomer*
-philic	좋아한다를 의미한다. 용어: *hydrophilic*
-phobic	싫어한다를 의미한다. 용어: *hydrophobic*
poly-	많다를 의미한다. 용어: *polymer*
pseudo-	틀린 또는 사기를 의미한다. 용어: *pseudoscience*

기본문제

1. 생물체에서 공통적으로 발견되는 4가지 생체 분자를 나열하여라.

2. 원핵세포의 구조적 특징을 나열하여라.

3. 진화론의 기본 원리를 정의하라.

4. 물은 ______________

A. 좋은 용질이다.
B. 화학반응을 촉진한다.
C. 효소로 작용한다.
D. 다른 분자들과 강한 공유결합을 형성한다.
E. 산소 원자 2개와 수소 원자 1개로 구성된다.

5. 전자는 ______________

A. 음전하를 띤다.
B. 중성자와 더불어 핵을 구성한다.
C. 음전하를 띤 핵으로 끌린다.
D. 핵에 가장 가까이 위치한 것이 가장 많은 에너지를 가진다.
E. 위의 모든 것이 맞다.

6. 다음 용어들 중 어느 것이 다른 것들과 가장 비슷하지 않은가?

A. 단당류　　B. 인지질
C. 지방　　D. 스테로이드
E. 지질

7. 서로 다른 단백질들은 서로 다른 순서의 ________(으)로 구성되어 있다.

A. 당　　B. 글리세롤
C. 지방　　D. 아미노산
E. 탄수화물

8. 단백질은 __________(으)로 작용을 한다.

A. 유전물질　　B. 콜레스테롤 분자
C. 저장 지방　　D. 효소
E. 위 모든 것

9. 지방은 ________(으)로 구성되어 있다.

A. 탄수화물과 단백질　　B. 복합탄수화물
C. 포화 산소 원자　　D. 글리세롤과 지방산

10. 진핵세포는 __________ 점에서 원핵세포와 차이 난다.

A. 진핵세포만이 DNA를 가지고 있다는
B. 진핵세포만이 원형질막을 가지고 있다는
C. 진핵세포만이 살아 있다고 생각된다는
D. 진핵세포만이 핵을 가지고 있다는
E. 진핵세포만이 진화할 수 있다는

11. 다음 중 어느 것이 가장 강한 것부터 가장 약한 화학결합을 나타내고 있는가?

A. 수소결합, 공유결합, 이온결합
B. 공유결합, 이온결합, 수소결합
C. 이온결합, 공유결합, 수소결합
D. 공유결합, 수소결합, 이온결합
E. 수소결합, 이온결합, 공유결합

12. 다음 중 진화론과 일치하지 않는 것은?

A. 모든 생물체들은 공통조상을 공유한다.
B. 환경은 어느 생물이 생식하도록 생존할 것인지에 영향을 미친다.
C. 환경과 상관없이 자연선택은 항상 동일한 형질을 선호한다.
D. 인간은 필연적으로 가장 잘 적응한 생물은 아니다.

응용문제

1. 바이러스는 작은 단편의 유전물질(DNA 또는 RNA)을 둘러싸는 단백질 피막으로 만들어져 있다. 바이러스는 숙주세포의 유전적 "기구"를 점령하지 않고는 증식할 수 없다. 이 설명과 생물학자들의 생명에 대한 정의에 근거하면, 바이러스는 살아 있는 생물이라고 할 수 있는가?

2. 사람은 하루에 8컵의 물을 마셔야 한다는 것이 일반적 통념이었으나 최근에 과학적 증거로 이와 같은 관행에 의문이 제기되었다. 물의 어떤 화학적 성질이 이 가설을 받아들이는데 기여한다고 생각하는가?

3. 탄소, 산소, 수소 및 질소는 생물체에서 발견되는 공통적인 원소들이다. 4종류의 고분자들 중에서 이들 4 원소를 모두 가지고 있는 것 2가지는 무엇인가?

연관문제

1. 대장 청소와 주스 단식은 많은 명사들이 추천하는 습관이다. 이들 습관 중 어느 하나라도 득이 될 수 있는지를 어떻게 결정하겠는가?

2. 사람들은 왜 그렇게도 흔히 사이비 과학적인 설명을 기꺼이 믿는다고 생각하는가?

CHAPTER 3

수행능력과 건강 증진에 영양 보충이 가능한가?

스포츠 음료가 육상 기록을 증가시키는가?

영양소와 막 수송

기억 증진에는 은행, 스트레스 해소에는 카와, 에너지 보충에는 인삼, 수면에는 멜라토닌. 바쁜 학생의 성공을 위한 처방전처럼 들린다. 추가로 노화를 늦추고 암을 방지하기 위해 이들 보충제를 코코넛 주스와 먹어라. 매 주말마다 식료품점에 가는 대신 식료품 저장실을 에너지 음료, 비타민-강화 물, 단백질 가루 및 영양바로 채워야만 하나? 식이보충제는 다량으로 살 수 있고 과일이나 채소처럼 썩지 않는다. 하지만 식이보충제가 당신을 위해서도 좋은가? 만일 그렇다면 당신은 공부하는 시간을 줄이지 않고도 교내 팀에 합류하거나 당신이 하고 싶었던 악기를 연주할 시간을 찾을 수도 있을 것이다.

학업 성적이나 건강을 증진시키기 위해 나름대로 영양을 보충하는 것이 가능한가? 대부분의 미국인은 그렇게 생각하는 것 같다. 우리는 매년 약 60억 달러를 이들 제품에 쓰며 우리의 2/3 이상이 적어도 하나의 보충제를 먹는다. 그러나 이들 제품이 우리가 생각하는 것처럼 실제로 효과가 있는가?

영양 보충제가 학업 성적이나 건강을 증진시키나?

영양바가 건강한 대용식품인가?

통째로 먹는 것이 더 건강에 좋은가?

3.1 영양소

우리가 섭취하는 음식과 음료는 분해될 수 있어 생장, 유지와 보수를 위한 원료물질 및 에너지원으로 사용될 수 있는 기본 분자를 제공한다. 구조물질이나 에너지를 제공하는 음식에 있는 물질의 다른 이름은 **영양소(nutrient)**이다.

다량영양소

많은 양이 요구되는 영양소를 **다량영양소(macronutrient)**라고 부른다. 물, 탄수화물, 단백질 및 지방 등이 이에 포함된다.

물과 영양. 대부분의 동물은 물을 제외한 영양소 없이 수주 동안 생존할 수 있다. 그러나 물이 없는 생존은 수일로 제한된다. 신체가 영양소를 분산시키는 것을 돕는 외에도 물은 소화의 폐기물을 녹이고 제거하는 것을 돕는다.

탈수(dehydration)라고 부르는, 신체가 요구하는 물 수준 이하로의 감소는 근육경련, 피로, 두통, 어지러움, 메스꺼움 및 혼미에 이를 수 있고 심장박동 속도를 증가시킬 수 있다. 심한 탈수는 환상, 심장마비 및 죽음에 이를 수 있다.

땀은 피부로부터 물의 증발이며, 이는 체온 유지를 돕는다. 물이 부족하고 땀이 감소하면 체온은 위험 수준까지 상승한다.

사람은 매일 3리터의 물을 땀, 오줌 및 대변으로 잃는다. 전형적인 성인은 매일 음식 소비로부터 1.5리터의 물을 얻으므로 음료로부터 보충해야 할 물은 1.5리터이다.

이 물을 수돗물로 대체하는 것이 매우 효과적이지만 많은 사람들은 수돗물의 질에 대한 의심 때문에 병에 담긴 생수를 마신다. 그러나 생수의 기준을 설정하는 정부 기관인 미국 식품의약국은 환경보호국이 수돗물에 적용하는 것과 같은 기준을 사용한다. 다시 말해, 두 원천의 물은 동일하게 깨끗해야 한다. 실제로 병에 담긴 생수의 40%가 도시의 수돗물로부터 직접 얻는 것이다.

많은 사람들은 또한 많은 경우 단순당과 칼로리가 높은 스포츠 음료로 수분을 보충한다. 실제로 이 음료의 일부는 첨가제가 하도 많아서 용질 농도가 혈액보다 높다. 이럴 경우, 이 장의 뒤에서 배우게 되겠지만 물이 조직을 나가게 되어 실제로 탈수의 위험을 증가시킨다.

생수와 스포츠 음료는 또한 편리성과 휴대성 때문에 선택되지만, 이는 환경에 대가를 치르고 온다. 매년 사용되는 수십억 개의 병을 생산하는데 1.5백만 배럴의 기름이 요구된다. 병들이 재활용되지만 86%가 매년 매립지로 간다. 더욱이, 물을 수송하는 데 필요한 에너지는 동량의 수돗물을 정수하는 데 드는 것보다 훨씬 많다.

사람은 매일 건강에 좋은 만큼의 물을 마셔야 되지만 그 외에도 탄수화물, 단백질 및 지방을 포함하는 음식을 먹어야 한다. 2장에서 이들 고분자의 구조를 살펴보았고 이제는 신체에서 이들의 작용방식에 대해 집중할 것이다.

영양소로 탄수화물. 빵, 시리얼, 쌀, 파스타를 비롯해 과일과 채소 같은 음식물은 탄수화물이라고 부르는 다량영양소가 풍부하다. 탄수화물은 세포의 주요 에너지원이며 단일 단위체 단당류 혹은 긴 사슬의 다당류로 구성된다.

단일 단위체인 단당류는 섭취 후 빠르게 소화되어 혈류로 들어간다. 우유, 주스, 꿀 및 대개의 정제된 음식에 있는 당은 단당류이다. 다수의 소단위로 구성되고 가지친 사슬로 배열된 당을 **복합탄수화물(complex carbohydrate)**이라고 부른다. 복합탄수화물은 야채, 빵, 콩류 및 파스타 등에서 발견된다.

복합탄수화물은 절단해야 할 화학결합이 많으므로 신체는 복합탄수화물을 단순한 당보다 더 느리게 소화한다. 지구력을 요하는 운동선수는 시합 중 이용할 수 있는 에너지의 양을 증가시키기 위해 경기 전 며칠 동안 복합탄수화물을 축적한다. 많은 운동선수는 또한 시합 동안 연료를 제공하기 위하여 당이 있는 스포츠 음료를 마신다(그림 3.1).

(a) 포도향 음료 (b) 포도

그림 3.1 **가공식품과 자연식품의 탄수화물.** 당이 있는 스포츠 음료는 빨리 소화되는 과당 옥수수 시럽이 풍부할 수 있다. 과당은 또한 과일에서 발견되는데, 과일에는 과당이 복합탄수화물과 섬유 및 다른 영양소와 함께 포장되어 있다.

영양사는 건강식에서 대부분의 탄수화물은 복합탄수화물 형태이어야 하며 정제되고 가공된 당의 섭취를 최소화하여야 한다는 데 동의한다. **가공식품(processed food)**은 과도한 정제를 거쳐서 그 과정에서 많은 영양가가 사라진다. 예를 들어 정제되지 않은 흙설탕은 사탕수수 주스로 만들어지며, 식물에서 발견되는 무기물과 영양소를 포함한다. 정제된 흙설탕을 만들기 위한 가공은 이들 비타민과 무기물을 잃게 한다.

가공에 의해 영양소가 제거되는 과정을 거치지 않은 음식을 **자연식품(whole food)**이라고 한다. 전곡류, 콩, 많은 과일과 채소가 자연식품이다. 영양분이 많은 것에 덧붙여 자연식품은 식이섬유의 좋은 원천이다.

섬유는 건강 식단의 중요한 부분이다. 러피지(roughage)라고도 불리는 섬유는 주로 사람이 성분 단당류로 소화시킬 수 없는 복합탄수화물로 구성된다. 이 때문에 식이섬유는 대장으로 보내져 일부는 그곳에 사는 세균에 의해 분해되고 나머지는 대부분 대변이 된다. 섬유는 신체에 의해 흡수되지 않으므로 영양소는 아니지만 건강식의 중요한 부분이다. 섬유는 건강한 콜레스테롤 수준을 유지하는 것을 돕고 여러 암의 위험을 감소시킬 수 있다.

섬유바는 식료품 가게나 편의점의 선반에서 흔히 볼 수 있다. 섬유바에는 섬유가 풍부하지만 거기에는 종종 가공된 당과 양분이 없는 첨가제가 많다. 이 때문에 섬유를 자연식품으로부터 얻는 것이 더 좋다.

식료품 저장실을 에너지 음료, 비타민-강화 물, 단백질 가루 및 영양바로 채워야만 하나?

영양소로 단백질. 단백질이 풍부한 음식에는 쇠고기, 생선, 콩, 계란, 견과류와 우유, 요구르트 치즈와 같은 유제품 등이 있다.

신체는 단백질의 구성 성분인 아미노산 중 흔히 나타나는 많은 것을 합성할 수 있다. 신체가 합성할 수 없는 아미노산을 **필수아미노산(essential amino acid)**이라고 부르며 먹는 음식을 통해 공급되어야 한다. **완전단백질(complete proteins)**은 신체가 필요로 하는 모든 필수아미노산을 포함한다. 먹은 육류로부터 얻은 단백질은 식물을 먹어 얻는 단백질보다 더 완전할 수 있는데 식물 단백질은 종종 하나 이상의 필수아미노산이 결여될 수 있다.

과거에 일부 영양사는 채식주의자가 일정 아미노산에 결핍될 위험성이 있다고 믿었다. 그러나 과학자들은 염려할 필요가 없음을 보여주었다. 만일 채식주의자가 다양한 종류의 식물 단백질을 섭취한다면 신체는 단백질을 합성하기 위해 필요한 모든 아미노산을 얻는데 어려움이 없을 것이다.

쉬어가기 많은 문화에는 다른 두 원료의 단백질을 포함하는 고유한 음식이 있다. 예를 들어, 콩과 쌀, 계란과 토스트, 곡류와 우유가 일반적인 음식 쌍이다. 왜 이런 다른 음식 간의 짝짓기가 실행되었을까?

근육량을 늘리려는 사람은 활발한 운동 후에 단백질-풍부한 근육을 재건하기 위하여 물이나 우유와 섞을 수 있는 단백질 가루를 음식에 보충하곤 한다. 그러나 여분의 단백질이 항상 여분의 근육을 만드는 것은 아니다. 모든 영양소와 같이 여분의 단백질은 지방으로 축적된다. 그렇다면 너무 많은 단백질을 먹으면 결국 체지방이 늘 것이다. 더욱이 단백질이 너무 많은 식사는 뼈 손실이나 신장 손상 같은 건강 위험을 일으킬 수 있다. 만일 근육을 키우기 원한다면, 가장 합리적인 일은 운동 식이요법과 건강 식단을 결합하는 것이다. 지구력이 필요한 운동선수 같이 가장 활발한 사람이라도 건강 식단을 먹음으로써 충분한 단백질을 쉽게 얻을 수 있다(그림 3.2).

영양소로 지방. 지방은 저장된 에너지의 원천이다. 실제 무게로 비교하면 지방은 탄수화물과 단백질보다 두 배 정도의 에너지를 갖고 있다. 지방이 풍부한 음식에는 육류, 우유, 치즈, 식물성 기름과 견과가 있다. 사람을 포함한 대부분의 포유류는 중요 기관을 보호하고 지키기 위해 혹은 추운 날씨로부터 몸을 보호하기 위해 또는 기근을 대비한 에너지원으로 지방을 피부 밑에 저장한다.

지방은 탄소와 수소가 풍부한 지방산 꼬리를 가지고 있음을 기억하자. 신체는 필요한 지방산 중 대부분을 합성할 수 있다. 합성될 수 없는 것을 **필수지방산(essential fatty acid)**이라 부른다. 필수아미노산처럼 필수지방산도 음식으로부터 공급되어야 한다. 오메가-3 및 오메가-6은 어류 섭취로 얻을 수 있는 필수지방산이다. 이들 지방산은 심장병에 대한 보호를 돕는 것으로 알려졌다. 영양사는 매주 340 g의 어류를 먹도록 권장한다. 충분히 어류를 먹지 못하는 일부 사람은 어유 캡슐을 식단에 보충한다. 그러나 어류는 어유가 갖지 않은 비타민과 무기물을 가지고 있다.

지방 분자의 지방산 꼬리는 이중결합의 수와 위치에서 다를 수 있다(그림 3.3a). 지방산의 탄소가 가능한 모든 수소와 결합하면 지방은 **포화지방(saturated fat)** (수소로 포화된)이라 부른다. 탄소와 탄소 간의 이중결합이 있으면 지방은 수소로 포화되어 있지 않으며 따라서 **불포화지방(unsaturated fat)**이다(그림 3.3b). 이중결합이 많을수록 불포화도는 커진다. 지방이 많은 불포화탄소를 가지면 **다중불포화(polyunsaturated)**라고 한다. 불포화지방의 이중결합은 구조를 평평하기보다는 비틀게 만든다. 이는 지방 분자들이 조밀하게 겹치지 못하게 하므로 불포화지방은 상온에서 액체이다. 식용유는 불포화지방의 예이다. 불포화지방은 주로 식물에서 유래하지만 동물성 지방은 전형적으로 포화되었다. 탄소-탄소 이중결합이 없는 포화지방은 서로 조밀하게 뭉쳐 고체

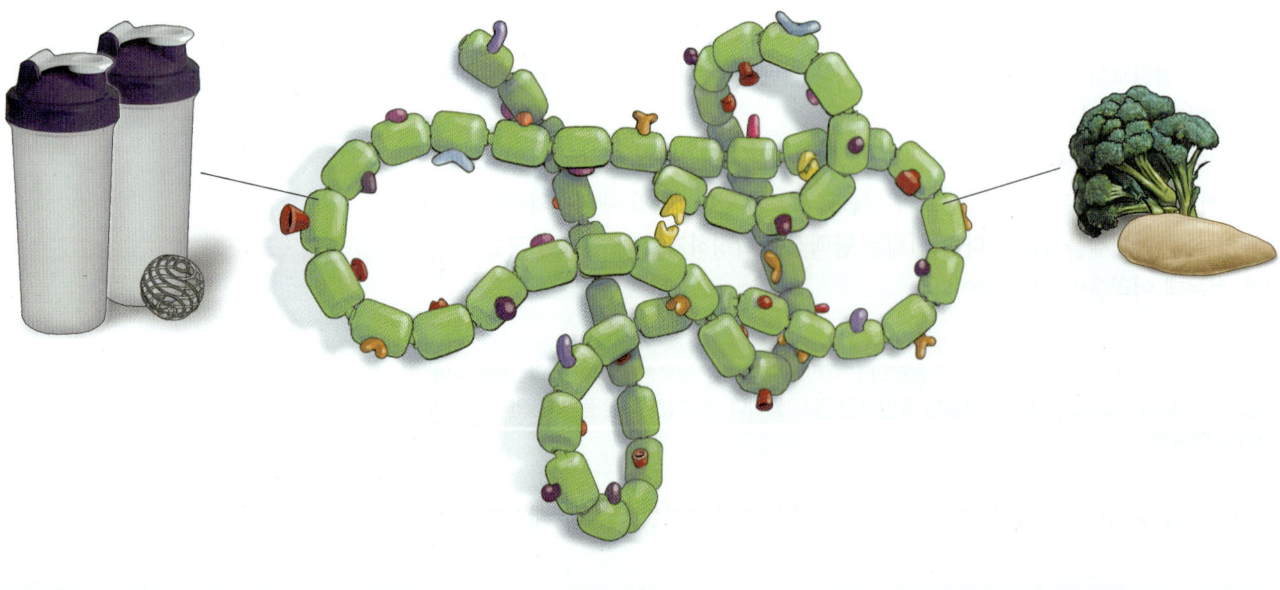

그림 3.2 **가공식품과 자연식품의 탄수화물.** 영양사는 대부분의 사람이 매일 50 g의 단백질 섭취를 권장한다. 이는 226.8 g의 단백질 셰이크 2컵을 마시거나 혹은 작은 닭 가슴살과 브로콜리 한 컵으로 얻을 수 있다.

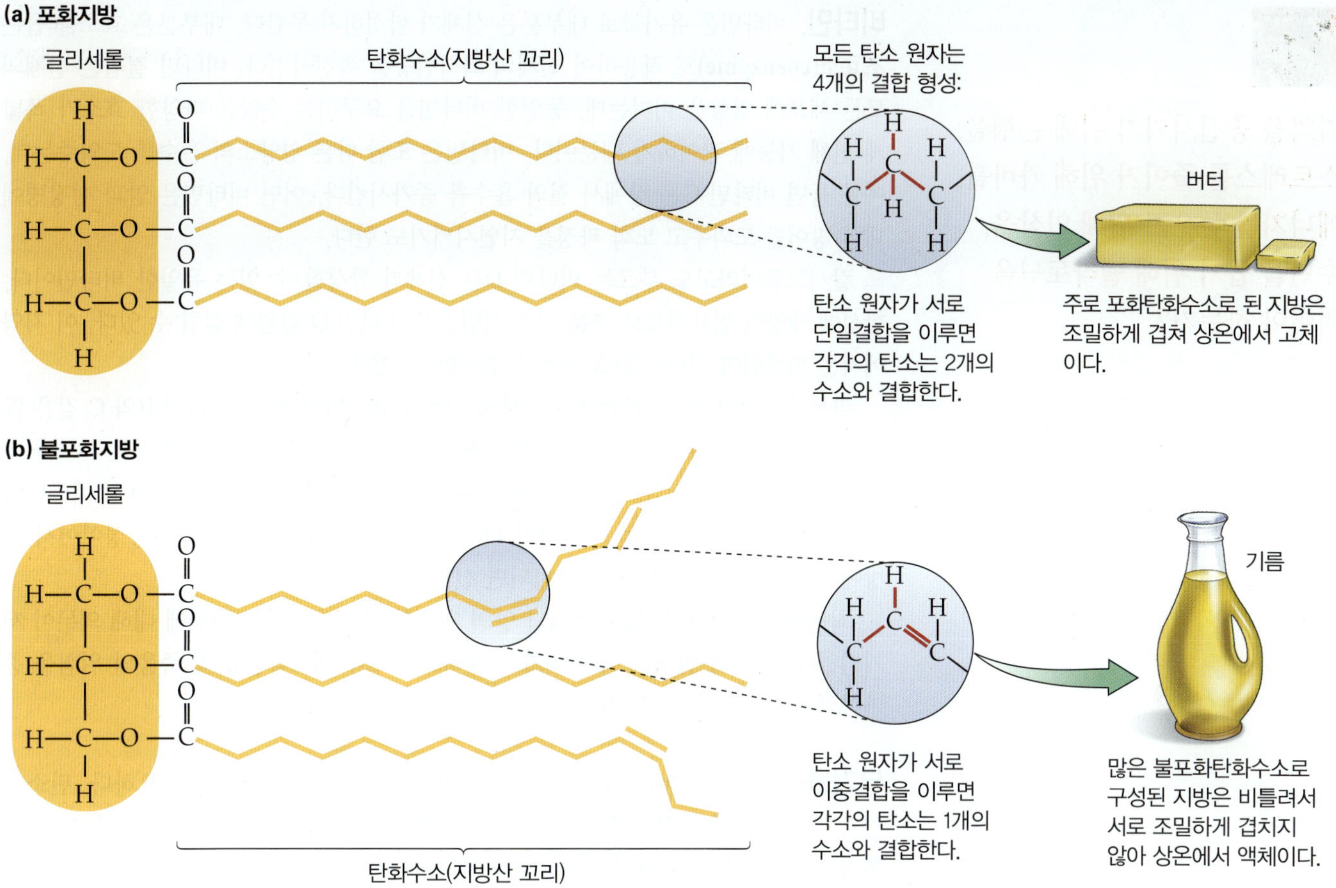

시각화 ▲

이 그림의 어떤 지방산 꼬리가 다중불포화되었나?

그림 3.3 **포화지방과 불포화지방.** 형성된 결합의 유형에 따라 지방이 상온에서 (a) 고체인지 (b) 액체인지를 결정한다.

구조를 만든다. 이것이 버터와 같은 포화지방이 상온에서 고체인 이유이다.

상업적인 식료품 제조회사는 식물성 기름에 압력을 가하면서 수소가스를 첨가하여 불포화지방에 수소를 도입하기도 한다. **수소화(hydrogenation)**라고 부르는 이 과정은 지방의 포화 수준을 증가시켜 액체 기름을 고체화하여 음식을 덜 기름지게 하며 유통기간을 연장시킨다. 마가린이 이 수소화 과정을 거친 식물성 기름이다.

트랜스지방(trans fats)은 불완전한 수소화에 의해 생성되며, 이는 또한 탄소-탄소 이중결합이 있지만 지방산은 비틀리지 않고 평평하도록 지방산 꼬리의 구조를 바꾼다. 대부분의 지방과 달리 트랜스 지방은 필요하지도 유익하지도 않다. 에너지바, 단백질바 및 다른 영양바를 먹으려고 선택했다면 트랜스 지방을 포함하지 않은 것을 찾는 것이 최선이다.

트랜스-지방산이 풍부한 음식의 섭취가 초래할 건강 위험은 동맥 막힘, 심장병 및 당뇨를 포함한다. 지방이 탄수화물과 단백질보다 그램당 많은 칼로리를 포함하며, 또한 지방의 과다 섭취가 여러 질병과 연관되어 있으므로 영양사는 음식에서 지방량을 제한할 것을 권장하였다.

미량영양소

비타민과 무기물처럼 매우 소량으로 요구되는 영양소를 **미량영양소(micronutrient)**라고 부른다. 이들은 사용 동안 신체에 의해 파괴되지도 않고 에너지를 위해 연소되지도 않는다.

기억을 증진시키기 위해 은행을, 스트레스를 줄이기 위해 카바를, 에너지를 돋우기 위해 인삼을, 수면을 돕기 위해 멜라토닌을 먹어야 하는가?

비타민. 비타민은 유기물로 대부분은 신체가 합성하지 못한다. 대부분은 효소를 돕는 **조효소(coenzyme)**로 작용하여 신체의 화학반응을 촉진시킨다. 비타민 결핍은 신체의 모든 세포에 영향을 미치는데, 동일한 비타민을 요구하는 수많은 다양한 효소가 폭넓게 신체 기능에 관여하기 때문이다. 비타민은 또한 다른 영양소의 흡수를 도와주는데, 예를 들면 비타민 C는 장에서 철의 흡수를 증가시킨다. 어떤 비타민은 암과 심장병에 대한 방어를 도와주고 노화 과정을 지연시키기도 한다.

칼시트롤이라고도 부르는 비타민 D는 신체가 합성할 수 있는 유일한 비타민이다. 합성에 태양이 필요하므로 추운 지방 사람들은 비타민 D 결핍에 걸릴 수 있다. 이 지역에서는 의료인이 비타민 D 보충제를 추천할 수 있다.

다른 모든 비타민은 섭취하는 음식에 의해 공급되어야 한다. 비타민 B와 C 같은 많은 비타민은 수용성이어서 끓이면 물로 빠져나가는데 신선한 야채가 조리된 것보다 더 영양분이 많은 이유이다. 신체가 수용성 비타민을 저장하지 못하므로 수용성 비타민이 지용성 비타민보다 결핍될 가능성이 더 크다. 비타민 A, D, E, K는 지용성이어서 지방에 저장되는데 이들이 과량 축적되면 신체에 해로울 수 있다.

최근에 종합비타민, 특히 엄청난 양의 지용성 비타민을 먹는 행위에 대해 의문이 제기되었다. 최근의 연구는 이 행위가 잠재적으로 일부 암, 심장병 및 죽음의 위험을 증가시켜서 유익하기보다는 유해함을 보여주었다.

무기물. 무기물은 탄소를 포함하지 않지만 세포의 많은 기능에 꼭 필요하다. 탄소가 없기 때문에 이들을 무기물이라 부른다. 무기물은 적절한 체액 균형, 근육 수축, 신경 충격 전달, 뼈와 치아 형성에 중요하다. 칼슘, 나트륨, 염소, 마그네슘, 인, 칼륨 및 황이 무기물이다. 여러 종류의 비타민처럼 무기물은 수용성이어서 끓는 동안 소실되며, 또한 신체에서 생산되지 않으므로 음식으로 공급되어야 한다.

칼슘이 보다 자주 보충되는 무기물의 하나이다. 신체는 혈액 응고, 근육 수축, 신경 촉발 및 건강한 뼈 유지에 칼슘을 필요로 한다. 식단에 칼슘이 부족하면 칼슘은 뼈로부터 제거되어 뼈를 약화시킨다. 당신이 식단에서 하루에 약 1000 mg의 충분한 칼슘을 얻지 못하면 많은 의료인은 보충제를 추천할 것이다. 226.8 g의 요구르트, 42.53 g의 치즈와 우유 1컵은 모두 약 1000 mg 칼슘을 포함한다.

항산화제

자연식품은 비타민과 무기물 외에도 정상적인 세포 과정에서 발생되는 분자에 의한 피해로부터 세포를 보호하는 **항산화제(antioxidant)**라는 물질을 포함한다. **자유라디칼(free radicals)**이라 부르는 이 반응성이 매우 높은 분자는 불완전한 전자껍질을 가져서 완전한 전자껍질을 갖는 분자보다 화학적으로 더 반응성을 갖게 한다. 자유라디칼은 세포막, 동맥의 내벽 및 DNA에 피해를 줄 수 있다. 항산화제는 자유라디칼이 관련된 화학반응을 저해하고 세포에서 그들의 피해를 감소시킨다. 항산화제는 과일, 채소, 견과류, 곡류 및 일부 육류에 풍부하다.

심장병, 암의 방지 혹은 노화 지연에 대한 항산화제 보충제에 대한 초기의 흥분 다음에 우리는 항산화제의 혜택은 자연식품에서 얻는 것으로 제한해야 됨을 알고 있다. 이는 아마도 보충제 섭취가 새로운 암 세포, 세균 혹은 다른 침입자를 죽이는 것 같은 필요한 기능을 수행하기에 충분하지 못할 정도로 자유라디칼의 형성을 억제하는 쪽으로 균형이 심하게 이동하였기 때문일 것이다.

표 3.1은 일반적으로 보충되는 비타민, 무기물 및 항산화제를 나열하고 이들의 섭취가 바람직한지에 대한 현재의 이해를 기술하였다.

표 3.1 일반적인 비타민, 무기물 및 항산화제 보충제

비타민		음식 원천	주의
B_{12}		닭, 생선, 채소, 유제품	이 비타민이 고기와 유제품에 있기 때문에 채식주의자는 보충하기를 권장함.
C		대부분 과일, 채소, 육류	어떤 사람은 추운 동안 비타민 C를 보충한다. 그러나 이를 지지하는 증거가 많지 않다.
D		우유, 계란 노른자, 콩	이 비타민 합성에 빛이 요구되므로 북쪽 기후에 사는 사람은 보충하기를 권장함.
E		아몬드, 많은 조리 기름, 망고, 브로콜리, 견과류	고 용량의 비타민 E 보충은 전립선 암 혹은 뇌졸중의 위험을 증가시킴.
엽산		진한 녹색 채소, 견과류, 콩류 (마른 콩, 완두, 렌즈콩), 전곡류	임신 동안의 결핍이 태아의 척추 발달 이상에 이르기 때문에 임신 혹은 임신을 계획 중인 여자는 보충을 권고함.
무기물		**음식 원천**	**주의**
칼슘		우유, 치즈, 진한 녹색 채소, 콩류	칼슘은 뼈 건강에 필요하다. 뼈 퇴화의 위험(골다공증)에 처한 사람은 보충을 권장함.

계속

표 3.1 일반적인 비타민, 무기물 및 항산화제 보충제.(계속)

마그네슘		시금치, 생선, 견과류, 콩류, 현미	마그네슘은 뼈와 치아 건강에 필요하다. 일반적으로 보충은 권장되지 않음
칼륨		감자, 토마토, 바나나, 아보카도, 기타 신선하고 건조한 과일, 유제품, 전곡류, 육류	칼륨은 근육 이동, 신경 활동, 콩팥 기능에 필요하다. 칼륨은 콜레스테롤 저하를 도울 수 있으나 건강 식사가 보충제보다 더 좋다.
항산화제		**음식 원천**	**주의**
베타카로틴		당근, 칸탈루프, 스쿼시, 망고, 호박, 살구, 케일, 콜라드, 시금치 같은 주황색 과일과 채소	대체의학본부에 의하면 고용량의 베타카로틴 보충은 흡연자의 폐암 위험성을 증가시킬 수 있음.
플라바놀		코코아, 진한 초콜릿	연구는 보충이 어떤 건강 이익을 제공함을 분명히 보여 주지 않았음.
리코펜		토마토, 수박 같은 붉은 과일과 채소	현재까지 리코펜 보충은 어떤 분명한 건강 이익을 보여주지 않았음.

3.2 세포의 구조

일부 영양 보충제는 식물 세포를 갈고 파괴하여 생성된 추출물로 구성된다. 다른 보충제는 사람 세포의 특정 준세포 구조에 영향을 준다고 주장한다. 식물 세포와 동물 세포가 공통조상에서 진화하였기 때문에 그들은 같은 세포 구조와 세포소기관을 많이 공유한다. 세포에 있어서 **세포소기관(organelle)**들은 몸에 있어서 기관들과 같은 것이다. 각각의 세포소기관은 세포가 필요로 하는 특정한 역할을 수행하며, 모든 세포소기관들은 각 세포를 건강하게 유지하고 세포의 생존에 필요한 원료 물질을 생산하기 위하여 함께 작용한다. 세포 안에는 또한 염분 및 세포의 반응을 위하여 필요한 많은 효소들을 함유한 액체성 기질인 **세포기질(cytosol)**이 있다. 세포기질에는 세포소기관이 들어 있다. **세포질(cytoplasm)**이란 용어는 세포기질과 세포소기관을 포함한다.

cyto- 와 **cyte-** 세포 혹은 세포 같은을 의미한다.

plasm- 액체를 의미한다.

이제 두 유형의 세포(그림 3.4)의 바깥에서부터 시작하여 세포의 내부로 들어가면서 다양한 세포 구성요소들의 구조와 기능을 조사해보자. 그 후에 식물 세포로 만든 일부 보충제와 세포소기관 기능을 방해하는 것에 대해 조사하자.

원형질막

모든 세포들은 **원형질막(plasma membrane.** 그림 3.5**)**이라는 구조에 의해서 싸여 있다. 원형질막은 각 세포의 외부 경계를 이루며, 세포의 내용물을 환경으로부터 구분 짓고, 어떤 양양분이 세포 안으로 들어가고 나가는지를 결정하는 장벽으로서 작용한다. 외부 경계는 원형질막인데 비하여 세포 내부에서 구조를 싸고 있는 막은 일반적으로 세포막이라고 한다.

어떤 물질은 막을 통과하도록 하고 다른 것은 통과하지 못하게 하는 의미에서 막은 **반투과성(semipermeable)**이다. 이 특성이 세포가 주위 용액과 다른 내부 조성을 유지

시각화 ▼

식물 세포에 있고 동물 세포에 없는 3가지를 나열하라.

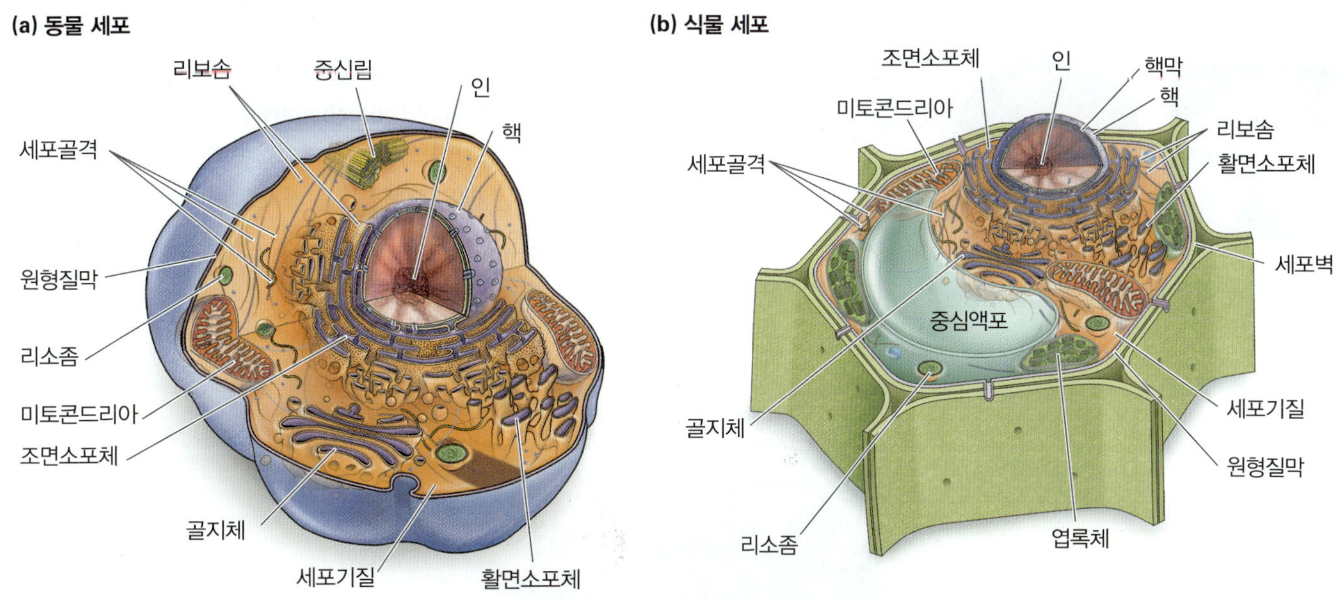

그림 3.4 식물 세포와 동물 세포. 이들 일반화된 (a) 동물 세포와 (b) 식물 세포 그림은 세포소기관과 다른 구조의 위치와 크기를 보여준다.

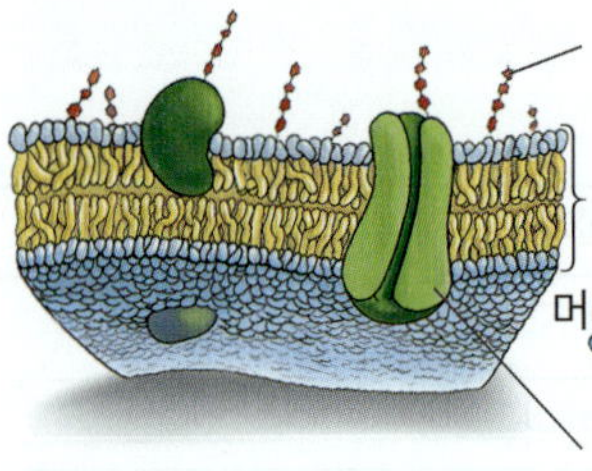

그림 3.5 원형질막. 모든 세포들은 원형질막으로 싸여 있다.

하게 한다.

안팎의 세포막은 주로 인지질로 구성되어 있다. 이들 지질의 화학적 성질은 막을 유연하게 하며 자가 봉합되게 한다. 인지질 분자들이 세포의 내부와 같이 수용액에 놓이게 되면 그들은 친수성 머리를 물에 노출시키고 소수성인 꼬리는 물로부터 멀어지도록 스스로 배열한다. 이들은 **인지질 2중층(phospholipid bilayer)**이라고 하는 한 형태로 집단을 이루며, 여기에서 인지질의 꼬리들은 상호 작용하여 물을 배척하는 반면, 머리는 막의 안팎에서 모두 주변의 물에 최대한 노출되어 있다. 인지질 2중층은 효소 기능을 수행하며, 외부 물질에 대한 수용체로 작용하고, 세포 전체에 물질 수송을 돕는 단백질들로 채워져 있다.

원형질막에서 모든 지질과 대부분 단백질들은 자유롭게 아래위로 움직이며 옆으로 미끄러진다. 이 유동성은 막상에서 어느 한 위치의 조성도 변할 수 있게 한다. 누비이불이 모자이크(누비이불을 만드는 서로 다른 천 조각)인 것과 같은 방식으로 막은 막의 서로 다른 영역이 서로 다른 종류의 인지질과 단백질로 구성된 모자이크이다. 이것 때문에 세포막은 지질과 단백질의 **유동 모자이크(fluid mosaic)**이다.

준세포 구조

원형질막 안에는 세포가 구조를 유지하고 그 임무를 수행하도록 하는 구조들이 있다.

세포벽. 식물, 곰팡이 및 세균 같은 생물은 세포를 보호하고 모양을 유지하는 것을 돕는 **세포벽(cell wall,** 그림 3.6)을 원형질막 바깥에 갖는다. 세포벽은 다당류 셀룰로오스가 풍부한데, 셀룰로오스는 구조적 지지를 제공하는 강력한 섬유로 조립된다.

그림 3.6 세포벽. 식물, 곰팡이 및 세균은 원형질막 바깥에 세포벽을 갖는다.

핵. 모든 진핵세포들은 **핵막(nuclear envelope,** 그림 3.7)이라고 하는 두 개의 막에 의해서 둘러싸인 구상 구조인 **핵(nucleus)**을 가지고 있다. 핵막에는 핵의 안팎으로 운반을 조절하는 핵공이 박혀 있다. 핵 내에는 DNA와 단백질로 구성되어 있는 염색질이 있다. **인(nucleolus)**은 리보솜이 생성되는 장소이다.

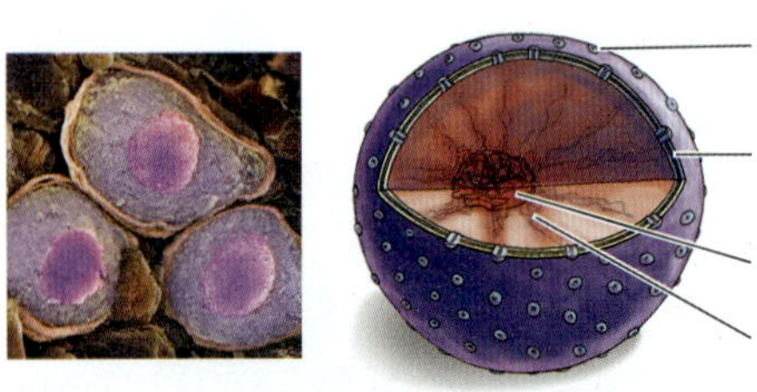

그림 3.7 핵. 핵은 세포의 유전물질을 저장한다.

미토콘드리아. 식물과 동물 세포는 두 개의 막으로 싸여 있는 에너지 생성 세포소기관인 **미토콘드리아(mitochondria,** 그림 3.8)를 가지고 있다. 내막과 외막은 막간 공간에 의해서 분리되어 있다. 고도로 접힌 내막은 ATP 생산에 참여하는 많은 단백질들을 가지고 있다. 미토콘드리아의 기질은 세포호흡의 많은 반응들이 일어나는 장소이다.

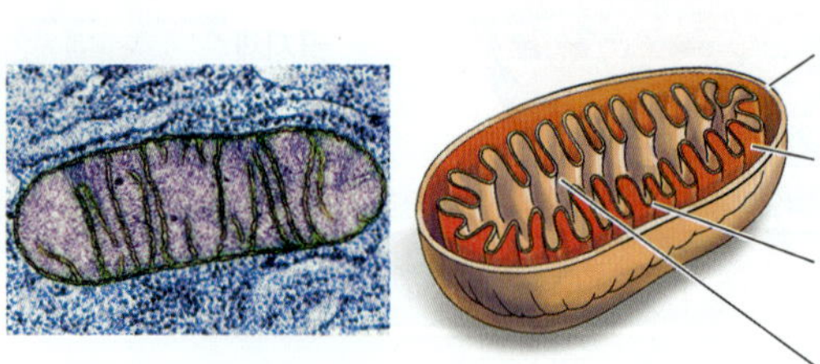

그림 3.8 미토콘드리아. 식물 세포와 동물 세포 모두 미토콘드리아를 가지고 있다.

엽록체. 식물 세포와 다른 광합성 진핵생물에 존재하는 중요한 세포소기관인 **엽록체(chloroplast,** 그림 3.9**)**는 태양에너지를 이용하여 이산화탄소와 물을 당으로 전환한다. 각각의 엽록체는 외막, 내막, 스트로마라고 하는 내부 액체 및 **틸라코이드(thylakoid)**라고 하는 막상 주머니의 네트워크를 가지고 있으며 이들은 서로가 포개어져서 그라나를 형성한다. 엽록체는 또한 색소 분자들을 가지고 있다. **엽록소(chlorophyll)** 색소는 당신 옷의 색소와 같이 어떤 파장의 빛은 흡수하고 다른 것은 반사한다. 엽록소는 녹색 빛을 반사한다.

그림 3.9 엽록체. 광합성을 수행하는 세포와 생물은 엽록체를 가진다.

리소좀. **리소좀(lysosome,** 그림 3.10**)**은 단백질, 탄수화물, 지질을 분해하는 소화효소들이 담긴 막으로 싸인 주머니이다. 리소솜은 pH가 낮으며 단백질분해효소, 탄수화물분해효소 및 지질분해효소를 나머지 세포로부터 격리시킨다. 리소좀은 세포의 곳곳을 돌아다니며 표적 분자들과 재활용을 위한 세포소기관들을 삼킨다.

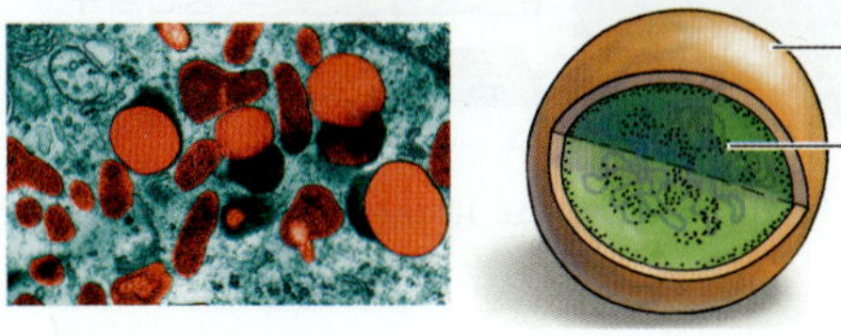

그림 3.10 리소좀. 리소좀은 소화 세포소기관이다.

리보솜. **리보솜(ribosome,** 그림 3.11**)**은 단백질이 조립되는 작업대이다. 리보솜은 핵 내에서 조립되며 핵공을 통하여 세포질로 운반된다. 세포질에서 단백질 합성을 위한 작업대로 사용된다. 두 소단위로 구성된 리보솜은 세포기질에 떠 있거나 **소포체(endo-plasmic)**에 결합되어 있다.

endo- 안쪽을 의미한다.

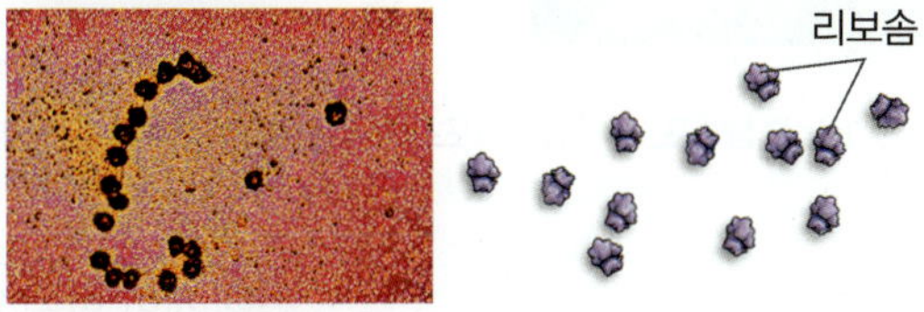

그림 3.11 리보솜. 리보솜은 2 소단위로 구성된다.

소포체. **소포체(endoplasmic reticulum, ER;** 그림 3.12**)**는 핵에서 시작하여서 세포질로 뻗어 있는 진핵세포의 막으로 된 큰 네트워크이다. 리보솜이 박혀 있는 소포체를 조면소포체라 한다. 조면소포체에서 합성된 단백질들은 세포로부터 분비되거나 세포막의 일부분이 된다. 리보솜이 없는 소포체를 활면소포체라고 한다. 활면소포체의 기능은 세포 종류에 따라서 다르지만 유해한 물질의 독성 제거와 지질 합성을 포함한다. 소낭들은 골지체 또는 원형질막으로 물질을 운반하기 위하여 떨어져 나온 막 조각이다.

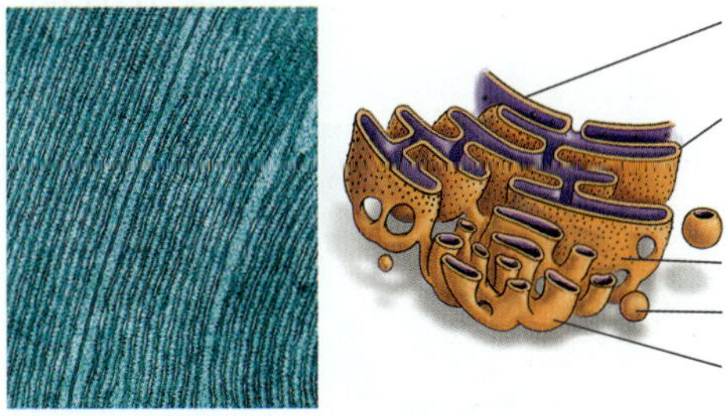

그림 3.12 소포체. 소포체는 막성 주머니와 가는 관으로 구성된다.

골지체. **골지체(Golgi apparatus)**는 층층이 쌓인 막 주머니들이다(그림 3.13). ER에서 나온 소낭들은 골지체에 융합하여서 그 단백질 내용물을 비운다. 그러면 그 단백질들은 수식된 다음, 분류되어서 막 주머니에서 뻗어 나온 새로운 운반 소낭에 담겨서 바른 목적지로 보내어진다.

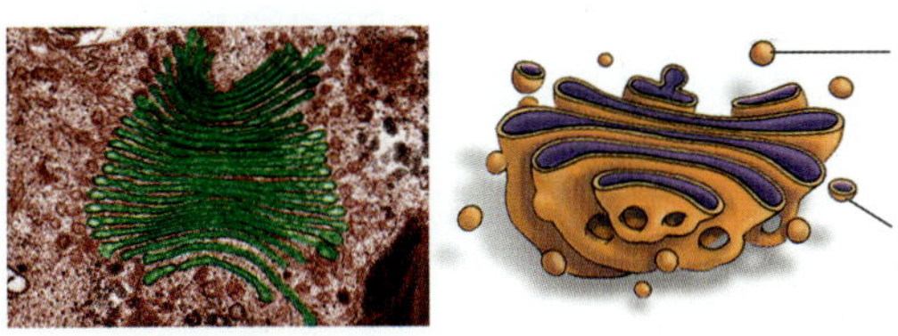

그림 3.13 골지체. 골지체는 막성 주머니로 구성된다.

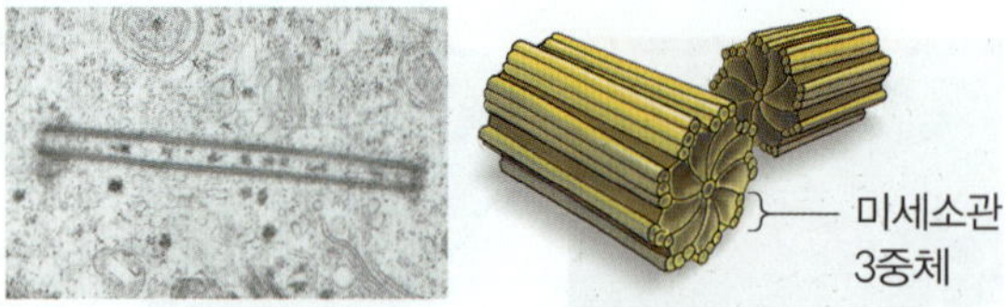

그림 3.14 **중심립.** 중심립은 동물 세포의 세포분열을 돕는다.

중심립. **중심립(centrioles)**은 미세소관으로 구성된 술통모양의 고리로 동물 세포가 분열할 때 염색체의 이동을 돕는 구조를 정착시킨다(그림 3.14). 중심립은 또한 섬모와 편모의 형성에 관여한다. 식물 세포는 중심립이 없다.

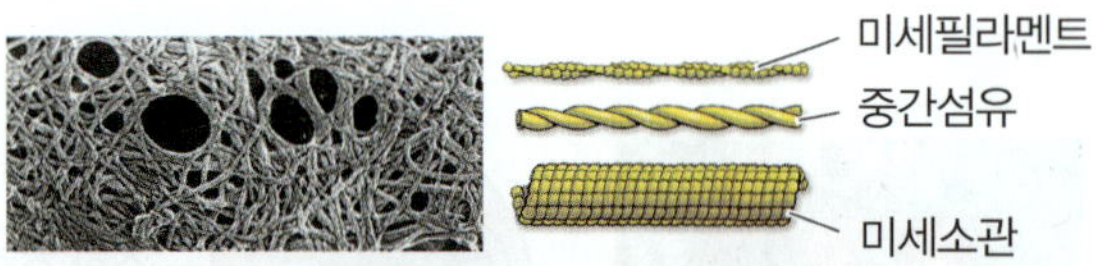

그림 3.15 **세포골격.** 이 뼈대는 세포에 구조적 지지를 제공한다.

세포골격 요소. **세포골격 요소(cytoskeletal elements,** 그림 3.15)들은 세포에 모양이나 구조적 지지를 부여하는 뼈대인 세포골격을 구성하는 단백질 섬유이다. 핵이나 미토콘드리아 같은 준세포 구조들이 이 요소에 의해 정박되며, 리소좀 같은 구조는 세포골격을 세포 안에서 한 장소에서 다른 장소로 여행하는 철로처럼 이용한다.

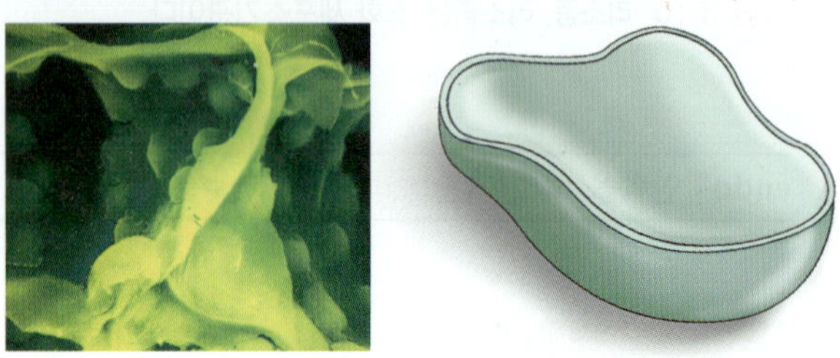

그림 3.16 **중심액포.** 이 막성 세포소기관은 물과 염류를 저장한다.

중심액포. 식물 세포들은 당과 꽃이나 잎에 색깔을 부여하는 색소를 포함하는 녹아 있는 다양한 분자들을 함유하고 있는 액체로 채워진 큰 **중심액포(central vacuole)**를 가지고 있다(그림 3.16). 액포는 또한 개별 세포의 내부 압력을 유지하는 기능을 하여 바로 선 식물의 지지를 돕는다.

보충제와 세포 구조. 엽록소 보충제(그림 3.17)는 기운을 북돋고 독성을 없애며 상처 아무는 것을 돕는다고 광고되고 있다. 이들 주장의 어느 것도 사실임을 제안하는 증거는 없다. 실제로 인간 세포는 엽록소를 포함하지 않으므로 그들 안에는 보충할 것이 아무것도 없다.

일부 운동선수는 근육량을 늘리거나 보다 강한 에너지 폭발을 위해 크레아틴을 사용한다. 크레아틴은 단백질 합성 동안 리보솜에서 또한 ATP 생성에서 미토콘드리아에 의해 사용된다. 크레아틴이 보통 신체에서 발견되지만 보충의 효과는 잘 연구되지 않았다. 신부전 같은 부작용 때문에 정상 식단에서 얻는 것 이상의 크레아틴을 보충하지 않는 것이 가장 안전하다.

쉬어가기 효소 보충제는 대부분의 영양제 가게에서 볼 수 있다. 효소가 무엇으로 구성되고 위에서 그것에 어떤 일이 일어나는지를 기억하라. 효소 보충제가 위 밖의 다른 조직에서 효과가 있을 수 있을까? 왜 그런가 아니면 왜 아닌가?

데이터로 해결하기

친구가 엽록소 용액을 국부적으로 처리한 상처 입은 쥐가 처리되지 않은 대조군보다 더 빨리 나았다는 연구를 우연히 보았다. 그녀는 다리 상처를 엽록소 당의정을 먹어서 치료하려고 한다. 그녀 선택의 분별력에 대해 논의하라.

그림 3.17 **엽록소.** 엽록소 당의정이 천연보충제로 광고된다.

3.3 막을 통한 수송

음식으로 섭취하든 약으로 보충되든, 일단 물질이 세포에 도달하면 세포를 둘러싸는 세포막을 통과해야 한다. 분자는 세포 안으로 들어가기 위해서 원형질막을 통과해야 하며 그곳에서 세포 구성 성분을 합성하거나 세포를 위한 에너지를 제공하기 위한 물질대사에 이용된다. 막에서는 화학작용을 통해 어떤 물질의 수송을 촉진하거나 다른 물질의 통과를 억제한다.

식이 보충제는 다량으로 구입할 수 있고 과일이나 채소처럼 썩지 않는다. 그러나 그것이 당신에게 정말 좋을까?

막 수송

세포를 둘러싸는 원형질막은 인지질이중층으로 구성된다. 이중층의 내부는 소수성이므로 소수성 물질은 막에 용해되어 친수성 물질보다 더 쉽게 막을 통과할 수 있다. 이런 이유에서 때문에 세포막은 어떤 분자는 통과를 허용하고 다른 것의 통과를 막는 차등적 투과성이다.

막을 통과할 수 있는 물질은 막 양쪽의 농도가 같아질 때까지, 즉 평형이라 불리는 조건까지 이동한다. 이산화탄소, 물 및 산소는 막을 자유롭게 통과한다. 큰 분자, 전하를 갖는 분자 및 이온은 자신만으로는 막을 통과할 수 없다. 막을 통해 이들을 이동할 필요가 있으면 막에 박혀 있는 단백질을 통해 이동해야 한다. 막의 단백질은 이들이 막 양쪽의 농도가 같아질 때까지 이동하도록 하는 통로 역할을 할 수 있다. 혹은 막단백질은 평형을 지나서도 분자를 이동하는 펌프로 작용할 수 있다(그림 3.18).

쉬어가기 운동 후에 물, 큰 친수성 분자인 포도당 및 이온 전해질로 구성된 에너지 음료를 마신다. 이 세 가지 중 어떤 물질이 세포막을 통과하여 당신 세포 안에 도달하기 위해 수송단백질을 필요로 하나?

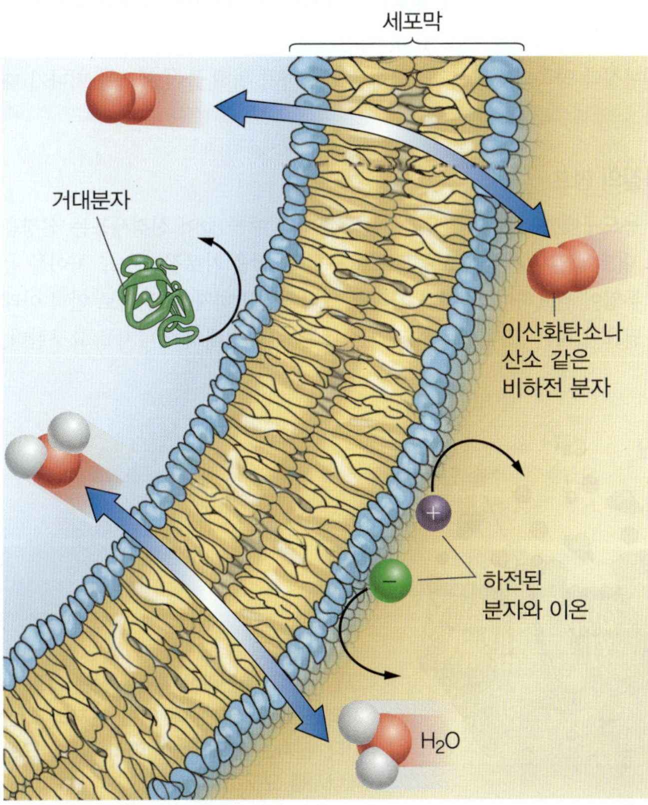

◀ 시각화

콜레스테롤은 대부분이 소수성이나 작은 부분이 친수성이다. 이로 인해 이 분자는 일부 동물 세포막의 구조적 성분이 될 수 있다. 콜레스테롤 분자의 성질이 어떻게 세포막에 머물게 하는지 설명하라.

그림 3.18 **막을 통한 물질 수송.** 막을 통과하는 물질의 능력은 부분적으로 크기와 전하에 따른다.

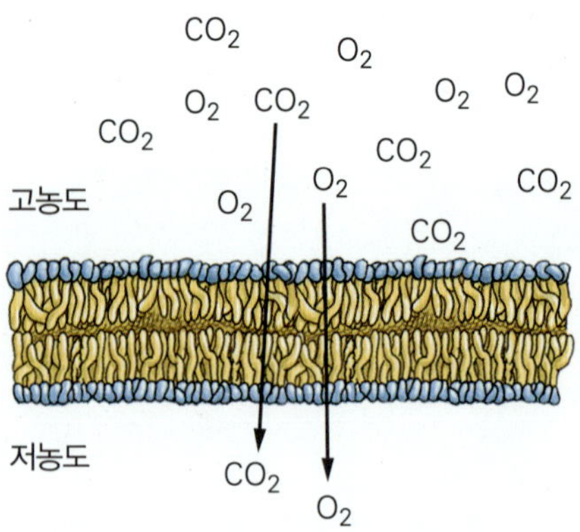

그림 3.19 **단순확산.** 세포막을 통한 분자의 단순확산은 농도구배에 따라 일어나며 에너지를 요구하지 않는다. 작은 소수성 분자, 이산화탄소 및 산소는 막을 통해 확산될 수 있다.

osmo- 물을 의미한다.

막 수송: 더 자세히 알아보기 ▼

물질이 막을 통과하는 방식은 물질의 특정 성질과 세포 내 농도에 의존한다. 각 유형의 수송은 고유한 특성과 에너지 요구성을 갖는다.

수동수송: 확산, 촉진확산 및 삼투

모든 분자는 당구 시합 동안의 당구공처럼 진동하고 서로 부딪혀 튀고 주위로 퍼지도록 하는 에너지를 갖고 있다. 실제로 분자는 가능한 모든 면적으로 퍼질 때까지 서로 부딪혀 튄다. 다시 말해, 분자는 고농도에서 저농도로 이동할 것이다. 분자가 고농도로 있는 곳에서 저농도로 있는 곳으로 이동하는 것을 **확산(diffusion)**이라 부른다. 확산 동안 분자의 순이동은 고농도에서 저농도로, 혹은 농도구배를 따른다. 이 이동은 외부 에너지의 투입을 요구하지 않는 자연발생적이다. 확산은 농도구배가 없고 분자의 순이동이 없는 평형까지 계속된다.

확산은 생물에서도 일어난다. 물질이 세포막을 통해서 확산되면 이 이동을 **수동수송(passive transport)**이라 부른다. 수동수송은 에너지 투입을 요구하지 않으므로 수동이라는 이름을 갖는다. 세포막을 구성하는 인지질 2중층의 구조는 많은 물질이 막을 통해 확산되지 못하게 한다. 단지 작은 소수성 물질이 확산에 의해 막을 통과할 수 있다. 실제로 이 분자들은 막에서 용해되고 막의 한편에서 다른 편으로 미끄러진다(그림 3.19).

이온처럼 친수성이고 전하를 띠는 분자는 소수성 막의 핵심을 단순히 확산에 의해서 통과할 수 없다. 대신 이 분자들은 지질 2중층에 박혀 있는 단백질에 의해 막을 통과해 수송된다. 이 형태의 수송은 에너지 투입을 요구하지 않으며 **촉진확산(facilitated diffusion)**이라 부른다.

촉진확산은 특수한 막단백질이 막을 통한 물질의 확산을 돕기 때문에 그렇게 명명되었다(그림 3.20). 세포막을 통해 물질을 이동하기 위해 막단백질이 사용되지만 이 형태의 수송은 물질이 고농도에서 저농도로 이동하기 때문에 역시 확산으로 간주된다.

막을 통한 물의 이동은 **삼투(osmosis)**라 부르는 수동수송의 한 형태이다. 다른 물질처럼 물은 고농도에서 저농도로 이동한다. 물은 아쿠아포린이라 부르는 막단백질을 통해 이동할 수 있지만 이 단백질 없이도 막을 통과할 수 있다. 동물 세포가 소금물 용액에 놓이면 물은 세포를 떠나서 세포는 오그라든다(그림 3.21a). 동물 세포를 세포보다 용해된 용질이 적은 용액에 넣으면 물이 세포로 들어가고 세포는 팽창하고 터질 수도 있다. 마찬가지로 식물은 비료를 많이 주거나 제설용 소금에 노출되면 원형질막 양쪽의 물 농도의 균형을 유지하기 위해 물이 세포를 떠나기 때문에 시든다(그림 3.21b).

능동수송: 막을 통한 물질의 펌프

어떤 상황에서는 세포는 농도구배를 유지할 필요가 있을 것이다. 예를 들어 신경세포는 신경충격을 전달하기 위해 세포 내부에 일부 이온을 고농도로 요구한다. 막을 가로질러 농도 차이를 유지하기 위해서는 에너지 투입이 필요하다. 경사가 가파른 언덕을 생각하자. 자전거로 언덕 아래로 내려오는데 에너지가 필요 없지만 고개 위로 올라가는 데는 ATP 형태의 에너지를 요구한다.

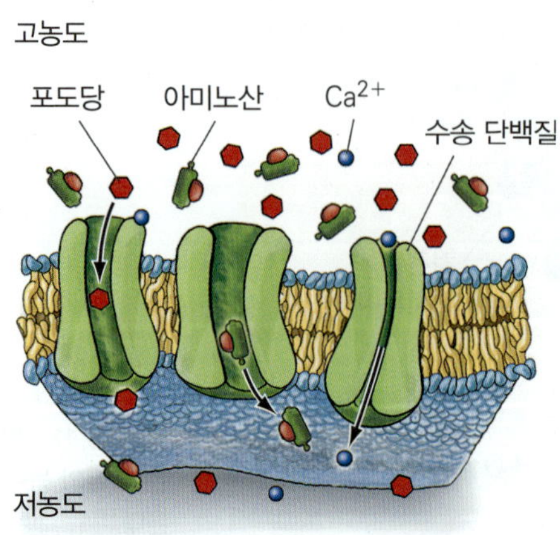

그림 3.20 **촉진확산.** 촉진확산은 기질 특이적 단백질의 도움에 의한 분자의 확산이다. 분자는 농도구배에 따라 이동하므로 에너지를 요구하지 않는다.

더 자세히 알아보기, 계속

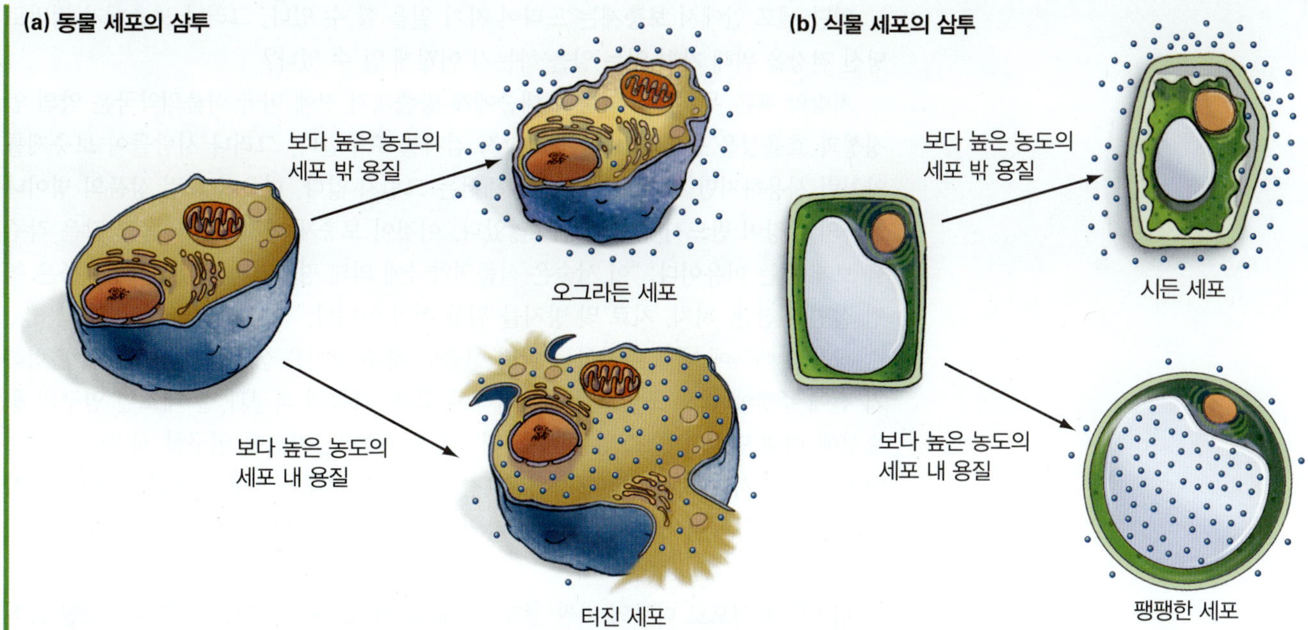

그림 3.21 삼투. 삼투는 농도구배에 반응하는 물의 이동과 관련된 확산의 특수한 형태이다. 물은 용해된 용질이 많은 지역으로 이동한다. (a) 물이 동물 세포를 떠나면 세포는 오그라든다. (b) 물이 식물 세포를 떠나면 식물은 세포벽이 제공하는 지지 때문에 오그라들지 않고 시든다.

세포 수준에서 에너지는 ATP(아데노신 삼인산, 세포 반응에서 주 에너지 원천) 형태이다. **능동수송(active transport)**은 농도구배에 역행하여 물질을 이동하기 위해 에너지 화폐 ATP에 의해 추진되는 단백질을 이용한다(그림 3.22).

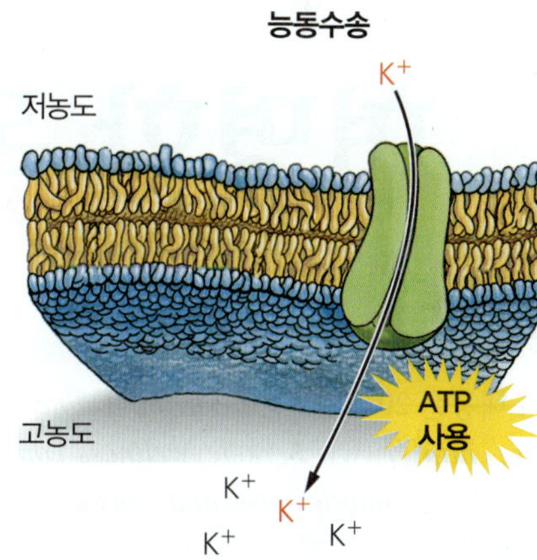

그림 3.22 능동수송. 능동수송은 물질을 농도구배에 역행하여 이동하며 이를 위해 ATP 에너지를 요구한다.

세포외분비 및 세포내섭취: 막을 통한 큰 분자의 이동

큰 분자는 친수성과 소수성에 관계없이 종종 세포막을 통하여 확산되거나 단백질을 통해 수송되기에는 너무 크다. 대신 이들은 세포막과 융합할 수 있는 막에 싸인 소낭 안으로 이동된다. **세포외분비(exocytosis)**는 어떤 물질을 갖고 있는 막에 싸인 소낭이 세포막과 융합하고 세포 밖으로 내용물을 방출할 때 일어난다(그림 3.23a). **세포내섭취(endocytosis)**는 안으로 쥐어짜는 소낭에 의해 물질이 세포 안으로 들어올 때 일어난다(그림 3.23b).

exo- 바깥쪽을 의미한다.

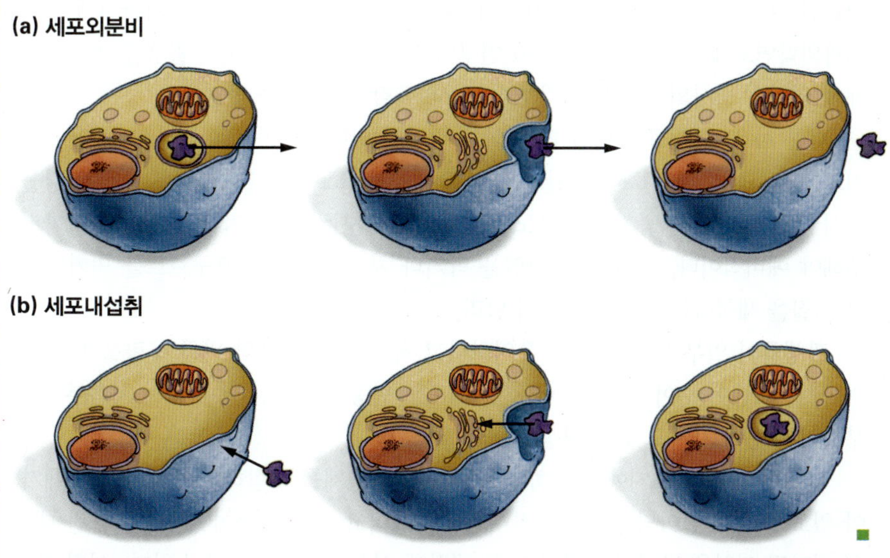

그림 3.23 큰 물질의 이동. (a) 세포외분비는 세포 밖으로의 물질 이동이다. (b) 세포내섭취는 세포 안으로의 물질 이동이다.

일단 세포 안에서 보충제는 드디어 자기 일을 할 수 있다. 그러나 보충제가 정말로 당신 건강을 위해 가치 있는 일을 하는지 어떻게 알 수 있나?

처방약 혹은 무처방 의약품이 대중에게 방출되기 전에 미국 식품의약국은 약의 안정성과 효율성을 증명하기 위한 과학적 검사를 요구한다. 그러나 사람들이 보충제를 약처럼 사용하지만 식이 보충제에 대해서는 그렇지 않다. 더욱이 그런 상품의 병이나 상자의 주장이 반드시 증명되지는 않았다. 이것이 보충제 상자에서 다음과 같은 각주를 보게 되는 이유이다: "이 서술은 식품의약국에 의해 평가되지 않았다. 이 제품은 어떤 질병의 진단, 처치, 치료 및 방지를 위한 것이 아니다."

상품의 이득에 대해 주장하는 어떤 상품인 경우 당신은 상품을 사용하기로 결정하기 전에 주장에 대해 조심스럽게 평가해야 한다. 과학의 과정과 잘 대조된 연구의 중요성에 대해 당신이 알고 있는 바를 평가에 사용하라. 자신이 연구할 시간이나 의욕이 없으면 의사나 믿을만한 웹사이트(1장에 소개된 안내를 사용하라)를 이용하라. 식품의약국은 또한 웹사이트에 부작용 유발에 대해 조사 중인 식이 보충제에 대한 기록을 보존한다.

마지막 분석으로 다량의 비싼 정제, 산제(분말) 및 음료를 먹는 것보다 건강한 음식을 먹는 것이 더욱 이치에 맞다.

현명한 독자

활생균

이 내용은 2013년 3월 *Berkeley Wellness site*, *http://www.berkeleywellness.com/article/probiotics-pros-and-cons*로부터 발췌하였다.

대장은 수백 조 세균의 집이다. 다행히 대부분은 중립적이고 혹은 많은 필수적인 기능을 수행하여 이롭기도 하다. 예를 들어 그들은 나쁜 세균을 가까이 오지 못하게 하고, 면역에서 역할을 담당하고, 음식 소화를 돕고 영양소를 흡수한다. 그러나 음식이나 캡슐로 그들을 활생균으로 섭취하는 것은 특히 당신이 이미 건강하다면 당신의 건강에 분명한 차이를 만들까? 이것이 제조사가 당신이 믿기를 바라는 것이다. 여기서 증거를 살펴본다.

소화 문제. 활생균에 대한 최상의 지지는 설사, 특히 감염성 설사와 항생제 사용과 연관된 설사를 줄이는 것이다. 2012년부터 두 논평은, 미국의사협회기관지에 한 편과 내과의학연보에 한 편—합해서 80 연구와 14,000명이 포함된,—활생균 치료는 항생제에 연관된 설사의 위험을 각각 42%와 66% 감소시켰음을 발견했다.

다른 사용. 활생균에 대한 많은 다른 주장이 있다. 즉 혈압과 콜레스테롤을 감소시키고, 습진 같은 피부 조건을 완화시키며, 궤양과 요로 감염을 치료하고, 질 건강을 증진시키며, 대장암을 방지하고 분노와 우울증 완화시킨다. 그러나 증거는 아직까지 기껏해야 예비적이다. 질의 효모 감염을 막거나 치료하기 위해 요구르트를 먹거나 그것으로 질을 세척하는 것에 기대하지 말라.

활생균이 일부 의학 조건에 유익하다고 해도 바른 균주와 바른 용량을 택해야 하며, 모든 사람이 주어진 활생균에 같은 식으로 반응하지 않는다. 따라서 처음부터 상당 부분이 당신이 가지고 있는 내장 세균에 달려 있다.

덧붙여 제품이 표지에 주장하는 수만큼의 생물체를 포함하는지 혹은 생물체가 살아 있고 소화에 살아남는다는 보장이 없다. 그리고 만일 그들이 살아남는다면 대부분의 제안된 이익을 갖기에 충분할 만큼 내장에 서식할지도 확실하지 않다. 어떤 제조사는 세균이 살아 있고 치료 효과를 가지게 하는 과정을 사용한다고 주장하지만 독립적인 증명을 거친 제품은 별로 없다.

1. 이 웹사이트가 정보의 좋은 원천일 것이라는 암시들은 무엇인가?

2. 이 기사와 식이 보충제에 대한 연구를 요약한 수백 개의 다른 기사들이 캘리포니아 대학교 버클리에 의해 출판된다. 당신은 대중이나 약초 보충제를 생산하는 개인 회사를 위해 자원에 대한 데이터베이스를 만드는 대학에 의한 주장에 대해 보다 회의적이어야 하지 않을까? 답이 옳음을 보여라.

3. 많은 제품 웹사이트는 그들의 주장을 지지하는 것 같은 일부 자료를 포함시킬 것이다. 개인 회사는 정부나 대학교가 지원하는 과학자들의 결과와 다른 결과를 가지는 연구를 수행하기 위하여 자신의 과학자를 고용할 수 있다. 당신은 검사하고 있는 상품을 생산한 회사에 고용된 과학자 혹은 정부나 대학교를 위해 일하는 과학자가 만든 결과에 대해 보다 회의적이어야 하지 않을까? 답이 옳음을 보여라.

그럴듯한 소린데 **그런가?**

당신의 부모가 "기숙사들이" 선물로 아프리카 제비꽃을 당신에게 주었다. 이 식물은 좋지 않았다. 정기적으로 물을 주었지만 식물은 시들고 잎을 떨어트렸다. 당신의 룸메이트는 식물이 틀림없이 양분이 부족하다고 믿고, 토양과 잎에 비료를 주었다.

시든 식물에게는 비료를 주어야 한다.

그럴듯한 소리이지만 그렇지 않다.

1. 당신은 액체 비료의 용해성 물질 농도가 높거나 혹은 낮을 것으로 생각하는가?

2. 식물에 비료를 주는 것이 식물 세포 밖의 용질 농도에 어떤 영향을 줄까?

3. 이것이 물을 어떤 방향으로 움직이게 할까?

4. 위에 기술된 방향으로 물이 이동할 때 식물 세포에 무슨 일이 일어날까?

5. 1~4번 질문에 대한 답을 생각하고 위의 굵은 글씨로 쓴 문장이 그럴듯하지만 그렇지 않은 이유를 설명하라.

복습

요약

3.1

신체에서 영양소의 기능을 기술하라.

- 영양소는 세포에 구조 단위와 에너지를 제공한다.

신체에서 물의 기능을 기술하라.

- 물은 혈압과 체온 유지와 노폐물을 녹이고 방출하는 것을 돕는 중요한 음식 성분이다.

음식의 주요 다량영양소를 기술하고 그 기능을 논의하라.

- 다량영양소는 적절한 성장과 발생을 위해 다량으로 요구된다. 탄수화물, 단백질 및 지방이 여기에 포함된다. 이 분자들은 모두 세포의 사용을 위해 분해될 수 있는 소단위로 구성된다.

음식의 주요 미량영양소를 나열하고 그 기능을 기술하라.

- 미량영양소는 적절한 성장과 발달을 위해 소량으로 요구되는 음식 성분이다. 비타민과 무기물이 여기에 포함된다.
- 비타민은 유기물질로 대부분은 신체가 합성할 수 없다. 많은 비타민은 효소가 적절히 작용하는 것을 돕는 조효소로 작용한다.
- 무기물은 여러 세포 작용에 필수적인 무기물질이다.

3.2

원형질막의 구조와 기능을 기술하라.

- 세포에 들어가기 위해 영양소는 어떤 물질은 통과시키고 다른 것은 통과를 막는 반투과성 경계로 작용하는 원형질막을 통과

해야 한다.

- 원형질막은 포매된 단백질과 콜레스테롤을 가지고 있는 인지질 2중층으로 구성된다.
- 식물과 세균 같은 일부 생물들은 원형질막의 바깥에 세포들을 보호하고 구조를 유지하는 데 도움이 되는 세포벽을 가지고 있다.

준세포 세포소기관의 기능과 구조를 기술하라.

- 세포소기관들과 준세포적 구조들은 세포 내에서 많은 다른 작용들을 수행한다. 미토콘드리아와 엽록체는 에너지 전환에 관여한다. 리소좀은 고분자의 분해에 관여한다. 리보솜은 단백질 합성 장소로 사용된다. 단백질은 조면소포체 막에 결합한 리보솜에서 합성될 수 있다. 활면소포체는 지방을 합성한다. 골지체는 단백질을 분류하며, 세포내 목적지로 보낸다. 중심립은 세포의 분열을 돕는다. 식물 세포의 중심액포는 물과 다른 물질을 저장한다.

3.3

능동수송과 수동수송을 구분하라.

- 수동수송 기작은 단순확산과 촉진확산(단백질을 통한 확산)을 포함한다. 수동수송은 항상 농도구배에 따라 물질을 이동하며 에너지를 요구하지 않는다.
- 삼투는 막을 통한 물의 확산이며 물은 막에 있는 단백질 구멍을 통해서도 이동될 수 있다.
- 능동수송은 에너지를 필요로 하는 과정으로 농도구배에 역행하여 물질을 이동시키기 위해 세포막에 있는 단백질을 필요로 한다.

세포내섭취와 세포외분비의 과정을 기술하라.

- 큰 분자들은 막으로 싸인 소낭에 포장되어 세포의 안(세포내섭취)과 밖(세포외분비)으로 이동한다.

언어의 뿌리

다음 어원들은 주로 라틴어나 그리스어에서 기원하며 아래와 같은 뜻을 가지고 있어 용어를 해석하는 데 도움을 준다:

cyto- 와 **-cyte**	세포 혹은 세포 같은을 의미한다. 용어: *cytosol*, *cytoplasm*, *cytoskeleton*
endo-	안쪽을 의미한다. 용어: *endocytosis*, *endoplasmic reticulum*
exo-	바깥쪽을 의미한다. 용어: *exocytosis*
osmo-	물을 의미한다. 용어: *osmosis*
plasm	액체를 의미한다. 용어: *cytoplasm*, *plasma* membrane

기본문제

1. 영양소의 주요 기능 두 가지는 무엇인가?

2. 도움 없이 세포막을 통과할 수 있는 일반적인 세포 물질을 세 가지 나열하라.

3. 다량영양소는 ________

A. 탄수화물과 비타민을 포함한다.
B. 건강 음식의 적은 부분을 차지한다.
C. 효소 기능을 위해 소량으로 필수적이다.
D. 탄수화물, 지방 및 단백질을 포함한다.
E. 세포에 의해 합성되며 음식으로부터 얻을 필요가 없다.

4. 물의 기능이 아닌 것은?

A. 신체 전체로 영양소 분산
B. 암 예방을 돕는다.
C. 체온 조절을 돕는다.
D. 혈압 조절을 돕는다.

5. 미량영양소는 ________

A. 비타민과 탄수화물을 포함한다.
B. 에너지 생산을 위해 대사되지 않는다.
C. 지방산보다 더 많은 에너지를 가지고 있다.
D. 대부분 세포에 의해 합성될 수 있다

6. 원형질막의 주요 성분은 ________

A. 탄수화물과 지질
B. 단백질과 인지질
C. 지방과 탄수화물
D. 지방산과 핵산

7. 농도구배에 역행하여 막을 통해 이동하는 물질은 ________에 의해 이동한다.

A. 수동수송 B. 삼투 C. 촉진확산 D. 능동수송 E. 확산

8. 짠 바닷물에 놓인 세포는 ________

A. 확산에 의해 나트륨과 염소 이온을 흡수한다.
B. 능동수송에 의해 세포 밖으로 물을 이동한다.
C. 나트륨과 염소 이온을 분해하기 위해 촉진확산을 이용한다.
D. 삼투에 의해 세포 밖으로 물을 잃는다.

9. 어떤 형태의 막수송이 특수한 막단백질을 요구하나?

A. 확산 B. 세포외분비
C. 촉진확산 D. 능동수송
E. 촉진확산과 능동수송

10. 물은 ____________ 세포막을 통과한다.

A. 능동수송에 의해
B. 아쿠아포린이라는 물 통로에 의해
C. 농도구배에 역행하여
D. 동물 세포에서는 아니고 식물 세포에서

응용문제

1. 고기를 먹지 않는 친구가 영양제 가게에서 구입한 단백질 음료를 복용한다. 단백질 음료를 먹지 않는다면 그녀가 채식주의자가 될 수 있는 식이 전략을 생각할 수 있는가?

2. 트랜스 지방 소비가 증가하면서 심장병도 증가한다는 보고가 있다. 만일 당신이 이 관계를 보여주는 선 그래프를 사용한다면 어떤 변수가 x축에 있고 이 양의 상관관계를 보여주는 선은 어떤 모양일까?

3. 비타민 강화된 물 제조사는 그 제품이 오렌지의 모든 비타민 C를 가지고 있다고 주장한다. 당신이 오렌지를 먹는 것에서 어떤 물질을 비타민 물로부터 얻지 못하게 될까?

연관문제

1. 당신이 궁금해 하는 보충제를 하나 골라라. 그리고 그 표지에 있는 주장이 과학적 증거에 의해서 지지되는지에 대하여 웹 기반 연구에 몇 분을 소비해 보아라.

2. 뉴욕시 건강위원회는 최근에 미국에서 최초로 음식점 조리에 트랜스 지방의 사용을 금지시켰다. 당신은 개인 기업이 소비자에게 팔 수 있는 것에 대한 결정을 하는데 정부가 관여해야 한다고 생각하는가?

CHAPTER **4**

체중과 건강

비만인 사람이 마른 사람보다 덜 건강한가?

효소, 물질대사 및 세포호흡

과체중인 사람은 건강하지 않고 자기 조절을 못하나? 만일 그들이 식욕을 조절하고 더 운동한다면 그들의 체중과 건강 문제가 해결될까? 왜 많은 과체중인들과 비만인들은 체중을 줄이고 다이어트와 운동으로 체중을 낮게 유지하는 것이 그렇게 어려울까? 자기절제를 입증하고 생활의 많은 다른 부분에서 잘 몰입하는 사람들까지도 그런가?

인기 있는 텔레비전 연속물인 미국의 최대 감량자는 체중을 빨리 빼기 위해 절망적으로 단식하고 과도하게 운동하는 비만 미국인의 투쟁을 기록으로 보여준다. 이것은

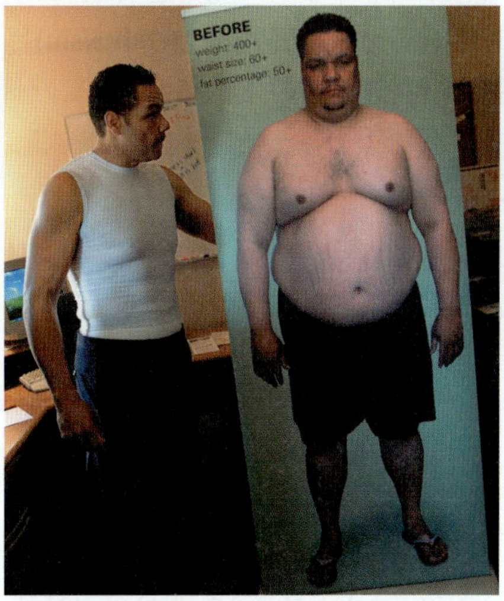

대부분 미국인은 그렇게 생각한다

비만이 의지력으로 치료될 수 있나?

흥미진진하여 텔레비전 시청에 기여했지만 프로에 나온 지 몇 년 후에 많은 도전자는 자기가 줄였던 체중의 대부분 혹은 전체가 늘었고 일부는 더 많이 늘기까지 했다. 많은 사람이 자력으로 감량한 것 또한 사실이다. 대부분 단식은 실패했고 대부분의 단식자는 체중을 낮게 유지하지 못할 때 실질적인 실패자처럼 느꼈다. 그래도 우리는 마른 것이 우리를 보다 행복하고 건강하게 할 것이라고 강하게 믿고 있기 때문에 이 쇼의 참석자뿐만 아니라 우리 자신과 체중을 줄이려는 사람들을 격려한다.

심장병, 뇌졸중 및 제2형 당뇨병의 증가된 위험성을 포함하는 비만의 부정적 건강 결과를 부정하여 득이 될 게 없다. 그러나 이 질병이 생길 위험에 처하게 될 사람은 과체중을 어떻게 할 필요가 있을까? 덧붙여 많은 사람은 과체중보다 저체중이 더 좋다고 가정한다. 이것이 사실인가? 과학이 체중과 건강에 대해 우리에게 알려준 것을 더 잘 이해하기 위해 우리는 먼저 한 사람이 저장하는 지방량에 영향을 미치는 생물학적 요인을 살펴볼 것이다.

그러나 저체중도 과체중만큼 나쁜가?

4.1 효소와 물질대사

개인이 저장하게 될 지방량은 부분적으로 음식물 분자를 구성 성분으로 분해하는 속도에 의존한다. **물질대사(metabolism)**는 신체에서 일어나는 모든 화학반응을 나타내는 일반적인 용어이다.

효소

모든 물질대사 반응은 생물 반응속도를 **촉매(catalyze)** 혹은 증가시키는 **효소(enzyme)**라 부르는 단백질에 의해 조절된다. 효소는 물질을 분해 혹은 합성하거나 단순한 물질에서 복잡한 물질을 만드는 것을 도울 수 있다. 효소는 신체가 섭취한 음식을 분해하고 음식의 화학결합에 저장된 에너지를 방출하는 것을 돕는다. 효소는 보통 촉매하는 반응을 따라 명명하며 접미사 **ase**로 끝난다. 예를 들어, 수크라제는 설탕의 분해를 돕는 효소이다.

-ase 효소의 일반적인 접미사.

화학결합을 끊기 위해서 분자는 주위로부터 종종 열 흡수를 통해 에너지를 흡수해야 한다. 이것이 화학반응에 열을 가하면 반응이 촉진되는 이유이다. 세포를 극도로 높은 온도로 가열하면 고온에서 단백질이 파괴되기 시작하기 때문에 세포에 피해를 주거나 죽일 수 있다. 효소는 신체의 화학반응을 촉진하기 위해 열을 필요로 하지 않으므로 세포에 피해를 주거나 죽이지 않고 화학결합을 절단할 수 있다. 더욱이 효소는 반응의 시작에 필요한 에너지를 낮추어 화학반응이 보다 빨리 일어나게 한다.

활성화에너지. 물질대사 반응의 시작에 필요한 에너지는 촉매에 장벽으로 작용하며 **활성화에너지(activation energy)**라고 부른다(그림 4.1). 활성화에너지 장벽이 없다면 세포의 모든 화학반응은 반응의 산물의 필요 여부에 관계없이 끊임없이 일어날 것이다. 대부분의 물질대사 반응이 진행되기 전에 활성화에너지 장벽을 넘어야 하므로 반응은 효소에 따라 조절될 수 있다. 다른 말로, 적절한 효소가 있어야만 주어진 화학반응이 일어날 것이다. 효소가 어떻게 활성화에너지 장벽을 낮출까?

그림 4.1 활성화에너지. (a) 세포에 있는 활성화에너지 장벽은 자건거를 타고 언덕을 오르는 것과 같다. 일단 언덕의 정상에 오르면 앞으로 이동하는 데 훨씬 적은 에너지가 필요하다. (b) 만일 언덕의 높이를 낮추면 더 많은 사람이 성공할 수 있다. 세포에는 화학반응이 일어나는 것을 방지하는 에너지 장벽이 있다. 효소를 더하면 이 장벽을 낮추도록 돕는다.

유도적합. 효소에 의해 촉매되는 반응으로 대사되는 화학물질을 효소의 **기질(substrate)**이라 부른다. 효소는 기질에 결합하고 화학결합에 스트레스를 가하여 결합 절단에 필요한 초기 에너지량을 낮춘다. 기질이 결합하는 효소 부위를 효소의 **활성 부위(active site)**라 한다. 각각의 활성 부위는 자신만의 모양과 화학적 환경을 갖는다. 기질이 활성 부위에 결합할 때 효소는 기질을 에워싸기 위해 모양을 약간 바꾼다. 기질결합에 반응하여 효소의 모양이 변하면 기질의 결합에 스트레스를 가하게 된다. 이것을 효소 촉매의 **유도적합(induced fit)**이라고 부른다. 기질의 윤곽을 확인하기 위해 효소 모양을 바꾸게 기질이 유도하기 때문이다. 효소가 모양을 바꾸면 효소는 기질에 더 강하게 결합하여 기질의 화학결합이 쉽게 절단되도록 한다. 이와 같은 방식으로 효소는 기질이 반응 산물로 전환되는 것을 돕고 나서 반응을 다시 수행할 수 있게 원래 모양을 회복한다(그림 4.2).

다른 효소는 **특이성(specificity)**이라는 성질에 의해 다른 반응을 촉매한다. 효소의 특이성은 효소와 활성 부위의 모양에서 기인한다. 효소들은 서로 다른 아미노산으로 구성되기 때문에 모양이 서로 다르다. 다른 측쇄군을 갖는 20종의 아미노산 배열이 효소마다 다르므로 각각 특정 기질과 결합할 수 있는 활성 부위를 갖는 다양한 크기와 형태의 효소가 생성된다. 무한정 다양한 효소가 생성될 수 있지만 공통조상으로부터 진화했기 때문에 다른 생물들이 같은 효소를 이용하는 경우가 꽤 자주 있다.

효소는 생물 세포에서 일어나는 모든 물질대사 반응을 매개한다. 모든 단백질처럼 효소는 유전자에 의해 암호화되므로 한 사람이 저장하는 체지방량은 일부는 조절되고 일부는 조절되지 않는 많은 요소에 의해 영향을 받는다.

물질대사

매우 다양한 효소들의 속도와 효율이 사람이 음식을 대사할 수 있는 대사율의 전반적인 증가 혹은 감소를 일으킨다. 그래서 물질대사가 느리거나 빠르다고 말하는 것은 실제로 신체에서 효소가 촉매하는 반응의 속도를 말하는 것이다.

개인의 **물질대사율(metabolic rate)**은 에너지 사용의 척도이다. 대사율은 개인의 활동 수준에 따라 변한다. 예를 들어, 운동할 때보다 잠잘 때 적은 에너지를 요구한다. **기초대사율(basal metabolic rate)**은 깨어 있는 사람이 휴식 시 사용하는 에너지이다. 일반적인 기초대사율은 시간당 70칼로리, 일당 1680칼로리이다. 그러나 운동습관, 성별 및 유전 등의 여러 요인이 개인의 기초대사율에 영향을 미치므로 이 수치는 개인에 따라 크게 다르다.

운동하는 동안 물질대사율은 증가한다. 운동 중 칼로리를 태우는 것에 덧붙여 물질대사율은 운동 후 어느 기간 동안 증가된 채로 머문다. 이 기간은 운동의 강도에 따른다.

과체중인 사람은 건강하지 않고 자기 조절을 못하고 있는가?

시각화 ▼

효소 자체는 촉매 과정에 의해 변화되는가?

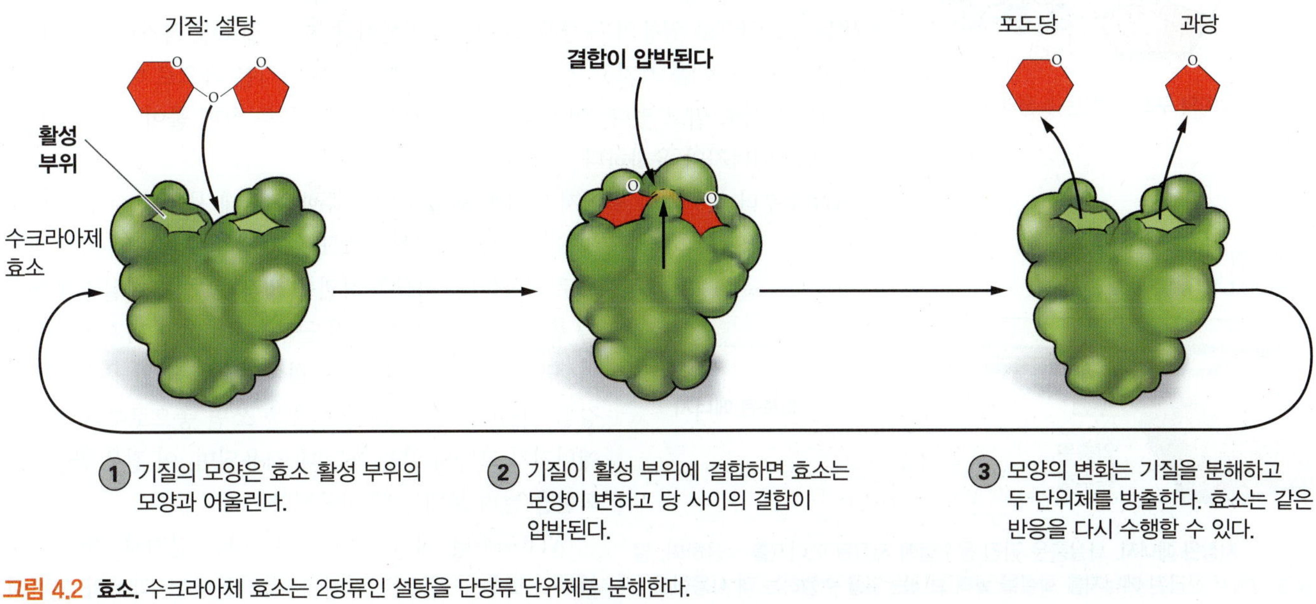

그림 4.2 **효소.** 수크라아제 효소는 2당류인 설탕을 단당류 단위체로 분해한다.

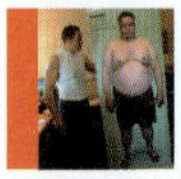

비만인 사람들이 식욕을 조절하고 운동을 더 한다면 그들의 건강 문제가 해결될까?

생물학적 성 또한 물질대사율에 영향을 미친다. 남성은 여성보다 더 많은 일당 칼로리를 요구하는데 남성에서 다량으로 생산되는 호르몬인 테스토스테론이 지방이 분해되는 속도를 증가시키기 때문이다. 남성은 또한 여성보다 근육량이 많은데 근육은 지방보다 유지하는 데 더 많은 에너지를 요구한다.

다른 유전적 요소들이 체중을 결정하는 데 상당한 역할을 한다. 같은 칼로리를 소모하고 같은 양의 운동을 하는 체구와 성이 같은 두 사람이 반드시 같은 양의 지방을 축적하지는 않는다. 어떤 사람은 단순히 낮은 기초대사율을 가지고 태어난다. 유전자는 지방 축적과 이용률에 영향을 미치고 다른 모든 유전자처럼 부모에서 자식으로 전달된다.

쉬어가기 체중과 운동 중 소모하는 칼로리의 관계는 양성 혹은 음성 상관관계인가?

음식은 완전히 대사되기 위하여 소화계에 의해 부서져야 하고 혈류를 통해 각 세포에 수송되어야 한다. 일단 세포 안에서는 세포호흡 과정에 의해 음식 에너지는 화학에너지로 전환될 수 있다.

4.2 세포호흡

세포호흡(cellular respiration)은 음식물의 화학결합으로 저장된 에너지를 세포들이 사용할 수 있는 에너지로 전환하는 일련의 물질대사 반응이다. 에너지는 화학결합의 전자에 저장되어 있으며, 이 결합이 다단계 과정에서 파괴되면 **아데노신 3인산(adenosine triphosphate)** 또는 **ATP**가 생성된다. ATP는 음식물에서 유래한 전자를 자신의 화학결합으로 이동시켜서 얻은 에너지를 저장하고 있기 때문에 세포에 에너지를 공급할 수 있다. 세포호흡을 이해하려고 하기 전에 ATP의 화학을 잘 이해하는 것이 중요하다.

시각화 ▼

음전하들이 서로 반발하는 느낌을 얻기 위해 두 자석의 음극을 서로 가까이 놓았을 때 일어나는 일을 상상하라. 세 자석의 음극들을 서로 가까이 놓으면 어떤 일이 일어날 것으로 생각하나?

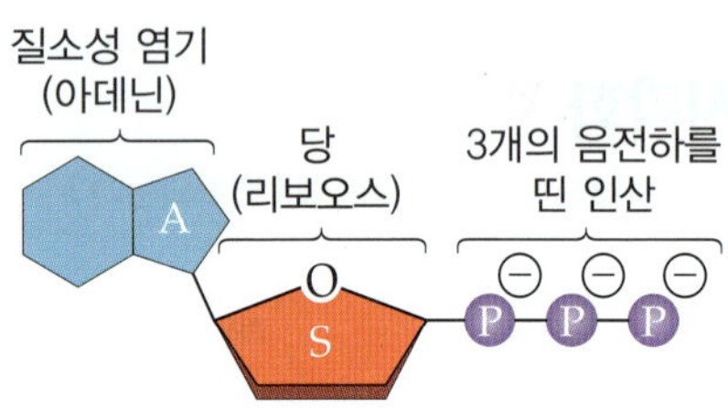

그림 4.3 ATP의 구조. ATP는 뉴클레오타이드 3인산이다.

ATP의 구조와 기능

ATP는 구조적으로 일종의 뉴클레오타이드 3인산이다. 이는 질소성 염기로 아데닌, 당 그리고 3개의 인산을 가지고 있다(그림 4.3). 3개의 인산 각각은 음으로 하전되어 있으며, 이들은 서로 밀고 있다. 이 에너지는 두 자석의 음극들을 함께 붙이려 할 때 당신이 느끼는 에너지와 유사하다.

ATP로부터 인산기가 떨어져 나가면 세포가 일을 수행하는 데 사용될 수 있는 에너지를 방출한다. 이처럼 ATP는 감긴 용수철과 유사한 방식으로 작용한다. 화살총 장전을 생각해 보라. 화살총의 화살을 총에 밀어 넣는 것은 팔 근육으로부터 에너지를 요구하며, 당신이 사용한 에너지는 화살총 안의 감긴 용수철에 저장될 것이다(그림 4.4). 화살총을 쏘면 총으로부터 방출된 에너지가 모종의 일을 하는 데 사용되며, 이 경우 공중으로 화살을 날려 보내는 데 사용된다.

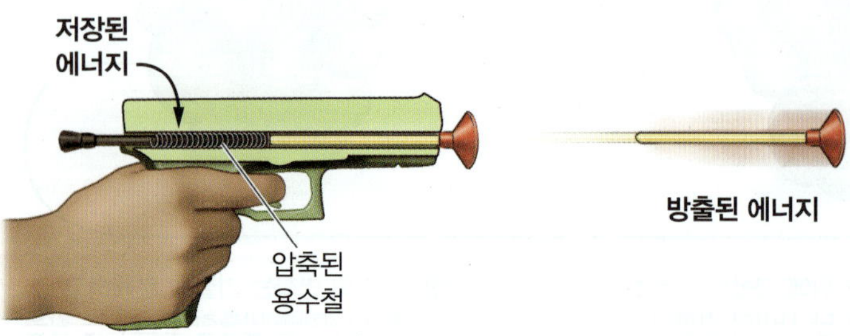

그림 4.4 저장된 에너지. 화살총은 감긴 용수철에 저장된 에너지를 사용하며, 팔 근육에 의해서 공급된 에너지를 화살을 날려 보내는 일을 수행하는 데 사용한다.

ATP로부터 제거된 인산기는 다른 분자로 전이될 수 있다. 그래서 ATP는 인산을 첨가한다는 의미의 **인산화**

(phosphorylation)를 통해 다른 화합물에 에너지를 가할 수 있다. 한 분자, 이를테면 효소가 에너지를 필요로 하는 경우 ATP로부터 인산기가 효소로 전이되며, 효소는 효소가 작업을 수행할 수 있게 모양 변화를 일으킨다. 하나의 인산기가 제거되면 ATP는 **아데노신 2인산(adenosine diphosphate, ADP)**이 된다(그림 4.5). ATP의 가장 바깥에 있는 인산을 제거하였을 때 방출되는 에너지는 세포들이 많은 다른 종류의 일을 수행하는 것을 돕는 데 사용될 수 있다. ATP는 세포의 운동과 같은 기계적인 일, 막을 가로지르는 능동수송에서 물질을 이동시키는 수송 작업, 단순 분자에서 복합 분자를 만드는 화학적 일에 힘을 돕는다(그림 4.6).

세포들은 계속적으로 ATP를 사용한다. ATP 공급이 고갈되었다는 것은 더 많은

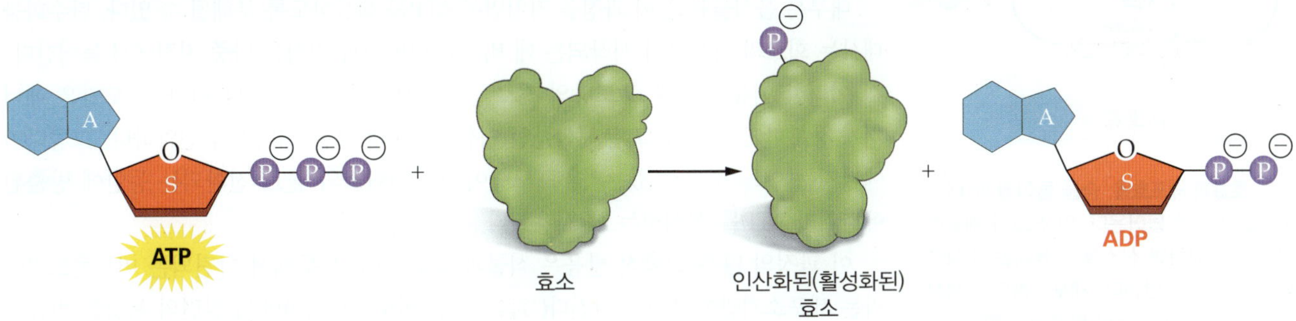

그림 4.5 인산화. ATP 분자의 마지막 인산기는 에너지를 부여하기 위하여 다른 분자로 전이될 수 있으며, 여기에서는 효소로 전이되었다. ATP가 인산 하나를 잃으면 ADP로 된다.

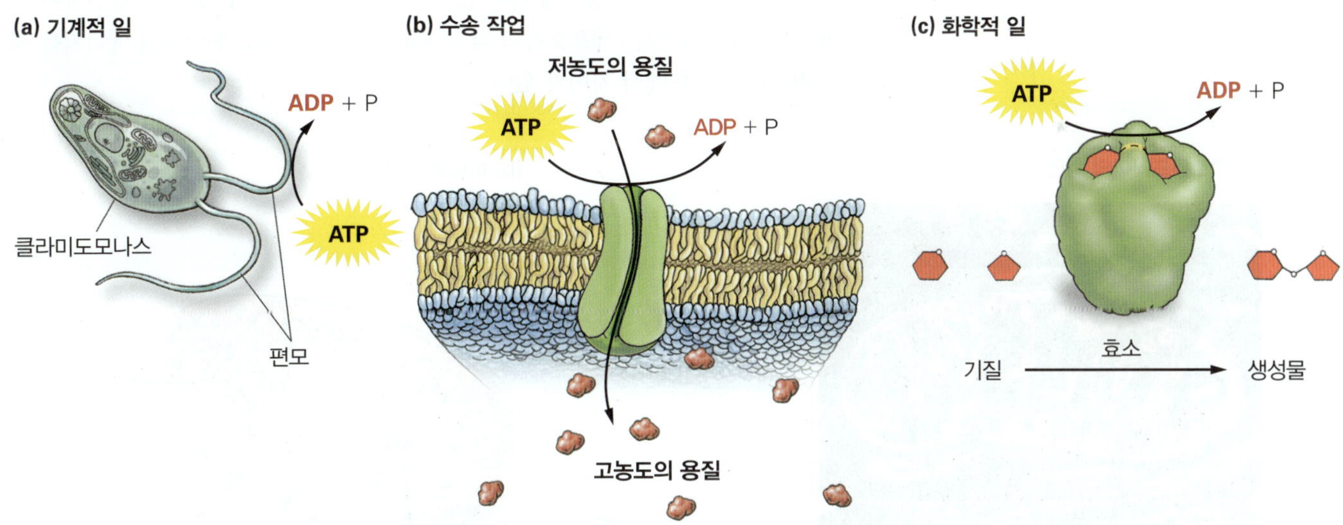

그림 4.6 ATP와 세포의 일. ATP는 (a) 단세포 녹조류의 편모운동과 같은 기계적인 일, (b) 낮은 농도에서 높은 농도로 막을 가로지르는 물질의 능동수송 같은 수송 작업, (c) 기질을 생성물로 전환하는 효소의 화학적 일에 힘을 제공한다.

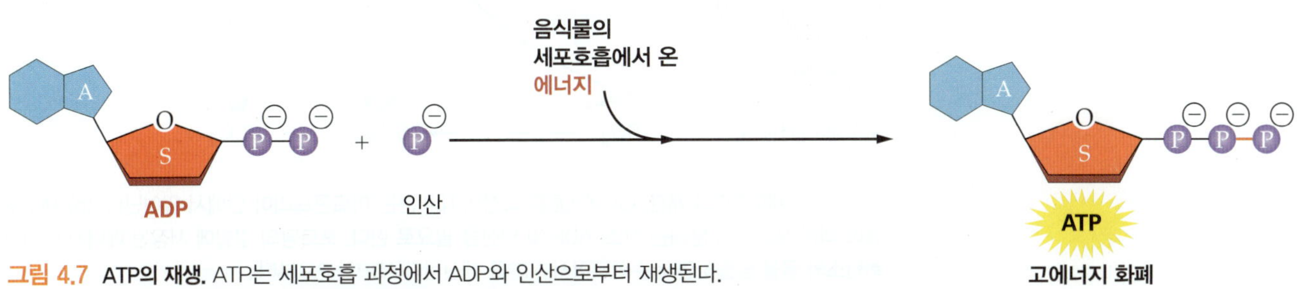

그림 4.7 ATP의 재생. ATP는 세포호흡 과정에서 ADP와 인산으로부터 재생된다.

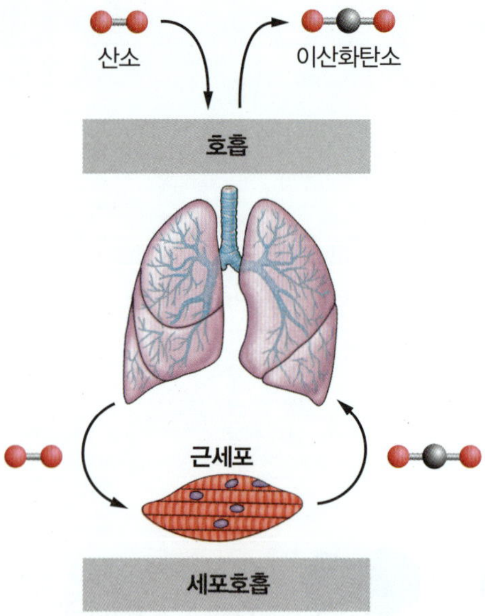

그림 4.8 호흡과 세포호흡. 숨을 들이쉴 때 대기로부터 산소가 폐로 들어온다. 이 산소가 세포호흡을 운행하기 위하여 산소를 사용하는 조직으로 혈류를 통하여 운반된다. 세포호흡으로 생산된 이산화탄소는 세포로부터 방출되어 혈액으로 확산되며 폐로 운반된다. 숨을 내쉴 때 폐로부터 이산화탄소가 방출된다.

ATP가 재생되어야 함을 의미한다. ATP는 세포호흡 과정에서 ADP에 인산기를 다시 첨가함으로써 합성된다(그림 4.7). 이 과정에서 물과 이산화탄소가 생성하며 산소가 소비된다. 세포호흡은 일부 단계에서 산소가 요구되기 때문에 **호기성(aerobic)** 반응이라고 할 수 있으며, 이 형태의 세포호흡을 **유기호흡(aerobic respiration)**이라고 한다.

세포호흡

호흡이란 단어는 숨쉬기를 기술하는 데도 이용될 수 있다. 숨을 쉴 때 폐를 통해 산소를 받아들이고 이산화탄소를 내뱉는다. 흡입한 산소는 세포로 전달되고, 세포는 세포호흡을 수행하고 이산화탄소를 방출한다(그림 4.8).

대부분 음식물들은 이 과정을 거치면서 ATP를 생산하도록 분해될 수 있다. 탄수화물 대사는 회로의 처음부터 시작되는 데 비하여 단백질과 지질은 나중 지점에서 들어간다.

이러한 이유로 보통 포도당의 경로를 따름으로써 호흡을 공부한다. 포도당은 에너지가 풍부한 당이지만 그 분해산물인 이산화탄소와 물은 에너지가 빈약하다. 그렇다면 에너지는 어느 곳으로 갔는가? 포도당이 이산화탄소와 물로 전환되는 동안에 방출된 에너지가 ATP를 합성하는 데 사용된다.

이 과정의 많은 화학적 반응은 식물과 동물 세포 모두에서 발견되는 미토콘드리아라는 세포소기관에서 이루어진다(그림 4.9a). 미토콘드리아에서 일련의 복잡한 반응을 거쳐서 포도당 분자는 부서지고 탄소와 산소는 이산화탄소로 세포에서 방출된다. 본래 포도당에 있던 수소들은 산소와 결합하여서 물을 생산한다(그림 4.9b).

음식의 물질대사와 ATP생산에 아주 많은 효소들이 관여한다. 효소가 유전자에 의해 암호화되므로 생물들은 세포호흡의 각 단계를 수행하는 속도와 여분의 에너지를 지방으로 저장하는 속도에서 차이가 있다.

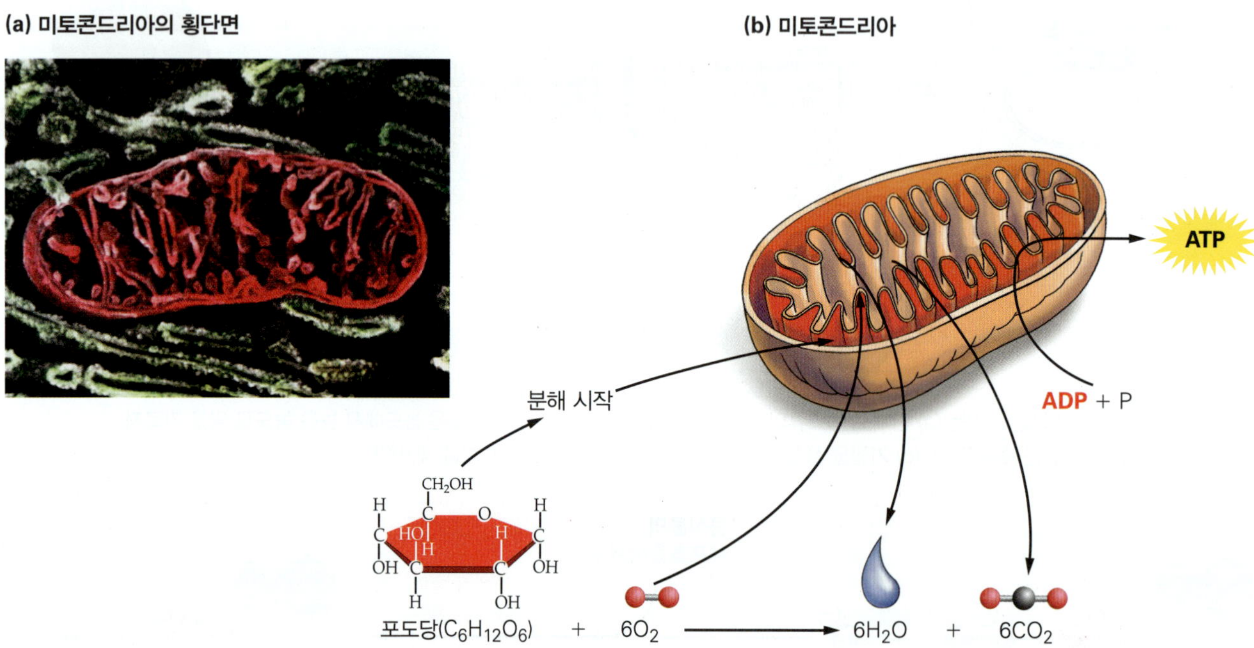

그림 4.9 세포호흡의 개관. (a) 세포호흡 과정의 대부분은 미토콘드리아 안에서 일어난다. (b) 세포호흡에 의한 포도당의 분해는 산소, ADP 및 인산을 필요로 한다. 포도당의 결합에 저장된 에너지가 이산화탄소와 물을 방출하면서 수확되어서 ATP를 생산한다(ADP와 P로부터).

세포호흡을 구성하는 복잡한 반응들을 더 자세히 이해하기 위해서는 세포 안에서의 일들에 대한 더 자세히 알아보기가 필요하다.

세포호흡: 더 자세히 알아보기 ▼

세포호흡은 4단계로 일어난다. 전자들은 초기 단계 동안 포도당으로부터 제거되고 마지막 단계에서 ATP 생성에 사용된다. 이 전자들은 세포 내에 단순히 떠다니지 않는데, 만일 그렇다면 세포 구조를 손상시킬 것이다. 대신 전자는 **전자운반체**라는 분자에 의해서 운반된다. 세포호흡에서 이용되고 있는 전자운반체들 중 하나가 **니코틴아미드 아데닌 디뉴클레오타이드(nicotinamide adenine dinucleotide, NAD^+)**라는 화학물질이다. 이 분자를 전자들에 대하여 일종의 택시와 같은 역할을 한다고 생각할 수 있다. 빈 택시(NAD^+)가 전자를 태운다. 수소 원자는 1개의 양으로 하전된 양성자(H^+)와 1개의 전자를 가진다. NAD^+가 수소 원자 하나를 태우면 NADH가 된다. 만원이 된 택시(NADH)는 전자들을 그들의 목적지로 운반하여 내려놓는다. 그리고 빈 택시는 전자들을 더 운반하기 위하여 되돌아간다(그림 4.10). NADH는 그 전자들을 세포호흡의 마지막 단계에서 사용하기 위해 축적한다.

1단계: 해당과정(glycolysis). 포도당으로부터 에너지를 수확하려면 6-탄소 포도당 분자는 먼저 2개의 3-탄소 **피루브산(pyruvic acid)**으로 분해되어야 한다(그림 4.11). 세포호흡에서 이 과정은 실제로 미토콘드리아 바깥에 있는 액체인 세포기질에서 일어난다. 해당과정

glyco- 당을 의미한다.

시각화 ▼

NAD^+(빈 택시)는 1개의 양전하 수소 원자를 태웠다. 몇 개의 전자가 중성 NADH 분자를 만드나?

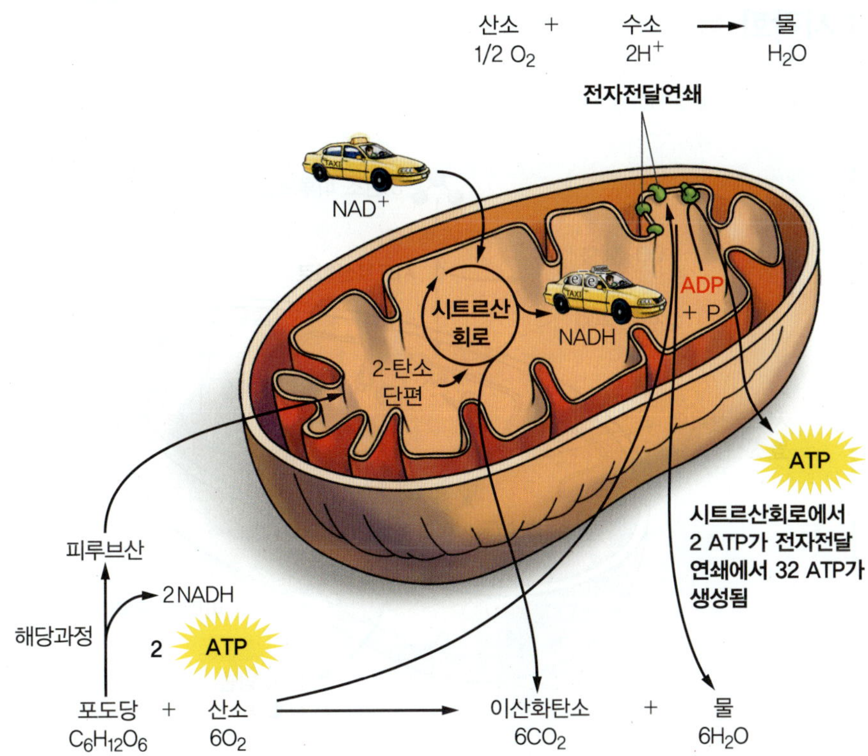

그림 4.10 전자 운반체. 세포의 전자 운반체는 택시와 같이 원래 포도당 분자로부터 호흡의 최종 단계로 전자를 실어나른다.

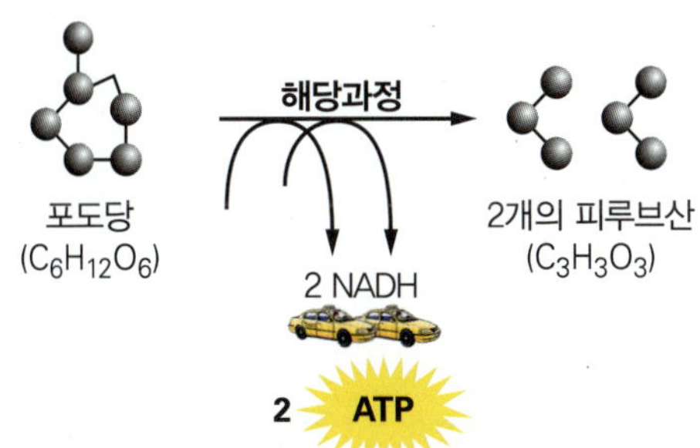

그림 4.11 해당과정. 해당과정은 포도당을 2 분자의 피루브산으로 전환하는 효소반응이다. 또한 소량의 ATP, NADH를 생산한다.

더 자세히 알아보기, 계속

은 산소를 필요로 하지 않지만 초기의 에너지 투입 후에 2분자의 ATP를 생산한다.

2단계: 시트르산회로(citric acid cycle). 해당과정 다음에 피루브산은 탈카르복시화(이산화탄소 분자를 잃음)되며, 남은 2-탄소 단편이 미토콘드리아 내에서 다음 대사과정으로 들어간다. 이 분자가 미토콘드리아의 기질에서 일어나는 일련의 효소에 의해 촉진되는 반응인 **시트르산회로** 들어간다. 여기서 원래 포도당 분자는 더 분해된다. 더 많은 전자들이 수확되고 남은 탄소들은 이산화탄소로 방출된다(그림 4.12)

3단계: 전자전달과 ATP 합성(electron transport and ATP synthesis). 시트르산회로 동안 수확된 전자들은 세포호흡의 최종 단계로 NADH에 의해 수송된다. **전자전달연쇄(electron transport chain)**는 미토콘드리아의 내막에 박혀 있는 일련의 단백질들로 전자들에 대하여 일종의 컨베이어 벨트처럼 작용하여 전자들을 한 단백질에서 다음 단백질로 옮겨준다. 해당작용과 시트르산회로에서 생성된 NADH 분자들에 의해 배달된 전자는 전자전달연쇄의 바닥 쪽으로 이동하여 미토콘드리아의 기질로 향하는데, 그곳에서 산소와 결합하여 물을 만든다.

한 단백질에 의해서 전자가 받아들여지거나 다른 단백질로 건네줄 때마다 전자를 이동시키는 단백질은 구조가 변한다. 이 구조 변화는 미토콘드리아의 기질로부터 막간공간으로 양성자(H^+)의 이동을 촉진한다. 그래서 전자전달연쇄의 단백질들은 전자를 전자전달연쇄를 따라 아래의 산소 쪽으로 이동시키는 동안, 이들은 또한 미토콘드리아의 내막을 가로 질러서 H^+ 이온을 막간공간으로 이동시킨다. 이에 따라서 기질의 H^+ 이온의 농도는 감소하고 막간공간에서는 그 농도가 증가한다. 농도 구배가 존재하면 분자들은 언제나 농도가 높은 지역에서 농도가 낮은 지역으로 확산된다. 전하를 띤 이온들은 막의 소수성 중심을 가로질러서 확산될 수가 없기 때문에 이온들은 막에 있는 **ATP 합성효소(ATP synthase)**라고 하는 단백질 채널을 통하여 빠져나간다. 이 효소는 돌진하는 H^+ 이온들에 의해서 생성되는 에너지를 사용하여서 ADP와 인산으로부터

시각화 ▼

당초 포도당의 6개 탄소 중 4개 탄소를 이산화탄소로 방출하려면 시트르산회로 몇 회전이 필요한가?

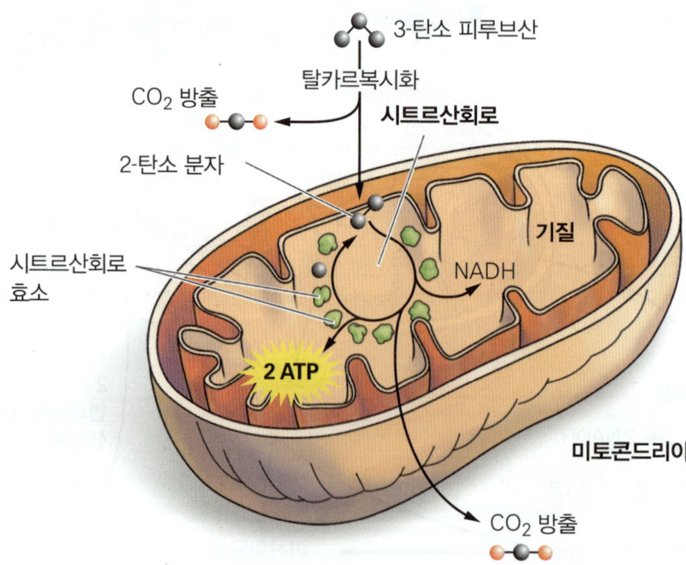

그림 4.12 **시트르산회로.** 해당과정에 의해서 생성된 3-탄소 피루브산 분자들은 탈카르복시화된 다음 남은 2-탄소 분자가 더 많은 이산화탄소, NADH, ATP를 생산하는 일련의 반응을 거친다.

더 자세히 알아보기, 계속

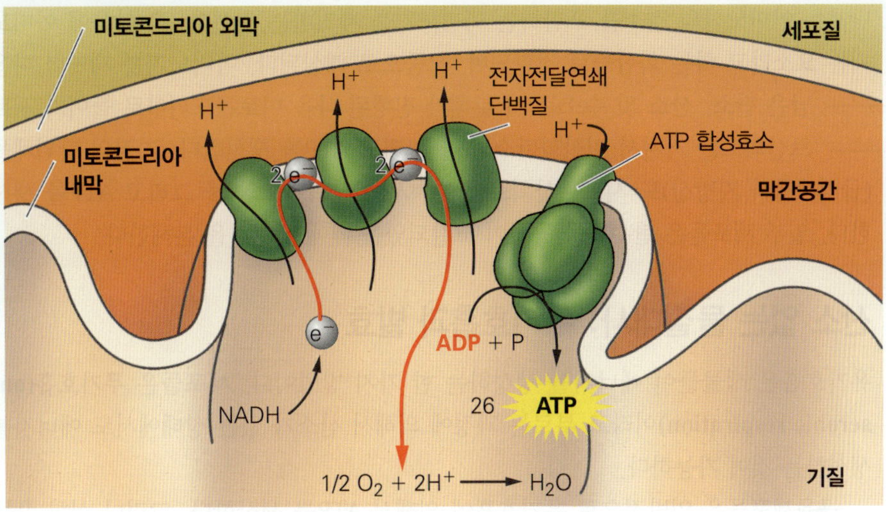

그림 4.13 미토콘드리아 내막의 전자전달연쇄. NADH가 시트르산회로로부터 전자를 전자전달연쇄로 운반한다. 전자들이 전자전달연쇄의 단백질들을 통하여 이동되면서 수소이온들이 막간공간으로 펌프된다. 수소이온이 ADP를 ATP로 전환하는 ATP 합성효소를 통하여 돌아온다. 이처럼 전자전달연쇄에 첨가된 전자에서 나온 에너지가 ATP 생산에 사용된다.

26 ATP를 합성하는데, 이는 물이 터빈이라는 기계를 통과하면서 전기를 생성하는 것과 마찬가지 방식이다(그림 4.13).

◀ **시각화**

이 그림에서 1/2 산소는 무엇을 의미하나?

다른 영양소의 물질대사

대부분 세포는 탄수화물뿐 아니라 단백질과 지방도 분해할 수 있다. 그림 4.14는 단백질과 지질이 들어가는 장소를 나타낸 것이다. 단백질은 구성요소인 아미노산으로 분해된 다음, 새로운 단백질을 합성하는 데 사용된다. 대부분 생물들은 또한 에너지 공급을 위하여 단백질을 분해한다. 그러나 이 과정은 탄수화물과 지방이 없을 경우에 일어난다. 사람과 다른 동물들에서 단백질의 아미노산으로부터 에너지를 생산하는 첫

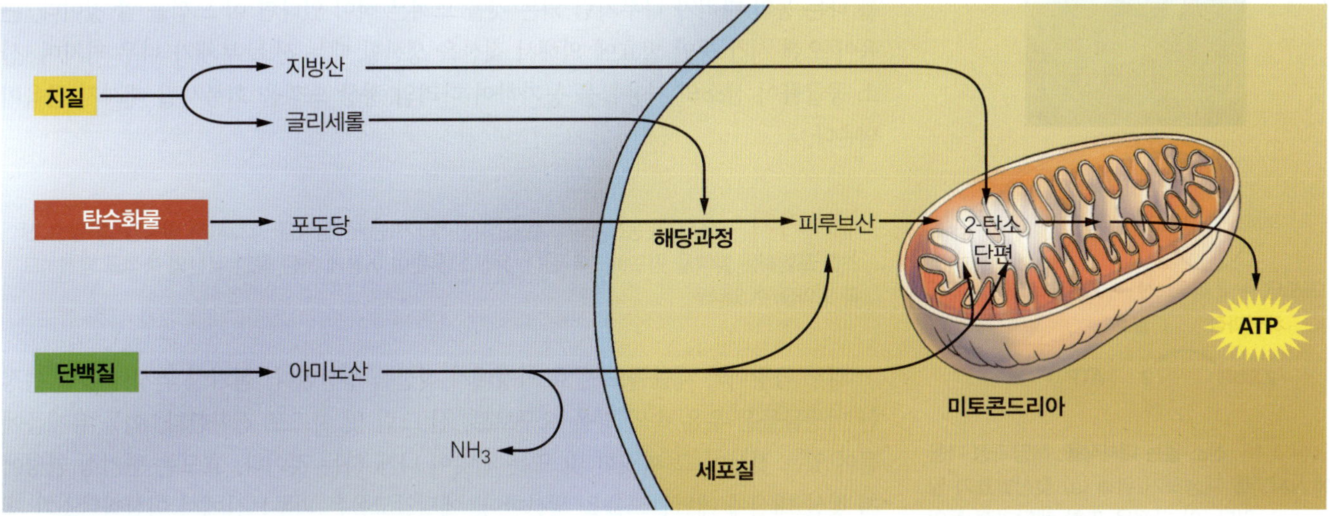

그림 4.14 기타 고분자의 물질대사. 탄수화물, 단백질 및 지방은 모두 세포호흡을 거치며, 이들은 단지 대사 과정의 다른 단계를 통해서 들어간다.

단계는 아미노산의 질소를 포함하는 아미노기를 제거하는 것이다. 그 다음에 아미노기는 요소라고 하는 화합물로 전환되며, 오줌으로 배설된다. 아미노기를 제거한 다음 남은 탄소, 산소 및 수소는 더 분해가 진행된 다음 미토콘드리아로 들어가 시트르산회로를 거쳐서 이산화탄소와 물 그리고 ATP를 생산한다. 지질의 단위체들(글리세롤과 지방산)도 시트르산회로를 거쳐서 이산화탄소와 물 그리고 ATP를 생산한다. 일부 세포들은 탄수화물 공급이 고갈되었을 때에만 지질을 분해한다.

an- 없음을 의미한다.

산소 없는 물질대사: 무기호흡과 발효

유기호흡은 생물들이 에너지를 생성하는 한 가지 방법이다. 세포들은 **무기호흡(anaerobic respiration)**이라고 부르는 과정에 의해서 산소가 없는 상태에서도 에너지를 생성하는 것이 가능하다.

근육세포들은 일반적으로 유기호흡에 의해서 ATP를 생산한다. 그러나 심한 운동에서는 산소 공급이 부족하게 된다. 근육세포들은 산소가 부족할 때에는 세포호흡에서 산소를 요구하지 않는 유일한 단계인 해당과정에 의해서 대부분의 ATP를 얻어야만 한다. 유기호흡이 없이 해당과정이 일어나면 세포에는 NAD^+가 부족하게 되는데, 해당과정에서 NAD^+가 NADH로 전환되기 때문이다. 이 경우, 세포들은 NAD^+를 재생하기 위하여 **발효(fermentation)**라는 과정을 사용한다.

(a) 사람의 근육

(b) 효모

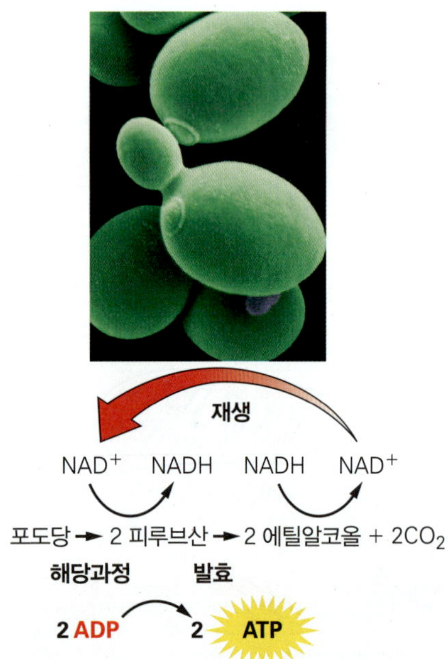

그림 4.15 산소 없는 대사작용. 해당과정 다음에 NAD^+를 재생하기 위해 (a) 젖산발효가 일어날 수 있다. 이 과정은 또한 해당과정 동안 2 ATP를 생산한다. 해당과정 다음의 알코올 발효(b) 또한 NAD^+를 재생하고 2 ATP를 생산한다.

그러나 발효는 이 반응의 부산물 중에 하나인 젖산이라는 화합물이 축적되기 때문에 그리 오랫동안 사용할 수가 없다. 젖산은 전자 수용체인 NADH의 작용에 의해서 생산되며, 발효과정에는 전자전달연쇄도 전자를 받을 산소도 없기 때문에 NADH는 그 전자를 버릴 곳이 없다. 그래서 NADH는 해당과정에서 생산된 피루브산에 그 전자를 준다(그림 4.15a). 젖산은 간으로 운반되며, 간세포들이 이를 다시 피루브산으로 전환하는 데 산소를 사용한다.

젖산을 피루브산으로 전환하는 데는 산소를 필요로 하며, 이것이 운동을 중지한 다음에도 계속 깊은 숨을 쉬어야 하는 이유를 설명해 준다. 이와 같은 전환을 위하여 몸은 간에 산소를 공급할 필요가 있으며, 이를 흔히 "산소 부채를 갚는다"고 한다. 젖산의 축적은 또한 "벽 치기"라는 표현도 설명할 수 있다. 누구든 달리기를 하거나 자전거를 타는 동안 다리가 나무처럼 되는 것을 느껴본 적이 있다면 이 느낌을 알 것이다. 근육이 오랜 시간 동안 발효에 의해서 젖산을 생산할 때는 산소 부채가 너무 커지며, 산소 공급률이 산소의 사용률을 능가하여 다리의 정상 느낌을 회복시킬 때까지 근육이 멈춘다.

쉬어가기 유산소 운동(달리기, 수영, 자전거타기 등)은 심장을 강화시켜 박동당 더 많은 산소를 포함하는 혈액을 펌프하도록 한다. 유산소 훈련이 어떻게 운동 동안 젖산의 축적을 방지하도록 도와줄 수 있나?

일부 곰팡이와 세균들도 발효 과정에서 젖산을 생산한다. 혐기성 환경에 놓인 특정한 미생물들은 우유 속의 당을 요구르트, 신 크림 및 치즈로 전환한다. 이들 유제품에 들어 있는 젖산이 그 짜릿한 맛 또는 신맛이 나게 하는 것이다. 효모는 혐기성 환경에서 젖산 대신에 에틸알코올을 생산한다. 에틸알코올은 피루브산에서 이산화탄소가 제거되었을 때 형성된다(그림 4.15b). 맥주와 포도주를 만들 때 사용되는 효모는 곡물(맥주) 또는 포도(포도주)에 존재하는 당을 에틸알코올과 이산화탄소로 전환한다. 빵 굽는 효모에 의해서 생산된 이산화탄소는 빵이 부풀게 한다.

많은 사람이 저체중이 과체중보다 좋다고 가정한다. 이것이 사실인가?

4.3 체중과 건강

물질대사에 관련된 수많은 다른 효소와 이들을 암호하는 유전자의 진가를 알았으므로 우리의 주의를 건강과 체중 문제로 되돌릴 수 있다. 사람들의 체중이 건강한 것인지 어떻게 결정할 수 있나?

체질량지수

체질량지수 혹은 BMI(표 4.1)라고 불리는 도구를 사용하는 것이 한 방법이다. 당신의 체질량지수는 키와 체중을 체중에 관련된 질병과 죽음의 위험 추정치로 삼아 계산된 값이다.

그러나 이 방법은 우리가 바라는 만큼 정확하지 않다. 연구는 이 측정이 적은 근육량과 체지방을 구분하는 수단을 제공하지 못하였기 때문에 네 사람 중 한 사람까지도 이 표에 의해 잘못 분류되었음을 보여주었다. 예를 들어 근육이 지방보다 무겁기 때문에 근육이 많은 운동선수는 지방이 많은 비슷한 체구의 사람보다 체중이 더 나간다. 따라서 아주 건강한 사람도 이 표에 의하면 과체중으로 분류될 수 있다.

데이터로 해결하기 ▼

5피트 200파운드인 사람의 체질량지수는 얼마인가?

표 4.1 **체질량지수(BMI)*.** 이 값은 신장과 체중에 근거하여 계산되었다.

4′10″	91	96	100	105	110	115	119	124	129	134	138	143	167	191
4′11″	94	99	104	109	114	119	124	128	133	138	143	148	173	198
5′0″	97	102	107	112	118	123	128	133	138	143	148	153	179	204
5′1″	100	106	111	116	122	127	132	137	143	148	153	158	185	211
5′2″	104	109	115	120	126	131	136	142	147	153	158	164	191	218
5′3″	107	113	118	124	130	135	141	146	152	158	163	169	197	225
5′4″	110	116	122	128	134	140	145	151	157	163	169	174	204	232
5′5″	114	120	126	132	138	144	150	156	162	168	174	180	210	240
5′6″	118	124	130	136	142	148	155	161	167	173	179	186	216	247
5′7″	121	127	134	140	146	153	159	166	172	178	185	191	223	255
5′8″	125	131	138	144	151	158	164	171	177	184	190	197	230	262
5′9″	128	135	142	149	155	162	169	176	182	189	196	203	236	270
5′10″	132	139	146	153	160	167	174	181	188	195	202	209	243	278
5′11″	136	143	150	157	165	172	179	186	193	200	208	215	250	286
6′0″	140	147	154	162	169	177	184	191	199	206	213	221	258	294
6′1″	144	151	159	166	174	182	189	197	204	212	219	227	265	302
6′2″	148	155	163	171	179	186	194	202	210	218	225	233	272	311
6′3″	152	160	168	176	184	192	200	208	216	224	232	240	279	319
6′4″	156	164	172	180	189	197	205	213	221	230	238	246	287	328
BMI	**19**	**20**	**21**	**22**	**23**	**24**	**25**	**26**	**27**	**28**	**29**	**30**	**35**	**40**

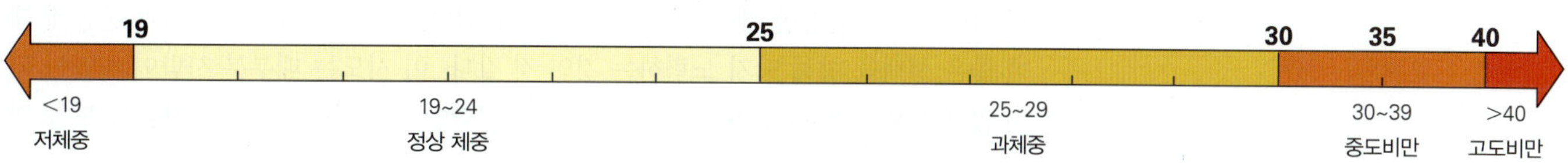

* 역자주: BMI = 체중(kg) ÷ 신장(m)^{2}으로 계산할 수 있다.

데이터로 해결하기 ▼

사망 위험이 가장 큰 데서 가장 낮은 순서로 BMI 범주를 나열하라.

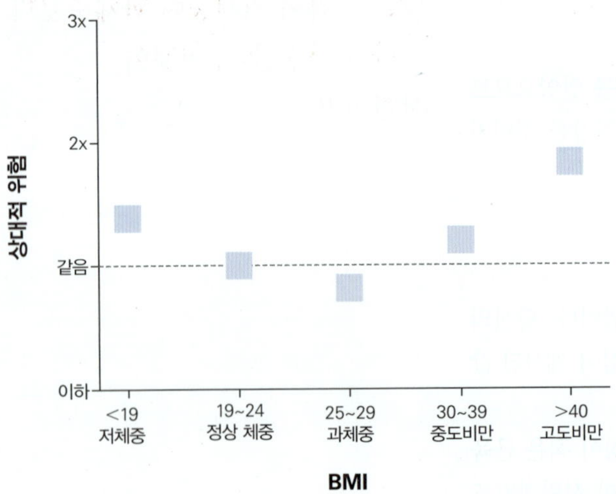

그림 4.16 **사망 위험과 BMI.** 이 도표는 모든 원인에 의한 정상 체중 성인의 사망위험에 대비한 여러 체질량지수 범주의 성인의 사망위험을 보여준다. 파란 상자는 각 체질량지수 분류에 대한 상대적 위험의 평균을 나타낸다.

과체중과 저체중 모두 건강하지 않다

당신의 체질량지수가 18.5보다 아래이면 대학 캠퍼스에 만연된 질병인 **식욕감퇴증(anorexia)** 혹은 자체 기아의 위험에 처해 있는 것이다. 여학생 5명 중 1명, 남학생 20명 중 1명이 거의 굶어 죽을 정도로 음식 섭취를 제한하는 것으로 추정된다. 자체 기아는 또한 음식을 먹지만, 간혹 아주 많이 먹은(폭식) 후 하제복용이나 구토로 영양소가 지방으로 변하는 것을 막아서 일어날 수 있다. 구토가 따르는 폭식을 **식욕과욕증(bulimia)**이라 부른다.

식욕감퇴증은 심각한 장기적인 건강 문제를 일으킨다. 식욕감퇴증은 심장이 불규칙적으로 박동할 정도로 심장 근육을 아사시킬 수 있다. 또한 이에 수반되는 지방의 결핍은 월경을 종식시키는 무월경에 이르게 할 수 있다. 무월경은 지방세포에서 분비되는 렙틴이라는 단백질이 임신을 보조할 수 있는 체지방이 없다는 신호를 뇌에 보낼 때 나타난다. 월경을 조절하는 에스트로겐 같은 호르몬이 차단되고 월경이 멈춘다. 무월경은 영구적일 수 있고 많은 식욕감퇴증 환자에서 불임의 원인이 된다.

에스트로겐 결핍의 피해는 생식계에 국한되지 않고 뼈도 영향을 받는다. 월경주기 동안 난소에서 분비되는 에스트로겐은 골세포에 작용하여 힘과 크기를 유지하도록 한다. 식욕감퇴증 환자는 골밀도를 저하시켜서 약한 뼈가 골절되는 **골다공증(osteoporosis)**에 걸릴 위험이 높다.

당신의 BMI가 건강 범위에 있으면 체중으로 인한 건강 위험에 대해 걱정할 이유가 없다. 실제로 비만에 속한 사람까지도 한때 생각했던 것보다 걱정할 것이 적다는 것을 연구에서 보여준다. 최근의 메타 분석(수백 연구에 대한 연구)을 포함한 많은 연구가 과체중이 실제로 정상 체중보다 낮은 치사율에 연관된다는 것을 보여준다(그림 4.16). 덧붙여 중도비만은 증가된 치사율 증가와 연관되지 않는다.

쉬어가기 최근의 연구는 중도비만을 두 범주로 세분한다; BMI 30~34.9는 1급 비만, 35~39.9는 2급 비만. 이 제도에서 BMI가 40 이상은 3급 비만으로 분류된다. 비만의 건강 효과에 대해 배운 것에 근거하여 왜 이 새 범주가 과거 것보다 더 합리적일 수 있는가?

그러면 이들 정보를 가지고 무엇을 할까? 체중은 개인이 조절하기 매우 어렵고 과체중의 건강 결과는 매우 실질적이지만 비만이 되기 이전까지는 나타나지 않는 것 같다. 처음부터 비만을 방지하는 한 방법은 미국의 최대 감량자 프로그램의 참여자가 살을 빼기 위해 하는 극도의 칼로리 제한과 운동을 통한 다이어트에 참여하지 않는 것일 수 있다. 거듭된 연구는 체중 감소와 획득(요요 다이어트)을 통한 순환은 실제로 신체가 칼로리를 보다 효과적으로 이용하게 함을 보여주었다. 장기간에 걸쳐 이러한 종류의 다이어트는 건강한 체중 유지를 더 어렵게 한다. 더 나은 시도는 음식과 운동에 대한 좋은 선택을 향해 단지 노력하는 것인 것 같다. 이 시도는 대부분 사람이 비만이 되지 않게 도와주며 건강 체중 달성을 돕도록 생활방식을 변화시키는 사람들을 도울 것이다.

현명한 독자

체중 감량을 위한 후디아

여러 웹사이트에서 유명 인사들이 체중 감량을 돕기 위해 후디아 고르도니(그림 4.17) 식물에서 유래된 물질을 사용했다고 주장한다. 다음은 이들 사이트의 일부 주장을 요약한 것이다.

- 후디아 식물은 성숙하는데 5년 넘게 필요하다. 이 선인장 식물은 흔치 않은 식물이다. 이 두 요인이 이의 유용성을 제한한다. 후디아의 공급이 수요를 맞추지 못하므로 후디아는 예상보다 더 비싸다.
- 후디아 다이어트 약은 자연산이다. 거기에는 첨가제나 보존제가 없고 식물 부분만 있다. 이 자연물질이 당신의 뇌로 하여금 덜 먹게 만든다.
- 후디아는 칼라하리사막을 가로지르는 것을 돕기 위해 원주민에 의해 사용되었다.
- 제약회사는 후디아 다이어트 약의 검사 수행에 수백만 달러를 썼다. 부작용은 발견되지 않았다. 후디아는 모든 사람에게 안전함에 틀림없다.
- 제품은 충전제나 독성성분을 포함하지 않으며 미국에서 만들어졌다.

1. 많은 제품은 자연산으로 광고되고 제품이 자연산이라고 들으면 많은 소비자는 경계를 내려놓는다. 모든 천연물이 사람에게 좋을까? 자연산이지만 사람에게 좋지 않은 것의 예를 들어라.
2. 식이 보충제는 미국식품의약국의 검사로부터 면제된다. 그러나 FDA는 해롭다고 판단된 제품의 연구에 개입한다. 많은 경우 유기농, 혹은 자연산을 주장하는 제품들이 미국에서 사람을 위해 사용이 허가되지 않은 독성, 처방약, 약품을 포함하고 있다. 이를 고려하면 제품이 미국에서 만들어졌다는 주장이 순도에 대해 어느 정도로 진정한 증거를 제공하나?
3. 한 사이트는 후디아에 대해 검사를 수행했고 부작용이 없으며 모든 사람에게 안전한 것 같다고 주장했다. 이것이 과학자가 자료를 발표하는 방식인가? 이 주장을 증명하기 위해 여기에 어떤 종류의 정보가 주어져야 하나?

그림 4.17 사막의 선인장 식물이 사람의 체중 감소를 도울 수 있나?

그럴듯한 소리인데 그런가?

빠른 체중 감소를 위해 잘못 선택된 전략은 대변 물질을 부드럽게 하여 배변을 용이하도록 고안된 완하제를 사용하는 것이다. 배변이 사람을 가볍게 혹은 덜 배부르게 느끼도록 하기 때문에 일부 사람은 완하제 사용이 체중 감량을 도울 수 있다고 생각한다. 이 완하제의 오용은 대장을 영구적으로 훼손하여 장 운동을 완하제에 의존하게 하고 탈수 및 대장암의 위험을 증가시킬 수 있다.

완하제는 영구적인 체중 감소를 일으킨다.

그럴듯한 소리이지만 그렇지 않다.

1. 대변 물질은 섬유와 다른 소화가 안 되는 음식 잔여물로 구성된다. 이것은 배변까지 대장에 머문다. 완하제는 대장에 작용하여 대변의 방출을 재촉하는데, 배변은 영양소가 작은창자에 의해 흡수된 다음에 일어난다. 소화될 수 없는 음식의 손실이 영구적 체중 감소에 이르게 할까?
2. 배변 전에 체중계에 올라서면 배변 후 보다 약간 더 체중이 나갈 수 있다. 그러나 소화관이 정말 입과 항문에 출구가 있는 관이라면 작은창자에 의해 흡수되지 않은 음식이 정말로 신체의 일부인 때가 있나?
3. 체중 감소는 지방 감소를 포함한다. 지방이 대사될 때 어떤 가스를 내뿜나?
4. 앞의 질문에 대한 답변을 고려하여, 운동이 어떻게 체중 감소를 도울 수 있을까?
5. 1~4번 질문에 대한 답을 생각하고 위의 굵은 글씨로 쓴 문장이 그럴듯하지만 그렇지 않은 이유를 설명하라.

복습

요약

4.1

효소의 구조와 기능을 설명하라.

- 효소는 특정한 세포의 반응을 촉매하는 단백질이다. 기질이 효소의 활성 부위에 결합하며 산물로 전환된다.

효소가 반응의 활성화에너지 장벽을 어떻게 낮추는지 설명하라.

- 효소 활성 부위에 기질의 결합은 효소의 모양을 변화시켜(유도적합), 기질의 화학결합에 더 많은 힘을 가해줌으로써 반응의 시작에 필요한 에너지량을 낮추어준다.

물질대사를 정의하라.

- 물질대사는 세포에서 일어나는 고분자를 합성하고 분해하는 모든 화학 반응을 포함한다.

4.2

ATP의 구조와 기능을 기술하라.

- 음식물의 화학결합에 저장된 에너지는 방출되어 ATP의 결합에 저장될 수 있다. 세포는 ATP를 에너지-요구 과정에 사용한다.
- ATP는 뉴클레오타이드 3인산이다. ATP에서 발견되는 뉴클레오타이드는 당과 질소 염기인 아데닌을 가지고 있다.
- ATP의 끝에 있는 인산결합이 절단되면 세포의 일을 하는 데 사용될 수 있는 에너지를 방출하며, ADP와 인산이 만들어진다.

포도당 분해부터 ATP 생성에 걸친 세포호흡의 과정을 기술하라.

- 세포호흡은 세포질에서 시작되며 6-탄소 당이 무기호흡 과정인 해당과정에서 3-탄소 피루브산 두 분자로 분해된다.
- 피루브산 분자는 이어서 미토콘드리아의 2막을 가로 질러 들어가면서 탈카르복시화된다. 나머지 2-탄소 단편은 미토콘드리아의 기질로 들어가며, 시트르산회로가 이로부터 이산화탄소와 전자를 떼어낸다.
- 해당과정과 시트르산회로의 일부인 화합물로부터 제거된 전자들은 NADH와 같은 전자운반체에 의해서 미토콘드리아의 내막으로 운반되며, 전자전달연쇄라는 일련의 단백질에 첨가된다. 전자전달연쇄의 바닥에서는 산소가 전자를 자기 쪽으로 잡아당긴다. 전자가 전자전달연쇄를 따라서 내려가는 동안 전자가 방출하는 에너지는 양성자(H^+)를 막간공간으로 펌프하는 데 사용된다. 펌프된 양성자는 ATP 합성효소를 통과하면서 ADP와 인산으로부터 ATP를 생산한다.
- 전자들이 전자전달연쇄의 바닥에 있는 산소에 도달하면 전자들은 산소와 결합하며 수소이온과 함께 물을 생산한다.

단백질과 지방이 세포호흡 동안 어떻게 분해되는지 설명하라.

- 단백질과 지방 또한 세포호흡에 의해 분해되지만 포도당보다 늦은 지점에서 경로로 들어온다.

유기호흡과 무기호흡을 대비하고 비교하라.

- 무기호흡은 산소를 최종 전자 수용체로 사용하지 않는 세포호흡이다.

4.3

건강에 좋음의 예측 변수로서 체중의 타당성을 논의하라.

- 비만과 극심한 저체중은 많은 부정적 건강 위험과 연관된다. 중도비만은 그렇지 않다.

언어의 뿌리

다음 어원들은 주로 라틴어나 그리스어에서 기원하며 아래와 같은 뜻을 가지고 있어 용어를 해석하는 데 도움을 준다:

an-	없음을 의미한다. 용어: *anaerobic*
ase-	효소 이름의 일반적인 접미사. 용어: *sucrase*
glyco-	당을 의미한다. 용어: *glycolysis*

기본문제

1. 물질대사를 정의하라.

2. 유도적합은 무엇을 의미하나?

3. 세포호흡의 반응물과 생성물은 무엇인가?

4. 효소에 대한 잘못된 서술은?

A. 물질대사 반응을 촉진하는 단백질이다.
B.특수한 기질을 갖는다.
C. 기질에 ATP를 제공한다.
D. 반복해서 사용될 수 있다.

5. 효소는 ______________에 의해 화학반응을 촉진한다.

A. 세포를 가열함
B.기질과 결합하고 결합에 스트레스를 가함
C. 세포의 형태를 바꿈
D. 기질에 에너지를 공급함

6. 활성화에너지 장벽이 존재하지 않는다면 무슨 일이 일어날까?

A. 기질이 효소에 적절히 결합하지 않는다.
B. 체내의 화학반응이 전혀 일어나지 않는다.
C. 효소 기능이 영향을 받지 않는다.

D. 산물이 필요하지 않더라도 물질대사 반응이 진행된다.

7. 세포호흡에 관여하는 것은?

A. 해당과정에 의해서 미토콘드리아에서 당에 대한 유기호흡 대사과정
B. 이산화탄소를 방출하는 전자전달연쇄
C. 양성자가 ATP 합성효소를 통과하면서 이루어지는 ATP의 합성
D. 시트르산회로로 전자를 운반하는 전자운반체
E. 시트르산회로에서 물의 생산

8. 전자전달연쇄란?

A. 미토콘드리아의 기질에 위치하고 있다.
B. 그 마지막 단계에 전기 음성도가 큰 이산화탄소를 가지고 있다.
C. 미토콘드리아의 내막에 존재하는 일련의 뉴클레오타이드이다.
D. 막간 공간에 존재하는 일련의 효소들이다.
E. 단백질에서 단백질로 전자를 운반하며 기질로부터 양성자를 막간 공간으로 이동시킨다.

9. ATP 분자의 대부분 에너지는 언제 방출되나?

A. 세포호흡 동안
B. 마지막 인산기가 가수분해될 때
C. 새 뉴클레오타이드의 형태로
D. NADH로 전이될 때

10. 무기호흡은?

A. 근육이 사용하도록 단백질 재생
B. 효모세포에서만 일어난다.
C. 최종 전자 수용체로 산소를 사용하지 않는다.
D. 해당작용, 시트르산회로 및 전자전달연쇄를 활용한다.

응용문제

1. 세포호흡 동안 탄수화물이 타서 에너지를 만들기 때문에 탄수화물만 먹기로 결정한 친구가 있다. 그는 탄수화물을 먹는 것이 단백질이나 지방을 먹는 것보다 많은 에너지를 만든다고 생각하였다. 이것이 사실인가?

2. 당신이 섭취하고 에너지를 위해 태운 탄수화물의 한 탄소원자를 추적할 수 있다면 그 원자는 최종적으로 어디에 있을까?

3. 체질량지수에서 과체중이지만 정기적으로 운동하고 건강하고 균형잡힌 식사를 하는 친구에게 무슨 말을 해 줄까?

연관문제

1. 초기 지구에는 산소가 없었다. 초기 지구의 세균은 에너지를 얻기 위해 어떤 과정을 사용했을까?

2. 식욕 억제제는 쉽게 구할 수 있으나 체중 감소 결과는 보여주지 않았다. 왜 그랬을까?

CHAPTER 5

온실 속의 생명

슈퍼 태풍 샌디가 뉴욕시의 대부분을 침수시켰다.

광합성과 기후변화

뉴올리언스, 뉴욕, 암스테르담, 알렉산드리아, 뭄바이, 홍콩, 상하이. 기후 학자의 예측에 따르면 세계의 일부 대도시는 도시의 일부가 파국적인 홍수를 겪고 살지 못하게 된다는 미래를 공유할지도 모른다. 뉴올리언스와 뉴욕시는 최근에 냉혹한 예를 보여주었다. 2012년 10월 슈퍼 태풍 샌디에 의해 해안으로 밀려든 해일이 뉴욕의 여러 지역을 침수시켜 48명이 사망하고 많은 지역에 전기가 일주일 동안 끊겼다. 2005년 허리케인 카타리나의 홍수로 불어난 물이 뉴올리언스의 80%를 덮쳤고 1500명이 사망하였다.

정부는 카타리나 이후에 뉴올리언스와 루이지애나의 다른 지역을 재건하기 위해 130억 달러 이상을 사용하였다; 뉴욕과 뉴저지 정부는 샌디 이후에 600억 달러 이상의 보조금을 요청하였다. 이 지원이 없었다면 이들 지역은 수십 년 동안 파괴되고 버려진 채로 남아 있었을 것이다. 미국의 재원이 없는 도시나 지역사회에서 유사한 재앙의 충격을 상상해 보자.

허리케인 카타리나가 뉴올리언스의 80%를 파괴하였다.

지구온난화는 지구의 빙하를 녹이고 금세기 동안 해수면을 1미터나 상승시켰다.

해안 도시에서의 홍수는 지구의 해수면이 증가하기 때문일 것이다. 지구의 모든 표면에 걸쳐 빠른 속도로 얼음이 녹고 있고 바다로 흘러들고 있다. 남극에서 로드아일랜드 크기의 얼음층이 바다로 떨어졌다. 그린란드 빙원은 주변이 매년 얇아지고 있고 빙원의 아래 수집된 녹은 물은 큰 부분의 빙원이 섬에서 미끄러지게 위협하고 있다. 한편 몬태나의 북서쪽에 있는 국립빙하공원의 빙하는 사라지고 있다. 공원의 여러 빙하는 이미 원래 크기의 반으로 줄었고 평균 빙하의 수는 1850년 150개에서 오늘날 35개로 감소했다. 만일 이 추세가 지속된다면, 2030년에는 모든 빙하가 사라질 것이다.

녹는 빙하의 모든 물은 어디로 가야만 한다 — 지난 세기에 해수면이 10~20 cm 상승에 기여했다. 넘치는 욕조처럼 이 여분의 물은 대양 분지의 가장자리로 넘치고 낮은 도시와 해안을 침수시킨다.

그러면 왜 빙하가 녹을까? 지구의 평균 기온이 증가하고 있기 때문이다. 미국 국립기후자료센터에 따르면, 20세기 동안 지구는 10년마다 0.25℃씩 더워졌다. 온난화 속도가 지속될 경우 21세기 말에 해수면은 지금보다 50~100 cm 높아질 것이다 — 이미 보았던 것보다 훨씬 더 빠르고 파괴적이다. 이 급격한 해수면 상승을 복잡하게 하는 것은 대양 온도가 올라가면 태풍이 방출할 에너지량이 증가하여 더 힘센 허리케인과 더 파괴적인 홍수가 된다는 사실이다. 이것이 정확히 슈퍼 태풍 샌디의 각본이다.

왜 지구가 온난화되나? 다가올 홍수를 막기 위해 할 일은 무엇인가?

상승하는 해수면은 대양 해안을 따라 수백만 명의 사람을 위협한다.

왜 얼음이 녹는가? 지구의 평균 온도가 올라가기 때문이다.

5.1 온실효과

일반 대중은 과학자들과 정부에서 임명한 위원들 사이에 **지구온난화(global warming)**에 대해 논란이 있다는 것을 믿는 것 같지만 이것은 사실이 아니다. 동료 심사 학술지에 발표한 과학자들과 기후변화에 관한 정부간 협의체(IPCC), 국립학술원, 미국과학진흥협회(AAAS) 같은 권위 있는 과학 협의체와 협회들 모두가 지구의 평균 온도가 증가하고 있고 지난 세기에 관찰된 대부분의 온난화는 인간 활동에 의한 것이라는 데 동의한다.

지구온난화는 지구의 모든 곳에서 일어나고 있는 역사적인 상태에 대비한 평균 기온, 강수량 및 해수면의 지역적 변화인 **지구기후변화(global climate change)**에 기여한다. 지구의 기후는 항상 변하지만 인간에 의한 지구온난화는 인간이 바로 잡을 수 없을 만큼 변화율을 극적으로 증가시켰다.

지구온난화는 수증기, 이산화탄소(CO_2) 메탄(CH_4) 및 오존(O_3)과 같은 대기 중 특정 가스의 농도가 최근에 증가하여 야기되었다. 이들 온실가스의 축적은 석탄, 기름 및 천연가스 연소와 같은 인간 활동의 직접적인 결과이다. 이들 연료 연소로부터 방출되는 가장 흔한 가스가 이산화탄소이므로 이 가스가 규제할 가장 중요한 온실가스로 판단된다.

대기에 이산화탄소와 다른 온실가스의 존재는 **온실효과(greehouse effect)**라고 부르는 현상에 이르게 한다. 이 이름에도 불구하고 이들 가스에 의한 현상은 유리판이 태양의 복사를 안으로 통과시키지만 더워진 표면으로부터 복사되는 열을 가두는 온실 현상과 정확히 같은 것은 아니다. 지구에서 온실효과는 이렇게 작용한다: 태양의 열기는 지표면을 데우고 지표면은 열에너지를 밖으로 복사한다. 이 열의 대부분은 공간으로 다시 복사되나 일부 열이 대기권의 온실가스를 데우고 다시 지표면으로 복사된다.

온실가스는 실제로 담요같이 작용한다(**그림 5.1**). 당신이 밤에 담요를 덮고 자면 체온이 담요를 데우고 교대로 담요는 당신을 따뜻하게 한다. 대기 중의 온실가스의 수준이 증가하면 효과는 더 두터운 담요에서 자는 것과 같은데, 더 많은 열이 보존되고 다시 복사되어 대기 아래의 온도는 더 더워진다.

온실효과는 그 자체가 위험한 현상이 아니다. 만일 지구 대기가 온실가스를 가지지 않았다면 지구는 너무 많은 열이 공간으로 사라졌을 것이고 지구는 생명을 지원하기에는 너무 추웠을 것이다. 과거에 온실가스는 생명에 안정적이고 호의적이게 지구 온도를 유지하였다. 온실효과에 의한 위험은 석탄, 기름 및 천연가스 연소의 결과 더 많은 이산화탄

▼ 시각화

더 많은 이산화탄소가 대기에 추가되면 이 그림은 어떻게 바뀌어야 하나?

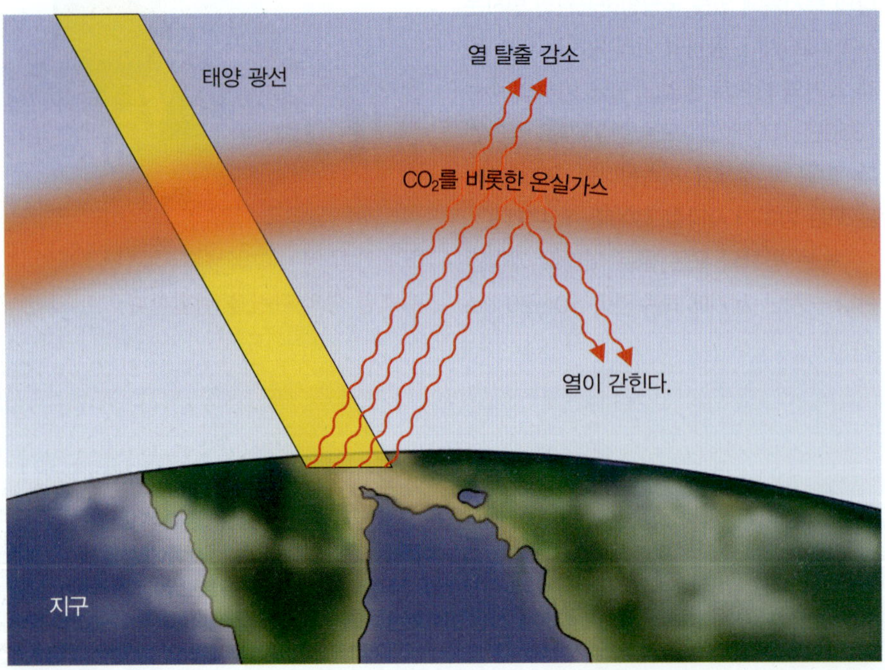

그림 5.1 온실효과. 태양열이 수증기, 이산화탄소 및 그 밖의 온실가스에 의해서 대기 속에 흡수되며 지구로 다시 복사된다.

소의 축적에 의해 야기되는 과도한 온난화에 있다.

쉬어가기 달의 낮의 평균 온도는 107℃이고 밤의 평균 온도는 –153℃이다. 그러나 달과 지구는 태양으로부터 같은 거리에 있다. 지구의 이산화탄소 담요를 생각해서 달의 극적인 온도 변동에 대한 가설을 세워보라.

물, 열, 온도

물 자체는 열을 흡수하며 지구의 온도를 안정적으로 유지하는 데 도움을 준다. 당신은 아마도 화로 위에서 물을 가열하면 금속 주전자가 물보다 빨리 데워짐을 알고 있을 것이다. 이는 물이 금속보다 더 천천히 데워지고 거의 모든 물질보다 온도 변화에 강하게 저항하기 때문이다.

열과 온도는 에너지의 척도이다. **열(heat)**은 물질 속의 원자와 분자의 운동에 연관된 에너지의 총량이다. **온도(temperature)**는 열의 강도에 대한 척도이며, 예를 들면 물질 내에서 분자들이 움직이는 속도 같은 것이다. 당신이 서늘한 호수에서 수영을 할 때 당신의 몸은 물보다 높은 온도를 갖지만 호수는 당신 몸보다 많은 열을 가지고 있는데, 그 이유는 호수의 분자가 더 느리게 움직이지만 큰 부피에서 전체 분자 운동의 합은 보다 적은 몸 부피의 그것보다 훨씬 많기 때문이다.

물의 주변 분자 사이의 수소결합 형성으로 물은 다른 액체보다 응집력이 더 크다(2장). 수소결합은 또한 많은 양의 열이 더해졌다 해도 물이 온도 변화에 저항하게 만든다. 이 현상은 처음 물에 열을 가하면 열에너지는 수소결합을 파괴하기 때문에 일어난다. 수소결합이 충분히 파괴된 후에야 열이 개별 물 분자를 빠르게 움직이게 하여 온도를 증가시킨다. 온도가 계속 상승하면 물 분자들은 모든 수소결합이 파괴되고 수증기로 공기로 올라갈 정도로 빠르게 이동할 수 있다. 이것이 육지, 바다, 호수로부터 물을 구름으로 다시 지구의 표면으로 이동시키는 물 순환의 원리이다(그림 5.2). 물이 식으면 주변 분자 사이에서 수소결합이 다시 형성되고 대기로 열을 방출한다. 수체는 온도를 약간 감소시키면서 거대한 양의 열을 주변으로 방출할 수 있다(그림 5.3).

물의 높은 흡열 능력은 지구의 기후에 중요한 영향을 미친다. 지구의 해양과 호소에 들어 있는 방대한 물은 태양에 의해서 복사된 엄청난 양의 열을 저장하고 추울 때는 열을 방출하여 공기를 가열하고 큰 온도

시각화 ▼
저장된 얼음과 눈이 녹는다면 바닷물의 양에 무슨 일이 일어날까? 이 녹음이 해안선에 어떤 영향을 미칠까?

그림 5.2 **물의 순환.** 물은 바다나 다른 표면수로부터 대기로 이동하며 생물체에서 정지하고 지하 웅덩이와 토양, 빙산과 빙하로 돌아간다.

시각화 ▼

액체 표면의 분자가 기체상으로 탈출할 때 증발이 일어난다. 증발된 분자의 대부분이 이 그림의 어디에 나타날까? 왜?

그림 5.3 물에서 수소결합. 수소결합은 열을 흡수함으로써 파괴되며, 열을 방출함으로써 다시 형성된다.

해안 도시에서 증가하는 비극적인 홍수는 지구의 해수면이 상승하기 때문이다.

변화를 방지하여 온도를 적당하게 유지한다.

그러므로 열에너지의 방출과 보유 사이의 균형이 지구의 기후 조건 유지에 있어서 필수적이다. 증가된 수준의 이산화탄소가 더 많은 열을 가두게 되면 이 균형은 파괴될 수 있다. 이산화탄소는 다양한 출처로부터 올 수 있는데, 그 중 일부는 증가하고 있다.

5.2 탄소의 흐름

생물체의 복잡한 분자를 구성하는 원자들은 생물지화학 순환을 통해 환경을 거쳐 간다. 그림 5.4는 물처럼 탄소가 어떻게 생물과 대기, 수체 및 바위 사이를 앞뒤로 순환하는지를 보여준다. 당신이 내뿜는 이산화탄소는 대기로 들어가고, 거기서 열을 흡수할 수 있고, 이들 분자는 지구의 표면으로 돌아올 수 있고, 거기서 물에 녹거나 식물이나 어떤 다른 생물에 의해 흡수될 수 있다.

식물, 조류 및 일부 형태의 세균에 의해 흡수된 이산화탄소는 태양에너지를 이용하여 탄수화물로 전환된다. 대부분 생물은 세포 에너지의 원천으로 이 탄수화물에 의존하며 이를 소모하는 과정에서 이산화탄소를 대기로 방출한다. 소모되지 않은 탄수화물은 지구의 암석에 수천 년 묻힐 수 있다. 그곳에 포함된 탄소는 화산 활동, 인간에 의한 추출과 연소를 통해 뒤에 방출될 수 있다. 대기의 이산화탄소 축적에 기여하는 것은 바로 인간의 활동이다.

전 문단에서 논의된 저장된 탄수화물은 **화석연료(fossil fuel,** 그림 5.5)로 알려졌다. 이들 연료—석탄, 석유 및 천연가스—는 고대 식물과 미생물이 묻힌 잔해로부터 형성

시각화 ▼

과거 100년 동안 이산화탄소의 수준이 증가했고 화산 활동이 일정했다는 관찰에 근거하여 화산과 인간 활동 중 어느 것이 이산화탄소를 공기로 더 많이 방출했다고 예측하는가?

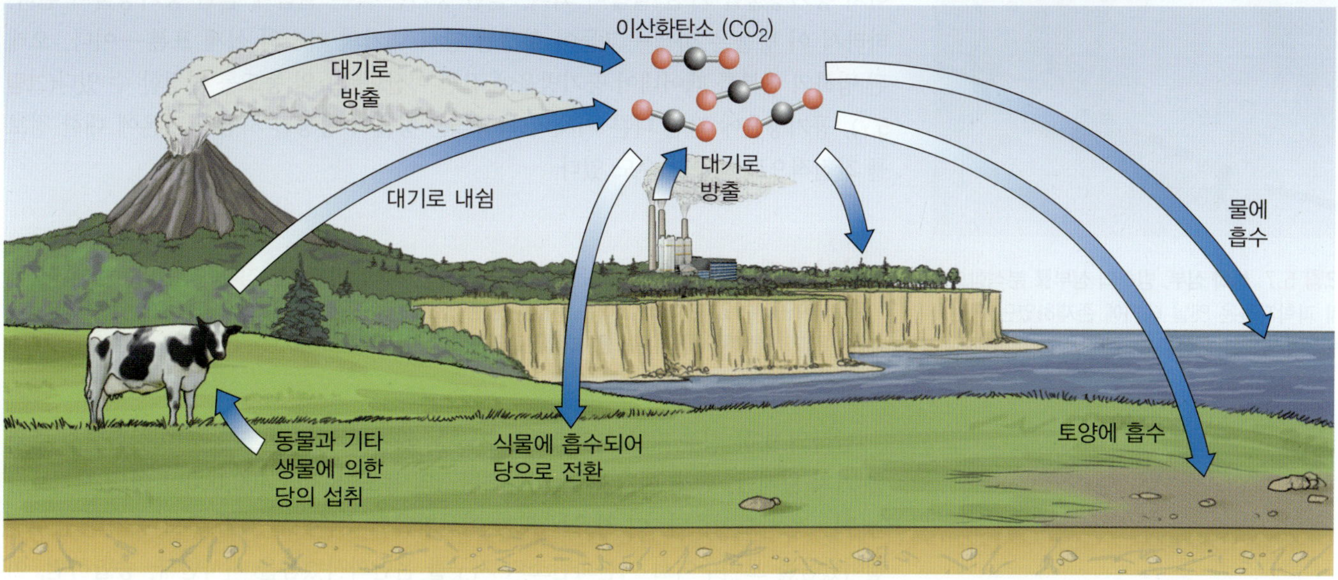

그림 5.4 탄소의 흐름. 생물과 화산, 화석연료 배출은 이산화탄소를 생성한다. 식물, 해양 및 토양은 공기로부터 이산화탄소를 흡수한다.

그림 5.5 화석연료의 연소. 공장과 자동차에 의한 화석연료의 연소로 환경에 더 많은 이산화탄소가 추가된다.

되었기 때문에 화석이다. 수백만 년에 걸쳐 이 생물들의 탄수화물은 지구 심층부의 열과 압력에 의해 고도로 농축된 에너지 원천으로 전환되었다. 인간은 현재 이 에너지 원천의 꼭지를 틀어서 집, 전력, 자동차 및 사업을 작동시킨다. 그러나 이 원료를 태운 결과로 과거 수백만 년 동안 저장된 탄소를 이산화탄소로 방출했다.

인간에 의한 화석연료 사용은 주목할 만한 영향이 있다: 지난 50년 동안 대기를 직접 측정한 결과 이산화탄소의 증가는 잘 증명되어 있다(그림 5.6). 과학자들은 화석공기

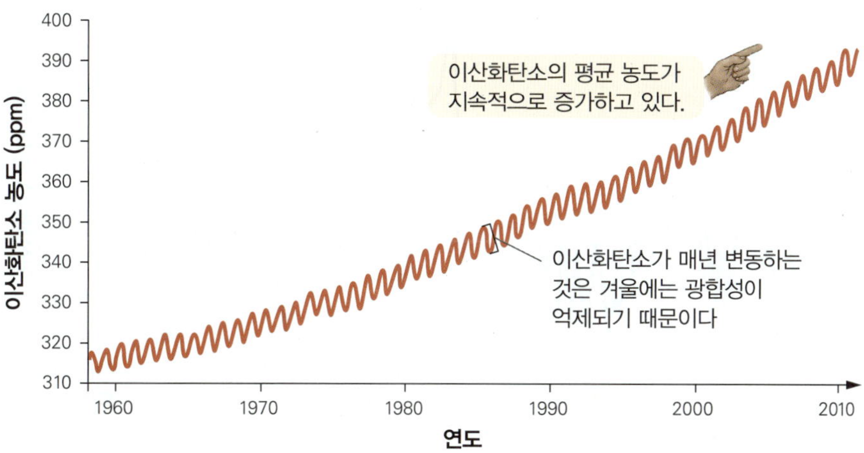

그림 5.6 대기의 이산화탄소 증가. 하와이 마우나 로아 관측소의 기구로 측정된 1960년부터 현재까지 이산화탄소의 수준.

◀ 데이터로 해결하기

이 도표에서 어떤 증거가 1960년대와 비교하여 2000년부터 2010년까지 이산화탄소 농도의 증가를 보여주는가?

그림 5.7 **빙하 심부.** 빙하의 심부를 분석함으로써 과학자들은 옛날 대기에 존재하였던 이산화탄소의 농도를 측정할 수 있다.

(fossil air)를 사용하여 현재 대기 중 이산화탄소의 수준이 인간 역사의 그 어느 때의 수준을 훨씬 초과한다는 것을 증명하였다. 과거의 대기 속에 존재하였던 이산화탄소의 농도는 수천 년 동안 존속해온 빙하의 심부를 조사하여서 측정한다. 이는 얼음 표면에서 눈은 공기를 가두기 때문이다. 더 많은 눈이 축적될수록 밑에 있는 눈은 압력을 받아서 공기방울을 가진 얼음이 되며, 갇힌 공기는 작은 얼음에 갇힌 공기방울이 된다. 따라서 이 방울은 화석—그들이 형성될 당시 대기의 가스의 실제 표본—이다. 오래된 빙하의 심부를 떼어내어 공기방울에 갇힌 이산화탄소의 농도를 결정할 수 있다(그림 5.7). 공기방울에 갇힌 다른 기체의 특성들은 방울이 형성될 시점의 기온에 대한 정보를 간접적으로 제공할 수도 있다.

쉬어가기 오늘 아니면 가까운 과거에 식물에 의해 저장된 탄소는 장작이나 톱밥탄 형태의 연료로 연소될 수 있다. 그러나 이런 "재생가능한" 연료는 지구온난화 증가에 공헌하지 않는 것으로 간주된다. 무엇이 이들의 탄소를 화석연료의 탄소와 다르게 만드는가?

남극의 빙하 심부 자료(그림 5.8)는 지구는 과거에 여러 번 고농도 이산화탄소 주기를 거쳐 왔지만, 현재 대기 중의 이산화탄소의 농도가 지난 400,000년 어느 시기보다 높다는 것을 보여준다. 이 자료는 또한 이산화탄소 수준의 증가가 온도 증가와 동시에 일어났음을 보여주어서 이산화탄소가 지구를 온난화시켰음을 시사한다. 종합하면, 이들 자료는 매우 염려스럽다; 지구가 곧 오늘날의 기후에서 경험하는 것보다 아주 높고 100만 년 동안의 지구보다 온난한 온도에 직면할 수 있음을 알려준다.

데이터로 해결하기 ▼

이 도표는 왼쪽과 오른쪽 모두에 축이 있다. 어떤 선이 왼쪽 축에 나타나 있나? 오른쪽 축에는? 왜 두 선이 같은 도표에 포함되어 있나?

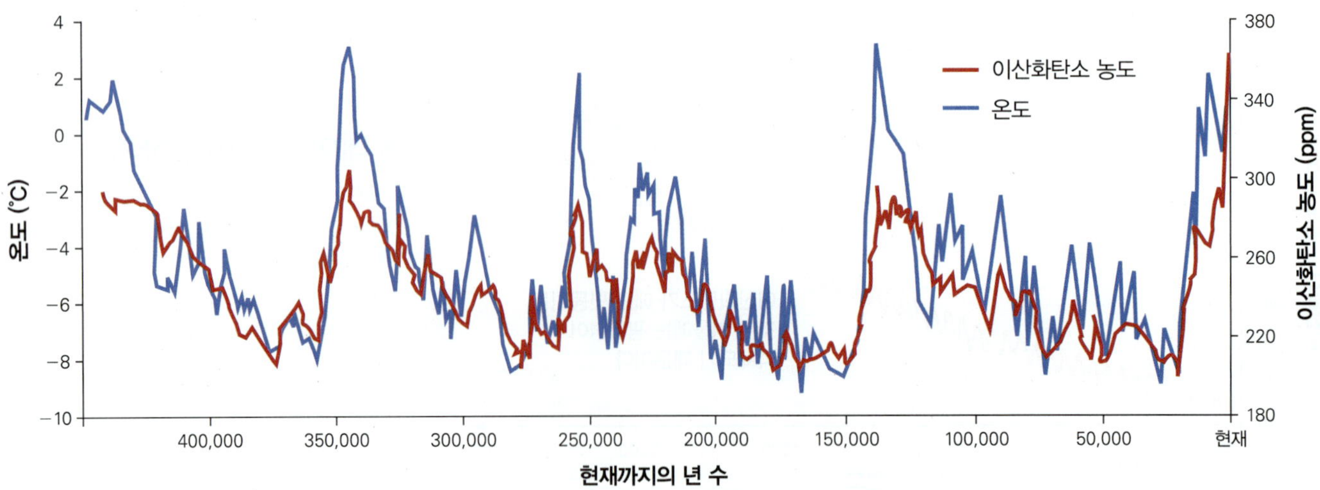

그림 5.8 **남극의 빙하 심부에서 측정한 온도와 대기 중 이산화탄소 농도에 대한 기록.** 이 자료는 이산화탄소 수준의 증가는 고온과 관련이 있음을 나타낸다.

5.3 광합성이 지구 기후변화를 늦출 수 있나?

현대 식물과 일부 미생물은 그들의 선조가 했던 것처럼 한다- 대기로부터 이산화탄소를 흡수한다. 화석연료 연소로 방출된 온실가스량과 지구 기후변화로 제시된 위험을 줄이기 위해 이 현대 식물에 의존하는 것이 가능할까?

광합성(photosynthesis)은 태양에너지를 포획하고 그것을 이용하여 이산화탄소와 물을 당으로 전환하는 과정이다. 다른 말로 광합성은 태양에너지를 모든 생물이 필요로 하는 화학에너지로 변형시킨다.

photo- 빛을 의미한다.

엽록체: 광합성 장소

엽록체(chloroplast)는 광합성이 일어나는 식물 세포의 특수한 세포소기관이다. 엽록체는 2개의 막에 의해 둘러싸여 있다(그림 5.9). 외막과 내막을 함께 엽록체의 외피라고 한다(2장). 엽록체의 외피는 광합성의 일부 효소를 담고 있는 진한 용액인 **스트로마(stroma)**로 채워진 공간을 둘러싸고 있다. 스트로마에 떠 있는 것들은 **틸라코이드(thylakoid)**라고 하는데 보통 팬케이크처럼 서로 포개어져 있다. 엽록체 내

chloro 녹색을 의미한다.

(a)

(b)

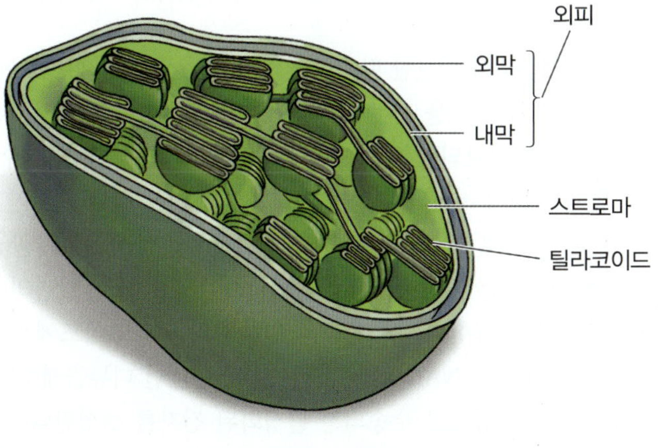

그림 5.9 **엽록체.** 엽록체의 횡단면(a)과 그림(b)은 광합성에 관련된 엽록체의 구조들을 보여준다.

부에 막이 많은 것은 광합성의 일부 반응이 일어날 수 있는 더 많은 표면적을 제공하기 위한 것이다.

틸라코이드막의 표면에는 태양으로부터 에너지를 흡수하는 **엽록소(chlorophyll)**라는 색소 분자들이 무수히 많이 있다. 잎이나 식물의 다른 구조들이 녹색을 띠게 하는 것은 엽록소 분자들이다. 모든 색소들처럼 엽록소는 빛을 흡수한다. 빛은 다른 색깔 또는 에너지 수준을 가진 광선으로 구성되어 있으며, 각각의 에너지 수준은 서로 다른 파장을 가지고 있다. 사람의 눈에 단파장과 중간 파장은 보라색 내지는 녹색으로 보이고, 장파장은 황색 내지는 적색으로 보인다(그림 5.10). 엽록소는 가시광선의 단파장(청색)과 장파장(적색)을 흡수하고 가운데 범위의 파장(녹색)을 반사하기 때문에 사람의 눈에 녹색으로 보인다.

phyll- 잎을 의미한다.

엽록소와 같은 색소가 햇빛을 흡수할 때 색소에 연관된 전자들은 들뜬상태가 된다(에너지 수준이 증가하게 된다). 실제로 빛 에너지는 엽록소로 전달되며 화학적 에너지로 전환된다. 대부분 색소에서 분자들은 매우 짧은 시간 동안만 들뜬상태에 머물며 화학적 에너지는 열로 소멸된다. 이것이 바로 검게 보이는 표면(모든 가시광선 파장을 흡수하는 색소로 구성된 것)이 햇빛에서 빠르게 가열되는 이유이다. 이에 비해 빛 에너지를 전혀 흡수하지 않는 희게 보이는 표면은 상대적으로 시원하게 남는다. 그러나 엽록체 속에서는 들뜬상태의 엽록소 분자의 화학적 에너지는 열로 방출될 수가 없으며, 그 대신에 그 에너지는 포획된다.

쉬어가기 온대 지역에서 잎은 가을에 색을 바꾼다. 이는 식물이 엽록소를 다시 흡수하여 잎의 다른 색소를 보이게 하기 때문에 일어난다. 엽록소가 왜 재흡수된다고 생각하는가?

데이터로 해결하기 ▼

익은 붉은 사과의 껍질 색소에 이 도표는 어떻게 나타날까?

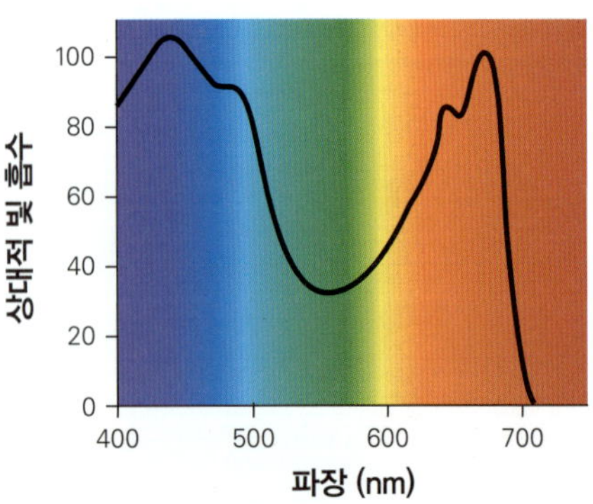

그림 5.10 **잎 색소의 흡수 스펙트럼.** 백색광은 실제로 우리 눈에 다른 색으로 보이는 일련의 파장으로 구성된다. 엽록소와 녹색 식물의 다른 색소에 의해 흡수되는 파장은 주로 적색과 청색이므로 그들은 잎 표면에서 우리에게 반사되는 빛의 파장으로부터 제거된다.

광합성 과정

식물과 다른 광합성 생물에서 태양 에너지는 환경으로부터 흡수한 이산화탄소와 물의 원자를 탄수화물(처음에는 포도당)로 재배열하는 데 사용된다. 광합성은 산소를 부산물로 생산한다. 광합성을 요약하는 반응식은 다음과 같다.

이산화탄소 + 물 + 빛 에너지 → 포도당 + 산소;

$$6\ CO_2 + 6\ H_2O + \text{빛 에너지} \rightarrow C_6H_{12}O_6 + 6\ O_2$$

식물들은 광합성에 의해서 생산한 탄수화물을 그들의 생장과 세포에 에너지를 공급하는 데 사용한다. 식물과 식물을 먹는 생물들에서도 탄수화물은 세포호흡 과정을 거치면서 당의 화학결합에 저장되어 있던 에너지를 방출한다. 여분의 탄수화물은 식물과 다른 광합성 생물의 몸에 저장되며 화석연료 생산을 위한 원료 물질이 될 수 있다.

광합성 과정은 두 단계로 나눌 수 있다(그림 5.11). 첫 단계 또는 "광(photo)" 단계는 햇빛이 있을 때 일어나는 **명반응(light reaction)**이라고 하는 일련의 반응 동안에 태양으로부터 에너지를 수확한다. 이 반응은 엽록체의 틸라코이드에서 일어나며 에너지-수송 분자인 ATP(4장)와 NADPH(니코틴아미드 아데닌 디뉴클레오타이드 인산의 약어) 분자에 의해 세포 사방으로 수송되는 활성화된 전자를 생성한다. 제2단계 또는 "합성(synthesis)" 단계는 **캘빈회로(Calvin cycle)**라고 하며, 명반응에서 생성된 ATP와

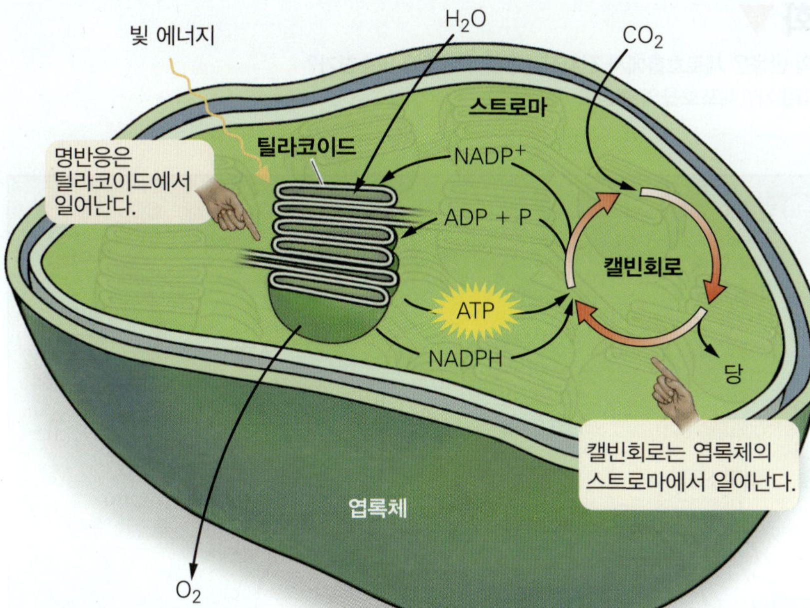

그림 5.11 광합성 개관. 태양은 식물과 다른 광합성 생물의 엽록체 안에서 이산화탄소와 물로부터 포도당과 산소의 생성을 구동한다. 이 반응은 두 단계를 필요로 한다: 첫째, 세포 에너지(ATP)를 생성하고 물로부터 전자를 수확하며(NADPH에 의해 운반), 둘째, 이 산물을 이용하여 이산화탄소를 당으로 전환한다.

◀ 시각화

이 반응의 어떤 요소가 엽록체에 의해 환경으로부터 얻어져야만 하는가? 엽록체로부터 무엇이 방출되나? 이 세포소기관 안에 어떤 성분이 들어 있나?

NADPH를 이용하여 이산화탄소로부터 당을 합성한다. 이 단계는 햇빛이 있거나 없거나 일어날 수 있고, 이런 이유로 캘빈회로는 흔히 광독립반응이라고도 한다.

광합성 과정: 더 자세히 알아보기 ▼

명반응

햇빛이 틸라코이드막에서 엽록소 분자에 부딪히면 들뜬 전자들은 다른 분자에 의해 잡힌다(그림 5.12,1단계). 그 다음에 전자들은 틸라코이드막에 위치한 전자전달연쇄에 있는 다른 분자들로 전달된다. 전자전달연쇄에 있는 일부 단백질들은 전자의 에너지를 이용하여 양성자를 틸라코이드의 안쪽으로 퍼내서 막의 안과 바깥 사이에 양성자 구배를 만든다(그림 5.12, 2단계). 축적된 양성자들은 틸라코이드막에 위치한 효소를 통과하면서 ATP를 생산한다. 새로이 합성된 ATP는 스트로마로 방출되며, 여기에서 캘빈회로의 효소들에 의해서 당과 다른 유기 분자를 생산하는 데 사용된다.

명반응에서, 산소는 물(H_2O)이 $2H^+$ 이온, 2 전자 및 1 산소 원자(O)로 "쪼개어질"때 생성된다(그림 5.12, 3단계). 2개의 산소 원자들이 결합하여서 생산된 O_2는 엽록체로부터 방출된다. 2개의 전자는 엽록소 분자로 전달되어서 전자전달연쇄를 통과했던 전자들을 대체한다. H^+ 이온 하나는 아래 기술할 4단계에 참여하고, 다른 하나는 2단계에서 ATP 합성을 추진하는 양성자 구배의 부분이 된다.

전자전달연쇄의 마지막에는 식물의 전자 운반체인 니코틴아미드 아데닌 디뉴클레오타이드 또는 $NADP^+$로 전달된다. 세포호흡에 관여하는 NAD^+와 마찬가지로 $NADP^+$는 전자택시로 작용한다. 광합성에서 사용되는 $NADP^+$는 물에서 방출된 2개의 전자와 1개의 H^+ 이온을 받아들여서

더 자세히 알아보기, 계속

시각화▼

이 일련의 반응은 세포호흡에서 전자전달연쇄와 어떻게 비슷한가? 어떻게 다른가?(세포호흡의 복습은 4장 참조)

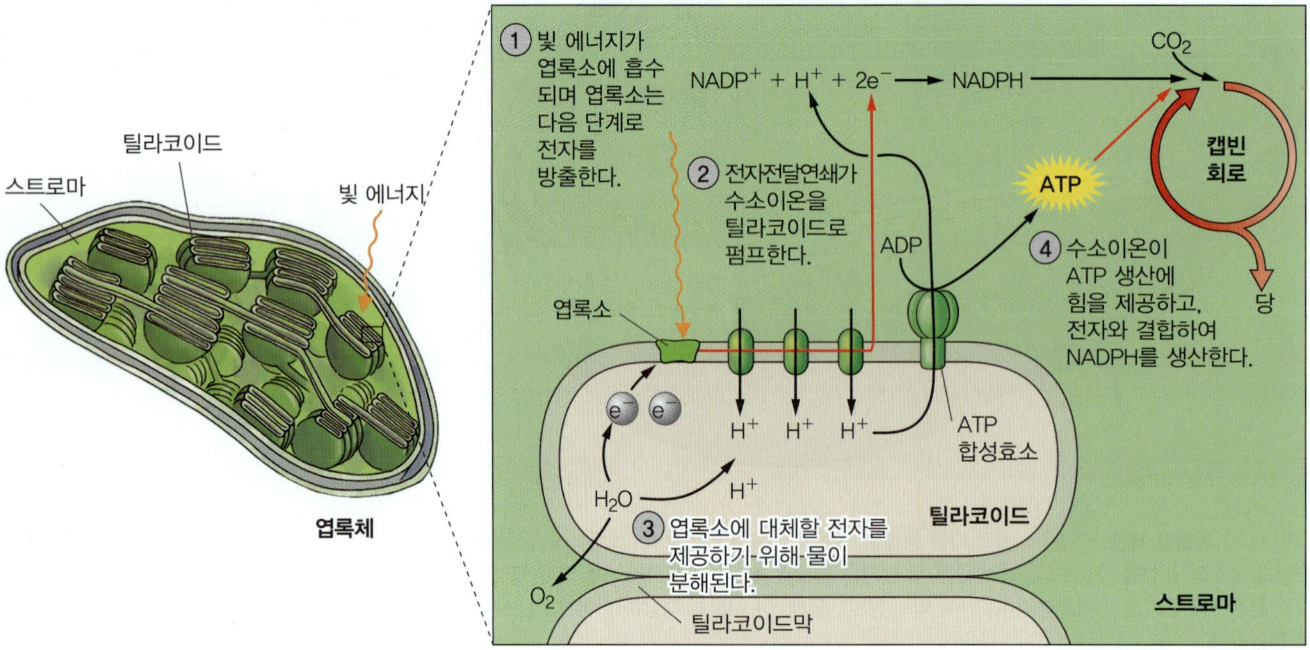

그림 5.12 광합성의 명반응. 광합성의 명반응에서 (1) 빛은 틸라코이드막에 위치한 엽록소 분자들과 충돌하여 전자들을 들뜬상태로 만들면, 그 전자들은 더 높은 에너지 수준으로 이동한다. (2) 전자는 전자전달연쇄에 의해 포획되며 그들의 에너지는 수소이온을 틸라코이드막을 가로질러 펌프하는 데 사용된다. (3) 물이 분해된다. 물에서 제거된 전자는 엽록소로부터 사라진 전자들을 대체하기 위해 이용된다. 산소가 방출된다. (4) 수소이온이 틸라코이드 밖으로 이동하면 ATP 생성과 NADPH 재생을 구동한다. 이들 분자는 기질에서 생산되며 거기서 캘빈회로의 효소들에 의해서 사용된다.

NADPH가 된다(그림 5.12, 4단계). NADPH는 전자를 스트로마로 운반하며, 여기에서 캘빈회로의 효소들이 당을 조립하는데 이 전자들을 사용한다. 그러므로 명반응은 ATP와 합성 단계를 위한 전자 원천(NADPH)을 생산하며, 산소를 부산물로 방출한다.

시각화▼

태양이 없으면 캘빈회로가 어떤 영향을 받을까?

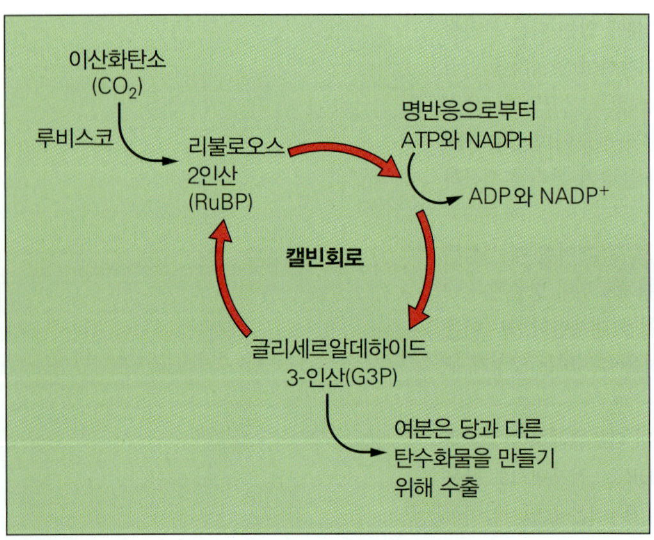

캘빈회로

캘빈회로에서 환경으로부터 온 이산화탄소는 리불로오스 2인산 또는 RuBP라고 하는 5-탄소 분자와 반응한다(그림 5.13). 이 반응을 수행하는 효소는 지구에서 가장 풍부한 단백질인 리불로오스 2인산 카르복실화효소 산소화효소 또는 **루비스코(rubisco)**이다. 이 반응은 불안정한 6-탄소 분자를 생산하며 즉각 2개의 3-탄소 분자로 분해되며, 이는 명반응의 ATP와 NADPH의 도움으로 재배열되어서 3-탄소 당인 글리세

그림 5.13 캘빈회로의 반응. 이산화탄소는 식물에서 초기 탄소함유 시작 산물, 리불로오스 2인산(RuBP)을 재생하는 일련의 반응을 통해 당으로 통합된다. 캘빈회로의 첫 단계에서 RuBP에 이산화탄소를 첨가하는 효소는 루비스코(rubisco)이다. 3-탄소 당인 글리세르알데하이드 3-인산(G3P)은 이 반응으로 생성되는 단순 당이다. 여분의 G3P는 식물이 필요로 하는 유기분자를 생산하기 위해 다른 경로로 수출된다.

더 자세히 알아보기, 계속

르알데하이드 3-인산 또는 G3P를 생산한다. 회로의 마지막 단계에서 5개의 G3P가 3개의 RuBP로 재배열된다. 세포는 여분의 G3P를 포도당과 다른 화합물을 생산하는 데 사용한다. 캘빈회로의 첫 번째 안정된 산물이 3-탄소이므로 이 경로는 종종 C_3 광합성이라고 불린다.

쉬어가기 식물들은 생존하기 위해 필요한 모든 고분자들을 단순한 무기물로부터 만들 수 있다. 식물들은 무게의 거의 대부분을 만들기 위해 대기로부터 탄소를 물로부터 수소와 산소를 축적한다. 그들이 요구하는 다른 원소들은 토양으로부터 온다. 단백질과 핵산의 조성을 고려해서 식물의 생장에 가장 중요하다고 생각되는 토양 영양소를 2개 혹은 3개 나열하라.

오랜 광합성이 대기에서 이산화탄소를 제거하지만 우리가 지난 50여 년간 사용한 화석연료는 형성하는데 1억 년 넘게 걸렸다는 것을 이해하는 것이 중요하다. 다시 말해, 지금 자연적인 광합성에 의해서 흡수될 수 있는 것보다 훨씬 더 빨리 이산화탄소가 대기로 방출되고 있다. 따라서 대기로부터 과다한 이산화탄소를 제거하기 위해 지구온난화를 방지하는 방안의 하나로 단순히 광합성에 의존할 수는 없다. 사실은 온도 증가는 어떤 종류의 식물에서 광합성을 실제로 늦추고 그 효율을 낮춘다.

5.4 높은 온도가 광합성을 감소시키는 방법

지구온난화는 여러 방법으로 광합성을 감소시킬 수 있으나 주로 고온에 이르게 하기 때문이고 고온은 증발율을 높일 수 있다. 이산화탄소는 **기공(stomata)**이라고 하는 작은 개구를 통해서 잎으로 들어간다(그림 5.14). 기공의 개구는 **공변세포(guard cell)**라고 하는 두 개의 강낭콩 모양의 세포들로 둘러싸여 있다. 공변세포가 상호간에 압축되면 기공을 닫으며, 그렇게 되면 식물의 안팎으로 가스의 흐름을 제한한다. 공변세포들이 그들 사이에 개구를 만들기 위하여 모양이 변하면 기공이 열리고, 이산화탄소와 산소 가스가 교환될 수 있다.

trans- 가로질러 또는 다른 쪽으로를 의미한다.

가스교환과 더불어 **증산작용(transpiration,** 그림 5.15)이라는 과정으로 기공의 개구를 통하여 식물 바깥으로 물이 빠져나갈 수 있다. 증산된 물은 토양으로부터 물로 대체된다. 덥고 건조한 날에는 식물은 토양으로부터 충분한 물을 흡수할 수 없고 증산작용에 잃어버리는 물을 감소시키기 위하여 기공을 닫을 것이다. 그러나 기공의 개구를 닫으면 또한 이산화탄소가 식물로 들어오는 길이 막힌다. 따라서 온도가 올라가면 광합성률이 감소한다.

수분 손실을 방지하기 위하여 기공의 개구를 닫는 것은 단지 광합성률만 감소시키지 않고 광합성에 해가 될 수도 있다. 이는 **광호흡(photorespiration)**이라고 하는 다른 일련의 반응의 결과로 나타난다. 광호흡에서 캘빈회로의 첫 번째 효소인 루비스코는 5-탄당인 RuBP와 촉진하는 반응의 기질로 이산화탄소 대신에 산소를 사용한다. 기공이 닫혔을 때처럼 잎 안의 이산화탄소 농도가 낮을 때 산소가 사용된다. RuBP와 산소 사이의 반응에서 생산되는 물질인 글리콜산은 캘빈회로에서 사용될 수 없다. 실제로, 고농도의 글리콜산은 광합성을 저해하기 때문에 이는 식물에 의해서 분해되어야만 한다. 글리콜산의 분해에는 세포호흡에 의해 제공된 에너지가 요구되며, 따라서 광호흡하는 식물은 이산화탄소를 흡수하는 대신 방출한다.

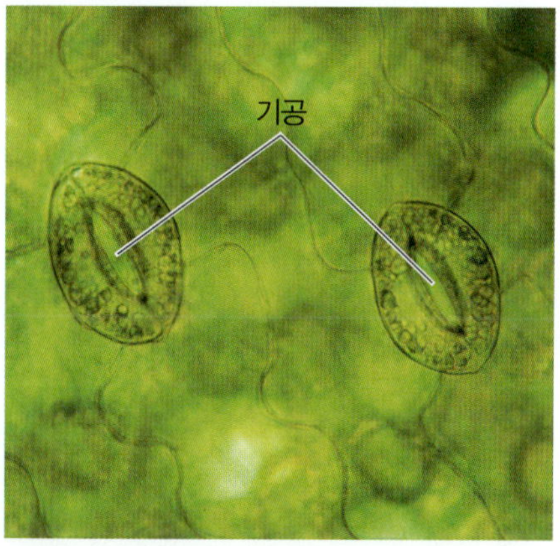

그림 5.14 **기공.** 기공은 가스 교환을 허용하는 잎의 표면에서 발견되는 조절 가능한 미세한 구멍이다.

시각화 ▶

식물의 기공은 보통 24시간 주기로 규칙적인 개폐 양상을 갖는다. 이 그림과 식물이 광합성을 위해 필요로 하는 투입 요소에 대한 이해를 사용하여 24시간 주기 동안 어느 시기에 대부분 기공이 열릴까? 왜?

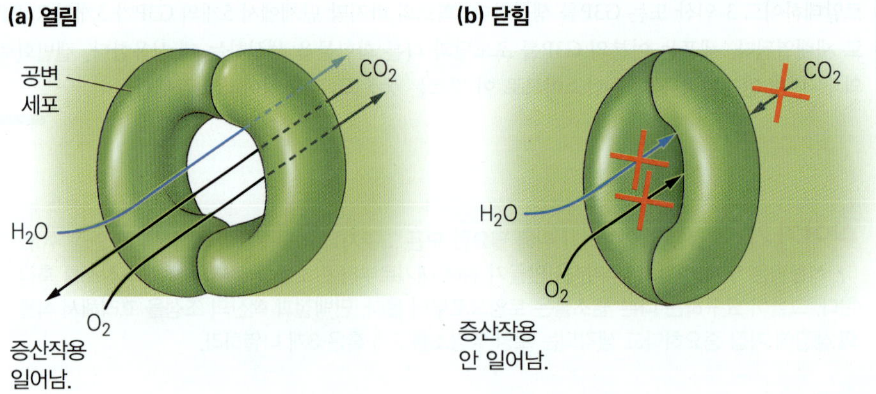

그림 5.15 **가스 교환과 수분 손실.** (a) 기공이 열리면 이산화탄소와 산소가 교환될 수 있다. 수분은 증산작용이라는 과정을 통하여 유실된다. (b) 공변세포가 개구를 닫기 위하여 모양을 바꾸면 가스 교환과 증산작용이 일어나지 않는다.

쉬어가기 광호흡은 낭비적 과정이므로 진화가 루비스코가 산소와의 반응을 방지하는 돌연변이를 선호했을 것 같다. 그러나 이는 일어나지 않았다. 이 효소의 이산화탄소 결합 부위를 변화시키는 돌연변이가 실제로 나쁠 수도 있는 이유를 생각할 수 있나?

따뜻하고 건조한 환경에서 자연선택은 기공을 상당 시간 닫고 있는데도 불구하고 광호흡을 최소화할 수 있는 식물에 대하여 우호적이다. 광호흡을 감소시키는 두 가지의 기전으로 C_4와 CAM 광합성이 알려져 있다. 이 경우 식물의 이산화탄소를 농축하는(C_4) 혹은 온도가 서늘한 밤 동안 잡아두는(CAM) 추가적인 경로가 C_3 광합성 경로 이전에 일어난다. 캘빈회로 동안 일어나는 C_4, CAM 및 C_3 과정들이 간단히 표 5.1에 요약되었다.

지구가 따뜻해지면 광호흡에 대한 증가된 부담 때문에 C_3 식물이 감소하는 동안 C_4 및 CAM 식물의 빈도가 증가하는 것이 가능하다. 그러나 대부분이 큰 나무인 C_3 식물을 대부분이 초본인 C_4 식물로 대체하는 것은 총광합성량과 대기에서 가져갈 이산화탄소의 양을 감소시킬 것이다. 초지의 순광합성률(1에이커당 연간 대기로부터 제거된 이산화탄소의 그램 수로 측정)이 삼림 광합성률에 비하여서 30~60% 낮기 때문에 삼림의 손실은 대기로부터 이산화탄소의 제거를 뚜렷하게 감소시킨다.

수목을 초본으로 대체하는 **남벌(deforestation)**은 따뜻한 지구에서 C_4 식물이 C_3 식물을 능가하므로 자연적으로 일어날 수 있다. 그러나 인간 활동 덕분에 이것이 이미 자연률보다 더 높게 일어나고 있다. 벌채, 농장 개간, 인간 정착지 확장을 위하여 삼림을 소거하였을 때 남벌이 일어난다. 남벌은 또한 직접적으로 대기의 이산화탄소의 증가에 기여한다. 현재의 추산으로 열대에서만 삼림의 벌목과 불로 인해서 대기로 들어가는 이산화탄소의 양은 25%에 달한다. 분명히 지구온난화를 감소시키는 효과적인 한 방법은 남벌을 줄이고 재조림 계획을 통해 나무를 심어서 광합성을 촉진하는 것이다.

최악의 경우, 지구온난화 때문에 상승하는 온도는 초목이 있는 토양을 사막이 되게 하여 어느 곳에서는 광합성을 완전히 제거할 것이다. 온난화는 눈과 빙하로 덮인 지역을 노출시켜서 그곳에서 추가적인 광합성을 허용하지만, 이 추가적인 이산화탄소 흡수는 얼었던 이 지역에서의 더 빠른 탄수화물 부식으로부터 방출되는 이산화탄소에 의

표 5.1 C_3, C_4 및 CAM 식물의 광합성. 식물들은 수분 손실을 방지하는 적응을 진화해 왔다.

식물의 종류와 예	기공의 상태	설명
C_3 콩 	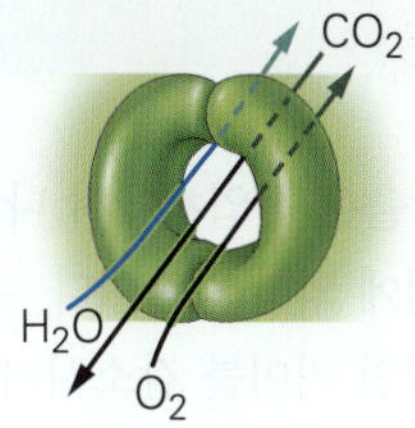	캘빈회로가 2개의 3-탄소 당을 포도당으로 전환한다.
C_4 옥수수 	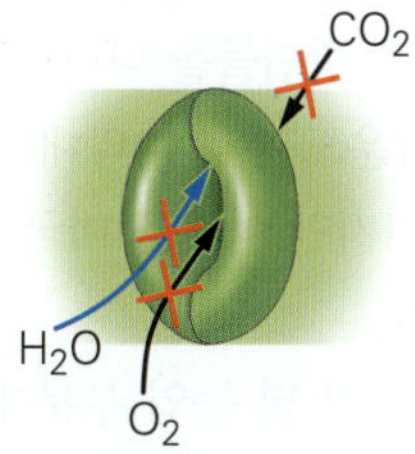	기공이 닫혀 있을 때에도, 효소가 CO_2를 찾아내어 4-탄소 당을 생산한다. 4-탄소 당이 분해될 때 캘빈회로에 이산화탄소를 제공한다.
CAM 화월 	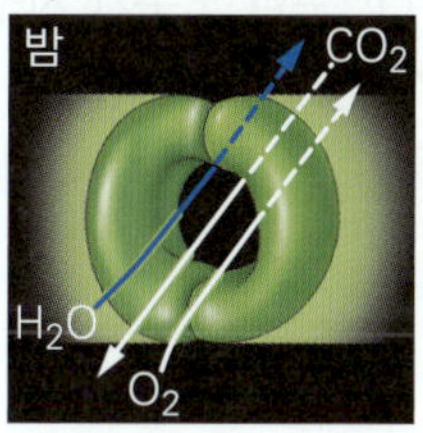 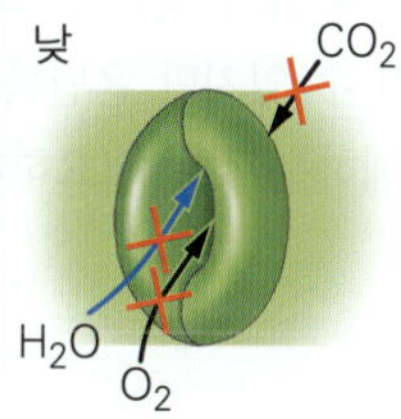	밤에만 기공을 열므로 수분 손실을 줄인다. 이산화탄소는 액포에 유기산으로 저장된다. 낮 동안 이 산이 분해되어 캘빈회로에 이산화탄소를 제공한다.

해 상쇄될 것이다. 살펴본 것처럼, 광합성이 화석연료 연소로 방출된 과도한 이산화탄소의 많은 부분을 흡수할 것 같지 않다. 실제로 전반적인 광합성률은 온난한 지구에서 감소할 수도 있다.

5.5 기후변화의 효과 줄이기

슈퍼태풍 샌디에 의한 뉴욕, 허리케인 카타리나에 의한 뉴올리언스의 대규모 파괴는 기후변화의 결과로 세계적으로 나타난 환경 피해의 단지 일부분이다. 이 과정은 어떤 곳에서는 전례없는 가뭄으로 다른 곳에서는 폭우로 나타났다. 이는 온도 내성이 좁은 동물과 식물을 멸종시킬 것이다. 또한 현재는 온도에 의해 열대에 제한된 감염성 질병과 위험한 해충의 분산에 기여할 수도 있다. 지구온난화의 다른 효과 외에도, 바다에 의해 흡수된 이산화탄소는 바다를 산성화시키고, 산호초와 조류와 바다에서 서로 의존하는 생물들을 위협하고 있다. 분명히 대기의 과도한 이산화탄소는 이미 사람들에게 대가를 강요하고 있다.

미국은 대기로의 이산화탄소 방출률에 불균형적인 영향을 준다. 세계 인구의 4%에 불과한 미국은 화석연료의 연소에 의해서 방출하는 이산화탄소의 4분의 1을 생산한다. 미국인의 개인당 이산화탄소의 방출률은 일본이나 독일 사람들의 2배, 지구 평균의

온난화 속도가 예측처럼 지속되면 21세기 말에 해수면은 지금보다 50~100 cm 높아질 것이다.

3배, 스웨덴 사람의 4배, 평균적인 인도 사람의 20배이다.

쉬어가기 위에 기술된 통계에 근거하면 이산화탄소 방출과 생활 수준 사이에 분명한 상관관계가 있나?

각 나라의 대부분 방출은 산업체에서 나오는 것이며, 그 다음이 수송 그리고 그 다음이 상업, 주거 및 농업에 의한 방출이다. 우리 모두 주거 및 수송의 방출을 줄여서 지구온난화에 대한 개인적인 기여를 감소시키는 일을 할 수 있다. 주거 방출의 대부분이 가정의 난방과 냉방 그리고 가전제품에 사용되는 에너지에서 나온다. 수송 방출은 자동차의 연료 효율과 여행 거리에 의해 영향을 받는다. **표 5.2**는 우리가 온실가스 배출을 감소시킬 수 있는 많은 방법들을 나타낸 것이며, 각각의 활동을 통하여 1년에 줄일 수 있는 이산화탄소의 파운드 수를 나타내고 있다. 이와 같은 감소는 문제의 규모에 비하여 사소한 것처럼 보이지만 이것을 미국에 살고 있는 약 3억 1천만 인구와 곱하면, 그 절약은 대단한 것이다.

개인으로서는 산업, 상업 및 농업 부문에 효과를 미치기는 어렵다. 그 대신에 이런 부분은 방출을 줄이기로 작정한 정책 입안자로부터 리더십이 있어야 한다. 이 변화를 이루기 위하여 우리의 지도자 그리고 우리 모두가 지구온난화의 원인, 영향 및 해결은 논의의 대상일 수 있지만 온난화가 전례 없는 속도로 일어난다는 사실은 논의의 대상이 아님을 이해하는 것이 필요하다.

표 5.2 온실가스 방출 줄이기. 지구온난화율을 지연시키는 데 우리가 할 수 있는 몇 가지 아이디어들이다.

활동		연간 이산화탄소 생산 감소
연비 좋은 자동차 운전하기 큰 차는 1갤런당 16마일 작은 차는 25마일		13,000파운드
주당 2일 자동차 함께 타기		1,590파운드
유리병, 알루미늄 깡통, 플라스틱, 신문, 마분지 재활용		850파운드
운전하는 대신에 주당 10마일 걷기		590파운드
효율이 높은 전기기구 사기		전기기구당 400파운드
새로운 포장 용기 생산에 들어가는 에너지를 줄이기 위해 재사용 또는 재활용 포장, 또는 적게 포장된 식품 및 기타 상품 구매하기		230파운드
자동 풀 깎는 기계 대신에 수동 풀 깎기 사용		80파운드
에너지 소비를 줄이고 광합성에 의해서 이산화탄소를 제거하기 위하여 집 주변에 녹음수 심기		50파운드

현명한 독자

기후변화가 나쁘기보다는 더 좋을까?

기후변화의 효과는 여럿일 수 있다: 긍정적 및 부정적, 경제적 및 생태적, 인도적 및 재정적. 이들 모두를 종합하면 전반적인 효과는 현재 긍정적이며 2080년까지는 긍정적일 것이다. 이것이 Sussex 대학교의 리처드 톨 교수가 미래 기후 경향의 효과에 대한 14가지 다른 연구를 검토한 후 내린 결론이다.

정확히 말하면, 톨 교수는 기후변화가 2009년(이 논문을 쓴 해)부터 2.2°C 상승까지 유익할 것으로 계산하였다. 오늘날 톨 교수는 코펜하겐 여론센터의 책임자인 비에른 롬보그가 편집하고 저명한 경제학자들이 논평한 **지구문제가 세계에 얼마의 대가를 요구할까?** 라는 새로운 책의 한 장으로 발표된 새 논문이 있다. 이 논문에서 그의 시선을 지난 세기로 돌렸다. 그는 기후변화는 실제로 20세기 동안 인간과 지구의 복지를 증가시켰다고 결론지었다.

만일 당신이 온도 모형에 대한 합의를 수용하기를 원하면 경제적 이익에 대한 합의를 수용해야만 한다.

전체적으로 톨 교수는 지난 세기의 기후변화는 인간 복지를 증가시켰음을 발견했다. 얼마나? 그는 지구 경제생산의 1.4%, 2025년까지 1.5%로 계산했다. 어떤 사람들에게 이것은 생존과 기아의 차이를 의미한다.

1. 이 발췌의 첫 문단은 기후변화에 의해 영향을 받을 수 있는 체계를 나열하고 기술된 연구가 전반적인 효과가 긍정적이라고 기술했다. 논문에서 기술된 연구에 의해 다루어진 체계가 어떤 것인가? 전반적인 효과가 긍정적이라는 결론은 인용된 연구를 따른 것인가?
2. 합의의 정의는 무엇인가? 이 발췌의 저자는 다음 수십 년 동안 기후변화가 경제적 순 이익을 가질 것이라는 경제학자 사이의 합의에 대해 명쾌한 설명을 하였는가?
3. 뉴스에서의 과학을 분석하기 위한 1장의 점검표(표 1.1)를 복습하라. 이 기사에서 과학 연구에 대한 좋은 보고의 어떤 면이 결여되었나?

그럴듯한 소리인데 **그런가?**

유기호흡과 광합성의 화학방정식을 비교한 후 학생들은 간혹 다음처럼 말하고 싶어진다.

동물은 산소를 받아들이고 이산화탄소를 방출함으로써 호흡하고 식물은 이산화탄소를 받아들이고 산소를 방출함으로써 호흡한다.

그럴듯한 소리이지만 그렇지 않다.

1. 식물은 왜 에너지를 필요로 하나?
2. 이 활동에 에너지를 공급하는 분자는 무엇인가?
3. 광합성의 방정식은 무엇인가?
4. 1번 질문에 대한 답변에서 기술된 세포활동에 사용된 ATP를 광합성이 생성하나?
5. 식물은 세포활동을 위한 ATP를 어디에서 얻는가?
6. 유기호흡의 방정식은 무엇인가?
7. 1~6번 질문에 대한 답을 생각하고 위의 굵은 글씨로 쓴 문장이 그럴듯하지만 그렇지 않은 이유를 설명하라.

복습

요약

5.1

온실효과를 설명하라.

- 온실가스, 특히 이산화탄소는 지구 대기에 보유된 열의 양을 증가시키며, 결국 표면온도를 높이게 된다.

물이 온도를 바꾸는 데 느린 이유를 설명하라.

- 물은 온도의 급격한 변화가 없이 많은 양의 열을 흡수할 수 있는데, 그 이유는 열이 먼저 인접한 물 분자들 사이의 수소결합을 끊어야 하기 때문이다. 높은 열 흡수 용량은 물의 특징이다.

5.2

물 순환과 탄소 순환을 비교하고 대비하라.

- 물과 탄소 모두 동물, 식물, 토양, 바다 및 대기 사이를 순환한다. 물의 대부분 이동은 생물체 밖에서 일어나지만, 탄소는 대부분 생물체의 활동 때문에 순환된다.

화석연료의 기원과 탄소순환과의 관계를 논의하라.

- 화석연료는 대기에서 이산화탄소를 취하여 탄수화물로 변형시킨 고대 식물의 잔해가 묻힌 것이다. 화석연료의 연소는 탄소를 대기에 돌려주어서 이산화탄소의 농도를 높이고 지구온난화를 일으킨다.

5.3

광합성의 기본 반응식을 서술하라.

- 광합성은 대기로부터 이산화탄소를 당과 기타 고분자들을 합성하는 데 사용한다. 광합성 동안 태양으로부터 온 에너지는 탄소와 물에 존재하는 원자들을 에너지가 풍부한 탄수화물로 재배치하는 데 사용된다. 광합성은 다음 반응식으로 기술된다: $6\ CO_2 + 6\ H_2O + \text{빛에너지} \rightarrow C_6H_{12}O_6 + 6\ O_2$.

광합성의 명반응을 기술하라.

- 광합성은 엽록체에서 일어난다. 햇볕은 엽록체의 엽록소 분자에 부딪치며, 전자를 높은 에너지 수준으로 여기시킨다. 여기된 전자들은 틸라코이드막에 위치한 전자전달연쇄를 따라 내려가며, ATP가 만들어진다.
- 전자들은 또한 전자운반체(NADPH)로 전달된다. 엽록체에서 잃어버린 전자는 물의 분해에서 나온 전자들에 의해서 대체되며, 산소가 방출된다.

캘빈회로 동안 일어나는 사건을 설명하고, 명반응과 캘빈회로 사이의 관계를 기술하라.

- 캘빈회로는 명반응 산물(ATP와 전자운반체인 NADPH)을 사용하여 이산화탄소를 당으로 만들며, 회로의 첫 산물을 재생하고 여분의 당을 식물 화합물을 위한 구성요소로 사용하도록 수출한다.

5.4

광합성과 물 손실의 균형을 잡는데서 기공의 역할을 설명하라.

- 식물 표면에 있는 기공은 이산화탄소가 들어오게 할 뿐만 아니라 식물로부터 물이 빠져나가게 한다. 기공을 싸고 있는 공변세포들은 기공을 닫도록 모양이 변하여 수분 손실을 제한할 수 있다.

광호흡을 정의하고 이 과정이 왜 식물에게 해로운지 설명하라.

- 기공이 닫히고, 식물 안의 이산화탄소가 감소하며, 캘빈회로의 첫 단계에서 산소가 통합되면 광호흡이 일어난다. 결과물은 식물에 독성이며, 이를 줄이기 위해서는 에너지가 사용되어야 한다.
- C_4 식물과 CAM 식물은 건조한 조건에서 광호흡의 위험을 감소시키면서 광합성을 수행하도록 진화하였다.

5.5

우리의 활동이 어떻게 지구 기후변화에 공헌하거나 혹은 그 위기를 감소시킬 수 있는지 논의하라.

- 인간은 지구표면을 벌목하여 광합성의 효율과 대기의 이산화탄소 흡수를 감소시키고 있다. 따라서 숲 다시 만들기는 지구온난화를 감소시키는 한 전략이다.
- 인간은 에너지 효율을 높이고 에너지 사용을 줄임으로써 이산화탄소 방출을 줄일 수 있다.

언어의 뿌리

다음 어원들은 주로 라틴어나 그리스어에서 기원하며 아래와 같은 뜻을 가지고 있어 용어를 해석하는 데 도움을 준다:

chloro-	녹색을 의미한다. 용어: *chloroplast*, *chlorophyll*
photo-	빛을 의미한다. 용어: *photosynthesis*, *photorespiration*
phyll-	잎을 의미한다. 용어: *chlorophyll*
trans-	가로질러 혹은 다른 쪽으로를 의미한다. 용어: *transpiration*

기본문제

1. 광합성의 반응물과 생성물은 무엇인가

2. 이산화탄소는 어떻게 하여서 온실효과를 내는가?

A. 열을 흡수하는 물의 능력을 간섭한다.
B. 산소 분자의 무작위 운동을 증가시킨다.
C. 태양의 복사가 지구에 도달하는 것을 허용하고 다시 복사된 열을 흡수한다.
D. 탄소와 산소를 분리하고 세포호흡을 증가시킨다.

3. 물의 열 흡수 용량이 큰 이유는?

A. 태양광선이 수체의 밑바닥까지 침투하고, 주로 바닥 표면을 가열한다.
B. 각 물 분자들을 함께 잡고 있는 강한 공유결합이 파괴되려면 많은 열의 입력이 요구된다.
C. 물은 열에 잘 견디는 용질을 녹이는 능력이 있다.
D. 초기에 입력된 에너지는 물 분자들 사이의 수소결합을 파괴하는 데 사용되며, 그 다음에 온도를 높인다.
E. 위의 내용이 모두 옳다.

4. 화석연료의 연소는 __________

A. 대기로 이산화탄소를 방출한다.
B. 일차적으로 인간 활동의 결과로 일어난다.
C. 지구온난화에 기여한다.
D. 수백만 전에 일어난 광합성 때문에 가능하다.
E. 위 모두

5. 식물 잎 표면의 기공은 __________

A. 산소의 방출을 막는다.
B. 광합성의 결과로 물을 생성한다.
C. 식물에 의해 조절 수 없다.
D. 이산화탄소가 잎 안으로 흡수되는 것을 허용한다.
E. 틸라코이드 층에서 발견된다.

6. 다음 중 광합성의 명반응 동안에 일어나지 않는 것은?

A. 산소가 분해되어서 물을 방출한다.
B. 엽록소로부터 나온 전자가 전자전달연쇄에 첨가된다.
C. 전자전달연쇄가 캘빈회로에 사용될 ATP 합성을 가동시킨다.
D. NADPH가 생산되며, 캘빈회로에 전자를 운반한다.
E. 물이 분해되면 산소가 생산된다.

7. 다음 중 광합성에 대하여 잘못 설명하고 있는 것은?

A. 캘빈회로에서는 명반응으로부터 온 전자들과 ATP가 대기의 이산화탄소와 결합하여서 당을 생산한다.
B. 캘빈회로의 효소들은 엽록체의 스트로마에 존재한다.
C. 캘빈회로에서 생산된 산소는 대기로 방출된다.
D. 햇볕은 엽록소에 있는 전자들을 더 높은 에너지 수준으로 여기시킴으로써 광합성을 가동시킨다.
E. 햇볕이 엽록소에 부딪쳤을 때 방출된 전자들은 물에서부터 온 전자들에 의해서 대체된다.

8. 다음 인간 활동 중 가장 많은 이산화탄소를 발생하는 것은?

A. 운전 B. 조리 C. 목욕 D. 연무제 살포

9. 광호흡은 __________ 일어난다.

A. 덥고 건조한 조건이
B. 캘빈회로의 첫 단계에서 산소가 통합될 때
C. 식물 안의 이산화탄소 농도가 높을 때
D. A, B가 옳다.
E. A, B, C가 옳다.

10. 식물과 동물 세포의 대사에 관한 옳은 설명은?

A. 식물과 동물 세포 모두 광합성과 유기호흡을 수행한다.
B. 동물 세포는 유기호흡만을 수행하며, 식물 세포는 광합성만을 수행한다.
C. 식물 세포는 유기호흡만을 수행하며, 동물 세포는 광합성만을 수행한다.
D. 식물 세포는 세포호흡과 광합성을 수행하며, 동물 세포는 유기호흡만을 수행한다.

응용문제

1. 마지막 빙하기 동안 지구의 온도는 현재보다 4~5℃ 낮았다. 이 온도 차이가 물 순환에 어떤 영향을 주었을까?

2. 생물체가 없는 지구를 상상하라. 이 차이가 물 순환과 탄소 순환을 어떻게 변화시킬까?

3. 지구에 생명이 진화하기 전에 대기에는 산소가 희박했는데, 주로 산소가 매우 반응성이 높은 분자이고 다른 화합물과 결합하려고 하였기 때문이다. 현재 대기에서 산소가 16%로 유지될 수 있는 이유를 설명하라.

연관문제

1. 탄소발자국은 당신의 생활방식의 결과로 생산된 이산화탄소의 양이다. 당신의 탄소발자국을 줄일 수 있는 현실적인 5가지 행동을 나열하라. 이 중 어느 것이 가장 큰 영향을 줄 것이가? 어느 것이 실행하기에 가장 어려울 것인가?

2. 지구온난화의 영향은 균일하게 부정적이지 않다—어떤 지역은 기후변화로 이익을 얻을 것이다. 더욱이, 해수면 상승의 일부 결과에 대처할 수 있게 돕는 기술적 처방이 존재하며, 사람들은 지구온난화의 부정적 효과를 경험하는 지역의 위험한 해안선으로부터 이동할 수 있다. 이상을 고려할 때, 인간이 지구온난화를 정지시키는 데 전념해야 할까 아니면 그 결과를 완화시키는 데 중점을 두어야 할까?

CHAPTER 6

암

여배우 안젤리나 졸리는 자신이나 그녀의 일부 아이들에게 높은 확률로 암에 걸리게 하는 암유발 유전자를 가지고 있다.

DNA 합성, 유사분열, 감수분열

암은 거의 모든 사람이 일생 동안 어느 시점에 걸릴 수 있는 질병이다. 평균 수명을 사는 사람들 중에서 3분의 1이 자신이 암으로 진단을 받거나 본인이 진단받지 않더라도 그들이 사랑하는 사람이 암으로 진단받는다.

어떤 암은 유전되기도 하고 어떤 종류는 살아가는 동안 걸리기도 한다. 배우이자 인권운동가인 안젤리나 졸리는 유전되는 형태인 유방암을 예방하기 위하여 양쪽 유방을 수술로 제거하기로 결정하였다. 명성을 잃기 전에 랜스 암스트롱은 고환암에 걸렸으며 한쪽 고환을 제거하게 되었다. 이들이 직면한 어려운 의학적 선택은 한편으로는 우리를 놀라게 하였지만 다른 한편으론 암의 생물학적 기초지식에 대하여 더 잘 이해하도록 하는 계기가 되었다.

암에 대한 더 나은 이해는 우리 자신을 지킬 뿐 아니라 우리가 사랑하는 사람들을 도울 수 있을 것이다. 생활습관의 변화가 여러 종류의 암을 예방하거나 발병을 지연시키거나 진행을 더디게 할 수 있다. 어떤 암에 대하여 진단을 받았을 때, 여러 가지의 치료법에 대한 생물학적인 기전을 이해한다면 우리가 사랑하는 사람들이 의학적 결정을 하거나 치료를 하는 동안에 도움을 줄 수 있을 것이다.

랜스 암스트롱이 약물 때문에 사이클링 경기에 출전 정지를 받기 전에 걸렸던 것과 같은 종류의 암의 원인은 설명하기가 매우 어렵다.

금연과 같은 생활습관의 변화는 일부 종류의 암에 걸릴 위험성에 매우 큰 영향을 준다.

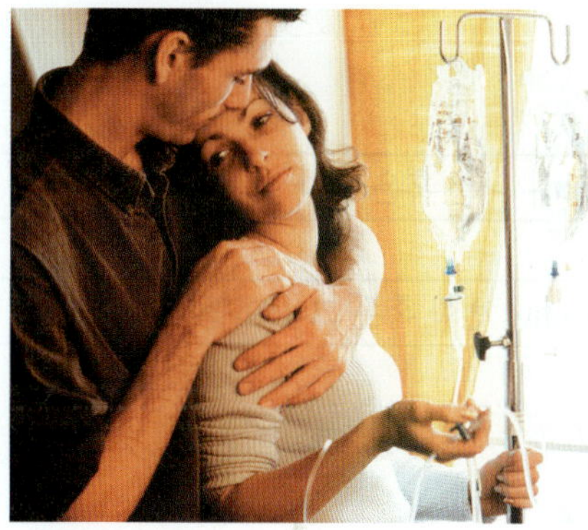

암에 대한 더 나은 이해는 우리 자신을 더 잘 돌볼 수 있게 하고 우리가 사랑하는 사람들이 암에 걸리지 않도록 도울 수 있게 한다.

6.1 암이란 무엇인가?

암(cancer)이란 세포가 하지 말아야 할 시기에 복제 또는 분열을 함으로써 발생하는 병이다. 세포 복제는 **세포분열(cell division)** 동안에 일어나며 세포분열은 원래의 어버이 세포가 분열하여 두 개의 동일한 딸세포를 만드는 과정이다. 정상적인 세포분열은 더 많은 세포를 필요로 할 때에만 일어나도록 조절된다.

종양은 암으로 될 수 있다

세포가 조절이 되지 않고 분열하면 세포들이 쌓여서 혹, 즉 **종양(tumor)**이 된다. 종양은 몸에서 명백한 기능을 수행하지 않는 세포 덩어리이다. 한곳에만 머물러 있고 주위의 다른 조직에는 영향을 끼치지 않는 종양을 **양성(benign)**이라고 한다. 몇몇의 양성종양은 무해하게 남아 있지만, 다른 것은 암으로 된다. 주위의 다른 조직에 침범할 수 있는 종양을 **악성(malignant)**이라고 한다. 암으로 바뀐 세포는 그 주위를 벗어날 수 있고 다른 곳에서 암을 만들 수 있는데, 이 과정을 **전이(metastasis)**라고 한다(그림 6.1).

mal- 나쁜 혹은 악한 것을 의미한다.

meta- 변화 혹은 그 사이를 의미한다.

암세포는 실제로 림프계와 순환계를 따라서 몸의 어느 부위에나 돌아다닐 수 있다. 림프계는 혈관으로부터 빠져나온 액체를 수집한다. 림프절은 림프액을 여과시킬 수 있는 구조로 되어 있다. 암 환자가 수술을 받을 때 의사는 흔히 몇몇 림프절을 떼어내어 림프절 속에 암세포가 있는지를 조사한다. 림프절에 암세포가 존재한다는 것은 몇몇 세포들이 원래 종양을 떠나서 혈류를 따라 다른 곳으로 이동했다는 것을 말해 준다. 만일 이런 일이 일어난다면 이것은 거의 몸 안의 다른 장소에 암세포가 전이되었다는 것을 의미한다. 랜스 암스트롱이 암으로부터 생존한 것이 믿을 수 없었던 이유는 암이 고환으로부터 발생하여 뇌와 폐로 전이가 되었기 때문이다. 전이된 암은 이것이 퍼지기 전의 암보다 치료하기가 훨씬 어렵다.

암의 위험인자

위험인자(risk factor)란 어떤 질병에 걸릴 위험이 증대되는 조건이나 행동을 말한다. 이러한 위험인자들은 유전적 요인이나 특정 환경에의 노출에 의해 영향을 받는다.

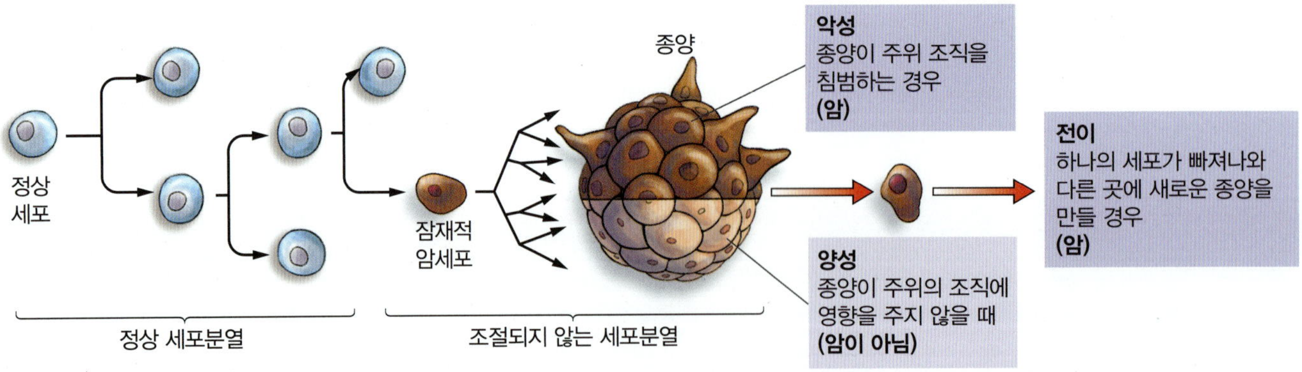

그림 6.1 **암이란 무엇인가?** 종양은 기능이 없는 세포 덩어리이다. 종양은 양성으로 남기도 하고 주변의 조직을 침투하여 악성이 될 수도 있다. 종양 세포는 몸의 다른 부위로 이동, 전이될 수 있다. 악성종양과 전이되는 종양이 암이다.

선천성 암 위험인자 안젤리나 졸리는 다른 여성에 비해 다섯 배나 높은 확률로 유방암에 걸리게 하는 *BRCA1* 유전자[유방암(breast cancer)에 대한 민감성을 의미함]의 변이를 가지고 있었다. 그녀는 유방암에 걸릴 확률이 87%가 된다는 말을 듣고 이중 유방절제술, 즉 그녀의 양쪽 유방을 다 절제하는 수술을 하기로 결심하였다. 그녀가 가지고 있는 유전자의 변이본은 그녀의 어머니를 사망에 이르게 한 난소암에 걸릴 위험도 증가시킨다. 난소암에 걸릴 위험을 제거하기 위하여 졸리는 난소도 절제할 계획을 가지고 있다. 졸리는 어떻게 위험성을 알았는가? 졸리의 가족들 중 몇 명이 유방암이나 난소암으로 이미 진단받았기 때문에 그녀도 이 유전자를 가지고 있는지 조사를 하였다. 사람들 중 오직 1% 만이 이 유전자를 가지고 있기 때문에 직계 가족 중 몇 명이 암으로 진단받지 않은 경우에는 이 검사는 일반적으로는 시행하지 않는다.

생활습관의 변화가 여러 종류의 암을 예방하거나 발병을 지연시키거나 진행을 더디게 할 수 있다.

쉬어가기 약 12%의 여성들이 생애 동안 유방암에 걸린다. 만약에 1000명의 여성으로부터 무작위로 샘플을 채취한다면, 이 중 몇 명이 유방암에 걸릴 것으로 예상되는가? 만약에 *BRCA1* 유전자를 가지고 있는 여성 1000명의 샘플을 무작위로 채취한다면 이들 중 몇 명이 유방암에 걸릴 것으로 예상되는가?

환경적 노출 **발암물질(carcinogen)**이라고 알려진 특정 물질에의 노출은 특정 암의 발병과 관련 있다. 예를 들어, 사람유두종바이러스(HPV)에 노출되면 남성과 여성에서 대장암과 구강암을, 여성들에서는 자궁경부암, 그리고 남성들에서는 음경암을 일으킨다. HPV에 의한 암유발의 위험은 이 바이러스에 대한 백신의 사용으로 완전히 제거할 수 있으며 백신은 남성이나 여성 모두에게 듣는다. HPV에 의한 암 발병은 성관계를 갖는 횟수를 줄이거나 안전한 성관계 가이드라인을 따름으로써 위험성을 최소화할 수 있다.

모두가 흡연이 암의 위험성을 증가시킨다는 것을 알고 있다. 그러나 잘 알려지지 않은 사실은 흡연과 과도한 음주를 동시에 하면 이것들을 따로따로 하는 것보다 훨씬 암에 걸릴 위험성을 증가시킨다는 사실이다. 이런 사실은 발암물질이 다른 발암물질의 활성을 향상시킨다는 것을 의미한다. 이러한 현상이 일어났을 때, 이 물질들이 **상승작용(synergy)** 효과를 나타낸다고 한다. 대학생들이 음주 시 흡연을 하면 이것을 따로따로 했을 때의 위험인자를 더한 것보다 더 높은 위험인자를 가지게 된다(그림 6.2).

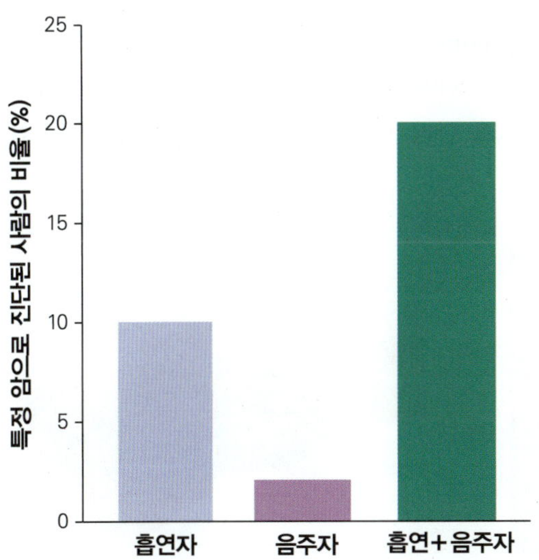

◀ 데이터로 해결하기

암의 위험인자가 흡연 및 음주와 더하기로 관련이 있는가 아니면 곱하기로 관련이 있는가? 답에 대한 설명을 하시오.

그림 6.2 **알코올과 담배는 시너지효과를 지닌다.** 음주를 하는 동안 흡연을 하는 것은 건강에 매우 해로운 습관이다.

표 6.1 암에 대한 위험성 줄이기

위험성 줄이기 행동	특정 위험성 줄이기 정보	위험성 줄이기의 생물학적 기전
담배를 피우지 말 것.	어떤 종류의 담배도 권련, 시가, 파이프 담배, 혹은 씹는 담배이든 간에, 여러 암을 유발하는 위험성을 증대시킨다. 최근에 사용되기 시작한 니코틴만 함유하고 있는 전자담배의 위험성은 아직 알려지지 않았다.	담배연기는 20가지 이상의 알려진 암유발 물질을 포함하고 있다. 담배연기에 포함된 화학물질은 세포분열과 DNA 손상을 증가시키거나 세포가 죽어야 할 때 죽지 못하게 한다.
알코올 소비를 줄일 것.	암에 걸릴 위험을 줄이고자 하는 남성은 술을 하루에 두 잔 이상 마시지 말 것. 여성의 경우는 하루에 한잔 혹은 아예 마시지 말 것.	해로운 화학물질이 알코올에 녹았을 때, 이 물질이 세포막을 투과하여 DNA 손상을 유발할 수 있다.
저지방, 고섬유 음식을 섭취할 것.	적어도 하루에 5가지의 과일이나 채소와 6가지의 빵, 곡물, 잡곡, 쌀 혹은 콩과 같은 식물성 음식을 섭취할 것.	과일과 채소는 DNA 손상을 억제하는 항산화제가 풍부하다.
정기적으로 운동할 것.	일주일에 5일은 적어도 30분간 운동할 것.	운동은 암세포를 찾아서 죽이는 면역계의 기능을 유지하게 한다.
체중을 잘 유지할 것.	비만을 피할 것. 만약 비만이라면 체중감량 프로그램을 위해 의사의 상담을 받을 것.	지방조직은 호르몬을 저장할 수 있기 때문에 과다한 지방조직은 호르몬에 민감한 암종류, 즉 유방암, 자궁암, 난소암 그리고 전립선암과 같은 암에 걸릴 위험성을 증가시킨다는 가설이 있다.

특정 물질에의 노출이 특정 암에 대한 위험성을 증가시키는 반면, 실제로 거의 모든 암에 대한 위험성을 높이는 일반적인 위험인자도 있다. 이런 것들은 담배의 사용이나 알코올 소비, 고지질 저섬유 식사, 운동 부족 그리고 비만 등이다(표 6.1).

이런 노출을 최소화 하는 것은 우리의 세포에서 암의 발생과 이 암이 세포가 분열할 때 만들어져 딸세포로 전달되는 것을 억제하는 데 도움을 줄 수 있다.

6.2 딸세포로 유전자와 염색체의 전달

세포는 암과 무관하게 다양한 이유로 분열하도록 진화하였다. 세포분열은 개체가 성장하고, 손상된 세포를 대체하며 그리고 어떤 경우에는 생식을 하기 위하여 새로운 세포를 만드는 것이다(그림 6.3).

몇몇 생물체는 세포분열을 하여 자신과 똑같은 세포를 만듦으로써 생식을 한다. 이런 종류의 생식을 **무성생식(asexual reproduction)**이라고 하며 자손들은 양친과 유전적으로 동일하다. 박테리아나 아메바 같은 단세포 생물들은 이런 방식으로 생식한다(그림 6.4a). 몇몇 진핵생물들도 무성생식을 한다. 예를 들어, 대부분의 식물들은 줄기,

(a)

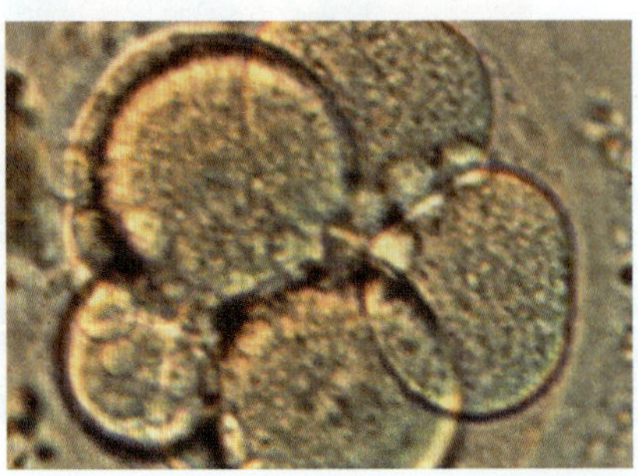

(b)

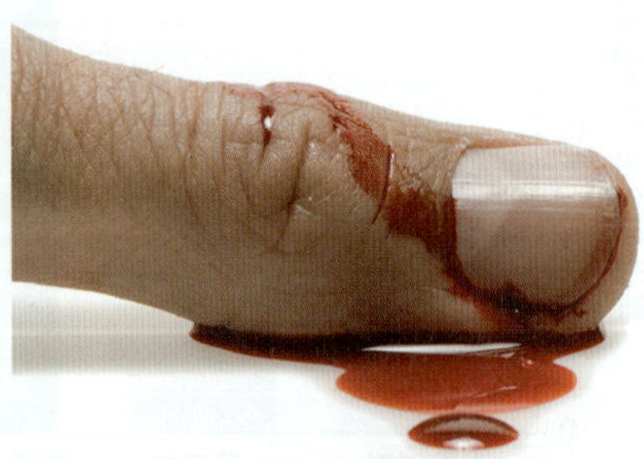

그림 6.3 왜 세포가 분열하는가? 세포는 좀 더 많은 세포를 만들기 위하여 분열한다. 이것은 개체를 성장하게 한다(a). 우리들 각자는 하나의 수정란으로부터 시작하여 수백만 번의 분열을 거침으로써 각 조직과 기관을 만들 수 있게 된다. 세포들은 상처를 치료하기 위하여 분열한다(b). 베인 데가 치료되면서 새로운 세포들이 상처에 의해 손상된 세포를 대체한다.

시각화 ▶

(a) 만약 아메바가 한 번 분열을 한다면, 얼마나 많은 자손이 만들어질까? (b) 만약 담쟁이 넝쿨로부터 하나의 줄기와 잎을 떼어내서 다시 심는다면, 이것이 자라서 원래 심었던 것보다 더 큰 줄기와 잎을 가진 것을 얻겠는가 아니면 두 개의 잎과 줄기를 얻겠는가?

잎, 혹은 뿌리를 잘라내어 심음으로서 자라게 할 수 있는 데 이런 꺾꽂이도 일종의 무성생식이다(그림 6.4b). 두 양친으로부터 유전정보의 전달이 필요한 생물체는 **유성생식(sexual reproduction)**을 한다. 사람은 수정 시 정자와 난자의 유전정보가 결합하는 유성생식을 한다.

(a) 아메바

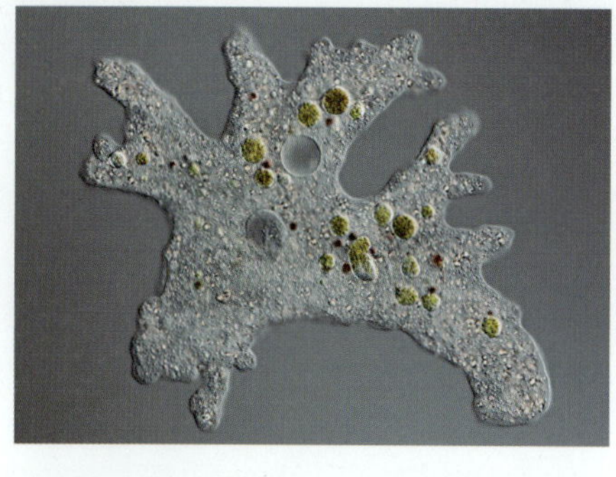

(b) 서양담쟁이

그림 6.4 무성생식. (a) 이 단세포인 아메바는 자신의 DNA를 복제하여 원래의 어버이 아메바와 유전적으로 동일한 자손을 만든다. (b) 서양담쟁이와 같은 몇몇 다세포 생물은 꺾꽂이를 함으로써 무성생식을 할 수 있다.

유전자와 염색체

무성생식을 하든 유성생식을 하든, 모든 분열하는 세포는 유전물질인 **DNA(deoxyribonucleic acid)**를 복제한다. DNA는 세포가 필요로 하는 모든 단백질을 합성하기 위한 지시서인 **유전자(gene)**를 가지고 있다. DNA는 핵 속에서 단백질과 같이 접혀서 **염색체(chromosome)**라고 불리는 구조를 이룬다.

염색체는 세포분열 전에는 응축되어 있지 않은 실과 같은 형태이다(그림 6.5a). 세포분열이 일어나기 위하여 염색체는 응축되어서 짧은 직선 형태가 된다. 응축된 직선형의 염색체는 세포분열 하는 동안 다루기 쉽고 응축되지 않은 실과 같은 염색체보다 덜 엉키거나 부러진다.

각 염색체는 수백 개의 유전자를 가진다. 염색체가 복제될 때 사본 또한 그 안에 동일한 유전자를 가지게 된다. 이 복사된 사본들을 **자매염색분체(sister chromatids)**라고 하며 각 자매염색분체는 하나의 DNA로 이루어진다. 자매염색분체는 **동원체(centromere)**라고 하는 염색체의 중앙 부위에서 서로 결합되어 있다(그림 6.5b). 동원체는 염색체의 중앙에 위치하지 않기 때문에 염색체를 일반적으로 긴팔(long arm)과 짧은팔(short arm)로 나뉜다. 과학자들은 *BRCA1* 유전자의 위치가 17번 염색체의 긴팔에 위치한다는 것을 알아냈다.

쉬어가기 만약에 사람의 염색체가 23쌍의 염색체를 가지고 각각의 염색체는 약 100개의 유전자를 가지고 있다면 인간유전체에는 몇 개의 유전자가 있겠는가?

DNA 복제

세포분열에 앞서 일어나는 **DNA 복제(DNA replication)**동안, DNA의 이중나선 분자는 분자의 가운데가 먼저 분리된 다음 복사된다. 새로운 뉴클레오타이드가 원래의 모 분자의 양쪽으로 A:T와 G:C 쌍을 이루면서 첨가된다. 그 결과 2개의 새로 합성된 DNA 분자가 생기며, 한쪽 가닥은 모체이고 다른 한쪽은 새롭게 합성된 가닥이다(그림 6.6a). 각 새로 합성된 DNA 분자의 반은 부모로부터 온 것이고 나머지 반은 새로 합

(a) 응축되지 않은 DNA

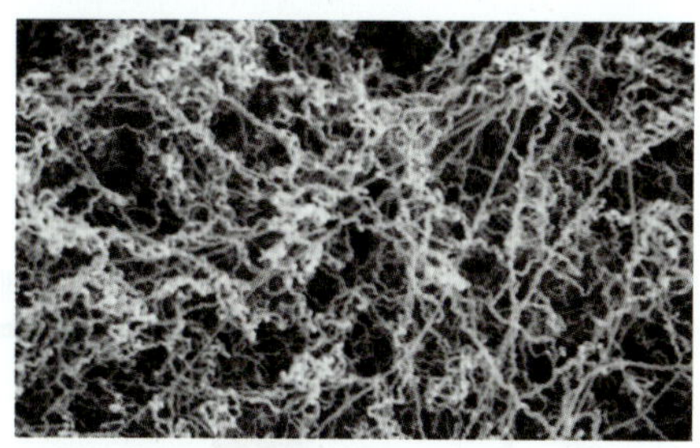

(b) 염색체로 응축된 DNA

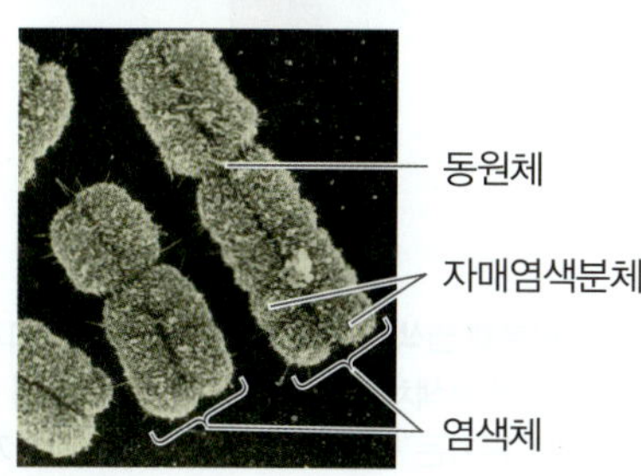

그림 6.5 체세포분열 동안 DNA는 응축된다. (a) 세포분열 전에 복제는 되었으나 응축되지 않은 형태의 DNA. (b) 세포분열 동안, DNA는 많은 작은 단백질들을 정교하게 감싸서 염색체라고 하는 응축된 구조를 형성한다. DNA가 합성된 후, 두 개의 동일한 자매염색분체가 생겨나서 동원체라고 하는 부위에서 서로 결합한다.

시각화▶

(a)에 보여준 반은 보라색, 반은 적색인 DNA 분자가 한 번 더 복제된다고 가정하자. 총 몇 개의 DNA 분자가 생산되는가? 새로 합성된 가닥에 첨가된 뉴클레오타이드가 보라색이라면 각 DNA 분자가 보라색일 비율을 어떻게 되는가?

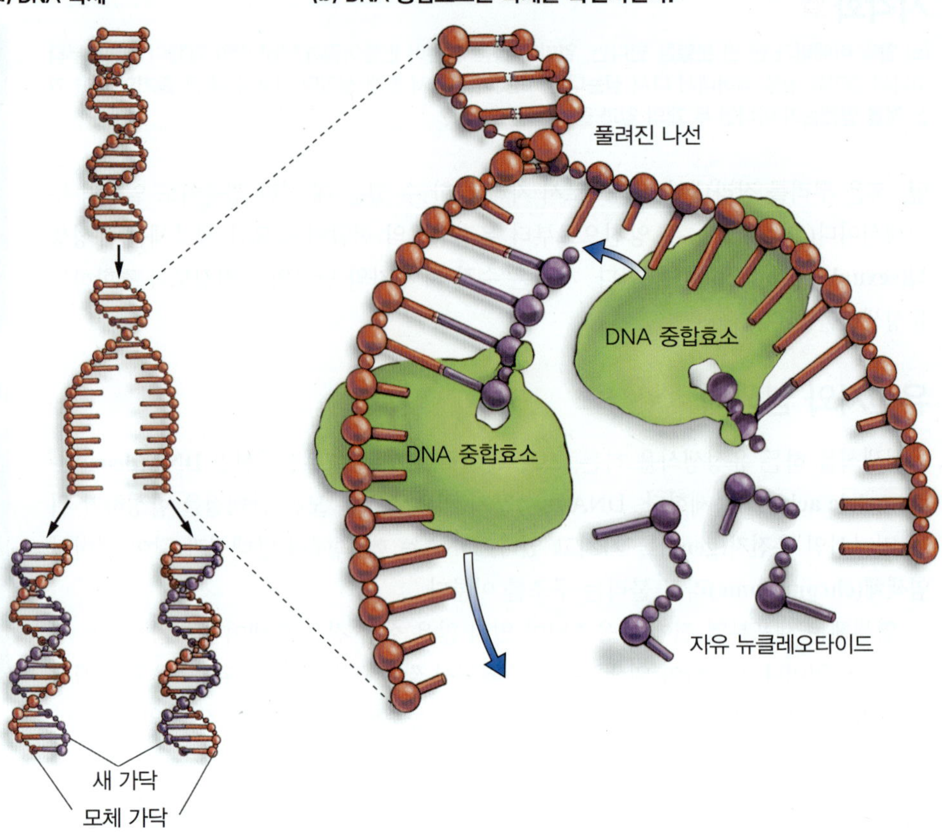

그림 6.6 DNA 복제. (a) DNA 합성으로 1개의 모체 DNA 분자에서 2개의 동일한 딸 DNA 분자가 형성된다. 각각의 딸 DNA 분자는 1/2의 모체 DNA 분자와 1/2의 새로 합성된 DNA로 구성되어 있다. (b) DNA 중합효소는 풀려진 나선을 따라 움직이면서 새로 형성된 가닥에서 인접한 뉴클레오타이드를 서로 결합시킨다. 자유 뉴클레오타이드는 3개의 인산기를 가지고 있으며 이 중 둘은 성장하는 사슬에 첨가되기 전에 에너지를 공급하기 위하여 떨어져 나간다.

성된 것이기 때문에 이런 방식의 복제를 반보존적 복제라고 한다.

DNA를 복제하기 위해 DNA 합성을 촉진시키는 효소가 필요하다. **DNA 중합효소(DNA polymerase)**라고 불리는 이 효소는 풀려진 모체 DNA를 따라 순차적으로 움직이면서 새로운 가닥을 만든다(그림 6.6b). 결합되지 않은 뉴클레오타이드는 핵질에서 떠다니다가 친화성을 가진 염기끼리(A는 T 그리고 G는 C와) 만나게 되면, 이 염기는 나선의 가로축(가로장)을 통하여 서로 결합한다. DNA 중합효소는 나선의 길이만큼 세로축(난간)을 따라 공유결합 형성을 촉매한다. 염색체 전체가 복제가 끝났을 때, 새로 합성된 **자매염색분체**들은 길이가 동일하며 동원체에서 서로 결합되어 있다(그림 6.7).

DNA 중합효소가 염기쌍을 만들 때, 실수가 일어날 수 있다. 예를 들어, A와 G가 염기쌍을 이루는 것과 같은 비정상적인 염기쌍이 이루어졌을 때, 이러한 실수는 원래 유전자의 염기서열을 바꿀 수 있게 된다. 어떤 유전자의 DNA 서열 변화를 **돌연변이(mutation)**라 한다. 정상적으로 *BRCA1* 유전자의 복제는 이것과 동일한 복사본을 만든다. 만약 복제를 하는 동안에 실수가 일어난다면, 안젤리나 졸리가 가지고 있는 유전자 사본과 같은 새로운 돌연변이 사본이 만들어진다.

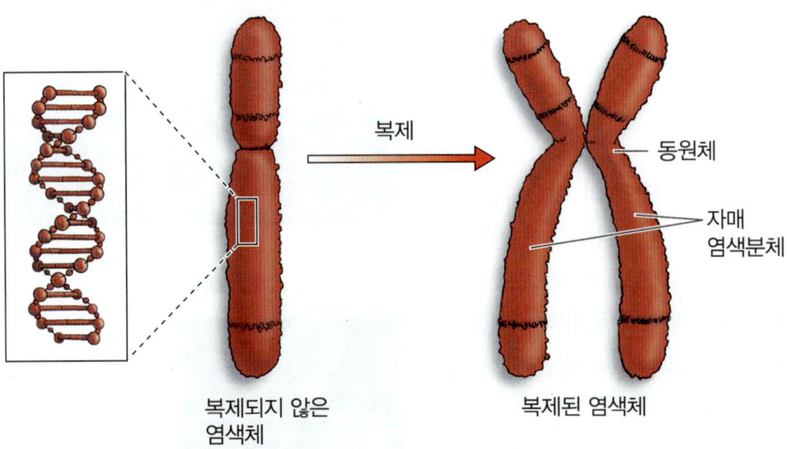

그림 6.7 미복제 염색체와 복제된 염색체. 복제되지 않은 염색체는 이중나선의 DNA 분자로 되어 있다. 복제된 염색체는 X-모양을 하며 두 개의 동일한 이중나선으로 되어 있다. 복제된 염색체의 각 DNA 분자는 원래의 염색체의 사본이며 자매염색분체라고 한다.

6.3 세포주기와 체세포분열

어떤 세포의 염색체나 DNA의 복제가 끝난 후에는 그 세포는 세포분열을 거쳐 새로운 딸세포를 생산한다. 한 종류의 세포분열은 **체세포분열** 혹은 **유사분열(mitosis)**이라 하는데 이것은 모세포와 정확하게 동일한 딸세포를 생산하는 무성분열이다. 체세포분열은 체세포라고 불리는 몸을 이루는 세포의 형태에서 일어난다. **체세포(somatic cell)**는 성세포를 만드는 데 사용되는 세포를 제외한 모든 세포를 말한다. 예를 들어, 식물에서는 잎과 줄기는 체세포이고 체세포분열을 한다. 식물의 생식기관은 꽃가루와 밑씨를 만드는데, 이들은 성세포라 불리는 비체세포이다.

체세포분열에 의해 분열하는 세포들에서 세포주기는 3가지 단계로 일어난다: (1) **간기(interphase)**, 이때 DNA 복제가 일어난다; (2) **유사분열**, 이때 복제된 염색체가 나누어 딸핵으로 이동한다; (3) **세포질분열(cytokinesis)**, 이때 모세포의 **세포질(cytoplasm)**이 분리된다(그림 6.8a). 다음에서 보듯이 간기와 유사분열은 더 자세하게 나누어진다.

mito- 실을 의미한다.

soma- 와 **-some** 몸을 의미한다.

cyto- 와 **–cyte** 세포와 관련 있다.

-kinesis 움직임을 의미한다.

간기

정상세포는 대부분의 시간을 간기에서 보낸다(그림 6.8b). 세포주기에서 이 기간 동안 세포는 세포에게 필요한 기능을 수행하며 세포의 특수한 기능을 수행하는 데 필요한 단백질을 생산한다. 예를 들어, 간기 동안 근육세포는 근육이 수축하는 데 필요한 단백질을 만들 것이다. 세포마다 간기에서 보내는 시간의 양이 매우 다르다. 피부세포와 같이 매우 빈번하게 분열하는 세포는 가끔 분열하는 세포에 비해 간기에서 보내는 시간이 짧다. 간기에 있는 동안 세포는 DNA를 복제하는 것을 포함하여 분열을 준비하고 있다. 간기는 G_1, S, G_2기의 3단계로 나눌 수 있다.

G_1(첫 번째 간극 혹은 성장)기 동안 대부분의 세포의 세포소기관이 복제된다. 그 결

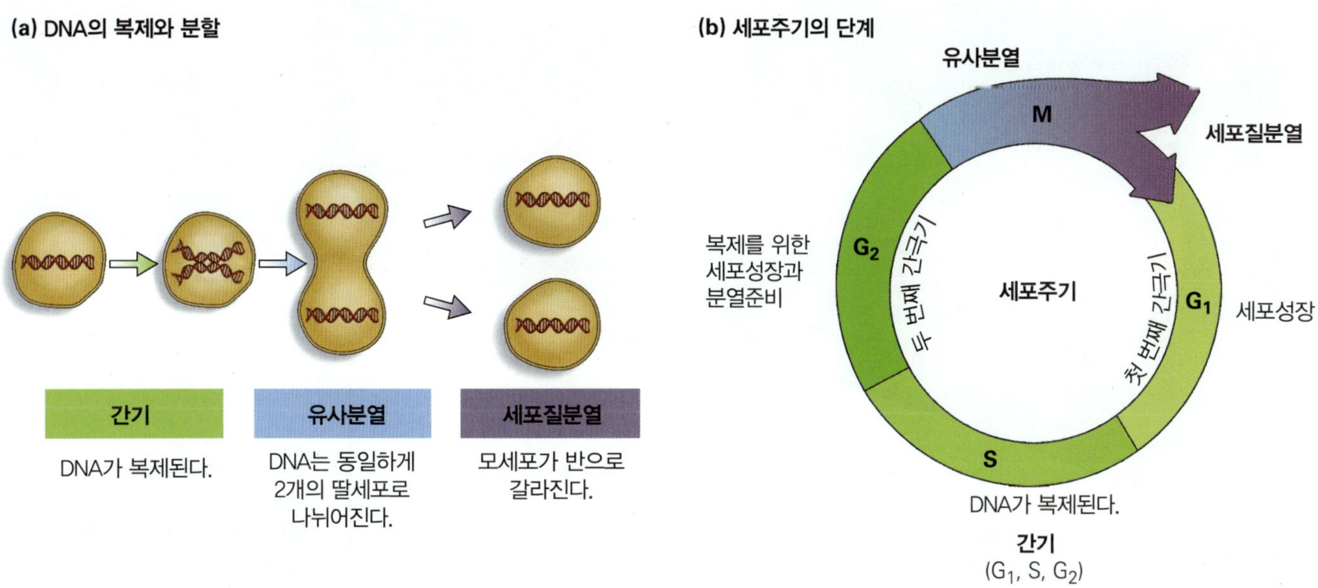

그림 6.8 **세포주기.** (a) 간기에서 DNA가 복제된다. 유사분열을 하는 동안 DNA는 2개의 딸세포로 분리된다. 세포질분열은 세포질이 분리되어 2개의 세포를 형성하는 것이다. (b) 세포가 분열을 준비하며 성장하는 단계인 간기는 두 개의 간극(gap)으로 나뉜다(G_1과 G_2). 간기의 S기에서 DNA가 복제된다. 염색체가 분리되고 두 개의 딸세포가 M기 동안 만들어진다.

과 이 단계에서 세포는 더 크게 자란다. S(합성)기에서, 염색체에 있는 DNA가 복제된다. 세포주기의 G_2(두 번째 간극)기에서 세포는 계속해서 자라며 유사분열 동안 일어나는 염색체의 분리를 준비한다.

> **쉬어가기** 만약 G_1기에 있는 세포가 4 피코그램의 DNA를 가지고 있다면, 세포주기의 S기가 끝났을 때 몇 피코그램의 DNA를 가지고 있겠는가?

유사분열

유사분열(mitosis)을 하는 동안 모세포로부터 새로운 딸세포로 염색체가 이동한다. 이 과정이 동물에서 일어나든 식물에서 일어나든, 유사분열과 다음 단계인 **세포질분열**의 결과는 유전적으로 동일한 딸세포의 생산이다. 이렇게 되기 위해 복제된 염색체의 자매염색분체들은 각각 당겨져서 나누어진다. 두 개의 사본은 각각 하나씩 새로 만들어진 핵에 놓여지게 된다. 유사분열은 4단계로 이루어진다: 전기, 중기, 후기와 **말기**

유사분열과 세포질분열

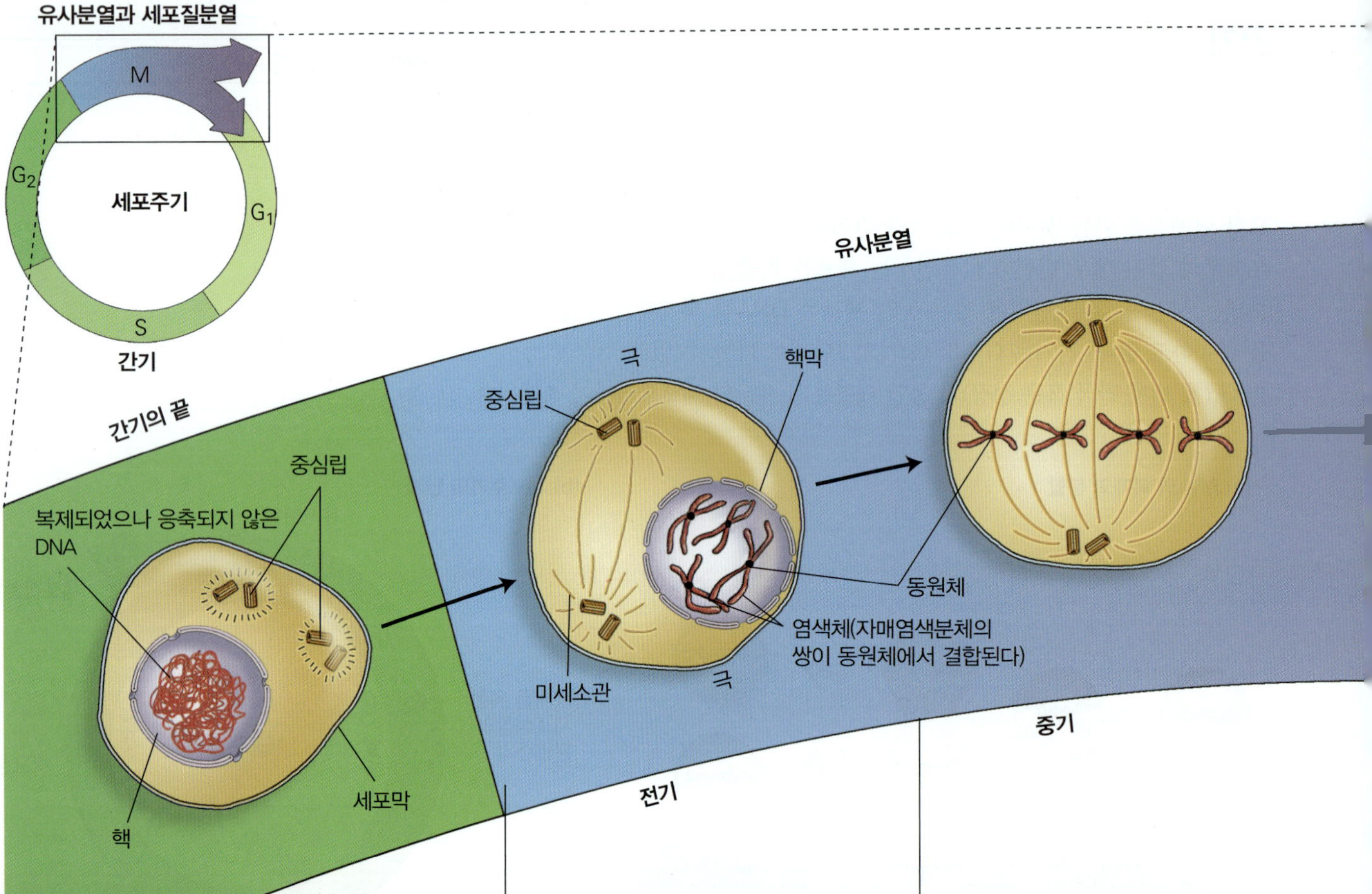

DNA는 벌써 복제되었지만 아직 염색체 형태로 응축되지는 않았다.

DNA가 염색체로 응축된다. 미세소관이 형성되고 이것은 중심립과 연결된다. 핵막이 붕괴되기 시작한다.

염색체가 세포의 양 극 사이의 중앙에 정렬된다. 미세소관들이 염색체의 동원체 부위에 붙을 만큼 길어진다.

(**telo**phase). **그림 6.9**는 동물 세포에서의 세포주기를 요약한 것이다. 유사분열의 네 개의 단계는 식물 세포에서도 거의 동일하다.

telo- 끝 또는 완성을 의미한다.

전기(prophase) 동안 복제된 염색체는 응축된다. 이렇게 응축되면 세포 내에서 서로 뒤엉키지 않고 이동할 수 있게 된다. **미세소관(microtubules)**이라고 하는 단백질 구조가 분열되고 있는 세포의 양 **극(pole)**에서 형성되고 자라나서 방추모양을 만든다. 미세소관들이 자라면 세포가 확장된다. 미세소관에 붙어 있는 운동단백질(motor protein)들도 세포분열 동안에 염색체가 이동하는 것을 도와준다. 핵 주위를 둘러싼 막, 즉 **핵막(nuclear envelope)**이 붕괴되기 시작하면 미세소관이 복제된 염색체에 접근할 수 있게 된다. 분열하고 있는 세포의 위쪽과 아래쪽의 양극에는 형성되고 있는 미세소관들이 결합할 수 있는 **중심립(centriole)**이라는 구조물이 있다. 식물 세포는 중심립을 갖고 있지 않지만 미세소관들이 극에 고정되어 있다.

중기(metaphase)에서 복제된 염색체는 각 세포의 양극의 중앙, 즉 적도판에 배열된다. 이를 위해 염색체의 동원체 부위에 달라붙은 미세소관이 세포의 중앙에 염색체를 일렬로 정렬시킨다.

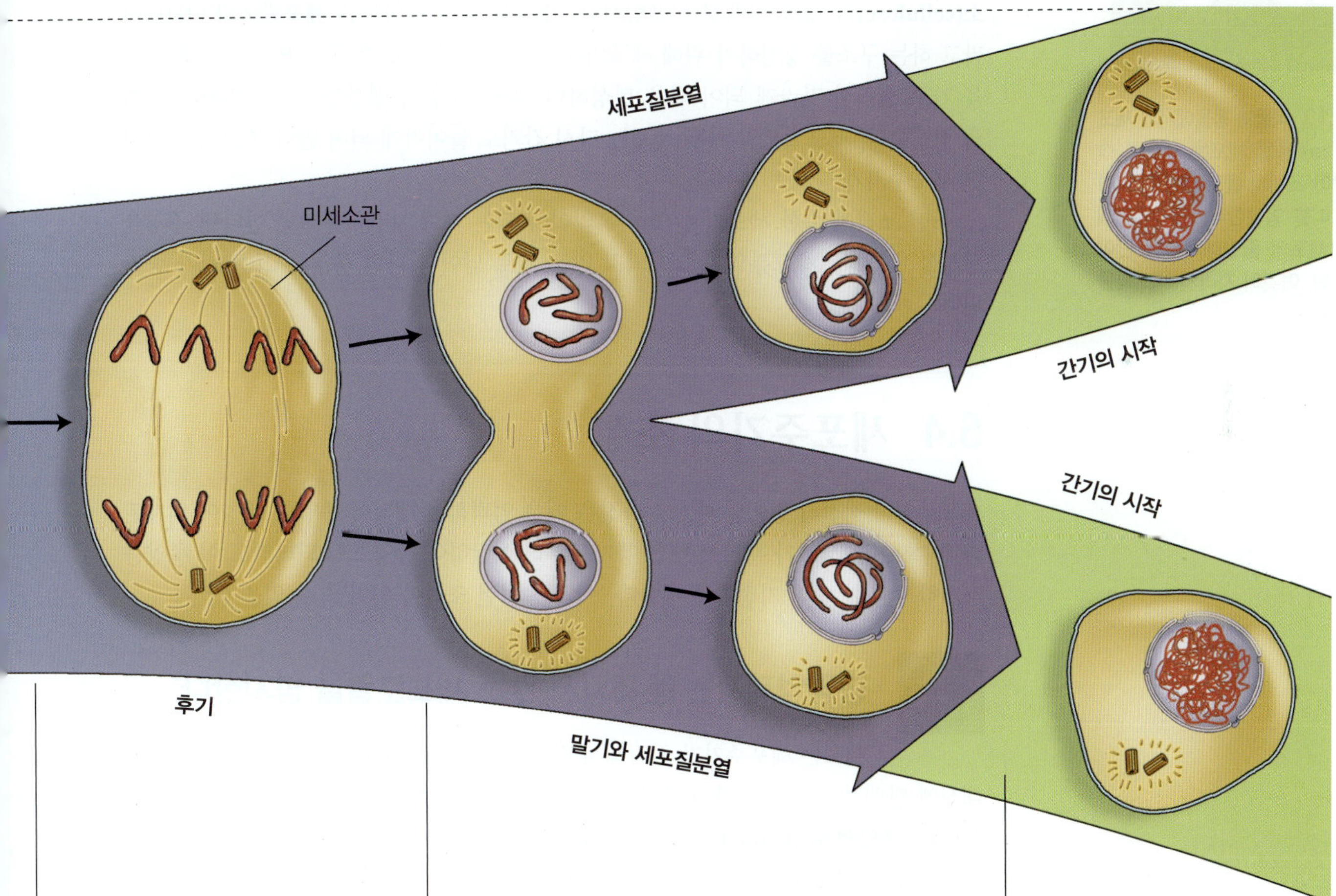

미세소관이 수축되고 자매염색분체들을 세포의 양극으로 끌어당김으로써 각각으로 분리한다.

말기에 핵막이 다시 형성되고 염색체는 응축되지 않은 형태로 바뀐다. 동물 세포에서의 세포질분열 동안 섬유상의 필라멘트가 세포의 적도판 부위를 수축하여 모세포로부터 새로운 두 개의 세포를 만들어 낸다.

두 개의 딸세포는 간기의 G_1기에 들어가게 된다.

그림 6.9 **동물 세포의 세포분열.** 이 모식도는 세포분열이 간기로부터 유사분열 및 세포질분열까지 어떻게 진행되는지를 보여준다.

(a) 동물 세포에서의 세포질분열

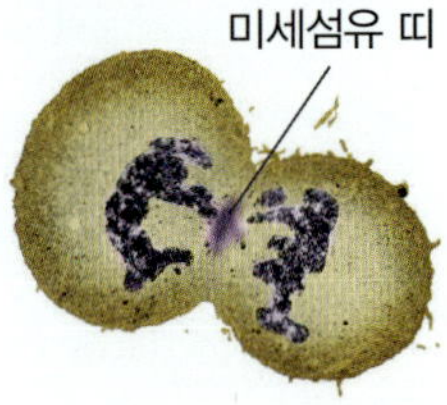

(b) 식물 세포에서의 세포질분열

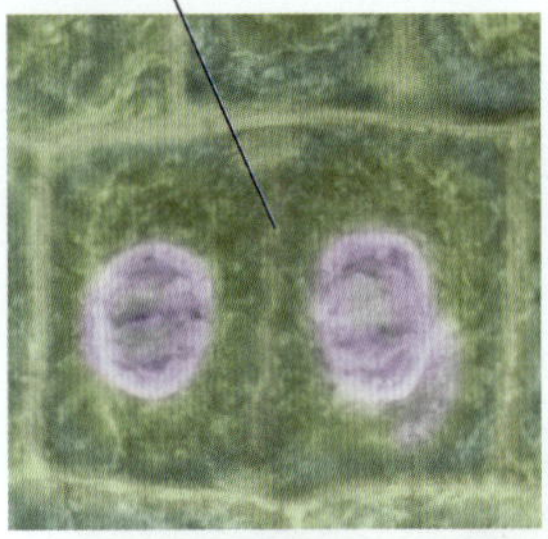

그림 6.10 식물과 동물에서의 세포질분열. (a) 동물 세포는 세포를 혁대와 같이 조여서 둘로 나뉘는 필라멘트의 띠를 형성한다. (b) 식물 세포는 모세포의 중간에서 세포판이 형성된 뒤, 이것이 자라서 세포벽을 생성한다.

후기(anaphase) 동안 동원체가 분리되고 미세소관이 짧아지면서 자매 염색분체를 세포의 양극으로 당기게 된다.

마지막 단계인 **말기(telophase)**에 새로 형성된 딸핵들 주위로 핵막이 다시 형성되고, 염색체는 다시 응축되지 않은 형태로 바뀌게 된다.

세포질분열

세포질분열(cytokinesis)은 후기 이후에 바로 일어나는 세포질의 분리를 말한다. 동물 세포에서 세포질분열 시, 단백질 띠가 적도판에서 세포를 둘러싸서 세포질을 분리한다. 이 단백질 띠는 세포를 조여서 두 개의 핵과 이를 둘러싼 세포질을 분리하며 이렇게 만들어진 각 딸세포는 모세포와 동일하다. 식물 세포에서의 세포질분열은 식물 세포를 둘러싼 단단한 구조물인 **세포벽(cell wall)**을 만드는 것이 필요하다. 그림 6.10은 동물 세포와 식물 세포에서 세포질분열에서의 차이점을 나타낸다. 식물 세포에서 세포분열의 말기 동안, 막 결합 소낭(vesicle)들이 세포벽과 세포막을 만드는 데 필요한 물질들을 세포의 중앙으로 이동시킨다. 이 물질들은 단단한 섬유성 탄수화물인 **섬유소(cellulose)**와 몇몇 단백질을 포함한다. 소낭을 둘러싼 막들은 **세포판(cell plate)**이라고 하는 구조를 형성하기 위해 세포의 가운데로 온다. 세포판과 세포벽은 세포의 폭을 가로 질러서 자라게 되어 벽을 형성하며 체세포분열의 생산물들을 분리하는 장벽을 형성한다. 세포질분열 이후 세포는 다시 간기로 들어가게 되며 만약 조건이 주어지면 세포주기가 다시 반복된다.

어떤 조직에 속한 세포가 분열하지 않아야 되는 때에 체세포분열을 한다면 종양을 형성할 수 있다. 세포분열이 통제되지 않는 채로 남아 있다면 종양은 그 크기가 증가된다.

6.4 세포주기의 조절

세포분열이 적절히 일어날 때, 그 과정은 매우 엄격히 통제되어 종양의 생성이 억제된다. 비록 어떤 세포가 분열에 대한 통제로부터 이탈하여 종양으로 되더라도 이 종양을 제거하기 위한 여러 기전이 존재한다. 어떻게 이런 조절이 일어날 수 있을까?

종양억제자는 통제되지 않는 세포분열을 방지한다

세포는 세포주기가 시작해서 단순히 그대로 끝날 때까지 진행되지 않는다. 대신에 단백질들이 여러 가지 중에서 특히 DNA가 적절히 복제되었는지 계속해서 조사한다. **종양억제자(tumor suppressor)**라고 불리는 단백질들은 새로 복제된 DNA를 검사한다. 만약 DNA에 손상이 일어났다면, 예를 들어 G:T 염기쌍이 존재한다면, 세포는 분열의 진행을 멈춘다.

정상적인 *BRCA1* 유전자는 종양억제자로써 기능하는 단백질을 암호화한다. 안젤리나 졸리에게 유전된 것과 같은 *BRCA1*의 돌연변이본은 이런 기능을 가지지 못한다. 따라서 이런 돌연변이 유전자가 발현되는 세포(즉, 유방과 난소를 이루는 세포)는 이들이 원래 분열하는 것보다 더 많이 분열할 수 있게 된다. 만약 이런 일이 일어난다면, 종양이 형성될 것이다(그림 6.11).

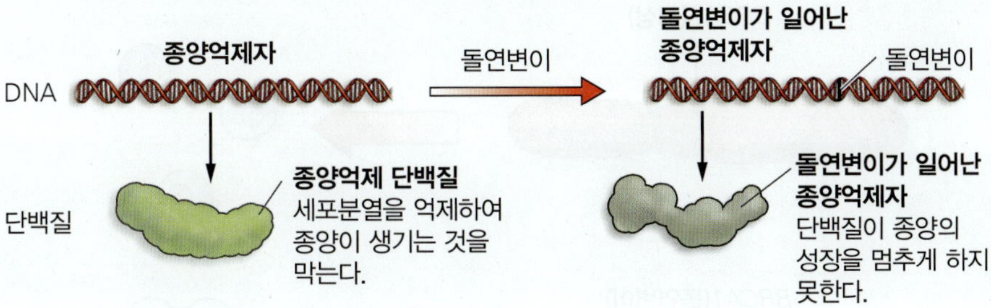

그림 6.11 **종양억제 유전자의 돌연변이.** 종양억제자 유전자에서의 돌연변이는 암의 생성 가능성을 높인다.

세포주기 조절: 더 자세히 알아보기 ▼

종양 억제자가 검문점에서 경비업무를 담당하는 유일한 단백질은 아니다. 세포주기에서 중요한 사건이 일어난 후에도 다른 단백질들이 세포가 세포주기를 끝까지 진행할지를 결정한다(그림 6.12). G_1 검문점에서, 단백질들은 세포가 두 개의 딸세포로 분열할 만큼 충분히 성장했는지를 조사한다. S기 동안에 DNA 복제가 일어난 후에 DNA 복제가 성공적으로 일어났는지를 G_2 검문점에서 조사한다. M기 후반부에서 세 번째 검문점에 있는 단백질들은 각 염색체가 적절히 복제된 형태를 지니고 있는지 그리고 미세소관에 잘 부착되었는지를 조사한다.

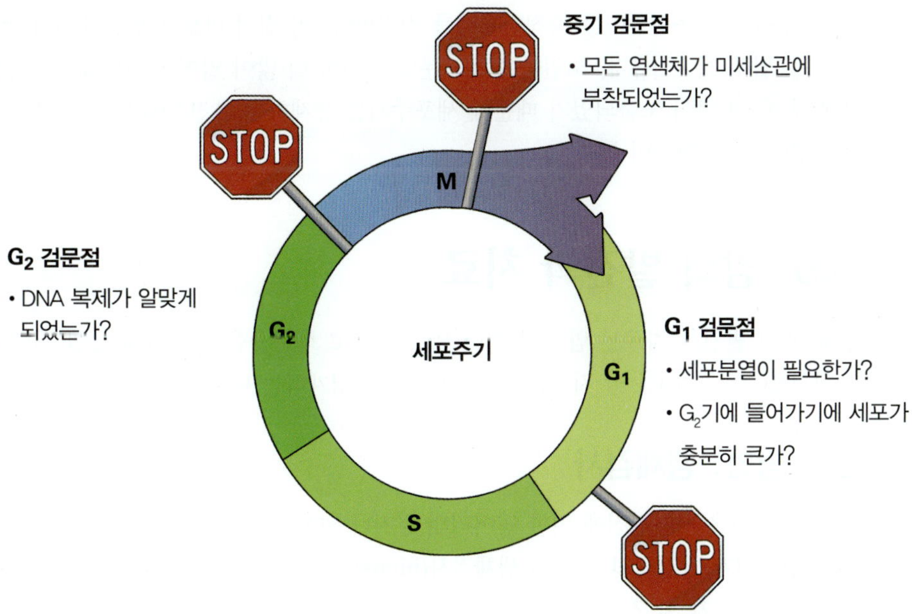

◀ **시각화**

미세소관 형성을 억제하는 화학물질을 처리한 세포가 어느 검문점에서 정지하겠는가?

그림 6.12 **세포주기의 조절.** G_1, G_2와 중기에서의 검문점은 세포가 분열을 계속 진행할 것인지를 결정한다.

세포주기를 조절할 수 있는 단백질에 대한 정보를 제공하고 있는 모든 유전자를 **원암유전자**(**proto-oncogenes**, proto는 앞을 의미하고, onco는 암을 의미한다)라고 한다. 원암유전자는 돌연변이가 일어났을 때 암을 유발하는 **암유전자(oncogene)**로 바뀌게 된다. 원암유전자는 조건이 적절할 때, 세포분열을 촉진하는 단백질을 암호화한다. 암유전자는 세포분열이 일어나지 않아야 할 때 세포분열을 촉진시킨다(그림 6.13). 원암유전자와 종양억제자는 검문점을 통하여 세포가 건강하게 자라도록 하고 손상된 세포가 분열하는 것을 방지한다.

proto- 앞을 의미한다.

onco- 암을 의미한다.

더 자세히 알아보기, 계속

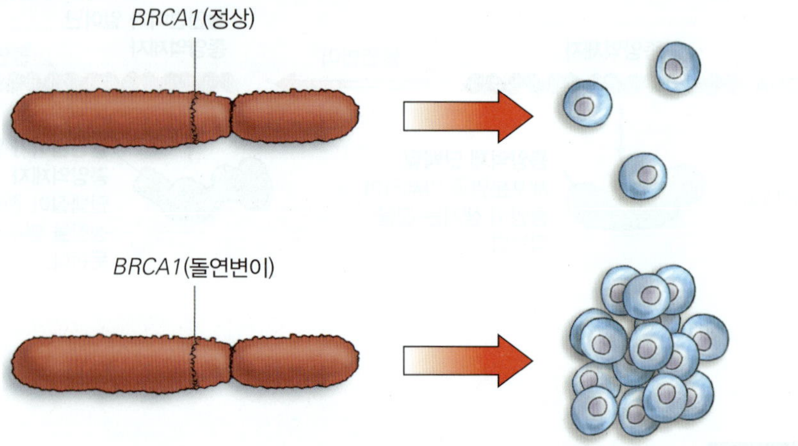

그림 6.13 *BRCA1* 유전자의 정상적인 형태는 통제된 세포분열을 선도한다. *BRCA1* 유전자의 돌연변이본은 이런 일을 할 수 없다.

쉬어가기 현재, 이해되고 있는 암 생성은 발암의 "다중 충돌 모델(multiple-hit model)"로 설명된다. 암의 생성에 대한 우리의 이해를 바탕으로 "다중 충돌"이 무엇을 의미하는지를 기술하라.

우리들 중 대부분은, 설사 있다고 하여도, 극소수의 세포주기 통제 유전자의 돌연변이를 물려받는다. 환경적인 위험인자에 대한 노출 정도가 우리의 일생동안 암을 일으킬 만큼 충분한 돌연변이를 축적하느냐를 결정한다. 이 점이 바로 노인들에게서 암이 더 자주 발생하는 이유다. 노인들은 세포분열이 이미 더 많이 일어났으며 세포들이 발암원에 좀 더 많이 노출되었기 때문에 세포주기를 통제하는 유전자에 더 많은 돌연변이를 가지게 될 확률이 높다.

C (대변이나 소변보는 습관의 변화)

A (지속적인 쓰림)

U (비정상적 출혈과 배설)

T (덩어리나 혹의 감지)

I (소화불량과 삼키기 어려움)

O (사마귀에 변화가 생김)

N (끊임없는 기침과 목이 쉼)

그림 6.14 **암의 위험신호.** 암에 대한 자가진단은 생명을 구할 수 있을 것이다. 만약 이 위험신호들 중 하나 혹은 그 이상을 경험했다면 의사를 찾아가라.

6.5 암의 발견과 치료

암의 조기 발견과 치료는 암의 진행을 멈추게 하고 생존율을 엄청나게 높일 것이다. 위험신호(그림 6.14)를 잘 지키는 것은 암 발생을 경계하는 데 도움이 될 것이다.

발견 방법: 생체검사

많은 경우 암은 자가검진에 의한 덩어리의 탐지나 의학적 검진에 의해 처음 발견된다. 만약 덩어리가 발견되면 의사는 **생체검사(biopsy)**를 통하여 세포를 외과적으로 떼어내고 분석하고자 할 것이다. 만약 덩어리가 세포가 아니고 액체로 되어 있다면 이것은 양성물혹일 것이다. 이것은 암으로 진행되지 않기 때문에 치료하지 않고 그냥 놓아 둘 것이다.

단단한 세포 덩어리가 발견되었을 때는 현미경으로 세포를 관찰할 수 있을 것이다. 양성 종양일 경우는 그것이 발견된 조직의 세포와 유사한 형태로 성장한다. 악성종양 혹은 암세포는 그것이 발견된 조직의 다른 세포와는 성장 패턴이 다르다. 즉, 이들은 빠르게 분열하여서 정상적인 성장을 하는 데 필요한 단백질을 모두 생산할 수 없으며 전문적인 훈련을 받은 사람은 이를 구별할 수가 있다.

안젤리나 졸리는 암이 생기기 전에 유방을 제거했기 때문에 암이 퍼지거나 더 이상

치료를 해야 할 이유가 없다.

치료방법: 화학요법 및 방사선 치료

불행하게도 랜스 암스트롱의 종양은 암이라는 것이 밝혀졌으며 이 암이 퍼졌다는 것도 알게 되었다. 암진단을 받은 다음날 랜스 암스트롱은 한쪽 고환을 제거하는 수술을 받았다. 암이 이미 퍼졌기 때문에 그는 아울러 화학요법과 방사선 치료를 시작하였다.

그림 6.15 화학요법. 화학요법으로 랜스 암스트롱의 머리카락이 빠지게 되었다.

화학요법. **화학요법(chemotherapy)**은 혈액 속으로 화학약품을 주입하여 분열하고 있는 세포들만을 선택적으로 죽이는 것이다. 암은 돌연변이에 의해 일어나기 때문에 어떤 암세포는 여러 화학약품에 저항성을 띠게 하는 돌연변이를 가지기도 한다. 따라서 암환자에게 서로 다른 세포주기를 표적으로 하는 여러 화학약품을 섞어 처리하는 것은 종양 속에 있는 모든 암세포를 죽일 가능성을 높여준다. 예를 들어, 몇몇 화학약품은 세포분열 동안 염색체가 적도판으로 이동하는 것을 저해하고 다른 것은 DNA 합성을 저해한다.

불행하게도 빠르게 분열하는 정상 세포도 화학요법에 의해 영향을 받는다. 모낭, 적혈구와 백혈구를 만드는 세포, 그리고 장과 위의 표피세포들이 쉽게 손상되거나 파괴된다. 따라서 화학요법의 영향은 일시적인 탈모(그림 6.15), 빈혈(적혈구의 감소에 의한 어지러움증과 피로) 그리고 백혈구 수의 감소에 의한 감염에 대한 저항성 감소 등을 수반한다. 이외에도 위와 장세포의 손상은 구역질, 구토와 설사를 가져온다.

방사선 치료. 종양이 제거된 뒤에도 그 종양의 일부 세포들이 잘려지지 않고 몸에 남을 가능성이 항상 있다. **방사선 치료(radiation therapy)**는 고에너지를 이용하여 남아 있을지도 모르는 암세포를 죽일 목적으로 사용된다. 방사선 치료는 종종 신체의 표면 가까이에 암이 있을 때 사용한다. 왜냐하면 몸 안쪽 깊이 있는 기관에 방사선의 초점을 맞추기가 힘들 뿐 아니라 다른 조직들에 심한 손상을 주기 때문이다.

평균적인 수명을 사는 사람들 중에 3명 중 1사람이 암을 가진 것으로 진단될 것이다.

고환은 완전히 제거할 수 있기 때문에 랜스 암스트롱과 같은 남성의 고환암에는 방사선 치료가 필요하지 않다. 그러나 그의 뇌에 퍼진 암세포 제거를 위해서는 방사선 치료가 필요하다. 외과의사가 주위의 조직에 영향을 주지 않고 암세포를 남기지 않고 완전히 제거하기란 매우 어렵다. 랜스 암스토롱은 아직 자전거 시합이 남아 있고 뇌에 방사선을 쬐었을 때, 균형을 잃고 자전거를 타지 못할 수도 있기 때문에 그는 뇌에 전이된 암에 대하여 방사선 치료를 하지 않기로 결정하였다. 그는 외과적 수술과 화학요법으로 이 모든 암세포를 죽이기를 원했다.

쉬어가기 방사선 치료의 한 가지 위험요소는 5에서 15년 뒤에 2차 암의 발병이 증가하는 경향을 가진다는 것이다. 왜 방사선 치료가 암 발병의 위험도를 높일까?

안젤리나 졸리는 암 발병 위험성이 큰 유전자를 가지고 있다. 그녀가 이 위험성을 자녀들에게 물려줄 수 있을까? 랜스 암스트롱은 어떤가? 그가 암진단을 받았을 당시에는 자녀가 없었지만 지금은 다섯 명이 있다. 암스토롱이 자녀를 낳기 전에 세포를 손상시키는 화학요법을 시행하였기 때문에 암에 걸릴 위험이 높은가?

정자나 난자를 생산하는 종류의 세포분열을 이해한다면 이런 질문에 대하여 답하는 데 도움이 될 것이다.

6.6 감수분열

감수분열(meiosis)은 부모세포의 염색체 수의 반만 가지는 **배우자(gamete)**라고 불리는 특수한 세포를 만드는 세포분열의 형태이다. 배우자는 **생식샘(gonad)** 혹은 생식기관에서만 만들어진다.

사람의 남성 생식샘은 고환 혹은 정소이고, 여성의 생식샘은 난소이다. 사람의 남성 배우자는 정세포, 여성 배우자는 난세포라고 한다. 사람의 체세포는 46개의 염색체를 가지고 있으며 감수분열은 이들의 수를 반으로 줄이기 때문에 배우자는 감수분열 동안 23개의 염색체를 가지게 된다.

체세포의 염색체들은 쌍으로 존재한다. 사람의 체세포에 존재하는 46개의 염색체는 실제로 23쌍의 염색체로 이루어져 있다. 체세포에서는 각 쌍의 염색체 중 하나는 아버지로부터 다른 하나는 어머니로부터 온 것이다. 각 쌍의 염색체를 **상동염색체 쌍(homologous pair)**이라 하고 이들은 길이와 모양 그리고 비록 동일한 사본을 가지지 않을 경우도 있지만 동일한 유전자를 가지고 있다(그림 6.16). 동일한 유전자의 다른 사본을 그 유전자의 **대립유전자(allele)**라고 부른다. 우리는 이미 *BRCA1* 유전자의 서로 다른 사본에 대하여 알아봤다. 이 유전자의 정상 사본은 세포주기를 정상적으로 통제하지만 돌연변이본은 그렇지 못하다.

핵형(karyotype)은 쌍으로 정렬되어 있는 염색체의 고배율 사진을 말한다. 46개의 사람의 염색체는 22쌍의 성을 결정하지 않는 염색체, 즉 **상염색체(autosome)**와 1쌍의 **성염색체(sex chromosome**; X와 Y 염색체)로 되어 있다—성염색체는 23번째 쌍을 구성한다. 사람의 남성은 X와 Y 염색체를 가진 반면에 여성은 2개의 X 염색체를 가진다(그림 6.17).

감수분열이 끝나면 모든 배우자에는 각 염색체의 1개의 사본(1~23)만이 존재한다.

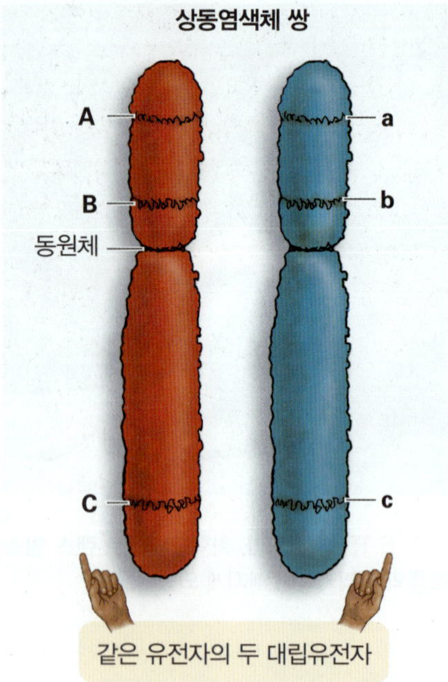

그림 6.16 상동염색체 쌍. 상동염색체 쌍은 동일한 유전자를 (여기서는 A, B와 C로 표시하였다) 가지지만 서로 다른 사본을 가질 수 있다. 우성의 대립인자는 대문자로, 열성은 소문자로 표시한다. 상동염색체 쌍을 이루는 염색체끼리는 길이와 모양 그리고 동원체의 위치가 동일하다는 점에 유의하자.

시각화▶

어느 성염색체가 크며 따라서 유전정보를 더 많이 가지고 있는가?

meio- 더 작게 만듦을 의미한다.

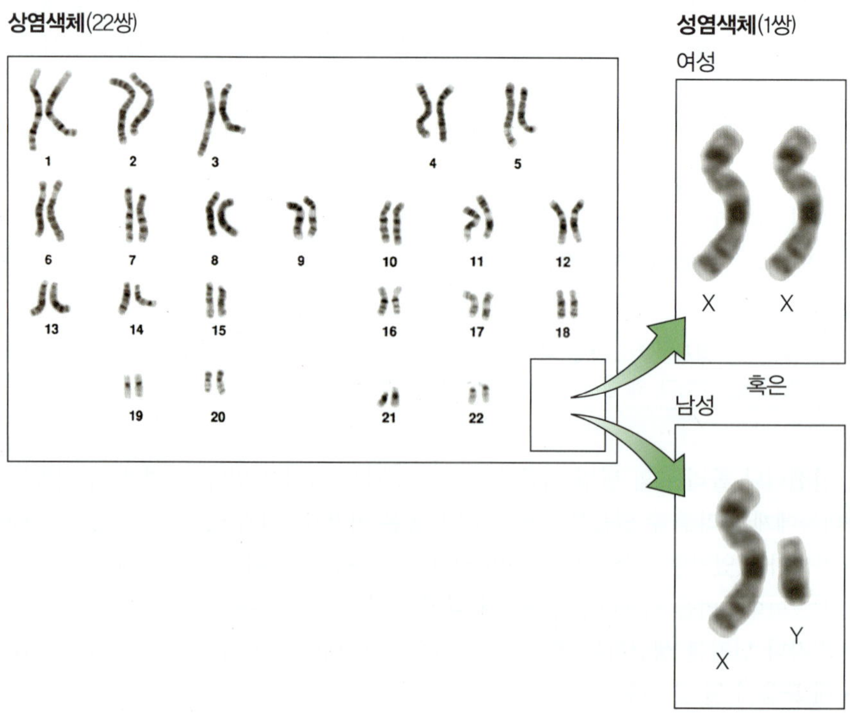

그림 6.17 핵형. 이 핵형에서 염색체 쌍은 크기가 감소하는 순서로 정렬되었으며 1번에서 22번까지 번호를 매겼다. X와 Y 성염색체는 23번째 쌍을 이룬다.

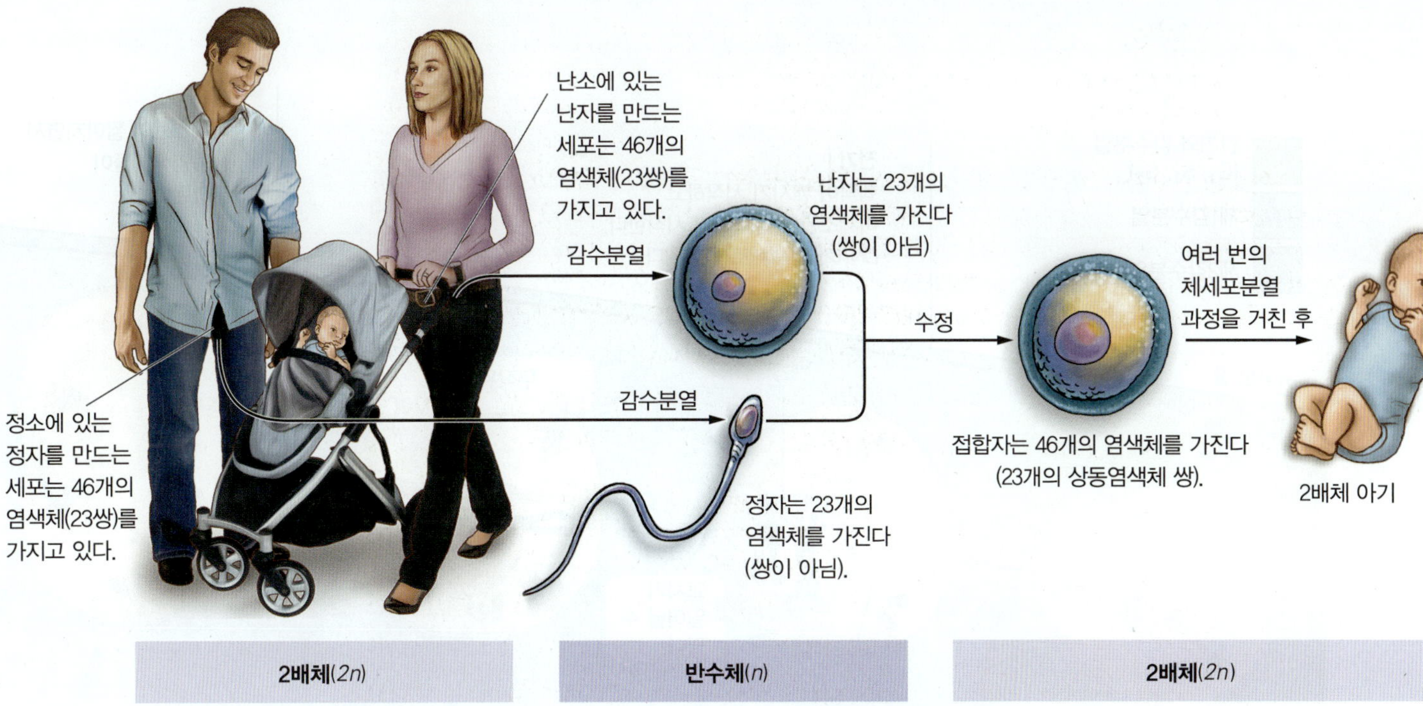

그림 6.18 배우자 생산. 난소와 정소의 2배체 세포들은 감수분열 과정을 거쳐 반수체의 배우자가 된다. 수정을 한 후 다시 2배체로 복구된다.

상동염색체 중 한 가지 종류만 세포 내에 존재할 때 **반수체(haploid; n)**라고 한다—난세포와 정세포 모두 반수체이다. 정자와 난자가 결합한 후 수정된 난세포, 즉 **수정란(zygote)**은 염색체의 두 가지 세트를 모두 갖게 되는데 이를 **2배체(diploid; 2n)**라고 한다(그림 6.18). 체세포분열과 같이, 감수분열도 G_1, S, G_2기와 같은 간기를 가진다. 간기는 두 번의 핵분열을 수반하는 감수분열 과정, 즉 제1감수분열과 제2감수분열로 이어진다(그림 6.19). 제1감수분열은 상동염색체 쌍을 분리시킨다. 제2감수분열은 염색분체를 서로 분리시킨다. 두 감수분열 후에 세포질분열이 일어나서 새로 만들어진 딸세포로 세포질이 분리된다.

간기

감수분열이 일어나기 전 과정인 간기는 G_1기, S기와 G_2기로 구성되어 있다. 감수분열 간기는 대부분의 과정이 체세포분열 전의 간기와 여러 면에서 비슷하다. 미세소관이 만들어지는 중심립이 나타난다. G기는 세포가 성장하고 분열을 준비하는 단계이다. S기에서 DNA 복제가 일어난다. 일단 세포의 DNA가 복제된 후에는 제1감수분열로 갈 수 있다.

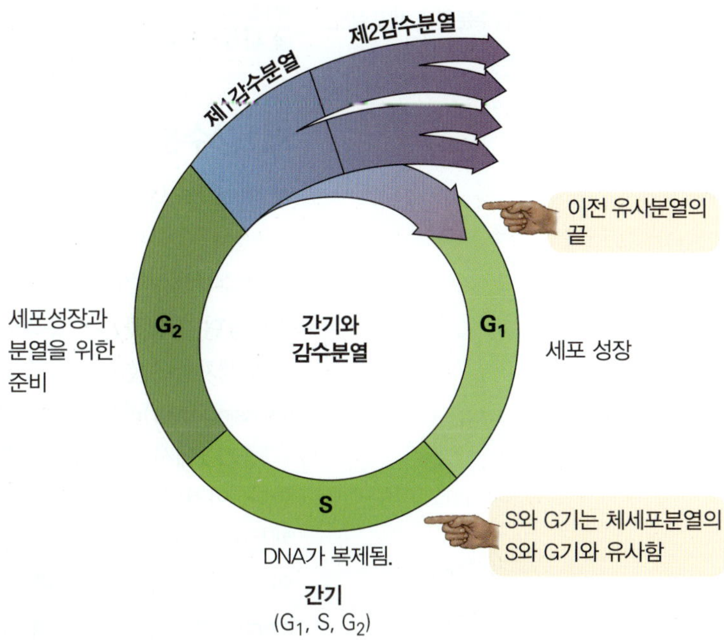

그림 6.19 간기와 감수분열. 간기는 G_1기, S기와 G_2기로 이루어져 있으며 간기가 지난 후 제1감수분열과, 제2감수분열이라고 하는 핵분열이 두 차례 일어난다.

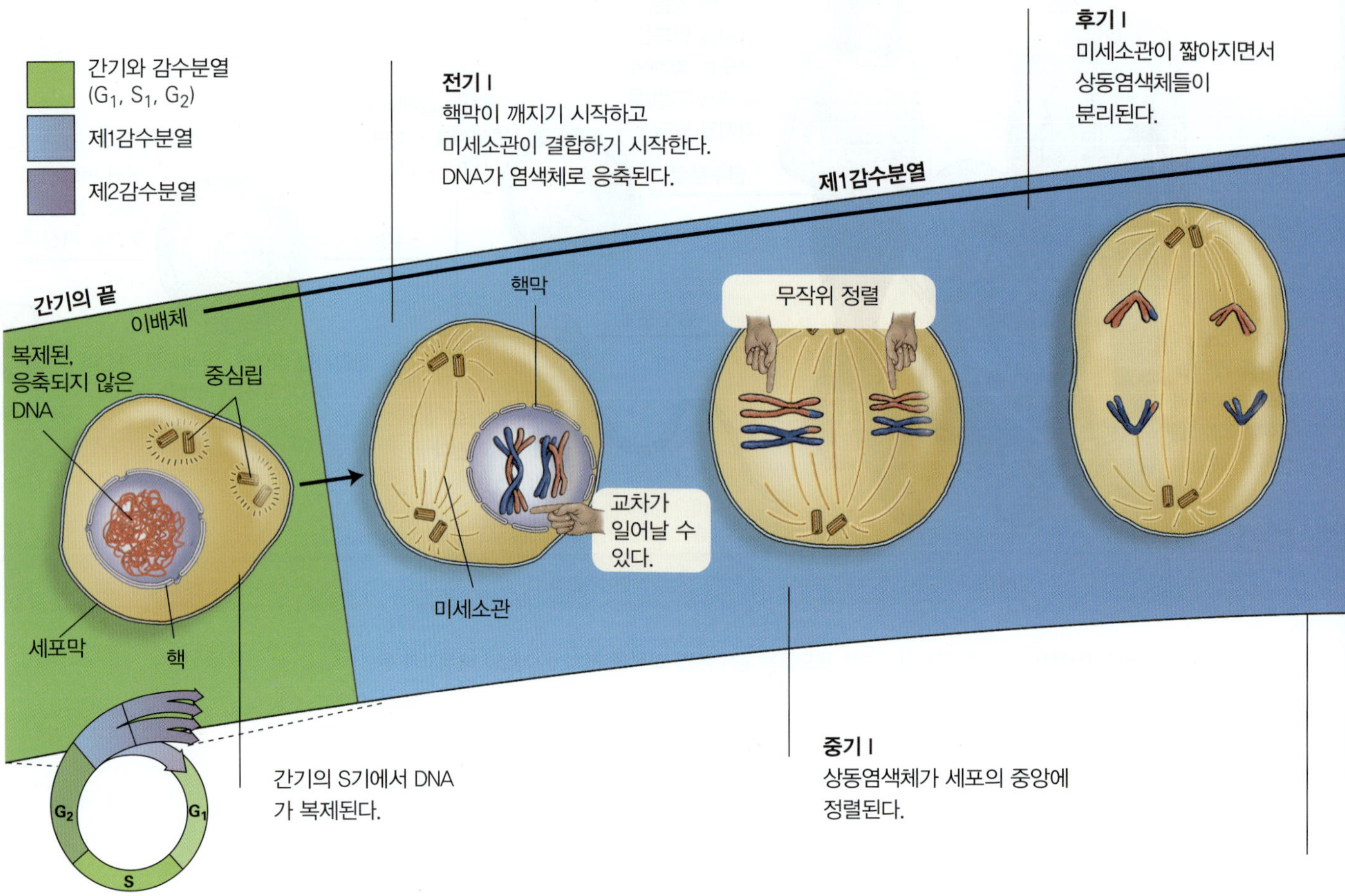

그림 6.20 감수분열. 이 그림은 동물 세포에서의 간기, 제1감수분열, 제2감수분열과 세포질분열을 보여준다.

시각화 ▲

제1감수분열과 제2감수분열 사이에 짧은 간기가 있다. 제1감수분열이 지났을 때와 제2감수분열 전기에, 각각 염색체의 구조를 살펴보라. 제2감수분열이 시작되기 전 간기에서 DNA 복제가 일어나는가?

제1감수분열

첫 번째 감수분열인 제1감수분열은 전기 I, 중기 I, 후기 I, 말기 I로 구성되어 있다(그림 6.20).

감수분열 전기 I 동안 핵막이 붕괴되며, 미세소관이 결합하기 시작한다. 이전에 복제되었던 염색체들이 응축되어, 서로 얽히지 않고 주위로 움직일 수 있게 된다. 응축된 염색체들은 현미경으로 관찰할 수 있다. 이 시기에 상동염색체 쌍은 곧 설명할 **교차**(crossing over)라는 과정을 거쳐 유전정보를 교환할 수 있다.

중기 I에서 염색체들은 세포의 중앙인 적도판에 배열되지만 상동염색체 쌍이 배열한다. 이것이 감수분열과 체세포분열의 핵심적인 차이점이며 체세포분열에서는 염색체들이 적도판에 하나씩 배열한다. 상동염색체 쌍의 정렬은 무작위적으로 일어나는데 어떤 염색체 쌍이 어느 쪽 극으로 갈지는 알 수 없다. 이를 **무작위 정렬**(random alignment)이라고 한다. 유전적 다양성에 대한 교차와 무작위 정렬의 영향은 이절의 마지막 부분에서 유전적 다양성과 함께 자세하게 설명할 것이다.

후기 I에서 미세소관이 점점 짧아지면서 상동염색체들이 양극 쪽으로 분리되며, 말

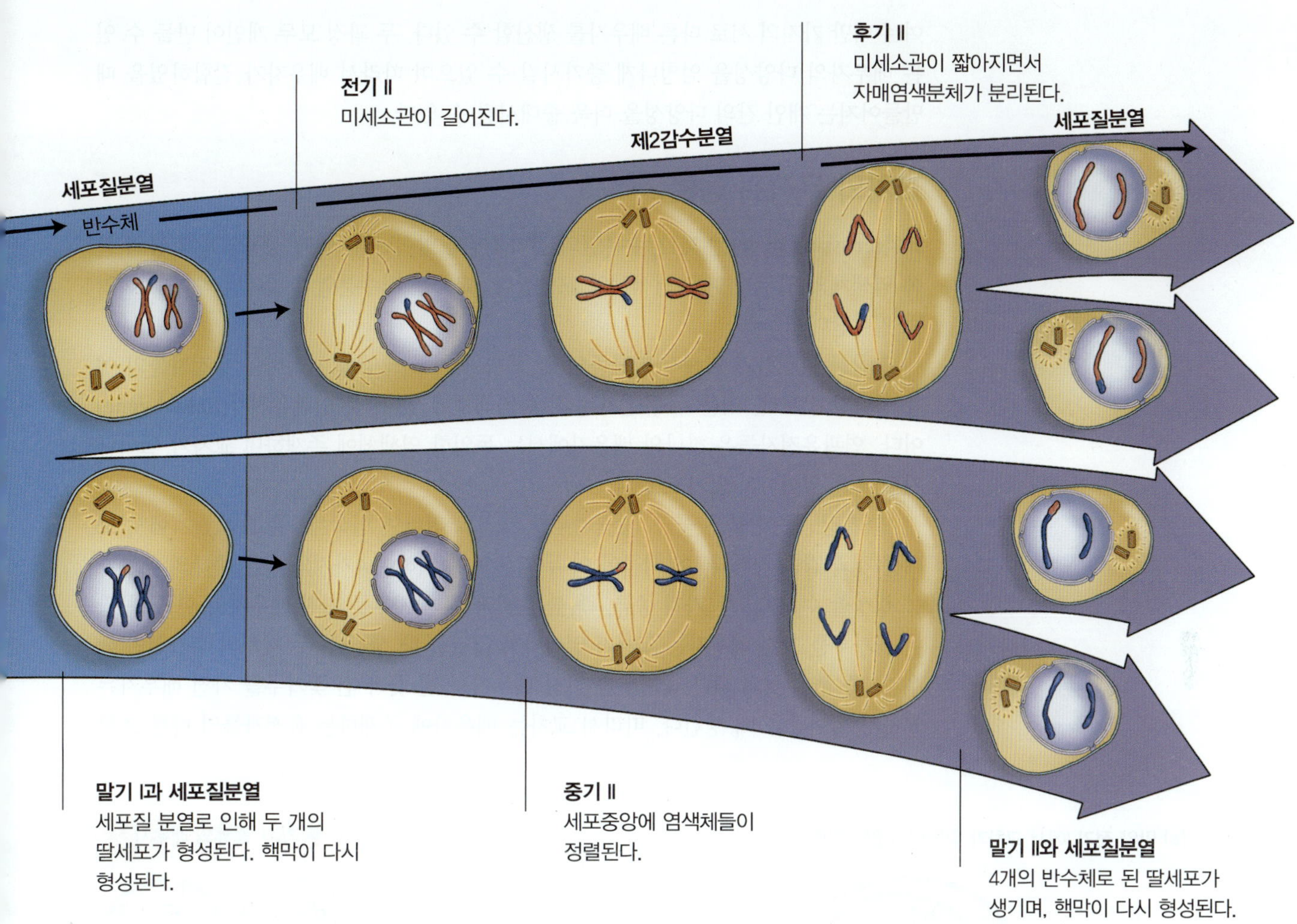

기 I에서는 염색체 주위로 핵막이 다시 형성된다. 그런 후 세포질분열에 의해 DNA는 각각의 딸세포로 나누어진다. 각각의 딸세포들은 각 종류의 염색체의 한 가지 사본만을 가지고 있기 때문에 이 시점에서 세포들은 반수체이다. 이제 이들 딸세포는 제2감수분열을 할 준비가 되어 있다.

쉬어가기 제1감수분열과 체세포분열이 어떻게 비슷하고, 어떻게 다른가?

제2감수분열

제2감수분열은 전기 II, 후기 II, 말기 II로 구성되어 있다. 두 번째 감수분열은 실제적으로 체세포분열과 동일하며 복제된 자매염색분체를 서로 분리해주는 역할을 한다.

감수분열의 전기 II 시기에, 세포는 다른 한 차례의 분열을 준비하고, 미세소관의 길이가 다시 길어진다. 중기 II에서 염색체는 체세포분열 때 일어나는 것과 마찬가지 방법으로 적도판에 배열된다. 후기 II 시기에는 자매염색분체가 세포의 서로 다른 극으로 이동하여 분리된다. 말기 II 시기에 분리된 염색체가 각각 핵에 의해 둘러싸이게 된다.

각 부모는 제1감수분열 동안 일어나는 2가지 사건, 즉 교차와 무작위 정렬에 의하여 수백만 가지의 서로 다른 배우자를 생산할 수 있다. 두 과정 모두 개인이 만들 수 있는 배우자의 다양성을 엄청나게 증가시킬 수 있으며 따라서 배우자가 결합하였을 때 만들어지는 개인 간의 다양성을 더욱 증대시킬 수 있다.

교차와 무작위 정렬

교차(crossing over)는 제1감수분열의 전기 I에서 일어난다. 이때 상동염색체 쌍의 한 쪽 염색체의 일부가 다른 염색체와 교환한다. 교차는 감수분열이 일어날 때마다 여러 번 일어난다.

교차를 이해하기 위해서 강낭콩의 꽃 색과 꽃가루 모양을 결정하는 유전자들의 예를 생각하여 보라. 이들 두 유전자는 같은 염색체에 있다. 즉 **연관유전자(linked gene)**이다. 연관유전자들은 하나의 배우자에서는 동일한 염색체에 존재하며 교차가 일어나기도 혹은 일어나지 않기도 한다.

만약 강낭콩이 붉은 꽃과 긴 꽃가루를 가지고 있다면 염색체들은 그림 6.21에서 보여준 것과 같을 것이다. 이 식물이 이 두 유전자에 대하여 4가지의 다른 종류의 배우자를 생성할 수 있다. 두 가지 종류, 즉 붉은 꽃과 긴 꽃가루를 가진 배우자와 흰 꽃과 짧은 꽃가루를 가진 배우자는 교차가 일어나지 않았을 때 생긴다. 두 가지의 추가적인 배우자, 즉 붉은 꽃과 짧은 꽃가루를 가진 배우자와 흰 꽃과 긴 꽃가루를 가진 배우자는 교차가 일어났을 때 생긴다. 따라서 교차는 배우자에 존재하는 유전자들의 다른 조합

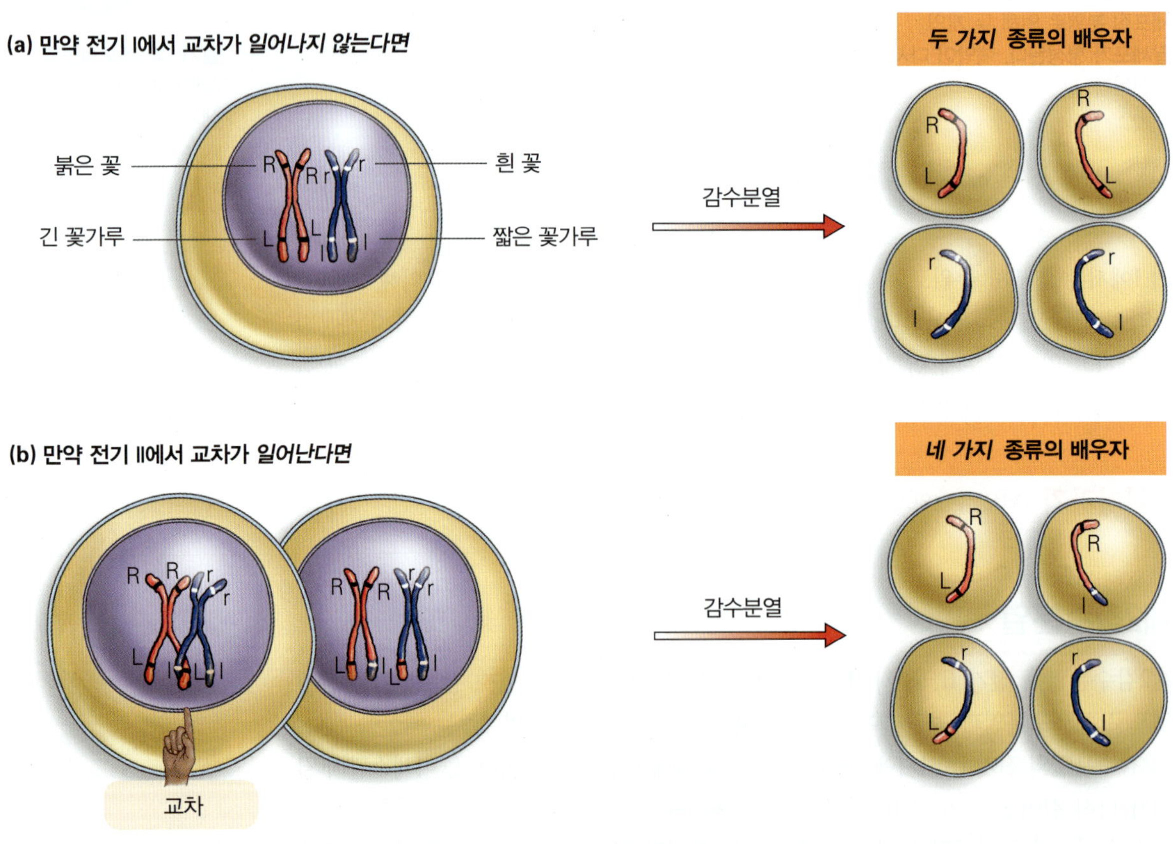

그림 6.21 **교차.** 만약 위와 같은 대립유전자의 배열을 가진 꽃이 감수분열을 한다면, (a) 교차가 일어나지 않았을 때 두 가지 서로 다른 종류의 배우자와 (b) L에서 교차가 일어난 4가지의 서로 다른 종류의 배우자를 생산할 수 있다.

의 수를 증가시킴으로써 유전적 다양성을 증가시킨다.

상동염색체 쌍의 **무작위 정렬(random alignment)**도 유전적으로 다른 종류의 배우자의 수를 증가시키는 역할을 한다. 중기 I의 상동염색체 쌍의 정렬은 어느 염색체들이 같이 하나의 배우자에 들어갈지를 결정한다. 만약 두 개의 상동염색체 쌍만을 생각한다면 두 가지의 서로 다른 정렬이 가능하며 네 가지의 서로 다른 종류의 배우자가 만들어질 것이다. 어떤 개체의 유전체에서 염색체 수가 증가할수록 가능한 정렬의 수가 증가할 것이고 따라서 유전적으로 서로 다른 종류의 배우자의 종류도 늘어날 것이다(그림 6.22).

체세포분열 시에는 염색체가 적도판에 한 줄로만 정렬되어서 동일한 딸세포를 생산하기 때문에 무작위 정렬이 일어나지 않는다. 체세포분열과 감수분열의 차이점은 그림 6.23에 요약되어 있다.

이제 당신은 세포분열에 대한 분명한 이해를 했기 때문에 우리의 관심을 사람들이 암을 그들의 자녀들에게 전달할지에 대한 질문으로 돌려볼 수 있다. 안젤리나 졸리와 랜스 암스트롱의 예에서는 이에 대한 대답이 서로 다를 것이다.

시각화

아래 세포는 두 개의 상동염색체 쌍을 보여준다. 만약 3개의 상동염색체 쌍을 가지고는 몇 종류의 서로 다른 정렬이 가능한가?

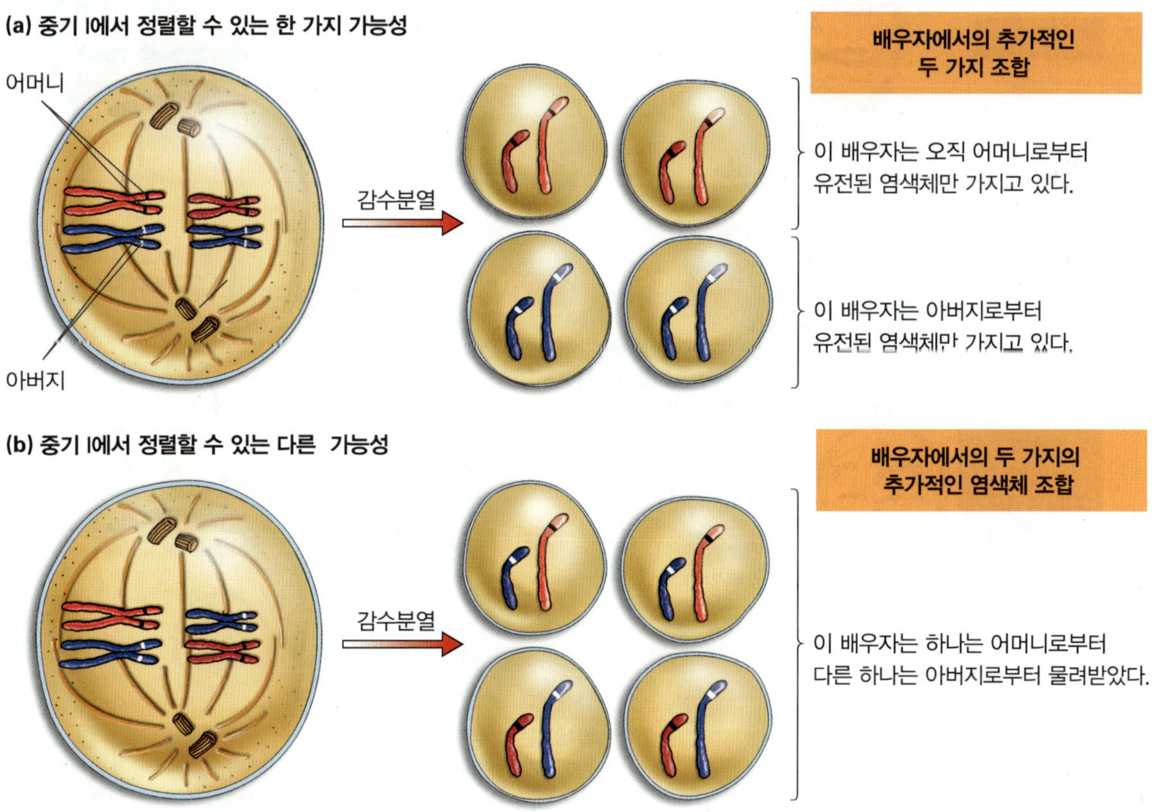

그림 6.22 **무작위 정렬.** 이 예에서 감수분열이 일어나는 개체가 단지 4개의 염색체를 가지고 있다. 이 개체는 푸른색 염색체는 아버지로부터, 붉은 색 염색체는 어머니로부터 물려받았다. 두 개의 상동염색체 쌍이 있을 때, 일어날 수 있는 정렬의 방법으로(a)와 (b) 두 가지 가능성이 있다. 이 두 가지의 다른 정렬은 배우자에서의 새로운 유전자조합을 일으킬 수 있다.

유전자 검사에서 안젤리나 졸리는 *BRCA1* 유전자를 어머니로부터 물려받았다. 일반적으로 암을 일으키기 위해서는 한 가지 이상의 돌연변이가 일어나지만 *BRCA1*의 이 특별한 돌연변이는 이 돌연변이 유전자를 가진 대부분의 여성에서 유방암이나 난소암이 생긴다. 졸리는 *BRCA1*의 돌연변이 사본을 하나를 물려받았기 때문에, 그녀는 이 유전자의 정상본을 가진 난자와 돌연변이본을 가진 난자를 각각 만들 수 있을 것이다. 따라서 그녀의 친 자녀들인 딸 실로와 비비안 그리고 아들인 녹스는 이 유전자의 돌연변이본을 가질 확률이 50%이다. 만약 그들이 돌연변이본을 가지고 있다면, 졸리의 딸들은 유방암과 난소암 그리고 아들은 전립선암에 걸릴 확률이 높을 것이다. 그녀의 친 자녀들이 *BRCA1* 유전자의 돌연변이 유전자를 물려받지 않았다면 이들이 암에 걸릴 위험성은 입양된 아이들인 매독스, 자하라, 그리고 팩스가 그들의 친 부모로부터 이 유전자에 대한 돌연변이본을 물려받지 않았다면 그들과 같을 것이다.

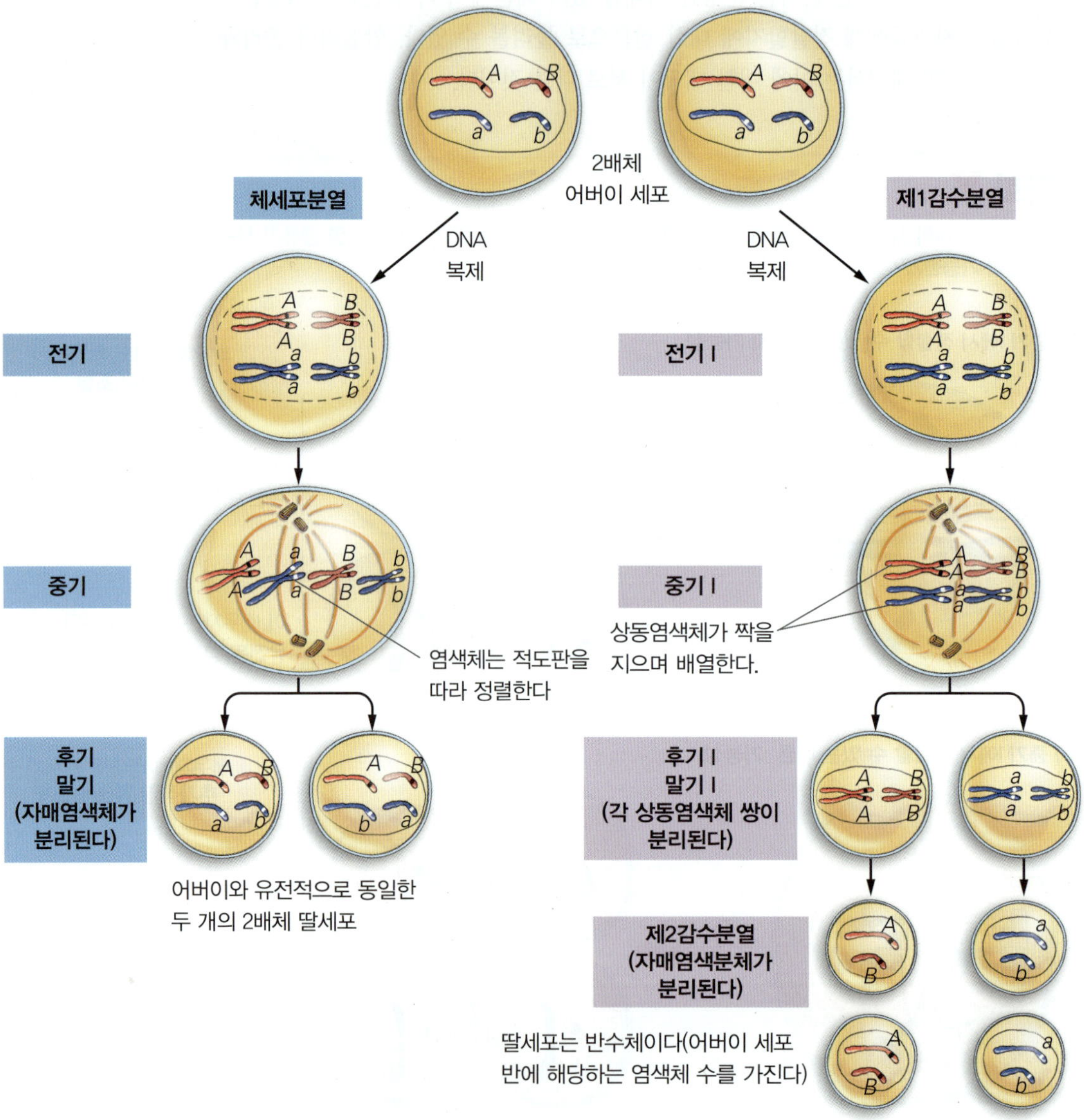

그림 6.23 체세포분열과 감수분열의 비교. 체세포분열은 체세포에서 일어나는 세포분열의 형태이며 어버이 세포와 정확하게 동일한 유전적 복사본을 가진 딸세포를 생산한다. 감수분열은 배우자를 만드는 세포에서 일어나며 염색체 수를 반으로 감소시킨다. 각 배우자는 상동염색체 쌍에서 하나의 염색체만을 받는다.

랜스 암스트롱의 암 원인은 안젤리나 졸리의 경우와는 달리 유전적 소인이 명확하지 않다. 그의 암에 대한 가족력이 졸리에 비해 분명하지 않기 때문에 그가 부모로부터 유전된 돌연변이의 조합으로 발병하였을 수도 있고 아니면 살아가는 동안 여러 가지 발암원에 노출이 되어 돌연변이가 생겨났을 수도 있다. 암진단을 받은 어린이의 경우에는 화학요법이 돌연변이를 유발한다는 우려가 있다. 화학치료제가 체세포를 손상시킬 때, 그 손상은 자손대에 전달되지 않는다. 그러나 만약 화학요법이 정자를 만들기 위해 감수분열을 하는 세포를 손상시킨다면, 돌연변이가 자녀들에게 전달될 것이다. 이런 위험 때문에 암스트롱은 화학요법을 받기 전에 정자를 정자은행에 보관하였다. 암스트롱의 다섯 자녀 중 첫 번째 부인으로부터 태어난 3명은 수술과 화학요법을 받기 전에 저장된 정자로부터 나왔고 나머지 둘은 현재 부인 사이에 자연적으로 낳은 아이들이다. 랜스 암스트롱의 암 원인이 특정화되지 않았기 때문에 다섯 자녀들이 암 위험성이 있는지에 대하여 판단하는 것은 불가능하다. 마찬가지로 화학요법이 끝난 후에 낳은 아이들이 그들이 잉태되었을 때 화학요법에 의해 세포주기 조절 유전자에 손상을 입은 유전자들을 가지고 정자가 사용되었는지 판단하는 것도 불가능하다. 그러므로 암스트롱의 아이들 혹은 우리들 중 어느 누구나 유전된 돌연변이 대립유전자의 영향과 생활습관과 연계된 환경에의 노출에 의한 돌연변이의 영향이 혼합되어 암이 생길지 또 언제 생길지가 결정될 것이다.

랜스 암스트롱은 그의 품위가 떨어지기 전에 고환암을 얻었다.

현명한 독자

대체암치료

한 웹사이트에서 80%의 암치료가 환자의 기분에 의해 치료가 잘되지 않을 수 있으며 가벼운 두드리기(tapping) 기술만으로 이런 치료 장애는 사라질 수 있다고 주장하였다. 파일을 다운로드한 뒤, 설명서대로 두드리기만 하면 즉시 기분이 좋아질 것이라고 하였다. 다른 웹사이트에서는 상어가 암에 걸리지 않으며 상어 연골을 섭취하면 사람의 암을 치료하는 데 도움을 준다고 주장하였다. 상어 연골의 효과에 대한 연구에서 저자들은 말기암으로 진단된 29명 중 15명은 상어 연골을 섭취한 지 1년 후에도 생존하였으며 이러한 결과는 "어떤 방법으로도 볼 수 없었던 획기적인 결과"라고 발표하였다.

대체암치료센터의 웹사이트들은 증명되지 않은 환자 치료에 수십만 달러를 지불해야 하며 이 금액은 모두 보험처리가 되지 않는다고 한다. 광고에 의하면 이러한 치료들은 흔히 의사의 감독하에 시행된다고 한다. 이런 사이트들은 체험기들로 도배되어 있으나 그러한 치료에 대한 데이터들은 없다.

1. 기분이 암치료를 억제한다고 주장하는 웹사이트는 이 주장을 뒷받침할 만한 증거를 제시하지 못한다. 이러한 주장이 도움이 되는지를 알려면 무엇을 해야 하는가?
2. 상어 연골에 대한 연구가 동료에 의해 심사를 받지 않는 저널에 실렸다. 이 점이 이 논문의 신뢰성을 더하거나 감소시키는가?
3. 상어 연골 연구에 의한 1년 생존율이 실제 의미를 가지는지를 결정하기 위해 어떤 다른 정보가 더 필요한가?
4. 상어 연골 연구의 저자가 회사를 소유하고 있다는 사실이 그의 연구 결과에 회의를

더 가지거나 덜 가지게 하는가? 상어가 실제로는 암에 걸린다는 사실은 어떻게 생각하는가?

5. 대부분의 의사들이 도움이 필요한 사람들을 돕는데 그들의 삶을 바치는 대신, 일부는 그들이 신뢰하지도 않는 제품들을 광고한다. 당신은 당신보다 높은 학위를 가진 사람들의 말을 믿어야 하는가?
6. 왜 그 많은 사람들이 미심쩍은 암치료의 희생양이 된다고 생각하는가?

그럴듯한 소린데 **그런가?**

캠퍼스 주위에 있는 선탠 살롱들은 학생들에게 20% 할인을 해준다. 기숙사의 같은 층에 있는 두 여학생이 선탠의자를 사용해 왔다. 이 방법의 안전성에 대하여 의문을 가지면 당신의 친구들은 자외선을 20분간 쬐는 것이 햇볕을 수 시간 쬐는 것보다 실제로는 더 안전하다고 할 것이다. 만약 당신이 선탠의자가 피부암을 일으킬 수 있다고 지적하면 그들은 대부분의 살롱에서 전구를 바꾸어서 한 종류의 파장의 자외선이 나오게 함으로써 전보다 훨씬 안전하다고 할 것이다. 그들은 또한 선탠의자를 사용하는 것은 권장량의 비타민 D의 합성을 할 수 있게 하기 때문에 좀 더 건강하게 보이거나 느끼게 될 것이라고 주장한다.

선탠의자를 사용하는 것은 안전할 뿐 아니라 건강을 증진시킨다.

그럴듯한 소리이지만 그렇지 않다.

1. 비록 20분간의 자외선 선탠이 태양광에 수 시간 노출되는 것보다 안전할지라도 이것이 선탠의자가 안전하다는 증거가 되지 않는다. 왜 그런가 혹은 왜 그렇지 않는가?
2. 태양광으로부터 오는 자외선은 두 가지이다. 하나는 긴 파장의 자외선(UVA)이고 다른 하나는 짧은 파장의 자외선(UVB)이다. UVB는 피부 표면에 화상을 입히는 반면, UVA는 피부 깊숙이 침투한다. 초기의 선탠의자는 UVB 전구를 사용했지만 현재는 대부분 UVA 전구를 사용한다. 경제적인 관점에서 선탠의자를 만드는 공장과 살롱 주인이 갖는 이득은 무엇인가?
3. 연한 색 피부를 가진 사람들이 자외선을 쬐었을 때, 이들의 피부는 검게 되어서 손상이 오는 것을 방지한다. (검은 피부를 가진 사람들은 자연적으로 피부에 많은 양의 색소를 가지게 되는데, 이것은 이들의 조상이 많은 양의 자외선을 쬐는 지역에 살아가는 동안 진화적으로 적응한 결과이다.) 연한 색 피부를 가진 사람들의 피부가 타는 것은 피부가 손상되었다는 증거다. 연한 피부를 가진 사람들의 피부를 태우는 것이 건강하다는 증거인가?
4. 햇볕은 우리 몸의 비타민 D를 생산하는 데 필요한 반면, 미국암학회는 썬크림을 바르기 전에는 누구도 15분 이상 햇볕을 쬐지 않도록 권고한다. 만약 당신이 자외선을 쬐지 않고 충분한 양의 비타민 D를 가지기를 원한다면 어떻게 하면 좋을까?
5. 1~4번 질문에 대한 답을 생각하고 위의 굵은 글씨로 쓴 문장이 그럴듯하지만 그렇지 않은 이유를 설명하라.

복습

요약

6.1

세포수준에서 암에 대해 설명하라.

- 조절되지 못하는 세포분열을 통해 암이 생기게 된다.

양성종양과 악성종양을 비교 설명하라.

- 양성종양 혹은 비암(非癌) 종양은 한 곳에 머물러 있으면서 주위의 다른 기관들이 기능하는 것을 방해하지는 않는다. 악성종양은 침투성이 있고 주위의 다른 조직으로 전이되어 새로운 암을 형성하게 한다.

당신이 조절할 수 있는 암발생의 위험인자를 열거하라.

- 유전과 노화와는 별개로, 대부분의 암 위험인자는 당신이 조절할 수 있다. 여기에는 금연, 건강한 식사, 운동, 건강한 체중 그리고 알코올 섭취의 최소화를 포함한다.

6.2

세포분열의 정상적인 기능을 열거하라.

- 세포분열은 성장, 재생과 무성생식을 위하여 새로운 세포를 생산하는 과정이다.

염색체의 구조와 기능을 기술하라.

- 염색체는 단백질로 둘러싸인 DNA로 이루어진다. 이들은 세포가 활발히 분열하느냐의 여부에 따라 응축되지 않은 상태로 실같이 있거나 응축된 상태로 존재한다. 염색체는 유전자를 가지고 있다.

DNA 복제과정을 요약하라.

- DNA 복제 동안, 이중나선 DNA의 한 가닥이 새로운 딸 가닥의 DNA를 만들기 위한 주형으로 사용된다. 새로 합성된 DNA 가닥은 어버이 가닥과 상보적이다. DNA 중합효소는 뉴클레오타이드들을 연결해서 딸 가닥을 형성한다.

6.3

세포주기의 간기 동안에 일어나는 사건들을 기술하라.

- 간기는 세포주기에서 세포가 성장하고 유사분열 또는 감수분열에 들어가는 것을 준비하는 2개의 간극기G_1과 G_2)와 DNA가 복제되는 S(합성)기로 구성된다. 간기의 S기는 G_1과 G_2기 사이에서 일어난다.

2개의 염색체가 세포주기의 유사분열을 진행하는 과정을 그려라.

- 전기 동안에 복제된 DNA는 응축되어 X-모양의 염색체로 된다. 중기에서 복제된 염색체는 세포의 중앙에 정렬된다. 후기에서 자매염색분체들은 각각 분리되어 세포의 양극으로 끌려간다. 말기에서 양극 쪽에 위치한 염색체 주위로 핵막이 다시 형성된다.

동물 세포와 식물 세포에서의 세포질분열을 기술하라.

- 세포질분열은 세포주기의 마지막 단계이다. 세포질분열이 일어나는 동안 세포질은 두 개의 부분으로 나누어져서 각각의 다른 딸세포를 형성한다. 동물 세포에서는 필라멘트 띠에 의해서 한 개의 세포를 두 개로 나눈다. 식물 세포에서는 세포의 중앙에 세포벽을 구축하여서 이루어진다.

6.4

세포주기가 어떻게 조절되며 조절의 실수가 어떻게 암을 형성하는지 설명하라.

- 세포분열이 적절히 일어날 때 그 과정은 매우 엄격히 통제된다. 정상세포들은 조건이 적절할 때에만 분열한다. 단백질들은 세포와 이를 둘러싼 환경에 대해 세포주기가 진행되는 동안 조사하여 각 검문점에서 조건이 적절하지 않을 때 세포분열을 정지시킬 수 있다. 세포주기를 통제하는 유전자에 돌연변이가 일어났을 때, 세포주기 조절에 실수가 일어난다. 종양억제자는 조건이 적절하지 않을 때, 세포분열을 정지시키거나 DNA 손상을 복구하는 단백질을 암호화하는 정상적인 유전자이다. 원암유전자는 조건이 적절할 때, 세포분열을 촉진시키는 역할을 한다. 암유전자는 이 유전자에 돌연변이가 일어나서 세포분열이 일어나지 않아야 할 때에 세포분열이 일어나게 하는 돌연변이 본이다.

6.5

왜 화학요법과 방사선 치료가 암을 치료하는 데 사용되는지 기술하라.

- 화학요법은 빨리 분열하는 세포를 표적으로 한다. 방사선 치료는 암세포에 고에너지 방사선을 쬐어서 죽이는 것이다.

6.6

어떤 종류의 세포가 감수분열을 하는지, 이 과정의 최종 결과는 무엇인지 그리고 어떻게 감수분열이 유전적 다양성을 제공하는지를 설명하라.

- 감수분열은 세포분열의 한 종류로 배우자를 형성하는 세포에서 일어난다. 배우자는 체세포의 염색체의 반을 가지고 있다. 염색체 수의 감소가 일어나는 감수분열은 2배체 세포로 시작하여 반수체 세포로 끝난다.

- 감수분열이 일어나기 전에 간기가 있으며 이때 DNA가 복제된다. 제1감수분열에서 각각의 세포로 상동염색체가 분리된다. 제2감수분열에서 각각의 세포로 자매염색분체가 분리된다.

교차와 무작위 정렬의 의의를 유전적 다양성의 관점에서 설명하라.

- 상동염색체 쌍은 감수분열의 전기 I에서 교차를 통하여 유전정보를 교환함으로써 유전적으로 다른 배우자의 수를 증가시킨다. 중기 I에서 상동염색체 쌍의 정렬이 양극을 향하여 각 염색체가 무작위적으로 일어난다. 상동염색체의 이런 무작위적 정렬은 개체가 만들어 낼 수 있는 배우자의 종류를 증가시킨다.

언어의 뿌리

다음 어원들은 주로 라틴어나 그리스어에서 기원하며 아래와 같은 뜻을 가지고 있어 용어를 해석하는 데 도움을 준다:

cyto- 와 **-cyte**	세포와 연관되어 있다. 용어: *cytpplasm, cytokinesis*
-kinesis	움직임을 의미한다. 용어: *cytokinesis*
mal-	나쁘거나 악한 것을 의미한다. 용어: *malignant*
meio-	작게 한다는 것을 의미한다. 용어: *meiosis*
meta-	변화 혹은 사이를 의미한다. 용어: *metastasis, metaphase*
mito-	실을 의미한다. 용어: *mitosis*
onco-	암을 의미한다. 용어: *oncogene*
proto-	앞을 의미한다. 용어: *proto-oncogene*
soma-, 그리고 **-some**	몸을 의미한다. 용어: *somatic, chromosome*
telo-	끝이나 완성을 의미한다. 용어: *telophase*

기본문제

1. 체세포분열과 감수분열의 차이점을 나열해 보라.

2. 화학요법에 사용되는 약품은 암 세포의 어떤 특성을 치료하는 데 사용되는가?

3. 46개의 염색체를 가지고 체세포분열을 시작한 세포는 _______ 가진 딸세포를 만든다.

A. 13염색체를
B. 23염색체를
C. 26염색체를
D. 46염색체를

4. 동원체는 _______지역이다.

A. 자매염색분체가 서로 부착되어 있는
B. 중기 염색체가 정렬되는
C. 염색체의 끝이 발견되는
D. 핵이 위치하는

5. 체세포분열은 _______

A. 배우자를 생산하는 세포에서 일어난다.
B. 2배체의 세포로부터 반수체의 세포를 만든다.
C. 부모세포와 정확히 동일한 유전적 복제를 가진 딸세포를 만든다.
D. 제1체세포분열과 제2체세포분열의 두 가지의 분리된 분열로 이루어져 있다.

6. 체세포분열의 중기에서 _______

A. 염색체는 응축되어 있고 극 쪽에서 발견된다.
B. 염색체는 하나의 자매염색분체로 구성되어 있다.
C. 세포질분열이 시작된다.
D. 염색체는 두 개의 자매염색분체로 구성되어 있고 세포의 적도판에 정렬되어 있다.

7. 자매염색분체는 _______

A. 서로 붙어 있는 서로 다른 두 개의 염색체이다.
B. 서로 달라붙어 있는 한 염색체의 정확히 똑같은 사본이다.
C. 중심립에서 만들어진다.
D. 택솔에 의해 붕괴된다.
E. 서로 다른 유전자를 가지고 있는 염색체이다.

8. DNA 중합효소는 _______________

A. 자매염색분체를 동원체에 결합시킨다.
B. 지방과 인지질로부터 딸 DNA 분자를 합성한다.
C. DNA합성이 일어나게 하는 효소이다.
D. 암세포의 분열을 멈추게 한다.

9. 감수분열의 말기 I 뒤에, 각 딸세포는 _______________

A. 2배체이며 염색체들은 1개의 이중나선 DNA 분자로 이루어진다.
B. 2배체이며 염색체는 두 개의 자매염색분체로 이루어진다.
C. 반수체이며 염색체는 1개의 이중나선 분자로 이루어진다.
D. 반수체이며 염색체는 두 개의 자매염색분체로 이루어진다.

10. 감수분열 동안 서로 다른 생식세포가 만들어지도록 하는 두 가지 과정을 열거하라.

11. 원암유전자와 암유전자를 정의하라.

12. 식물 세포와 동물 세포의 세포주기가 어떤 점에서 닮았으며 또 어떤 점에서 다른가?

13. 암세포가 정상세포와 다른 점 3가지를 기술하라.

응용문제

1. 만일 여러분의 아버지가 자외선을 쬐어 젊었을 때 피부세포에 돌연변이가 일어났다면 당신도 암에 걸릴 수 있는가?

2. 모든 종양이 암으로 진행되는가?

3. 왜 몇몇 종류의 암들은 방사선 요법으로 치료하고 다른 것들은 화학요법으로 치료하는가?

연관문제

1. 흡연으로 인해 암에 걸릴 위험성이 입증이 되었을 때, 담배 회사는 흡연자에게 의료비를 지불해야 할 의무가 있는가? 그 이유를 설명하라.

2. 당신은 세포주기 조절유전자에 돌연변이가 있는지 검사하기를 원하는가? 원암유전자에 돌연변이가 일어난 것을 아는 것이 이로운지 해로운지에 대해 어떻게 생각하는가?

CHAPTER 7

당신은 당신의 유전자만큼만 지적인가?

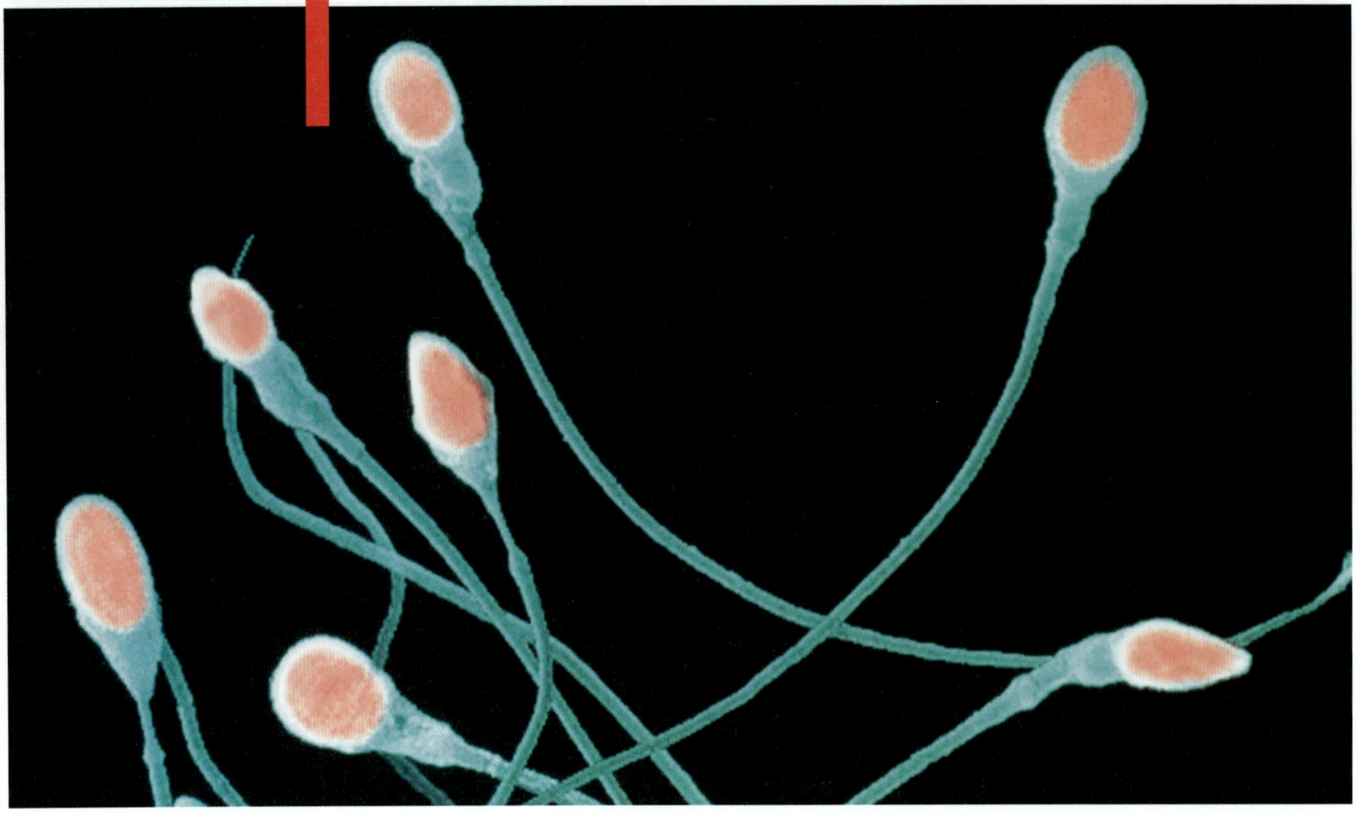

한 여성이 원하는 정자를 선택하였을 때, 완벽한 아기를 낳을 수 있을까?

멘델유전학과 양적 유전학

페어팩스(Fairfax) 냉동은행은 한적하고 나무들이 늘어서 있는 워싱턴 DC 교외에 위치하고 있는데, 별 특징이 없는 벽돌 건물로 되어 있다. 하지만 이 별 특징이 없는 건물 안에는 수천 명의 여성과 그들의 배우자의 꿈과 희망이 들어 있다. 페어팩스 냉동은행은 정자은행이다. 이곳의 수많은 냉동고 안에는 수백 명의 남자로부터 채취한 정액을 담은 작은 튜브들이 들어 있다. 여성들은 자기 남편이 불임인 경우 아이를 가지기 위해 인공수정을 하기 위하여 정액들을 주문할 수 있다.

따라서 여성들은 수백 명의 기증자들 중에서 선택을 할 수 있다. 기증자들은 3가지의 등급으로 분류가 되며 그들의 정자는 그 등급에 따라 가치가 매겨진다. 인공수정을 원하는 대부분의 여성들은 샘플을 구입하기 전에 기증자에 대한 자세한 정보를 얻기를 원한다. 따라서 페어팩스 냉동은행에 정자를 기증하는 모든 사람들은 엄격한 신체검사와 질병검사 그리고 자세한 가족병력 등을 제공하도록 되어 있다. 그러나 이들은 어린 시절의 사진이라던가 음성이 녹음된 CD 혹은 각종 기록물 등은 제공하지 않는 경우가 많다. 이런 제공자에 관한 추가적인 정보가 제공되지 않는 사람의 정자는 대개 할인되어 판매하는데 그 이유는 대부분의 여성들이 자기 남편 혹은 배우자의 관심과 적성이 유사한 사람의 것을 원하기 때문이다. 이런 여성들은 자기 남편과 유사성이 있는 사람을 선택함으로써 남편과 생물학적으로 조금이라도 닮은 아이를 가지고 싶어 한다.

만일 어떤 여성이 원하는 유전자를 가진 기증자 정자를 골랐다면 남편과 닮은 아이를 낳을 수 있을까?

만약 그녀가 원하는 유전자를 가진 기증자 정자를 골랐을 때, 아이가 천재일까?

그러나 개인정보가 풍부한 제공자 외에, 최상급의 정자제공자들이 있는데 이들은 페어팩스 냉동은행에 의해 '원급(Graduate)'으로 분류된다. 이런 남성들은 대개 의학, 법률이나 학문분야에서 학위과정에 있거나 학위를 취득한 사람들이다. 이런 부류의 사람들의 정자는 대개 일반사람들의 것보다 30% 이상 비싼 가격으로 판매되고 있다. 그리고 몇몇 샘플들은 더 특별하게 취급되기 때문에 이런 공여자로부터 임신을 보장받는 데는 수백 달러가 더 들게 된다.

왜 몇몇 여성들이 고학력자의 정자를 높은 가격을 주고라도 구입하려고 하는가? 이유는 이런 학문적 성취가 그 사람의 지능과 관련이 있으며 따라서 이들의 정자로부터 태어난 아이들도 높은 지능을 지닐 것으로 믿기 때문이다. 이런 여성들은 지적인 아이들을 원할 뿐더러 자손들이 "매우 지적인" 유전자들을 가지게 하기 위하여 기꺼이 대가를 지불한다.

그러나 이들은 자기 돈을 적절하게 사용하고 있는가? 지능이 유전자에 의해 결정되는가? 아니면 어린이가 자라는 환경조건에 따라 달라지는가? 다른 말로, 우리의 지능은 타고난 것인가 아니면 길러진 것인가? 여러분이 이 장을 읽어가면서, 이 질문에 대한 답이 그렇게 간단하지 않다는 것을 깨달을 것이다. 즉 우리의 특징은 우리의 생물학적인 유전과 우리가 성장한 환경으로부터 온다.

아니면 그 아이가 환경에 의해 더 영향을 받을까?

왜 몇몇 여성들이 고학력자의 정자를 높은 가격을 주고라도 구입하려고 하는가?

7.1 형질유전

대부분의 사람은 낳아준 부모와 자식 간의 유사성을 인식한다. 가족 간에도 또한 유사성을 보여주는데, 예를 들어 한 부모로부터 태어난 모든 자녀가 보조개를 가질 수 있다. 그러나 보통 자녀들을 누가 누군지 쉽게 구별할 수 있다. 한 쌍의 부모로부터 태어난 자녀들은 각각 독특하며 우리 중 어느 누구도 단순히 우리의 부모형질의 "평균(average)"은 아니다. 우리는 하나 이상의 조합이다. 즉 어떤 아이는 눈 색깔이나 얼굴 모양이 어머니를 더 닮고 어떤 아이는 키나 머리색을 어머니와 더 닮는다.

어떻게 당신의 부모 형질이 당신과 당신의 형제자매에게 전달되는지를 이해하기 위해서는 사람의 생활사를 되돌아볼 필요가 있다. **생활사(life cycle)**는 개인의 성장과 생식을 말한다(그림 7.1).

아기는 남자가 생산한 하나의 **정자(sperm)**와 여자가 생산한 하나의 **난자(egg)**가 결합하여 만들어진다. 이런 생식세포는 감수분열을 통하여 만들어진다. 난자와 정자는 **수정(fertilization)** 시 결합하며 이렇게 만들어진 접합자(zygote)는 그것이 가지고 있는 모든 유전정보를 복제하며 체세포분열을 하여 두 개의 동일한 딸세포를 만든다. 이들 딸세포 각각은 동일한 방법으로 수십 번의 세포분열을 한다. 이렇게 하여 만들어진 세포 덩어리는 특수한 세포 타입으로 분화한 후 발생 중의 사람, 즉 배(embryo)라고 불리는 다양한 구조를 만들기 위하여 계속하여 분열하며 조직화된다. 이 하나의 세포와 이것의 자손세포의 계속적인 분열은 완전한 모양의 유아와 더 나아가 궁극적으로 성인을 만들게 한다.

우리는 수조 개의 개별 세포로 이루어져 있으며 이들 세포는 첫 번째 접합자가 분열해서 만들어진 것이며 접합자에서 원래 가지고 있는 유전정보를 거의 똑같이 가지고 있다. 우리의 모든 형질은 이 아주 작은 하나의 세포에 들어 있는 정보에 의해 영향을 받는다.

시각화 ▼

어느 단계에서 DNA 손상을 일으키는 돌연변이원에 노출되는 것이 사람에게 가장 큰 영향을 주겠는가? 어느 단계에서의 노출이 가장 적게 영향을 주겠는가?

그림 7.1 내부의 설명서. 부모 양쪽 모두 정자와 난자를 통하여 자손들에게 유전정보를 제공한다. 하나의 정자와 하나의 난자의 결합으로 만들어진 세포는 성인을 만드는 데 필요한 모든 설명서를 포함한다.

유전자와 염색체

각각의 정상적인 정자와 난자는 "사람을 어떻게 만들까?"하는데 대한 정보를 가지고 있다. 그러한 정보의 많은 부분이 유전자 형태로 되어 있다. 유전자란 단백질을 암호

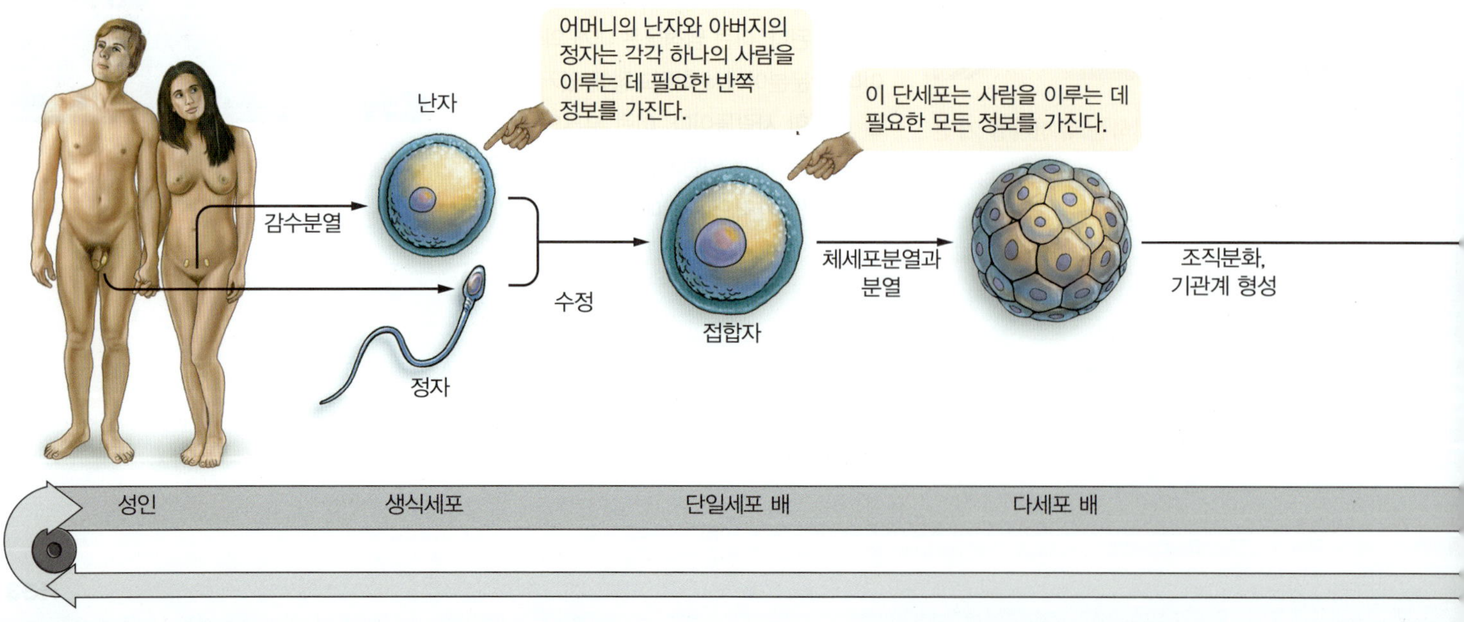

화하는 DNA의 조각들이다.

유전자가 어떤 설명서에 있는 단어들이라고 상상해 보라. 이 단어들은 염색체상에 존재하며 이 염색체는 그 설명서의 각 페이지에 비유될 수 있을 것이다.

박테리아와 같은 원핵생물들은 전형적으로 하나의 원형의 염색체를 가지고 있으며 각 자손들에게 전체가 전달된다. 대조적으로 진핵생물에서는 하나 이상의 선형 염색체에 유전자들을 가지고 있다. 진핵생물에 있는 염색체 쌍의 수는 뛰뛰기개미(*Myrmecia pilosula*)에서와 같이 2개이거나 이끼류의 일종인 자루독사혀(*Ophioglossum reticulatum*)에서와 같이 믿을 수 없을 정도로 1260개로 이루어지기도 한다(그림 7.2).

사람세포는 46개의 염색체를 가지고 있으며 이들은 각각 수천 개의 유전자들을 가지고 있다. 이리하여 각 세포는 46개의 설명서 페이지를 가지고 있다고 할 수 있으며 각 페이지는 수천 개의 단어를 포함하고 있다.

하나의 세포에 있는 설명서는 예를 들면 모형자동차를 만드는 키트에 딸려온 설명서와는 다르다. 여러분은 최종 모형을 만들기 위해서 1페이지에서 시작해 순차적으로 조립 설명서를 읽을 것이다. 사람의 설명서는 좀 더 복잡한 바, 여러분이 읽는 페이지와 단어는 세포에 따라 다르며 같은 세포에서라도 상황에 따라 달라질 수 있다. 세포에서의 '최종산물'은 그 페이지에 어떤 단어들이 사용되었는가 그리고 단어들이 어떤 순서로 읽혔는가에 따라 달라진다.

예를 들어 포유동물의 눈세포와 췌장세포는 다 같이 빛을 감지하는 단백질인 로돕신(rhodopsin)을 만드는 설명서를 가지고 있다. 그러나 로돕신은 오직 눈세포에서만 만들어지며 췌장세포에서는 만들어지지 않는다. 로돕신은 빛이 이것을 때렸을 때 눈세포가 빛에 반응하도록 하기 위하여 트랜스듀신(transducin)이라는 다른 단백질의 도움을 필요로 한다. 트랜스듀신은 혀에 있는 세포에서도 만들어지지만 혀에서는 이 단백질이 음식에 있는 어떤 물질과 결합하여 쓴맛을 느끼도록 한다.

이리하여 하나의 단백질은 이것이 조합을 이루면서 2가지 이상의 기능을 할 수 있다. 유전자들은 단어와 마찬가지로 수많은 조합을 이룰 수 있기 때문에, 생명체를 만드는 설명서는 매우 유연하다(그림 7.3).

그림 7.2 염색체 수의 다양성. 어떤 생물체에 존재하는 유전정보의 양은 세포당 1260개의 염색체를 가지고 있는 자루독사혀에서 보듯이 그 개체의 복잡성과 일치하지 않는다.

자손의 다양성

생식과정에서 부모의 유전자는 복제되어 자녀에게 전달된다. 유전자가 복제되어 한

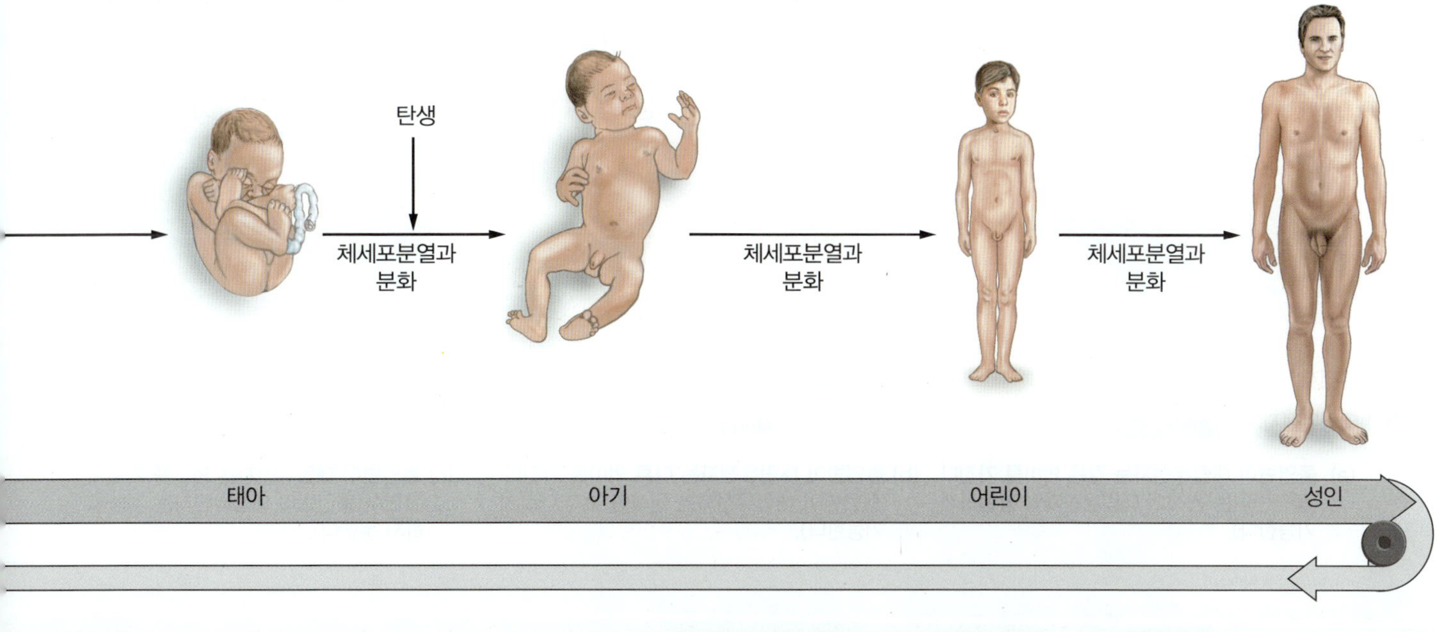

시각화▶

이 14개의 단어로부터 만들 수 있는 명령들을 적어도 2가지 이상 만들어 보라.

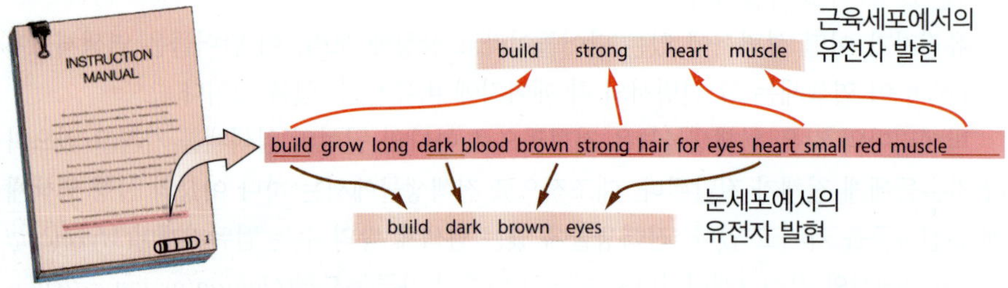

그림 7.3 사용 설명서에서의 단어와 마찬가지인 유전자. 설명서의 여러 다른 단어들은 서로 다른 신체 부위에서 다르게 사용되거나 같은 단어가 다른 부위에서 사용되더라도 이것이 어떤 조합을 이루느냐에 따라 다른 의미로 사용된다.

세대로부터 다음 세대로 전달되는 과정에서 유전자 사이에 변이가 일어난다. 이 **유전적 변이(genetic variation)**가 바로 각 사람이 정자 공여자에 관하여 관심을 가지는 이유이다. 즉, 그들이 선택한 정자에 있는 유전자들이 그들의 자손의 형질에 대한 정보를 제공할 것으로 기대하기 때문이다.

유전자 돌연변이는 유전적 다양성을 만든다. DNA 복제를 상기해 보라. 다시 타이프 친 설명서의 페이지 같이 염색체의 사본도 그대로 "복사(photocopy)"되는 것이 아니라 다시 쓰이는 것이다. 그 결과 세포분열이 일어날 때마다 오타, 즉 돌연변이(mutation)가 일어날 수 있는 가능성을 가지게 된다. 유전자들에 있어서의 돌연변이는 유전자의 다른 버전, 즉 **대립유전자(allele)**를 만들게 한다. 돌연변이의 종류들에 대하여는 그림 7.4에 설명하였다.

이 그림에서 보듯이 많은 돌연변이는 의미 없는 설명서, 즉 기능이 없는 대립유전자를 만들게 되며 흔히 이들을 가진 개체에 해로운 결과를 가져오게 된다. 기능이 없는 대립유전자들은 이들을 가진 개체들이 기능을 가지지 못하기 때문에 시간이 지나면서 상실되는 경향이 있다. 다시 말하면, 기능이 없는 대립유전자를 가진 사람은 생존하지 못하거나 생식능력이 저하된다.

그러나 어떤 돌연변이는 중립적인 영향을 주거나 심지어는 어떤 상황에서 이득을 주기도 한다. 어떤 해로운 돌연변이는 기능을 가진 정상 대립유전자와 같이 있을 때, 해로운 기능이 가려지기도 한다. 이런 돌연변이는 여러 세대를 거치는 동안에도 생존하는 경향이 있다. 돌연변이가 무작위로 일어나기 때문에 또한 다른 사람에서 같은 유전자에 돌연변이가 일어날 것으로 기대할 수가 없기 때문에 우리들 중 각자는 우리의 특정 조상으로부터 물려받은 돌연변이를 반영하는 독특한 세트의 대립유전자를 가진다.

여러 세대 동안 가족들 사이에 차이점을 나타나게 함으로써, 돌연변이는 집단 내에서 새로운 대립유전자의 형태로 유전적 변이를 만들어 낸다. 새로운 특징이 어떤 개체

시각화▼

어느 종류의 돌연변이가 가장 잘 일어나겠는가? 그 이유는?

그림 7.4 서로 다른 대립유전자의 형성. 한 유전자에 대한 다른 대립유전자들이 복사과정에서의 실수에 의해 만들어질 수 있다. 이 비유에서 이런 오타(돌연변이)들 중 몇몇은 의미를 바꾸지 않으나(대립유전자) 어떤 것들은 의미를 바꾸거나(다른 대립유전자 기능) 전혀 의미를 가지지 않도록(대립유전자 기능 상실) 한다.

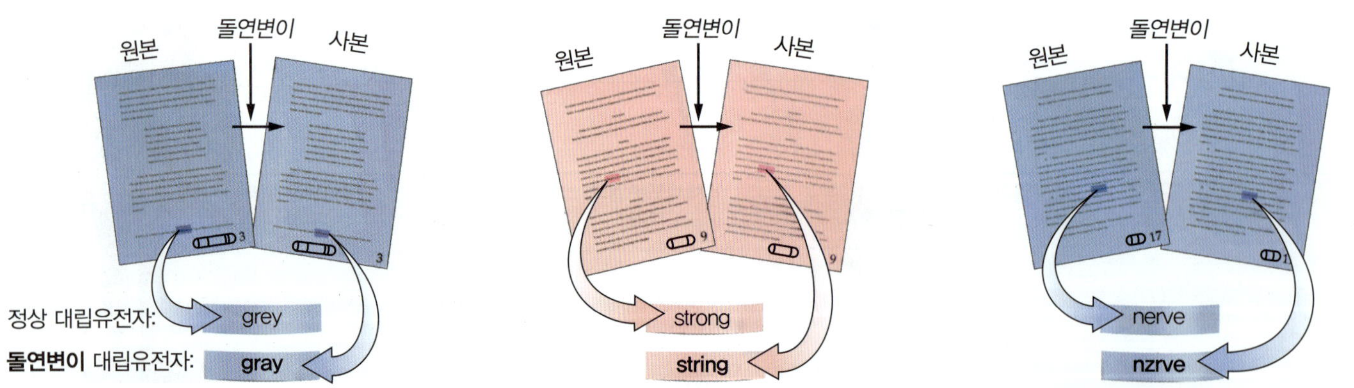

(a) 돌연변이 대립유전자는 같은 의미를 가진다 (돌연변이는 원래의 대립유전자와 동일하게 기능한다).

(b) 돌연변이 대립유전자는 다른 의미를 가진다 (돌연변이 대립유전자는 원래의 것과 다르게 기능한다).

(c) 돌연변이 대립유전자는 의미를 가지지 못한다(돌연변이 대립유전자는 기능을 하지 못한다).

의 생존과 생식을 증대시킨다면, 그 돌연변이가 새로운 환경에 대한 개체군의 적응에 기여하게 된다(11장). 따라서 유전적 오타는 진화를 촉진하는 원동력이 된다.

이런 여성들은 지적인 아이들을 원하며 자기 자녀들이 "매우 지적인" 유전자들을 가지게 하기 위하여 기꺼이 대가를 지불한다.

쉬어가기 세포 내에 있는 DNA의 모든 부분이 단백질을 암호화하는 것은 아니다. 즉, 어떤 DNA는 프로모터(유전자의 발현을 증가시키는 부분)로 작용하고, 어떤 부분은 염색체의 구조를 유지하도록 하며, 또 다른 부분은 의미가 없기도 한다. DNA의 비유전자 부분에 돌연변이가 일어나면 어떤 영향을 줄까?

분리와 독립분리는 배우자세포의 다양성을 만들어 낸다. 부모는 각 자녀들에게 유전적 설명서를 만드는 데 기여를 하지만 그들의 모든 설명서를 다 주지는 않는다. 만약 부모가 모든 것을 다 준다면, 사람세포에 있는 유전적 설명서는 세대가 지남에 따라 2배씩 늘어나서 세포가 유전정보로 꽉 찰 것이다. 그 대신에 감수분열은 배우자에 있는 염색체 수를 반으로 줄인다(6장).

배우자에 단지 절반의 유전정보만 전달하지만 각 부모들은 각 자녀들에게 실질적으로 설명서의 완전한 사본을 제공한다(그림 7.5).

이것은 사실 우리의 체세포가 2개의 설명서 사본을 가지고 있기 때문에 가능하다. 즉 각 세포는 페이지에 대하여 두 가지의 버전을 가지고 있으며 각 버전은 기본적으로 똑 같은 단어들을 가지고 있다. 좀 더 기술적으로 말하면, 각 세포가 가지고 있는 46개의 염색체는 실제로는 23쌍의 염색체이며 염색체의 각 쌍은 기본적으로 동일한 유전자들을 가지고 있다. 2개의 동일한 염색체의 각 세트는 **상동쌍(homologous pair)**이라고 한다. 상동쌍의 각 구성원들은 유사하나 완전히 동일하지는 않다. 그 이유는 비록 양쪽 염색체 모두 같은 유전자들을 가지고 있지만 각각은 독특한 돌연변이 조합을 그 부모의 한쪽 혹은 다른 한쪽으로부터 물려받기 때문이다.

감수분열 과정은 염색체의 상동쌍을 분리시키며 염색체들을 독립적으로 각 배우자에 넣는다. 이 2개의 과정이 왜 각 형제자매들이 동일하지 않는지를 설명한다(일란성 쌍생아는 예외이다). 가장 큰 이유가 부모들이 그들의 자손들에게 정확하게 동일한 세트의 대립유전자들을 물려주지는 않기 때문이다.

homo- 같다는 것을 의미한다.

상동쌍이 분리될 때, 그들이 가지고 있는 대립유전자가 따라서 분리된다. 배우자의 형성 시 대립유전자 쌍이 분리되는 것을 **분리(segregation)**라고 한다. 따라서 2개의 서로 다른 대립유전자를 가지고 있는 부모가 배우자 생산에서 어떤 한 대립유전자를 물려줄 확률은 50%이며 다른 대립유전자를 가질 확률도 50%이다.

감수분열 시 염색체의 분리는 **독립분리(independent assortment)**의 방식으로 일어나며, 이때 각 유전자에 대한 대립유전자는 대부분 독립적으로 유전된다. 독립분리

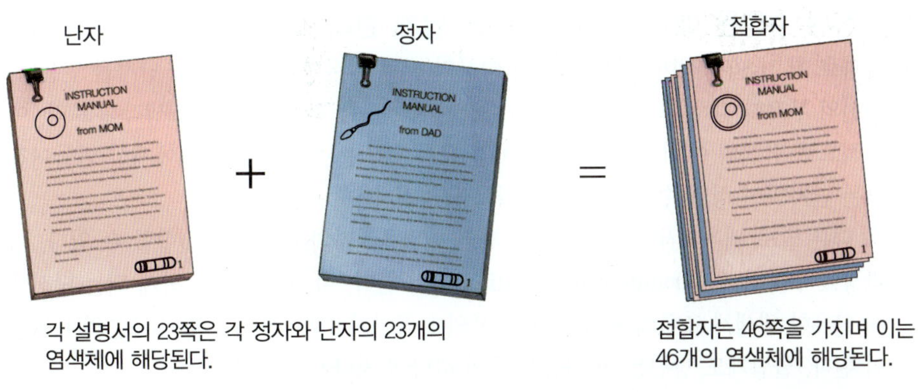

그림 7.5 부모로부터 동일한 정보의 전달. 부모 모두는 자손들에게 완전한 세트의 설명서를 제공한다.

시각화

2개의 유전자가 4개의 대립유전자로 이루어져 있을 때 이 사람은 4가지의 확연히 구별되는 정자세포를 만들 수 있다.

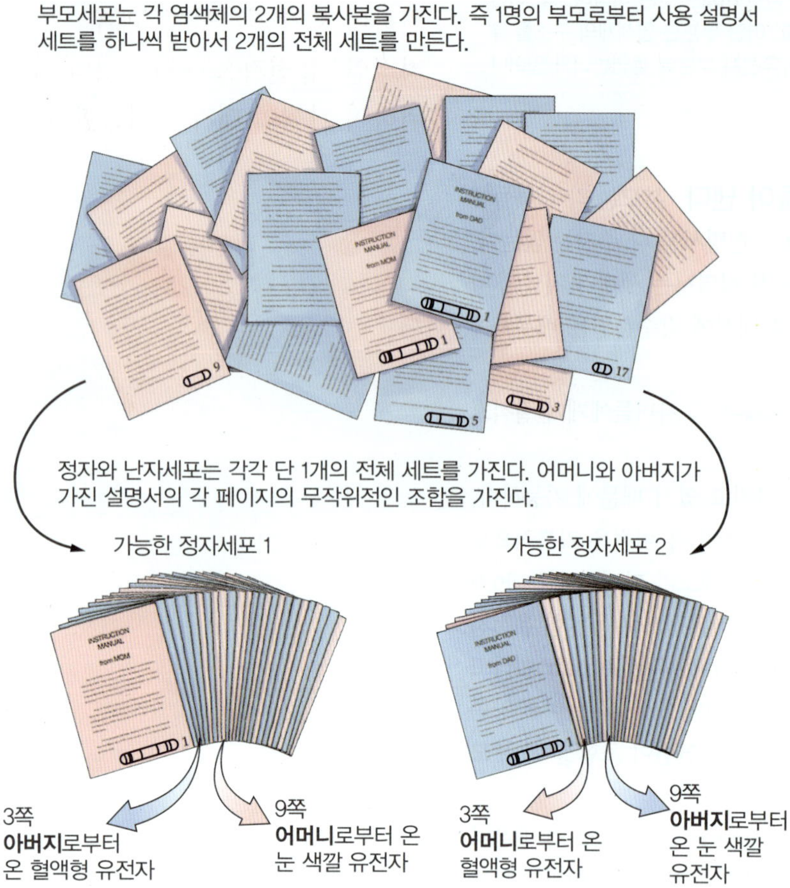

그림 7.6 각 난자와 정자는 유일무이하다. 정자는 독립적으로 만들어지기 때문에 각 정자의 핵에 있는 염색체 세트는 그의 아버지와 어머니로부터 물려받은 독특한 염색체 조합이 될 것이다.

는 감수분열 중에 염색체의 **무작위적 배열**(random alignment), 즉 제1감수분열 전에 염색체 쌍이 불규칙적으로 배열함으로 인해 일어난다. 무적위적 배열의 결과로 배우자가 만들어지는 과정에서 각 상동염색체 쌍은 다른 상동염색체와는 독립적으로 분리가 되어 딸세포에 들어간다. 따라서 다른 염색체상의 유전자들은 서로 독립적으로 유전된다.

독립분리의 결과로 남성의 정자에 있는 사용설명서는 그의 양친으로부터 받은 사용 설명서상의 각 페이지의 독특한 조합으로 이루어진다. 사실 그가 만드는 각 정자의 대부분은 염색체들의 독특한 하위 조합을 가지며 이에 따라 대립유전자의 독특한 하위조합을 가지게 된다. **그림 7.6**은 이것을 보여준다. 이 그림에서 당신은 독립분리에 의해 눈 색을 결정하는 대립유전자가 혈액형을 결정하는 대립유전자로부터 독립적으로 정세포에 들어가는 것을 볼 수 있을 것이다.

염색체를 독립적으로 딸세포에 넣어주는 과정이 정자가 만들어질 때마다 일어나므로 태어나는 각 자녀가 아버지로부터 받는 염색체 조합은 자녀 모두가 각각 다르게 된다. 아버지로부터 물려받은 당신의 눈 색을 결정하는 대립유전자는 할머니로부터 올 수 있으며 당신의 혈액형을 결정하게 하는 대립유전자는 반대로 할아버지로부터 올 수 있다. 반면에 당신의 누이를 만든 정자는 눈 색에 대한 대립유전자와 혈액형 대립유전자를 모두 할머니로부터 물려받았을 수 있다. 독립분리의 결과로 각 사람의 약 50%의 대립유전자만 그들의 모든 형제자매의 것과 동일하게 된다. 즉 각 유전자에 대하여 당신의 형제자매와 50%의 확률로 같게 된다.

쉬어가기 그림 7.6에서 볼 수 있듯이 당신은 2개의 유전자가 2개의 서로 다른 염색체에 있을 때, 그의 정자에 4가지의 서로 다른 대립유전자 조합을 생산해 낼 수 있을 것이다. 3개의 유전자가 3개의 서로 다른 염색체에 위치할 때 배우자 내에 얼마나 많은 대립유전자 조합을 만들 수 있겠는가?

무작위 수정은 매우 다양한 자손을 낳게 한다. 23쌍 염색체들의 독립분리의 결과로 한 개인이 적어도 8백만 가지 이상의 서로 다른 타입의 정자와 난자를 만든다. 당신의 부모가 각각 그러한 엄청나게 다양한 배우자를 만들 수 있다고 생각해 보라. 이론적으로 당신의 아버지에게서 만들어진 모든 정자는 당신의 어머니에게서 만들어진 모든 난자와 수정할 수 있는 동일한 확률을 가진다.

다른 말로 배우자세포들은 그들이 가진 대립유전자와 상관없이 결합할 수 있다. 이 과정을 **무작위 수정(random fertilization)**이라 한다. 따라서 당신이 받게 되는 당신에게 고유한 염색체 조합의 확률은 8백만분의 1 곱하기 8백만분의 1 즉 64조분의 1 이상이 된다. 놀랍게도 당신은 이 가능성 중의 하나에 지나지 않는다.

돌연변이는 새로운 대립유전자들을 만들어 내며 독립분리와 무작위 수정은 모든 세대에서 독특한 조합의 대립유전자를 만들게 한다. 이러한 과정들로 인류의 다양성이 만들어진다.

특수한 경우—1란성 쌍생아. 비록 유성생식의 과정으로 서로 매우 다른 자녀가 태어나지만, 수정 후에 어떤 사건에 의해 두 명의 아이의 유전자가 100% 동일한 경우가 있다.

동일한 쌍생아는 하나의 정자와 난자로부터 발생되었기 때문에 **1란성 쌍생아(monozygotic twins)**라고 부른다. 수정 후 접합자세포 즉 수정란이 성장하고 분열하여서 동일한 유전정보를 가진 여러 개의 딸세포를 만든다는 것을 기억해 보라. 1란성 쌍생아는 배아기의 세포가 두 개로 분리하여서 생성된다. 만약 이런 일이 발생 초기에 일어난다면 각 세포나 세포덩어리는 각각 완전한 성체로 발달될 수 있어서 동일한 유전정보를 가진 쌍생아로 태어날 수 있다. 간혹 동일한 유전정보를 가진 세쌍둥이 혹은 네쌍둥이가 만들어질 수 있다(그림 7.7a).

1란성 쌍생아와는 다르게 비동일 쌍생아 혹은 형제쌍생아(fraternal twins)는 두 개의 서로 다른 난자가 각기 다른 정자와 수정함으로써 생겨난다. 이런 쌍둥이를 **2란성 쌍생아(dizygotic,** 여기서 di는 둘을 의미한다)라고 하며 이들이 동시에 생겨났지만 이들은 다른 시기에 태어난 형제자매보다 유사성이 더 높지 않다(그림 7.7b). 사람의 경우 80번의 임신 중에 1번의 확률로 2란성 쌍생아가 태어나는 반면에 285분의 1의 확률로 일란성 쌍생아가 태어난다.

mono- 하나를 의미한다.

di- 둘을 의미한다.

1란성 쌍생아는 유전자와 환경이 사람에게 미치는 영향을 연구하는 데 매우 중요한 기회를 제공한다. 1란성 쌍생아가 동일한 유전정보를 가지고 있기 때문에 연구

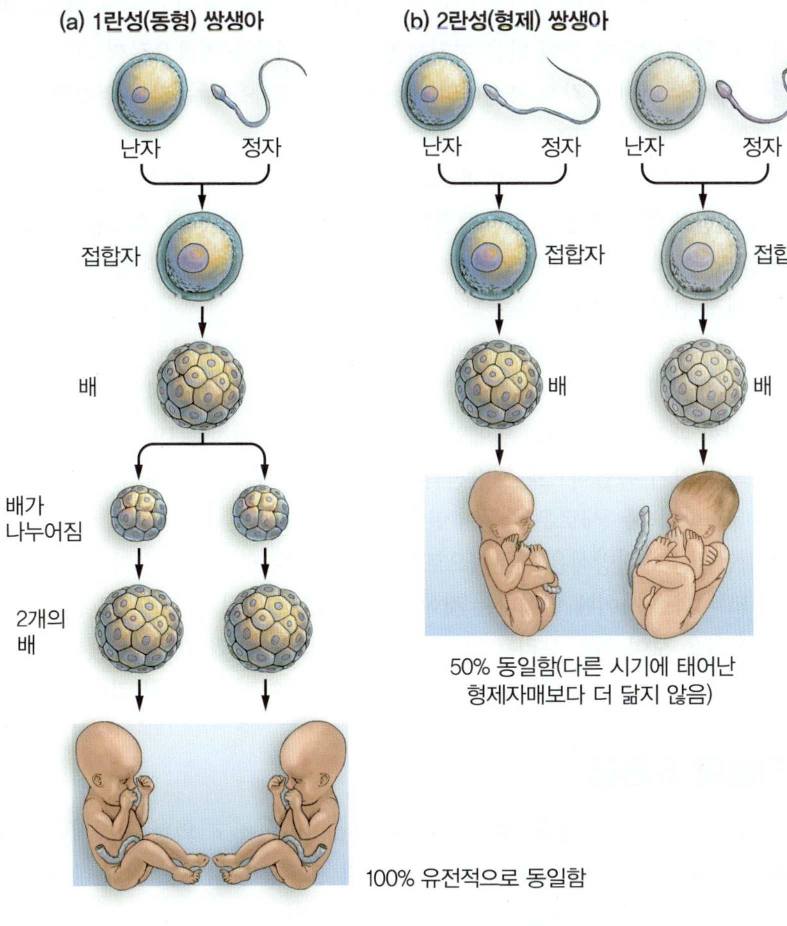

◀ 시각화

샴쌍둥이(접합 쌍생아)는 각 쌍생아가 몸의 일부분을 나누어 가질 때 만들어진다. 어느 타입의 쌍둥이들이 샴쌍둥이를 만들 가능성이 높겠는가?

그림 7.7 **쌍생아의 형성.** (a) 1란성 쌍생아들은 1개의 수정된 배아가 2개로 분리되어 태어난다. (b) 2란성 쌍생아는 2개의 독립적인 수정으로 생성되며 다른 형제자매와 같은 정도로 유전적으로 닮은 2개의 배를 만든다.

자들은 이 쌍생아들의 건강, 취향, 지적능력 그리고 성격에 유전자들이 얼마나 중요한 역할을 하는지를 조사할 수 있다.

우리는 이 장의 뒷부분에서 특정 정자 제공자가 소유한 복합 유전형질의 유전을 예측하는 문제에 대하여 조사하면서 몇몇 쌍생아 연구의 결과들을 살펴볼 것이다. 우리는 부모와 자녀 그리고 유전물질과의 관련성에 대하여 검토함으로써 이제 하나의 유전자에 의해 조절되는 형질의 유전에 대하여 조사할 수 있게 되었다.

7.2 멘델유전학: 유전자의 역할이 분명할 때

아주 적은 수의 사람 유전형질들은 유전되는 방식이 쉽게 판별될 수 있다. 이들 형질은 그레고르 멘델(그림 7.8)이 제일 처음 유전방식을 발견하였기 때문에 "멘델형질"이라고 한다.

그림 7.8 **그레고르 멘델(Gregor Mendel).** 유전학의 아버지

멘델은 1822년에 오스트리아에서 태어났다. 그의 가족이 가난했기 때문에 그는 수도원에 들어가서 거기서 교육을 받았다. 수도원에서 공부를 마친 후 그는 비엔나에 있는 대학교에 들어갔다. 거기서 그는 수학과 식물학을 비롯한 다른 과학들을 배웠다. 그는 교사자격 시험을 쳤으나 실패하였다. 대학을 마친 후에 그는 수도원으로 되돌아와서 완두콩 유전에 관한 실험을 하였다.

멘델은 30,000개에 가까운 완두콩을 가지고 거의 10년간 연구를 하였다. 그는 서로 다른 형질을 가진 식물체를 대상으로 대조된 교배를 아주 세심하게 실시하였다. 멘델은 완두콩의 꽃을 인공수분시킴으로써 교배의 형태를 잘 통제할 수 있었다. 예를 들어, 키가 큰 완두콩으로부터 정자를 만드는 꽃가루를 채취하여 키가 작은 완두콩의 난자를 가지고 있는 암술에 묻힌 다음 여기서 만들어진 씨앗을 키움으로써 그는 서로 다른 형질을 가진 어버이가 각각 자손대의 형질에 어떤 영향을 주는지를 평가할 수 있었다(그림 7.9).

비록 멘델 자신은 유전자의 화학적 성질들은 잘 이해하지 못했지만, 완두콩의 양친과 자손의 외관을 잘 분석함으로써 형질들이 어떻게 유전되는지를 결정할 수 있었다. 그의 끈기와 과학적으로 확고한 실험들을 통해 양친들이 동일한 양의 유전정보를 그들의 자손들에게 전달해 준다는 것을 보여주었다.

멘델은 그의 결과를 1865년에 출판하였다. 그러나 그 당시 사람들은 그의 연구결과의 중요성을 제대로 평가하지 못했다. 멘델은 마침내 그의 유전적 연구를 중단하고 1884년 사망할 때까지 수도원의 일에만 전념하였다. 그의 업적은 1900년에 세 명의 과학자들에 의해 각기 독립적으로 재발견됨으로써 그때서야 멘델 업적의 중요성이 인식되었으며 유전학이라는 새로운 학문이 탄생하게 되었다.

멘델이 언급한 유전방식은 기본적으로 하나의 유전자에 대한 소수의 대립유전자에 의해 결정되는 형질 사이에 일어나는 것이다. 표 7.1은 멘델이 완두콩으로 실험한 몇몇 형질들의 목록을 보여준다. 우리는 그가 발견한 우열의 법칙과 같은 원리를 장래에 부모가 될 사람들에게 흥미가 있는 사람의 질병을 살펴봄으로써 조사할 것이다.

유전자형과 표현형

pheno- "보여주다"라는 동사에서 유래한다.

개인의 유전정보의 조성을 **유전자형(genotype)**이라 하고 외형적 형질을 **표현형(phenotype)**이라 한다. 유전자형은 염색체의 상동쌍의 각 구성원에 존재하는 특

표 7.1 멘델이 연구한 완두콩의 형질

연구한 성질	우성형질	열성형질
씨앗 모양	둥근 	주름진 
씨앗 색깔	노란색 	녹색 
꽃 색깔	보라색 	흰색 
줄기길이	긴 	짧은 

정 유전자에 대한 대립유전자를 기술하는 것이다(6장과 그림 6.17 참조). 한 개인이 2개의 서로 다른 대립유전자를 가지고 있을 때 **이형접합성(heterozygous)** 유전자형이라 한다. 동일한 대립유전자를 가지고 있는 사람을 **동형접합성(homozygous)** 유전자형이라고 한다.

개인의 유전자형이 자신의 표현형에 미치는 영향은 그가 가지고 있는 대립유전자의 성질에 따른다. 어떤 대립유전자는 **열성(recessive)**이다. 즉 우성의 대립유전자(아래에 언급함)가 없을 경우에만 그것이 표현형으로 나타난다. 예를 들어, 완두에서 주름진 씨앗을 만들게 하는 대립유전자는 둥근 씨앗을 만들게 하는 대립유전자에 대하여 열성이다. 주름진 씨앗은 그것이 주름진 씨앗의 대립형질만 가지고 둥근 씨앗 대립유전자를 가지지 않을 때만 만들어진다.

흔히 열성 대립유전자는 기능이 없는 단백질을 암호화한다. 열성 대립유전자를 2개 가지고 있는 동형접합자는 기능이 없는 단백질만 만든다. 반면에 하나의 기능이 있는 대립유전자 사본을 가지고 있는 이형접합자는 정상 단백질을 가지고 있기 때문에 정상의 표현형을 가진다. 주름진 씨앗은 열성의 기능이 없는 대립유전자로부터 만들어진다. 완두의 경우에는 기능이 있는 대립유전자는 씨앗에 물이 축적되는 것을 방지한다. 이런 대립유전자를 1개나 2개 가지고 있는 씨앗은 처음 익었을 때와 아주 비슷한 모양을 가진다. 그러나 기능이 있는 대립유전자가 없을 때, 물이 씨앗 안으로 들어가서 부풀게 하여 씨앗의 크기를 크게 한다. 이 씨앗이 마르면, 크기가 줄어들고 주름이 져서 마치 풍선을 부풀게 하였다가 공기를 뺐을 때 주름지게 되는 것과 같은 모양을 한다.

우성(dominant)대립유전자는 이것이 열성대립유전자와 있을 때 이것의 효과만 나타난다. 주름진 씨앗의 예에서 우성대립유전자는 기능을 하는 단백질을 만든다. 그러나 종종 돌연변이가 우성대립유전자를 만들어서 열성인 정상 대립유전자를 가리는 경우도 있다. "미국 흰색(American Albino)" 말들은—흰색 털과 꼬리, 갈기를 가지며 분홍색 피부와 검은색 눈을 가지고 있음—이들이 발생하는 동안 털 색깔을 나타내게 하는 유

시각화 ▼

각 완두는 하나의 난자의 수정의 결과로 만들어진다. 하나의 꼬투리에 들어 있는 콩들은 모두 유전적으로 동일한가?

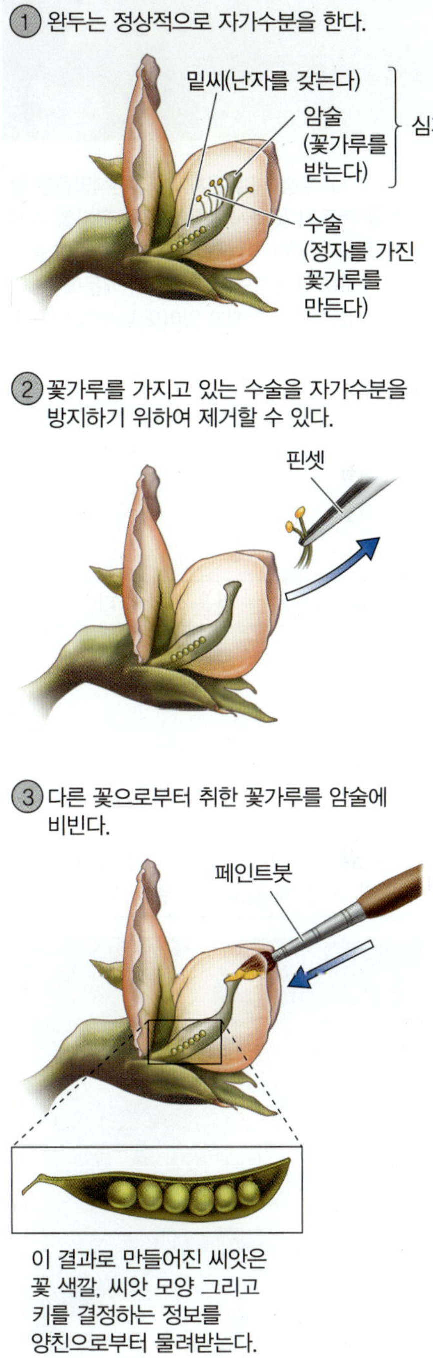

그림 7.9 완두와 유전자. 완두는 생식을 조절하기 쉽고 생활주기가 수주일밖에 안되며 하나의 식물이 수천 개의 씨앗을 만들기 때문에 멘델이 연구하기에 이상적인 생물체였다.

그림 7.10 **우성대립유전자.** 미국 흰색말들은 털 색깔을 만들지 못하게 하는 대립유전자를 가지고 있을 때 생긴다. 이 대립유전자의 산물이 생화학적 경로를 능동적으로 저해하기 때문에 이 대립유전자를 1개만 가지고 있어도 백색증이 된다. (사진제공 린다 고든.)

전자의 발현을 멈추게 하는 돌연변이의 결과로 나타난다. 이 대립유전자가 정상 털 색깔이 나타나는 것을 억제하기 때문에 비록 말이 하나의 사본을 가질지라도 이것의 효과가 나타난다. 다른 말로 말의 백색증은 정상의 털 색깔에 대하여 우성이다(그림 7.10). 사람에서 우성형질은 보조개 그리고 놀랍게도 손, 발가락이 6개인 다지증이 포함된다.

멘델은 완두의 형질을 가지고 오직 단순히 우성과 열성의 관계에 대해서만 연구했다. 그러나 어떤 유전자들은 하나 이상의 우성 대립유전자를 만들기도 하고 또 다른 것들은 **이형(hetero)**접합자에서 동형접합자의 형질과 다르게 나타나기도 한다. 이런 경우를 각각 공동우성(codominance)과 불완전우성(incomplete dominance)이라고 하며 8장에서 좀 더 자세히 살펴볼 것이다. 여기서는 멘델과 마찬가지로 우성과 열성의 형질에 대해서만 초점을 맞추고자 한다.

사람의 유전질환

사람에 있어서 대부분의 대립유전자들은 질병이나 기능장애를 일으키지 못한다. 즉 이들은 단지 다른 하나의 유전자 형태이다. 사람집단에 있어서 대립유전자의 다양성은 우리들 사이에서 외모, 생리 그리고 행동에 있어서의 다양성을 띠게 하는 데 기여한다.

정자은행을 이용하는 여성들이 정자제공자의 다양한 형질에 관심을 가지는 반면에 정자은행은 그들이 제공하는 정자가 유전병의 위험이 있는지에 일차적인 관심을 가진다. 몇몇 유전병은 열성의 대립유전자에 의해 일어나지만 어떤 것들은 우성의 대립유전자에 의해 일어나기도 한다.

hetero- 다르다는 것을 의미한다.

낭포성섬유증은 열성 상태이다. 낭포성섬유증(cystic fibrosis)에 걸린 사람은 염소(chloride)를 폐나 내장 및 다른 기관들의 상피세포 안이나 밖으로 수송하지 못한다. 이 기능의 상실로 세포에서의 나트륨과 염소의 균형이 깨지게 되며 두껍고 끈적끈적한 점액층이 정상 대립유전자에 의해서 생긴 얇으며 미끈미끈한 점액층을 대신하게 된다. 이 질병에 걸린 어린이들은 점진적인 폐기능을 상실하게 되며 영양분을 장막을 통하여 흡수하는 데 어려움을 겪게 되어 일찍 사망한다(그림 7.11).

-zygous 정자와 난자의 수정으로 만들어진 난황세포인 접합자(zygote)로부터 유래한다.

낭포성섬유증은 염소이온 수송 단백질에 돌연변이가 일어나서 세포막에 삽입되지 못하게 되어 걸리게 된다. 낭포성섬유증 대립유전자는 1개의 기능을 가지는 사람이 여전히 정상적으로 염소수송 기능을 하는 단백질을 생산하기 때문에 열성이다. 2개의 돌연변이 대립유전자 즉 기능을 상실한 단백질을 만드는 동형**접합자**(homo**zygous**)에서만 이 질병에 걸리게 된다.

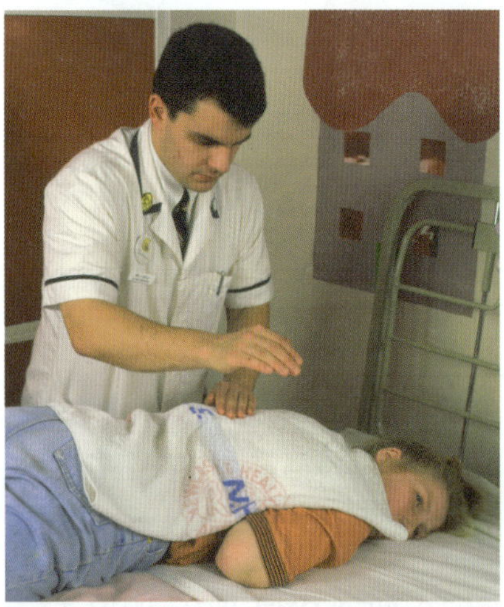

그림 7.11 **낭포성섬유증의 치료.** 타진요법은 환자의 등을 탁탁 두드림으로써 폐에 있는 점액을 흐트러뜨린다. 그렇게 하면 점액은 기침과 함께 나와서 박테리아가 감염되는 기회를 줄인다.

낭포성섬유증은 유럽백인들에게서 가장 빈번히 나타나는 유전병이다—거의 2500명중에 한 명꼴로 나타난다. 또한 25명에 1명은 이 대립유전자에 대하여 이형접합성이다. 열성질병에 대한 이형접합자는 비록 질병에는 걸리지 않지만 질병 대립유전자를 다음 세대에 전달할 수 있기 때문에 **보인자(carrier)**라고 한다. 정자은행은 낭포성섬유증을 비롯하여 여러 열성질환에 대하여 기증된 정자를 조사할 수 있다. 페어팩스 냉동은행을 포함하여 대부분의 정자기증 프로그램들은 기증 정액에 대하여 낭포성섬유증 대립유전자를 가진 사람은 기증 프로그램에서 제외된다. 다른 비교적 잘 알려진 사람에서의 열성 질병은 테이삭스병(Tay-Sachs disease)이라는 치명적인 병으로써 뇌에 노폐물이 쌓여서 이 병에 걸린 어린아이들은 정신적 그리고 육체적 능력의 지속적인 쇠퇴를 가져온다. 다른 하나는 척수근위축증(spinal muscular atrophy, SMA)으로써 근육을 조절하는 신경세포를 죽게 해서 걷지 못하게 하고 궁극적으로 숨을 못 쉬게 하는 질병이다. 페어팩스 냉동은행은 테이삭스병과 척수근위축증의 보인자에 대한 검사도 한다.

헌팅턴병은 우성대립유전자에 의해 발병된다. 헌팅턴병(Huntington's disease)의 초기 증후는 불면증, 정신불안을 수반하며 걷기, 생각하기 그리고 기억하기가 어려워지게 된다. 이 질병은 점진적으로 나타나며 치료가 불가능하다. 즉 신경, 정신 그리고 근육에 장애가 점진적으로 나타나며 마침내는 질병에 걸린 사람은 사망하게 된다. 이 병은 우성대립유전자에 의해 일어나는 치명적인 질병의 대표적인 예이다.

헌팅턴병의 대립유전자는 이 대립유전자에 의해서 만들어진 단백질이 세포의 핵 내에 축적되어 덩어리를 형성한다. 운동을 조절하는 뇌의 특정 지역에 있는 신경세포들은 이 독성단백질이 단백질 덩어리를 잘 만드는 경향이 있으며, 이 세포들은 질병이 진행됨에 따라 점진적으로 죽게 된다(그림 7.12). 이 기능을 상실한 대립유전자가 세포를 손상시키는 단백질을 만들어내기 때문에 정상 단백질이 돌연변이 사본을 보상하거나 수정하지 못한다. 사람이 질병에 걸리는 데는 오직 한 개의 대립유전자만 있으면 된다. 즉 이형접합자도 헌팅턴병의 증세를 나타낸다.

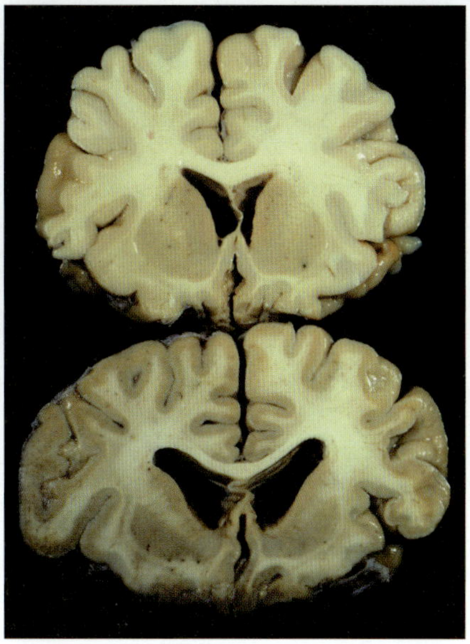

그림 7.12 헌팅턴병과 뇌. 돌연변이 단백질을 가지고 있는 세포는 죽으며 뇌를 수축시키거나 변형시킨다. 이 사진은 헌팅턴병에 걸린 사람(위)과 정상인 사람의 뇌(아래)를 비교한 것이다.

쉬어가기 대부분의 경우 사망을 유발하는 우성 돌연변이는 한 세대로부터 다음 세대로 전달되지 않는다. 헌팅턴병의 무슨 성질이 이 대립유전자를 사람집단에서 존속하게 하는가?

1980대 중반에 와서야 헌팅턴병의 가족력(family history)에 대한 유전자 검사가 가능해져서 질병의 증세가 나타나기 전에 질병에 걸릴 것인지를 알 수 있게 되었다. 비록 대부분의 정자은행이 이 질병에 대한 대립유전자 검사를 실시하지 않지만 정자기증자에 대한 자세한 의학적 기록을 요구함으로써 페어팩스 냉동은행이 병력이 있는 기증자를 목록에서 미리 제외시킬 수 있었다.

퍼넷 사각형을 이용하여 자손의 유전자형을 예측하기

낭포성섬유증과 헌팅턴병의 형질은 어떤 하나의 유전자에 돌연변이에 의한 결과로 나타나며 이런 형질의 유전은 상대적으로 이해하기 쉽다. 우리는 영국의 유전학자인 레지날드 퍼넷(Reginald Punnett)에 의해 개발된 **퍼넷 사각형(Punnett square)**이라는 도구를 사용하여 적은 수의 이런 단일 유전자 형질에 대한 유전을 예측해 볼 수 있다. 퍼넷 사각형은 조사하고자 하는 어떤 유전자나 유전자들에 관하여 양친이 만들어 낼 수 있는 각기 다른 종류의 정자와 난자의 종류를 목록화한 후 양친 사이의 **교배(cross)**로 나타날 수 있는 가능한 결과를 예측하는 표이다(그림 7.13).

시각화

일부 돌연변이에서, 돌연변이 대립유전자를 가진 정자가 정상적인 대립유전자를 가진 정자보다 운동성이 더 적다. 이는 두 개의 돌연변이 대립유전자를 가진 아이의 가능성에 어떤 영향을 미치겠는가?

그림 7.13 이형접합자 사이의 교배. 낭포성섬유증 보인자로부터 정자를 받을 위험도는 얼마나 될까? 이 퍼넷 사각형은 낭포성섬유증 대립유전자를 가지고 있는 어떤 여성이 같은 질병에 대한 보인자인 정자기증자로부터 정자를 받아서 아기를 낳았을 때 어떤 결과가 나올지를 보여준다.

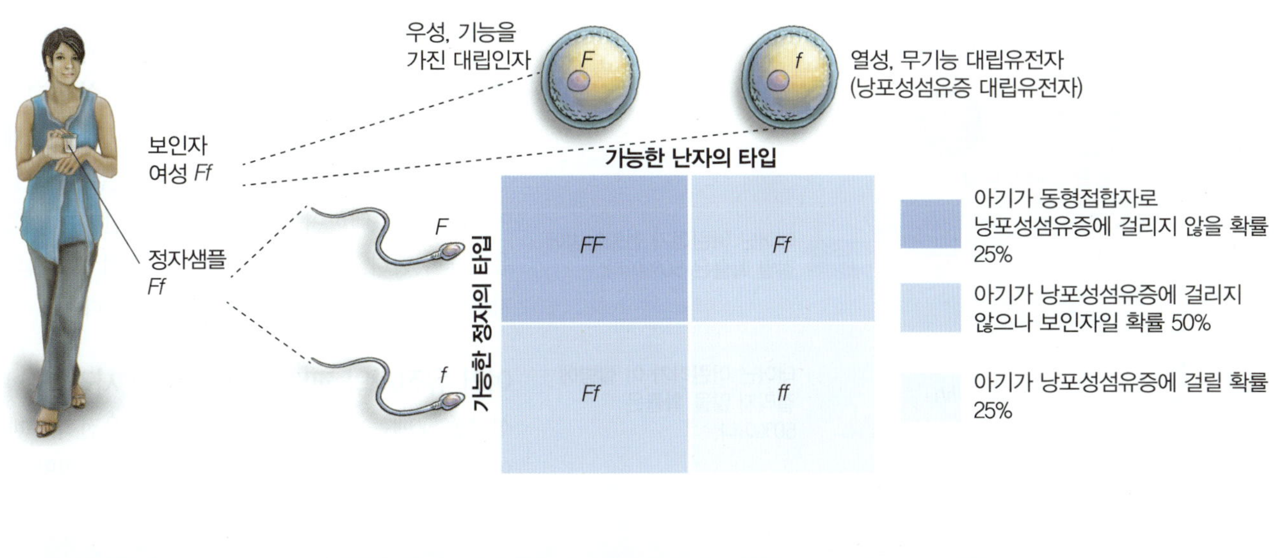

단일 유전자에 대한 퍼넷 사각형의 이용. 어떤 여성과 정자 기증자 모두가 낭포성섬유증에 대하여 보인자인 경우를 상상해 보라. 한 유전자에 대한 서로 다른 대립유전자들을 문자나 숫자로 표시하여 그 유전자가 미치는 형질을 표시한다. 예를 들면, 낭포성섬유증 유전자는 *CFTR*(*cystic fibrosis transmembrane regulator*)로 표시된다. 기능장애의 *CFTR* 대립유전자는 *CFTR*-D*F508*로 표시된다. 따라서 남자나 여자 모두 *CFTR*/*CFTR*-D*F508*의 유전자형을 가진다. 그러나 분석하기 더 쉽게 하기 위하여 여기서는 좀 더 간단한 형태, 즉 *F*와 *f*로 우성대립유전자와 열성대립유전자를 각각 표시하기로 한다. 따라서 낭포성섬유증 보인자는 유전자형 *Ff*를 갖는다. 따라서 두 보인자 간의 유전적 교배는 다음과 같이 표시할 수 있을 것이다:

$$Ff \times Ff$$

우리는 이 교배에서 여성은 *F*나 *f*의 대립유전자를 가진 난자를 만든다는 것을 안다. 왜냐하면 난자를 만드는 과정이 두 개의 대립유전자를 분리해 주기 때문이다. 여기서는 두 개의 난자형을 퍼넷 사각형에서 일어날 결과들 위에 수평축으로 배치하였다(그림 7.13). 남성도 *F*와 *f* 중 어느 하나의 대립유전자를 가진 정자를 만들게 된다. 여기서 이 남성이 만든 정자들을 수직축에 배치하였다. 이리하여 예를 들어 염소를 수송하는 유전자만을 가정해 볼 때, 수평축과 수직축 상에 있는 글자들은 어버이가 감수분열을 통해서 만들 수 있는 모든 형태의 정자와 난자를 표시할 수 있게 된다.

퍼넷 사각형의 내부에는 두 명의 이형접합자끼리 교배하였을 때 일어날 수 있는 모든 유전자형을 표시한다. 각 사각형의 내용물은 난자 행(column)과 정자 열(row)을 짝을 지음으로써 결정된다.

하나의 유전자에 대하여 두 개의 대립유전자가 있다면, 3가지 타입의 자손이 생길 수 있다는 점에 주목하라. 이 교배에서 낭포성섬유증에 걸린 아이를 낳을 확률은 1/4 즉 25%이다. 왜냐하면 총 4가지의 결과 중에 *ff* 대립유전자를 가진 자손은 하나만 생기기 때문이다. 당신은 왜 정자은행이 낭포성섬유증의 보인자를 기증자 목록에서 제외시키는지 알 수 있을 것이다. 자신이 보인자라는 것을 모르는 여성이 질병에 걸린 아이를 낳을 위험성이 너무 높기 때문이다. 마찬가지로, *FF* 유전자형도 4가지 중에 하나만 나타나기 때문에 정상의 동형접합자를 가진 자손도 25%의 확률로 나타난다. 낭포성섬유증 **보인자**(**carrier**, 즉 이형접합자 혹은 *Ff*)인 자손을 낳을 확률은 1/2 즉 50%이다. 왜냐하면 퍼넷 사각형의 안에 두 개가 이 병에 걸리지 않은 이형접합자로 있기 때문이다—하나는 정자의 *F*와 난자의 *f*로부터 그리고 다른 하나는 정자의 *f*와 난자의 *F*로부터 만들어진다.

만약 양친이 어떤 유전자에 대하여 어느 대립유전자를 가지고 있는지 안다면 그들은 쉽게 그들이 낳은 아기가 그 질병 표현형을 가질 확률을 계산할 수 있을 것이다(그림 7.14). 여러분은 이 확률이 각 아기에 대하여 독립적으로 일어난다는 것을 유의해야 한다. 다른 말로 해서, 두 명의 보인자의 자손이 질병에 걸릴 확률은 각각 25%이다.

데이터로 해결하기 ▼

만약 이 양친에 의해 태어난 아이가 헌팅턴병 대립유전자를 가졌다면 이 부부의 두번째 아기가 헌팅턴병에 걸릴 확률은 얼마인가?

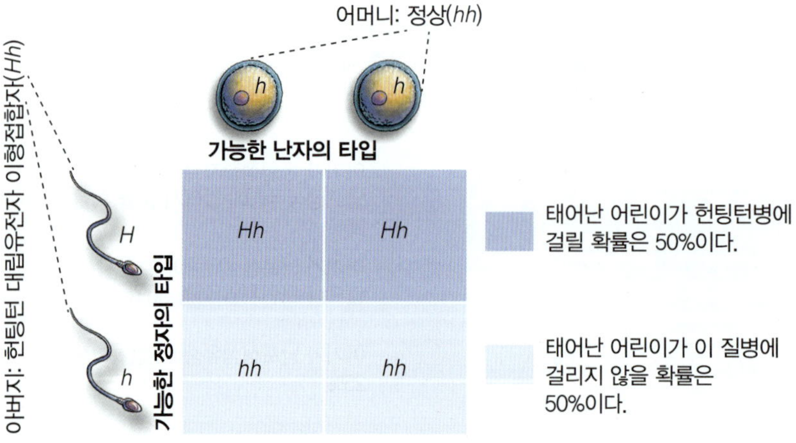

그림 7.14 이형접합자와 동형접합자 간의 교배. 이 퍼넷 사각형은 우성의 헌팅턴병 대립유전자를 1개 가진 남자와 정상인 여자 간에 교배의 결과를 보여준 것이다.

여러 유전자의 교배에 대한 퍼넷 사각형. 양성잡종 교배는 두 가지의 형질에 대한 유전적 교배이다. 멘델의 강낭콩의 예로 돌아가 보자. 씨앗 색과 모양은 각각 하나의 유전자에 의해 결정되며 이들은 서로 다른 염색체에 있다. 멘델이 연구한 두 가지의 씨앗색은 여기서는 노란색을 나타내는 우성인 대립유전자를 *Y*로, 동형접합자일 때 녹색을 나타내고 열성인 대립유전자를 *y*로 표시하였다. 멘델이 연구한 두 가지의 씨앗 모양은 매끄럽고 둥근 모양을 암호화하는 우성 대립유전자를 *R*로, 주름진 모양을 암호화하는 열성 대립유전자를 *r*로 표시하였다.

씨앗 색과 모양에 대한 유전자가 각각 다른 유전자에 있기 때문에 이들은 각각 정자와 난자에 독립적으로 들어간다. 다른 말로, 두 유전자에 대해 모두 이형접합자인 식물(유전형 *YyRr*)은 4가지의 서로 다른 난자를 만들 수 있다. 즉 하나는 두 유전자에 대해 모두 우성인 대립유전자를 가진 것(*YR*), 다른 하나는 두 유전자에 대해 모두 열성 대립유전자를 가진 것(*yr*), 또 다른 하나는 씨앗 색은 우성이고 씨앗 모양은 열성인 대립유전자를 가진 것(*Yr*), 마지막으로 씨앗 색은 열성이고 씨앗 모양은 우성인 것(*yR*)이다.

위에서 퍼넷 사각형으로 설명했듯이, 양성잡종 교배의 분석에서도 모든 정자의 유전자형을 정방형의 한쪽 축에 정렬하고 모든 난자의 유전자형도 다른 축에 정렬한다. 이리하여 씨앗 색과 모양에 대해 이형접합자인 두 개체의 교배를 위한 퍼넷 사각형은 4개의 정자에 대한 행과 4개의 난자에 대한 열로 이루어지며 결과적으로 1개의 정방형에 4가지의 표현형을 나타낼 16개의 박스로 표시될 수 있다(그림 7.15).

양성잡종 교배의 결과로 9:3:3:1의 **표현형 비(phenotype ratio)**가 나타날 것이다. 이 경우에 9/16은 양쪽 모두 우성대립유전자를 가지 유전자형을 포함할 것이다(Y_R_, 여기서 _는 각 유전자에 대한 두 번째 대립유전자가 우성이던 열성이던 관계없다는 것을 나타낸다); 3/16은 하나의 유전자의 우성대립유전자만 포함한다(Y_rr); 3/16은 다른 하나의 유전자의 우성대립유전자만 포함한다(yyR_); 1/16은 열성대립유전자에 의한 표현형을 나타낸다(yyrr).

쉬어가기 퍼넷 사각형은 두 개의 대립유전자로 된 몇 개의 유전자에 대해서도 만들 수 있다. 세 개의 이형접합자를 가진 완두(TtYyRr)의 교배를 상상해 보라. 몇 가지의 서로 다른 타입의 배우자가 만들어질까? 퍼넷 사각형에서 몇 개의 박스가 만들어질까?

당신이 상상하던 대로 퍼넷 사각형 분석에서 유전자의 수가 증가할수록, 가능한 유전자형의 수가 증가함에 따라 정방형 내의 박스의 수도 증가한다. 두 개의 대립유전자를 가지고 있는 두 개의 유전자로는 이형접합자에 의해 만들어지는 독특한 형태의 배

데이터로 해결하기

곱슬머리(*CC*)는 파형머리(*Cc*) 또는 곧은머리(*cc*)에 대해 우성이며 검은 눈(*DD* 또는 *Dd*)은 푸른 눈(*dd*)에 대해 우성이다. (눈 색깔은 실제로는 몇 가지 다른 유전자들에 의해서 결정되지만 이 예에서는 단 한 가지 유전자에 의해 조절되는 것으로 한다). 이 두 가지 형질에 대해 이형접합자인 부모에서 태어난 자손들 중에 곱슬머리 검은 눈이 태어날 확률은 얼마인가?

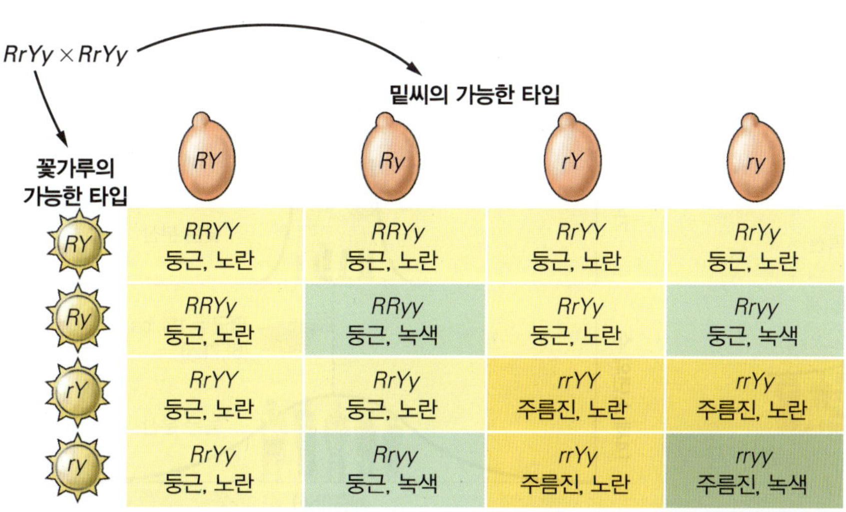

그림 7.15 양성잡종 교배. 퍼넷 사각형은 두 개의 서로 다른 유전자를 포함하는 교배의 결과를 예측하는 데 사용될 수 있다. 이 교배는 씨앗 색과 모양 유전자에 대해 모두 이형접합자인 두 개의 완두가 관련되어 있다.

지능은 유전자의 문제인가 아니면 우리가 아이를 키우는 환경조건에 의해 좌우되는가?

우자의 수가 4가지이며 퍼넷 사각형에서 박스 수는 16개이고 자손대에서 나타나는 독특한 유전자형의 종류는 9가지이다. 두 가지의 대립유전자를 가진 세 개의 유전자로는 퍼넷 사각형은 64개의 박스와 22가지의 유전자형을 가지게 된다. 4개의 유전자로는 정방형이 256개의 박스를, 그리고 5개의 유전자로는 1000개 이상의 박스를 가지게 된다! 교배의 결과를 예측하는 것은 분석하는 유전자 수가 증가함에 따라 매우 어렵게 된다.

과학자들이 점점 더 많은 이런 유전자나 대립유전자들을 발견하게 됨에 따라 기증자나 다른 잠재적인 부모의 유전자에 대한 정보도 증가할 것이다. 잠재적인 부모에 있어서의 특정 유전자의 동정과 검사는 그들의 자손에 있어서의 수많은 유전자형의 빈도(likelihood)를 예측하는 것을 가능하게 할 것이다. 불행하게도, 좀 더 복잡한 형질이 어떻게 나타나는지에 대한 이해가 증가할수록 이런 유전자 검사의 증가는 형질의 발생에 대한 이해도의 증가와 일치하지 않는다는 것을 다음 절에서 보듯이 알게 된다.

7.3 양적 유전학: 유전자와 환경이 상호작용할 때

앞 절에서 설명한 단일유전자에 의한 형질은 분명한 "유무(on-or-off)"의 특징을 가진다. 즉 개체들은 하나의 표현형(예를 들어, 완두 씨앗이 둥근)을 가지거나 다른 하나의 표현형(완두 씨앗이 주름진)을 가진다. 형질들은 이와 같이 정성적인 성질을 가진다. 그러나 정자를 선택하는 여성들이 중요하다고 생각하는 많은 형질(예를 들면, 신장, 체중, 눈 색깔, 음악적 재능, 암에 걸릴 가능성, 그리고 지능 등)들은 유무의 성질을 가지지 않는다. 이런 형질들은 **양적 형질(quantitative traits)**이라고 한다. 양적 형질들은 **연속적 변이(continuous variation)**를 보여준다. 즉 예를 들어, 어떤 집단 내에서 키가 아주 큰사람으로부터 아주 작은 사람 사이에 넓은 범위의 표현형이 나타난다. 양적 형질에서의 넓은 변이는 인간의 집단에서 볼 수 있는 커다란 다양성을 가지게 한다.

집단에서의 양적형질의 표현형 분포는 그래프로 나타낼 수 있다. 이 데이터들은 소위 **정규분포(normal distribution)**라는 종모양의 형태를 띤다. 그림 7.16a는 어떤 대학의 어떤 학급의 학생 신장의 정규분포를 보여준다. 각 학생들은 그림 하단의 신장을 표시

데이터로 해결하기

그림 7.16a를 자세히 조사해 보라: 이 특정 집단에서의 평균 신장 값인 5피트 10인치(1.78 m)라는 것은 대부분의 사람이 이 평균값을 가진다는 것을 의미하는가? 대부분의 사람의 신장이 이 평균값에 가까운가 아니면 넓게 분포되어 있는가?

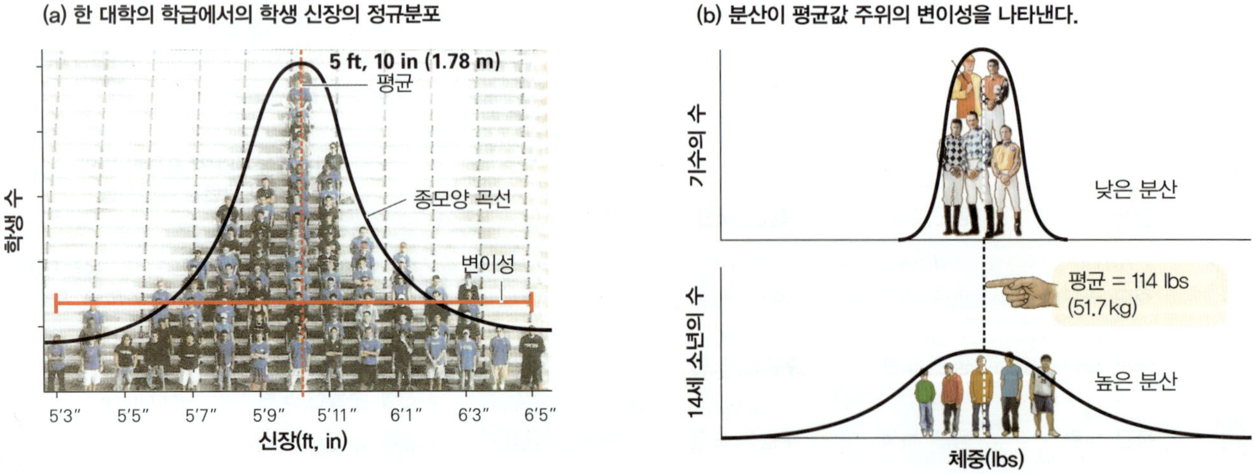

그림 7.16 양적 형질. (a) 이 사진은 학생들을 신장의 크기대로 정렬하였을 때, 정규분포를 그린다는 것을 보여준다. 종모양 곡선의 정점은 평균값으로서 5피트 10인치(1.78 m)임을 보여준다. (b) 14세 되는 어린이의 체중과 기수들의 체중은 평균값은 약 114파운드(51.7 kg))로서 같다. 그러나 기수가 되기 위해서는 체중이 평균값으로부터 4파운드(1.81 kg) 이내에 있어야 한다. 따라서 기수들의 체중의 분산이 14세 어린이의 체중의 분산보다 훨씬 적어야 한다.

한 숫자 뒤에 서 있다. 그림을 가로 질러서 그린 곡선은 이 결과를 요약하여 만든 이상적인 종모양의 곡선이다.

종모양의 곡선의 두 가지 중요한 정보를 가지고 있다. 첫 번째는 그 곡선의 가장 높은 점으로서 그 자료의 **평균(mean)**값을 나타낸다. 평균은 그 집단의 형질 값의 합을 구한 후에 이것을 집단에 속한 사람 수로 나누어서 구한다. 두 번째는 종의 넓이로서 이것은 집단의 변이성을 의미한다. 변이성은 수학적 용어인 **분산(variance)**으로 표시하며 이것은 각 개인이 평균값으로부터 얼마나 떨어져 있는 것인지를 표시한다. 어떤 형질에 대하여 낮은 분산은 집단 내 변이성이 적다는 것을 말하고 높은 분산은 변이성이 크다는 것을 의미한다(그림 7.16b).

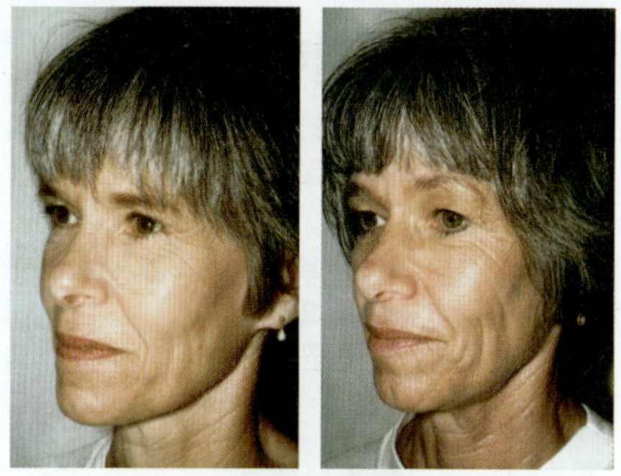

그림 7.17 **환경이 표현형에 미치는 영향.** 이 일란성 쌍생아들은 정확히 일치하는 유전자형을 가지고 있으나 환경적이 요인들 때문에 아주 다른 외모를 하고 있다. 오른쪽 쌍생아는 사는 동안 쭉 담배를 피웠고 햇볕에 그을렸으나 왼쪽 쌍생아는 담배를 피우지 않았으며 햇볕에 노출되는 시간이 적었다.

왜 형질들이 양적일까

표현형이 어떤 범위로 나타나는 것은 집단에 속하는 개인들에서 유전자형이 여러 개 있기 때문이다. 이것은 형질이 여러 개의 유전자에 의해 영향을 받을 때 나타날 수 있으며 1개 이상의 유전자에 의해 나타나는 형질을 **다유전자 형질(polygenic trait)**이라 한다.

위에서 보았듯이, 두 개의 대립유전자를 가진 하나의 유전자가 하나의 형질을 결정할 때 *FF*, *Ff* 그리고 *ff*의 세 가지 유전자형이 나올 수 있다. 그러나 대립유전자를 한 개 이상 가진 하나 이상의 유전자가 하나의 형질을 결정할 때에는 수많은 유전자형이 가능하다. 이런 유전자 중 몇몇은 **전사조절인자(transcription regulator)**들로써 이들은 다른 유전자들이 언제, 어떨 때 발현이 될지(다른 말로 "켜질지")를 결정하는 단백질이다. 이와 더불어 어떤 다유전자 형질의 대립유전자는 전형적인 전사인자에 전혀 반응을 하지 않거나 아주 드물게 반응을 하기도 한다. 예를 들어, 사람의 눈 색깔은 적어도 세 개 이상의 유전자에 의해 결정되는 다유전자 형질이다. 이 유전자들은 갈색 색소인 멜라닌 색소를 만들고 이를 홍체로 운반하는 데 작용한다. 이런 유전자들의 서로 다른 대립유전자들이 상호작용할 때, 눈 색깔의 범위가 진한 갈색(멜라닌이 많이 존재)으로부터 푸른색(멜라닌이 아주 소량 존재)까지 나타난다. 사람들 간의 연속적인 변이는 이 표현형에 영향을 주는 다음의 기능을 하는 유전자의 상호작용에 의해 나타난다: 멜라닌 생산을 담당하는 유전자, 멜라닌 생산을 결정하는 전사인자 유전자, 그리고 멜라닌 운반 유전자.

poly- '많다'를 의미한다.

양적 형질에서 연속변이가 나타나는 또 다른 원인은 환경적 요인의 영향이다. 이 경우에는 각 유전자형이 외부의 영향에 따라 여러 범위의 표현형을 만들어 낼 수 있다. 환경이 표현형에 미치는 영향에 대한 대표적 예는 그림 7.17에서 볼 수 있다. 이 1란성 쌍생아는 유전자형이 서로 100% 일치한다. 그러나 이들의 외모는 아주 다르다. 이러한 차이점은 전적으로 그들이 처한 환경이 서로 달랐기 때문이다—한쪽 쌍생아는 담배를 피웠고 햇볕에 많이 노출되었으나 다른 쌍생아는 담배를 피우지 않았으며 햇볕에 덜 노출되었다.

연속변이를 보여주는 대부분의 형질들은 유전자뿐 아니라 다른 환경적 요인에 의해서도 영향을 받는다. 사람의 피부색은 이런 타입의 형질의 예이다. 개인의 피부색의 검은 정도는 피부표면에 있는 멜라닌의 양에 의해 좌우된다. 눈 색깔과 마찬가지로 여러 개의 유전자, 즉 멜라닌의 합성과 합성된 멜라닌을 피부에 전달하는 유전자들이 피부색의 표현형에 영향을 준다. 그러나 환경 특히 햇볕에 노출되는 정도도 또한 개인의 피부색을 결정하는 데 영향을 준다(그림 7.18). 멜라닌의 합성량이 증가하고 이것이 햇볕에 노출되면 검게 된다. 여러 해 동안 햇볕에 심하게 노출되면 피부는 영구히 검게 될 수도 있다.

그림 7.18 **피부색은 유전자와 환경에 의해 영향을 받는다.** (a) 이 두 여성 사이의 피부색의 차이는 일차적으로 피부색소를 만드는 대립유전자의 차이에 기인한다. (b) 이 사진에 나와 있는 사람의 햇볕으로부터 보호된 부분과 햇볕에 노출된 부분의 색의 차이는 전적으로 환경적 요인에 기인한다.

데이터로 해결하기 ▼

부모와 자손 간의 낮은 상관관계를 보여주는 그래프는 이 그래프와 어떻게 다를까?

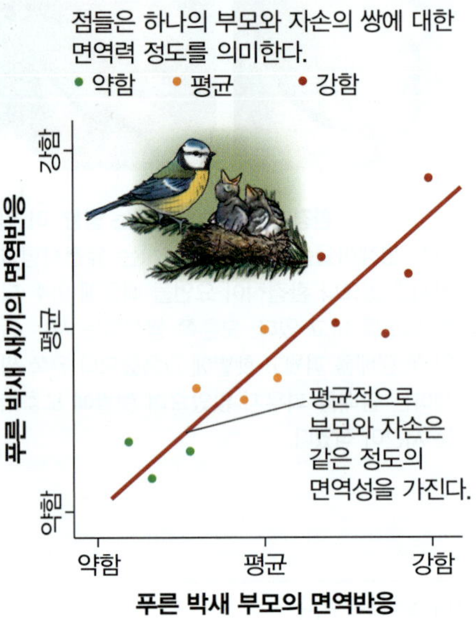

그림 7.19 유전력을 측정하기 위하여 상관계수를 사용하기. 푸른 박새라는 유럽 새의 종에서 부모와 자손 간의 면역계 반응의 밀접한 상관관계는 그들의 면역반응이 유전이 잘 된다는 것을 나타낸다.

쉬어가기 미국인의 평균 신장이 지난 50년 동안 변하지 않은 반면에 덴마크와 같은 다른 나라 사람들의 신장은 증가하였다. 신장은 전형적인 양적 형질로서 여러 유전자에 의해 영향을 받을 뿐 아니라 어릴 적의 영양상태와 같은 환경적인 요인에 의해서도 영향을 받는다. 왜 미국인의 신장이 다른 나라 사람들같이 증가하지 않는가에 대한 유전적인 가설과 환경적인 가설을 제시해 보라.

페어팩스 냉동은행으로부터 대학원급 정자 기증자를 선택하는 여성들은 똑똑하고 성공할 아기를 낳을 것을 기대한다. 그러나 지능은 유전적 요소뿐 아니라 환경적 요소를 가지고 있다. 이 두 가지 영향의 중요한 역할을 가지고 박사학위를 받은 아버지를 둔 어린이가 박사학위를 취득할 수 있는 능력을 가질지를 어떻게 예측할 수 있을까?

유전력 계산

양적 형질을 결정하는 유전자의 역할을 결정하기 위해서 과학자들은 형질의 **유전력(heritability)**을 계산하여야 한다. 대부분의 집단에서 양적 형질에 대한 유전력을 추정하기 위해서 연구자들은 유전적 유사성이 조금씩 다른 개인 간의 상관관계를 조사한다. 상관관계는 관련 있는 개체에서 형질의 측정값이 알려졌을 때, 어떤 개체의 형질 값을 얼마만큼 정확하게 예측할 수 있는지를 결정한다. 예를 들어, 그림 7.19는 부모 새와 그 자손들 사이에 파상풍 백신에 대한 반응정도의 상관관계를 보여준다. 강하게 반응한 개체는 항파상풍 단백질 즉 항체를 많이 생산하였고, 약하게 반응한 개체는 항체를 적게 만들었다.

그래프에서 보듯이, 약하게 반응하는 부모들은 약하게 반응하는 새끼들을 낳았으며 강하게 반응하는 부모들은 강하게 반응하는 새끼들을 낳았다. 이 강한 상관관계는 파상풍에 반응하는 능력은 유전력이 높다고 할 수 있다. 즉 새들에서 면역반응의 차이의 대부분은 유전적 차이에 기인한다.

사람에서 유전력은 전형적으로 집단 간의 상관관계를 조사함으로써 이루어진다. 이런 조사는 특정 형질의 값이 부모와 자녀들 사이에 그리고 자녀들 사이에 얼마나 유사하고 다른지를 조사함으로써 이루어진다. 전체 집단에 대하여 조사를 하였을 때, 상관관계의 강도로 유전력을 측정할 수 있게 된다(그림 7.20). 유전력의 유용성과 한계는 7.4절에서 좀 더 자세히 설명된다.

사람집단에서의 유전력 측정: 더 자세히 알아보기 ▼

지능은 흔히 IQ검사로 결정한다. 프랑스의 생리학자인 알프레드 비네(Alfred Binet)가 1990년대에 파리의 학생들을 대상으로 치료가 필요한 학생들을 찾기 위해 지능지수(intelligence quotient 혹은 IQ)를 개발하였다. 비네의 IQ검사는 지능의 이론에 기초한 것은 아니며 지적 능력을 완벽하게 측정하는 것은 아니다. 그러나 이 테스트는 타고난 즉 천성의 지능을 측정할 수는 있다. IQ검사를 이런 방향으로 사용하는 것에 대한 중대한 논란이 있다.

비록 IQ검사가 일반적인 지능을 실제로 측정할 수는 없을지라도, IQ값은 학문적 성공과 관계가 있다. 즉 고학력을 가진 사람들이 일반적으로 IQ값이 높다는 것을 의미한다. 따라서 비록 그들의 IQ값을 모르더라도, 박사급 기증자의 IQ가 그렇지 못한 사람의 것보다 높을 것이라고 기대하는 것은 합리적이다. 그러나 유망한 정자 제공자의 높은 IQ가 유전적인 기반을 가지고 있는가에 대한 의문이 여전히 남는다.

부모와 그 자손간의 평균 상관계수는 0.42이다. 다른 말로, 개인 간의 IQ변이의 42%가 그들

더 자세히 알아보기, 계속

신장과 같은 대부분의 형질에 대하여 사람들은 다양한 유형으로 나타난다.

우리들의 차이점이 환경에 의하여 얼마나 영향을 받을까? 그리고 어느 정도가 유전자의 차이점에 기인할까?

친척들 간의 상관관계(예를 들어, 여기서는 아버지와 아들 사이)는 개인 간의 차이를 결정하는 데에서 유전자의 중요성에 관한 정보를 제공할 수 있다.

그림 7.20 사람에서의 유전력 측정. 부모와 자녀를 비교함으로써 신장과 같은 양적 형질의 유전적 요인을 추정할 수 있다.

의 유전자에 기인한다. 그러나 어린이들은 전형적으로 부모와 비슷한 사회적, 경제적 환경에서 길러진다. 따라서 두 집단 사이에 IQ의 상관관계는 유전자의 상대적인 중요성을 환경의 중요성으로부터 구분할 수가 없다. 이것이 "선천 대 후천"에 관한 대부분의 논쟁에서 발견되는 문제점이다—어린이들이 부모를 닮는 것은 그들이 "그렇게 타고났기" 때문인가 아니면 "그렇게 길러졌기" 때문인가?

부모와 자녀들 간에 유전자와 환경이 중복되는 문제점을 피하기 위하여 연구자들은 중복되는 하나의 요인을 제거할 수 있는 상황을 찾는다. 이런 상황을 연구자의 조정이 없이도 중복되는 하나의 요인이 자연히 제거되었기 때문에 **자연실험(natural experiment)**이라고 한다. 사람의 쌍생아들은 사람의 양적형질의 유전력에 관한 가설을 검증할 수 있게 하는 하나의 자연실험의 재료이다.

모든 대립유전자가 동일한 1란성 쌍생아와 대립유전자의 50%가 동일한 2란성 쌍생아를 비교함으로써, 연구자들은 관계되는 유전자의 영향과 환경의 영향을 분리할 수가 있다. 같은 가정에서 성장한 쌍생아들은 어린이 시절에 비슷한 경험을 하기 때문에, 1란성 쌍생아와 2란성 쌍생아 사이의 유일한 차이는 그들의 유전적 유사성 정도라고 예측할 수 있을 것이다. 쌍생아를 이용한 여러 연구를 통하여 얻어진 IQ의 유전력은 약 0.52이다. 이것은 사람집단 내의 52%의 IQ의 변이는 유전자의 차이에 기인한다는 것을 의미한다. 이것은 부모와 자녀 간의 연구에서 얻어진 42%의 값보다 큰 값이어서 다소 놀라운 결과이다.

그러나 1란성 쌍생아와 2란성 쌍생아들은 단지 유전자형의 차이보다 더 큰 차이가 있다. 특히 1란성 쌍생아들은 2란성 쌍생아보다 더 닮았다고 취급된다. 이것은 단지 1란성 쌍생아들이 그들의 외모에 있어서의 더 유사성이 있기 때문에 그리고 다른 사람들에 의해 그들이 모든 점에서 닮았다고 생각되기 때문에 일어난다. 만약 1란성 쌍생아들이 2란성 쌍생아보다 더 닮았다고 예상한다면, 그들이 계속해서 같은 경험을 가지게 하고 같은 수준의 성취도를 가지도록 권유받기 때문에 그들의 IQ값이 비슷할 것이다.

그림 7.21 태어날 때부터 떨어져 자란 쌍생아들. 타마라 라비(Tamara Rabi, 왼쪽)와 아드리아나 스콧(Adriana Scott)은 20세에 이들의 친구들이 그들이 매우 닮았다는 것을 알아낸 다음 만났다. 타마라는 맨하튼의 서북쪽에서 자랐고 아드리아나는 롱아일랜드 교외에서 자랐으나 그들은 비슷한 외향적 성격을 나타냈고, 춤을 좋아하고 같은 브랜드의 샴푸를 사용하였다.

그러나 이 문제를 해결할 자연실험이 한 가지 있다. 다른 환경에서 자란 1란성 쌍생아와 2란성 쌍생아를 비교함으로써, 두 타입의 쌍생아 간에 대한 편향적 취급의 문제점을 최소화시킬 수 있었다. 이는 아무도 이들이 쌍생아라는 것을 모르기 때문이다(**그림 7.21**). 만약 유전자의 변이가 사람 간의 IQ값의 변이를 설명하지 못한다면 떨어져서 자란 1란성 쌍생아들이 서로 관련이 없는 같은 나이의 같은 성별의 두 명보다 더 비슷하지 않을 것이다.

과학자들에게는 불행하게도(그러나 아마도 어린이들에게는 다행스럽게도) 쌍생아들이 아주 어린 시절에 떼어 놓게 되는 경우는 극히 드물다. 연구자들은 이런 아주 작은 수의 분리된 쌍생아 연구를 통하여 IQ의 유전력이 0.72이라는 높은 값을 얻었다. 이 연구와 다른 상관관계 연구는 유전자의 차이가 사람들 간의 IQ지수의 변이에 영향을 준다는 생각을 지지해 준다. **표 7.2**는 IQ 유전력의 측정을 요약하였으며 이장의 다음 절에서 논의될 주의점 들을 미리 보여준다.

7.4 유전자, 환경, 그리고 개체

아마도 우리는 이제 박사학위 취득자인 정자 기증자 아버지가 아이의 지능발달에 미치는 중요성을 결정할 수 있을 것이다. 우리는 정자 기증자가 눈 색깔, 피부색, 그리고 어떤 유전병에 대한 민감도와 같은 그들 아이의 몇몇 형질에 결정적으로 영향을 미친다는 것을 알게 되었다. 이에 덧붙여, 위에서 언급한 쌍생아 연구에 따르면, 정자 기증자는 그의 지적형질 또한 아이에게 전달할 것이다. 사실 IQ의 유전력이 50%가 넘기 때문에 개인의 지능을 결정하는 데 유전자가 일차적 요인이 된다. 이는 "박사" 정자에 높은 가격을 지불하는 것이 좋은 생각처럼 보인다.

그러나 우리는 쌍생아 연구의 결과를 정자 기증자의 상대적 가치를 매기는 데 적용할 때 매우 주의를 기울여야 한다. 그 이유를 이해하기 위하여, 유전력의 실제적인 의미에 대하여 좀 더 자세히 살펴볼 것이다.

표 7.2 어느 정도 IQ가 유전될까? IQ 유전력의 다양한 측정값, 그리고 개인의 잠재적인 지능을 결정하는 유전자들을 이해하기 위하여 IQ값을 사용하는 것의 단점 및 문제점을 요약하였다.

측정방법	유전자에 의해 결정되는 표현형의 추정 퍼센트값	이 결과를 해석할 때의 주의 사항	모든 유전력 측정에 적용할 때의 주의 사항
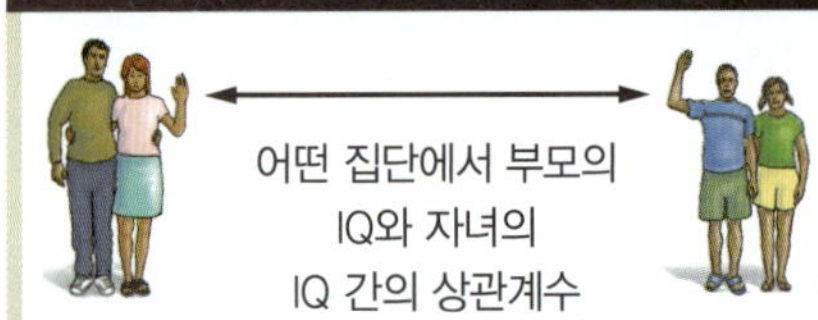 어떤 집단에서 부모의 IQ와 자녀의 IQ 간의 상관계수	42%	부모와 자녀가 같이 살 때, 상관관계에서 환경의 영향을 배제할 수가 없다.	• 유전력 값들은 그들이 측정된 집단에 특이하다. • 어떤 형질에 대한 높은 유전력은 이것이 환경조건에 심각하게 영향을 받지 않는다는 것을 뜻하지는 않는다. • 유전력은 집단을 측정하는 것이지 개인을 측정하는 것은 아니다.
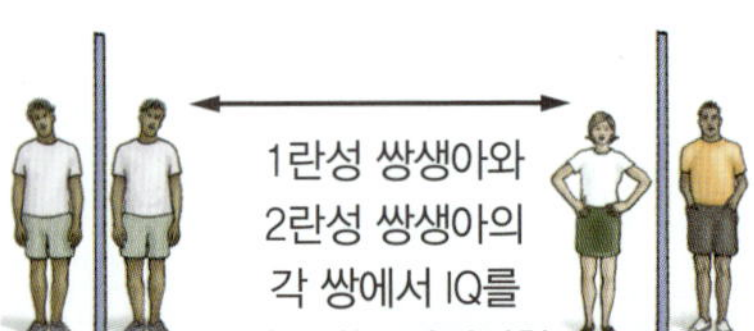 1란성 쌍생아와 2란성 쌍생아의 각 쌍에서 IQ를 비교하는 자연실험	52%	1란성 쌍생아를 2란성 쌍생아보다 더 닮았다고 취급하기 때문에, 유전력 값이 과대평가될 수 있다.	
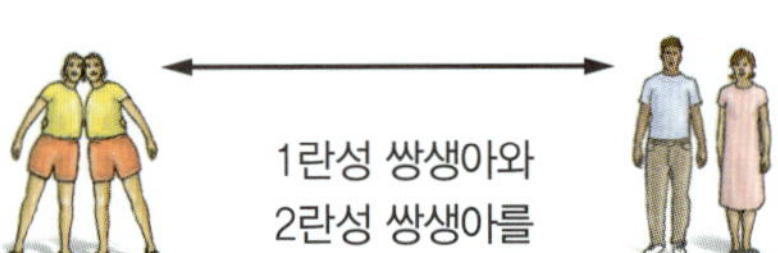 1란성 쌍생아와 2란성 쌍생아를 각각 분리하여 키웠을 때의 IQ를 비교하는 자연실험	72%	적은 샘플 수가 결과를 왜곡시킬 수 있다.	

유전력의 이용과 오용

계산된 유전력은 그것을 측정한 집단과 그 집단이 처한 환경에 한정된다. 우리가 유전력을 어떤 형질발달에 유전자가 미치는 영향을 측정하는데 적용할 때 매우 주의를 해야 한다. 다음 절에서 그 이유를 설명한다.

집단 사이의 차이는 아마도 전적으로 환경에 기인한다. "사고실험(thought experiment)"이 이 점을 이해하는 데 도움을 줄 것이다. 실험쥐의 체중은 그 유전력이 90%로 강한 유전적 요인을 가진다. 체중이 다양한 생쥐의 집단에서, 큰 생쥐는 큰 생쥐를 낳고 작은 생쥐는 작은 생쥐를 낳는다.

우리가 크기가 다양한 생쥐 집단을 무작위로 둘로 나눈다고 가정해 보자—하나는 음식을 충분히 주고 다른 그룹은 음식을 제한적으로 준다. 생쥐들은 다른 점은 모두 똑같이 한다. 예상한대로, 유전적인 요인에 관계없이 고칼로리의 음식으로 키운 생쥐들은 지방을 체내에 축적하는 반면, 저칼로리의 음식으로 키운 생쥐들은 체지방을 거의 축적하지 못했다. 이들 집단을 자가교배하여 계속 같은 조건으로 키운다고 가정해 보라. 당연히 고영양가의 음식으로 키운 생쥐의 2세대 자손은 저영양가의 음식으로 키운 집단에 비해 체중이 더 나갈 것이다. 이제 다른 연구자가 와서 이 두 집단에 대하여 영양조건에 대하여 모르는 상태로 실험한다고 가정해 보라. 체중의 유전력이 높다는 것을 알기 때문에 논리적으로 두 집단이 유전적으로 다르다는 결론을 내릴 것이다. 그러나 우리는 이것이 사실과 다르다는 것을 안다—무거운 쥐나 가벼운 쥐 모두 동일한 양친 집단에서 나온 자손들이다. 이들 두 그룹의 생쥐들은 단지 매우 다른 환경에서 자란 것이다(그림 7.22).

여기서 같은 사고실험을 사람 그룹으로 확장해 보자. 두 종류의 사람 집단이 있고, IQ가 높은 유전력을 가지고 있다고 하자. 이런 경우에, 한 그룹은 대부분 사람들이 높은 IQ지수를 가지며 풍요한 환경에서 키웠고 다른 그룹은 대부분의 사람들이 낮은 IQ지수를 가지며 제한된 환경에서 키웠다. 여러분은 이들 두 그룹 간의 유전적 차이에 대하여 어떤 결론을 이끌어 낼 수 있을 것인가? 답은 없을 것이다. 실험쥐와 마찬가지로, 이들의 차이는 전적으로 환경에서 기인할 것이다. 지능의 높은 유전력은 상이한 사회환경에 처한 두 집단이 다른 IQ를 나타내는 것이 유전 차이의 결과인지 혹은 환경적 차이의 결과인지를 말해주지 못한다.

높은 유전력을 가진 형질도 여전히 환경의 변화에 반응한다. IQ의 높은 유전력은 환경적 요인이 크게 작용하지 못한다는 것으로 생각하기 쉽다. 그러나 동물실험에서 지능은 높은 유전력을 가질 뿐 아니라 환경에 의해서도 강하게 영향을 받을 수 있다는 것을 보여줬다.

큰쥐들을 미로 달리기(maze-running) 능력을 조사하기 위하여 키운다. 연구자들은 "미로-영리한(maze-bright)" 큰쥐와 "미로-우둔한(maze-dull)" 큰쥐를 만들어 냈다. 미로 달리기 능력은 실험실에서는 높은 유전력을 보여주었다. 영리한 쥐는 영리한 새끼들을 낳았으며 우둔 한 쥐는 우둔한 새끼를 낳았다. 서로 다른 환경에서 키운 미로-영리한 쥐와 미로-우둔한 쥐에 의해 저질러진 실수의 횟수를 측정한 실험의 결과는 표 7.3에 나타내었다.

전형적인 실험실 환경에서, 영리한 쥐가 우둔한 쥐보다 훨씬 나았다. 그러나 매우 지루하거나 제한된 환경에서뿐 아니라 아주 좋은 환경에서도 이 두 그룹의 쥐는 동일

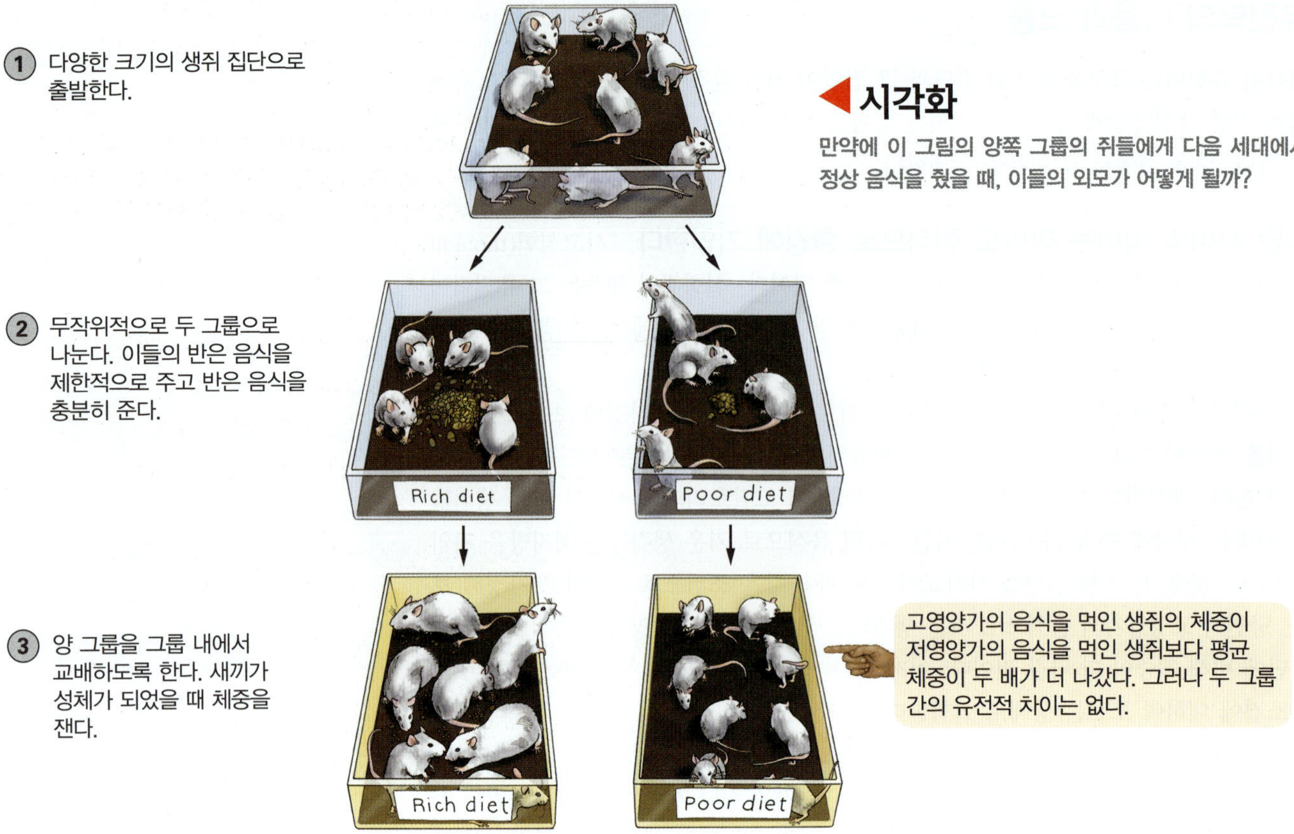

◀ 시각화

만약에 이 그림의 양쪽 그룹의 쥐들에게 다음 세대에서 정상 음식을 줬을 때, 이들의 외모가 어떻게 될까?

그림 7.22 환경이 유전력이 높은 형질에 강력한 영향을 준다. 만약 유전적으로 비슷한 생쥐집단이 급격하게 다른 환경에서 길러진다면, 이 두 집단 간의 형질의 차이는 전적으로 환경에 기인한 것이다.

하게 행동하였다. 사실 어떤 쥐도 나쁜 환경에서 나아지지 않았으며 모든 쥐가 좋은 환경에서 나아졌다. 특히 우둔한 쥐가 영리한 쥐보다 더 큰 폭으로 향상되었다.

이 예가 보여주는 것은 우리는 환경의 변화에 대한 형질의 반응을, 심지어 그 형질이 높은 유전력을 가질지라도, 예측할 수가 없다는 것이다. 따라서 비록 IQ가 높은 유전적 요인을 가지고 있더라도 IQ에 영향을 주는 환경적 요인이 개인의 지능에 큰 영향을 끼칠 수 있을 것이다.

쉬어가기 몇몇 해설자들은 만약 IQ의 유전력이 크다면 뒤처진 학교에 재정적 지원을 증가시키는 것은 이런 강한 유전적 요인이 환경적 변화에 잘 반응하지 못할 것이기 때문에 실패할 가능성이 높다고 주장한다. 유전력의 적절한 적용에 대한 여러분의 이해를 이런 논쟁을 물리치는 데 사용해 보라.

표 7.3 매우 높은 유전력을 가진 형질도 모든 환경에서 동일하지 않다.

	아래환경에서 실수의 횟수		
표현형	정상 환경	제한적인 환경	좋은 환경
미로-영리한 쥐	115	170	112
미로-우둔한 쥐	165	170	122
결과의 설명	미로-우둔한 쥐들은 미로-영리한 쥐들보다 미로를 달릴 때 더 많은 실수를 저질렀다.	양 그룹의 쥐들이 미로를 달릴 때 같은 수의 실수를 저질렀다.	양 그룹의 쥐들이 미로를 달릴 때 더 적은 실수를 저질렀다. 미로-우둔한 쥐들이 정상적인 환경과 비교해 볼 때 가장 많이 개선되었다

유전력은 두 개체가 왜 다른지를 알려주지 않는다. 높은 유전력을 가진 형질은 흔히 두 개인 간의 차이가 대부분 그들의 유전자의 차이에 기인한다고 여겨진다. 그러나 비록 유전자들이 어떤 특정 환경에서 개인 간의 변이의 90%를 설명한다 하여도, 한 개인의 다른 개인들과의 차이점은 전적으로 환경의 작용일 수가 있다(그림 7.17의 쌍생아의 예를 보라).

현재로는, 특정 아이가 지진아 학생이라면 이것이 유전자 때문인지, 열악한 환경 때문인지 아니면 이 두 요소의 조합 때문인지를 결정할 수 있는 방법은 없다. 또한 박사 학위를 가진 사람의 정자로부터 태어난 아이가 나중에 성공한 학자가 될지 예측할 수 있는 방법은 없다. 우리가 말할 수 있는 것은 현재 우리가 알고 있는 IQ의 유전력과 사회적 환경에서는, 박사학위를 받은 사람의 정자의 대립유전자는 높은 IQ를 가진 아이를 낳을 수 있는 확률을 높여줄 수 있다는 것뿐이다.

하나의 형질에만 영향을 주는 유전자는 거의 없다는 것을 아는 것도 중요하다. 심지어는 멘델도 그의 연구에서 흰색 꽃을 가진 완두의 씨앗도 옅은 색을 가진다는 것을 알았다. 어떤 유전자가 여러 가지 관련 없는 형질에 영향을 줄 때, 이를 **다형질발현(pleiotrophy)**을 보여준다고 한다. 다형질발현 유전자의 변이체가 바람직한 영향과 바람직하지 않은 영향을 동시에 줄 수도 있다. 예를 들어, 사람의 결합조직의 형성에 관련된 어떤 유전자의 돌연변이가 그 사람의 신장을 비정상적으로 크게 하며 팔과 손가락도 따라서 길게 하여 어떤 운동을 하기에 이점을 준다(그림 7.23). 그러나 마판증후군(Marfan's syndrome)이라고 알려진 이런 증세를 가진 사람은 동시에 시력에 문제가 생기며 어떤 경우에는 심각한 심장 결함을 가져온다. 어떤 과학자들은 높은 IQ와 심각한 근시가 연관되어 있다는 것을 발견하였으며 따라서 덜 바람직한 형질이 높은 IQ와 연관되어 있을 것으로 예상하는 것이 합리적이다.

그림 7.23 유전자가 긍정적인 영향뿐 아니라 부정적인 영향을 줄 수 있다. 플로 하이만은 1984년 올림픽에서 팀이 은메달을 따는 데 선도적인 역할을 했던 미국 대표팀의 스타 배구선수였다. 그녀의 비정상적인 키(1.96 m, 6피트5인치)와 긴 팔은 마판증후군의 결과로 생긴 것이며 그녀는 이로 인해 심동맥의 약화를 가져왔다. 그녀는 1986년에 혈관의 파열로 경기 도중에 사망했다.

어떻게 유전자들이 작용할까?

우리는 유전자들이 눈 색깔과 낭포성섬유증과 같은 유전병, 심장마비에 대한 민감도, 그리고 심지어는 뇌의 구조 등을 결정하는 데 강하게 영향을 준다는 것을 안다. 그러나 무엇이 우리가 어떤 사람인지를 실제로 결정하는가—선천적인가 후천적인가?

단일 유전자 형질일지라도, 여성과 정자 기증자 간의 교배의 결과는 확실하지 않다—오직 확률일 뿐이다. 하나 이상의 유전자에 의해 영향을 받는 형질과 독립분리를 함께 결합하여 생각하면 한 번의 교배에 의해서 나타나는 자손의 타입이 늘어날 수 있다(퍼넷 사각형에서 박스 수가 유전자 수가 증가함에 따라 어떻게 지수적으로 증가하는지 상기해 보라). 잠재적인 부모의 표현형을 아는 것은 자손의 표현형에 대해 상대적으로 적은 정보를 제공한다. 따라서 비록 유전자들이 형질에 강한 영향력을 지닌다 해도, 우리는 부모의 형질을 선택함으로써 아이들의 형질을 "프로그램"할 수 없다(그림 7.24).

사실 우리는 자신에게 실제로 선천성과 후천성 중 어느 것이 우리의 모습에 더 영향을 줄까 하는 어리석은 질문을 한다. 선천성과 후천성 모두 중요한 역할을 한다. 우리의 세포는 필수적인 인간의 본성을 나타내는 설명서를 가지고 있다. 그러나 배아로부터 성인으로 되기까지의 과정은 이러한 유전자들의 발현을 조절하는 물리적, 사회적 환경 하에서 일어난다. 과학자들이 이런 복잡하고 서로 상호작용하는 환경이 어떻게 우리의 모습을 결정하는지에 대해 이해하기 위해서는 아직 갈 길이 멀다.

페어팩스 냉동은행에서 정자를 찾는 여성과 부부들에게 주는 교훈은 무엇인가? 박사급의 기증자들은 실제로 다른 그룹의 사람들에 비해 IQ가 높을 수 있으나, 이들로부

그림 7.24 유전자가 전부가 아니다. 비록 양친의 형질을 모두 알더라도 그들이 낳은 아이가 관심이나 적성이 매우 다를 수 있다.

터 난 특정 아이가 평균보다 똑똑할 것이라고 예상할 수 있는 실질적인 방법은 없다. IQ의 유전력에 대한 현재의 데이터에 의하면, 높은 IQ 기증자의 정자는 주사위에 무게를 첨부한 것과 같으며 높은 IQ를 가진 아이를 낳을 수 있는 확률을 높일 수 있을 것이다. 단, 부모가 그 아이들에게 동기유발을 시키고, 건강하며, 도적적인 환경을 제공하여 잘 자랄 수 있게 하는 경우에만 그렇다. 이런 환경은 어떤 대립유전자를 가진 아이에게도 좋을 것이다.

현명한 독자

당신의 유전자가 왕따 유전자로 될 수 있을까?

[연구자 이사벨] 올렛-모린과 그녀의 팀은 1994년과 1995년 사이에 태어난 28쌍의 1란성 쌍생아에 대하여 조사하였다.... 28쌍 중에서 한 쌍의 쌍생아 중 1명이 학교폭력을 당했으나 다른 1명은 그렇지 않았다.

이 조사의 일부분은 어린이의 DNA에서 감정조절과 우울증을 조절하는 역할을 하는 신경전달물질인 세로토닌(serotonin)의 수송역할을 하는 유전자인 SERT의 메틸화(methylation) 여부를 조사하는 것이었다. (DNA 메틸화는 사회적 혹은 물리적 동기에 반응하여 유전자의 발현을 일으키거나 정지시키게 하는 화학반응이다.)

폭력을 당한 쌍생아는 폭력을 당하지 않은 형제에 비해 10세 때 SERT 유전자에 높은 빈도로 메틸화가 되었다는 것을 발견하였다. 더욱이 SERT에 메틸화가 많이 일어난 아이는 스트레스에 대한 반응이 둔감하였다.

"많은 사람들이 우리의 유전자가 변하지 않는다고 생각한다. 그러나 이 연구는 환경이, 그것이 사회적 환경일지라도, 유전자의 기능에 영향을 줄 수 있다."라고 올렛-모린을 말했다. "이것은 특히 어린 시절에 피해자 경험을 당한 경우가 그랬으며 이는 우리의 스트레스에 대한 반응뿐만 아니라 감정조절에 관여하는 유전자의 기능도 변화시켰다."

1. 이 연구에서 쌍생아들이 같이 태어난 사람들 사이에 유전자에 변이가 일어났는가? 설명하라.
2. 메틸화의 효과는 무엇인가? 메틸화가 어떻게 동일한 유전자를 가진 두 사람 사이의 표현형의 차이를 가져오겠는가?
3. 마지막 문단에서, 연구자는 폭력을 당하는 것과 SERT 메틸화의 관련성이 어린 시절의 폭력이 성격의 변화를 가져온다는 것을 의미한다고 주장하는 것처럼 보인다. 그녀가 폭력이 행동의 변화를 일으킨다는 것을 증명하지 않은 이유를 설명하라.

Source: http://www.livescience.com/25840-bullying-may-alter-genes.html

그럴듯한 소린데 **그런가?**

해리 포터의 책과 영화에서, 해리의 부모를 아는 등장인물들은 해리가 어머니와 닮았다던가 규칙을 잘 따르지 않을려고 하는 것은 아버지와 비슷하다고 한다. 많은 팬들에게 이런 말들이 당연한 것처럼 들린다. 왜냐하면 아이는 어머니와 아버지로부터 각각 유전자의 반을 물려받기 때문이다. 따라서 다음과 같이 말하는 것은 옳은 것처럼 보인다:

해리 포터가 그의 어머니의 눈을 가졌다.

그럴듯한 소리이지만 그렇지 않다.

1. 사람의 눈 색깔과 모양이 하나의 유전자에 의해 결정된다고 생각하는가 아니면 여러 개의 유전자에 의해 결정된다고 생각하는가?
2. 해리는 눈 색깔과 모양을 결정하는 유전자들을 모두 어머니로부터 물려받았는가?
3. 해리는 눈 색깔과 모양을 결정하는 유전자를 아버지로부터 물려받았는가?
4. 앞서 보고 그렸던 퍼넷 사각형을 생각해 보라. 양친 중 1명 혹은 모두의 유전자가 눈 색깔과 모양을 결정하는가?
5. 1~4번 질문에 대한 답을 생각하고 위의 굵은 글씨로 쓴 문장이 그럴듯하지만 그렇지 않은 이유를 설명하라.

복습

요약

7.1

유전자, 염색체 그리고 대립유전자 간의 관계에 대하여 기술하라.

- 아이들은 부모의 단백질을 만드는 정보를 가진 DNA 조각인 유전자를 물려받기 때문에 부분적으로 부모를 닮는다.
- 염색체는 유전자를 포함한다. 유전자의 서로 다른 사본을 대립유전자라 한다.
- 유전자의 돌연변이는 다양한 대립유전자를 만든다. 각 대립유전자는 전형적으로 약간 다른 성질의 단백질을 만들게 한다.

왜 동일한 유전정보를 가진 세포들이 서로 다르게 보일 수 있는지 설명하라.

- 비록 한 개체에 있는 거의 모든 세포가 정확하게 동일한 유전정보를 가지고 있지만, "읽혀지는" 유전자들이 서로 다르다. 다른 세포에서 동일한 유전자가 발현되더라도 유전자 산물의 기능이 다를 수 있다.

분리와 독립분리를 정의하고 이런 과정들이 어떻게 유전적 다양성에 기여하는지를 설명하라.

- 분리는 대립유전자를 난자와 정자를 만드는 동안에 분리하며 이는 부모가 자신의 유전정보를 반만 자손에게 물려준다는 것을 의미한다.
- 독립분리 동안에 염색체들은 각각 독립적으로 난자나 정자에 분리되어 들어가며 이는 부모로부터 온 정보의 하위세트가 각 배우자마다 다르다는 것을 의미한다.

7.2

동형접합자와 이형접합자 유전자형을 구별해서 설명하고 어떻게 열성 대립유전자와 우성대립유전자가 이와 같은 유전자형으로 발현되었을 때 특정 표현형을 만드는지를 기술하라.

- 특정 유전자에 대해 이형접합자인 개체는 그 유전자에 대한 두 가지의 다른 대립유전자를 가지고 있는 반면에 동형접합자는 동일한 대립유전자를 가지고 있다.
- 우성의 대립유전자는 유전자형이 이형접합자라도 표현형이 나타나는 반면, 열성대립유전자는 우성대립유전자를 가지지 않을 때, 즉 열성 동형접합자일 때만 표현형으로 나타난다.

퍼넷 사각형을 유전자형을 알고 있는 부모의 교배에 의해 태어난 특정 자손의 유전자형과 표현형의 빈도를 예측하는 데 어떻게 사용하는지 보여주라.

- 퍼넷 사각형은 유전자형을 아는 두 부모가 특정 유전자형을 가진 아이를 낳을 확률을 결정하는 것을 도와준다.

7.3

양적 형질을 정의하고 이런 유전의 방식을 유발하는 유전적 환경적 요인들을 기술하라.

- 신장, IQ, 그리고 음악적 재능 등과 같은 많은 형질들이 양적 변이를 보여주며 이것은 그 집단에서 연속적 변이를 나타낸다.
- 양적형질에 대한 표현형을 결정하는 유전자의 역할은 형질의 유전력을 계산함으로써 측정할 수 있다.
- 형질에 있어서 양적 변이는 형질이 여러 유전자에 의해 영향을 받기 때문에 나타날 수 있으며 이는 형질이 환경적 요인 혹은 이와 유전적 요인이 조합적으로 영향을 주기 때문이다.

어떻게 유전력을 계산하는지 그리고 유전력이 우리에게 양적형질의 유전적 요인에 대하여 무엇을 말하는지 기술하라.

- 양적형질의 표현형을 결정하는 데 있어서 유전자의 역할은 그 형질의 유전력을 계산함으로써 측정할 수 있다.
- 유전력은 부모와 자손사이의 상관관계를 조사하거나, 1란성 쌍생아와 2란성 쌍생아를 비교함으로써 구할 수 있다.

7.4

왜 높은 유전력이 여전히 주어진 형질이 어떤 개인이 가지고 있는 유전자에 의해 대부분 결정된다는 것을 의미하는 것이 아닌지를 설명하라.

- 계산된 유전력의 값은 어떤 특정 환경하에서 특정 집단에 고유하다. 환경은 어떤 형질이 비록 높은 유전력을 가지더라도 개인간에 큰 차이를 가져올 수 있다.
- 현재의 유전자와 복잡한 형질 사이의 관계에 대한 우리의 이해는 부모의 표현형으로부터 자식의 표현형을 예측하는 데 아무런 도움을 주지 못한다.

언어의 뿌리

다음 어원들은 주로 라틴어나 그리스어에서 기원하며 아래와 같은 뜻을 가지고 있어 용어를 해석하는 데 도움을 준다:

di-	둘을 의미한다. 용어: *dizygotic*
hetero-	다르다라는 것을 의미한다. 용어: *heterozygous, heterozygote*
homo-	같다는 것을 의미한다. 용어: *homozygous, homologous*
mono-	하나를 의미한다. 용어: *monozygotic*
pheno-	"보여주다"라는 동사로에서 유래한다. 용어: *phynotype*
poly-	많다는 것을 의미한다. 용어: *polygenic*
-zygous	정자와 난자의 수정으로 만들어진 난황세포인 접합자로부터 유래한다. 용어: *monozygotic, heterozygote*

기본문제

1. 유전자형과 표현형의 관계는 무엇인가?

2. 어떤 요인이 집단 내에서 양적변이를 일으키게 하는가?

3. 다음 설명 중 어느 것이 유전자와 염색체의 관계를 바르게 설명하였는가?

A. 유전자는 염색체이다.
B. 염색체는 많은 유전자를 가지고 있다.
C. 유전자는 수십만 개의 염색체로 이루어져 있다.
D. 유전자는 감수분열 시 독립분열을 하나 염색체는 그렇지 못하다.
E. 위의 설명 중 하나 이상이 정답이다.

4. 대립유전자는 ________

A. 유전자의 변형 본이다.
B. 기능을 가지지 않는 유전자다.
C. 단백질이다.
D. 유전자의 여분의 복사본이다.
E. 표현형이다.

5. 사람에 있어서 정자나 난자는 항상 ________

A. 모든 유전자에 대하여 두 개의 사본을 가지고 있다.
B. 모든 유전자에 대하여 하나의 사본을 가지고 있다.
C. 각각은 모든 열성인자와 우성인자를 가지고 있다.
D. 한 사람에게서 만들어진 모든 정자나 난자는 동일하다.
E. 각각은 그것을 만든 사람으로부터 모든 유전정보를 가진다.

6. 과학자들은 최근에 사람의 피부세포로부터 사람의 심근세포로 발생하도록 하는 방법을 개발했다. 이것은 ________ 때문에 가능하다.

A. 사람 몸의 대부분의 세포는 사람세포의 모든 타입을 만드는 데 필요한 유전정보를 포함하기
B. 피부세포는 세포 내의 모든 유전자가 발현되었을 때 만들어지며 어떤 유전자의 발현이 중지되었을 때 심근세포로 되기
C. 과학자들은 늙은 세포에 새로운 유전자를 주입하여 다른 형태의 세포로 만들 수 있기
D. 피부세포는 열성대립유전자만 발현하기 때문에 따라서 우성의 심장세포 대립유전자를 만들도록 유도할 수 있기
E. 피부세포에 돌연변이를 일으켜서 다른 타입의 세포를 만드는 것이 쉽기

7. 대립유전자가 자손으로 독립분리하는 것의 물리적 기반은 무엇인가?

A. 배우자 생성 중에 염색체 분열이 있다.
B. 배우자 생성 시 상동염색체가 분리된다.
C. 정자와 난자가 서로 다른 성에서 만들어진다.
D. 각 유전자는 하나 이상의 단백질을 암호화한다.
E. 사람을 만드는 설명서는 불완전하다.

8. 유전병 중에 어떤 유전자형을 가졌을 때, 이 질병의 표현형이 보이지 않겠는가?

A. 우성 질병의 이형접합자
B. 우성 질병의 동형접합자
C. 열성 질병의 이형접합자
D. 열성 질병의 동형접합자
E. 위의 모든 항목

9. 양적형질은 ________

A. 환경에 의해 강하게 영향을 받을 수 있다.
B. 집단 내에서 연속적으로 변한다.
C. 많은 수의 유전자에 의해 영향을 받을 수 있다.
D. 집단 내에서 여러 수치를 가진다.
E. 위의 것 중 하나 이상이다.

10. 어떤 형질이 높은 유전력을 가질 때, ________

A. 그것은 유전자에 의해 영향을 받는다.
B. 그것은 환경에 의해 영향을 받지 않는다.
C. 집단 내의 형질의 변이는 일차적으로 유전자형의 변이로 설명될 수 있다.
D. A와 C가 옳다.
E. A, B, C가 옳다.

유전학 문제

1. 완두의 단일 유전자가 이 식물의 키를 결정하는 데 강한 영향을 준다. 이 유전자는 두 개의 대립형질, 즉 하나는 우성인 큰 키(T) 대립유전자이고 다른 하나는 열성인 작은 키(t) 대립유전자이다. *TT*와 *tt*의 유전자형을 가진 식물을 교배하면 어떤 유전자형과 표현형이 나오겠는가?

2. $Tt \times Tt$의 자손의 유전자형과 표현형은 어떻게 나오는가?

3. "*P*" 유전자는 완두의 꽃 색깔을 조절한다. *PP*와 *Pp* 유전자형을 가지고 있는 식물은 보라색 꽃을 피우는 반면, *pp* 유전자형을 가지고 있는 것은 흰색 꽃을 피운다. *P*와 *p* 사이의 관계는 무엇인가?

4. 백색증(albinism)은 머리카락, 피부 및 눈 색을 나타내는 색소인 멜라닌의 합성을 저해하는 열성인 두 대립유전자(*aa*)를 가지고 있을 때 일어난다. 만약 백색증 아이가 양친 모두 정상인 색소를 만드는 사람에게서 태어났다면 이 부모의 각각의 유전자형은 무엇인가?

5. 파이퍼증후군(Pfeiffer syndrome)은 우성 유전질병으로서 뇌에 있는 어떤 뼈가 발생 중에 너무 일찍 결합되었을 때 나타나며, 머

리와 얼굴의 모양이 변형된다. 만약 이 질병 대립유전자를 1개 가지고 있는 남성이 정상의 동형접합자를 가지고 있는 여성과 결혼한다면 이들의 아이가 이 병에 걸릴 확률은 얼마인가?

6. 노란색 완두를 만드는 것과 녹색 완두를 만드는 것을 교배시켰을 때, 100%가 노란색이 나왔다.

A. 이때 어느 대립유전자가 우성인가?

B. 초기에 교배를 한 노란 콩과 녹색 콩의 유전자형은 무엇인가?

7. 둥글고(*R*) 노란(*Y*) 콩을 만드는 완두와 주름지고(*r*) 녹색(*y*) 콩을 만드는 완두를 교배하였을 때, 50%의 자손이 둥글고 노란색 콩을 만들었고 나머지 50%가 주름지고 녹색이었다. 이때 초기 교배를 한 둥글고 노란 콩과 주름지고 녹색인 콩의 유전자형은 무엇인가?

8. 낭포성섬유증의 보인자인 여성과 이 병에 대하여 보인자인 남성이 결혼하였다.

A. 이 여성의 난자가 낭포성섬유증의 대립유전자를 가질 확률은 몇 퍼센트인가?

B. 남성의 정자가 낭포성 섬유증의 대립유전자를 가질 확률은 몇 퍼센트인가?

C. 이들 사이에서 태어날 아이가 두 개의 낭포성섬유증 대립유전자를 가질 확률은 난자가 이 인자를 가질 확률과 정자가 이 대립유전자를 가질 확률을 곱하면 된다. 확률은 얼마인가?

D. 이결과가 퍼넷 사각형을 이용하였을 때와 같은가?

9. *BRCA2*의 대립유전자가 비정상적으로 높은 빈도로 유방암과 난소암에 잘 걸리는 가족에게서 발견되었다. 이 대립유전자를 한 개 가진 여성의 약 80%가 생애 동안 둘 중 하나의 암에 걸렸다.

A. *BRCA2*가 우성대립유전자인가 아니면 열성대립유전자인가?

B. *BRCA2*가 전형적인 멘델의 유전방식과는 어떻게 다른가?

응용문제

1. 부모 모두 갈색 눈을 가지고 있는 부모로부터 태어난 자녀들 중 2명은 갈색 눈 2명은 푸른 눈을 가졌다. 어떻게 동일한 눈 색깔을 가진 부모로부터 다른 색의 자녀가 나올 수 있는가? 만약 이 가족에서 눈 색깔이 2개의 대립유전자를 가진 하나의 유전자에 의해 결정되었다면 자녀가 푸른 눈을 가질 확률이 몇 퍼센트인가? 이 가족에서 푸른 눈에 대한 갈색 눈의 비율은 기대하고는 다르다. 이 사실이 왜 멘델유전학을 부정하지 않는가?

2. 어떤 형질에 대한 유전력이 높다는 것은 어떤 집단에서 그 형질의 평균값이 환경이 변하더라도 변하지 않는다는 것을 의미하는가? 답에 대한 설명을 하라.

3. IQ의 유전력은 약 72%라고 측정되었다. 만약 존의 IQ가 120이고 제리의 IQ가 90이라면 존이 높은 "지능" 유전자를 가진 것인가? 답에 대한 이유를 설명하라.

연관문제

1. 만약 과학자들이 어떤 유전자가 바람직하지 못한 특정 형질(예를 들어, 공격적인 성향)과 관련이 있다는 것을 발견하였다면, 이런 사실이 사람들로 하여금 그 형질을 가진 사람에 대하여 다소간 인내심을 가져다줄 것인가?

이 경우에 또한 이 "병"에 걸린 사람이 치료를 받도록 조치를 해야 하는가, 그리고 이 병에 걸릴 사람이 태어나지 않도록 하기 위해서 어떤 조치를 취하도록 권유해야 할 것인가?

2. 페어팩스 냉동은행에 있는 박사급의 정자에 대한 높은 가격은 이 제공자의 수가 적고 원하는 사람이 많다는 것을 의미할 것이다. 만일 당신이 정자 제공자를 찾고 있는 여성이라면 박사급의 정자를 찾을 것인가? 오직 이런 정자만 찾는다면 어떤 점을 놓칠 수 있는가?

3. 다운증후군(Down's syndrome)은 감수분열 시의 실수로 생기며 그 결과 짧은 키와 정상인과 확연히 구별되는 얼굴 모양을 가지며 인지능력의 손상(정신박약이라고도 함)과 같은 물리적 특징을 나타낸다. 다운증후군의 유전적 조건에 의해 낮은 IQ를 가졌다면 다운증후군에 걸린 사람에게 교육비를 덜 투자해야 한다는 것을 의미하는가? 당신의 이 질문에 대한 답이 당신과 다른 유전적 조건을 가진 사람을 어떻게 취급해야 하는가와 어떻게 관련이 있는가?

CHAPTER 8

DNA 검사

로마노프 왕가는 폐위되고 유배되어 1918년 처형될 때까지 러시아를 통치했다.

유전의 복잡한 패턴과 DNA 프로파일링

1918년 7월 16일 밤, 러시아 황제 니콜라스 로마노프(Nicholas Romanov) 2세와 부인 알렉산드라(Alexandra), 그리고 5명의 아이들과 4명의 하인들이 유배되었던 집의 지하실의 작은 방에서 처형되었다. 이들의 처형은 3세기 동안의 로마노프 왕조의 러시아 제국 통치를 끝내게 하였다.

1917년 2월, 러시아 전역에 혁명이 일어났을 때, 니콜라스 2세는 자신과 그 당시 13세였던 외아들인 알렉시스를 위해서 그 권좌에서 퇴위함으로써 왕조의 권력에 종지부를 찍었다.

황제는 물러남으로써 후계자인 아들과 가족을 위험으로부터 보호받기를 원했다. 러시아 군인들은 제1차 세계대전 동안에 조국을 위해 싸우다 숨져갔으며 시민들은 극심한 식량 부족과 가난으로 고통을 받고 있었으나 황제와 그의 가족들은 초호화 생활을 누리고 있었다. 1917년 11월에 공산당원들이 정권을 쥐게 되었고 그 즉시 로마노프 왕조와 이와 관계 되는 흔적들을 지우려고 하였다.

사람들은 예카테린부르크의 무덤에서 발견된 뼈들이 처형당한 로마노프 황제일가의 것이라고 믿었다.

7월 16일, 자정이 약간 지나서, 황제 가족들에게 한밤에 일어나 옷을 차려입으라고 했다. 니콜라스, 알렉산드라, 그리고 다섯 자녀인 올가, 타티아나, 마리아, 아나스타시아와 알렉시스와 함께 주치의, 요리사, 가정부, 시종들은 지하실의 어두운 방으로 안내되었다. 무장한 사람들이 들이닥치더니 황제의 가족과 수행원들에게 총탄을 퍼부었다.

이들이 처형된 후, 로마노프 가족과 하인들의 시체는 트럭에 실려 예카테린부르크의 외딴 숲속으로 옮겨졌다. 그들의 시체를 자루에 넣어 버린 후, 나중에 옮겼는지, 아니면 즉시 매장을 했는지에 대한 역사적 견해가 서로 다르다. 또한 처형당한 사람 중 두 명의 매장에 대한 서로 상반된 견해가 있었다. 한 보고서에 따르면, 11명이 함께 매장되었지만, 매장된 지역의 토지가 산성을 띠고 있기 때문에 2구의 시체가 아주 심하게 부패되었다고 주장하거나 2구의 시체를 태워버렸다고 한다. 다른 보고서에 의하면 가족들 중 2명은 따로 매장되었다고 한다. 어떤 사람들은 2명이 처형을 피해 도피했을 것이라고 믿는다. 어떤 것이 사실이던지, 적어도 9구의 시신들이 허술한 무덤에 묻혀 있고 그들은 1991년까지 훼손되지 않은 채로 있었다.

소련 공산당의 몰락은 로마노프 왕가의 정당한 장례를 치르고자 하는 열망을 불러일으켰다.

소련 공산당이 붕괴한 이후 반공산정권 지도자들은 유골을 발굴하여 합당한 장례를 치르도록 하였다. 러시아 국민들이 단순히 교회식 장례를 치르는 것보다 더 많은 것을 요구하였기 때문에 시체발굴을 하는 것은 강한 정치적 의미를 지니게 되었다. 이 사건으로 국민들은 로마노프 왕가의 처형 후에 권력을 누리게 되었던 공산정권의 무자비한 만행을 청산할 수 있기를 희망하였다.

시체 발굴 당시 그들의 뼈는 한 더미로 쌓여 있었기 때문에, 이것들이 실제로 이들 왕가의 것인지 확인하는 것이 매우 어려웠다. 시체들이 많이 훼손되었으며 치아와 뼈들만 남아 있었다. 5구의 시신에서 금, 자기제품 혹은 백금으로 치료된 흔적을 보이는 치아를 가지고 있었는데, 이들은 그 당시 귀족들에게서만 볼 수 있었던 것이었다.

뼈의 크기로 보았을 때 6명의 어른과

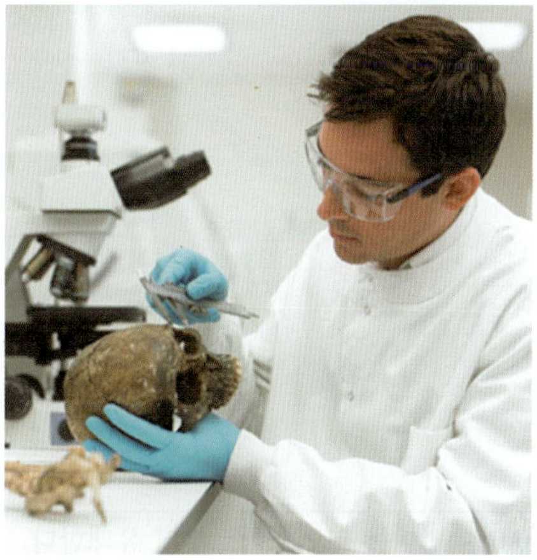

다양한 과학적 기술이 무덤에 있던 뼈들이 로마노프 왕가의 것이라는 것을 확인 하는 데 사용되었다.

3명의 아이들일 것이라 짐작할 수 있었다. 조사자들은 뼈의 사진들을 왕가의 기록 사진들과 전자기학적으로 겹쳐서 인화하였다. 그들의 유골의 크기와 왕가가 입었던 옷들을 비교하였다. 이들 자료와 다른 자료를 통하여 시체가 황제, 황후, 그리고 5자녀 중 3명과 4명의 하인들이라는 가설과 일치하였다.

과학자들은 골반뼈의 구조를 분석함으로써 시신의 성을 구별하고자 하였다. 여성들의 골반뼈는 산도를 따라 아기가 태어나도록 골반이 넓게 되어 있다. 러시아 과학자들은 세 명의 어린이 뼈와 두 명의 어른 뼈가 여성의 것이라고 추정하였다(그리고 4명의 어른 뼈는 남성의 것으로). 그러나 골반들이 훼손되었기 때문에 확신하기는 어려웠다.

이런 증거들을 가지고 러시아 과학자들은 이 유골들이 로마노프 왕가의 것이라고 추측만 하였고 학살당한 왕족의 것이라고 확신은 하지 못했다. 러시아의 새로운 지도자들은 앞 정권에 대한 상징적인 장례식을 치르는 데 실수하는 것을 원하지 않았다. 확실한 증거가 필요했다.

좀 더 정교한 기술들이 과학자들에 의해 사용되기 전이어서 예카테린부르크 유골 문제를 풀기 위하여 과학자들은 유골 간의 관련성을 보여주는 것이 필요했다.

8.1 멘델유전학의 확장

유전자가 우성과 열성의 대립유전자를 가진 하나의 유전자에 의해 조절되는 형질과 같이 간단한 방법으로 유전될 때는 유전의 방식을 예측하기가 쉽다. 좀 더 복잡한 유전방식을 멘델유전학의 확장이라고 한다.

불완전 우성, 공동우성, 복대립유전자 그리고 다형질 발현

어떤 유전자들은 이형접합자의 표현형이 양쪽 동형접합자의 중간으로 나타날 경우가 있다. 이런 경우를 **불완전 우성(incomplete dominance)**이라 한다. 예를 들어, 금어초의 꽃 색을 결정하는 대립유전자는 불완전 우성이다. 즉 하나의 동형접합자는 붉은색의 꽃을 만들며, 다른 동형접합자는 기능이 없는 색상 유전자 사본만 가지기 때문에 흰색의 꽃을 만드나, 이형접합자(하나의 붉은색 대립유전자와 다른 하나의 흰색 대립유전자)는 분홍색을 만든다(그림 8.1).

어떤 경우에는, 이형접합자의 형질이 두 대립유전자의 형질을 혼합이 아니라 모두가 나타나기도 한다. 두 가지의 서로 다른 대립유전자의 형질이 모두 한 개체에서 나타나는 경우를 **공동우성(codominance)**이라 한다(그림 8.2). 예를 들어, 가축에서 붉은색 털을 만드는 대립유전자와 흰색 털을 만드는 대립유전자는 이형접합자에서 모두 나타난다. 이런 가축은 붉은색과 흰색이 거의 반반씩 섞인 털을 가진다.

로마노프 왕가가 남긴 것이 몇 조각의 뼈밖에 없기 때문에, 과학자들은 어른 뼈와 어린이 뼈 사이의 관련성을 규명하기 위하여 단지 몇 개의 제한된 유전적 형질을 조사할 수밖에 없었다. 뼈의 크기나 구조와 같은 분명한 유전적 형질들은 여러 개의 유전자에 의해 조절된다. 여러 개의 유전자의 상호작용에 의해 영향을 받는 형질을 **다유전자 형질(polygenic trait)**이라 한다. 뼈의 구조도 환경적 요소, 예를 들어 영양 상태나 운동의 유무 등에 의해 영향을 받는다. 이런 복잡성 때문에 뼈의 크기나 구조를 가지고 성인의 유골과 어린이의 유골과의 관련성을 추정하는 것은 단지 추측에 지나지 않는다. 과학자들은 좀 더 정교한 분석방법을 도입할 필요가 있었다.

poly- 많다는 그리스어로부터 유래한다.

사람 사이의 연관성을 조사하는 방법의 하나가 혈액형을 조사하는 것이다. 혈액형은 적혈구의 표면에 있는 특정 탄수화물을 탐지함으로써 결정한다. 이 표면 **표지자(marker)**들은 **ABO식 혈액형 시스템(ABO blood system)**의 일부이다. ABO식 혈액형은 멘델유전의 두 가지 확장의 예를 보여준다: 공동우성과 집단 내에 두 개 이상의

시각화▼

만약 꽃의 색이 유전될 때, *R*이 *r*에 대하여 완전 우성이라면 이형접합자의 꽃 색은 무슨 색일까?

금어초의 꽃 색깔

붉은색 = *RR*
동형접합자

×

흰색 = *rr*
동형접합자

=

분홍색 = *Rr*
이형접합자

그림 8.1 **불완전 우성.** 금어초는 꽃 색깔의 유전에서 불완전 우성을 보여준다. 이형접합자의 꽃은 두 동형접합자의 중간의 표현형을 나타낸다.

가축의 털 색깔

붉은색 = R^1R^1

×

흰색 = R^2R^2

=

얼룩 = R^1R^2
(붉은색과 흰색이 섞임)

그림 8.2 **공동우성.** 얼룩 털(roan coat)을 가진 가축은 공동우성을 보여준다. 양쪽 대립유전자 모두 이형접합자에서 동일하게 발현되기 때문에 전통적인 표기법인 대문자와 소문자 표기법은 여기서 적용할 수 없다.

대립유전자가 존재하는 **복대립유전자성(multiple allelism)**이다. 하나의 혈액형 그룹 유전자에 3개의 대립유전자가 적혈구의 표면에 있는 당을 합성하는 효소를 암호화한다. 3개의 대립유전자 중에서 2개가 서로에 대하여 공동우성이고 나머지 대립유전자는 두 대립유전자에 대하여 열성이다.

그림 8.3은 ABO식 혈액형에서의 가능한 유전자형과 표현형들을 요약하였다. 이 혈액형 유전자의 세 가지 대립유전자는 I^A, I^B i이다. 인간 집단에는 3개의 대립유전자가 있지만, 한 개인은 2개의 대립유전자만 가진다. 다른 말로 한 사람은 I^A와 I^B의 대립유전자를 가지고 있으나 다른 사람은 I^A와 i의 대립유전자를 가질 수 있다. 3개의 대립유전자가 있으나 각 사람은 2개의 대립유전자만 가지고 있다.

혈액형 유전자에서 서로 다른 형태를 나타내기 위하여 사용된 기호들은 그들이 어떤 영향을 주는지 말해 준다. 소문자 i 대립유전자는 I^A와 I^B 대립유전자에 대하여 열

시각화 ▼

사람집단에는 몇 개의 ABO 혈액형 대립유전자가 있는가? 한 사람이 가지는 혈액형 대립유전자의 수는 몇 개인가?

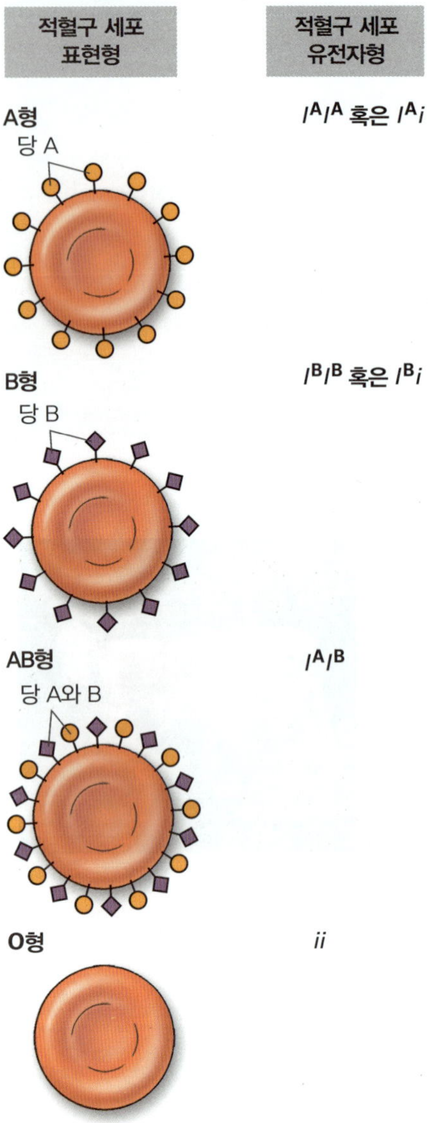

그림 8.3 **ABO식 혈액형.** 적혈구의 표현형과 이에 해당하는 유전자형. I^A 대립유전자와 I^B 대립유전자는 모두 i에 대하여 우성이다.

성이다. 따라서 유전자형이 I^Ai인 사람은 A 혈액형을 가지며 I^Bi 유전자형을 가진 사람은 B 혈액형을 가진다. 2개 모두 열성 대립유전자를 가진 사람은 O형이다. 대문자 I^A와 I^B 대립유전자를 가진 사람은 하나가 다른 하나를 가리지 않기 때문에 공동우성을 나타낸다. 즉 두 대립유전자가 모두 발현된다. 이리하여 유전자형이 I^AI^B인 사람은 AB혈액형을 가진다.

> **쉬어가기** I^A와 I^B에 대하여는 공동우성이고 i에 대하여는 우성인 새로운 대립유전자 I^C를 가정해 보라. 이 모든 4가지의 대립유전자를 가지고 있는 집단에서 나타날 수 있는 유전자형과 표현형의 종류를 나열해 보라.

적혈구 세포에 있는 다른 분자는 **Rh인자(Rh factor)**이다. 이 형질에 대하여 양성(+)인 사람은 이들의 적혈구의 표면에 Rh인자를 가지고 있는 반면, 음성(−)인 사람은 그렇지 않다. 이 형질은 ABO식 혈액형 시스템과는 달리 간단하게 2개의 대립유전자에 의해 유전되며 Rh^+가 Rh^-에 우성이다. Rh^+인 사람은 Rh^+Rh^+ 혹은 Rh^+Rh^- 유전자형을 가진다. Rh^-인 사람은 Rh^-Rh^-의 유전자형을 가진다.

혈액형 분석은 종종 어떤 부모가 특정 아이를 낳았는지 결정하는 데 사용된다. 예를 들어, AB형을 가진 아이는 A형과 B형을 가진 부모에게서 태어날 수 있으나 O형을 가진 아이는 AB형을 가진 부모로부터는 태어날 수 없다. 이와 같은 방법으로, 만약 어떤 아이가 B형이고 어머니가 AB형이라면 그 아이의 아버지는 AB, A, B, 혹은 O형일 수 있기 때문에 확률을 정하는 데는 아무 도움이 되지 못한다.

만약 어떤 아이가 자신의 아버지와 일치하는 혈액형을 가지고 있다 하여도 이것으로 그 사람이 이 아이의 아버지라고 단정 지을 수 없고 단지 가능성이 있는 수많은 사람 중의 하나라고밖에 할 수 없다. 사실 많은 다른 남자들이 똑같은 혈액형을 가질 수 있다(표 8.1). 따라서 혈액형 분석은 고려하고 있는 사람을 배제하는 경우에만 사용될 수 있다. 이 방법은 특정 아이의 아버지로서 어떤 사람을 긍정적으로 정하는 데는 사용될 수 없다.

의사들은 수혈 시 반드시 ABO식 혈액형 그룹을 고려해야 한다. 부적합한 혈액형을 가진 사람으로부터 수혈을 하면 그 사람의 적혈구 세포에 없는 당에 대하여 면역반응을 일으키게 된다. 이런 적혈구 세포의 당은 수혈된 부적합한 피를 응고하게 하고 덩어리를 형성하는 심각한 반응이 일어나게 한다. 이런 응고는 혈관을 막으며 수혈자를 사망하게 한다. 표 8.2는 수혈을 받을 수 있는 여러 가지 혈액형을 보여준다.

혈액형 분석은 때때로 과학자들에게 피해자와의 관련성에 대한 정보를 제공할 수 있다. 그러나 로마노프가의 경우에는 이것이 해당되지 않는다. 혈액이 남아 있지 않기 때문이다.

로마노프 왕가는 멘델유전 확장의 또 다른 예를 보여주는 형질인 다형질발현을 가

표 8.1 **미국인의 혈액형 빈도.** 특정 혈액형의 백분율을 낮은 것부터 높은 것으로 정렬하였다. 위첨자로 된 −와 + 표시는 Rh인자가 없거나 있는 경우를 각각 나타낸다.

혈액형	O^+	A^+	B^+	O^-	A^-	AB^+	B^-	AB^-
미국인의 빈도(%)	40	32	11	7	5	3	1.5	0.5

지고 있는 것으로 알려졌다. 하나의 유전자의 결합이 개체에게 여러 가지 표현형으로 나타나도록 할 수 있는데, 이런 현상을 **다형질발현(pleiotrophy)**이라 한다. 알렉시스가 로마노프 왕가에서 다형질발현성 혈액응고병으로 알려진 **혈우병(hemophilia)**에 걸린 마지막 사람이다. 가장 흔히 나타나는 형태의 혈우병을 가진 사람은 혈액을 응고시키는 단백질인 혈액응고인자 VIII을 만들지 못한다. 이 단백질이 없는 경우에는 상처를 입거나 내부 혈관이 손상되었을 때 혈액이 응고되지 못한다. 이 병에 걸린 사람은 비록 작은 상처를 입었을지라도 혈액이 과도하게 유출된다.

pleio- 많다는 그리스어로부터 유래한다.

hemo- 혈액을 의미한다.

과도한 출혈 때문에 혈우병은 과도하게 멍이 들게 하거나 관절의 통증과 붓기, 눈으로의 출혈에 의한 시력 상실을 유발하며 빈혈증을 유발하여 따라서 피로하게 된다. 역사적인 기록들은 황세자인 알렉시스 로마노프가 혈우병을 심하게 앓고 있어서 처형당한 지하층으로 갈 때 아버지가 부축했다고 전한다.

소련 공산당이 붕괴한 이후 반공산정권 지도자들은 유골을 발굴하여 황제 일가에 합당한 장례를 치르도록 하였다.

8.2 성 결정과 성연관

알렉시스는 혈우병 대립유전자를 어머니로부터 유전된 것으로 보인다. 우리는 이제 혈액응고인자 유전자가 성연관되어 유전된다는 것을 알기 때문에 유전방식을 추론해 볼 수 있다. 혈액응고인자 VIII 유전자(이 유전자에 돌연변이가 일어나면 혈우병이 생긴다)는 X 염색체에 있다. 남자의 세포에 존재하는 23쌍의 염색체 중에 22쌍은 **상염색체(autosome)** 혹은 비성염색체이고 한 쌍, 즉 X와 Y는 **성염색체(sex-chromosome)**이다. 여성도 22쌍의 상염색체를 가지고 있으나, 성염색체는 두 개의 X 염색체로만 이루어져 있다.

표 8.2 수혈 적합성

수혈자	수혈자가 받을 수 있다	수혈자가 받을 수 없다
O형	O형	A형 B형 AB형
A형	O형 A형	B형 AB형
B형	O형 B형	A형 AB형
AB형	O형 A형 B형 AB형	없음

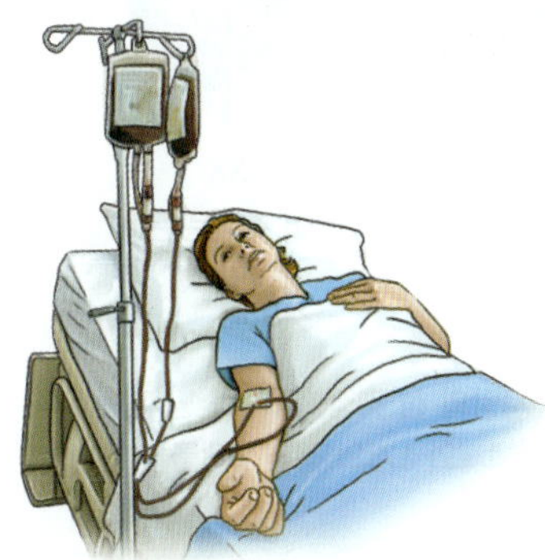

시각화

아래 그림에서 두 개의 난자에 들어 있는 X 염색체가 어떻게 그리고 왜 다른가?

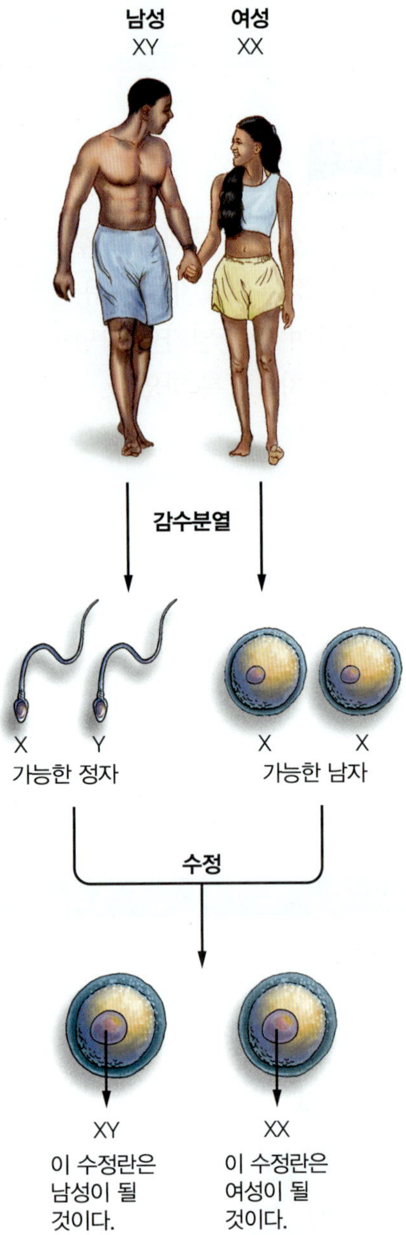

그림 8.4 사람의 성 결정. 정자와 난자는 각각 22개의 상염색체와 1개의 성염색체를 가진다.

염색체와 성 결정

사람의 X 염색체와 Y 염색체는 **성 결정(sex determination)**이라는 과정을 통하여 개인의 성을 확립하는 데 관여한다. 남성이 감수분열을 통하여 정자를 만들 때, 정세포는 각 상염색체 하나씩과 X 혹은 Y 염색체를 포함한다. 여성은 22개의 쌍을 이루지 않는 상염색체와 두 개의 X 염색체 중 하나를 가진 배우자를 생산한다. 따라서 자녀의 성을 결정하는 것은 정자세포이다. 만약 X 염색체를 가진 정자가 난자와 수정하였다면 태어나는 아기는 여성(XX)이 되고 Y 염색체를 가진 정자가 난자와 결합하였다면 남자(XY)가 될 것이다(그림 8.4). 표 8.3은 사람이 아닌 생물의 성 결정 방식을 요약한 것을 보여준다.

성연관

X 염색체나 Y 염색체에 있는 유전자들은 **성연관 유전자(sex-linked gene)**라고 한다. 왜냐하면 생물학적인 성이 X 염색체나 Y 염색체와 더불어 또는 연관되어 유전되기 때문이다. X 염색체에 있는 성연관 유전자들은 X-연관 되었다고 하고, Y 염색체에 있는 유전자들은 Y-연관되었다고 한다. X 염색체는 Y 염색체보다 훨씬 크며 따라서 Y 염색체는 매우 적은 유전정보를 가지고 있다.

X-연관 유전자. **X-연관 유전자(X-lniked gene)**들은 X-염색체에 있다. 남성이 오직 1개의 X 염색체를 가지고 있다는 것은 성연관 유전자들의 유전(반성유전)에 몇 가지 특징을 나타내게 한다. 남성들은 X 염색체를 1개만 가지고 있기 때문에 X 염색체에 있는 열성인 대립유전자에 의해서 질병을 나타내는 경향이 있다. 여성들은 이 질병에 덜 걸리는 경향이 있다. 왜냐하면 이들은 2개의 X 염색체를 가지고 있기 때문에 둘 중에 하나는 정상인 대립유전자를 가질 수 있기 때문이다.

열성으로 유전되는 형질의 **보인자(carrier)**는 1개의 열성인 사본과 1개의 정상 사본을 가지게 되어 질병의 증세를 보이지 않는다. 오직 여성들에서만 열성인 대립유전자에 대하여 보인자가 될 수 있다. 남성은 열성 대립유전자가 하나만 있어도 형질이 나타난다. 남성과 여성 모두 비성염색체, 즉 상염색체 연관된 유전자에 대해서는 보인자가 될 수 있다.

비록 X-연관된 열성형질을 가지고 있는 여성 보인자가 열성형질을 보이지 않더라도, 이들은 그 형질을 자손들에게 전달할 수 있다. 이런 이유로, 혈우병 대립유전자를 가지고 있는 대부분의 여성들은 자기 아들이 혈우병에 걸리기 전에는 자신이 보인자라는 것을 모른다(그림 8.5a). 혈우병에 결린 남성은 언제나 그리고 오직 딸에게만 혈우병 대립유전자를 전달하고 그 딸들은 자기 아들들에게 이 대립유전자를 전달할 수 있다(그림 8.5b). 미국에서는 20,000명 이상의 혈우병 환자가 있는데 이들 중 대부분이 남성이다.

쉬어가기 색맹은 X-연관된 열성형질이다. 정상 대립유전자는 서로 다른 파장의 빛을 흡수하는 옵신(opsin)이라고 불리는 단백질의 생산을 암호화한다. 옵신의 부족은 적색과 녹색 파장에 대하여 반응하지 못한다. 유전적 관점에서 색맹인 여성의 부모는 어떤 유전자형을 가지겠는가?

표 8.3 사람이 아닌 생물에서의 성 결정

생물의 종류		성 결정의 메커니즘
척추동물 (어류, 양서류 파충류, 조류, 그리고 포유동물)		수컷은 두 개의 동일한 염색체를 가지고 암컷은 다른 두 종류의 염색체를 가질 수 있다. 이런 경우 암컷이 새끼의 성을 결정한다.
알을 낳는 파충류		많은 알을 낳는 종들에서, 같은 염색체 쌍을 가지고 있는 두 생물이 다른 성으로 될 수 있다. 성 결정은 배 발생 동안 어떤 유전자가 발현되느냐에 의해 결정된다. 예를 들어, 어떤 파충류의 성은 알의 배양온도에 의해 결정된다.
말벌류, 개미류, 꿀벌류		성이 수정이 되거나 되지 않음에 의해 결정된다. 꿀벌에서는 수컷(수벌)은 수정되지 않은 알에서 태어난다. 암컷(일벌 혹은 여왕벌)은 수정된 알에서 태어난다.
경골어류		경골어류의 일부 종들은 성숙한 다음에 성을 바꾼다. 개체들은 우세 과시와 같은 사회적 신호에 의해서 그 경로로부터 벗어나지 않는 한 암컷으로 된다.
선충류		선충류는 암수 생식기관을 모두 가지고 있으며, 이 상태를 자웅동체라고 한다.

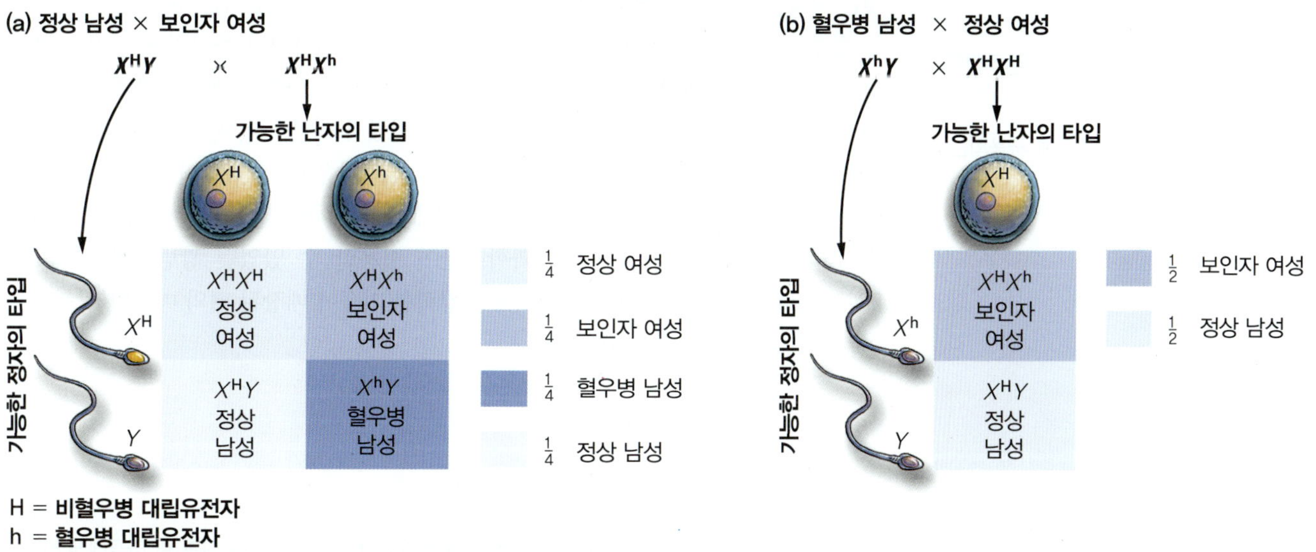

그림 8.5 X-연관된 혈우병 형질의 유전. 교배 (a)는 정상인 남성과 혈우병 보인자 여성 사이의 교배의 결과와 각각의 확률을 보여준다. 교배 (b)는 혈우병 남성과 정상인 여성 사이의 교배의 결과와 각각의 확률을 보여준다.

시각화 ▲

어떤 유전적 교배가 남성이 병에 걸릴 확률을 가장 높게 하겠는가?

과학자들은 골반뼈의 구조를 분석함으로써 시신의 성을 구별하고자 하였다.

Y-연관 유전자. **Y-연관 유전자(Y-linked gene)**들은 Y 염색체에 존재하며 아버지로부터 아들로 전달된다. Y 염색체에만 존재하는 것으로 알려진 유전자 중에 하나로 *SRY*(sex determining region of the Y chromosome) 유전자가 있다. 이 유전자의 발현은 임신 8주 후에 고환과 남성의 성징을 나타내게 하는 데 필요한 일련의 과정을 시작하게 한다.

과학자들은 로마노프 왕가의 것이라고 여겨진 뼈들로부터 Y 염색체에만 있는 서열이 있는지를 DNA 검사로 분석하였다. 어린이의 유골로부터 추출한 DNA를 분석하였을 때, 이들이 모두 여자아이 것이라는 것을 알았다. 만약 이 유골들이 로마노프 왕가의 것이라면, 두 명의 사라진 아이 중 하나는 알렉스 즉 로마노프 왕가의 외아들일 것이다.

8.3 가계도

다른 종류의 증거들이 로마노프가와 그들의 친척에 관한 방대한 가계도에 의해 제공되었다. 우리는 로마노프가의 가계도라는 도표를 통하여 이 질병을 추적할 수 있다. **가계도(pedigree)**는 여러 세대에 걸쳐 친척들에 대하여 특정 유전형질의 전달경로를 그린 가족에 대한 도표이다. 가계도가 인류유전학을 연구하는 도구로 자주 쓰였다. 왜냐하면 사람은 초파리나 식물처럼 교배를 마음대로 조절하는 것이 불가능하고 비윤리적이기 때문이다. 가계도는 과학자들로 하여금 이미 일어난 교배를 분석함으로 유전을 연구하게 한다. 그림 8.6은 가계도에 사용되는 기호들을 보여주며 그림 8.7은 과학자들이 가계도를 이용하여 어떤 형질이 상염색체 우성인지 열성인지 아니면 성연관 대립유전자 유전형질인지를 어떻게 결정하는지 보여준다.

로마노프가의 선조에 대한 정보를 유럽 왕실의 족보로부터 얻을 수 있었다. 게다가 혈우병이라는 혈액응고에 장애가 생기는 희귀한 병이 유전되는 것에 관심을 가진 과학자들에 의해 로마노프 왕가의 계보는 세밀하게 작성되어 있었다. 혈우병은 유럽의 왕족들에게서는 일반적으로 나타나지만 나머지 사람들에게는 거의 나타나지 않는다. 이것은 왕족들이 그들의 혈통을 유지하기 위해 근친결혼을 하기 때문이다.

황후는 아들이 혈우병에 걸렸기 때문에 혈우병 보인자임에 틀림없다. 그의 어머니인 앨리스도 또한 보인자일 것이다. 왜냐하면 황후의 오빠인 프레드와 황후의 언니인 이레나의 두 아들, 월더머와 헨리도 혈우병에 걸렸기 때문이다. 황후의 할머니인 빅토리아 여왕에서 처음으로 혈우병 대립유전자가 생긴 것 같다. 왜냐하면 그녀의 여덟번째 아들인 레오폴드에서 발병되기 전에는 이 병에 대한 기록이 없기 때문이다(그림 8.8).

로마노프 사건을 담당하였던 과학자들이 사용할 수 있었던 광범위한 가계도와 DNA 프로파일링(DNA profiling)이라는 강력한 기술이 매장된 뼈의 미스터리를 풀 수 있는 핵심 데이터를 제공하였다.

시각화 ▼

아래에 있는 기호를 사용하여 어떤 여성이 첫 번째 남편으로부터는 하나의 아들을, 두 번째 남편으로부터는 두 명의 아들을 낳았을 때의 가계도를 그려보시오.

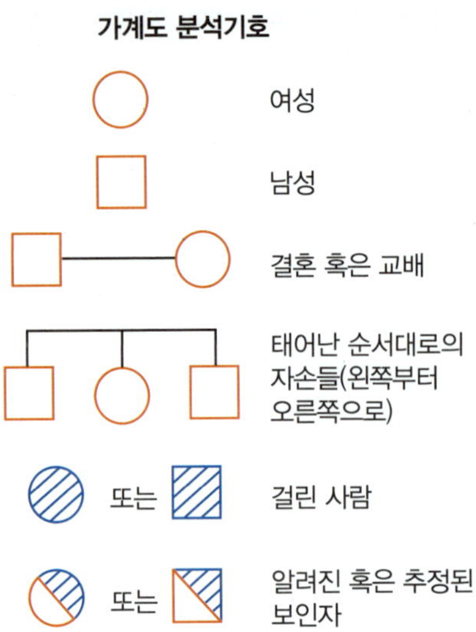

그림 8.6 **가계도 분석.** 가계도에 사용되는 기호들.

쉬어가기 혈우병을 일으키는 돌연변이가 빅토리아 여왕으로부터 두 딸과 한 아들에게 전달되었다. 빅토리아 여왕의 어머니에게서 돌연변이가 처음 일어났을 가능성이 높은가 아니면 빅토리아 여왕 자신의 난자 형성 시 3번의 돌연변이가 별개로 일어나서 이들이 각각 그녀의 자녀에게 전달되었을 가능성이 높은가? 대답의 이유를 설명하라.

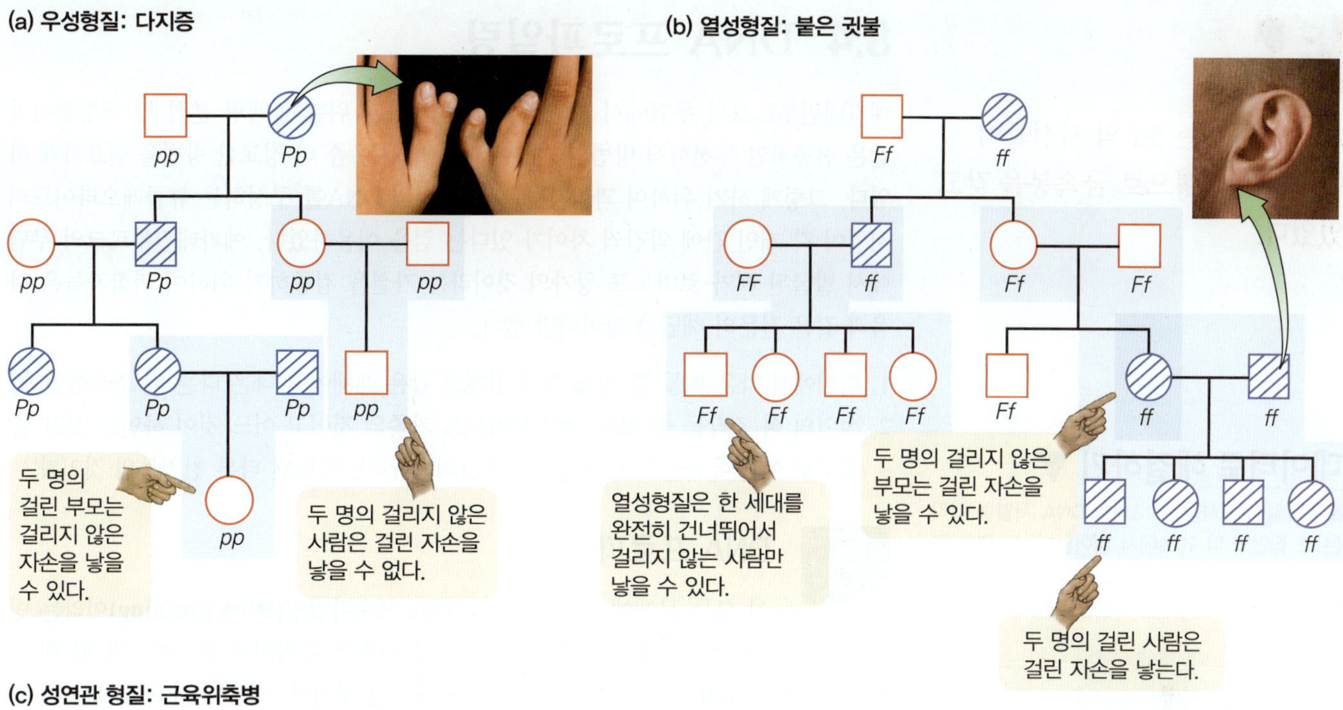

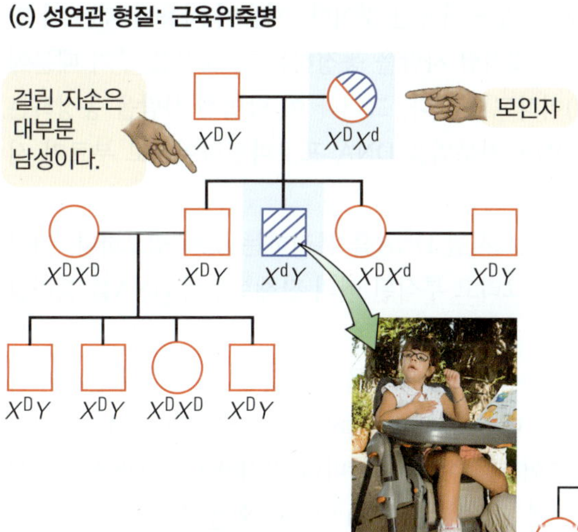

그림 8.7 다른 유전양상을 보여주는 가계도. (a) 다지증은 우성으로 유전되는 형질이다. 이런 증세를 가진 사람은 여분의 손가락이나 발가락을 가진다. (b) 귓불이 붙는 것은 열성으로 유전되는 형질이다. (c) 근육위축병은 진행성 X-연관 열성형질이다.

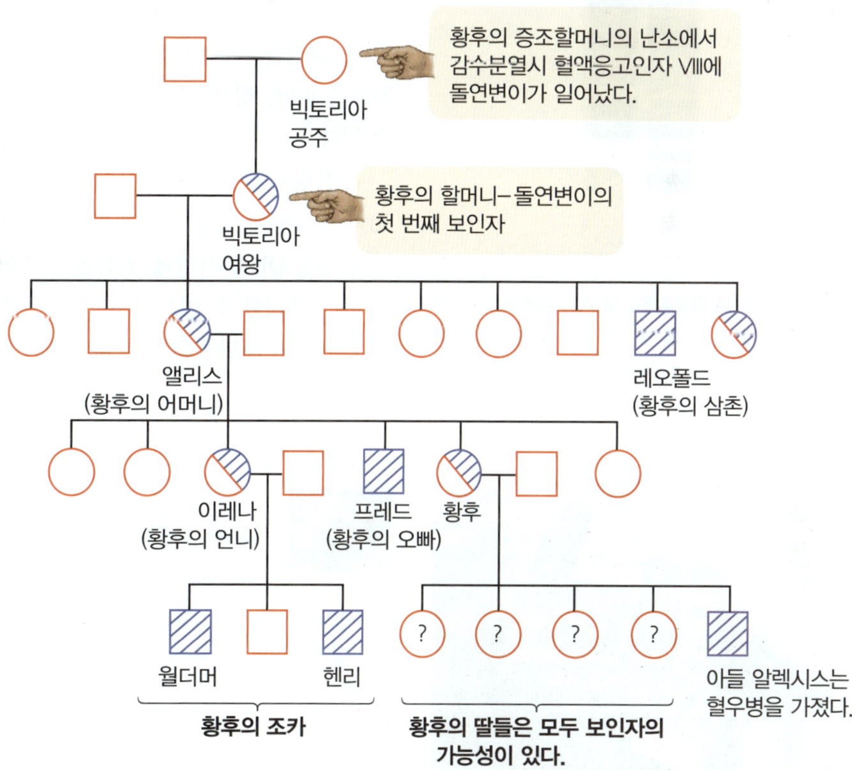

그림 8.8 혈우병 대립유전자의 기원과 유전. 이 요약된 가계도는 혈우병 대립유전자의 기원과 이것이 황후의 가계에서 어떻게 유전되었는지를 보여준다. 황후의 증조할머니가 돌연변이를 가졌으며 이 돌연변이는 딸에게 유전되었고 9명의 자녀 중 3명에게 유전되었으며 그 중 한 사람이 황후의 어머니 앨리스이다.

8.4 DNA 프로파일링

치아의 증거는 5구의 시신들이 귀족들의 전형으로 금속봉을 갖고 있었다.

예카테린부르크의 무덤에서 발견된 뼈를 동정하기 위한 혈액형 분석 및 핵형분석과 같은 전통적인 유전학적 방법의 적용에 대한 한계는 좀 더 정교한 방법을 필요하게 하였다. 그렇게 하기 위하여 과학자들은 각 개인의 DNA를 구성하는 뉴클레오타이드의 서열이 각 개인 간에 약간씩 차이가 있다는 점을 이용하였다. 예카테린부르크의 무덤에서 발굴된 뼈가 로마노프 왕가의 것이라는 가설을 검증하기 위하여 과학자들은 다음과 같은 질문의 해답을 찾아야만 했다.

1. 더미에서 나온 뼈들 중 어느 것이 실제로 같은 개체에서 나온 다른 뼈 조각들인가?
2. 성인의 뼈 조각들 중 어느 것이 로마노프 가족의 것이고 어느 것이 하인들 것인가?
3. 실제로 이들 유골들이 로마노프 가족들의 것인가, 아니면 다른 친척들의 것인가?

데이터로 해결하기 ▼

프로파일링에 사용된 13개의 DNA 서열들 각각은 그 집단의 약 10%에서 일어난다. 두 명의 관련 없는 사람 사이의 DNA 프로파일에서 13개의 밴드가 동일하게 나타날 확률은 대략 얼마인가?

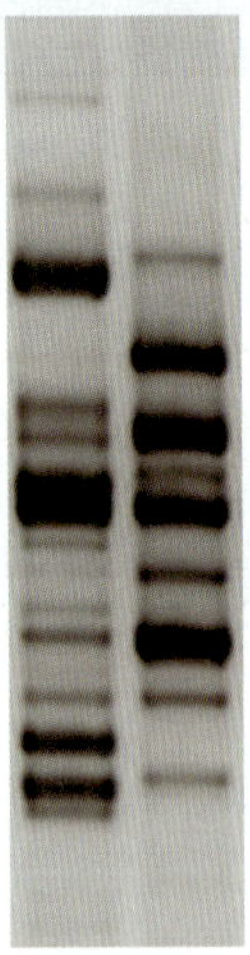

그림 8.9 **DNA 프로파일.** DNA가 추출되고 분리된 지역이 분석될 때, 이 지역의 길이가 일란성 쌍생아를 제외하고는 사람 사이에 모두 다르다.

DNA 프로파일링

이 모든 문제에 대한 해답은 **DNA 프로파일링(DNA profiling)**이라는 방법으로 얻었다. 이 기술은 과거에 전통적으로 사람을 정확하게 동정하고자 할 때 사용했던 방법인 DNA 서열에 기초한 방법을 사용한 것이다. 처음에 사용될 때는 이 방법을 실제로 사람의 지문을 분석하는 것처럼 사람을 동정하는 데 도움을 주기 때문에 DNA 지문법(DNA fingerprinting)이라고 불렀다. 그러나 이 방법은 사람을 동정하는 것 이상이기 때문에, 과학자들은 DNA 지문법을 DNA 프로파일링이라고 부르기 시작했다.

이 과정을 시작하기 위하여 지문을 조사할 DNA를 분리하는 것이 필요하다. 과학자들은 혈액, 정액, 질액, 모근, 피부, 그리고 부식된 뼈의 잔해로부터 DNA를 분리할 수 있다.

유전체(genome)라는 용어는 한 개체의 모든 유전물질을 말한다. 인간 유전체의 약 30억 염기쌍에 대한 분석을 모두 하는 대신에, 과학자들은 사람마다 길이가 다른 13가지의 특정 DNA 서열에 초점을 맞추어 분석한다. 사람마다 길이가 다른 DNA를 길이에 따라 분리할 수 있으며 이때 개인에 고유한 밴드(띠) 양상을 얻을 수 있게 된다(그림 8.9). 연관된 사람들은 그렇지 않은 사람보다 많은 공통 밴드를 보여준다.

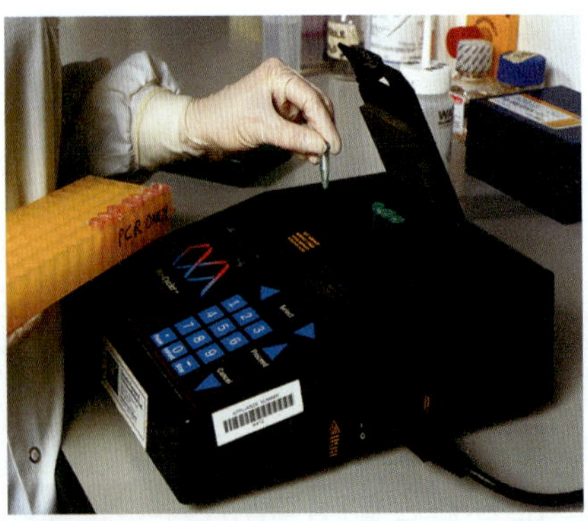

그림 8.10 **열 순환기.** 이 기계는 온도를 변화시킴으로써 DNA가 풀어져서 새로운 DNA 합성에 필요한 주형으로 사용되게 한다.

DNA 프로파일링: 더 자세히 알아보기 ▼

과학자들이 DNA 프로파일링에 사용한 13개의 서로 다른 지역들을 **짧은 연속반복순서(Short Tandem Repeat, STR)**라고 부른다. 왜냐하면 이들은 짧은 DNA 서열(4개 혹은 5개의 염기)이 연이어서 반복되기 때문이다. STR들은 각기 다른 염색체의 유전자를 암호화하는 서열들 사이에 흩어져 있다. 예를 들어, 특정 염색체에서 어떤 사람은 GATC 서열을 2개 가질 수 있다. 똑같은 염색체의 위치에 다른 사람은 5개의 반복수를 가질 수 있다. 이들 13개의 위치들은 이들이 사람집단에서 사람들 사이에 반복수가 다르기 때문에 선택되었다. 가령 GATC와 같은 특정 반복서열에 대하여 과학자들은 하나의 반복(GATC), 2개의 반복(GATCGATC), 3개의 반복(GATCGATCGATC) 등의 반복을 가진 집단들의 백분율을 알고 있다.

STR을 사용한 연구에서, 과학자들은 먼저 **중합효소연쇄반응(polymerase chain reaction, PCR)**이라는 기술을 이용하여 그 부위에 대하여 수많은 복사본을 만든다. PCR은 시험관을 일

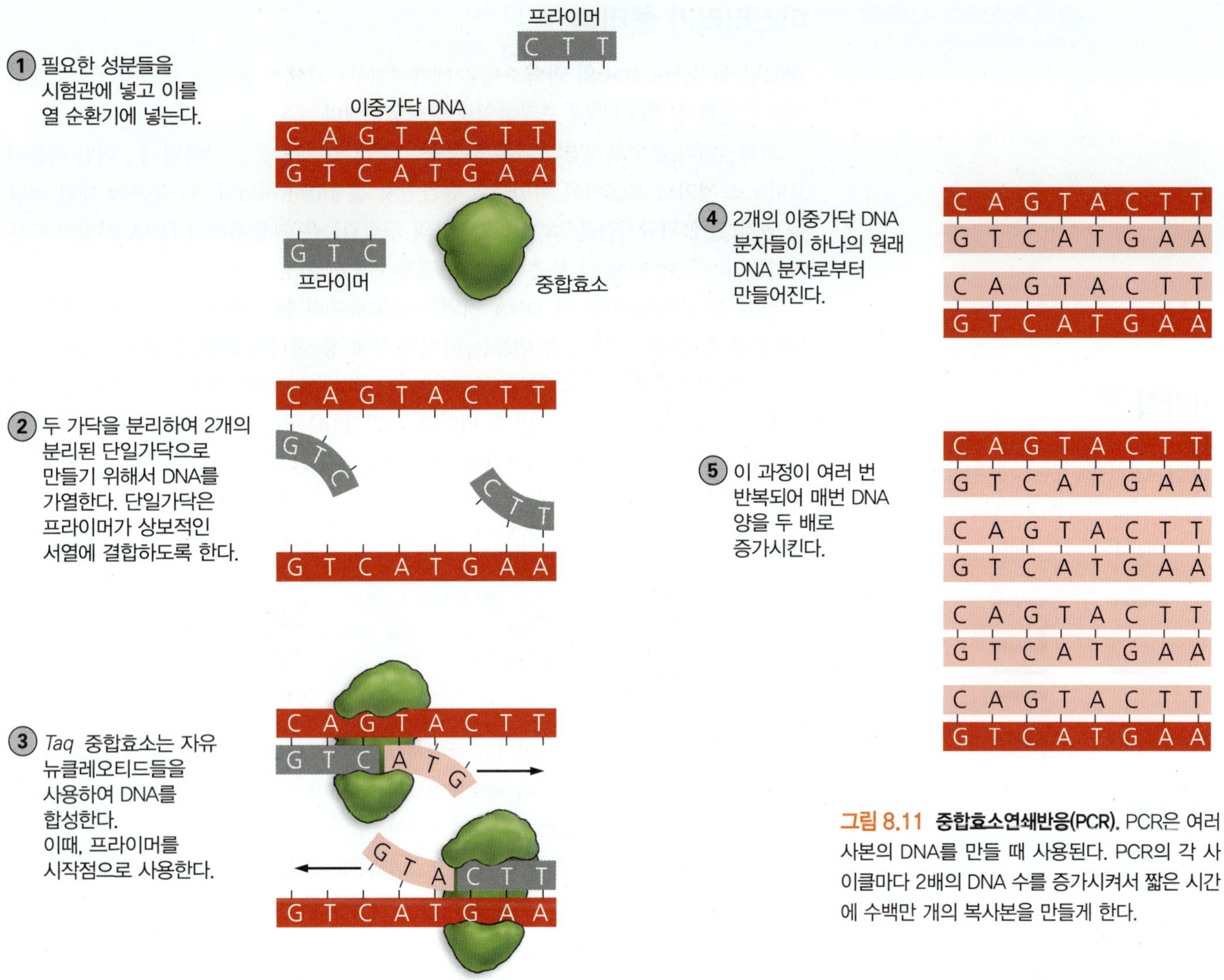

그림 8.11 중합효소연쇄반응(PCR). PCR은 여러 사본의 DNA를 만들 때 사용된다. PCR의 각 사이클마다 2배의 DNA 수를 증가시켜서 짧은 시간에 수백만 개의 복사본을 만들게 한다.

더 자세히 알아보기, 계속

정한 시간 동안 가열과 냉각을 반복하는 사이클을 수행할 수 있는 자동화된 기계 속에 넣음으로써 수행된다(그림 8.10). 가열은 이중나선 사이의 수소결합을 끊음으로써 DNA를 **변성시키고(denature)** 2개의 DNA 단일 가닥으로 되게 한다.

일단 SRT DNA가 변성되면 *Taq* 중합효소라고 불리는 특수한 효소가 분리된 DNA 가닥을 주형으로 사용하여 시험관에 있는 뉴클레오타이드를 삽입시킴으로써 새로운 DNA를 합성한다. 이 효소의 이름의 첫 부분(***Taq***)은 고온에서 자라는 단세포 생물인 ***Thermus aquaticus***로부터 최초로 분리하였기 때문에 그 이름을 땄다. 두 번째 부분의 이름(중합효소)은 이것이 합성활성(이것은 DNA 합성기능이 있다)이 있다는 것으로부터 지어졌다. 중합효소가 작동하기 위해서는 프라이머(primer)라고 불리는 짧은 DNA 서열이 증폭될 지역의 끝에 있어야 한다. 과학자들은 증폭될 STR의 서열을 알기 때문에 올바른 프라이머를 발견하는 것은 어렵지 않다. 시험관의 가열과 냉각의 사이클이 여러 번 반복됨에 따라 각 시험관에 있는 이중가닥의 DNA의 양이 2배로 되고 단지 몇 시간 내에 분석할 STR 지역의 사본 수백만 개를 만들 수 있다(그림 8.11). 각 개인의 복제된 STR들의 혼합물을 일정하게 만들어진 젤라틴으로 된 **겔(gel)**이라는 고형지지물을 통해 이동하도록 함으로써 분리하여 분석한다. 전류가 흐르도록 하면 겔은 큰 DNA 조각을 작은 것보다 덜 천천히 이동하도록 한다(그림 8.12). 이런 형태의 길이 기반의 DNA 조각의 분리를 **겔 전기영동(gel electrophoresis)**이라고 한다.

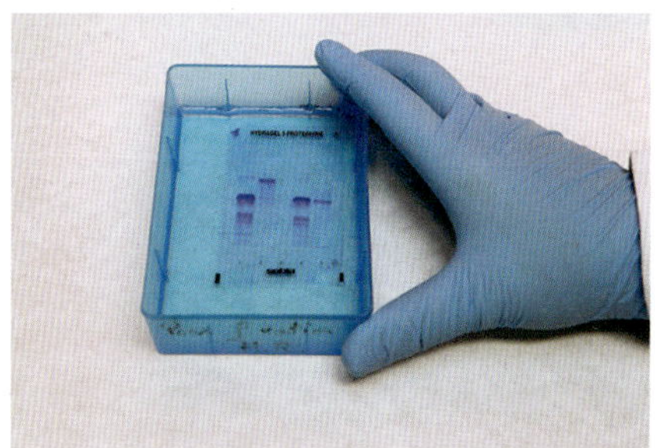

그림 8.12 아가로스 겔. PCR에 의해 만들어진 것과 같은 DNA 조각들은 아가로스 겔에 놓고 전류를 흐르게 함으로써 분리될 수 있다. 작은 DNA 시료는 큰 것에 비해 더 빨리 이동한다. 겔에서의 위치를 확인하기 위하여 DNA를 염색한다.

미스터리가 풀리다

1992년 러시아와 영국의 과학자들은 예카테린부르크에서 발견된 뼈들이 9명의 것인지를 확인하기 위해 DNA 프로파일링을 사용하였다.

과학자들이 무덤에 9명의 다른 사람들이 묻혀 있다는 것을 알아낸 후, 어떤 뼈들이 로마노프 왕가의 유골이고 하인들의 유골인지 결정하려 하였다. 이 문제에 대한 해답을 얻기 위해 과학자들은 로마노프 왕가의 구성원들은 그들끼리의 DNA 서열이 다른 하인들의 것들에 비해 더 보존적이라는 것을 이용하였다.

사실 한 아이에 있는 각 DNA 지역은 부모로부터 물려받는다. 따라서 한 아이의 DNA 프로파일에서 생긴 각 밴드는 아이의 부모 중 하나에 반드시 있어야 한다(그림 8.13). 작은 유골에서 나온 DNA 프로파일을 비교하여 6구의 성인 유골 중 어떤 것이 황제와 황후의 것인지를 알아낼 수 있었다. 그림 8.14는 가설적인 DNA 프로파일을 보여주는데 이를 통해 작은 크기의 유골의 부모가 누구인지 이들과 관련 없는 하인들의 유골이 어떤 것인지를 알아낼 수 있다.

시각화 ▼

아이의 프로파일에서 발견된 밴드를 비교하라. 아이의 프로파일에 있는 모든 밴드가 각 부모에게 있는가 아니면 부모 중 하나에 있는가?

그림 8.13 **DNA 프로파일.** 이 사진은 어머니, 아버지, 아이의 DNA 프로파일을 보여준다.

쉬어가기 8개의 DNA 서열에 대한 분석을 포함하는 DNA 프로파일을 생각해 보라. 만약 두 자녀의 프로파일을 비교한다면, 얼마나 많은 밴드를 이들이 공유할 수 있는가? 일란성 쌍생아의 경우에는 얼마나 많은 밴드를 공유하겠는가?

DNA 증거는 왕가의 사람이라고 주장하는 많은 사람들을 배제할 수 있었다. 전 세계에서 수많은 사람들이 그들이 처형되기 직전에 도망 나온 로마노프 왕가의 사람이거나 그 후손이라고 주장하였다.

가장 흥미를 끌었던 것은 처형이 있은 2년 뒤에 독일 베를린의 한 운하에서 구조된 한 젊은 여성의 주장이었다. 이 젊은 여성은 기억상실증에 걸려 있었고, 정신병원에서 치료를 받았는데 이곳의 직원들은 그녀에게 안나 앤더슨이라는 이름을 지어 주었다(그림 8.15). 그 후 그녀는 자신이 아나스타시아 로마노프라고 믿었으며 1984년 그녀가 죽

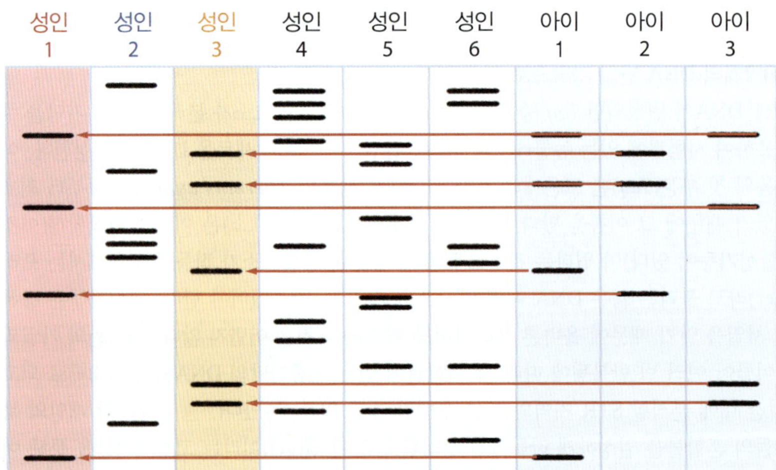

그림 8.14 **성인과 아동 크기의 유골에서의 가설적 DNA 프로파일.** 예카테린부르크의 무덤에서 발굴된 뼈에서 얻어낸 가설적인 DNA 프로파일. 이 프로파일의 결과로 아이 1, 2, 3은 성인 1과 3의 자녀로 판명되었다. 나머지 성인들의 DNA는 아이들과 일치하지 않기 때문에 이들은 아이들의 부모가 아니다.

(a) 안나 앤더슨 **(b) 아나스타시아 로마노프**

그림 8.15 안나 앤더슨(Anna Anderson)과 아나스타시아 로마노프(Ananstasia Romanov). DNA 증거가 사진보다 더 안나 앤더슨이 그녀가 주장한대로 아나스타시아 로마노프인지를 결정하는 데 더 도움이 되었다.

을 때까지 그것을 주장하였다. 1997년 만화영화 아나스타시아(*Anastasia*)를 본 사람들은 그녀에 대한 이야기에 불을 지폈다.

그녀가 죽기 전 수술을 할 때 떼어낸 장세포를 이용하여 1990년대 초에 DNA 프로파일링이 수행되었다. 그 결과 안나 앤더슨은 예카테린부르크의 무덤에서 발굴된 어떤 사람과도 관련성을 갖지 못했다.

이리하여 과학자들은 이 절의 초반부에서 제기된 문제들 중 2가지에 대하여 해답을 얻었다. 그들은 다음과 같은 사실을 알아냈다. (1) 예카테린부르크 무덤에 9명이 묻혔다. (2) 어른 유골 중 두 개는 3 자녀의 부모의 것이다. 마지막 질문은 여전히 답을 얻지 못했다. 과학자들은 어떻게 이 유골들이 단지 다른 가족의 것이 아니라 로마노프 왕가의 것인지를 알아낼 것인가?

이 질문에 답하기 위해 과학자들은 로마노프 왕가의 살아 있는 친척들에게 눈을 돌렸다. 알렉산드라 황후의 조카손자인 영국의 필립공에 대한 DNA 검사가 이루어졌다. 또한 니콜라스 2세의 사망한 형인 조지의 시체를 발굴하여 그의 DNA를 같은 방법으로 검사하였다. 그림 8.16은 로마노프 왕가 사람들의 가계도를 보여준다. 이 가계도는 각 사람들이 어떻게 연관되어 있는지를 보여준다.

이 DNA 검사결과 조지는 어린이 뼈와 관련이 있는 어른 남성 뼈와 관련이 있으며, 필립공은 어린이 뼈와 관련이 있는 여성 어른 뼈와 관련이 있다는 것을 알았다. 이런 증거는 어른 뼈가 황제와 황후의 것이라는 것을 강력히 뒷받침해 주었다. 그들이 처형된 후 80년이 지난 1998년에 러시아 정부는 로마노프 왕가에 합당한 장례식을 치러 줬다. 그 일이 있은 지 10년 후에, 로마노프 왕가가 처형된 지역에서 가까운 숲에 묻지 않은 채 발견된 뼛조각들에 대해 DNA 프로파일링이 수행되어 이들이 알렉시스와 그의 누이의 것이라는 것이 밝혀졌다.

시각화

영국 왕실의 새로운 계승자인 어린 왕자 조지가 혈우병에 걸릴 가능성이 있는가? 왜인가?

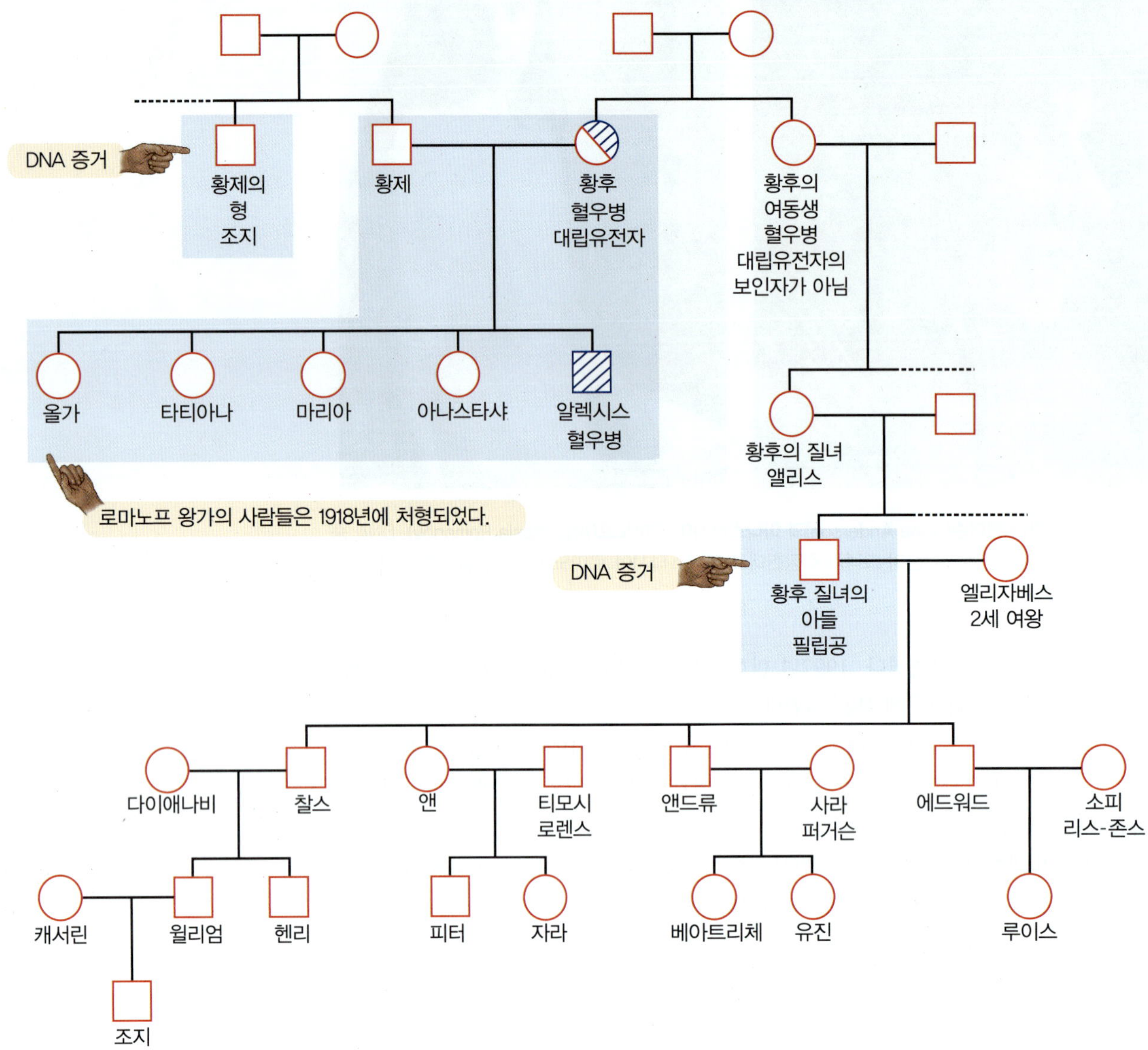

그림 8.16 로마노프가의 가계도. 이 가계도에서는 관련이 있는 가족 구성원들만 나타내고 있다. 황제의 형인 조지(George)에게서 추출된 DNA를 통하여 그가 황제와 관련이 되어 있는 것을 알 수 있다. 황후의 질녀손자인 필립공(Philip)은 엘리자베스(Elizabeth)여왕 2세와 결혼하여 현재 영국의 왕족인 찰스(Charles), 앤(Anne), 앤드류(Andrew) 에드워드(Edward)를 포함한 4명의 자녀를 두었다.

현명한 독자

자녀의 성 선택

약국에서 처방전의 약이 포장되는 것을 기다리며 진열대를 둘러보는 동안, 당신은 특정 성을 가진 아이를 임신하는 데 도움을 준다는 제품을 볼 수 있을 것이다. 이 제품은 30달러이며 성공률이 60%라고 주장한다. 이런 키트를 판매하는 회사는 여성의 생식관의 산도를 바꿈으로써 특정 성을 가진 아기를 가질 가능성을 높여 준다고 주장한다.

1. 우연히 특정 성을 가진 아기가 태어날 확률과 제조회사에서 보고하는 성공률을 비교하라.
2. 보고된 성공률의 통계적 의미를 모르는 경우에 성 선별 제품의 성공률이 실제로 좋다는 것을 아는 것이 가능한가?
3. 성 염색체를 제외하고 X 염색체를 가진 정자와 Y 염색체를 가진 정자가 차이점이 있을까?
4. 당신은 이 장에서 생식관의 산도가 X를 가진 정자와 Y를 가진 정자를 난세포에 도달하는 것을 결정한다는 것을 배웠는가?
5. 중국, 한국 그리고 인도에서 여자 태아에 대한 선택적 임신중절이 성비의 불균형을 가져왔다. 이들 나라에서는 현재 10명의 여자아이당 11명의 남자아이의 비율을 나타낸다. 성비가 1:1이 아닌 경우 어떤 생물학적 결과를 가져오겠는가?

그럴듯한 소리인데 **그런가?**

두 명의 아들을 가지고 있는 부부가 아이를 하나 더 낳으려고 한다. 부부는 이미 남자아이를 가지고 있기 때문에 딸을 낳으면 좋겠다고 생각한다. 가능성을 찾던 중에 우연히 동일한 부모로부터 나온 자녀들에 대한 자료를 얻게 되었다. 그들이 본 연구는 3명의 자녀를 가진 부모의 4분의 3이 모두 아들이거나 딸을 가진 것이 아니라 양쪽 성을 모두 가졌다는 것을 보여줬다. 따라서 이들은 다음에는 딸을 낳을 것이라고 확신하였다.

이 부부가 두 명의 아들을 가지고 있다면, 다음 아이가 딸일 가능성이 정상인 경우보다 높은가?

그럴듯한 소리이지만 그렇지 않다.

1. 독립사건의 확률, 즉 이전의 사건에 의해 영향을 받지 않는 사건의 확률은 각 확률의 곱이다. 예를 들어, 동전을 두 번 던질 때, 두 번째 던진 동전은 이전에 던진 것의 결과에 의해 영향을 받지 않는다. 따라서 두 번 던져서 모두 동전의 앞면이 나올 확률은 1/2 곱하기 1/2, 즉 1/4이 된다. 세 번 던졌을 때 앞면이 나올 확률은 얼마나 되겠는가?
2. 정자에 의해 각 난자가 수정될 확률은 독립사건이다. 한 부부가 3명의 아들을 연속적으로 낳을 확률은 얼마나 되겠는가?
3. 연관된 독립사건의 확률의 총합은 1이다. 이것은 이 부부가 3명의 아들을 낳지 않을 확률이 7/8이라는 것을 의미한다. 성의 관점에서 낳을 수 있는 자녀의 경우를 기술하라.
4. 적어도 1명의 딸을 낳을 확률이 7/8인 반면에, 이와 다른 시나리오로 3명의 아이를 낳았을 때의 자녀의 조합의 확률을 구하는 것은 어떤가?
5. 1~4번 질문에 대한 답을 생각하고 위의 굵은 글씨로 쓴 문장이 그럴듯하지만 그렇지 않은 이유를 설명하라.

복습

요약

8.1

불완전 우성을 공동우성과 구별하라.

- 불완전 우성은 멘델유전학의 연장으로서 자손의 표현형이 부모의 중간이다.
- 공동우성은 어떤 유전자에 대한 대립유전자 모두가 발현될 때 생긴다.

다유전자 형질과 다형질 발현이 어떻게 다른지 설명하라.

- 다유전자 유전은 여러 개의 유전자가 하나의 형질을 조절할 때 일어난다.
- 다형질 발현은 하나의 유전자가 여러 효과를 나타낼 때를 말한다.

복대립유전자인 ABO 혈액형 시스템에서 볼 수 있는 유전양상을 약술하라.

- ABO 혈액형 시스템은 복대립유전자(대립유전자가 I^A, I^B, 그리고 i)를 가지며 이형접합자일 때 I^A와 I^B가 발현되기 때문에 공동우성의 특징을 보여준다.

8.2

사람에서의 성 결정 메커니즘을 기술하라.

- 사람에서 남성은 X 염색체와 Y 염색체를 가지며 어느 한 성염색체를 가진 배우자를 만들 수 있으며, 여성은 두 개의 X 염색체를 가져서 항상 X 염색체를 가진 배우자만 만든다. X 염색체를 가진 정자가 난자와 수정하면 여성을 낳고 Y염색체를 가진 정자가 난자와 수정하면 남성을 낳는다.

성연관 유전자의 유전양상을 설명하라.

- X 염색체와 Y 염색체에 연관된 유전자들은 특징적인 유전패턴을 보여준다. 하나의 X-연관 열성인자를 가진 남성은 이와 관련된 표현형을 나타낸다. 여성은 X-연관 열성인자의 보인자가 될 수 있으며 이를 아들들에게 물려줄 수 있다. Y-연관된 유전자들은 아버지로부터 아들로 전달된다.

8.3

가계도의 효용성을 설명하라.

- 가계도는 친인척 간의 유전적 형질에 대한 유전현상을 보여주는 도표이다.

8.4

DNA 프로파일링의 중요성과 어떻게 분석하는지에 대하여 설명하라.

- DNA 프로파일링은 특정 사람을 확실히 동정할 때 사용될 수 있으며 DNA 서열의 유사성을 기반으로 하여 각 개인 간의 유연관계를 보여줄 수 있다.
- DNA의 짧은 연속 반복서열은 모든 사람의 염색체상의 특정 위치에서 발견된다. 그러나 DNA의 짧은 조각의 반복 수는 사람들 사이에 매우 다르다.
- 많은 반복서열들이 중합효소연쇄반응으로 만들어질 수 있다.
- 증폭된 반복서열들을 전기영동하였을 때, 길이에 의해 분리되며 이때 나타난 밴드 패턴은 각 사람에 특이적인 프로파일을 보여준다.
- 연관된 사람들은 비슷한 밴드 패턴을 보여준다.

언어의 뿌리

다음 어원들은 주로 라틴어나 그리스어에서 기원하며 아래와 같은 뜻을 가지고 있어 용어를 해석하는 데 도움을 준다:

hemo-	혈액을 의미한다. 용어: *hemophilia*
pleio- 와 **poly-**	그리스어로서 여럿을 의미한다. 용어: *pleiotrophy*와 *polygenic*

기본문제

1. 공동우성과 불완전 우성을 비교하고 차이점을 설명하라.

2. 하나의 형질이 복대립유전자를 가진다는 것이 무엇을 의미하는가? 개체가 하나의 유전자에 대하여 두 개 이상의 대립유전자를 가질 수 있는가?

3. 사람에게서 성이 어떻게 결정되는가?

4. DNA 프로파일링의 방법을 서술하라.

5. 만일 A 혈액형을 가지 남자가 B 혈액형을 가진 여자와 결혼하여 O형의 아이를 낳았다면 이 부부의 유전자형은 무엇인가?

6. O^- 혈액형의 아버지를 가진 A^+ 혈액형의 남자와 AB^- 혈액형을 가진 여자는 어떤 혈액형 유전자와 연관된 표현형을 가진 아이를 낳을 수 있는가?

7. 다음 중 DNA 프로파일을 만들 때 사용되었던 과정이 아닌 것은 무엇인가?

A. STR이 PCR로 증폭된다.
B. DNA를 겔 위에 놓고 전류를 건다.
C. DNA 패턴을 암호화하는 유전자를 박테리아에 클로닝한다.
D. 피, 정액, 질액, 또는 모근으로부터 채취한 DNA가 분석에 사용된다.

8. 다음 중 그림 8.17의 DNA 프로파일과 일치하는 것은 무엇인가?

A. B는 A와 C의 자녀이다.
B. C는 A와 B의 자녀이다.
C. D는 B와 C의 자녀이다.
D. A는 B와 C의 자녀이다.
E. A는 C와 D의 자녀이다.

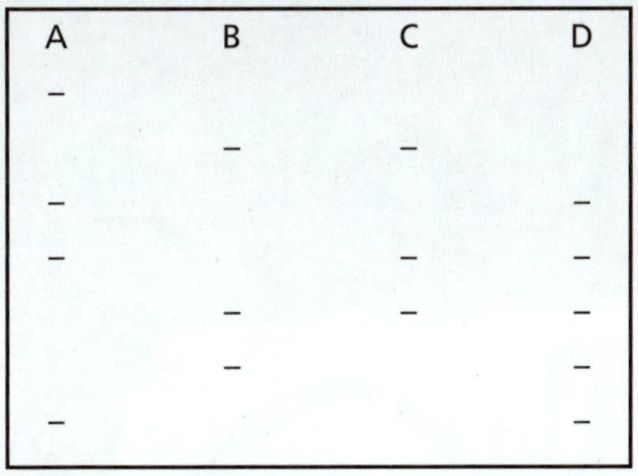

그림 8.17 **DNA 프로파일.**

9. 그림 8.18의 가계도는 성연관 열성 유전을 나타낸다. II-5 사람의 유전자형은 무엇인가?

A. X^HX^H B. X^HX^h
C. X^hX^h D. X^HY
E. X^hY

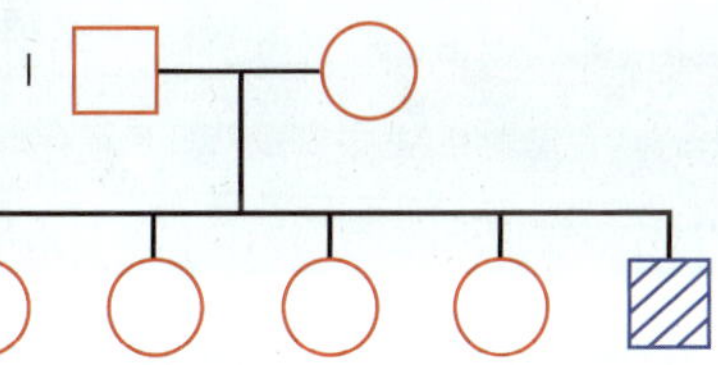

그림 8.18 **가계도.**

10. 어떤 여성이 X-연관 열성 색맹 유전자의 보인자이다. 그녀는 정상인 색 시각의 남성 사이에 아이들을 낳았다. 이들 자녀에 대한 설명 중 맞는 것은?

A. 모든 남성은 색맹일 것이다.
B. 모든 여성을 보인자일 것이다.
C. 여성 중 반은 색맹일 것이다.
D. 남성의 반은 색맹일 것이다.

11. 다음 형질 중 어느 것이 다유전자 형질일 가능성이 높은가?

A. 하나의 돌연변이에 의해 생긴 혈액질환
B. 지능과 같은 복잡한 형질
C. 방사선에 쬐었을 때 생긴 질병
D. AB 혈액형을 가졌을 때

응용문제

1. 왜 사람을 동정하는 데 DNA 프로파일 분석이 ABO 혈액형을 분석하는 것보다 강력한 방법인가?

2. 두 명의 자매와 그들의 부모의 샘플로부터 만들어질 수 있는 DNA 프로파일을 그려보라.

3. 사촌들 간의 교배의 가계도를 그려보라. 그리고 그 가계도를 이용하여 왜 친척들 간의 결혼이 희귀 열성질병의 발병률을 높이는지를 설명하라.

연관문제

1. 가끔 염색체 성이 생물학적 성과 일치하지 않는 경우가 있다. 예를 들어, 남성이 가끔 두 개의 X 염색체를 가지며 Y 염색체를 가지지 않는 경우가 있다. 이 남성의 대부분이 SRY 유전자를 X 염색체에 가지고 있다. 감수분열 시 어떤 사건이 일어났는지 설명하라.

2. 무죄 프로젝트(The Innocent Project)는 뉴욕에 있는 벤자민 카르도조 법과대학에 있는 비영리 법률 상담소이다. 그 상담소는 그들의 사건의 생물학적 증거들이 있기 때문에 DNA 검사를 하면 무죄를 증명할 수 있다고 주장하는 재소자들을 돕는 일을 한다. 1992년에 문을 연 후에 200명에 가까운 재소자들의 무죄를 입증하였다. 수천 명의 재소자들이 검사의 기회를 기다리고 있다. 무죄 프로젝트가 죄 없는 사람들이 형사범으로 몰릴 수 있다는 것을 보여줬다는 사실이 당신의 사형에 대한 견해를 바꾸게 하는가? 왜 그런가 아니면 왜 그렇지 않은가?

CHAPTER 9

유전자변형 생물

많은 사람들이 유전자변형 식품을 먹는 것에 대하여 우려하고 있다.

유전자 발현, 돌연변이, 줄기세포 그리고 클로닝

당신의 아이가 유전자 변형기술로 제조된 우유를 마시거나 과일이나 채소 혹은 고기를 먹기를 원하는가? 당신은 유전자 변형 식품이 현재나 미래의 환경에 어떻게 영향을 줄 것인지를 걱정하는가? 만약 당신이 사랑하는 개가 죽는다면 그 개를 복제할 수 있기를 원하겠는가? 만약 당신의 할머니가 난치병에 걸렸다면, 인간배아로부터 만들어진 세포를 사용하여 그 질병을 치료할 수 있도록 권하겠는가? 동물들을 사람의 질병치료에 도움이 되는 물질을 생산하는 공장으로 사용하거나 당신의 애완동물에 빛을 내게 하는 유전자를 넣는다면 비윤리적인가? 인간복제는 어떤가? 당신은 인간복제 행위를 적법하다고 생각하는가 아니면 위법하다고 생각하는가?

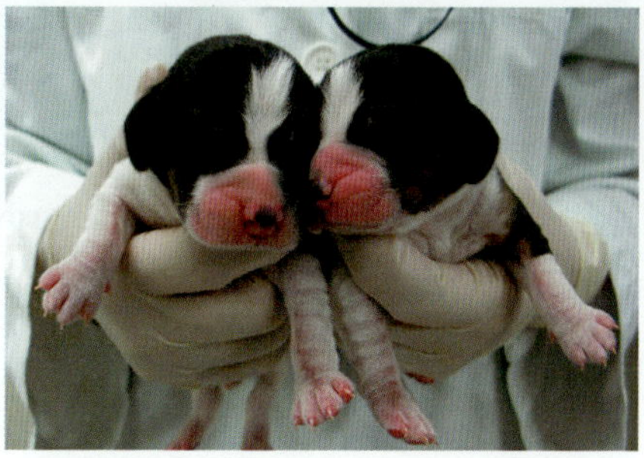

어떤 사람들은 좋아하는 애완동물을 복제하는 유전공학 기술을 받아들였다.

동물들을 형광을 내는 글로피시(GloFish)와 같은 흥미로운 애완동물로 만들기 위하여 유전적으로 변형시키는 것을 용납할 수 있는가?

이런 질문들에 대답하기 위해서는 유전공학, 실험실에서의 생물체의 유전형질 변형하는 기술에 대한 이해를 필요로 한다. 일단 변형이 된 후에 이런 생물체들은 유전자변형생물 혹은 GMO라고 불린다.

당신의 생애 동안 당신은 GMO를 포함한 많은 개인적인 결정을 해야 할 필요를 느낄 것이다. 올바른 결정을 하기 위해서는, 유전자들이 어떻게 그 산물을 만들어 내는가 그리고 어떻게 그리고 왜 유전자들이 인간의 요구에 맞도록 변형이 되는지에 대하여 이해하는 것은 도움이 될 것이다.

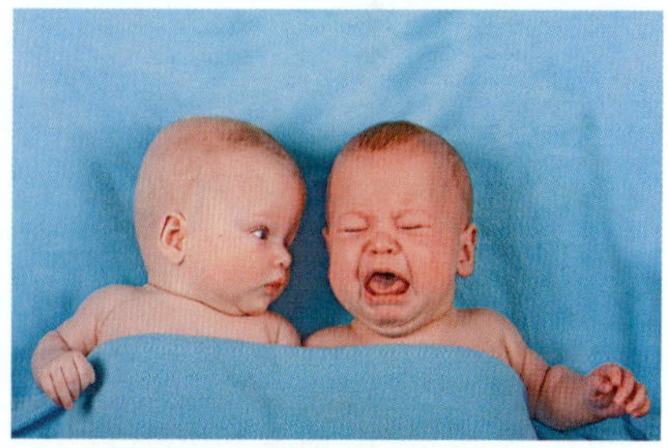

다른 사람들은 인간복제에 대하여 거부한다.

애완용 물고기가 형광을 내도록 유전자 변형을 시켰다.

9.1 단백질 합성과 유전자 발현

유전자변형 식품을 만들기 위해서 과학자들은 어떤 단백질을 만드는 유전자를 하나의 개체로부터 다른 개체로 옮기는 일을 한다. 이와는 다르게 과학자들은 특정 단백질의 발현량을 늘리기도 한다. 어떤 세포에서 단백질의 합성량을 조절하는 것을 **유전자 발현을 조절한다**고 한다.

1980년대 초에 몬산토(Monsanto) 주식회사의 유전공학자들이 실험실에서 **재조합 소 생장호르몬(recombinant bovine growth hormone, rBGH)**을 생산한 것이 최초로 유전자 발현을 조절한 예이다. 재조합(r) 소 생장호르몬은 유전적으로 조작된 박테리아에서 발현된 단백질이다. 이들 박테리아 세포는 소의 생장호르몬을 만드는, 혹은 암호화하는, 유전자를 그들의 DNA에 가지도록 조작하여 실험실에서 이 단백질을 생산한다. 생장호르몬은 여러 다른 기관에 가서 몸의 크기를 크게 한다. 실험실에서 만든 소 생장호르몬을 젖소에 주사하면 우유의 생산량을 늘릴 수 있다.

생장호르몬이나 다른 단백질을 실험실이나 세포에서 생산하기 위해서는 DNA에 암호화되어 있는 유전정보의 사용이 필요하다.

유전자로부터 단백질까지

nucleo- 혹은 **nucl-** 핵을 의미한다.

-ic 산(acid)의 이름 끝에 공통적으로 사용한다.

-ose 당(sugar)의 이름 끝에 공통적으로 사용한다.

단백질 합성(protein synthesis) 시 특정 단백질을 합성하도록 하는 유전자에 의해 운반되는 설명서를 사용한다. 유전자는 단백질을 직접 합성하지 못하고 대신에 어떻게 단백질이 합성되는지를 지시하는 설명서를 가지고 있다. 단백질 합성을 이해하기 위하여 이미 언급되었던 DNA, 유전자, 그리고 RNA에 대하여 기억해야 한다. 첫째, DNA는 상보성(A:T와 C:G)에 따라 서로 화학결합을 이루는 **뉴클레오타이드(nucleotide)**들의 중합체이다. 둘째, 유전자는 단백질을 암호화하는 DNA 서열이다. 단백질은 아미노산으로 이루어진 큰 분자이다. 각 단백질은 그 자신의 특정 구조에 의해 결정되는 독특한 기능을 가진다. 단백질의 구조는 그것을 구성하는 아미노산의 순서에 의하여 결정되는데, 이는 아미노산들의 화학적 성질이 단백질을 특정한 방식으로 접히게 하기 때문이다. 단백질이 만들어지기 전에 유전자에 쓰인 설명서가 복사되어야 한다. 유전자가 복사되었을 때, 그 사본은 DNA(deoxyribonucleic acid)가 아니고 **RNA(ribonucleic acid)**다.

DNA와 마찬가지로, RNA도 뉴클레오타이드의 중합체이다. 뉴클레오타이드는 당과 인산과 질소를 포함하는 염기로 구성되어 있다. DNA는 디옥시리보오스를 당으로 가지는 반면에 RNA는 **리보오스(ribose)**를 당으로 가진다. RNA는 질소함유 염기로 티민(T) 대신에 우라실(uracil, U)을 가진다. RNA는 보통 두 가닥인 DNA와 달리 단일 가닥으로 이루어져 있다(그림 9.1).

세포가 단백질을 생산할 필요가 있을 때, DNA를 가이드 혹은 주형으로 해서 단일 가닥의 RNA를 만든다. RNA 뉴클레오타이드들은 DNA 뉴클레오타이드들과 염기쌍을 형성할 수 있다. 즉 C는 G와 염기쌍을 형성하고 U는 A와 쌍을 이룬다. RNA 복사본은 단백질을 생산하기 위해서 어떤 아미노산을 넣을지에 대해서 말해주는 청사진으로 역할을 한다. 이리하여 유전정보의 흐름은 DNA로부터 RNA로 그리고 단백질로 이어진다(그림 9.2).

이런 유전정보의 흐름이 실제로 세포에서 어떻게 일어날까? 유전자로부터 단백질

시각화 ▼

DNA의 당과 RNA의 당의 차이점과 질소함유 염기인 티민과 우라실의 화학적 차이점을 지적해 보라.

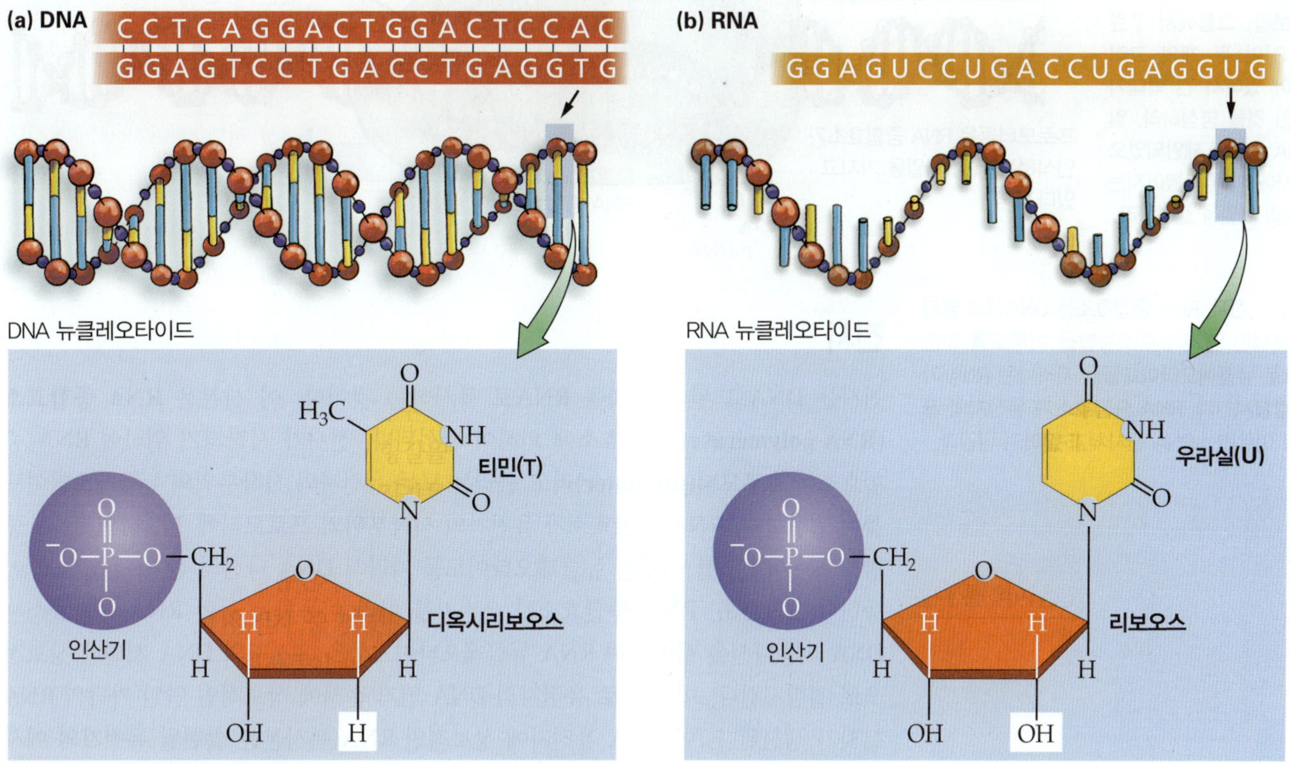

그림 9.1 **DNA와 RNA.** (a) DNA는 이중가닥이다. 각 DNA 뉴클레오타이드는 디옥시리보오스 당과 인산 그리고 질소를 포함하는 염기(A, G, C, 혹은 T)로 이루어져 있다. (b) RNA는 단일 가닥이다. RNA 뉴클레오타이드는 리보오스 당과 인산 그리고 질소를 포함하는 염기(A, G, C, 혹은 U)로 이루어져 있다.

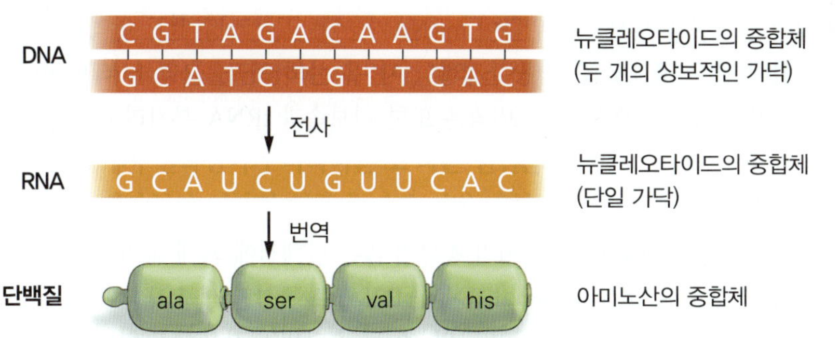

◀ 시각화

각 아미노산을 암호화하기 위해서 몇 개의 뉴클레오타이드가 요구되는지를 결정하기 위하여 뉴클레오타이드 수를 아미노산 수로 나누어 보라.

그림 9.2 **유전정보의 흐름.** 유전정보는 DNA로부터 DNA 유전자에 대한 복사본인 RNA로 그리고 유전자에 의해 암호화된 단백질을 만들기 위하여 결합되는 아미노산으로 흐른다.

로 가는 데는 두 개의 단계를 포함한다. 첫 번째 단계는 **전사(transcription)**라고 불리는 필요한 유전자의 복사본을 만드는 과정이다. 이것은 마치 어떤 연설에 대한 필사본과 마찬가지로서 세포는 원래의 유전자의 전사체를 DNA 뉴클레오타이드들을 RNA 뉴클레오타이드들로 치환하여서 만든다. 두 번째 단계는 **번역(translation)**이라고 불리는 것으로 RNA 서열상의 암호를 풀어서 단백질로 만드는 과정을 포함한다. 번역자가 하나의 언어로 된 것을 다른 언어로 번역하는 것과 마찬가지로 세포에서의 번역도 뉴클레오타이드의 언어(DNA와 RNA)를 아미노산과 단백질의 언어로 번역하는 것을 포함한다.

시각화▶

mRNA를 생산하는 데 사용될 DNA 가닥의 서열을 제안해 보라. 그림에서 푸린(A와 G)이 두 개의 고리로 되어 있어서 긴 막대기로 그린 것을 명심하라. 일단 DNA 서열이 제안되었으면 전사에 의해 만들어지는 mRNA의 서열을 결정하라.

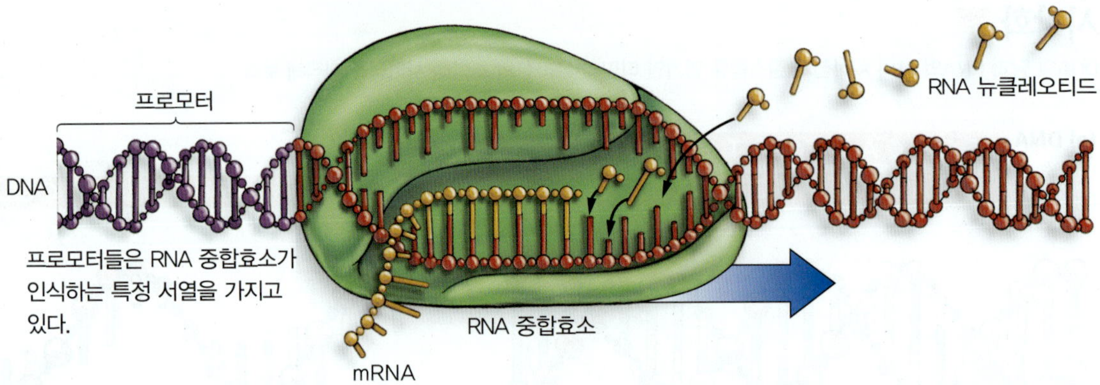

그림 9.3 **전사.** RNA 중합효소는 DNA상의 염기와 상보적인 염기가 수소결합을 이루도록 하는 방식으로 뉴클레오타이드들을 자라나는 RNA 가닥에 결합시킨다. RNA 중합효소가 유전자의 끝부분에 이르면 mRNA 전사체가 떨어져 나간다.

전사

전사는 DNA로 된 유전자를 RNA로 복사하는 것이다. 이 사본은 **RNA 중합효소(RNA polymerase)**라는 효소에 의하여 합성된다. 전사가 시작되기 위하여 RNA 중합효소는 **프로모터(promoter)**라고 불리는 모든 유전자의 시작부위의 뉴클레오타이드들에 결합한다. RNA 중합효소가 유전자의 시작부위의 프로모터에 결합하면 RNA 중합효소는 유전자를 이루는 뉴클레오타이드를 따라서 DNA 나선의 한 가닥을 타고 이동한다(그림 9.3). RNA 중합효소가 유전자를 따라 이동하는 동안 RNA 중합효소는 DNA 이중나선을 풀어주며 RNA 뉴클레오타이드들을 유전자의 DNA 서열에 상보적으로 결합시킨다. 이 결과로 유전자의 DNA 염기 순서에 상보적인 단일 가닥의 RNA 분자가 생산된다. 이 DNA 유전자에 상보적인 RNA 복사본은 발현될 유전자의 메시지를 운반하기 때문에 **전령 RNA(messenger RNA, mRNA)**라 불린다.

번역

유전자로부터 단백질을 생산하는 두 번째 단계는 번역으로서, 유전자에 의하여 암호화된 실제 단백질을 생산하기 위하여 mRNA가 사용되는 과정이다. 번역이 일어나기 위해서는 mRNA, 순서대로 결합할 아미노산의 공급, 그리고 ATP 형태의 에너지가 공급되어야 한다. 번역은 또한 리보솜과 tRNA 분자라고 불리는 물질을 요구한다.

-some 과 **somal** 몸과 관련 있다.

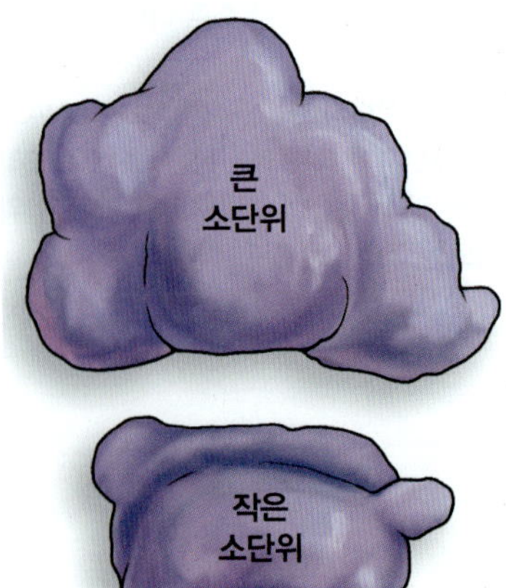

그림 9.4 **리보솜.** 리보솜은 두 개의 소단위로 이루어져 있다. 각 소단위는 또한 rRNA와 단백질로 이루어진다.

리보솜. **리보솜(ribosome)**들은 여러 종류의 많은 단백질에 의해 둘러싸인 다른 종류의 RNA인 **리보솜 RNA(ribosomal RNA, rRNA)**로 구성된 세포 내의 구상 구조물이다(그림 9.4). 각 리보솜은 두 개의 소단위, 즉 큰 소단위와 작은 소단위로 이루어진다. 큰 소단위와 작은 소단위가 결합하면 mRNA가 그 사이를 통과하게 된다. 또한 리보솜은 아미노산을 운반하는 **운반 RNA(transfer RNA, tRNA)**와도 결합한다.

운반 RNA(tRNA). 운반 RNA(그림 9.5)도 세포 내에 존재하는 다른 형태의 RNA이다. 개개의 운반 RNA는 특정 아미노산을 운반하며 mRNA와 상호작용하여 자라나는 단백질의 정확한 위치에 아미노산을 삽입시키는 일을 한다.

mRNA가 리보솜 속에서 이동할 때, 뉴클레오타이드의 짧은 서열이 순차적으로 노출된다. mRNA상의 이 서열을 **코돈(codon)**이라 하며 3개의 뉴클레오타이드 길이이며 하나의 특정 아미노산을 암호화한다. tRNA도 또한 3개의 뉴클레오타이드 세트를 가지고 있으며 이것은 이와 상보적인 서열이 있을 때 코돈과 결합한다. 이 tRNA의 3개의 염기세트를 mRNA 코돈에 상보적이기 때문에 **안티코돈(anticodon)**이라고 한다. 특정 tRNA의 안티코돈은 이와 상보적인 mRNA의 코돈과 결합한다. 이런 방법으로 코돈이 특정 아미노산의 삽입을 일으킨다. 리보솜은 tRNA의 결합을 위해 mRNA를 따라 코돈을 순차적으로 노출시킨다.

tRNA의 안티코돈이 mRNA의 코돈과 결합하면 펩타이드 결합이 형성된다. 리보솜은 tRNA가 운반해온 아미노산을 아미노산 가닥이 연장되는 쪽에 추가하여 궁극적으로 완성된 단백질을 만든다. 따라서 운반 RNA는 일종의 세포 번역자로서의 역할을 하며 뉴클레오타이드의 언어(자신의 언어)를 아미노산의 언어(표적언어)로 유창하게 번역한다.

이해를 돕기 위하여, 단백질 합성을 케이크를 굽는 것과 같은 일상적인 활동과 유사하다고 생각해 보라(그림 9.6). 케이크를 굽기 위하여 당신은 굽고 싶은 케이크(단백질)를 만드는 특정 요리법(유전자)을 보기 위하여 요리책(유전체)을 참조한다. 당신은 그 책으로부터 요리법의 복사본(mRNA)을 만들어 원본(유전자)을 가진 책이 손상을 입거나 얼룩지지 않게 할 것이다. 원래의 요리법(유전자)은 선반(핵) 위의 책(유전체)에 놓아두어서 필요할 때 언제든지 사본을 만들 수 있게 한다. 원래의 요리법(유전자)은 계속해서 복사할 수 있다. 요리법의 사본(mRNA)은 재료(아미노산)를 섞는 동안 부엌의 조리대(리보솜)에 놓아둘 것이다. 케이크(단백질)를 굽는 재료(아미노산)는 밀가루, 설탕, 버터, 우유 그리고 계란을 포함할 것이다. 재료(아미노산)들은 계량스푼이나 컵(tRNA)으로 단다. (굽는 동안에 당신은 동일한 컵이나 수저를 여러 재료를 담는 데 사용할 것이다. 단백질 합성 시에도 하나의 특정 아미노산을 담기 위하여 tRNA를 사용한다.) 계량스푼이나 컵은 재료들을 조리대에 가져온다. 하나의 케이크를 만드는 데 드는 재료들을 가지고 여러 방법으로 다양한 음식을 만들 수 있는 것과 같이, 여러 가지 단백질을 만들기 위하여 아미노산들의 순서를 여러 가지 다른 조합으로 연결할 수 있다. 재료(아미노산)들은 항상 원래의 방법(유전자)에 나와 있는 방법대로 첨가된다.

시각화 ▼

tRNA의 구조는 자신과 상보적인 결합을 하여 RNA 자신이 접힐 수 있도록 하는 구조를 포함한다. 어떤 질소성 염기가 이러한 내부 상보성 지역에서 결합에 참여하는가?

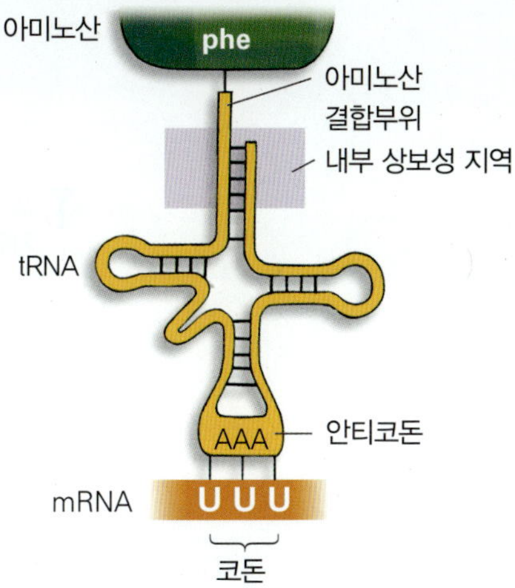

그림 9.5 운반 RNA(tRNA). 운반 RNA는 뉴클레오타이드 언어를 아미노산 언어로 번역한다. UUU에 결합하는 tRNA는 단 하나의 아미노산(phe, 페닐알라닌에 대한 3글자 약어)을 운반한다.

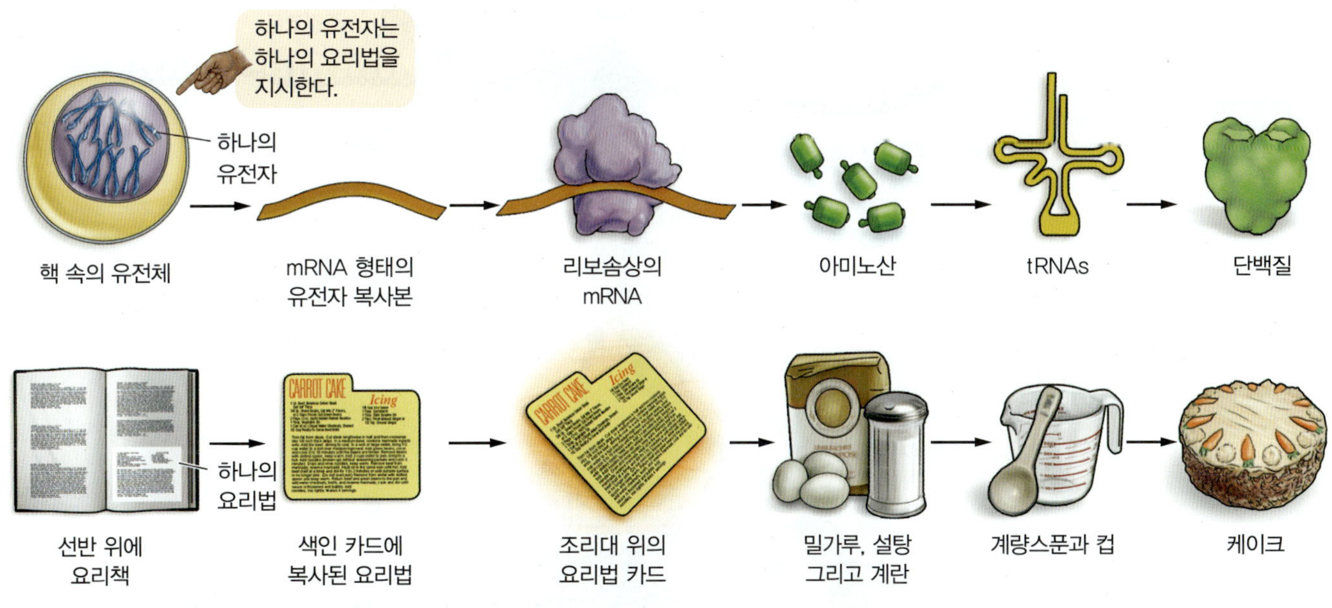

그림 9.6 단백질 합성과 케이크 굽기. 선반 위의 요리책은 핵에 있는 유전체와 비슷하다. 요리방법을 색인 카드에 복사하는 것은 유전자를 mRNA로 만들기 위하여 복사하는 것과 유사하다. 요리법 카드가 조리대에 놓이는 것과 같이 mRNA도 리보솜에 놓인다. 케이크를 만드는 재료들은 밀가루, 설탕, 버터, 우유 그리고 계란이다. 단백질을 만드는 재료들은 여러 가지 아미노산이다. 재료들은 계량컵이나 스푼(tRNA)으로 들어낸다. 이때 하나의 컵에는 하나의 재료만을 담는다. 계량스푼이나 컵은 재료들을 조리대로 가져온다. 재료(아미노산)들을 항상 원래의 요리법(유전자)에 있는 지시대로 첨가한다.

세포 내에서 DNA에 있는 염기서열이 RNA의 염기서열을 지시하며, 이것은 다음에 단백질을 만들기 위해 서로 결합될 아미노산 서열을 지시한다. 단백질 합성은 리보솜을 따라 이동할 때, 아미노산을 암호화하지 않는 코돈(**종결코돈; stop codon**이라 한다)에 이르렀을 때 멈춘다. 종결코돈이 리보솜에 있으면 새로운 아미노산이 추가되지 못하고 단백질은 떨어져나가게 된다. 단백질은 일단 떨어져 나가면 접혀지고 세포 내에서 이를 필요로 하는 장소로 이동한다. 번역의 과정이 그림 9.7에 요약되어 있다.

번역은 세포가 특정 유전자가 암호화하는 염기서열에 따라 아미노산이 결합하도록

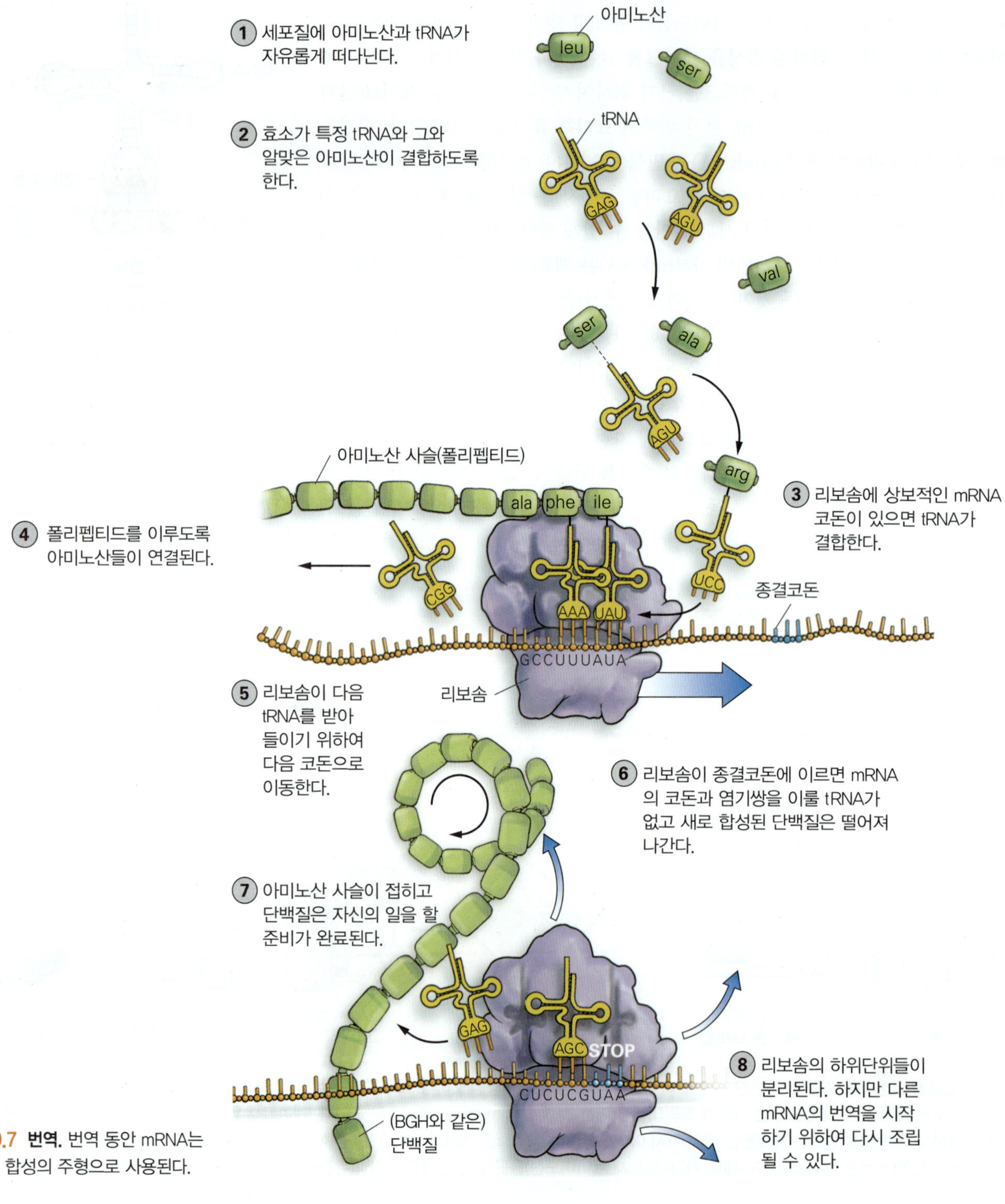

그림 9.7 번역. 번역 동안 mRNA는 단백질 합성의 주형으로 사용된다.

하는 과정이다. 과학자들은 **유전암호(genetic code)**라고 불리는 차트를 봄으로써 어떤 유전자가 어떤 아미노산 서열을 가질 것인지를 결정할 수 있다.

유전암호. 유전암호는 어떤 mRNA 코돈이 어떤 아미노산을 암호화하는지를 보여준다. 표 9.1에서 보듯이 64개의 코돈이 있으며 이 중 61개가 아미노산을 암호화한다. 3개는 종결코돈이며 mRNA의 거의 끝부분에 존재한다. 종결코돈은 아미노산을 암호화하지 않기 때문에 종결코돈이 리보솜에 들어갔을 때 단백질 합성이 종결된다. 표에서 보듯이 AUG 코돈은 개시코돈으로(따라서 이것은 각 mRNA의 거의 시작 부분에서 발견된다) 작용하기도 하며 합성 중의 단백질에 메티오닌(methionine, met)이 삽입되도록 하는 기능도 한다. 맨 앞의 메티오닌은 흔히 나중에 제거된다(원핵세포에서).

유전암호는 유의해야 할 추가적인 성질을 가지고 있다. 코돈이 모호함이 없이 중복적이라는 것과 공통적이라는 점이다. **중복성(redundancy)**은 여러 개의 코돈이 하나의 아미노산을 암호화하는 경우를 말한다. 예를 들어, 트레오닌(thr)은 ACU, ACC, ACA, 그리고 ACG 코돈에 대응하여 단백질로 삽입된다. 그러나 어떤 경우에도 하나의 코돈이 하나 이상의 아미노산을 암호화하지는 않는다. 예를 들어, AGU는 세린(ser)을 암호화하지만 그 외에는 아무것도 암호화하지 않는다. 따라서 어떤 코돈이 어떤 아미노산을 부를지에 대하여는 모호함(ambiguity)이 없다. 유전암호는 또한 생물들이 동일한 유전자로부터는 동일한 단백질을 합성한다는 점에서 **공통적(universal)**이다. 이 점이 왜 하나의 생물체에 있는 유전자를 다른 생물체로 옮길 수 있는지에 대한 이유이다.

쉬어가기 mRNA CCU-AAU에 의해 암호화되는 아미노산은 무엇인가? 이 아미노산을 암호화하는 다른 코돈이 있는가?

표 9.1 유전암호. 어떤 아미노산이 mRNA의 코돈에 의하여 암호화되는가를 결정하기 위하여, 먼저 표의 왼쪽을 보고 코돈의 첫 번째 뉴클레오타이드를 확인한다; 네 개의 열이 있고 하나는 각기 가능한 RNA 뉴클레오타이드 A, C, G, U를 나타낸다. 그 다음에는 표의 위에 있는 두 번째 염기 행과 첫 염기 열의 교점을 보면 네 개의 다른 코돈으로 코돈검색의 범위를 좁힐 수 있다. 최종적으로 표의 오른쪽 측면에 있는 세 번째 염기 뉴클레오타이드가 주어진 mRNA의 코돈이 암호화하는 아미노산을 결정한다. 아미노산을 암호화하지 않는 세 코돈 UAA, UAG, UGA을 유의하라; 이들은 종결코돈이다. AUG 코돈은 대부분의 단백질 암호화 서열의 시작부분에서 발견되는 개시코돈(start codon)이다.

첫 번째 염기	두 번째 염기 U		두 번째 염기 C		두 번째 염기 A		두 번째 염기 G		세 번째 염기
U	UUU	페닐알라닌(phe)	UCU	세린(ser)	UAU	티로신(tyr)	UGU	시스테인(cys)	U
	UUC		UCC		UAC		UGC		C
	UUA	류신(leu)	UCA		UAA	**종결코돈**	UGA	**종결코돈**	A
	UUG		UCG		UAG	**종결코돈**	UGG	트립토판(trp)	G
C	CUU	류신(leu)	CCU	프롤린(pro)	CAU	히스티딘(his)	CGU	아르기닌(arg)	U
	CUC		CCC		CAC		CGC		C
	CUA		CCA		CAA	글루타민(gln)	CGA		A
	CUG		CCG		CAG		CGG		G
A	AUU	이소류신(ile)	ACU	트레오닌(thr)	AAU	아스파라긴(asn)	AGU	세린(ser)	U
	AUC		ACC		AAC		AGC		C
	AUA		ACA		AAA	리신(lys)	AGA	아르기닌(arg)	A
	AUG	메티오닌(met) **개시코돈**	ACG		AAG		AGG		G
G	GUU	발린(val)	GCU	알라닌(ala)	GAU	아스파라긴산(asp)	GGU	글리신(gly)	U
	GUC		GCC		GAC		GGC		C
	GUA		GCA		GAA	글루탐산(glu)	GGA		A
	GUG		GCG		GAG		GGG		G

그림 9.8 **치환 돌연변이.** 하나의 뉴클레오타이드가 정상 서열로부터(a) 돌연변이 서열로(b) 바뀌면 다른 아미노산의 삽입을 유발한다. 만약 바뀐 아미노산이 원래의 아미노산과 다른 화학적 성질을 가진다면 단백질이 다른 모양을 하게 되고 이에 따라 기능을 수행할 능력을 잃을지도 모른다.

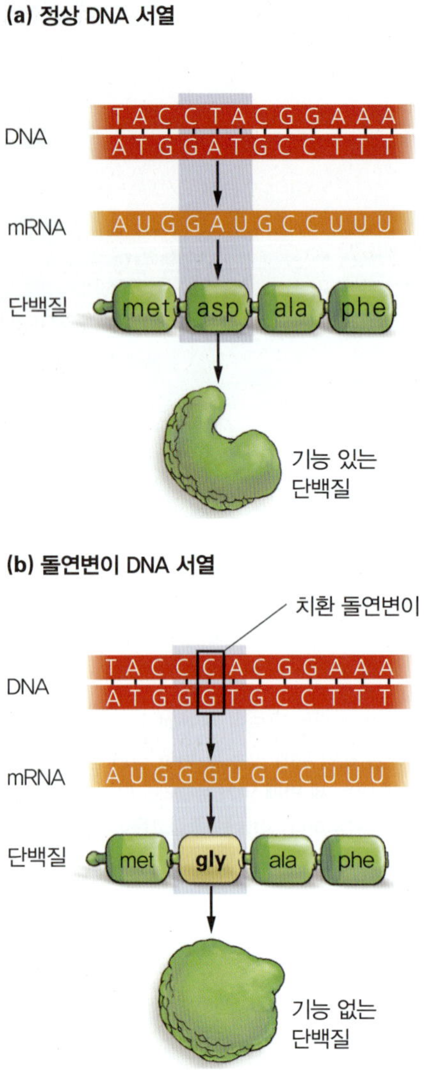

돌연변이

돌연변이(mutation)라고 불리는 DNA 서열의 변화는 때때로 번역시 아미노산 서열에 영향을 줄 수 있다. 어떤 유전자에 대한 돌연변이는 유전자의 형태 즉 대립유전자를 만들 수 있다. 다른 대립유전자들은 DNA상의 서열 변화로 만들어지며 이 결과 단백질의 아미노산 서열을 바꾸게 한다. 돌연변이는 기능을 하지 못하는 단백질을 만들게 하거나 원래의 것과 다른 기능을 하는 단백질을 합성할 수 있게 한다. 만약 이 단백질이 다른 아미노산 서열을 가지고 있다면 원래의 것과 동일한 기능을 하지 못할 것이다(그림 9.8). 예를 들어, 하나의 뉴클레오타이드의 교환이 헤모글로빈 단백질에서 새로운 아미노산을 삽입함으로써 산소를 운반하는 능력을 상실하게 되어 낫세포 빈혈증에 걸리게 된다.

돌연변이가 단백질에 아무 영향도 주지 않는 경우도 있다. 이들은 DNA의 변화로 인하여 생긴 새로운 mRNA 코돈이 암호화하는 아미노산이 원래의 코돈과 동일한 아미노산을 지시할 때 일어날 것이다. 유전암호의 중복성 때문에, 예를 들면 mRNA의 코돈이 ACU에서 ACC에로의 변화는 이 두 코돈이 모두 트레오닌을 암호화하기 때문에, 아무런 영향을 주지 못할 것이다. 이것을 **침묵 돌연변이(silent mutation)**라고 한다(그림 9.9a). 또한 치환된 아미노산이 원래 아미노산과 화학적으로 유사한 성질을 가질 수 있어서 단백질에 거의 영향을 주지 않는 변이도 있으며 침묵 돌연변이를 포함하여 이를 **중성 돌연변이(neutral mutation)**라고 한다.

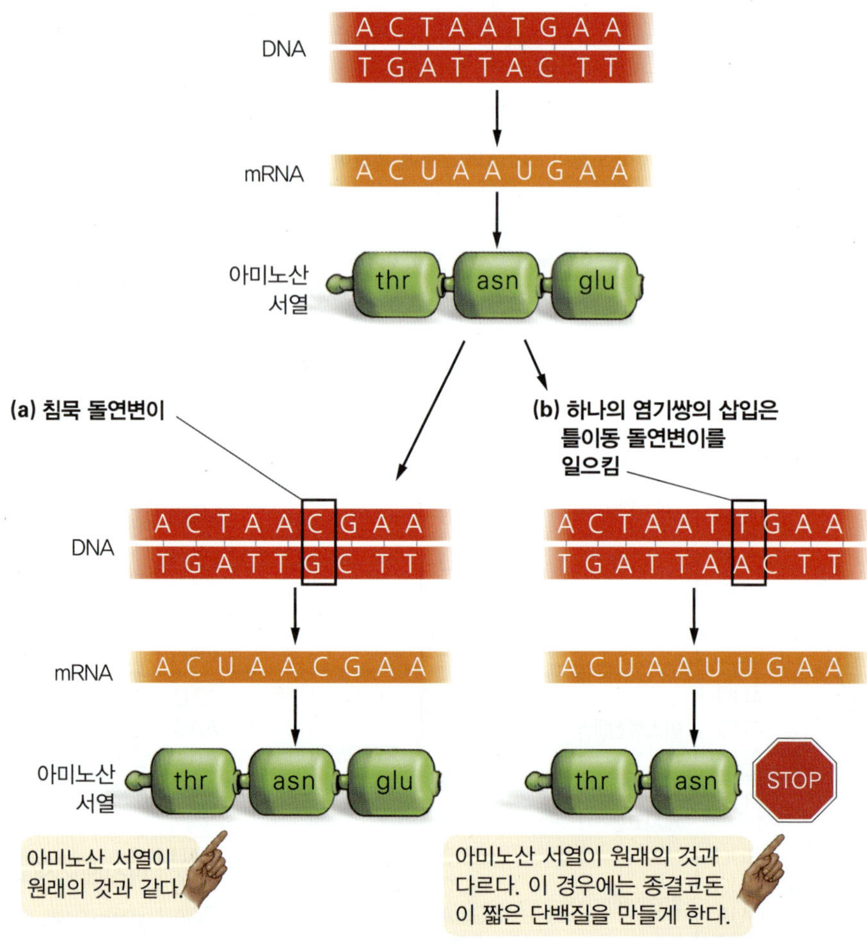

그림 9.9 **침묵 돌연변이와 틀이동 돌연변이.** (a) 침묵 돌연변이는 유전암호의 중복성 때문에 DNA에 변화가 일어나도 원래의 아미노산과 동일한 아미노산이 삽입되는 것이다. (b) 뉴클레오타이드의 삽입(혹은 결손)은 틀이동 돌연변이를 일으키게 한다.

하나의 뉴클레오타이드를 삽입하거나 결손시키는 것은 중대한 영향을 줄 것이다. 왜냐하면 하나의 뉴클레오타이드의 삽입(혹은 결손)은 그 뒤에 오는 모든 코돈의 뉴클레오타이드의 그룹화를 바꿔주기 때문이다(**그림 9.9b**). 3자(triplet) 그룹의 변화를 **해독틀(reading frame)**의 변화라고 한다. 삽입이나 결손이 일어난 뉴클레오타이드의 뒤에 있는 모든 염기들은 다른 코돈으로 재그룹될 것이고 따라서 **틀이동 돌연변이(frameshift mutation)**를 유발한다. 예를 들어, "The dog ate the cat"이라는 문장에서 "*H*"라는 글자를 4번째 글자 다음에 넣으면 "The dHo gat eth eca t"라는 문장이 되어 전혀 의미가 없는 것이 될 것이다. 세포 내에서도 이런 돌연변이는 종종 종결부호를 넣어서 짧으며 기능이 없는 단백질을 만들기도 한다.

모든 종의 모든 세포는 이런 단백질 합성과정을 수행한다. 서로 다른 세포에서는 서로 다른 유전자를 선택하여 단백질을 합성한다(**그림 9.10**). 진핵생물에서는 전사와 번역이 공간적으로 분리되어 일어나는데, 전사는 핵에서 번역은 세포질에서 일어난다. 막으로 둘러싸인 핵과 소기관이 없는 세포를 원핵세포라고 한다. 원핵세포(박테리아와 같은)도 단백질 합성을 하지만 전사와 번역이 다른 장소에서 일어나지 않고 동시에 일어난다. mRNA가 전사되면서 리보솜이 결합하고 번역이 시작된다.

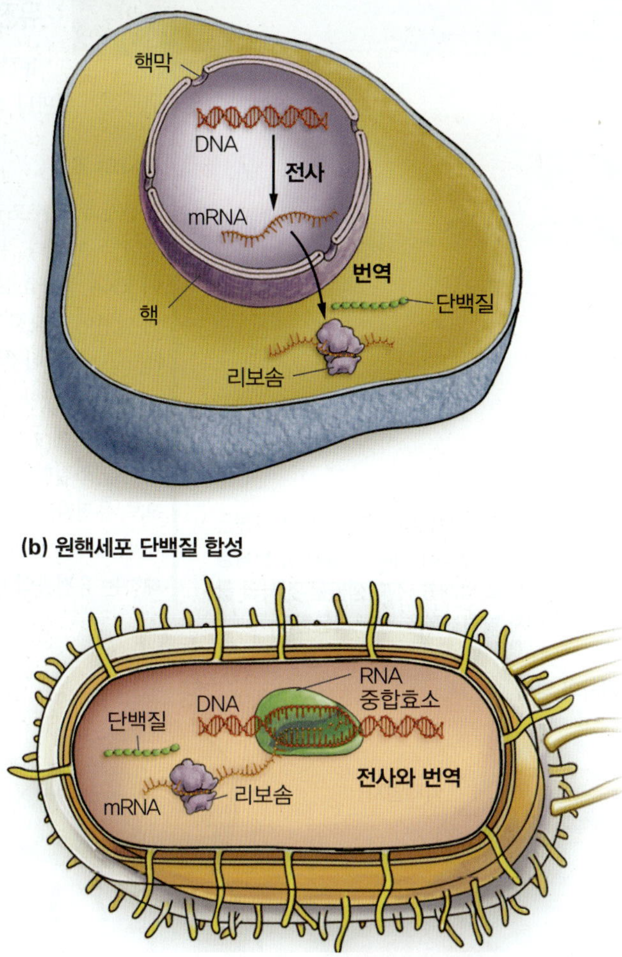

그림 9.10 진핵세포와 원핵세포에서의 단백질 합성. (a) 진핵세포에서 전사는 핵에서 일어나고 번역은 세포질에서 일어난다. (b) 핵이 없는 원핵세포에서는 전사와 번역이 동시에 일어난다.

유전자 발현

당신의 신체의 각 세포는 정자나 난자를 제외하고는 모두 부모님으로부터 물려받은 것과 동일한 유전자를 가지고 있다. 그러나 단지 매우 적은 부분의 유전자만 발현된다. 예를 들어, 당신의 근육이나 신경은 각각 독특한 일련의 기능을 하기 때문에 근육세포는 일련의 유전자들을 발현키고 신경세포는 다른 조합의 유전자들을 발현시킨다(**그림 9.11**). 유전자를 켜고 끄는 것, 즉 유전자를 좀 더 정교하게 조절하는 것을 유전자 발현 조절이라고 한다. 주어진 유전자의 발현은 세포의 필요에 따라 그 유전자가 켜지거나 꺼지도록 조절한다.

(a) 근육세포 (b) 신경세포

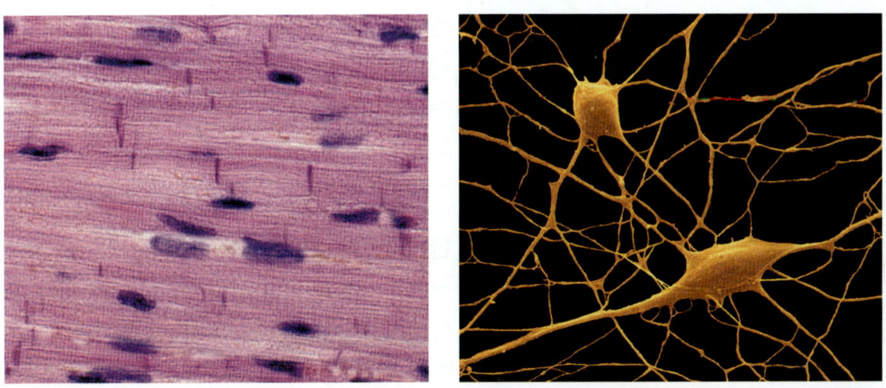

그림 9.11 유전자의 발현은 세포마다 다르다. (a) 근육세포는 (b) 신경세포와 다른 유전자를 발현시키고 다른 기능을 한다. 이들 세포는 모두 똑같은 세트의 유전자를 가지고 있지만 서로 다른 하위 세트의 유전자를 발현시킨다.

유전자 발현 조절: 더 자세히 알아보기 ▼

유전자 발현은 전사와 번역의 양을 조절함으로써 조절될 수 있다. 또한 mRNA나 단백질이 얼마나 오래 기능을 가지게 할지도 조절한다.

전사의 조절

유전자의 발현 조절은 대부분 전사의 양을 조절함으로써 일어난다. 전사의 조절은 프로모터에서 일어날 수 있다. 원핵세포는 전형적으로 **억제인자(repressor)**라는 단백질이 프로모터에 결합하여 RNA 중합효소가 결합하지 못하게 함으로써 전사를 막아서 유전자 발현을 조절한다. 유전자의 발현이 필요할 때, 억제인자가 프로모터로부터 떨어져 나와 RNA 중합효소가 결합하게 한다(그림 9.12a). 이것이 단순한 단세포 원핵생물이 유전자 발현을 조절하는 메커니즘이다.

좀 더 복잡한 진핵세포는 좀 더 진화된 유전자 발현 조절 메커니즘을 가지고 있다. 전사를 조절하기 위해서 진핵세포는 공통적으로 **활성화 인자(activator)**라는 단백질을 사용하여 유전자 발현을 조절한다. 활성화 인자는 RNA 중합효소가 프로모터에 결합하는 것을 도와줘서 결과적으로 유전자 발현이 일어나도록 한다(그림 9.12b). 중합효소가 프로모터에 결합하는 속도는 세포에 존재하는 물질들에 의해 영향을 받는다. 예를 들면, 간세포에서의 알코올 존재는 알코올을 분해하는 유전자의 발현을 촉진시킨다.

그림 9.12 유전자 발현의 조절. 유전자 발현은 (a) 억제나 (b) 활성화에 의해 조절된다. 원핵생물은 전형적으로 억제를, 진핵생물은 전사의 활성화를 유전자 발현조절을 위해 사용한다.

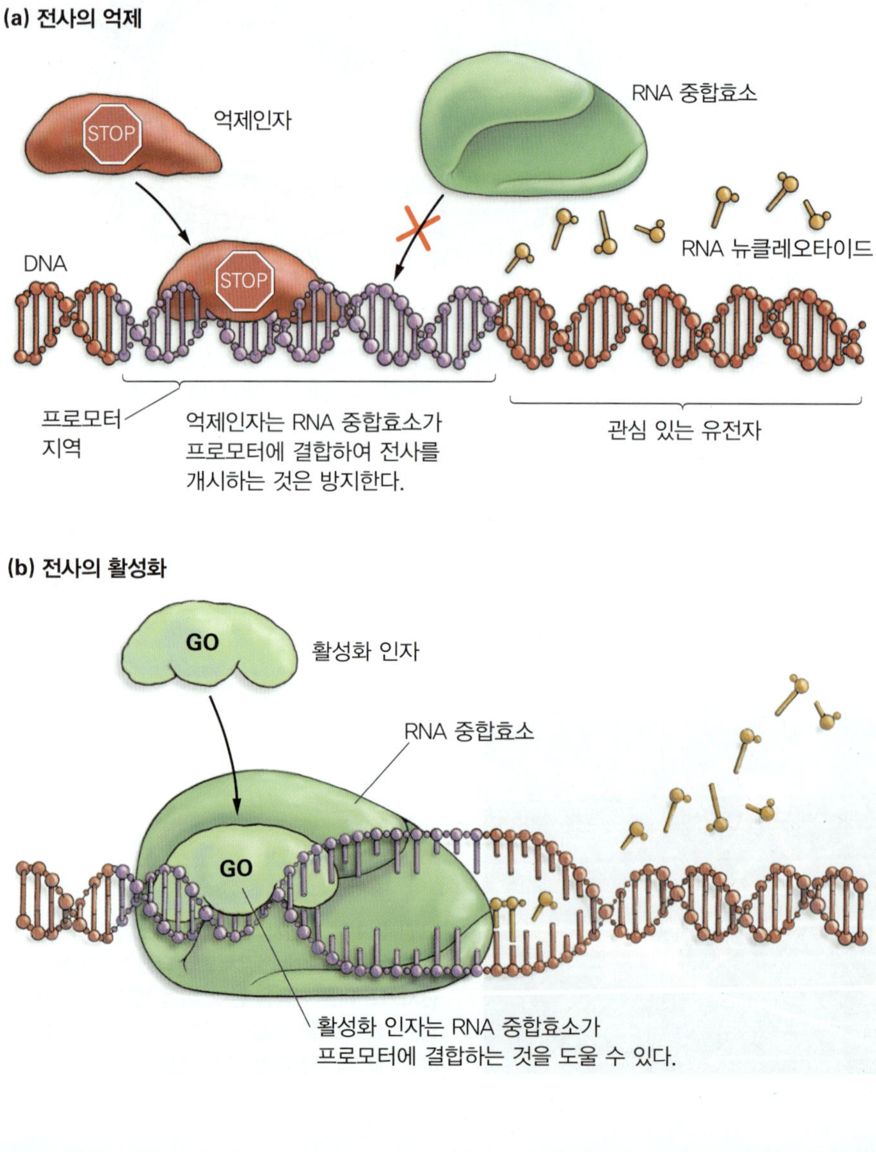

염색체 응축에 의한 조절

염색체(chromosome)의 전부 혹은 일부를 응축시킴으로써 유전자 발현을 조절할 수 있다. 염색체의 응축은 RNA 중합효소가 유전자에 들어가는 것은 방지한다. 체세포분열시 응축될 때는 전체의 염색체가 불활성화된다.

mRNA 분해에 의한 조절

진핵세포는 또한 유전자 발현을 mRNA가 얼마나 오래 세포질에 유지되는가를 조절함으로써 조절할 수 있다. 핵산가수분해효소(nuclease)라는 효소가 세포질을 떠돌아다니면서 RNA의 한쪽 끝에 결합하여 뉴클레오타이드 사이의 결합을 끊어줌으로서 RNA 분자를 자른다. 만약에 어떤 RNA가 긴 "꼬리"를 가지고 있다면 이것은 세포질에 좀 더 생존할 수 있고 더 많은 단백질을 생산할 수 있다. 모든 mRNA는 궁극적으로 이런 과정으로 분해된다. 그렇지 않은 경우에는 유전자가 한 번 전사되면 영원히 발현될 것이다.

번역의 조절

번역의 여러 단계를 조절하는 것이 또한 가능하다. 예를 들어, mRNA가 리보솜에 결합하는 것을 느리게 하거나 빠르게 할 수 있고, 리보솜이 이동하는 속도를 조절할 수도 있다.

단백질 분해의 조절

일단 단백질이 합성되면 이것은 특정 시간 동안 존재한다. 자신의 합성 지침서를 가지고 있는 mRNA와 같이 단백질의 수명도 세포에 존재하는

더 자세히 알아보기, 계속

단백질분해효소(protease)에 의해 영향을 받는다. 단백질분해효소의 활성을 높이거나 억제함으로써 어떤 단백질이 세포에서 활성을 가지는 시간을 조절할 수 있다.

chromo- 색을 의미한다.

유전공학은 여러 다른 상황에서 유전자의 발현을 엄밀히 조절할 수 있게 한다. 예를 들어, rBGH의 경우에 농부들은 얼마나 많은 단백질을 소의 혈액에 주사할 것인지를 결정만 하면 된다. 그러나 그들은 먼저 단백질을 합성하여야 한다.

9.2 재조합 단백질의 생산

재조합 소 생장호르몬(rBGH) 생산의 첫 번째 단계는 소 생장호르몬의 유전자를 소 세포의 핵으로부터 박테리아에 옮기는 것이다. 박테리아는 단세포의 원핵생물로서 매우 빠르게 복제할 수 있다. 이들은 실험실에서 생존에 필요한 영양분을 배양액에 넣어주기만 하면 잘 자란다. 소 생장호르몬 유전자를 가진 박테리아는 이 유전자에 대한 수백만 개의 사본을 만들고 그 단백질을 생산하는 공장과 같은 역할을 한다. 한 유전자에 대하여 많은 수의 사본을 만드는 것을 유전자 **클로닝(cloning)**이라 한다.

박테리아를 이용한 유전자 클로닝

다음 3단계의 과정들은 소 생장호르몬 유전자를 박테리아 세포로 옮기는 과정이다(그림 9.13).

1단계. 소의 염색체로부터 유전자를 잘라내기. DNA를 잘라내는 효소에 소의 DNA를 노출시킴으로써 유전자를 소의 염색체로부터 잘라낸다. 이 효소들을 **제한효소(restriction enzyme)**라고 한다. 이 효소들은 매우 특이적 분자 가위와 같이 작용한다. 대부분의 제한효소는 아래와 같은 **회문구조(palindrome)**를 이루는 특정 서열에서만 DNA를 절단한다.

```
TATCGTACGAAC
ATAGCATGCTTG
```

아래쪽 가운데 서열이 위쪽 가운데 서열과 반대라는 것에 유념하라. 많은 제한효소들은 DNA를 엇갈리게 잘라 아래처럼 "점착성 말단(sticky ends)"를 만든다.

```
                 점착성 말단
TATC             GTACGAAC
ATAGCATG             CTTG
점착성 말단
```

쌍을 이루지 않는 염기는 그들과 접촉하는 상보적 염기와 결합하게 된다. 과학자들에 의하여 선택된 효소는 소 생장호르몬 유전자의 내부는 자르지 않고 그 양쪽 끝을 잘라낸다.

```
TATCGTACG | BGH 유전자 | CGTACGAAC
ATAGTACGC | BGH 유전자 | GCATGCTTG
```

특정 제한효소는 DNA를 특정 서열에서만 자른다. 따라서 관심 있는 유전자 주위에서 어떤 제한효소 절단 부위를 사용할지를 결정하기 위해서, 과학자들은 특정 생명체

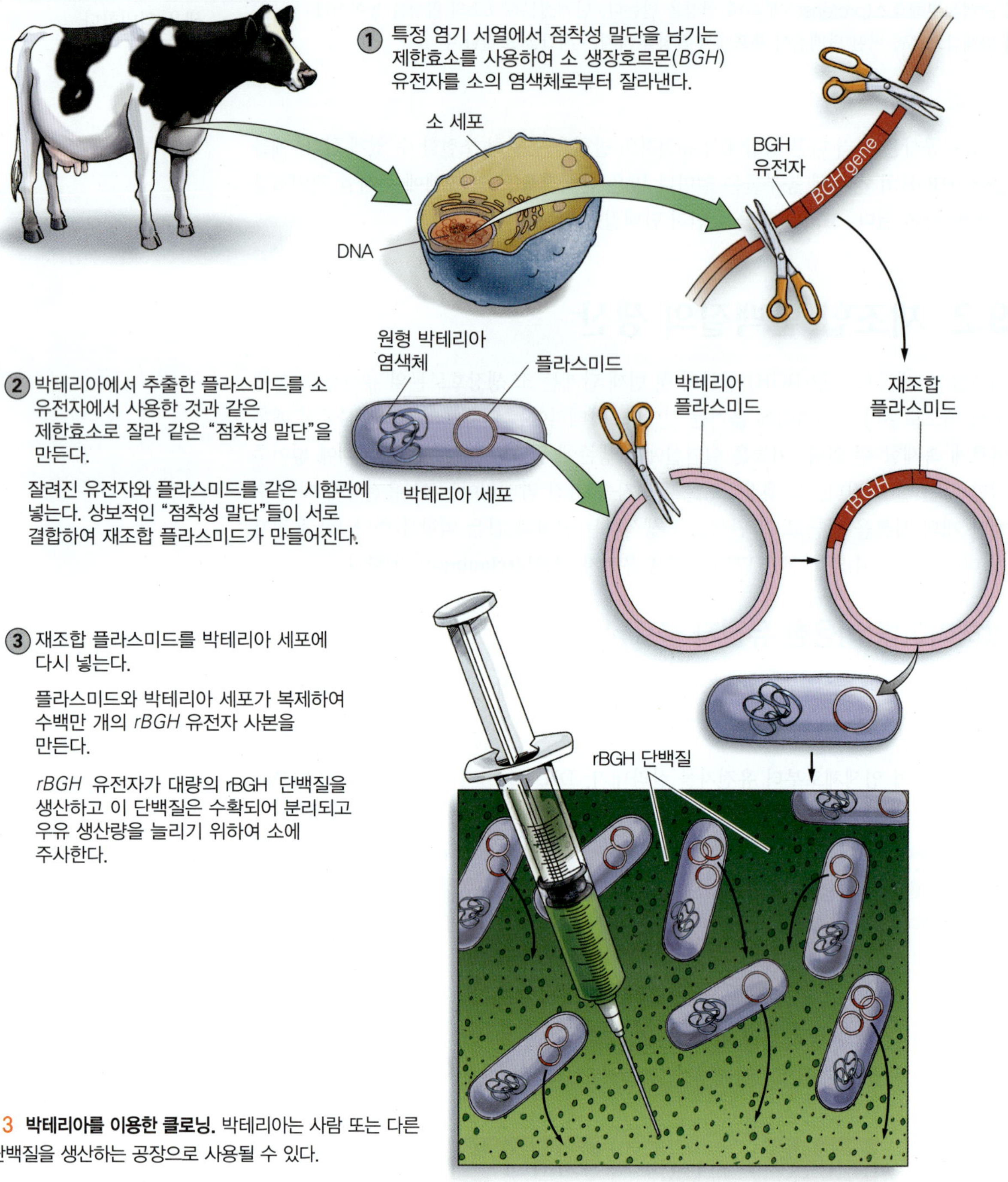

그림 9.13 박테리아를 이용한 클로닝. 박테리아는 사람 또는 다른 동물의 단백질을 생산하는 공장으로 사용될 수 있다.

에 있는 전체 유전자, 즉 **유전체(genome)**의 서열에 대한 정보를 필요로 한다. DNA를 절단하면 여러 다양한 조각이 만들어진다. 이 중 하나만 원하는 유전자를 가지고 있다.

2단계. 박테리아 플라스미드에 BGH 유전자의 삽입. 소의 유전체로부터 BGH 유전자를 분리한 후에 이를 박테리아에 있는 물질인 플라스미드(plasmid)에 삽입한다. 플라스미드는 원형의 DNA로 보통 박테리아 염색체와 구별되어 존재하고 스스로 복제할 수 있다. 플라스미드를 박테리아로 어떤 유전자를 옮겨서 그 유전자를 복제시키는 일종의 분자적 운반체로 생각하자. 소 생장호르몬 유전자를 플라스미드에 삽입하기 위하여 플라스미드 또한 유전자를 자른 것과 동일한 제한효소로 자른다. 같은 제한효소로 유전자와 플라스미드를 자름으로 인하여 서로 염기쌍(A는 T와 그리고 G는 C와)을 형성하기 위한 점착성 말단(sticky end)이 만들어진다. 잘려진 플라스미드와 유전자를 같은 시험관에 함께 놓으면 이들은 외부 유전자가 삽입된 원형의 플라스미드를 재형성한다.

이제 박테리아의 플라스미드는 소의 유전자를 운반하도록 유전적으로 조작되었다. 이제 BGH(소 생장호르몬) 유전자는 rBGH 유전자라고 불린다. 여기서 *r*은 유전적으로 조작된, 또는 재조합된(recombinant) 산물이라는 것을 의미한다. 소의 유전체의 원래 자리로부터 추출되어 플라스미드 DNA에 재조합되었기 때문에 이를 **재조합 유전자**(recombinant gene)라고 한다.

3단계. 재조합 플라스미드를 박테리아 세포에 넣기. 재조합 플라스미드는 이제 박테리아 세포에 삽입된다. 박테리아는 이들의 세포막에 구멍이 생기도록 처리할 수 있다. 구멍을 형성하도록 처리된 박테리아를 플라스미드와 함께 넣으면 플라스미드가 박테리아 세포 안으로 들어가게 된다. 세포 안으로 플라스미드가 들어가면 플라스미드는 박테리아가 복제할 때 같이 복제되어 수천 개의 rBGH 유전자 사본을 만들어 낸다. 이 과정을 이용하여 과학자들은 BGH를 만들어 낼 수 있는 많은 양의 박테리아를 배양할 수 있다.

과학자들이 성공적으로 소 생장호르몬 유전자를 박테리아 세포로 클로닝하고 나면 이들은 박테리아가 유전자에 의하여 암호화된 단백질을 생산하도록 한다. 그리고 나서 과학자들은 박테리아 세포를 깨서 BGH 단백질을 분리하고 이를 소에 주사할 수 있다. 박테리아들은 사람에게 중요한 많은 단백질을 생산하도록 유전적으로 조작될 수 있다. 예를 들어, 박테리아들은 이제 혈우병을 가진 사람에는 없는 혈액응고 단백질이나 당뇨병 환자에게 필요한 사람의 인슐린 단백질을 생산하는 데 사용할 수 있다.

현재 미국 내 전체 젖소의 거의 3분의 1이 매일 재조합 소 생장호르몬을 주사 맞는다. 이러한 주사는 젖소 한 마리당 우유생산량을 20% 정도 증가시킨다. 재조합 단백질을 낙농업자들에게 판매하기에 앞서 과학자들은 자신들의 생산품이 젖소나 우유를 소비하는 사람들에게 무해하다는 것을 입증해야만 했다. 이는 미국 식품의약국(FDA)의 승인을 받는 것을 포함하였다. FDA는 모든 미국산 및 수입산 식품과 식품 재료(미국 농무부에서 규제하는 육류와 쇠고기 제외)의 안전성을 검증하는 정부기관이다. FDA에 따르면 rBGH 주사를 맞은 소와 그렇지 않은 소에서 생산된 우유에서 차이점을 발견할 수 없었으며 둘 사이를 구별할 방법도 없다고 한다.

FDA 승인은 논쟁을 멈추게 하지 못했다. 논쟁에 참여한 많은 사람들이 주사를 맞은 젖소들이 생산한 우유는 그 성분이 다르며 아마도 해로울 것이라고 주장한다. 이런 차이가 실제로 존재하는지 그리고 그 효과가 사람의 건강에 해로울지는 밝혀지지 않았다. 우리가 명확한 답을 기다리는 동안, 많은 소비자들은 우유와 유제품들이 주사를 맞은 젖소로부터 온 것인지 표시하기를 원한다.

쉬어가기 만약 당신이 식료품 가게의 냉장 진열대에서 "무 호르몬, 무 rBGH"라고 표시된 우유병과 이런 표시가 없는 우유병을 봤다면, 하나가 다른 하나보다 더 안전하다고 생각하겠는가? 왜 그런가 아니면 왜 그렇지 않은가?

그러나 젖소의 건강은? rBGH를 주사한 젖소가 그렇지 않은 소에 비해 감염이 더 잘된다는 증거들이 있다. 부분적으로 이런 동물들의 건강에 대한 우려 때문에 선진국

그림 9.14 **옥수수의 인위선택.** 선택적 번식 기술은 고대의 옥수수로부터 현대의 옥수수(오른쪽)를 만들 수 있게 하였다.

에서는 rBGH의 사용을 금지하고 있다.

rBGH 이야기는 이것이 소에서 생산된 것이 아니라 박테리아에서 생산되어 젖소에 주입시켰다는 점에서 유전자변형 농작물과는 약간의 차이는 있다. 생물체가 유전적으로 변형되었을 때에는 그 생물의 유전체가 변형된다.

9.3 유전자변형 식물과 동물

만약 당신이 엄청나게 노력하지 않으면 당신은 거의 매일 유전적으로 변형된 식품을 먹을 것이다. 미국에서 경작한 옥수수와 콩의 85% 가까이가 유전적으로 변형된 것이며, 다른 농작물의 변형 속도도 증가하는 추세이다. 대부분의 가공 식품은 유전자변형 식물로부터 만든 옥수수 시럽, 콩이나 식물기름을 함유한다. 몇몇 소비자들은 이런 문제점을 발견하지만, 다른 소비자들은 사람이 수천 년간 동식물에 대한 인위선택을 해왔다는 사실 때문에 그들의 염려를 잊어버린다(그림 9.14). 매번 농부들은 다음 세대를 만들기 위해서 어느 식물이나 동물을 선택할지에 대해 고민한다. 이런 선택은 태어난 자손이 이들의 개체 집단에서 대립유전자의 빈도를 변화시킬 것이다. 대부분의 우유를 생산하는 가축의 육종이나 수확하기 쉬운 농작물의 교배는 유전자를 하나의 개체로부터 다른 개체로 옮기지 않는 대신, 특정 유전자가 확산되도록 선택한다.

만약 인위선택으로 원하는 유전자를 퍼뜨릴 수 있다면, 왜 우리가 실험실 기술로 고생하는가? 다음에 보듯이 유전자 기술이 사용될 때 매우 빠른 속도로 유전자를 선택할 수 있으며 사용될 수 있는 유전자의 종류도 증가할 것이다. 두 옥수수 작물의 교배는 단지 이들의 유전체에 포함된 유전자에 의해 암호화되는 형질들만 나오게 할 수 있다. 유전공학을 사용하면 다른 생물체의 유전자를 도입할 수 있다. 이는 유연관계가 없는 생물체의 유전자를 "오려붙이기(splicing)"하는 것이며, 이것이 유전자변형 식품에 대한 주된 우려이다. 이런 우려의 정당성 여부를 이해하기 위해서 우리는 먼저 어떻게 작물들이 변형되는지를 생각해야 한다.

작물들의 유전자변형

새로운 유전자를 식물로 옮기기 위해서 유전자들이 식물 세포로 삽입되어야 하는데, 이것은 유전자가 식물의 단단한 세포벽을 통과할 수 있어야 한다는 것을 의미한다. 유전자를 옥수수, 보리 그리고 벼와 같은 다양한 농작물로 옮기기 위해서 **유전자 총(gene gun)**이라고 불리는 기구를 사용할 수 있다. 유전자 총은 외부 DNA를 금속으로 코팅한 작은 입자에 붙여서 식물 세포 안으로 쏜다(그림 9.15). 이러한 유전자의 적은 양만이 식물의 유전체에 삽입된다. 한 생물의 유전자가 다른 생물의 유전체에 삽입되었을 때 **형질전환생물(transgenic organism)**이 만들어진다. 배아 식물이 자라서 성체 식물로 되었을 때, 모든 세포들이 삽입된 유전자를 가지게 되며 이를 자손들에게도 전달한다.

그림 9.15 **유전자 총을 이용한 식물의 유전자변형.** 유전자 총은 식물 세포에 넣을 DNA로 코팅된 작은 입자가 담긴 플라스틱 총알을 쏜다. 탄피는 총에서 나가지 않도록 되어 있고 DNA로 싸인 작은 입자가 일부 세포의 세포벽, 세포막, 핵막을 뚫고 들어간다.

작물들은 저장 수명을 늘리기 위해 유전자변형을 일으킬 수 있다. 예를 들어, 토마토는 좀 더 천천히 무르고 익도록 조작되어 왔다. 천천히 익는다는 것은 나무에 더 오래 붙어 있게 되며 따라서 맛이 더 좋아지게 된다는 것을 의미한다. 또한 익는 시간이 늦어짐으로써 토마토가 너무 익어 흐물흐물해지지 않고 식품점의 선반에 오래 둘 수 있다.

(a) 해로운 잡초 (b)

◀ 데이터로 해결하기

10년간 살충제 사용이 몇 % 증가하였는가? 왜 초기에는 살충제 사용이 감소했다가 다시 증가하는 패턴이 생겼는지 이 데이터에 부합하는 결론을 도출해 보라.

그림 9.16 **슈퍼잡초.** 1996년에 농부들은 살충제에 저항성을 가진 유전자변형 씨앗을 뿌렸다. (a) 콩밭에 자라는 살충제 저항성 잡초. (b) 미국에서 1996에서 2006년 사이에 콩에의 살충제 사용이 변화하였다. 지난 연간 콩에 대한 사용량은 USDA에 의해 조사되었다.

유전공학 기술은 식물로 하여금 농약과 제초제와 가뭄과 추위에 대한 저항성을 갖도록 조작함으로써 작용 식물의 생산량을 증가시키게 한다. 수백 년간 농부들은 곡물에 해를 주는 해충을 죽이고 양분과 비와 햇빛에 대하여 경쟁하는 잡초를 억제하는 방법으로 생산량을 증가시키기 위한 노력을 해왔다. 미국에서 농부들은 보통 화학 농약과 제초제를 들판에 직접 살포한다. 이러한 처리는 사람들이 화학적으로 처리된 식품을 먹었을 때 건강에 미치는 효과에 대해 걱정하는 것과 관련 있다. 게다가 농약과 제초제는 흙을 통해 걸러져 지하수를 오염시킨다.

제초제와 살충제에 저항성을 가지도록 변형된 식물은 농부들의 농약에 대한 의존도를 줄일 것이라고 기대한다. 그러나 잡초와 해충은 그들을 죽이도록 설계된 유전적 변형에 저항성을 계속 진화하게 되고 경우에 따라 고도로 저항성을 지닌 "슈퍼잡초(superweed)"와 "슈퍼해충(superbug)"이 생겨나서 좀 더 많은 제초제와 살충제를 사용해야 하는 결과를 초래할 수 있다(그림 9.16).

농작물의 영양가도 유전공학에 의하여 증가시킬 수 있다. 세계의 많은 사람들이 주식으로 사용하는 쌀에 베타카로틴(β-carotene)의 합성을 조절하는 유전자를 삽입시켰다. 과학자들은 조작된 쌀이 시각에 필요한 비타민인 비타민 A의 합성에 베타카로틴을 요구하기 때문에 개발도상국에서 장님이 되는 사람들의 수를 줄이는 데 기여할 것으로 기대한다. **황금쌀**이라 불리는 이 유전적으로 변형된 쌀을 먹는 것은 사람의 비타민 합성능력을 증가시킨다(그림 9.17a). 황금쌀의 섭취가 사람의 건강에 영향을 미칠지 모른다는 우려 때문에 이것의 전파가 늦어졌으며 단지 몇몇 나라에서만 재배되고 시험적으로 사람들이 소비한다. 과학자들은 미래에 먹는 백신으로 사용될 감자를 변형시켜왔다. 수인성 세균 질환인 콜레라를 방지하는 데 도움을 줄 감자는 매년 수십만 명의 생명을 구할 수 있을 것이다(그림 9.17b).

유전자변형(GM) 식물이 자신들의 야생 식물 또는 잡초 같은 친척식물에게 조작된 유전자를 전파할 것에 대한 염려도 있다. 바람과 비와 새들과 벌들이 유전적으로 변형된 꽃가루를 유전자변형 작물이 있는 밭 근처의 유전적으로 가까운 근친식물에게 (또는 심지어 유전자변형 작물을 키우지 않는 농장으로) 옮긴다. 많은 재배 작물은 이들의 야생종과 교배할 수 있는 능력을 보유하고 있다; 이 경우 농장 작물로부터 유전자가 야생 작물의 유전자와 섞일 수 있다. GM으로부터 야생 생물로의 이런 유전자의 전달은 또한 동물이 유전적으로 변형될 때도 우려를 가져온다.

(a) (b)

그림 9.17 **촉망되는 유전자변형 식품.** 영양실조에 의한 시력 상실의 위기에 있는 사람들에게는 (a) 황금쌀이 도움이 될 것이다. 황금쌀은 베타-카로텐을 생산하도록 유전적으로 조작된 쌀이다. 깨끗한 물을 먹기가 어려운 지역에 사는 사람들에게는 콜레라를 저해하는 데 도움이 되도록 조작된 (b) 감자가 도움이 될 것이다.

그림 9.18 **GM 연어.** 큰 연어는 아래에 있는 변형되지 않은 물고기에 비해 생장호르몬을 더 많이 생산하는 유전자를 가지고 있다.

유전자변형 식용 물고기

식물과 마찬가지로 동물도 유전자변형을 일으킬 수 있다. 야생 알래스카 연어가 정상 연어보다 크고 빠르게 자라게 하는 유전자를 가지도록 조작되었다(그림 9.18). 야생의 알래스카 연어의 알에 RNA 중합효소가 매우 잘 결합하는 서열을 가진 프로모터에 의해 조절됨으로써 빨리 자라는 물고기의 생장호르몬 유전자를 주입하였다. 이 유전자가 수정란에 주사되기 때문에 자라난 연어의 모든 세포들이 이 향상된 사본의 성장인자를 발현할 것이다.

형질전환 연어 사육사들이 이 물고기들이 불임이며 야생에서 번식하지 못할 것이라고 지적하는 반면에 조작된 연어들을 방류하면 다른 야생 물고기와 교배하여 새끼를 낳을 것이라는 우려도 있다. 만약 이런 일이 일어난다면, 그러한 교배의 결과로 태어난 새끼들이 변형되지 않은 물고기들과 경쟁할 것이고 수중 먹이 사슬을 교란시킬 것이다.

쉬어가기 매우 큰 연어를 야생 연어와 함께 방류했을 때 그 냇물의 먹이 사슬이 어떻게 파괴되겠는가?

식용을 위하여 유전적으로 변형하는 것과 아울러, 식물과 동물들은 다른 방법으로 사람에게 도움을 주기 위하여 변형된다.

파밍

파밍(pharming)은 약용(pharmaceutical)과 경작(farming)의 합성어로 질병의 치료와 예방에 사용되는 의약품을 생산하는 GMO를 만드는 것을 말한다. 정상적으로 사람의 혈액에서 발견되는 단백질을 생산하는 담배식물이 만들어졌다. FDA는 최초로 동물에 의해 생산된 사람의 물질을 사람에 사용하도록 승인했다. 염소들이 사람의 혈액응고 단백질을 포함한 우유를 생산하도록 조작되었다(그림 9.19). 파밍에 대한 우려는 동물을 이런 방식으로 사용하는 것과 변형된 식물 혹은 동물 유전자의 무절제한 전파에 대한 우려를 포함하고 있다.

9.4 유전자변형 인간

사람의 유전적 변형은 다른 생물체를 변형시키는 것보다 훨씬 더 논쟁거리가 되어 왔다. 줄기세포의 사용으로부터 인간복제에 이르기까지, 내재된 위험과 이로운 점이 아직도 나타나고 있다.

그림 9.19 **염소의 우유.** 사람의 혈액응고 단백질을 생산하는 염소 떼들이 (a) 염소 수정란에 사람 혈액응고 유전자를 미세주입한 뒤; (b) 이 유전자가 삽입된 수정란을 임신된 암염소에 이식시키고; (c) 사람의 단백질을 얻기 위하여 우유를 짤 수 있게 조작되었다. 각 염소는 수천 명의 헌혈된 피로부터 분리될 수 있는 응고단백질보다 훨씬 많은 양의 단백질을 생산할 수 있다.

줄기세포

줄기세포(stem cell)는 특정한 기능을 수행하도록 프로그램되지 않은 **미분화된(undifferentiated)** 전구 세포이다. 줄기세포들은 어떤 형태의 세포로도 분화될 수 있기 때문에 **개체형성능(totipotent)**이 있다고 한다(그림 9.20). 당신이 옛집을 리모델링하면서 당신이 필요한 재료, 즉 벽돌, 타일, 파이프, 회반죽 등과 같은 것들을 찍어낼 수 있는 물질을 가지고 있다고 상상해 보라. 과학자들은 줄기세포가 실험실에서 특정 방향으로 분화되도록 자극을 받는다면 어떤 종류의 세포도 될 수 있으며 신체에서 다목적 수선 재료로 사용될 수 있을 것으로 여긴다.

배아가 발생이 진행됨에 따라 세포들은 점점 더 다른 형태의 세포로 바뀌는 것이 어렵게 된다. 인간 배아가 자람에 따라 초기의 세포는 분열을 하고 심장세포, 뼈세포, 그리고 근육세포와 같이 특수화된 세포로 된다. 일단 형성된 후에는 특수화된 비줄기세포는 오직 자신의 세포만 복제한다. 이들은 뒤돌아가거나 다른 종류의 세포로 될 수 없다.

줄기세포는 보통 체외 수정 후에 남겨진 초기 배아로부터 분리된다. 시험관(*in vitro*; 라틴어로 "유리 안에서"를 의미한다) 수정 과정에서 임신을 원하는 여성으로부터 많은 수의 난자를 얻기 때문에 종종 필요 이상의 배아를 생산한다. 이 난자들을 그녀의 상대의 정자와 함께 배양접시(petri dish)에서 섞어 많은 수정란을 만들어 낸다. 이중 몇 개만 그 여성의 자궁에 이식한다. 남은 배아들은 임신이 되지 않거나 아이를 더 원할 때 사용하기 위하여 보관된다. 부부가 원하는 수의 임신을 하였다면 남는 배아는 부부의 승낙 하에 줄기세포 연구에 사용될 수 있다.

줄기세포는 또한 신생아의 탯줄과 어린이의 1차 치아(젖니)를 포함하여 비배아 조직에서도 발견될 수 있다. 성체줄기세포는 골수, 몇몇 혈관, 근육, 뇌 그리고 간과 같은 기관이나 조직에서 발견된다. 성체에서의 줄기세포의 역할은 조직이 유지되거나 손상되거나 병에 걸린 세포들을 교체하는 것이다. 성체줄기세포 연구는 어떤 면에서 우리가 예상했던 것보다 훨씬 빠르게 발전되어 왔는데, 이는 여러 조직에서 줄기세포가 발견될 수 있기 때문이다. 하지만 특정 조직에서 그 수가 적고 분열도 한정되어 있기 때문에 단점도 있다. 이러한 성질들 때문에 성체줄기세포를 배양하는 기술을 확립하는 것이 배아로부터 줄기세포를 배양하는 것보다 어렵다.

배아로부터 만들었건 어린이나 성인으로부터 만들었건, 줄기세포는 사고에 의해 손상된 기관이나 **퇴행성질환(degenerative disease)**에 걸려 점차 기능을 잃어가는 기관을 대체하는 데 사용될 수 있을 것이다. 간이나 폐질환, 심장질환, 다발성 경화증, 알츠하이머병과 파킨슨병과 같은 퇴행성 질환은 느린 기관 손상으로 시작하여 기능 상실로 진행된다.

줄기세포는 척수손상과 화상과 같은 손상된 조직을 대체할 건강한 조직을 제공한다. 손상된 조직을 대체하기 위한 건강한 조직을 만들기 위해 줄기세포를 사용하는 것도 **치료용 복제(therapeutic cloning)**의 일종이다. 새로운 심장 근육을 심장마비에 의해 손상된 근육세포를 대체할 수 있을 것이다. 당뇨병 환자는 새로운 췌장(pancreas)을

만약 당신이 아끼는 개가 죽었다면, 그 개를 복제할 수 있기를 바라는가?

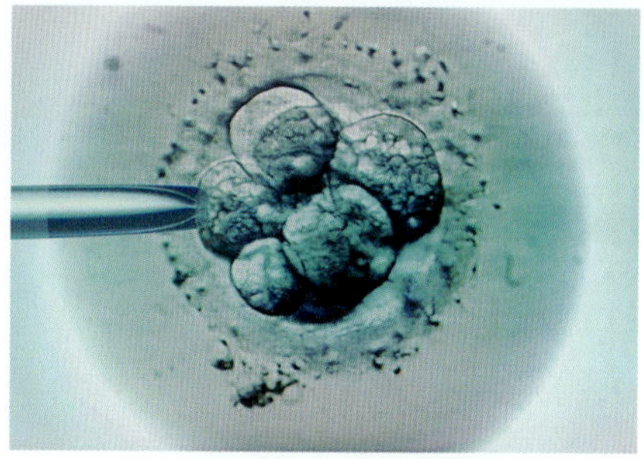

그림 9.20 인간 배아. 줄기세포를 이 배양접시에 있는 것과 같은 초기 배아로부터 얻을 수 있다.

쉬어가기 줄기세포를 둘러싼 논쟁은 배아줄기세포를 이용하느냐 혹은 비배아줄기세포를 이용하느냐로 나누어진다. 대부분의 사람들은 비배아줄기세포의 사용은 허용될 수 있다고 안다. 언제 인간의 생명이 시작되는지에 초점을 맞추어 과학적 연구에 배아줄기세포의 사용에 찬성하는 주장과 반대하는 주장을 요약하라.

가질 수 있을 것이며, 관절염으로 고생하는 사람들은 관절에 쿠션 역할을 하는 연골을 교체할 수 있을 것이다. 장기이식을 기다리는 수천 명의 사람들이 실험실에서 키운 새로운 장기에 의해 구제될 수 있을 것이다.

유전자 치료

결함 있는 사람 유전자를 기능을 가진 유전자로 교체하기 위하여 과학자들은 **유전자 치료(gene therapy)**를 수행한다. **체세포 유전자 치료(somatic cell gene therapy)**라는 유전자 치료의 한 가지 유형은 치료받는 세포에서만 결함 있는 단백질을 수정 또는 교체하기 위하여 체세포에 행해진다. 이 방법을 사용하여 과학자들은 실험실에서 질병에 걸린 사람의 세포에 결함 있는 유전자에 대하여 기능을 가진 정상본을 도입시키고 그 세포가 분열하도록 한 후 정정된 유전자를 갖는 세포 사본을 환자에게 다시 옮긴다.

오늘날의 유전자 치료는 하나의 유전자에 의해 걸리는 질병에 초점을 맞추는 바, 결함이 있는 세포를 신체로부터 떼어내고 치료한 다음 다시 신체로 되돌려 넣는다. 예를 들어, 낭포성섬유증이라는 유전병을 가진 사람이 정상의 낭포성섬유증 유전자를 가진 무해한 바이러스를 폐로 흡입할 수 있는지 조사하고 있다. 만약 이 유전자가 폐로 들어가서 기능을 상실한 유전자를 기능을 가진 것으로 교체한다면, 폐기능이 향상될 수 있을 것이다(그림 9.21).

추가적인 유전공학의 형태는 **생식복제(reproductive cloning)**라고 하는 완전히 동일한 신체 전체를 복제하는 것이다. 이 과정은, 특히 사람을 복제하는 경우에는 논란이 많은 것으로 증명되었다.

인간복제

우리는 일란성 쌍생아를 복제인간이라고 생각하는 데 익숙하지 않지만, 그들도 실제

그림 9.21 유전자 치료. 낭포성섬유증 환자는 정상적인 폐 기능을 하지 못하게 하는 결함이 있는 유전자를 가지고 있다. 무해한 바이러스에 삽입된 정상 유전자의 복사본을 흡입함으로써 폐 기능을 회복할 수 있게 된다.

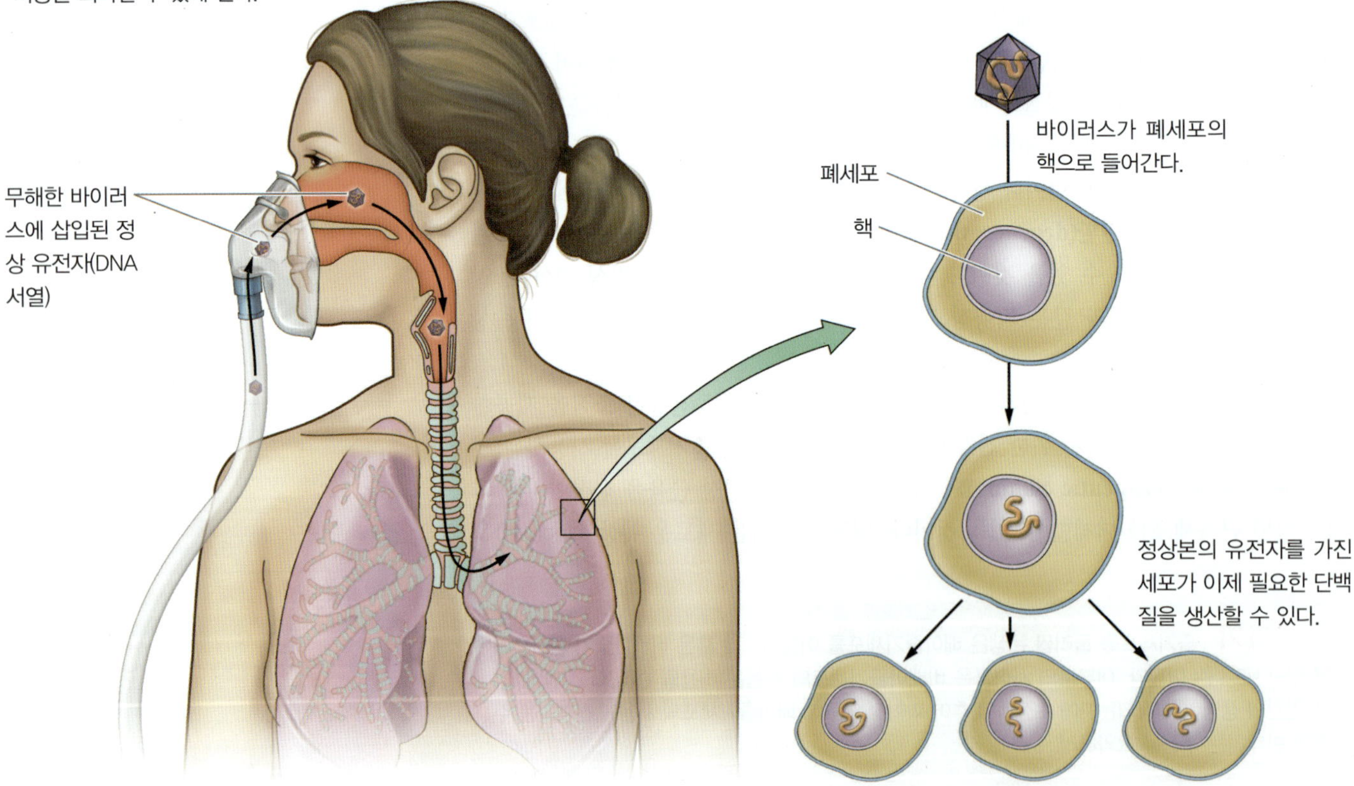

로는 각각 복제인간이다. 일란성 쌍생아는 초기발생 과정 중 하나의 배아가 두 개로 분리된 뒤, 분열한 경우 생긴다. 동물들이 실험실에서 다른 방법으로 복제될 때에도 복제된 생물체가 쌍둥이라는 점에서 그 결과는 마찬가지이다. 단지 이들은 태어난 연도가 다를 뿐이다.

인간복제는 포용해야 하는가 또는 금지해야 하는가?

양, 가축, 염소, 돼지, 말, 쥐, 고양이 그리고 원숭이와 같은 많은 다른 동물들이 실험실에서 복제되었다. 초기의 복제는 농부들에게 이로운 형질을 가진 가축에 초점이 맞추어졌다. 고품질의 양모를 생산하는 양이 최초로 복제된 동물이었다. 동물의 유전체가 복제되었기 때문에, 가축의 복제는 단순히 두 마리의 동물을 번식시키는 것보다 어렵다.

실험실에서 복제동물을 만드는 과정인 **핵치환(nuclear transfer)**은 핵을 성체 세포로부터 떼어내서 이것을 핵이 제거된 난자와 융합을 시키는 것을 포함한다(그림 9.22). 시도된 핵치환 중 단지 몇 퍼센트만 새끼를 낳고 태어난 새끼들은 건강상의 문제를 가지는 경향이 있으며 정상적으로 임신된 새끼들에 비해 빨리 늙는 문제점이 있다는 점에 유의하는 것이 중요하다.

핵치환 기술이 인간복제에도 적용이 된 것으로 알려졌다. 2013년에 미국의 과학자들이 사람의 결합조직 세포의 핵을 핵이 제거된 난세포에 옮겼다. 이 세포를 200개의 세포가 될 때까지 분열하도록 한 후, 얻어진 배아를 치료용 복제에 사용하였다. 이 배아가 임신과 출생을 했는지 그리고 복제된 사람이 이전의 복제된 가축에서 나타났던 건강 문제를 겪었는지가 분명하지 않다.

시각화

이 그림의 복제 아기가 이 사람의 실제 아이나 쌍둥이 형제보다 유전적으로 더 닮았을까?

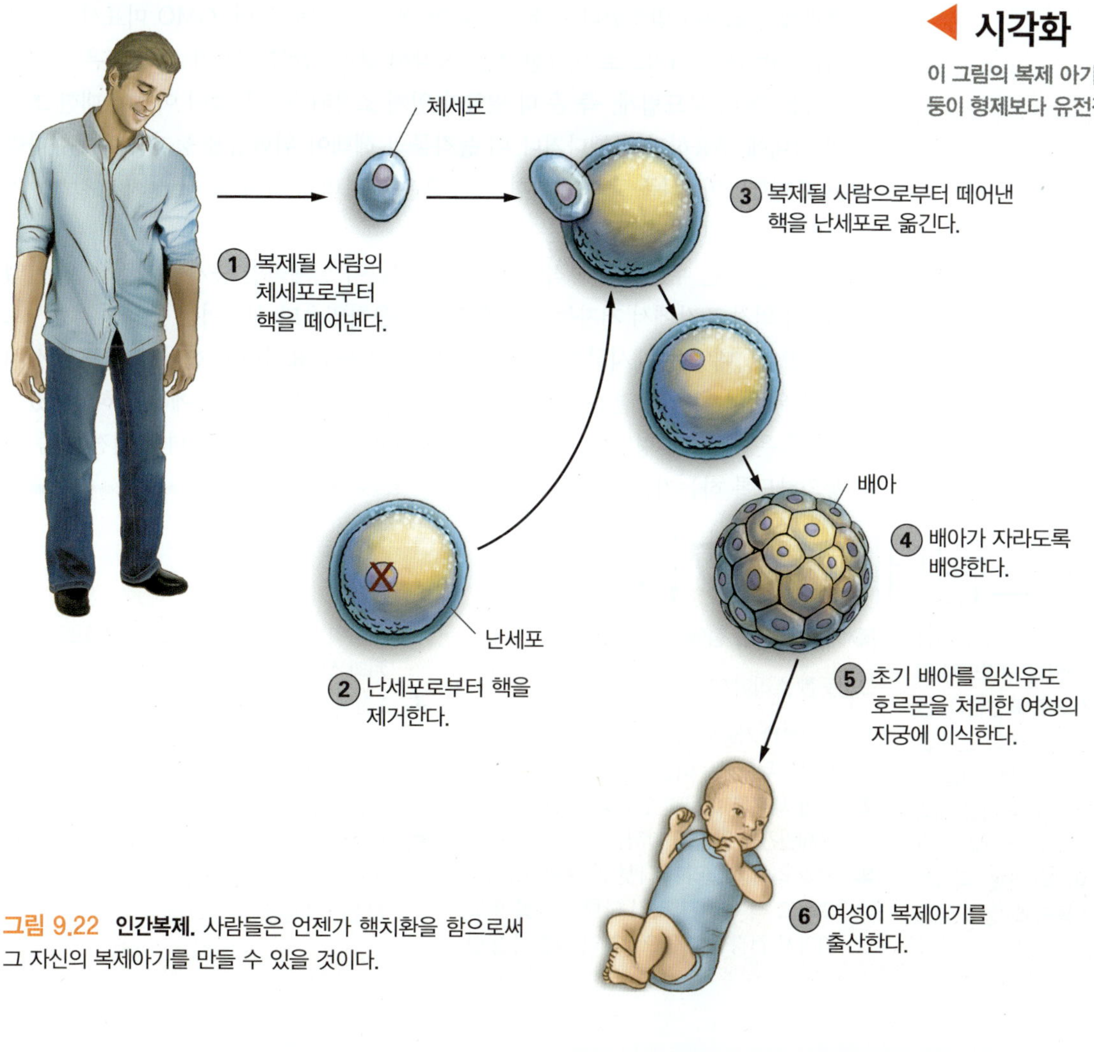

그림 9.22 **인간복제.** 사람들은 언젠가 핵치환을 함으로써 그 자신의 복제아기를 만들 수 있을 것이다.

현명한 독자

GMO 표시

다음은 GMO FREE NY(http://gmofreeny.net/thecaseforgmolabeling.html)라는 웹사이트에서 2014년에 발췌한 것으로 유전자변형 식품 표시를 주장하는 것이다. 이 글의 저자는 밝히지 않았다.

"유전자변형(GM; 유전공학 혹은 GE라고도 불림)은 식물이나 동물이 박테리아나 바이러스와 같은 관련 없는 생물체에서 발견되는 형질을 가지도록 만드는 것이다."

저자는 그리고 많은 나라들이 GMO 식품을 표시하도록 법으로 요구한다고 지적하며 다음과 같이 말했다, "미국사람들은 GMO 식품을 1996년부터 알지 못하는 체로 먹어왔으며 모르는 것에 대해 동의해왔다. 우리는 궁극적으로 기니픽이다."

1. 저자는 유전자변형을 유전자를 농작물에서 농작물로 옮기는 것이 아니라 박테리아나 바이러스로부터 농작물로 옮기는 것이라고 표현했다. 당신은 왜 저자가 다른 종류의 생물체 대신에 박테리아나 바이러스에 초점을 맞추었다고 생각하는가?
2. 식품이 박테리아나 바이러스의 DNA로 변형되었다고 가정해 보라. 그 음식이나 다른 음식의 DNA가 섭취된 후에 어떻게 될까; 이 DNA가 박테리아나 바이러스의 단백질을 만드는 데 사용되었는가? 혹은 이것이 분해될까?
3. 만약 당신이 전체의 글을 읽는다면 저자가 GMO 섭취가 가져올 잠재적인 부정적 결과에만 초점을 맞추었다는 것을 발견할 것이다. 예를 들어, GMO 미표시 음식을 먹는 사람을 기니픽으로 비유한 것을 생각해 보라. 만약 저자가 그의 혹은 그녀의 주장을 좀 더 부드럽게, 즉 좀 더 영양가 있게 조작된 농작물들이 이들에 대한 초기의 기대에 부응하자 못했다거나 이 농작물의 혜택이 위험성을 능가하지 못했다라고 표현했다면, 식품 표시에 관한 그의 혹은 그녀의 주장이 좀 더 신뢰가 갈까? 왜 그런가 아니면 왜 그렇지 않은가?
4. 어떤 의견의 한 부분이 전통적인 뉴스 이야기같이 실제적인 증거를 가질 필요는 없다. 이 의견 조각에서 저자는 강한 언어를 사용하였으며 심지어는 문장을 감탄사로 끊었으며, 대안을 제시하지 않았으며, GM 식품을 표시해야 한다는 것을 확신시키기 위하여 과장된 결론을 내리기도 하였다. 이런 전략이 당신에게 먹혀들어갔는가? 혹은 좀 더 균형있는 접근이 당신으로 하여금 그의 혹은 그녀의 의견에 좀 더 동의하도록 하는가?

Source: http://gmofreeny.net/thecaseforgmolabeling.html

그럴듯한 소린데 **그런가?**

흔히 인간복제를 마치 복제인간을 시험관에서 키우고 발달시켜서 원래의 사람과 구별되지 않는 동일한 사람을 만드는 것으로 표현한다. 만약 당신이 WNBA(미국 여자 농구협회) 선수인 리사 레슬리(Lisa Leslie)의 5명 복제인간을 만들기 위하여, 그녀의 처리된 세포를 다섯 개의 시험관에 넣고 배양해서 농구코트에 데려갈 만큼 키웠다고 가정해 보라. 이 복제인간 각각은 WNBA에서 성공할 만큼 운동능력, 힘과 기질을 가질 것이다.

복제인간은 모든 점에서 동일하다.

그럴듯한 소리이지만 그렇지 않다.

1. 인간복제 기술에 의해 생긴 배아가 발생을 계속하기 위해서는 어떤 일이 일어나야 할까?
2. 성인 세포를 이용한 인간생식복제가 성인 복제인간을 만들게 할까?
3. 만약 리사 레슬리가 다섯 번 복제되었다면 그리고 각 아기가 각기 다른 음식을 먹고 자라서 건강한 사람으로부터 그렇지 못한 사람이 되었다면, 모든 사람이 6피트 5인치의 신장을 가지겠는가?
4. 1란성 쌍생아는 서로 서로 복제인간이다. 어떤 비유전적 요인이 1란성 쌍생아와 같은 복제인간이 서로 다른 인간성, 욕망 그리고 관심을 가지도록 하는가?
5. 1~4번 질문에 대한 답을 생각하고 위의 굵은 글씨로 쓴 문장이 그럴듯하지만 그렇지 않은 이유를 설명하라.

복습

요약

9.1

유전자 **발현**이라는 용어를 정의하라.

- 유전자 발현은 유전자가 단백질을 합성하는 과정이다. 이것은 그 유전자의 전사와 번역을 감소시키거나 증가시키는 것을 포함한다.

전사과정에서 어떻게 mRNA가 합성되는지를 기술하라.

- 전사는 진핵세포의 경우 핵에서 RNA 중합효소가 유전자의 시작 부위에 위치하는 프로모터에 결합할 때 일어나며 DNA 유전자와 상보적인 서열을 가진 RNA를 합성하게 한다.

번역과정에서 단백질 합성이 어떻게 일어나는지 기술하라.

- 번역은 진핵세포의 세포질에서 일어나며 mRNA, 리보솜, 그리고 tRNA를 포함한다. 전령 RNA(mRNA)는 DNA로부터 온 암호를 가지고 있으며 리보솜은 아미노산들이 단백질을 합성하기 위하여 결합하는 곳이다. 운반 RNA(tRNA)는 아미노산을 운반하며 mRNA에 있는 코돈이라고 불리는 3문자 뉴클레오타이드 서열과 결합한다. 특정 tRNA는 특정 아미노산을 운반한다. 각 tRNA는 특정 코돈에 결합할 수 있는 독특한 안티코돈을 가지고 있으며 특정 아미노산을 운반하기 위한 설명서를 가지고 있다.

유전암호를 사용하여 DNA 조각 혹은 코돈이 암호화하는 아미노산을 동정하라.

- 특정 코돈에 의해 암호화되는 아미노산은 유전암호표를 사용하여 결정될 수 있다.

돌연변이를 정의하고 어떻게 **돌연변이**가 단백질 구조와 기능에 영향을 주는지 설명하라.

- 돌연변이는 단백질의 구조와 기능에 영향을 주는 DNA 서열의 변화이다.
- 침묵 돌연변이는 다른 아미노산이 삽입되지 않도록 하는 DNA의 변화이다. 뉴클레오타이드의 삽입과 결손은 해독 틀이동 돌연변이를 일으켜서 단백질을 좀 더 급격히 변화시킨다.

왜 그리고 어떻게 어떤 형태의 세포에서 어떤 유전자들은 발현되고 어떤 유전자들은 발현되지 않는지 설명하라.

- 주어진 세포 형태에서 단지 그 생물체가 가지고 있는 유전자 중 적은 수의 유전자만이 발현된다.
- 유전자의 발현을 증가시키거나 감소시키는 방식이 진핵세포와 원핵세포에서 다르다. 원핵생물은 전형적으로 억제인자 단백질이 프로모터에 결합함으로써 유전자 발현을 못하게 한다. 진핵생물은 유전자 발현을 다음의 5가지 방법 중에 하나로 한다: (1) RNA 중합효소의 결합을 촉진시키는 단백질을 사용하여 전사를 활성화시키는 것, (2) DNA를 응축시키는 시간을 조절하는 것, (3) mRNA의 수명을 변화시키는 것, (4) 번역의 속도를 늦추거나 증가시키는 것, (5) 단백질의 수명을 변화시키는 것.

9.2

박테리아를 이용하여 유전자를 클로닝하는 과정을 설명하라.

- 다음과 같이 유전자를 박테리아에서 클로닝할 수 있다. 유전자를 플라스미드에 넣은 뒤 플라스미드가 복제됨으로써 수백만 개의 복사본을 만들 수 있게 한다. 박테리아는 그 유전자에 대해 mRNA 복사본을 전사하고 다시 이를 가지고 번역하여 단백질을 합성한다.

9.3

식물과 동물이 유전적으로 어떻게 변형되는지 기술하라.

- 유전자 총이 특정 유전자를 식물 배아세포에 주입하는 데 사용된다.
- 동물 세포는 유전자를 초기배아에 주사함으로써 변형될 수 있다.

유전공학을 둘러싼 건강과 환경에 대한 우려를 나열하라.

- 비록 GM 식품을 먹었을 때 건강에 부정적인 영향을 준다는 경우가 있다는 문서는 없지만, 여전히 GM 식품이 건강에 해로울 것이라는 우려가 있다. GM 작물에 관한 우려는 이들이 주위에 있는 생물체에 미치는 영향, 저항성의 출현, 그리고 변형된 유전자의 야생 식물이나 잡초 친척들에게로의 전이를 포함한다.

9.4

줄기세포 및 유전자 치료와 관련된 과학과 그 중요성에 대하여 기술하라.

- 줄기세포는 다양한 세포형태로 작용할 수 있도록 재프로그램될 수 있는 미분화세포이다. 줄기세포는 미래에 과학자들이 퇴행성 질환의 치료에 사용할 수 있을 것이다.
- 유전자 치료는 결함이 있는 유전자를 정상 유전자로 바꾸는 것을 포함한다.

어떻게 그리고 왜 복제를 하는가?

- 복제는 핵치환을 통하여 일어난다. 전형적으로 복제는 바람직한 농업적 형질을 가진 동물을 전파하기 위하여 행해진다. 미래에 인간 복제가 가능할 것이나, 복제 인간이 건강할지는 분명하지 않다.

언어의 뿌리

다음 어원들은 주로 라틴어나 그리스어에서 기원하며 아래와 같은 뜻을 가지고 있어 용어를 해석하는 데 도움을 준다:

chromo-	색을 의미한다. 용어: *chromosome*
-ic	산의 공통적인 접미사이다. 용어: *deoxyribonucleic acid, ribonucleic acid*
nucleo-	혹은 **nucl-** 핵을 의미한다. 용어: *nucleotide*
-ose	리보오스, 설탕, 그리고 과당과 같은 당을 의미하는 접미사이다. 용어: *ribose, deoxyribose*
-some	혹은 **-somal** 몸과 관련된다. 용어: *chromosome, ribosome*

기본문제

1. 다음 DNA 서열에서 전사될 mRNA의 뉴클레오타이드의 순서를 나열하라: CGATTACTTA

2. 유전암호(표 9.1)를 사용하여 다음 mRNA 서열에 의하여 암호화된 아미노산의 순서를 나열하라: CAACGCAUUUUG

3. 복제에 사용된 핵치환을 기술하라.

4. 전사는 __________

A. 존재하는 DNA 분자로부터 새로운 딸 DNA 분자를 합성한다.
B. 번역될 유전자의 RNA 사본을 생성한다.
C. 티민과 아데닌 쌍을 만든다.
D. 리보솜에서 일어난다.

5. 운반 RNA (tRNA)는 __________

A. 단당류(monosaccharide)를 운반한다.
B. 전령 RNA로 만들어진다.
C. mRNA의 코돈과 상보적인 안티코돈 부분을 가지고 있다.
D. 단백질 합성이 일어나는 장소이다.

6. 전사의 과정 동안 __________

A. DNA를 만들기 위하여 DNA가 주형으로 사용된다.
B. RNA를 만들기 위하여 DNA가 주형으로 사용된다.
C. 단백질을 만들기 위하여 DNA가 주형으로 사용된다.
D. 단백질을 만들기 위하여 RNA가 주형으로 사용된다.

7. 번역은 ______________을(를) 생산한다.

A. RNA
B. DNA
C. 단백질
D. 각 아미노산
E. 운반 RNA 분자

8. RNA 중합효소는 전사를 시작할 때 __________에 결합한다.

A. 아미노산
B. tRNA
C. 프로모터 서열
D. 리보솜

9. DNA의 암호화 서열의 특정 세 개 염기가 TGA이다. mRNA의 코돈에 결합하는 tRNA의 안티코돈은 __________이다.

A. TGA
B. UGA
C. UCU
D. ACU

10. __________때문에 RNA와 DNA는 비슷하다.

A. 둘 다 이중나선을 이루기
B. 둘 다 우라실이 발견되기
C. 둘 다 디옥시리보오스 당을 갖기
D. 둘 다 당과 인산과 염기로 이루어졌기

11. **진(T)/위(F):** 동일한 고양이로부터 유래된 콩팥(신장)세포와 심장세포는 동일한 유전자들을 가지고 있다.

12. **진(T)/위(F):** 과학자들은 유전적으로 변형된 농작물들이 환경을 해치지 않는다는 것을 안다.

응용문제

1. 유전암호표를 다시 보라(표 9.1). 동일한 아미노산을 암호화하는 코돈 사이의 유사성을 볼 수 있는가? 이 차이에 기초하여 코돈의 3번째 뉴클레오타이드에서의 돌연변이가 코돈의 첫 번째 뉴클레오타이드에서의 돌연변이 보다 단백질의 구조에 영향을 덜 주는가?

2. 유전자들은 RNA 중합효소를 암호화한다. RNA 중합효소 유전자에 돌연변이가 생긴 세포에 어떤 일이 일어나겠는가?

3. 제한효소가 가장 잘 절단할 수 있는 6개의 염기서열을 박스로 표시하라.

ATGAATTCCGTCCG
TACTTAAGGCAGGC

연관문제

1. 첫 "시험관아기"인 루이스 브라운이 태어난 지 30년이 더 지났다. 그녀의 아버지의 정자와 어머니의 난자가 결합되었다. 수정된 난자는 임신기간 동안 그녀의 어머니의 자궁에 이식되었다. 그녀의 임신기간 중 많은 사람들은 과학자들이 체외 수정을 수행하는 것의 윤리성에 대하여 걱정했다. 당신은 인간 복제가 체외 수정처럼 결국 평범해질 것으로 생각하는가? 그 이유는?

2. 만약 건강의 위험은 낮으나 환경에 대한 영향이 크다면 당신은 유전자변형 식품을 키우는 것을 받아들일 수 있다고 생각하는가?

CHAPTER 10

인간의 유래

공립학교 학생들에게 진화론 대체가설을 가르쳐야 하는가?

진화의 증거

2006년, 일류 학술지 *Science*는 학자들이 전 세계 사람들을 대상으로 한 간단한 설문 조사 결과를 비교한 논문을 게재하였다. 조사는 "우리가 아는 인간이 동물의 초기종에서 발전하여 왔다"는 주장이 진실인지 허위인지 또는 응답자가 확신이 없거나 알지 못하는지를 물었다. 미국에서는 응답자들의 39%가 그 진술이 허위라는 반면에 나머지 21%는 의심스럽다는 입장이고 40%만이 그 진술이 진실이라고 생각하였다. 아이슬란드, 덴마크, 스웨덴, 영국 및 프랑스와 같은 다른 선진국에서는 인구의 80%가 그 진술에 동의하고 있다. 사실 그 논문에서 논의된 32개국들과 비교하여 인간이 진화의 산물이라는 생각의 수용 정도는 터키에서만 낮았다.

미국에서의 여론은 *Science* 학술지가 출판된 이래 이렇다 할 변화가 없었다.

인간의 기원에 관한 한 개념: 특수창조설

또 다른 개념: 진화

2009년 인간의 기원과 발전에 관한 견해를 표현한 진술을 선택하는 유사한 여론 조사가 실시되어 "인간은 수백만 년 동안 하등한 형태로부터 진화되어 왔다"와 "하나님이 지난 1만 년 이내에 현재 형태의 인간을 창조했다"는 의견 중의 하나를 선택하도록 하였다. 미국에서는 35%가 진화 이론을 선택한 반면, 47%는 창조를 선택하였다. 캐나다에서는 진화 이론의 선택률이 61%이며, 영국에서는 68%였다.

미국의 생물학자들에게 이러한 여론조사는 혼란스러웠다. 인간이 비인간 조상으로부터 진화해 왔다는 개념을 포함하는 진화론은 생물과학의 기반을 형성하고 있다. 각종 분야 과학자들의 87%가 인간이 자연과정을 거쳐 진화되어 왔다는 진술에 동의하고 있다. 미국은 세계 각처로부터 과학자들을 끌어들이는 세계 일류의 과학 고등교육 체계를 지니고 있다. 그러면 왜 미국 대중은 생물과학의 기본 원리 개념에 회의적인 것으로 보이는가?

많은 미국인들은 전통적으로 권위자에게 이의를 제기해왔기 때문에 그들의 전통과 경험에 반하는 발상을 반사적으로 거부하는 것은 아닐까? 미국 시민들의 다수는 기독교인들이며 많은 이들은 성경의 창조설을 있는 그대로 믿고 있다. 또한 인간은 거의 모든 육상 환경과 그곳에 자생하는 생물을 지배하고 있어 다른 동물과는 명확히 구분되어 보인다. 이렇게 사람들이 세상에서 경험하는 것과 과학이 우리에게 말해주는 것 사이의 갈등 때문에 일부 사람들은 진화의 개념이 그들 자신의 종교적 신념과 마찬가지인 믿음의 문제라고 주장한다. 본 장에서는 진화론과 인간의 기원을 과학의 문제로 탐구함으로써 이러한 논쟁을 시험하고자 한다.

왜 생물학자들은 진화가 정확한 설명이라고 주장하는가?

10.1 진화란 무엇인가?

생물학자에게 **진화(evolution)**는 진정 두 개의 다른 의미를 지니고 있다. 이 용어는 과정 또는 체계적 원리, 즉 학설을 의미한다.

진화의 과정

일반적으로 진화라는 용어는 "변화"를 뜻하고 진화의 개념은 생물의 집단에 적용됨으로써 이러한 정의를 반영한다. **생물집단(biological population)**은 다른 집단과 다소 분리된 같은 종 개체들의 집단으로, 다른 집단과는 대부분 지리적으로 격리되어 있다. **생물학적 진화(biological evolution)**는 세대를 거듭하여 발생하는 생물집단 특성의 변화이다. 진화적이라고 판단되는 집단 내의 변화는 유전자를 통하여 부모에서 자손에게 전해지는 변화를 가리킨다.

evol- '펼쳐지다'를 의미한다.

단지 환경 변화로 집단 내에서 일어나는 단기적인 변화는 진화적이 아니다. 예를 들어, 미국 여성의 평균 의상 크기는 과거 50년 동안 8에서 14로 증가하였다. 그 이유는 집단내 평균 칼로리 섭취량 증가 때문이며 유전자의 변화 때문은 아니다. 그러므로 이것은 진화적 변화가 아니다.

쉬어가기 1982년에서 2008년 사이에 미국 내 치과 교정술을 받는 청소년이 99% 증가하였다. 이러한 변화는 유소년 치아의 진화적 변화의 결과라 할 수 있을까? 설명해 보라.

생물학적 진화 과정의 한 예로서 흔히 머릿니로 알려진 생물의 종을 생각해 보자. 미국의 어떤 머릿니 집단은 일반 약으로 판매되는 이 잡는 샴푸에 살충제로 들어 있는 퍼메트린(permethrin)에 내성을 지니고 있다. 초기의 머릿니 감염은 상기 상품을 사용하여 손쉽게 처리할 수 있었으나 시간이 지남에 따라 머릿니 집단은 상기 약의 효력에 차츰 영향을 덜 받는 방향으로 진화하였다. 음식이 풍요로워지면서 여성 의상 크기가 변화한 예와는 다르게 퍼메트린에 대한 머릿니 집단의 내성 변화는 이들의 유전자 변화의 결과이다. 내성의 진화는 신속하게 일어날 수 있다—이스라엘의 한 연구는 퍼메트린을 전국적으로 사용한 지 단 30개월(40 머릿니 세대) 만에 머릿니 집단이 네 배나 되는 퍼메트린 내성을 나타냄을 보여줬다. 이 예에서 머릿니 개체가 "진화"하거나 변한 것이 아니라 대부분의 이가 살충제에 민감하던 집단이 대부분의 이가 내성을 지닌 집단으로 변한 것임을 주목하라.

집단내 개체들 간의 퍼메트린에 대한 내성 변이는 그들 간의 유전자 변이에서 생긴 것으로서, 특히 일부 이는 내성 유전자형(대립유전자)을 가지고 있는 반면에 나머지는 비내성 대립유전자를 가지고 있다. 내성 대립유전자를 가지고 있는 개체는 퍼메트린 처리에도 생존하였으므로, 이 대립유전자는 자손에게 전달되어 왔다. 결과적으로 비내성 대립유전자를 가진 개체들로 구성된 집단은 대부분의 이가 내성 대립유전자를 가진 집단으로 변한 것이다. 집단 특성의 이와 같은 변화는 여러 세대를 거쳐 일어난 것이다(그림 10.1).

본 장에서 제시된 정의에 의하면, 이의 집단은 진화한 것이다. 이 경우 집단내 이의 점진적인 생존과 생식은 **자연선택(natural selection)** 과정을 통하여 진화적 변화를 가져온 것이다. 자연선택은 집단이 환경 변화에 적응하는 과정이다(11장). 또한 교배 기

시각화 ▼

만일 내성 머릿니가 한 마리도 없었다면, 이 그림은 어떻게 다를까? 그런 경우에도 진화는 일어날까?

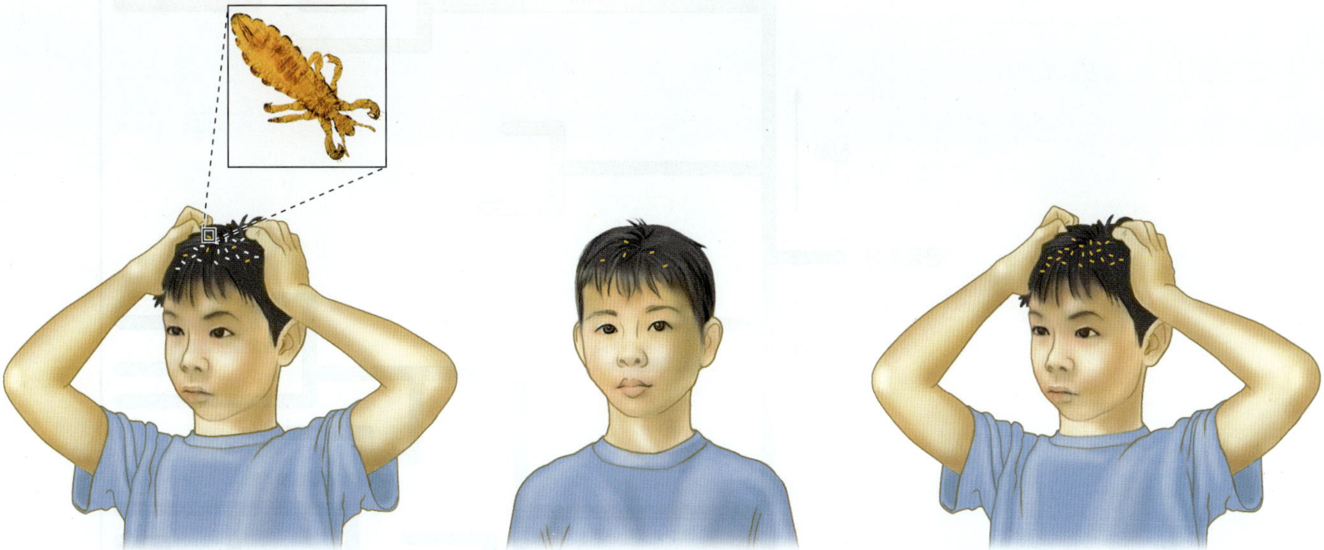

초기 머릿니 침입 시에는 퍼메트린에 민감한 머릿니와 내성인 머릿니로 구성되어 있다.

퍼메트린 사용 이후 대부분의 이는 죽고 살충제에 내성인 소수만 살아남는다.

내성 머릿니 자손들의 재침입. 머릿니 집단은 퍼메트린에 더욱 많은 내성을 지니고 있다.

그림 10.1 **진화의 과정.** 살충제 내성을 지닌 머릿니의 진화는 집단 형질이 시간의 경과에 따라 변화하는 기작의 하나인 자연선택에 의하여 일어난다.

회를 포함한 여러 가지 요인이 집단내 유전적 조성의 진화적 변화를 가져오는 원인이 된다(12장).

대부분의 사람들은 집단내 형질이 진화한다는 사실을 인정한다. 곤충의 살충제 내성이나 세균의 항생제 내성 발달과 같은 생물집단의 진화적 변화는 수없이 관찰되어왔다(11장). 생물집단 내에서 일어나는 변화를 **소진화(microevolution)**라고 부른다. 진화에 대한 교육 논쟁은 **대진화(macroevolution)**에 대한 것으로 새로운 종이 탄생하는 과정을 일컫는다.

많은 이들은 성경의 창조설을 있는 그대로 믿고 있다.

진화의 학설

몇몇 미국인들은 종 내에서 소진화적 변화가 발생한다는 것을 믿지 않지만 소수에 불과하다. 하지만 본 장 초반에 설명된 설문조사가 보여주는 것처럼, 많은 사람들이 토론의 쟁점으로 삼고 있는 것은 소진화의 과정의 결과가 대진화라고 하는 진화의 학설이 "과학적 진실"인가에 있다.

micro- 극소량을 의미한다.

macro- 대규모를 의미한다.

쟁점의 일부는 학설(theory)이라는 단어 사용에서 야기되었다. 이 단어를 일상 대화에서 사용할 경우, 사람들은 체계적인 증거가 결여된 가설로 알아듣곤 한다. 예를 들어, 스포츠팬은 왜 그의 팀이 졌는지 그리고 정원사는 왜 그의 장미가 활짝 안 피는지에 대하여 이론을 내세울 수 있다. 보통 이와 같은 생각은 현상의 원인에 대한 "최선의 추측"으로 끝난다. **과학적 학설(scientific theory)**은 훨씬 본질적이어서 현 상황에서 우주의 기작을 설명할 수 있는 최상의 설명이라 할 수 있다. 과학적 학설들은 수많은 증거에 의하여 지지를 받고 반복된 실험에서도 입증을 받아왔다. 예를 들면, 중력의 학

시각화▶
왜 어떤 가지들은 나무 오른쪽 중간에 멈춰 있을까?

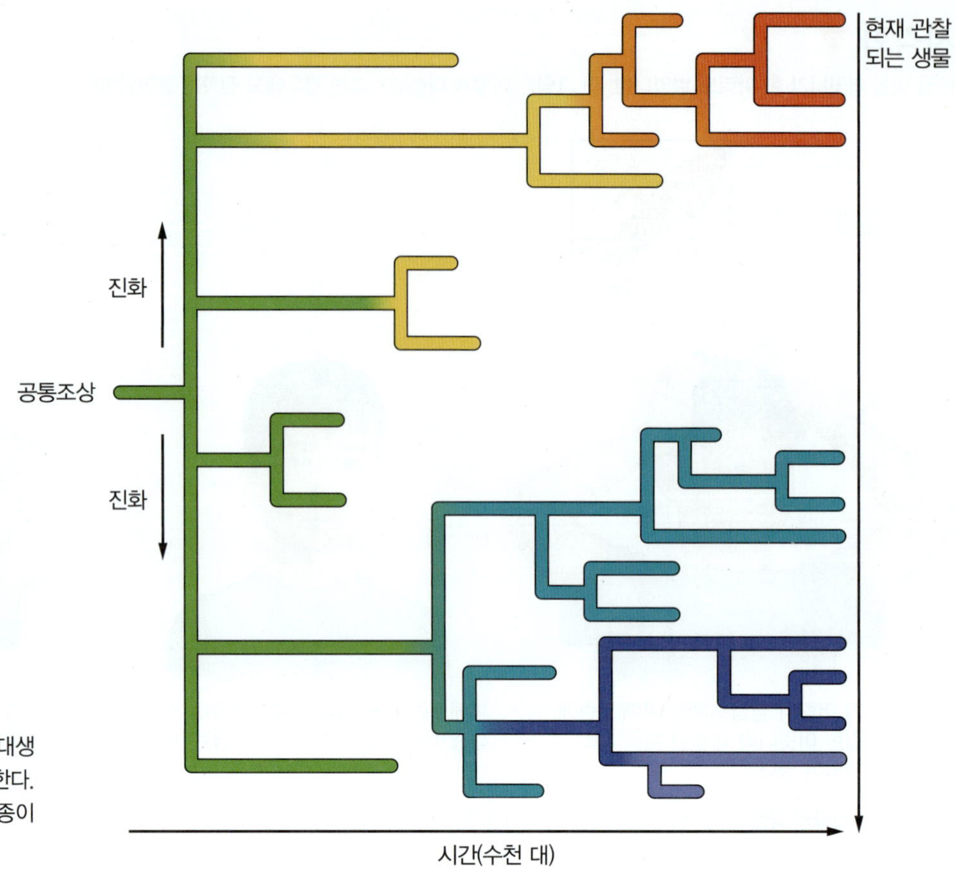

그림 10.2 **공통계보설.** 이 학설은 모든 현대생물이 단일 공통조상에서 유래되었다고 기술한다. 계통수의 각 분기점은 조상형에서 새로운 종이 유래됨을 의미한다.

설은 행성의 운동을 설명하고, 세균의 학설은 미생물과 인간질병의 관계를 설명한다. 진화론은 종의 기원과 종 고유의 특징을 이해하는 데 필요한 원리이다. 따라서 **진화론(theory of evolution)**은 다음과 같이 정의할 수 있다.

> 오늘날 지상에 존재하는 모든 생물은 단일 공통조상의 자손이며, 수백만 년에 걸쳐 진행되어온 소진화의 산물이다.

다시 말해서, 현대의 동물, 식물, 균류, 세균 및 여러 생물은 서로 연관되어 있으며, 지구에 생명이 탄생한 이래 공통조상에서 여러 경로를 거쳐 분기되어 나온 것이다. 자연선택과 같이 진화를 야기하는 과정은 대중 간 논란의 소재가 되지 않지만 진화론의 일부 중 모든 생물이 공통조상을 공유한다는 **공통계보설(theory of common descent)**은 논쟁의 대상이 된다(그림 10.2). 공통계보설에 대한 논란은 흔히 다윈설로 일컬어지는 진화론을 반대하는 목소리의 기저가 되곤 한다.

그림 10.3 **찰스 다윈(Charles Darwin).** 찰스 다윈은 젊은 박물학자였을 때부터 시작하여 진화론에 착상하여 이론을 전개하였다. 진화론은 생물학에서 가장 명확히 증명된 이론 중 하나이다.

10.2 찰스 다윈과 진화론

진화론은 때때로 “다윈설”이라 불리는데 그 이유는 찰스 다윈이 현대 과학의 주류에 진화론을 도입한 공로자이기 때문이다(그림 10.3).

부유한 의사 집안의 막내아들로 태어난 다윈은 그의 유년 시절을 대부분 소심한 학생으로 보냈다. 그는 의과대학을 그만 둔 뒤 부친의 설득으로 신학 공부를 하기 위하여 케임브리지 대학에 입학하였다. 다윈은 대부분의 수업을 즐기지 않았으나, 학교의 몇

몇 과학자들과 교분을 나누기 시작하였다. 케임브리지에서 가장 가까운 상대 중의 한 사람으로서 자연계에 대한 다윈의 관심을 길러준 권위 있는 식물학자 존 헨슬로(John Henslow) 교수가 있었다. 헨슬로 교수는 다윈이 졸업한 후 첫 "일자리"를 마련해주기도 하였다. 다윈은 1831년 그의 나이 22세 되었을 때 일생일대의 여행—해군함 비글호(*HMS Beagle*)의 항해—을 떠났다.

비글호의 임무는 남미의 해안선과 항구의 지도 작성이었다. 그리고 "자연사적 기록 가치가 있는 자료를 수집, 관찰, 기록"하는 박물학자도 동승하도록 되어 있었다. 헨슬로 교수는 두 명의 후보자가 그의 제안을 거절하자 비글호의 귀족 선장에게 다윈을 무보수직 박물학자 조수(및 저녁 식사의 대화 상대)로 추천하였다.

초기의 진화론

다윈이 그의 여행을 시작했을 때에도 생물이 오랜 시간에 걸쳐 변화해왔다는 가설은 새로운 것이 아니었다. 그리스의 시인 아낙시만더(Anaximander, 기원전 611~546)는 아마도 인간이 육지로 올라온 어류에서 진화하였다고 가정한 최초의 서구 철학자였다.

초기 현대 진화론자인 장 밥티스트 라마르크(Jean Baptiste Lamarck)는 다윈의 출생 연도인 1809년 그의 진화의 발상을 담은 책을 출판하였다. 라마르크는 생물이 환경에 적응해 왔다고 분명히 밝힌 첫 번째 학자였다. 그는 각 종의 모든 개체는 타고난 내적 발달 욕구를 가지고 있으며, 일생 동안 획득한 형질은 자손에게 전달된다고 주장하였다. 라마르크는 이러한 원리를 이용하여 섭금류 새의 긴 다리는 그 조상이 물고기를 잡기 위해 반복하여 시도한 결과로 길어진 것이라고 주장하였다. 수심이 깊은 곳을 걸어갈 때에 다리를 최대한 뻗는 동작을 반복함으로써 다리가 점점 길어졌다. 이러한 다리가 다음 세대에 전해지고, 같은 행동을 반복하면서 조금씩 더 긴 다리가 다음 세대에 전해져 왔다는 것이다.

라마르크 당시의 학자들은 근육질 대장장이의 아이들도 은행원의 아이들과 마찬가지로 비슷한 크기의 이두근을 가지고 있으며 부친의 발달된 근육을 물려받지 못한 사실을 확인할 수 있었으므로 라마르크가 주장하는 종의 변화에 대한 기작을 쉽사리 납득할 수 없었다(그림 10.4). 또한 라마르크의 비평가들은 지구와 그 위의 생물들이 조물주에 의하여 현재의 모습으로 창조되었으며 변화되지 않았다는 사회적인 통념을 구태여 의심하려고 하지 않았다. 다윈은 세계일주의 항해를 통해 이러한 통념을 뒤집을 확실한 증거를 찾아냈다.

그림 10.4 **자손은 부모의 획득한 형질을 물려받지 않는다.** 아놀드 슈왈제네거는 영화배우와 정치인이 되기 전 보디빌딩 챔피언이었다. 획득된 형질의 유전에 대한 라마르크의 학설은 아놀드 슈왈제네거의 아들 패트릭 역시 굉장히 발달된 근육을 지니고 있을 것임을 제안한다. 평균에 가까운 패트릭의 체격은 라마르크의 생각이 잘못되었음을 보여준다.

그림 10.5 비글호 항해. 다원은 열대 지방에서 남미와 타히티에 이르는 지역을 탐험하였다.

비글호 항해

다윈이 비글호를 타고 탐험하던 5년 동안 대부분의 시간을 육지에서 보냈는데 이는 배만 타면 거의 매일같이 뱃멀미로 고생하던 다윈에게는 매우 다행스러운 일이었다. 이 여행은 브라질의 열대우림에 매우 경탄하고, 티에라 델 푸에고의 쌀쌀한 기후 속에서도 거의 옷을 걸치지 않은 원주민들에게 깜짝 놀라며, 수집한 동식물의 다양성에 강한 호기심을 느낀 한 젊은이에게 놀라운 깨우침을 주었다(그림 10.5).

배에서는 많은 책을 읽을 수 있는 시간이 있었는데, 현재 작용하는 지질 작용은 과거에도 동일하게 작용했으며 큰 규모의 지질 구조는 이러한 지질 작용의 축적된 결과라는 가설을 제시한 찰스 라이엘의 지질학 원론(*Principles of Geology*)도 그중 하나였다. 라이엘은 그의 이론에 대한 뒷받침으로 깊은 계곡은 막대한 시간 동안 강과 개천에 의하여 바위가 서서히 침식되면서 형성된 것이라고 주장하였다. 라이엘의 이론은 성경을 그대로 해석할 시 추론되는 지구의 나이가 채 1만 년이 안 된다는 신념에 의문을 제기했다.

다윈에게 큰 영향을 준 방문지는 에콰도르 해안 서쪽의 화산섬으로 이루어진 작은 군도인 갈라파고스였다. 처음 도착했을 때 갈라파고스 군도는 생물이 거의 없는 듯이 보였지만 비글호가 섬 일대를 항해하던 한 달간, 다윈은 놀라울 정도로 다양한 종류의 생물을 수집하였다. 그가 관찰한 조류와 파충류는 각 섬 고유의 종류였다. 예를 들어, 모든 섬에 거북 집단이 서식하지만 한 섬에서 발견되는 거북의 유형은 다른 섬들에서 발견되는 거북의 유형과 달랐다(그림 10.6).

다윈은 왜 조물주가 작은 군도의 섬마다 다른 독특한 거북들을 나누어 두었는지 의아하게 생각하였다. 다윈은 영국에 돌아온 후 자신이 관찰한 사실을 두고 심사숙고한 결과, 각기 다른 섬의 거북 집단들은 단일 조상의 거북 집단으로부터 나온 후손임을 결론지었다. 다윈은 에콰도르 본토의 부채선인장이 많은 사람들에게 익숙한 포복형인 반면에 갈라파고스의 선인장은 나무 크기이지만 이 둘이 분명하게 관련된 것처럼 가장 가까운 육지와 갈라파고스 군도의 종들이 이와 같은 유형으로 서로 분기되었음을 알았다(그림 10.7).

(a) 식생이 풍부한 산타크루스(Santa Cruz) 섬의 돔 모양 껍질의 거북

(b) 큰 초목이 많은 에스파놀라(Española) 섬의 평평한 껍질의 거북

그림 10.6 갈라파고스의 코끼리 거북. 서로 다른 환경에서 사는 갈라파고스 군도의 코끼리거북의 아종들은 서로 다르게 보인다.

공통계보설의 발달

다윈은 관찰 결과와 함께 그가 찾은 화석들을 배편에 실어 정기적으로 헨슬로 교수에게 보냈으며, 이 일로 다윈은 비글호가 영국으로 돌아오기 전에 이미 과학계의 명사가 되어 있었다. 그가 여행에서 기록한 일지는 베스트셀러가 되었고, 영국의 집에 돌아와 큰 금액의 돈을 상속받은 아내 엠마와 함께 편안한 삶을 누리게 되었다. 여행이 끝나고 그의 일지가 출판되고서 다윈은 그가 일지에 기록한 내용에 대해 생각하던 중 그가 관찰한 살아 있거나 화석화된 동식물은 공통계보설을 지지함을 깨달았다. 그러나 이 가설이 아직 급진적으로 받아들여질 수 있음을 알고 그의 생각을 몇몇 가까운 친구

에게만 나누었다.

다윈은 진화에 대한 자신의 생각을 출판하는 대신에 20년간 신중하게 자신의 이론을 뒷받침하는 증거를 보충하며 연구하였다. 1858년 다윈은 동료 과학자인 알프레드 러셀 월리스(Alfred Russel Wallace)로부터 한 통의 편지를 받은 후 마침내 그의 저서 출판에 박차를 가하였다. 편지 속에는 다윈의 자연선택 이론과 거의 동일한 진화적 변화의 기작을 다룬 원고가 함께 들어 있었던 것이다.

다윈은 만약 월리스가 먼저 그의 생각을 출판한다면 자신의 연구 업적은 망각될지도 모른다는 염려 속에 1858년 7월 그와 월리스의 연구 결과 일부를 런던의 한 학회에서 함께 발표하였으며, 그 이듬해 다윈은 저서 '자연선택에 의한 종의 기원에 관하여 또는 생존경쟁에서 우수 종족의 보존(*On the Origin of Species by Means of Natural Selection, or the Preservation of Favoured Races in the Struggle for Life*)'을 출판하였다. 본 저서는 자연선택설을 핵심으로 제시하고 있다. 하지만 다윈은 '종의 기원(*The Origin of Species*)' 마지막 몇 개의 장을 공통계보 가설에 대한 증거를 기술하는 데 할애하였다.

생물의 기원과 관계에 대한 대체가설

"공통계보(또는 진화)는 사실이다"는 말을 좀 더 자세히 음미해 보자. 종의 기원이 출판되었을 때 대부분의 유럽인들은 특수창조설이 생물의 생겨난 과정을 설명해 준다고 믿었다. 이 신념에 의하면, 성경의 첫 번째 책인 창세기에 나와 있듯이 신이 6일간의 창조 역사를 통하여 생물을 창조하였다. 또한 이 신념은 인간을 포함한 생물들이 창세 이래 이렇다 할 아무런 변화도 없이 내려왔다고 주장한다. 일부 성경학자들에 의하면, 창세기는 창조가 1만 년도 되지 않은 꽤 최근에 일어났음을 시사하고 있다.

과학적으로 검증할 수 있는 가설이 되려면, 물질적 우주 내에서 행한 관찰 혹은 측정을 통하여 평가될 수 있어야 한다(1장). 초자연적인 창조자는 관찰하거나 측정할 수 없으므로, 그와 같은 존재의 유무를 결정하거나 그 작용을 과학적 방법으로 예측할 수 없다. 그러므로 명시된 바와 같이 특수창조설은 과학적 가설이 아니다. 실은 어떠한 서술이던지 초자연적인 요인에 가정을 둔 경우—지적설계, 즉 진화도 가능하지만 생물의 특정 부분은 조물주가 설계했다고 주장하는 개념을 포함하여—과학으로 여겨질 수 없다.

쉬어가기 신앙이란 관찰 가능한 자연현상이나 실험을 통해 검증될 수 있는가의 여부를 떠나 특정 신념이나 이상을 사실로 받아들이는 것이라 정의할 수 있다. 신앙과 과학은 어떻게 다른가? 신앙적 진술이 과학적으로도 검증될 수 있는가? 설명해 보라.

하지만 특수창조설 개념 또한 과학적으로 검증 가능한 가설을 몇 가지 제시하고는 있다. 예를 들어, 생물이 1만 년 이내에 생성되었고 창조 이래 이렇다 할 변화 없이 내려왔다는 주장은 자연계의 관찰을 통하여 사실 여부를 검증해 볼 수 있다. 생물의 기원과 유연관계에 대하여 생물은 최근에 출현하였고 변하지 않는다는 이와 같은 주장을 정적모델설(static model hypothesis)이라고 부른다(그림 10.8a). 정적모델과 공통계보 사이에 몇 가지의 중간 가설들이 있다. 한 중간 가설은 살아 있는 모든 생물이 창조되었으며(심지어 수백만 년 전에) 소진화로 인해 종 내의 변화가 있어 왔으나 다른 신종

시각화 ▼

그림 10.6과 함께 다음 사진들을 살펴보자. 어떠한 환경 조건이 육지에서 자라는 부채선인장과 섬에서 자라는 부채선인장 간의 진화에 대한 차이를 일으켰을까?

(a) 본토 남미 대륙의 부채선인장

(b) 갈라파고스 군도의 부채선인장

그림 10.7 **공통조상으로부터의 분기.** 남미 대륙과 갈라파고스 군도의 부채선인장은 형태상의 차이가 확연하다. 하지만 줄기와 꽃 구조의 유사성은 이들이 공통조상형의 부채선인장에서 유래하였다는 가설을 뒷받침해 준다.

은 탄생하지 않았다는 주장이다. 우리는 이것을 **변형설**(transformation hypothesis)이라고 부른다(**그림 10.8b**). 다른 중간 가설은 생물 유형(type)(예를 들어, 식물, 척추동물, 또는 곤충)이 개별적으로 생겨났으며, 이후 수많은 종으로 다양화되었다는 설이다. 우리는 이것을 **개별유형설**(separate types hypothesis)이라고 부른다(**그림 10.8c**). 공통계보설(**그림 10.8d**)에 대한 이 세 가지 가설은 모두 똑같이 생물다양성의 기원에 대한 합리적인 설명이라 할 수 있을까?

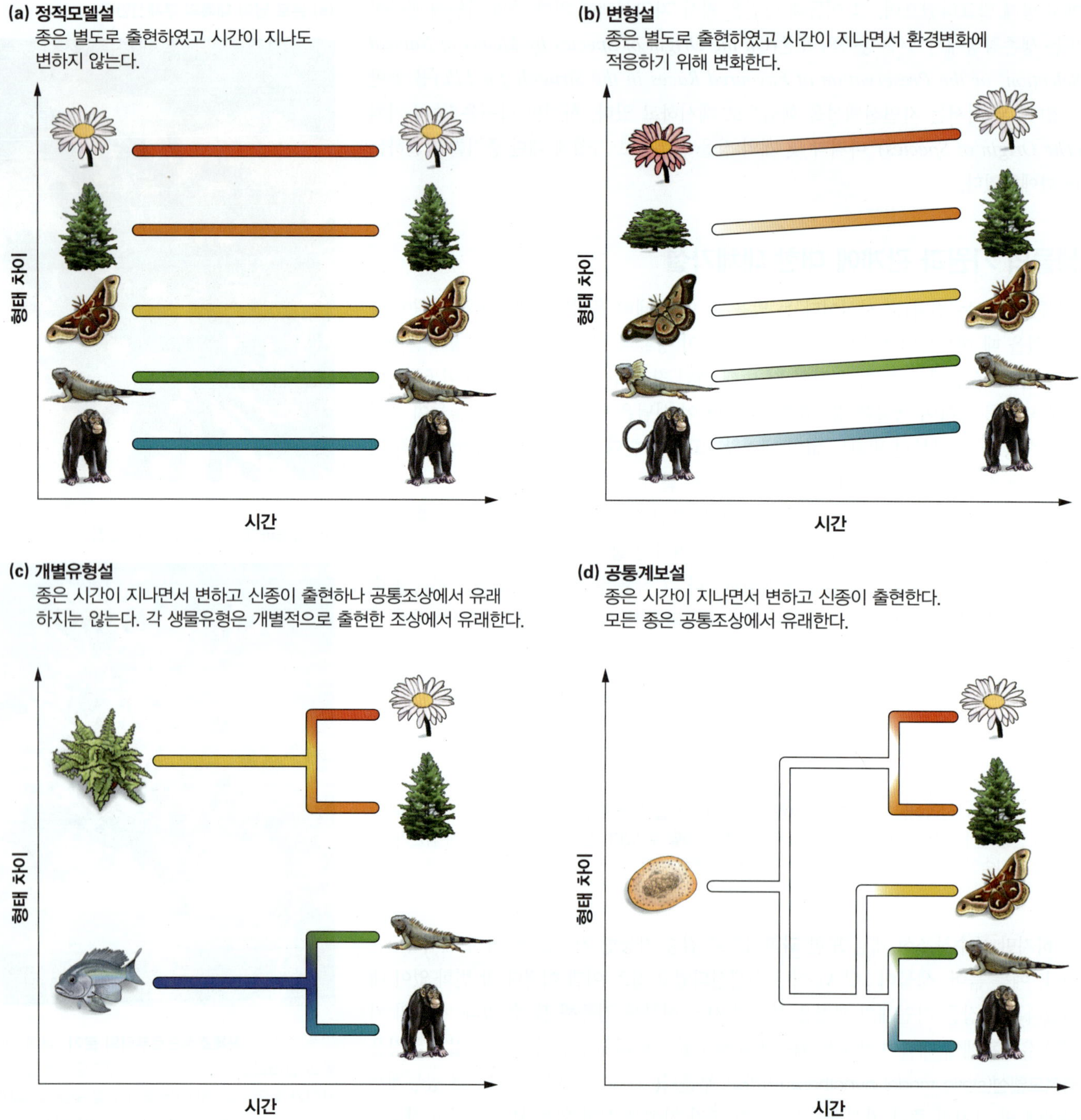

그림 10.8 현대생물의 기원에 관한 네 종류의 가설. 네 종류의 가설에 대한 도해.

여론 조사에 따르면 많은 미국인들은 그렇게 생각하고 있는 것으로 보인다. 그렇다면 공통계보설이 사실이라고 주장하는 많은 과학자들은 어떤가? 왜 많은 과학자들이 그와 같은 입장을 옹호하는 것일까? 독자들은 앞의 세 가지 가설이 공통계보설과 동일하지 않다는 점을 곧 알 수 있을 것이다. 그 이유를 알기 위해서는 이들 가설을 검증하는 데 쓰이는 관찰 방법을 평가할 필요가 있다.

일부 사람들은 진화의 개념이 그들 자신의 종교적 신념과 마찬가지인 믿음의 문제라고 주장한다.

10.3 공통계보의 증거에 대한 검증

모든 생물체가 공통조상에서 공유함을 보여주는 증거는 여러 생물학 및 지질학 분야에서 제기된다. 진화에 대한 비평가 다수는 인간의 고도로 발달된 두뇌를 볼 때 인간이 단지 동물 계통수의 한 가지에 불과할 가능성이 낮다고 여긴다. 흔히 이 비판이 빈번하게 제기되므로 우리는 인간이 침팬지와 고릴라를 포함하는 유인원과 공통조상을 공유한다는 가설을 조사하여 이 문제를 먼저 다뤄보도록 하겠다.

동물원의 관리인이라면 누구든지 영장류 우리가 가장 인기 있는 구경거리라고 말한다. 사람들은 유인원들과 원숭이들을 좋아한다. 그 이유는 쉽게 알 수 있다. 영장류들은 호기심이 많고, 장난을 좋아하며, 행동이 민첩하다. 그러나 영장류에 매혹되는 또 다른 이유가 있는데 그것은 그들 모습 속에서 우리 자신을 발견할 수 있기 때문이다. 앞으로 나온 눈과 낮은 코는 마치 사람처럼 보인다. 발톱을 가진 앞발 대신에 손톱을 가진 손을 가지고 있다. 일부는 두 다리로 서서 한참 동안 걸을 수도 있다. 네 개의 손가락과 마주보는 엄지로 물건을 정밀하게 조작할 수도 있다. 광범위하게 새끼를 돌볼 뿐만 아니라 사회적인 행동은 사람의 경우와 비슷하여 간질이거나, 애무하거나, 키스하거나, 입을 삐죽거리며 토라지기도 한다(**그림 10.9**).

그림 10.9 인간은 유인원의 친척인가? 생물학자들은 유인원과 인간이 비교적 최근의 공통조상을 공유하므로 모양과 행동이 서로 비슷하다고 주장한다.

영장류, 특히 유인원(고릴라, 오랑우탄, 침팬지 및 보노보)들은 왜 그렇게 인간을 닮았을까? 과학자들은 인간과 유인원이 공통 생물조상의 자손이기 때문이라고 주장한다.

린네의 분류체계

16세기와 17세기에 들어서 근대 과학계가 발달하면서 생물다양성을 체계화하기 위한 여러 가지 방법들이 제시되었다. 많은 분류체계(classification system)가 서식처, 식성, 또는 행동의 유사성에 따라 생물을 나누었으며, 분류에 따라 인간을 유인원과 같은 위치에 두는가 하면 그렇지 않은 경우도 있었다.

이와 같은 분류 논쟁에 스웨덴의 의사이며 식물학자인 린네(Carl von Linne)도 뛰어들었다. 린네는 생물의 모든 종에 당시 과학계의 공통 언어였던 라틴어로 두 개 이름, 즉 2명을 부여했다. 사실 그는 라틴어 이름인 Carolus Linnaeus로 더욱 잘 알려져 있다. 이들 라틴어 이름은 전형적으로 종의 특징에 대한 정보를 담고 있는데, 예를 들어, *Acer saccharum*은 보통 설탕단풍으로 알려진 "설탕을 생산하는 단풍나무"이며, *Acer rubrum*은 "붉은 단풍"의 라틴어 이름이다. 종의 학명은 분류 정보도 담고 있는데, 예를 들어 *Acer*의 속명을 지닌 종은 단풍나무이며, *Ursus*의 경우는 곰이다.

린네는 또한 생물의 다양성을 정리할 때 논리적이며 유용한 방법으로 계급에 따라 생물체를 정리했다. 포괄적인 그룹에서 한정된 그룹으로 린네가 지정한 분류 계급은 다음과 같다.

계(Kingdom)
문(Phylum)
강(Class)
목(Order)
과(Family)
속(Genus)
종(Species)

린네의 시대 이후, 생물학자들은 더 포괄적인 계급인 도메인(역, Domain)을 생물체의 가장 큰 그룹으로 더했다.

린네는 진화론 이전의 학자였으며 특수 창조를 믿었으나, 다윈은 린네의 계급적인 분류체계가 생물체 간의 진화적 관계를 암시하고 있음을 주목했다(그림 10.10). 린네의 분류체계는 생물간 유연관계를 규명하는 데 매우 효과적이었으므로 진화론이 보편적으로 받아들여지게 된 후에도 생물 분류체계의 기준으로 남았다. 이 체계에는 최소의 수정만이 가해져 현재 도메인이 추가되고 과와 목 사이에 신설된 "상과"처럼 이들 계급 사이에 "아(sub)"나 "상(super)"과 같은 접두어를 붙여 생물 그룹 내의 관계를 보다 잘 반영할 수 있게 되었다(13장).

시각화▶

영장목에 속한 생물체들이 지닌 공통적인 특성들을 하나 이상 열거해 보라.

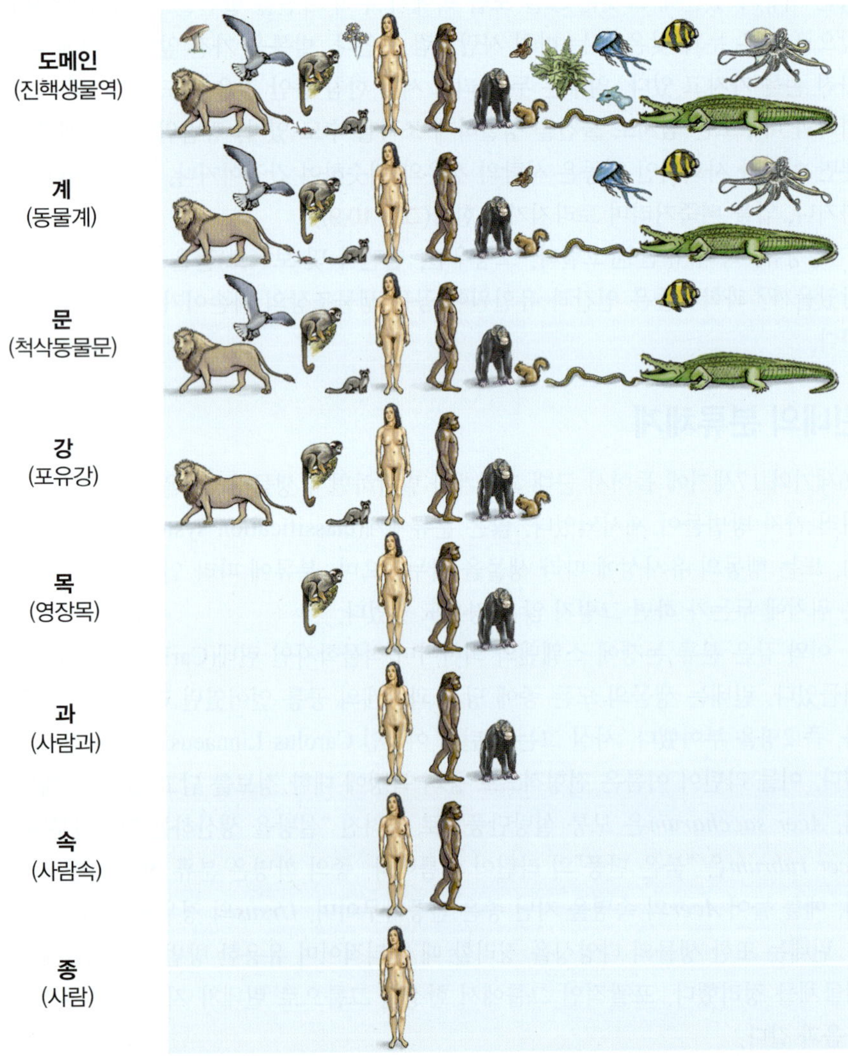

그림 10.10 **인간의 린네 분류체계.** 주어진 범주 내의 모든 생물은 기본 특성을 공유하며, 그림 아래로 내려가면서 더 작은 그룹으로 세분화될수록 생물 간의 유사성은 많아진다.

린네의 계급 체계는 그대로 사용되고 있지만, 그가 18세기에 제시한 생물체의 실제 그룹들은 추가 자료의 축적과 함께 다수 뒤집어지거나 급격하게 수정되었다. 하지만 인간에 대해서는 그의 원 분류체계가 자료에 의해 대체적으로 지지되고 있다. 린네는 인간, 원숭이 및 유인원을 영장류라고 부르는 목에 분류했다. 영장류 중에서 인간은 유인원에 가장 가깝다. 인간과 유인원은 비교적 큰 뇌, 직립 자세, 꼬리의 소실 및 한층 유연해진 엄지손가락을 포함하여 수많은 특징들을 공유하고 있다. 학자들은 인간과 유인원을 같은 과인 사람과 내에 분류하고 있다.

인간과 아프리카 유인원은 긴 두개골, 짧은 송곳니, 그리고 털의 감소와 같은 더욱 많은 특징들을 공유하고 있어서, 이들은 같은 아과인 사람아과 내에 분류되어 있다. 인간, 유인원 및 다른 영장류를 하나의 계통수로 그려보면(그림 10.11), 우리는 왜 다윈이 인간과 현대 유인원이 공통조상에서 진화되어 나왔다고 결론지었는지를 이해할 수 있다.

해부학적 상동성

린네의 분류가 의미하는 유연관계의 계통수는 검증 가능한 가설을 제시한다. 만약 현재 생존하는 종이 또 다른 여러 종을 탄생시킨 조상의 자손이라면, 인간과 유인원 사이에서 명백하지 않던 해부학적, 행동적 및 유전적 유사성도 발견할 수 있을 것이다. 이러한 유사성을 **상동(homology)**이라고 한다. 다양한 생물들 간의

homolog- 비슷하거나 기원이 같음을 나타냄. "일치한다"는 의미의 단어에서 유래

시각화 ▼

이 계통수에 다람쥐를 더해 보라. 다람쥐와 다른 구성원의 공통조상은 어디에 위치하고 있는가?

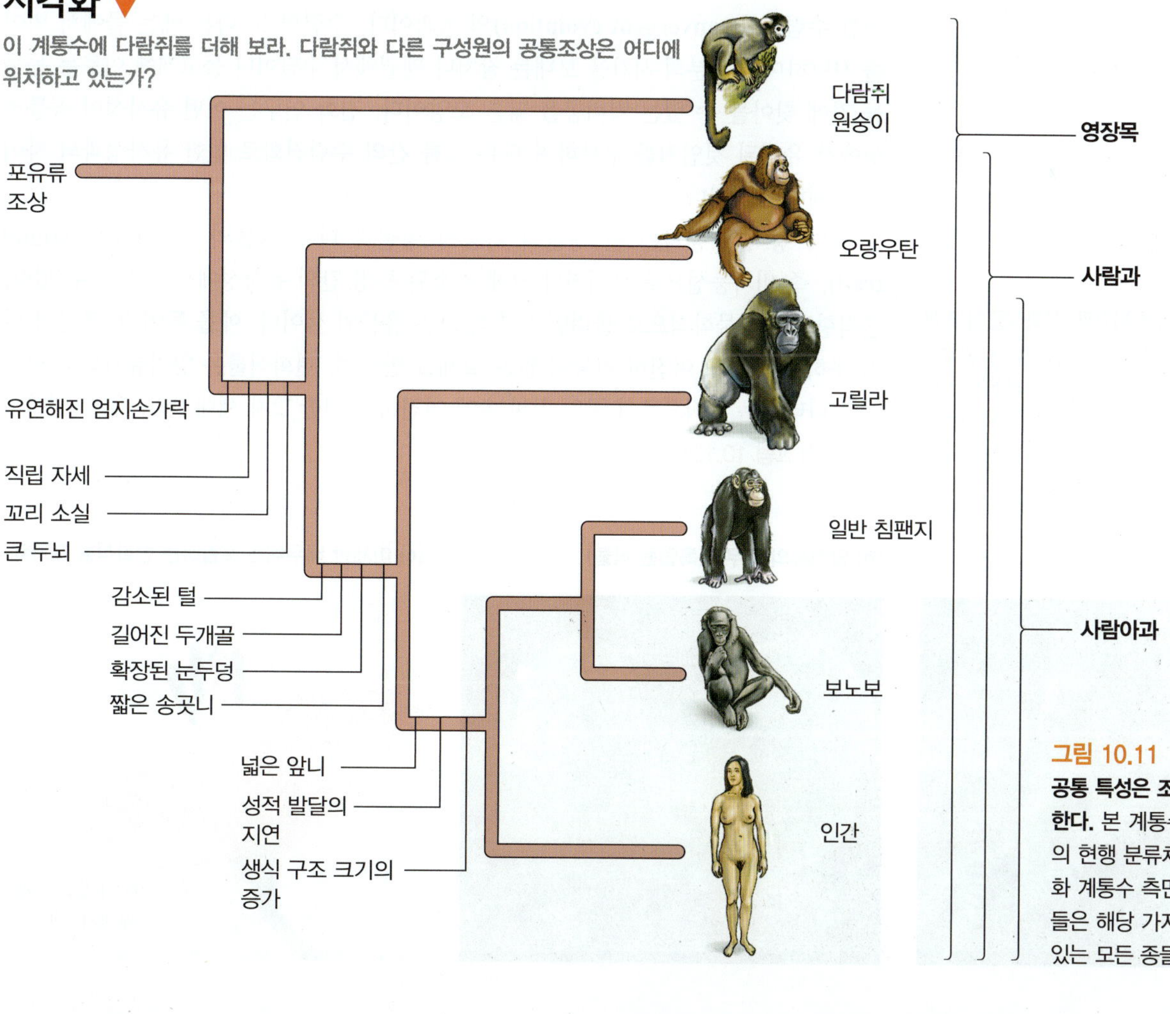

그림 10.11 **인간과 유인원 간의 공통 특성은 조상의 공통성을 의미한다.** 본 계통수는 인간과 유인원의 현행 분류체계를 나타낸다. 진화 계통수 측면에 적혀 있는 특성들은 해당 가지 위와 그 오른쪽에 있는 모든 종들이 공유하고 있다.

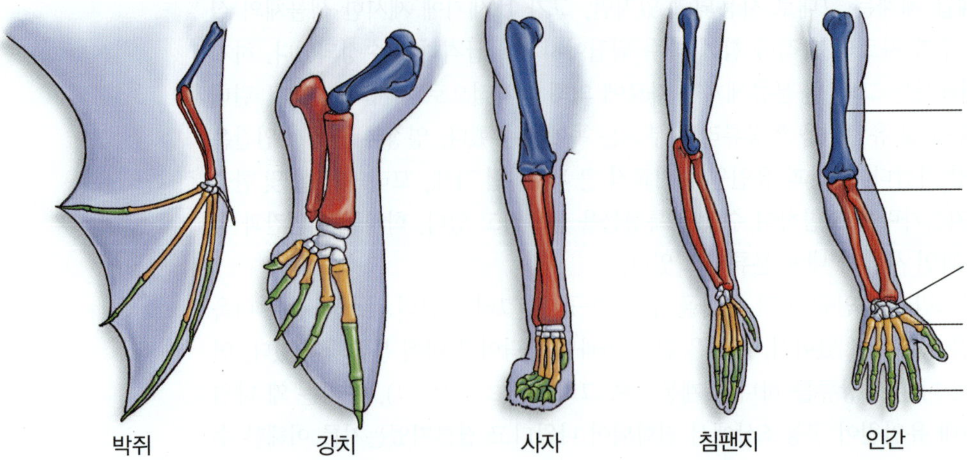

시각화 ▲

초록색 뼈의 구조는 이들 종들 간에 어떻게 다른가? 이 뼈의 기능은 어떻게 다른가?

그림 10.12 **포유류 앞다리의 상동성.** 이들 포유류의 앞다리 뼈는 매우 유사하다. 각 생물의 대응 뼈는 같은 색깔로 표시되어 있다. 서로 다른 기능에 쓰임에도 불구하고 기본 뼈구조가 유사함은 동일기원의 증거이다.

골격 해부에서 보이는 상동성은 사지 상부의 단일 뼈, 하부의 한 쌍의 뼈, 손목 관절의 다양한 소형 뼈들, 그리고 다수의 기다란 "손가락" 뼈들을 포함하여 포유류의 앞다리들을 비교해 보면 알 수 있다(그림 10.12). 인간의 팔과 침팬지 앞다리 간의 유사성은 현저하며 뚜렷하게 마주 보는 엄지손가락의 존재는 더욱 그러하다.

그러나 모든 외형적 유사성들이 진화 관계의 증거가 되는 것은 아니다. 새와 박쥐는 모두 날개를 가지고 있고 날수 있으나 최근의 공통조상을 공유하는 것은 아니다. 이들 간의 유사성은 유사한 생활양식을 가진 비유연성 생물들 간의 유사 구조의 발달에 의한 **수렴진화(convergent evolution)**의 결과이다. 수렴의 또 다른 예는 물에서 먹이를 사냥하며 대부분의 시간을 보내는 참치나 펭귄에서 수달이나 돌고래에 이르는 동물들 간에 찾아볼 수 있는 럭비공을 닮은 모양이다. 진화 연구는 어떤 유사성이 공통조상에서 유래된 것인지를 구분하여 다른 그룹 간의 수렴진화로 인한 유사성과의 차이를 기재하는 일이다.

보다 강력한 증거는 한 생물의 기능성 형질과 다른 생물의 **흔적형질(vestigial trait)**, 즉 비기능성으로 보이거나 크게 축소된 특징 간의 유사성에서 찾아볼 수 있다. 흔적형질은 생물학적으로 물려받은 흔적 또는 유물인 셈이다. 예를 들어, 타조같이 날지 못하는 새들도 여전히 기능이 없는 날개를 만들며, 현화식물은 양치류와의 유연관계를 나타내는 흔적으로서 꽃의 밑씨 속에 여전히 미세한 "2차 세대"(배우체)를 생산하고 있다(그림 10.13).

그림 10.13 **식물의 흔적기관.** 현화식물의 조상은 현대의 양치류와 비슷했다. 양치류는 생활사 중 독립된 두 세대를 지닌다: (a) 우리에게 친숙한 포자체 단계와 (b) 미세한 배우체 단계. (c) 현화식물은 더 이상 독립된 두 개의 단계는 없지만 꽃 속에 미세한 배우체를 형성한다.

(a) 양치류의 포자체

(b) 양치류의 배우체(독립된 식물)

(c) 미세한 배우체를 포함하는 현화식물 포자체

최소 두 개의 흔적형질이 인간을 다른 영장류와 유인원에게 연결시켜주고 있다(그림 10.14). 유인원과 인간은 다른 영장류처럼 꼬리뼈를 지니고 있으나 어느 쪽도 꼬리는 없다. 또한 모든 포유류는 털의 기저에 털세움근이라는 미세한 근육이 있다. 이 털세움근이 긴장된 감정이나 추운 기온 하에서 수축될 때 털이 세워진다. 털이 있는 포유류에서는 털세움근이 동물의 시각적 크기를 증가시키며 털 외피의 단열 효과를 증가시킨다. 인간의 경우, 같은 조건 하에서 이렇다 할 이점도 없이 단지 닭살만 돋아나게 할 뿐이다.

다윈은 진화론이 정적모델로 대표되는 특수창조설보다 흔적형질에 대하여 보다 나은 설명을 한다고 확신하였다. 닭살과 같은 불필요한 특징은 인간에게 독립적으로 나타나거나 창조된 특징이라기보다는 오히려 생물학적 조상으로부터 물려받은 결과라고 설명할 수 있다.

쉬어가기 어떠한 흔적형질은 아직까지도 그 기능이 남아 있거나 최근까지 사용되었기 때문에 사라지지 않고 남아 있는 경우가 있다. 성인기 초에 나오는 사랑니는 대부분 현대 사람의 턱에 맞지 않기 때문에 발치되어야 한다. 하지만 사랑니도 최근까지 그 기능이 있었을 수 있다. 이렇게 흔적형질로 여겨지는 사랑니는 인간의 진화 과정에서 왜 사라지지 않고 남았을까?

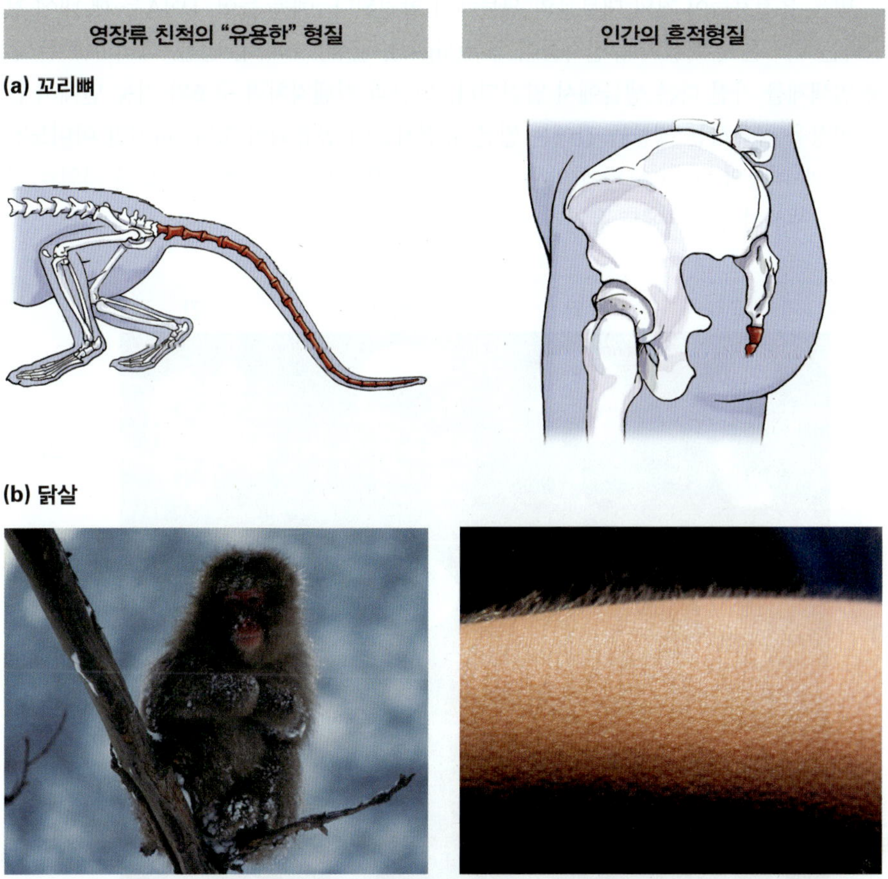

그림 10.14 **진화의 유산을 반영하는 흔적형질.** (a) 인간과 유인원은 꼬리가 없으나 흔적 꼬리뼈를 가지고 있다. (b) 털이 적은 인간의 흔적형질인 닭살은 털이 많은 종들과의 유연관계를 드러낸다.

발생학적 상동성

다세포생물은 수정란에서 성체가 되는 과정에서 다수의 유사성을 보여준다. 동물의 발생을 조절하는 유전자는 서로 달라 보이는 사람과 초파리에 이르기까지 유사하다. 공유된 발달 경로의 결과로 매우 다른 종들의 초기 배는 그 생김새가 매우 비슷하다. 예를 들어 등뼈나 이와 유사한 구조를 가진 동물인 척삭동물은 인두열(인두는 목구멍을 가리킨다)이라는 구조를 만들며 배 초기에는 대부분 꼬리를 가진다(그림 10.15). 이들 구조는 발생 초기의 인간 배에서도 관찰된다. 이러한 유사성은 모든 척삭동물이 단일 공통조상에서 파생되었으며, 모두 특정 발달 경로를 물려받았음을 뜻한다.

분자적 상동성

과학자들은 이제 개체의 차이가 대부분 유전자의 차이에서 생긴다는 사실을 알고 있다. 종 간의 차이 또한 유전자의 차이에서 유래된 것임을 추론할 수 있다. 공통계보 가설이 정확하다면, 유연관계가 가깝게 보이는 종들은 유연관계가 먼 종들보다 더욱 유사한 유전자를 가지고 있음에 틀림없다. 두 종 간의 유전자의 유사성을 재는 가장 직접적인 방법은 두 생물에서 공통적으로 발견되는 유전자의 DNA 염기서열이 얼마나 유사한지를 측정하는 것이다. 유연관계가 가까운 공통조상을 공유하는 종들은 그 관계가 먼 조상을 공유하는 종들보다 유사한 DNA 서열을 더 많이 지녀야 한다(그림 10.16).

많은 유전자들이 거의 대부분의 생물에서 발견된다. 예를 들어, DNA를 핵 내에 보관하는 히스톤 단백질의 유전자들이 조류(algae), 균류, 초파리, 인간, 그리고 모든 선형 염색체를 가진 다른 생물에서 발견된다. 인간과 침팬지처럼 구조와 기능 면에서 많은 양상을 공유하는 생물들 간에는 많은 유전자들이 공유되어 있다. 하지만 아미노산은 한 개 이상의 DNA 코돈에 의해 암호화될 수 있으므로 동일한 아미노산 서열로 단백질을 생산하는 경우에도 유전자 서열은 대부분 종 간 동일하지 않다.

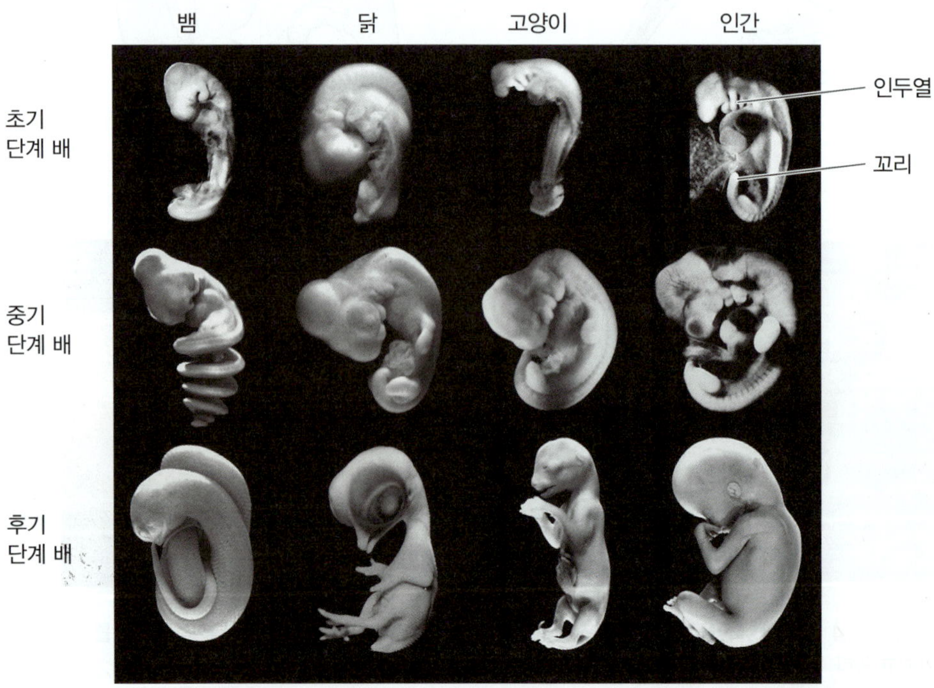

그림 10.15 척삭동물 배들의 유사성. 이들 다양한 생물체들은 발생 초기 단계에(첫 번째 줄) 매우 유사해 보인다. 이러한 현상은 이들 생물체가 동일한 경로를 따라 발달한 공통조상을 소유한다는 증거이기도 하다.

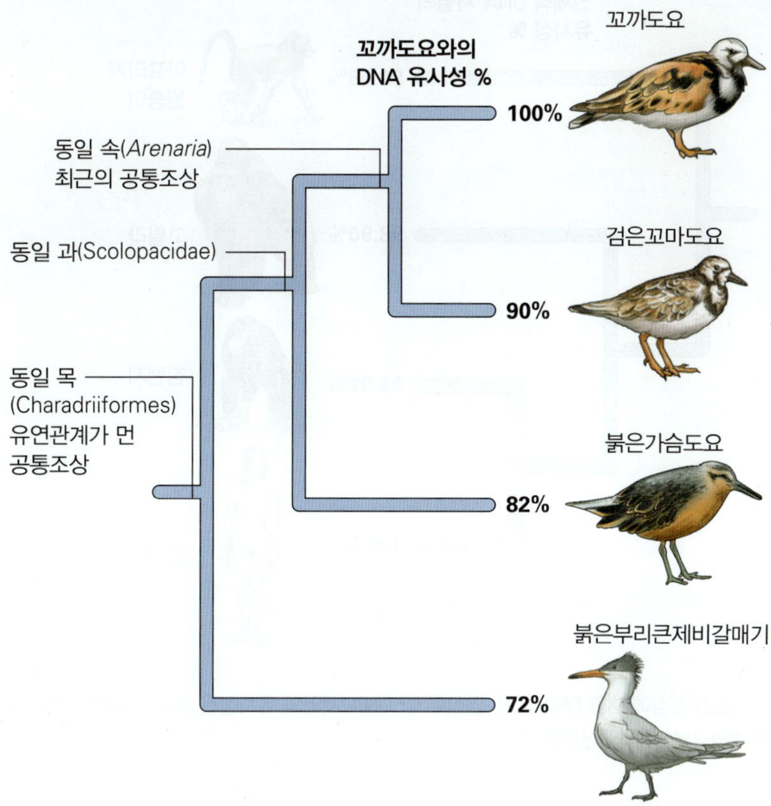

그림 10.16 **관계성에 대한 DNA 증거.** 학자들은 외형적 특징을 기준으로 4종의 새를 계통수 형태로 서로 다른 분류범주로 나누었다. 후에 시행된 DNA 연구 결과 또한 이 가설을 지지했는데, 이는 과거의 조상이 동일한 경우와 비교해 볼 때에 최근의 조상을 공유하는 경우가 DNA 염기서열이 더 비슷했기 때문이다.

◀ 데이터로 해결하기

붉은부리큰제비갈매기와 검은꼬마도요 중 붉은가슴도요와 더 가까운 유연관계의 새는 무엇인가? 설명해 보라.

인간과 영장류에서 발견되는 수십 개의 유전자 서열을 비교한 결과는 분류와 유전자 서열 유사성의 관계를 잘 보여주고 있다(다음 쪽의 그림 10.17). 인간과 침팬지 간의 이들 유전자의 DNA 서열은 99.01%가 유사한 반면, 인간과 고릴라는 98.9% 이상이 같다. 보다 유연관계가 먼 영장류들은 DNA 서열상 인간과 덜 유사하다. DNA 서열 유사성의 이와 같은 경향은 이 그룹 내 외형적 유사성으로 암시된 생물학적 유연관계와 정확하게 일치한다. 이러한 결과는 영장류 간의 공통계보 가설을 뒷받침한다.

흥미롭게도 DNA 증거는 한때 형태적 유사성에 근거하여 명백해 보이던 분류에 질문을 불러일으켰다. 예를 들어, 파충류는 한때 피부 표면에 비늘을 지니며 껍질이 있는 알을 낳는 모든 육상 동물들의 단일 그룹으로, 그리고 조류는 깃털 생산에 근거하여 별개의 독특한 그룹으로 간주되었다. 지금은 일부 현존하는 파충류들—악어들과 이들의 친척들—이 다른 파충류들보다는 조류에 보다 밀접한 유연성이 있는 것으로 밝혀져 있다. 이와 같은 극적인 예외에도 불구하고 DNA 증거는 유사한 형태와 발생에 근거한 생물들의 광범위한 분류를 대체로 확인해준다.

처음에는 DNA 서열상의 유사성 발견이 별로 놀랄 만한 일이 아닌 것처럼 보일지도 모른다. 유전자가 설명서와 같다면, 인간과 침팬지를 만드는 설명서는 인간과 원숭이를 만드는 설명서보다 더욱 비슷할 것이다. 인간은 원숭이와 비교할 때 보다 짧아진 털이나 꼬리의 소실과 같이 더욱 많은 외형적 유사성을 침팬지와 공유하고 있다.

데이터로 해결하기 ▶

그래프상의 비율을 보며 침팬지와 사람의 유연관계보다 침팬지와 고릴라와의 유연관계가 더 가까운 것은 아닌지 의심하는 사람이 있을 수 있다. 왜 이것이 데이터에 대한 잘못된 해석인지 설명해 보라.

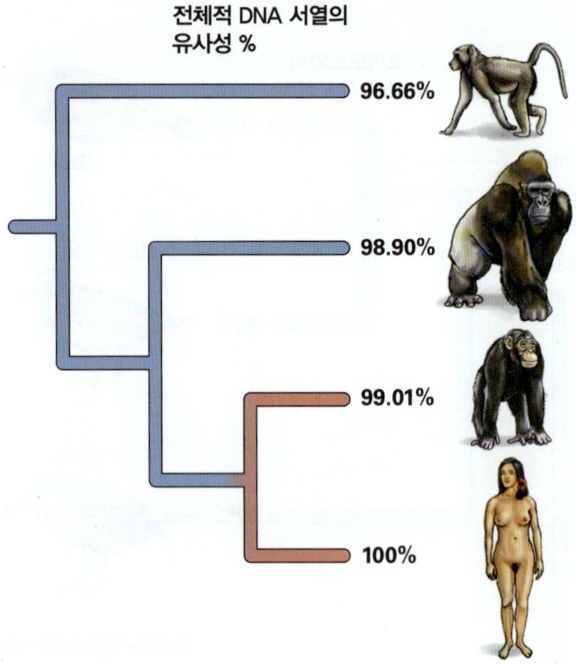

그림 10.17 **인간 조상에 대한 DNA 증거.** 영장류 간 DNA 서열의 유사성은 유사한 형태와 발달이 함유하는 관계의 가설과 일맥상통한다.

그러나 비교 대상의 유전자들은 이들 모든 종에서 동일한 기능을 수행한다는 사실을 기억하라. 예를 들면, 이 분석에 사용되는 유전자 중 하나인 *BRCA1*은 모든 생물 내에서 DNA 손상을 복구하는 일반적인 기능을 지닌다. (인간에게는 유방암 위험률 증가와도 관련된 유전자이며 그런 이유로 붙여진 이름이다.) *BRCA1*이 모든 생물간 동일한 기능을 지니는 점을 감안할 때 비교하는 생물들이 서로 유연관계가 없다면, 종 간의 *BRCA1* 유전자 서열상의 차이에 관찰할 수 있는 양상이 생길 이유는 없다. 그러나 서열상의 차이점에 분명한 양상이 존재하며, 인간의 *BRCA1* 유전자는 원숭이의 동일 유전자보다 침팬지의 *BRCA1* 유전자와 더욱 유사하다. 이러한 관찰에 대한 최선의 설명은 세 종 간에 인간과 침팬지가 보다 최근의 공통조상을 소유한다는 것이다.

인간과 침팬지 간의 DNA 서열 차이를 알면, 이들 두 종이 공통조상으로부터 언제 분기되어 나왔는지 그 시기를 측정할 수 있다. 이와 같은 측정은 **분자시계(molecular clock)**에 근거를 두고 있다. 분자시계의 원리는 DNA 서열에 영향을 주나 단백질 서열에는 영향을 주지 않는 돌연변이의 축적으로 생기는 DNA 서열의 변화율이 종 내에서 비교적 일정하다는 데 있다. 분자시계를 적용한 한 예를 보면, 전체 DNA 서열에서 1%의 차이가 발생하는데(인류와 침팬지 간의 차이) 소요되는 시간은 대략 500만 년에서 600만 년이다. 과학자들은 이 가설적인 시기를 확인하기 위해 화석기록을 조사하였다.

생물지리학

지구상의 종 분포는 **생물지리학(biogeography)**으로 알려져 있다. 본 장에서 논의된 것처럼 다윈은 비글호의 여행을 통하여 갈라파고스의 각 섬은 독특한 거북종을 지니고 있고 육지에서 발견되는 부채선인장과는 동일한 종류가 아니지만 유사한 부채선인장 종이 있음을 관찰하였다. 그는 또한 갈라파고스의 종들은 그가 방문한 다른 유사한 열대 섬들에서 발견되는 종들과 매우 달랐음을 알아차렸다. 종들이 독립적으로 출현하였다는 대체가설이 사실이라면 모든 열대 섬들이 동일한 모음의 종들을 지니거나 완전하게 독특한 섬 고유종들의 집합일 것임을 예측할 수 있다. 그러므로 생물지리학의 관찰 결과들은 한 지리적 위치의 종들은 보통 인근 지리적 위치의 조상들로부터 유래되었음을 시사하며 공통조상으로부터의 분지된 후손에 대한 이론을 지지한다.

다윈이 거북과 부채선인장의 생물지리를 관찰했던 시기에는 이미 사람들이 지구 전체에 분포하여 거주하고 있었다. 인간을 대상으로 한 현대 생물지리학은 인간과 다른 생물의 유연관계를 알아내는 데 도움을 줄 수 없다. 하지만 다윈은 만일 사람과 유인원이 공통조상을 지니고 있다면 이동성이 높은 우리 인간들은 이동성이 덜한 유연관계의 종들이 아직도 발견되는 장소에서 처음 출현했을 것이라 추론하였다. 그리하여 다윈은 인류 조상에 대한 증거는 침팬지와 그 밖의 유인원이 거주하는 아프리카에서 발견될 것이라 예상했다.

화석기록

인류 조상에 대한 증거는 화석에서 나온다. **화석(fossil)**은 토양 또는 암석 속에 남아 있는 생명체의 잔해이다. 다양한 종들의 화석은 고대생물의 기록이며 생물체가 오랜 시간에 걸쳐 변화되었음을 보여주는 직접적인 증거가 된다. 고대의 말에서 현재의 형태로 이행되는 과정처럼(그림 10.18) 과거에서 현재의 형태로 변화되어가는 과정을 보여주는 화석 계열의 예는 많이 있다.

다른 그룹 화석들의 연대적 출현 역시 진화론을 지지한다. 예를 들어, 해부학과 발생학적 생물학의 증거는 현대 포유류 및 다른 네 발 육상동물들이 어류 조상들로부터 진화해 왔음을 시사한다. 이에 상응하여 우리는 고대 암석에서 첫 화석 어류를 발견하고 훨씬 최근의 암석층에서 첫 화석 포유류를 발견한다.

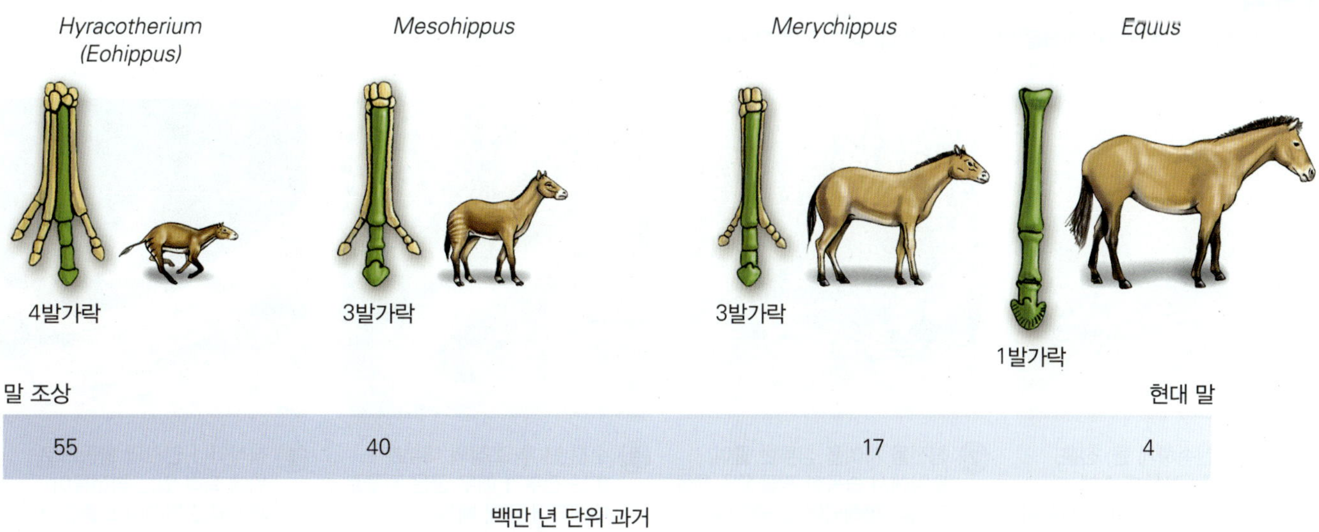

그림 10.18 말의 화석기록. 말의 화석 기록은 작고 네 발가락을 지닌 고양이 유사 동물에서부터 크고 단일 발가락을 지닌 현대 말로 변화되는 거의 완전한 진화 서열을 잘 드러내고 있다.

화석은 일반적으로 뼈의 유기물이 분해된 후 남은 공간이 광물로 채워지며 형성된다(그림 10.19). 하지만 껍데기, 동물이 만든 흙속의 굴, 뼈를 둘러싼 부드러운 조직, 또는 발자국과 같이 화석화된 자국이 형성되는 경우도 있다. 화석화는 생물 또는 이들의 흔적이 퇴적물 속으로 순식간에 매몰되었을 때 만들어질 가능성이 높다. 인간과 인간의 조상, 즉 **인류(hominins)**의 화석을 탐구하는 학자들에게는 다행이게도 이들에 대한 비교적 좋은 기록이 남아 있다.

homini- 인간 같다는 의미이다.

인류의 화석은 다른 영장류의 화석과 구별되는 몇 가지의 두드러진 차이점이 있다. 그 중 가장 현저한 차이는 움직이는 방식에 있다. 침팬지와 고릴라는 이동할 때 네 개의 팔다리를 모두 사용하는 반면, 인간은 두 다리로 직립보행을 한다. 이러한 운동능력의 차이점은 해부학적 차이로도 이어진다(그림 10.20). 인류는 얼굴과 등이 직각의 위치에 놓이지 않고 같은 면에 놓여 있다. 그로 인해 척수의 관이 두개골로 들어가는 구멍, 즉 대후두공이 유인원의 경우 두개골의 뒷면에서 발견되지만, 인간은 두개골의 기부에서 발견된다. 뿐만 아니라 골반과 무릎의 구조가 직립 자세에 맞게 변화되어 발의 기능은 붙잡기에서 몸무게 지지로 변화되었으며, 하체의 사지는 상체의 사지에 비하여 상대적으로 길어졌다.

첫 화석 인류는 아프리카가 아닌 유럽에서 발견되었다. 1856년 독일 네안데르(Neander) 계곡의 작은 동굴에서 *Homo neanderthalensis*(네안데르탈인)의 화석이 발견되었다. 1891년에는 더욱 오래된 유사 인간의 화석이 자바에서 발견되었는데 현재 *Homo erectus*(직립원인)으로 알려진 화석의 발견이었다. 1924년이 되어서야 비로소 첫 번째로 아프리카 인류 화석인 타웅 아이(Taung child)가 남아프리카에서 발견되었다. 이 화석은 나중에 네안데르탈인과 *Homo erectus*보다 훨씬 오래된 종으로 밝혀졌으며, 새로운 속인 *Australopithecus*로 분류되었다. 1974년에는 에티오피아에서 놀랄 만큼 완전한 골격을 갖춘 *Australopithecus afarensis* 종의 화석 루시("Lucy")가 발견되었으며, 남부와 동부 아프리카에서 고생물학자들은 새로운 인류 화석의 발굴을 계속하고 있다. 루시의 화석 골격에는 골반의 많은 부분이 포함되어 있는데, 이는 루시의 직립보행을 보여주는 확실한 증거이다.

시각화 ▼

빠르게 분해되는 뼈는 정교한 화석을 형성하지 않는다. 이 그림의 정보에 따르면 그 이유가 무엇인가?

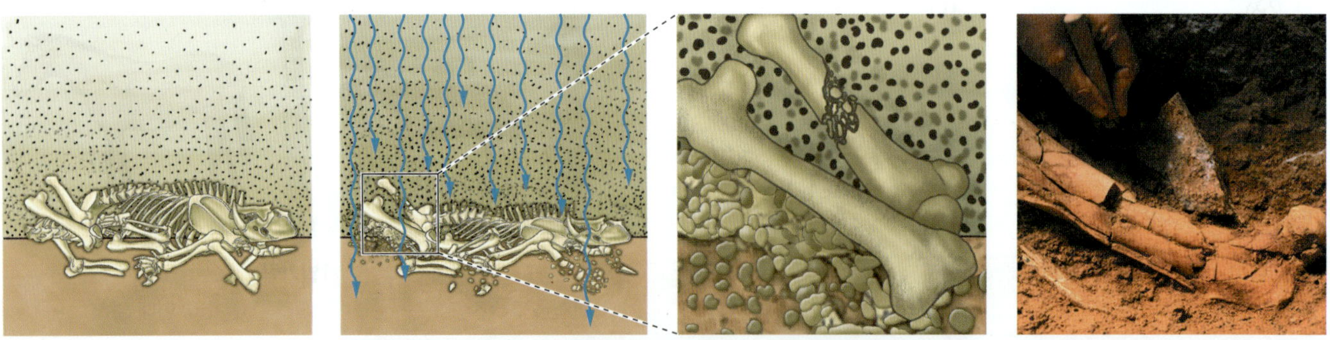

① 생물이 신속하게 물, 진흙, 모래, 또는 화산재 속에 매몰된다. 조직이 매우 서서히 분해되기 시작한다.

② 침전물 사이를 침투한 물이 토양에서 습득한 광물질을 생물 조직이 분해되어 빈 공간에 퇴적시킨다.

③ 수천 년 후 조직의 대부분 또는 전부가 매우 굳은 광물로 대체되어 원래 뼈의 암석모형이 된다.

④ 침식이나 인간의 활동으로 위에 깔려 있는 침전물이 제거되면 화석이 노출된다.

그림 10.19 **화석화.** 화석은 대부분 유기구조의 암석 "모형"이다.

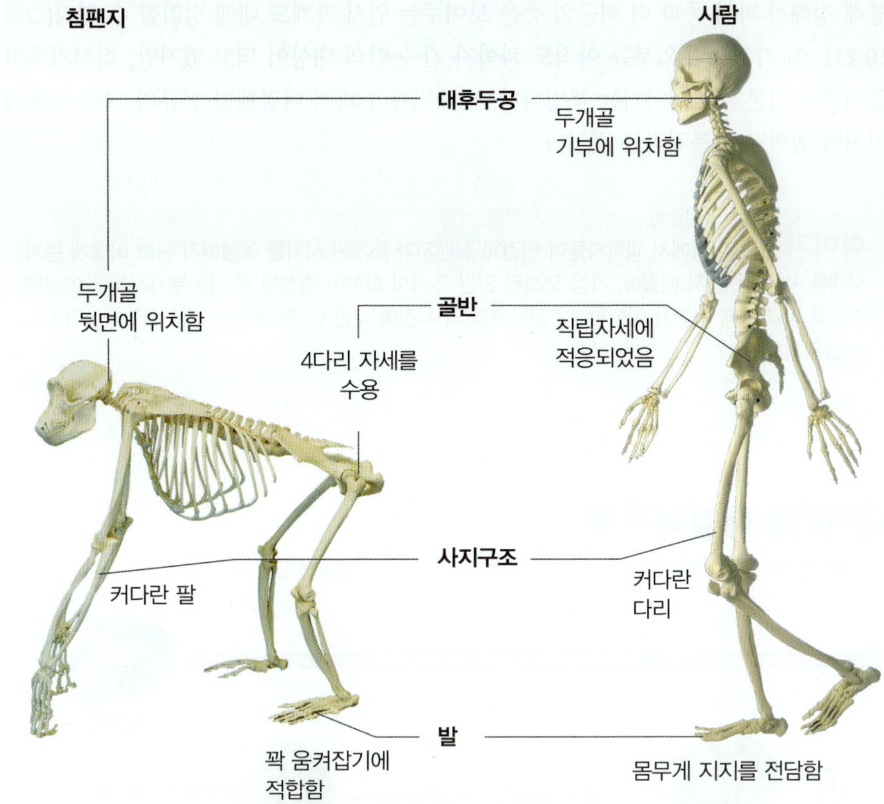

그림 10.20 **인간과 침팬지의 해부학적 차이.** 침팬지는 전형적으로 네 발로 걷는 반면에 인간은 두 발 동물이다. 두발보행의 특징이 화석 영장류에 존재한다면, 그 화석은 인류로 분류된다.

이들과 다른 여러 인류의 화석의 연대를 측정한 결과, 과학자들은 초기의 인간 조상이 아프리카에서 유래하였다고 주장한 다윈의 예측을 확인하였다.

화석 내력의 증거

고대 화석 생물이 살았던 시기는 화석을 둘러싼 암석의 연대를 측정하여 결정할 수 있다. **방사성 연대측정(radiometric dating)**은 암석 속의 방사성 원소가 자연 붕괴되어 낭핵종(daughter product)이라고 부르는 다른 원소로 전환되면서 나타나는 현상인 방사성 붕괴를 이용한 것이다. 방사성 원소는 각각 고유한 속도로 붕괴된다. 붕괴 속도는 원소가 낭핵종으로 붕괴되면서 원래 시료의 반으로 줄어드는 데 소요되는 시간, 즉 원소의 **반감기(half-life)**로 측정된다. 방사성 연대측정은 지구의 가장 오래된 암석의 연대를 바탕으로 지구의 나이가 46억 년임을 예상 가능케 하였다.

radio- 방사선의 복합형이다.

-metric 측정한다는 의미이다.

이 기술을 이용하여 과학자들은 가장 오래된 인류 화석종인 *Ardepithecus ramidus*가 520만 년에서 580만 년 된 것으로 측정하였다. (이보다 더 오래된 화석종 *Orrorin tugenensis*와 *Sahelanthropus tchadensis*가 각각 600만 년과 700만 년 된 인간 조상으로 기술되었다. 하지만 많은 과학자들은 더 많은 표본이 발견될 때까지 이 동물들이 두발보행을 했는지에 대한 판정을 보류하고 있다.)

기술된 인류 화석의 수가 증가하면서 인간의 임시 계보가 만들어졌다. 화석종은 방사성 연대측정과 생물의 해부학적 구조 비교에 따른 유사종과 상이한 종들의 분류를 통해 정해진 과거 종과 더 최근의 종을 보여주는 임시 가계도 내에 정리할 수 있다(그림 10.21). 이 가계도의 일부는 아직도 과학자 간 논란의 대상이 되고 있지만, 화석기록이 들려주는 기본적인 이야기는 분명하다. 현대인류가 과거 다양했던 인류의 그룹 중에서 마지막 살아남은 분지라는 것이다.

쉬어가기 이 장에서 과학자들이 인간과 침팬지가 분기된 시기를 예상하기 위해 어떻게 분자시계를 사용해왔는지 배웠다. 가장 오래된 인간 조상의 화석이 측정된 연도는 분자시계로 예상된 연도와 비교할 때 차이가 어떠한가? 인간 진화의 시간에 대한 이 두 증거는 서로 일치하는가? 또는 불일치하는가?

데이터로 해결하기 ▼

대략 몇백만 년 전에 현대 인류와 *Homo habilis*의 공통조상이 존재하였는가?

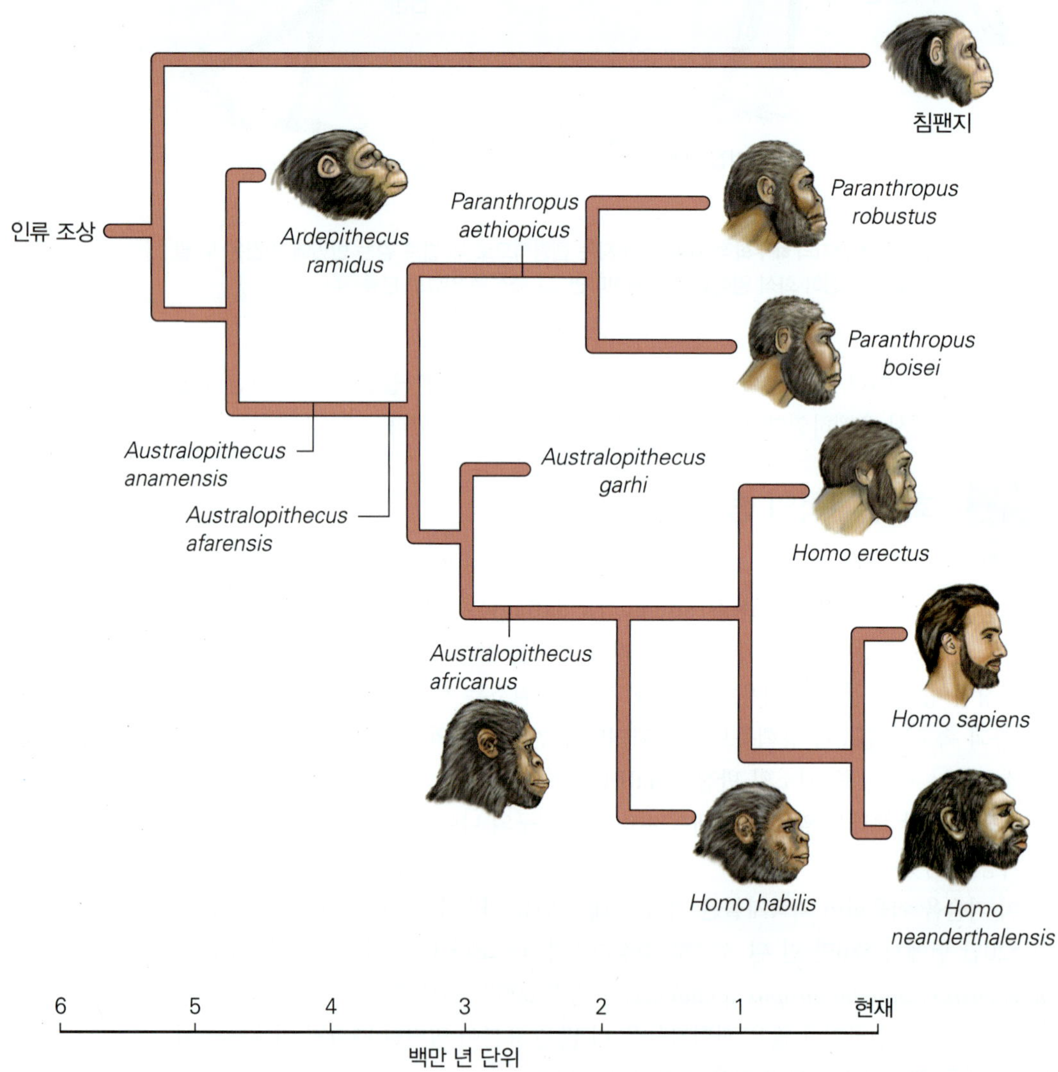

그림 10.21 인류종 간의 진화 관계. 이 가계도는 인간 진화의 역사를 규명하고자 하는 과학자들 간에 통용되고 있는 일치된 견해이다.

우리 조상의 기록: 더 자세히 알아보기 ▼

지각 밑의 용액이 식을 때 암석은 새로 형성되며 일정량의 방사성 원소를 함유한다. 암석이 굳어가는 과정에서 이 방사성 원소의 일부는 암석 내에 포착된다. 시간이 지남에 따라 포착된 원소가 붕괴되면서 암석 내의 방사성 원소량은 감소하고, 반대로 낭핵종의 양은 증가한다. 암석 시료 내의 방사성 원소와 낭핵종의 비율을 밝히고 방사성 원소의 반감기를 알면, 과학자들은 암석이 형성된 이래 현재까지 경과한 햇수를 측정할 수 있다(그림 10.22).

어류에서 육상동물로의 전환 혹은 말의 화석기록과 마찬가지로, 인류의 화석기록을 살펴보면 "유인원에 가까운 모습"에서 "인간에 가까운 모습"으로 진화되어가는 뚜렷한 과정을 볼 수 있다. 두발보행 외에도 인간은 다른 유인원들과는 달리 상대적으로 큰 두뇌, 보다 평평한 얼굴, 그리고 훨씬 발달된 문화를 가지고 있다. 가장 오래된 인류는 두발보행을 했지만 두개골의 모양, 두뇌 크기, 그리고 아마도 생활양식은 유인원들과 비슷했을 것이다. 보다 최근 인류 화석은 평평한 얼굴과 증가된 두뇌를 가진 현대인류와 더욱 유사함을 보여준다(다음 쪽의 그림 10.23). 화석에서 수집된 증거를 통해 가장 최근의 인간 조상은 현대인류의 특징인 상징적 문화와 광범위한 도구 사용의 역사가 있었음을 알 수 있다. 하지만 이러한 관찰들이 다른 유인원들과의 공통조상에서 근대 인간이 진화되었다는 명백한 증거를 제시하고 있는가?

인간과 침팬지의 공통조상는 아직 밝혀지지 않은 까닭에 가끔 "잃어버린 고리(missing link)"라고 부른다. 그러나 침팬지와 인간, 혹은 어떤 두 종 간의 공통조상 화석을 찾기란 가히 불가능

데이터로 해결하기 ▼

모핵종의 함량이 12.5%인 암석의 나이는 얼마인가?

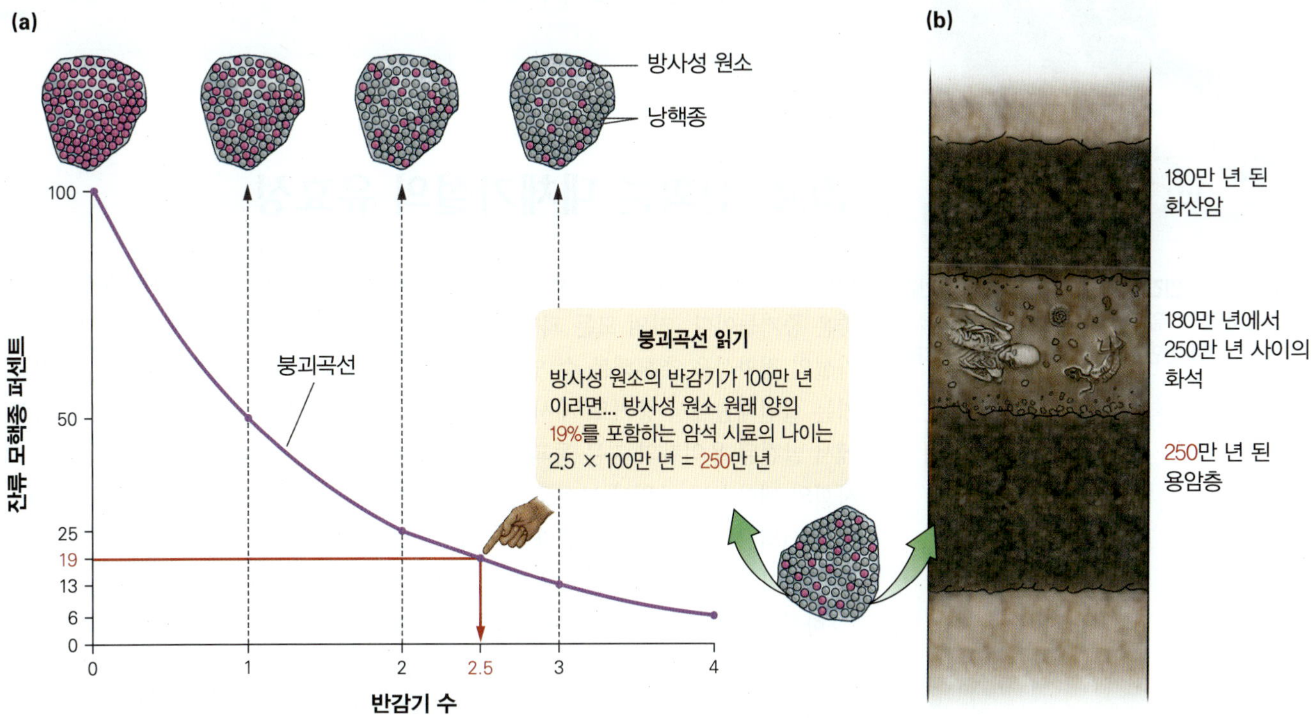

그림 10.22 방사성 연대측정. (a) 화석이 마그마 형성 암석의 두 개 층 사이에서 발견될 때 그 연대를 측정할 수 있다. (b) 암석의 나이는 시료 내의 반감기가 알려진 방사성 물질(암자색 원으로 표시)의 함량과 낭핵종 물질(연청색 원으로 표시)의 함량을 측정하여 계산할 수 있다.

더 자세히 알아보기, 계속

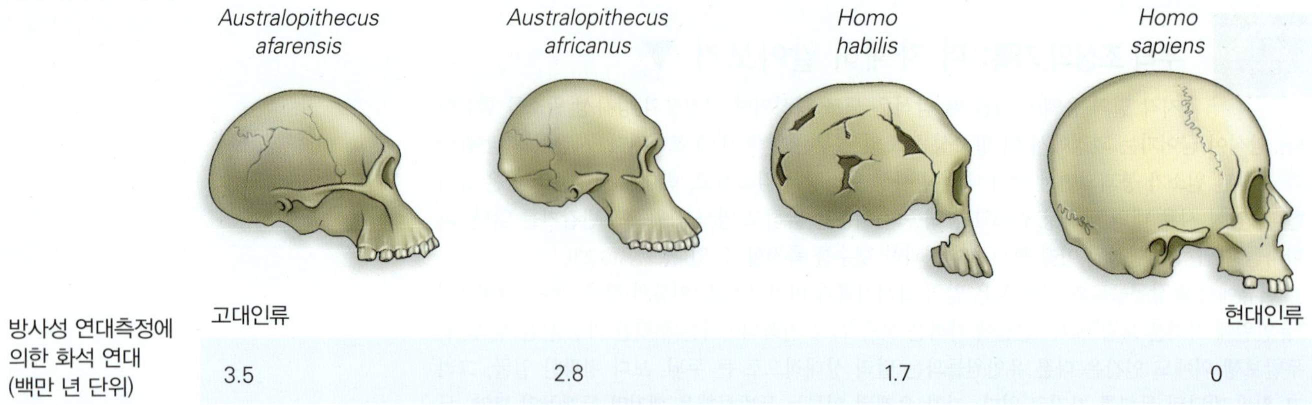

그림 10.23 과거에서 근대로. 고대인류의 화석은 큰 턱, 작은 두개골, 그리고 뒤로 들어간 이마를 포함하여 유인원 유사 특징들을 많이 지니고 있다. 보다 최근의 인류는 현대인류와 같이 줄어든 턱, 커진 두개골, 그리고 작아진 눈두덩을 가지고 있다.

하다고 일컬을 정도로 매우 어렵다. 공통조상을 동정하기 위해서는 두 종이 분기되어 나온 이래의 진화 역사가 분명히 밝혀져야 한다. 인간과 마찬가지로 현대 침팬지도 인간으로부터 분기되어 나온 후 500만 년 이상 진화되어 왔다. 다시 말해서, 잃어버린 고리는 일부 인간의 특성을 지닌 현대 침팬지의 모습이나 찰스 다윈을 "원숭이 사람"으로 묘사한 19세기 풍자만화에 나와 있는 것처럼 두 종 간의 잡종처럼 보이지는 않을 것이다(그림 10.24). 과학자들이 결론적으로 근대 인간과 근대 침팬지의 공통조상에 해당하는 화석종을 찾을 수 없다는 사실이 이들 두 종 간 유연관계가 없다는 증거가 되지는 않는다. 대다수의 증거는 침팬지가 우리와 유연관계가 가장 가까운 현존하는 친척이라는 가설을 지지하고 있다.

그림 10.24 인간과 침팬지의 공통조상? 인간과 침팬지 간의 "잃어버린 고리"는 이 만화에서 풍자한 것처럼 반인간과 반원숭이처럼 보이지는 않을 것이다.

10.4 진화론 대체가설의 유효성

현대 생물의 해부학과 유전학적 유사성 및 생물지리학적 유형은 진화론을 지지하는 좋은 증거들이다. 거의 모든 과학적 증거가 그렇듯이 이러한 관찰들을 통해 공통조상 가설의 정확성을 추론해볼 수 있으나 가설의 사실 여부는 입증할 수 없다. 이러한 증거는 살인재판에서 증거로 제시되는 용의자의 차에서 발견된 총이나 피해자 집의 문에서 발견된 용의자의 지문 등과 같은 "상황 증거"이다. 19세기에 이르러 유럽의 과학사회의 대다수는 다윈이 보여준 간접 증거를 납득하고 공통계보설을 종의 기원에 대한 최선의 설명으로 받아들였다. 그 이후 과학자들은 앞서 언급한 DNA 배열의 유사성과 같이 추가적으로 공통계보설을 증명할 만한 간접 증거들을 축적하기 시작했다.

하지만 여느 살인 재판에서 그렇듯이 진실을 규명하기 위해서는 증인의 증언이나 보안카메라에 녹화된 사건현장과 같은 직접적인 증거가 필요하다. 물론 인간의 진화에 대한 인간 증인은 없지만 "기록"의 한 형태로 화석이 남아 있다. 화석화는 특정 상태를 필요로 하기 때문에 생물 역사의 완전한 기록은 아니며 마치 보안카메라에 행동의 일부분만이 포착되고 많은 부분은 녹화되지 않은 상황이라고 볼 수 있다. 녹화되지 않은 부분이 있다고 하여 비디오가 부정확한 것이 아니듯, 화석기록 간의 "공백"이 화

그림 10.25 현대생물의 기원에 관한 네 가지 가설. 이들 가설에 대한 과학적 평가 결과는 공통계보설을 제외한 나머지 모두를 기각하고 있다.

석의 가치를 떨어뜨리지는 않는다. 화석기록에 현존하는 증거는 공통계보설에 큰 설득력을 실어준다. 공통계보설을 지지하는 모든 증거가 224~225쪽의 표 10.1에 정리되어 있다.

이제 다시 세 개의 비교 가설들, 즉 정적모델설, 변형설, 개별유형설로 돌아가 보자(그림 10.25). 이전 항에 기술된 관찰들로 볼 때 이들 가설의 어느 것 하나라도 기각이 되는가?

대체가설에 대한 평가

지금까지 우리가 토론한 물적 증거에 의하면 가설 중 하나, 즉 정적모델설은 분명히 기각할 수 있다. 화석기록은 이 지구상에 살아온 종이 시간과 더불어 변해 왔으며, 방사성 연대측정은 지구가 1만 년보다 훨씬 오래 되었다는 분명한 증거를 보여주고 있다.

왜 미국의 대중들은 생명과학의 기초적인 원리인 개념에 대하여 그렇게 회의적인가?

남은 세 개의 가설 중에서 변형설은 관찰이 가장 빈약한 설명에 해당한다. 만약 생물이 개별적으로 생겨났다면, 그리고 각기 자신의 길로 변화해 왔다면, 다른 종들이 유사한 구조들을, 특히 이들 구조가 일부 생물의 흔적구조라면, 서로 공유할 이유가 없다. 또한 DNA 서열에서 종간의 유사성을 기대할 이유도 없다. 변형설에 의하면 생물간의 유연관계를 거의 찾아볼 수 없을 것으로 여겨지지만, 앞의 관찰에서 볼 수 있듯이 유연관계의 증거는 많이 있다.

표 10.1 진화의 증거

관찰	예	공통계보설과의 관련
생물학적 분류체계. 가장 논리적이며 유용한 분류체계는 계급에 따라 생물을 분류한다.	분류된 계급이 유연관계 정도를 밝혀준다. 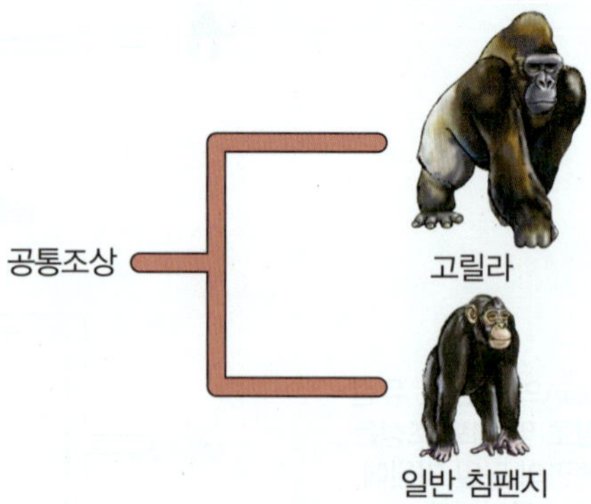	같은 과의 모든 종은 보다 최근의 공통조상을 공유하고 있는 반면, 같은 강의 모든 과는 보다 과거의 공통조상을 공유하고 있다.
해부학적 상동성. 외형적으로 다르게 보이는 생물체도 그 구조는 놀랍게도 비슷하다.	포유류의 앞다리는 다른 기능을 지니고 있음에도 같은 방식으로 나열된 일련의 뼈대를 공유하고 있다. 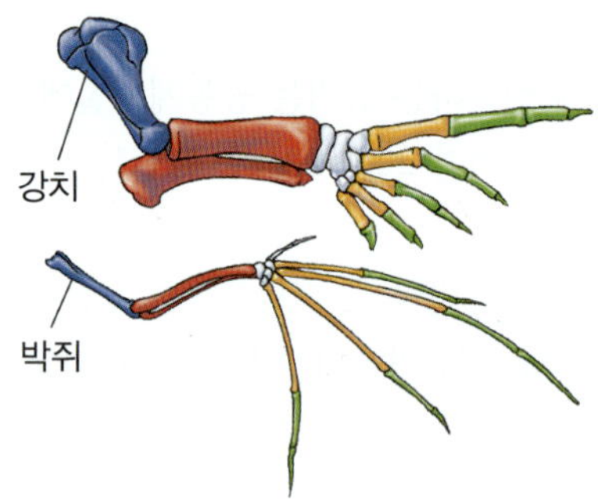	간결한 설명은 각 종이 동일한 공통조상으로부터 기본 구조를 물려받았으며, 각 종의 진화 과정을 통하여 독특한 구조로 변형되었다는 것이다.
흔적형질. 일부 종에 드러나는 비기능적 형질이 다른 종에게는 기능적 형질인 경우가 있다.	타조같이 날지 못하는 새들도 여전히 기능이 없는 날개를 만든다. 	간결한 설명은 조상종이 지닌 기능적인 형질이 시간이 지남에 따라 진화 경로의 한 분지에서 그 기능을 상실하였다는 것이다.

(계속)

표 10.1 진화의 증거. (계속)

관찰	예	공통계보설과의 관련
생물지리학. 지구상 생물의 분포는 생물 분류 체계가 암시하는 관계에 일부 부합하고 있다.	갈라파고스 군도의 거북은 종 간에 분명히 관계가 있다. 	지리적 장소 안에 거주하는 종들 간의 유사성은 이들이 그 장소에 거주한 조상종에서 분기되었음을 암시한다.
발생학적 상동성. 다양한 종의 발생 초기 단계의 배는 흔히 비슷해보인다.	등뼈나 이와 유사한 구조를 가진 척삭동물은 모두 인두열이라는 구조를 만들며 배 초기에는 대부분 꼬리를 가진다. 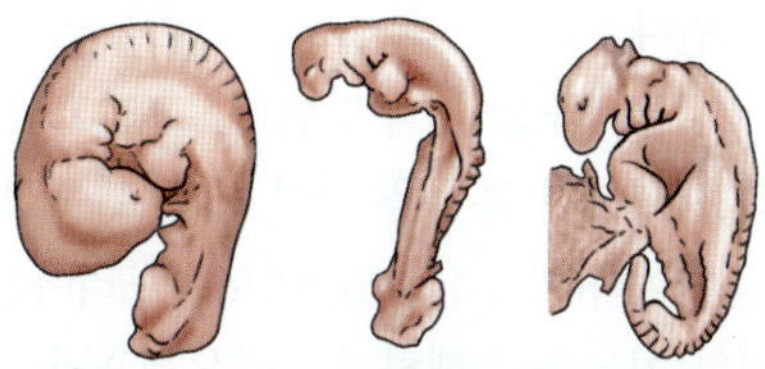	이들 생물의 발생 초기의 유사성은 이들과 비슷한 경로를 따라 발달했던 공통조상에서 모두 유래되었음을 나타낸다.
DNA의 상동성. 분류학적으로 관계가 먼 종보다는 밀접한 관계를 가진 종들의 DNA 서열이 더 비슷하다.	분류체계에서 가까운 생물일수록 동일 유전자의 DNA 서열이 더 비슷하고, 멀수록 서열의 유사성이 더 낮다.  꼬까도요와의 DNA 유사성 %	다른 종간에 DNA 서열이 비슷하다는 것은 이들이 특정 서열을 가진 공통조상에서 진화되어 나왔음을 암시한다.
화석기록. 멸종된 생물의 잔해는 고대에서 현대의 형태로 진행되는 과정을 보여준다.	고대 말에서 현대 말로의 이행 과정 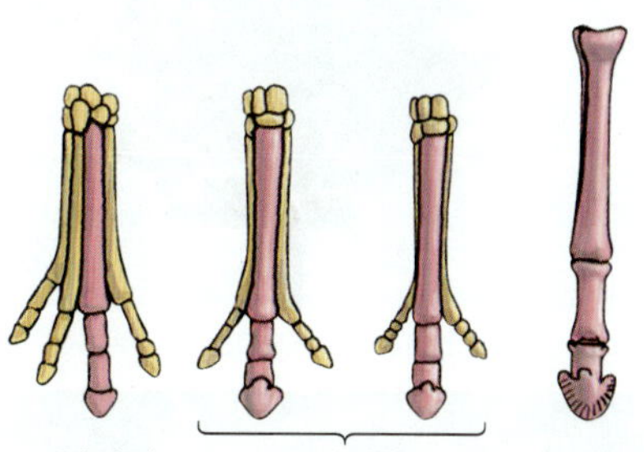	화석은 생물이 시간에 따라 어떻게 변화되었는지를 보여주는 직접적인 증거이며 현대 종들 간의 유연관계를 보여준다.

공통계보설과 개별유형설 모두 관찰된 유연관계를 설명할 수 있는 여지가 있다. 즉, 두 가설 모두 현대종을 공통조상의 자손으로 가정하고 있다. 두 가설의 차이는 공통계보가 모든 생물을 위한 단일 공통조상을 가정하는 반면, 개별유형은 그룹별로 다른 조상을 지니며 이어 다른 유형의 생물들이 생긴 것으로 가정한다. 많은 사람들에게 개별유형은 공통계보보다 더욱 합리적인 것처럼 보인다. 소나무, 곰팡이, 무당벌레, 그리고 인간과 같이 서로 다른 생물들이 공통조상을 소유한다는 사실은 불가능해 보인다. 그러나 조금만 살펴보면, 이들 다른 종들도 모두 연관성이 있음을 알 수 있다.

생물의 단일 조상을 지지하는 가장 강력한 증거는 DNA 그리고 DNA와 단백질 기작의 보편성이다. 예를 들어, 세균 유전자는 식물에 전이될 수 있으며, 식물은 기능성 세균 단백질을 생산할 수 있다(9장). 이러한 현상은 세균과 식물이 모두 거의 동일한 방법으로 유전물질을 기능성 단백질로 번역할 수 있기 때문에 가능한 것이다. 만약 세균과 식물이 별도로 생겼다면, 이들이 유전정보를 유사하게 번역하기는 어려울 것으로 보인다.

소나무, 곰팡이, 무당벌레, 그리고 인간과 같이 서로 다른 생물들이 거의 같은 성분과 생화학적 특성을 지닌 세포로 구성되어 있다는 사실 역시 공통조상을 설명해 주는 증거이다(그림 10.26). 미토콘드리아는 매우 다양하고 다른 형태를 지니지만 여전히 동일한 기능을 수행하며, 식물 세포와 동물 세포 내의 미토콘드리아가 본질상 같다는 사실은 두 그룹의 생물이 공통조상으로부터 미토콘드리아를 물려받았음을 의미한다.

쉬어가기 이 교과서에서 별도로 언급된 세포 구조 혹은 과정 중 모든 진핵생물에게 공통적인 것을 나열해 보아라.

소나무, 곰팡이, 무당벌레 및 인간은 매우 다르다. 개별유형설의 지지자들은 이들 생물 간의 차이는 이들이 공통조상을 공유한 기간 내에 그처럼 진화할 여유가 없었을 것이라고 주장한다. 그러나 이들 생물이 분기된 시간의 길이는 매우 방대하여 거의 20억

그림 10.26 생명의 통일성과 다양성. 공통계보설을 포함한 진화론은 소나무, 곰팡이, 무당벌레, 인간이 유전자 암호와 세포구조 및 세포분열 현상을 공유하면서도 왜 그렇게 서로 달라 보이는지를 설명할 수 있는 가장 좋은 이론이다.

년에 이른다. 모든 생물들 간에 존재하는 기본유사성은 이들이 지닌 고대의 유연관계를 보여주는 증거이다.

생물다양성에 대한 최선의 과학적 설명

과학자들은 공통계보설이 현대생물의 유래에 대한 최선의 설명이므로 이를 선호한다. 공통계보설을 포함하여 진화론은 다양한 관찰에 대한 훌륭한 설명이 가능하고, 해부학, 지질학, 분자생물학 및 유전학의 광범위한 증거에 의하여 지지를 받고 있으므로 매우 확고하다. 공통계보설의 증거는 여러 출처로부터 얻은 관찰들의 동일성을 나타내는 **통섭(consilience)**을 보여준다. 통섭은 강력한 지지를 받는 과학적 이론들의 특징이다.

공통계보설은 이제 원자설처럼 더 이상 가설이 아니다. 소수의 학자들이 원자의 기본 구조를 설명하는 모델에 동의하지 않듯이, 소수의 학자들은 공통계보설에 대한 확실한 증거를 믿지 않는다. 대부분의 학자들은 이들 학설이 매우 훌륭하게 입증이 되므로 이들을 사실이라고 부른다.

진화론은 인간 유전자의 기능을 이해하고, 종 간의 상호작용을 파악하며, 지구의 환경 변화가 현대종에게 미치는 결과를 예측하는 데 도움이 된다. 진화를 "단순히 이론"이라고 표현하면, 현대생물학의 기초가 되는 진화론의 중요성을 매우 과소평가하는 결과가 된다. 이와 같은 근본적인 생물학적 원리를 파악하지 못하는 사람들은 생물의 기본 단위와 다양성에 대한 이해가 힘들고, 진화 역사 및 자연계와 우리 자신들의 변화에 대한 의미를 이해할 수 없다.

현명한 독자

아직도 진화에 대한 과학적 논의가 이루어지고 있는가?

다음의 발췌는 저명한 반진화 기구인 Discovery Institute의 출판물에서 따온 것이다.

공개적으로 다윈의 진화론의 타당성에 의혹을 제기하는 세계 과학자들의 모임에 또 다른 100명의 과학자들이 동참했다. "다윈설은 사소한 발상이 현대 생물학을 지배하는 과학적 이론으로 상승한 경우라고 볼 수 있죠." 다윈설 반대 서명가 중 한 사람인 마이클 에그노어 교수(Dr. Michael Egnor)가 말했다. 에그노어 교수는 뉴욕주립대학의 신경외과 및 소아과 교수이자 뇌외과의로 많은 수상 경험이 있으며 뉴욕매거진에 뉴욕 최고의 의사로 선정되기도 한 저명한 의사이다. 디스커버리 학회의 과학과 문화 센터(Center for Science and Culture)는 이 날 전 세계적으로 700명 이상의 과학자들이 다윈에 의해 확립된 현재 진화이론에 대해 의문을 제기한 성명서에 서명을 했다고 발표했다. 이 성명서는 인터넷 웹사이트에서 읽어볼 수 있으며(www.dissentfrom-darwin.org), 다음과 같이 기술하고 있다. "우연한 돌연변이와 자연도태로 복잡한 생명체들이 생겨났다는 설명은 매우 의심스러우며, 다윈의 이론에 대한 증거들은 매우 주의 깊게 조사되어야 한다."

1. "진화론에 대한 과학적 이견(dissent from Darwin)" 프로젝트는 진화론의 반대되는 주장이라고 할 수 있다. 이 주장의 논지는 무엇인가?
2. 이 주장에 대한 논평을 해보라. 반박할 수 있는 요지는 무엇인가?
3. 이 기사에 인용된 에그노어 교수의 배경은 무엇인가? 그의 배경을 고려할 때, 이것이 진화를 공부한 생물학자 간의 논의라 할 수 있는가?
4. 인터넷에는 진화와 같이 논란을 불러일으킬 만한 주제에 관한 정보가 무수하다. 위의 기사가 실린 웹사이트가 신용할 만한 곳인지 어떻게 알 수 있을까? 만약에 웹사이트를 후원하는 단체가 특정 이슈에 대해 확고한 입장을 취하고 있다면, 그 웹사이트에 기재되는 글의 소재에 어떠한 영향을 줄까?

그럴듯한 소린데 **그런가?**

미국 전역의 주 입법부들은 공립 고등학교 과학교사들에게 특정 주제들과 연관된 "반대 이론"을 가르치도록 권장하는 법안들을 통과시켰다. 예를 들면, 2012년 테네시 주에서 통과된 법안은 교사들로 하여금 생물 진화를 비롯해 생명의 화학적 기원, 지구 온난화, 및 인간 복제와 같은 "논쟁과 반박"을 일으키는 주제들의 "과학적 장점들과 단점들"을 제시하도록 권장하였다. 이런 종류의 법안들의 지지자들은 다음과 같은 주장을 한다.

진화가 과학적으로 논쟁의 여지가 있다고 가르치는 것은 학생들의 과학적 이해를 촉진시킨다.

그럴듯한 소리이지만 그렇지 않다.

1. 우리가 가진 증거 중에 진화론을 대신할 수 있는 합리적인 대체가설이 있는가? 있으면 설명해 보라.
2. 우리가 가진 증거 중에 진화론의 오류를 입증할 수 있는 관찰 결과들이 있는가?
3. 1장을 기억해 보라. 초자연적인 창조주가 생물들을 고안하거나 일부 생물학적 과정 또는 일부 생물학적 구조들을 고안해 냈다는 진술은 과학적인 가설인가? 설명해 보라.
4. 과학교사들이 테네시 주법이 제시한 것처럼 생물학적 진화의 과학적 장점들과 단점들을 제시할 수 있다고 생각하는가?
5. 1~4번 질문에 대한 답을 생각하고 위의 굵은 글씨로 쓴 문장이 그럴듯하지만 그렇지 않은 이유를 설명하라.

복습

요약

10.1

생물학적 진화를 정의하고 이를 생물 내 비진화적 변화와 구분 지어라.

- 진화 과정은 오랜 시간에 걸쳐 집단내의 생물 특성에서 발생하는 변화이다.
- 찰스 다윈이 지적한 것처럼, 진화론은 모든 현대 생물이 서로 유연관계에 있으며 단일 공통조상에서 유래되었다는 학설이다.

계통수를 사용하여 공통계보설을 설명하라.

- 근대 생물은 형태, 발달, 유전자의 유사성에 따라 계통수로 정리할 수 있다.

10.2

다윈의 경험이 그가 진화론의 개요를 개발하는 데 끼친 영향을 요약하라.

- 찰스 다윈 이전의 학자들도 종은 시간이 경과함에 따라 변할 수 있다고 가정하였다.
- 다윈의 비글호 항해는 이러한 가설이 옳다는 생각을 갖게 하였

다. 그는 20년 동안 이 가설과 함께 대부분의 학자들이 지구상의 생물다양성에 대한 최선의 설명으로 받아들이고 있는 공통계보설을 지지하는 충분한 증거를 수집하였다.

10.3

근대 생물학적 분류 체계를 상세히 이해하며 이러한 체계가 어떻게 진화론을 지지하는지 설명하라.

- 린네는 생물을 이들 간의 외형적 유사성에 의거하여 분류하였으며 인간과 원숭이를 동일한 목에 두었다. 다윈은 린네의 분류가 보여주는 생물학적 유연관계가 공통계보설을 강하게 지지한다고 주장하였다.

쓸모없는 형질을 포함하여 해부학적 및 유전적 상동성이 어떻게 진화론을 지지하는지 설명하라.

- 다양한 생물의 기본구조의 유사성과 인간의 충수나 닭살과 같은 흔적구조의 존재는 공통계보설이 아니면 설명하기 어렵다.
- DNA 염기서열의 유사성에 대한 최근 자료도 해부학적 유사성으로 설명한 진화관계의 가설과 일치하며, 공통계보설을 지지하는 독자적인 증거를 제공한다.

배발생의 세부 사항이 어떻게 진화론을 지지하는지 설명하라.

- 다양한 생물 간의 배발생과 배구조의 유사성—예를 들어, 모든 척삭동물의 배에 있는 인두열—은 공통조상을 소유한 결과로 잘 설명될 수 있다.

생물지리학을 정의하고 이것이 어떻게 진화론을 지지하는지 설명하라.

- 생물지리학은 생물의 지리학적 분포에 대한 연구이다.
- 생물지리학적 유형은 갈라파고스 군도의 거북과 입내새처럼 외형적으로 유연관계가 있어 보이는 종들이 흔히 지리적으로도 서로 가까우므로 공통계보설을 지지한다.

화석기록이 어떻게 시간에 따른 종의 진화적 변화에 대해 직접 증거를 제공하는지 설명하라.

- 생물의 다양한 그룹 중 화석화된 멸종종의 유해는 고대에서 근대의 모습으로의 진행을 보여준다. 예를 들어, 초기 인류는 비교적 최근 인류의 화석과 비교해볼 때 유인원에 더 가까워보인다.

10.4

왜 진화론이 인간과 다른 생물의 기원에 대한 최선의 설명으로 여겨지는지 설명하라.

- 증거는 생물이 오랜 시간에 걸쳐 변화해 왔으며 서로 유연관계가 있다는 가설을 유력하게 지지한다.
- 모든 생명의 공통 특징, 특히 DNA의 보편성과 DNA와 단백질 간의 관계는 지구상의 모든 생물이 여러 조상보다는 단일 공통조상으로부터 유래되었다는 증거를 제공한다.

언어의 뿌리

다음 어원들은 주로 라틴어나 그리스어에서 기원하며 아래와 같은 뜻을 가지고 있어 용어를 해석하는 데 도움을 준다:

evol-	'펼쳐지다'의 의미이다. 용어: *evolution*
homini-	인간 같다는 의미이다. 용어: *hominid, hominin*
homolog-	비슷하거나 기원이 같음을 나타낸다. "일치한다"는 의미의 단어에서 유래한다. 용어: *homologous, homology*
macro-	대규모를 의미한다. 용어: *macroevolution*
-metric	측정한다는 의미이다. 용어: *radiometric*
micro-	극소량을 의미한다. 용어: *microevolution*
radio-	방사선의 복합형이다. 용어: *radiometric*

기본문제

1. 공통계보설을 기술하라.

2. 갈라파고스 군도에서의 어떤 관찰이 찰스 다윈으로 하여금 진화가 일어난다는 사실을 확신하게 했는가?

A. 린네의 분류체계에 속하지 않는 동물의 존재
B. 군도 내 여러 섬에 사는 선인장과 거북의 유사성과 차이점
C. 갈라파고스 군도에서 멀리 떨어진 열대섬에서 목격한 동일종의 존재
D. 섬 암석의 방사성 나이
E. 인간 조상의 화석

3. 생물학적 진화의 과정은 ______________

A. 과학적 증거에 의하여 지지받지 못한다.
B. 집단내 개체의 특징에 변화를 가져온다.
C. 여러 세대가 흐르면서 일어난다.
D. B와 C가 옳다.
E. A, B, 그리고 C가 옳다.

4. 과학에서 이론은 ____________이다.

A. 경험에서 나온 추측
B. 과학적 증거가 결핍된 추론
C. 실험적 지지가 거의 없는 개념
D. 과학적으로 수용 가능한 하나의 일반 원칙들
E. 사실에 대한 진술

5. 공통계보설은 모든 현대생물이 ____________을 말해주고 있다.

A. 환경 변화에 따라 변할 수 있음
B. 단일 공통조상의 자손임
C. 원래 지구상에 출현하였던 수많은 조상들 중 하나의 자손임
D. 진화하지 않았음
E. "가장 적게 진화"한 것에서부터 "가장 많이 진화"한 계급 순서

로 나열할 수 있음

6. 포유류 몇몇 종들에서 발견되는 동일 유전자의 DNA 서열은 ____________

A. 모든 종들 간에 같다.
B. 포유류 비교 종들 간에 하나같이 다르다.
C. 유연관계가 먼 종들 간보다 유연관계가 가까운 종들 간에 더 욱 유사하다.
D. 공통계보설에 대한 증거를 제시한다.
E. 위의 기술들 중 하나 이상은 옳다.

7. 유대류의 새끼는 어미 복부의 주머니에서 발달을 마친다. 호주의 자생 포유류는 모두 유대류인데 다른 대륙에는 유대류가 없거나 굉장히 드물다. 이러한 관찰은 다음의 예라 할 수 있다.

A. 진화에 대한 발달적 증거
B. 진화에 대한 생물지리학적 증거
C. 진화에 대한 유전적 증거
D. 진화에 대한 화석 증거
E. 진화에 대한 증거로 유용하지 않음

8. 유대류는 새끼를 낳지만, 발달 초기에 난각이 잠시 동안 형성된다. 이것은 다음의 증거가 된다.

A. 유대류가 산란하는 종과 공통조상을 지님
B. 유대류는 사실 포유류가 아님
C. 모든 동물은 공통조상에서 유래함
D. 유대류만 별도로 조물주에 의해 창조되었음
E. 유대류에 대한 화석기록에 오류가 있음

9. 동굴에 사는 가재의 한 종은 뭍에 사는 유연관계의 종과 같이 눈자루를 가지고 있으나 눈은 없다. 그러므로 동굴에 거주하는 가재의 눈자루는 ____________

A. 진화적 오류이다.
B. 우성 돌연변이이다.
C. 진화에 대한 생물지리학적 증거이다.
D. 흔적형질이다.
E. 진화설이 부정확함을 드러내는 증거이다.

10. 다음 어떤 분류 계급의 생물들이 가장 최근의 공통조상을 지니고 있을까?

A. 과 B. 목 C. 문 D. 속 E. 강

응용문제

1. 린네에 의하여 고안된 분류체계는 진화 계통수의 형태로 "고쳐 쓸"수 있다. 아래 현화식물들의 분류를 참고하여 이들 식물 간의 유연관계를 설명하는 계통수를 그려라("아강"은 강과 목 사이의 계급이다):

목장장미(*Rosa carolina*, 장미과, 장미목, 장미아강)
자주꿩의비름(*Sedum purpureum*, 꿩의비름과, 장미목, 장미아강)
봄뱀무(*Geum vernum*, 장미과, 장미목, 장미아강)
봄나비나물(*Vicia lathyroides*, 콩과, 콩목, 장미아강)
찔레나무(*Rosa multiflora*, 장미과, 장미목, 장미아강)

2. DNA만이 생물의 진화관계를 시험하기 위하여 사용되는 유일한 생화학 물질은 아니다. 단백질도 사용될 수 있으며, DNA 서열을 비교하는 방법과 마찬가지로 단백질 단위 분자(아미노산이라고 부름)의 서열을 비교할 수 있다. 시토크롬 *c*(*cytochrome c*)는 거의 모든 생물에서 발견되는 단백질이며 세포 내에서 에너지를 전환하는 기능을 가지고 있다. 아래에 인간과 비교 생물들 간의 아미노산 서열의 퍼센트 차이가 요약되어 있다.

비교 생물	인간 시토크롬 *c* 서열과의 퍼센트 차이
침팬지	0.0
쥐	8.7
당나귀	10.6
잉어	21.4
효모	32.7
옥수수	33.3
녹조류	43.4

인간과 비교 생물 간의 유연관계를 보여주는 이 자료를 이용하여 진화 계통수를 그려라.

3. 2번 문제에서 그린 진화 계통수를 보라. 계통수에는 효모와 옥수수가 효모와 녹조류보다 유연관계가 더 가깝다고 암시되어 있지 않다. 왜 그런가?

연관문제

1. 사람과 침팬지는 서로 매우 비슷하게 보이는 초파리들보다 유전적으로 더욱 유사하다. 이러한 유사성은 과학적 연구에서 인간을 "대신"하는 침팬지의 유용성 면에서 어떤 의미가 있는가? 이 사실은 침팬지에 대한 인간의 도덕적 책임 면에서 어떤 의미가 있는가?

2. 창조론자들은 학생들에게 인간은 동물의 자손이며 실제로 동물의 일종이라고 교육하면, 이들 감수성이 예민한 청년들은 이 사실을 "동물적 본능"에 따라 행동해도 좋다는 뜻으로 받아들인다고 주장한다. 이 주장에 대하여 어떻게 생각하는가?

CHAPTER **11**

진화하는 적

2012년 거의 치료 불가능한 감염성 질환 균주를 가지고 멕시코/텍사스 국경을 넘고 있는 한 사람이 검거되었다.

리오그란데 유역은 미국 남부 국경의 일부를 이룬다. 이 길고 외딴 지형은 미국에서 보다 나은 생활을 찾는 이민자들이 흔히 입국 허가 없이 건너는 곳이다. 많은 사람들은 이민세관국의 관리들에 의하여 체포되고 있다. 2012년 이 국경 지점에서 붙잡힌 10만 명 밀입국자들 중에서 한 사람이 유독 관심을 받았다. 그는 예외적으로 선례가 거의 없는 네팔인이었기 때문이 아니라 매우 위험한 무언가를 지니고 있었기 때문이다.

네팔인 이주민들은 XDR-TB로 알려진 세균 균주에 감염되어 있었다. 월 스트리트 저널에 의하면 그 이주민이 보유한 세균은 결핵을 일으키며 이를 치료하기 위하여 일반적으로 사용되는 15가지 약 중에서 8가지에 내성을 지니고 있었다. 의학 용어로 그 균주는 광범위 내성(XDR) 세균이었다. 이민세관국의 의사들은 그를 체포한 지 4일 만에 그의 감염 여부를 알았으나 그때는 그가 이미 동료 억류자들 및 수십 명의 이민세관국 직원들과 접촉한 상태였다. 더욱 염려되는 것은 그가 네팔, 브라질, 멕시코 및 남아시아와 페르시아 만의 13개 나라를 두루 여행했다는 점이다. 여행을 하면서 그는 비행기, 선박 및 버스로 다녔다. 다행히도 그가 만난 12개 이민세관국 관리들 중에서 아무도 약물내성 결핵 감염에 양성인 사람은 없었다. 그러나 관리들은 그가 다른 누구를 만났는지 정확하게는 영영 알지 못할 것이다.

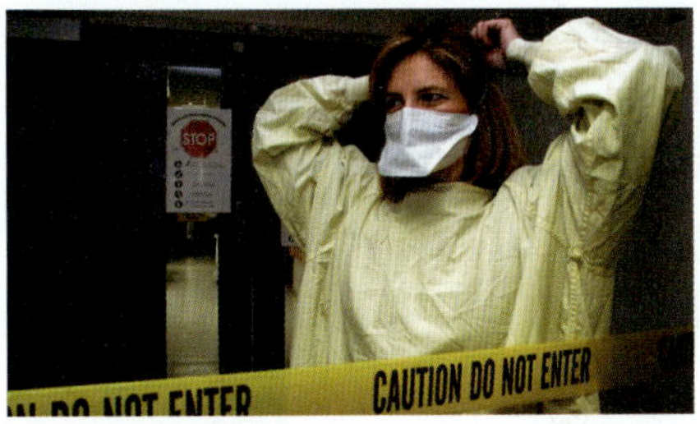

세계 곳곳을 돌아다니며, 그는 수천 명의 다른 여행객을 위험에 노출시켰다.

이 병의 확산 잠재성에 보건 당국은 긴장했다.

네팔 이민자의 이야기는 사람들 간 더 많이 언급된 다음 이야기와 닮아 있다. 2007년 여름, 미국의 공중보건을 관리하고 보호하는 임무를 지닌 미연방 정부기관, 질병관리예방본부(Centers for Disease Control and Prevention, CDC)는 애틀랜타에 거주하는 31세 변호사, 앤드류 스피커(Andrew Speaker)에게 병원 격리수용 명령을 내렸다. 그해 봄, 스피커는 결핵 감염으로 진단을 받았다. 하지만 그에게는 뚜렷한 병의 증상이 없었고, 이어지는 약물 복용 중에 스피커는 그리스로 가서 결혼식을 올리고 로마로 신혼여행을 떠났다. 하지만 그가 로마에서 머물고 있던 중에 질병관리예방본부가 연락을 취해 그가 XDR-TB 감염 확진자임을 알려왔다.

질병관리예방본부는 스피커 부부에게 미국행 귀국편을 마련할 때까지 로마에 머물러 있을 것을 권고 혹은 명령을 내렸다(이 부분은 스피커와 예방본부의 진술이 일치하지 않는다). 스피커는 그 대신 프라하로 날아갔고, 그곳에서 몬트리올로 간 후, 렌터카를 타고 애틀랜타로 돌아왔다. 그는 여행하는 동안에 자신과 접촉한 모든 사람들에게 감염의 위험을 초래한 것이다.

스피커의 무모해 보이는 행적에 세계 많은 사람들은 분노했다. 어떻게 그렇게 많은 사람들을 위험에 빠뜨릴 수 있을까? 하고 말이다. 나중에 밝혀진 바, 스피커의 이러한 행동에 의해 위협을 느낀 사람들은 소수에 불과했다. 그 대신, 세계 곳곳의 수백만 명의 일반인들이 신중치 못하게 하는 행동이 우리를 이와 같은 위험에 노출시키는 것이다.

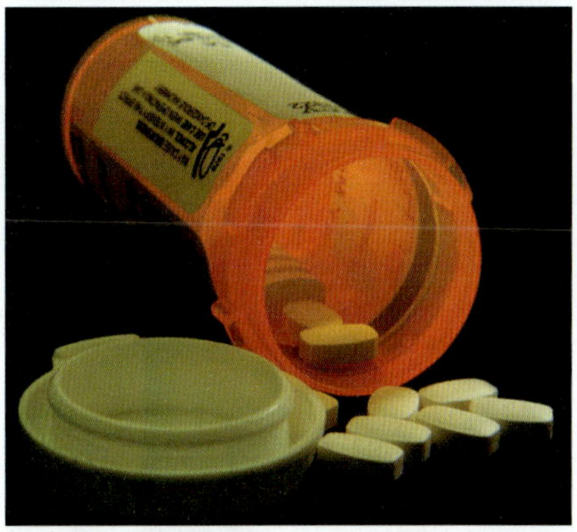

하지만 문제의 궁극적 원인은 많은 이들이 무의식적으로 하는 신중치 못한 행동이다.

그는 매우 위험한 무언가를 지니고 있었다.

11.1 살인자의 귀환

결핵은 수천 년 동안 인간을 괴롭혀왔다. 기원전 3000년경의 이집트 미라의 척추에서도 결핵균 부패가 발견되었다. 기원전 460년에는 그리스의 의사였던 히포크라테스가 결핵으로 여겨지는 증상이 그 당시 만연했음을 기록했다. 근년에는 1906년 미국에서 1,000명 중 2명은 결핵 감염으로 사망하였다.

비교적 최근에는 과학과 약품의 발달로 현재는 미국에서 10만 명 중 1.5명만이 결핵으로 사망하는 것으로 집계되었다. 1980년대에 세계적으로 결핵 감염자 및 사망자 수가 급감하면서 많은 공공보건 전문가들은 고대부터 내려오던 재앙이 인간 집단에서 완전히 박멸될 것이라 믿었다. 오늘날, 그러한 희망은 우리의 과오와 자연선택의 강력한 힘으로 대다수 사라지고 말았다.

결핵이란 무엇인가?

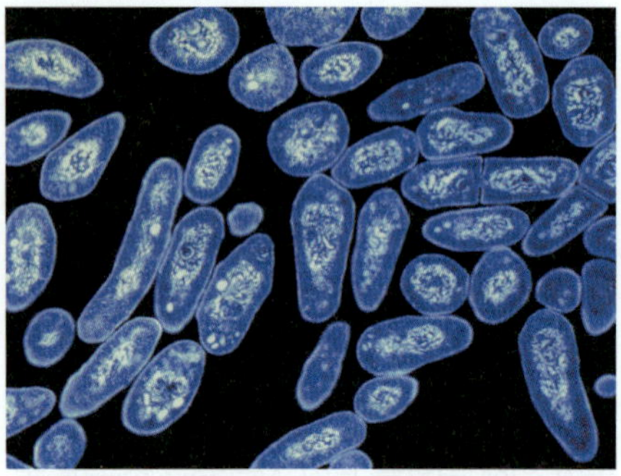

그림 11.1 **결핵을 일으키는 생물체.** 세균 *Mycobacterium tuberculosis*.

세균 *Mycobacterium tuberculosis*는 결핵을 일으킨다(그림 11.1). 결핵이 보건 문제인 이유는 치명성이 아닌 보편성 때문이다. 지구 인구의 1/3인 20억의 사람들이 *M. tuberculosis*의 보균자이며 1초마다 새로운 감염이 일어나는 것으로 예상되고 있다. 감염자의 90%는 아무런 증상을 보이지 않으며, 대부분의 경우 감염자의 체내 면역계에 의해 균이 파괴된다. 하지만 나머지 10% 감염자의 경우 활성 질환으로 진행되어 이 중 절반은 치료를 받지 못한 채 죽는다. 매년 세계적으로 200만 명의 사람이 결핵에 의해 사망하고 있는 실정이다.

결핵(tuberculosis)의 증상으로는 각혈, 미열, 피로 및 지속적인 무력감이며 이로 인해 환자가 점점 마르고 쇠약해져간다. 이렇게 내부에서부터 인간을 소모시키는 것 같은 증상 때문에 과거 서양에서는 폐결핵(consumption)이란 이름으로 불리기도 했다.

tubercul- '작은 부종'을 의미한다.

-osis 상태를 나타낸다.

현대에 이르러서는 결핵의 이러한 소모적인 증상이 활성 *M. tuberculosis* 감염에 대응하는 신체반응이 폐조직 파괴를 야기하기 때문인 것으로 밝혀졌다. 폐 내 세균의 군체는 면역계 세포에 의해 가두어지며 결핵결절(tubercle)이라는 구조가 형성된다(그림 11.2). 이 반응은 폐 내 질병의 확산을 늦추는 효과가 있으나 한편으로는 조직을 영구적으로 손상시켜 버리고 만다. 신체에 산소를 공급할 수 있는 폐의 능력이 저하되며 결핵의 증상인 신체 무기력감이 나타난다(그림 11.3). 이 감염의 치유가 어려운 이유는 *M. tuberculosis*가 결핵결절 속에 몇 달간 잠복해 있을 수 있기 때문이다. 결절이 분해되면 세균은 다시 폐조직으로 방출된다. 결절에서 세균이 방출되면 폐내 추가 감염을 일으키고 다른 사람들에게도 병을 퍼뜨리게 될 수 있다.

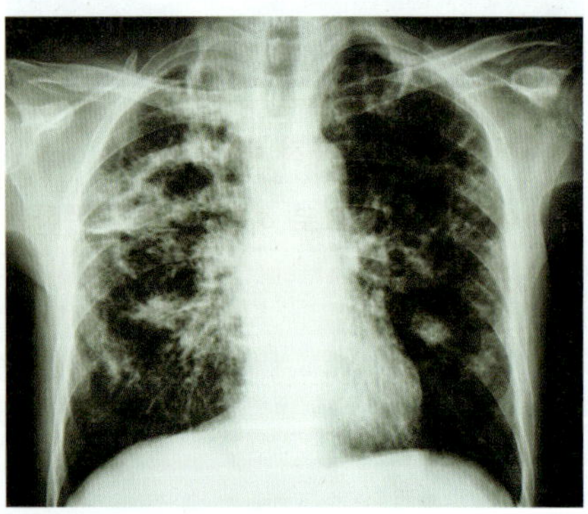

그림 11.2 **폐의 결핵결절.** X선 검사에서 보이는 하얀색 점들이 폐조직에 형성된 결절들이다.

아무런 증상 없이도 결핵에 걸려 있을 수 있으나, 병은 대부분 활성 질환을 가진 환자를 통해서만 전염된다. 활성 감염 환자가 기침, 재채기를 하거나 말을 하고 침을 뱉을 때 전염성 물방울이 방출되며, 이들이 한 번 재채기할 때 약 4만 개의 물방울까지 방출되기도 한다(그림 11.4). 결핵 환자와 장기간이나 잦은, 혹은 짙은 교제를 갖는 사람일수록 병에 걸릴 위험이 높아진다.

대다수의 사람들은 *M. tuberculosis*의 감염을 싸워 이겨낼 수 있으나, 그렇지 못한 무리도 많다. 활성 결핵에 가장 취약한 무리는 어린아이, 노약자, 영양 부족이나 병으로 신체가 허약한 사람, 마약중독자, AIDS 환자 등이다. 약 60년 전만 해도 결핵에 걸린 환자는 생존할 가망이 없었다. 현재는 높은 수준의 의료 기술이 도입되면서 결핵에 걸린 환자들에 대한 전망도 많이 밝아졌다. 하지만 이러한 상황 또한 곧 바뀔지도 모른다.

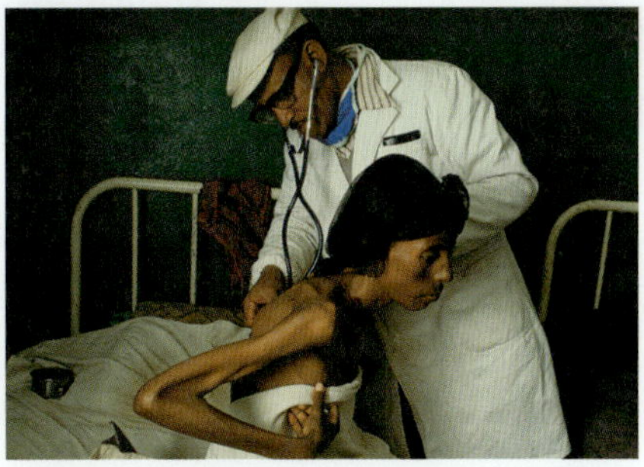

그림 11.3 결핵 감염 증상. 환자가 결핵 감염으로 더 많은 폐 조직을 잃어갈수록 충분한 산소 공급이 어려워진다. 그 결과 그들은 쇠약해진다.

처방과 치료의 실패

19세기와 20세기 초, 결핵 환자 중 부유한 사람은 주로 공기가 신선하고 오염되지 않은 시골에 위치한 요양소에 장기간 머물렀다. 이러한 결핵 환자 요양소(그림 11.5)는 두 가지 효과가 있었다. 우선 폐에 해로운 미세입자와 화학물질이 대기 중에 자욱한 지역에서 요양소로 환자를 이동시킴으로써 의사는 도시에 있을 때보다 훨씬 더 장기간 환자의 폐기능을 보전시킬 수 있었다. 또한 요양소는 결핵보균자를 격리시켰기 때문에 결핵균이 주민들에게 퍼지는 일을 방지할 수 있었다. 하지만 이러한 치료는 부유한 사람만이 가능했고, 가난한 마을에 거주하는 활성결핵 환자는 더욱 처참한 환경에 강제적으로 격리되는 경우가 비일비재했다.

1940년대, 세균을 포함해 미생물을 죽이는 **항생제(antibiotics)**의 발견은 결핵 치료에 일대 혁명을 불러일으켰다. 이 발견 이후로 활성 결핵에 감염된 환자는 일반적으로 항생제 투여를 통해 폐를 감염시킨 *M. tuberculosis*가 대부분 죽어서 사라질 때까지 2주간 격리 치료를 받는다. 치료를 마친 시점에서는 환자에게 더 이상 전염의 위험이 없으므로 일상생활로 돌아갈 수 있다. 하지만 *M. tuberculosis*가 면역계 세포 내에 오랜 기간 잠복해 있을 수 있으므로 완전한 항생제 치료는 6개월에서 12개월 동안 지속되어야 한다.

anti- '반대된다'를 의미한다.

-biotic 생명과 관련 있음을 나타낸다.

하지만 1980년대에 들어서면서 표준 약물치료법으로는 치유할 수 없는 **항생제내성(antibiotic-resistant)** 결핵에 감염된 환자의 수가 충격적으로 증가하기 시작했다. 미국 질병관리예방본부에 의하면 2000년부터 2004년 사이에 보고된 결핵 발병 케이스 중 20%는 다제내성결핵(multidrug-resistant TB, MDR-TB)으로 표준 치료법으로는 차도가 없었다. 그리고 2%는 광범위내성결핵(extensively drug-resistant TB, XDR-TB)으로 2차 항결핵약에도 내성이 있는 경우였다.

그림 11.4 공기감염. 결핵균은 감기나 독감 바이러스처럼 환자가 기침이나 재채기를 하면서 발포된 물방울을 통해 전염될 수 있다.

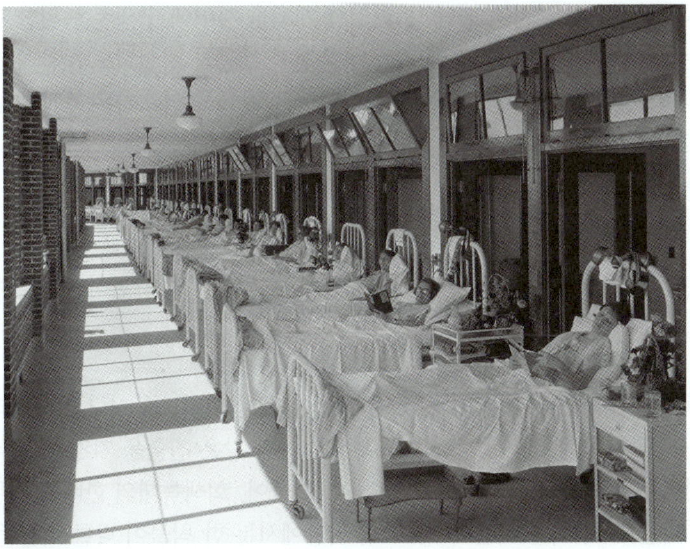

그림 11.5 결핵 환자 요양소. 요양소에 있는 환자들은 대체로 많은 시간을 매일 야외 또는 사진의 환자들처럼 개방된 베란다에서 맑은 공기를 접하며 보낸다.

어떻게 그렇게 많은 사람들을 위험에 빠뜨릴 수 있을까?

질병 통제의 효과력이 떨어지면서 개발도상국뿐만 아니라 선진국에서도 결핵 발병률이 증가하고 있다. 물자가 부족한 국가의 경우는 광범위내성결핵에 의한 사상자가 훨씬 높다. 최근 남아프리카 공화국에서는 광범위내성결핵 발생으로 감염된 환자 53명 중 52명이 활성질환의 증상을 보인지 한 달 만에 모두 사망하고 말았다. 이러한 결핵의 부활로 인해 세계보건기구는 세계 비상사태를 선포했다.

쉬어가기 전염병에 걸린 환자가 받는 치료법에 효과가 없는 경우, 문제가 될 수 있는 부분은 무엇일까?

왜 우리는 결핵과의 싸움에서 지고 있는 것일까? 그리고 어떻게 하면 결핵을 막을 수 있을까? 이러한 질문에 대답하기 위해서는 진화적 변화를 초래하는 중요한 힘을 이해할 필요가 있다. 그것은 바로 자연선택이다.

11.2 자연선택은 진화를 일으킨다

종의 기원에서 찰스 다윈은 두 개의 주요 개념, 즉 공통계보설(10장)과 **자연선택설(natural selection)**을 기술하였다. 이 이론에 대한 다윈의 제시—오늘날 생존하는 모든 종은 먼 과거에 출현한 단일 조상으로부터 유래된 것으로 보인다—는 철저하고 설득력이 있는 것이었다. 다윈의 저서가 출판된 이래 20년이 못되어 많은 과학자들은 모든 생물이 공통계보를 통하여 서로 연관성을 지녀 왔다는 다윈의 이론을 인정하였다. 그러나 과학계가 공통조상에서 오늘날 우리가 보는 다양한 생물들로 어떻게 진화해왔는지 설명해주는 자연선택설이라는 다윈의 개념을 수용하는 데는 또 다른 60년이 소요되었다. 다윈은 자연선택의 과정을 통하여 특정 환경 내에서 생존과 생식의 증가를 야기하는 생물의 형태학적 또는 행동 형질은 집단 내에서 흔해지는 한편, 불리한 형질은 사라진다고 제안했다. 자연선택을 통해 집단 내 축적되는 변화는 신종의 발달로 이어질 수 있다.

다윈은 자연선택의 절차가 집단 내 다양한 개체들 사이에서 생존을 위한 경쟁의 피할 수 없는 결과라 판단했다(12장에 기술된 유전적 부동과 성선택도 시간의 경과와 함께 집단의 변화를 가져오지만). 오늘날 자연선택은 진화를 일으키는 가장 중요한 원인 중의 하나로 간주되고 있다.

다윈의 관찰

자연선택설은 이해하기 쉽게 간결하다. 이 이론은 네 가지의 보편적인 관찰에 근거한 추론이다.

1. 집단 내의 개체는 다양하다. 인간 그룹에 대한 관찰, 즉 사람들의 놀라울 만큼 다양한 모습, 크기, 피부색, 그리고 얼굴 특징이 이와 같은 진술을 지지한다. 비인간 집단 내의 변이는 눈에 잘 띄지 않을 수 있다. 예를 들어, 회색늑대의 한배새끼 무리 내에서 개체는 다른 모피 색을 지닐 수 있으며, 꽃밭에서는 한 식물이 다른 식물들 보다 먼저 꽃을 피울 수 있다(그림 11.6). 이와 같은 가시적인 변이 외에도 눈에 보이지 않는 차이들도 있는데, 예를 들어 커피나무의 씨앗에 함유된 카페인 양은 야생 집단 내의 개체

(a) 모피 색깔의 변이

(b) 개화 시기의 변이

그림 11.6 **관찰 1: 집단 내의 개체는 다양하다.** (a) 회색늑대는 한배새끼 무리 내에서도 모피 색깔이 다양하다. (b) 꽃도 개화 시기가 다양하여 어떤 꽃은 같은 종의 다른 개체보다 일찍 개화한다.

시각화▲

어떤 조건하에 주위의 다른 꽃보다 일찍 개화하는 것에 이점이 있을까?

마다 차이가 있다. 집단 내의 각기 다른 개체를 **변이체(variant)**라고 부른다.

2. 개체들 중 일부 변이는 자손에게 전달된다. 다윈은 변이가 일어나는 기작을 이해하지 못했지만 부모와 자손 간의 보편적인 유사성에 대한 수많은 예를 관찰했었다. 그는 또한 사람들이 다른 종이 가진 변이의 유전성을 유용하게 이용함을 주목했다. 다윈 시대의 비둘기 육종가들은 분명히 변이의 유전성을 알고 있었다. 육종가들은 목둘레에 목도리처럼 깃털이 둘러진 비둘기는 이러한 깃털이 없는 비둘기에 비해 그러한 자손을 생산할 가능성이 높음을 알 수 있었다. 그러므로 이들은 목둘레에 깃털이 화려한 변종을 생산하고자 할 때 이러한 형질들이 있는 새들 간의 육종을 장려했다(그림 11.7). 다윈은 이처럼 사연의 집단에서도 자손은 부모와 같은 특성을 물려받는다고 가정하였다.

일부 변이가 유전된다는 관찰은 종의 기원의 출판 이후 수십 년 동안 자연선택설에서 가장 논쟁의 여지가 많은 부분이었다. 학자들은 변이의 원인과 유전을 충분히 설명할 수 없었으므로, 많은 사람들은 자연선택을 진화적 변화의 기작으로 수용하기를 싫어했다. 1900년대에 들어와 완두콩의 유전에 대한 멘델(Gregor Mendel)의 연구(7장)가 재발견되었을 때, 자연선택은 다음 세대로 전달되는 유전적 변이에 작용한다는 기작이 밝혀졌다.

3. 생물의 집단은 생존 가능한 수보다 많은 자손을 생산한다. 이 관찰은 대부분의 사람들에게 자명하다. 지역 공원의 나무들을 떠올려보라. 여름마다 말 그대로 수백만 개의 종자를 생산하지만 이 중에서 일부만 생존하여 발아하며, 소수의 묘목만이 한두 해 이상 살 수 있다.

다윈은 종의 기원에서 자손 생산과 생존 사이의 차이를 그림으로 제시하였다. 다윈은 그 예로서 장수하며 느린 번식자인 코끼리를 들고 있다. 암컷 코끼리는 30살까지

그림 11.7 **관찰 2: 개체들 중 일부 변이는 자손에게 전달된다.** 다윈은 육종가들이 화려한 형질을 지닌 부모 개체를 사용하여 그 다음 세대는 화려한 형질의 비둘기 무리를 만들어 내는 사실에 주목하였다.

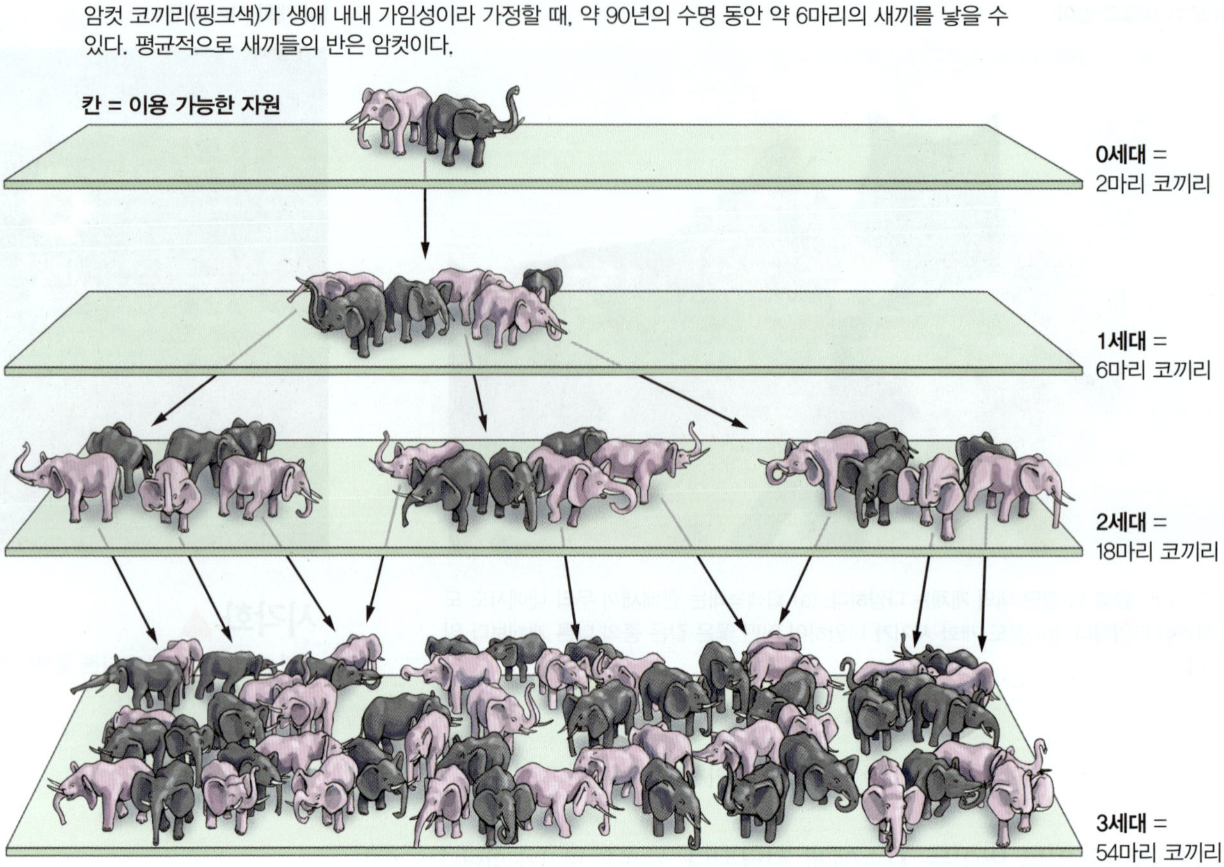

그림 11.8 **관찰 3: 생물의 집단은 생존 가능한 수보다 많은 자손을 생산한다.** 코끼리와 같이 느린 번식 동물도 비교적 빠르게 거대한 집단을 만들 수 있다.

시각화▲

4세대가 생산되었을 때 제한된 자원으로 인해 코끼리 집단에 어떤 일이 발생할지 예상해보아라.

번식을 하지 않다가 약 90살이 될 때까지 10년마다 한 마리의 새끼를 낳는다. 비록 이와 같이 낮은 생식률이라 할지라도 다윈은 아프리카 코끼리 한 쌍의 자손들이 모두 생존하여 생식력을 지니며 나이껏 산다면, 약 500년 뒤에는 이들 가족이 1,500만 이상의 개체로 불어난다고 계산하였는데, 이는 아프리카 대륙의 이용 가능한 모든 먹이로 기를 수 있는 숫자보다 많다(그림 11.8).

4. 생존과 생식은 우연이 아니다. 다시 말해서, 생식 연령까지 생존하는 개체들의 부류는 임의적인 것이 아니다. 집단내의 변이체 일부는 다른 변이체보다 더 잘 생존하고 생식할 가능성이 높다. 즉, 집단내 개체들 사이에 생존과 생식의 격차가 있다는 것이다. 집단 내에서 다른 개체와 비교한 한 개체의 생존과 생식은 상대적인 **적응도(fitness)**로 표현된다. 주어진 환경 내에서 한 개체의 상대적인 적응도를 증가시키는 형질을 **적응형질(adaptation)**이라고 부른다. 특정 환경에 적응된 개체는 그와 같은 적응형질이 부족한 개체보다 더욱 잘 생존하고 번식할 가능성이 높다. 다시 말해서, 이들 개체들은 상대적 적응도가 더 높다.

adapt- '들어맞다'를 의미한다.

다윈은 차별적인 생존과 생식을 자연선택의 결과로 설명하였다. 적응형질은 적응된 개체들이 생존하고 다음 세대에 자손을 남긴다는 의미에서 "수동적으로 선택"된다. 다윈은 선택(selection)이라는 용어를 어느 정도 능동적인 의미로 사용했지만 자연선택은 수동적인 과정으로 그저 개체들 간의 차이와 이들의 특정 환경 내 생존 성공 여부에 의

데이터로 해결하기 ▼

그래프를 사용하여 1976년과 1978년 사이에 방울새 전체 집단의 크기는 어떻게 변화되었는지 알아보아라.

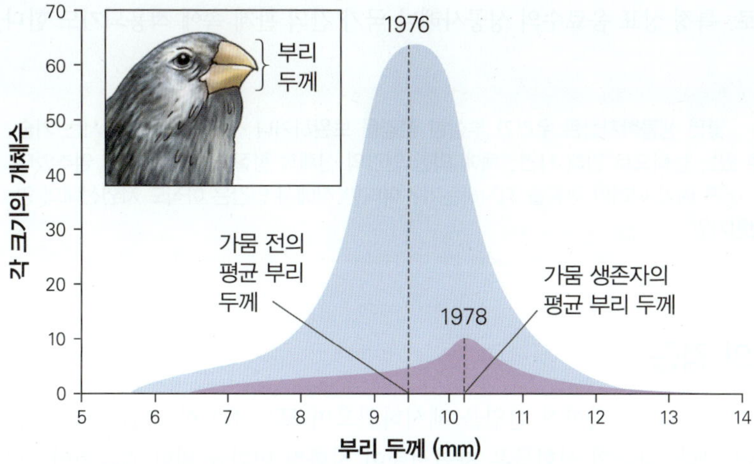

그림 11.9 **관찰 4: 생존과 생식은 우연이 아니다.** 연청색 곡선은 1976년 갈라파고스의 다프네섬에 사는 방울새의 부리 두께를 나타낸다. 밑의 자주색 곡선은 1977년 가뭄 이후, 1978년에 측정된 개체수이다. 가뭄에서 생존한 집단은 가뭄 전의 집단과 비교해 평균적으로 더 두꺼운 부리를 가지고 있었다. 집단내 평균 부리 두께의 변화가 일어난 것은 가뭄 동안에는 평균 부리보다 큰 부리의 방울새가 작은 부리의 방울새보다 높은 적응도를 가지고 있었기 때문이다.

해 결정된다. 예를 들면, 과학자들은 갈라파고스 군도에 거주하는 방울새가 강우량이 부족할 때 지니는 큰 부리가 적응형질이라는 사실을 관찰하였다. 이것은 큰 부리의 새가 극심한 가뭄 기간의 유일한 먹이인 크고 단단한 씨앗을 깨뜨릴 수 있기 때문이다. 그림 11.9에서 보는 바와 같이, 1977년의 가뭄에서 생존한 90마리의 개체는 기존집단에 속하던 751마리의 평균 부리 두께보다 6%나 두꺼운 부리를 가지고 있었다. 이러한 환경 조건에서는 큰 부리가 생존을 증가시켰다.

적응형질은 단순히 생존만을 증가시키는 형질이 아니다. 한 개체가 지닌 어떠한 형질 중 집단 내의 다른 개체보다 자손의 수를 증가시키는 형질도 역시 적응형질이다. 예를 들어, 고산 초원의 꽃들은 상대적으로 제한된 수의 곤충 매개체를 가진다. 더 많은 곤충들이 찾아오면 꽃은 더 많은 씨앗을 생산할 수 있으며, 보다 밝은 색깔이나 보다 많은 양의 꿀처럼 곤충에 대한 꽃의 매력을 증가시키는 형질도 자연선택을 촉진한다(그림 11.10).

그림 11.10 **적응형질은 생존만을 위한 것이 아니다.** 매개체에 대한 꽃의 매력을 증가시키는 변이는 더 많은 씨앗을 생산하므로 생식 성공률을 증가시킬 수 있다.

다윈의 추론: 자연선택은 진화를 일으킨다

다윈은 자신의 관찰에 근거해 자연선택의 결과, 유리한 변이는 시간이 지나면서 집단 내의 빈도가 증가하는 한편, 불리한 변이는 줄어드는 경향이 있다고 판단했다. 다시 말해서, 적응형질은 이를 가진 개체가 집단 내에서 더욱 흔해지고 다음 세대에 더욱 많은 수의 자손을 낳는 데 기여한다. 자연선택의 결과, 여러 세대를 거치면서 집단 내 개체들의 형질에 변화가 일어나고 마침내 진화가 일어난다. 시간의 경과에 따라 집단의 진화를 야기하는 것으로는 유전적 부동과 개체의 이주와 같은 다른 요소도 있지만 자연선택만이 처한 환경에 집단이 적응하게 만드는 힘이다.

자연선택설이 지닌 힘을 보여주는 이러한 증거가 우리에게는 너무 자명해서 심지어는 다윈이 당연한 사실을 설명해놓고는 훌륭한 과학자로 인정받은 것처럼 느껴질 수도 있다. 하지만 자연선택은 다윈이 설명한 방식처럼 자연상태에서 시험되고 실증되면서 비로소 힘이 실린 것이다. 자연선택은 우리가 많은 현상을 생각할 때 떠올리는 강력한 사상으로, 특정 상표 음료수의 성공사례나 국가 간의 관계 속에 적용되기도 한다.

쉬어가기 몇몇 생물학자들은 우리가 부실한 환경을 보완하거나 신체장애를 넘어서는 기술을 이용할 수 있는 능력으로 인해 자연선택에 의한 인간의 신체적 형질의 진화는 거의 멈추었다고 주장한다. 어떤 예가 이러한 관점을 지지하는가? 어떠한 점에서 인간은 아직도 자연선택의 영향을 받을 것인가?

자연선택의 검증

다윈은 진화 기작에 대한 과학적 설명을 제시하였으며 모든 유용한 가설들이 그러하듯 검증되어야 한다. 다음의 실험들은 자연선택이 진화적 변화를 위한 효과적인 기작임을 검증하는 예들이다.

인위선택. 인간의 선택으로 강요된 선택을 인위선택(artificial selection)이라고 부른다. 이 이름은 인간이 식물과 동물 개체의 생존과 생식을 조정하여 이들 집단의 특성을 바꾼다는 의미에서 인위적이기 때문에 붙여진 것이다. 선호되는 형질을 지닌 개체가 육종되며, 이러한 형질이 없는 개체들은 육종되지 않는다.

다윈이 연구한 화려한 꼬리의 비둘기도 인위선택에 의해 탄생되었고, 개의 다양한 변종 또한 이런 과정에서 나왔다. 각 경우는 육종가들이 각종 특징을 선택해온 과정에서 진화하여 왔다(그림 11.11). 이는 통제된 생존과 생식이 집단의 특성을 변화시킨 것을 잘 보여주는 예이다. 그러나 이들 생물의 생존과 생식에 대한 인간의 직접적인 간섭으로 인한 인위선택은 자연선택과 정확하게 일치하지는 않는다. 인간의 간섭 없이도 집단 내의 변화는 일어날 수 있을까?

실험실에서의 자연선택. 자연선택의 효과성을 알아보기 위한 다른 테스트는 인위적으로 조작된 실험실 환경에 사는 집단이 시간 경과에 따라 변화하는지 살펴보는 것이다. 이러한 예로서 농도가 서로 다른 알코올이 들어 있는 환경에서 기른 초파리를 이용한 실험이 있다.

높은 농도의 알코올은 세포를 죽인다. 초파리와 인간을 포함하여 많은 생물들은 알코올을 분해하여 에너지를 얻고 덜 유독한 물질로 바꾸는 효소를 생산한다. 초파리들이 알코올을 분해하는 속도에는 변이가 있다. 전형적인 실험실 환경에서 대부분의 파리는 알코올을 비교적 천천히 분해하지만, 집단의 약 10%는 일반적인 분해자보다 두 배나 빨리 알코올을 분해할 수 있는 효소 변이체이다.

실험에서(그림 11.12) 과학자들은 초파리의 집단을 두 개의 임의 그룹으로 나누었으

시각화 ▼

만약에 먹잇감을 겨누는 행위와 같은 특정 행동 형질을 지닌 개를 선택했다면 이 변화의 순서는 어떻게 달라질까?

그림 11.11 **진화를 일으키는 인위선택.** 육종가들이 특정 형질을 지닌 개를 선택하여 다음 세대의 동물을 생산하면, 집단내 특정 형질의 빈도를 증가시킨다. 세대가 지나가면 해당 형질은 크게 강조된다. 닥스훈트는 짧은 다리의 개들을 선택하여 얻어진 자손이다.

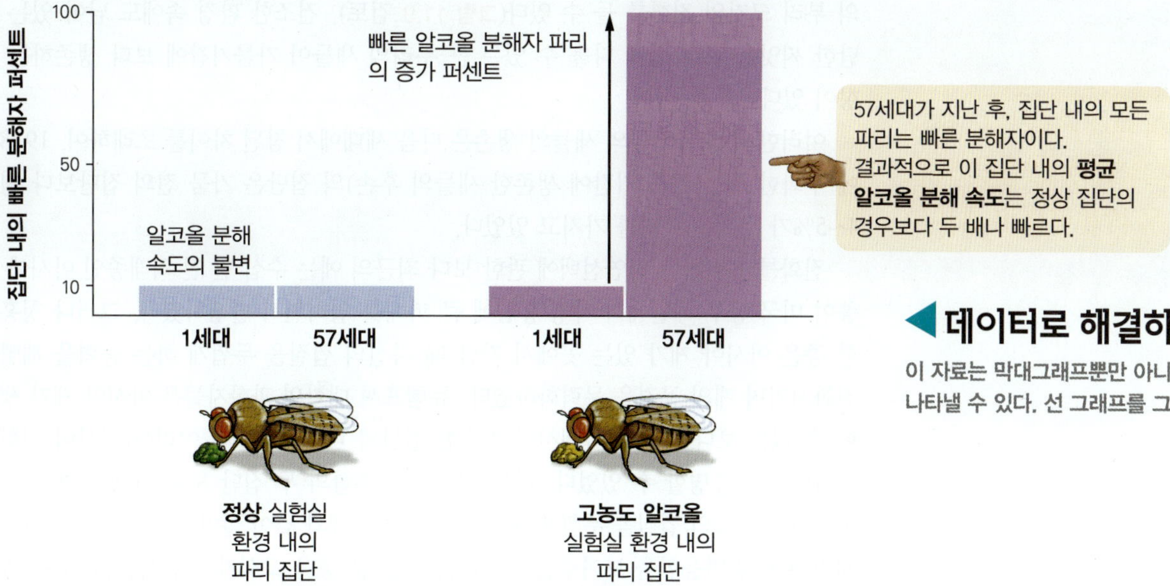

그림 11.12 자연선택의 관찰. 초파리를 알코올 함유 환경에 두면, 자연선택의 결과 세대가 반복되면서 알코올을 속히 분해할 수 있는 파리의 퍼센트가 증가한다. 정상 실험실 환경에서는 빠른 알코올 분해 특성을 선택하는 일이 없으므로, 빠른 분해자의 퍼센트에는 변함이 없다.

◀ 데이터로 해결하기

이 자료는 막대그래프뿐만 아니라 선 그래프로도 나타낼 수 있다. 선 그래프를 그려보라.

며, 이들 두 그룹은 처음에는 빠른 분해자와 느린 분해자를 동일 비율로 지니고 있었다. 초파리의 한 그룹은 전형적인 먹이를 담은 정상 환경에 두고, 다른 한 그룹은 알코올 함유 먹이를 담은 환경에 두었다. 57세대가 지난 후, 전형적인 먹이만 있던 환경 속 빠른 알코올 분해자 파리의 퍼센트는 실험 초기의 10%와 같았다. 그러나 동일 세대가 지난 후, 알코올 함유 환경 속 빠른 알코올 분해자 변종의 퍼센트는 100%이었다. 이 환경에 있던 파리의 모두가 빠른 분해자 변종으로 변하였으며, 이 집단의 평균 알코올 분해 속도는 1세대보다 57세대에서 훨씬 높았다. 집단이 진화한 것이다.

이 실험에서 초파리의 진화는 자연선택의 결과였다. 알코올 농도가 높은 환경에서는 알코올을 상대적으로 빨리 분해할 수 있는 개체들이 더 높은 적응도를 지니고 있었다. 이들 개체는 더 오래 살고 알코올에 덜 영향을 받은 관계로 빠른 알코올 분해자 파리는 느린 알코올 분해자 파리보다 더 많은 자손을 남겼다. 따라서 각 세대는 이전 세대보다 더욱 높은 빈도로 빠른 알코올 분해자들을 남겼다. 여러 세대가 지난 후, 신속하게 알코올 분해가 가능한 파리는 집단 내에서 우위를 차지할 수 있었다.

조절 가능한 실험실의 환경 속에서 선택을 통해 집단의 특성이 변화되는 것을 관찰하였다. 그렇다면 야생의 자연 집단에서도 이러한 것이 관찰될까?

야생 집단에서의 자연선택. 야생 집단에서 나타나는 자연선택의 예는 항생제에 감수성이 있던 *M. tuberculosis*가 진화하여 내성이 생긴 경우를 들 수 있다. 항생제 투여로 변화된 환경이 세균 개체군에 변화를 일으킨 것이다. 지난 50년간 수많은 질병 유발 생물체들, 즉 **병원체(pathogens)**들도 약품과 농약에 내성을 가지게 되었다. 하지만 이러한 변화들도 인간이 강요한 환경 변화에 대한 적응이므로 의심스러울지도 모르겠다. 자연적인 환경 변화의 현장에서 적응형질을 관찰하기란 쉽지 않지만 자연선택의 영향은 몇몇 야생 집단에서 관찰되었다.

patho- 질병을 의미한다.

야생 환경에서 관찰된 자연선택의 고전적인 예는 가뭄에 적응한 갈라파고스 방울새의 부리 크기의 진화를 들 수 있다(그림 11.9 검토). 건조한 환경 속에도 남아 있는 단단한 씨앗을 보다 쉽게 다룰 수 있는 큰 부리의 새들이 가뭄기간에 보다 생존하는 경향이 있다.

이러한 특정 소집단의 새들의 생존은 다음 세대에서 참된 차이를 초래하여, 1978년에 부화한 새들(가뭄 기간에 생존한 새들의 후손)의 집단은 가뭄 전의 집단보다 평균 4~5%가 두꺼운 부리를 가지고 있었다.

진화를 유발하는 자연선택에 관한 보다 최근의 예는 수십 년 전 외래종인 아시아 게 종이 미국 동부 해안에서 자생 홍합에 큰 피해를 입히면서 발생하였다. 그러나 청홍합한 종은 아시아 게가 있는 곳에서 자랄 때 자신의 껍질을 두껍게 하는 능력을 재빨리 진화시키며 게의 공격을 무력화하였다. 뉴햄프셔 대학의 과학자들은 아시아 게가 생존할 수 없는 보다 북쪽 바다에서의 청홍합 집단과 비교함으로써 이러한 현상이 진화적 변화였음을 증명할 수 있었다. 이들 연구자는 홍합의 두 집단 모두 자생종 게의 존재 하에서는 그들의 껍질을 두껍게 하였지만 아시아 게와 같이 살아온 홍합들만이 아시아 게의 존재에 반응함을 보여주었다. 이러한 새로운 종을 포식자로 인식할 수 있는 각각 게들에 대한 자연선택이 분명히 홍합 집단 내의 변화를 초래한 것이다.

11.3 다윈 이후의 자연선택

자연선택에 대한 여러 실험은 이론을 지지하는 것으로 보였지만, 정작 생물학계가 다윈의 통찰력을 따라잡고 이론에 대한 충분한 설명을 찾는 데에는 60년의 시간이 걸렸다. 1920년대 새로운 분야였던 유전학 연구를 시작한 과학자들은 유전학적 원리를 통해 자연선택이 집단의 진화를 일으키는 과정을 설명할 수 있음을 깨달았다.

신다윈설

1930년대와 1940년대에 유전학과 진화의 결합은 "신다윈설(the modern synthesis)"을 탄생시켰다. 신다윈주의는 대부분의 생물학자에 의해 수용되는 진화적 변화의 모델을 제시하고 있다.

신다윈설은 6장에서 9장까지 논의된 다수의 유전학적 원리를 통해 예측된다. 즉,

- 유전자들은 단백질이라고 불리는 분자들의 구조에 대한 정보를 지닌 유전물질(전형적으로 DNA)의 절편들이다.
- 생물체 내에서의 단백질의 작용은 물질의 형질들을 결정하는 역할을 한다.
- 한 유전자의 여러 변형들은 대립유전자라 불리며 개체군 내에서의 개체들 간의 물질 형질의 변이는 흔히 그들이 지닌 대립유전자의 변이 때문이다.
- 동일한 유전자에 대한 다른 대립유전자들은 DNA 서열의 변화인 돌연변이에 의하여 생긴다.
- 부모가 지닌 대립유전자들의 반은 난자나 정자를 통하여 자손들에게 전달된다.

이러한 유전적 원리를 고농도 알코올 환경에 노출된 초파리에게 적용시킬 수 있다. 이 집단에는 알코올 분해를 조절하는 두 대립유전자가 있다. 한 대립유전자는 빠른 알코올분해효소를 생산하고, 다른 대립유전자는 느린 알코올분해효소를 생산한다. 고농도 알코올 환경에서는 대부분 빠른 알코올분해효소를 만든 파리가 주로 느린 알코올

분해효소를 만든 파리보다 더 많은 자손을 낳는다. 따라서 다음 세대에서는 빠른 알코올 분해자들에 의해 주로 생산되어 집단 내 더 높은 비율의 파리들이 최소 하나의 빠른 알코올분해효소에 대한 대립유전자를 지니게 된 것이다. 이는 왜 집단의 진화는 특정 유전자에 대한 대립유전자 빈도의 증가 또는 감소로 표현할 수 있는지를 보여주는 좋은 예다.

초파리의 알코올 분해에 대한 두 가지 다른 대립유전자들의 존재는 이들 중 하나는 다른 하나의 돌연변이형임을 의미한다. 정상 실험실 환경에서는 이들 대립유전자의 어느 것도 적응도에 큰 영향을 미치지 않는 것으로 보인다. 알코올 농도가 낮은 환경에서는 느린 알코올 분해자가 빠른 알코올 분해자보다 훨씬 많기 때문에 빠른 알코올분해효소를 지니는 것이 어느 정도 불리한 것처럼 여겨질 수도 있다. 그러나 고농도 알코올 환경에서 빠른 알코올 분해 대립유전자를 만드는 돌연변이는 큰 이점이 되며, 집단 내에 이 유전자가 존재할 경우에는 집단의 진화가 일어난다(그림 11.13). 과학자들은 이

시각화 ▼

만약에 파리가 고농도 알코올 환경에 있지 않았다면 각 칸에 있는 빠른 분해자와 느린 분해자의 비율이 어떻게 다를까?

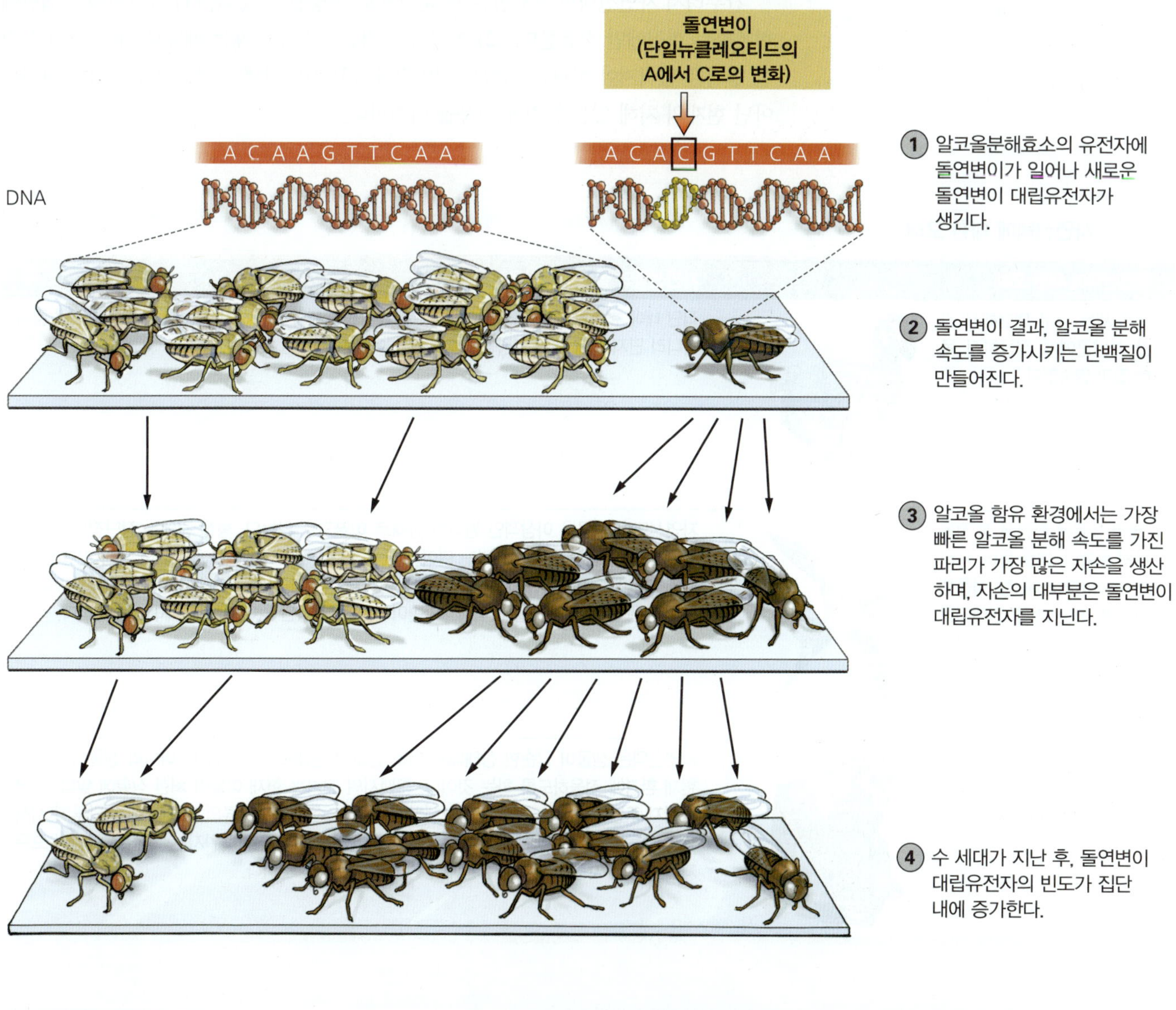

그림 11.13 돌연변이와 자연선택. 유전자에 돌연변이가 일어나면, 그 산물은 다소 다른 활성을 지닐 것이다. 이 새로운 활성이 돌연변이 유전자를 지닌 개체의 적응도를 증가시킨다면, 이 활성은 자연선택 과정을 거쳐 집단 내에 더욱 흔해질 것이다.

제 유전자의 무작위적인 돌연변이가 진화의 원천이 되며, 자연선택은 돌연변이 결과 생긴 대립유전자를 선택하거나 도태시키는 여과작용을 한다는 사실을 이해하고 있다.

쉬어가기 낭포성섬유증(7장에서 논의됨)을 일으키는 대립유전자는 이 유전자의 보인자(한 쌍의 대립유전자 중 유전자 하나만 지니고 있는 사람)를 *M. tuberculosis* 감염으로부터 보호하는 것으로 드러났다. 또한 조상이 북유럽의 붐비는 도시에서 온 경우 그 후손에게 낭포성섬유증이 더욱 빈번하게 발병하는 것으로 알려졌다. 왜 이러한 집단에 낭포성섬유증의 발병이 더 빈번한지 자연선택을 포함한 진화의 현대적 이해에 입각하여 답해 보라.

오묘한 자연선택

자연선택의 개념은 회사나 신기술의 성공이나 실패와 같이 인간 사회 영역에도 적용되어왔기 때문에 흔히 자연에서 어떻게 작용하는가에 대해 오해가 많다. 자연선택에 대한 일반적인 오해는 세 범주에 속하는데, 개체와 집단 간의 관계, 선택 가능한 형질의 한계 및 선택의 최종 결과이다. 표 11.1에 자연선택에 대해 흔히 제기되는 오해와 이런 사고의 어떤 점이 잘못되었는지를 정리해 놓았다.

간추려서 자연선택의 오묘함은 세 문장으로 설명될 수 있다. (1) 자연선택은 집단에 현존하는 형질에만 작용한다. (2) 어떠하든 적응형질의 존재는 때때로 약간 가치가 덜한 형질은 없어져야 한다는 사실을 의미한다. (3) 자연선택은 생물체가 미래의 환경이 아닌 현재의 처해 있는 환경에 적응을 야기한다.

표 11.1 자연선택에 대한 오해

자연선택에 대한 오해		자연선택의 실제적인 작용
"도도새는 너무 멍청해서 인간 사냥꾼에게 적응하지 못한 결과 멸종했다."		집단 내에 현존하는 형질만이 선택될 수 있다. 도도새가 멍청하거나 생존 가치가 없었던 것이 아니라 단지 집단 내에 사냥꾼을 피하는 변이체가 없었던 것이다.
"몇몇 동물은 환경에 잘 적응하지 못했다. 예를 들어, 제비가 북아메리카에 잘 적응했더라면 매년 겨울 열대지방으로 이동할 필요가 없었을 것이다."		자연선택이 생물을 이상적인 완벽한 상태로 이끌지는 않는다. 형질 간에는 장단점이 존재하므로 균형이 이루어진다. 제비는 날아다니는 곤충을 잡는 것에 잘 적응되어 있다. 만일 제비 중에 겨울에도 씨앗을 찾아 먹을 수 있는 변이체가 있다 하여도 신체적 변화로 인해 날아다니는 곤충은 많이 잡지 못할 것이다. 이 변이체는 여름 동안 먹이경쟁에서 지고 말 것이다.
"만약에 자연선택이 집단을 향상시킨다면 왜 침팬지는 인간으로 진화하지 않는가?"		자연선택은 생물이 단순한 상태에서 더욱 정교한 상태로 가는 과정이 아니라 생물이 직면한 현재 환경에 적응하도록 하는 것이다. 침팬지의 진화는 현재 이들이 처한 상황에 맞다. 지금 침팬지 주변 환경에는 이미 두발보행하는 인간이 존재하며 인류의 조상이 처음 다루기 시작한 자원들을 현대인이 모두 이용하고 있다. 침팬지가 더 "인간다워지는" 형질은 인간이 모든 자원을 이미 사용하고 있는 상황에서 성공적이지 못할 것이다.

오묘한 자연선택: 더 자세히 알아보기 ▼

자연선택 결과 "완전한" 생물로 진화하는 것은 아니다. 이것을 이해하려면 자연선택의 원동력뿐만 아니라 한정요인에도 정통할 필요가 있다.

자연선택을 통해 새로운 형질이 생겨나지 않는다

자연선택에 대한 한 가지 잘못된 생각은 몇몇 종이 멸종위기에 처한 이유가 새로운 환경에 적응하지 "않기" 때문이라는 것이다. 북극곰은 해빙(sea ice)에 의지해서 사냥을 하는데 지구온난화로 인해 북극의 해빙이 급속도로 사라지면서 멸종의 위기에 직면한 것이다. 그렇다면 왜 간단하게 먹이를 바꾸지 않을까? 잡식성인 회색곰처럼 말이다.

이렇게 종들이 생존을 위해서 변화되어야 한다는 생각은 우리 사회의 선택 과정을 연상하면서 비롯된다. 자동차 회사가 변화하는 소비자의 취향에 맞추어 자동차의 디자인을 바꾸지 않으면 실패하고 말 것이다. 이러한 회사의 변화는 급변하는 소비자의 입맛과 가솔린 가격 등에 대응하여 사업체가 새로운 적응형질을 만들어 낸 것이다. 이와 대조적으로 생물 집단에서는 생존에 영향을 주는 형질이 유전적 근거를 가지고 집단 내에 이미 존재할 때에만 진화가 일어날 수 있다.

빠른 알코올 분해자 초파리의 경우가 이러한 예를 보여준다. 파리가 알코올을 빨리 분해하든 천천히 분해하든 선택은 개체의 변화를 야기하지는 않는다. 집단을 변하게 한 것은 알코올 함유 환경에 있는 이들 파리의 선별적인 생존과 생식이었다.

자연선택은 완벽을 야기하지 않는다

자연선택은 집단으로 하여금 환경에 보다 잘 적응하도록 하지만, 그 결과는 모든 조건이 아닌 특정 조건에 적응한 생물이다.

하나의 환경에서 생존과 생식을 증가시키는 형질의 변화는 다른 환경에서는 불리할 수도 있다. 다시 말해서, 대부분의 적응형질은 균형을 가져온다. 예를 들면, 미시간 주립대학교의 리처드 렌스키(Richard Lenski)와 그의 동료는 특정 세균이 다른 세균에게는 유독한 화학물질을 진화시켜, 먹이 수준이 낮은 환경에 적응한 사실을 발견하였다. 이 물질을 분비하는 세균은 주변의 경쟁자들을 죽여 없애 제한된 먹이를 보다 많이 차지하여 집단 내에서 우세하였다. 그러나 영양이 풍부한 환경에서 독성 세균을 기르면 비독성 세균이 자라는 속도만큼 잘 자라지 못했다. 그 이유는 독성 세균이 에너지를 독소 생산에 사용하면서 생장과 생식에 사용할 수 있는 에너지는 상대적으로 줄어들었기 때문이다. 영양이 풍부한 환경에서는 유독물질을 생산하지 않는 세균이 보다 많은 자손을 만들며 잘 적응했다.

생물의 적응형질은 또 개체의 기저를 이루는 생물학에 의해 제한을 받는다. 생물학자 스테판 제이 굴드(Stephen Jay Gould)는 이것의 가장 유명한 예로 자이언트판다의 앞발에 있는 엄지손가락을 설명했다(그림 11.14). 이 동물은 6개의 손가락을 가지고 있는 것으로 보인다. 다섯 손가락은 우리와 마찬가지로 손가락뼈로 되어 있고, 엄지손가락은 손목뼈가 늘어나 구성되었다. 이 마주보는 엄지손가락을 움직이는 근육은 별도로 형성된 손근육이다. 엄지는 판다의 주식인 죽순에서 잎을 벗기는데 적응한 형질로 보인다. 보다 효율적인 마주보는 엄지손가락은 다섯 손가락 중 하나로부터 적응된 우리 자신의 것이다. 그러나 판다 집단에서는 손에서 분리된 손가락의 변이가 존재하지 않았다. 늘어난 손목뼈를 가진 개체가 있어서 자이언트판다에서 먹이를 위한 엄지손가락이 진화했으나, 우리의 엄지손가락처럼 유연한 것은 아니다. 판다가 엄지손가락이 있다는 점에서 다른 곰들과 다르지만, 그 손으로는 인간처럼 문자를 보낼 수 는 없을 것이다.

우리에게 더 익숙한 적응 한계의 예는 우리 자신의 직립자세이다. 매년 발생하는 허리와 무릎 부상을 집계해 보면 인간은 두발보행에 완전히 알맞게 형성되지 않았다. 이는 우리의 뼈가 네 다리의 조상에게서 진화되었으며, 직립자세로의 전환은 그러한 조상 설계의 변형이다.

자연선택은 목표를 향한 진보를 일으키지 않는다

자연선택을 설명하면서 자주 함께 언급되는 말이 "적자생존"이다. 그러나 자연선택은 현재 환경

그림 11.14 판다의 엄지손가락. 자이언트판다는 앞발의 다섯 손가락 외에 부분적으로 마주보는 "엄지손가락"을 가지고 있다. 이 "엄지손가락"은 손목뼈가 늘어나 생긴 부위이다.

더 자세히 알아보기, 계속

(a)

(b)

그림 11.15 자연선택은 진보를 뜻하지 않는다. (a) 자연선택은 나는 곤충의 출현으로 충매수분이 가능해지면서 꽃의 진화를 선호했다. (b) 풀은 자연선택이 이들 환경에서 풍매수분을 선호하면서 꽃의 현란한 부분을 상실했다. (a)의 달개비는 풀의 친척이다.

에 가장 적절한 적응형질을 가진 변이체를 선호한다는 사실을 기억할 필요가 있다. 그러므로 자연선택은 예정된 특정 목표를 향한 집단의 진보를 초래하지 않으며 집단이 거주하는 특정 환경에 따라 일어난다.

알코올 분해 파리가 이러한 예를 설명하는 데 도움이 된다. 오직 고농도 알코올 환경에 있던 파리 집단만이 진화하여 알코올 분해 속도가 증가되었다. 변화가 없는 정상 환경에 있던 파리집단의 알코올 분해 속도는 진화하지 않았다.

상황에 따라 일어나는 자연선택은 종이 "보다 완전한" 상태를 향하여 진화한다는 우리의 생각과는 무관한 진화 유형을 보여준다. 예를 들면, 현화식물은 은화식물에서 진화했으며, 꽃은 어찌 보면 씨앗 생산을 높이기 위하여 벌과 여러 매개체를 유인하기 위한 적응형질이기도 하다. 그러나 특히 풀과 같은 일부 현화식물은 풍매가 보다 효과적인 환경에 적응해 왔으므로 충매처럼 곤충을 유인할 필요는 거의 없다(그림 11.15). 이러한 식물에서는 먼 은화식물 조상의 생식구조처럼 단지 화분과 난세포를 생산하는 단순한 구조의 꽃을 가진 개체들이 선택되어 왔다. 풀은 퇴보한 것이 아니라 단순히 그들의 환경에 적응했을 뿐이다.

선택의 유형

다윈이 언급했듯이 자연선택은 시간 경과에 따라 집단의 형질을 변하게 하는 힘이다. 자연선택 과정에 대한 많은 연구를 통해 이제 과학자들은 환경 여건에 따라 집단에 아무런 변화가 없을 수도 있으며, 심지어 집단을 두 개의 다른 종으로 나눌 수도 있다는 것을 깨달았다.

알코올 함유 환경의 파리와 항생제 사용에 반응하는 세균에서 보았던 자연선택의 유형은 집단의 형질을 특정 방향으로 변화시켰으므로 **방향성 선택(directional selection)**이라고 부른다(그림 11.16a). 방향성 선택은 흔히 집단의 변화를 일으킨다. 파리의 경우는 더 알코올 내성 집단으로, 세균의 경우는 더 항생제 내성 균주로 변화된 것이다.

그러나 어떤 환경에서는 집단의 일반 변이체가 높은 적응도를 지니는 경우도 있다. 이 경우에는 집단 내의 양극 변이체가 제외되고 집단의 일반 변이체가 보편화되는데 이를 **안정화 선택(stabilizing selection)**이라고 부른다(그림 11.16b). 예를 들면, 인간의 경우 신생아의 생존율은 출생체중과 연관성이 있으며, 출생체중이 아주 적거나 아

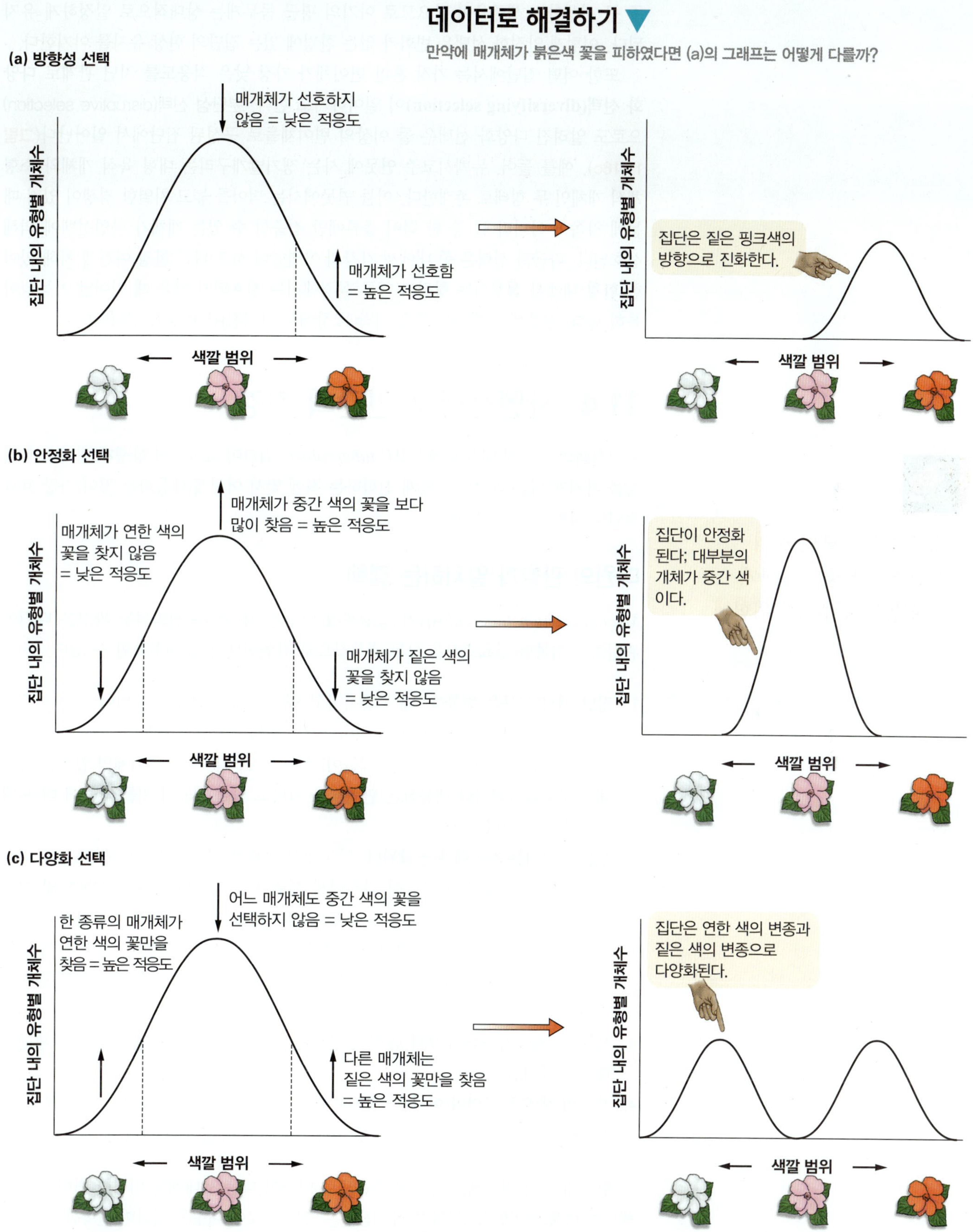

그림 11.16 방향성, 안정화 및 다양화 선택. 다양한 집단과 다른 환경 여건은 각각 다른 유형의 선택을 야기한다.

주 큰 신생아는 생존율이 낮으므로 아기의 평균 몸무게는 상대적으로 일정하게 유지된다. 이렇게 안정화 선택은 변화가 없는 환경에 있는 집단의 현상 유지를 야기한다.

또한 어떤 집단에서는 가장 흔한 변이체가 가장 낮은 적응도를 지닌 관계로 **다양화 선택(diversifying selection)**이 일어나기도 한다. **분단성 선택**(disruptive selection)으로도 알려진 다양화 선택은 둘 이상의 변이체들로 구성된 집단에서 일어난다(**그림 11.16c**). 예를 들어, 뉴멕시코주 연못에 사는 쟁기발개구리는 대형 육식 개체와 소형 채식 개체인 두 형태로 존재한다. 이들 연못에서는 먹이를 놓고 치열한 경쟁이 있기 때문에 양쪽이 아니라 둘 중 한 먹이 종류에만 집중할 수 있는 개체가 자연선택에 의해 선호된다. 다양화 선택은 종 내에서 각각의 아집단이 서로 다른 환경 여건에 처해 있어 한 환경 내에서 선호되는 형질이 다른 환경에서는 선호되지 않을 때 일어날 가능성이 특히 높다. 신종의 발생하는 주요 기작(12장에서 다뤄짐)은 다양화 선택이다.

11.4 자연선택과 인간의 건강

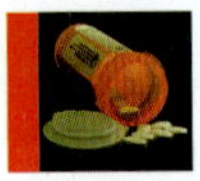

세계 곳곳의 수백만 명의 일반인들이 신중치 못하게 하는 행동들이 우리를 위험에 노출시킨다.

자연선택의 기작에 대한 이해는 *M. tuberculosis* 집단이 효과적인 항생제 대다수에 내성을 가지게 되는 과정과 이렇게 진화하는 적에 맞서 어떻게 대응하는 것이 가장 효과적인지 파악할 수 있게 한다.

다윈의 관찰과 일치하는 결핵

*Mycobacterium tuberculosis*가 항생제에 내성을 지니도록 진화되는 과정은 다윈이 관찰하고 기록한 필요조건을 모두 충족하므로 자연선택의 결과라고 할 수 있다.

1. **집단 내의 생물은 변한다.** 폐에 잠복하고 있는 세균이 폐조직을 먹이로 삼아 증식하며, 증식과정에서 돌연변이가 일어나기도 한다. 그 결과 약물 치료를 받는 동안에도 *M. tuberculosis*의 새 변이체들이 계속 생겨난다. 이들 변이체의 일부는 항생제를 무력화시키거나 대응하는 단백질을 지니고 있어 세균이 이들 약물에 더욱 내성을 지니게 한다.
2. **생물의 변이는 자손에게 전달된다.** 약물내성을 유발하는 형질은 세균 DNA에 의하여 암호화되어 있다. 세포증식 과정에서 세포가 분열될 때, 복제된 DNA 및 형질이 딸세포로 전달된다. 세균은 또한 DNA의 절편을 한 세균세포에서 다른 세균세포로 직접 이동시킴으로써 변이를 전달할 수 있다. 이러한 유형의 "상속"은 우리와 같은 다세포 생물 내에는 일어나지 않지만 변이가 유전될 수 있다는 기본 원칙은 동일하다.
3. **생물은 생존 가능한 수보다 많이 생산된다.** 항생제 치료는 감염자 체내의 세균을 대부분 제거한다.
4. **생물의 생존은 우연이 아니다.** 항생제에 더 큰 내성을 지니고 있는 세균세포가 적은 내성을 지니고 있는 세균세포에 비해 생존할 가능성이 더 높다.

항생제 내성 변이체의 증가된 적응도로 인하여 다음 세대에는 이러한 변이체의 퍼센트가 더욱 늘어난다. 이처럼 세균집단은 약물 치료에 내성을 지니며 진화한다.

결핵 치료를 위해 항생제를 투여하기 시작한 직후, 과학자들은 성공적으로 치료가 끝난 것으로 보인 몇몇 환자가 후에 병이 재발하는 것을 목격했다. 더군다나 재발 환자의 경우 초기 치료에 비교해 치료되기가 훨씬 더 어려웠다. 과학자들은 자연선택의 이론을 결핵 치료에 적용하기 시작했고, 그 결과 효과 높은 장기치료법이 개발되었다.

초기 결핵 치료의 두 가지 폐단은 세균의 약물내성을 높이는 결과를 야기하고 말았다. 첫 번째는 약물을 단기간만 투여한 점이며, 두 번째는 활성결핵 환자에게 한 번에 한 종류의 약만 투여한 점이다.

약물내성을 위한 선택

항생제는 환자 자신의 면역체계로 세균감염을 억제할 수 있는 시간을 벌어주기 때문에 효과적이라 할 수 있다. 항생제는 세균 집단의 수를 낮게 유지시켜줌으로 감염의 영향으로 인한 에너지 소모를 낮추고 신체가 면역반응을 생성하는 데 에너지를 집중하도록 한다.

감염자 체내의 *M. tuberculosis* 세포 대부분은 항생제에 감수성을 가지고 있으므로, 약물치료 며칠 내로 대다수 사라진다. 거의 모든 세균이 죽고 나면 미열이나 심한 기침 등 질병의 증상이 줄어들거나 사라지면서 몸상태도 한결 나아진다. 하지만 항생제에 저항적인 소량의 세균은 퇴치하는데 더 오랜 시간을 필요로 한다. 초기 시절의 결핵치료 방식처럼 몸상태가 좋아졌다고 해서 약물 치료를 중단하면 남아 있는 내성균이 번식하면서 재감염을 일으킨다. 그 결과 약물내성 균주가 탄생한다. 새로운 세균 집단은 더욱 저항적이기 때문에 재발된 경우 치료가 더 어렵다(그림 11.17). 환자 내 내성균의 수가 증가하면서 항생제에 강력한 내성을 지닌 돌연변이의 세균이 등장할 가능성도 높아진다. 그리고 환자가 이 순간에 퇴원을 하여 일상생활에 복귀하게 되면 가장 일반적으로 효과적인 결핵약에 내성을 지닌 결핵균이 퍼지기 시작하는 것이다.

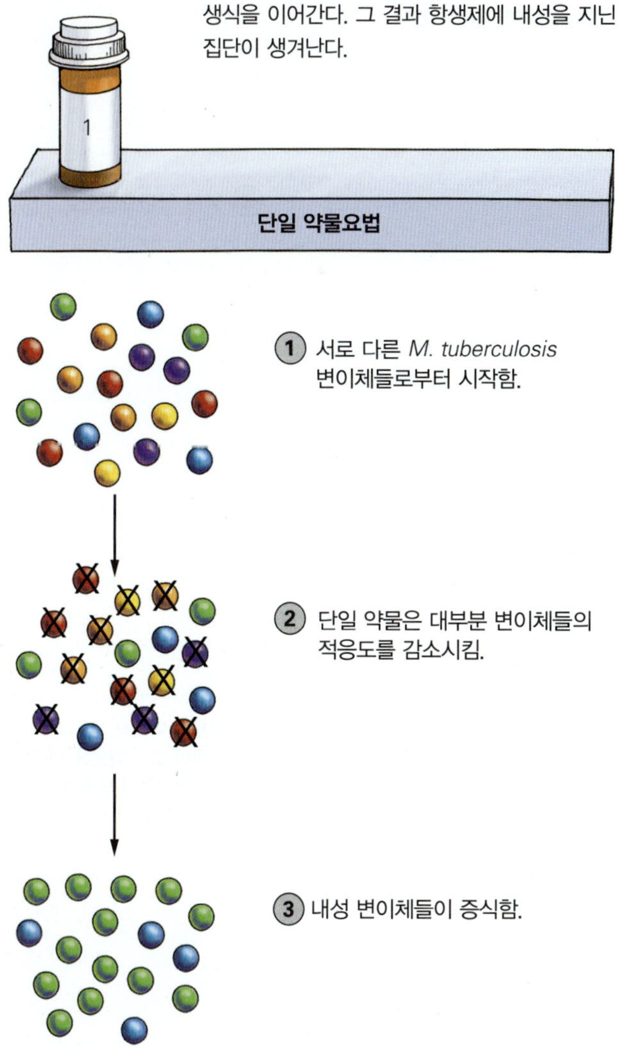

그림 11.17 결핵의 방향성 선택. *M. tuberculosis*의 다양한 집단 속에는 특정 항생제에 더 내성이 있는 일부 세포가 있을 수 있다. 이 특정 항생제가 투여될 때 내성을 지닌 변이체는 생존하여 생식을 이어간다. 그 결과 항생제에 내성을 지닌 집단이 생겨난다.

쉬어가기 몇몇 세균은 항생제에 노출된 적이 없음에도 불구하고 왜 항생제 내성 돌연변이를 보유하고 있을까?

약물내성 방지

*Mycobacterium tuberculosis*가 약물내성이 형성되는 것을 막기 위해서는 애초에 내성 형성을 촉진하는 요소를 제거해야 한다. 한 가지 방법은 세균 감염 증상이 신체에서 완전히 사라질 때까지 몇 달간 약물요법을 지속하는 것이다. 다른 방법은 활성 감염자에게 복합 약물을 투여하여 집단 내에 이미 존재하는 약물내성 변이체가 선택되는 것을 막는 것이다.

복합 약물요법(combination drug therapy)은 흔히 약물 혼합요법이라고도 불리며 단일 약물 투여 시 질병이 빠른 속도로 약물내성을 형성할 가능성이 있을 때 사용한다. AIDS 감염을 일으키는 바이러스, HIV가 이 중 한 예이다. 복합 약물의 효과는 사용약의 수가 많으면 많을수록 세균 유전체는 내성을 기르기 위하여 더 많이 변화해야 한다는 사실에 근거하고 있다.

단일 약물에 내성을 가진 세균 변이체가 출현하게 될 가능성은 상대적으로 적으나 10억 가지의 다양한 세균 변이체를 지닌 환자에게서는 굉장히 가능한 일이다. 그러나 혼합된 두세 가지의 약에 모두 내성을 가진 세균 변이체가 나타날 가능성은 극히 적다. 즉, 단일 약물에 내성을 지닌 세균이 존재할 가능성은 10억 명의 복권 구입자 중에 한 명이 당첨될 가능성과 같아서 거의 확실하다. 여러 개의 다른 약에 내성을 지닌 변이체가 존재할 가능성은 동일한 복권 구입자가 몇 번 연속하여 당첨될 가능성과 같아서 거의 희박하다. 두 번 연속하여 당첨되는 일이 매우 어려운 것처럼, *M. tuberculosis*가 두 가지의 "강력한 약"이 들어 있는 환경에 한꺼번에 적응하기는 매우 어렵다(그림 11.18).

과학자들은 1940년대에 이미 이런 약물내성 결핵에 대해 파악하고 있었다. 그렇다면 왜 근래에 다시 약물내성 *M. tuberculosis*가 나타난 것일까? 가장 큰 이유는 경계심이 적은 몇몇 공중 보건 연구가들이 결핵 환자 체내에서 모든 균이 제거될 때까지 반년에서 1년 동안 지속적인 투약이 이뤄지도록 조치를 취하지 않은 까닭이다. 이는 단지 앤드류 스피커 개인의 무모한 행동이 그와 함께 비행기를 탄 승객들을 광범위내성

그림 11.18 복합 약물요법은 항생제 내성을 막는다. 복합 항생제 사용은 *M. tuberculosis*의 환경을 보다 가혹하게 만들고 복합 내성의 변이체로 진화할 가능성을 감소시킨다.

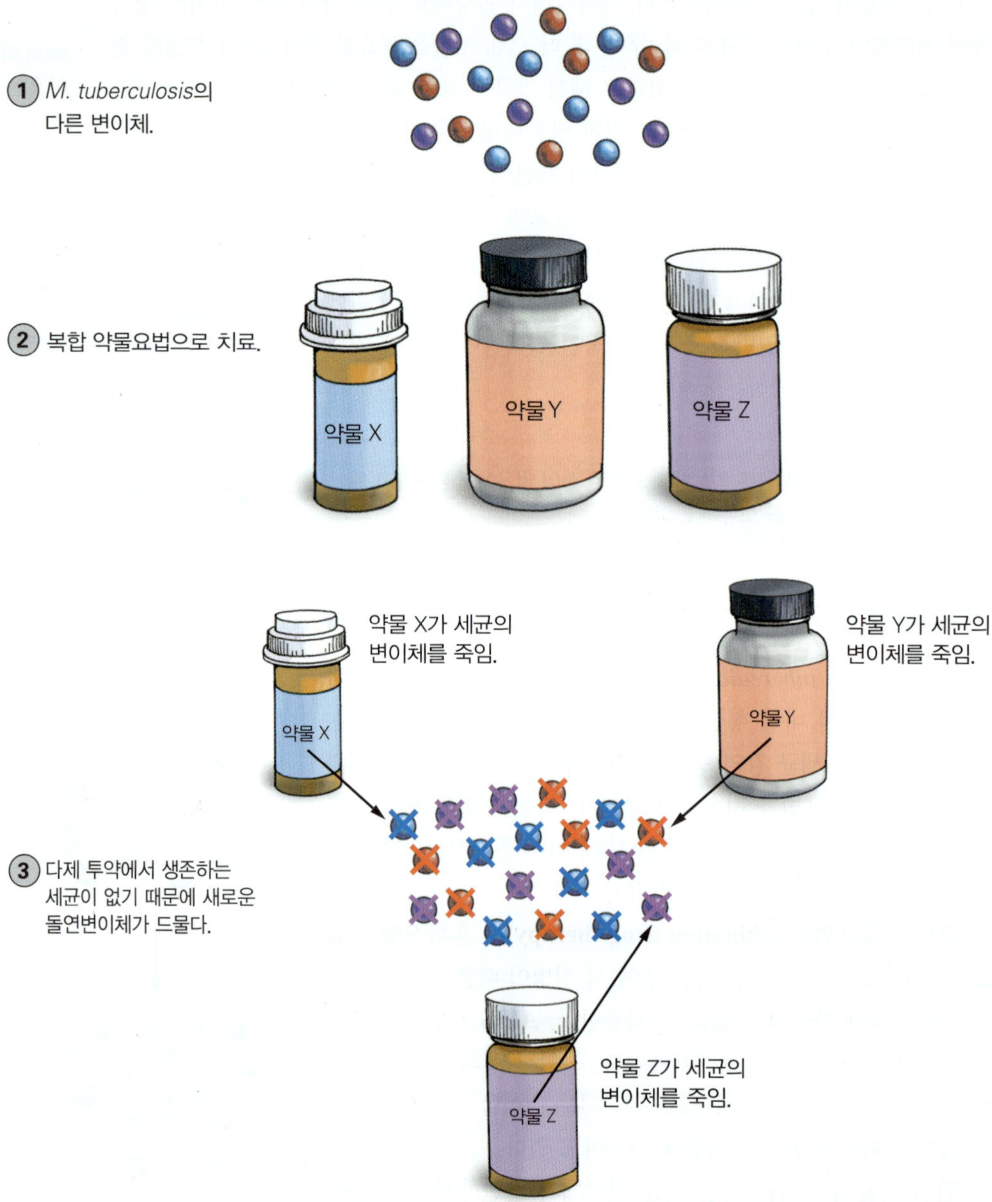

결핵(XDR-TB)의 위험에 노출시킨 것이 아니라는 것이다. 이런 위험한 변이체를 탄생시킨 장본인들은 기일까지 치료법을 제대로 이행하지 않은 수천 명의 평범한 결핵환자들인 것이다. 이러한 이해를 바탕으로 환자의 장기간 지속된 치료와 영세지역에의 치료 도입 등과 같은 공중보건 정책에 주목할 때, 광범위내성결핵의 파급도 저지할 수 있을 것이다.

항생제의 불충분한 투여로 내성을 만든 세균성 질병이 결핵뿐만이 아니라는 사실은 이제 그렇게 놀라운 일이 아닐지도 모른다. 메티실린 내성 황색포도상구균(methicillin-resistant *Staphylococcus aureus*, MRSA) 감염 또한 간단히 치료할 수 있던 세균이 치명적이고 위험한 형으로 진화한 경우이다(그림 11.19). 중이염, 성병, 폐렴을 일으키는 생물들을 포함해 한때 항생제로 쉽게 치료했던 수십 개의 다른 세균 **병원체(pathogens)**는 이제 하나 이상의 항생제에 내성을 지닌 균주를 포함하고 있다.

환자의 불규칙적인 투약뿐만 아니라 약물 오남용도 항생제 내성을 증가시키는 요인 중 하나이다. 일반 감기 같이 바이러스에 감염된 환자에게 항생제가 잘못 처방되는 경우가 많은데, 이런 환자에게는 항생제가 아무런 효과도 없을 뿐더러 이전에는 쉽게 다룰 수 있었던 세균이 내성을 가지게 될 가능성을 높인다. 조류, 육류 등의 동물 사육 과정에서도 꽉 찬 사육장 내에 세균성 질병의 발생을 막기 위해서 흔히 항생제가 과다하게 남용된다. 약물내성은 세균뿐만 아니라 HIV 등의 바이러스나 말라리아를 일으키는 원생동물 같은 병원체에게도 동일한 진화 과정이 일어났다.

이렇게 항생제 내성을 지닌 "슈퍼버그(superbug)"가 생기는 것을 막기 위해서 환자와 의사 모두 신중하고 지혜롭게 항생제를 사용해야 한다. 하지만 진화는 우리의 적뿐만 아니라 우리에게도 희망의 비책을 남겨두었다.

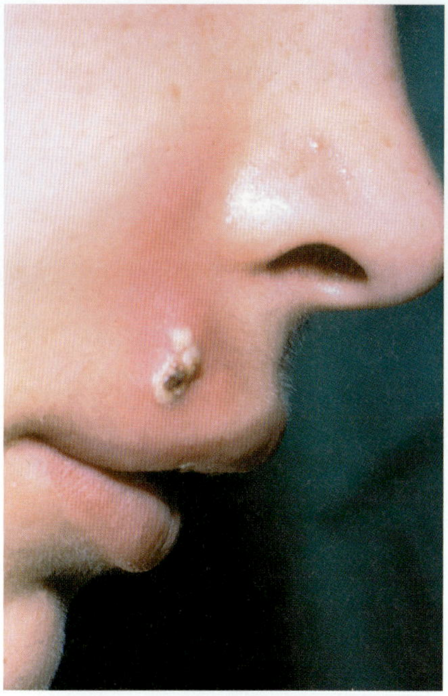

그림 11.19 **MRSA.** 포도상구균의 피부 감염은 사진처럼 종기를 일으키며, 비교적 흔한 편이다. 하지만 항생제로 치료할 수 없는 경우에는 전신으로 병이 번져 치명적일 수도 있다.

자연선택은 우리를 슈퍼버그로부터 구할 수 있는가?

세균은 급속도로 항생제 내성으로 진화할 수 있다. 그렇다면 우리가 세균 내성으로 진화할 수는 없을까? 자연선택이 우리를 이러한 병원체로부터 구해낼 수 있을까?

건강한 사람들 간에도 질병에 대한 감수성이 다르므로, 장기간 결핵에 감염되거나 활성 질병을 가지게 될 가능성도 차이가 난다. 이러한 유전성 변이의 존재 및 살인바이러스에 노출된 사람들의 생존 가능성이 서로 다르다면, 우리 인간 집단도 자연선택을 통하여 *M. tuberculosis* 내성으로 진화할 수 있을까?

그럴 수도 있겠지만, 자연선택은 시간이 지나면서 개체의 선별적인 생존과 생식을 통하여 일어난다는 사실을 기억하라. 간단하게 말해서, 인간 집단이 이 세균에 내성을 가지려면, 비내성 사람들은 집단 내에서 사라져야 한다. 그러나 이 과정은 인간 집단에서 결핵이 처음 관찰된 6,000년 이상 전부터 지금까지 일어나지 않았다. 대다수의 결핵 비내성인 사람들도 *M. tuberculosis*에 노출되지 않은 채 생존하고 생식하기 때문에 비내성 변이체는 집단 내에서 사라지지 않을 것이다. 인간의 미래 진화는 아마도 항생제 내성 슈퍼버그에 대한 해법이 아니다.

하지만 자연선택이 현재 환경 여건에 가장 효과적인 형질로 이끌지만 완성으로 끝나지 않는다는 사실을 떠올려 보라. 여러 항생제에 내성을 지닌 *M. tuberculosis*의 변이체는 다른 사람에게 전파될 가능성이 상당히 낮다. 즉, 병균의 항생제 내성이 높아지면 반대로 일반 환경에서 생존하고 생식할 수 있는 능력이 떨어지면서 균형을 이루는 것이다. 이러한 사실은 결핵에 취약한 집단에 질병 발생 시 신속한 대응이 이루어지면 위험한 병원균이 퍼지는 것을 막을 수 있음을 보여준다.

더 나아가 자연선택은 우리에게 결핵과 싸울 수 있는 또 다른 길을 제시했다. 환경의 도전에 맞서 두뇌를 이용하여 질병을 싸워 낼 수 있는 강력한 무기, 지성이 우리에게 있다. 질병의 감염 과정을 이해함으로써 수천 명의 추가 감염을 예방하고 항생제 개발로 수백만 명을 질병에서 구했다. 이제 면역계를 자극하여 초기에 감염을 방지하는 백신이 개발되고 있어 드디어 질병을 근절시킬 수 있을 것으로 보인다. 하지만 그 전까지는 우리의 지성을 총동원해서 내성 질병의 전파를 막아야 한다.

멕시코 국경에서 발견된 광범위내성결핵 감염자의 이야기는 아직 미궁 속이지만, 앤드류 스피커에게는 좋은 뉴스가 있다. 차후 검사에 따르면 그의 폐에 있는 *M. tuberculosis* 변이체는 광범위내성결핵이 아니라 치료 가능한 다제내성결핵으로 밝혀졌다. 그는 항생제 치료와 폐수술을 받고 비교적 빠르게 퇴원했다. 스피커의 경우는 활성 질병이 아니었고 다른 사람을 감염시킬 가능성은 극히 낮았다고 한다. 이와 같은 결과는 스피커와 같은 비행기를 탑승한 승객들에게도 희소식임에 틀림없다. 이제부터 자연선택 과정의 주의 깊은 관찰을 통해 항생제를 적용한다면 결핵이 다시 불치병 명단에 오를 필요는 없을 것이다.

현명한 독자

블로거가 쓴 결핵 이야기

뻔뻔한 사람!

앤드류 스피커라는 사람, 정말 이해가 안 된다. 결핵의 심각성이나 공기를 통해 쉽게 감염될 수 있다는 건 모두 알고 있는 사실이다. 비행기 타면 항상 공기가 탁하고, 많은 사람들이 타서 항상 병균에 신경이 쓰이는데 이렇게 자신이 결핵에 걸렸는지 알면서도 여러 번, 그것도 장거리 국제비행기를 탔다는 소식을 들으니 화가 치민다. 질병관리예방본부(CDC)가 연락하면 무시하고 이 비행기에서 저 비행기로 도망 다니고서는, 자신이 한 행동이 모든 사람들을 위험에 처하게 한 것인지 몰랐다고 말하면 그걸로 다 용서되는 걸로 아는 건지?

내 생각에는 "몰랐던" 게 아니고 단지 "상관 안했던" 거라고 본다. 다른 사람들이야 어떻게 되든 상관없는 거만한 사람인 것이다! 그런데 생각해 보면 요즘 사람들의 행동도 다 이런 식이라서 걱정된다. 모두 나, 나, 나에만 집중하는 세상. 스피커는 단지 전형적인 '나' 중심의 사람인 것이다. 그 사람이 한 행동은 심지어 자신의 아내까지도 위험에 처하게 했다. 같은 비행기를 탄 수백 명의 사람은 말할 것도 없고. 그는 창피하지도 않는가!

1. 이 사설에서 주장된 사실을 열거해 보라. 저자가 그에 대해 적절한 근거를 제시하고 있는가?
2. 사설은 서술된 모든 내용의 근거를 제시하지는 않는다. 어떠한 자료를 통해 저자의 신뢰성을 짐작할 수 있을까?
3. 이 포스팅 내용은 스피커 사건이 보도되고 난 직후의 사람들 반응을 적절히 반영하고 있다. 더 많은 사실이 밝혀진 지금 뒤돌아보면 이 뉴스 보도 직후 사람들의 반응은 적절했다고 보는가?

From the Wordpress blog site of "fwtandy" (no further identification) posted June 8, 2007

그럴듯한 소리인데 **그런가?**

복잡한 생물들이 어떻게 어느 설계자도 없이 생겨났을지를 상상하는 일은 어렵다. 찰스 다윈도 빛의 양을 조절하는 눈동자, 서로 다른 거리의 초점을 맞추도록 굴절하는 수정체, 그리고 망막의 정교한 신경조직 등을 지닌 인간의 정교한 눈이 자연선택의 과정을 거쳐 진화할 수 있었으리라는 사실을 알아내기는 어렵다는 것을 이해하고 있었다. 그러나 그는 그것이 어떻게 가능할지에 대하여 깊이 생각하였다. 진화론에 대한 비평가들이 다음과 같이 말하는 것을 들었을 것이다.

인간의 눈은 무(無)에서 우연한 계기로 진화하기에는 너무 복잡하다.

그럴듯한 소리이지만 그렇지 않다.

1. 자연선택이 작용하는 변이는 어디에서 유래하는 것인가?
2. 과학자들은 각 개체가 해부학적 구조와 생리작용에 영향을 미칠 수 있는 세 개의 "새로운" 돌연변이를 지니고 있다고 추정한다. 선택에 영향을 받는 돌연변이에 대한 이 낮은 예상치를 적용하면 1만 명으로만 구성된 집단에서 얼마나 많은 "새로운" 유전자 변이체가 매 세대마다 나타나는가?
3. 2번 질문은 얼마나 많은 유전적 변이가 우연한 계기로 나타날 것인가에 대한 개념을 준다. 자연선택은 "우연"인가?
4. 본 장에 기술된 팬더 엄지손가락의 진화를 생각해 보라. 무엇에서 진화하였는가?
5. 일부 단순한 단세포 생물들은 빛을 피하거나(또는 향하거나) 빛을 감지할 수 있다. 이러한 생물들은 눈을 가지고 있는가?
6. 지렁이와 같은 단순한 동물들은 입과 같은 몸 구조의 모양을 바꿀 수 있다. 입 모양을 바꾸는 동일한 기작들이 수정체나 동공의 모양도 바꿀 수 있는가?
7. 1~6번 질문에 대한 답을 생각하고 위의 굵은 글씨로 쓴 문장이 그럴듯하지만 그렇지 않은 이유를 설명하라.

복습

요약

11.1

인간 집단 내에서의 결핵의 역사를 기술하고, 왜 현재의 치료법이 질병의 일부 균주에 대하여 효력이 없는지를 설명하라.

- 결핵은 세균 감염에 의하여 발생하는 오래되고 광범위한 질환으로, 폐질환을 야기하며 감염자의 10%가 사망한다.
- 항생제의 출현과 함께 결핵은 사형선고일지도 모르는 병에서 손쉽게 치료 가능한 병으로 바뀌었다. 하지만 25년 전부터 대부분의 항생제에 내성을 가진 결핵균 변이체가 등장했다.

11.2

자연선택의 추론을 가능케 한 네 가지의 관찰들을 열거하라.

- 집단 내의 개체는 변하며, 일부 변이는 자손에게 전달된다.
- 집단 내의 모든 개체가 성숙할 때까지 생존하는 것은 아니며, 모든 성체가 가능한 최대수의 자손을 낳는 것은 아니다.
- 생존과 생식은 무작위적이 아니다. 적응형질로 불리는 유익한 형질은 개체의 적응도와 생존 또는 생식 기회를 증가시켜 준다.

자연선택이 진화적 변화를 야기하는 이유를 설명하라.

- 특정 적응형질을 지닌 개체의 증가된 적응도는 세대를 거치면서 집단 내에서의 적응형질을 더욱 보편화시킨다.

자연선택이 집단의 진화를 이끈다는 가설을 지지하는 증거의 예들을 제시하라.

- 인간이 생물의 적응도를 고의적으로 조절하는 인위선택은 동물의 품종과 식물의 변종의 진화를 야기한다.
- 환경 변화에 노출된 집단은 실험실에서나 자연에서나 모두 환경에 보다 잘 적응하는 형질을 진화시키는 것으로 나타났다.

11.3

자연선택이 집단 내의 대립유전자 빈도에 작용하는 과정을 기술하라.

- 진화의 현대적 정의는 생물 집단 내의 유전적 변화이다.
- 적응형질을 암호화하는 대립유전자는 자연선택의 결과, 세대를 거치면서 집단 내에서 더욱 보편화된다.

왜 자연선택은 "완벽하게 적응된" 생물들을 만들거나 어떤 이상적인 상태를 만들지 않는지를 논하라.

- 자연선택은 현재의 집단 내에 존재하는 변이체에만 작용한다. 자연선택은 주어진 환경에 보다 잘 적응한 집단을 야기하지만 균형의 결과로 대부분 완벽한 적응으로 끝나지는 않는다. 자연선택은 집단으로 하여금 정해진 "목표"를 향하여 나아가게 하지는 않는다.

선택의 세 가지 양식을 열거하고 각 양식의 예들을 들며 이들이 어떻게 다른 결과들을 야기하는지 설명하라.

- 선택은 집단의 형질을 일정 방향으로 변화시킬 수 있다. 하지만 일부 환경에서는 특정 형질이 변화에 저항하게 하고 다른 환경

에서는 다양한 변이체가 진화하도록 한다.

11.4

자연선택에 대한 이해력을 이용하여 왜 복합 약물요법이 약물 내성과 싸우기 위한 효과적인 도구인지를 설명하라.

- 질병원인 생물들은 다양한 약물에 노출되었을 때 각각 다른 생존율을 가진 여러 변이체로 구성되어 있기 때문에 항생제 내성으로 진화할 수 있다. 질병원인 생물 집단은 자연선택을 통하여 약물내성을 진화시킬 수 있다.
- 복합 항생제에 내성을 가진 세균 돌연변이체는 비교적 발생하기 어렵기 때문에 복합 약물요법은 항생제 내성 진화의 위험성을 감소시킬 수 있다.
- 균형의 결과, 다제내성인 질병유발 생물들의 변종은 비약제내성 변종들보다 정상 조건에서 생존하고 생식하기 어렵다. 그러므로 내성 생물들은 비내성 변종들보다 덜 전염적이다.

언어의 뿌리

다음 어원들은 주로 라틴어나 그리스어에서 기원하며 아래와 같은 뜻을 가지고 있어 용어를 해석하는 데 도움을 준다:

adapt-	'들어맞다'를 의미한다. 용어: *adaptation*
anti-	'반대된다'를 의미한다. 용어: *antibiotics*
-biotic	생명과 관련 있음을 나타낸다. 용어: *antibiotics*
-osis	상태를 나타낸다. 용어: *tuberculosis*
patho-	질병을 의미한다. 용어: *pathogen*
tubercul-	'작은 부종'을 의미한다. 용어: *tuberculosis*

기본문제

1. 어떤 종류의 약품들이 결핵 감염으로 인한 사망률을 감소시키는 데 도움이 되었으며 왜 최근에는 이들 약품들이 비효과적이 되었는가?

2. 인위선택을 정의하고, 이를 자연선택과 비교 설명하라.

3. *Mycobacterium tuberculosis*가 항생제에 노출되었을 때 어떻게 진화하는지 기술하라.

4. 다음 중 어느 관찰이 자연선택설의 일부에 해당하지 않는가?

A. 생물 집단은 생존 가능한 숫자보다 더 많은 자손을 가지고 있다.
B. 집단 내의 개체 간에는 변이가 있다.
C. 현대 생물들은 관련성이 없다.
D. 형질은 부모로부터 자손에게 전달된다.
E. 집단 내의 일부 변이체는 다른 변이체보다 더 높은 생존 가능성과 생식력을 지니고 있다.

5. 진화 적응도에 대한 최선의 정의는 ______

A. 신체적 건강이다.
B. 이성들을 유인할 수 있는 능력이다.
C. 환경에 적응할 수 있는 능력이다.
D. 집단의 다른 개체들과 비교한 생존과 생식이다.
E. 종합적인 힘이다.

6. 적응형질은 ______를(을) 증가시키는 생물의 형질이다.

A. 생물의 적응도
B. 생물의 생존과 생식 능력
C. 세대를 거쳐 내려온 집단 내의 빈도
D. A와 B가 옳다
E. A, B, 그리고 C가 옳다

7. 생물 간의 유전적 차이는 ______의 결과이다.

A. 생물들의 DNA 차이
B. 돌연변이
C. 대립유전자의 차이
D. A와 B가 옳다
E. A, B, 그리고 C가 옳다

8. 신다윈설의 확립 이후, 진화는 세대 변화 과정에서 ______의 ______이(가) 변화된 것이라고 정의 내린다.

A. 종, 형질
B. 집단, 대립유전자 빈도
C. 자연 환경, 자연선택
D. 단일 생물, 적응형질
E. 집단, 적응도

9. 코끼리의 상아는 세계 시장에서 거래가치가 높은 상품이다. 그 결과 지난 몇 세기동안 큰 상아를 가지고 있는 수컷 아프리카 코끼리는 심하게 사냥 당해왔다. 오늘날 완전히 성장한 수컷 코끼리는 1900년대 초의 수컷 코끼리와 비교할 때 상당히 짧은 상아를 가지고 있다. 이것은 ______의 예이다.

A. 분단성 선택
B. 안정화 선택
C. 방향성 선택
D. 역진화
E. 위의 보기 중 한 가지 이상이 옳다

10. 여러 인간 질병을 일으키는 생물들 중에 항생제 내성은 이제 흔히 관찰된다. 다음 보기 중 이들 생물의 항생제 내성을 줄이는 데 좋은 전략이 아닌 것은?

A. 세균 감염이 치료되지 않는 상황 같이 필요할 때에만 항생제를 사용한다.
B. 지시한 대로 항생제를 사용하고, 약은 처방받은 기간 내에 모두 먹는다.
C. 질병을 치료하기 어려운 경우에는 한 가지 이상의 항생제를 사용한다.

D. 병원체가 일으킬 수 있는 진화 과정을 막아 자연선택을 방지한다.

E. 가축사육장같이 의료관리소가 아닌 곳에서는 항생제 사용을 자제한다.

응용문제

1. 대부분의 재배 과일 및 채소는 야생 조상종에서 인위선택되어 나온 결과물이다. 인위선택에 대한 당신의 지식을 활용하여 재배딸기가 작은 야생종에서 어떻게 진화해 왔는지를 기술하라. 또한 재배딸기는 유연관계의 야생 조상종에 비교해 어떤 형질을 가지고 있으며 두 종간에 형질의 균형이 이뤄지는지 살펴보라.

2. 얼룩말 가죽의 줄무늬 모양은 사자나 다른 포식자들이 얼룩말을 발견하고 잡아먹고자 하는 가능성을 줄이기 위하여 적응해 온 형질로 생각되고 있다. 얼룩말의 조상들은 아마도 무늬가 없었을 것이다. 돌연변이와 자연선택에 대한 당신의 지식을 활용하여 줄무늬 얼룩말의 집단이 어떻게 무늬 없는 얼룩말의 집단으로부터 진화해 왔는지를 기술하라.

3. 생물의 모든 특징은 적응형질인가? 만약 생물의 형질이 자연선택에 의한 진화의 산물이라면 이를 어떻게 확인할 수 있는가?

연관문제

1. 자연선택설은 수많은 영역의 인간 문명에 적용되어 왔다. 예를 들면, 미국에서는 부자와 가난뱅이가 적자생존의 원리에 의해 결정된다는 신념이 널리 퍼져 있다. 빈부의 격차를 만드는 시장경제는 어떤 점에서 자연선택과 비슷한가? 또 어떻게 다른가?

2. 전 세계적으로 결핵 환자의 95%가 대부분 효과적인 약물 치료를 받을 여유가 없는 개발도상국에서 발생하고 있다. 미국은 개발도상 지역의 사람들에게 저렴하고 효과적인 항결핵 요법을 제공할 의무가 있는가? 매일 연명할 식량도 부족한 이들 국가에서는 장기간 꾸준하게 약을 복용해야 할 필요성과 의무는 생존에 압도되어 약물내성 결핵균이 발생할 가능성이 더욱 많다. 이러한 문제와 싸우기 위해서 정부와 기금단체가 할 수 있는 일은 무엇일까?

CHAPTER **12**

인간의 정체

이 흑인 학자는 시를 통해 첫 흑인 미대통령의 당선을 기리고 있다.

종과 인종

2009년 1월 20일은 미국 역사상 첫 흑인 대통령 버락 오바마가 취임하는 역사적인 순간이었다. 그의 대통령직에 대한 개개인의 의견을 떠나 오바마의 당선은 아프리카인들이 법적 노예 신분에서 해방된 이후 여섯 세대 안에 미국 사회에서 일어난 주요 변화의 정점임에 대부분 동의할 것이다. 흑인 학자이며 시인인 엘리자베스 알렉산더가 취임식을 위하여 쓴 "그 날을 위한 축하곡"이라는 제목의 글을 읽을 때 그녀는 미국인들이 얼마나 먼 길을 왔는지 명백하게 언급했다.

숨김없이 말할지어다: 오늘을 위하여
많은 사람들이 죽었음을
여기에 우리들을 인도한 죽은 자들의
이름을 노래하라
철로를 놓고 다리를 연결한 자들

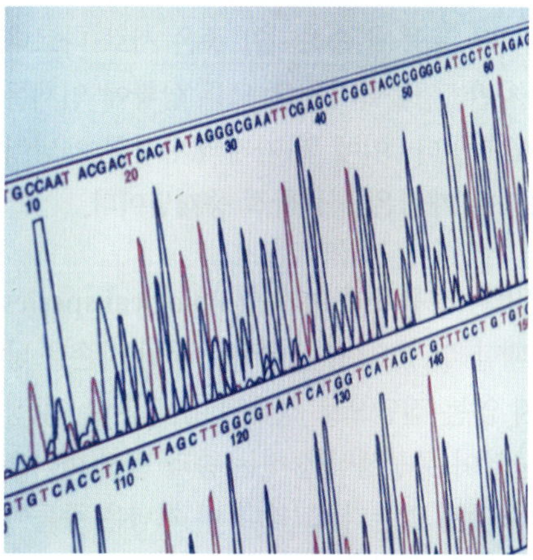

그녀는 후에 그녀가 유전적으로 아프리카인보다 유럽인에 가깝다는 사실을 알았다.

실제로 그녀는 희극배우 스티븐 콜베어와 최근의 조상을 공유하고 있다.

목화와 상추를 따고
벽돌을 하나하나 쌓아 번쩍이는 건물을
지은 그들은
그 안에서도 청소하며 일하고 있네.

미국의 노예제도는 흑인 아프리카인들이 백인 유럽인들보다 생물학적으로 열등하다는 신념으로 일부 정당화되었다. 노예제도가 폐지된 이후에도 인종주의는 끝나지 않았다. 알렉산더 박사의 전문 경력은 인종 관계를 개선하고 그녀 및 다른 흑인들이 경험한 인종주의의 영향을 감소시키는 데 기여하였다. 알렉산더 박사가 유전적 분석에 따라 그녀의 조상은 실제로 단지 27%만이 아프리카인이며 66%는 유럽인이라는 사실을 알았을 때의 놀라움을 상상해 보라. 그 분석은 미국의 다양성을 조사하는 일련의 다큐멘터리 중의 하나로서 수행되었고 그 결과에 대한 그녀의 곤혹스러운 반응이 화면에 잡혔다.

얼마 후 다큐멘터리의 사회자이며 하버드 흑인학 교수인 헨리 루이스 게이츠 박사는 분석 결과 유전적 조상이 100% 유럽인인 희극배우 스티븐 콜베어가 알렉산더 박사의 먼 사촌임을 확인해 주었다. 알렉산더는 게이츠 박사보다 콜베어와 그 유연관계가 더 가까웠다—그리고 이 결과대로라면 그녀는 그녀의 연구를 통해 표현하고자 하는 다른 흑인들과는 유전적 역사를 거의 공유하지 않을지도 모른다.

그러나 저명한 흑인 시인이 다른 흑인들보다 백인 예능인에 더욱 가까운 것으로 밝혀진 유전적 분석은 인종에 대하여 무엇을 말해주는가? 그녀는 흑인보다 백인에 더욱 가까운가? 아니면 인종은 생물학적 실체보다 사회적 구조인가? 본 장에서는 신종의 형성을 이해하는 과정의 하나로서 인종의 생물학적 정의를 고찰하고 인간은 생물학적으로 독특한 인종들로 분류될 수 있는지에 대한 질문에 답하고자 한다.

이 새로운 유전적 정보는 우리들의 인종 경험에 어떻게 적용되는가?

(a) 사자

(b) 표범

그림 12.1 **같은 속, 다른 종.** (a) *Panthera leo*, 사자. (b) *Panthera pardus*, 표범.

12.1 종이란 무엇인가?

모든 인간은 하나의 종에 속한다. 인종의 개념을 이해하기 전에 먼저 인간이 동일종이라는 말의 의미와 종의 기원에 대한 개념을 이해할 필요가 있다.

1700년대 중반, 스웨덴의 과학자인 카롤루스 린네는 자연의 모든 사물을 목록으로 작성하는 일을 시작하였다. 린네는 공통형질의 공유 여부에 따라 생물을 나누는 분류개념을 개발하였다(10장). 그의 분류체계에 사용된 기본 단위는 유사성이 가장 큰 구성원을 하나의 그룹으로 묶는 **종(species)**이었다. 린네는 각 종에 대하여 두 부분으로 명명하였는데, 첫 부분인 **속(genus)**은 보다 넓은 그룹을 의미하며, 둘째 부분은 속 내의 각 종에 고유한 이름이다. 예를 들면, *Panthera leo* 학명의 사자는 *Panthera pardus* 학명의 표범과 같이 포효하는 고양이과 동물의 여러 종과 동일한 속에 분류되어 있다(그림 12.1).

린네는 인간을 기술하기 위하여 *Homo sapiens*(*Homo*는 "인간"을 의미하고, *sapiens*는 "알고 있는" 또는 "현명한"을 의미함)라는 2명법 이름을 만들었다. 린네는 사람들 사이에 차이가 있음을 인식했지만, 인간의 기본적인 통일성을 인지하고 우리 인간을 모두 같은 종 내에 두었다.

현대 생물학자들은 *Homo sapiens sapiens*처럼 **아종(subspecies)**명을 첨가하여 현대인류를 약 25만 년 전에 등장한 초기의 인류와 구분하고 있지만 기본적으로는 린네의 분류를 따르고 있다. 인류의 다른 아종은 *Homo sapiens neanderthalensis*로 알려진 네안데르탈인을 포함한다.

생물학적 종개념

대부분의 사람들은 사자와 표범이 모두 고양이과 동물에 속하지만 종은 서로 다르다는 식으로 종간의 차이를 직관적으로 인식하지만, 생물학자들은 모든 상황에 언제든지 들어맞는 단일 정의를 찾는 데 어려움을 겪고 있다. 이에 몇 가지의 유용한 개념이 제시되어 쓰이고 있다. 가장 일반적으로 사용되는 개념은 생물학적 종개념이다.

생물학적 종은 생식적으로 격리되어 있다. **생물학적 종개념(biological species concept)**에 의하면, 종은 자연계에서 상호 교배할 수 있으며, 생식력을 지닌 자손을 낳을 수 있으나, 다른 종의 구성원과는 교배하지 않는 집단으로 정의된다. 그러나 이 정의를 항상 적용하기는 어렵다. 예를 들어, 세균같이 무성생식을 하는 종과 단지 화석으로만 알려진 종들은 이런 종개념에 제대로 들어맞지 않는다. 그러나 이 개념은 종들이 어떻게 자신의 특징을 유지하는지 이해하는 데 도움이 된다.

개체간의 형질 차이는 부분적으로 유전자의 차이에서 비롯되며 존재하는 유전자의 다른 형태가 유전자의 대립유전자로 알려져 있음을 기억하라. 진화 과정을 통하여 특정 대립유전자가 집단 내에서 보편화된다. 만약 서로 다른 종 간에 교배가 없다면, 이 대립유전자는 한 종에서 다른 종으로 전파될 수 없다. 이와 같이 두 종은 서로 다르게 진화할 수 있다. 예를 들어, 사자와 표범의 공통조상이 점박이 모피를 가지고 있었음을 각종 증거를 통해 알 수 있다. 짐작건대 모피에서 점을 제거하는 대립유전자가 사자

쉬어가기 사자들이 겪은 어떤 환경 조건이 사자 집단 내에 점이 없는 대립유전자가 유리하도록 만들었을까?

들이 처한 환경에서 이점을 제공했기 때문에 그러한 대립유전자가 생기고 종 내에 퍼져나갔지만 표범에서는 이 대립유전자가 발견되지 않았다. 점이 없는 대립유전자는 표범 집단에게 전달되지 않았는데, 그 이유는 사자와 표범이 교배할 수 없었기 때문이다.

과학자들은 한 종의 개체들에서 발견되는 대립유전자들의 총합을 **유전자풀(gene pool)**이라고 부른다. 한 유전자풀 내의 대립유전자 빈도의 변화는 같은 생물학적 종 내에서만 일어난다.

생식적 격리의 특성. 유전자풀 내에서의 대립유전자의 전파를 **유전자확산(gene flow)**이라고 부른다. 다른 종들 간의 교배에서는 생식력을 지닌 자손을 낳지 못하므로 유전자확산은 생물학적으로 다른 종들 사이에서는 일어날 수 없다. 이러한 생식적 격리(reproductive isolation)는 두 가지 형태로 나누어지는데, 바로 수정전 장벽과 수정후 장벽이다. 각각의 생식 장벽은 261쪽의 표 12.1에 정리되어 있다.

표에서 볼 수 있듯이, 생식적 격리 기작은 짝짓기 또는 수정 전이나 수정 직후에 일어나기 때문에 볼 수가 없다. 두 다른 종의 짝짓기로 살아 있는 자손, 즉 **잡종(hybrid)** 자손을 얻는 경우, 그 자손은 대부분 불임성이다. 종간잡종의 잘 알려진 예는 말과 당나귀 간의 교배로 생긴 노새이다. 노새는 강인하고 튼튼한 농장 동물로 호평을 받아왔으나 불임이며 그들 자신의 자손을 낳을 수 없다.

잡종 불임은 대부분 잡종개체가 정상적인 정자나 난자 세포를 생산할 수 없기 때문이다. 난자와 정자의 생성 과정에서 상동염색체들이 정확한 쌍을 이룬 뒤 1차 감수분열 과정에서 분리된다(6장). 잡종은 서로 다른 두 세트의 염색체들로 만들어지기 때문에 이들 염색체는 상동적이지 않아 이 과정에서 정확한 쌍을 이루지 못한다.

노새의 경우, 말 부모는 64개의 염색체를 가지고 있으므로 32개의 염색체를 지닌

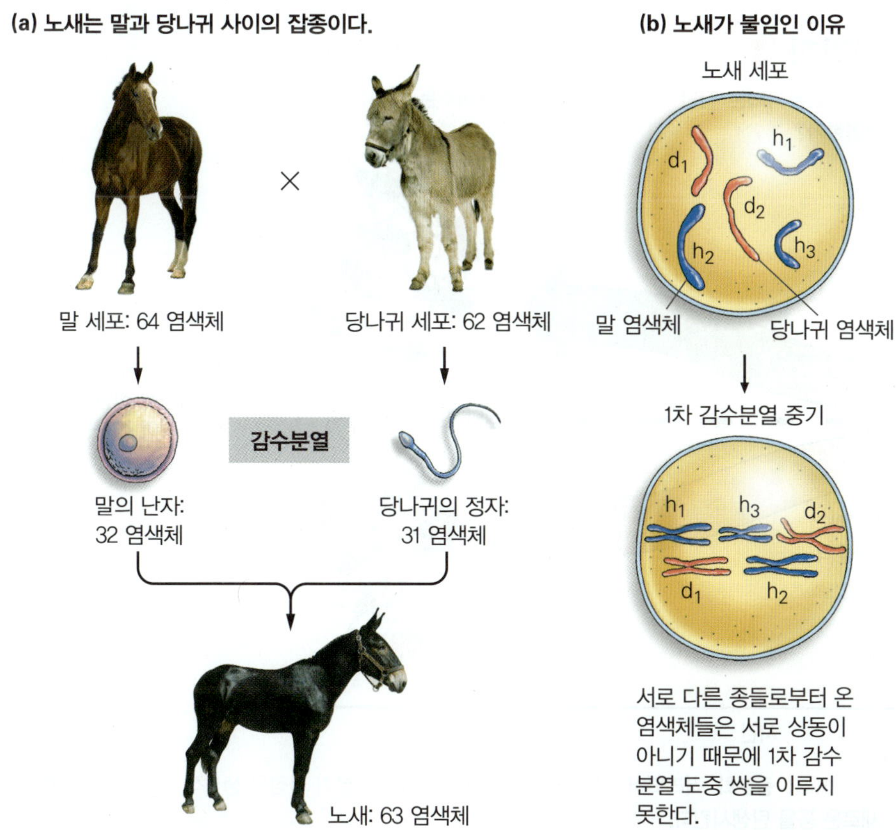

시각화
만약에 당나귀가 60개의 염색체를 가졌다면 정자는 30개의 염색체를 지니므로, 노새는 62개의 염색체를 가졌을 것이다. 염색체 수가 짝수일 경우, 노새는 가임일까?

그림 12.2 **말과 당나귀 사이의 생식적 격리.** (a) 암말과 수탕나귀의 교배는 63개의 염색체를 지닌 노새를 낳는다. (b) 노새의 염색체들은 감수분열 도중 정확한 쌍을 이루지 못하므로 단지 극소수의 난자나 정자를 생산한다. 그림에는 설명을 위하여 소수의 염색체들만이 그려져 있다.

정자나 난자를 만들지만, 당나귀 부모는 62개의 염색체를 가지고 있으므로 31개의 염색체를 지닌 정자나 난자를 만든다. 노새는 63개의 염색체를 지니므로 1차 감수분열과정에서 이들을 효과적으로 나눌 수 없게 된다(그림 12.2). 소수의 노새가 자손을 낳기도 하지만 매우 희귀한 일이며, 당나귀와 말의 유전자풀은 나누어진 채로 남아 있다.

쉬어가기 대부분의 농부들이 심는 옥수수 변종은 "잡종"이라고 불리는데, 그 이유는 *Zea mays*의 두 다른 변종, 예를 들어 알이 짧은 변종과 맛이 달콤한 변종을 교배하여 생산되기 때문이다. 이러한 교배를 통해 생산된 옥수수는 불임인가? 그 이유는 무엇인가?

생물학적 종의 정의는 모든 인간이 동일한 생물학적 종에 속함을 보여주고 있다. 종 내의 인종 혹은 품종 개념을 이해하기 위해서는 종분화 과정을 살펴볼 필요가 있다.

종분화

공통계보설에 의하면, 모든 현대생물은 단일 공통조상종의 자손이다. 하나의 조상형으로부터 하나 이상의 종들이 진화되는 과정을 **종분화(speciation)**라고 부른다.

대부분의 생물학자들은 한 종이 신종을 낳기 위해서는 3단계가 필요하다는 데 동의하고 있다(그림 12.3).

1. 종의 소그룹 또는 **집단(population)** 유전자풀의 격리
2. 격리된 한 집단 또는 양 집단의 유전자풀의 진화적 변화, 그리고
3. 이들 집단 간의 유전자확산이 단절된 생식적 격리의 진화

시각화 ▼

두 개로 분기되는 집단 간 차이는 이 예가 보여주는 것처럼 항상 극명한가?

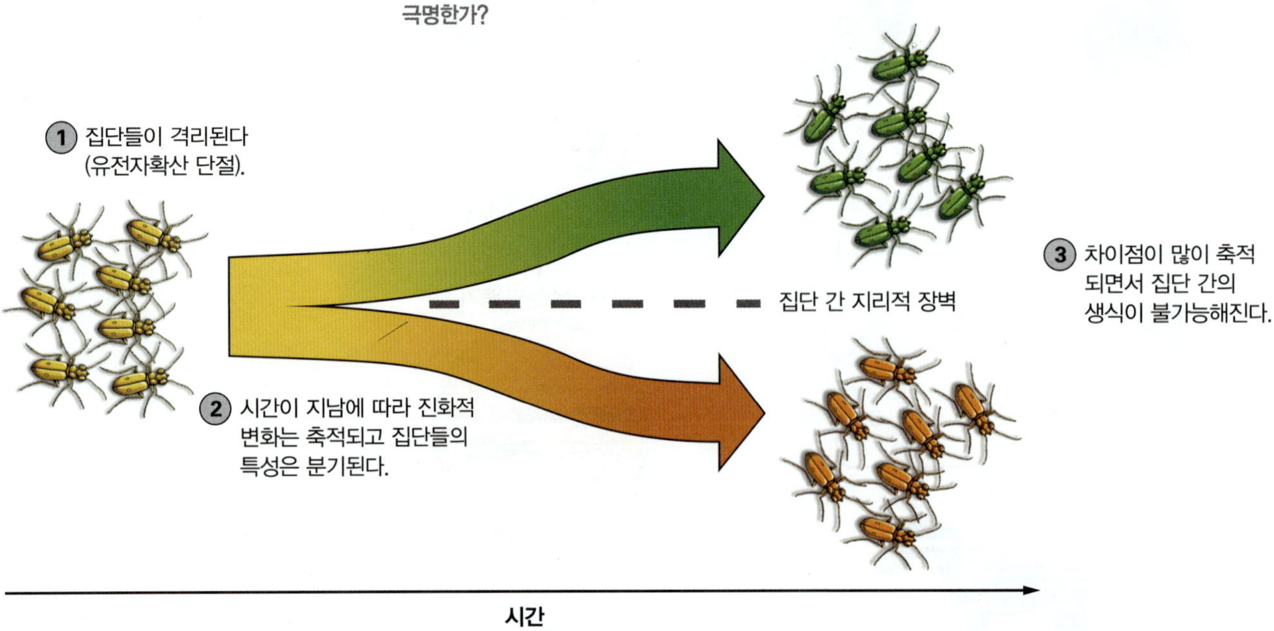

그림 12.3 **종분화.** 격리되어 있는 집단은 형질이 분기된다. 분기 과정은 생식적 격리를 야기하여 새로운 종을 탄생시킨다.

종 내에서 생식이 일어날 때, 유전자확산이 일어남을 기억하라. 만일 한 종의 두 집단이 물리적으로 서로 격리되어 집단 간의 개체 이동이 불가능하다면, 무슨 일이 일어날지 생각해 보자. 이들 집단 간의 교배에 유전적 격리나 행동 격리가 없다 하여도 이들 사이의 유전자확산은 정지된다.

표 12.1 생식적 격리의 기작

종류	결과	예
수정전 생식 장벽은 수정 발생을 방지한다.		
공간적 격리	종이 다른 개체들 간에 접촉이 없다.	북극곰과 안경곰(남미)은 자연 환경에서 서로 마주칠 일이 없다.
행동 격리	짝짓기 전에 이성에게 하는 의식적인 행동이 종마다 다르다.	노래 또는 "구애활동"을 하는 새들은 이러한 절차를 모르는 개체와 짝짓기하지 않는다. 
기계적 격리	성기관의 부적합성 때문에 정자가 난자에 닿지 못한다.	곤충들의 "자물쇠와 열쇠"형태의 생식기는 정자가 다른 종의 난자를 접촉하는 것을 물리적으로 방지한다.
시간적 격리	생식에 적합한 시기가 종마다 다르다.	서로 다른 개화 시기를 지닌 식물들은 서로 수정시킬 수 없다.
배우자 부적합성	정자와 결합하는 난자의 표면 단백질이 다른 종의 정자를 허용하지 않는다.	해면과 같이 체외수정하는 동물들은 동종의 정자에만 결합하는 특정 단백질을 난자가 지닌다. 
수정후 생식 장벽: 수정은 이루어졌으나 잡종이 생식하지 못함.		
잡종의 생존 불가	접합자는 불완전한 유전정보로 인하여 발생을 완성하지 못한다.	염소와 교배된 양은 배를 생산하나 초기 발달 단계에서 배는 죽어버린다.
잡종의 불임	잡종 생물의 염색체는 상동염색체가 없기 때문에 배우자를 생산하지 못한다.	노새(그림 12.2 참조)

유전자풀의 격리와 분기

집단의 유전자풀은 여러 가지 이유로 서로 격리된다. 간혹 작은 집단이 주 집단으로부터 멀리 떨어진 지역으로 이주하면 격리가 일어난다. 이런 경우는 대양의 많은 섬들에서 볼 수 있다. 이 섬들의 새, 파충류, 식물 및 곤충과 같은 종들은 가장 가까운 대륙으로부터 이주해온 종들의 자손인 경우가 많으며, 이들의 이주 경위는 우연에 의한 것이다.

이 생물들은 수백 km의 광활한 대양을 두고 떨어져있기 때문에, 섬에 사는 집단들은 조상 집단으로부터 격리되어 있다(그림 12.4). 게다가 이주 집단들은 흔히 작으므로 12.3에 기술되어 있는 것처럼 유전자풀은 유전적 부동 과정을 통해 신속하게 변할 수 있다.

원 집단에서 멀리 떨어진 장소에 새로운 집단이 정착할 때에는 여러 신종으로 진화될 수 있는데, 이러한 과정을 **적응방산(adaptive radiation)**이라고 부른다. 이 가설에 의하면, 격리된 대양의 섬뿐만 아니라 습지, 동굴 및 호수에 서식하는 다양하고 독특한 종들은 "비어 있던" 환경으로 이주한 단일 창시자 종이 여러 종으로 빠르게 분기되고 정착한 결과이다. 집단은 지리적 장벽으로 인해 서로 격리될 수도 있다. 이러한 예는 산맥의 상승과 같이 천천히 일어나거나 강물 흐름의 갑작스러운 변화와 같이 빠르게 일어날 수도 있다. 약 300만 년에서 600만 년 전 사이에 출현하였고 지금 태평양과 카리브 해를 나누고 있는 파나마 지협은 이러한 지리적 장벽의 한 예이다. 과학자들은 수십 쌍의 수생 종들을 기록하였는데 지협 양쪽에서 각각 살고 있는 생물들이 한 쌍을 이룬다. 600만 년 전 지협에 의해 조상종이 나눠지고 양쪽에서 독립적으로 유전적 변화가 축적되어 지금은 각 쌍의 종들이 서로 다른 종이되었다. 거리 또는 장벽에 의하여 서로 격리된 집단을 **이소적(allopatric)**이라고 한다.

allo- '다르다'를 의미한다.

-patric '원산국' 혹은 '원산지'를 뜻한다.

sym- '동일한' 혹은 '연합한'을 의미한다.

poly- '많다'를 의미한다.

-ploid '다른 종류의 염색체 개수'를 뜻한다.

그러나 두 집단의 유전자풀 분리는 집단들이 지역적으로 서로 가까이 있어도 일어날 수 있는데, 이 경우를 **동소적(sympatric)**이라고 한다. 이러한 경우의 예는 사과과실파리의 집단에서 찾아볼 수 있다. 사과과실파리는 북동부 북아메리카에서 재배되는

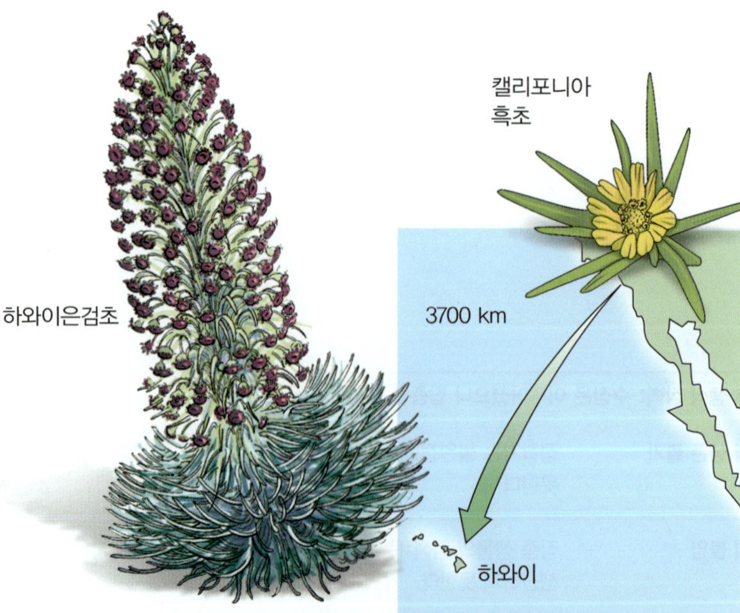

그림 12.4 이주 결과 종분화가 일어난다. 캘리포니아흑초의 씨앗이 바람에 날리거나 새들에 의하여 하와이 섬으로 운반되어 하나의 격리된 집단을 이루었다. 하와이와 캘리포니아 간에는 유전자확산이 없었으므로 하와이은검초는 흑초 이주집단에서 매우 다른 그룹의 종으로 진화하였다.

사과에 막대한 피해를 끼치는 해충이다. 그러나 사과나무는 북아메리카가 원산이 아니며 대륙에 처음 도입된 것은 300년도 되지 않았다. 사과과실파리는 북아메리카 고유종인 산사나무 관목의 열매에도 기생한다.

사과와 산사나무는 매우 인접한 곳에서 자라지만, 이 두 식물에 사는 파리 간에는 교배의 기회가 거의 없었음이 명확해졌다. 파리는 산란 장소인 과일 위에서 교배를 하는데, 산사나무는 사과가 열리고 약 한 달 후에 열매를 맺는다. 각 파리 집단은 교배 장소인 과일의 선호도가 매우 뚜렷하며, 산사나무에 산란하는 파리는 사과에 산란하는 파리보다 빨리 자란다. 그 결과, 사과 선호와 산사나무 선호 집단들 사이에 유전자확산은 거의 없었을 것으로 보인다.

유전자확산이 없기 때문에 사과과실파리의 두 그룹은 분기하기 시작했다. 두 그룹의 유전자풀은 이제 일부 대립유전자들의 빈도에서 높은 차이를 보인다(그림 12.5). 이들은 여전히 하나의 생물학적 종에 속하지만, 앞으로 분기가 진행되면 이들 두 집단은 결국 생식적으로 부적합해질 것이다.

식물에서는 유전자풀의 격리가 집단 간에 아무런 장벽 없이 즉석에서 일어날 수 있다. 식물 두 종의 단순 잡종은 배우자를 형성하지 못하므로 불임성이다(노새에게도 일어난 동일 문제; 그림 12.2를 재검토하라). 하지만 일부 잡종 식물은 유사분열 도중 중복된 염색체를 가진 세포를 만들면 다시 생식력을 회복할 수 있다. 이러한 염색체 중복 현상을 **배수성(polyploidy)**이라 하며, 이 과정을 통해 부모종에서 나온 염색체를 각각 두 개씩 지닌 세포가 탄생된다. 배수성 과정이 식물의 눈에서 발생하면 이 눈에서 돋아난 가지의 모든 세포는 각 염색체를 두 개씩 지닌 배수성이 될 것이다(다음 쪽의 그림 12.6).

이들 배수성 세포는 동일한 염색체를 쌍으로 가지고 있으므로, 감수분열이 일어날 수 있으며 이 가지에서 피어난 꽃은 난자와 정자를 생산할 수 있다. 그러면 배수성의 꽃은 자가수정을 통하여 부모 식물과는 격리된 완전 신종 수백 개의 자손을 만들어낼 수 있다. 최근의 연구 결과는 이러한 "즉석 종분화"가 식물의 다양성 진화에서 주된 요인이었음을 말해주고 있다. 꽃식물종들의 50% 정도가 배수성에서 유래한 것으로 보고 있다. 이러한 기작은 곤충과 개구리와 같은 동물 그룹에서도 일어나는 것으로 보인다.

생식적 격리의 진화

확실히 구분된 생물학적 종이 되기 위해서는 나누어지고 있는 집단들 사이에 행동격리나 유전적 부적합성으로 생식적인 격리가 되어야 한다. 캐놀라의 경우, 즉시 유전적 부적합성이 발생하여 캐놀라와 케일 간의 교배에서 자손이 생기지 않는다. 동물에서는 이러한 과정이 두 집단 간의 수많은 유전적 차이로 분기가 일어날 때까지 점진적으로 진행된다.

때로는 단일 유전자의 차이로 부적합성이 생길 수도 있고, 어떤 때는 상당한 외형적 차이를 보이는 집단들 간에도 건강한 가임성 잡종을 낳을 수 있으므로 얼마나 많은 차이가 분기에 필요한지는 정해진 원칙이 없다(다음 쪽의 그림 12.7). 유전적 차원에서 생식적 격리가 어떻게 진화하는지는 아직도 정확하게 모르며, 이는 생물학에서 활발하게 다루고 있는 과제이다.

생식적 격리가 일어나면 공통조상에서 유래된 종들 사이에도 많은 차이들이, 경우에 따라서는 전혀 새로운 유전자까지 생길 수도 있다.

▼ 데이터로 해결하기

사과의 Honeycrisp 변종은 1990년대에 처음 시판되었다. 이 변종은 대부분의 사과나무들 보다 늦게 꽃을 피우며 9월 말까지는 열매가 성숙하지 않는다. Honeycrisp의 도입은 사과과실파리의 분기 과정에 어떤 영향을 끼칠까?

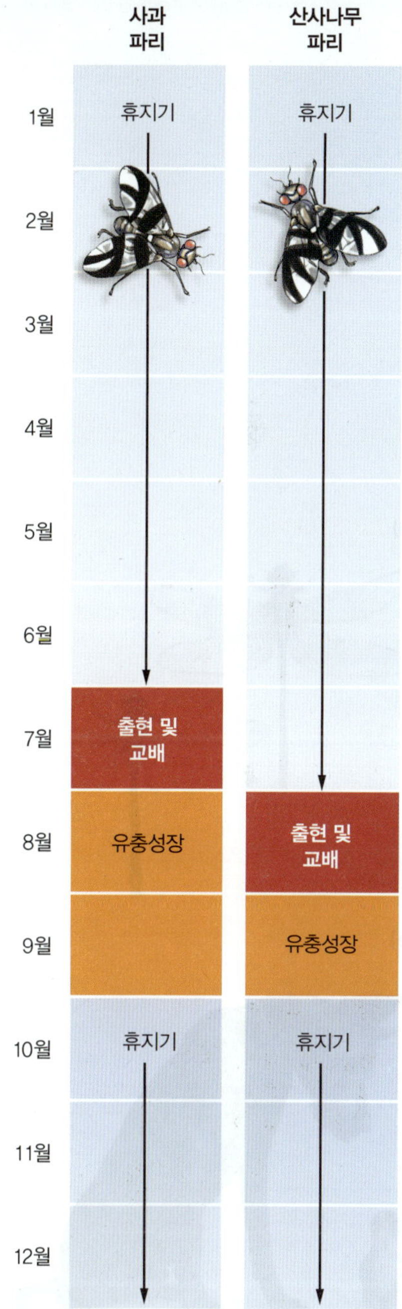

그림 12.5 **생식 시기의 차이로 종분화가 일어난다.** 이 그래프는 사과과실파리의 사과나무에 사는 집단과 산사나무 관목에 사는 집단의 생활사를 보여주고 있다. 이들 두 집단의 교배 시기는 한 달간의 차이가 나며, 그 결과 이들 두 집단 간에는 유전자확산이 거의 일어나지 않는다.

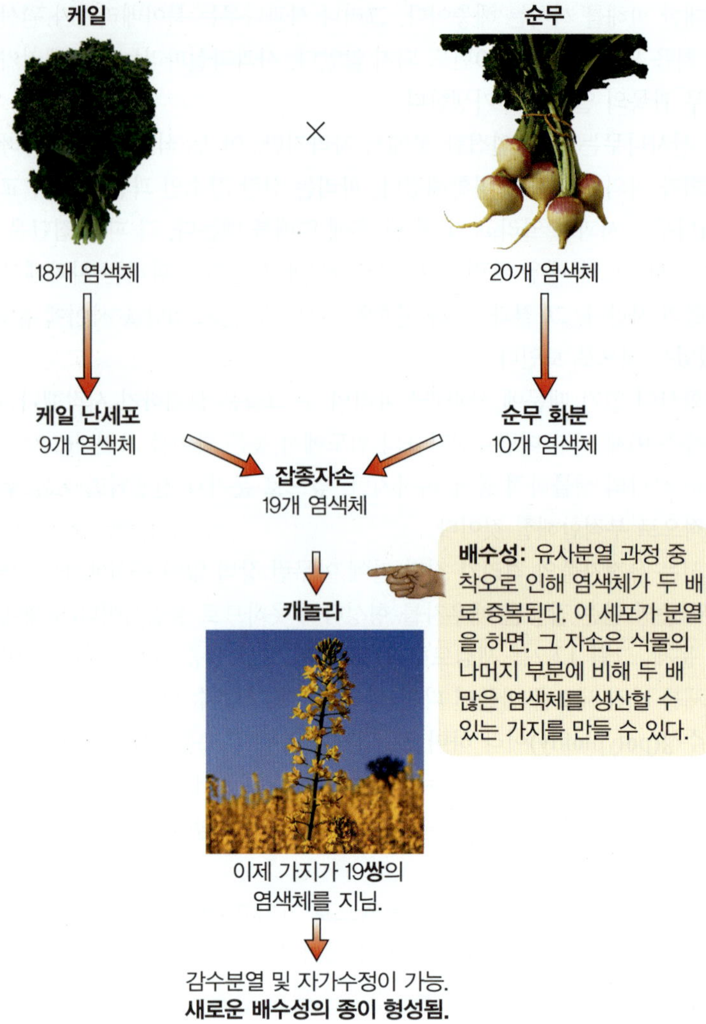

그림 12.6 즉석 종분화. 캐놀라는 케일과 순무의 잡종에서 진화되었다. 이들의 잡종은 감수분열 중 정렬할 수 없어서 애초에 불임성이었으나, 잡종 식물의 세포 중 하나에서 유사분열 중 착오로 인해 염색체가 중복이 되었다. 이 세포에 의해 생겨난 가지가 꽃을 만들 때, 염색체 개수가 두 배인 새로운 종자를 형성하고, 이것은 새로운 염색체 개수를 지닌 온전한 식물로 자란다. 캐놀라는 부모종과 염색체 개수가 다르므로 캐놀라 화분은 케일이나 순무의 난세포와 수정할 수 없고 그 반대 과정도 마찬가지이다. 그러므로 이 식물은 즉석에서 부모종과 생식적 격리가 되었다.

(a)

(b)

그림 12.7 두 종은 어떻게 다른가? (a) 이들 두 잠자리 종은 비슷하게 보이지만 교배할 수 없다. (b) 개의 품종은 신체적 차이의 진화가 항상 생식적 부적합성을 낳는 것이 아니라는 극단적인 예를 보여준다.

종분화는 점진적일까, 아니면 급진적일까? 다윈은 작은 변화들이 축적되면서 수백만 년에 걸쳐 종분화가 일어난다고 가정하였다. 이와 같은 가설은 **점진진화(gradualism)**로 알려져 있다. 다른 생물학자들은 대부분의 종분화가 갑작스럽게 일어나며, 수천 년 이내에 급격한 형태의 변화를 겪은 후 수천에서 수백만 년 동안 이렇다 할 변화 없이 지속되어 온다는 **중단평형(punctuated equilibrium)**으로 불리는 가설을 주장하였다. 중단평형 가설은 이러한 유형을 반영하는 화석기록의 관찰에 의하여 지지를 받고 있다(그림 12.8). 비록 진화적 변화의 속도는 다윈의 예상과 일치하지 않을 수 있으나, 그가 설명한 자연선택의 과정은 여전히 분기의 많은 예들에 적용될 수 있다.

종분화의 속도와는 관계없이, 두 집단의 유전자풀이 분리된 후 생식적 격리가 진화되기 전까지의 기간은 종의 품종이 형성되는 기간으로 볼 수 있다.

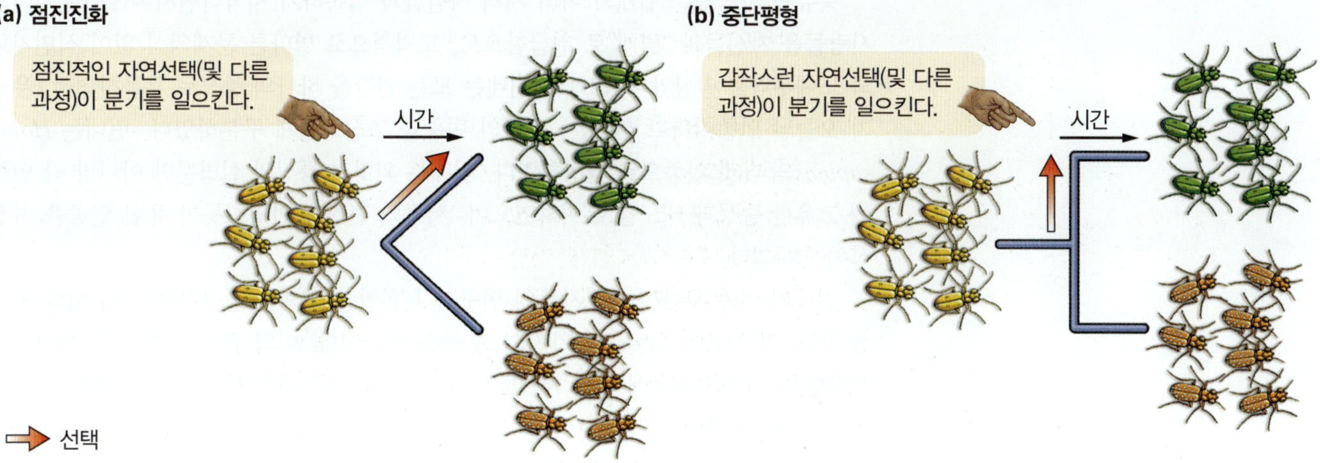

그림 12.8 **점진진화 대 중단평형.** 종의 진화적 변화의 유형은 (a) 작은 변화들이 일정 수준 점진적으로 진행되거나, (b) 수천 년 이내에 갑작스러운 큰 변화를 겪은 후 수십만 년 동안 중단된 상태로 진행될 수도 있다.

12.2 인종은 생물학적 구분인가?

생물학자들 간에 **생물학적 품종**에 대한 일치된 정의가 없다. 실제로 모든 생물학자들이 **품종**(race; 인간의 경우는 인종)을 유용한 용어로 느끼는 것은 아니며, 대부분은 종 내의 아군을 표시할 때 아종(subspecies)이라는 용어를 쓰기 좋아하고, 다른 일부는 품종이 전혀 유용한 생물학적 개념이 아니라고 생각한다. 이 용어는 자주 일관성 없이 사용되어 왔다. 예를 들면, 일부 조류학자들은 조금이라도 색깔이 다른 새의 집단을 다른 품종으로 부르는 반면, 다른 학자들은 색깔의 차이는 중요하지 않다고 주장한다.

그럼에도 품종 혹은 인종(인간의 경우)의 실질적인 의미에 대한 우리의 궁금증은 인종에 대한 구체적인 정의를 필요로 하게 한다. 우리가 알기 원하는 것은 한 사람이 특정 인종의 구성원으로 확인되면, 그 사람이 다른 인종의 사람보다 자신의 인종인 사람과 더욱 가깝고 생물학적으로 더욱 유사한 것일까 하는 점이다. 이것은 **생물학적 품종(biological race)**에 대한 질문으로서, 품종은 유전자풀의 격리로 인해 서로 분기되어 나온 단일종의 집단들이다. 생물학자들은 이와 같은 개념을 또 **혈통학적 종개념(genealogical species concept)**이라고 하는데, 생물학적 종 내에서 특정 개체들 간의 더 가까운 가계, 즉 혈통을 드러내기 때문이다. 품종 사이에 유전자확산이 거의 없으면, 한 품종 내에서 일어나는 진화적 변화는 다른 품종 내에서 일어나지 않을 수도 있다. 하지만 미국인들이 식별하는 인종의 분류가 생물학적 근거가 있는지, 즉 진정한 혈통학적 종인지 이해하기 위해서는 먼저 미국 사회에서 어떻게 인종을 구분해 왔는지를 알아야 한다.

미국의 노예제도는 흑인 아프리카인들이 백인 유럽인들보다 생물학적으로 열등하다는 신념으로 정당화되었다.

인종의 역사

17세기와 18세기의 유럽 식민지 시대가 절정에 달하기 전에는, 일부 문화권의 사람들만이 외형적 공통 특징에 근거하여 인간의 그룹을 구분하였다. 사람들은 주로 관습, 식생활 및 언어를 가진 특정 문화권의 소속을 기준으로 자신을 남들과 구분 지었다.

북유럽 사람들은 세계의 여러 지역 사람들과 접촉하기 시작하면서 이들 타 지역의 사람들을 자신들과 "별개"로 취급함으로, 도덕적으로 별다른 문제의식 없이 식민지화와 노예무역을 일삼았다. 그래서 린네는 모든 인간을 하나의 종으로 분류하면서 (우리가 오늘날 인종이라고 부르는) 인간의 변종을 조심스럽게 구분하였다. 린네는 *Homo sapiens*의 다섯 인종으로 명명하였다. 린네는 외형적 특징의 설명뿐만 아니라 각 인종에 고유한 습성과 태도를 부여하였으며, 서구의 편견을 반영하듯이 유럽 인종을 가장 상위에 두었다.

린네의 인종 분류는 과학자들의 연구가 문화말살 정책을 정당화하는 데 어떻게 이용되었는지를 보여주는 수십 가지의 예 중의 하나이다. 이와 같이 수백 년간 이어지던 부당함은 과학적 분류에 의해 지지받으며, 유럽과 미국 사회 내 유색인들의 낮은 지위를 당연시하게 만들었다.

린네 이후의 학자들도 또한 인종의 수를 설정하려고 노력하였다. 아직 가장 일반적인 수는 미국 인구조사서의 인종 구분에 나열된 다섯으로 다음을 포함한다: 백인, 흑인, 태평양 섬 원주민, 아시아인, 아메리칸 인디언. 하지만 일부 학자들은 무려 26가지의 다른 인종을 기술하였으며, 개인 유전자분석을 통해 가계를 밝히는 서비스 업체는 50가지 이상의 집단을 구별할 수 있다고 주장한다. 이들 집단 중 하나라도 생물학적 품종이라고 할 수 있을까?

인종의 생물학에 대한 질문의 답을 찾기 위해, 우리는 소위 인종을 기술하는 데 사용한 신체적 특징들—피부색, 눈모양, 머릿결 등—이 이들 인종의 독립적인 진화 과정에서 야기된 것인지 확인해 볼 수 있다. 우리는 인간 진화 과정의 격리 증거를 보여주는 화석기록을 조사하고, 소위 인종으로 구분된 근대 인간 집단의 유전자풀에서 그룹 간에 일관된 차이가 있는지 살펴보아 이와 같은 가설을 검증해 볼 수 있다.

형태학적 종개념

인간의 조상은 단지 화석기록을 통해서만 알려져 있다. 우리는 생물학적 혹은 혈통학적 종의 개념을 이용하여 이러한 화석종들을 기술할 수는 없다. 대신 화석을 연구하는 **고생물학자(paleontologist)**들은 좀 더 실질적인 정의를 사용하는데, 다른 종으로부터 구분되는 확실한 신체적 특징을 지닌 개체들의 집단을 종으로 정의하고 있다. 다시 말해서, 같은 종의 개체들은 주요 특징에서 서로 닮아 비슷한 형태를 지니고 있다. 이와 같은 개념은 **형태학적 종개념(morphological species concept)**으로 알려져 있다. 종간 형태학적 특징의 차이는 유전자풀의 격리와 상관성이 있는 것으로 추정된다. 표 12.2에 세 가지의 종개념을 비교 및 분석해 놓았다.

paleo- '고대의' 것을 의미한다.

morpho- '모양' 혹은 '형태'를 의미한다.

쉬어가기 인근 공원에 서식하는 조류종의 수를 세려는 동물학자는 생물학적, 혈통학적, 형태학적 분류 중 어떤 개념을 사용할까? 그 이유는?

형태학적 종개념으로 생물학자들은 인간 직계 조상의 화석들을 알아내었다. 이런 화석들을 통하여 인류의 출현 이후의 이동 경로를 복원하는 것이 가능해졌다.

현대인류: 역사

*Homo sapiens*의 바로 이전 조상은 약 180만 년 전 동아프리카에서 처음으로 나타나

표 12.2 세 가지 종개념의 비교

종개념	정의	이 개념을 사용할 때의 장점	이 개념을 사용할 때의 단점
생물학적	종은 상호 교배하여 생식력을 지닌 자손을 낳으며, 다른 종과는 생식적으로 서로 격리되어 있다.	유사한 생물 집단 간의 경계 확인에 유용하며, 유성생식 종의 평가가 비교적 쉽다.	무성생식을 하는 생물이나 화석생물에는 적용할 수 없다. 같은 종의 두 집단이 지형적으로 멀리 떨어져 있으면 의미가 없을 수도 있다.
혈통학적	종은 상호 교배하며, 공통조상의 모든 자손으로 구성되어 있고, 독립된 진화적 혈통을 나타낸다.	각 종은 자신의 고유한 진화적 역사를 지니므로 진화적으로 의미가 크며, 무성생식 생물에도 이용될 수 있다.	실제로 적용하기가 어렵다. 생물학적 종 내의 집단 유전자풀에 대한 자세한 정보를 필요로 하며, 화석생물에는 적용할 수 없다.
형태학적	종은 다른 그룹의 생물에서는 발견되지 않는 고유한 외형적 특성을 지닌 생물로 구성되어 있다.	살아 있는 생물과 화석 생물에도 모두 쉽게 적용되며, 동정 시에는 단지 소수의 특징을 필요로 한다.	항상 다른 그룹과 구분되는 진화적 독립성을 반영하지는 않는다.

165만 년 동안 아시아와 유럽으로 퍼져나간 *Homo erectus*였다. 초기 *Homo sapiens*로 확인된 화석은 대략 25만 년 된 아프리카의 암석에서 나타났다. 화석기록은 초기 인간이 아프리카, 유럽 및 아시아에서 신속하게 *Homo erectus* 집단을 대체하였음을 보여준다.

대부분의 자료는 모든 현대인류 집단이 최근 수십만 년 내에 아프리카의 *H. sapiens* 조상으로부터 유래되어 나왔다는 가설을 지지한다. 그 증거 중 하나로 인간은 다른 유인원에 비하여 (한 유전자에서 확인된 서로 다른 대립유전자들의 숫자로 평가되는) 유전적 다양성이 훨씬 적은데, 이것은 여러 가지의 유전적 변이체를 진화시킬 만한 시간이 적었음을 시사하고 있다. 동일한 추론에 따라 아프리카 집단이 가장 오래된 인간 집단인 것을 알 수 있는데, 이들이 세계의 다른 지역 사람들보다 유전적으로 더욱 다양하기 때문이다. 그러므로 아프리카 집단은 다른 모든 인간 집단의 근원일 가능성이 높다.

최근의 아프리카 기원에 대한 증거를 고려하면, 우리가 보는 인간 집단들 사이의 외형적 차이는 지난 15만 년에서 20만 년 내에, 또는 약 1만 인간 세대를 거치면서 생겨났음이 틀림없다. 진화적 기준에서 이것은 많은 시간이 아니다. 모든 인간은 최근까지 공통조상을 공유했으므로, 정의된 인종 간에 큰 차이가 있을 수는 없다.

분기의 유전적 증거

인간의 집단 간에 유전적 차이는 극미함에도, 인종의 의미에 대한 우리의 의문은 아직 문제가 남아 있다. 결국 두 인종이 서로 조금만 다르다 하더라도 그 차이가 일관된 것이라면, 사람은 생물학적으로 다른 인종의 사람보다 같은 인종의 사람과 보다 비슷하다고 할 수 있다. 엘리자베스 알렉산더와 스티브 콜베어의 비교를 통해 나온 혈통 결과를 보면 비율적으로 자기 유전체가 어느 특정 인종 그룹에서 유래하는지 측정할 수 있음을 볼 수 있다. 이러한 결과에 따라 74%가 유럽 혈통인 사람은 아프리카인 또는 아시아인보다 다른 유럽인들과 생물학적 유사성이 더 높다고 할 수 있을까?

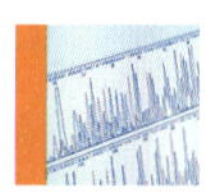

저명한 흑인 시인이 백인 예능인과 더욱 가까운 것으로 밝혀진 유전적 분석은 인종에 대하여 무엇을 말해주는가?

연구가들은 단일 인종으로 서술된 집단의 유전자풀을 조사함으로써 이 인종이 진정

데이터로 해결하기 ▶

이 집단 내 *a* 대립유전자 빈도는 무엇인가?

그림 12.9 **대립유전자 빈도 계산하기.** 성인 집단 내 어떠한 대립유전자 빈도도 개체들의 유전자형이 알려져 있으면 계산될 수 있다.

으로 다른 인종과 격리되어 있는지 밝혀낼 수 있다. 다시 말해서, 집단이 서로 격리될 때 유전자확산이 거의 일어나지 않는다는 사실을 기억하라. 격리된 집단에 한 대립유전자가 출현하면 다른 집단으로 퍼져나갈 수 없다. 그 결과, 격리된 집단은 일부 고유한 대립유전자를 지닐 것이다.

고유한 대립유전자를 찾는 것 외에도, 연구자들은 격리된 집단 간 특정 대립유전자의 빈도에도 차이를 관찰할 수 있을 것이다. 집단 내의 한 형질이 진화를 거쳐 보다 흔해지는 것은 해당 형질의 대립유전자가 보다 흔해지기 때문이다(10장). 진화의 결과 **대립유전자 빈도(allele frequency)**, 즉 한 유전자의 특정 대립유전자가 집단 내에서 나타나는 퍼센트가 변한다.

대립유전자 빈도 계산

많은 유전자들이 몇 개의 다른 형들을 지니고 있다; 예를 들어 혈액형 유전자는 적어도 세 개의 대립유전자들—O, A, B(8장에서 논의됨)—을 지니고 있으며, 대부분의 집단들은 세 개의 대립유전자들을 모두 지닌다. 집단들은 이들 대립유전자들의 빈도에서 차이가 있을 수 있다; 한 집단은 B형을 가진 개체들이 더 많을 수도 있는 반면, 다른 집단은 A형을 지닌 개체들이 더 많을 수도 있다.

우리는 개체들의 유전자형을 알 때, 집단 간(또는 시간의 경과에 따른) 대립유전자 빈도들을 비교할 수 있다. 그림 12.9는 개체의 유전자형들과 집단의 유전자 빈도 간 관계를 혈액형보다 간단한 경우—두 개의 대립유전자를 지닌 단일 유전자—를 들어 설명하고 있다.

집단들이 서로 분리되어 있다면, 한 집단에서 일어나는 진화적 변화—즉 시간의 경과에 따른 A 대립유전자 빈도의 증가 또는 감소—가 필연적으로 다른 집단에서 일어나지는 않을 것이다. 이러한 변화들이 집단들 간의 대립유전자 빈도의 차이로 나타날 것이다.

대립유전자 빈도 계산: 더 자세히 알아보기 ▼

집단 내의 대립유전자 빈도는 케임브리지 대학교수 고드프리 하디(Godfrey Hardy)와 독일인 의사 빌헬름 바인베르크(Wilhelm Weinberg)가 개별적으로 동시에 발견한 수학적 관계식을 통하여 계산될 수 있다. **하디-바인베르크 법칙(Hardy-Weinberg theorem)**은 규모가 크고 무작위 교배를 하며, 이주나 자연선택이 일어나지 않는 집단 내에서 대립유전자의 빈도가 안정적으로 유지된다고 명시한다. 이 법칙은 이 조건들 중 어느 하나가 위배되었을 경우 대립유전

더 자세히 알아보기, 계속

자 빈도의 변화를 예측하는 기준치로 사용된다. 즉, 하디-바인베르크 법칙은 과학자들로 하여금 대립유전자 빈도의 진화적 변화를 정량화할 수 있도록 하였다. 오늘날 하디-바인베르크 법칙은 **집단유전학(population genetics)**의 현대 과학적 기초를 이루고 있다.

가장 간단하게는 하디-바인베르크 법칙을 이용하여 안정된 집단 내의 두 대립유전자를 가진 유전자의 대립유전자 빈도와 유전자형 빈도 사이의 관계를 기술할 수 있다. 이들 두 대립유전자의 빈도를 p와 q로 표시한다.

그림 12.9를 보면, 집단내 대립유전자의 70%는 우성(A)이고 30%는 열성(a)이라고 하자. 그러면 $p = 0.7$이고 $q = 0.3$이다. 집단 내에서 생성된 각 배우자는 유전자의 사본 하나를 가지고 있으며, 따라서 전체 집단 내에서 생성된 배우자의 70%는 우성 대립유전자를 가지고 있고 30%는 열성 대립유전자를 가지고 있다. 이처럼 각 배우자의 빈도는 각 대립유전자의 빈도와 같다.

하디-바인베르크 법칙은 집단의 각 구성원은 어떤 이성과도 무작위로 교배할 수 있다고 가정한다. 이러한 상황에서 일어나는 수정은 복권의 추첨 결과와 유사하다. 이 비유에서 집단 내의 모든 개체가 동일한 숫자의 배우자를 한 "추첨통"에 넣는다고 가정하자. 정자 추첨통에서 뽑힌 배우자와 난자 추첨통에서 뽑힌 배우자가 결합할 때 수정이 일어난다. 추첨통 내의 우성 대립유전자를 지닌 배우자의 빈도는 집단내 우성 대립유전자의 빈도와 동일하므로, 우성 대립유전자를 지닌 난자를 뽑을 확률은 70%이다.

그림 12.10의 수정된 푸네트(Punnett) 교배표는 안정된 집단 내의 대립유전자 빈도와 유전자형 빈도와의 관계를 설명하고 있다. 정사각형의 가로축에는 집단 내의 여성이 생산할 수 있는 두 종류의 배우자(A와 a)를 두고 세로축에는 남성이 생산할 수 있는 두 종류의 배우자를 두었다. 또한 각 축에는 집단 내의 난자와 정자 종류의 빈도를 나타내고, A 난자와 A 정자는 0.7 그리고 a 난자와 a 정자는 0.3으로 표시하였다.

전형적인 푸네트 교배표와 마찬가지로(7장), 본 교배표의 격자는 집단 내의 각 유전자형 빈도를 나타낸다. 다음 세대에서의 AA 유전자형의 빈도는 A 정자를 꺼낼 빈도 0.7 곱하기 A 난자를 꺼낼 빈도 0.7, 즉 0.49이다. 이와 같은 계산은 각 유전자형마다 반복될 수 있다. AA 유전자형의 빈도는 $p \times p(= p^2)$, aa 유전자형의 빈도는 $q \times q(= q^2)$, 그리고 Aa 유전자형의 빈도는 $p \times q \times 2(= 2pq)$이다. 이 법칙을 통해, 하디와 바인베르크는 한 집단의 한 세대 내 유전자형 빈도는 전 세대의 유전자형 빈도에 의해 결정됨을 수학적으로 증명하였다.

일단 대립유전자와 표현형 빈도 간의 이러한 관계성이 분명해지면, 과학자들은 대립유전자 빈

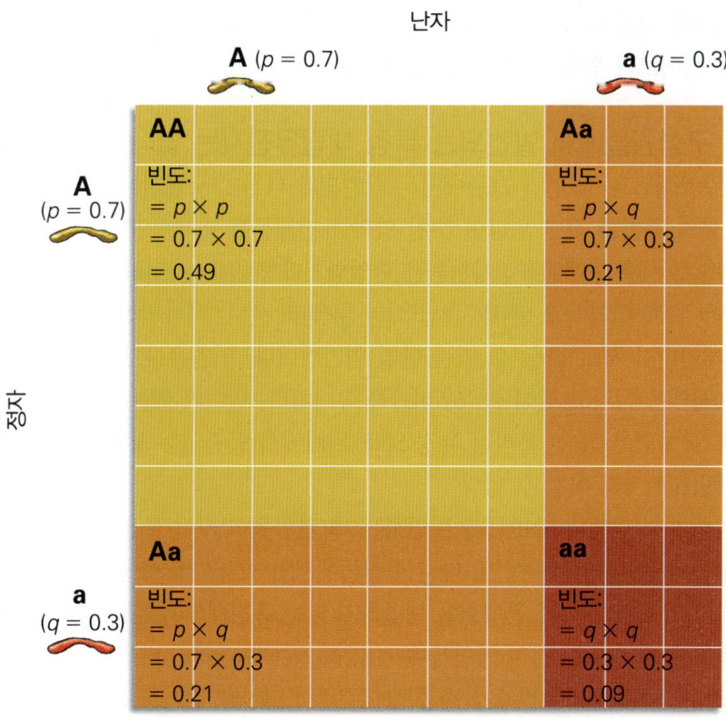

AA Aa aa

$p^2 + 2pq + q^2 = 1$

$p = 0.7$ 그리고
$q = 0.3$이면,
$0.49 + 0.42 + 0.09 = 1$

◀ 데이터로 해결하기

이형접합자(Aa)의 빈도는 왜 pq가 아니라 $2pq$인가?

그림 12.10 **대립유전자 빈도와 배우자 빈도 간의 관계.** 성인 집단 내의 어떠한 대립유전자 빈도도 해당 집단이 생산하는 배우자의 대립유전자 빈도와 같다. 배우자의 대립유전자 빈도를 알면, 다음 세대에서의 여러 가지 유전자형 빈도를 예측할 수 있다.

더 자세히 알아보기, 계속

도를 계산하기 위하여 열성대립유전자에 의한 표현형의 알려진 빈도를 사용할 수 있을 것이다. 예를 들어, O 혈액형을 가진 개체들의 빈도가 100명의 출생당 1명이라면(0.01), q^2—집단 내에서의 열성 동형접합 개체들의 빈도—는 0.01에 해당한다. 그러므로 q는 단순히 이 숫자의 제곱근인 0.1이다. 이러한 집단에서는 O형 대립유전자의 빈도는 0.1 또는 10%이다.

유전자형 빈도로부터 대립유전자의 빈도를 계산하기 위해 사용되었던 하디-바인베르크 법칙은 인간 유전체 프로젝트의 개막과 함께 구식이 되었다. 이제 과학자들은 DNA 기술을 이용하여 대립유전자의 빈도를 알 수 있다. 그러나 하디-바인베르크 법칙은 대립유전자 빈도가 굉장히 다른 집단을 식별하기 위한 인간 변이의 연구에는 여전히 유용하다. 법칙의 가정들 중 하나는 집단이 마구잡이로 교배한다는 것임을 기억하라. 집단의 그룹들이 고립되어 있었거나(혹은 되었다면), 이 가정은 옳지 않다—일부 개체들이 일부 다른 개체들과 전혀 접촉할 수 없다면 마구잡이로 교배하는 것은 불가능하다. 통계학적 검사는 대립유전자가 하디-바인베르크 예상치에 일치하지 않는 경우를 알아낼 수 있으며, 이는 인간 조상을 추적하는데 유용할 것이다.

이제 우리는 종 내에 생물학적 품종이 존재하는지를 검증하기 위해 두 가지 예견을 할 수 있다. 한 품종이 여러 세대를 거쳐 종 내의 다른 집단으로부터 격리되어 왔다면, 다음의 두 가지 형질을 지닐 것이다.

1. 일부 고유한 대립유전자

2. 다른 품종과 비교했을 때, 특정 유전자에 대한 대립유전자의 빈도 차이

다음 부분에서는 지금까지의 증거들에 대해 설명한다.

인종은 생물학적 실체보다 사회적 구조인가?

인종은 격리된 생물학적 그룹이 아니다

많은 저자들이 기술한 5종류의 주요 인종을 상기해 보면, 이들은 백인, 흑인, 태평양 섬 원주민, 아시아인, 그리고 아메리칸 인디언이다. 이들 그룹은 한 인종에 국한된 특이 대립유전자의 예상 가능한 양상과 대립유전자 빈도의 독특한 양상을 보여주는가? 그렇다. 그러나 이들 그룹 간 일관된 차이의 확연한 증거를 제공하지는 않는다. 대신 대부분의 증거는 한 인종 내에서 유연성이 없는 개체들 간의 유전적 차이는 인종들 간의 평균 유전적 차이보다 훨씬 크다는 사실을 보여준다.

인종의 모든 구성원들에서 발견되는 특정 대립유전자는 없다. 인간 유전체 프로젝트의 연구자들은 단일 인간 그룹에서는 발견되나 다른 그룹에서는 발견되지 않는 대립유전자들의 증거를 찾기 위하여 수천 명의 유전체들을 훑어보았다. 이 분석에서 가장 일반적으로 사용된 대립유전자형들은 **단일염기다형성(single nucleotide polymorphism)**이라 부르며, 약자로 **SNP**("스닙"이라 읽음)라 쓴다. 하나의 SNP은 인간의 DNA 서열상 개인마다 서로 다를 수 있는 단일 염기쌍이다. 인간은 유전체의 99%가 동일한 유전자 서열을 지니고 있어 놀라우리만큼 유사하다. 변이가 있는 유전체의 1%는 주로 SNP로 구성되어 있다. 우리는 특정 SNP 위치에서 발견되는 상이한 DNA 염기들을 다른 대립유전자라 여길 수 있다.

과학자들이 인간 유전체의 SNP들을 확인하는 데 관심을 가지는 주된 이유는 건강과 웰빙에 영향을 주는 질병 감수성 및 다른 형질들에서의 인간 다양성을 이해하기 위해서이다. 그러나 SNP의 99%가 단백질을 생산하지 않는 유전체의 부분들에서 나타나므로 진화 적응도에 거의 또는 전혀 영향을 주지 않을 것이며 따라서 다음 세대로 쉽사리 유전될 수 있다. SNP 대립유전자가 적응도에 부정적 영향을 주지 않는 돌연변이를

통하여 일어나면 인간 집단 내에 전파되는데 장애물이 없을 것이라는 것은 짐작할 수 있다. 이러한 이유로, 조상을 이해하는데 가장 유용한 것은 보다 중립적인 SNP이다.

연구자들은 특정 인간 집단들에게 고유한 수많은 SNP 대립유전자들을 확인하였다. 대부분의 유전 검사 회사들은 세 개의 주요 그룹으로 아프리카 그룹, 유럽 그룹 및 아시아 그룹(아메리칸 원주민을 포함)을 인정한다. 엘리자베스 알렉산더는 그녀가 유전적으로 27% 아프리카인이라는 사실을 알았을 때, 그 결과는 아프리카인 고유의 SNP 대립유전자들에 대한 그녀 DNA의 검사에 기초한 것이었다. 이 같은 커다란 그룹 내에서 특정 집단들은 개인이 조상을 보다 분명하게 확인하는 데 도움을 주는 고유한 SNP 대립유전자들을 지닌다. 그러나 SNP 대립유전자는 어떤 집단의 모든 개체에서 발견되지는 않는다는 점을 인식하는 것이 중요하며, 동일 주요 인종에 분류된 그룹 중에는 일부 집단들이 인종에 고유한 것으로 간주해온 특정 SNP 대립유전자를 지닌 개체들이 단 한명도 없을 수도 있다.

SNP 대립유전자에 대한 사실은 눈에 띄는 표현형과 관련된 대립유전자에 의해 더 명확히 이해될 수 있을 것이다. 예를 들어 낫형적혈구빈혈증은 오랫동안 "흑인" 질병으로 생각되어 왔다. 이 질병은 낫형적혈구 대립유전자의 사본 2개를 가지고 있는 사람에게서 발생하며, 특정 상황에서 적혈구를 낫모양으로 변형시킨다. 이러한 변화는 극심한 고통과 심장, 신장, 폐 및 뇌의 손상을 가져온다. 낫형적혈구빈혈증을 가진 많은 사람들은 유년기를 넘길 때까지 생존하지 못한다.

거의 10%의 아프리카계 미국 흑인과 20%의 아프리카인들이 낫형적혈구 대립유전자를 하나 가지고 있지만 유럽계 미국인들은 거의 가지고 있지 않다. 그러나 낫형적혈구 대립유전자의 분포를 보다 자세히 관찰해 보면, 언뜻 보면 인종 특정으로 보이는 양상이 생각만큼 그렇게 단순하지 않다는 것을 알 수 있다. 흑인으로 분류된 모든 집단이 낫형적혈구 대립유전자의 높은 빈도를 지니고 있지는 않다. 사실은 역사적으로 흑인종으로 분류되어온 남아프리카와 북중앙 아프리카의 집단에서는 낫형적혈구 대립유전자가 매우 적거나 없다. 백인이나 아시아 인종으로 분류된 집단 중에는 중동아시아의 백인 집단과 북동 인도의 아시아 집단과 같이 낫형적혈구 대립유전자가 상대적으로 보편화된 집단이 있다(다음 쪽의 그림 12.11). 따라서 낫형적혈구 대립유전자는 모든 흑인 집단의 특징이 되지 못하며, 소위 말하는 "흑인 인종"에게 고유한 것도 아니다.

마찬가지로, 호흡장애, 소화장애 그리고 조기 사망을 일으키는 질병인 낭포성섬유증은 종종 "백인종"의 질병처럼 생각됐었다. 이 질병은 낭포성섬유증 대립유전자의 사본 두 개를 가진 사람에게서 발생한다. 낫형적혈구빈혈증과 같이 낭포성섬유증을 유발하는 대립유전자가 모든 백인 집단에서 발견되는 것은 아니며, 일부 흑인과 아시아인 집단에서도 낮은 빈도로 발견된다. 따라서 낭포성섬유증 대립유전자가 모든 백인 집단의 특징은 아니며, 소위 말하는 "백인종"에게 고유한 것도 아니다.

낫형적혈구와 낭포성섬유증 대립유전자들의 예는 유전자 분포의 전형적인 양상을 보여준다. 과학자들은 일반적으로 말하는 한 인종의 모든(또는 대부분의) 집단에서는 발견되지만 다른 인종에서는 발견되지 않는 단일 대립유전자를 지금까지 발견한 일이 없다. 소수의 SNP만이 특정 인종 그룹에 고유한 것으로 식별되었으며, 이것들조차 인종 내 모든 집단 또는 집단 내 모든 개체에서 발견되지는 않았다.

이러한 관찰들에 의하면, 인종이 독립적으로 진화한 집단이라는 가설은 지지받지 못한다.

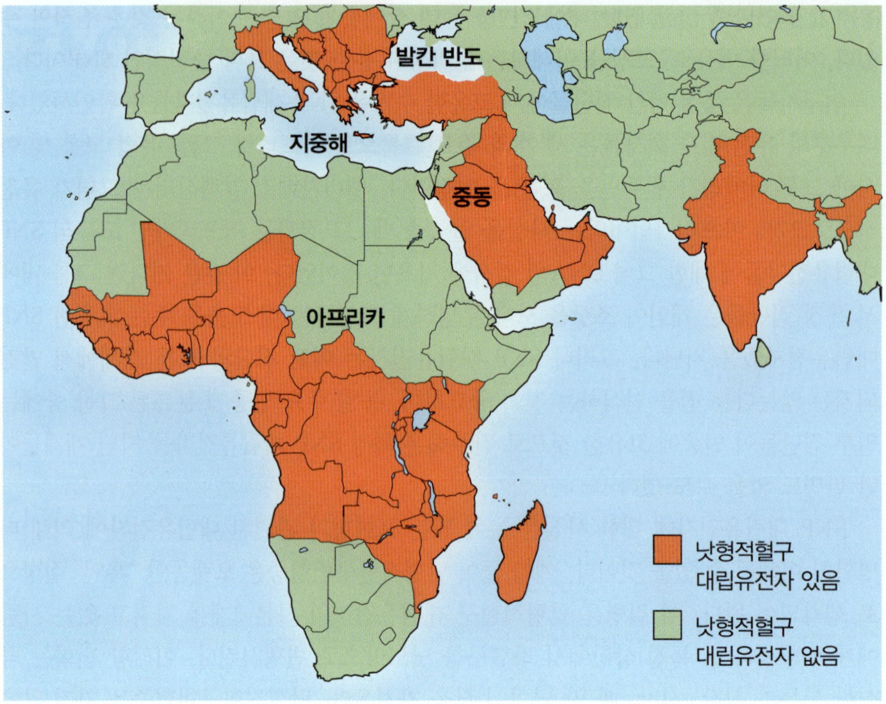

그림 12.11 낫형적혈구 대립유전자는 "흑인 유전자"가 아니다. 이 지도는 낫형적혈구 대립유전자가 발견되는 인간 집단의 분포를 나타내고 있다. 낫형적혈구 대립유전자가 모든 아프리카 집단에서 발견되는 것은 아니며, 일부는 유럽인과 아시아인의 집단에서도 발견되는 사실에 주목하라.

인종 내 집단 간의 차이와 인종 간 대조 집단들의 차이는 많은 경우 그 정도가 비슷하다. 특정 SNP 대립유전자는 개체들과 관련된 특정 집단 그룹을 드러내므로 유용할 수 있다. 이는 조상 집단이 특정 지역에 연고를 지니는 경향이 있고, 멀리 거주하는 사람들보다 가까이에 거주하는 사람들일수록 더 많은 동일 조상을 지닐 가능성이 높으므로(따라서 유전적으로 더 비슷하므로) 놀라운 사실은 아니다. 하지만 인종이 생물학적으로 의미를 지니려면, 여러 다른 SNP과 유전자에 대한 대립유전자의 빈도는 다른 인종의 집단 사이보다는 같은 인종 내의 집단 사이에서 더욱 유사해야 할 것이다.

다시 말하지만, 집단 간 SNP 대립유전자 빈도의 양상은 더욱 눈에 띄는 대립유전자로 잘 설명될 수 있다. 그림 12.12의 각 인간 집단은 특정 대립유전자 빈도의 증가 순서에 따라 나열되어 있다. 그래프에서 각 집단 그룹을 나타내는 색깔 표시는 각 집단이 전형적으로 속해 있는 인종 범주에 해당한다. 예를 들어, 그림 12.12a의 상단의 타이완인은 아시아인으로, 동부캐나다에 거주하는 크리 인디언 부족은 아메리칸 인디언으로 구분 지었다. 만약 인종 그룹이 생물학적 근거를 가진 것이 사실이라면, 같은 인종 그룹의 집단들은 그래프상에서 군집을 이룰 것이다.

그림 12.12a는 여러 집단에서 PTC(phenylthiocarbamide)의 맛을 느끼지 못하는 대립유전자의 빈도를 보여주고 있다. 이 열성 대립유전자의 두 사본을 가진 사람은 PTC의 맛을 느끼지 못하는데, 이 대립유전자의 사본 하나를 가지고 있거나 아예 없는 사람은 PTC의 쓴맛을 느낄 수 있다. 아시아 인종으로 구분된 집단들 가운데에서도 이 대립유전자의 빈도는 많이 차이 난다.

그림 12.12b는 여러 인간 집단들 내에 존재하는 **합토글로빈 1** 유전자에 대한 대립유전자의 빈도를 열거하고 있다. 합토글로빈 1은 늙거나 죽어가는 적혈구 세포로부터 혈액 단백질인 헤모글로빈을 제거하는 일을 하는 단백질이다. 이 경우에도 동일 인종 내의 여러 집단들의 대립유전자 빈도에 큰 차이가 있음을 볼 수 있다.

그림 12.12c는 인간 집단들의 8번 염색체상에 있는 반복 DNA 서열의 빈도 차이를

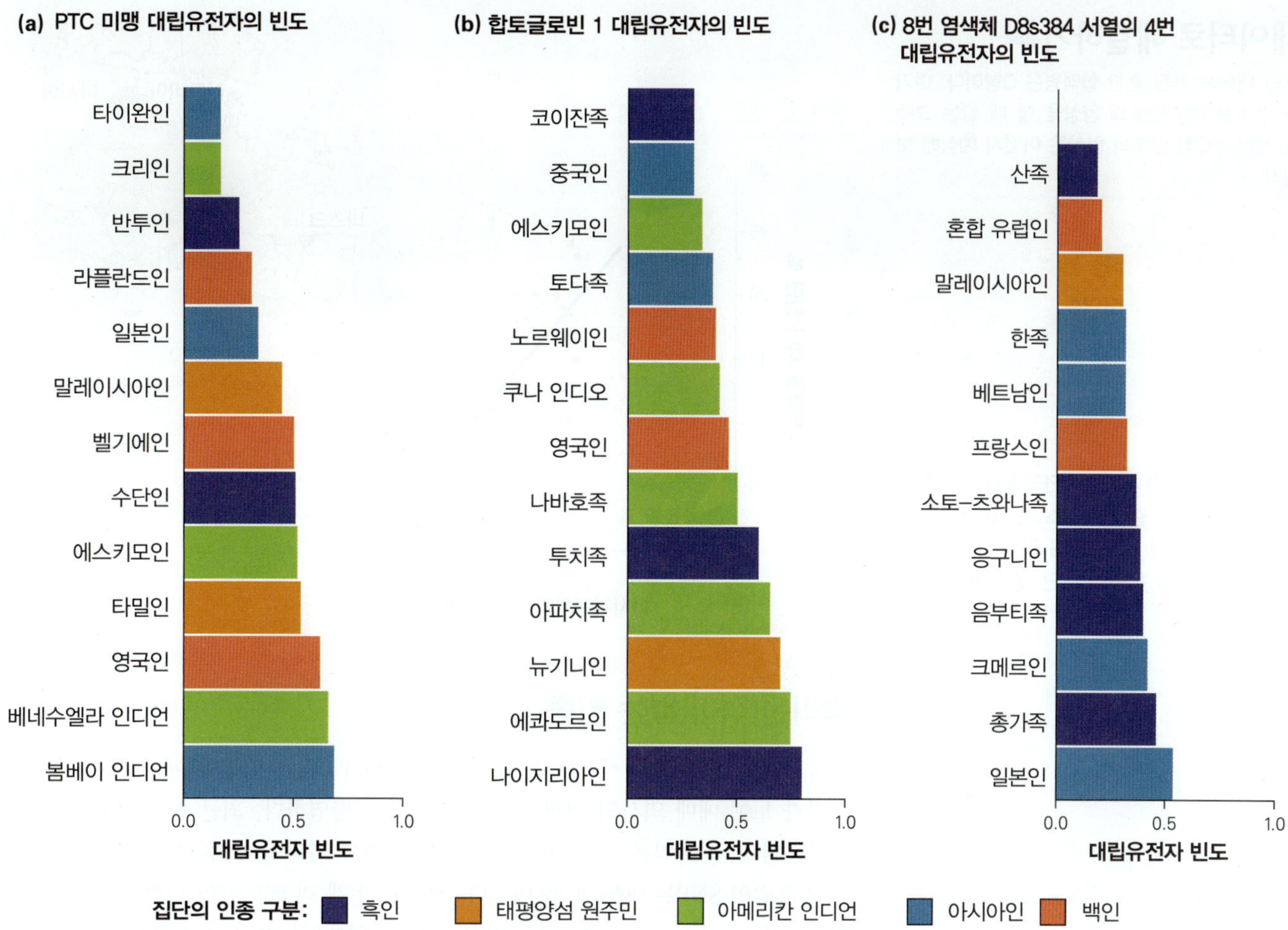

그림 12.12 인종은 격리에 대한 유전적 증거를 보여주는가? 각 그래프상의 막대는 여러 인간 집단 내에서 기술된 대립유전자의 빈도를 나타내고 있다. 이들 그래프는 한 인종 내의 집단들 간 유사성은 이들을 다른 인종의 집단들과 대조했을 때와 비교해 반드시 더욱 높은 것만은 아니라는 사실을 보여주고 있다.

보여주고 있다. 반복서열은 인간 유전체에서 흔하며, 반복 수의 개인 차이는 고유한 특징을 가진 DNA 지문을 만들어 낸다. 8번 염색체상의 D8s384 서열의 4번 대립유전자로 불리는 반복서열의 빈도가 집단별로 표시되어 있다.

그림 12.12의 3개의 그래프에서 우리가 알 수 있는 것은 세 유전자에 대한 대립유전자들의 빈도는 같은 인종 그룹이라고 해도 다른 인종 그룹과 비교했을 때보다 비슷하지는 않다는 것이다. 실제로 세 그래프 중의 그림 12.12a와 12.12b, 2개의 그래프에서는 최고와 최저의 대립유전자 빈도를 지닌 집단이 동일 인종에 속하며, 세 유전자에 대하여 인종 간의 평균 차이보다는 인종 내에서 변이가 더욱 많다. 일부 SNP은 개체의 특정 조상 집단을 추적하는 데 도움이 될 수 있지만, 다른 유전자가 드러내는 다양한 양상은 이러한 "조상" 양상이 인종 그룹 내 집단 간의 깊은 생물학적 유사성의 증거가 될 수는 없음을 말해준다.

쉬어가기 우리는 피부색과 눈모양의 차이가 보이지 않는 생물학적 관계를 드러낸다고 가정하는 경향이 있다. 인간 집단 간에 크게 차이나지만 생물학적 관계의 증거로 거의 사용되지 않는 형질이 있다면 무엇일까? 이러한 형질을 포함시키는 것은 인종 분류에 어떤 영향을 미칠 것인가?

인종은 집단이 서로 지속적으로 격리되어 있었다고 볼 수 있는 특징이 관찰되지 않는다. 화석 증거와 유전적 증거는 우리가 흔히 나열하는 6종류의 인종 그룹이 생물학적 품종을 나타내지 못함을 보여주고 있다.

데이터로 해결하기▶

유럽 내에서 가장 흔한 혈액형은 O형이다. 여기에 주어진 B형 빈도의 양상을 볼 때 같은 그래프 상에서 O형 빈도의 양상은 어떨지 예상해 보아라.

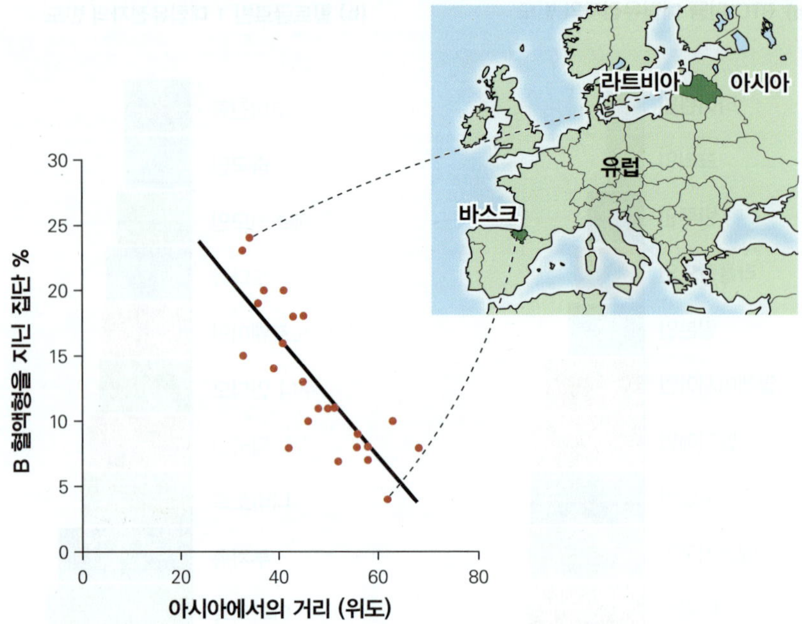

그림 12.13 **인간 사이의 유전적 혼합.** 유럽의 동쪽에서 서쪽으로 갈수록 감소하는 B 혈액형 그룹의 빈도는 지난 2,000년에 걸쳐 아시아 집단의 대립유전자가 유럽의 집단 내로 이동하였음을 보여준다.

격리된 적이 없는 인종

미국 사람들의 유전 검사 결과는 보통 지난 300년간의 유럽인과 아시아인 이민과 아프리카 노예 매매 역사의 결과가 야기한 혼합을 반영한다. 최근 연구 결과에 따르면 대부분의 미국 흑인은 최소 20%의 유럽인 SNP를 지니며, 30%의 미 백인 대학생이 지닌 유럽인 SNP는 90%에 못 미친다. 하지만 현재 미국과 같이 다양한 인종이 뒤섞인 양상은 과거 인류의 역사에도 있었다. 사실, 현대인류가 처음 진화한 이후 인간 집단이 "혼합"되어 왔다는 증거가 인간 집단의 유전자풀 내에 들어 있다. 예를 들면, B 혈액형 그룹의 빈도는 유럽의 동쪽에서 서쪽으로 갈수록 감소한다(그림 12.13). B 혈액형을 암호화하는 대립유전자는 분명히 아시아에서 진화하였고, 그림 12.13에서 보는 것처럼 혈액 그룹 분포의 양상은 약 2,000년 전 아시아인이 유럽으로 이동한 사실과 일치한다. 아시아 이주민이 유럽의 거주자와 혼합하여 이주민의 대립유전자가 유럽인 유전자풀의 일부가 되었다. 아시아와 근접한 집단에서는 유전자풀이 많은 변화를 겪었지만, 아시아로부터 좀 더 거리가 먼 지역의 집단은 아시아와 인접한 유럽 거주민과 아시아 이주민의 자손들로 이루어진 보다 "희석된" 이주민 유전자풀을 만났다.

다른 유전학적 분석들도 이와 같은 혼합 역사를 보여주는데, 한 자료는 약 1만 년 전에 중동에서 농업을 하던 집단이 유럽과 아시아 곳곳으로 이주한 사실이 있음을 보여주고 있다. 이와 같은 자료들은 인간 유전자풀 내에 분명한 경계가 없음을 의미한다. 수백 세대에 걸쳐 이루어진 인간 집단들의 교배는 생물학적 품종의 형성에 필요한 격리를 막아왔기 때문이다.

12.3 인간 집단의 차이

인종은 참다운 의미의 생물학적 품종이 아니다. 그렇지만 우리들 모두에게 분명한 사실은 인간 집단들 간에는 서로 다른 특징들이 많다는 점이다. 이번 항에서는 집단들 간의 공통점과 차이점에 대하여 알려진 사실을 살펴보자.

말라리아와 낫형적혈구의 중복

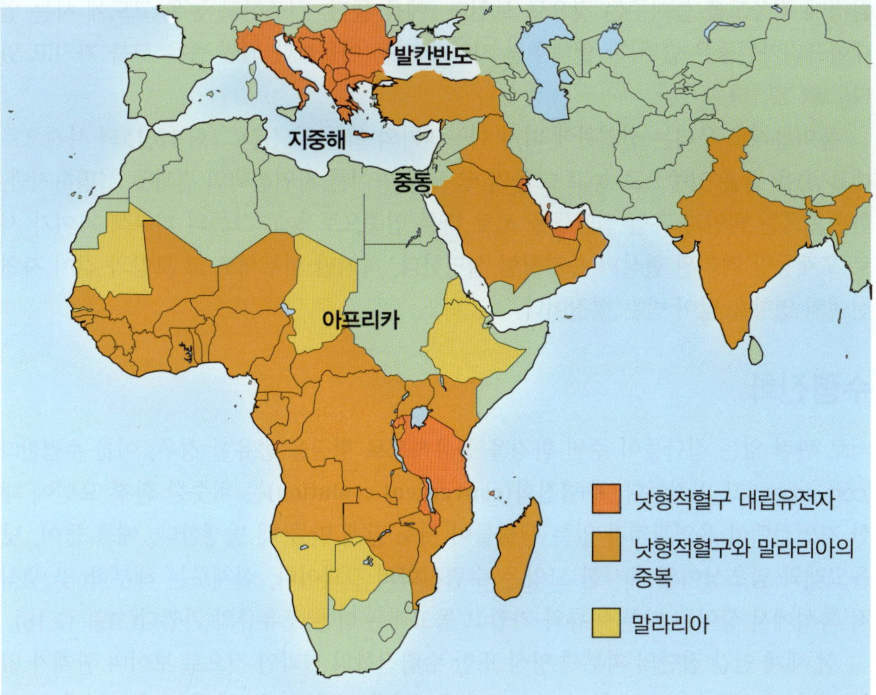

그림 12.14 낫형적혈구 대립유전자는 말라리아 환경에 흔하다. 이 지도는 인간 집단에서의 낫형적혈구 대립유전자와 말라리아의 분포를 보여준다.

◀ 시각화

이 그림의 양상을 볼 때, 미국의 어떤 집단 그룹에서 낫형적혈구 대립유전자를 보유하는 개체를 발견할 수 있을까?

자연선택

그림 12.11이 보인 인간 집단 내의 낫형적혈구 대립유전자의 분포를 복습해 보자. 이 대립유전자는 일반적으로 기술된 인종 중에서 최소한 세 가지의 집단 내에서 발견된다. 왜 이처럼 특정 집단에서 이 대립유전자는 더 많이 발견되는 것일까?

낫형적혈구 대립유전자가 일부 집단 내에 더 많은 이유는 특정 환경에서 자연선택 과정이 이 대립유전자의 사본 하나를 가지고 있는 개인을 선호하기 때문이다. 낫형적혈구빈혈증의 대립유전자는 말라리아에 걸리기 쉬운 집단의 적응도(adaptation)를 증가시키는 일종의 적응형질이다. 말라리아를 일으키는 단일세포 생물은 생활사의 일부를 적혈구에 기생하며 영양을 취하여 결국은 적혈구를 죽게 만든다. 적혈구가 고갈되므로, 중증의 환자는 빈혈증으로 고생하며 나중에 죽기도 한다. 낫형적혈구 대립유전자의 사본 하나를 가지고 있는 사람의 경우, 말라리아 기생충에 감염되면 혈액세포들이 변형된다. 이들 변형된 세포는 빨리 죽으므로, 기생충이 더 많은 적혈구를 침입하여 증식할 수 있는 기회를 줄이며, 따라서 빈혈증의 위험을 줄인다.

낫형적혈구 대립유전자는 말라리아의 심각한 발생 가능성을 줄이며, 이에 자연선택은 말라리아에 민감한 집단 내에서의 대립유전자 빈도를 증가시키는 원인이 되었다. 낫형적혈구 대립유전자가 이형접합자에게 주는 보호 역할은 말라리아의 분포와 낫형적혈구빈혈증의 분포가 일치하는 사실로 설명이 된다(그림 12.14).

자연선택의 영향을 받는 또 하나의 외형적 특징은 코의 모양이다. 집단에서 코 모양의 양상은 일반적으로 기후 요인과 연관되어 있는데, 건조한 기후의 집단은 습한 기후의 집단보다 좁은 코를 가지는 경향이 있다. 길고 좁은 코는 보다 넓은 내부 표면적을

(a) 좁은 코의 에티오피아인

(b) 넓은 코의 반투인

그림 12.15 코 모양은 자연선택의 영향을 받는다. (a) 길고 좁은 코는 열과 수분을 보존하므로 춥고 건조한 환경 내의 집단에서 더욱 흔하다. (b) 넓고 납작한 코는 체온을 효과적으로 방사하기 때문에 따뜻하고 습한 환경에서 더욱 흔하다.

가지고 있어서 들이마신 공기를 좀 더 수분에 노출시켜 폐손상을 최소화시킴으로 마른 환경에 적응도를 높여주는 것으로 보인다. 예를 들면, 건조하고 높은 고도에 사는 열대아프리카인들은 습기 찬 열대우림 지역에 사는 이들보다 훨씬 좁은 코를 가지고 있다(그림 12.15).

흥미롭게도 우리는 선입관에 따라 아프리카의 이들 두 집단(그림 12.15의 사진으로 대표됨)을 같은 인종으로 놓고 그들의 코 모양 차이를 자연선택의 결과로 설명하지만, 한편으로는 백인과 흑인 집단들을 서로 다른 인종으로 놓고 그들의 피부색 차이가 서로 오랫동안 격리된 현상의 증거처럼 설명한다. 하지만 피부색도 코 모양과 같이 자연선택의 영향을 많이 받는 형질이다.

수렴진화

서로 관련 없는 집단들이 주변 환경을 공유하므로 형질을 공유할 경우, 이를 **수렴한다**(convergent)고 일컫는다. **수렴진화(convergent evolution)**는 비슷한 환경 요인에 대한 자연선택이 유연관계가 없는 생물들이 서로 닮게 만들 때 발생한다. 예를 들어, 낫돌고래와 암초상어의 유사한 모양은 수렴진화의 결과이다. 실제로는 해부학 및 생식적 특성에서 상어는 다른 어류와 가깝고 돌고래는 다른 포유류와 가깝다(그림 12.16).

전 세계 인간 집단의 피부색 양상 또한 수렴진화의 결과인 것으로 보이며 관계가 없는 인간 집단들이 비슷한 환경조건 내에서 진화한 결과로 비슷하게 보이는 것이다. 과학자들이 토착민 집단의 평균 피부색을 그 집단이 노출된 자외선의 수준과 비교해 본 결과, 집단이 분류된 인종을 떠나 자외선의 수준이 낮을수록 피부색이 밝아지는 거의 완벽한 상관관계를 발견하였다(그림 12.17).

자외선은 높은 에너지의 방사로 인간의 눈에 보이지 않는 영역에 있다. 자외선은 여러 가지 작용 중의 하나로서 엽산 비타민을 저장하는 몸의 기능을 방해한다. 엽산은 유아의 적절한 발달과 남성의 원활한 정자 생산에 필요하다. 엽산의 수준이 낮은 남성은 생식력이 낮고, 엽산의 수준이 낮은 여성은 출산 장애아를 낳을 가능성이 높다. 그러므로 엽산 수준이 충분한 사람은 그렇지 못한 사람보다 더 높은 적응도를 지닌다. 검은 피부를 가진 사람은 자외선을 덜 흡수하므로, 높은 자외선 환경에서는 밝은 피부를 가진 사람보다 더 높은 수준의 엽산을 지니고 있다. 한마디로 자외선의 수준이 높은 환경에서는 검은 피부가 자연선택에 의하여 선호된다(그림 12.18).

낮은 자외선 환경에 사는 인간 집단은 다른 문제에 직면한다. 자외선의 흡수는 뼈의 적절한 발달을 위해 꼭 필요한 비타민 D의 합성에 필수적이다. 특히 비타민 D의 수준이 낮은 여성의 경우, 골반뼈의 발달 미숙으로 인해 출산 과정이 치명적일 수도 있다.

그림 12.16 수렴. 상어와 돌고래의 유사한 모양은 물고기를 잡아먹는 해양 포식자로서의 유사한 적응 결과이며 조상을 공유하지는 않는다.

시각화 ▶

펭귄 또한 물고기를 잡아먹는 해양 포식자이다. 펭귄은 돌고래와 상어와 어떠한 수렴을 보여주는가?

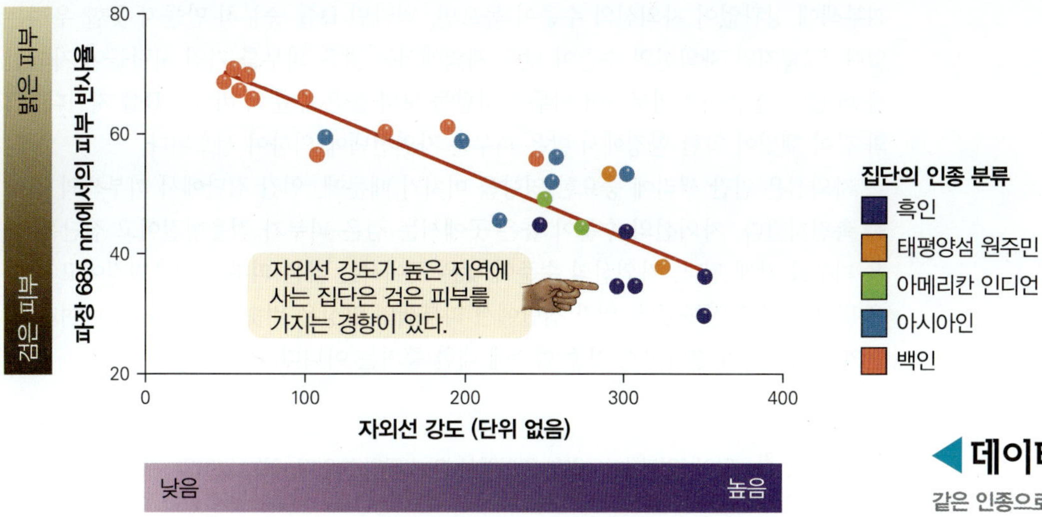

그림 12.17 **피부색과 자외선 노출 사이에는 강한 상관관계가 있다.** 반사율은 피부색에 따라 다르며, 보다 높은 반사율은 보다 밝은 피부를 가리킨다. 그래프상에 있는 점들의 색깔은 각 집단의 인종 범주를 나타낸다.

데이터로 해결하기

같은 인종으로 분류되었지만 피부색이 상당히 차이 나는 두 집단을 찾아보아라. 그리고 다른 인종이지만 같은 피부색을 가진 두 집단을 찾아보아라.

시각화

자외선 수준이 낮은 환경에 있는 검은 피부의 개체는 보완할 수 있는 방법이 무엇일까?
자외선 수준이 높은 환경에 있는 밝은 피부 개체의 경우는 어떠한가?

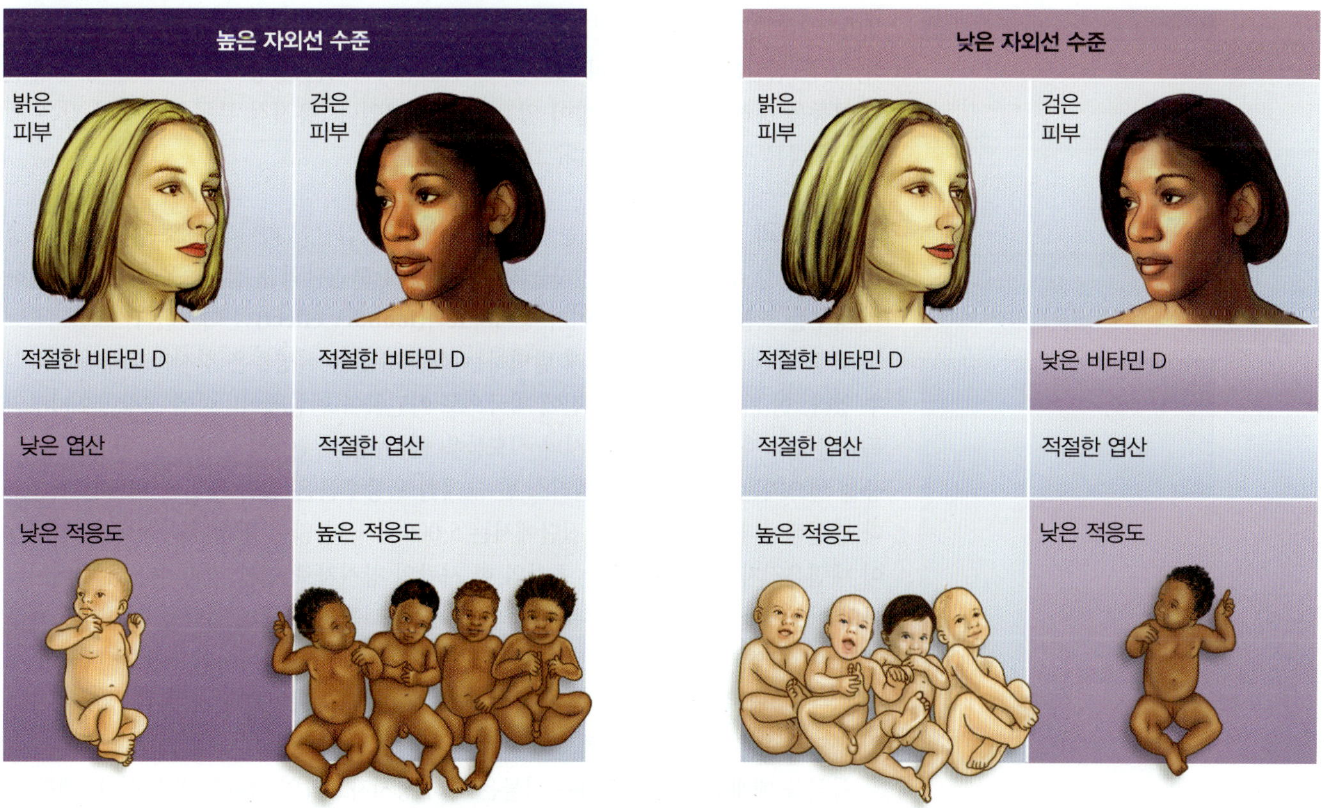

그림 12.18 **자외선 수준, 엽산, 비타민 D, 그리고 피부색 간의 관계.** 검은 자외선 차단 피부가 자외선 수준이 높은 지역의 집단에서는 유리한데, 그 이유는 검은 피부를 가진 개체의 적응도가 더 높기 때문이다. 보다 밝은 자외선 흡수 피부는 자외선 수준이 낮은 지역에서 자연선택에 의해 선호된다.

피부색에 상관없이 자외선의 수준이 높으면, 비타민 D를 충분히 만들지 못할 우려는 없다. 그렇지만 자외선의 수준이 낮은 지역에서는 밝은 피부를 가진 사람들이 자외선을 더 많이 흡수하여 피부색이 어두운 사람들 보다 높은 수준의 비타민 D를 지닌다. 이와 같이 햇빛이 약한 환경에서 밝은 피부는 자연선택에 의하여 선호된다.

자외선은 인간 생리에 중요한 영향을 미치기 때문에, 인간 집단에서 피부색의 진화를 촉진시켰다. 자외선의 수준이 높은 곳에서는 검은 피부가 적응형질이고 집단은 검은 피부를 갖게 된다. 자외선의 수준이 낮은 곳에서는 밝은 피부가 적응형질이고 집단은 밝은 피부로 진화했다. 인간 집단에서 피부색의 양상은 비슷한 환경에 사는 여러 집단의 수렴진화의 결과이지 인종 범주에 대한 증거는 아니다.

쉬어가기 단어 "엄마"는 다양한 언어에서 '마'소리의 변이다. 이는 언어의 수렴진화의 예로 보인다. 아기들이 처음 내는 소리를 떠올려 보아라. 왜 많은 문화권에서 '엄마'라는 명칭에 같은 소리를 공유하는 것일까?

자연선택은 인간 집단 간의 차이를 가져왔지만, 그와 동시에 일부 집단은 다른 집단과 더욱 유사하게 보이는 결과를 가져왔다. 하지만 겉으로 비슷하게 보이는 집단들이 실은 우연에 의해 전혀 다를 수도 있다.

유전적 부동

우연적으로 생기는 대립유전자 빈도의 변화를 **유전적 부동(genetic drift)**이라고 부른다. 인간 집단은 여행을 하며 새로운 지역에 정착하려는 경향이 있으므로, 특히 유전적 부동을 통해 진화하는 경향이 있는 것으로 보인다. 유전적 부동은 다음과 같은 세 가지의 다른 상황에서 일어난다(그림 12.19).

창시자효과. 유전적 차이는 큰 집단 속의 작은 소집단이 하나의 새로운 집단을 형성할 때 발생할 수 있다. 이 이민자들의 유전자풀이 모집단의 유전자풀을 그대로 반영하는 경우는 드물다. 이러한 차이가 **창시자효과(founder effect)**를 야기한다.

특정 집단 내에서 더 흔하게 발병하는 희귀 유전적 질병들은 창시자효과의 결과일 수 있다. 한 가지 예로 200년 전에 미국으로 이민하여 펜실베이니아에 정착한 200명의 독일인 개척자의 후손인 아미시파 신도들을 들 수 있다. (여러 증상 중의 하나로) 왜소증을 일으키는 열성 질병인 엘리스-반 크레벨트 증후군은 일반 독일계 미국인 집단보다 펜실베이니아의 아미시파 집단에서는 5,000배나 더 많이 발생했다. 이러한 차이는 이 대립유전자를 지녔던 정착 초기의 한 사람의 창시자로 인한 결과이다. 펜실베이니아의 아미시파 신도들은 대부분 그들의 작은 종교 공동체 내의 사람들과 결혼을 해왔으므로, 이 엘리스-반 크레벨트 대립유전자의 보유자가 비아미시파 독일계 미국인 사이에는 100명 중 1명 미만인 데 비하여 펜실베이니아의 아미시파 사이에는 8명 중 1명일 정도로 높은 수준을 유지하고 있다.

동물을 매개로 씨를 퍼뜨리는 식물은 특히 창시자효과의 영향을 받기 쉽다. 예를 들면, 지나가는 동물의 털에 들러붙는 부착형 열매를 만드는 잡초인 도꼬마리는 크기와 모양이 매우 다양한 집단들로 구성되어 있다(280쪽의 그림 12.20). 집단 간의 변이는 새로운 장소로 운반되고 새로운 집단을 창시한 열매간의 차이에 의한 것으로 보인다.

(a) 창시자효과: 큰 모집단의 작은 소집단이 새 집단을 형성한다.

원래 집단에는 적색 대립유전자의 빈도가 낮다.

이동하는 생물의 일부가 우연히 적색 대립유전자를 지니고 있다.

새 집단에는 적색 대립유전자의 빈도가 훨씬 높다.

(b) 집단 병목현상: 집단 크기의 극적이면서 일시적인 감소가 일어난다.

원래 집단에는 적색 대립유전자의 빈도가 낮다.

해일에서 살아남은 생물이 우연히 적색 대립유전자를 지니고 있다.

새 집단에는 적색 대립유전자의 빈도가 훨씬 높다.

(c) 소집단 내의 우연사건: 희귀 대립유전자의 보유자가 생식을 하지 못한다.

원래 집단에는 적색 대립유전자의 빈도가 낮다.

적색 대립유전자를 지닌 유일한 도마뱀이 사고로 죽는다.

적색 대립유전자가 소실된다.

그림 12.19 **유전적 부동의 효과.** 한 집단은 여러 가지 다른 대립유전자를 포함할 수 있는데, 그 이유는 다음과 같다. (a) 집단의 창시자가 원래 집단을 나타내지 않는다. (b) 집단 크기의 일시적 감소가 집단내 대립유전자 빈도의 변화를 초래한다. (c) 집단이 매우 작고 낮은 빈도의 대립유전자가 우연히 소실된다.

창시자효과의 변이형은 재해가 집단 내 대부분을 몰살시켜 소수만이 생존할 때 나타나는 병목현상이다. 남태평양 푸카푸카 섬은 16세기의 병목현상으로 다른 태평양섬 집단과는 현저히 다른 집단이 되었다. 푸카푸카에 밀려온 쓰나미 파도의 생존자 17명은 모두 상대적으로 작았고, 현재의 집단은 다른 섬의 토착민보다 평균적으로 상당히 작은 키를 가지고 있다. 병목현상은 생물 집단에서도 일어난다. 예를 들어, 이사벨라 섬의 갈라파고스 거북이 개체들 간의 유전적 유사성은 병목현상이 있었음을 시사한다. 지질학적 증거를 통해 이들 거북이가 88,000년 전의 화산 폭발로 대부분 사라졌

그림 12.20 식물에서의 창시자효과. 도꼬마리는 부착형 열매를 만들어 열매 표면의 갈고리를 통행하는 동물의 모피(또는 발)에 부착하여 전파된다. 이들 열매가 먼 위치에 떨어지면 모집단의 열매 크기와 모양과는 상당히 다른 새로운 집단을 형성할 수 있다.

음을 알 수 있다. 현재의 집단은 작은 생존자 그룹에서 유래되었음이 분명하며 이에 유전적 다양성이 낮다.

소집단 내의 유전적 부동. 비록 집단 병목현상이 없더라도, 대립유전자의 빈도는 집단 내의 우연사건으로 변하기도 한다. 작은 집단 내에서 특정 대립유전자의 빈도가 낮을 때는 단지 몇몇 개체만이 이 대립유전자의 사본을 가지고 있다. 만약 이 개체들 중의 한 개체가 생식에 실패하거나 생존한 자손에게 단지 흔한 대립유전자만을 전한다면, 희귀 대립유전자의 빈도는 다음 세대에서 떨어질 것이다. 만약 이 집단이 매우 작다면, 상대적으로 높은 빈도의 대립유전자라 할지라도 이러한 과정을 거쳐 몇 세대 후에는 결국 사라질 것이다.

작은 집단에서 일어난 유전적 부동의 영향을 설명하는 인간 집단의 예로서, 미국의 사우스다코타와 캐나다에 공동체를 둔 후터 종파가 있다. 현재의 후터파 집단은 1874년과 1877년 사이에 러시아로부터 북아메리카로 이주해온 442명의 조상에 기원을 두고 있다. 후터파는 같은 종파의 사람들과 결혼하는 경향이 있어서, 이 집단의 유전자풀은 작고 다른 집단으로부터 격리되어 있었다. 이로 인해 타 유럽 이주민들은 15~30%의 B 혈액형 빈도를 갖는 데 반하여, 후터 종파는 지난 세기를 거치며 집단 내의 유전적 부동의 결과로 사실상 B 혈액형 개체가 없어졌다.

오랜 세대 동안 소형으로 남아 있는 집단 내의 유전적 부동은 대립유전자들의 신속한 소멸을 가져오기도 한다. 이러한 현상은 인간에게는 드문 일이지만, 멸종위기종의 작은 집단에서 일어나는 유전적 부동은 멸종을 초래할 수도 있다(15장).

인간은 이동성이 높은 종이고 수천 년 동안 새로운 집단을 만들어 왔다. 가장 초기의 인간 집단은 아마도 매우 작았을 것이다. 이러한 요인들로 인간 집단은 창시자효과, 집단 병목현상 및 유전적 부동에 특별히 민감하였으며, 현대인류 그룹들 간의 차이를 만들어왔다. 그러나 자연선택과 유전적 부동 외에도, 고도의 사회성이 인간 집단들 간의 일부 피상적인 외형적 차이를 더했을 수 있다.

성선택

한 집단의 남성과 여성은 그들 배우자의 특정 외형에 대하여 호감을 가지고 있다. 이러한 호감은 집단의 외형에 차이를 가져올 수도 있다. 한 형질이 교배 가능성에 영향을 줄 때 그러한 형질은 **성선택(sexual selection)**이라는 자연선택 방식의 영향을 받는다.

다윈은 1871년 종 내의 암수 간에 존재하는 많은 차이점을 설명하기 위하여 성선택의 가설을 제시했다. 예를 들면, 수컷 공작의 거대한 꼬리는 암컷 공작이 보다 화려한 꼬리를 가진 수컷을 선택하는데서 기인한 것이다. 큰 꼬리는 한번 펼치는데 에너지가 많이 들며, 이러한 꼬리를 가진 수컷은 포식자의 눈에 보다 잘 띄므로, 큰 꼬리를 가진 공작은 생존을 위하여 힘이 세고 영리해야만 한다. 그러므로 암컷은 수컷의 "우수성"을 재는데 꼬리의 크기를 이용한다. 꼬리의 길이는 공작의 종합 적응도를 재는 좋은 척도로 보인다. 연구의 결과, 훌륭한 꼬리를 가진 수컷의 자손은 빈약한 꼬리를 가진 수컷의 자손보다 생식 연령까지 더욱 잘 생존하였다. 큰 꼬리를 가진 수컷을 선택함으로써 암컷은 자신의 자손이 우수한 유전자를 물려받을 것을 보장받는다. 성선택은 수많은 종들의 암수 차이를 잘 설명해준다(그림 12.21).

쉬어가기 동물의 성선택은 암컷의 선택이 수컷 형질의 진화를 야기하는 경우가 대부분이다. 반대의 경우와 비교해볼 때, 왜 암컷이 알맞은 수컷을 선택하는 일에 더 의욕적일까?

인간 사회에서 남자와 여자 간의 신체 크기의 차이는 성선택, 즉 몸집이 큰 남성에 대한 여성의 광범위한 선호에 의한 것으로서, 크기가 종합 적응도의 척도로 이용된 결과이다. 하지만 성적으로 선택된 일부 형질은 적응도와 거의 또는 전혀 상관없이 단지 "사회적 선호도"를 반영하는 경우도 있다. 고도로 사회적인 종에서는 이러한 형식의 성선택을 흔히 볼 수 있다.

예를 들면, 일부 과학자들은 아메리칸 원주민과 아시아인 집단에서 얼굴과 몸의 털이 적은 것은 남성과 여성 모두 털이 적은 배우자를 선호해 온 결과로 보고 있다. 일부 학자들은 심지어 특정 인간 집단의 고유한 외형 특징은 이러한 전통적인 선호사상의 결과로 진화되었다고 생각하고 있다. 이러한 가설은 매우 흥미롭지만, 아직은 이러한 개념을 지지하는 증거가 거의 없고 이를 검증하기 위한 별다른 방법도 없다.

동류교배

인간 집단들 간의 일부 차이는 인간이 배우자를 선택하는 방법에 기인하기도 한다. 사람은 누구나 자기를 닮은 사람과 결혼하고 싶어하는데, 이를 **동류교배(assortative mating)**라고 한다. 예를 들면, 키 큰 여자는 키 큰 남자와 결혼하려는 경향이 있으며, 피부색의 경우도 마찬가지이다(그림 12.22).

두 집단이 외형적 특징에서 분명히 다를 때, 한 집단의 특징이 다른 집단의 사람에게 문화적으로 매력이 없으면 이들 간의 교배 횟수는 적을 것이다. 동류교배는 다른 생물에서도 관찰되는데, 예를 들어 해마는 크기가 비슷한 것끼리 교배하며 일부 초파리 종의 암컷은 항상 색깔이 같은 수컷과 교배한다. 동류교배는 유지되는 경향이 있으며, 심지어 집단 간의 외형적 차이를 과장하는 경향까지 있다. 고도로 사회적인 인간의 경

그림 12.22 동류교배. 사람들은 사회적으로 중요한 특성에서 자신과 유사한 배우자를 선택하는 경향이 있다.

(a) 공작

(b) 사자

(c) 청색모르포나비

그림 12.21 성선택의 효과. 성선택은 (a) 공작의 꼬리에서 (b) 수사자의 갈기와 (c) 나비의 밝은 색깔에 이르기까지 생물의 독특하고 환상적인 특징들을 연출해 왔다.

우, 동류교배가 그룹 간 피상적인 외모의 차이를 증폭시키는 중요한 원인일 수도 있다.

인간 집단은 특정 환경에서 자연선택, 유전적 부동, 성선택 및 동류교배와 같은 기작으로 차이를 보일 수 있으나, 유전적 증거는 이러한 차이의 대부분은 문자 그대로 피상적이라는 것을 보여준다. 외형적 차이라는 겉모습 속에 있는 인간은 근본적으로 같다.

현명한 독자

인종과 건강 지침서

1월 31일 미국 농무부와 보건복지부는 미국인들을 위한 공식 식습관 지침의 최신판을 공개하였다… 그 중 특정 권고사항이 대대적으로 보도되며 화제가 되었다:… 미국인들은 일일 나트륨 섭취량을 2,300 mg으로 낮추어야 한다… 인구의 15% 이하만이 현재 이 목표에 미치고 있어 이것만으로도 큰 도전을 부여한다. 그러나 지침은 거기서 그치지 않는다. 더 나아가 51세 이상이거나, 고혈압, 당뇨, 또는 만성 신장병이 있는 사람들은 나트륨 섭취량을 1,500 mg까지 낮추기를 권장한다. 그리고 이 엄격한 기준은 모든 흑인들이 지켜야 할 목표로도 제시되어 있다.

노년층이나 지병을 가지고 있는 사람들이 소금 섭취량을 줄이기 위해 더 많은 노력을 기울여야 한다는 것은 타당하며 당연한 근거가 있는 것으로 보인다… 그러나 동일한 규칙들을 모든 흑인들에게 적용시킬 수 있을까? 이와 같은 지침이 증거에 기초한 것이라면, 인종이—나이, 질병, 또는 다른 고려 사항들은 상관없이 그 자체만으로—당뇨병과 같은 질병의 위험 요소라는 증거는 무엇인가?… 지침은 이유야 무엇이든, 흑인들의 "혈압이… 다른 인종의 사람들과 비교했을 때 나트륨의 혈압 상승효과에 더욱 반응하는 경향이 있다"고 언급한다.

의심할 여지없이 미국의 흑인들이 백인들보다 고혈압 발병률이 높다; 연구 결과 흑인들의 연령보정 유병률이 41.8%임에 반하여 백인이 29.8%인 것으로 나타났다. 그러나 전염병학자 리차드 쿠퍼는 이 현상과 다른 인종적 차이를 국제적 맥락에서 볼 때 미국의 백인들이 나이지리아인보다 더 높은 고혈압 유병률을 보인 반면, 미국 흑인들의 유병률은 독일인과 핀란드인들보다 낮음을 제시하였다…

1. 미국 흑인들이 소금 섭취량을 낮추어야 한다는 의견을 지지하는 근거로 이 발췌 기사에 제시된 것은 무엇인가?
2. 이 기사의 저자가 제시한 증거 중 이 의견을 지지하지 않는 것으로 보이는 것은 무엇인가?
3. 건강한 백인들과 비교해 모든 흑인들의 나트륨 섭취량을 줄여야 한다는 의견의 정당성 여부를 결정하기 위해 어떤 추가적 정보들이 필요한가?

http://www.slate.com/articles/health_and_science/medical_examiner/2011/04/black_salt.html

그럴듯한 소린데 **그런가?**

하와이 제도는 그 어느 곳에서도 발견되지 않는 하와이 꿀먹이새들의 고향이다. 약 50종으로 구성된 이 집단은 (이들 중 많은 종류가 이젠 멸종된 상태임) 4~5백만 년 전 섬들에 정착한 적원자 단일종의 후손인 것으로 나타났다. 조상 적원자는 아마도 작고 두터운 부리로 씨앗을 먹었으나 많은 꿀먹이새 종들은 길고 굽은 부리로 꽃의 꿀을 먹는다; 특정 종의 부리 모양은 그들이 꿀을 찾는 식물의 꽃모양과 완벽하게 일치한다. 이러한 사실은 다음과 같은 결론을 내리게 할지도 모른다.

꿀먹이새의 일부 종들은 특정 꽃들의 꿀을 먹기 위하여 길고 굽은 부리로 진화하여 왔다.

그럴듯한 소리이지만 그렇지 않다.

1. 부리 크기와 모양의 변이는 4~5백만 년 전 하와이제도에 정착한 적원자들의 집단 내에 이미 존재했을 것인가?
2. 먹이획득의 변이가 적원자의 집단 내에 존재했는가?
3. 모집단 내의 모든 새들이 이러한 형질을 보여줄까?
4. 소수의 동물들이 특정 꽃의 꿀을 먹이로 삼는 환경에서는 조금 더 길고 얇은 부리를 가지며 꽃을 먹고 사는 개체가 높은 진화 적응도를 지니고 있을까?
5. 진화 적응도에서 개체들 간의 차이는 집단의 형질에 어떻게 영향을 주는가?
6. 1~5번 질문에 대한 답을 생각하고 위의 굵은 글씨로 쓴 문장이 그럴듯하지만 그렇지 않은 이유를 설명하라.

복습

요약

12.1

생물학적 종을 정의하고 생물학적 종에 의하여 생식적 격리가 유지되게 하는 기작들을 열거하라.

- 모든 인간들은 하나의 생물학적 종인 *Homo sapiens sapiens*에 속한다. 생물학적 종은 교배를 하며 생식력 있는 자손을 낳을 수 있는 개체들의 그룹으로 정의된다. 생물학적 종은 서로 생식적으로 격리되어 있어서 종의 유전자풀은 분리되어 있다.
- 생식적 격리는 교배행동 또는 교배시기의 차이에 의한 수정전 요소들에 의하거나 또는 잡종의 생존불가나 불임성과 같은 수정후 요소들에 의하여 유지된다.

종분화 과정의 삼 단계를 기술하라.

- 종분화는 한 종의 집단들이 서로 격리될 때 일어난다. 이들 집단은 서로 분기하며 집단들 간에 생식적 격리가 진화한다.

12.2

혈통학적 종개념을 이용하여 생물학적 종내의 "품종"은 어떻게 정의될 수 있는지 설명하라.

- 생물학적 품종은 서로 분기되었으나 생식적으로는 완전히 격리되어 있지 않은 단일종의 집단들이다. 품종에 대한 이와 같은 정의는 혈통학적 종개념의 정의에 해당한다.

현대인류가 아프리카에서 발생한 젊은 종이라는 증거를 나열하라.

- 화석기록에서 인류 조상의 형태는 현대인류종이 대략 20만 년 되었다는 증거를 보여준다.
- 유전적 증거는 현대인류가 어린 종의 특징인 제한된 유전적 다양성을 지니며 가장 오래된 집단들(가장 많은 유전적 다양성을 지닌)이 아프리카에서 발견됨을 보여준다.

종이 고유한 품종들로 나누일 수 있을 때 예상되는 유전적 증거를 열거하라.

- 생물학적 품종이 함유한 유전적 증거 (1) 특정 품종에 고유한 대립유전자들, (2) 품종 내의 집단들 간 다수 유전자들에 대한 유사한 대립유전자 빈도, 그리고 (3) 다른 품종의 집단들 간의 대립유전자 빈도의 차이

하디-바인베르크 법칙이 집단유전학 연구에서 어떻게 사용되는지를 기술하라.

- 하디-바인베르크 법칙은 유전자형 빈도에서 대립유전자 빈도를 계산해 낼 수 있는 공식을 마련했다.
- 하디-바인베르크의 가정들(자연선택 부재, 이주 부재, 집단내 개체들 간의 마구잡이 교배)이 위반되면, 대립유전자 빈도는 기대치와 일치하지 않을 것이다. 과학자들은 조상에 대하여 정보를 제공할 대립유전자를 식별하기 위하여 전형적이지 않은 대립유전자들을 찾는다.

인종은 인간 종 내에서 근본적인 생물학적 구분이 아님을 나타내는 증거를 요약하라.

- 일부 단일염기다형성(SNP) 대립유전자들이 특정 인간 집단 그룹에서는 더욱 보편화되어 있지만 현대 인간 그룹들은 별개의 품종들을 형성하기에 서로 충분히 격리되어 있었다는 증거를 보여주지 않는다.
- 다른 유전적 증거는 인간 그룹들이 수천 년 동안 섞여 왔음을 보여준다.

12.3

특정 인간 집단 내에서 이들 집단이 경험한 자연선택으로 보편화된 형질들의 예를 들라.

- 인간 집단 간의 유사성은 자연선택의 결과로 생길 수 있다. 낫 형적혈구 대립유전자는 말라리아 발병률이 높은 지역의 집단 내에 더욱 흔하고, 밝은 피부는 자외선 수준이 낮은 지역에서 더욱 흔하다.

유전적 부동을 정의하고 집단의 진화에서 나타나는 예들을 들라.

- 인간 집단은 창시자효과나 집단 병목현상과 같은 우연한 사건에 의해 대립유전자 빈도에 변화가 일어나는 유전적 부동의 결과로 차이를 보일 수 있다.

인간과 동물의 행동이 어떻게 성선택과 동류교배를 통하여 진화를 일으킬 수 있는지를 기술하라.

- 개인들—전형적으로 여성들—이 어떤 "매력적인" 특징을 보이는 배우자를 선택하는 성선택도 인간 집단들 간의 차이를 만드는 데 기여한다.
- 자기를 닮은 배우자를 선택하는 동류교배도 인간 집단들 간의 차이를 강화할 수 있다.

언어의 뿌리

다음 어원들은 주로 라틴어나 그리스어에서 기원하며 아래와 같은 뜻을 가지고 있어 용어를 해석하는 데 도움을 준다:

allo-	'다르다'를 의미한다. 용어: *allopatric*
morpho-	'모양' 혹은 '형태'를 의미한다. 용어: *morphological*
paleo-	'고대의' 것을 의미한다. 용어: *paleontologists*
-patric	'원산국' 혹은 '원산지'를 뜻한다. 용어: *allopatric, sympatric*
-ploid	'다른 종류의 염색체 개수'를 뜻한다. 용어: *polyploid*
poly-	'많다'를 의미한다. 용어: *polyploid*
sym-	'동일한' 혹은 '연합한'을 의미한다. 용어: *sympatric*

기본문제

1. 종분화의 세 단계를 기술하라.

2. 왜 인간의 비교적 낮은 유전적 다양성이 우리가 젊은 종이라는 증거가 되는가?

3. 유전적 부동을 통하여 진화가 일어날 수 있는 세 가지 방법을 기술하라.

4. 다음 중에서 어느 것이 수정전 생식 장벽의 예인가?

A. 암컷 포유류는 잡종 자손을 분만할 수 없다.
B. 잡종 식물은 단지 불임성 화분만을 생산한다.
C. 두 종 간의 잡종새는 교미활동을 하지 못한다.
D. 한 종의 수컷 파리의 "날개 흔들기" 춤은 다른 종의 암컷을 설득하지 못한다.
E. 잡종 배아는 완전히 발달할 수 없다.

5. 단일 공통조상에서 유래한 두 신종의 기원에 대한 가장 인정받는 과학적 가설에 따르면 대부분의 신종은 __________ 발생한다.

A. 많은 돌연변이가 일어날 때
B. 조상종의 집단들이 서로 격리되었을 때
C. 자연선택이 없을 때
D. 창조자가 두 신종이 예전 종보다 오히려 낫다고 결정할 때
E. 조상종이 진화하기 시작할 때

6. 생물의 두 집단이 별개의 생물학적 종들로 간주되려면, 이들은 __________

A. 서로 생식적으로 격리되어야 한다.
B. 생존 가능한 자손을 생산할 수 없어야 한다.
C. 외형적으로 서로 매우 달라야 한다.
D. A와 C가 옳다.
E. A, B, 그리고 C가 옳다.

7. 낭포성섬유증은 열성 질병으로 미국에서는 백인 2,500명 중 1명이 이 질병을 가지고 태어나며 발병 빈도는 0.0004이다. 하디-바인베르크 법칙을 사용하여 이 집단 내의 낭포성섬유증 대립유전자의 빈도를 계산해 보아라.

A. 0.0004
B. 0.04
C. 0.02
D. 0.00000016
E. 주어진 정보만으로는 계산할 수 없다.

8. 보기 중 인간이 생물학적 품종으로 구분될 수 없다는 가설을 지지하지 않는 문장은?

A. 동일 인종 그룹 내 유전적 다양성이 인종 그룹들 간 평균 차이에 비해 더 높다.
B. 인종 그룹 내 한 집단에는 보편적인 대립유전자가 같은 인종의 다른 집단에는 보편적이지 않을 수 있다.
C. 유전학자들은 어느 인간 개체이던지 특정 SNP 대립유전자를 이용하여 조상 그룹을 식별할 수 있다.
D. 주어진 인종 그룹 내 모든 구성원에게서 발견되는 대립유전자는 없다.
E. 수천 년 전부터 현재에 이르기까지 인간 집단들 간의 혼합에 대한 유전적 증거가 있다.

9. 다른 인간 집단 간의 피부색의 유사성은 주로 __________의 결과로 보인다.

A. 자연선택
B. 수렴
C. 자신이 속한 생물학적 품종

D. A와 B가 옳다.

E. A, B, 그리고 C가 옳다.

10. 배우자를 선택할 때 자신을 닮은 상대를 선택하려는 경향을 __________ (이)라 부른다.

A. 자연선택

B. 성선택

C. 동류교배

D. 창시자효과

E. 임의교배

응용문제

1. 알래스카의 늑대 집단은 수천 마일 떨어진 미국 본토의 북부 오대호 지역에 사는 늑대 집단과 분리되어 있었다. 양 집단의 늑대들은 외형도 유사하고 습성도 유사하다. 그러나 미국 정부는 이들 두 집단을 전혀 다르게 취급하여 오대호 집단은 최근까지 멸종위기종으로 분류하여 보호해온 반면에 알래스카의 늑대는 사냥을 허락하였다. 늑대 보호 제도의 완화를 주장하는 사람들은 알라스카에 큰 집단이 있으므로 미 전역에서 "늑대"는 멸종위기로 간주할 필요가 없다고 주장하는 한편, 늑대 보호 지지론자들은 오대호 집단은 보호받을 만한 가치가 있는 독특한 집단이라고 주장한다. 이들 두 집단은 다른 품종 또는 종으로 간주해도 좋은가? 답변을 위해서는 어떤 정보가 필요한가?

2. 아일랜드 집단에서는 페닐알라닌 아미노산을 이용할 수 없는 페닐케톤뇨증(PKU)의 빈도가 7,000명당 1명꼴인 반면, 영국 도시 집단 내의 빈도는 18,000명당 1명꼴이고, 스칸디나비아 집단은 36,000명당 겨우 1명꼴이다. 이 질병은 질병 대립유전자의 동형접합열성인 개체에만 발병한다. 하디-바인베르크 법칙을 사용하여 각 집단의 질병 대립유전자의 빈도를 계산해 보아라. 그리고 동형접합자 사람들에게 심한 정신지체를 일으키는 이 대립유전자가 왜 이들 집단 간에 서로 다른 빈도를 보이는지에 대한 두 가지 이유를 말해 보아라.

3. 과꽃의 종들은 대부분 8월 중순에서 9월 말 사이에 개화하며 보통 10월 말에 어는점에 도달하는 지역에서 자생한다. 벌, 개미와 같은 곤충 매개체는 4월 말에서 10월 초 사이에 활동한다. 과꽃 몇몇 개체에서 개화시기를 조절하는 유전자에 돌연변이가 일어나 꽃이 더 빨리 피거나 오랫동안 피어 있을 수 있다. 다음의 표는 개화시기의 예이다.

과꽃 종류	개화시기
보통	8월 15일 ~ 9월 30일
조기 개화 돌연변이	7월 1일 ~ 8월 15일
연장 개화 돌연변이	7월 15일 ~ 9월 30일

이러한 과꽃 집단이 어떻게 두 종으로 나누어질 수 있는지 설명해 보아라.

연관문제

1. 가장 최근의 자료에 따르면, 백인 집단의 자살률은 대부분의 소수민족과 비교해 거의 두 배 더 높다. 이러한 차이는 생물학적인 것으로 생각되는가? 당신의 가설을 어떻게 시험할 수 있는가?

2. 2010년도의 인구조사에서 미국의 모든 가정으로부터 수집된 정보는 단지 거주자 성명, 거주자 간 관계, 성별, 나이, 인종, 그리고 민족이었다. 당신은 모든 시민으로부터 인종과 민족의 자료를 모으는 것이 중요하다고 생각하는가? 왜 그런가? 정부에 보다 더 유용하다고 생각되는 다른 정보는 없는가?

CHAPTER **13**

지구의 가장 위대한 종

자이언트 세쿼이아는 지금까지 지구상에 존재해온 생물 개체 중 가장 크다.

생물다양성과 분류

사람들이 대화를 시작할 때 "역사상 최고의 인물이 누구인가?"라는 질문을 종종 한다. 이 질문을 던졌을 때 최고의 운동선수에 대해 논쟁하는 스포츠팬들, 좋아하는 저자들을 옹호하는 문학 애호가들, 유명 정치인들의 순위를 매기는 역사학 학생들, 그리고 세계 최고의 록 밴드에 대해 논하는 음악가들의 이야기들을 들어보라. 이들은 명백한 정답도 없는 가벼운 논쟁을 위한 여지가 많은 주제들이다. 그러나 이들의 대화를 중단시키고 "무엇이 최고의 종인가?"라고 묻는다면, 거의 한 가지의 보편적인 대답을 들을 것이다—물론 인간이다. 그 어느 다른 종들이 피라미드를 짓고 오디세이를 썼으며, 인간을 달로 보내기도 하고 렛잇비를 작곡하였는가?

투구게는 우리보다 4억 4천만 년이나 더 오랜 기간 존재해 왔다.

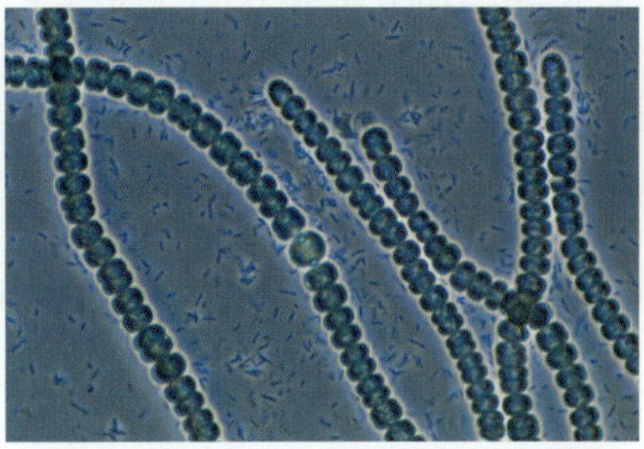

남세균은 가장 잘 자급자족하는 종으로 오직 물, 햇빛, 공기만을 필요로 한다.

인간이 최고의 종이라는 것은 아마 대부분의 사람들에게 자명한 사실처럼 보인다. 우리 인간은 매우 지적이다; 우리는 문제를 해결하기 위해 우리의 소통 능력, 협동 및 기술을 사용한다. 우리는 우수한 감각 능력을 지니고 이를 사용하여 세상의 작용 원리를 배우고, 습득한 지식을 사용해 자연 자원을 활용하는 데 적용시킨다. 우리는 여러 다른 환경 속에서도 살아가는 방법들을 찾아내는 데 뛰어나다. 이러한 기술들로 지구의 거의 모든 표면을 인간 거주를 위한 곳으로 맞추어 왔고 우리의 필요에 알맞게 환경을 바꾸어 왔다. 우리는 다른 종들 위에 군림하고 진화 과정까지 활용하여 가축들을 사육하고 식물들을 재배해왔다. 어떤 종이 인간과 겨눌 수 있는가?

이러한 질문에 의견 차이를 볼 수 있는 많지 않은 장소들 중 하나는 생물학자들의 모임이다. 이들 학자는 인간이 자이언트 세쿼이아와 같이 수천 년간 살아온 대형 개체들에 비하여 보잘것없다는 사실을 잘 알고 있다. 단지 20만 년밖에 존재하지 않은 현대의 인간들이 4억 4,500만 년간의 변화를 생존한 투구게에 비하여 훨씬 더 훌륭한 존재라 할 수 있는가? 아니면 물, 햇빛 그리고 공기만 있으면 생존에 필요한 모든 요소들을 만들 수 있는 남조류보다 더욱 뛰어난 발명가라 할 수 있는가? 또는 1조 마리의 개체들로 구성되어 단일 군체가 온 지구를 가로질러 번식할 수 있는 아르헨티나 개미들보다 더욱 적응력이 뛰어난가? 그렇지는 않을 것이다. 본 장에서는 지구상에 살아 있는 다양한 생물들을 조사하여 인간이 지구상 최고의 종인가 하는 추정을 시험해 보고자 한다.

그러나 이들 종들 중에서 실제로 인간보다 위대한 종들이 있는가?

13.1 생물학적 분류

각 생물의 위대함을 평가하기에 앞서 생물체들의 다양한 형태를 알아야 한다. 생물학자들은 여전히 생물종들을 발견하고 멸종종들의 화석 유물들을 기재하고 있다. 그러나 지구상의 서로 다른 생명 형태들을 완전히 집계하지 못하더라도 현재와 과거 모두의 생물학적 다양성의 범위를 잘 이해하고 있다.

얼마나 많은 종들이 존재하는가?

지구상 생명체들의 특징은 다양성으로 가득 차 있다는 점이다. 과학자들은 생물체의 종 내와 종 간의 다양성을 **생물다양성(biodiversity)**이라고 한다. 생물다양성 연구들은 단지 단순히 흥미로운 이야기나 최고의 종에 대한 논쟁거리를 제공하기 위한 것은 아니다. 많은 생물학자들에게 보다 중요한 것은, 이와 같은 연구들이 서로 다른 생물들의 진화적 기원들과 건강한 생물학적 체계 내에서의 기능을 이해하는데 도움을 준다.

12장은 어느 생물 그룹이 독립된 **종(species)**—일반적으로 함께 교배하여 새끼를 낳고 형태나 행동에서 다른 종들과 구분이 되는 개체들의 그룹—으로 여겨져야 하는지 결정하는데 따르는 난점을 자세히 설명하였다. **계통분류학자(systematist)**들은 특정 생물 그룹을 전문적으로 기술하고 분류하는 과학자들이다. 전형적으로 한 생물이 과학공동체에 의하여 신종으로 간주되려면 계통분류학자가 유사종들과 확연히 구분되는 특징을 기재하여 이를 전문 학술지에 출판하여야만 한다. 과학자는 전문 표본실에 저장하기 위하여 개체 표본들을 수집하여야만 한다. 대부분의 동물 표본들은 자연사 박물관에서 볼 수 있으나, 식물은 식물표본관(그림 13.1)에, 미생물과 균류는 균주 수집 센터 시설에 보관되어 있다.

전산과 통신 기술의 발달에 힘입어 계통분류학자들의 종 기재는 중앙 데이터베이스에 계속 수집되고 있다; 이들 데이터베이스의 가장 최근 총계는 130만 확인 종들에 이른다. 잘 기재된 생물 그룹들로부터 덜 알려진 그룹들을 추정하는 전략(그림 13.2)을 이용하면 지구상 종들의 총 숫자는 약 870만에 이르는데 이는 과학계에 알려진 생

(a) 자연사 박물관

(b) 식물표본관

그림 13.1 생물 표본. 대부분의 표본관은 종 내의 변이 정도를 보여주기 위하여 종별로 여러 개의 표본들을 보유하고 있다. (a) 자연사 박물관 내의 연체동물 수집물들. (b) 식물표본관 내에 저장된 표본들.

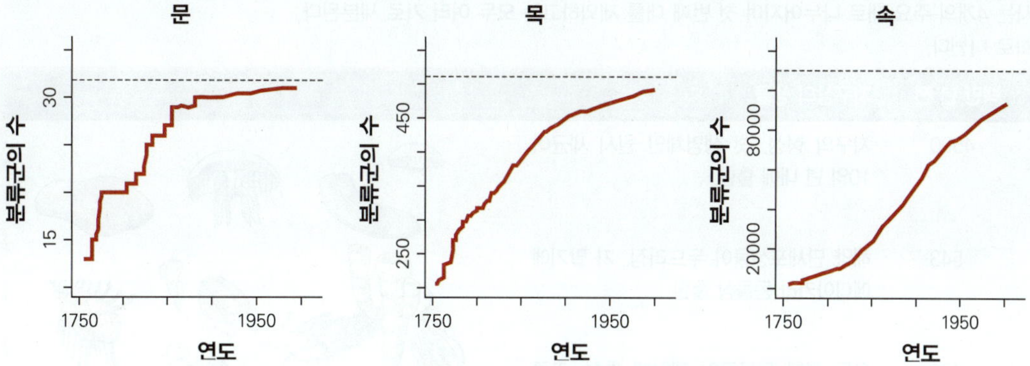

그림 13.2 생물다양성 추정. 과학자들은 얼마나 많은 종들이 차후 발견될 것인지를 결정하기 위하여 외삽법을 이용한다. 위의 그래프들은 시간의 경과에 따라 각 분류군 내에서 새롭게 발표된 동물의 그룹 수를 나타낸다. 그래프가 평평해짐은 아마도 소수의 새로운 그룹만이 차후 발견될 것임을 시사한다. 각 그래프의 점선 부분은 역사적 유형에 의거하여 그래프가 평평해지는 추정치를 보여준다.

◀ 데이터로 해결하기

이들 그래프에 의하면 약 몇 개의 동물속들이 기술되어 있는가? 대략 얼마나 많은 속들이 예상되는가?

물의 숫자는 20% 미만임을 뜻한다. 특정 그룹의 종들을 전공하는 학자들은 이보다 많은 추정치들을 제시한다. 간단히 말해 우리는 여전히 정확한 수치를 모른다는 것이다.

과학자들은 지구상 생명의 다양성은 현재와 과거가 판이하게 다르다는 사실을 인지하고 있다. 고생물학자는 화석과 여러 고대 증거들을 연구함으로 지구상의 생명의 역사를 짜맞출 수 있었다. 이 재구성 초기에 과학자들은 특정 기간 동안 생물의 무리가 뚜렷한 생물 "왕조"를 이루었음을 인식하였다. 과학자들은 이 왕조의 생성과 소멸의 기록을 바탕으로 생물의 역사를 **지질연대(geologic periods)**로 세분할 수 있었다. 매 시기는 일련의 화석군으로 정의된다. 표 13.1(다음 쪽)은 주요 지질연대의 이름, 연대, 길이 및 당시 발생했던 주요 생물학적 사건들을 보여준다.

어떤 종이 인간과 겨눌 수 있는가?

생물다양성의 오랜 역사에도 불구하고 현대 혹은 화석 생물 중에 다른 종과 전혀 관련이 없는 생물을 기술하는 경우는 극히 드물다. 실제로 생물종들은 공유된 특성에 근거하여 몇 개의 넓은 범주로 나뉠 수 있다. 가장 일반적인 범주는 도메인과 생물계이다.

생물계와 도메인

현대 종들은 세포구조의 유사성을 기준으로 **도메인(역; domain)**이라고 불리는 세 개의 큰 그룹으로 나누어진다. 세 개의 도메인은 **세균역(Bacteria), 고세균역(Archaea), 진핵생물역(Eukarya)**으로 명명되었다. 도메인은 더 작은 그룹인 **생물계(kingdom)**로 나누어진다. 표 13.2에 13.2절에서 논의될 생물계와 도메인을 정리해놓았다.

eu- '참'이라는 의미이다.

생물계와 도메인: 더 자세히 알아보기 ▼

계통분류학자는 생물다양성을 별개의 논리적인 범주로 정돈하려는 **생물분류(biological classification)** 분야에서 일한다. 생물 분류작업은 도서관에서 책을 분류하는 것과 유사하다. 책은 "소설"과 "비소설"로 구분되고, 이 구분 안에서 보다 정확한 분류가 가능하다(예를 들어, 비소설은 전기, 역사, 과학 등으로 나뉠 수 있다). 대부분 공립 도서관에서 책을 분류하는데 쓰이는 '듀이(Dewey) 십진법'은 책을 분류하는 여러 방법 중 하나일 뿐이다. 예를 들어, 학교와

표 13.1 지질연대표. 생물의 역사는 4개의 주요 대로 나누어지며 첫 번째 대를 제외하고는 모두 여러 기로 세분된다. 매 기는 지구 우점 생물의 주요 변화로 나뉜다.

대	기	백만 년 전	지구상의 생물
선캄브리아대		4500	지구의 형성. 첫 생명체인 원시 세균이 10억 년 내에 출현.
		543	해양 단세포생물이 두드러짐. 기 말기에 에디아카라 동물상 출현.
고생대	캄브리아기	495	모든 현대 동물군이 해양에 출현. 조류(algae) 번성.
	오르도비스기	439	해양 생물이 다양함. 두족류 출현, 삼엽충 번성.
	실루리아기	408	생물의 육상 침입 시작. 최초의 정착자는 작은 무종자 식물, 원시 곤충, 연체동물이다.
	데본기	354	물고기의 시대로 알려짐. 상어와 경골어류 출현. 큰 삼엽충이 해양에 풍부함.
	석탄기	290	육지는 무종자 식물로 이루어진 짙은 삼림이 두드러짐. 곤충이 번성하고 큰 양서류 출현.
	페름기	251	초기 파충류의 육상 출현. 무종자 식물 번성. 해양에는 산호, 삼엽충 번성. 페름기 말에 95%의 생물 멸종.
중생대	트라이아스기	206	초기 공룡, 포유류, 소철이 육상에 출현. 해양에서 생명이 '재출발'.
	쥐라기	144	거대한 초식 공룡 진화. 소철과 나무고사리가 삼림을 우점.
	백악기	65	거대한 육식 및 비행 공룡이 번성. 큰 솔방울을 맺는 식물이 삼림을 우점. 현화식물 출현.
신생대	제3기	1.8	공룡의 멸종 후 포유류, 조류, 현화식물의 다양화.
	제4기	0	대부분의 현대 종 존재.

표 13.2 생물의 분류. 최근까지 대부분 생물학자는 생물다양성을 조직화하기 위해 5 생물계 체계를 사용했다. 지금은 4개 생물계뿐만 아니라 3개 주요 도메인의 존재를 인정함으로써 진화적 관계를 보다 잘 반영하는 6 범주 체계가 많이 사용된다.

생물계 이름	계의 특성	예	알려진 종 수	도메인 이름 및 특성
식물계 	다세포, 양분을 직접 생산, 대부분 정착성	소나무, 밀, 이끼, 고사리	300,000	**진핵생물역** 모든 생물은 진핵세포로 구성된다.
동물계 	다세포, 다른 생물에서 양분을 얻음, 생활사 중 적어도 한 부분은 이동성	포유류, 새, 물고기, 곤충, 거미, 해면동물	1,000,000	
진균계 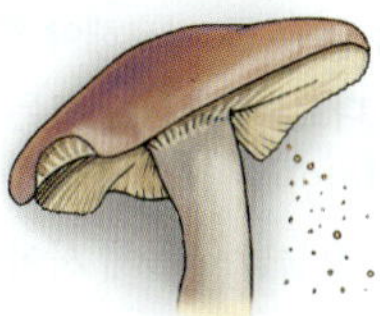	다세포, 다른 생물에서 양분을 얻음, 포자에 의한 생식, 균사라 부르는 가는 섬유로 구성	흰가루병균, 버섯, 효모, 페니실륨, 녹병균	100,000	
원생생물계 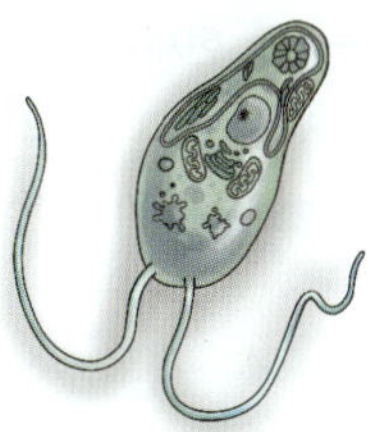	대부분 단세포성. 식물, 곰팡이 및 동물 등과 유사한 다양한 생활사	녹조류, 아메바, 짚신벌레, 규조류, 항아리균	15,000	
세균 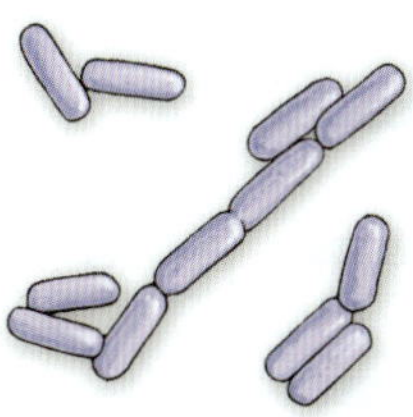	원핵생물, 일부는 집락 또는 사상을 형성하지만 대부분은 단세포	대장균, 살모넬라, *Bacillus anthracis*, *Anabena*, 유황세균	4,000	**세균역** 펩티도글리칸을 함유하는 세포벽을 갖는 원핵생물. 대부분 양분을 직접 생산하는 것을 비롯한 다양한 생활 양식.
고세균 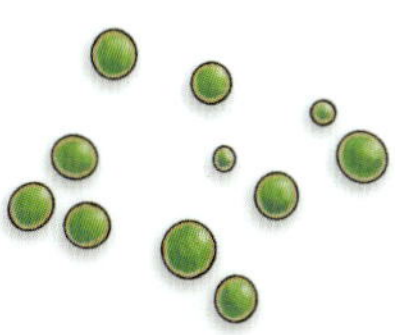	원핵생물, 일부는 집락 또는 사상을 형성하지만 대부분은 단세포	*Thermus aquaticus*, *Halobacteria halobium*, 메탄생성세균	1,000	**고세균역** 펩티도글리칸이 없으며, 유전체 구성과 조절에서 진핵생물과 유사한 원핵생물. 많은 종이 극한 환경에서 산다.

더 자세히 알아보기, 계속

연구소 도서관에서는 미국 국회도서관에서 개발된 다른 체제를 사용한다. 도서관 사서는 소장된 도서의 종류와 사용자의 필요와 관심에 적합한 체제를 사용한다. 책을 분류하는 방법이 여럿 있듯이 생물다양성을 조직화하는 방법도 필요에 따라 다양하다.

전통적으로 생물학자는 생물을 몇 가지 기본적인 특성을 공유하는 큰 집단으로 구분하였다. 60년 전, 대부분의 생물학자는 생물을 두 종류로 구분하였는데, 이동할 수 없고 자신의 양분을 직접 만드는 식물과 이동할 수 있고 다른 생물에서 양분을 얻는 동물로 나누었다.

많은 생물이 이 확연한 구분에 쉽게 들어맞지 않음이 밝혀지면서, 1969년부터 과학자들은 생물을 세포형과 에너지 획득 방법에 따라 구분하는 5 생물계 체제를 사용하게 되었다. 핵이 없는 모든 단세포 생물의 그룹인 원핵생물계(현재 고세균역과 세균역으로 알려진 두 도메인을 포함함), 핵이 있으며 생활주기 일부를 이동성 단세포로 지내는 원생생물계, 그리고 나머지 3 생물계는 다세포로 자신의 양분을 생산하는 식물계, 다른 생물로부터 양분을 얻는 동물계, 그리고 죽은 생물로부터 양분을 얻는 균계로 나누어진다. 5 생물계 체제도 완전하지 않다. 예를 들어, 원생생물계는 아메바에서 해조류까지 극히 표면적인 유사성만 갖는 아주 다양한 생물들을 포함한다.

최근에 들어서는 많은 생물학자들이 생물 사이의 진화적 관계를 따르는 것이 생물을 분류하는 가장 적절한 방법이라고 주장한다. 진화설에 의하면 모든 현대 생물은 단일 공통조상의 자손임을 기억하라. 초기 조상으로부터 다양한 현대 생물종으로의 분기 과정 결과는 현대 "계통수"를 이룬다(그림 13.3). 생물간의 관계에 따라서 생물을 분류하면 주요 군은 생물 역사의 초기에서 일어난 분지에 해당하며 세부군은 보다 최근의 분지에 해당한다.

모든 생물의 진화적 관계를 밝혀내기 위해서는 이들의 DNA를 비교해야 한다. 각각의 종은 고유하므로 DNA 내의 뉴클레오타이드 서열 또한 종마다 다르다. 그러나 모든 종은 공통조상을 공유하므로 모든 생물의 DNA 서열에는 기본적인 유사성이있다. 진화계열이 서로 분기하면서 각 계열에서 독립적으로 DNA 서열에 돌연변이가 생겼고, 오늘날 생물체 사이에서 진화적 관계

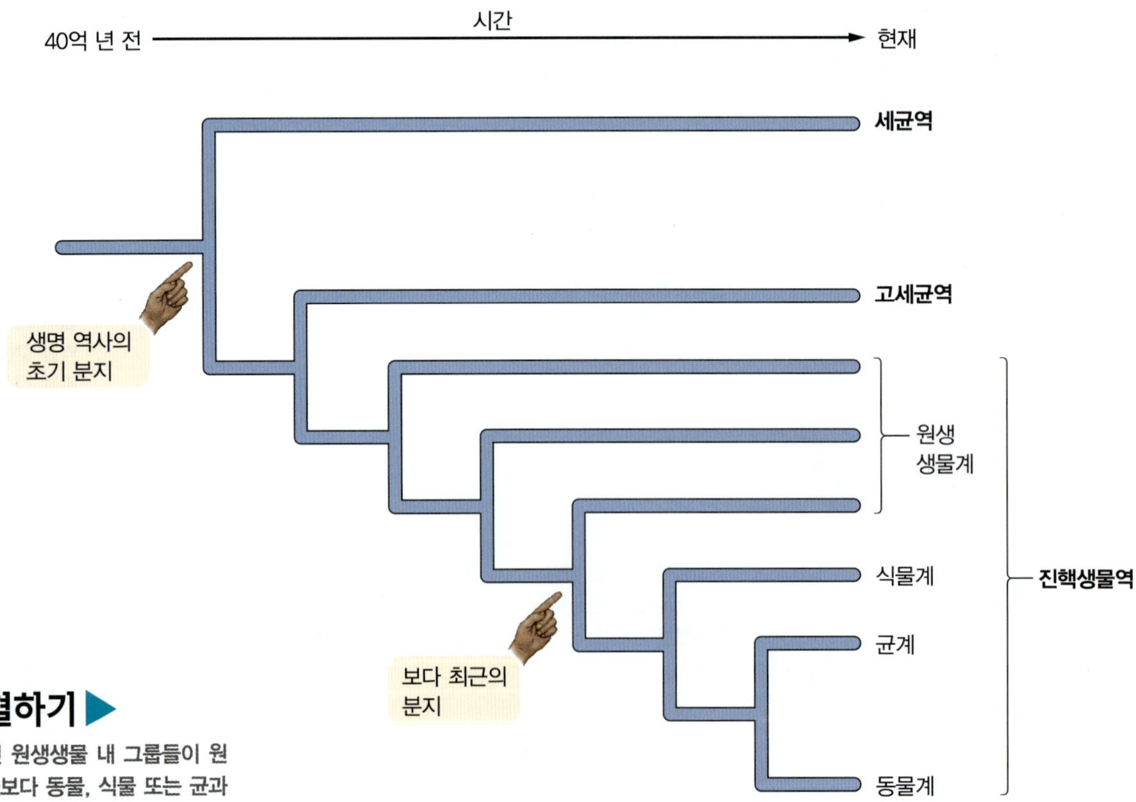

그림 13.3 **계통수.** 이것은 rRNA 분석을 통해 생성된 자료를 간결화한 계통수로 생물간의 가능한 진화 관계를 보여준다.

데이터로 해결하기▶

새로운 자료에 따르면 원생생물 내 그룹들이 원생생물의 다른 그룹들보다 동물, 식물 또는 균과 유연관계가 더 가까운 것으로 보인다. 예를 들어 동물과 최근 공통조상을 공유하는 원생생물 그룹은 계통수 어디에 추가할 수 있을까?

더 자세히 알아보기, 계속

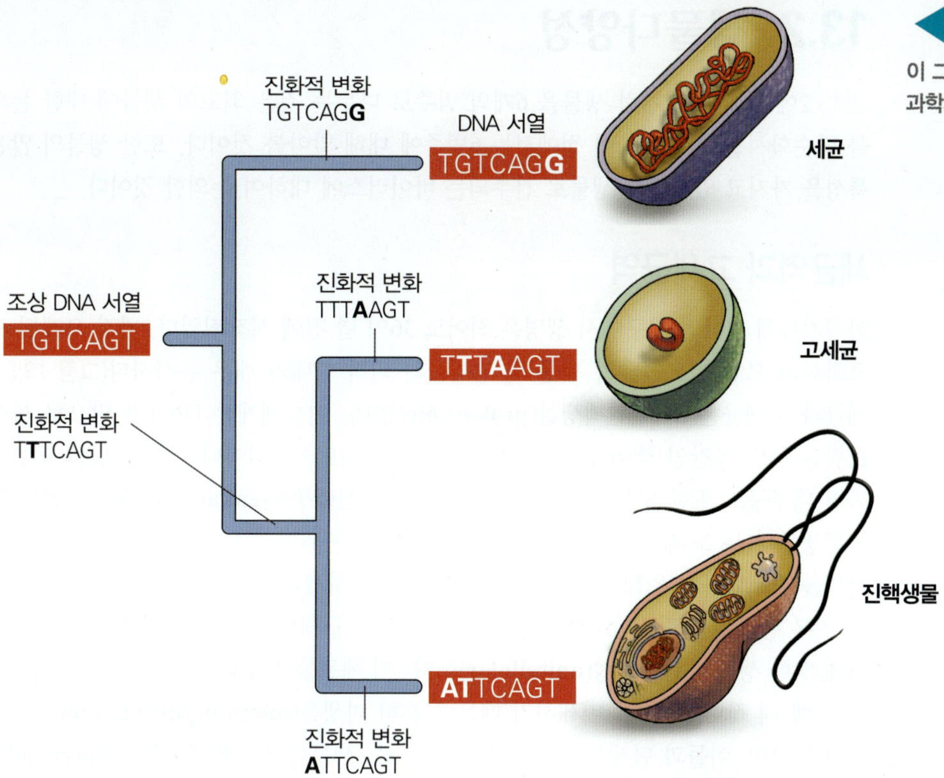

그림 13.4 **생물들 사이의 관계 규명.** 다양한 생물에서 리보솜 RNA를 암호화하는 DNA 서열을 비교하여 계통수가 작성되었다. 실제 비교에는 수천 염기쌍이 포함되나 여기서는 단순히 몇 개의 염기만 나타냈다.

◀ 데이터로 해결하기

이 그림에 있는 조상 DNA 서열을 추론하기 위해 과학자들은 어떤 정보를 사용했을까?

의 기록으로 남아 있다. 다시 말해 밀접하게 연관된 생물들의 DNA 서열은 보다 유연관계가 먼 생물들의 DNA 서열보다 더 유사하다(그림 13.4)

모든 현대 종을 비교할 때에는 인간, 아르헨티나개미, 남세균처럼 다양한 생물에서 유사한 기능을 수행하는 유전자를 조사해야만 한다. 이 조건에 가장 적합한 DNA 서열로서 리보솜의 구조 성분인 리보솜 RNA(rRNA)를 만드는 정보가 있다. 리보솜은 모든 세포에서 유전자가 단백질로 번역되는 '공장'의 기능을 수행하고 있음을 기억하라. 리보솜은 대단위와 소단위에 따라 여러 종류의 rRNA 분자들을 포함한다. 수많은 생물의 소단위 rRNA 유전자를 비교하여 그림 13.3과 유사한 계통수를 얻었다.

그림 13.3에서 3개의 생물계(균계, 동물계, 식물계)는 비교적 최근에 분지된 생물임을 주목하라. DNA 저장을 위한 핵이 없는 단세포 생물 그룹은 과거에 한 계로 구분되어 있었으나 현재는 상당히 다르고 독특한 두 개의 그룹, 고세균과 세균으로 구분된다. 원생생물계 또한 상당히 다양한 생물들이 뒤죽박죽 섞여 있다. 이런 생물학적 관계를 보다 잘 반영하기 위해 1990년대부터 생물학자들은 생물을 세균역, 고세균역 및 진핵생물역의 3개 도메인으로 분류하기 시작했다. 이 도메인들은 생물의 가장 오래된 분기를 나타낸다.

쉬어가기 생물학자들은 생물을 섭취하는 먹이 또는 서식지의 유사성과 같은 다른 공통 형질로 구분할 수도 있었다. 이러한 구분이 진화학적 구분보다 유용한 경우에는 무엇이 있을까?

13.2 생물다양성

표 13.2에 기술된 것처럼 생물을 6개의 범주로 나누는 것은 최고의 생물에 대한 논의를 단순화시킬 수 있다. 이 절에서는 6범주에 대해 알아볼 것이다. 또한 생물의 많은 특성을 가지고 있지만 무생물로 간주되는 바이러스에 대하여 논의할 것이다.

세균역과 고세균역

화석기록에 의하면 지구에서 생명은 적어도 36억 년 전에 시작되었다. 가장 오래된 세포화석의 모양은 오늘날의 세균 및 고세균의 외적 형태와 매우 유사하다(그림 13.5). 세균과 고세균은 모두 **원핵생물(prokaryote)**인데, 이들에게는 DNA가 막으로 싸여 보관된 독립 공간인 핵이 없다. 원핵생물에게는 미토콘드리아나 엽록체 같은 막으로 싸인 내부구조 또한 없는데, 이들은 보다 복잡한 **진핵생물(eukaryote)**에서 발견된다. 원핵생물의 두 도메인은 세포막의 구조를 비롯해 근본적으로 상당한 차이를 보이나, 논의를 간소화하기 위해 두 그룹을 함께 다루도록 하겠다.

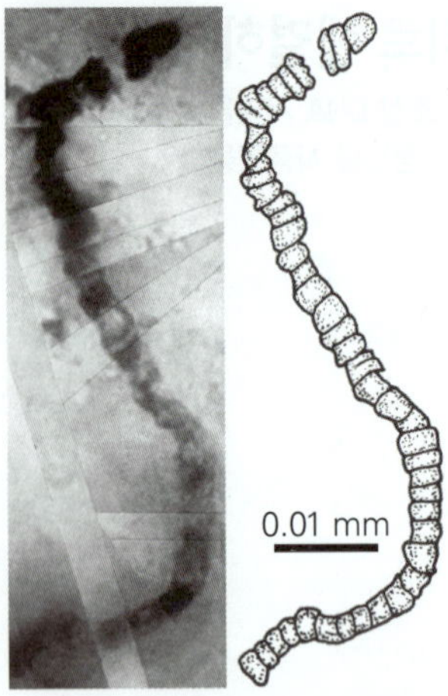

그림 13.5 가장 오래된 생명 형태. 화석 사진 오른쪽의 해석 그림은 화석의 생명 형태를 보여준다. 이 화석은 34억 6,500만 년 전으로 추정되는 바위에서 발견되었다.

-karyo- '알맹이'를 의미한다.

일부 종들은 그림 13.5에서처럼 사슬이나 작은 군체로 존재하나 대부분은 한 세포 자체가 한 생물인 **단세포성(unicellular)**이다. 이 세포들은 우리 몸을 구성하는 세포보다 수백 배 작다. 크기가 미세하기 때문에 흔히 **미생물(microorganism, microbe)**이라고 부르며, 이들과 단세포 진핵생물을 연구하는 생물학자를 **미생물학자(microbiologist)**라고 부른다.

원핵생물들의 상대적으로 단순한 구조는 그들의 놀라운 복잡성과 다양성을 감추고 있다. 사람들은 인간이 건조한 사막에서부터 추운 툰드라에 이르기까지 어디에서든지 잘 정착하며 적응할 수 있을 것으로 생각하지만, 하나의 집단으로 볼 때 원핵생물의 적응성은 인간을 부끄럽게 만든다(그림 13.6). 이들 생물의 대표종들은 사람이 사는 곳이면 어디에서든지 발견될 뿐만 아니라 일부 원핵생물들은 지표 밑 수천 미터의 암석에서도 생존할 수 있고, 일부는 대양 해저의 열수구에서 분출되는 유화수소를 섭취하거나, 다른 일부는 남극의 빙판 아래에 형성된 호수에서 살기도 한다. 알려진 원시생물계의 대부분은 고염분이나 고온 서식처를 포함하여 극한환경에서 생존하도록 분화하여 왔다. 아마 보다 놀라운 점은 두 개의 도메인에 속한 많은 원핵생물들이 숙주의 면역체계를 피하면서 다른 생물들의 표면이나 내부에서 살고 있다는 점이다.

열악한 조건에서의 인간 생존에 대한 일부 놀라운 이야기들이 있기는 하지만—남

그림 13.6 원핵생물의 다양성. (a) 기초 유전학 연구의 "실험실 쥐"격인 대장균(*Escherichia coli*)은 우리 내장에서 부분적으로 소화된 음식을 먹고 산다. (b) 대범한 여행객이라는 의미의 *Desulforudis audaxviator*는 지구 표면의 3 km 밑에서 발견되었으며 방사성 붕괴에 의해 방출되는 에너지로 살아간다. (c) 염을 좋아하는 고세균인 *Halobacterium*은 염성 호수에서 대집단으로 발견된다. 이 세균 세포의 붉은 색소는 광합성을 하는 데 사용된다.

(a) 대장균 **(b) *Desulforudis audaxviator*** **(c) *Halobacterium***

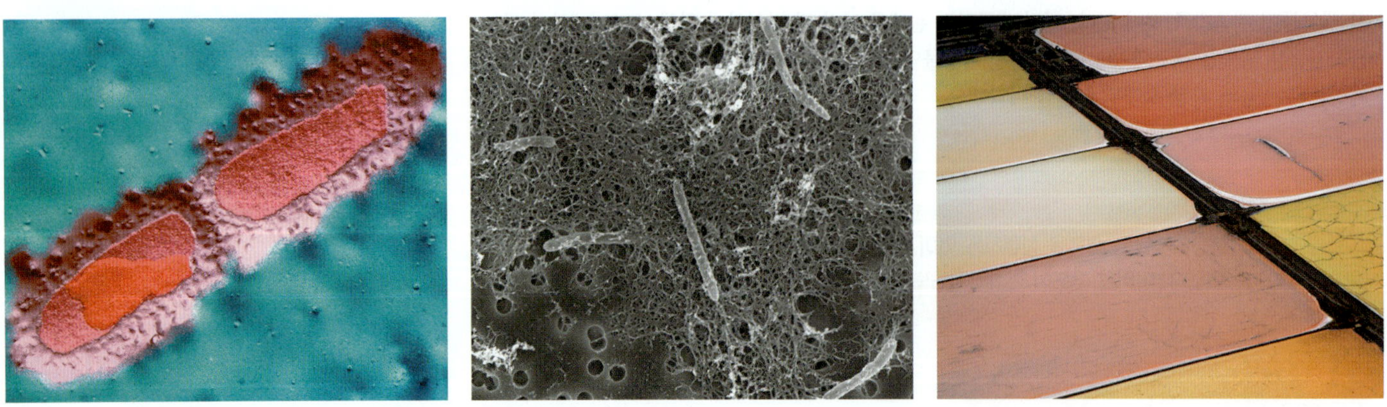

극에서 2년 이상 갇혔던 탐험가 어니스트 섀클턴과 그의 동료들, 고지대 안데스 산맥에 충돌한 비행기에서 살아남아 안전한 곳으로 피신한 우루과이 럭비 팀, 18년간 먼 무인도에서 홀로 살아남은 어린 소녀—이런 점에서도 원핵생물이 인간을 앞선다. 일부 세균은 DNA, 리보솜 및 소량의 세포질을 지닌 저항 구조인 **내생포자(endospore)** 를 형성하는 능력도 있다. 내생포자는 극한 온도, 건조, 복사 및 외계의 진공 상태에서도 저항력이 있으며, 이들 구조는 2억5천만 년 된 염분 퇴적물에서 회수된 포자에서도 볼 수 있듯이 형성되고 이언이 지나서도 살아 있는 새로운 세포를 생성할 수 있다.

남세균(가끔 남조류로 불림)은 생존을 위하여 다른 생물을 필요로 하지 않는 독특한 특징을 지니고 있다—이들은 광합성과 질소고정 과정들을 통하여 단순히 물, 햇빛, 및 공기로부터 생명에 필요한 모든 성분들을 만들어낼 수 있다. 실제로 지구가 오늘날 지구상에 존재하는 다양한 생명 형태들을 부양하게 된 것은 36억 년 전 시작한 남세균의 산소발생 활동 덕분이다. 인간이 지구의 대기 그 자체를 변화시킨 유일한 종은 아니라는 것이다.

물, 햇빛 그리고 공기만 있으면 생존에 필요한 모든 요소들을 만들 수 있는 남조류보다 우리가 더욱 뛰어난 발명가라 할 수 있을까?

원핵생물이 인간보다 적응성이 뛰어나며 영향력이 클 수 있다는 것은 이제 알 수 있을 것이다. 하지만 여전히 인간은 다른 모든 종들 위에 군림하므로 현미경 구조의 원핵생물보다 뛰어나다고 생각할지도 모르겠다. 하지만 림프절페스트를 일으키며 14세기 유럽 인구의 거의 대부분을 휩쓸어버린 세균인 *Yersinia pestis*를 연구하는 과학자들은 결핵, 살모넬라, 장티푸스 및 매독을 일으키는 세균들을 연구하는 학자들과 마찬가지로 이에 동의하지 않을 것이다. 그리고 확실한 것은 인간이 치명적인 질병을 일으키는 세균들을 죽이거나 무력화시켜 우리를 지켜줄 수 있는 **항생제(antibiotics)**를 발견했을지는 모르지만, 이들 치료약을 개발한 것은 아니다. 실제로 항생제들의 반 이상이 다른 경쟁 세균들에게 대항하기 위하여 이들을 무기로 생산한 세균들에서 유래된 것이다.

세균을 공격하는 바이러스에 대항하는 세균 방어기작은 또 다른 부류의 유용한 분자를 만들어냈는데 바로 DNA를 특정 위치에서 절단하여 바이러스의 성장을 간섭하거나 제한하는 단백질인 **제한효소(restriction enzyme)**다. 제한효소는 우리의 유전공학 발전을 앞당긴 핵심요소인데, 실상 얼핏 보기에는 단순한 생물 내에서 진화되었다.

이제 지구가 70억 명 이상의 인간들로 차고 넘친다고 하지만 원핵생물은 보다 무수한 상태이다. 사실 지금 당신의 입속에는 지금까지 살아온 사람들의 전체 숫자보다도 더 많은 수의 원핵생물들이 있을 가능성 있다. 그리고 과학자들은 여전히 얼마나 많은 원핵생물종들이 존재하는지에 대한 이해력이 상대적으로 부족하다—일부 미생물학자들은 미기록종들의 숫자가 1억 종에까지 이를 수도 있을 것으로 추산한다.

진핵생물역의 기원

제3의 도메인은 유전적 물질을 세포내 핵 속에 저장하는 생물, 즉 진행생물들을 모두 포함한다. 가장 오래된 진핵세포의 화석은 약 20억 년으로 가장 오래된 원핵생물의 화석보다 거의 15억 년 젊다.

초기의 진핵세포는 세포 자체 내로 접혀 들어간 여분의 세포막을 형성했던 원핵세포에서 유래하였다. 일부 세포에서는 이들 내부막이 유전물질을 분리하여 원시핵을 만들고, 현대 진핵생물의 소포체나 골지체처럼 단백질 번역, 재배치 및 포장을 위한 통로들을 형성하였다. **세포내공생설(endosymbiotic theory)**에 의하면 진핵생물에서 발견되는 미토콘드리아와 엽록체는 크기가 큰 조상 진핵세포 안에 자리잡은 세균으로부터 유래된 것으로 보인다. 두 생물이 함께 살 때, 이 관계는 **공생(symbiosis)**이다. 이 경우 공생은 서로에게 유익했으며 시간이 지남에 따라 세포들은 불가분하게 결합되었다(그림 13.7).

생물학자 린 마굴리스(Lynn Margulis)가 1981년 이 설을 미국에서 내놓았을 때 많은 동료들이 회의적이었다. 그러나 미토콘드리아와 엽록체의 막, 생식 및 리보솜을 조사한 결과 이들이 일부 세균의 특징과 분명히 유사함을 알 수 있었다. 그리고 미토콘드리아에서 발견되는 일부 DNA의 서열(mtDNA)이 특정 세균 종에서 발견된 DNA 서열과 유사하다는 사실이 밝혀지면서 이 가설에 더욱 무게가 실렸다.

진핵세포와 다양한 광합성 세균 사이의 세포내 공생은 미토콘드리아의 진화 다음에 독립적으로 나타났다. 이러한 관계는 엽록체의 진화를 일으켰고, 한 공생관계는 녹조류와 육상식물로, 그리고 다른 관계는 홍조류와 갈조류를 포함하는 독특한 엽록체를 지닌 현대 그룹으로 이르게 했다.

시각화 ▼

엽록체와 미토콘드리아의 세균 조상은 단일 막을 지니지만 엽록체와 미토콘드리아는 이중 막을 지닌다. 이 그림을 이용하여 두 번째 막이 생긴 이유를 설명해보라.

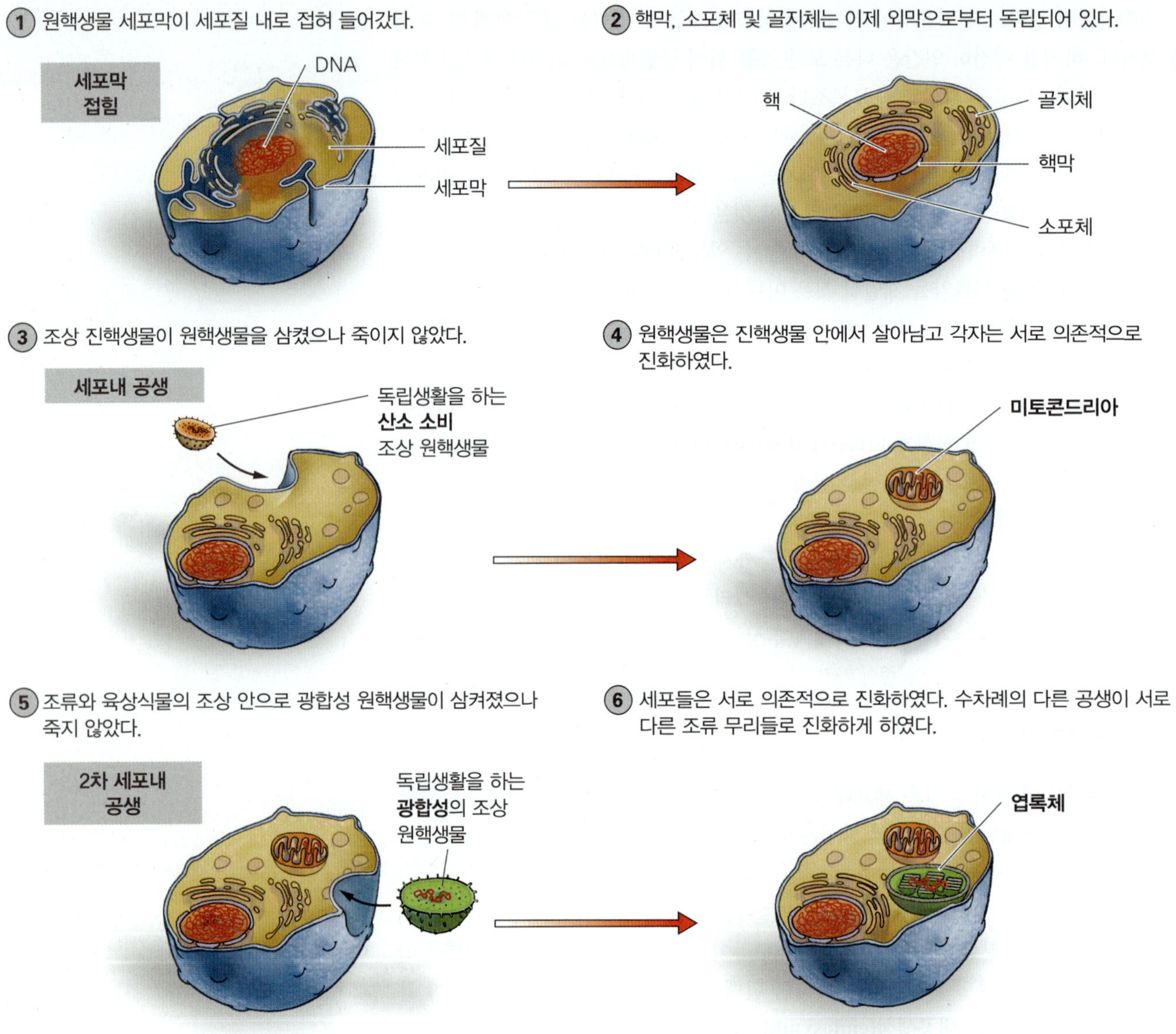

그림 13.7 진핵생물의 진화. 미토콘드리아와 엽록체는 한때 독립생활을 하다가 핵이 있는 조상세포 안에 자리잡은 세균의 후손으로 여겨진다.

쉬어가기 미토콘드리아는 엽록체 이전에 진화한 것으로 여겨진다. 이 가설을 지지하는 증거는 무엇이 있는가?

원생생물계

원생생물계(Protista)는 가장 단순한 진핵생물들로 구성된다. 비록 거대한 **다세포의(multicelluar)** 형태도 있지만 대부분은 단세포성 생물이다.

현대 원생생물계에는 동물, 균류 및 식물과 유사한 생물들이 포함된다. 세균과 고세균처럼 이 계 대부분의 구성원도 알려지지 않았다. 과학자들 사이에 원생생물계에는 생물계 아래의 그룹인 **문(phyla)**이 몇 개나 있는지에 대한 합의점이 없다. 어떤 학자는 8개라고 주장하고 다른 학자는 80개나 제안한다. 또한 각각의 원생생물 그룹들이 이들을 식물, 동물, 균류에서 분리시킬 단일 공통조상을 공유하지 않는다는 상당한 증거도 제시되어 있다. 표 13.3(다음 쪽)에는 이 계의 보다 일반적인 문들을 열거했다.

광합성을 통하여 영양을 얻는 식물 유사의 원생생물들을 **조류(algae)**라고 부르며 이 집단은 사실상 몇 가지 독립적이며 서로 다른 생물의 범주들로 구성되어 있다. 각 조류문은 자신의 먹이를 생산하고 저장하는 독특한 방법들을 지니고 있다. 지구 산소의 1/4을 제공하고 대부분 수중 먹이사슬의 기초를 이루는 조류는 당연히 지구상 중요 생물들 10가지의 목록에 들어가야 한다.

조류와는 달리 동물 유사 및 균류 유사 원생생물은 자신의 먹이를 만들 수 없다. 사람과 마찬가지로 이들 문은 생존을 위하여 유기분자들을 소비한다. 지구상에서 가장 풍부한 유기분자는 식물의 세포벽을 구성하는 탄수화물인 섬유소이다. 인간이 먹는 음식 종목의 범위는 넓지만 인간은 섬유소를 소화시킬 수 없다—사실 그 어느 동물들도 이 분자를 직접 분해할 수는 없다. 그러나 몇 가지 원생생물들은(다양한 세균과 마찬가지로) 이 분자를 분해할 수 있다. 인간이 이용 가능한 자원들을 더욱 훌륭하게 사용하리라고 확신해서는 안 될 것이다.

다른 부류의 원생생물들은 인간이 의사소통과 협력에서 우세한지에 대한 질문을 던지게 한다(그림 13.8). 균류 유사 원생생물인 점균류는 토양이나 식물 사체의 표면에서 주로 단세포로 자라며, 환경이 어려워지면 증강하거나 집합한다. 이러한 현상은 각 세포들이 탈수되거나 굶을 때 시작되며, 다른 점균류 세포들의 귀소 신호로 작용하는 화학물질을 분비하게 한다. 일단 약 10만 세포들이 함께 모이면 점균류들은 단일 다세포 생물처럼 보이며 행동하는데 이를 이동체라고 부른다. 이동체는 적당한 환경을 만날 때까지 하나의 단위로 이동하며, 이어 포자 형성 구조로 다시 변환된다. 각 세포들은 섬유소 피낭을 형성하면서 산산조각이 나고 새로운 환경으로 널리 흩어진다. 인간은 달로 여행을 가기 위해 협력했지만, 이들 점균류는 단세포 생물임에도 그와 놀랍도록 유사한 것을 해낼 수 있다.

동물계

최초의 원핵생물로부터 약 12억 년 전까지 지구의 생물들은 모두 단세포였다. 그 후 다세포 생물이 화석기록에 나타나기 시작했다. 에디아카라 동물상은 6억 년 전에 출현한 다세포 조상 생물들로 현재 종과는 현저하게 다른 형태를 지니며, 거대한 엽상체와 장식 달린 원반형 등으로 구성된다(그림 13.9).

동물(animals)은 생활사의 한 단계가 적어도 운동성이며 다른 생물을 섭취

(a)

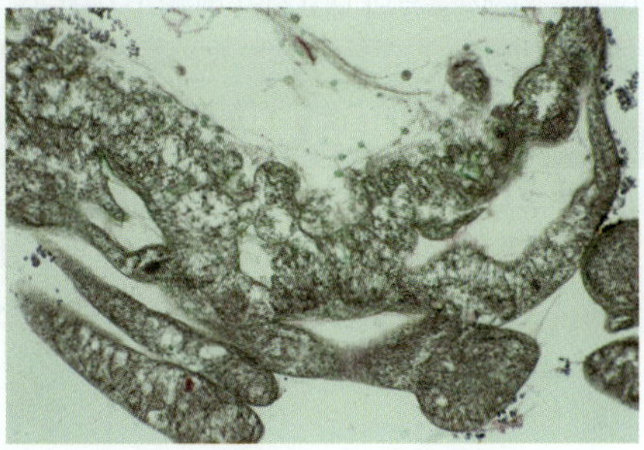

(b)

그림 13.8 의사소통과 협력. 점균류는 (a) 좋은 환경에서 단세포로 살아가다가, (b) 조건이 악화되면 새로운 공간으로 가기 위해 협력한다.

그림 13.9 에디아카라 동물상. 5억 8000만 년 전의 화석자료에 근거하여 캄브리아기폭발 이전에 살았던 다세포 생물들을 재구성하였다.

anima- '호흡한다' 혹은 '정신'의 의미이다.

표 13.3 원생생물계의 다양성. 원생생물은 동물 유사형, 균류 유사형 및 식물 유사형 생물들을 포함한다. 아래에 원생생물문의 대표적인 예들이 기술되어 있다.

원생생물계: 선택된 문의 일반명칭과 특성		예	
동물 유사형 원생생물	**섬모충문** 이동을 위해 털 같은 구조를 사용하며 자유생활을 하는 단세포성 생물.	짚신벌레	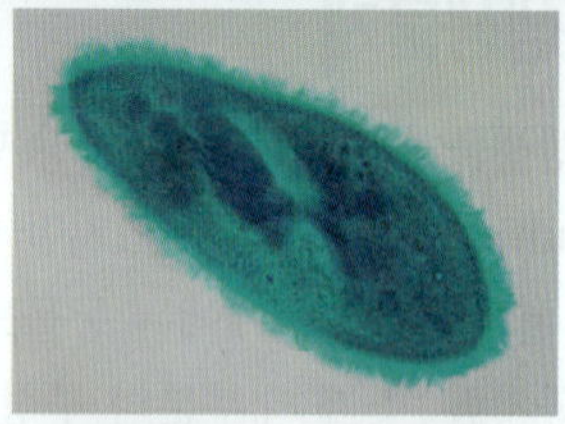
	편모충문 채찍 같은 꼬리를 하나 혹은 그 이상 사용하여 이동. 대부분은 자유생활을 하나 일부는 인간을 감염하여 병을 일으킨다.	지아르디아	
	아메바문 어떤 모양이든 취할 수 있는 유연한 세포. 확장하는 위족(“헛발”)으로 이동.	아메바	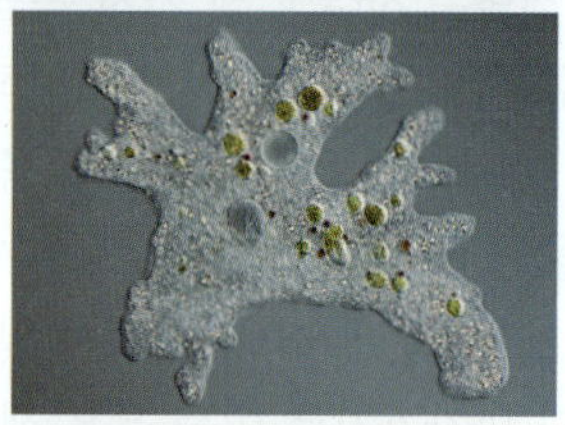
균류 유사형 원생생물	**점균문** 표면 위로 망 유사 몸체를 퍼뜨리거나 아메바 유사 세포로 움직이면서 죽거나 부패한 물질을 먹고 산다.	피사룸	
식물 유사형 원생생물	**규조문** 실리카(유리)에 싸인 단일 세포.	규조	
	갈조문 거대한 다세포 해조.	켈프	
	녹조문 육상 식물의 가장 가까운 친척. 단세포 혹은 다세포형.	볼복스	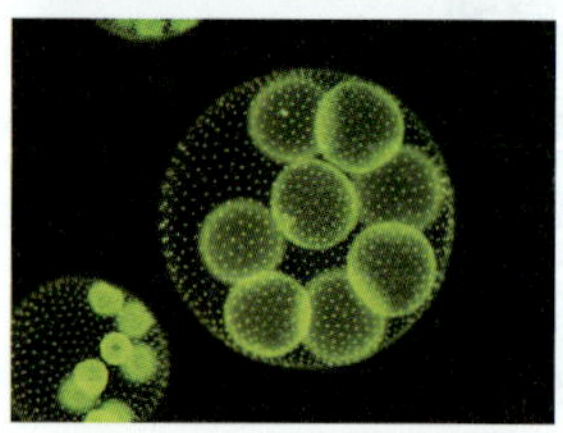

하여 생활하는 다세포 생물로 정의되는데, 고대 종들 가운데 어느 종이 현대 동물의 공통조상인지는 아직 불분명하다. 화석기록을 통해 분명하게 알 수 있는 것은 약 5억 3,000만 년 전에 모든 현대의 동물군이 출현하였다는 것이다.

현대 동물형의 비교적 갑작스런(지구 생물 역사의 1% 정도에 해당되는 시기) 출현을 그 시기의 지질연대 이름을 따라 **캄브리아기폭발(Cambrian explosion)**이라고 부른다. 일부 학자들은 다른 생물을 포획하는 생활 방식 자체의 진화가 캄브리아기폭발을 야기했다는 가설을 내세운다.

인간처럼 복잡한 동물이 단순한 진핵세포 조상으로부터 진화했다고 상상하기는 어려울 수 있다. 그러나 사람은 다른 진핵생물과 크게 다르지 않다. 핵을 갖는 세포가 처음 출현했을 때 세포분열이나 세포호흡과 같이 현대 세포에서 일어나는 모든 복잡한 과정들이 진화되었을 것이다. 또한 다세포 동물이 처음 출현했을 때는 큰 생물체를 유지하기 위해 필요한 세포간의 신호전달 체제와 기관 및 기관계의 형성 등 많은 과정이 발달되었을 것이다. 사람과 불가사리가 매우 다른 것처럼 보이지만 발생 양식, 세포의 구조와 기능 및 공통 기관은 거의 같다.

실상 사람과 불가사리 사이에는 유전적 차이가 놀라울 정도로 작으며, 차이의 대부분은 수정된 난자에서 성체로 변형되는 과정인 **발생(development)**을 조절하는 유전자들에 있다. 더욱이 주요 동물 계열이 분기한 이후의 시간, 5.3억 년은 각 문의 종들이 진화하여 차이를 드러낼 만큼 길다. 이를 좀 더 이해하기 쉽게 캄브리아기폭발 이후 현재까지를 하루라고 가정하면 인간의 모든 역사는 하루의 마지막 2초에 지나지 않는다.

동물계(Animalia)를 연구하는 **동물학자(zoologist)**에 의해 기술된 문은 25개가 넘는다. 그 가운데 잘 알려진 그룹들이 다음 쪽의 표 13.4에 정리되어 있다.

대부분의 사람들이 동물을 생각할 때는 일반적으로 포유류, 조류 및 파충류들을 상상하지만, 이들을 포함해 어류와 양서류 같은 **척추동물(vertebrates)**은 동물계 전체 종들의 4%에 지나지 않는다. 이러한 척추동물들도 최고의 종에 대한 논쟁에서 많은 경쟁력을 지니고 있다. 우리가 인간에게만 유일하다고 믿는 많은 형질들은 다른 척추동물들에서도 발견되며 때로는 더욱 잘 발달되어 있다. 비버들은 그들의 필요에 맞게 극적으로 환경을 변화시키는 능력을 지니고 있다. 까마귀와 침팬지들을 포함하여 수많은 척추동물들이 그들 주변의 자원을 보다 잘 활용하기 위하여 도구를 제작하는 기술을 지닌다. 돌고래들은 사람처럼 청각과 시각 신호뿐만 아니라 촉각과 후각까지 이용한 고도로 정교한 의사소통 방법을 활용하고 있다. 어떤 물고기들은 생식 기회를 최대한 늘리기 위하여 성전환을 하는 능력도 지니고 있다. 일부 척추동물들은 특정 고래의 노래나 바우어새의 둥우리에서 입증된 것처럼 창의적인 능력을 지닌 것으로 보인다(그림 13.10).

그림 13.10 **척추동물의 기술.** (a) 비버는 못을 만들기 위해 하천에 댐을 짓고 많은 수의 나무를 없애 환경을 급격히 변화시킬 수 있다. (b) 이 까마귀는 뛰어난 도구 사용의 예로 유충을 잡아먹기 위한 꼬챙이를 만드는 모습을 보여준다. (c) 흰동가리는 그룹 내 각 성별의 개체수에 따라 수컷에서 암컷으로 전환될 수 있다. (d) 이 바우어새의 둥우리는 암컷을 유혹하기 위해 만들어졌으나, 장식은 인간의 창조력에 필적하는 예술적 재능을 보여준다.

표 13.4 동물계의 문. 동물 다양성의 예. 일반적으로 진화역사에 출현한 순서대로 고대의 해면부터 최근의 척삭동물까지 나열되어 있다.

동물계: 주요 문	특성	예	
해면동물문	물속 표면에 고착되어 느슨하게 조직화된 체강으로 들어온 물로부터 세균을 여과한다.	해면	
자포동물문	촉수를 가지며 바퀴처럼 방사대칭임. 일부는 산호처럼 성체로 표면에 고착하고 다른 것은 해파리처럼 바다환경에 자유롭게 떠다닌다.	해파리	
편형동물문	리본과 같은 형태의 납작한 편충. 육지와 바다의 다양한 환경에서 살거나 다른 동물의 기생자이다.	촌충	
연체동물문	간혹 단단한 패각으로 보호된 연체동물. 체형은 단일 근육질의 발과 육질의 외투막으로 싸인 체강으로 이루어진다. 달팽이, 조개 및 오징어를 포함함.	문어	
환형동물문	체절된 벌레. 몸은 일련의 반복된 체절로 나누어진다.	지렁이	

표 13.4 물계의 문. (계속)

동물계: 주요 문	특성	예	
선형동물문	원통의 체형을 갖는 원형 벌레. 매우 다양하며 여러 환경에 널리 퍼짐.	회충	
절지동물문	체절이 다리, 구기 및 안테나 같은 여러 역할로 분화된 체절 동물. 몸은 동물이 성장하면서 탈피하는 외골격에 완전히 싸인다. 곤충, 거미, 게, 바닷가재를 포함한다.	새우	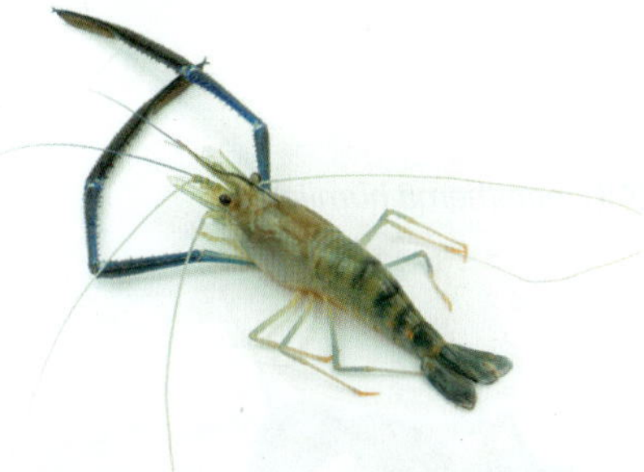
극피동물문	체절이 없고 방사대칭이며 이동을 할 수 없거나 느린 동물. 돌기가 있는 내부골격은 가시가 많거나 무장한 표면을 부여한다.	성게	
척삭동물문	척수 혹은 그 유사구조를 갖는 동물. 물고기, 고래, 도롱뇽과 함께 모든 큰 육상동물을 포함한다.	오리너구리	

동물계의 알려진 생물들의 나머지 96%는 **무척추동물(invertebrate)**(그림 13.11과 같은 척추가 없는 동물들)이다. 실제로 지구상 다세포생물들의 거의 대부분이 무척추동물들이다. 이러한 다양성의 결과 인간을 능가하는 무척추동물들의 능력을 나타내는 무수한 예들이 있다. 아르헨티나개미는 6대주와 대양의 무수한 섬들에서 발견되어 지구 표면상의 분포에서 우위에 있으며, 그 숫자로는 인간을 10배 이상 뛰어넘는다. 해파리의 일종인 *Turritopsis nutricula*는 성적으로 성숙한 후에 초기 발생 단계로 돌아갈 수 있어 이론적으로는 불멸인 것으로 알려진 유일한 동물이다. 그리고 문어들은 다양한 환경에서 자신들을 숨기기 위하여 모양과 피부를 변화시키는 능력을 지니고 있다.

in- '...없이'를 의미한다.

일부 **동물학자(zoologist)**들은 3,000만 종의 미기록 무척추동물이 있을 것을 추정하며, 특히 해양에 집중되어 있을 것으로 예상한다. 동물의 다양성에 대해 아직 밝혀지지 않은 부분도 많지만 다세포성 진핵생물 중 우리에게 더욱 알려지지 않은 생물계가 있다—바로 균류다.

zoo- '동물과 관련됨'을 의미한다.

(a) 개미(*Linepithema humile*) (b) 해파리(*Turritopsis nutricula*) (c) 갑오징어(*Sepia officinalis*)

그림 13.11 무척추동물. 이들 예를 포함하여 대부분의 동물은 무척추동물이다.

진균계

식물과 같이 균류는 비운동성이며, 새로운 개체로 발아하는 점에서는 식물의 씨앗과 유사한 세포인 **포자(spore)**를 퍼뜨리는 열매와 같은 기관들을 만든다. 실제로 생물학자들은 여러 세대 동안 균류를 식물계에 분류해 왔다. 그러나 식물이 광합성으로 자신의 영양을 만드는 반면 균류는 주변 환경에 소화액을 분비하여 다른 생물의 영양을 섭취한다. 이 소화액은 복잡한 유기물 먹이를 작은 분자로 분해하며 이를 균류가 섭취한다. 균류는 먹이를 얻기 위하여 다른 생물에 의존하므로 식물보다 동물에 더욱 가깝다. 실제로 균류를 연구하는 생물학자들인 **균학자(mycologist)**들의 DNA 서열 분석 결과, 진균계와 동물계가 각각 식물계에 대한 유연관계보다 진균계와 동물계 간의 유연관계가 더욱 가까운 것으로 나타났다.

myco- 균류에 의함'을 의미한다.

인간들이 4억 4,500만 년간의 변화를 생존한 투구게에 비하여 훨씬 더 훌륭한 존재라 할 수 있는가?

균류를 이야기할 때 흔히 떠올리는 버섯은 이 계의 와전된 이미지다. 균류의 기능성 부분은 대부분 먹이 표면이나 내부 속으로 자라는 **균사(hyphae)**라고 불리는 매우 얇고 실 같은 물질로 되어 있다—버섯은 단순히 먹이의 표면에 나타나는 생식기관에 불과하다(그림 13.12). 균사의 실 같은 구조는 영양섭취가 일어나는 표면을 최대화하기 위한 구조이다. 일부 균류는 살아 있는 조직을 섭취하는 반면 다른 종류들은 죽은 유기물을 분해한다. 후자의 역할은 균류가 생물학적 체계 내에서 영양 물질들을 순환시키는 열쇠이다.

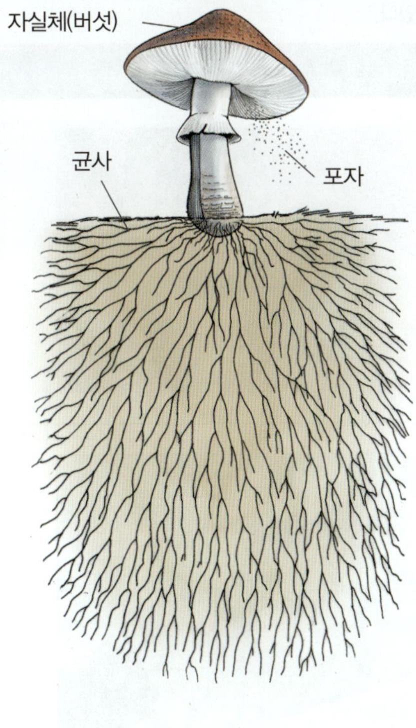

◀ 시각화

왜 버섯은 균사를 위한 먹이 자원 밖에 형성되는가?

그림 13.12 **균류.** 균사는 넓은 지역으로 퍼져 나갈 수 있다. 우리에게 익숙한 버섯을 포함해 여러 균류의 자실체 구조는 주로 포자 전파를 위한 방법으로만 작용한다.

균류의 문들은 일반적으로 포자형성 방법에서 서로 차이가 난다(다음 쪽의 표 13.5). 그러나 유연관계가 없는 종들도 유사한 환경 때문에 유사한 형태를 지니는 수렴진화는 서로 다른 문들 간에도 비슷한 모양과 생활형의 균류 형태를 지니게 하였다. 상업적으로 가장 중요한 균류 형태가 액체에서 살며 적어도 두 개의 다른 균류문에서 발견되는 단세포 균류 형태의 **효모(yeast)**이다. 우리 자신을 포함하여 대부분의 진핵생물들과는 달리 효모는 산소 부재 하에도 탄수화물로부터 상당량의 에너지를 추출할 수 있는 알코올 **발효(fermentation)**라고 하는 대사 과정을 지니고 있다. 산소 부족과 당분 과잉 환경에서는 효모의 활동 결과 에틸알코올을 만들어 낸다. 밀가루 반죽 내에서 효모의 대사 활동은 이산화탄소를 생성하는데 이것이 밀 단백질 섬유에 갇혀 빵을 구울 때 반죽을 부풀어 오르게 한다.

곰팡이(mold)로 알려진 다른 형태는 모든 균류문들에서 발견되며 상업적으로도 중요하다. 신속하게 생식하고 빠르게 자라는 곰팡이는 일부 과일과 다른 식량들을 상하게 하지만 또한 우유를 "상하게"하여 블루치즈와 카망베르치즈와 같이 특정 풍미 있는 치즈를 생산하게도 한다. 항생제 페니실린은 곰팡이의 한 종으로부터 유래되었다. 실제로 오늘날 널리 사용되는 살균 항생제의 약 1/3이 균류로부터 유래되었는데, 이는 균류가 먹이 자원을 놓고 세균과 경쟁하며 생산한 것이다.

그림 13.13 **노예와 주인.** 이 개미의 머리 밖으로 자라고 있는 균류는 자신의 포자를 최대한으로 전파하기 위하여 개미가 죽기 전에 개미의 행동을 지배해 왔다.

우리는 다른 종들이 우리 뜻에 맞추어 행동하도록 강요하는 능력이 인간에게 국한되어 있다고 생각하지만, 일부 균류에게도 이러한 능력이 있다(그림 13.13). *Ophiocordyceps unilateralis*는 개미의 행동을 완전히 변화시키는 균류 기생생물이다. 균류가 감염하는 개미는 정상적으로 나무에 서식한다—그러나 이 균류로 감염되면 개미는 사실상 좀비로 변한다. 나무에서 떨어지며 식물의 줄기

표 13.5 균계의 다양성. 균류는 포자생성 방법에 따라 문으로 분류된다. 가장 일반적인 문이 나열되어 있다.

균계: 주요 문	특성	예	
접합균문	유성생식은 접합포자라 불리는 저항성 구조에서 일어난다. 대부분의 생식은 직접 유사분열을 통한 무성생식이다.	*Rhizopus stolonifera*—빵곰팡이	
글로메로균문	아마도 유성생식을 하지 않으며 포자는 여러 가지 방법으로 형성된다. 이 문의 모든 종들은 균근을 형성하는 특징이 있다.	균근균	
자낭균문	포자는 자실체의 균사 끝에 있는 주머니에서 생성된다.	곰보버섯	
담자균문	포자는 자실체의 균사 끝에 있는 특수한 곤봉 모양의 부속기관에서 생성된다.	*Amanita muscaria*—독성 광대버섯	

를 오르고 턱으로 잎에 단단히 부착한다. 그 자리에서 개미는 균류에 의하여 내부에서 서서히 소비된다. 균류가 결국 버섯을 형성할 때는 포자를 최대한 전파시킬 수 있는 최적의 위치에 있게 된다. 개미는 가장 극적인 방법으로 짐 나르는 짐승과 같이 된다.

또한 균류는 아마 최초의 농부였을지도 모른다. 균근은 균사와 식물 뿌리간의 상호 이익을 주고받는 공생 관계를 유지하고 있다(그림 13.14). 아마도 전체 식물의 90%가 균근을 가지고 있다. 식물과 균류 간의 관계는 가장 오래된 육지식물의 화석에도 분명히 나타나 있으며, 공생은 식물들에 기생한 일부 균류 종들이 이들 식물을 당장 죽이지 않으면서 진화해 왔을 것이다. 대신 숙주가 덜 비옥한 토양에서 생존하도록 함으로써 이들 덜 치명적인 균류들은 인간 농부들이 고작 지난 2만 년 전에 배운 다음 사실을 이미 수백만 년 전부터 해왔었다—자신의 먹이 자원이 되는 종들을 위해 서식지를 확장시키고 유지해주어야 한다.

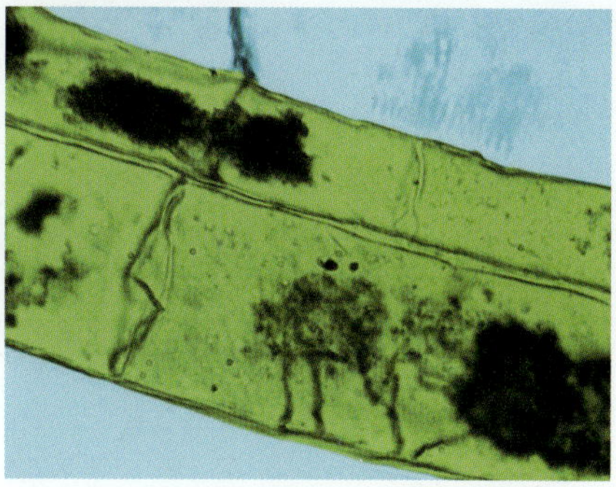

그림 13.14 농부 균류. 균근균(사진에서 식물 세포내 검은 물체)은 식물의 광합성에 의해 생성된 탄수화물을 얻음으로 혜택을 본다. 식물은 이들 균류 덕분에 특정 영양분을 더 잘 섭취할 수 있어 척박한 토양에서도 생존할 수 있다.

식물계

식물계(Plantae)는 광합성을 통해 자신의 먹이를 만드는 다세포 진핵생물로 구성된다. 식물은 4억 년 이상 지상에 존재해 왔으며, 육상 환경에 보다 효과적인 적응을 하며 진화해왔다(표 13.6).

육지를 점령한 최초의 식물은 작고 지면에 가까웠다. 그 이유는 수분을 토양에서 멀리 수송할 방법이 없었기 때문이다. 물과 다른 물질을 수송할 수 있는 세포로 구성된 **관다발조직(vascular tissue)**의 진화는 식물이 나무 크기로 성장하는 것과 건조한 지역

표 13.6 식물계의 다양성. 식물계의 주요 문 네 가지가 진화 역사에서 출현한 순서대로 기술되어 있다.

식물계: 주요 문	특성	예	
선태식물문	선류. 관다발조직이 없음. 매우 짧고 전형적으로 습지에 제한된다. 포자로 번식함.	이끼	
양치식물문	고사리와 그 유사 식물. 관다발조직이 있고 나무 크기로 자랄 수 있다. 포자로 번식함.	고사리	
소철문	초기의 종자 생산자와 유사한 구과 형성 식물.	소철	
현화식물문	현화식물. 꽃에서 발생하는 열매 안에 종자 생성. 관다발조직과 화학방어에서의 진보는 지구상의 현재 우위에 공헌함.	난	

의 점령을 가능케 했다. 어린 식물을 보호하고 영양을 공급하는 구조인 **종자(seed)**의 진화는 육지의 건조한 환경에 대한 또 다른 적응형질이다.

은화 종자식물의 몇 가지 종들은 지구 최고의 종이라는 호칭에서 인간에게 뒤지지 않는다. 브리슬콘 소나무는 지구상에서 수명이 가장 긴 생물들 중의 하나이다. 가장 오래된 것으로 알려진 브리슬콘 소나무는 이집트 왕조가 시작한 시점인 5천 년 이상 전에 싹이 났다. 지구상의 가장 큰 생물인 세쿼이아덴드론은 높이가 94 m 그리고 직경 9 m에 이르는 거목이다—지금까지 알려진 가장 큰 동물인 흰긴수염고래의 가장 큰 크기보다 16배나 크다.

대부분의 현대 식물은 약 1억 4,000만 년 전에 나타난 **현화식물(flowering plants)**에 속한다. 현화식물은 그들의 조상처럼 관다발조직을 갖고 있고 종자를 생산하며, 이에 덧붙여 분화된 생식기관인 꽃을 진화시켰다. 알려진 식물의 90% 이상이 현화식물이다(그림 13.15).

1억 년 전에서 8,000만 년 전 사이에 현화식물의 과(family)는 20개에서 150개 이상으로 증가하였다. 이 기간 동안 현화식물은 거의 모든 서식지에서 가장 흔한 식물군이 되었다. 진핵생물계 중에서 식물은 가장 잘 서술되어 있어, 많은 식물학자들은 아직 발견되지 않은 식물종은 비교적 적을 것—아마도 수천 종—으로 보고 있다.

현화식물의 갑작스러운 확산을 **적응방산(adaptive radiation)**이라고 하는데, 이는 한 종 혹은 몇 종이 크고 다양한 후손종으로 분지되는 것을 말한다. 일반적으로 적응방산은 생물군에서 진화적 전기가 나타나거나 경쟁종이 멸종한 이후에 일어난다. 캄브리아기폭발 동안 동물의 방산은 포식의 진화 결과로 보이며, 대략 6,500백 만 년 전에 시작된 포유류의 방산은 공룡의 멸종 뒤에 일어났다. 현화식물의 방산은 진화적 전기에 의한 것으로, 이들이 지닌 일부 장점이 이미 다른 종이 차지했던 역할을 맡을 수 있게 한 것이다.

(a) 해머 오키드 (b) 분꽃나무 (c) 쿠라레 덩굴

그림 13.15 현화식물의 다양성. 이들 식물은 최고의 종의 자리를 놓고 인간과 필적할지도 모른다. (a) 해머 오키드는 수분자를 이용하면서 그에 대한 보상은 제공하지 않는다. (b) 모든 현화식물이 그러하듯, 이 분꽃나무는 포유류와 마찬가지로 수정된 난자에만 많은 자원을 투자한다. (c) 쿠라레 덩굴은 인간의 가장 위험한 화학 무기와 견줄만한 맹독을 생산한다.

식물학자(**botan**ist)들은 현화식물의 어떤 형질들이 은화식물보다 이점이 있는지에 대하여 여전히 논쟁을 한다. 일부 학자들은 현화식물의 생식 특징들이—사람에게만 고유한 것으로 믿어온 특징인 다른 종들을 활용하는 능력을 포함하여—그들의 방사를 이끌었다고 믿는다. 현화식물들은 **수분(pollination)** 과정을 위하여 배우자를 옮겨주는 동물들의 도움에 의존한다. 이 전략을 이루기 위해 식물은 당분이 풍부한 꿀로 곤충들을 끌어당기는 밝고 향기로운 **꽃잎(petal)**을 만드는 등 믿을만한 수분 상대를 유인하기 위하여 형태를 바꾸어 왔다. 곤충이나 동물이 꽃의 확실한 방문자가 되면 식물은 웅성 배우자인 화분을 이들에게 보다 효과적으로 전달하기 위하여 진화한다. 결국 식물의 변화는 수분자가 특정 꽃에 대한 관계가 독점적이 되도록 수분자의 진화를 이끌어왔다—수분자의 형질에 대한 선택을 야기하여 현화식물의 화분이 항상 동일종의 다른 꽃에 전해지도록 하는 것이다. 관계 있는 두 종이 서로 적응하며 진화하는 양식은 **공진화(coevolution)**로 알려져 있다. 이러한 진화는 적어도 1억 4,000만 년 동안 일어나 왔으며 현화식물들의 다양성을 증가시켜온 주요 요인이었을 것이다.

botan- 식물에 적용되는 단어이다.

일부 현화식물종들은 암곤충과 유사한 모양의 꽃들 사이에서 화분을 운반하는 수곤충의 수분 "노예"를 두어 공진화 과정의 이점을 이용해 왔다. 수컷은 이 상호작용에서 아무것도 얻지 못하며 사실 이 과정을 위하여 많은 시간과 에너지를 소비한다. 인간은 봉사 동물들을 이용하지만 먹이, 물 그리고 서식처를 제공한다. 우리가 아무런 보상도 없이 다른 동물을 부려먹으면서 이와 같이 효과적인 적이 있었는지는 모르겠다.

현화식물을 성공으로 이끈 또 다른 형질은 한 화분립의 정자가 난자 및 양분 생산에 특화된 조직 모두를 수정하는 **중복수정(double fertilization)**이다(그림 13.16). 이 과정은 인간과 같은 포유류들이 성공적인 수정 후에 자손들에게만 다량의 에너지를 할당하는 점과 유사하다. 이러한 전략은 개체들로 하여금 수정에 실패하였을 경우의 에너지

시각화 ▼

종자 내 배는 종종 우주비행사로 비유된다. 어떠한 점에서 종자의 배는 우주비행사와 비슷한가? 어떠한 점이 다를까?

그림 13.16 **현화식물의 유성생식.** 확산을 위한 열매를 생산하는 것을 포함해, 현화식물과 다른 식물 간의 생식적 차이는 이들의 적응방산을 야기했을 것이다.

낭비를 막는다. 현화식물들은 이러한 보존적인 생식 전략을 포유류가 나타나기 수백만 년 이전에 진화시켜 왔다.

현화식물은 천적을 억제시키거나 물리치는 능력에 있어서도 인간을 앞설지도 모른다. 식물은 포식자로부터 물리적으로 탈출할 수 없기 때문에 자연선택은 1차 생화학 과정의 2차 반응을 통해 포식을 억제시키는 독을 생산하는—일종의 기술적 혁신을 이룬—식물들을 선호했다. 이러한 화학물질을 **2차화합물(secondary compound)**이라고 한다. 예를 들어, 쿠라레 덩굴은 신경과 근육의 연결을 차단시키는 쿠라린이라는 독을 생산한다. 이 독이 체내에 들어간 동물은 마비되어 식물에 해를 미치지 못한다. 쿠라린은 아미노산 합성 과정의 2차 반응을 통해 생산되며, 이 경우 자연선택은 정상적인 아미노산뿐만 아니라 이 독성 2차화합물도 생산하게 하는 유전적 변이를 갖는 쿠라레 덩굴의 조상을 선호했음이 확실하다.

다른 2차화합물은 잘 알려진 니코틴과 코카인 같은 약품들, 리신이나 시안화물과 같은 독약들, 그리고 아스피린과 디기탈리스 같은 약품들이다. 인간은 이러한 독소를 우리의 사용을 목적으로—가끔 악의적인 목적으로도—추출하는 방법을 배웠으나, 현화식물은 이러한 형태의 기술적인 화학전을 수백만 년 동안 싸워왔다.

살아 있지는 않은: 바이러스

생물다양성을 다룰 때에는 살아 있는 생물들과 상호작용하지만 스스로는 살아 있지 않은 유기물체인 바이러스들을 고려해야만 한다. 바이러스는 항상성을 유지할 수 없으며(2장) 다른 생물의 도움이 없이는 성장하거나 생식할 수 없기 때문에 생명이 없는 것으로 간주된다. 바이러스는 살아 있지 않으므로 많은 생물학자들이 가장 위대한 종의 토론에서 제외해 왔지만 실은 인간 문명을 파괴할 정도로 위력을 지닌 대단한 존재이다.

흔히 바이러스는 단순하게 **캡시드(capsid)**라 불리는 단백질 껍질에 둘러싸인 DNA 혹은 RNA 사슬로 구성되어 있으며 몇몇 바이러스는 또 다른 외피에 둘러져 있기도 하다. 기본적으로 바이러스는 생식을 위해 다른 생물의 세포를 이용해야만 하는 독자적 유전물질이다(그림 13.17). 바이러스가 숙주세포를 침입할 때 세포의 전사 도구를 이용하여 자신의 DNA 혹은 RNA 복제를 만든다. 이 복제된 바이러스 유전체는 숙주의 리보솜, 운반 RNA, 그리고 아미노산을 이용하여 새로운 단백질 껍질이나 폴리펩타이드를 만들어 낸다. 피막에 둘러싸인 바이러스의 경우, 심지어 숙주세포의 막을 사용하여 딸바이러스를 위한 피막을 만든다.

세포가 바이러스에 감염되면, 제 구실을 수행하지 못하고 죽는다. 하지만 감염된 세포가 죽기 전에 수십 개의 복제된 바이러스가 세포에서 방출되어 다른 세포를 감염시킨다. 몇몇 가장 무서운 인간 병원체는 소아마비, 천연두, 인플루엔자 및 HIV 등을 포함하는 바이러스이다. HIV는 감염을 싸워내기 위해 필수적인 면역체계 세포를 파괴하는 점에서 특히 그 심각성이 크다. HIV에 감염된 환자들은 HIV 자체뿐만 아니라 다른 질병과도 싸워나갈 능력을 점점 잃게 된다.

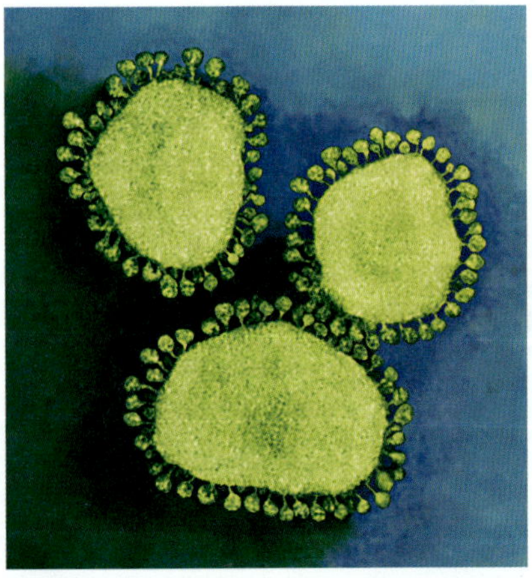

그림 13.17 **바이러스.** 고배율로 촬영된 중증급성 호흡기증후군(SARS) 바이러스. 여기 주위의 장식처럼 보이는 것들은 피막에 박힌 단백질로서 숙주세포의 수용체에 결합한다.

13.3 종에 대한 학습

생물의 세계는 놀랄 정도로 다양하며 이에 대한 우리의 지식은 단편적이다. 많은 생물학자들은 단순히 이 이유 때문에 생물다양성 연구에 이끌린다. 생물다양성은 무궁무진하고 매혹적이며 거의 탐사되지 않은 인간 미지의 지대이기 때문이다. 일단 신종이 확인되면, 생물학자들은 이를 다른 생물과 연관시켜 분류하고자 한다. 인간이 과거를 학습하고 미래를 예측하기 위해 과학적 방법을 이용하는 능력은 거의 모든 종들에 비하여 뛰어난 점 중 하나라 할 수 있다.

진화적 역사의 재구성

우리는 여러 다양한 분류 체계를 떠올릴 수 있지만, 대부분의 생물학자들은 **진화적 분류(evolutionary classification)**라는 하나의 진화적 관계를 반영하는 체계가 외형적 유사성에 근거한 것보다 더욱 유용하다고 주장한다.

일부 파충류들과 조류들 간의 유연성이 이러한 관점을 설명하는 데 도움이 된다. 코모도왕도마뱀과 악어는 모두 대형 파충류이며 숨어서 먹이를 기다리는 매복 포식자들이다. 두 동물 모두 네 다리로 걸으며 비늘로 덮여 있고 냉혈성이다. 반면, 조류는 온혈성이고 깃으로 덮여 있고 날개를 지녔다(그림 13.18). 놀라운 일은 아니지만 비진화적 분류는 악어를 코모도왕도마뱀을 비롯하여 다른 냉혈성의 비늘 덮인 파충류와 함께 분류한다. 그러나 형태, 생리 및 유전학적인 수많은 증거는 악어가 코모도왕도마뱀보다는 조류와 더욱 밀접한 유연관계가 있음을 시사한다. 과학자들이 코모도왕도마뱀의 해부학, 생리학, 행동학 및 생태학에 대하여 더욱 많은 것을 알기를 원한다면 그 첫 걸음으로 유연관계가 매우 먼 친척인 악어로부터 알려진 지식을 사용해서는 안 된다. 대신 이들은 보다 유연관계가 가까운 도마뱀에 초점을 맞추어야 한다.

진화적 분류의 발달. 진화적 분류는 공통조상에서 유래한 모든 후손종들은 조상에 처음 나타난 생물학적 형질을 공유한다는 원리에 기반을 둔다. 예를 들어, 이러한 원리는 여러 종의 참새 사이에서 진화적 관련성을 찾기 위한 시도에 이용되었다.

모든 종들의 이름은 두 부분으로 구성되어 있다. 이름의 첫 부분은 **속(genus)**을 지

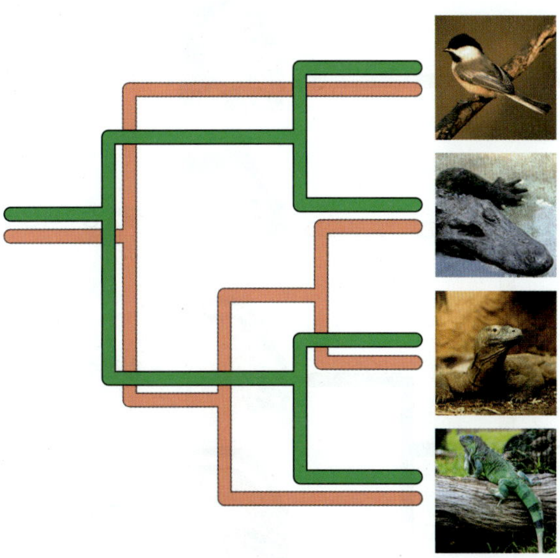

그림 13.18 **생물학적 분류의 난제.** 진화적 관계는 때때로 의외이다. 붉은색의 계통도는 조류와 여러 가지 파충류들의 외형적 유사성과 차이성에 근거하였을 때 기대할 수 있는 관계를 설명한다. 그러나 녹색의 계통도는 자료에 의하여 가장 잘 지지를 받는 관계를 나타낸다.

칭하는데, 종들이 속해 있는 종류들로 구성된 보다 넓은 그룹이다. 둘째 부분은 속 내의 특정 종의 고유한 이름이다. 사실상, 종명은 우리의 이름과 비슷해서 이름의 첫 부분에 의해서 '가족 그룹'이 지정되고, 이 가족 내 특정 개체는 이름의 둘째 부분에 의하여 식별된다. 이름의 두 부분들은 특정 종을 동정할 때 항상 사용되지만 같은 속의 종들을 논할 때는 속명은 단순히 첫 글자를 약자로 쓸 수도 있다.

*Zonotrichia*속의 **계통수(phylogenetic tree)**, 즉 종간 진화적 관계의 한 가설이 그림 13.19에 나와 있다. 과학자는 이 계통발생의 타당성 여부를 알아보기 위해 참새와 밀접하게 연관된 종에 대비한 참새들의 형질 변이를 조사하는 **분지분석(cladistic analysis)**이라는 기술을 이용했다. 예를 들어, 검은눈방울새와 유연관계인 4종 참새의 머리만을 조사하면 검은머리참새를 제외한 3종 모두 머리의 정수리에서 검은 줄과 밝은 줄이 교대됨을 볼 수 있다. 이 관찰을 통해 정수리 줄무늬가 이들 참새의 방산 초기에 진화했음을 짐작할 수 있다. 정수리 줄이 있는 3종 가운데 두 종은 7줄을 갖고 금빛정수리참새는 3줄만 있다. 줄 수의 증가는 원래의 정수리 줄무늬 다음에 진화된 것으로 보인다. 마지막으로 7줄 정수리를 갖는 2종 중 특징에 알맞게 명명된 흰목참새 한 종만 흰목을 진화시켰다. 이들 참새 4종의 경우, 방산의 매 단계마다 눈에 띄는 외양의 변화가 일어난 것으로 보인다.

불행하게도 진화적 관계를 재구성하는 것이 이 예가 보여주는 것처럼 간단하지는 않다. 후손종은 조상에서 진화된 형질을 잃을 수도 있고, 관계없는 종들이 수렴진화를 통해 같은 형질을 획득할 수도 있다. 그림 13.19의 계통발생에서도 수렴진화를 볼 수 있다. 흰목참새와 마찬가지로 금빛정수리참새는 머리 일부에 금빛 깃털을 갖는데, 이는 독립적으로 진화된 것으로 보인다. 수렴형질의 존재는 이와 같이 진화적 분류를 복잡하게 만든다.

진화적 분류의 검증. 진화적 분류는 생물 간의 유연관계에 대한 가설이다. 과학자

데이터로 해결하기 ▶

조상새가 가지고 있을 만한 형질은 무엇일까?

그림 13.19 진화 역사의 재구성. 4종 참새의 관계는 보다 먼 친척인 검은눈방울새와 비교해서 이들 사이의 공유된 신체적 형질로 나타낼 수 있다.

> **쉬어가기** 아마추어 조류 관찰자들은 흔히 독수리(vulture)를 매, 송골매, 부엉이와 같은 맹금류로 여긴다. 하지만 독수리는 맹금류가 아니라 청소동물이다. 독수리와 이들 종의 어떤 수렴형질이 조류 관찰자들로 하여금 이들을 맹금류로 분류하게 했을까?

가 다양한 생물을 출현시킨 종분화 과정을 실제로 관찰할 방법이 없기 때문에 이 가설을 직접적으로 검증하기는 어렵다. 그러나 과학자는 현존하는 생물과 화석의 정보를 모두 사용하여 가설을 검증할 수 있다.

멸종된 생물의 화석을 조사하여 과학자는 여러 생물의 계보—조상으로부터 혈연관계의 기록—에 대한 단서를 모을 수 있다. 예를 들어, 새의 화석은 이들 동물이 악어와 유사한 조상으로부터 진화했음을 명확히 보여준다.

살아 있는 생물로부터의 정보는 진화적 관계에 대한 보다 정교한 수준의 세부내용을 제공한다. 그림 13.4에 제시된 것처럼 가까운 관계의 생물은 서로 유사한 DNA를 가져야 한다. 만일 DNA 유사성 양상과 종 간 진화적 관계의 가설이 서로 부합한다면 그 계통발생은 강하게 지지된다. 조류와 악어의 경우가 그런 예인데, DNA 서열 비교는 악어의 DNA 서열이 코모도왕도마뱀의 DNA 서열보다 조류의 DNA 서열과 보다 유사했음을 보여주었다.

이와 대조적으로 DNA 서열 비교는 그림 13.19에 제시된 참새의 계통발생을 지지하지 않는다. 연구 자료들은 흰정수리참새와 금빛정수리참새가 밀접한 관계이며 흰목참새는 보다 먼 친척임을 시사했다. 이 경우 *Zonotrichia*속의 정확한 진화적 관계를 식별하기 위해서 보다 많은 관찰이 필요하다. (10장에 인간과 유인원 간의 계통발생을 지지하는 다수의 검사에 대해 기술했다.)

지구상의 가장 위대한 종

다양성에 대한 우리들의 탐구는 지구상에서 진화해온 놀라운 생명 형태들의 극히 일부분에만 이루어졌다. 그러나 보다 구체적인 논리로도 모든 시대의 가장 위대한 종(또는 종의 집단)에 대한 논쟁은 정확한 해답이 없다. 인간은 위대하지만 살아 있다고 보기에도 어려운 바이러스와 같은 단순한 존재에 의하여 죽을 수도 있으며 생존을 위하여 다른 종들의 특성들에 의존하기도 한다.

다른 종들에 비교하여 인간의 우수성은 만물을 이해하기 위하여 과학적 방법을 이용하며 환경을 바꾸기 위하여 그와 같은 지식을 활용하는 능력에 있다. 지구상에서 이와 같은 형질을 지닌 다른 종들은 분명히 없다. 제한적이기는 하지만 생물의 세계에 대한 우리들의 이해는 생물다양성에 대한 다른 깨달음을 이끌어낸다. 인간에 의한 자연서식처 파괴로 매년 무수한 생물들이 사라지는 것을 체험하고 있다. 우리는 생물다양성의 극적인 손실로 아직 미지의 생물학적 경이를 부정할 뿐만 아니라 인구를 유지할 만한 지구의 능력을 감소시키고 있음을 체험하고 있다.

현재의 감소 속도가 계속되면 우리는 대자연의 다양한 경이로움, 아름다움, 그리고 혜택을 즐길 수 있는 마지막 세대가 될지도 모른다(15장에서 현재의 생물다양성 위기에 대한 원인, 결과, 및 가능한 해법들을 검토한다). 인간이 자신을 둘러싸고 있고 지속시켜주는 다양성의 놀라운 가치를 제대로 인식하기 시작할 때 비로소 우리는 생물다양성의 소실을 줄일 수 있을 것이다. 이렇게 할 수만 있다면 인간은 지구 역사상 가장 위대한 종이라는 명성을 얻을 수 있을 것이다.

현명한 독자

중년기의 인간들은 진화의 가장 위대한 업적인가?

40대와 50대의 사람들은 자신들의 변하는 모습과 가임연령이 지나가는 것을 슬퍼할 것이지만 이러한 변화는 인간 종의 성공의 열쇠라고 데이비드 베인브릿지 박사는 말했다.

그는 중년들은 아직 나이를 많이 먹지는 않았지만 보다 젊은 성인들에 의하여 채워질 수 없는 사회에서의 중심 역할을 감당해야 하므로 아마 틀림없이 "진화의 절정"에 있다고 덧붙였다.

…

그는 *New Scientist*지에 투고하면서 "중년은 절제되고 미리 정해진 쇠퇴가 아니라 발전의 과정"이라고 설명했다.

…

많은 중년 여성들은 지방이 가슴, 엉덩이 및 허벅지에서 사라지고 몸통 주변으로는 다량으로 축적되면서 점점 사라지는 젊은 날의 모습에 슬퍼한다.

그러나 이러한 현상은 더 이상 아이를 출산할 필요가 없고 중앙으로의 지방 축적이 지방의 운반을 용이하게 하므로 일어난다.

진화의 관점으로는 우리의 조상들이 더 많은 지방을 지님으로 어려운 시기에 생명을 유지시키는 양분으로 사용하여 더 많은 먹이를 어린 세대들의 생존을 위하여 남겨두는 것이 가능했다.

…

사람들의 일반적인 확신과는 달리 선사시대의 많은 조상들이 40세를 넘게 살았으며 수천 년 동안 숙련되고 노련한 부양자들로 발전해왔다고 베인브릿지 박사는 말했다.

…

베인브릿지 박사는 "우리 각자는 생존을 위하여 문화에 의존하며 문화는 아이들과 청년들의 의무를 설명하는 중년들에 의하여 전달된다.

"중년들은 더 많이 일하고 벌며 한 마디로 세상을 경영한다"고 그는 말했다.

1. 중년들이 "진화의 정점"이라는 말에 어떤 증거가 제시되었는가?
2. 자연선택의 이해를 바탕으로 기사에 나타난 중년 여성들의 지방 축적의 변화 양상을 기술하라.
3. 자연선택이 중년 여성들에서 2번 질문에 기술한 형질이 진화되게 하였다는 증거는 무엇인가?
4. "확증편향"은 사람들이 그들의 신념을 확인해주는 정보를 선호하는 경향을 말하며 이 기사의 인용 문장은 중년들이 진화의 위대한 업적이라는 신념에 대한 확증편향을 나타낸다. 이러한 신념에 반대되는 정확한 정보를 기술할 수 있는가?

http://www.telegraph.co.uk/science/science-news/9129205/Middle-aged-people-the-pinnacle-of-evolution.html?fbA

그럴듯한 소리인데 **그런가?**

영어와 여러 다른 언어들은 왼쪽에서 오른쪽으로 또는 위에서 아래로 읽는다. 그 결과 독자들은 요약이나 결론은 가끔 그림의 오른쪽이나 밑에 있는 것으로 기대한다. 이러한 일로 잘못된 결론에 도달하기도 한다. 몇 가지 동물문들 간의 관계를 설명하는 다음의 계통도(그림 13.20)를 고찰해 보라.

인간은 계통도의 정상에 그려져 있으므로 인간은 가장 복잡한 동물이다.

그럴듯한 소리이지만 그렇지 않다.

1. 이들 동물은 모두 같은 공통조상인 첫 동물을 공유한다. 이들 동물은 모두 동일한 시간 동안 진화해 왔는가?
2. 일부 또는 모든 곤충들이 지니지만 인간이 지니지 않는 형질이나 능력에는 무엇이 있는가?
3. 계통도상의 어느 생물이 인간에게 가장 가까운가?
4. 불가사리와 인간의 위치를 바꾸면 계통도상의 정보를 변화시키는가?
5. 1~4번 질문에 대한 답을 생각하고 위의 굵은 글씨로 쓴 문장이 그럴듯하지만 그렇지 않은 이유를 설명하라.

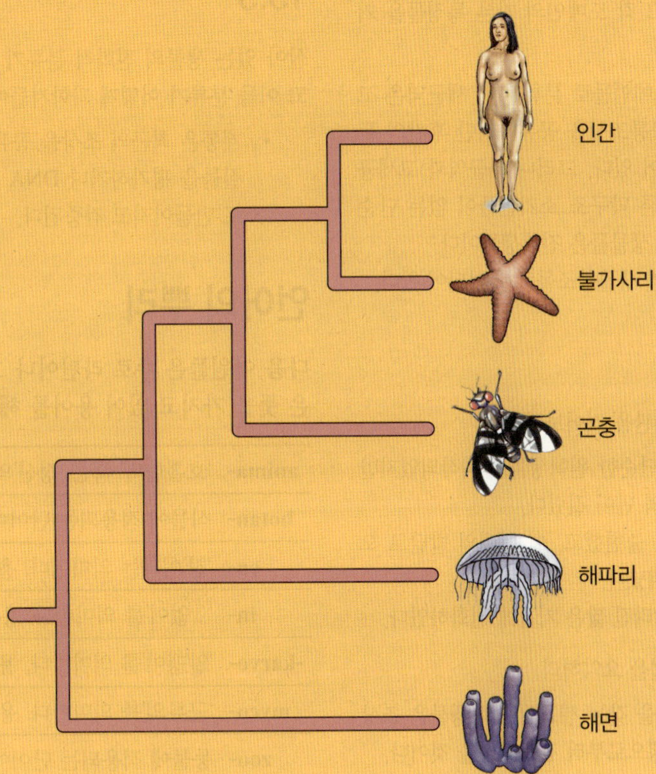

그림 13.20

복습

요약

13.1

과학적으로 기재된 종의 현 예상치를 인용하여 왜 이 숫자가 단지 예상에 불과한지를 설명하라.

- 지금까지 밝혀진 종의 수는 130만으로 추정되지만 아직 밝혀지지 않은 종들의 수는 이보다 몇 배 더 클 것으로 여겨진다.

생물의 주요 3 도메인(역)을 열거하고 각 도메인의 기본 특징들을 기술하라.

- 생물은 진화적 관계에 따라 도메인들로 분류된다. 세균역은 고세균역 및 진핵생물역과 먼 공통조상을 공유하지만 후자의 두 그룹이 보다 밀접하게 연관되어 있다. 그러나 세균역과 고세균역은 원핵생물이고(핵이나 다른 막구조 소기관들이 없는 단순 단세포 생물들), 진핵생물역의 생물들은 진핵생물이다.
- 지구상 생명의 역사는 연속적인 생물왕조들로 구성되어 왔다.

13.2

지구상 생명의 역사에 대한 폭넓은 개관을 적어보아라.

- 지구의 생명은 약 36억 년 전 단순한 원핵생물로 시작되었지만 진핵생물이 진화하는 데는 15억 년이 걸렸다.
- 다세포 생물은 약 6억 년 전에 출현했고, 이 형태의 발달로 오늘날 지구상의 종다양성이 생겨났다.
- 동물군은 캄브리아기폭발로 알려진 짧은 기간에 진화하였다.

진핵세포의 기원이 되는 세포내공생설을 요약하라.

- 핵이 있고 막으로 싸인 소기관을 갖는 세포인 진핵생물은 조상 진핵생물과 원핵생물 간의 공생으로부터 진화되었을 것이다.

진핵생물의 주요 4계인 원생생물계, 동물계, 진균계 및 식물계의 주요 특징들을 열거하라.

- 원생생물계에는 일반적으로 단세포성 진핵생물들이 뒤섞여 있다. 이 그룹의 생물들은 생활형에서 식물 유사형, 동물 유사형, 또는 균류 유사형으로 나뉜다.
- 동물은 다른 생물을 먹이로 삼는 운동성의 다세포 진핵생물들이다.
- 균류는 다세포 진핵생물로서 이동성이 없고 다른 생물을 먹이로 삼으며 가늘고 실 같은 균사로 구성되어 있다.
- 식물은 자신의 먹이를 만드는 다세포 광합성 진핵생물이다.

적응방산을 정의하고 생명의 역사에서 이 현상이 일어난 예들을 들라.

- 적응방산은 새로운 "생활 방식"이 진화하거나 경쟁 그룹이 죽은 후에 몇 가지 신종들이 신속하게 나타날 때 일어난다.
- 현화식물의 다양성은 부분적으로는 방어물질을 생산한 결과 생긴 적응방산 때문일지도 모른다.

바이러스의 특징들을 기술하고 이것이 살아 있는 생물로 간주되지 않는 이유를 설명하라.

- 바이러스는 살아 있는 세포 내의 복제기구를 이용하여서만 생식할 수 있으며 수송 용기 내의 유전물질로 구성되어 있는 비생물적 독립체이다.

13.3

살아 있는 생물의 진화적 분류가 만들어지고 검증되는 방법을 기술하고 이들 분류가 어떻게 과학자들에게 유용한지 설명하라.

- 계통은 최근의 조상을 공유함을 나타내는 다른 종들의 공유 형질들을 평가하거나 DNA 서열의 유사성과 차이성을 검사함으로 만들어지고 검증된다.

언어의 뿌리

다음 어원들은 주로 라틴어나 그리스어에서 기원하며 아래와 같은 뜻을 가지고 있어 용어를 해석하는 데 도움을 준다:

anima-	'호흡한다' 혹은 '정신'의 의미이다. 용어: *animal*
botan-	식물에 적용되는 단어이다. 용어: *botanist*
eu-	'참'이라는 의미이다. 용어: *eukaryote, Eukarya*
in-	'...없이'를 의미한다. 용어: *invertebrate*
-karyo-	'알맹이'를 의미한다. 용어: *prokaryote, eukaryote*
myco-	'균류의'를 의미한다. 용어: *mycologist*
zoo-	동물에 적용되는 단어이다. 용어: *zoologist*

기본문제

1. 과학적으로 밝혀진 종의 수는 얼마인가? 예상되는 종의 수는 얼마인가?

2. 식물은 꽃의 진화 이후 적응방산을 겪었다. 무엇이 발생했는지 설명하고 일어난 이유를 설명하는 가설을 나열해 보아라.

3. 생물간의 진화적 관계에 대한 가설은 어떻게 검증되나?

4. 여러 진화적 계열이 섞여 있는 도메인 혹은 생물계는?

A. 세균　　B. 원생생물　　C. 고세균

D. 식물 E. 동물

5. 현대 종들의 리보솜 RNA를 비교한 결과는?

A. 원핵생물에는 아주 다른 두 군이 있다.
B. 원생생물은 관계없는 형태들의 집합이다.
C. 곰팡이는 식물보다 동물과 더 가깝다.
D. A와 B가 옳다.
E. A, B, 그리고 C가 옳다.

6. 현미경으로 세포들을 조사한 결과, 이 세포들은 개별적으로 발생하며 핵이 없음을 관찰했다. 이 세포들은 ________에 속한다.

A. 진핵생물 도메인
B. 세균 도메인
C. 고세균 도메인
D. 원생생물계
E. 위의 보기 중 하나 이상이 옳다.

7. 진핵생물의 미토콘드리아는?

A. 세포의 발전소이다.
B. 원핵생물 조상으로부터 진화되었을 것이다.
C. 진핵세포와 독립적으로 살 수 있다.
D. A와 B가 옳다.
E. A, B, 그리고 C가 옳다.

8. 균류의 먹이 획득 방법은?

A. 태양 빛의 도움으로 자신의 음식을 만든다.
B. 다른 생물을 쫓아가서 잡는다.
C. 먹이 위에 성장하며 분해하는 화합물을 분비한다.
D. 주변으로부터 세균을 여과한다.
E. 포자 형성.

9. 다음 중 언제나 참인 것은?

A. 바이러스는 숙주 세포 밖에서는 생식할 수 없다.
B. 바이러스는 막에 싸여 있지 않다.
C. 바이러스는 세포로 이루어지 있지 않다.
D. A와 C가 옳다.
E. A, B, 그리고 C가 옳다.

10. 계통발생은 최근의 공통조상에서 유래된 모든 종들은 ______는 원리에 근거하여 만들어진다.

A. 모두 동일하다
B. 그 조상에서 진화된 특성을 공유한다
C. 화석으로 발견된다
D. 동일한 DNA 서열을 지닌다
E. 덜 연관된 종보다 더 유사하지 않다

응용문제

1. 생물조직에 의해 적절하게 처리되지 않는 한 산소는 세포에 많은 피해를 줄 수 있다. 핵이 있는 원시세포가 산소를 이용하는 세균을 삼켰다고 생각해 보라. 산소농도가 증가하는 환경에서 자연선택은 이 세균을 소화시키는 대신에 "안전한 피난처"를 제공한 진핵세포를 선호하는 이유는 무엇인가?

2. 과학적으로 기술된 적이 없는 생물을 발견했다고 가정하자. 이생물은 수백 개의 세포로 구성되고 물에 잠긴 바위에 고착되어 호숫물의 조류를 걸러서 먹이를 얻는다. 이 생물은 어느 계에 속할 것인가? 그렇게 생각하는 이유는 무엇인가?

3. 진핵생물 그룹의 진화에 대한 세포내공생설을 지지하는 증거로는 엽록체와 미토콘드리아가 두 개의 막으로 둘러싸여 있다는 점으로, 그 중 하나는 세균 공생자에서, 다른 하나는 숙주 세포를 원래 둘러싸고 있던 액포에서 유래한 것으로 여겨진다. 흥미롭게도, 유글레나식물문과 같은 일부 조류문은 세 개의 막으로 구성된 엽록체를 지닌다. 세포내공생설에 대한 이해를 바탕으로 이러한 추가 막은 어떻게 진화된 것일까?

연관문제

1. 진핵생물이 독립적 세포들의 '연합'에서 진화했다는 가설이 처음 제안되었을 때 과학자들은 이를 거부했다. 아직도 대부분의 생물학자는 자원에 대한 생물 간의 경쟁이 진화의 중요한 원동력이라고 믿는다. 협동보다 경쟁에 가치를 두는 현대 문하의 영향으로 과학자들도 진화에서 협동의 역할을 경시하는 것은 아닐까? 아니면 협동이 진화를 야기할 가능성이 실제로 드문 것일까?

2. 우리는 다음 세대를 위하여 가능한 많은 생물다양성을 보존할 의무가 있는가? 그 이유를 설명해 보아라. 동물원이나 표본실에서처럼 생물의 유전자에 들어 있는 정보를 단순히 보존하는 것만으로 충분한가? 혹은 생물을 자연환경에서 보존할 필요가 있는가?

CHAPTER 14

인간이 너무 많은가?

우주에서 바라보면 지구에 그렇게 많은 인간이 있는 것 같지 않다.

개체군 생태학

2012년 국제연합(UN)은 가장 최근의 추정치로서 지구에 살고 있는 인구가 72억에 가까우며 이는 1965년 인구의 두 배보다도 많다고 보고하였다. 또한 인구는 수십 년 동안 계속 증가하여 2100년경 110억에 도달할 때에야 비로소 안정화될 것이라고 UN은 예측하였다. 이 소식은 많은 사람들에게 또 하나의 듣기 싫은 뉴스에 불과하였다. 예측된 인구는 과거에 예측한 수에 비하여 조금 더 많았다. 많은 과학자와 환경운동가들은 지구가 앞으로 증가할 38억은 제외하더라도 72억의 인구를 오랫동안 부양할 수 있는가에 의문을 가지고 있다.

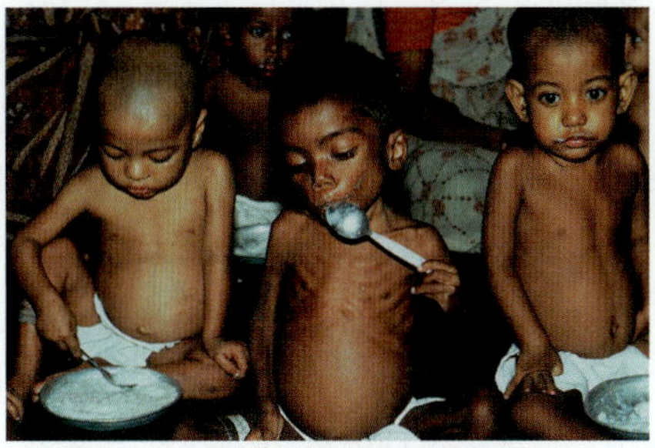

지구에 너무 많은 사람이 살고 있어 이 어린이들이 굶주리고 있는가?

다른 사람들은 인구 증가에 관한 환경론자들의 의견에 동의하지 않는다. 20세기 중반에 환경론자들은 40억보다 조금 적은 인구를 직시하고 2000년에 세계적으로 식량과 물 부족이 올 것이라 예견하였다. 그러나 유아 사망률의 감소, 기대수명의 증가, 약 20% 증가한 1인당 수입을 포함하여 인간의 건강에 관한 모든 수치는 1970년 이후 상승 경향을 보여준다. 어떤 수치로 보든지 현재의 보통 인간이 40년 전보다 훨씬 부유하다. 다른 사람들이 잘못 예측하고 있을 때 우리는 왜 미래에 대한 운명적으로 암울한 예측을 믿어야만 할까?

지구의 인구는 70억이지만 계속 증가하고 있다.

그러나 매우 많은 인구가 급격히 성장 한계에 도달하고 있다는 몇몇 징후가 있다. 예를 들어, UN에 따르면 2010년과 2012년 사이에 8억7천만 명이 건강을 유지하는 데 필요한 충분한 음식을 규칙적으로 섭취하지 못하고 있다. 1년 동안 사망하는 5세 미만의 어린이 중 550만 명 정도가 영양불균형 또는 영양실조와 관련되어 죽어간다. 이 문제를 해결하기 위해 수년 동안 국제적인 관심과 수십억 달러가 소요되었지만 상황은 급격하게 나아지지 않고 있다. 1990년에 영양실조로 고생한 사람의 13%에 해당하는 사람만이 영양실조에서 벗어났다. 지구 도처에서 발생하는 식량가격의 빠른 상승은 미래 인간의 건강과 생존에 심각한 위협이 되고 있다.

그렇다면 무엇이 진실인가? 오랜 기간 동안 지구가 부양할 수 있는 인구보다 더 많은 인간이 존재하는가? 우리는 지구 전체적인 식량위기를 향하여 치닫고 있는가? 아니면 우리는 모든 사람이 북미의 평균만큼 잘 먹고, 오래 살고, 부유한 시대를 향하여 서서히 이동하고 있는가?

지구는 북미의 가족이 누리는 평균 수준으로 모든 사람을 부양할 수 있는가?

지구가 오랫동안 부양할 수 있는 인간보다 더 많은 인간이 지구에 살고 있는가?

14.1 개체군 성장

생물체와 환경 사이의 관계뿐만 아니라 개체들 사이의 관계를 조명하는 생물학의 분야를 **생태학(ecology)**이라 한다. 생물과 환경 사이의 관계는 여러 수준에서 연구될 수 있다. 즉, 개체로부터, 한 종의 개체군, 상호작용하는 종들이 모인 군집, 그리고 대기와 같은 비생물적인 환경에 대한 생물학적 활동의 영향까지 다양하다.

생태학에서 **개체군(population)**은 일정한 장소에 존재하는 한 종의 모든 개체들로 정의된다. 개체군은 개체의 공간분포와 밀도(수도, abundance)를 포함하는 구조적 특징을 가진다. 개체군의 성공과 실패를 이끄는 요소들을 이해하기 위해 생태학자들은 개체군 내에서 개체들의 분포와 수도를 설명하고자 한다. 15장에서 설명하는 종 사이의 상호관계는 분포와 수도에 대한 영향들로 한 부분이 구성된다. 다른 한 부분은 성별 개체수, 연령별 개체수, 그리고 일정 기간 태어나거나 죽은 개체수를 포함하는 개체군 동태로 구성된다.

popula- 많다는 의미를 가진다.

개체군 구조

개체군 생태학자들이 처음하는 일은 관심 있는 개체군의 크기를 추정하는 것이다. 어떤 개체군에서는 한 지역의 모든 인구를 조사하는 인구조사처럼 또는 숲 속 특정 나무에 살고 있는 모든 개체수를 세는 것과 같이 개체수를 직접 셀 수 있다.

이동성이 강하고 눈에 잘 띄지 않는 종의 개체군 크기는 다음과 같은 **표지재포획법(mark-recapture method)**으로 추정할 수 있다(그림 14.1). 이 방법을 실행하는 연구자들은 많은 개체를 포획하여 다양한 방법(예를 들면, 페인트를 살짝 칠하는 방법)으로 표지한 후 풀어준다. 일정 시간이 경과된 후 연구자들은 많은 개체를 다시 포획하고 이들 중 표지된 개체를 선별하여 이들의 비율을 계산한다. 이 비율을 전체 개체군의 크기를 결정하는 데 사용한다.

그림 14.1 **표지재포획법.** 1. 첫 번째 단계로 연구자는 야외에서 동물을 잡고, 표지한 후 놓아준다. 2. 일정 시간이 지난 후 연구자는 다시 야외로 나가 동물을 잡고 이들 중 몇 %가 이 전에 표지한 것인지 확인한다. 3. 두 번째 잡은 동 물들 중 표지된 것의 비율은 전체 개체군에 대한 첫 번째 잡은 동물의 비율과 같다.

시각화 ▼

동물들은 한 번 트랩에 걸린 후 다시 트랩에 쉽게 들어가거나 잘 들어가지 않을 수도 있다. 각각의 행동은 개체군 의 추정에 어떤 영향을 미칠까?

① 연구자는 곤충 트랩을 이용하여 100마리의 딱정벌레를 잡아 페인트로 모든 딱정벌레를 표지한다.

② 1주일 후 트랩을 다시 놓아 표지된 것과 표지되지 않은 개체들을 잡는다.

③ 전체 개체군의 크기는 두 번째 트랩의 개체들 중 표지된 개체들의 비율로부터 추정될 수 있다.

표지재포획법의 예를 들어보자. 연구자가 100마리의 곤충을 포획하여 표지한 후 숲의 일부분에 풀어주었다고 가정하자. 일주일 후에 같은 장소에 돌아와 연구자가 다시 포획한 곤충의 10%가 표지된 것이었다면, 연구자는 처음 표지한 100마리는 전체 곤충 개체군의 10%에 해당한다고 가정할 수 있다. 이와 같은 표지재포획법에 따르면 전체 개체군의 크기는 약 1000마리의 곤충이 된다.

쉬어가기 앞 문단에서 설명한 것과 같은 시나리오를 상상하라. 그러나 연구자는 두 번째 포획에서 표지된 딱정벌레가 단지 1%라는 것을 확인하였다. 이 경우에 개체군의 크기는 얼마나 될까?

개체군 구조의 다른 기초적인 사항으로 개체들이 공간적으로 어떻게 분포하는 것인가를 다루는 분포가 있다. 많은 종들은 자원이 풍부한 일정지역에는 밀도가 높지만 다른 지역에서는 밀도가 낮은 **집중분포(clumped distribution)**를 보인다. 특정한 토양 상태를 필요로 하는 식물과 이들 식물에 의존하는 동물은 집중되어 분포하는 경향이 있다(그림 14.2a). 지구 전체 규모로 볼 때 인간은 강이나 해안가와 같이 이동수단이 발달한 장소에 높은 밀도로 존재하는 집중분포를 나타낸다.

인간의 집중분포는 지역적인 규모에서는 더 고르게 분포하는 **균등분포(uniform distribution)**를 잘 드러나지 못하게 한다. 예를 들면, 작은 지역에서 집 사이의 공간 배열 또는 학급에서 낯선 사람들 간의 공간 배열을 보면 자산소유주 또는 사람들 사이의 거리가 균등하게 나타나는 경향이 있다. 균등분포를 나타내는 종들은 종종 세력권을 가지는 습성이 있다. 즉, 그들은 자신의 공간에 침입자가 들어오지 못하게 한다. 어떤 종류의 새는 번식지에 이와 같은 강한 반응을 보이는 것을 볼 수 있다(그림 14.2b).

광범위한 환경 내성을 가진 비사회적인 종들은 전형적으로 **무작위분포(random distribution)**를 보인다. 이때 어떠한 요소도 개체들이 함께 모이거나 서로 떨어지게 하지 않는다. 바람에 날리는 종자를 생산하는 나무의 유묘는 종종 무작위로 분포한다(그림 14.2c).

개체군의 분포와 수도는 개체군의 현 상황을 부분적으로 나타낸다. 인간 개체군의 분포 그리고 최근의 그 유형 변화는 자연 환경에 큰 영향을 준다(16장). 그러나 하나의 개체군이 환경에 어떻게 반응하는지를 더 잘 이해하기 위해서 우리는 시간에 따라 개체군이 어떻게 변해가는지를 결정할 필요가 있다.

그림 14.2 **개체군 분포 유형.** 하나의 개체군에서 개체들은 (a) 충분한 수분을 함유한 토양에서 자라는 부들과 같이 집중되어 있거나; (b) 알을 품는 펭귄처럼 균등하게 분포하거나; (c) 숲 속의 유묘처럼 무작위로 분포한다.

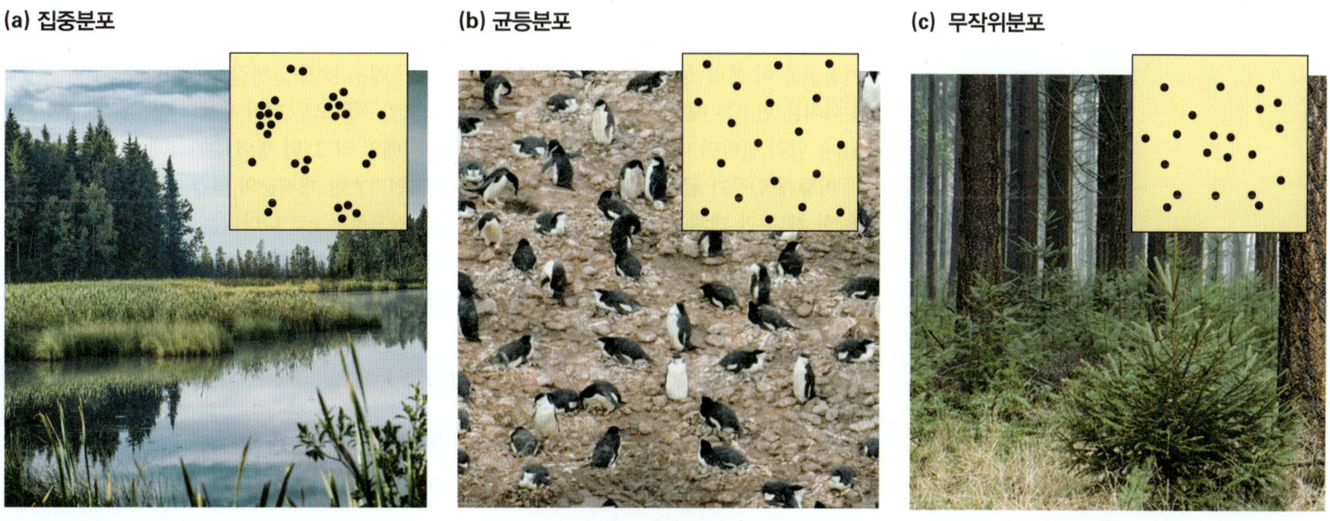

지수적 개체군 성장

역사학자들은 과거 10,000년 동안 시간에 따른 지구상 인구의 변화를 알기 위하여 고고학적 증거나 문헌을 사용해왔다. 그림 14.3에 제시된 이 기록은 개체군 성장의 유형을 분명하게 보여준다.

인구 증가 그래프는 현재의 인구에 비례하여 증가하는 **지수적 성장(exponential growth)**을 잘 보여준다. 개체군 성장이 지수적으로 증가한다는 것은 매년 일정한 수의 자손이 더하여진다는 것을 의미하는 것이 아니라 자손의 수가 이전 세대의 크기에 비례하여 점점 증가한다는 것을 의미한다. 지수적 성장의 결과를 그래프로 나타내면 그림 14.3과 같이 J 모양이 된다.

expo- 내밀다는 의미를 가진다.

데이터로 해결하기 ▶

기원전 8000년부터 기원전 1500년까지 인구가 4배 증가하였음에도 불구하고 그래프는 편평해 보인다. 이 시기에 인구는 지수적으로 증가하였는가?

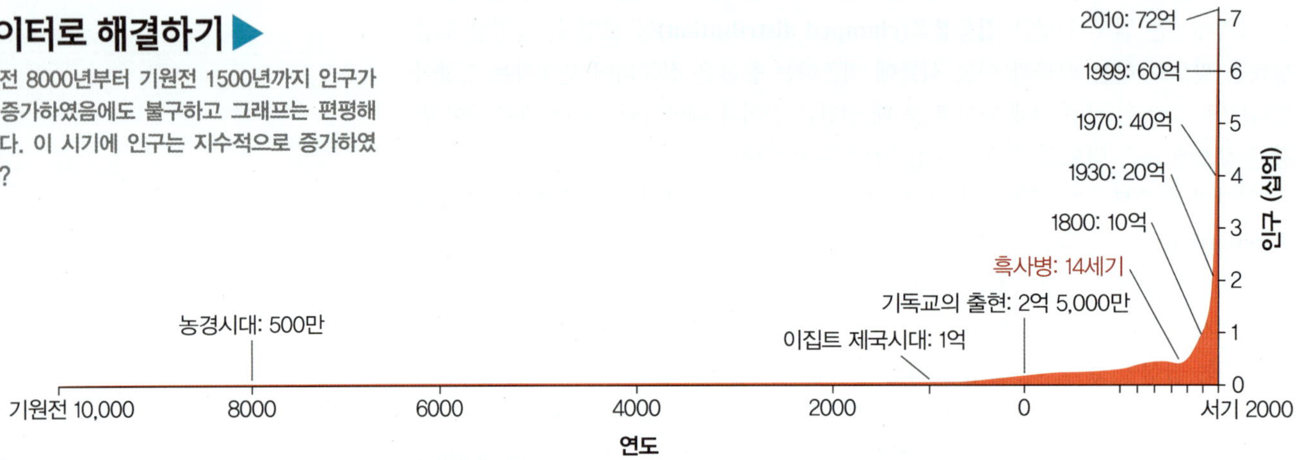

그림 14.3 **지수적 증가.** 지구의 인구는 농경 이후 18세기까지 매우 서서히 증가하였다. 그 이후의 빠른 증가는 전체 수에 비례하여 일어나 J형으로 나타났다.

지수적 개체군 성장: 더 자세히 알아보기 ▼

인간 역사의 대부분을 차지하는 시간 동안 인구는 매우 적게 유지되었다. 약 1만년 전 농경이 시작될 당시에는 500만 명이 되었다. 7000년 후 이집트제국 시대에는 약 1억 명이, 서기 1년경 기독교가 시작될 당시에는 약 2억 5,000만 명이 되었다. 이때 인구 증가율은 약 0.1%로 낮은 수준을 유지하였다.

1750년 초반 인구 증가율은 약 2%대로 증가하였다. 인구는 1800년에 10억이 되었고, 1930년에는 그 두 배인 20억, 1970년에는 다시 그 두 배인 40억이 되었다. 현재 인구 증가율이 약 1.2%대로 둔화되었어도 인구의 빠른 증가는 시간에 따른 인구 변화 그래프에 매우 잘 나타나 있다.

개체수의 증가는 개체군을 구성하는 개체들의 생식능력에 의존하기 때문에 개체군의 크기가 커질수록 더 빨리 성장한다. 1.2%의 인구 증가율이 매우 낮게 느껴질지 모르나 72억 인구에 더하여지는 인구는 매년(캘리포니아, 텍사스, 뉴욕의 인구를 모두 더한 수보다 많은) 8,600만 명이 된다. 달리 말하면 매초마다 3명이 증가하게 되며, 매일 약 25만 명이 증가하게 된다.

이렇게 인구가 급격히 증가하게 된 원인은 무엇인가? 한 개체군의 연간 **성장률(growth rate)**은 한 해 동안 개체군의 크기가 변한 %이다. 수학적으로는 r로 나타내는 성장률은 개체군의 출생률(전체 개체수에 대한 평균 출생수)에서 사망률(전체 개체수에 대한 평균 사망수)을 뺀 것이다. 예를 들어, 한 해 동안 1000명당 22명의 아기가 출생하였다고 하면 그 개체군의 출생률은 22/1000, 즉 2.2%이다.

$$\frac{22}{1000} = 0.022 = 2.2\%$$

그리고 1000명당 10명이 죽었다고 하면 사망률은 10/1000, 즉 1%이다.

$$\frac{10}{1000} = 0.01 = 1\%$$

더 자세히 알아보기, 계속

(a)

(b)

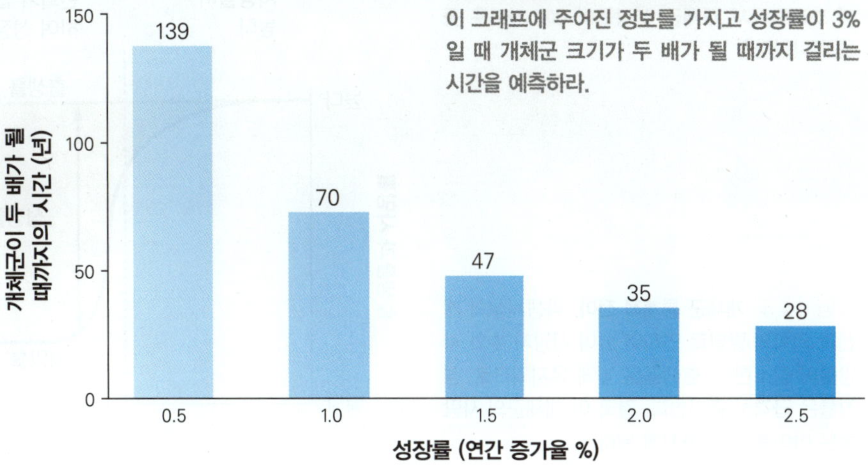

◀ **데이터로 해결하기**

이 그래프에 주어진 정보를 가지고 성장률이 3%일 때 개체군 크기가 두 배가 될 때까지 걸리는 시간을 예측하라.

이와 같은 경우 현재 성장률(인간에 적용하는 경우 인구 증가율이라 한다)은 출생률에서 사망률을 뺀 1.2%가 된다.

$$성장률 = 출생률 - 사망률$$
$$1.2\% = 2.2\% - 1.0\%$$

과거의 평균인 0.1%와 비교하여 오늘날 상대적으로 높은 인구 증가율은 출생률과 사망률 사이의 큰 차이에 의해 나타난 것이다.

지수적 성장은 크기가 두 배가 되는데 걸리는 시간으로 이해하는 것이 더 쉽다. 0.1의 성장률일 때 개체군이 두 배가 되는데 693년이 걸리지만 1.2%일 때는 58년이면 된다(그림 14.4).

그림 14.4 **성장률과 두 배 증가하는 데 걸리는 시간.** (a) 수타 국수는 밀가루 반죽을 늘이고 접고를 반복하여 만든다. 이때 가닥 수는 매번 접을 때마다 두 배가 된다. 밀가루 반죽을 늘이고 접기를 12번 반복하면 한 가닥이 4096가닥이 된다. 이것이 지수적으로 증가할 때의 빠르기이다. (b) 개체군의 크기가 두 배가 되는 데 걸리는 시간은 성장률에 따라 다르다. 매년 2% 성장할 때 두 배가 되는데 35년이 걸리는 반면, 1%일 때는 이 기간의 두 배가 걸린다.

개체군 통계적 전이

인간 개체군에서는 사망률이 감소하고 그 뒤를 이어 출생률이 감소하는 경향이 있어왔다. 이와 같은 조정의 속도가 미래의 개체군 성장을 이해하는 데 도움이 된다. 산업혁명 이전 대부분의 나라에서 출생률과 사망률은 모두 높았다. 여성들이 아기를 많이 낳을지라도 상대적으로 적은 어린이만이 어른이 될 때까지 산다. 18세기에 시작된 급속한 인구 증가는 산업국가에서의 유아 사망률이 급격히 낮아진 데 기인한다. 특히 전염병을 다루고 예방하는 지식의 발달은 이와 같은 질병으로부터 수많은 어린이를 구하였다.

쉬어가기 기대수명은 태어난 아기가 도달할 것으로 기대되는 평균 나이이다. 유아 사망률의 감소는 심지어 어른들이 더 오래 살지 않아도 한 나라에서의 기대수명을 급격히 늘어나게 하였다. 이 이유를 설명하기 위하여 평균이 어떻게 계산되는지 생각해 보기 바란다.

인구 증가율은 다시 낮아지게 되었다. 인간 개체군 성장을 연구하는 과학자들은 출생률이 낮아진 사망률을 향하여 떨어질 때를 **개체군 통계적 전이(demographic transition)**라고 부른다(그림 14.5). 인간 개체군이 전이기에 남아 있는 기간은 그 개체군의 크기에 큰 영향을 미친다. 전이기를 빨리 통과한 나라는 작은 영향을 받았지만 더 오랜 시간 동안 머무른 나라는 큰 영향을 받았다. 산업화된 경제와 1인당 수입이 높은 **선진국(developed country)**들은 이미 이 전이기를 통과하여 낮은 인구 증가율을 가진다.

demo- 사람을 의미하는 단어로부터 온 것이다.

데이터로 해결하기 ▶

이 그래프에서 개체군 성장률이 0에 가까운 곳은 어디인가?

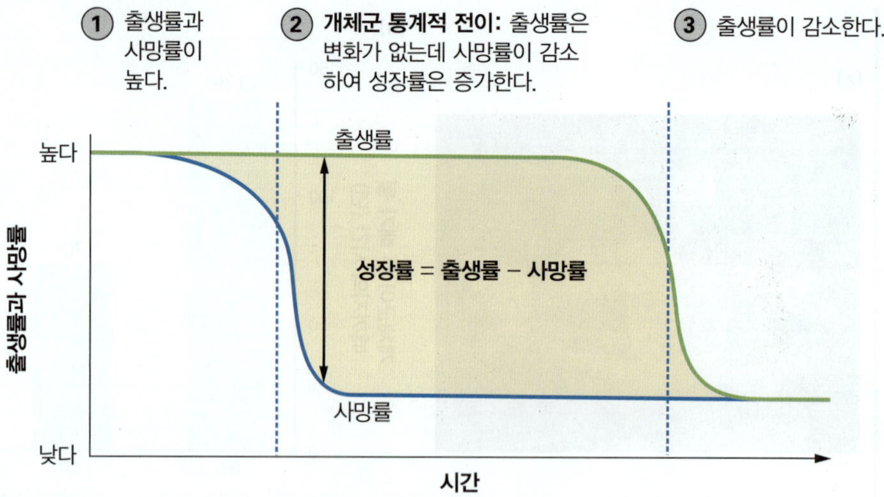

그림 14.5 개체군 통계적 전이. 위생시설의 개선과 의학의 발달로 인하여 유아 사망자 수와 사망률이 감소한다. 출생률은 높게 유지되므로, 성장률은 급격히 증가한다. 결국 이 개체군의 사람들은 아이를 적게 가지게 된다.

그러나 산업화 초기에 있고 1인당 수입이 낮은 **개발도상국(less developed country)**들이 전이기에 있기 때문에 지구 전체의 인구 증가율은 높게 유지되고 있다. 이에 덧붙여 개발도상국에서의 유아 사망률은 여러 가지 이유로 인하여 더욱 급격히 감소하였다. 말라리아를 옮기는 모기를 박멸하기 위한 살충제 DDT의 사용, 콜레라, 디프테리아, 그리고 다른 치명적인 질병에 대한 어린이 면역 프로그램, 박테리아 감염을 막는 항생제의 이용 증가 등에 의해 유아 사망률이 감소하게 되었다. 개발도상국에서의 사망률이 계속 감소하고 있으나, 아직도 출생률이 높아 높은 인구 증가율에 큰 기여를 하고 있다.

미래 인구 증가의 대부분은 아프리카나 아시아의 개발도상국에서 일어날 것이다. 그러나 개발도상국에서는 현재에도 식량위기가 빈번히 발생한다. 이 나라들에는 벌써 그들 자신을 부양할 수 없을 정도로 많은 인구가 존재하는가? 이 질문에 대한 답을 하기 위해서는 개체군 성장을 제한하는 요소들을 이해할 필요가 있다.

14.2 개체군 성장의 한계

인간을 제외한 다른 종의 연구에서 생태학자들은 개체군 성장의 한계를 분명히 확인하였고, 이 한계 이상의 수로 늘어났을 때 겪는 개체군의 끔직한 운명을 관찰할 수 있었다. 이러한 이유로 인하여 많은 전문 생태학자들은 인간의 급속한 증가의 결과에 대해 관심을 가지고 환경에 대한 인간의 영향을 연구하는 환경과학자들과 함께 연구하고 있다.

공급되는 식량에 의해 부양될 수 있는 수보다 월등히 많은 수가 자라는 동식물 개체군의 몇몇 예는 잘 알려져 있다. 옐로스톤 국립공원의 엘크(큰 사슴의 일종) 개체군은 1990년대 겨울에 심각하게 높은 사망률을 겪은 적이 있다. 이와 같은 사망률의 증가는 엘크의 수가 너무 증가하여 자신이 살 장소를 황폐화시킨 이후에 나타났다. 또한 노르웨이 나그네쥐의 대이동 시 매 5~7년마다 많은 수가 죽는 주기를 보이고 있다. 종종 우리가 생각하는 것처럼 이들은 "대량 자살(mass suicide)"을 하지 않는 반면, 개체군이 증가할 때 한 지역에서 양질의 먹이를 모두 먹어버린 후에 이들은 이동하기 시작하고 그 과정에서 종종 죽음을 맞이한다. 맥주를 만드는 과정에서 효모 개체군은 증가하여 식량을 고갈시키고 발효가 일어나는 동안 죽게 된다. 엘크, 나그네쥐, 효모와 같은 운명을 겪을지도 모르는 인간에 대해 생태학자들은 무슨 말을 하고 있는지 알아보자.

수용능력과 로지스트형 성장

옐로스톤의 엘크와 노르웨이 나그네쥐의 예는 하나의 기본적인 생물학적 원리를 보여준다. 개체군들은 지수적으로 성장할 능력을 가지는 반면 그들의 실제적인 성장은 개체군 내의 각 개체가 살고 번식에 필요한 식량, 물, 집, 공간과 같은 자원에 의해 제한된다. 주어진 환경에서 무한히 부양될 수 있는 최대 개체군을 그 환경에서의 **수용능력(carrying capacity)**이라 한다.

자원이 제한된 개체군에서 시간에 대한 개체군 크기의 변화를 단순하게 나타낸 그래프는 S형을 보인다(그림 14.6). 이 모델은 개체수가 수용능력에 접근할 때 개체군 성장률이 0에 가까워짐을 보여준다. 달리 말해 출생률과 사망률이 같게 되고 개체군은 수학적으로는 K로 표현되는 최대의 크기에서 안정화된다. **로지스트형 성장(logistic growth)**이라 부르는 이와 같은 성장 유형을 생태학자들이 처음으로 제안하고 얼마 지나지 않아 밀가루좀벌레, 물벼룩, 그리고 단세포 원생생물과 같이 다양한 생물체의 개체군에서 이와 같은 성장곡선이 나타남을 확인하였다.

개체군의 수용능력에 인접해서 성장률이 줄어드는 것은 **밀도의존요인(density-dependent factor)**에 의해 발생한다. 밀도의존요인이란 개체군의 크기가 증가할 때 강도가 증가하는 개체군 제한요소이다. 밀도의존요인에는 제한된 식량 자원, 전염병에 대한 감염률의 증가, 노폐물에 들어 있는 독성물질의 증가 등이 있다. 밀도의존요인은 출생률 감소나 사망률 증가의 원인이 된다. 실험실의 배양 용기에서 자라는 초파리의 경우 개체군의 크기가 커져 먹이가 줄거나 노폐물이 축적되게 되면 사망률이 증가하게 된다. 많은 수의 생물이 자라는 어항에서 물벼룩은 알을 낳기에 충분한 먹이를 공급받지 못하여 출생률이 감소한다. 많은 수가 무리지어 사는 흰꼬리사슴의 암컷들은 무리의 수가 적은 환경에서 자라는 것들보다 임신을 지속할 능력이 떨어지게 된다(그림 14.7). 일부 인간 개체군 또한 14세기 유럽의 도시에 너무 많은 인간이 거주하였기 때문에 감염성이 있는 림프절 페스트가 만연한 것을 포함하여 밀도의존적 사

logo- 비율을 의미한다.

데이터로 해결하기 ▼

시간당 개체군에 더해지는 개체수가 가장 많은 곳은 그래프에서 어디인가?

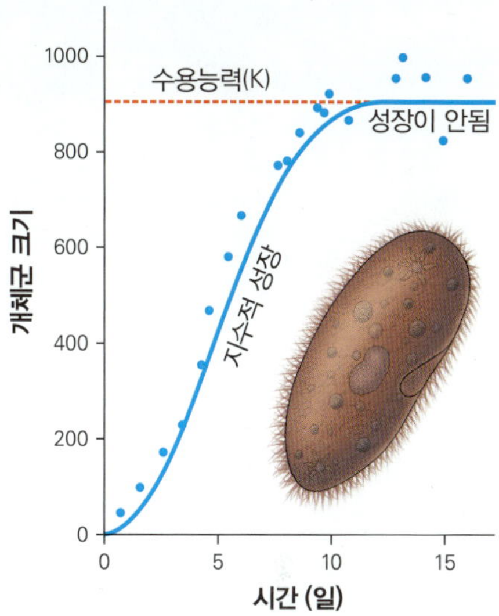

그림 14.6 로지스트형 성장 곡선. 그래프는 실험실에서 배양하는 짚신벌레 개체군의 변화를 보여준다. S자형 성장곡선은 환경의 수용능력에 근접함에 따라 개체군의 성장률이 점차 낮아져 나타난다.

그림 14.7 성장에 대한 제한. (a) 실험실 배양 용기 속의 초파리, (b) 어항 속의 물벼룩, (c) 미국 북동부의 흰꼬리사슴 개체군들은 모두 개체군의 크기가 환경의 수용능력에 근접하면서 높은 사망률 또는 낮은 출생률을 나타내었다. (d) 인간도 이와 같은 한계에 직면하였는가?

망률을 경험하였다.

밀도의존요인은 개체군 성장에 영향을 주는 **밀도비의존요인(density-independent factors)**에 대비될 수 있다. 밀도비의존요인으로는 밀도와 무관하게 식물 개체군의 사망률을 증가시키는 극심한 가뭄과 추위가 제한 요인인 곤충의 출생률을 증가시키는 온도 증가 등이 있다. 기후변화의 영향은 지구가 온난화되고 건조되며 폭풍이 더 심해질 때 밀도비의존요소의 발생을 증가시킬 수 있다(5장). 그러나 밀도비의존요인은 독립적으로는 나타나지 않는다. 즉, 그들은 개체군의 크기에 따라 다소 심각한 영향을 줄 수 있다. 예를 들어, 비정상적으로 추운 겨울과 같은 밀도비의존요인은 흰발쥐 개체군의 개체들에 치명적인 영향을 줄 수 있지만 생존율은 개개의 개체들이 겨울을 위하여 얼마나 많은 식량을 저장하였느냐에 따라 달라질 수 있다. 얼마나 많은 식량이 저장되었는가는 가을 동안 식량자원을 위해 경쟁하는 쥐들의 밀도에 의존한다.

쉬어가기 전염병의 증가가 왜 밀도비의존적이기보다 밀도의존적이라고 생각하는가?

밀도의존요인이 인구 증가율을 감소시키고 있는가? 다시 말해, 현재의 인구는 지구가 부양할 수 있는 수용능력에 근접하였는가? 수용능력에 근접하였다면 식량자원이 감소함에 따라 사망률이 증가하고 더 많은 사람이 굶주리게 될 것인가? 아니면 자신과 아기를 키우기에 충분한 양식을 가지게 되는 여자가 줄어들어 출생률이 감소할 것인가?

지구의 인간 수용능력

인구가 지구의 수용능력에 도달하고 있는지를 결정하기 위한 한 가지 방법은 인구 증가율이 얼마나 빠르게 감소하고 있는지를 확인하는 것이다. 그림 14.6과 같은 시간에 대한 개체군 크기의 S자형 곡선은 개체군이 환경의 수용능력에 접근함에 따라 점진적으로 성장률이 감소한 결과이다.

인구 증가율은 1960년대 초기 약 2.1%로 가장 높았다. 이후 현재 1.1%로 낮아졌으며, 이와 같은 일정한 감소는 현재 아직도 증가하고는 있지만 인구가 안정된 수에 도달하고 있다는 표시 중의 하나이다. 미래의 감소율에 대한 불확실성으로 말미암아 UN의 인구 추정치가 서로 다르게 나왔으며, 언제 안정한 수준에 도달할지가 다르게 추정되었다(그림 14.8). 그러나 인간만의 독특한 특징들로 인해 지구가 수용할 수 있는 인구가 정확히 얼마인지 결정할 수 없다.

데이터로 해결하기 ▼

이 그래프에서 개체군 성장률이 0를 향해 감소하는 곳은 어디인가?

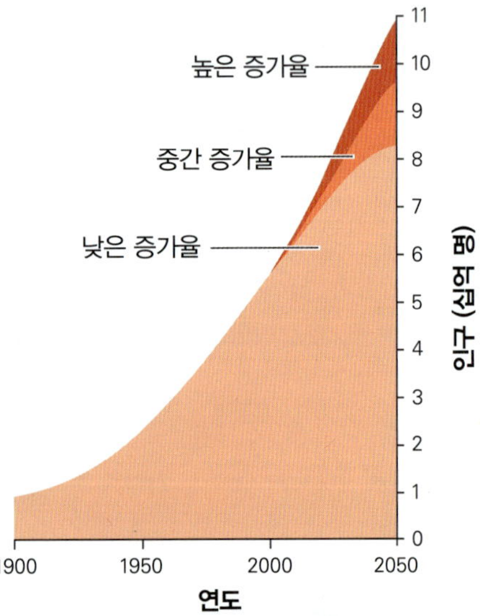

그림 14.8 예상 인구 성장. UN 보고서는 많은 불확실성에 근거하여 세 가지 가정에 근거를 두고 미래를 예견하였다. 2050년의 인구는 낮은 증가율일 경우 83억, 중간 증가율일 경우 96억, 높은 증가율일 경우 109억으로 예상되었다.

개체군이 수용능력 부근에 있지 않다는 표시. 실험실에서 초파리와 물벼룩 개체군의 개체군 성장률은 밀도의존요인에 의해 영향을 받았기 때문에 이들이 수용능력에 도달할 때 감소하였다. 즉, 자원의 고갈은 사망률 증가와 출생률 감소의 원인이 되었다. 그러나 인간의 경우는 이와 다르다. 비록 인구가 빠르게 증가할지라도, 사망률은 계속해서 감소한다. 이것은 인간의 제한요인이 식량만이 아니라는 것을 의미한다. 출생률이 사망률보다 더 빨리 감소할 때 성장률은 감소하게 된다. 물벼룩과 흰꼬리사슴의 암컷들이 그들 개체군의 수가 수용능력 근처에서는 자손을 가질 수 없는 것과는 달리 인간사회에서는 임신에 필요한 양분을 섭취할 수 없어서가 아니라 특별히 적절한 자원을 가진 여자와 가족이 더 적은 자녀를 가지기를 원하기 때문에 출생률이 감소하게 된다.

그림 14.9 1차 순생산량. NPP는 지구 표면에서 소비자가 사용할 수 있는 모든 칼로리를 나타낸 수치이다.

인간이 지구의 수용능력 근처에 도달하였는지 아닌지를 결정하는 다른 방법은 현재 인간이 사용하고 있는 지구 자원의 비율을 추정하는 것이다. 지구상에 이용 가능한 식량 에너지의 양을 **1차 순생산량(net primary productivity, NPP)**이라 한다. NPP란 식물이 한 해 동안 생장한 것을 수치로 표현한 것이다(그림 14.9).

농업, 임업, 목축 등을 사용한 전지구적인 여러 가지 분석을 통하여 불확실성이 높은 추정치이긴 하나 인간이 육지 전체 NPP의 1/4에서 1/3 사이를 사용한다고 추정되었다. 우리가 이와 같은 대략적인 추정치를 수용한다면 지구의 인간 수용능력은 현재의 3배 정도인 210억이라고 추정할 수 있다. 이 이론상의 최대치는 지구상에 다른 생물이 NPP를 사용하지 않고 오직 인간만이 사용한다고 가정한 것이다. 인간이 자연계에 의존한다면(15장 참조), 인간은 자연계가 남아 있지 않은 행성에서는 살아갈 수 없다. 그러나 UN에 의해 추정된 가장 많은 인구 109억 명도 이론적인 최대치에는 이르지 못한다.

개체군이 수용능력 부근에 있다는 표시. 생태학자들은 개체군을 유지하는 데 필요한 자원은 식량 이상의 것이 필요하므로 NPP를 이용한 추정에 근거한 이론적인 최대 개체수는 너무 많다고 경고한다. 인간은 또한 깨끗한 물과 깨끗한 공기의 공급, 그리고 열을 내거나, 식량을 생산하거나, 식량을 보관하는 것과 같이 꼭 필요한 일에 에너지를 필요로 한다.

우리는 전지구적인 식량위기와 대량 기근의 시대로 향하고 있는가?

개체군의 크기와 이들 자원의 공급 사이의 관계는 개체군과 식량 사이의 관계처럼 간단하지 않다. 예를 들어, 한 지역에 새로 이사온 모든 사람 개개인은 동일한 양의 깨끗한 물을 필요로 하기도 하지만 그들은 급수원이 오염되게 하는 일정 역할도 하게 된다. 우리는 모든 사람을 위하여 충분한 물을 공급할 수 있는지를 결정하기 위하여 매년 공급되는 깨끗한 물을 단순히 109억으로 나눌 수는 없다. 왜냐하면 인구가 많아지면 오염 때문에 깨끗한 물의 양은 줄어들기 때문이다.

더구나 현재의 인구를 유지하기 위한 많은 필수품들은 **재생 불가능한 자원(nonrenewable resource)**이다. 즉, 이들은 한번 사용되면 쉽게 대체될 수 없다. 가장 대표적인 재생 불가능한 자원은 화석연료이다. 화석연료란 땅속에서 열과 압력에 의해 석탄,

미국 가족

아프리카 말리 가족

그림 14.10 인구 더하기 소비량. 미국 사람들은 개발도상국의 사람들보다 더 많은 것을 소비하여 자원에 더 큰 영향을 준다.

석유, 천연가스의 형태로 변형된 고대 생물의 잔해를 의미한다.

화석연료와 다른 재생 불가능한 자원의 사용은 단순히 인구 문제만이 아니라 지구에서 매우 다양하게 나타나는 인간의 평균적인 생활습관의 문제이다. 현대의 많은 식량생산은 화석연료와 다른 재생 불가능한 자원에 의존한다. 예를 들면, 미국인은 지구 인구의 5%를 차지하지만 지구 에너지의 24%를 소비하고 있다. 미국인 1인당 평균적으로 사용하는 자원은 2명의 일본인 또는 스페인인, 3명의 이탈리아인, 6명의 멕시코인, 13명의 중국인, 31명의 인도인, 128명의 방글라데시인, 307명의 탄자니아인, 370명의 에티오피아인이 소비하는 자원의 양과 같다(그림 14.10).

전체 미국인들은 매일 8150억 칼로리의 음식을 섭취한다. 이 양은 필요한 양보다 2000억 칼로리가 더 많은 양이며, 8,000만 명을 더 먹여 살릴 수 있는 양이다. 요즈음 식량생산의 상당 부분은 화석연료에 의해 제공되는 에너지에 의존한다. 이와 같은 자원이 고갈되기 시작할 때 우리는 현재 우리가 충분한 식량생산을 위하여 유지해야 하는 것보다 훨씬 더 많은 지구의 NPP를 필요로 한다는 것을 알게 될 것이다. 달리 말하면, 지구의 실제 수용능력은 우리의 추정치보다 훨씬 작을지도 모른다.

이 절을 시작할 때 제기하였던 질문에 대한 대답은 아직도 제시하지 못하였다. 인간에 대한 지구의 수용능력에 관하여 과학자들은 아직도 통일된 의견을 내놓지 못하고 있다. 이와 같은 불확실성 아래에서 생태학자들은 빠른 개체군 성장을 이끌지도 모르는 인간이 직면한 위험에 대해 우리에게 어떤 말을 할 수 있는가?

14.3 인구에 대한 미래

대부분의 다른 생물과 달리 인간은 단순히 환경조건에 운명을 맡기지 않는다. 자연계를 변형시키는 능력으로 인간의 재능은 인간 개체군이 고정된 것처럼 보이는 자연의 한계를 회피하도록 만들었다. 그러나 이러한 재능은 사람들로 하여금 계속하여 증가하는 인구가 필요로 하는 모든 것을 자연이 무한히 제공할 수 있다는 믿음을 가지도록 하는 부정적인 측면을 가지고 있다. 인간이 환경과 경제 재앙을 맞이하기 전에 인간 개체군의 성장을 관리하기 위해서는 지속적인 빠른 성장의 위험과 이를 줄이기 위한 전략을 이해할 필요가 있다.

인간 개체군의 몰락이 가능한가?

재생 불가능한 자원의 사용은 아직까지는 알려지지 않은 수용능력 이상으로 인구가 과잉 증가할 위험성을 제기한다. 생태학자들은 개체군이 높은 성장률을 가질 때 자원이 고갈된 후에도 계속하여 새로운 구성원을 더할 수 있다는 것을 오래 전에 인식하였

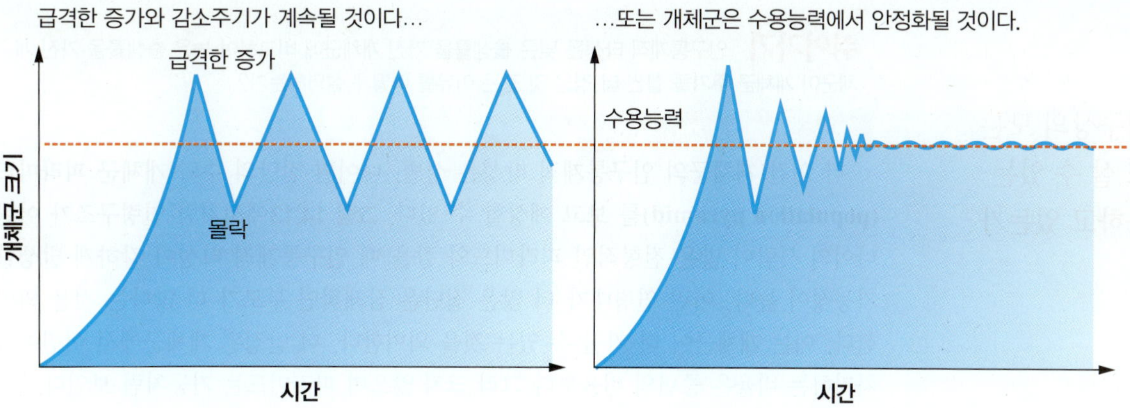

그림 14.11 **과잉증가와 몰락.** 이 그래프는 개체군이 빠르게 성장한 후에 몰락하는 것을 보여준다. 시간이 지남에 따라 그 개체군은 후에 "급격한 증가와 감소"주기를 보이거나 수용능력에서 안정화될 것이다.

▲ 데이터로 해결하기

두 개체군에서 더 많은 자원을 이용할 수 있게 되어 수용능력이 증가한다고 가정하자. 이 변화는 그래프를 어떻게 변화시킬 것인가?

다. 이것은 그 개체군이 환경의 수용능력보다 더 커질 수 있음을 의미한다. 환경수용능력보다 더 커진 개체군의 구성원들은 너무나 적은 자원으로 인하여 서로 경쟁하게 되었으며, 출생률이 갑자기 감소하는 동안 사망률은 급격히 증가하였다. 이러한 현상은 개체수가 급격히 줄어드는 **개체군 몰락(population crash)**을 가져왔다(그림 14.11).

예를 들어, 어떤 종의 물벼룩은 먹이 공급이 부적절한 후 며칠 동안 암컷의 몸에 저장된 지방을 사용하여 건강한 새끼를 낳는다. 심지어 먹이가 전혀 남겨지지 않았을 때에도 개체수는 계속 증가한다. 그러나 어린 물벼룩은 자신의 몸에 저장된 양분이 고갈되었을 때 대부분의 개체들은 죽게 된다. 높은 출생률을 가진 많은 종에서 빠른 성장과 연이은 극적인 몰락은 개체수의 급격한 "증가(boom)"와 "파멸(bust)"이 반복되는 **개체군 순환(population cycle)**이 나타나게 하였다.

한 개체군의 과잉증가(overshoot)와 연이은 몰락은 18세기 동안 태평양의 라파누이(Rapa Nui) 섬[또한 이스터 섬(Easter Island)으로 알려진]에 살고 있는 인간에게도 영향을 미쳤다(그림 14.12). 385 km^{2}의 이 섬은 대륙에서 그리고 가장 가까운 섬에서 바다로 수친 마일이나 떨어져 있기 때문에 이곳의 사람들은 이 섬 에 존재하는 자원에만 의존하였다. 고고학적인 증거에 의하면 한때 라파누이에 적어도 7000명의 인간이 살았다고 한다. 7000명은 이 섬의 수용능력보다 훨씬 많다는 것은 명백하다. 이전에는 무성하였던 라파누이의 야자나무 숲은 과도하게 사용되어 사라지게 되었고 이곳의 인구는 1775년경 이 섬의 초기 수용능력보다 훨씬 적을 것 같은 700명 이하로 급격히 감소하게 되었다.

생물 개체군들은 개체군이 수용능력에 접근할 시기와 환경 한계에 실제로 그들이 반응할 시기 사이에 큰 시간차가 존재할 때 수용능력을 초과하여 과잉 증가할 수도 있을 것이다. 인간을 연구해온 과학자들은 인간이 출산율을 줄이는 시기와 인구가 실제적으로 줄기 시작하는 시기 사이의 시간적인 지체를 주목하였으며, 이를 **인구통계적 타성(demographic momentum)**이라 불렀다. 타성은 부모가 가족 수를 줄이는 동안 자식이 부모가 죽기 전에 자식을 낳아 인구가 계속 증가하기 때문에 발생한다. 한 가정이 부모를 대체할 두 명의 자녀만 가질지라도 인구통계적 타성 때문에 안정화될 때까지 60~70년 동안 인구는 계속 증가하게 된다.

그림 14.12 **인간 개체군의 몰락.** 이스터 섬(Easter Island)으로 알려진 라파누이(Rapa Nui) 사람들은 이 거대한 조각상을 만들었다. 많은 사람들은 이 작은 섬의 나무를 모두 벌목하였고 곧 이어 심각한 인간의 몰락을 겪게 되었다.

아니면 우리는 지구상의 모든 사람들이 잘 먹고 살 수 있는 시대로 점차 이동하고 있는가?

쉬어가기 인구통계적 타성은 낮은 출생률을 가진 개체군에 비교하여 높은 출생률을 가진 개체군이 개체군 주기를 훨씬 더 겪을 것 같은 이유를 어떻게 설명하는가?

한 인간 개체군의 인구통계적 타성은 성별, 나이별 집단의 수와 **개체군 피라미드(population pyramid)**를 보고 예상할 수 있다. 그림 14.13에서처럼 연령구조가 어린 나이의 사람이 많은 전형적인 피라미드와 같을 때 인구통계적 타성이 강하게 발생할 가능성이 높다. 어린 연령대가 더 많은 집단은 잠재적인 부모가 더 많다는 것을 의미한다. 이는 개체군이 더 커질 수 있는 것을 의미한다. 더 안정된 개체군에서 어린이가 차지하는 비율은 중년의 비율보다 그리 크지 않으며 피라미드는 기둥처럼 보인다. "부모가 되기를 기다리고 있는" 사람의 수와 현재의 부모 수가 같아 개체군은 안정적으로 유지된다.

인간에게 있어서 인구통계적 타성이 지구의 실제적인 수용능력 이상으로 인구가 과잉 증가하여 라파누이 섬에서 일어났던 심각한 몰락을 겪게 될지 아닐지는 앞으로 지켜볼 일이다. 그러나 인간생태학자들은 어떤 요소가 인구 증가를 느리게 하여 몰락이 오지 않게 할 수 있을지는 이미 알고 있다.

데이터로 해결하기 ▼

그래프에 따르면 미국과 인도의 총인구는 얼마인가?

그림 14.13 인구통계적 타성. (a) 2010년 인도에서처럼 빠르게 인구가 증가하는 곳에서 대부분의 사람은 어리기 때문에 이들이 아기를 가질 나이가 될 때까지 인구는 증가할 것이다. 2010년 미국의 연령구조(b)에서 보여주는 것처럼 인구 증가가 매우 느린 곳에서 연령 분포는 더 균등하다.

재앙을 피하자

앞에서 보았듯이 인간 개체군에서는 사망률이 감소한 후 출생률의 감소가 뒤따른다. 지금까지 알려진 모든 종들과 달리 인간은 자발적으로 자손의 수를 줄일 것이다. 아기를 키우는 것 이외의 다른 일에 대한 기회가 더 많아질수록 여성들은 어머니가 되는

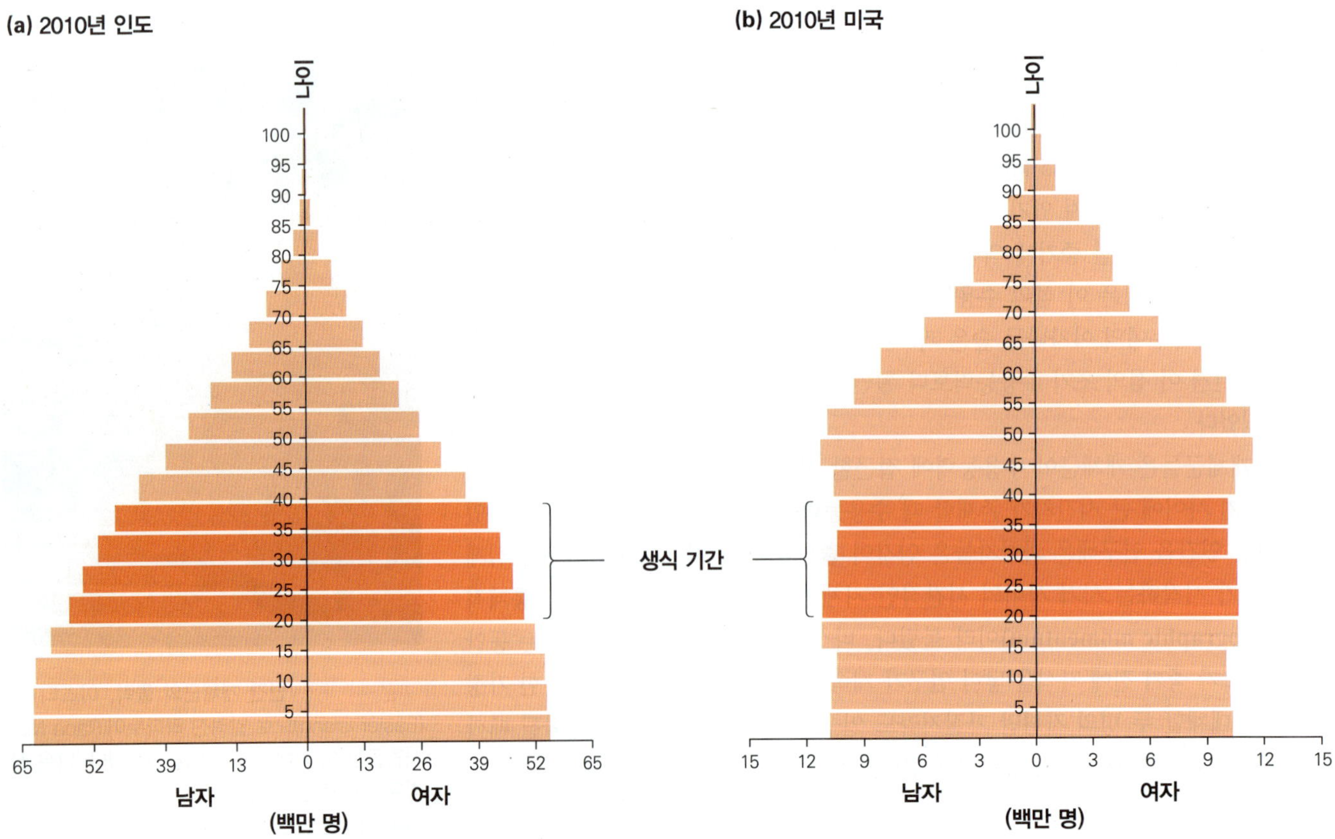

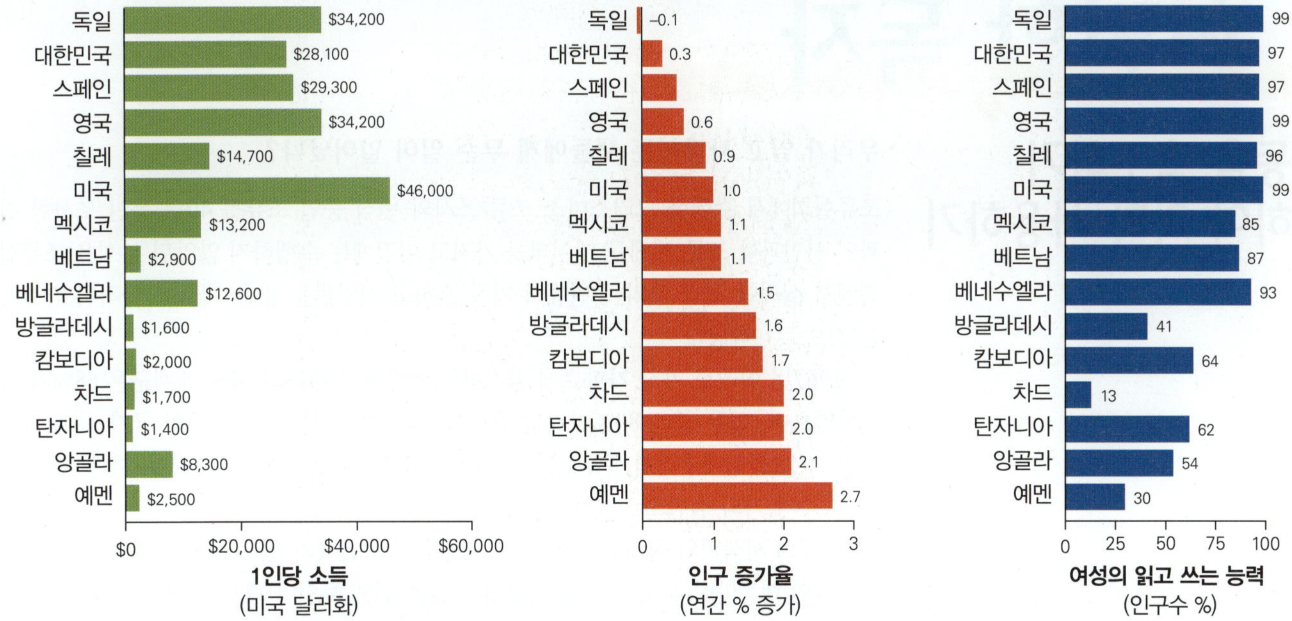

그림 14.14 소득, 증가율, 그리고 여성의 읽고 쓰는 능력. 이 세 그래프는 소득, 인구 증가율 그리고 여성의 읽고 쓰는 능력 사이의 관계를 보여 준다. 높은 소득과 읽고 쓰는 능력은 대부분의 나라에서 낮은 출생률과 이로 인하여 낮은 인구 증가율과 관련된다는 것을 주목하라.

▲ 시각화

소득과 여성의 읽고 쓰는 능력은 인구 증가율에 있어서 국가간 차이를 모두 설명하지 못한다. 왜 미국이 다른 부유한 나라보다 상대적으로 인구 증가율이 더 높을 것이라 가정하는가?

시기를 늦추고 더 적은 자식을 낳는다. 사실, 소득이 높고 여성이 더 많은 교육을 받을 수 있는 나라에서 출생률이 낮다(그림 14.14).

이와 같은 정보는 인구 증가율을 감소시키기 위한 공공정책의 방향을 명백히 제시한다. 교육, 건강관리 그리고 직장에 대한 기회 증가를 포함하여 여성의 사회적 지위를 증가시키고 임신을 조절할 수 있는 수단과 정보를 제공하면 된다(그림 14.15). 인구가 주변 환경의 영향으로 인한 한계에 도달하기 전에 증가율을 둔화시키게 되면 부가적인 이득을 얻는다. 이용 가능한 식량 자원이나 물과 같은 단순한 기능으로서 인간에 대한 지구의 수용능력을 결정하는 것은 삶의 질 문제로서 알려진 것 또는 어떤 과학자들이 문화적 수용능력이라 말하는 것을 무시하는 것이다. 완전히 인간을 위한 식량의 생산만을 하는 지구에는 교란되지 않은 야생의 장소가 없을 뿐만 아니라 인간에게 기쁨과 경이로움을 가져다주는 종들도 없게 된다. 인구가 증가의 한계에 도달하게 되면 음악, 예술, 문학 등에 사용되었던 인간의 많은 창조적인 에너지가 생존을 위하여 사용될 것이다.

인구 증가를 억제하는 것은 또한 인간 이외의 종을 위한 일이기도 하다. 인간의 활동은 지구의 생물다양성에 대한 직접적인 원인이 되고 있다. 즉, 지구의 인간 개체군의 크기와 풍요로움에 직접적으로 영향을 줄 수 있는 생물다양성에 대한 위협이 되고 있다(15장).

여기에서 우리가 배운 것은 부분적으로 인간이 예상할 수 없는 선택을 하기 때문에 그리고 부분적으로는 인간이 고정된 것 같은 생물학적 한계를 받아들이고 적응하는 믿기 어려운 능력을 가졌기 때문에 과학자들은 지구상에서 얼마나 많은 인간이 살 수 있는지 정확히 예측할 수 없다는 것이다. 궁극적으로 말해 지구가 얼마나 많은 인간을 어떤 질로 부양할 수 있는지에 대한 문제는 과학만의 문제가 아니라 가치와 윤리의 문제이기도 하다.

그림 14.15 기회를 통한 인구 증가의 감소. 방글라데시의 그라민 은행은 사람들이 빈곤으로부터 벗어나는 것을 돕기 위해 소액대출을 해준다. 대출자의 97%가 여성이고 성공적인 여성 대출자들은 대가족을 가질 것 같지 않다.

현명한 독자

행동을 촉구하기 위하여 과학 사용하기

우리가 알고 사랑하는 새들에게 무슨 일이 일어났나?

조류협회에서 수행한 크리스마스 조류 조사와 번식 중인 조류를 40년 동안 조사한 결과인 시민과학 조류 개체군 데이터를 가지고 이전에는 수행하지 않았던 분석을 조류협회에서 실시한 결과 우리 주변에서 가장 흔하고 사랑받는 많은 새들이 급격히 감소하는 것으로 나타났다.

1967년 이래로 가장 가파르게 감소하는 일반적인 새들의 평균 개체군은 68%가 감소하였으며, 일부 종은 80%까지도 감소하였다. 감소되는 일반조류의 국가 목록에 등재된 20종(콜린메추라기, 쏙독새, 일반적인 찌르레기를 포함하는) 모두 지난 40년 동안 그 수가 거의 절반으로 줄어들었다.

지역의 서식지와 국가의 환경 경향성에 심각한 문제가 있는 것으로 밝혀졌다. 단지 시민들의 행동만이 우리의 미래 상황과 새들을 위해 무언가 다르게 할 수 있다.

어떤 종? 왜?

영향을 받는 매우 다양한 새들이 관심의 대상이다. 들종다리와 다른 농장에 사는 새들의 개체군은 교외 지역 감소, 산업의 발달, 그리고 농업의 집약화로 인해 지난 50년 이상 급격히 감소하고 있다.

큰검은머리흰죽지와 다른 툰드라에서 번식하는 새들은 지구온난화에 의해 영구동토층이 더 일찍 녹는 것과 같은 번식지에서의 급격한 변화와 북으로 이동해 오는 더 많은 온대성 포식자들에 굴복당하고 있다. 한대지방의 박새와 같은 북방림 새들은 곤충의 대번성의 증가와 산불, 그리고 벌목, 굴착, 채굴 등으로 인한 숲의 손실에 직면하고 있다.

이런 흔한 새들이 공유하는 특징은 우리 모두가 그들과 그들의 서식지를 보호하는 행동을 취하지 않으면 흔하지 않게 된다는 것이다.

1. 위의 글에 따르면 국가조류협회는 조류종들의 개체군이 감소하고 있다는 것을 어떻게 알았는가?
2. 당신이 이 문제에 어떻게 반응할지에 영향을 줄 수 있는 어떤 정보가 위의 글에는 없는가?

National Audubon Society, "State of the Birds," summer 2007 update, http://stateofthebirds.audubon.org/

그럴듯한 소린데 그런가?

지수적 개체군 성장은 부분적으로 지수적 증가가 단순히 더함으로써 증가하는 것이 아니기 때문에 이해하기 어려울 수 있다. 사실 인간은 종종 지수적 성장의 효과를 과소평가한다. 다음과 같이 일할 기회가 주어졌다고 가정하자. 회사에서는 30일만 일할 임시직을 필요로 한다. 회사에서는 30일 동안 일당으로 백만 원을 주거나(a), 일당으로 만원에 시작하여 다음날부터 매일 전날의 두 배 임금을 지불하겠다(b, 즉 첫 날은 만원, 둘째 날은 2만원, 셋째 날은 4만원, 넷째 날은 8만원 등)고 제안한다.

30일 동안 매일 백만 원을 받는 것이 이 돈의 0.001%로 시작하여 30일 동안 매일 전날의 두 배로 올려 받는 것보다 훨씬 더 많기 때문에 당신은 첫 번째 선택을 한다.

그럴듯한 소리이지만 그렇지 않다.

1. 지수적 성장의 정의는 무엇인가?
2. 어떤 보수 지급방법이 지수적 성장의 예인가?
3. 만일 (a) 제안을 받아들인다면 한달 동안 수입은 얼마인가?
4. 만일 (b) 제안을 받아들인다면 25번째 날의 수입은 얼마인가? (계산하기 위해 표를 만들거나 2^n 방정식을 사용할 필요가 있을 수도 있다).
5. 1~4번 질문에 대한 답을 생각하고 위의 굵은 글씨로 쓴 문장이 그럴듯하지만 그렇지 않은 이유를 설명하라.

복습

요약

14.1

개체군을 정의하고 생태학자들이 전형적으로 측정하는 개체군의 특성을 설명하라.

- 개체군은 일정한 지역에서 살고 있는 같은 종의 개체들의 무리로 정의된다.
- 생태학자들은 개체수와 그들의 분포로 개체군을 측정한다.

표지재포획법으로 어떻게 개체군의 크기를 추정하는지 설명하고, 표지재포획법을 이용하여 한 개체군의 크기를 추정하라.

- 개체군 크기는 그 개체군의 일부를 잡아 개체들을 표지하고, 놓아준 후 같은 지역에서 다시 잡아서 추정할 수 있다. 표지된 개체와 표지되지 않은 개체의 비율을 통해 전체 개체군 크기를 결정할 수 있다.

한 개체군의 크기가 어떻게 지수적 성장을 하는지 설명하라.

- 인간 개체군은 지난 150년 동안 매우 빠르게 성장하였으며 현재 개체군의 크기의 함수로 그 수가 증가하는 지수적 증가 유형을 보이고 있다. 그래프에서 지수적 성장은 J형의 곡선으로 나타난다.

인간 개체군에서 인구통계적 전이와 이것이 인구 성장에 어떻게 기여하는지 설명하라.

- 인구는 영아 사망률의 감소에 기인하는 사망률 감소에 의해 급격히 증가하고 있다. 대부분의 나라에서 사망률이 감소한 후 출생률의 감소가 뒤따른다. 사망률이 낮아진 후 출생률이 낮아질 때까지의 간격을 인구통계적 전이라 부른다.

14.2

수용능력을 정의하라. 그리고 수용능력의 존재가 개체군 성장 시 어떻게 로지스트형 성장의 원인이 되는지 설명하라.

- 거의 모든 개체군은 궁극적으로 환경의 수용능력에 도달한다. 수용능력은 주어진 현 조건에서 무한히 부양될 수 있는 최대의 개체수이다. 그래프에서 로지스트형 성장은 S자형의 모양으로 나타난다.

개체군 성장에 대한 밀도의존요인과 밀도비의존요인을 비교하라.

- 밀도의존요인은 개체군의 크기에 의존하는 반면, 밀도비의존요인은 개체군의 크기와 상관없이 출생률이나 사망률에 영향을 준다.
- 밀도의존요인으로는 기아와 질병이 포함되고, 밀도비의존요인으로는 날씨가 포함된다.

인간 개체군이 수용능력 근처에 있지 않을 것이라는 증거와 수용능력 근처에 있을 것이라는 증거를 나열하라.

- 인구 증가율은 감소하고 있다. 그러나 이는 밀도의존요인에 의해서가 아니라 여성이 아이를 덜 낳기를 원하기 때문에 출생률이 낮아져서 나타나는 현상이다.
- 대략적인 계산을 해보면 매년 태양으로부터 받는 에너지는 가장 많은 예측치보다 많은 210억 명의 인간을 부양할 수 있다.
- 재생 불가능한 자원에 대한 인간의 의존은 일시적으로 지구의 실제 수용능력을 증가시킬 수도 있다.

14.3

인간 개체군과 다른 개체군 모두에서 개체군 몰락이 나타날 수 있는 조건을 설명하라.

- 빠르게 성장하는 개체군이 환경 수용능력을 넘어서게 되면 몰락하거나 주기적인 증가와 감소가 계속될 것이다.
- 재생 불가능한 자원에 대한 의존과 인구통계적 타성으로 인하여 인구는 지구의 수용능력을 넘어서게 될 가능성이 있다. 미래 인구증가의 가능성은 주로 젊은 사람들로 구성되는 개체군에서 나타난다.

언어의 뿌리

다음 어원들은 주로 라틴어나 그리스어에서 기원하며 아래와 같은 뜻을 가지고 있어 용어를 해석하는 데 도움을 준다:

demo-	사람을 의미하는 단어로부터 온 것이다. 용어: *demographic*
expo-	내밀다는 의미를 가진 단어로부터 온 것이다. 용어: *exponential*
logo-	비율을 의미한다. 용어: *logistic*
popula-	많다는 의미를 가진다. 용어: *population*

기본문제

1. 과거 150년 동안 인구의 폭발적인 증가 원인은 무엇인가?

2. 인간 이외의 개체군이 수용능력에 접근할 때 왜 개체군 성장률이 감소하는지 설명하라.

3. 한 개체군에서의 개체들이 그들의 서식지 전체에 고르게 분포할 때 이를 지칭하는 용어는?

A. 집중분포 B. 균등분포 C. 무작위분포
D. 초과분포 E. 지수적 분포

4. 지수적으로 증가하는 개체군은?

A. 크기가 안정하다.
B. 매 세대 일정한 수가 더해진다.
C. 세대가 거듭할수록 더 많은 수가 더해진다.
D. 영원히 증가할 것 같다.
E. 몰락하지 않을 것이다.

5. 그림 14.16에서 배양병 속에서 초파리의 환경 수용능력은 얼마인가?

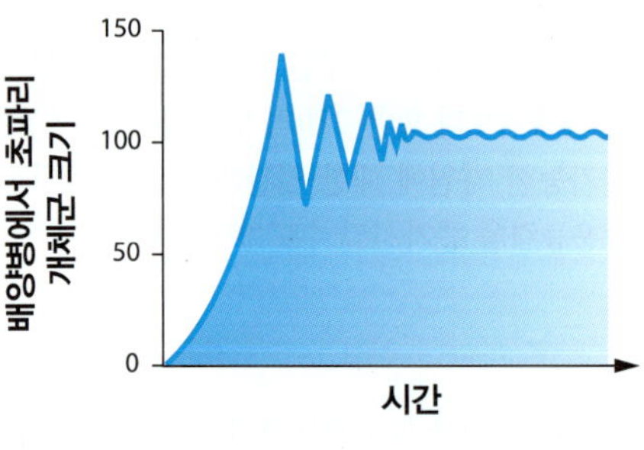

그림 14.16

A. 0마리의 초파리
B. 100마리의 초파리
C. 150마리의 초파리
D. 100~150마리 사이의 초파리
E. 알 수 없다.

6. 다음 중 개체군의 크기에 영향을 줄 수 있는 밀도의존요인에 해당하지 않는 것은?

A. 날씨
B. 식량공급
C. 환경에 있는 노폐물 농도
D. 전염병
E. 생존을 위해 적절한 서식지의 공급

7. 인간 이외의 개체군과 다르게 인구 증가율이 감소하기 시작한 원인은 무엇인가?

A. 자발적으로 사망률을 증가시켜서
B. 자발적으로 출생률을 감소시켜서
C. 우연히 사망률을 증가시켜서
D. 우연히 출생률을 감소시켜서
E. 자발적으로 출생률을 증가시켜서

8. 저장된 자원에 의존하는 개체군은 환경의 수용능력을 초과하는 경향이 있으며, 결과적으로 겪게 되는 것은?

A. 인구통계적 타성
B. 문화적 수용능력
C. 사망률의 감소
D. 개체군 몰락
E. 지수적 증가

9. 인간을 위한 지구의 현재 수용능력이 과장될 수 있는 방법으로 적당한 것은?

A. 인구통계적 타성
B. 가족의 크기를 조절하고자 하는 여성의 능력
C. 밀도비의존요인의 수를 인위적으로 줄이는 것
D. 화석연료의 사용
E. 최근의 개체군 몰락

10. 인구통계적 타성을 옳게 설명한 것은?

A. 낮은 개체군 성장률이 계속해서 감소하는 것
B. 높은 개체군 성장률이 계속 증가하는 것
C. 성장률이 0에 도달하여도 개체군의 개체수가 계속 증가하는 것
D. 여성이 출산하는 자녀의 수를 줄일지라도 개체군의 개체수가 계속하여 증가하는 것
E. 여성이 더 이상 아이를 가지기를 원하지 않아도 계속하여 아이를 가지는 것

응용문제

1. 한 연구원이 50마리의 펭귄을 잡은 후 그들의 부리에 페인트로 점을 찍어 표지한 후 놓아주었다. 한 달 후 50마리의 펭귄을 다시 잡아 보니 단지 1마리에서만 전에 표지한 점이 있었다. 연구원이 연구하는 장소에서 살고 있는 펭귄은 모두 몇 마리가 될까?

2. 매년 1000명당 25명의 어린이가 태어나고 27명이 죽는 개체군을 가정하라. 이 개체군의 성장률은 얼마인가? 이 개체군은 수용능력에 근접해 있다고 생각하는가 그렇게 생각한다면 그 이유는? 그렇게 생각하지 않는다면 그 이유는?

3. 그림 14.16을 보고 다음 물음에 답하라. 더 많은 먹이를 파리에게 준다면 이 개체군의 수용능력은 어떻게 변할까? 이 환경에서 다른 어떤 요소가 수용능력에 영향을 줄 수 있는가?

연관문제

1. 응용문제 3번 문제에 대한 답을 생각하며 다음에 답하라. 배양병에서 초파리 개체군을 제한하는 요소와 지구에서 인구에 대한 제한요소 들은 얼마나 비슷한가? 그들은 어떻게 다른가?

2. 아프리카는 식량 증산이 인구의 증가를 능가하지 못한 유일한 대륙이다. 가장 심각한 식량 위기의 대부분은 아프리카 국가들에서 발생하였다. 선진국이 아프리카 사람들을 도와야만 하는가? 어떻게? 이 문제에 답을 하는데 어떤 요소들을 고려하였는가?

CHAPTER 15

생물다양성 보전하기

붉은가슴도요는 믿을 수 없을 정도로 먼 29,000 km를 매년 이동한다.

군집 생태학, 생태계 생태학

문버드(moonbird)는 가장 유명해진 한 마리의 야생 새이다. 이 새는 1995년 초 아르헨티나에서 연구자들이 다리에 인식 띠를 달아준 붉은가슴도요(*Calidris canutus rufa*) 수컷이다. 2014년 5월 문버드가 델라웨어에 나타났을 때 이 새는 매년 북극과 아르헨티나 사이를 이동한 19년 동안 640,000 km 이상을 여행하였다. 이 작은 새는 달에 갔다가 돌아오는 거리를 날은 것이다. 문버드의 생존기는 많은 사람에게 영감을 주었고, 한 권의 책과 무수히 많은 뉴스거리로 제공되었으며, 심지어는 미스필리온 항구에 기념비까지 세우게 하였다.

체력에 더해 문버드는 생존력이 뛰어나다. 인식 띠를 달아주었을 때 문버드는 같은 아종에 속한 150,000마리의 새 중 한 마리였다. 2013년 붉은가슴도요는 30,000마리만 남았다. 2007년 과학자들은 2013년이 되면 이 새들은 완전히 절멸될 것이라 예측했었다. 절멸은 일어나지 않았으며 이 새의 개체군은 이전 개체군 크기만은 못하지만 아직도 남아 있다.

문버드는 1990년대 중요한 먹이가 남획되어 야기된 개체군 몰락에서 생존하였다.

붉은 인식 띠를 매달은 한 마리의 붉은가슴도요는 평생 640,000 km를 날아 여행했다. 그래서 자신의 기념비가 세워질 만큼 충분히 유명해졌다.

급작스런 감소로 인해 붉은가슴도요는 2013년 멸종위협종 목록에 등재되었다. 붉은가슴도요 개체군의 감소로 인해 이미 인간의 활동이 제한되고 있다. 특히 대서양과 인접한 주의 해양어업국은 붉은가슴도요의 이주 동안 1차 먹이원인 투구게의 알을 보호하기 위해 투구게의 어획을 제한하고 있다. 뉴저지에서는 더 나아가 투구게의 어획 자체를 금지하고 있다. 이러한 제한으로 인해 변화가 나타나는 것 같다. 델라웨어만에서 투구게 개체군은 과거 수년 동안 급격히 반등하기 시작하였다. 그리고 아직도 작지만 붉은가슴도요 개체군도 안정화되는 것으로 나타났다.

투구게 어획 금지에는 비용이 따른다. 이 게는 상업적으로 가치있는 종이다. 이 게를 어획하는 사람들은 한 종의 도요새에 대한 관심 덕분에 수입원을 잃었다. 델라웨어에서 게를 잡는 프랭크 아이처리(Frank Eicher-ley)는 "이 모든 변화 이후에 나는 물에 의지해서는 살아갈 수 없다"라고 말하였다.

한두 종의 생존이 인간의 요구보다 우선 되어야 하는가? 생물학자들은 "조류 대 인간"이라는 대립 개념은 옳지 않다고 말한다. 대신 그들은 멸종위기종의 보호는 인간에 대립되는 불쌍한 새들에 관한 것이 아니라 모두의 생존을 확실히 하기 위하여 새와 그들이 의존하는 게의 보호에 관한 것이라고 한다. 이 장에서는 생물다양성 손실의 원인과 결과를 다룰 것이다.

게 어획에 대한 제한은 이 새 개체군의 몰락을 멈추게 한 것 같다. 그러나 어업으로 살아가는 사람들에게는 해가 되었다.

문버드는 체력뿐만 아니라 생존력도 뛰어나다.

15.1 여섯 번째 절멸

미국의 **멸종위기종법(Endangered Species Act, ESA)**은 1973년 멸종위협종과 멸종위기종의 개체군 성장을 보호하고 촉진시키고자 통과되었다. 멸종위기의 생물은 고도의 절멸위기에 있다. 이때 **절멸(extinction)**이란 한 종 또는 아종의 완전한 소실로 정의된다. 반면 멸종위험 생물은 절멸위기가 될 가능성이 높은 생물이다. 붉은가슴도요와 같이 급격히 감소하는 종은 국회위원들이 ESA를 입법할 때 염두에 두고 있던 바로 그 생물 유형이다.

ESA는 살아 있는 모든 생물체를 지칭하는 **생물다양성(biodiversity)**이 계속해서 줄어드는 데 일반인들이 관심을 가진 결과로서 통과되었다. 한때는 개체수가 많았던 회색늑대, 나그네비둘기, 검은발족제비(그림 15.1), 그리고 점박이스컹크는 인간의 활동으로 인해 미국에서 절멸되었거나 매우 위협을 받고 있다. ESA는 예전에는 경험하지 못하였던 종의 갑작스런 소실이 인간에 의해 시작된 것으로 밝혀졌기 때문에 입안되었다.

ESA에 부정적인 사람들은 모든 종을 절멸로부터 보호한다는 목적은 비현실적이라고 주장한다. 결국 절멸은 자연스러운 과정이다. 현재 살아 있는 약 천만 종은 과거에 살았던 종의 1%도 되지 않는다. 다음 절에서는 ESA를 비판하는 사람들이 제시하는 다음과 같은 의문에 대해 과학적으로 살펴보고자 한다. 과거의 절멸률과 비교할 때 현재의 절멸률은 어느 정도인가? ESA는 불가피한 자연적인 절멸의 과정을 단지 연기하는 것은 아닌가?

그림 15.1 중대한 멸종위기종. 검은발족제비는 한때 미국의 대평원에 수만 마리가 서식하였으나 인간의 활동으로 인하여 씨가 마르게 되었다. 1986년 그들은 야생에서 완전히 사라졌으며 단지 18마리만이 우리에 살고 있다.

절멸률의 측정

만약 EAS를 비판하는 사람들이 주장하는 현재의 절멸률이 "자연스럽다"와 인간 활동의 결과가 아니라는 것이 옳다면 현재의 절멸률은 과거의 절멸률과 비슷해야만 한다. 과거의 절멸률은 화석을 조사하여 추정할 수 있다.

그림 15.2는 화석기록을 통해 본 가장 오랜 기록을 가진 해양생물의 다양성을 가지고 측정한 생물다양성의 역사이다. 약 5억 8,000만 년 전 동물무리가 다양하게 빠른 진화를 겪은 이후 생물체가 속한 과의 수는 대체로 증가하였다. 그러나 이와 같은 생물다

▼ 데이터로 해결하기

그래프에 따르면 생물다양성의 대량 절멸 이후에 그 이전의 수준으로 돌아오는 데 얼마나 오래 걸리는가?

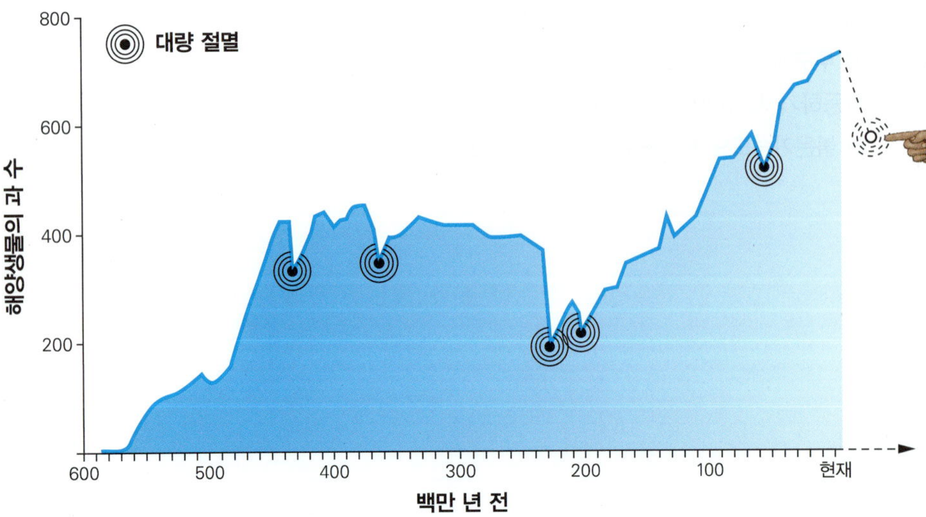

그림 15.2 대량 절멸. 지구상 생물의 역사는 시간을 축으로 하여 화석이 된 바다생물의 과(family) 수에 있어서의 변화를 표시한 그래프에 잘 나타난다. 과 수는 과거 6억 년에 걸쳐 증가하였다. 그러나 이와 같은 증가는 (여기에서는 검은 원으로 표시한) 다섯 번의 대량 절멸로 단절되었다. 그리고 각각의 단절은 생물다양성이 지구 전체적으로 감소할 때 발생하였다.

양성의 증가는 순조롭거나 꾸준하지는 못하였다.

화석을 통해 본 생명의 역사는 다섯 번의 **대량 절멸(mass extinction)**에 의해 중단되었다. 대량 절멸이란 지구 전체에서 많은 종이 급격히 사라진 것을 말한다. 과거의 대량 절멸은 해수면의 변화를 일으키는 기후변화, 바다와 육지의 형태를 변화시킨 대륙 이동, 또는 광범위한 파괴와 기후변화의 원인이 되는 운석의 충돌과 같은 지구 전체적인 변화에 의해 야기되었을 것이다. 많은 과학자들은 우리가 지금 생물다양성의 여섯 번째 대량 절멸에 직면해 있다고 주장하며 이는 인간의 활동으로 인한 지구 전체적인 변화에 의해 야기된다고 주장한다.

현재의 절멸률이 비정상적으로 높다는 것을 결정하기 위해서는 정상적인 진화 과정을 통하여 종들이 사라지는 비율인 **배경 절멸률(background extinction rate)**에 관한 지식이 필요하다. 일반적인 멸종은 종이 환경변화에 적응할 능력이 없을 때, 또는 오래된 종의 진화로 새로운 종이 될 때 발생한다. 화석기록은 종 순환의 연속적인 과정에서 기인하는 배경 절멸률에 관한 단서를 제공할 수 있다.

한 종의 화석이 발견되는 지리적 시간대는 그 종의 수명을 나타낸다(그림 15.3). 생물학자들은 이와 같은 방법을 통하여 한 종의 "평균" 수명은 변이가 매우 심하지만 약 백만 년이라고 추정하였다. 그래서 우리는 배경 절멸률이 백만 년당 한 종, 즉 매년 0.0001% 라고 기대한다. 어떤 과학자들은 이와 같은 방식은 화석을 근거로 한 추정치이기 때문에 오래 사는 종에 무게를 더 두어 추정치가 너무 낮다고 주장한다. 그러나 이것이 가장 믿을 만한 과거의 배경 절멸률로 남아 있다.

현재의 절멸률은 알려진 종이 사라지는 것으로부터 계산된다. 어떤 종이 절멸되었다고 규정하기는 매우 어렵기 때문에 절멸률을 계산하는 것은 생각보다 쉽지 않다. 한 종이 더 이상 존재하지 않는다고 결론을 내리는 한 방법은 그것이 살 수 있을 것 같은 모든 장소를 샅샅이 찾아보는 것이다. 대부분의 보존과 관련된 기관들은 완벽하게 찾아본 결과 이 종이 더 이상 발견되지 않으며, 과거 50년 동안 야생생태에서 이들을 하나도 보지 못하였을 때 멸종되었다고 결론을 내릴 수 있다는 표준적인 방법을 이용한다.

관심종들에 대한 몇몇 조사 결과는 최근의 절멸률에 대한 단서를 제공한다. 말레이시아에서 4년 동안 266종의 민물고기를 찾기 위하여 조사하였는데 단지 122종만을 찾을 수 있었다. 아프리카의 빅토리아 호수에서는 재래종 물고기 300종 중 200종을 수년 동안 볼 수 없었다. 하와이 오아후(Oahu) 섬에서는 나무에 사는 재래종 달팽이 41종 중 절반에 해당하는 달팽이가 발견되지 않고 있으며, 테네시강에서는 얕은 물에 사는 68종의 담치류 중 44종이 사라졌다. 결과가 이러한데도 이들 모든 조사에서 사라진 종들이 공식적으로 절멸되었다고 인정된 것은 전무하다.

절멸되었다고 기록된 것 중 가장 완전하게 문서화된 것은 주로 조류나 포유류와 같이 쉽게 찾을 수 있는 무리에 대한 것이다. 1600년 이후 약 4500종의 포유류 중 83종이 절멸되었으며, 약 9000종의 조류 중 113종이 사라졌다. 포유류와 조류종 중 지금까지 알려진 종의 절멸률은 매년 0.005%에 해당하며 이와 같은 일이 400년에 걸쳐 지속되었다. 화석으로부터 계산된 과거의 배경 절멸률과 비교한다면 현재의 절멸률은 50배나 더 높다. 우리가 지난 400년을 더 자세히 들여다본다면 절멸률은 실제로 시간이 지남에 따라 증가하였다(다음 쪽의 그림 15.4). 1850년부터 2000년 사이에 사라진 종은 매년 전체의 약 0.01%에 달한다. 즉 현재 절멸률이 배경 절멸률의 100배가 되었다.

미래에도 절멸률이 계속 증가할 것이라고 예상하는 몇몇 이유가 있다. IUCN(세계 140개국 이상의 국가, 정부기관, 비정부기관으로 구성되고 재정적 지원을 받는 국제기

▼ 데이터로 해결하기

만약 또 하나의 화석이 1210만 년이 된 암석에서 발견되었다면 이 종의 수명을 새롭게 추정하면 얼마나 되는가?

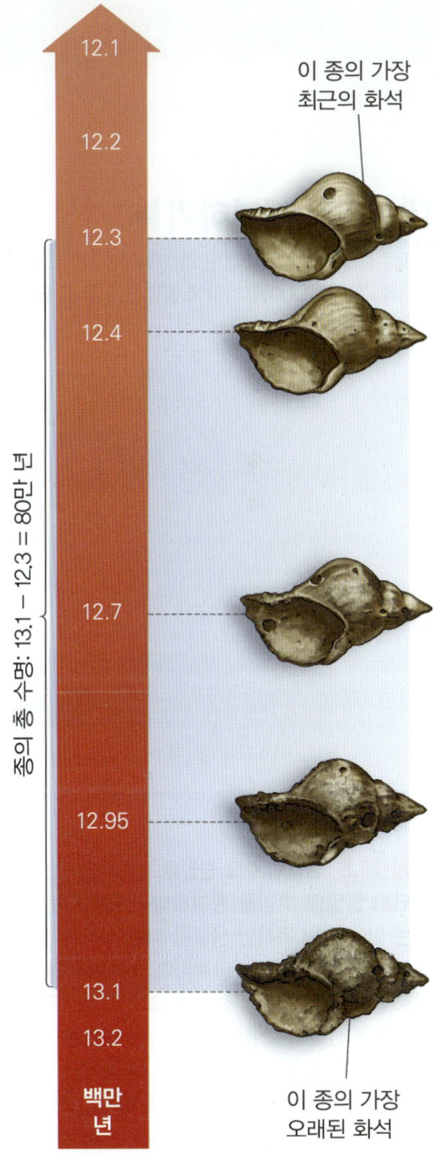

그림 15.3 한 종의 수명 추정. 동일한 종의 화석은 오래된 것으로부터 최근의 것 순서로 나열되어 있다. 한 종의 가장 오래된 것과 가장 최근의 것 사이의 연대 차이가 그 종의 수명 추정치가 된다.

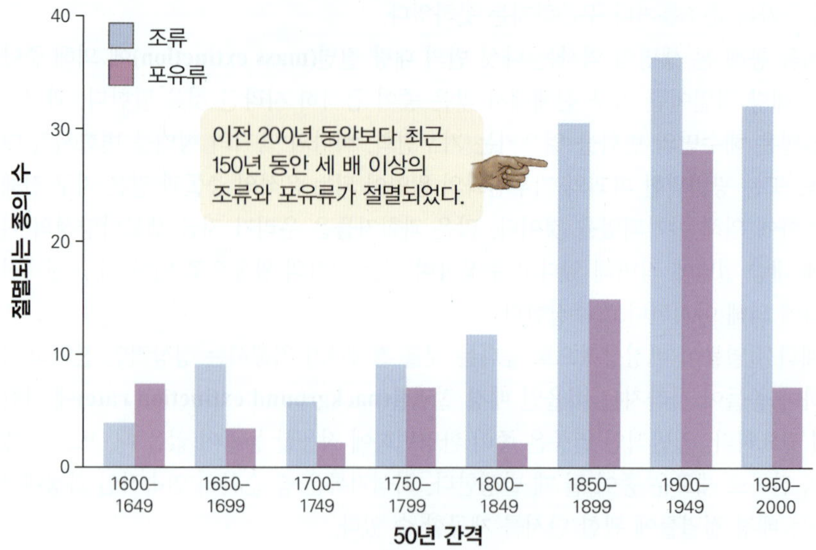

그림 15.4 최근의 절멸률. 이 그래프는 1600년 이후 절멸된 것으로 알려진 조류와 포유류의 종 수를 나타낸다.

데이터로 해결하기 ▶

그래프를 사용하여 1600년과 1849년 사이 그리고 1850년과 2000년 사이에 절멸한 포유류 종의 수를 추정하라.

구)으로 알려진 국제자연보호연맹(World Conservation Union)은 생물다양성에 대한 위협요인에 대한 데이터를 수집하고 조정한다. IUCN의 최근 평가서에 의하면 송백류의 40%를 포함하여 모든 식물종의 3%, 모든 조류종의 12%, 포유류의 21%, 양서류의 29%가 절멸의 위기에 있다.

절멸의 원인

IUCN은 특정종을 절멸의 위험에 처하게 하는 모든 위협을 확인하고자 한다. 대부분의 경우 일부 유형의 인간 활동이 비난의 대상이 되고 있다. 가장 심각한 위협들은 네 가지 일반적인 범주인 서식지 손실 또는 파괴, 외래종의 도입, 남획, 그리고 오염의 영향 중 하나에 속한다(그림 15.5). 이 범주들 중에 첫 번째가 가장 심각한 위협이

(a) 서식지 파괴

(b) 외래종의 도입

(c) 종의 남획

(d) 오염

그림 15.5 절멸의 주요 원인들. (a) 이전에는 교란되지 않았던 우림을 통과하여 만들어지는 도로는 십여 종의 독특한 생물을 위한 서식지의 파괴와 단편화를 위한 첫 단계이다. (b) 파푸아뉴기니로부터 태평양 상의 섬인 괌으로 도입된 갈색나무뱀은 괌에서 고유한 조류 종의 절멸을 가져왔다. (c) 이 호랑이 가죽은 주로 중국에서 매매를 위한 것으로 아시아에서 불법적으로 포획된 호랑이의 예를 보여준다. (d) 북극곰은 바다의 얼음에서 주요 먹이인 바다표범을 사냥한다. 일부 곰에서 그들의 생식기를 파괴하는 것으로 나타난 오염물질이 높은 농도로 검출되었다. 지구온난화 또한 과거 20년 동안 북극해의 바다 얼음이 만들어지는 정도가 계속 감소함으로써 북극곰의 생존을 더 위협하고 있다.

다; IUCN은 멸종위기 포유류의 83%, 멸종위기 조류의 89%, 그리고 멸종위기 식물의 91%가 그들이 살면서 식량, 물, 쉼터, 그리고 공간을 획득할 수 있는 장소인 종의 **서식지(habitat)**가 파괴되거나 손상됨으로 인해 직접적으로 위협을 받고 있다고 추정한다.

서식지 파괴와 단편화. 서식지 파괴는 지구에서 종들에게 가장 중요한 위협 요인이다(그림 15.6). 농업, 공업, 그리고 거주지로의 개발로 인한 서식지 파괴율은 인구수가 1900년대 20억에서 오늘날 70억으로 팽창한 20세기에 급격히 증가하였다. 자연경관이 줄어들면 이 경관 속의 서식지에서 살던 많은 종들 또한 당연히 사라지게 된다.

자연지역의 크기와 이곳이 부양할 수 있는 종 수 사이의 관계는 **종-면적 곡선(species-area curve)**이라 부르는 일반적인 유형을 따른다. 그림 15.7a는 서인도제도에서 양서류와 파충류에 대한 종-면적 곡선이다. 다양한 서식지에서 다른 무리의 생물에 대한 연구를 통해 비슷한 그래프들이 만들어졌다. 이 모든 그래프에서 일반적인 유형은 면적의 크기가 커질 때 그 지역에 존재하는 종 수는 가파르게 증가하고, 면적이 매우 커지게 됨에 따라 증가율은 감소한다. 그림 15.7b는 이러한 일반적인 규칙을 보여준다. 우리는 인간의 활동에 의해 빠르게 변화되고 있으나 철저히 조사하기가 어려운 지역에서의 절멸률을 추정할 때 이 그래프를 사용할 수 있다. 예를 들어, 우리는 그림 15.7b 그래프로부터 경관 면적이 원래 면적의 90%가 감소하게 되면 원래 살던 종 수의 50%가 살 수 없게 됨을 알 수 있다.

인공위성 사진을 사용하여 과학자들은 남아메리카의 아마존 지역에 있는 열대우림 중 약 20,000km²(매사추세츠의 면적)가 매년 사라지고 있다고 추정하였다. 이와 같은 속도로 서식지가 파괴되면 열대우림은 35년 내에 원래 넓이의 10%로 줄어들 것이다. 종-면적 곡선에 따르면 서식지 손실로 인해 아마존 우림에 살고 있는 고유종의 약

그림 15.6 서식지의 소실 = 종의 소실. 여우원숭이는 1500년 전 처음으로 인간이 정착을 시작한 마다가스카르 섬에서만 야생에서 발견된다. 2000년 전 이 섬에 존재하던 48종의 여우원숭이 중에서 16종은 절멸되었고 15종이 절멸의 위험에 직면해 있다.

▼ 데이터로 해결하기

그림 (a)를 사용하여 면적이 15,000 km²인 섬에 몇 종의 양서류와 파충류가 살 것이라 예상하는지 계산하라. 인간이 이 섬에 이주하여 자연 서식지 10,000 km²를 철저하게 변형시킨 것을 상상하라. 그림 (b)를 사용하여 이 섬에서 처음 발견되었던 종의 몇 %가 절멸될 것인지 계산하라.

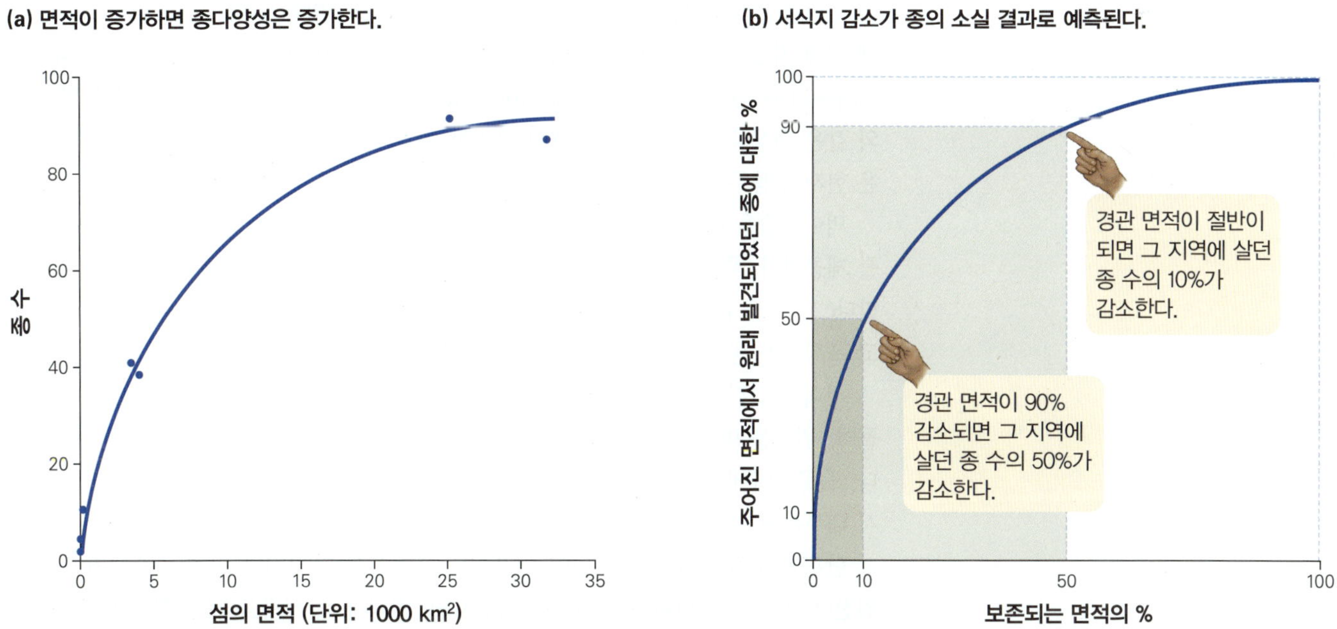

그림 15.7 서식지 파괴로부터 발생하는 절멸의 예측. (a) 이 곡선은 서인도제도에 있는 섬의 크기와 이곳에 살고 있는 양서류와 파충류의 종 수 사이의 관계를 나타낸다. (b) 우리는 서식지가 사라지는 지역에서 절멸되는 종 수를 대략 예상하기 위해 일반화된 종-면적 곡선을 사용한다.

50%에 해당하는 종들이 절멸된다고 할 수 있다. 이와 같은 예측이 정확하다면, 전세계의 포유류 900종, 조류 1,800종, 알려진 식물 250,000종 중 약 50,000종이 우림에서 멸종되었을 것이다.

물론 서식지 파괴가 열대우림에만 한정된 것은 아니다. 담수 호수와 하천, 초원, 온대림 또한 매우 큰 변화를 겪고 있다. 붉은가슴도요새의 중간 기착지로 사용되는 많은 해변은 인간의 개발과 이용으로 영향을 받아 이 종이 위험에 직면하게 하였다. IUCN에 따르면 지구상에서 서식지 파괴가 현재의 파괴율로 계속된다면 모든 살아 있는 종의 약 1/4이 앞으로 50년 이내에 사라질 것이라고 한다.

어떤 사람들은 이와 같은 미래 절멸률 추정치가 너무 높다고 비판한다. 왜냐하면 모든 종들이 그림 15.7b의 곡선이 제안하는 것처럼 서식지 면적에 민감하지 않기 때문이며, 많은 종들은 인간이 변형시킨 경관 속에서 아직도 잘 살고 어떤 종은 심지어 번성하고 있기 때문이다. 반면 다른 생물학자들은 **서식지 단편화(habitat fragmentation)**를 포함하여 종들에게 다른 위협 또한 존재하기 때문에 절멸률은 이와 같은 추정치보다 훨씬 높을 것이라고 한다.

서식지의 파괴는 서식지 유형의 완전한 손실로 이어지지는 않는다. 인간의 활동으로 종종 발생하는 문제 중 하나는 완전한 자연서식지의 많은 부분이 나눠지는 서식지 단편화이다. 서식지 단편화는 넓은 사냥터를 필요로 하는 회색곰이나 호랑이와 같은 큰 포식동물들에게 특히 위협적이다.

몸집이 큰 포식자는 생물학적 시스템의 기본 법칙으로 인하여 넓고 완전한 사냥터를 필요로 한다. 에너지는 **먹이사슬(food chain)**을 따라 생태계 내에서 한쪽 방향으로 흐른다. 즉, 태양으로부터 **생산자(producer)**인 광합성 생물로, 그리고 이들을 먹고 사는 **1차 소비자(primary consumer)**, 1차 소비자를 먹고 사는 **2차 소비자(secondary consumer)** 등으로 계속 흐른다. 이와 같은 과정을 통해 하나의 **영양 단계(trophic level**, 먹이사슬의 한 단계**)**에서 흡수된 대부분의 칼로리는 그 단계에서 자신의 활동에 쓰여 다음 단계의 생물체에 사용될 수 있는 것은 조금밖에 없다. 달리 말하면, 생산자에 의해 처음 고정된 태양에너지의 많은 부분은 열로 방출되어 사라진다. 이리하여 먹이사슬의 각 단계는 이전 단계에 비하여 상당히 적은 에너지만 이용 가능하게 된다. 이와 같은 현상을 여러분 자신에게서 확인할 수 있을 것이다. 즉, 평균 덩치를 가진 어른은 현재의 몸무게를 유지하기 위해 하루에 1600~2400킬로칼로리를 소비한다.

먹이사슬을 따르는 에너지의 흐름은 **영양 단계 피라미드(trophic pyramid)**의 원리를 제공한다. 즉, 먹이사슬의 각 단계에서 개체군의 **생체량(biomass)**은 아랫부분이 더 많다(그림 15.8). 서식지 파괴와 단편화는 이 피라미드의 아랫부분이 줄어들게 하여 최고 포식자가 생존에 필요한 적절한 칼로리를 섭취할 수 없게 한다.

서식지 단편화는 넓은 지역을 이동하는 포식자에게 또 다른 위험을 야기한다. 예를 들어, 위협을 받고 있는 미국 악어 개체군은 개체들의 사망, 즉 직접적인 사망률이 높다. 플로리다에서 1967년과 2007년 사이 사망한 것으로 기록된 143마리의 악어 중에서 대부분(97)은 단편화된 서식지 사이를 이동하는 도중 차에 치여 죽었다.

단편화된 작은 서식지에 남아 있을 수 있는 종 또한 격리로 인해 멸종되기가 더 쉬워진다. 서식지 단편화는 개체들이 식량자원, 번식장소, 성장을 위한 장소의 변화를 따라갈 수 없게 만든다. 격리된 개체군들은 이 장의 후반부에서 자세히 논의할 자가교배로 이어져 유전적 다양성이 쉽게 결핍되게 된다.

비록 서식지 파괴와 단편화가 멸종위기종들에게 가장 큰 위협이 될지라도 다른 요

그림 15.8 영양 단계 피라미드. 각 영양 단계에서 소비된 에너지의 대부분은 그 단계의 유지를 위해 사용되기 때문에 먹이사슬에서 위치가 높아질수록 생체량은 감소한다.

◀ 데이터로 해결하기

이 생태계에서 사슴의 개체수가 10,000마리라고 가정하자. 만일 이 둘 사이의 관계가 그림에서와 같다면 얼마나 많은 사자가 살 수 있는가?

인들이 중요하지 않다는 것은 아니다. IUCN에 따르면 서식지 변형을 제외하더라도 나머지 인간의 활동이 모든 멸종위기의 약 40%에 대해 책임이 있다. 이러한 활동은 인간이 있는 곳에서 쉽게 정착하고 번식하는 종들에 의해 야기되는 문제를 포함한다.

외래종. 외래종은 인간 활동에 의해 의도적으로 또는 우연히 새로운 환경으로 도입된 생물을 의미한다. 외래종은 고유종과 함께 진화해 오지 않았기 때문에 종종 고유종에 위협적이다.

공진화(coevolution)는 종이 쌍을 이루거나 무리를 이루어 자연선택을 통해 서로에게 적응할 때 일어난다. 예를 들면, 하와이나 뉴질랜드와 같은 대양의 섬에 사는 많은 새들은 지상의 포식자가 없는 상태에서 진화하여 이 포식자들로부터 벗어나거나 싸울 행동이나 다른 전략을 가지도록 진화하지 못했다. 그러므로 도입된 육식동물들은 사냥을 통해 그들을 빠르게 없앨 수 있다. 하와이에서 방문한 배의 선창으로부터 우연히 도입된 태평양검은쥐(Pacific black rat)는 둥지의 알을 매우 잘 훔쳐 먹어 지구의 다른 어느 곳에서는 볼 수 없는 새인 12종의 벌새(honeycreepers)를 절멸시켰다. 심지어 집 주변의 쥐를 조절하고자 사람들이 들여온 집고양이도 새로운 서식지에 도입될 때 야생생물에게 막대한 손해를 끼칠 수 있다. 스미소니언 보전생물연구소에서 행한 최근의 연구에 따르면 미 대륙에서 떠도는 고양이들이 매년 14억에서 37억 마리 사이의 새들을 죽인다고 한다.

외래종은 자원을 두고 자생종과 경쟁을 하여 자생종의 개체수를 감소시키기도 한다. 예를 들어, 유럽 무역선의 부력조절용 물을 통하여 미국의 오대호에 우연히 도입된 얼룩무늬담치(zebra mussels)는 물을 걸러 조류를 먹는 생물체뿐만 아니라 자생 담치를 내쫓았고 일본으로부터 일부러 도입된 식물인 칡은 미국 남동부의 재래종 나무와 덩굴 위로 자라 이들에게 그늘을 드리웠다(다음 쪽의 그림 15.9).

인간은 종들을 계속하여 지구의 여기저기로 이동시킨다. 농산품이나 다른 상품의 국제 무역이 계속하여 증가하기 때문에 다음 세기에도 계속해서 외래종은 증가할 것이다.

남획. 한 종에 대한 인간의 이용률이 그들의 생식률을 초과할 때, 그 종은 **남획(overexploitation)**된다고 말한다. 특정 생물이 인간에 의해 높게 평가될 때, 즉 외래 애완동물이나 의약품으로 인간에 의해 선호될 때 남획이 발생할 것이다.

시각화 ▶

여러분이 사는 지역에서 고유종에 부정적인 영향을 주는 외래종의 이름을 말할 수 있는가?

그림 15.9 외래종. 칡은 덩굴성 식물인 *Pueraria lobata*의 지역명이다. 칡은 일본으로부터 정원식물로 그리고 토양 침식이 일어나는 곳을 해결하기 위한 식물로 미국의 남동부에 도입되었다. 포식자와 기생자가 없는 상태에서 칡은 하루에 50 cm 정도로 굉장히 빠르게 자라 다른 식물을 덮고 있다.

그림 15.10 유용한 혈액. 투구게 혈액의 푸른색은 우리의 혈액에서 철과 같은 기능을 하는 구리로부터 오는 색이다. 이 동물의 혈액은 백신과 의료기구의 세균 오염을 검사하는 도구로서 유용하다.

투구게는 미끼로서의 가치에 더해 어획을 제한하기 이전에는 놀랄만한 의약품으로 사용되어 남획되었다. 게의 짓푸른 혈액은 미생물 주변에서 응고하여 특정 병원균과 반응하는 효소를 가지고 있다. 생약회사는 혈액을 모아 의료기기를 소독하고 세균에 대한 백신을 만드는 데 사용하였다(그림 15.10). 혈액을 채취한 후 놓아준 투구게가 바다로 돌아가는 동안 아마도 50%에 이르는 개체들이 생존하지 못한다.

남획은 동물이 인간과 직접 경쟁할 때 발생한다. 회색늑대의 경우 가축을 보호하고자 하는 사냥꾼들에 의해 미국에서 거의 사라지게 되었다. 어떤 한 국가만이 전체 수확량을 결정할 수 없기 때문에 이동 중 국경선을 넘나드는 붉은가슴도요와 다른 종들은 남획에 훨씬 더 민감하다. 투구게처럼 대양에 사는 종들도 남획에 동일하게 민감하다. 19세기에 많은 국가의 무분별한 사냥으로 인하여 몇몇 종의 고래들이 거의 절멸되었다. 대구, 황새치, 그리고 참치 등이 현재 비슷하게 위협을 받고 있다.

오염. 독극물, 과잉염류, 그리고 많은 쓰레기들이 환경으로 방출되어 나타나는 **오염(pollution)**은 생물다양성의 위험을 더욱 가중시킨다. 예를 들어, 제초제인 아트라진(atrazine)은 미국의 농업지역에 서식하는 개구리와 도롱뇽에게 위협이 되고 있다. 그리고 비료, 자동차와 공장의 굴뚝에서 방출되는 질소에 의한 오염은 유럽의 고유 초본종 중 질소에 민감한 일부 식물종 개체군의 급격한 감소를 야기했다.

물로 흘러들어온 과잉의 양분은 놀라운 방식으로 바다생물을 위협한다. 양분은 조류의 생산량 증가 원인이 되었고, 조류 중의 일부는 작은 동물에 축적되어 이들을 먹고 사는 야생동물과 사람에게 유독한 독성물질을 만든다. 붉은가슴도요 수천 마리가 그런 독성물질을 많이 가진 조개를 먹은 후 이동 경로를 따라 죽게 되었다.

조류(algae)는 독성물질을 만들지 않을지라도 해로울 수 있다. 많은 조류가 죽을 때 죽은 세포를 먹고 사는 세균이 물속의 산소를 모두 소비한다. 산소가 고갈되는 **부영양화(eutrophication)** 과정은 미국 전역에 걸쳐 수백 개의 하천에서 동물들을 위협한다. 예를 들어, 멕시코 만에서 미국 중서부의 농장으로부터 방출된 비료는 미시시피강의 하구에서 뉴저지 주 만한 크기의 산소가 낮은 "죽음의 구역(dead

eu- 진짜 또는 좋다는 것을 의미한다.

-trophic 음식이나 자양물을 의미한다

zone)"을 만들었다.

인간에 의해 만들어진 가장 큰 위협은 아마도 지구 기후 변화의 주요한 원인이 되고 있는 이산화탄소일 것이다(5장 참조). 식물 1000종 이상의 알려진 분포범위와 요구조건을 기후 변화와 연관시켜 분석한 컴퓨터 모델에 따르면 분석한 식물의 15~37%가 기후가 변화할 때 다음 세기에 절멸의 위협에 직면할 것이라고 한다. 붉은가슴도요는 증가하는 이산화탄소의 위협, 그들이 의존하는 해변에서 해수면이 상승에 따른 영향에서부터 둥지를 트는 북극 툰드라에서의 극적인 변화에 대해서까지 면역이 되어 있지 않다. 그래서 기후변화는 여러 방법으로 이 새들의 감소에 대한 원인이 될 수 있다.

쉬어가기 세계의 양서류(개구리와 도롱뇽) 종 중 약 1/3은 멸종위협종이거나 멸종위기종이며, 이는 조류와 포유류보다 훨씬 많은 것이다. 이 동물에게 영향을 줄 수 있는 인간의 활동에는 어떤 것들이 있는지 설명해 보자. 넓게 퍼져 있는 이들이 모두 같은 원인에 의해 위험에 처하게 되었는지를 결정하기 위해 어떤 정보가 필요한가?

뉴저지에서는 투구게의 어획도 금지하고 있다.

어느 측정치를 가지고 판단하더라도 현대의 절멸률이 "자연스럽다"고 주장하면서 ESA를 비판하던 사람들은 옳지 않다. 지난 400여 년 동안 이전의 생물종 절멸률을 훨씬 초과하는 높은 절멸률의 원인은 바로 인간이었다. 그리고 현재까지도 인간의 활동이 지구상에서 수천의 더 많은 종들을 계속 위협하고 있다. 지구는 오늘날 여섯 번째 대량 절멸의 가장자리에 놓여 있는 것 같다. 그리고 이와 같은 절멸의 원인이 되고 있는 지구 전체적인 변화는 인간의 활동에 기인한다고 한다.

많은 사람들은 다른 종에 대한 인간의 영향을 최소화하고자 하는 도덕적 책임감을 느끼고 보전활동을 지원한다. 그러나 여섯 번째 절멸이 일어나는 것을 막을 실제적이고 인간 중심적인 이유가 있다. 그것은 생물다양성의 소실이 또한 우리를 해칠 수 있다는 것이다.

15.2 절멸의 결과

생물다양성의 소실에 대한 관심은 단순히 윤리적인 문제도 아니고 이론적인 논쟁도 아니다. 인간이라는 종과 우리의 사회 문화는 지구에 존재하는 다양한 종들과 함께 그리고 그들 속에서 더불어 진화했고, 이와 같은 종들의 소실은 우리에게도 종종 좋지 못한 결과를 초래한다.

자원의 손실

투구게는 앞서 설명한 것처럼 인간에게 명백하고 직접적인 이익을 준다. 자연지역에서 직접적으로 수확되는 자연자원 중에는 연료와 목재로 사용할 나무, 단백질 공급원인 조개, 젤라틴의 원료인 조류(algae), 그리고 약용으로 사용되는 초본 등이 있다. 이 종들 중 어느 것이라도 사라지면 인간은 경제적으로 영향을 받는다. 미국에서 야생종의 경제적 가치에 대한 추정치를 보면 매년 870억 달러에 해당하며 이는 국내 총생산의 약 4%에 해당하는 것이다.

야생종들은 또한 특이한 생화학적 물질의 형태로 인간에게 유용한 자원이 된다. 사실 많은 값진 의약품, 식품첨가물 그리고 공산품들은 야생종에서 얻는다. 한 인상적인

(a) 로지페리윙클

(b) 테오신테

(c) 목화다래바구미말벌

예로 지구상에서 가장 위협에 처한 지역의 하나인 마다가스카르 섬에서 진화한 로지페리윙클(*Catharanthus roseus*)을 들 수 있다(그림 15.11a). 이 식물에서 추출한 두 가지 의약품인 빈크리스틴(vincristine)과 빈블라스틴(vinblastine)은 백혈병과 호지킨병을 치료하는 데 중요한 역할을 담당하였다. 만일 우리가 잘 연구하기 전에 종들이 사라진다면, 우리는 우리의 삶에 중요한 이 화학물질을 어떤 종이 제공할 수 있었는지 결코 알지 못할 것이다.

농작물이나 소와 같은 동식물의 야생 근연종들 또한 인간에게 가치 있는 자원들이다. 작물이나 가축에서는 퇴화되어 남아 있지 않은 유전자 또는 대립유전자가 아직도 야생 근연종에서 종종 발견된다. 이 유전자원들은 육종이나 유전공학에 의해 경작종으로 다시 도입될 수 있는 자원의 보고이다. 밀, 벼, 옥수수 등의 더 좋은 품종을 개발하는 농업 과학자들은 해충에 대하여 저항성을 가지거나 생산량을 증대시킬 수 있는 유전자로 이 농작물의 야생 근연종을 눈여겨본다. 예를 들어, 멕시코의 테오신테(teosinte, *Zea diploperennis*)는 현대 옥수수의 조상이다(그림 15.11b). 이 종은 옥수수 경작지에 만연한 몇몇 바이러스에 저항성을 가지고 있으며, 혼성화라는 과정을 통하여 이 저항성을 제공하는 유전자들을 농작물에 도입하였다.

경작종의 야생 근연종을 그들의 자연 서식지에 보존함으로써, 과학자들은 농작물에 해충의 피해와 병을 줄이는 자원을 발견할 수 있다. 예를 들면, 목화다래바구미말벌(*Catolaccus grandis*)은 목화다래바구미를 먹고 살기 때문에 목화밭에서 이 바구미의 감염을 조절하는 데 사용된다(그림 15.11c). *C. grandis*는 남부 멕시코의 열대 숲에서 발견되었다. 그곳에서 이 말벌은 야생 목화에 존재하는 비슷한 해충에 기생하고 있었다.

물론 도입이 환경 파괴를 줄이고자 의도되었을지라도 *C. grandis*와 같은 곤충을 새로운 환경에 도입하는 데에는 위험이 따른다는 것을 우리는 이미 알고 있다. 우리는 이미 외래종의 도입에 의해 발생한 많은 환경 재앙의 예를 알고 있다. 작물에 대한 해충의 피해를 줄일 수 있는 보다 안전한 방법은 근처에 서식지와 지속적인 생태적 상호관계를 보존하는 것이다.

포식, 상리공생, 그리고 경쟁

비록 인간이 수천 종으로부터 직접적인 이익을 받을지라도 대부분의 멸종위기종과 멸종위협종들은 아마도 사람들에게 거의 또는 아무 쓸모가 없을지도 모른다. 새를 사랑하는 사람과 생물학자들이 붉은가슴도요의 절멸에 실망했을지라도 이 종의 소실이 어느 누구에게도 직접적인 해가 될 것 같지는 않다.

실제로 대부분의 종들은 일정한 서식지에서 함께 살아가는 모든 개체들로 구성된 **생물군집(community)**의 일부분이기 때문에 인간에게 유용하다. 하나의 군집 내에서 각 종은 그 종의 역할 또는 "일"로 생각될 수 있는 자신만의 **생태적 지위(ecological niche)**를 차지한다. 한 군집에서 다른 생태적 지위를 점유하고 있는 생물들 사이의 복

그림 15.11 자연으로부터의 자원. (a) 항암제인 빈크리스틴과 빈블라스틴은 마다가스카르의 고유 현화식물종인 로지페리윙클(*Catharanthus reseus*)에서 처음으로 추출되었다. (b) 테오신테는 옥수수의 조상이며, 중앙 아메리카의 야생 개체군에서 발견되었다. 이 식물은 질병과 가뭄에 대한 저항성 유전자를 가진다. (c) 목화다래바구미말벌(*Catolaccus grandis*)은 멕시코 남부에서 야생 목화에 있는 목화다래바구미를 먹고 있을 때 발견되었다. 이 말벌은 현재 전세계에서 목화다래바구미의 생물학적 조절을 위해 방사되었다.

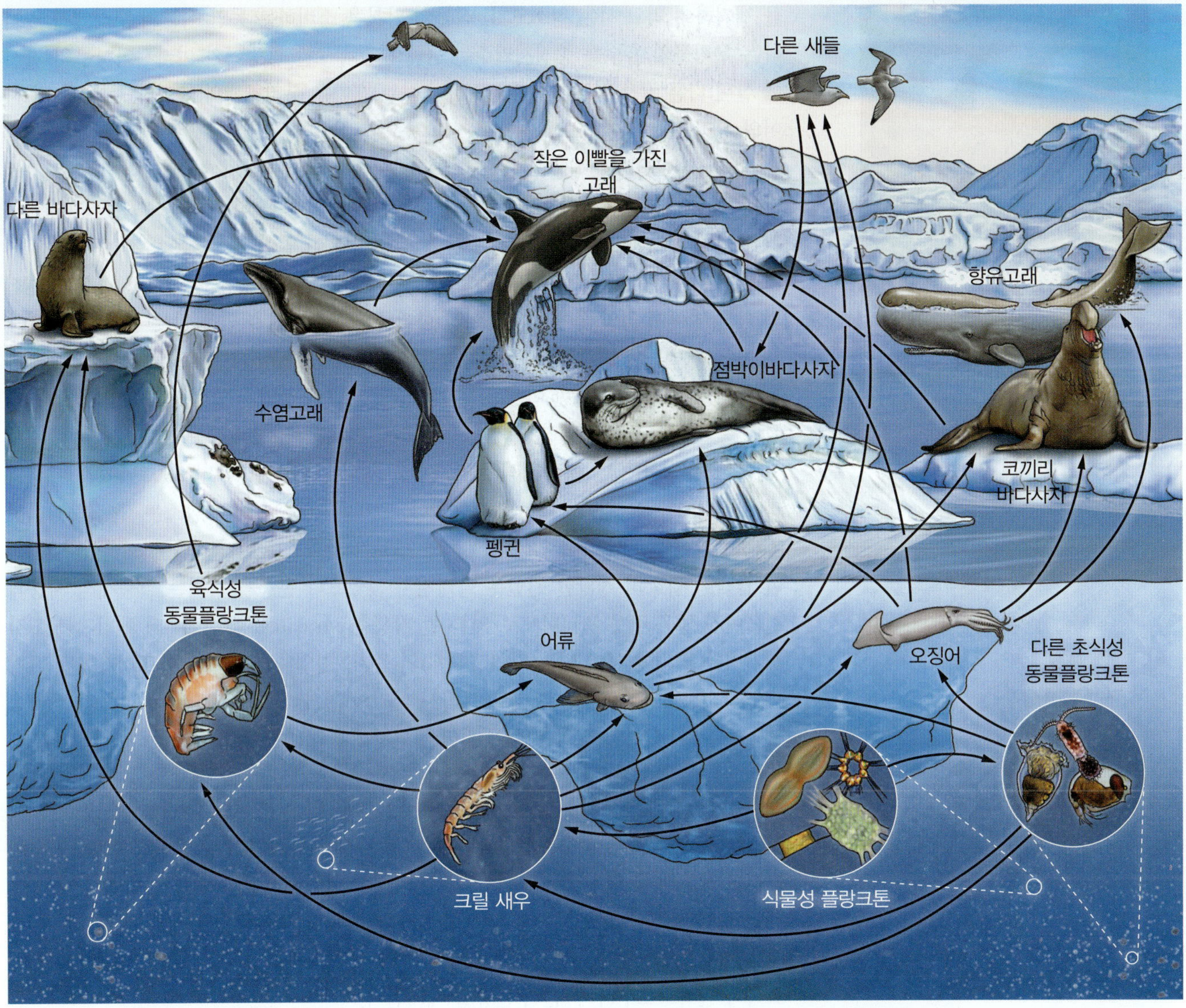

잡한 연결 관계는 종종 **먹이그물(food web)**로 언급된다(그림 15.12). 거미줄처럼 먹이그물의 한 가닥이 파괴되면 그물의 다른 부분이 영향을 받게 된다. 그물의 어떤 줄을 당길 때 군집에서 작은 변화가 나타날 수도 있지만 어떤 줄을 당기면 그물 전체가 망가질 수도 있다. 가장 일반적으로 그물에서 몇몇 가닥이 사라지면 그와 연관된 몇몇 종들만 영향을 받는다. 그러나 중요하지 않은 것처럼 보이는 종의 손실에 의해 그물이 파괴되면 인간 경제에 거대한 손실을 초래할 수도 있다.

상리공생: 벌이 세계를 먹여 살리는 방법. 서로에게 이익을 주는 두 종 사이의 관계를 **상리공생(mutualism)**이라 한다. 상리공생은 한 종은 이익을 얻고 다른 종은 아무런 영향도 받지 않는 **편리공생(commensalism)**과 대비될 수 있다. 편리공생의 예로 소와 황로 사이의 관계를 들 수 있다. 황로는 소가 풀을 뜯을 때 소를 따라다니며 소 때문에 바닥에서 위로 뛰어 오르는 곤충을 잡아먹는다(그림 15.13). 소는 황로의 존재에 이익을 얻지도 해를 입지도 않는 것 같다.

우리는 상리공생의 예를 여러 환경에서 찾을 수 있다. 큰 물고기의 몸에서 기생충

시각화 ▲

만약 이 먹이그물에서 수염고래가 절멸된다면 다른 종들에게 어떤 일이 일어날지 예측하라.

그림 15.12 먹이그물. 종들은 서로에게 그리고 그들의 환경에 많고 복잡한 방식으로 연결되어 있다. 이 그림은 남극해에서 개체들 사이의 중요한 관계 중의 일면을 보여준다. 검은색 화살표는 먹는 관계를 나타낸다. 예를 들어, 펭귄은 물고기를 먹고 점박이바다사자에게 먹힌다.

그림 15.13 **편리공생.** 소와 긴밀한 관계를 유지하는 황로. 새는 소를 따라다니며 소의 활동으로 인해 뛰어오르는 곤충을 잡아먹는다. 소는 영향을 받지 않는다.

을 제거하여 먹고 사는 청소고기, 식물의 당분을 소비하는 동안 식물의 뿌리에서 일어나는 무기물의 흡수를 증진시켜주는 균근이라 부르는 곰팡이와 아카시아나무의 가시에 살며 다른 곤충으로부터 나무를 보호하는 개미는 상리공생의 예이다. 식물과 벌 사이의 상리공생이 아마도 우리에게 가장 중요할 것이다.

벌은 많은 꽃피는 식물의 중요한 화분매개자로서 매우 중요한 생태적 지위를 가진다. 화분매개자의 역할은 화분의 형태로 존재하는 정자를 하나의 꽃으로부터 다른 꽃의 암술머리로 전달하는 것이다. 곤충에 의해 수분이 일어난 식물은 종자 수가 증가하기 때문에 이 관계로부터 이익을 얻는다. 벌은 잉여의 화분을 수집하고 자신과 벌집의 다른 벌에게 먹일 꽃에서 만들어진 화밀을 얻음으로써 이익을 받는다(그림 15.14).

야생의 벌들은 미국의 모든 농작물 중 약 80%를 수분시켜 약 80억 달러에 해당하는 순익을 제공한다. 또한 야생 꿀벌 개체군들은 지구상의 농업생산에 수십억 달러 이상의 중요하고 직접적인 영향을 미친다.

불행히도 최근 벌들은 급격히 감소되고 있다. 1970년대부터 2005년까지 야생벌과 꿀벌 개체군이 계속적으로 줄어들었다. 그러나 2006년 이후 감소는 "군집붕괴현상(CCD)"의 결과로서 살아 있는 개체들의 33%가 사라지는 위기 비율에 도달했다. 이러한 급격한 감소의 정확한 원인은 알려지지 않았으나 곤충을 죽이는 살충제의 사용과 길들여진 벌을 잘못 관리함으로 인한 벌 **기생충(parasites**; 숙주로부터 에너지를 고갈시키거나 병의 원인이 되는 감염생물체)의 증가, 침입해 들어오는 아프리카화된 꿀벌("killer bees")과의 경쟁, 그리고 서식지 파괴의 결과라고 생각된다. 농작물과 상리공생을 하는 이 사소한 벌의 감소와 절멸은 인간에게 거대한 비용을 지불하게 할 것이다.

포식: 노래하는 새가 숲을 구할 수 있는 방법. 다른 종을 먹고 사는 종을 **포식자(predator)**라고 한다. 이 말은 지구상에서 가장 역동적인 몇몇 동물인 치타, 독수리 그리고 범고래 등을 상상하게 한다. 작고 화려한 여름 깃털을 가지며 북미에서 사는 솔새를 포식자로 상상하기는 어려울 것이다. 이 아름다운 솔새는 곤충을 게걸스럽게 잡아먹는다(그림 15.15a). 여름철 북아메리카의 숲에는 수억 마리의 솔새가 매년 숲속의 교목과 관목으로부터 수 톤의 곤충을 제거한다.

솔새가 먹는 대부분의 곤충은 식물을 먹고 산다. 숲에서 곤충의 수를 줄임으로써 솔새는 숲속 식물에게 미치는 곤충의 해를 줄인다. 피해량을 줄임으로써 나무의 생장률을 증가시킨다. 종이와 목재 생산을 위한 벌목은 미국에서 2000억 달러 이상의 산업적 가치가 있다. 적어도 이 나무의 일부는 숲에서 곤충을 조절하는 솔새가 있기 때문에 생산되었다(그림 15.15b).

숲에 살고 있는 많은 종의 솔새 개체수가 감소하고 있는 것으로 나타났다. 솔새의 손실은 북미의 여름철 서식지와 중남미의 겨울철 서식지의 파괴 등 다양한 원인에 의해 발생한다. 솔새는 또한 너구리와 집고양이 같은 인간과 관련된 동물에 의해 포식될 위험이 더 증가하고 있다. 솔새가 감소할 때 덜 민감한 다른 새들의 수가 증가할지라도 이 새들은 전형적으로 곤충에 덜 의존한다. 솔새의 개체군 크기가 감소함에 따라 나무의 생장률이 감소하고 숲에 질병이 더 많이 발생한다면 이 작고 아름다운 새들은 인간 경제에 중요한 영향을 주고 있음이 명백하다.

그림 15.14 **상리공생.** 꿀벌은 화분을 전달하여 한 식물이 멀리 떨어진 다른 식물과 짝짓기를 할 수 있도록 한다.

벌의 이익:
화밀과 잉여 화분의 형태로 식량을 얻는다.

꽃의 이익:
화분 속의 정자가 다른 꽃의 암술머리에 옮겨져 타가수분이 일어나게 한다.

(a) 곤충을 먹고 사는 검은목푸른솔새

(b) 포식자에 의해 곤충의 수가 조절되지 않을 때 숲은 병들게 된다.

그림 15.15 **포식.** (a) 검은목푸른솔새는 북아메리카 숲에 서식하는 많은 고유 솔새 종 중의 하나이다. 이 화려한 새들은 이곳의 숲에서 식물을 먹고 사는 곤충의 가장 활발한 포식자 중의 하나이다. (b) 곤충은 많은 나무를 죽일 수 있다. 이 그림은 새순을 갉아먹는 곤충에 의해 가문비나무 숲이 파괴된 것을 보여준다. 솔새를 비롯하여 곤충을 섭식하는 다른 새들은 이와 같은 곤충의 창궐 횟수와 정도를 줄일 수 있을 것이다.

경쟁: 감염시킨 닭이 생명을 구할 수 있는 방법. 두 종의 생물이 동일한 자원을 요구할 때 그들은 서식지 내의 자원을 위해 **경쟁(competition)**하게 될 것이다. 일반적으로 경쟁은 경쟁하는 개체군의 크기를 제한한다. 두 종이 경쟁관계에 있는지를 확인하기 위하여 환경에서 한 종을 제거한다. 만약 나머지 종의 개체군 크기가 증가한다면 두 종은 경쟁자이다.

경쟁의 전형적인 예로 막 잡은 영양을 두고 싸우고 있는 사자와 하이에나나 텃밭에서 자라는 잡초를 상상할 수도 있으나 대부분의 경쟁관계는 눈으로 확인하기 어렵다. 가장 눈으로 확인하기 어려운 경쟁관계의 한 예는 미생물 사이의 경쟁관계이다. 그러나 미생물 사이의 경쟁관계는 인간과 생태학적 군집의 건강을 유지하는 데 가장 필수적인 요소들일 수도 있다.

*Salmonella enteritidis*는 미국에서 음식물로 인해 발생하는 질병 중 가장 흔히 발생하는 질병의 원인균이다. 미국에서 200만에서 400만 명이 매년 이 박테리아에 감염된다. 그 결과 열이 나고 복통이 일며 설사를 하게 된다. 감염된 사람의 약 10%는 증상이 심각하여 병원에 입원할 정도가 된다. 400~600명의 미국인이 매년 *S. enteritidis*의 감염으로 사망한다.

대부분의 *S. enteritidis* 감염은 덜 익은 닭 제품 특히 계란을 먹음으로써 발생한다. 미국 질병관리방지국은 50명의 소비자 중 한 명이 매년 *S. enteritidis*에 오염된 계란에 노출된다고 추정하고 있다. 놀랍게도 대부분의 이 계란들은 완벽하게 정상적이고 어떤 흠도 없는 것처럼 보인다. 이 병원균들은 닭의 뱃속에서 계란이 만들어질 때 계란을 오염시킨다. 그러므로 계란이 *S. enteritidis*로 감염되는 것을 방지하는 유일한 방법은 감염된 닭을 없애는 것이다.

*S. enteritidis*의 감염을 막기 위한 일반적인 방법은 암탉에게 박테리아를 죽이는 항생제를 먹이는 것이다. 그러나 대부분의 미생물들처럼 *S. enteritidis* 종족은 항생제에 저항성을 가지도록 진화하여 그들은 죽이기 어려워질 수 있다. 닭의 감염률을 줄이는 다른 방법은 다른 종이 그들의 생태학적 지위를 점유하게 하는 것이다.

대부분의 *S. enteritidis* 감염은 동물의 내장기관에서 시작한다. 만일 다른 박테리아 종이 암탉의 소화기관에서 먹이나 공간을 이미 독점하고 있다면 *S. enteritidis*는 소화기관에서 콜로니를 잘 형성하지 못한다. 이러한 원리에 따라서 몇몇 양계업자들은 현재 그들의 암탉무리에서 *S. enteritidis*의 수준을 낮추기 위해 **경쟁배제(competitive exclusion)**의 원리를 사용한다. 즉, 암탉의 내장기관에 무해한 박테리아가 잘 자라게 한다. 이 기술은 무해한 박테리아를 키워 하루 된 병아리에 먹이는 것이다. 무해한 박테리아가 병아리의 내장에서 그 생태적 지위에 정착하게 되면 병아리가 후에 *S. enteritidis*로 감염되는 것을 방지한다(그림 15.16). 이와 같은 방법이 효과가 있다는 것이 증명되었다. 영국에서 닭의 감염률이 거의 50%로 뚝 떨어졌고 일반적으로 닭의 사육에 경쟁배제를 사용하고 있다

암탉의 장으로부터 덜 해로운 종으로 *S. enteritidis*를 경쟁배제시키는 것은 인간의 내장과 생식관에 정상적으로 살고 있는 것과 같은 몇몇의 인간과 관계된 박테리아의 역할과 비슷하다. 예를 들어, 박테리아의 감염을 치료하기 위해 항생제를 사용한 많은 여성의 경우 질이 효모로 감염되는 경우가 있다. 이는 항생제가 정상적으로 효모와 경쟁하는 종을 포함하여 많은 비감염성균들도 죽이기 때문이다. 더 많은 종들 사이에서 경쟁 관계가 유지되는 것은 인간을 위해서도 중요하다. 예를 들어, 일시적으로 물이 고여 있는 곳에서 모기, 올챙이, 그리고 민물달팽이가 먹이 자원으로서 조류(algae)를 놓고 경쟁한다. 개구리나 민물달팽이가 없다면 모기 개체군은 크게 늘게 될 것이고 이들이 말라리아, 웨스트나일바이러스(West Nile virus), 황열과 같은 질병을 매개할 때 큰 문제를 일으킬 수 있다. 개구리와 올챙이가 점점 더 절멸의 위기에 닥치게 되면 이와 같은 위험은 현실이 될 것이다.

쉬어가기 그림 15.12에서 보여주는 생물들 사이의 관계망을 설명하라. 다음 중 어떤 쌍의 종들이 경쟁을 할 것이라 생각하는가? 경쟁할 것이라 생각하는 종들은 무엇을 가지고 경쟁할 것이라 생각하는가? *A*. 점박이바다사자와 펭귄; *B*. 수염고래와 오징어; *C*. 작은 이빨을 가진 고래와 점박이바다사자; *D*. 향유고래와 코끼리바다사자; *E*. 물고기와 크릴새우. 이 동물들이 서로 경쟁을 하고 있다는 가설을 어떻게 시험할 수 있는가?

시각화 ▼

두 그래프에서 박테리아의 총 수가 시간이 경과되면 더 이상 증가하지 않는 이유는 무엇인가?

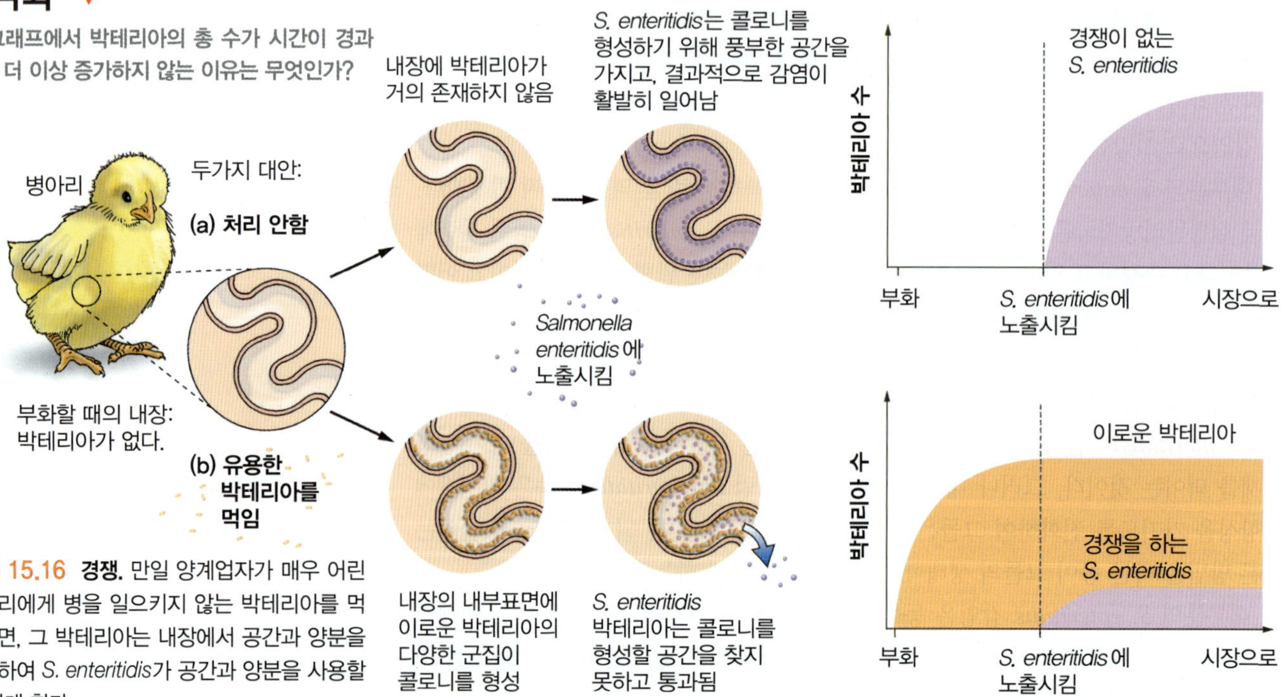

그림 15.16 경쟁. 만일 양계업자가 매우 어린 병아리에게 병을 일으키지 않는 박테리아를 먹인다면, 그 박테리아는 내장에서 공간과 양분을 차지하여 *S. enteritidis*가 공간과 양분을 사용할 수 없게 한다.

핵심종: 늑대가 비버를 먹여 살리는 방법. 표 15.1은 개체들 사이에서 나타날 수 있는 중요한 유형의 생태적 상호작용을 요약한 것이다. 그러나 이 표는 직접적으로 관련된 종들에 대한 각각의 상호작용의 영향을 강조한다. 즉, 이와 같은 상호작용 중 많은 경우는 다양한 간접적인 영향을 가질 것이다.

그림 15.12에서 묘사하는 먹이그물을 다시 보자. 남극해의 생물군집에 어떤 종도 다른 한 종하고만 연결되어 있지 않다. 그들 모두는 어떤 것인가를 먹고 그들의 대부분은 다른 것에 먹힌다. 펭귄은 오징어를 먹음으로써 이 오징어를 두고 경쟁하는 코끼

표 15.1 종간 상호관계의 유형과 그들의 직접적인 영향

상호관계	예	종 1에 대한 영향	종 2에 대한 영향
편리공생: 한 종의 개체군 크기를 증가시키나 다른 종에게는 영향을 미치지 않는다.	1. 빨판상어 2. 상어 	+ 상어가 어떤 것을 적당히 먹을 때 빨판상어는 찌꺼기를 처리할 수 있다.	0 상어는 편승자로부터 부정적인 영향을 받을 것 같지 않다.
상리공생: 두 종의 성장이나 개체군 크기를 증가시킨다.	1. 개미 2. 아카시아나무 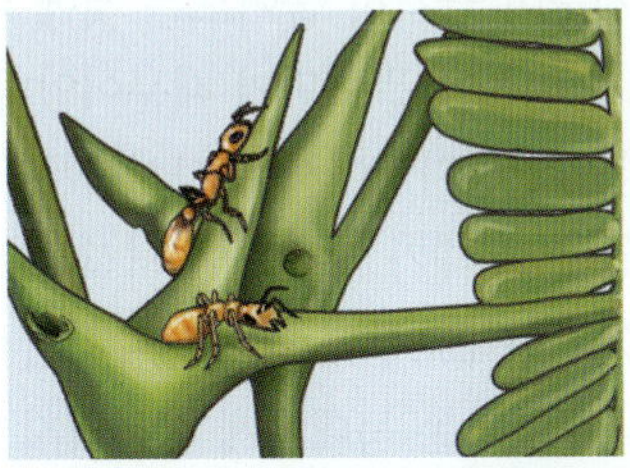	+ 아카시아의 부풀은 가시는 개미에게 집을 제공한다. 아카시아에는 개미가 먹을"단백질 덩어리"가 달린다.	+ 개미는 초식곤충을 죽이고 경쟁관계에 있는 식물을 죽여 아카시아가 살기 좋게 한다.
포식과 기생: 한 생물이 다른 생물을 먹는다.	1. 갈색곰 2. 연어 	+ 갈색곰은 연어를 잡아먹어 양분을 얻는다.	– 연어는 생존하지 못한다.
경쟁: 두 종의 개체군 크기를 줄어들게 하거나 제한한다.	1. 민들레 2. 토마토 	– 민들레는 토마토가 있을 때 잘 자라지 못한다. 민들레는 적은 종자를 생산하여 적은 자손을 낳는다.	– 토마토는 잡초가 있을 때 최적의 상태로 자라지 못한다. 토마토에는 꽃이 적게 피고 열매도 적어진다.

(a)

(b)

그림 15.17 **핵심종.** (a) 아치의 쐐기돌은 아치를 안정화시키고 유지하는 데 도움이 된다. (b) 옐로스톤 국립공원의 늑대와 같은 핵심종은 생태계에서 다른 종의 안정화와 유지에 도움이 된다.

리바다사자에게 부정적인 영향을 준다. 그리고 크릴새우를 두고 오징어와 경쟁하는 다른 바다새에 더 간접적으로 긍정적인 영향을 준다. 다양한 중요성으로 나타나는 이러한 **간접효과(indirect effect)**의 존재는 적어도 어떤 군집에서 한 종의 활동이 그 계의 먹이그물의 구성을 결정하는 데 결정적인 역할을 할 수 있다는 가설을 과학자들이 만들도록 하였다. 이러한 생물이 군집에서 가지는 역할이 아치에서 쐐기돌(keystone)의 핵심적인 역할과 같기 때문에 이 생물을 **핵심종(keystone species)**이라고 부른다(그림 15.17a). 쐐기돌을 빼어내면 아치는 무너진다. 핵심종을 제거하면 먹이그물은 붕괴된다. 온전한 생태계에서 어떤 종이 핵심종인지 추정하기는 매우 어렵지만 생물학자들은 한 종이 사라진 후에 명백하게 되는 몇몇 예를 제시할 수 있다. 한 예가 옐로스톤 국립공원의 회색늑대 개체군이다(그림 15.17b).

회색늑대는 미국의 서부에서 가축을 잡아먹기 때문에 이들을 제거하자는 체계적인 캠페인 덕분에 1920년대 중반 옐로스톤 국립공원 내에서 모두 제거되었다. 그러나 1980년대 생태학과 환경건강에 대한 새로운 관심으로부터 얻은 통찰력 덕분에 늑대에 대한 태도가 변했다. 자연계에서 늑대의 역할에 대한 새로운 이해 덕분에 늑대를 그들의 보금자리로 되돌려 놓자고 하는 새로운 관심이 일어났다. 1990년대 중반 캐나다에서 잡힌 31마리의 늑대를 옐로스톤 국립공원에 그리고 주변에 더 많은 늑대를 풀어 놓았다. 사냥금지와 늑대 자신의 적응력 덕분에 2010년 말경 공원과 주변의 공유지에서 이들의 개체수는 최소 1500마리가 되었다. 그리고 이 동물은 더 이상 그 지역에서 절멸의 위협에 처한 종으로 고려되지 않았다.

옐로스톤 국립공원에서 늑대가 사라진 동안 생물학자들은 사시나무, 포플러나무, 그리고 버드나무 개체군이 급격히 줄어드는 것에 주목하였다. 이와 같은 감소는 풀이 적은 겨울 동안 엘크가 이들을 뜯어먹기 때문이었다. 그러나 늑대가 다시 도입된 지 얼마 지나지 않아 공원의 일정지역에서는 사시나무, 포플러나무, 그리고 버드나무의 성장이 원래대로 돌아왔다. 늑대가 밀집되어 서식하는 장소뿐만 아니라 늑대가 접근하는 것을 볼 수 없는 장소나 늑대로부터 탈출할 수 없는 장소에서도 이들의 성장이 원래대로 돌아왔다. 이와 같이 엘크는 늑대에게 잡혀먹지 않기 위해 이 장소에서 멀리 떨어져 살았다. 주로 엘크의 행동을 변화시킴으로써 늑대는 옐로스톤 국립공원에서 많은 활엽수 개체군을 유지하는 데 중요한 역할을 하는 것으로 나타났다.

옐로스톤에서 포플러나무, 사시나무, 그리고 버드나무 개체군이 원래대로 되돌아온 것은 또한 다른 종에게도 영향을 주었다. 먹이를 위하여 이 나무들에 의존하는 비버의 개체군도 수십 년 동안 감소하다가 늑대 도입 이후 점차 증가하는 것으로 나타났다. 쉼터, 먹이, 그늘을 이 나무들에 의존하는 솔새, 곤충, 심지어 물고기까지 그 수가 증가하였다. 옐로스톤의 늑대는 전형적인 핵심종의 반열에 끼인 것으로 나타났다. 즉, 이들의 제거는 생물다양성에 수많은 놀라운 영향을 주었다.

에너지와 화학적 흐름

앞의 예에서 보았듯이 한 종의 절멸은 같은 서식지에 살고 있는 다른 종에게 때로 놀랄만한 영향을 줄 수 있다. 명백하지 않을 수 있지만 중요하지 않은 것 같은 종이 전체 군집이 의존하는 환경조건을 상당히 변화시킬 수 있다는 것이다.

생태학자들은 **생태계(ecosystem)**를 일정 장소의 모든 생물체와 비생물학적인 환경으로 정의한다. 생태계의 기능은 생태계를 통한 에너지 통과율과 양

eco- 집 또는 서식을 의미한다.

분의 순환율로 설명된다. 어떤 종의 손실은 이 생태계의 특성 모두에 큰 영향을 줄 수 있다.

에너지 흐름. 거의 모든 생태계에서 에너지의 근원은 태양이다. 생산자는 광합성 과정 동안 태양에너지를 생체량으로 전환한다. 그리고 생체량에 저장된 화학에너지는 생태계에서 영양 단계를 통하여 지나간다. 생체량은 피라미드의 바닥에 대부분이 놓이며 영양 단계에 따라 에너지는 분할된다(그림 15.8 참조). 피라미드의 위로 올라갈 때 한 단계에서 이용 가능한 에너지의 일부만이 다음 단계의 생체량으로 전환될 수 있다. 생산자 단계의 생체량이 가장 높은 단계의 개체군 크기를 효율적으로 결정한다.

지구의 표면에 도달하는 태양에너지의 양과 주어진 장소에서 물의 이용 가능성은 영양 피라미드의 구조와 이를 통한 에너지의 흐름을 결정하는 중요한 인자이다. (16장에서는 지구에서 생태계 유형에 따라 햇빛과 이용 가능한 수분량이 얼마나 다른지를 요약하여 다룰 것이다.) 그러나 한 생태계에서 발견되는 생물다양성 또한 생태계에서의 에너지 흐름에 큰 영향을 줄 수 있다.

전 세계의 초원에서 이루어진 연구에 의하면 종의 손실은 에너지 흐름에 영향을 줄 수 있다는 확실한 증거를 제시한다. 동일한 개체수를 심었으나 종을 달리한 초원 실험 포장에서의 실험을 통하여 미네소타 대학과 다른 곳에서 연구를 진행한 과학자들은 종의 구성이 더 다양한 곳에서 전체 식물 생체량이 더 높은 경향이 있음을 발견하였다. 이 연구는 비록 서식지의 감소가 없을지라도 다양성의 감소가 야생의 식량자원에 의존하는 인간을 포함하여 먹이사슬의 상위 단계에 있는 생물이 이용할 수 있는 에너지 감소를 가져온다는 것을 알게 해주었다.

양분 순환. 식물의 성장을 위한 필수 무기양분이 먹이그물을 통하여 이동할 때 그들은 일반적으로 환경에서 사라지는 것은 아니므로 이를 **양분 순환(nutrient cycling)** 이라고 한다. 그림 15.18은 자연 초지에서의 질소 양분 순환을 보여준다. 여기에서 원소는 암모니아와 같은 토양의 무기물 형태로 식물로 이동하고, 식물은 이를 유기물 형태로 전환한 후 전형적으로 한 생물로부터 먹이의 형태로 다음 생물로 이동한다. 분해자의 활동으로 마침내 다시 무기물 형태로 되돌아온다.

질소는 단백질의 주요 구성 성분이며 풍부한 단백질은 모든 생명체의 적절한 성장과 기능에 필수적이다. 그러므로 질소는 대부분의 생태계에서 생산을 제한하는 상위 제한 양분이다. 일반적으로 질소가 많아지면 생산량이 늘어나고 이용 가능한 질소가 적은 장소에는 적은 식물만이 자랄 수 있으며 이로 인하여 적은 동물이 살 수 있다.

그림 15.18에서 보는 것과 같이 식물은 토양으로부터 단순한 분자를 흡수하여 더 복잡한 분자를 만든다. 이 복잡한 분자는 먹이그물을 통해 이동하는 과정에 상대적으로 변형이 적게 일어나고 마침내 토양으로 되돌아온다. 여기에서 복잡한 분자는 일반적으로 박테리아와 곰팡이로 구성된 **분해자(decomposer)**에 의해 더 단순한 물질로 분해된다.

쉬어가기 농지에 뿌린 무기물 형태의 질소 비료는 대기 중의 질소 가스를 사용하여 공업적으로 만들어진다. 농작물에 들어 있는 질소의 일부분을 사람들이 소비하고 오줌으로 배설한다. 그리고 선진국에서 오줌은 폐수 처리 후 근처의 하수구로 방출된다. 산업적인 질소 가스 이용과 폐수 처리가 질소 순환을 어떻게 변경시키는지 보여주도록 그림 15.18을 수정하여라.

시각화 ▶

도시의 사람들이 어떻게 식량을 얻고, 소화 후 노폐물에 어떤 일이 일어나고, 죽은 후에 무엇이 남는지 생각하라. 인간 사회에서 양분의 흐름은 여기에서 묘사된 자연 순환과 어떻게 다른가?

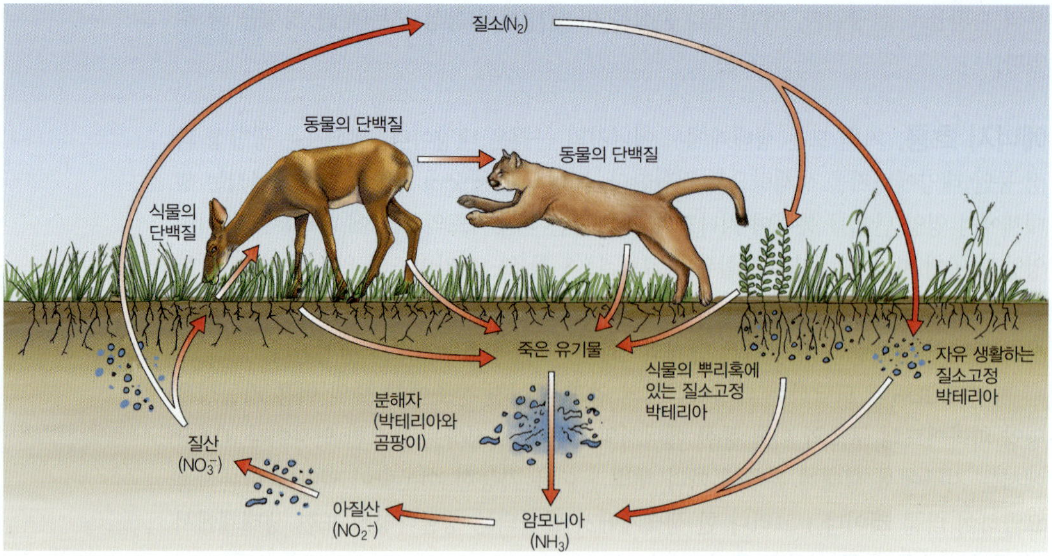

그림 15.18 양분 순환. 생태계에서 질소와 같은 양분은 토양에서 생산자로, 소비자로, 그리고 토양으로 되돌아오는 순환을 한다. 토양으로 돌아올 때 복잡한 양분은 더 단순한 형태로 분해된다.

(a) 외래종 지렁이가 침입하지 않은 경우

(b) 외래종 지렁이가 침입한 경우

그림 15.19 생태계 기능의 변화. 외래 지렁이가 도입된 숲의 바닥이 얼마나 황량한 식생을 보여주는지 주목하라. 이와 같은 급격한 변화가 일어나는 한 가지 이유는 원래 존재하던 양분 순환이 파괴되었기 때문일 것이다.

토양 군집에서의 변화는 양분 순환에 큰 영향을 줄 수 있으며 이로 인하여 생태계에서 특정종의 생존에도 큰 영향을 줄 수 있다. 미국의 북동부를 통하여 숲에 침입한 외래종 지렁이를 연구하고 있는 과학자들은 숲 바닥에서 식물의 다양성과 수도가 급격히 감소하는 것을 관찰하였다(그림 15.19). 외래종 지렁이는 명백히 고유 토양 생물 군집을 변화시키고 있는 것으로 나타났다. 이와 같은 변화의 결과로서 양분 순환이 파괴되고 고유 식물 군집이 고통을 받고 있다.

생물다양성의 손실은 인간이 의존하는 군집과 생태계의 건강에 심각한 영향을 줄 것이라는 것은 명백하다. 그러나 현재의 절멸이 우리 자신의 심리적인 복지에 부정적인 영향을 주는지에 대해서는 논란의 여지가 있다.

심리적 효과

어떤 과학자는 생명체의 다양성은 내면에 존재하는 심리적인 욕구를 충족시킴으로써 인간을 부양한다고 주장한다. 이 아이디어를 발달시킨 가장 저명한 학자 중의 한 사람인 에드워드 윌슨(Edward O. Wilson)은 자연을 벗삼고자 하는 이 본능적인 욕망을 **생명애(biophilia)**라고 불렀다.

윌슨은 우리의 먼 조상이 자연경관에서 진화했기 때문에 사람들이 자연경관을 찾는다고 주장한다(그림 15.20). 이 가설에 따르면 다양한 자연경관을 발견하도록 이끈 유전적 잠재력을 가진 고대의 인간이 이러한 잠재력을 가지지 못한 사람들보다 더 성공적이었다. 왜냐하면 더 다양한 지역은 더 다양한 종류의 음식과 은신처 그리고 도구를 만들 자재를 제공하기 때문이다. 윌슨은 우리가 농경 이전 시대의 유전적 각인을 물려받았다고 주장한다.

생명애에 대한 유전자 증거는 아직 발견되지 않았을지라도, 자연에 대한 우리의 경험은 강력한 심리적 영향을 가진다는 증거가 있다. 최근의 문헌 연구를 통하여 자연과 상호작용할 때 긍정적인 이익, 즉 스트레스가 감소하는 것부터 생명이 연장되는 것까지 50개의 연구가 확인되었다. 애완동물이나 원예식물을 키우고 가꾸는 많은 사람들이 인간 이외의 다른 생물체로부터 큰 즐거움을 얻는다는 것을 보여주었다. 이 연구와 경험이 확실히 결론적인 것은 아니지만 생물다양성이 계속하여 감소된다는 것은 점

그림 15.20 자연에 대한 우리의 감탄은 타고난 것인가? 인간은 동아프리카의 이와 같은 경관에서 진화하였다. 어떤 과학자들은 우리가 우리 자신을 자연세계에 빠지고자 하는 본능적인 욕구를 가진다고 주장한다.

차 인간이 살기에 적합하지 않은 환경이 된다는 것을 의미하기 때문에 매우 흥미롭다.

-philia 애정 또는 사랑을 의미한다.

생물다양성 손실의 결과는 우리 세대에 한정되지 않는다. 그림 15.2에서 보여준 화석기록은 대량 절멸 동안 잃어버린 생물학적 다양성을 회복하는 데 500만 년에서 1000만 년이 걸린다는 것을 나타낸다. 이전의 대량 절멸 동안 잃어버린 종들을 대체한 종들은 그들과 매우 다르다. 예를 들어, 파충류인 공룡의 대량 절멸 후에 포유류가 지구에서 사는 가장 큰 동물로서 그들을 대체하였다. 우리는 또 다른 대량 절멸 후에 생물다양성이 어떠할지 예측할 수 없다. 달리 말하면, 우리가 오늘날 목격할지도 모르는 대량 절멸은 수천 세대 미래의 사람들이 느끼게 될 결과를 가져올 것이다.

15.3 생물종 구하기

한 종의 생존이 인간의 요구보다 우선되어야만 하는가?

이 장의 앞부분에서 우리는 현대의 대량 절멸 가능성을 확인하였고 다양성의 손실이 인간에게 가져다줄 심각한 비용에 대해 설명하였다. 여섯 번째 절멸은 주로 인간의 활동에 의한 것이기 때문에 종이 사라지는 경향을 되돌리는 것은 과학적이라기보다는 정치적이고 경제적인 결정을 필요로 한다. 그러나 생물다양성의 빠른 감소를 멈추기 위한 방법에 관해 과학은 우리에게 무엇을 말할 수 있는가?

서식지 보호

어떤 종이 절멸에 가장 가까우며 그들이 어디에 존재하는지에 대해 정확히 알지 못하는 상황에서 종의 손실을 막는 가장 효과적인 방법은 많은 서식지를 보존하는 것이다. 미래의 절멸률을 추정할 때 사용되는 종-면적 곡선은 우리에게 종 수의 감소에 있어서 일종의 희망을 제공하기도 한다. 그림 15.7b의 곡선에 따르면 종다양성은 서식지의 면적이 감소하는 것보다 느리게 감소한다. 그러므로 이론상 우리가 50%의 서식지를 잃게 될 때 아직도 90%의 종이 남아 있다. 그러나 이와 같은 추정은 서식지 파괴가 종다양성에 대한 유일한 위협이 아니기 때문에 어느 정도 낙천적인 수치이다. 그러나 종-면적 곡선은 우리에게 어떤 경우라도 서식지 파괴율이 낮아지거나 중단된다면 절멸률도 낮아질 것이라는 것을 말해준다.

가장 많은 종의 보호. 인구가 계속 증가한다면, 서식지 파괴를 완전히 멈추게 하는 것은 상상하기 어렵다. 그러나 생물학자 노먼 마이어스(Norman Myers)와 그의 동료들은 모든 식물, 양서류, 파충류, 조류, 포유종의 50% 정도가 얼음으로 덮이지 않은 육지의 2%도 채 안 되는 좁은 지역인 25개의 생물다양성 "중요지점(hot spot)"에서 발견된다는 사실을 알아내었다(그림 15.21). 중요지점은 기후 조건이 좋기 때문에 생산성이 높은 열대우림과 같은 장소와 지리적 요소로 인하여 종의 무리가 격리된 후 다양화된 장소에 나타난다.

생물다양성 중요지점들에서 서식지 파괴를 중지한다면 지구 전체적인 절멸률을 크게 낮출 수 있다. 자연경관이 파괴될 큰 위험이 있는 중요지점에 즉각적인 보전 노력을 집중한다면 인간은 많은 종의 손실을 매우 빨리 방지할 수 있다. 물론 이와 같이 생물다양성 중요지점을 보존하는 것조차도 쉽지 않다. 서식지의 보호에도 불구하고 현재 너무나 적은 서식지만이 남아 있기 때문에 이 중요지점에 존재하는 많은 종들은 어쨌든 절멸될 것 같다.

장기적으로 우리는 경관 내에서 인간의 활동을 포함하는 생물다양성 보존 방법을 고안해야만 한다. 한 가지 대안은 **생태관광(ecotourism)**이다. 생태관광은 자연지역을 여행하는 것으로 환경을 보호하고 지역민의 복지를 증진시키는 방법이다. 코스타리카와 케냐 같은 중요지점을 가진 나라들은 자연지역을 보존하고 일자리를 창출하기 위해 생태관광을 이용해 왔다. 그러나 다른 나라들은 별로 성공하지 못하였다.

중요지점을 보존하는 것이 많은 종들이 절멸되는 것을 크게 감소시킬 수 있을지라도 이 방법에 대한 비판이 있다. 즉, 의도적으로 작은 면적에 집중하는 전략을 확대시킴으로써 다른 장소에서의 생물다양성을 많이 잃어버릴 위험이 있다는 것이다. 이와 같이 비판하는 사람들은 많은 종보다는 생물다양성의 가장 큰 다양성 보존을 위해 대안적인 방법을 제시하고 있다. 즉, 다양한 생태계 유형(type)을 확인하여 보호해야 한다는 것이다.

시각화 ▼

적도 또는 극 근처에 더 많은 생물다양성 중요지점이 있는가?

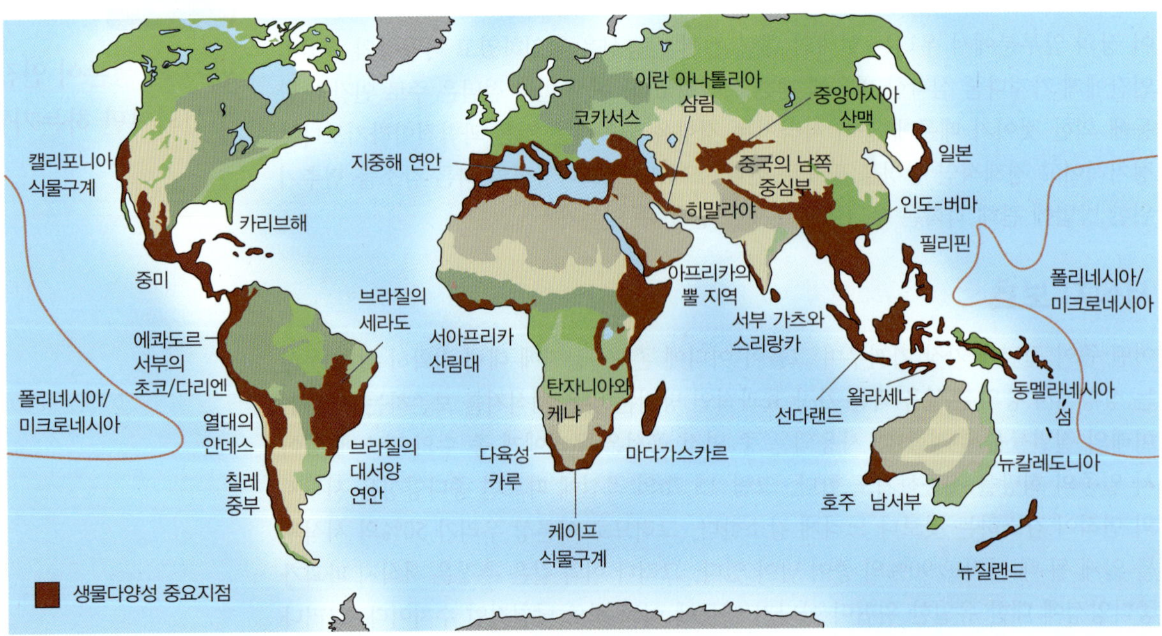

그림 15.21 생물다양성 "중요지점". 이 지도는 많은 고유종이 있으며 생물다양성 중요지점을 포함하는 세계의 25개 지역을 나타낸다. 이 지역에서 중요지점 자체는 개발되지 않은 곳이다. 높은 생물다양성을 가지는 이 지역이 얼마나 불균등하게 존재하는지 주목하라.

멸종위기종을 위한 서식지 보호. 다양한 서식지의 보존이 절멸이 덜 일어나게 하는 것이 확실할지라도 이미 멸종위기에 있는 종들은 더 개별적인 접근을 필요로 한다. ESA는 멸종위기종의 생존을 위하여 필요한 지역을 임계 서식지(종의 생존을 위해 보호해야 될 지역)로 내무부가 지정하기를 요구한다. 임계 서식지의 지정은 생물학적인 요소뿐만 아니라 정치적인 요소에 의해 결정된다.

임계 서식지 지정에 있어서 생물학적인 부분의 역할은 멸종위기종의 서식지 요구조건과 개체군 목적을 설정하기 위해 연구를 하는 것이다. 미국 내무부의 임계 서식지 지정은 개체군의 복원을 위해 충분한 면적을 포함하여야 한다. 그러나 국가가 임계 서식지를 지정하게 되면 그곳에서 발생할 수 있는 인간의 활동을 제한하게 된다. 미국 내무부는 어떤 서식지를 보호하는 것보다 보호하지 않는 것이 "충분한 경제적 이익"이 있다고 판단되면 그 장소를 보호하지 않는 극히 정치적인 결정을 내릴 수 있다.

서식지 파괴율 줄이기. 서식지를 보존한다는 것은 보호지역으로 지정하는 국가 또는 위험에 노출된 서식지를 매입하는 민간 보전단체의 일만은 아니다. 우리 모두 서식지 파괴를 줄이고 종의 절멸률을 막기 위한 행동을 취해야 한다. 농토로의 전환은 서식지 파괴의 중요한 원인이다. 가축은 많은 양의 곡물을 필요로 하기 때문에 고기와 육가공품의 소비를 줄이고 낮은 영양 단계의 음식을 먹는 것은 우리가 취할 수 있는 가장 효과적인 활동 중의 하나이다. 나무나 종이 상품의 사용을 줄이고 목재나 종이 상품의 소비를 지속 가능하게(즉, 숲을 오랫동안 건강하게 보존하는 방법으로) 수확될 수 있는 정도로 제한하는 것은 숲의 손실 속도를 감소시키는 데 도움을 줄 것이다.

서식지 파괴율을 줄이는 다른 방법은 집단적인 노력이 필요하다. 예를 들면, 개발도상국에 대한 재정적 지원의 증가는 서식지 파괴율을 늦추는 데 도움이 될 것이다. 이러한 활동은 개발도상국가들이 천연자원의 사용을 줄일 수 있는 기술에 자본을 투자할 수 있게 한다. 인구 증가율을 낮추는 전략 또한 대량 절멸을 피할 수 있는 더 좋은 방법이다. 이와 같은 문제를 다루는 비영리 단체에 가입하여 정치가에게 편지를 쓰거나 다른 사람들을 교육함으로써 당신도 단체 보전 노력에 동참할 수 있다.

비록 서식지가 파괴되지 않도록 보호하는 것이 절멸의 가장자리에 있는 종들의 절멸률을 줄일 수 있을지라도 서식지의 보호만으로는 충분하지 않다. 개체군을 구성하는 개체수가 너무 적어 적절한 삶의 공간이 있을지라도 이들은 사라질 수 있다. 멸종위기종의 복원 계획은 적어도 500개체로 구성된 하나의 안정된 개체군을 형성하는 것을 단기간의 목표로 하였다. 그 종들의 절멸을 막기 위해 적어도 이만큼의 개체가 필요하다는 것을 이해하기 위해서 작은 개체군들이 직면한 특별한 문제들을 알아볼 필요가 있다.

작은 개체군은 취약하다

멸종위기종의 성장률은 목표로 하는 개체군의 크기에 도달하는 시간에 투구게는 상대적으로 높은 성장률을 가지므로 환경이 이상적이기만 하다면 빠르게 목적으로 하는 개체군 크기에 도달할 것이다(그림 15.22a). 캘리포니아독수리(California condor, 그림 15.22b)와 같이 느리게 자라는 종들은 목적하는 개체군 크기로 복원되기 위해서 수십 년이 걸리기도 한다.

개체군의 크기가 작게 오래 존재할수록 완전히 사라질 수도 있는 환경재앙에 노출될 위험이 더 커지게 되므로 종의 복원율은 중요하다. 지금은 멸종된 북아메리카산멧닭에 대한 역사는 이러한 점을 보여주는 한 예이다.

북아메리카산멧닭은 한때 메인 주에서 버지니아 주까지 분포하였던 작은 야생 닭이다. 18세기에 북아메리카산멧닭의 개체수는 수십만 마리였다. 미국 동부해안에 정착민이 증가하면서 서식지가 파괴되어 북아메리카산멧닭의 개체군은 급격히 감소하였다. 19세기 말 북아메리카산멧닭은 매사추세츠의 케이프 코드(Cape Cod) 해안 근처의 마서즈 비니어드(Martha's Vineyard)라 불리는 약 2.6 km^2의 작은 섬에만 남아 있었다. 1907년 단지 50마리만이 이 섬에 존재하였다.

이 급격한 감소에 대응하여 매사추세츠 주에서는 1908년 마서즈 비니어드에 남아있는 새를 위하여 6.4 km^2를 조수보호구역으로 지정하였다. 처음에 결과는 효과적인 것 같았다. 1915년에는 개체군이 회복되고 성장하여 2000마리가 되었다. 그러나 1916 년 초 일련의 재앙이 닥쳤다. 첫 번째로 이들이 번식장소로 사용하던 많은 서식지가 불에 탔다. 다음해 겨울은 매우 혹독하였고 먹이도 적었으며, 이들을 잡아먹는 새매류가 유입되어 이들 개체군은 줄어들게 되었다. 마지막으로 남아 있던 많은 북아메리카산멧닭은 집에서 기르는 칠면조와 함께 가금 질병에 걸렸다. 1927년 단지 14마리만이 살아 있었는데 대부분 수놈이었다. 1932년 3월 11일 마지막으로 살아 있는 것이 관찰되었다.

북아메리카산멧닭이 절멸하게 된 마지막 원인은 자연스러운 사건인 불, 기아, 포식, 질병이었다. 이와 같이 상대적으로 일반적으로 일어날 수 있는 자연적인 현상에 직면하여 파멸에 이르게 된 것은 개체군의 크기가 너무 작았기 때문이다. 100,000마리로 구성된 개체군의 경우 재앙으로 인해 90%가 죽어도 10,000마리가 살아남을 수 있다. 그러나 1000마리로 구성된 개체군은 같은 상황에서 거의 사라질 것이다. 북아메리카산멧닭의 경우 사냥과 서식지 파괴가 중단되었을지라도 그 종의 생존은 극히 불확실하였다.

작은 개체군으로 구성된 멸종위기종일지라도 북아메리카산멧닭에 닥친 운명과 같은 재앙으로부터 보호될 수 있는 방법은 여전히 존재한다. 마서즈 비니어드 이외의 장소에 이 종의 또 다른 개체군이 존재한다면 그 개체군의 모든 구성원이 그와 같은 일련의 환경 재앙에 노출되는 것을 방지할 수 있었을 것이다. 이것이 멸종위기종을 잡아

시각화 ▼

독수리 개체군의 성장률은 왜 투구게 개체군의 성장률보다 훨씬 느린가?

그림 15.22 **종의 복원에 대한 성장률의 영향.** (a) 이 그래프는 빠르게 생식하는 투구게의 이상적인 개체군의 빠른 성장을 보여준다. (b) 캘리포니아독수리의 느린 성장률은 이 종의 복원을 느리게 한다. 복원 노력이 시작된 지 30년이 지난 오늘날 야생의 독수리 개체수는 아직도 수십 마리에 불과하다.

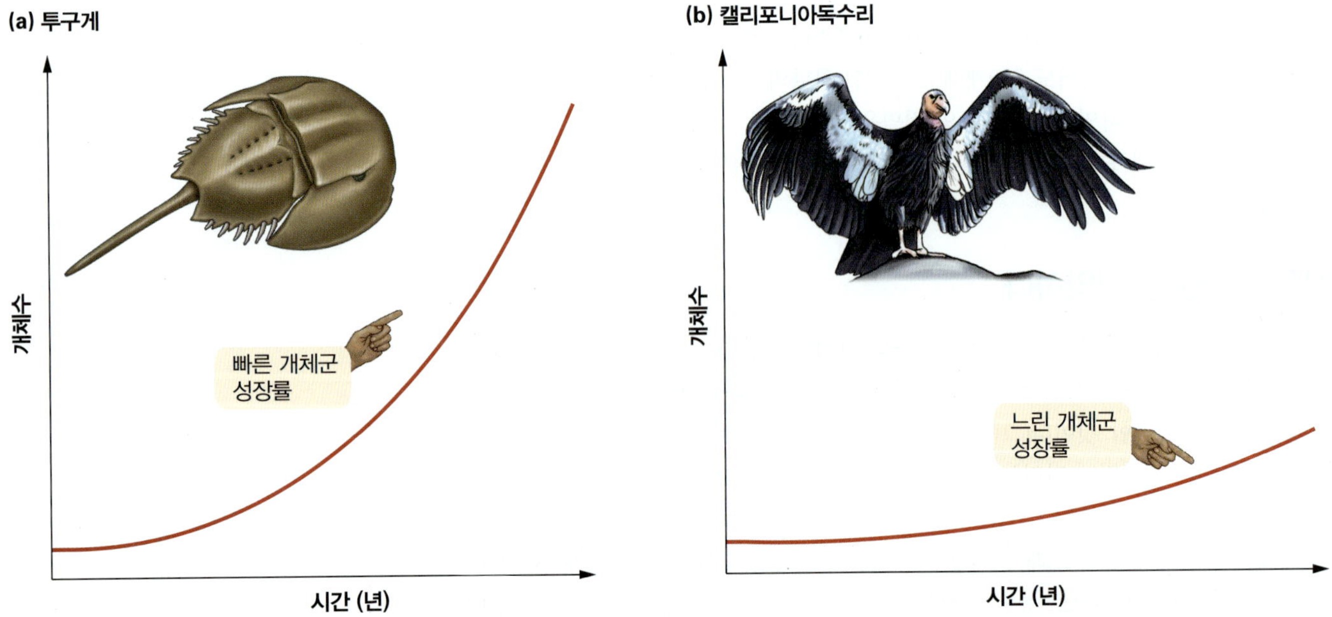

쉬어가기 아메리카산멧닭과 다르게 나그네비둘기는 절멸할 때 몇몇 콜로니를 가졌었음에도 불구하고 절멸되었다. 한 생물의 개체군이 상대적으로 클지라도 이 생물을 더 쉽게 절멸에 이르게 한 생물학적 특징은 무엇인가?

여러 장소에서 길러야 한다는 논리이다. 예를 들어, 미국 흰두루미는 메릴랜드의 미국 국립생물기구의 파투센트 야생생물 연구소(US National Biological Service's Patuxent Wildlife Research Center in Maryland), 위스콘신의 국제 두루미 재단(International Crane Foundation in Wisconsin), 캐나다의 캘거리 동물원(Calgary Zoo in Canada), 그리고 뉴올리언스의 절멸위기종 연구를 위한 오더번 센터(Audubon Center for Endangered Species Research in New Orleans)에서 잡아 기르고 있다.

비록 복수의 서식지를 가질지라도 멸종위기종 개체군이 수적으로 너무 작다면 그들은 더 미묘하지만 잠재적으로는 동등한 해로운 상황인 유전자 변이의 손실을 맞이하게 될 것이다.

보전 유전학

한 종의 **유전적 변이성(genetic variability)**은 종 내에 존재하는 모든 대립유전자와 이들의 분포 합이다. 예를 들어, ABO 혈액형을 결정하는 유전자는 세 가지 유형이다. 이 세 혈액형 대립유전자를 모두 가진 개체군은 단지 두 가지 대립유전자만 가진 개체군보다 더 많은 유전적 변이를 가지게 된다.

한 개체군 내에서 유전적 변이의 손실은 두 가지 이유에서 문제가 있다. 동형접합자들은 돌연변이 대립유전자를 더 잘 발현할 것이며 그들은 일빈적으로 서식지 조건이 까다로울 것이기 때문에 개체 수준에서 낮은 유전적 변이는 낮은 적응도(fitness)를 낳게 된다. 그리고 개체군 수준에서 유전적 변이의 빠른 손실은 **근교약세(inbreeding depression)**라고 알려진 개체들의 낮은 적응도와 전체적으로 개체군은 불가피한 변화된 환경조건에서 살아남을 수 있는 변이를 가지지 않기 때문에 그 개체군을 절멸에 이르게 할 것이다(표 15.2).

표 15.2 낮은 유전적 다양성의 비용

위험의 대상	낮은 다양성의 결과	예
개체들 	**근교약세:** 더 많은 동형접합 유전자 → 더 많은 악성 대립인자의 발현	더 낮은 유전적 다양성을 가진 치타 개체군은 정자의 질과 새끼의 생존율이 낮아짐을 보인다.
	이형접합자 장점의 소실: 유전자당 단지 하나의 대립인자 = 더 좁은 적합한 환경을 가질 가능성이 증가	겸상적혈구 대립유전자를 한 카피도 가지지 않은 인간은 말라리아에 더 민감하다.
개체군들 	**절멸의 소용돌이:** 근교약세는 개체군의 크기를 줄임 → "사고"에 더 민감	작아진 북아메리카산멧닭 개체군은 일련의 예상치 못한 환경 도전에 견딜 수 없었다.
	환경변화에 대응할 수 없는 무능함: 유전적 변이성 없음 = 적응이 없음	A형의 혈액형이 없는 인간 개체군은 콜레라와 흑사병에 대한 저항성을 가지도록 진화하지 못한다.

보전 유전학: 더 자세히 알아보기 ▼

개체의 유전적 변이의 중요성

11장에서 설명한 것처럼 **적응도(fitness)**는 주어진 환경조건에서 개체가 생존하고 생식할 능력을 일컫는다. 개체수준에서 낮은 유전적 변이가 적응도를 감소시키는 두 가지 이유가 있다. 도입부분에서 다룬 것처럼 비유를 사용하여 그들을 설명할 것이다.

우선 단지 두 개의 재킷을 가진다고 생각하라(그림 15.23). 둘 다 화려한 재킷이라면 직장을 위해 면접을 준비하기 위한 것일 것이다. 그러나 만일 눈보라가 치는 속에서 직장을 위한 면접을 보러 캠퍼스를 가로질러 걷는다면 이들은 편안하지 못할 것이다. 만일 두 개의 털 잠바를 가지고 있다면 항상 추위로부터 보호를 받을 수 있다. 그러나 이들을 입고 있으면 저녁 만찬에서는 볼썽사나울 것이다. 그러나 화려한 재킷과 따뜻한 털 잠바를 모두 가지고 있다면 데이트뿐만 아니라 겨울의 혹독한 추위에도 문제가 없을 것이다. 마찬가지로 개체들이 한 유전자에 대한 두 가지의 다른 대립유전자, 즉 이형접합자를 가질 때 유사한 이득을 얻게 된다. 즉, 각각의 대립유전자는 하나의 기능성 단백질을 암호화하고 있기 때문에 이형접합자를 가진 개체는 동일한 기능을 하는 두 개의 조금 다른 단백질을 만들 수 있다. 이 현상은 **이형접합우세(heterozygote advantage)**로 알려져 있다.

개체의 유전적 변이가 클 때 적응도가 증가하는 두 번째 이유는 많은 경우 한 유전자의 대립유전자 중 하나는 **유해성(deleterious)**이기 때문이다. 즉, 그것은 잘 기능하지 못하는 단백질을 만든다. 재킷을 이용한 비유에서 기능을 하지 못하고 유해 대립유전자는 형편없이 찢어진 재킷에 해당할 것이다. 만약 이 재킷과 온전한 재킷을 가졌다면 적어도 하나의 따뜻한 옷을 가지게 된다(그림 15.24). 이와 같은 경우, 이형접합자를 가지는 개체는 아직도 기능하는 하나의 유전자를 가진다. 유해 대립유전자는 종종 열성이기 때문에 이형접합자에서 기능하는 대립유전자의 활성은 유해 대립유전자가 존재한다는 사실을 알지 못하게 한다(7장 참조). 유해 대립유전자에 대한 동형접합자(하나의 유전자의 동일한 두 복사본을 가지는)를 가지는 경우 다 떨어진 재킷만 두 개를 가질 때와 같이 낮은 적응도를 가진다. 개체가 여러 유전자에 대해 이형접합자를 가질 때 축적된 효과는 많은 유전자에 대해 동형접합자를 가지는 개체에 비해 훨씬 큰 적응도를 가진다.

작은 개체군에서 이형접합자는 감소하게 된다. 가까운 혈연관계에 있는 개체들끼리 짝을 지을 때—이를 **근친교배(inbreeding)**라 한다—그들의 자손이 어떤 대립유전자에 대하여 동형접합자를 가질 확률은 상대적으로 높다. 치타는 근친교배가 매우 빈번하며, 이로 인해 정자의 질이 나빠졌으며 새끼의 생존율도 낮아졌다. 이 모두 유해 대립유전자의 발현이 증가되었기 때문인 것 같다. 근친교배의 대가는 다른 종에서뿐만 아니라 인간에서도 나타난다. 사촌 간에서 태어난 자식이 친척관계에 있지 않은 부모들 사이에서 태어난 자식보다 더 높은 비율의 동형접합자를 가지고 더 높은 사망률(낮은 적응도)을 가진다. 크기가 작은 멸종위기종 개체군에서 높은 근친교배와 관련이 있는 낮은 생존율과 번식률은 멸종위기로부터 회복할 그들의 능력을 심각하게 방해하고 있다.

그림 15.23 이형접합자는 더 넓은 환경 범위에서 살 수 있다. 이 비유에서 각각의 재킷은 대립유전자를 대표한다. 당신이 더 넓은 범위의 환경을 위하여 단지 한 가지의 재킷을 준비하는 것보다 두 가지 다른 재킷을 준비하는 것처럼 같은 유전자에 대해 두 개의 다른 단백질이 더 넓은 범위의 상태에서 최적의 기능을 수행할 수 있다.

더 자세히 알아보기, 계속

이형접합자가 되는 것은 유해 열성 대립유전자가 표현되지 않게 하여 더 높은 적응도를 가질 것이다.

그림 15.24 **이형접합자는 열성 돌연변이의 유해성 효과를 피할 수 있다.** 다시 각각의 재킷은 대립유전자를 대표한다. 당신이 받을 수 있는 한 가지 재킷이 다 떨어져 기능을 못한다면 하나만 받는 것이 좋다. 비슷하게 이형접합자는 동형접합성 열성 대립유전자만을 가진 개체에서 존재하는 것처럼 단지 기능하지 않는 대립유전자만를 가질 가능성을 줄일 수 있다.

시각화 ▲

정상적인 대립유전자에 대해 동형접합자는 열성 대립유전자에 대한 동형접합자보다 왜 더 높은 적응도를 가지는지 설명하라.

유전적 부동을 통해 변이가 사라지는 과정

작은 개체군은 한 개체군에서 우연에 의해 대립유전자의 빈도가 변하는 **유전적 부동(genetic drift)** 때문에 유전적 변이를 상실한다. 유전적 부동은 12장에서 진화적인 변화의 원인이 되는 과정으로 설명되었다. 그러나 작은 개체군에서 유전적 부동은 치명적인 결과를 가져올 수 있다.

혈액형의 대립유전자 *A*의 빈도가 1%인 두 인간 개체군을 가정하자. 즉, 그 개체군에서 100개의 혈액형 유전자당 단지 한 개만이 *A*형이라고 가정하고 이를 기호 I^A로 표시하자. 20,000명으로 구성된 첫 번째 개체군에는 총 40,000 혈액형 유전자들이 있다(즉, 개인당 2 대립유전자). 1% 빈도에서 이 개체군은 400 I^A 대립유전자를 가진다.

다음으로 단지 200개체로 구성된 훨씬 작은 개체군을 가정하자. 이 개체군에서 대립유전자는 단지 4사본만이 존재한다. 만일 이 두 개체군에서 어떤 주어진 대립인자가 자손에게 전달되는 기회가 동전을 던지는 것과 같이 나타난다면, 20,000개체로 구성된 개체군에서 대립유전자 I^A가 전달되지 않는 경우는 연속하여 400번 앞만 나올 확률과 동일하다. 반면, 작은 개체군에서 그것은 단지 네 번 연속하여 나올 확률과 동일하다. 그러므로 유전적 부동은 작은 개체군에서 더 심하며 더 쉽게 대립유전자가 완전히 사라지게 된다(그림 15.25).

데이터로 해결하기 ▼

60개체로 구성된 개체군이 100세대에 걸친 유전적 부동에 의해 얼마나 다양성이 줄어들지 그래프를 보고 결정하여라.

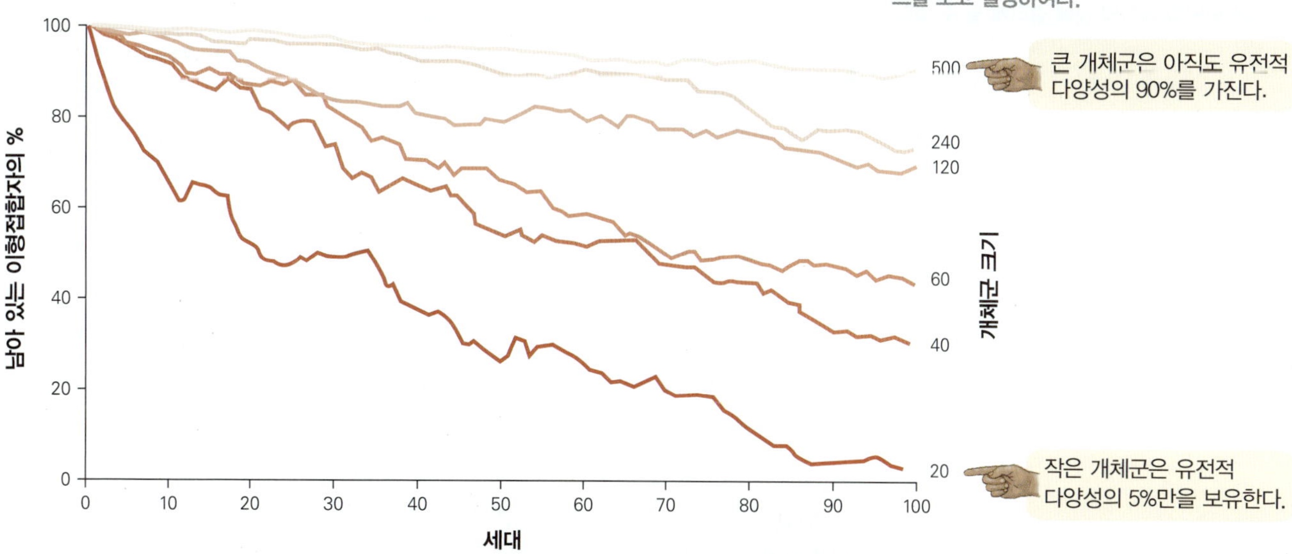

그림 15.25 **유전적 부동은 큰 개체군보다는 작은 개체군에 더 큰 영향을 준다.** 이 도표에서 각각의 선은 주어진 개체군 크기에 대한 유전적 부동을 25번의 컴퓨터 시뮬레이션을 통해 확인한 결과의 평균을 나타낸다. 100세대 후 500개체로 구성된 개체군은 아직도 90%의 유전적 변이를 보유한다. 반면에 20개체로 구성된 개체군은 유전적 변이의 5% 미만을 보유한다.

더 자세히 알아보기, 계속

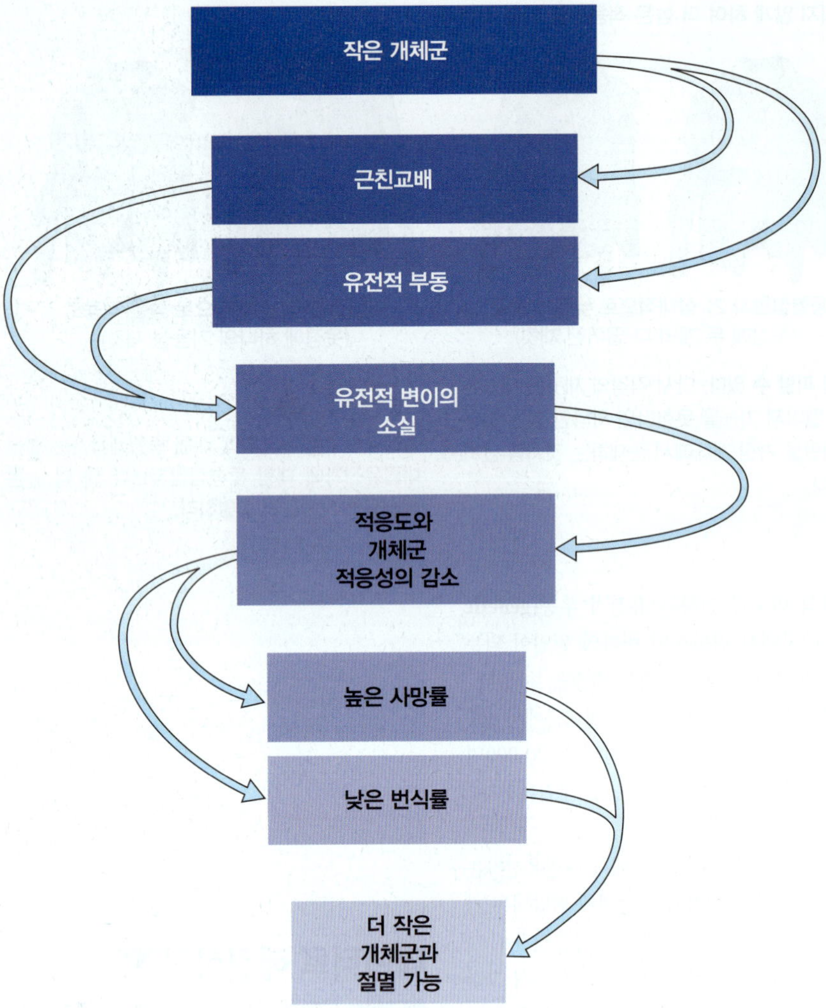

그림 15.26 절멸의 소용돌이. 작은 개체군은 크기가 계속하여 작아져 결국에는 절멸에 이르게 하는 양성되먹임 과정의 덫에 걸리게 될 수 있다.

대부분의 개체군에서 유전적 부동을 통하여 사라진 대립유전자는 현재의 적응도에 거의 영향을 미치지 못한다. 그러나 한 환경에서의 적응도에 별로 중요하지 않은 많은 대립유전자들이 다른 환경에서는 적응도를 증가시킬 수도 있다. 이와 같은 일이 발생하게 되면 그들의 손실은 종 전체를 재앙으로 몰고 갈 것이다.

개체군에서 낮은 유전적 변이의 결과

유전적 변이가 낮은 개체군은 다음의 두 가지 이유로 인하여 미래가 불안하다. 첫째, 대립유전자들이 사라졌을 때 개체군에서 근교약세 수준이 증가하게 되고, 이는 낮은 번식률과 높은 사망률로 나타나며 작은 개체군이 가진 다른 모든 문제점에 민감한 더 작은 개체군으로 된다. 이 과정은 종종 **절멸의 소용돌이(extinction vortex)**라고 불린다(그림 15.26). 이 장의 앞에서 언급한 북아메리카산멧닭의 경우가 절멸의 소용돌이의 한 예이다. 남아 있는 개체군이 불, 질병, 그리고 포식에 의해 줄게 되면 근친교배 침하로 인해 다시 수가 불어나지 못하고 절멸로 빠져들게 된다.

둘째, 낮은 유전적 변이를 가진 개체군은 환경변화에 적응할 수 없기 때문에 절멸의 위험이 있다. 어떤 유전자에 대해 대립유전자가 매우 적을 때 환경의 도전에 맞설만한 특성을 소유한 개체가 개체군에 하나도 없을 수가 있다. 예를 들어, A형의 혈액형을 가진 사람이 O형 또는 B형인 사람들보다 콜레라와 선페스트에 더 강한 저항성을 가진다는 증거가 있다. 만일 개체군이 다양성을 잃고 I^A를 가진 개체가 하나도 없다면, 이 개체군은 선페스트에 노출되었을 때 절멸하게 된다.

멸종위기종이 매우 작은 개체군으로 감소하여 유전적 다양성이 줄어드는 것을 방지하는 것이 심지어 개체군이 회복되었을 때에도 비슷한 유전적 재앙을 피하는 데 매우 중요하다.

생물다양성 보호와 인간의 요구 충족

ESA는 송골매, 미국 악어, 그리고 대머리독수리(그림 15.27)와 같은 종들을 절멸의 위기로부터 구하였다. 그러나 이 모든 성공은 시민과 납세자에 대한 어느 정도의 비용 지불을 수반하였다. 만일 이와 같은 해결 방안이 이와 유사한 멸종위기종을 복원하는 선구적인 방법이라면, 많은 미국인들은 우리의 자연유산을 보호하고 인간과 야생생물의 요구를 적절히 맞추기 위한 노력에 기꺼이 세금을 사용할 것이다.

인간이 직면한 다른 도전들처럼 가장 좋은 전략은 예방이다. 표 15.3은 어떤 종의 멸종위기를 맞이하는 속도를 줄이는 데 도움이 될 수 있는 행동을 모아 놓은 것이다. 생물다양성을 보존하기 위한 이러한 도전이 성공하려면 독창성이 필요하지만 다른 생물을 위한 공간을 만들면서 인간의 요구를 충족시킬 수도 있다. 그러나 우리 모두가 이 방정식을 균형 있게 만들도록 참여하여야 한다.

그림 15.27 **멸종위기종의 성공 스토리.** 대머리 독수리는 2007년 멸종위기 상태에서 "제외되었다". 워싱턴 DC에서 이를 기념하는 기념식이 열렸다. 거의 절멸된 상태로부터의 극적인 회복은 일부 정부의 보호 노력 때문이다. 그러나 멸종위기 목록에서 제외되는 것은 아직 상대적으로 극히 드문 일이다.

표 15.3 생물다양성을 보존하기 위해 해야 할 일

목표		이유	행동
화석연료 사용을 줄이기		• 화석연료의 채굴, 천공, 그리고 수송은 서식지를 변화시키고 오염을 일으킨다. • 화석연료의 연소는 지구 기후 변화의 원인이 되며 자연 서식지를 파괴한다.	• 에너지 효율이 높은 자동차나 전기기구를 사라. • 가능하면 걷거나, 자전거를 타거나, 버스를 이용하라. • 학교나 직장에서 가깝거나 대중교통의 이용이 편리한 집을 선택하라. • 청정에너지를 사서 써라.
육류 소비의 충격 줄이기		• 서식지 파괴와 변형의 주 원인은 농업이다. • 현내의 쇠고기, 돼지고기, 닭고기 생산은 논밭에서 생산되는 곡식에 의존한다. 쇠고기 1 kg은 곡물 4.8 kg을 필요로 하며, 이는 농지 50 m^2에 해당한다.	• 일주일에 한 번 이상 육류가 안 들어간 음식을 먹어라. • 육류를 수식으로 하지 말고 "무식(side dish)"으로 하여라. • 풀을 먹여 키웠거나 방목한 육류를 사라.
오염 줄이기		오염은 직접 생물체를 죽이거나 환경에서 그들의 생존능력과 번식능력을 줄일 수 있다.	• 농약을 사용하지 마라. • 농약을 사용하지 않은 상품을 사라. • 독성 세제를 생분해가 가능한 덜 해로운 화학 제품으로 바꾸어라. • 구입한 상품의 원재료를 고려하여 오염을 덜 발생시키는 것을 선택하라. • 물품을 버리지 말고 다시 사용하거나 재활용하여라.
자신과 다른 사람에게 알리기		많은 개인이 생물다양성을 위하여 무언가를 할 때 가장 빠른 변화가 나타난다.	• 생산자나 상점의 주인에게 상품의 환경비용에 대해 묻자. • 당신의 선택에 관해서 가족과 친구에게 이야기하자. • 인구성장률을 줄이고 서식지 파괴와 종의 절멸을 억제하기 위한 효율적인 수단을 강구하도록 정책결정자에게 편지를 써라.

현명한 독자

한 종이 회복될 때 무슨 일이 일어나는가?

회색늑대의 멸종위기종 지정 상태는 끝나 가는 것 같다

미국 하원에서 새로 제정된 정부 법안은 회색늑대를 멸종위기종법에 의한 보호종에서 "제거"하고 각 주에서 주만의 늑대 관리와 복원 계획을 설계하고 수행하도록 할 것이다. 이는 늑대의 개체수가 증가하기 시작한 주 유타 주 공화당 위원인 짐 매트슨(Jim Mateson)과 의회 스포츠맨 단체의 공동의장이며 사냥과 낚시를 옹호하는 아칸소 주 공하당 의원인 마이크 로스(Mike Ross)에 의해 발의되었다.

공화당의 매트슨 의원에 따르면 "과학자들과 늑대 복원 옹호자들은 회색늑대가 회복되었다는 데 동의한다. 그래서 더 이상 멸종위기에 있지 않기 때문에 멸종위기종 목록에서 제외되고 주 야생생물국에서 다른 종처럼 관리되어야 한다. 그래야 시간, 돈, 그리고 노력이 필요한 종에 집중적으로 투자될 수 있다".

공화당의 로스 의원은 특정 멸종위기종이 사는 지역에 있는 공무원이 이 종들과 관련된 관리 결정에 더 큰 역할을 가져야만 한다고 주장한다. "너무 많은 늑대 개체군들은 엘크, 무스, 사슴, 그리고 다른 종들에게 치명적인 영향을 줄 수 있다. 그래서 각 주는 그들만의 독특한 도전을 해결해야 한다. 오바마와 부시 행정부 모두 많은 주에서 늑대를 이미 멸종위기종 목록에서 제거하고 국가의 민감한 생태계를 균형있게 유지하는 것이 옳기 때문에 이들의 관리를 주 야생생물국에 넘겨야 한다고 제안하였다."

1. 유타 주 의원은 "회색늑대가 회복되었다"라는 그의 진술을 지지하기 위해 어떤 증거를 제시하였는가? 그 증거는 확실한가?
2. 이 장에서 배운 것을 바탕으로 생각할 때 회색늑대의 회복은 엘크와 무스에게 "치명적인 영향"을 줄 것이라 생각하는가?

그럴듯한 소리데 **그런가?**

모기는 자신의 일생 중 초기를 웅덩이의 정체된 물에서 조류, 세균, 그리고 다른 작은 생물을 먹고 산다. 물에서 그들은 잠자리, 물고기, 그리고 작은 갑각류의 먹이가 된다. 모기가 부화할 때 암컷과 수컷 모두 꽃에서 화밀을 먹으므로 화분매개자의 역할을 한다. 일단 수정이 되면, 암컷은 알의 발생에 양분을 공급하기 위하여 피를 먹는다. 그 결과 모기는 적어도 인간에게는 지구에서 가장 귀찮은 동물이다. 이들이 물었을 때 가렵고 잠이 들려고 할 때 윙윙거릴 뿐만 아니라 가장 문제가 되는 질병인 말라리아, 황열병, 그리고 뎅기열을 퍼뜨리기 때문이다. 말라리아 하나만으로 매년 수백만 명이 죽는다. 모기가 인간에게 하나의 전염병이라는 것은 다음과 같은 결론을 내릴 수 있게 할 수도 있다.

모기가 사라진다면 지구는 훨씬 더 좋아질 것이다.

그럴듯한 소리이지만 그렇지 않다.

1. (a) 모기와 물에 사는 미생물 사이, (b) 모기와 잠자리 사이, (c) 모기와 그들이 방문하는 식물 사이, 그리고 (d) 모기와 인간 사이의 생태 관계는 무엇인가?
2. 모기가 포함되는 먹이그물을 그려보자. 모기가 사라지면 어떤 생물이 어떤 방식으로 영향을 받을 것 같은가?
3. 제시된 어떤 변화가 당신이 그린 먹이그물에 없는 생물에게 영향을 줄 수 있는지 설명하라.
4. 핵심종은 무엇인가?
5. 모기가 핵심종인가?
6. 1~5번 질문에 대한 답을 생각하고 위의 굵은 글씨로 쓴 문장이 그럴듯하지만 그렇지 않은 이유를 설명하라.

복습

요약

15.1

여섯 과학자들이 현재와 과거의 절멸률을 어떻게 구하는지 설명하고, 지구는 현재 대량 절멸을 겪고 있다는 증거를 제시하라.

- 과거의 절멸률은 화석에 있는 종의 수명을 보고 추정할 수 있는 반면, 현재의 절멸률은 사라진 것 또는 절멸의 위험에 있는 종 수를 세어서 측정될 수 있다.
- 종 절멸을 통한 생물다양성의 손실은 과거 절멸률의 50~100배를 넘고 있다.

중요한 절멸의 원인을 나열하고, 각각이 인간의 활동과 어떻게 연관되는지 설명하라.

- 농업, 도시 개발과 같은 인간 활동에 의한 자연 서식지의 소실이 현 세대에 일어나는 절멸의 주 원인이다.
- 서식지 단편화, 원래 살지 않던 장소로 도입되는 종, 무제한 수확을 통한 남획, 그리고 오염의 추가적인 위협 또한 멸종에 기여한다.

종-면적 곡선이 한 지역의 종을 추정하는 데 어떻게 사용되는지 설명하라.

- 종-면적 곡선은 종 수와 지리적 면적 사이의 관계를 보여준다. 만약 특정 유형의 실제적인 종 수를 모른다면 종-면적 곡선은 주어진 지역에서 그 종의 추정치를 제공할 수 있다.

영양 피라미드의 원리를 설명하라.

- 영양 피라미드는 먹이사슬의 여러 단계에서의 생체량 사이의 관계이다. 거의 모든 군집에서 생산자 단계의 생체량이 더 높은 단계인 소비자 단계의 생체량보다 훨씬 더 많다.
- 먹이사슬의 꼭대기에 있는 종은 더 높은 영양 단계에서 생존을 위해 사용 가능한 에너지가 더 적기 때문에 절멸에 더 민감하다.

15.2

포식, 상리공생, 경쟁을 정의하고, 각각의 생태 관계의 예를 제시하라.

- 군집을 구성하는 종들은 두 종 모두 관계를 통해 이익을 얻을 때 상리공생을 통해, 다른 종을 잡아먹을 때 한 종이 이익을 얻으면 포식을 통해, 동일한 자원을 얻기 위해 싸우는 경쟁을 통해 서로 상호작용한다.

먹이그물과 생태계를 정의하고 핵심종과 핵심종이 아닌 종의 역할을 설명하라.

- 먹이그물에서 핵심종은 종이 사라지는 경우 전체 군집에 큰 영향을 주는 종이다.
- 먹이그물은 한 군집에서 종 사이의 먹고 먹히는 관계를 연결한 것이고, 생태계는 먹이그물뿐만 아니라 생물 군집에 의해 점유된 환경의 비생물학적 면을 모두 포함한다.
- 종은 에너지 흐름과 양분 순환에 대한 영향을 포함하여 생태계의 기능적인 면에서 자신의 역할을 수행할 수 있다.

양분 순환의 예를 제시하라.

- 양분은 생물체로부터 무기물의 형태로 그리고 무기물의 형태에서 생물체로 생태계를 통해 순환한다. 질소는 환경을 통해 순환하는 양분의 한 예이다.

15.3

한 개체군에서 작은 개체군 크기와 유전자 다양성 소실 모두 개체군과 그 개체군에 속한 개체들에 대해 위협요인이 되는지 설명하라.

- 종이 이미 멸종위기에 있을 때 더 큰 개체군으로 회복하는 것은 절멸을 막는 데 매우 중요하다.
- 작은 개체군은 환경재앙으로 인한 절멸의 위험이 더 높다.
- 작은 개체군은 구성하는 개체들이 근친교배에 의해 낮은 적응도를 가져 개체군 크기를 더 크게 할 수 없을 때 위험에 처한다.
- 작은 개체군에서 유전자 변이는 우연한 기회에 한 개체군에서 대립인자가 사라지는 유전자 부동 때문에 줄어든다. 그러므로 작은 개체군은 환경변화에 반응하여 진화할 가능이 줄어들 것이다.

절멸이 되는 숫자를 줄일 수 있는 전략을 나열하라.

- 먹이 사슬에서 더 낮은 위치에 있는 먹이를 먹고 지속 가능한 교통 수단과 에너지를 사용하는 것 모두 다른 종의 서식지를 보전하는 데 도움이 될 것이다.
- 정치적으로 사람들이 멸종위기종이 사라지는 것을 돕는 계획을 발전시키고, 이 계획이 사람들에게 미치는 부정적인 영향을 최소화하면 된다.

언어의 뿌리

다음 어원들은 주로 라틴어나 그리스어에서 기원하며 아래와 같은 뜻을 가지고 있어 용어를 해석하는 데 도움을 준다:

eco-	집이나 거주를 의미한다. 용어: *ecosystem*
eu-	진짜 또는 좋다는 것을 의미한다. 용어: *eutrophication*
-philia	애정이나 사랑을 의미한다. 용어: *biophilia*
-trophic	음식이나 자양물을 의미한다. 용어: *eutrophication*

기본문제

1. 서식지 단편화가 어떻게 어떤 종을 멸종위기에 놓이게 하는지 설명하라. 어떤 유형의 종이 서식지 단편화로 가장 위협을 받는다고 생각하는가?

2. 종 사이의 상리공생, 포식, 경쟁의 관계를 비교하라.

3. 대량 절멸은?

A. 지구 전체적으로 일어난다.
B. 많은 다른 무리의 생물에 영향을 준다.
C. 단지 인간의 활동에 의해 발생한다.
D. A와 B가 옳다.
E. A, B, C가 옳다.

4. 현재의 절멸률을 과거의 절멸률과 비교하면 과거의 몇 배나 되는가?

A. 동일하다.
B. 10배 낮다.
C. 10배 높다.
D. 50~100배 높다.
E. 1,000~10,000배더 높다.

5. 일반화된 종-면적 곡선에 따르면 서식지가 원래 크기의 절반으로 줄 때 현재 존재하는 종의 약 %가 사라질 것인가?

A. 10% B. 25% C. 50%
D. 90% E. %를 추정할 수 없다.

6. 인간이 한 종을 직접 사용하는 것이 절멸의 원인이 되는 것을 무엇이라 하는가?

A. 남획
B. 서식지 단편화
C. 오염
D. 경쟁종이나 포식자의 도입
E. 지구온난화

7. 먹이그물이 의미하는 것은?

A. 살아 있는 개체들 사이의 진화적인 관계
B. 생태계에서 종들 사이의 연결
C. 유전적 변이의 복잡한 본성
D. 부모로부터 자식으로 정보의 전달
E. 자연계에 대한 인간의 포식효과

8. 다음 중 상리공생의 예에 해당하는 것은?

A. 두더지 굴에서 지렁이를 잡아먹고 있는 두더지
B. 습지에서 함께 자라고 있는 부들과 갈대
C. 상어의 이빨에서 기생충을 제거하는 청소부 물고기
D. 토마토 잎을 먹고 있는 콜로라도 토마토 벌레
E. 위에 있는 것 1개 이상

9. 작은 개체군이 직면한 위험에 해당하는 것은?

A. 유전적 부동을 통한 유전적 변이(다양성)의 손실
B. 근친교배의 결과로서 나타나는 개체의 적응도 감소
C. 자연재해를 경험할 위험의 증가
D. A와 B가 옳다
E. A, B, C 모두 옳다

10. 멸종위기종 하나의 개체군보다 더 많은 개체군을, 한 장소보다 더 많은 장소를 보존하는 것의 장점은?

A. 재앙이 한 장소에서만 발생한다면 종 전체가 절멸될 확률이 낮아진다.
B. 각각의 개체군 내에서 근친교배가 일어날 확률이 높아진다.
C. 각각의 개체군에서 유전적 부동이 일어날 확률이 높아진다.
D. 각각의 개체군에 이형접합자가 적게 존재한다.
E. 다른 장소에서 서식지 단편화가 일어날 확률이 높아진다.

11. 아프리카 세렝게티에는 얼룩말보다 사자가 더 적은 주 요인은 무엇인가?

A. 얼룩말이 사자를 쫓아내는 경향이 있다.
B. 사자는 직접적으로 치타와 경쟁하는 반면, 얼룩말은 경쟁자가 없다.
C. 얼룩말은 개체군을 증가시키는 상리공생을 하지만, 사자는 하지 못한다.
D. 사자 개체군을 유지하기에 충분한 에너지를 얼룩말에서 얻지 못하지만, 얼룩말은 충분한 에너지를 공급할 초본이 존재한다.
E. 얼룩말이 핵심종인 반면, 사자는 핵심종이 아니다.

12. 생태계에서 식물의 성장에 이용되는 양분의 대부분은?

A. 비로 퇴적된다.
B. 분해자의 재순환을 통해 이용 가능해진다.
C. 생태계 내에서 영원히 유지된다.
D. B와 C가 옳다.
E. A, B, C가 옳다.

응용문제

1. 태평양 북서쪽 해안가에는 켈프라고 하는 큰 조류가 우점한 지역이 많다. 이 켈프숲은 작은 식물을 먹고 사는 물고기, 조개, 그리고 전복이 살아가는 곳이다. 반대로 이 동물들은 게와 더 큰 물고기에게 먹힌다. 이 지역에서 켈프의 주 포식자는 성게이며, 성게는 수달의 먹이가 된다. 수달이 20세기 초반 거의 절멸될 정도로 사냥을 당했을 때 켈프숲이 붕괴되었다. 켈프는 단지 낮은 곳에만 존재하였다. 반면 성게는 바다의 바닥에서 번창하였다. 켈프숲에서의 단순한 먹이그물을 만들기 위해 이 정보를 사용하라. 먹이그물을 사용하여 이 시스템에서 수달이 왜 핵심종인지 설명하라.

2. 다음 중 어떤 상황이 유전적 부동에 더 가까운가? 왜 그렇다고 생각하는가?

   A. 수놈이 암놈을 두고 격렬하게 경쟁하는 500마리의 개체군. 약 5%의 수놈이 한 세대 모든 자손의 아버지이다. 암놈은 계절마다 한 마리의 자손만 낳는다.

   B. 암놈과 수놈이 교미기 내내 함께 쌍을 이루고 있는 250마리의 개체군. 암놈은 계절마다 3~4마리의 자손을 낳는다.

3. 긴부리물떼새는 북아메리카의 해안에 둥지를 트는 작은 새이다. 오대호(Great Lakes)에 서식하는 물떼새 개체군은 멸종위기종이고 단지 30쌍 정도만 남아 있다. 긴부리물떼새의 회복 계획을 세우고자 할 때 새와 위험성에 대한 어떠한 종류의 정보가 이 목적을 달성할 수 있는 방법과 이 종의 개체군 목적을 결정하는 데 도움을 줄 것인가?

연관문제

1. 다음 중 생물다양성을 보존해야 되는 확고한 이유가 무엇이라고 생각하는가? (A) 인간을 제외한 다른 종들은 생태계에서 그들의 역할을 가진다. 그리고 그들은 인간을 지탱하는 생태계를 보존하기 위해 보존되어야 한다. 또는 (B) 인간을 제외한 다른 종들은 존재할 근본적인 권리를 가진다. 선택한 이유를 설명하라.

2. 만일 어린이가 20년 또는 30년 후 다음과 같은 질문을 하게 된다면 무엇이라고 대답할 것인가? 그 이유는?

   "인간이 대량 절멸을 일으키고 있다는 것이 명백하게 되었을 때 당신은 무엇을 하였는가?"

CHAPTER 16

우리는 어디에 살고 있는가?

당신의 "생물학적 주소"는 무엇인가?

기후와 생물군계

"당신은 어디에 살지요?"라는 질문에 어떻게 대답할 것인가? 우리들 대부분은 우편배달을 위한 주소인 도, 시, 군, 동, 도로명 등으로 대답할 것이다. 단지 몇 명만이 "소노라 사막"이라거나 "한대침엽수림"이라고 대답할 것이다. 그러나 우리가 살고 있는 자연환경에 대한 이와 같은 설명을 *생물지역*(*bioregional*) 주소로 생각할 수 있다. 우리의 생물지역 주소는 생물을 부양하는 기후뿐만 아니라 우리의 서식공간을 함께 나누고 있는 고유한 식물상과 동물상을 포함한다. 사람들은 종종 그들이 살고 있는 생물지역을 설명하는 데 어려움을 가진다.

당신은 많은 집 소유주들이 여름 가뭄 동안 잔디밭을 녹색으로 유지시키고자 함으로써 지역적인 물부족 문제가 발생하는 것과 같은 생물지역 인식에 대한 무지의 결과를 경험하였을 것이다. 생물지역 인식이 부족한 경우 더 심각한 비용을 지불하는 경우도 있다. 주기적으로 빈번히 불이 나는 장소에 집을 짓거나, 불안정하고 폭풍에 민감한 모래 해안에 집을 짓는 경우가 이에 해당한다.

누가 네 이웃인가?

인간이 디자인한 경관에서 생물학적 주소를 확인하기란 어려울 수 있다.

자신의 생물지역에 대한 이해는 사람들이 인간과 자연환경 모두에게 더 좋은 인간의 거주지를 건설할 수 있게 할 것이다. 예를 들면, 미국의 남서부 사막지역에서 환경에 민감한 건축업자는 가뭄을 잘 견디는 고유식물로 조경을 하는 건식조경(xeriscaping)을 사용한다. 건식조경은 물의 과잉 사용을 방지할 뿐만 아니라 고유의 야생생물에게도 서식지를 제공한다.

우리는 어디에서나 정착할 수 있다는 우리의 능력을 자랑스럽게 생각할지 모르지만, 인간은 자원을 얻고 쓰레기를 처리할 때 자연세계에 의존한다. 우리 인간이 주변 생물 군집과 어떻게 잘 조화를 이루어야 하는지에 대한 이해의 결핍은 대기와 수질 오염으로 나타날 수 있고 이와 같은 오염은 우리 자신과 우리의 생물학적 이웃에게 나쁜 영향을 끼칠 수 있다. 이장에서는 생물지역의 생태학이 인간 서식지의 생물학과 어떻게 연관되었는가를 다룰 것이다.

우리가 의존하는 자원이 어디서 오는지 아는 사람은 거의 없다.

사람들은 종종 그들이 살고 있는 생물지역을 설명하는 데 어려움을 가진다.

16.1 지구적, 지역적 기후

뉴욕의 버펄로는 마니토바의 추운 위니펙보다 눈이 왜 그리도 많이 내리는가? 인도 대부분에서는 왜 몬순 계절풍이 부는가? 태평양 섬들의 기후는 왜 항상 아름다운가?

이 모든 질문에 대답하기 위해서는 수년에 걸쳐 한 장소에서 측정된 평균 상태인 **기후(climate)**를 이해하여야 한다. 기후는 온도, 구름량, **강수(precipitation**; 비나 눈)와 같은 현재 상황을 나타내는 **날씨(weather)**와 구분된다. 달리 말하면, 한 장소의 날씨는 내일 아침 눈을 치워야 하는지 말지를 알려주는 것이라면 기후 정보는 눈을 치우는 삽을 준비하는 것이 필요한지 아닌지를 알려주는 것이다.

일반적으로 기온은 북극과 남극에서보다 열대지방에서 더 높고 고도가 높은 곳보다 바다 수준에서 더 높다. 연중 기온 변화는 지리적인 위치와 관련이 있다. 남극이나 북극에 가까울수록 더 큰 계절성이 나타난다.

강수 유형은 지구적인 규모로 볼 때 온도 유형보다 더 변이가 크다. 열대지방에는 비가 많이 내리는 넓은 지역이 있는 반면, 이 지역의 남쪽과 북쪽에서는 강수가 상당히 줄어들며 많은 거대한 사막이 존재한다. 동일한 유형이 더 건조한 극지역과 대비하여 더 습한 온대지역에서 반복된다. 그림 16.1은 지구에서의 온도와 강수 유형 분포를 요약한 것이다.

한 지역의 평균 기온은 그곳에 도달하는 **일사량(solar irradiance)**, 즉 지표면 또는 수표면의 면적당 에너지량에 의해 주로 결정된다. 더 많은 양의 일사량을 받는 장소의 평균 기온은 적은 양을 받는 장소보다 더 높다.

지구의 축은 어림잡아 태양으로부터 나오는 에너지 흐름에 수직이다. 이 축의 양극단은 **극(pole)**이라고 부르며 양극에서 동일한 거리에 있는 부분을 **적도(equator)**라 부른다. 일사량은 지구가 둥글기 때문에 극과 적도 지역 사이에서 변한다. 그림 16.2는 태양으로부터 나오는 동일한 두 흐름의 태양에너지를 보여준다. 하나는 바로 적도에서 지표면에 도달하는 반면 다른 하나는 극에 더 가까운 각도로 도달한다. 극 근처에서 지표면은 태양으로부터 만곡되어 멀어져 간다. 기하학적인 차이는 일정량의 햇빛에 의해서 덮혀지는 표면적이 극지역보다 적도에서 훨씬 더 좁다는 것을

equ- 는 동일하다는 것을 의미한다.

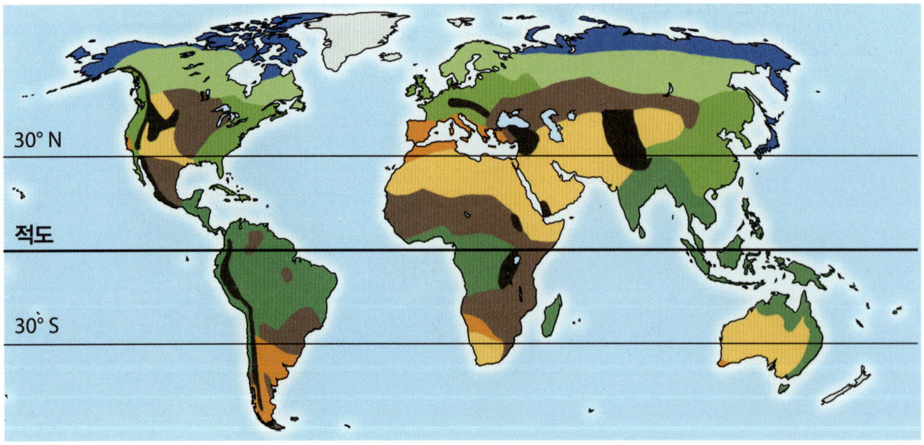

- 춥고 건조–툰드라
- 적당하거나 더움, 건조–사막
- 적당하거나 더움, 비가 적음–초원
- 따뜻하고 상대적으로 건조–지중해성관목림
- 춥고 적당한 비–북방림
- 온도가 적당하고 습함–온대림
- 따뜻하고 매우 습함–열대림
- 다양한 고도로 인해 식생 유형이 다양–산악지대

그림 16.1 **지구 기후 유형.** 한 지역의 평균 기온은 적도로부터의 거리를 통해 어느 정도 예측 가능하다. 강수는 일부 지구적 유형에 의해 결정되며, 일부는 바다로부터의 거리 또는 산맥과 같은 지역적 조건에 의해 결정된다.

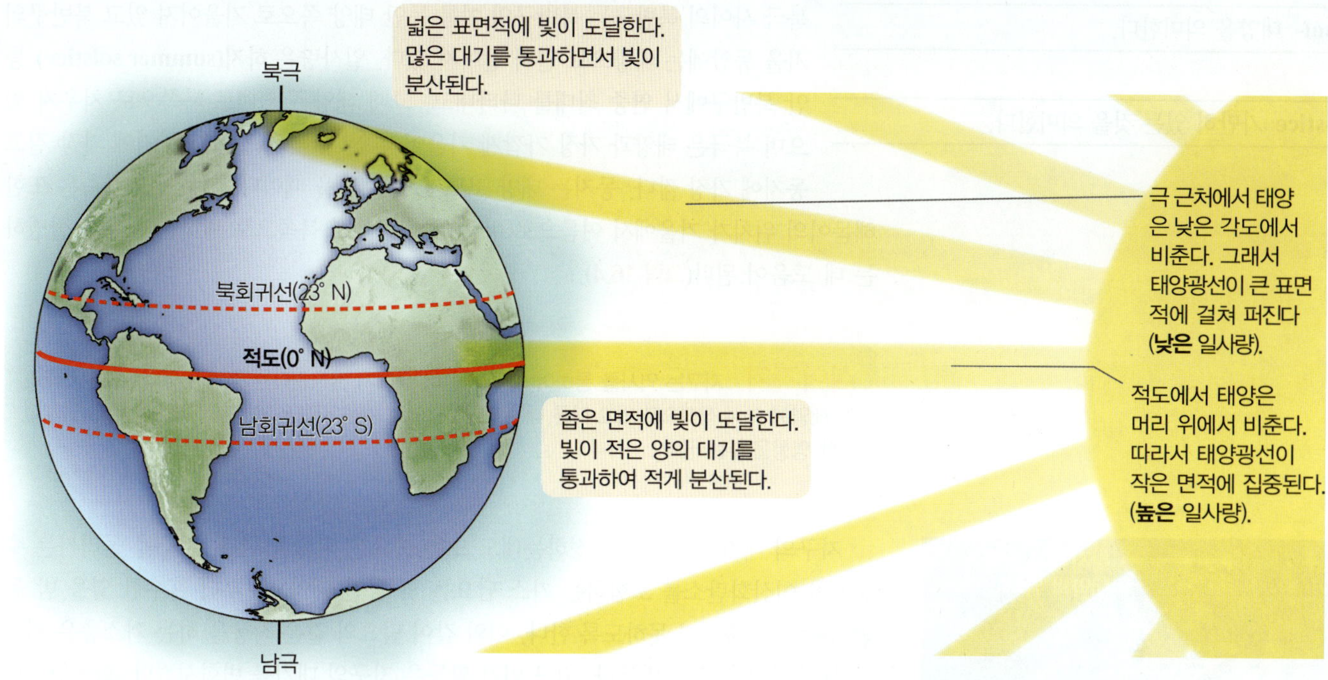

그림 16.2 지표면에서의 일사량. 지구 표면의 한 지점에서 연평균 기온은 일사량에 가장 직접적인 영향을 받는다. 적도 부근에서는 더 많은 양의 태양에너지를 받는 반면, 극 근처에서는 가장 적은 태양에너지를 받는다.

시각화 ▲

플로리다(북위 29°)와 버몬트(북위 44°) 사이의 일사량과 기후가 왜 다른지 설명하라.

의미한다. 대기를 통과하는 태양광은 다시 우주로 산란될 수 있으며, 작은 각도로 더 많은 대기를 통과하기 때문에 더 적은 빛이 극의 지면에 도달한다. 다시 말해서 일사량은 적도에서 가장 많으며 극에 가까울수록 가장 적다. 이것이 남부 플로리다가 북쪽의 버몬트보다 더 따뜻한 이유 중 하나이다.

일사량은 일정 위치에서 연중 변한다. 이는 실제로는 지축이 태양광에 23.5° 기울어져 있기 때문이다(그림 16.3). 약간 기울어졌기 때문에 지구가 태양을 공전할 때 적도와

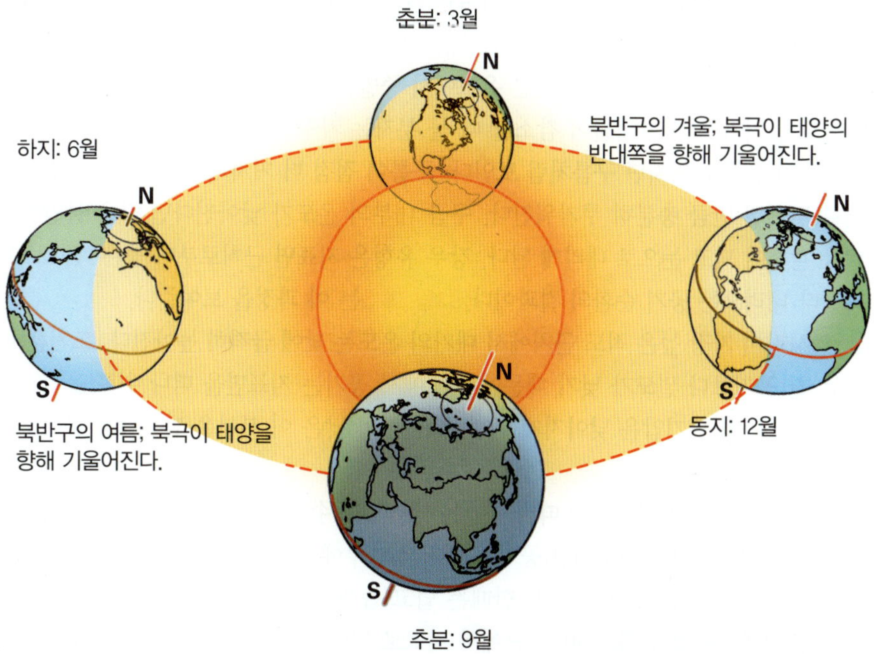

◀ 시각화

북미에서 겨울일 때 호주에서는 여름인 이유는 무엇인가?

그림 16.3 기울어진 지축으로 인해 계절이 나타난다. 지축은 태양광의 수직면에서 23° 기울어져 있기 때문에, 1년 동안 지구가 태양을 공전할 때 극이 태양에 가까워지고 멀어지게 된다. 일사량은 극이 태양을 향할 때 극 부근에서 증가하고 극이 태양의 반대 방향을 향할 때 감소한다.

sol- 태양을 의미한다.

-stice 가만히 있는 것을 의미한다.

북극 사이의 북반구는 북반구의 여름 동안 태양 쪽으로 기울어져 있고 북반구의 겨울 동안에는 태양으로 멀리 떨어져 있다. 일사량은 **하지(summer solstice)** 동안 북반구에서 연중 최대를 나타내고, 그때 태양은 최대로 북쪽으로 치우쳐 있으며 북극은 태양과 가장 가깝게 기울어져 있다. 낮의 길이가 하지에 가장 길고 동지에 가장 짧다. 동지는 태양 고도가 가장 낮을 때이다. 기울어진 지축은 또한 해돋이의 위치가 겨울에서 여름으로 바뀔 때 남쪽에서 북쪽으로 변하는 이유를 설명하는 데 도움이 된다(그림 16.4).

쉬어가기 지구는 역사를 통하여 지구 자전축 위에서 흔들린다는 증거가 있다. 그래서 때로는 태양에 더 수직적으로 있고 다른 때는 더 큰 각도로 기울어졌다. 기울기의 감소는 어떻게 계절성에 영향을 주는가?

그림 16.4 **태양의 여행.** 이 사진은 동일한 장소에서 연중 1주일 간격으로 태양을 촬영한 것이다. 태양이 하늘 높이 있을 때 일사량은 높고 온도는 따뜻하다. 태양이 낮게 있을 때 일사량과 온도는 따라서 낮아진다.

지구의 대기는 기후를 결정하는데도 또한 중요한 역할을 한다. 지구를 둘러싸는 수증기와 이산화탄소를 포함하는 가스 담요는 낮 동안 태양으로부터 흡수한 열을 밤 동안 우주로 탈출하지 못하도록 한다. 이와 같이 담요와 같은 작용을 하는 가스층은 지구를 살기 좋은 곳으로 만든다. 최근 인간 활동은 지구의 대기를 변화시켰다. 화석연료의 연소에 기인하는 대기 중 이산화탄소 농도의 거대한 증가로 인해 열을 보유하는 담요 효과의 효율이 증가하였다. 이 현상의 결과로 지구의 기온이 증가하였고 기후의 급격한 변화가 발생하였다. 이러한 변화 중 일부는 예측할 수 없는 것이다. 5장에서 인간에 의한 기후변화를 심층적으로 다루었다.

지구의 기온과 강수 유형

태양으로부터의 에너지는 지구상의 강수 유형을 결정하는 요인이다. 햇빛이 어떻게 비를 내리게 하는지를 이해하기 위해서는 우선 수증기의 특성을 이해해야 한다. 응축은 분자가 뭉쳐 액체 방울이 되는 과정인 반면, 증발은 분자가 방울로부터 탈출하는 과정이다. 공기 중에서 물이 수증기로 남기 위해서는 증발이 응축을 초과하여야 한다.

증발률은 온도에 의존한다. 높은 온도에서 증발률은 높고 낮은 온도에서는 낮다. 그러므로 공기가 식고 증발률이 감소할 때 물 분자는 자꾸 더 큰 물방울로 뭉친다. 작은 물방울이 충분히 커지면 구름처럼 보인다. 구름이 점점 더 커지게 될 때 작은 물방울은 비로 떨어질 만큼 충분히 무거워진다. 구름 내부의 온도가 낮아진다면 작은 물방울은 얼음 결정이 되고 눈으로 내리게 된다. 강우 유형은 지표면 근처로부터 높은 대기로 올라갔다 내려오는 공기 순환의 결과이다. 그림 16.5는 이 과정을 보여준다.

일사량이 가장 높은 적도 근처에서 대기의 온도는 낮에 급격히 높아진다. 뜨거운 공기는 찬 공기보다 밀도가 낮기 때문에 적도에서 공기는 지표면을 떠나 위로 올라가게 되고 지표면의 대기압은 낮아지게 된다. 대기압이 낮은 이 부분은 남북에서 불어오는 미풍으로 채워진다.

적도에서 공기가 상승함에 따라 공기는 냉각되고 수증기는 응축하여 구름을 형성한 후 비로 내린다. 이제 건조해진 공기는 대기 상층부에서 공기의 하강으로 인하여 압력이 낮아진 극 방향으로 이동한다. 한때는 덥고 습했던 공기덩어리는 계속하여 냉각되고 물을 잃은 후 결국 위도 30° 부근에서 지표로 떨어진다. 매우 건조한 하강하는 공기

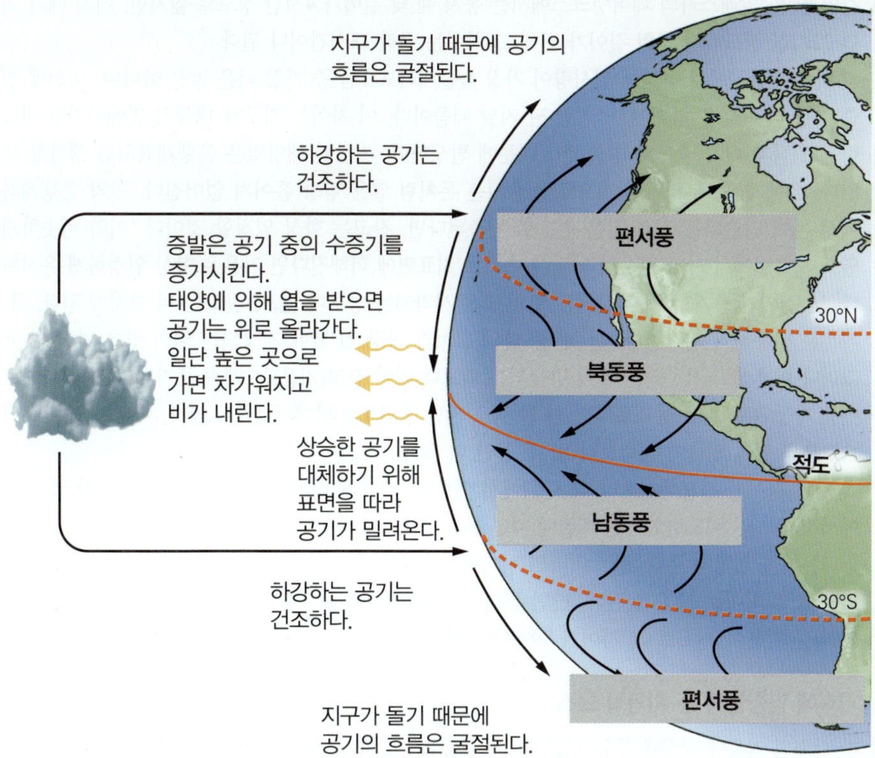

◀ 시각화

무풍대와 아열대 무풍대는 바람이 거의 불지 않아 항해 중인 배가 정지하기 쉬운 지역이다. 지구의 바람 유형에 근거하여 이 장소가 지구의 어디에 위치한다고 생각하는가?

그림 16.5 **지구의 바람 유형.** 적도면에서의 높은 수준의 일사량은 증발률이 높고 비가 많이 내리게 한다. 이 현상은 적도 근처의 공기덩어리가 온대지방으로 이동하게 만든다.

는 이 위도에 존재하는 지표의 공기를 대체하게 되고 지표면에서 습기를 흡수한 공기는 지표를 따라 극을 향해 이동한다.

공기의 이동은 또한 지구의 자전에 의해 영향을 받고 지구의 다양한 지역에서 탁월풍(prevailing winds)을 일으킨다. 태양의 가열과 지구의 자전에 의해 생성된 대기에서 공기 흐름의 유형은 적도지방의 열대우림이 나타나는 이유를 설명해 준다. 그리고 남위 30°와 북위 30° 부근에서 나타나는 사막과 서쪽으로부터 다가오는 북미의 날씨 유형 또한 설명해 준다.

지구의 강우 유형 또한 계절성을 가진다. 최대의 일사량을 받는 지역은 지축이 23.5° 기울어져 있기 때문에 1년에 걸쳐 북위 23.5°부터 남위 23.5°로 이동한다. 그러므로 가장 많은 태양 에너지를 받는 회귀선 또한 이동한다. 강한 태양광이 비추는 회귀선이 이동할 때 적도의 남쪽과 북쪽에 우기가 발달한다. 또한 이러한 이동은 탁월풍이 나타나는 시기에도 영향을 준다. 인도와 애리조나 남부의 우기인 몬순 계절은 바람의 방향 변화와 관련이 있다. 이때 바람은 먼 거리의 바다 위를 이동하며 수증기를 머금게 되고 육지에 비를 내린다.

지구의 기온과 강수 유형: 더 자세히 알아보기 ▼

지구적이고 지역적인 요소 모두 특정 생물지역 또는 지방의 기후에 영향을 준다.

태양극점과 계절

태양극점에서 일사량의 차이에 더하여 낮의 길이 또한 하지에 가장 길고 동지에 가장 짧다. 예를 들어 시카고에서 하지 때 낮의 길이는 15시간이고 동지 때는 9시간이다. 극에 가까워질수록 연중 낮 길이의 변화는 더 커진다. 그래서 시카고에서는 여름과 겨울 사이에 낮의 길이 차이가 6시

더 자세히 알아보기, 계속

간인 반면, 알래스카의 페어뱅크스에서는 동지 때 낮 길이가 4시간 정도로 짧지만, 하지 때가 되면 22시간 정도까지 낮의 길이가 변해 그 차이는 무려 18시간이나 된다.

비록 북반구에서 하지에 일사량이 가장 높을지라도 1년 중 가장 더운 날은 아니다. 대신에 연중 가장 더운 날은 하지에서 약 한 달 지날 때쯤이다. 이 차이는 지구가 태양의 빛에너지를 열로 바꾸고 점차 대기 중으로 방출하기 때문에 발생한다. 저장된 태양열은 은행계좌처럼 생각할 수 있다. 은행계좌로부터 규칙적으로 인출되는 돈처럼 열은 항상 흩어져 없어진다. 만약 은행계좌에서 돈이 인출되는 것과 같은 속도로 저축된다면, 잔고는 항상 일정할 것이다. 이와 비슷하게 열도 지표면에서 사라지는 것과 같은 속도로 지표면에 더해진다면 기온은 항상 일정하게 유지된다. 낮 길이가 증가할 때 저장되는 열의 양은 사라지는 양보다 많고, 잔고는 더 커지게 된다. 즉, 기온은 상승하기 시작한다. 한 해 중 낮의 길이가 가장 긴 날에 저장되는 열의 양은 가장 많다. 그러나 이후에도 저장되는 열이 방출되는 열보다 많아 잔고(기온)는 계속 증가한다. 마찬가지로 연중 가장 추운 날은 동지로부터 한 달 정도 지난 후인 1월 말에서 2월 초이다. 이때는 지구 표면으로부터 열의 인출이 저축보다 몇 주 동안 더 많다.

낮의 길이가 적도에서보다 극 근처에서 연중 더 크게 변하기 때문에 온도 변화 또한 극 근처에서 더 크다. 온도 변화폭은 계절에 따른 온도 변화가 왜 적도 근처보다 극 근처에서 더 크게 일어나는지를 설명해 준다. 플로리다의 탬파에서 1월의 평균 기온은 10°C이고 7월의 평균 기온은 32°C로 그 차이는 22°C가 된다. 반면 몬태나의 미줄라에서는 1월의 평균 기온이 −10°C이고 7월의 평균 기온이 29°C로 그 차이가 39°C나 된다.

기후에 영향을 주는 지역적 요소

한 장소의 기온에 영향을 주는 다른 세 가지 요소가 있다: (1) 고도, (2) 큰 수체와의 거리, (3) 지표면과 식생 특징(그림 16.6).

가스가 수백 미터 상승할 때 분자들은 서로로부터 멀어지면서 가지고 있는 열이 줄어들기 때문에 기온은 해수면으로부터의 높이를 말하는 고도가 증가할수록 낮아진다. 고도에 따른 기온 차이는 명백하다. 해발고도 8.8 km인 에베레스트 산의 정상에서는 평균 −27°C인 반면 해발고도가 1.3 km인 네팔의 카트만두 인근은 평균 18°C이다. 그러나 한 지역 내에서 작은 고도 차이에 의해 기온 분포가 반대로 나타나기도 한다. 찬 공기는 따뜻한 공기보다 밀도가 높기 때문에 찬 공기는 한 지역에서 상대적으로 낮은 지점으로 "내려오는" 경향이 있다. 그러므로 계곡은 근처의 언덕보다 종종 더 춥다.

대양, 바다, 그리고 큰 호수 근처에 있는 지역의 기온은 열을 저장하는 큰 능력을 포함하는 물의 열역학적 특징에 영향을 받는다(5장). 물의 온도는 지표면에서의 변화에 비하여 일사량에 느리게 반응한다. 그러므로 큰 수체 위의 공기덩어리는 상대적으로 대지 위의 공기덩어리보다 여

그림 16.6 기후에 영향을 주는 요소들. 평균 기온과 강수량은 지형의 다양한 특징에 따라 달라진다.

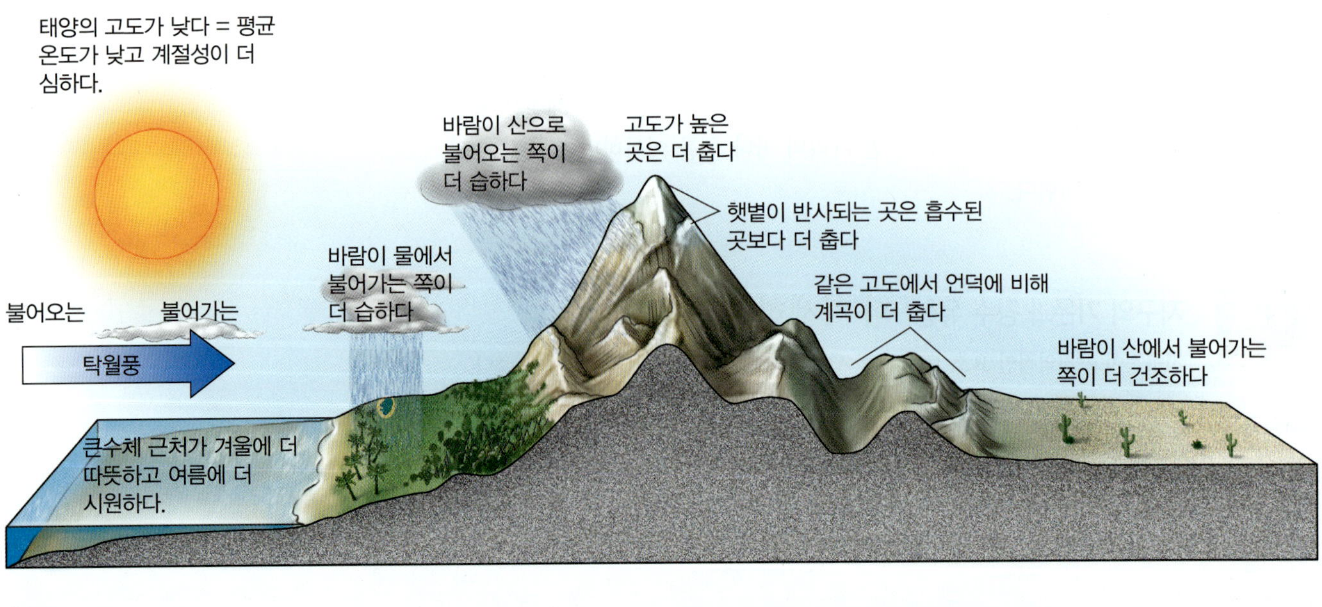

더 자세히 알아보기, 계속

름에 덜 뜨겁고 겨울에는 덜 차갑다(그림 16.7). 그래서 큰 수체와 가까운 육지에서는 내륙으로 깊이 들어간 지역에서보다 더 온화한 기온이 나타난다. 이 현상 때문에 이리호(Lake Erie)와 온타리오호(Lake Ontario)에 의해 경계가 나누어진 캐나다의 나이아가라 반도의 호숫가에 서식하는 식물의 생장기는 호숫가에서 단지 몇 마일 떨어진 곳보다 30일 가량 더 길다. 열은 해류를 통해 대양의 커다란 수체를 타고 이동하기 때문에 대양은 지역의 기후에 영향을 준다. 멕시코만류는 대서양의 열대지방에서 북유럽의 해변으로 물을 이동시키는 해류로서 적도로부터 같은 거리에 있는 다른 장소보다 북유럽의 기온이 더 따듯해지도록 만든다. 멕시코만류의 온기는 아일랜드의 더블린이 샌프란시스코보다 북극에서 1600 km나 가까이 있음에도 불구하고 이와 비슷한 기온이 더블린에서 나타나도록 한다.

지표면에서 흡수되거나 반사된 빛의 양은 또한 주변의 대기온도에 영향을 줄 것이다. 대부분의 빛에너지를 반사하는 표면은 대부분의 에너지를 흡수하여 온도를 높이고 그 열을 공기 중으로 방출하는 표면과 비교하여 주변 대기온도가 더 낮을 것이다. 눈은 숲보다 더 많은 빛을 반사하므로 눈덩이 위의 공기는 더 차다. 아스팔트 포장도로와 대부분의 건축자재는 반사율이 낮아 도시가 외곽지역에 비해 0.5°C에서 3°C 더 높은 도심 열섬현상이 나타나게 한다(다음 쪽의 그림 16.8).

도시는 또한 대기온도를 낮추는 데 영향을 미치는 식생이 적기 때문에 더 덥다. 식물에 의해 흡수된 태양에너지의 대부분은 식물의 내부에 있는 물을 수증기로 바꾸는 데 사용되고 이는 에너지가 열로 바뀌는 것을 줄이는 결과를 낳는다.

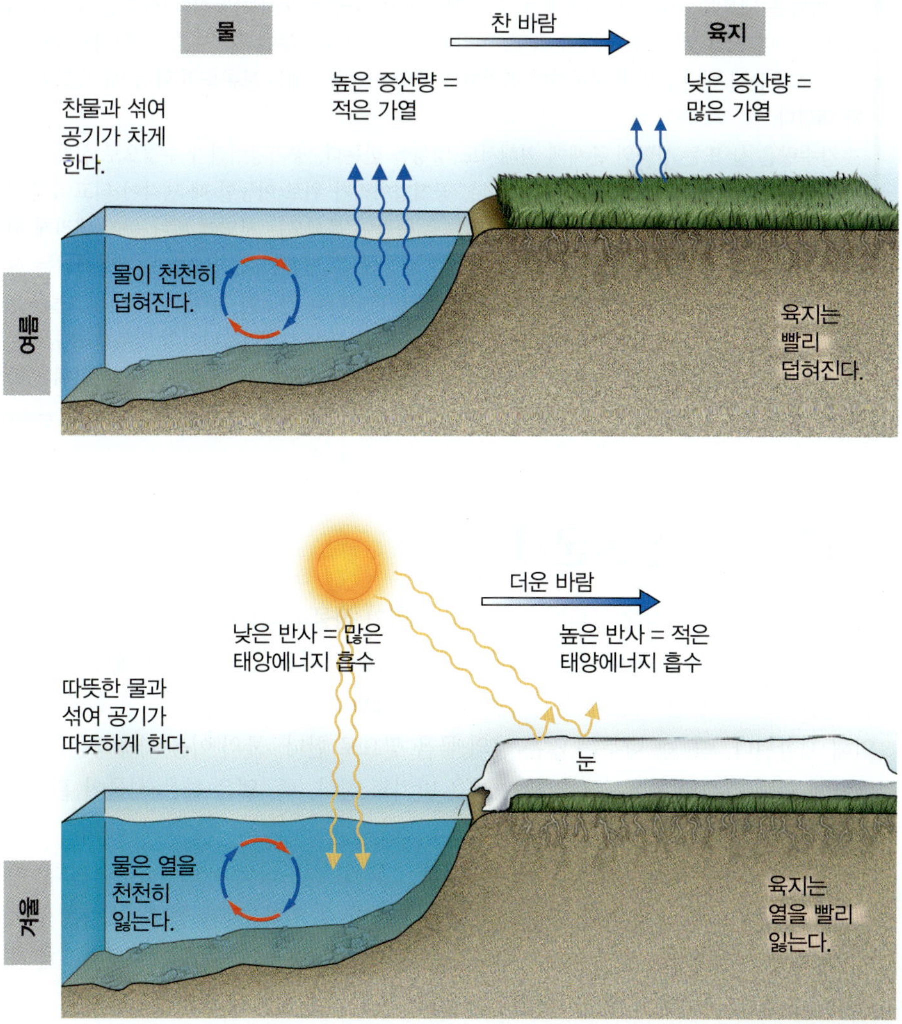

◀ **시각화**

이 그림을 계절이 늦게 나타나는 것과 연관하여 생각해보자. 왜 사람들은 전통적으로 7월 말부터 8월 중순에 바닷가를 가장 많이 찾는가?

그림 16.7 **물의 완화작용.** 증발에 의한 냉각과 덥혀진 물이 깊게 존재하는 찬물과 섞이기 때문에 물은 천천히 덥혀진다. 그 결과 봄과 여름 물 위에서 불어오는 바람은 근처의 육지를 냉각시킨다. 반대로 물은 육지에서는 태양광이 눈에 반사되는 겨울에도 열을 흡수하고 육지보다 천천히 열을 잃는다. 그래서 큰 수체는 가을과 겨울 더 따뜻한 바람의 근원이 된다.

더 자세히 알아보기, 계속

그림 16.8 도심 열섬현상. 도심지역은 여러 가지 이유로 인하여 근처의 외곽지역보다 상당히 더 덥다.

지역적 강우 유형

육지의 일정 지역에 내리는 강수량은 그 지역이 속한 환경 특히 큰 수체와의 거리에 주로 의존한다. 따뜻한 물 위에서 불어오는 바람은 차가운 육지에 도달하였을 때 응축하여 비를 형성할 수 있는 수증기를 많이 축적한다. 이와 같은 효과를 오대호의 주변 지역에서 쉽게 확인할 수 있다. 바람은 대부분 오대호의 서쪽에서 불기 때문에 이 호수의 북서부와 접한 지역은 남동부 지역보다 눈이 훨씬 덜 내린다. 예를 들면, 온타리오 호수의 북서부에 위치하는 토론토는 연중 약 140 cm의 눈이 내리는 반면 남동부에 위치한 뉴욕의 시러큐스에는 토론토의 약 두 배인 274 cm가 내린다.

강수량은 산 또는 산맥의 존재에 의해서도 영향을 받는다. 공기덩어리가 수평으로 산에 접근할 때 그것은 산에 막혀 위로 올라가게 된다. 공기덩어리가 위로 이동할 때 냉각이 되고 수증기는 응축되어 구름, 비, 또는 눈이 된다. 그러므로 바람이 불어오는 사면에 비나 눈이 내리게 된다. 공기덩어리가 산을 넘어 반대쪽으로 내려갈 때 이들은 덥혀지고, 건조한 공기덩어리는 산을 내려가며 그곳의 물을 증발하게 한다. 이로 인해 나타나는 건조한 지역을 산의 "비그늘(rain shadow)"이라고 한다. 네바다의 대부분과 유타, 오리건, 그리고 캘리포니아의 일부를 포함하는 미국 서부의 대분지는 시에라-네바다(Sierra-Nevada) 산맥에 의해 드리워진 비그늘로 인해 사막이 된 예이다.

16.2 육상생물군계

우리의 생물지역 주소는 우리가 사는 공간을 공유하는 모든 고유 식물과 동물을 포함한다.

기후는 우점 식생에 의해 구획되는 지리적 지역인 **생물군계(biome)**의 특징을 결정하는 데 가장 큰 역할을 한다. 한 지역에 고유한 식물(그리고 동물)은 그곳에서 이용 가능한 물과 온도에 잘 적응하였다. 일반적으로 식생의 크기는 이용 가능한 물의 양에 의해 제한된다. 즉, 큰 나무는 많은 양의 물을 필요로 한다. 물의 이용 가능성은 총 강수량에 의해 결정되나 온도에 의해 영향을 받기도 한다. 즉, 얼은 물은 식물이 흡수할 수 없다.

기본적인 육상 생물군계는 숲, 초원, 사막, 그리고 툰드라의 4개로 나누어진다. 이 생물군계 범주의 각각은 여러 변형된 유형을 포함할 수 있다. 예를 들면, 초원은 북미의 대초원, 시베리아의 스텝, 또는 사바나일 수 있다. 그림 16.9는 기후와 생물군계 사이의 관계를 보여준다. 그리고 육상생물군계의 특징을 표 16.1에 요약하였다.

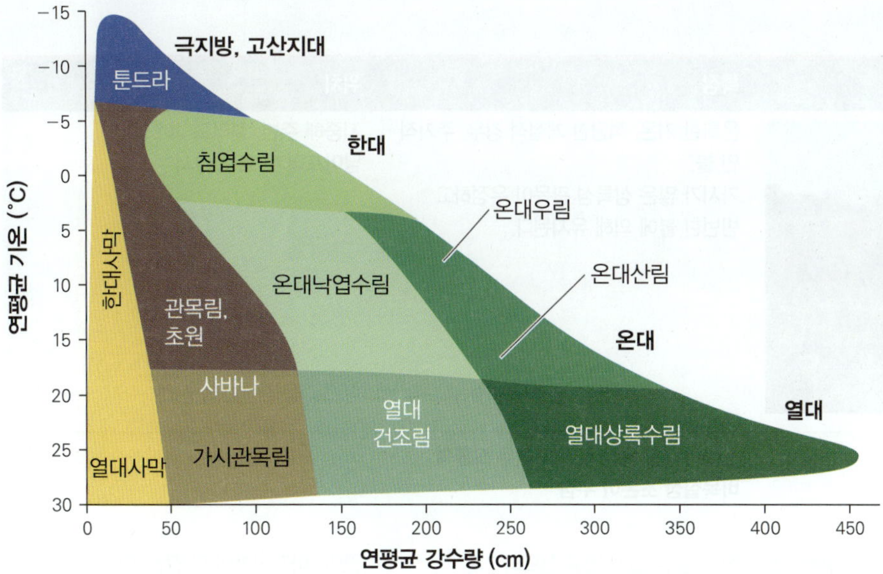

그림 16.9 생물군계와 기후. 특정 장소에서의 식생 유형은 그 지역의 기후에 의해 결정된다.

◀데이터로 해결하기

연평균 기온이 5°C인 곳에는 어떤 유형의 생물군계가 나타날 수 있는가? 이 온도에서 어떤 요소가 정확히 어떤 생물군계가 나타나는지 결정하는가?

표 16.1 육상 생물군계

생물군계		특징	위치
산림		**목본이 우점**	
열대림		강우량이 많고, 평균기온이 높음. 교목, 상대적으로 적은 임상 식물. 종이 매우 다양.	적도 주변: 중앙아메리카, 남아메리카, 아프리카 중부, 동남 아시아, 인도네시아
온대림 (낙엽성)		충분한 강우, 한때 얼음이 얼지만 온난한 기온. 3층의 층상구조를 가진 숲: 낙엽성 목본, 관목, 봄에 개화하는 초본이 자라는 임상.	북반구의 중위도: 북아메리카 동부, 서부 유럽, 중부 유럽, 중국 동부
침엽수림		낮은 평균기온, 충분한 강우. 상록성 침엽수가 우점. 생육기가 매우 짧음.	북반구의 고위도와 고고도 지역: 북아메리카 북부, 유럽과 아시아 북부, 미국

계속

표 16.1 육상 생물군계. (계속)

생물군계		특징	위치
지중해성 관목림		온화한 기온, 적당한 계절적 강우, 주기적인 불. 가시가 많은 상록성 관목이 우점하고 빈번한 불에 의해 유지된다.	지중해 주변, 캘리포니아 남부, 남아프리카, 호주 남서부
초원		**관목이나 교목이 없거나 매우 드물며 비목질성 초본이 우점**	
사바나		적은 강우, 얼지 않을 정도의 기온. 듬성듬성 존재하는 목본이 있으며, 주기적인 불이나 대형 초식동물에 의해 유지된다.	열대: 아프리카의 약 절반, 인도, 남아메리카, 호주의 넓은 지역
대초원		적은 강우, 계절적으로 춥다. 키가 크거나 작은 초원으로 목본이 없다.	큰 대륙의 중간에 있는 온대지역: 북아메리카 중부, 중앙아시아, 호주의 일부, 남아메리카의 남부
사막		극히 적은 강우. 건조한 토양, 식물이 매우 드물게 존재. 식물은 종종 가시로 덮이고 물을 저장할 수 있도록 적응하였다.	적도의 남북으로 30° 부근: 아프리카 북구(사하라), 중앙아시아(고비), 중동, 호주 중부, 미국 남서부
툰드라		매우 낮은 평균 기온. 매우 짧은 성장기간, 영구동토층. 식물은 지면에 낮게 자라고 많은 동물은 겨울 동안 더 따뜻한 기후대로 이동한다.	극 근처, 높은 고도

산림과 관목림

산림(forest)의 중요한 속성은 나무가 존재한다는 것이다. 산림은 강우가 충분하고 여름철 평균 기온이 10℃ 이상으로 나무가 성장할 수 있는 곳에서 발견된다. 지구의 육지 표면의 약 1/3이 산림이다. 그리고 산림과 관련된 생물을 모두 포함할 때 지표면에서 발견되는 생명체의 **생체량(biomass)** 전체 무게의 약 70%가 산림에 있다. 산림은 적도로부터의 거리에 근거하여 세 무리로 나눈다. (1) 적도 부근의 열대림, (2) 위도 23°에 50° 사이의 온대림, (3) 극 부근의 침엽수림.

그림 16.10 **수관부의 생명체.** 종종 임상으로부터 60 m 이상의 높이에서 발견되는 브로멜리아드(bromeliad)는 강우로부터 양분과 물을 얻기 위해 적응한 형태인 꽃병 모양을 하고 있다.

열대림. 광활한 면적의 열대림은 한때 적도 지역에서 발견되었다. 열대림은 생물다양성이 매우 높다. 1헥타르(10,000 m^2)에는 약 750종의 나무가 살고 있다.

한 가설에 따르면 열대림의 다양성이 높은 이유는 이 지역이 연중 내내 많은 양의 일사량을 받기 때문이라고 한다. 많은 에너지는 상대적으로 좁은 지역에서 많은 종이 적절한 개체군을 유지하도록 부양할 수 있다. 피자를 예로 들어 이용 가능한 에너지를 생각해 보자. 피자가 크면 클수록 더 많은 사람이 충분히 먹을 수 있다. 많은 에너지와 물로 인해 나무는 매우 크게 자랄 수 있다. 그 결과 대부분의 태양 빛은 바닥에 도달하기 전에 흡수되며, 이는 대부분의 생명체가 나무 꼭대기에서 잘 생존하도록 적응해 왔음을 의미한다. 열대림의 동물들은 날거나 활공하거나, 가지에서 가지로 자유롭게 이동할 수 있고, 작은 식물들은 심지어 큰 나무의 위쪽 가지에서 사는 동안에도 양분과 물을 흡수할 수 있다(그림 16.10).

열대림에서는 따뜻한 온도와 풍부한 물로 인하여 쓰레기나 죽은 생물체의 **분해(decomposition)** 과정이 매우 빠르게 진행된다. 빽빽이 들어찬 식물은 분해 결과로 만들어진 단순한 양분을 재빨리 흡수한다. 이로 인해 열대림의 토양 속에는 매우 적은 양의 양분만이 저장된다. 결과적으로 이 지역에서 식물을 잘라 태울 때, 재를 통하여 양분이 공급된 토양은 단지 4~5년 동안만 작물의 성장에 도움을 줄 수 있다. 일단 토양에서 양분이 고갈되면 열대림을 태워 만든 농장은 버려지고 같은 방법으로 다른 새로운 장소를 농토로 개간한다.

열대림 지역의 인간들에게 이 화전 경작은 일반적인 농업 방법이었다. 인구가 적어 버려진 땅이 수십 년 후에 원래대로 회복된다면 열대림이 수 세대 동안 화전 농업을 지탱할 수 있는 것으로 나타났다. 그러나 열대지방의 나라들에서 인구의 증가가 너무 빨라서 토지가 적절한 회복시간을 갖지 못하였다. 그리고 숲의 내부로 새로운 길이 만들어져 가장 온전히 보전되었던 이 열대림의 내부가 화전을 통한 경작지로 변하게 되었다. **벌목(deforestation)**을 한 결과 이 생물군계에 삶을 의존하였던 수천 종의 생물이 멸종위기에 처하게 되었다(그림 16.11).

그림 16.11 **열대림의 소실.** UN에 따르면 지구 열대림의 약 절반이 완전히 벌목되었다.

온대림. 계절에 따라 기온이 물의 어는점 아래로 떨어져 열대식생을 제한하는 극에 좀 더 가까운 곳에는 이러한 상황에 적응한 나무가 우점하는 산림이 발달한다. 상록성 침엽수가 우점하는 온대우림은 미국의 태평양 북동부와 같이 강우가 풍부한 곳에서 발견된다. 그러나 대부분의 온대림에서 물은 큰 나무가 자랄 수 있도록 생육기 동안 풍부히 존재한다. 그러나 겨울의 찬 기온이 광합성을 제한하고 토양 속의 물을 얼게 한다.

활엽수는 침엽수보다 더 빨리 자랄 수 있어 여름철에 우월한 지위를 가진다. 그러나 넓은 잎에서는 엄청난 양의 물이 증산작용으로 빠져나가 물의 공급이 제한될 때 치명적인 탈수 증세로 이어질 수 있다. 이와 같은 두 가지의 계절적인 차이를 모두 만족

그림 16.12 온대낙엽수림에서의 봄. 숲 속의 야생화는 눈이 녹고 나무가 잎을 내는 사이의 짧은 기간 동안 재빨리 땅속에서 올라와 꽃을 피우고 열매를 맺도록 적응되었다.

하기 위해 온대림에 있는 대부분의 나무는 **낙엽성(deciduous)** 습성을 가지게 되었다. 잎을 떨어뜨리기 위한 준비를 할 때 낙엽수는 가지와 잎 사이의 연결이 끊어져 잎에 들어 있는 광합성에 필수적인 엽록소가 분해되면 대체할 수가 없다. 9월과 10월 미국의 동북부를 아름답게 만드는 화려한 단풍은 엽록소가 사라진 후 잎에 남은 당분과 2차 광합성 색소로 인해 만들어진 것이다.

쉬어가기 왜 낙엽수는 낙엽이 지기 전에 잎에 있는 모든 색소가 아닌 엽록소를 재흡수할까?

따뜻한 기온이 시작되는 것과 낙엽수에서 잎이 새로 나는 것 사이에 존재하는 짧은 시간 차이는 온대림의 임상에 존재하는 식물들이 숲으로 들어오는 모든 빛을 받을 수 있게 한다. 봄은 온대림의 임상에 있는 야생식물이 꽃을 피우고, 열매를 맺고 경쟁으로 인하여 빛과 물을 다른 키 큰 나무들에게 빼앗기기 전에 재빨리 종자가 성숙할 수 있게 한다(그림 16.12). 온대림에서의 얇은 잎은 열대림의 두꺼운 잎에 비해 빛을 더 많이 투과한다. 이로 인해 온대림에는 열대지방에서 볼 수 없을수도 있는 관목층이 일반적으로 존재한다. 임상과 관목층만을 선택적으로 숲의 **하부식생(understory)**이라 부른다. 또한 동물들이 나무 꼭대기 부분에만 집중적으로 분포한 것이 아니라 숲 전체에 골고루 분포한다.

미국 동부에 있는 거의 모든 숲은 미국 독립전쟁 이후 100년이 지나지 않아 농장으로 바뀌었다. 그러나 19세기 후반부터 20세기 초반에 걸쳐 농산물의 생산이 남부와 서부로 이동할 때 미국 동부의 농장은 버려지게 되었다. 이 숲의 재생은 생태학자들에게 시간이 지남에 따라 연속적으로 종들이 변하는 **천이(succession)**를 연구할 수 있는 특별한 기회를 제공하였다. 대부분의 숲에서 천이는 예상할 수 있는 유형을 따른다. 버려진 서식지에 처음 모여드는 것들은 많고 쉽게 퍼질 수 있는 종자를 생산하며 빠르게 자라는 종들이었다. 이 개척자들은 좀 더 느리게 자라지만 빛과 양분에 대해 경쟁력이 더 큰 종들로 대체된다. 결국 한 서식지 조각에는 또 다른 환경 교란이 없이는 다른 종에 의해 대체되지 않는 극상 군집이라 불리는 한 무리의 종들이 우점한다(그림 16.13).

오늘날 이 2차림은 도시의 팽창으로 인하여 다시 위협을 받고 있다. 세계야생생물기금(World Wildlife Fund)은 전 세계 온대림의 5%만이 상대적으로 인간에 의해 영향을 받지 않고 남아 있는 것으로 추정한다.

침엽수림. 꽃과 열매 대신에 솔방울을 만드는 겉씨식물 무리의 송백류가 침엽수림의 우점종이다(그림 16.14). 사실 침엽수림은 현화식물이 우점하지 않는 유일한 육지라 할 수 있다.

그림 16.13 미국 동부에서의 산림 천이. (a) 묵밭에는 빠르게 자라는 초본이 재빠르게 들어온다. (b) 천이의 두 번째 단계에는 관목과 빠르게 자라는 교목이 빽빽이 자라게 된다. (c) 미국 북동부에서 극상 군집은 너도밤나무와 단풍나무로 구성된다.

침엽수림대는 매우 춥고 긴 그리고 때로는 눈이 많이 오는 겨울과 짧고 습한 여름이 나타나는 기후대에 존재한다. 침엽수림에서 우점하는 송백류는 연중 잎을 달고 있는 상록수이다. 송백류의 잎은 겨울 동안 수분 손실을 줄이기 위하여 적응한 형태로 바늘 모양이며 두꺼운 왁스로 덮여 있다. 침엽수림에서 송백류가 현화식물보다 더 우점하는 이유를 상록성이라는 데서 찾을 수 있다. 즉, 이들이 자라는 장소는 성장기가 너무 짧아 땅이 녹자마자 광합성을 할 수 있는 상록수는 이른 시기에 빠르게 성장하며, 상대적으로 광합성을 늦게 시작하는 낙엽수보다 더 잘 자랄 수 있다.

침엽수림대는 추운 겨울과 짧은 여름이 나타나는 지역에 존재하기 때문에 사람들의 영향을 적게 받았다. 이 지역은 지구상에서 일종의 가장 야생적인 경관을 보여준다. 즉, 무스, 늑대, 북아메리카산 살쾡이, 비버 그리고 매우 다양한 여름 철새가 살고 있다. 침엽수림의 나무들은 건축자재와 종이를 만드는 원료로서 매우 중요하다. 그러므로 침엽수림의 많은 지역에서 벌목이 이루어지고 있다. 북미에서 침엽수림이 다시 회복되는 것보다 빠른 속도로 벌목이 이루어지는 것이 큰 문제이다.

그림 16.14 송백류. 솔방울이 달리는 식물은 꽃 대신 솔방울에서 정자와 난자가 만들어진다. 이들의 상록성은 침엽수림대에서 우점하도록 적응된 것이다

지중해성 관목지대. 하나의 중요한 생물군계는 숲이라기보다는 목질성 식물이 우점하는 곳이다. 이와 같은 경관은 지중해성 관목지대(chaparral)라고 알려져 있으며 식물은 주로 작은 가시가 있는 상록성 관목으로 이루어졌다.

길고 건조한 여름과 빈번한 불로 인해 지중해성 관목지대는 자연적으로 관목이 유지된다. 사실 지중해성 관목지대의 식물들은 불에 잘 적응해 왔다. 어떤 종의 종자는 고온에 노출된 이후라야 발아를 한다. 지중해성 관목지대의 많은 식물은 지상부가 손상되었을 때 빨리 싹이 틀 수 있도록 잘 발달된 뿌리를 가진다. 불이 나지 않도록 할 때 지중해성 관목지대는 온대림으로 발전할 수 있다. 그러므로 자연선택은 실제로 불이 잘 나도록 만드는 로즈메리(rosemary), 오레가노(oregano), 타임(thyme)과 같이 매우 잘 타는 방향성의 기름을 가진 지중해성 관목지대의 관목을 선택하였다.

불은 많은 생물군계의 구조와 기능에 중요한 역할을 한다. 캘리포니아 남부에서 불에 잘 타는 지중해성 관목 식생은 빠른 도시화로 인해 직접적으로 영향을 받고 있다. 최근 이 지역은 광범위하고 값비싼 불의 계절을 경험해 왔다. 2009년 로스엔젤레스 인근에서 약 1,620 km^2가 불에 탔으며 그 비용은 거의 1억 달러에 달하였다. 이 재앙에 대응해서 불에 탄 후 관목지대로 다시 발전하도록 그대로 놓아두기보다는 산불을 즉시 막는 정책에 대한 지지가 증가하였다. 사실 이런 전략은 불에 탈 수 있는 연료가 축적되도록 하였으며 이는 인간과 자연을 모두 파괴하는 더 강한 불이 나게 하였다. 캘리포니아 남부에서의 산불 정책은 장기간에 걸쳐 지중해 주변의 관목지대를 변형시킨 것과 더불어 이 생물군계를 지구상에서 가장 위협받는 생물군계 중의 하나가 되도록 만들었다.

초원

초원(grassland)은 관목이나 나무가 거의 없는 비목질성 초본이 우점하는 지역이다. 이 생물군계는 강수량이 너무 적어 목질성 식물이 자랄 수 없는 지리적 위치에 존재한다. 초원을 열대초원과 온대초원으로 나눌 수 있다.

사바나(savanna)라고 부르는 열대초원은 일반적으로 적도 지방의 우림과 위도 30° 주변의 큰 사막 사이에서 발견된다. 그리고 드문드문 흩어져 있는 목본이 존재하는 특징을 가진다. 사바나는 주기적인 불이나 목본의 제거에 의해 유지된다. 우기와 건기가

시각화

코끼리와 소 사이의 신체적 차이를 생각하자. 왜 가축화된 소는 코끼리만큼 사바나를 유지하는 데 효과적이지 못한가?

그림 16.15 **사바나의 유지.** 코끼리는 아카시아 나무를 먹을 때 가지를 심하게 잘라내어 상대적으로 작게 만든다. 또한 코끼리는 가시가 많아 먹지 못하는 관목을 잘라 버리기 때문에 초본이 자랄 서식지가 만들어진다.

명확한 지역에서 건기 동안 매년 발생하는 불은 목질성 식물을 죽인다. 코끼리나 다른 몸집이 큰 초식동물이 존재하는 지역에서는 이 동물들이 나무에 미치는 피해가 초본이 잘 자라게 하는 데 도움이 된다(그림 16.15).

초식성 동물은 식물의 꼭대기 부분을 먹기 때문에 이와 같은 환경에서는 생장점이 지표나 지하에 존재하는 사초과나 화본과의 식물이 자연선택을 통해 더 잘 적응해 왔다. 사초과나 화본과 식물은 기부에서 자라기 때문에 초식동물이 이들을 뜯어 먹는 것은 뿌리째 뽑는 것이 아니라 다듬기만 하는 이발과 같은 역할을 한다. 목질성 식물은 줄기 끝에서 자라기 때문에 초식동물이 이들의 대부분을 뜯어 먹게 되면 이 식물들은 죽을 수 있다.

초식동물이 사바나의 특징일지라도 일부 사바나 지역에는 소와 같은 가축이 도입되었고 경관이 초원에서 황무지와 같은 모래땅으로 변하였다. 이 과정은 **사막화(desertification)**로 알려졌다. 아프리카 중부의 사하라 사막 주변지대(Sahel)에는 초원이 감당할 수 있는 것 이상으로 가축을 방목한 결과 과잉 초식으로 인하여 매년 수천 km^2에 달하는 사바나가 사라지고 있다.

온대초원은 키가 큰 초본으로 구성된 **대초원(prairie)**과 키가 작은 초본으로 구성된 **스텝지대(steppe)**를 포함하며, 일반적으로 대형 사막의 남북이나 온대 산맥의 비그늘 지역에서 발견된다. 일반적으로 식물의 키는 강수에 따라 다르다. 강수량이 많을수록 초본의 키는 더 크다. 이 경관은 편평하거나 약간 구릉지고 나무가 없다.

추운 지역에서 분해는 상대적으로 느리므로 토양에는 부분적으로 분해된 식물의 잔해가 많이 존재한다. 이곳의 토양은 농사에 최적이므로 대부분의 자연 초원과 스텝지대는 쟁기질을 한 후 농작물이 심어졌다. 그 결과 북미에는 1%도 안 되는 자연초원만이 남아 있다.

사막

연강수량이 250 mm 이하인 지역을 **사막(desert)**이라 부른다. 이 생물군계의 대부분은 위도 30° 근처에 존재한다. 그곳은 적도 부근의 열대림 지역에서 물을 "다 버린" 공기덩어리가 덥고 건조한 바람으로 지표면으로 되돌아오는 곳이다.

사막의 이미지가 종종 덥고 모래뿐일지라도 일부의 사막은 꽤 추울 수 있다. 그리고 대부분의 사막은 식물이 적을 수는 있으나 식물이 자라고 있다. 사막지역에서 식물과 동물들은 물을 보존하고 유지하는 방향으로 진화해 왔다. 예를 들면, 식물은 증산을 줄이기 위해 종종 왁스로 두껍게 덮여 있고, 광합성을 할 때 기공을 통한 수분손실을 줄이는 방법을 가지며 가시나 독성물질을 가져 포식자로부터 보호를 받을 수 있다(그림 16.16).

그림 16.16 **지속적인 가뭄에 대한 사막식물의 적응.** 두껍고 흰색을 띤 왁스 표면은 빛을 반사하고 증산작용을 줄인다. 원통 모양의 형태는 한낮 동안 강한 빛에 대한 노출을 줄인다. 줄기는 물을 저장한다. 가시는 저장한 물을 빼앗거나 보호 표면을 손상시키고자 하는 포식자가 다가오지 못하게 한다.

많은 사막에서 우점하는 식물은 매우 깊은 뿌리를 가지고 낮고 느리게 자라는 목질성 식물이다. 그러나 사막은 또한 한 계절 만에 종자에서 종자까지 그들의 완전한 생활사를 마치는 많은 현화식물이 자라는 곳이다. 사막에서는 우기가 매우 짧다. 사막에 적응한 많은 식물은 2~3주 만에 발아하여 꽃을 피우고 종자를 만든다. 그들이 만든 종자는 딱딱하고 적절한 비가 올 때까지 수년 동안 뜨겁고 건조한 토양에서 견딜 수 있다.

이 건조한 환경에서 어떤 동물은 생리적으로 잘 적응하여 물을 매우 조금 마시고도 살 수 있다. 이 동물들 중 캥거루쥐는 가장 놀라운 적응을 하고 있다. 그들은 물을 전혀 마시지 않는다. 대신에 그들은 대사작용 동안 생성된 물을 보존하고 우리의 오줌보다 4배나 농축된 오줌을 만들 수 있는 신장을 가지고 있다.

미국 남서부에 존재하는 사막의 햇빛이 강하고, 덥고, 건조한 기후는 사람들에게 매력적이어서, 이 지역은 가장 빠르게 성장하는 지역 중 하나이다. 그러나 사막에서의 인구 증가는 물 공급 부족으로 인한 갈등을 야기하면서 야생의 동물들을 위한 수자원을 고갈시키고 있다. 즉, 콜로라도 강의 물을 너무 많이 사용한 결과, 물이 원래 강의 하구인 멕시코의 캘리포니아 만까지 도달하지 못하고 있다. 이로 인해 콜로라도 강의 삼각주에 살았던 종들의 75% 정도가 사라졌다.

툰드라

지구의 극에 가깝고 고위도에 존재하여 기온이 가장 낮은 곳에 있는 생물군계를 **툰드라(tundra)**라고 한다. 여기에서의 식물 생장은 1년 동안 50~60일 정도만 지속될 수 있다. 그때의 온도는 토양에 있는 얼음을 녹일 정도로 높다. 높은 온도는 토양에 있는 모든 얼음을 녹일 정도로 오래 지속되지 않는다. 그러므로 북극 근처의 북극 툰드라 지역의 토양 아랫부분에는 자갈과 작은 토양물질이 얼어붙어 있는 **영구동토층(permafrost)**이 형성되어 있다. 영구동토층은 물이 빠져나가지 못하게 하므로 영구동토층 위의 토양은 때로 질척질척하고 물이 포화된 습지를 형성한다. 물에 잠긴 얕은 토양 속으로 식물의 뿌리가 깊게 뻗지 못하므로 툰드라에서는 키 큰 나무가 살 수 없다.

툰드라 지역의 식물은 강한 바람과 찬 기온에 잘 적응한다. 툰드라 식물은 때로 여러 종의 모든 개체의 키가 동일하여 서로 간에 피난처를 제공하는 상리공생 형태인 여러 종의 "방석(cushion)" 모양으로 자란다. 이 낮게 자라는 식물은 북미산 순록과 사향소와 같은 초식 포유동물, 그리고 늑대와 같은 그들의 포식자들로 구성된 매우 크고 다양한 군집을 부양한다.

툰드라 지역에서의 동물은 지방을 저장하거나 털가죽이나 깃털을 잘 발달시켜 긴 겨울 동안 살아남을 수 있도록 구조적으로 진화하여 왔다. 땅다람쥐와 같은 다른 동물들은 겨울잠으로 진화하여 적응하였다. 그들은 에너지 보존을 최대화하기 위해 잠자는 것과 비슷한 상태로 들어가 대사작용을 줄인다. 회색곰과 암컷 북극곰은 매우 추운 몇 개월 동안 깊은 잠에 빠진다. 이것이 진정한 동면이 아닐지라도 이 곰들은 너무 비몽사몽의 상태에 있어 암컷들은 완전히 잠에서 깨어나지 않은 상태에서 새끼를 낳는다. 다른 동물들은 길고 추운 겨울의 역경을 피하기 위해 남쪽으로 이동한다.

툰드라 지대에 사는 사람들은 별로 없다. 그러나 이 지역은 인간이 사용하는 화석연료인 석유, 천연가스, 그리고 고대 식물의 잔해로부터 형성된 석탄에 의해 위협받고 있다. 개발되지 않은 큰 석유 저장고가 툰드라 지역인 알래스카의 북부, 캐나다, 그리고 시베리아에서 발견되었다. 그리고 제안된 것처럼 이들 자원을 개발한다면 도로건설, 기름유출, 그리고 수질 오염으로 수천 km^2의 툰드라 지대가 위험에 처할 수 있다. 화석연료의 사용은 지구온난화의 원인이 되고 있고 지구온난화는 툰드라가 발달한 극지방에서 가장 심각하다. 알래스카에서는 2℃에서 3℃ 정도가 증가하였지만 다른 장소에서는 1℃ 정도 증가하였다. 기후조건이 변함에 따라 한때 툰드라였던 지역에서 관목과 나무가 성장하기 시작하였고 침엽수림으로 변해가고 있다.

16.3 수생물군계

거의 모든 인간은 지표면에 살고 있다. 그러나 대부분의 사람들은 또한 물 근처에서 살고 있으며 이 **수생계(aquatic system)**와 사람은 서로 영향을 주고받

aqua- 물을 의미한다.

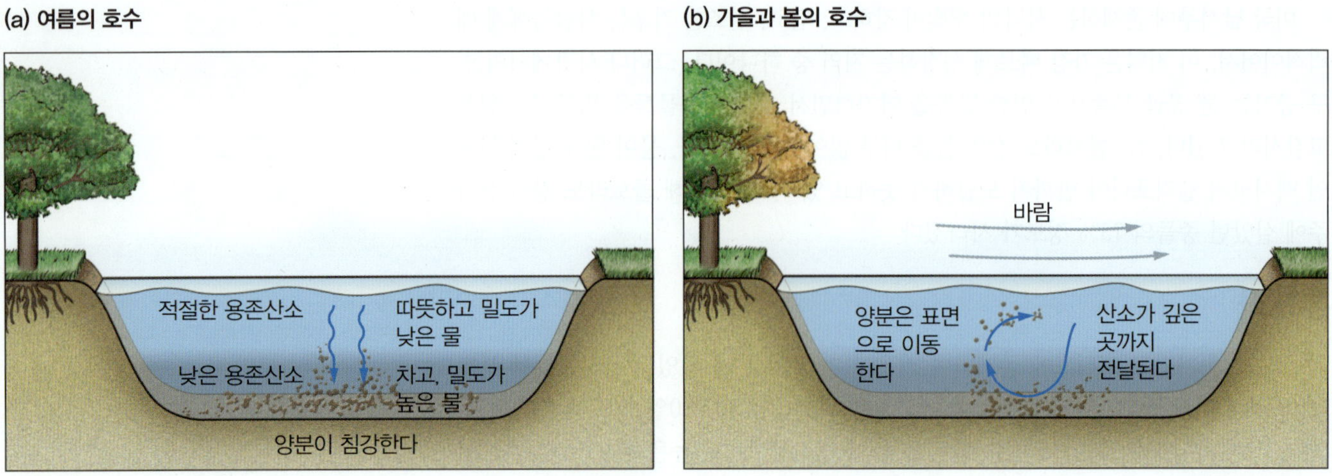

그림 16.17 호수에서의 양분. (a) 여름 동안 호수는 안정적이다. 산소는 깊은 곳으로 갈수록 적어지고 양분은 표면으로 갈수록 감소한다. (b) 가을과 봄철 순환을 통해 양분과 산소는 호수 전체에서 섞이게 된다. 이때 조류의 성장을 위한 양분이 공급된다.

는다. 수생물군계는 전형적으로 담수와 해수로 구분되며, 그들의 특성을 표 16.2에 요약하였다.

담수

담수는 전체 부피의 0.1% 이하의 낮은 염분 농도를 가지는 물을 말한다. 과학자들은 보통 담수생물군계를 호수, 강, 그리고 습지로 나눈다.

호수와 못. 육지에 의해 둘러싸인 내륙에 있는 수체를 호수 또는 못(pond)이라한다. 비록 호수가 되려면 수체의 표면적이 얼마나 되어야 하는가에 대한 기준이 없을지라도 못은 전형적으로 호수보다 작은 수체를 의미한다. 그러나 어떤 못은 너무 작아서 계절에 따라 완전히 마르기도 한다. 봄철에만 못이 형성되는 봄못(vernal pond)은 삶의 일부를 물에서 보내는 다양한 곤충뿐만 아니라 개구리나 도롱뇽의 성공적인 생식을 위해 절대적으로 중요하다.

호수와 못의 수환경은 다른 구역인 표면과 연안역으로 나눌 수 있다. 표면은 전형적으로 더 따듯하고 더 밝고 많은 생명체가 살며, 연안역은 어둡고 용존산소가 적고 춥고 분해자가 주로 산다. 온대지방에서 호수의 생물학적 생산성은 계절순환에 의해 증가된다. 계절순환이란 대기온도의 변화와 지속적인 바람이 물을 섞어 호수의 바닥에 있던 양분이 위로 올라오고 표면의 산소가 깊은 곳으로 이동하는 것을 말한다(그림 16.17).

호수와 못 근처의 농토와 잔디밭에 뿌린 비료는 물에 씻겨 조류(algae) 개체군이 증가할 수 있게 한다. 아이러니컬하게도 이와 같은 방식으로 너무 많은 양분이 더해지면 이 수체는 "죽은 상태"로 될 수 있다. 이와 같은 악화현상은 조류 개체군이 커지게 되면서 미생물 분해자 개체군이 커지기 때문이다. 이 미생물들은 물에 있는 많은 산소를 소비하여 이곳에 살던 물고기가 질식하게 한다(그림 16.18).

(a)

(b)

그림 16.18 부영양화. 한 척의 배가 "녹조현상"이 일어난 이리호를 지나고 있다. 조류가 죽을 때 이들을 분해하는 미생물의 번성으로 인해 산소가 고갈된다. (b) 이로 인해 물고기가 죽게 된다.

담수호에 사는 생물은 높은 농도의 대기오염으로부터 많은 산성물질을 포함하는 강수인 **산성비(acid rain)**에 의해 위협을 받을 수 있다. pH 변화에 대한 완충능력이 적은 호수에서 산성비는 pH를 낮추어 민감한 종을 죽일 수 있다. 미국에서는 반오염 입법을 통하여 북동부 주에서 산성비의 영향을 줄여왔다. 그러나 오염에 대한 규제가 덜한 나라에서 산성 강수는 심각한 문제로 남아 있다.

강과 하천. 강과 하천은 한 방향으로 이동하는 물의 흐름이다. 이와 같은 수로는

표 16.2 수생물군계

생물군계		특징
담수		**염분의 농도가 0.1% 이하**
호수와 못		내륙성, 일부는 계절적으로 완전히 마름. 더 큰 호수에서 해마다 지속되는 계절 순환은 바닥에 가라앉는 양분을 섞어준다.
강과 하천		한 방향으로 흐르는 물. 그 길을 따라 빠르게 흐르고 산소가 풍부한 상류로부터 천천히 흐르고 퇴적토가 많이 포함된 하구까지 다양한 서식처가 존재.
습지		정수식물이 있는 정체된 물. 물과 육지의 경계에서 양분이 풍부하기 때문에 종다양성이 높다.
해수		
대양		(시계방향으로) 주기적으로 변하는 수위에 노출된 생물이 서식하는 조간대, 빛이 들어가지 못하는 심연, 대양을 포함하여 다양한 서식지가 존재.
산호초		상대적으로 수심이 낮은 열대지역. 산호초는 산호충에 의해 분비된 무기물로 구성되며 다양한 종의 서식처가 된다.

계속

표 16.2 수생물군계. (계속)

생물군계		특징
하구		강을 통해 담수가 조간대로 들어오는 지역. 담수와 염수가 혼합된다. 강으로부터의 양분과 더 따뜻한 온도로 인해 생산성이 높다.

길이에 따라 구역으로 나눌 수 있다. 수로는 길이를 따라 수원지 근처의 상류, 중류, 그리고 다른 수체와 합하여지는 하류로 나눌 수 있다.

강이 시작되는 호수, 용천수 또는 눈덩이가 녹는 근처의 상류에서는 물이 깨끗하고, 차며 빠르게 흐른다. 그리고 용존 산소의 농도가 높아 송어와 같은 찬물에 사는 물고기들의 이상적인 서식처이다. 강의 중간에서는 일반적으로 폭이 넓어져 유속이 감소한다. 따뜻해진 물은 광합성 식물과 조류에 더 좋은 서식지이기 때문에 강이 부양하는 어류, 양서류, 파충류, 그리고 곤충의 종다양성 또한 증가한다. 강 하구에서 물의 속도는 더 느려지고 물에 떠내려 온 흙과 다른 입자들인 퇴적토의 양은 증가한다. 많은 퇴적토는 물속에서 빛의 양을 감소시키고 그곳에 서식하는 광합성 생물의 다양성은 감소한다. 광합성에 비해서 분해자의 활동이 증가하기 때문에 강 하구에서 용존산소 농도는 낮아진다. 강 하구에서 발견되는 많은 물고기는 잉어와 메기처럼 흐르는 물에 떠내려 온 죽은 유기물을 먹고 사는 **저생 섭식동물(bottom-feeders)**이다.

강과 하천은 호수에 위협적인 것과 동일한 오염물에 의해 위협받고 있다. 그러나 강은 수력발전을 위한 댐이나 화력발전소의 냉각수를 공급하기 위한 저수지, 그리고 배의 소통을 원활하게 하기 위한 수로의 건설로 인해 서식지 전체가 파괴될 운명에 직면해 있다.

습지. 정수식물, 부수식물 등의 수생식물이 자라는 곳을 습지(wetland)라 한다. 살고 있는 종 수를 고려한다면 습지는 열대우림에 비교할 만하다. 습지의 높은 생물학적 생산성은 주변 경관으로부터 씻겨내려온 토양과 유기물이 그곳에 축적될 때 나타나는 높은 양분 덕분이다(그림 16.19).

생물학적 공장으로서의 중요성에 더하여 습지는 물의 흐름을 느리게 하여 건강과 안전에 관련된 이익을 제공한다. 유속을 감소시키는 것은 범람의 위협을 감소시키고 물이 호수와 강으로 흘러들기 전에 퇴적토와 오염물질이 퇴적되게 한다.

쉬어가기 습지의 역할이 물의 흐름을 느리게 하는 것이라면, 습지의 소실은 인접한 호수와 강의 부영양화에 어떻게 기여할 것인가?

유럽인이 미국 대륙에 정착한 이후로 50% 이상의 습지가 메워지거나, 간척되었거나 달리 파괴되었다. 비록 수십 년 전에 마련된 법으로 인해 미국에서 습지 손실률을 크게 늦추어졌지만, 매년 약 235 km^2의 습지가 아직도 파괴되고 있다.

그림 16.19 부유한 습지. 습지는 경관적으로 낮은 곳에 위치하는 경향이 있어서 주변 토양으로부터 떠내려 오는 양분이 퇴적된다. 이 양분은 이 생물군계에서 발견되는 매우 다양한 식물과 동물을 부양한다.

해수

지구 표면의 약 75%는 해수 또는 **바다(marine)**로 덮여 있다. 해양생물군계는 대양, 산호초 그리고 하구로 나눌 수 있다.

대양. 대양은 지구 표면의 약 2/3를 차지하지만 가장 잘 알려지지 않은 생물권이다. 사실 대양은 온도, 이용 가능한 양분, 그리고 대양 바닥까지의 깊이에 있어서 다양한 환경의 모자이크로 생각할 수 있다. 해양학자들은 대양을 전형적으로 세 구역으로 나눈다.

지구 대기에 존재하는 산소의 약 50%가 대양의 단세포 광합성 플랑크톤에 의해 생성된다(그림 16.20). 대양은 또한 대양 표면으로부터 증발하는 물 분자들이 응축되어 비나 눈으로 근처의 육지에 내려 결국에는 호수, 못, 그리고 하천으로 들어가는 지구 담수의 대부분을 생성한다.

광합성 플랑크톤은 동물성 플랑크톤이라고 하는 현미경으로 관찰 가능한 동물에게 에너지를 제공하여 먹이사슬의 기초를 제공한다. 그리고 동물성 플랑크톤은 물고기, 바다거북, 때로는 청고래와 같이 거대한 바다 포유동물에게 먹힌다. 이들 소비자는 앨버트로스(albatross)와 같은 바닷새뿐만 아니라 상어를 비롯한 다른 포식성 물고기에게 먹힌다.

호수와 달리 대양은 달의 중력현상에 의해 발생하는 주기적인 수위의 변화인 조수(tide)를 겪는다. 조수의 결과로서 대양은 **조간대(intertidal zone)**라 부르는 특별한 서식지를 가진다. 조간대는 밀물 때는 물속에 있으며 썰물 때는 바깥으로 드러나는 지역을 말한다. 조간대에 서식하는 생물들은 하루에 두 번씩 변하는 수위와 그들이 겪는 거친 파도에 견딜 수 있어야만 한다. 강하게 부착할 수 있는 구조, 땅을 파고들어 가는 습성, 물을 보유하는 젤라틴 성분의 외막과 같은 적응을 통하여 동물과 해조류는 해안가를 따라 존재하는 양분이 풍부한 환경에 잘 살 수 있게 되었다.

대양에는 또한 심해평원이라고 알려진 서식지가 있다. 심해평원은 빛이 들어오지 않고 수온이 매우 낮으며 수압이 매우 크다. 이와 같은 환경으로 인하여 한때는 생물이 살지 못한다고 생각하였으나 심해평원에는 놀랄만하게 많은 생물이 존재한다. 그들은 주로 대양의 상층으로부터 떨어져 내리는 양분에 주로 의지하여 살아간다. 1970년대 심해를 연구하는 연구자들은 에너지원으로서 물속 화산분출구에서 나오는 황화수소를 사용하는 박테리아에 의해 부양되는 완전한 생태계를 발견하였다. 이 생태계에서 동물들은 먹이로서 박테리아를 직접 이용하거나 그들과 상리공생관계를 발전시켰다. 즉, 동물들은 박테리아에게 공간을 제공하고 박테리아의 대사산물을 공급받는다. 심해평원은 지구상에서 탐색되지 않는 최후의 중요한 미개척 지역이다.

대양은 인간의 어선단에 의해 심하게 이용되었다. 2005년 네이처 잡지에 소개된 한

그림 16.20 대양의 산소 공장. 이 식물성 플랑크톤은 대양의 표층수에 풍부히 존재하는 단세포 조류이다. 이들의 광합성으로 인해 지구 산소의 50%가 공급되고, 대양의 매우 다양한 생명을 부양하는 먹이를 공급한다.

(a) 건강한 산호초

(b) 백화된 산호초

그림 16.21 **산호초에 대한 위협.** (a) 건강한 산호초는 색이 다양하고, 다른 생물이 풍부하게 산다. (b) 스트레스를 받은 산호는 광합성 조류를 잃어버려 백색이 된다. 건강한 산호가 없으면 산호초에 의존하던 생물 또한 사라지게 된다.

연구 분석에 따르면 대양에서의 종다양성이 고기잡이의 결과로 지난 50년간 50% 감소하였다고 한다.

산호초. 산호초(coral reef)는 서식지의 구조가 그 서식지에 사는 우점종인 산호의 외골격으로 구성되는 특별한 생물군계이다. 산호는 구조가 매우 단순하다. 그들은 물에서 유기물을 걸러 먹으며 그들의 몸속에 사는 광합성 조류가 주는 것을 먹고 산다. 조류는 산호가 필요로 하는 양분의 90% 정도까지 공급하며, 대신 산호는 광합성을 위해 필요한 보호 장소, 이산화탄소, 그리고 산호가 가진 양분을 공급한다. 암초를 만드는 산호는 큰 무리를 이루며 살아가며 각각의 산호 개체는 다른 동물과 파도로부터 자신을 보호하는 석회 골격을 분비한다.

산호초는 많은 플랑크톤과 조류가 잘 성장할 수 있는 따뜻하고 투명한 물이 있는 열대지역에서 발견된다. 그들의 복잡한 구조와 높은 생물학적 생산성은 산호초를 면적당 종 수에 있어서 육상의 열대우림과 비견될 만한 가장 다양한 수생 서식처로 만들었다.

산호초는 환경변화에 매우 민감하다. 조류가 살고 있는 산호가 그들의 동료인 조류를 잃게 되면 "백화(bleaching)"된다(그림 16.21). 그들의 조류 상호공생자가 없어지는 경우 그 동물은 굶주리게 될 것이다. 산호가 비록 백화로부터 회복될 수 있을지라도 지구온난화에 의한 지구 기온의 상승은 더 빈번하게 이들을 백화시킬 것이고 매우 민감한 산호계는 죽게 될 것이다.

하구. 담수가 흐르는 강이 염수로 구성된 바다와 만나는 구역을 **하구(estuary)**라 한다. 조수에 의해 발생된 수위 변동과 함께 담수와 염수의 혼합은 매우 생산성이 높은 서식처를 만든다. 잘 알려지고 경제적으로 중요한 하구에는 탬파 만(Tampa Bay), 푸젯 사운드(Puget Sound), 체사피크 만(Chesapeake Bay) 등이 있다.

하구는 어부들이 잡는 물고기의 약 75%가 사는 서식지이며, 취미생활로 잡는 물고기의 80~90%가 사는 서식지이다. 그래서 때로는 "바다의 양어장(nurseries of the sea)"이라고 부르기도 한다. 하구에는 게, 바닷가재, 조개와 같은 갑각류와 조개류가 풍부히 자란다. 담수에 비하여 높은 염도에서도 자랄 수 있는 습지식물이 자라는 염습지를 비롯하여 하구 주변의 식물은 해안가를 안정화시키고 침식을 막는 완충지의 역할을 한다. 불행하게도 하구는 비료 오염의 증가로 인한 부영양화, 거주지와 유흥지의 건설로 인한 완전한 손실과 같은 인간의 활동에 의해 위협받고 있다.

16.4 인간의 영향

수생물군계와 육상생물군계 모두의 논의에서 명백한 것은 지구상의 어떤 서식지도 인간의 영향으로부터 자유롭지 않다는 것이다. 결과적으로 우리의 생물지역을 진정으로 이해하기 위해서 우리는 인간이 환경을 어떻게 이용하고 있는지를 알아야만 한다. 우리의 생물학적 이웃의 보존은 인간의 요구를 충족시켜야 하며 동시에 우리와 공존하는 다른 종들의 요구를 고려하며 이루어져야 한다.

UN에 따르면 인간은 인간 자신의 삶을 위하여 지구 육지 표면의 50%를 변형시켰다(그림 16.22). 이 변형의 대부분은 농업과 임업을 위한 것이었다. 그러나 놀랍게도 지구 육지 표면의 2~3%에 이르는 인도 면적보다 넓은 300만에서 450만 km^2의 면적이 인간의 거주지로 변형되었다. 그리고 이것은 단지 직접적인 변형만을 말한다. 인간의

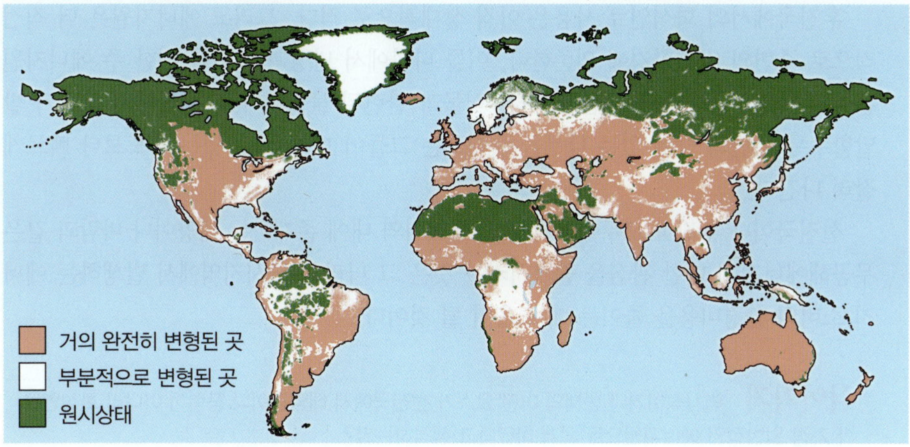

데이터로 해결하기

그림 16.1의 지도와 이 그림을 사용하여 인간에 의한 변형을 겪을 가능성이 많은 기후 조건을 결정하라.

그림 16.22 **인간에 의한 지구 대륙 표면의 변형.** 상대적으로 인간의 영향을 안받는 지역의 대부분은 캐나다와 시베리아의 대부분을 덮고 있는 광대한 침엽수림과 아프리카와 호주의 거대한 사막, 그리고 남미의 북부와 중부에 있는 빽빽한 아마존 밀림이다.

정착은 자연적인 경계를 훨씬 넘는 환경영향을 가진다. 이와 같은 영향에는 폐기물의 일부가 흩어지는 지구 대기의 변화가 있다. 사실 어떤 자연 서식지도 인간에 의한 변형으로부터 자유스럽지 못하다고 말하는 것이 옳을 것이다.

오늘날 인간의 절반에 해당하는 약 35억 명이 도시에 살고 있다. 만일 현재와 같은 시골에서 도시로의 이동이 계속된다면 2050년에는 약 60억 명에 달하는 인구의 2/3가 도시에 살 것이다. 명백히 도시는 자연 생물군계에 대한 인간의 영향을 결정하는 데 있어 점점 중요해지고 있다.

쉬어가기 2050년에 인구의 2/3가 60억 명이라고 추정된다면, 2050년 지구 전체의 인구는 얼마로 추정되는가?

에너지와 자연자원

도시는 자연경관과는 다양한 방식으로 다르다. 숲이 필요로 하는 것은 무엇인가? 숲의 생장에 필요한 유일한 에너지는 그 지역에 내리쬐는 일사량, 그리고 생장에 필요한 양분은 이미 토양에 존재하고 있던 것이다. 그리고 숲의 생물체에 의해 생성되는 노폐물은 바로 그 자리에서 처리된다. 즉, 토양이나 공기의 일부분이 되어 끝없이 순환된다.

이와는 대조적으로 도시는 다른 장소에서 들여오는 에너지에 주로 의존한다. 그리고 자연 또는 농업 경관으로부터 도시를 통하여 다른 곳의 쓰레기 처리장소로 물질이 선상으로 흘러가는 중심에 도시가 있다.

에너지 사용. 선진국일수록 버스를 운영하고, 건물의 냉난방을 하는 것에서부터 신호등에 불을 밝히고 무선전화에 전원을 공급하는 것까지 도시에서의 활동을 유지하기 위해 더 많은 에너지가 필요한데 이들의 대부분은 화석연료로부터 나온 것이다. 이 화석연료는 지구 전역에서 석유정과 석탄광을 통해 뽑아낸다. 특히 석유는 많은 양이 매장된 페르시아 만 주변지역에서 많이 뽑아 올리며, 석탄은 애팔래치아 산맥에서 많이 생산한다. 선진국의 많은 사람들이 사용하는 에너지는 그들이 살고 있는 생태지역과 무관하다. 화석연료를 생산하고 운송하는 과정에서 환경 파괴가 심각하다. 때로는 기름 유출로 인해 대양과 만이 파괴되고 채탄 과정에서 숲을 이룬 산 전체가 사라지기도 한다(그림 16.23).

그림 16.23 **화석연료 채굴의 비용.** 1970년대 채탄회사는 석탄에 접근하기 위하여 석탄 위에 쌓여 있는 바위를 폭발로 날려버리고 폐기되는 암석을 근처의 계곡에 버리는 "산꼭대기 제거(mountaintop removal)"라고 부르는 기술을 개발하였다. 1981년 이후 웨스트버지니아에서는 1300 km^2보다 넓은 면적이 이와 같은 채탄 방법으로 인하여 파괴되었다.

만약 우리 인간 사회가 주변의 생물군집과 잘 어울릴 수 있는 방법을 이해하지 못한다면, 그 결과에는 우리 자신과 우리의 생물학적 이웃을 해칠 수 있는 오염이 포함될 수 있다.

후진국에서의 화석연료 사용은 아직 상대적으로 적다. 그리고 에너지원은 더 직접적으로 주변의 자연환경에 의존한다. 이들 나라에서 난방과 요리를 위한 주 에너지원은 나무나 (동물의 똥을 포함한) 다른 식물과 관련된 물질이다. 후진국에서 도시가 발달할수록 주변의 숲에 있는 나무들은 때로는 그들이 대체될 수 있는 속도보다 빠르게 잘려 나간다.

선진국이나 후진국 모두에서 주어진 생태지역 내에 존재하는 태양이나 바람과 같은 무공해에너지에 대한 관심을 증가시키는 것은 그 나라의 도시지역에서 발생하는 에너지 소비의 환경비용을 줄이는 데 도움이 될 것이다.

쉬어가기 역사적이거나 현재의 어떤 요소가 선진국에서 태양광이나 풍력이 아니라 화석연료가 가장 일반적인 에너지원으로 되게 하였다고 생각하는가?

자연자원. 에너지뿐만 아니라 인간의 정착을 위해서는 생존을 위해 농산물이나 자연자원을 거두어들인 식량, 광산으로부터 캐낸 금속과 소금, 인간과 산업에 이용하기 위한 물, 아스팔트나 공산품을 만들기 위한 원유, 그리고 종이나 포장용품으로 가공되는 나무와 같은 물질들이 필요하다. 이 모든 원재료의 추출과 가공은 도심으로부터 멀리 떨어진 생물군계를 변형시킨다.

하나의 도시를 부양하기 위한 물질량은 어마어마하다. 한 장소에서 인간의 활동을 부양하기 위해 필요한 땅의 면적인 **생태발자국(ecological footprint)**을 계산하면 2010년 샌프란시스코 지역의 생태발자국은 도시의 실제 면적의 48배, 즉 캘리포니아 주의 전체 면적의 70%에 달하였다. 샌프란시스코 지역을 부양하기 위한 자원이 다른 주와 다른 나라로부터 와야 한다는 것은 명백하다. 건물을 짓고 종이를 만들기 위한 목재는 오리건과 브리티시컬럼비아의 침엽수림으로부터 오는 것을 비롯하여, 이 도시의 유명한 사워도우 빵을 만들기 위한 밀가루는 네브래스카와 앨버타의 밀밭에서 온다.

자연자원 또는 생태발자국의 중요성에 있어서 샌프란시스코만 예외가 되는 것은 아니다. 사실 선진국에서 대부분의 도시는 비슷한 크기의 생태발자국을 가지는 것 같다. 시민이 운송에 사용하는 에너지량을 줄이고 가까운 지역에서 생산된 식량을 사고 고기를 덜 먹는 등 상품을 구입하는 데 까다로운 선택을 한다면 도시의 생태발자국은 줄어들 수 있다.

쓰레기 생산

하나의 도시에서 생성된 쓰레기는 특별한 문제점을 가진다. 도시에서의 인구밀도는 너무 높기 때문에 이 좁은 지역에서 인간이 만든 어마어마한 쓰레기를 처리하기 위해서는 특별한 체계가 필요하다. 인간이 만든 쓰레기는 하수와 같은 액체일 수도 있고 가정에서 나오는 쓰레기와 같은 고체일 수도 있으며 대기 오염물질과 같은 기체일 수도 있다.

그림 16.24 **쓰레기 처리.** 선진국에서 인간이 만든 쓰레기는 비용이 많이 들고 기술적으로 발달한 하수처리공장에서 처리된다. 이것이 바로 과거에는 처리되지 않는 쓰레기를 직접 강, 호수 그리고 바다에 투기하던 것과 비교하면 처리 방법의 큰 진전이라 할 수 있다.

하수. 선진국의 도시에는 부엌의 개수대, 욕탕, 화장실, 그리고 공장에서 나오는 하수를 처리하기 위한 하수처리 시설이 있다(그림 16.24). 하수처리장에서는 침전을 통해 반고체 성분을 제거하고 병원성 미생물을 제거하기 위해 화학약품을 처리하며 결국에는 처리된 물을 호수, 강 또는 바다로 내보낸다. 불행히도 오래된 처리장은 폭우 시 처리되지 않은 많은 하수가 그대로 방류될 수 있다. 처리되지 않은 물은 양분이 많아서 조류나 박테리아의 생장을 증가시켜 해변에서 수영이나 다른 물과 관련된 여가활동을 하지 못하게 한다.

슬러지(sludge)라 불리는 반고체성 쓰레기의 처리는 쉽지 않다. 슬러지는 종종 퇴비로 만들어 비료로서 흙에 뿌리거나 매립된다. 퇴비화된 슬러지를 흙에 뿌리는 것 그 자체에 문제가 있다. 슬러지 퇴비에는(적절히 퇴비로 만들어졌다면) 유용한 비료로 사용될 수 있는 인간의 노폐물을 포함할 뿐만 아니라 다양한 독성물질이 들어 있을 수 있는 산업 폐수를 포함한다.

후진국에서는 처리된 하수를 안전하게 버린다는 것은 요원한 일이다. 급격히 공업화된 많은 지역에서 도시로 밀려드는 사람들로 인해 노후하고 부적절한 하수구는 그 기능을 제대로 발휘하지 못하게 되었다. 이 도시의 많은 사람들은 빈민가에 살고 있으며 그곳에는 하천이 거의 없어 처리되지 않은 오수가 도랑을 따라 흐른다. 인간이 만들어낸 노폐물을 부적절하게 처리하게 되면 심각한 결과가 발생할 수 있다. 노폐물로 오염된 식수를 마셔서 발생하는 소화기 계통의 질병으로 인해 매년 5살 이하의 어린이 200만 명 이상이 죽어가고 있다.

쓰레기와 재활용. 하수를 처리하는 것에 더하여 도시에 사는 사람들은 고형 쓰레기를 조절하는 방법을 발견해야만 한다. 선진국에서는 고형 쓰레기의 대부분은 플라스틱과 같은 물질로 방수 처리된 구덩이에 매립된다. 쓰레기 매립에는 쓰레기에서 빠져나오는 폐수를 모으는 시스템과 쓰레기가 분해될 때 발생할 수도 있는 위험한 가스를 모으는 많은 관이 필요하다.

대부분의 지역에서 쓰레기 매립장을 만들 공간은 점점 더 제한되고 도시로부터 더 멀어진다. 급박한 "쓰레기 위기(garbage crisis)"를 피하기 위해서 많은 주와 공동 사회에서는 종이, 유리 그리고 금속의 재활용을 의무화하고 있다. 그리고 많은 주와 공동 사회에서는 음식 쓰레기와 정원 쓰레기를 줄이기 위한 공동 사회 전반에 걸친 퇴비 만들기 프로그램을 사용하거나 고려하고 있다. 불행하게도 재활용률이 상대적으로 높은 곳에서도 집에서 발생하는 쓰레기의 양은 증가하고 있다(그림 16.25).

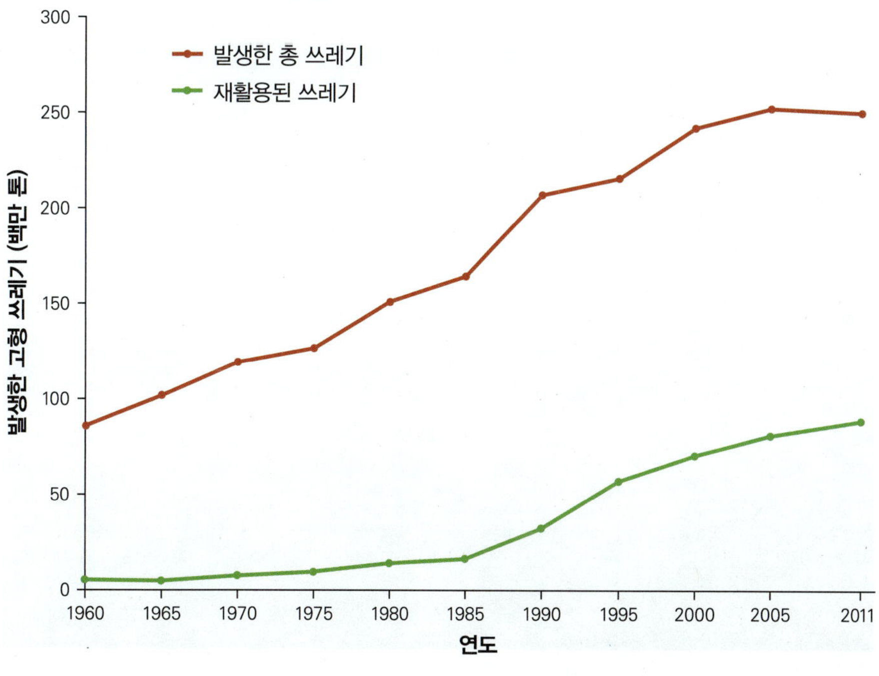

◀데이터로 해결하기

1965, 1990, 2011년에 재활용되지 않은 쓰레기는 얼마나 많이 발생하였는가?

그림 16.25 **증가하는 쓰레기.** 이 그래프는 1965년 이후 매년 미국에서 발생한 쓰레기 양이 얼마나 증가하는지를 보여준다. 재활용율은 1990년대에 증가하였는데, 1985년 10%에서 2011년 35%로 증가하였다.

후진국에서 고형 쓰레기 문제는 더 심각하다. 후진국의 많은 도시에서는 넓고 개방된 쓰레기 버리는 곳이 있고 그곳의 불안정하고 인화성이 있는 쓰레기 더미가 그 도시에서 절망적으로 가난한 사람들의 삶의 공간이 되고 있다.

대기오염. 화석연료에 대한 인간의 의존으로 인하여 도시에서는 많은 양의 기체형 쓰레기를 발생시킨다. 대기 오염물질로는 이산화탄소와 연소를 할 때 부산물로 나오는 질산화물, 황산화물, 미세먼지, 그리고 수은과 같은 연료 오염물질들이 있다. 이 부산물들이 빛과 높은 온도에 노출되면 공기 중의 산소와 반응하여 지상에 있는 오존이나 스모그가 된다(그림 16.26). 스모그에 노출되면 천식이나 심장병이 있거나 폐기능이 약한 사람들에게 심각한 병이 발생할 수 있고 심지어는 죽게도 된다.

기체형 오염물질이 지구의 대기 상층으로 들어가게 되면 대류를 따라 지구를 통하여 인간이 덜 거주한 곳으로 퍼져나갈 수 있다. 미국 중서부에 있는 석탄을 이용한 화력 발전소에서 방출된 오염물질들은 인구밀도가 낮은 미국의 북동부에서 나타난 심각한 산성비의 원인이 되었다. 그리고 산업 현장에서 부산물로 발생한 벤젠과 PCB 같은 대기 중의 독성물질이 상대적으로 적은 양의 오염물질이 상위단계의 먹이사슬에 위치한 동물에서 위험한 수준으로 농축되는 **생물축적(bioaccumulation)**의 결과 동물에서 높은 농도로 검출되었다.

대기오염은 선진국과 후진국 모두에서 문제이다. 후진국에서는 오염방지를 위한 노력이 없거나 있어도 매우 약하다. 선진국에서는 엄청난 양의 화석연료 사용이 나쁜 대기질의 원인이 되고 있다. 미국에서 한 가구당 차로 이동하는 거리는 1970년대 이후 거의 두 배가 되었다. 이는 집과 직장 사이의 출퇴근 거리가 멀어진 것에서 일부 원인을 찾을 수 있다.

도시개발이 근접한 미개발지역으로 확산되는 것을 도시에 의한 잠식을 의미하는 **도시 스프롤(urban sprawl)**이라 한다. 도시 스프롤은 수송의 필요성을 증가시키기 때문에 화석연료의 소비를 증가시킬 뿐만 아니라 서식지의 파괴와 단편화를 일으켜 야생생물에게 영향을 준다. 도시 스프롤은 또한 습지의 파괴와 포장된 도로의 증가로 인하여

그림 16.26 스모그. 캘리포니아 로스앤젤레스 도심 상공의 이 갈색 연무에는 자동차 배기가스, 오존, 그리고 다른 대기 오염물질이 들어 있다.

수질을 악화시킨다. 이후 모여든 오염물질과 따뜻한 물은 도시의 호수와 하천, 그리고 강으로 흘러들어간다.

인간의 영향 줄이기. 주변의 자연 경관에 대한 인간 거주의 영향은 우리가 지금까지 논의한 것처럼 중요하고 심각하다. 그러나 이와 같은 영향 중 많은 것이 사려 깊은 계획과 발달된 기술을 사용하여 완화시킬 수 있다. 미국에서는 청정공기법(Clean Air Act)과 청정수법(Clean Water Act)이 1970년과 1972년에 제정되어 대기오염과 수질오염을 상당히 줄였으며 한때 심각하게 손상되었던 서식지가 회복되는 데 기여하였다(그림 16.27).

선진국의 도시에서는 경제적으로 생기가 넘치고 환경적으로 판단력을 갖춘 지속가능한 사회를 만들기 위한 연구계획을 지원하고 있다. 표 16.3은 자신의 생물지역에 관해 더 잘 알게 하기 위한 질문을 제시한다. 아마도 우리의 생물학적인 이웃을 알고 우리의 선택이 이 생명체에게 어떠한 영향을 주는지를 이해하는 것이 인간과 다른 종들이 안전하고 건강한 사회를 만드는 데 도움이 될 수 있다는 생각을 하게 할 수 있다.

그림 16.27 인간의 요구를 생태지역에 맞추기. 이리호(Lake Erie)는 한때 너무 오염되어서 1960년대에는 죽음의 호수라고 불렸다. 정부와 시민의 노력으로 이 호수는 지금 회복되어 해변에서 수영을 할 수 있을 정도로 깨끗하고 수많은 건강한 물고기가 자라고 있다.

표 16.3 살고 있는 생물지역 알기

환경요소	살고 있는 생물지역
기후	당신이 살고 있는 장소의 기후를 연평균 기온, 연강수량, 평균 맑은 날 수, 그리고 계절을 포함하여 설명하라. 당신이 살고 있는 장소의 기후에 영향을 주는 지구전체적인 요소와 지역적인 요소는 무엇인가?
식생	당신이 살고 있는 장소의 자연식생을 설명하라. 자연식생이 얼마나 남아 있나? 자연식생 유형에 영향을 주고 있는 생태 요소(기후, 불 등)는 무엇인가?
수생 서식지	가장 가까운 수생 서식지는 무엇인가? 이 서식지의 우점종의 이름을 알고 있는가? 당신이 살고 있는 지역에서 이 서식지에 대한 위협은 무엇인가?
에너지 자원	집에서 사용하는 전기는 주로 무엇으로 만들어지는가? 살고 있는 생태지역에 환경적으로 덜 해로운 에너지원이 풍부한 것은 무엇인가?
식량 자원	살고 있는 생태지역에서 생산되는 농산물에는 무엇이 있는가? 얼마나 쉽게 그 지방에서 생산된 물건을 살 수 있는가?
자연 자원	당신이 살고 있는 생태지역에서는 어떤 자연자원이 공급되는가?
하수와 오수	당신이 버린 하수는 어디로 가는가? 당신이 속한 마을에서 하수나 오수를 처리하는 데 있어 어떠한 문제가 있는가?
고형 쓰레기	당신이 발생시킨 쓰레기는 어디로 가는가? 당신이 사는 공동 사회에서 재활용률은 얼마나 되는가? 그리고 재활용률은 증가될 수 있는가?
대기질	당신이 사는 사회의 대기질은 어떠한가? 중요한 대기 오염원과 대기 오염물질 방출 시설은 무엇인가?

현명한 독자

녹색세탁

깨끗하고 건전한 환경은 많은 소비자들에게 우선순위가 높다. 이것이 바로 많은 사업가들이 그들의 광고와 물품에 환경 친화적이라는 것을 내세우는 이유이다. 많은 회사들이 이익보다 보전을 우선 시 하는 사업을 하는 반면, 일부 회사는 그들이 생태적으로 친근하지도 않으면서 친근하다고 주장하는 대중 관련 기교를 사용해 왔다. 이러한 기교를 **녹색세탁**(greenwashing)이라 한다.

녹색세탁 또는 정말로 어떤 허위광고를 조명하는 한 방법은 1장에서 사용한 가이드라인을 사용하는 것이다. 간단히 말해 광고에서 제기되는 어떤 주장도 객관적인 증거가 있어야 한다는 것이다. 다양한 회사의 홈페이지에 제시된 다음 진술을 고려해 보자.

두 석유가스 다국적 기업으로부터:

"우리가 운영하는 많은 지역은 환경적으로 매우 민감하다. 그래서 이 지역에서 우리의 영향을 줄이는 것이 우리의 활동 중에 가장 으뜸이다."

"우리는 새로운 프로젝트 초기에 생물다양성을 고려하고, 생물다양성 액션플랜을 세우고, 생물다양성이 풍부하고 민감한 생태계를 가진 지역을 보호하고자 생물다양성 전문가들의 협조를 받는다."

두 다국적 컴퓨터 회사로부터:

"오늘날 에너지와 기후 관련 문제는 우리의 전략 의제 중에 가장 꼭대기에 있다."

"우리는 우리가 환경에 대한 영향을 줄이기 위해 할 수 있는 가장 중요한 것이 우리 생산품의 환경 수행능력을 증진시키는 것이라는 것을 알고 있다. 그것이 바로 우리가 재료를 덜 사용하고, 더 작은 크기로 포장하여 선적하고, 다른 사람들이 사용하는 독성 물질을 사용하지 않고, 에너지 효율적이고 가능하면 재생 가능한 재료를 사용하도록 생산품을 디자인하는 이유이다."

두 고급 자동차 기업으로부터:

"모든 생산 공장에서 제로 매립 지위를 달성했다. 즉, 공장에서 나오는 모든 쓰레기는 재사용되거나, 다른 용도로 사용하거나, 열을 생산하는 데 사용된다."

"우리의 성공 척도는 전통적인 이익선을 넘어 환경의 인식과 회사 내외의 개인들의 수요를 추구해야 한다."

1. 만약 있다면, 이 진술문들 중 어느 것이 주장을 지지하는 객관적인 정보를 담고 있는가?
2. 이 회사들이 그들의 주장을 지지하는 테스트, 분석, 연구, 또는 다른 증거를 제시할 것이라고 기대하는 것은 어디에 합리적일 것인가?
3. 이 진술 중의 하나를 선택하고 주장이 장점을 가지는지를 결정하기 위해 당신이 알기를 원하는 증거를 나열해 보자.

그럴듯한 소린데 그런가?

미국의 중서부에서 태양은 7월에 너무 뜨거우나 1월에는 약하고 창백한 것 같다. 햇볕의 질은 너무 달라 다음과 같이 말하고자 하는 유혹을 받는다.

태양은 겨울보다 여름에 지구에 더 가깝다.

그럴듯한 소리이지만 그렇지 않다.

1. 미국의 중서부에서 1월은 어느 계절에 속하는가? 호주에서 1월은 어느 계절에 속하는가?
2. 일사량은 무엇인가?
3. 지축의 기울기가 미국 중서부에서 7월과 비교하여 1월에 태양광에 어떻게 영향을 미치는가? 호주에서는 어떠한가?
4. 호주에서 여름철 태양은 지구에 더 가까운가?
5. 1~4번 질문에 대한 답을 생각하고 위의 굵은 글씨로 쓴 문장이 그럴듯하지만 그렇지 않은 이유를 설명하라.

복습

요약

16.1

지구적 규모로 기온과 강수 유형을 결정하는 요소를 설명하라.

- 기후는 한 장소에서 수년 동안 측정된 날씨이다. 한 지역의 기후는 일사량과 수체와의 거리와 같은 지역적 요소에 의해 결정되는 지구 온도 구배에 의해 결정된다.
- 일사량이 적도에서 더 많기 때문에 적도의 기온이 극의 기온보다 높다.
- 계절변화는 지축이 기울어져 발생한다. 예를 들어, 북반구의 여름과 낮 동안의 일사량은 겨울 동안의 일사량보다 훨씬 더 많다.
- 지구에서의 강수 유형은 태양에너지에 의해 결정된다. 적도부근에서는 많은 비가 내리고 위도 30° 부근은 건조지역이다.

지역적인 규모에서 기후에 영향을 미치는 요인을 나열하고, 그들이 지역의 온도와 강수 유형에 어떻게 영향을 주는지 설명하라.

- 한 지방의 기온은 고도, 수체와의 거리, 인근의 해류, 지표면의 반사도, 주변에 존재하는 식물의 양에 의해 결정된다.
- 한 지방의 강수 유형은 강수량을 증가시키는 경향이 있는 수체의 존재와 산에서 바람이 불어오는 방향의 반대쪽에서는 강수량이 감소하는 산의 존재에 의해 영향을 받는다.

16.2

열대림, 온대림, 침엽수림, 지중해성 관목림, 열대초원과 온대초원, 사막, 툰드라를 포함하는 육상생물군계의 기후적 특징과 식생 특징을 간단히 서술하고 이 환경에서 동식물이 적응한 예를 제시하라. 인간이 이들 생물군계에 미치는 위협을 설명하라.

- 나무가 우점하는 곳을 숲이라고 하며 적도로부터의 거리에 따라 열대, 온대, 침엽수림으로 구분된다. 열대림은 큰 목본이 우점하고, 하부 식생이 거의 발달하지 않는 반면, 온대림에는 목본의 잎이 없을 때 번성하는 다양한 하부식생이 발달한다. 침엽수림은 길고 추운 겨울에도 물을 보유하는 상록성 송백림이 우점한다.
- 지중해성 관목림은 숲보다는 조금 더 덥고 건조한 지역에서 발견되며, 불이난 후에 빠르게 다시 자라는 불에 매우 잘 타는 목질성 관목이 우점한다.
- 초지는 강수량이 비교적 적은 곳에서 발견된다. 초지의 중요한 식물은 비목질성 초본이다. 이 생물군계는 적도에서의 거리에 따라 열대성 초원과 온대성 초원으로 구별된다. 열대초원과 온대초원 모두 주기적인 불에 의해 유지되며, 식물들은 빠르게 다시 자라도록 적응하였다.
- 사막은 연강수량이 50 cm 이하인 곳에서 발견되며 건조에 내성을 가진 식물이 대부분이며, 동물의 대부분은 적은 물 환경에 적응하였다.
- 툰드라는 성장기가 60일 이하인 곳을 말하며 극 근처나 고도가 높은 곳에 존재한다. 동물이 뜯어 먹는 키 작은 식물이 우점한다.
- 숲은 벌목과 농업의 발달에 의해 위협을 받으며, 지중해성 관목림은 주로 인간의 불 억제 활동에 의해 위협을 받는다. 초원은 농업의 발달과 과방목에 의해 위협을 받고, 사막은 인간의 거주와 물 고갈에 의해 위협을 받는다. 툰드라는 기후변화, 석유와 석탄 탐사에 의해 위협을 받는다.

16.3

담수호, 강, 습지, 대양, 산호초, 하구를 포함하여 수생물군계의 특징을 설명하고 이 생물군계에서 발견되는 생물의 예를 제시하라. 이 생물군계들에서 인간의 활동에 의해 위협을 받는 예를 제시하라.

- 담수 생물군계에는 수생식물, 조류, 물고기가 우점하는 정수역을 가지는 호수, 상대적으로 식물이 적으며 물이 흐르는 강, 물에 잠긴 토양에 정수식물이 자라는 습지 등이 있다.
- 해수 생물군계에는 수온, 빛, 이용 가능한 양분에 의해 여러 구역으로 나눌 수 있는 대양이 있다. 대양에서 우점하는 생물은

광합성을 하는 식물성 플랑크톤인 반면, 산호초와 하구에서는 매우 다양한 바다생물이 살고 있다.

16.4

인간 사회의 생태학적 요구사항을 나열하라. 이때 식량, 에너지, 폐기물을 포함하라. 그리고 이러한 수요가 다양한 인간 사회에서 어떻게 충족되는지 설명하라.

- 인간은 지구 육지 표면의 50% 이상을 변형시켰다. 이와 같은 변형의 대부분이 현재 도시에서의 활동을 부양한다.
- 도시는 생존을 위해 외부에서 가져온 에너지와 다른 자원에 의존해야만 한다. 이와 같은 자원을 얻는 것은 다른 생태지역에서 환경비용을 발생시킨다.
- 쓰레기 처리는 대도시에서 중요하다. 하수는 식수를 오염시키지 못하도록 처리되어야만 한다. 쓰레기는 효과적으로 처리되어야 하며, 대기로의 방출은 억제되어야 한다. 선진국에서는 더 많은 자원을 사용하고 그들이 만들어 내는 방대한 양의 쓰레기를 처리해야 한다. 반면에 후진국에서는 부적절한 처리 체계가 문제이다.
- 시민과 사회가 생태지역에 관한 사항을 더 잘 이해하는 것이 더 지속 가능한 방법으로 인간이 활동할 수 있도록 하는 방법을 고안하는 데 도움이 될 것이다.

언어의 뿌리

다음 어원들은 주로 라틴어나 그리스어에서 기원하며 아래와 같은 뜻을 가지고 있어 용어를 해석하는 데 도움을 준다:

aqua-	물을 의미한다. 용어: *aquatic*
equ-	동일함을 의미한다. 용어: *equator*
sol-	태양을 의미한다. 용어: *solstice*
-stice	가만히 있는 것을 의미한다. 용어: *solstice*

기본문제

1. 미국의 북쪽 지방이 왜 겨울에는 춥고 여름에는 더운지 설명하라.

2. 왜 수체와의 거리가 근처 육지의 기후를 온화하게 하는가?

3. 일사량이 적은 곳은?

A. 극보다는 적도에 더 가깝다.
B. 적도보다는 극에 가깝다.
C. 높은 고도
D. 수체와 가까운 곳
E. 답이 1개 이상이다.

4. 왜 태양이 머리 위를 비추는 태양 적도는 연중 북위 23.5°와 남위 23.5° 사이를 왕복하는가?

A. 지구는 1년 동안 지축을 중심으로 흔들린다.
B. 극의 위치가 매년 이만큼 변한다.
C. 지축은 태양광선의 수직 방향으로부터 23.5° 기울어져 있다.
D. 지구는 여름에는 태양을 향해 23.5° 이동하고 겨울에는 태양에서 23.5° 멀리 이동한다.
E. 해류가 여름에는 열대지방으로부터 북쪽으로 열을 이동시키고 겨울에는 남쪽으로 열을 이동시킨다.

5. 다음 중 지구의 육상 표면에 가장 넓게 분포하는 생물권은?

A. 지중해성 관목림 B. 사막 C. 온대림 D. 툰드라
E. 침엽수림

6. 툰드라는 어디에서 발견되는가?

A. 평균 기온이 낮고 성장기가 짧은 곳
B. 극 인근 지방
C. 고위도 지방
D. A와 B가 옳다.
E. A, B, C가 옳다.

7. 사막을 가장 잘 설명한 것은?

A. 기온이 높은 곳에 나타난다.
B. 단위 면적당 다른 어느 생물군계에서보다도 많은 생체량이 있다.
C. 우점하는 식물은 물을 보존하는 능력이 있다.
D. 대부분은 적도 인근에서 나타난다.
E. 인간의 거주지로 적당하지 않다.

8. 다음 생물군계 중 주로 우점하는 개체들의 잔해물로 이루어진 구조를 가지는 것은?

A. 산호초
B. 담수호
C. 강
D. 하구
E. 대양

9. 생태발자국이란?

A. 생태학적 먹이사슬에서 개체가 가지는 위치
B. 특정인이나 인간 개체군을 부양하는 데 필요한 총면적
C. 인간 개체군의 크기
D. 집단의 가장 적절한 하수처리 계획을 결정할 수 있는 데 도움이 되는 것
E. 한 도시에서 주민들의 실제 토지 발자국보다 더 적다.

10. 선진국에서 인간이 버린 하수의 처리 방법과 이와 관련한 설명으로 옳은 것은?

A. 수로로 직접 버린다.
B. 농장에 직접 뿌린다.
C. 쓰레기 매립장에서 매립한다.
D. 슬러지와 병을 일으키는 생물이 제거된 후 근처 수로로 방출된다.
E. 인간 전염병의 중요한 원인이 된다.

응용문제

1. 다음과 같은 지리적 요소를 고려하여 설명된 장소에 나타나는 기후와 생물군계를 예상하라. 왜 그렇게 생각하는가? 이 조그만 도시는 _______________

- 태평양 연안에 있다.
- 북위 20°에 위치한다.
- 해발고도가 200 m이다.
- 산 아래에 있다.

2. 지구 기온 변화 모델에 따르면 엄청난 양의 얼음이 녹아 바다의 염분 농도를 변화시킬 것이며 이는 대서양의 멕시코 만류를 멈추게 할 것이라는 예측이 있다. 이 변화는 유럽에 어떠한 영향을 주겠는가?

3. 다음 표에 있는 도시들과 도시의 기후에 영향을 주는 중요한 산맥인 캐스케이드(Cascades)와의 사이에 어떤 지리적인 관계가 있는가?

도시	연평균 강수량(cm)
오리건 주의 벤드	31(12)
오리건 주의 유진	109(43)
오리건 주의 포틀랜드	91(36)
워싱턴 주의 타코마	99(39)
워싱턴 주의 왈라왈라	53(21)
워싱턴 주의 야키마	20(8)

연관문제

1. 식량을 공급받기 위해 얼마나 많은 생물군계에 의존하는가? 식료품 상점에서는 상품의 원산지를 표시한다. 다음 번 식료품 상점에 갈 때 상품의 원산지가 표시된 나라를 조사하자. 살고 있는 지방에서 생산된 식료품을 구매하고 이들을 먹는 습관으로 바꾸는 것이 쉽겠는가? 왜 쉽게 바꿀 수 있는가? 아니면 왜 쉽게 바꿀 수 없는가?

2. 살고 있는 집을 어떻게 꾸며 놓았는지 고려하여 다음 물음에 답하라. 생태지역에 더 알맞도록 하려면 어떻게 집을 변화시켜야 하는가? 이와 같은 변화가 가능한가? 이와 같은 변화를 원하는가?

CHAPTER 17

폭음

학생 나이 21살 되다.

소화계와 비뇨계

토요일 밤 마릭은 친구 린의 21번째 생일을 축하하기 위하여 깜짝 파티를 연다. 린은 마릭보다 몇 살 어리다. 린은 고등학교 교환 학생이었을 때 2년 동안 마릭의 여동생과 한 방을 사용하면서 마릭의 가족과 함께 살았다. 지금은 미국 대학에서 외국 학생으로 린은 술을 마셔본 경험이 전혀 없다. 마릭은 린이 이 생일을 크게 기대하고 있으며 술을 최소한 조금은 마실 계획이란 것을 알고 있다. 마릭은 어린 여동생에게 한 것처럼 린의 보호자라고 느끼며 린이 술을 마시면서 부정적인 결과는 줄이고 장점을 즐기는 방법을 배우도록 린을 도우려 한다.

마릭이 염려하는 일부 부정적 결과는 자기의 경험과 지난 학기에 들었던 건강 과목에서 알코올 남용에 대한 리포트를 작성하면서 알게 된 정보에 근거를 두고 있다.

마릭은 친구 린을 걱정한다.

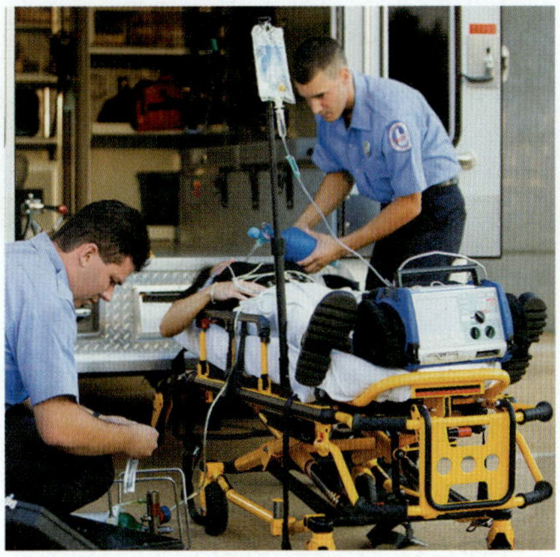

그는 그녀가 과음 위험에 처할 만큼 술 마시는 것을 원하지 않는다.

마릭이 거주하는 기숙사 신입생 층에 살던 한 학생이 경찰의 미성년자 음주 단속을 피하려고 도망가다가 실족하여 발목이 부러졌다. 마릭의 화학 실험 파트너는 술에 취한 운전수와 함께 탄 차가 눈 덮인 길에서 나무를 들이받아 코가 부러졌다. 마릭은 건강 과목에서 리포트를 작성하면서 지난해에 30,000명이 넘는 학생들이 알코올 중독으로 치료를 요한다는 것을 지적한 정부의 웹사이트를 알게 되었으며, 린에게 이와 같은 일이 일어나는 것을 원하지 않았다. 또한 그는 대학 캠퍼스에서 성폭력이 빈번한 것도 염려하면서, 린이 대학에 다니는 동안 성폭력을 당한 20% 여학생 중의 한 명이 되는 것을 원치 않는다.

마릭은 의예과 생물학 전공인 린을 설득하기 위한 계획을 세우려고 한다. 술을 많이 마시는 것은 몸에 해롭다는 것은 그녀가 확신할 수 있을 것으로 생각되는 쟁점이다. 마릭은 술을 마시기 전에 음식을 먹는 것이 일부 알코올 흡수에 도움이 되며 술을 마시면 탈수가 일어난다는 것을 들었다. 따라서 그는 초점을 술을 마신 효과가 소화계와 비뇨계에 미치는 영향에 맞추려고 한다.

또는 그녀의 안전이 위태롭게 되는 것도...

마리은 린이 술을 마시면서 부정적인 결과는 줄이고 장점을 즐기는 방법을 배우도록 린을 도우려 한다.

17.1 소화계

소화계가 하는 역할은 음식물을 소화하여서 우리 몸이 음식물의 화학결합에 저장된 에너지를 활용할 수 있게 하는 것이다. 음식물은 입과 항문으로 열려 있는 긴 관을 통과하면서 연속적으로 더 작은 단위로 분해된다. **소화관(alimentary canal)**이라고 하는 이 관은 음식물이 여러 기관의 작용과 샘의 분비물에 노출되게 해준다.

음식물의 분해는 입, 또는 구강에서 음식물을 더 작은 조각으로 씹어서 깨는 것으로 시작된다(그림 17.1). 음식물의 기계적 소화는 치아가 음식물을 갈아서 입 속의 효소에 노출될 수 있는 면적을 증가시키면서 일어난다. 화학적 소화도 침샘에서 침이 분비되면서 입에서 시작된다. 침에는 **침 아밀라아제(salivary amylase)** 효소가 들어 있어 당을 분해한다.

탄수화물 분해는 입에서 우리가 소비한 중합체(탄수화물, 단백질, 지방)들이 구성소단위(각각 단당류, 아미노산, 글리세롤과 지방산)로 변환되는 첫 단계이다. 이 변환이 필요한 이유는 우리 몸은 섭취한 중합체를 흡수할 수 없으며 이들을 직접적으로 세포의 구조물을 만드는 데 사용하지도 못하기 때문이다. 그 대신에 중합체는 분해한 다음 우리 몸의 명세에 따라서 재조립한다.

기계적 소화와 화학적 소화

혀(tongue)는 음식을 맛보는 데 도움을 주는 맛봉오리를 가지고 있다. 이 근육질 구조물은 음식물을 공처럼 만든 음식물 **덩어리(bolus)**를 입의 뒤쪽으로 밀어 준다. 거기에서 음식물은 삼켜져 소화계로 들어간다(그림 17.2). 마리은 그의 연구를 통해서 구강암이 알코올을 남용하지 않는 사람보다 알코올을 남용한 사람들에서 빈발하며, 알코올은 충치, 치은염 및 치아 손실 발생을 증가시킨다는 것을 알고 있다.

시각화 ▼

3번째 어금니는 마지막에 나오는 어금니이다. 입의 뒤쪽에 있으며, 일반적으로 성년기가 되어야 나타난다. 이 "사랑니"를 모두 뺀 사람은 몇 개의 영구치를 갖고 있는가?

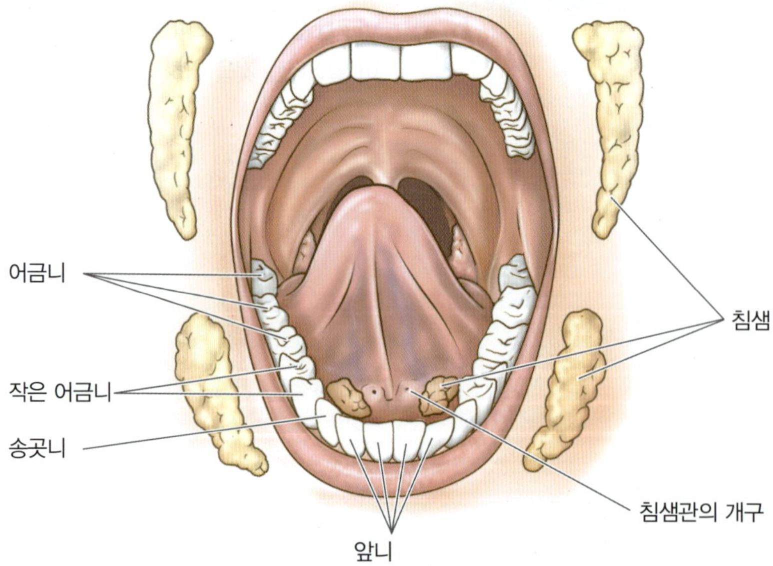

그림 17.1 사람의 구강. 음식물은 32개의 성인 치아에 의해서 작은 조각으로 갈아진다. 앞니는 음식물을 조각으로 물어 끊는 것이 전문이다. 송곳니는 음식물을 찢을 만큼 날카롭다. 어금니는 갈기를 잘 할 수 있게 넓은 표면적을 갖고 있다.

씹은 음식물을 삼킬 때 음식물은 입에서 **인두(pharynx)**로 이동한다. 인두는 목구멍의 뒤쪽을 이루며 기관(폐로 가는)과 식도(위로 가는) 양쪽으로 갈라져 있다. **후두개(epiglottis)**는 삼킨 음식이 기관으로 들어가는 것을 막는 것으로 혀의 아래에 있는 얇은 연골 뚜껑이다. **식도(esophagus)**는 음식물을 **위(stomach)**라는 큰 소화기관으로 운반한다. 식도의 하부에는 하부 식도 괄약근이라는 수축성 근육으로 된 고리가 있어서 위의 내용물이 하부 식도로 역류하는 것을 방지하는 작용을 한다. 알코올은 이 괄약근을 약화시킬 수 있으며 산성화된 위의 내용물이 식도로 역류하여 가슴앓이의 원인이 된다.

epi- 위에, 곁에 또는 사이에를 의미한다.

peri- 둘레를 의미한다.

-stalsis 싸다 또는 둘러싸다를 의미한다.

음식물 덩어리의 이동은 평활 근육 수축의 율동적인 파동에 의해서 촉진되는 **연동운동(peristalsis)**이라는 과정을 통해서 식도를 내려간다. 일단 위로 들어가면 음식물은 위벽을 이루는 특수한 세포들이 분비하는 소화효소와 산에 의해서 분해된다.

단지 소량의 알코올만이 위에서 대사가 된다. 위벽을 이루는 상피세포들은 알코올 탈수소효소라는 효소를 분비한다. 이 효소들은 알코올 대사에 도움을 주어서 혈류에 취하게 하는 알코올이 줄어들게 한다. 여자는 남자보다 더 작은 위를 가지고 있어서 이

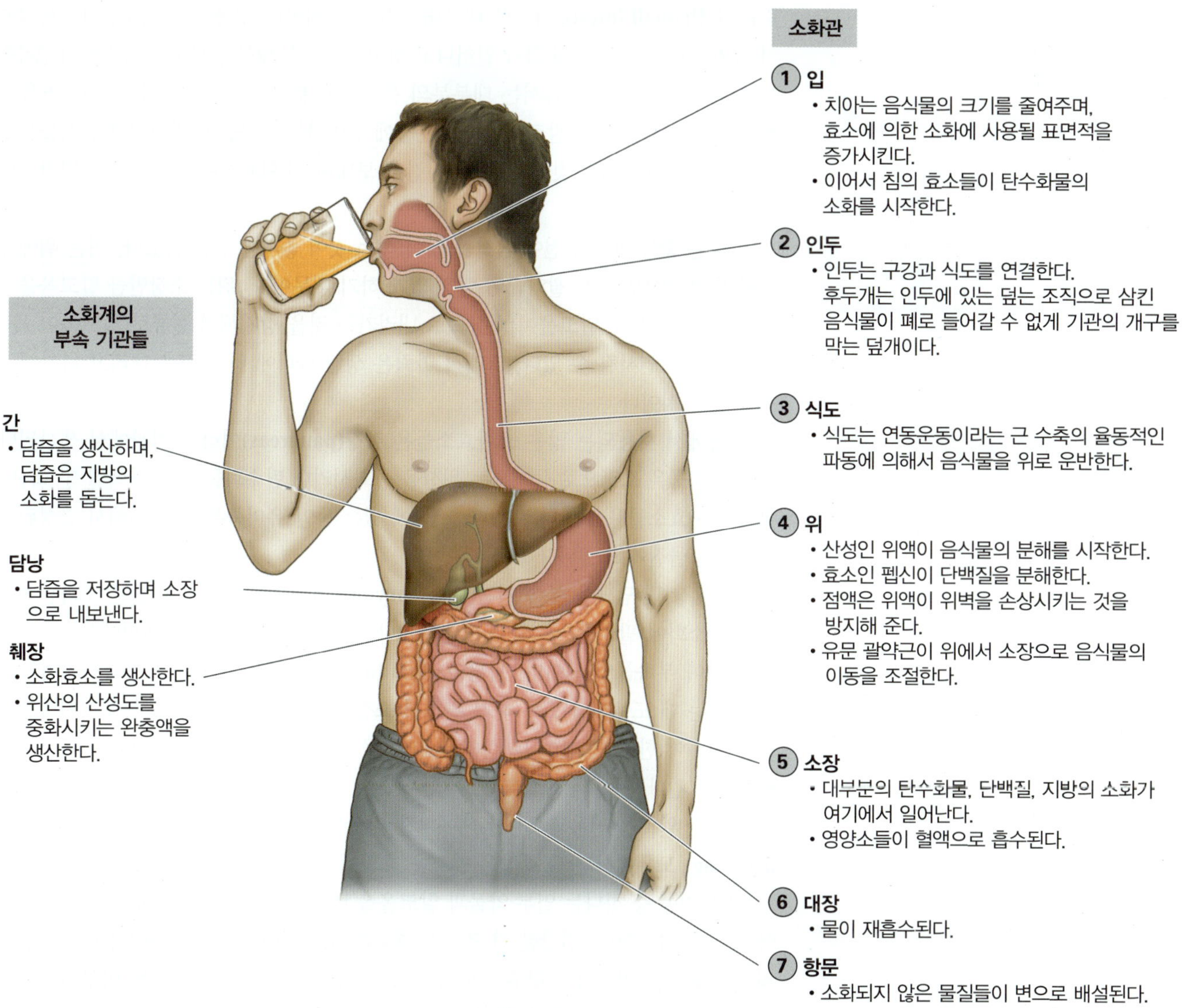

그림 17.2 **소화계.** 소화계는 부속 기관들과 소화관으로 구성되어 있다.

지난해에 30,000 넘는 학생들이 알코올 중독으로 치료를 받았다.

효소의 분비가 더 적다. 여자는 단위 체중당 이 효소의 양도 남자보다 적다. 이는 남자와 여자의 키와 체중이 똑같아도 알코올 대사 속도가 다름을 의미한다. 여자는 알코올을 더 천천히 대사하므로 술을 덜 마시더라도 취하게 된다. 마릭은 린에게 남자 친구들이 그녀보다 더 크지 않더라도 남자 친구와 같아지려고 노력하지는 말라고 주의를 주려고 한다.

위와 관련하여 술을 마실 때 린이 고려해야 할 한 가지 추가적인 요소가 또 있다. ALDH1 약자로 쓰는 알코올 탈수소효소는 가장 보편적인 알코올 탈수소효소와 아미노산 1개가 차이난다. 이 변이형은 동아시아 후손인 사람들에게 공통적이며 알코올 분해산물 중 하나인 아세트알데하이드를 더욱 서서히 대사한다. 고농도의 아세트알데하이드는 얼굴이 빨개지고, 어지럽고, 구역질과 불규칙한 심장 박동을 야기한다. 린은 중국 청두에서 왔으므로 마릭은 술을 마시면 이 반응을 경험할 수 있을 것이라고 그녀에게 경고를 하려고 한다.

일단 음식물 덩어리가 위로 내려가면 연동운동은 이를 소화효소와 섞어 **유미죽(chyme)**이라는 물질이 되게 한다. 유미죽에 알코올 농도가 높으면 위벽이 자극되어서 구토 반사를 일으킨다. 위의 하부에는 또 하나의 괄약근이 있다. 유문 괄약근은 유미죽을 **소장(small intestine)**으로 내보내는 것을 조절한다. 소장은 긴 관(성인에서 길이가 약 6 m)이며 화학적 소화가 일어나고 상피세포를 통해서 혈류로 영양소들이 흡수되는 주된 장소이다. 소장에서는 대부분의 음식물이 분해되고 알코올이 소화관 벽을 통해서 혈류로 흡수된다. 알코올이 연동운동에 관여하는 근육을 이완시키면 음식물은 소화관 속에서 정상적인 것보다 더 긴 시간을 보내며, 소화효소에 노출이 증가되면 설사의 원인이 될 수 있다.

마릭은 술을 마시기 전에 식사를 많이 하는 것이 좋다는 말을 들었다. 이는 위에 음식이 들어 있으면 유문 괄약근이 닫혀 있게 하기 때문이다. 위는 소장만큼 알코올을 잘 흡수하지 않으므로 알코올이 소장으로 내려가는 것을 방지해서 혈류로 알코올이 들어가는 것을 지연시킬 수 있다. 그래서 마릭은 생일 파티에 앞서 린을 대리고 나가서 식사를 할 예정이다.

소장에서 사용되는 많은 소화효소들은 **췌장(pancreas)**이라는 기관에서 생산된다. 췌장 분비물은 소장으로 들어오는 위산을 중화시키며 탄수화물 지방 단백질 및 핵산을 분해하는 효소들을 포함하고 있다. 소장에 있는 동안 유미죽은 간에 의해서 합성된 담즙이라는 물질에 노출된다.

간, 췌장 및 담낭을 **부속 기관(accessory organs)**이라고 한다. 이들은 소화관 밖에 있지만 소화에 필요한 물질들을 생산하거나 분비하기 때문에 어떤 의미에서는 소화관에 대하여 부속물인 셈이다. **담낭(gallbladder)**은 담즙을 저장하고 농축시키며 지방을 녹이는 데 도움이 되도록 하기 위해서 소장으로 방출한다. 담즙을 농축시키려면 물을 제거해야 한다. 담낭이 너무 많은 양의 물을 제거하면 담즙은 결정이 되어서 담석증을 일으킨다.

장기간 알코올 남용과 2시간 내에 4잔 이상을 마시는 것으로 정의되는 **폭음(binge drinking)** 모두에서 간과 췌장은 알코올 효과에 매우 민감하다.

간의 기능 중 하나는 일부 약물과 알코올을 비롯한 독성물질의 대사이다. 과음은 간에 손상을 야기하며, 건강한 간 조직을 흉터조직으로 대체시키며 진행성 비가역성 과정인 경변증을 일으키는 경우도 있다. 흉터조직은 간으로 혈류가 잘못 이루어지게 하며 간 기능상실을 초래할 수 있다.

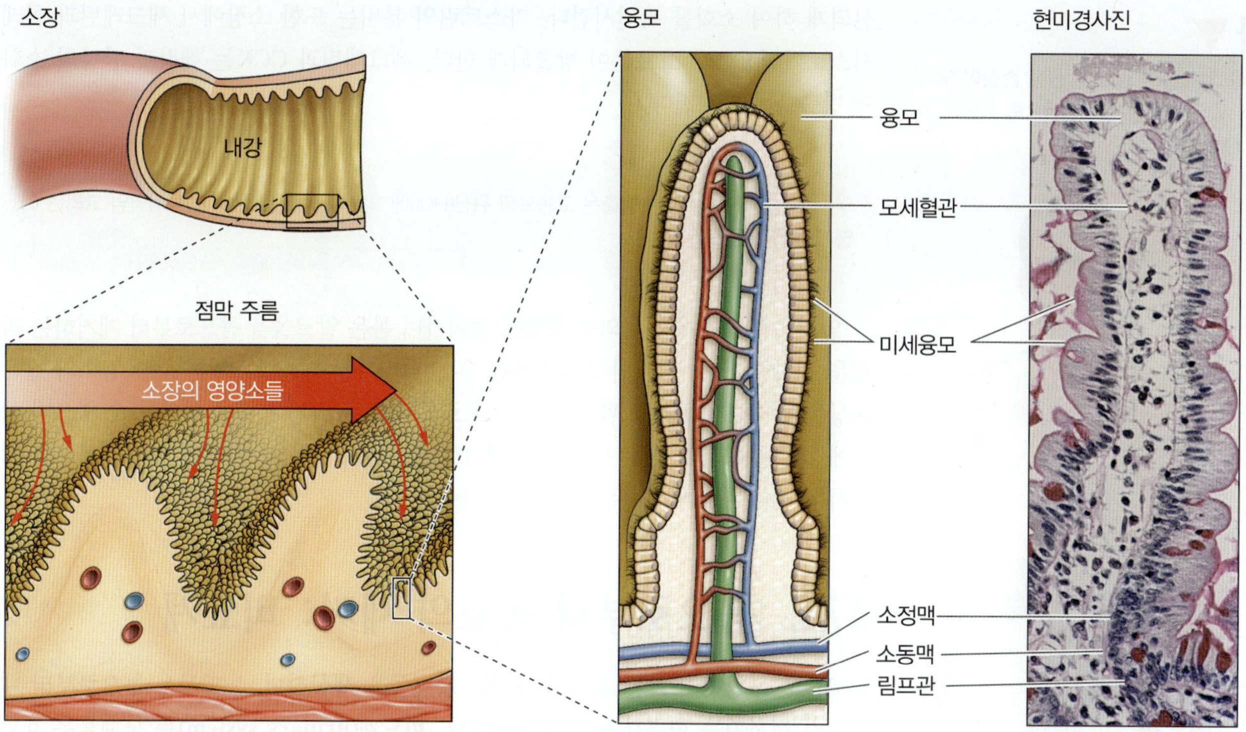

그림 17.3 **소장에서 영양소의 흡수.** 소장에 주름으로 융모와 미세융모라는 손가락 같은 돌기가 생겨 영양소가 혈류로 들어가는 표면적을 증가시킨다. 혈류로 들어가고 나면 영양소는 온몸의 세포로 운반될 수 있다.

췌장염(pancreatitis)이라고 하는 췌장의 염증은 지나친 알코올 섭취로 야기될 수 있다. 췌장염은 췌장이 소화효소의 분비를 못하게 하여 소화가 안 되게 하므로 생명을 위협하는 합병증에 이를 수 있다.

-itis 염증을 말한다.

소화된 음식물의 흡수

위로부터 소장으로 이동한 물질들은 **융모(villi)**이라는 소장에 있는 손가락 같은 막성 돌기를 통해서 혈류로 흡수된다. 각각의 융모는 혈관과 림프관 모두를 갖고 있다. 표면적은 더 작은 **미세융모(microvilli)**가 있음으로 더욱 증가하며 이를 통해서 영양소를 각 융모 내의 혈관으로 운반한다(그림 17.3). 융모와 미세융모를 합하여 그 표면적은 테니스장 면적만큼 된다! 알코올은 소장의 융모에 손상을 야기하여 영양소의 흡수를 방해할 수 있다.

소장을 통과하면서 대부분 중합체들은 단량체로 전환되며 소장을 가로질러 혈류로 이동할 수 있게 되며, 혈액에 의해서 각각의 세포로 운반된다. 흡수되지 못한 물질들은 **대장(large intestine)**[**결장(colon)**이라고도 한다]으로 들어가며 직장을 거쳐 항문에서 변으로 몸을 빠져나간다. 변은 주로 소화되지 않는 식물성 섬유들로 구성되어 있다.

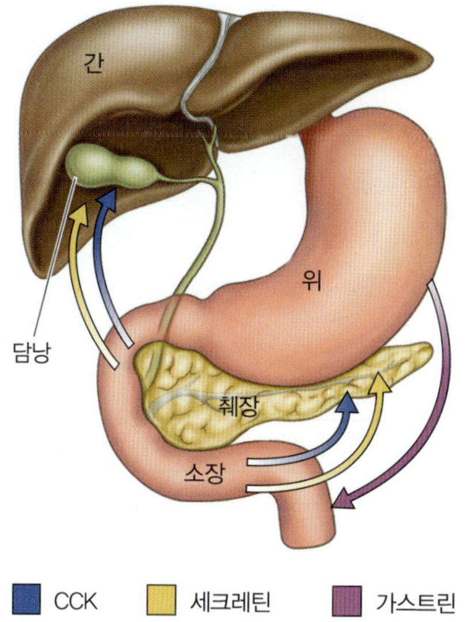

그림 17.4 **소화계의 호르몬성 조절.** 위에 음식이 들어오면 가스트린 호르몬의 방출이 야기되며, 가스트린은 소장이 세크레틴과 CCK 호르몬이 분비되게 하고 이들은 담낭과 췌장의 담즙과 소화효소 방출을 증가시킨다.

소화 분비의 조절

소화액의 분비는 호르몬에 의해서 조절된다(그림 17.4). 음식을 먹으면 위는 **가스트린(gastrin)** 호르몬을 생산하며, 가스트린은 위의 윗부분을 자극하여 산성의 위액이 생

시각화 ▼

방광 감염을 치료하지 않으면 신장 손상이 야기될 수 있다. 세균이 방광에서 신장으로 이동해 가려면 무슨 통로를 거치는가?

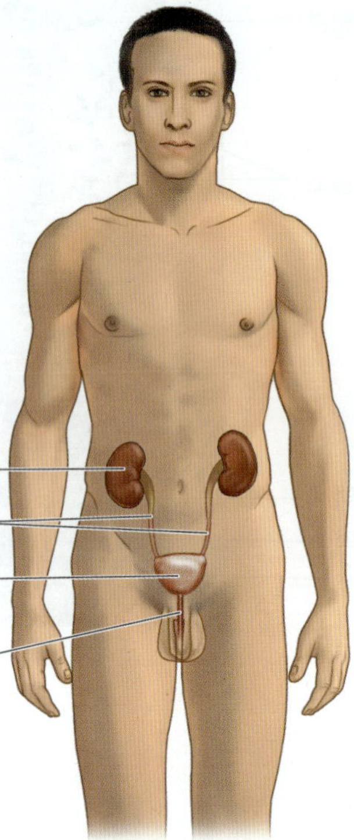

그림 17.5 **사람의 비뇨계.** 신장은 혈액을 거르며 노폐물 오줌을 방광으로 내보내고, 오줌은 요도를 통해서 자발적으로 방출할 때까지 방광에 저장된다.

산되게 하여 소화를 촉진시킨다. 가스트린의 분비는 또한 소장에서 세크레틴과 콜레시스토키닌(CCK) 호르몬이 방출되게 한다. 세크레틴과 CCK는 췌장과 담낭의 소화액 방출을 증가시킨다.

쉬어가기 가스트린 방출은 고농도의 위산(HCl)에 의해서 억제된다. 이 음성되먹임 고리는 어떻게 위를 보호하는가?

알코올은 소장에서 나와서 혈류로 들어가며 몸은 알코올을 몸으로부터 제거하는 과정을 시작한다. 이것은 남성에서 폭음 후에 나타나는 테스토스테론 생산 감소와 같은 손상을 방지하기 위해서 필요하다. 이 호르몬 감소는 발기 부전을 야기할 수 있으며 체내에 알코올이 남아 있는 동안 정자 생산도 줄어든다. 몸으로부터 이와 같은 독소를 제거하는 것이 비뇨계가 하는 일 중의 하나이다.

17.2 몸으로부터 독소의 제거: 비뇨계

알코올을 포함하여 모든 물질의 대사는 노폐물을 생산하며, 노폐물은 몸으로부터 내보내기 전까지는 혈류를 통하여 순환한다. **비뇨계(urinary system)**는 노폐물은 효과적으로 제거하는 반면, 유용한 물질은 재사용할 수 있게 회수하는 일을 담당한다. 사람에서 비뇨계의 주된 기관은 **신장(kidneys)**이며, 신장은 노폐물을 **수뇨관(ureters)**을 통해서 방광으로 보내기에 앞서 순환하는 혈액을 걸러서 정화시킨다. 오줌은 **요도(urethra)**를 통해서 내보낼 때까지 **방광(urinary bladder)**에 저장된다(그림 17.5).

신장의 구조와 기능

신장은 한 쌍이 있으며 복부 내강의 상부에 간과 위의 뒤에 위치하고 있고 대략 주먹 크기의 기관이다. 각각의 신장에는 **네프론(nephrons)**이라는 고리가 달린 관들이 조밀하게 채워져 있다. 각 신장에는 약 1,250,000개의 네프론이 있으며, 성인에서 총연장 길이는 약 145 km이다. 네프론은 모세혈관망으로 싸여 있어서 노폐물이 혈액으로부터 확산되어 나오고 배설하기 위해서 이들 세관으로 들어갈 수 있게 해준다. 순환계의 전체 혈액이 하루에도 수백 번 신장을 통과하며 각 신장은 매 24시간마다 약 1000 L의 혈액을 거른다.

혈액은 **신동맥(renal arteries)**이라는 큰 혈관에 의해서 신장으로 운반된다. 신장에서 노폐물 처리는 4단계를 거치며 신장에 박힌 단 하나의 고리 모양을 한 네프론의 모식도에서 추적할 수 있다(그림 17.6). 첫 단계인 **여과(filtration)**는 네프론의 머리에 있는 구조인 보먼 주머니 내에서 일어난다. 보먼 주머니는 혈관이 공 모양으로 빼곡한 사구체를 싸고 있다. 사구체의 모세혈관은 작은 구멍들을 갖고 있으며 혈압은 혈액의 혈장이 구멍을 통하여 네프론의 상부 끝으로 들어가게 힘을 가한다. 혈액이 사구체에 도착하며 이 여과로 물과 작은 분자들이 빠져나가며 큰 단백질들은 혈장에 남겨둔다. 이 과정을 통해서 네프론의 내부로 들어간 액체를 여과액이라고 한다.

renal 신장에 대한 그리스어 용어이다.

신장 건강을 분석하는 한 방편으로 사구체 여과율을 측정한다. 예비 연구들은 술 마시기를 절제하는 사람은 마시지 않는 사람보다 더 좋은 여과율을 갖는다고 제안한다. 절제된 음주는 일반적으로 남자가 하루에 술 한 잔 내지 두 잔을, 여자는 하루에 한 잔

시각화 ▼

집합관으로 들어간 오줌은 그 다음 어디로 가는가?

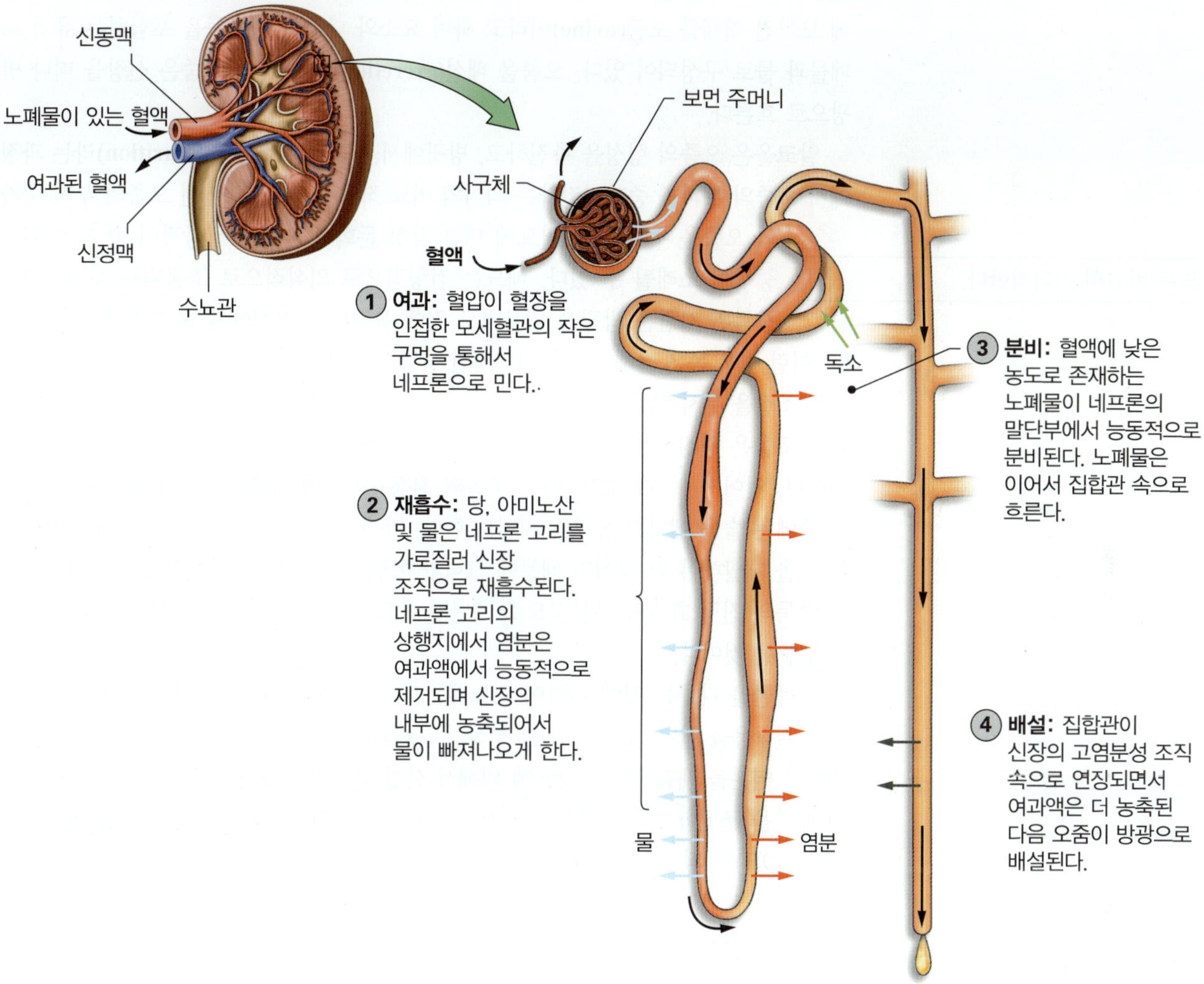

그림 17.6 네프론의 기능. 신장의 기능적 단위인 네프론은 혈액으로부터 질소 노폐물의 배설을 조절한다.

을 소비하는 것으로 정의한다. 그러나 술을 마시지 않는다면 이 약간의 잠정적 유익으로 음주를 시작하라는 권면은 가당치 않다.

여과액은 노폐물과 당, 아미노산과 같은 유용한 물질 및 물 모두를 함유하고 있기 때문에 노폐물 처리의 다음 단계는 각 네르론의 벽을 통한 이 물질들의 **재흡수(reabsorption)**이다. 물은 이처럼 고염분성 환경으로 내려가면서 삼투에 의해서 네프론에서 빠져나와 신장의 내부로 들어간다. 상행지에서 네프론 벽은 물에 대하여 비투과성이며 염분을 신장으로 능동 수송한다. 네프론의 구조가 고리의 상부는 염분 농도가 비교적 낮고 하부에서는 비교적 높게 염분 농도의 기울기를 유지할 수 있게 해준다. 재흡수 단계가 끝나면 여과액에 남은 것은 아미노산 분해 노폐물인 높은 농도의 요소를 함유하고 있는 물이다.

네프론의 마지막 부분은 여과액으로 능동수송을 통해서 혈장에 낮은 농도로 존재하는 일부 노폐물을 **분비(secretion)**할 수 있게 한다. 이어서 여과액은 네프론으로부터 신우라고 하는 신장의 중심으로 가는 **집합관(collecting duct)**으로 이동한다. 집합관은 고염분성 신장의 내부를 가로지르기 때문에 더 많은 물이 삼투에 의해서 여과액으로부터 신장 조직으로 이동한다. 여과액으로부터 제거된 물과 기타 물질들은 모세혈관으로 들어가 혈류로 되돌아가며 신정맥을 통해서 마침내 신장을 빠져나간다. 신우에 모아진 액체를 **오줌(urine)**이라고 하며 요소와 다양한 이온들을 포함하는 유기 노폐물과 물로 구성되어 있다. 오줌을 **배설(excretion)**하는 동안 오줌은 신장을 떠나 방광으로 흐른다.

알코올은 오줌의 형성을 촉진하고, 방광에서 방출되는 **배뇨(micturition)**라는 과정에서 오줌의 부피를 증가시킨다는 의미의 이뇨 작용이 있다. 생산된 오줌의 부피 증가와 오줌을 누어야 할 필요에 대한 각성 둔화가 결부되어 방광이 꽉 차게 되면 중독이 초래될 수 있다. 배뇨는 전형적으로 의식적으로 조절되는 것일지라도 중독된 사람은 방광을 비우기도 전에 움직여서 자신에게 오줌을 흘리기도 한다. 이런 경우 몸은 잠재적으로 치명적인 방광 파괴를 방지하기 위해 배뇨에 대한 의식적인 조절을 무시한다.

ex- 바깥 또는 바깥의를 의미한다.

알코올은 진정작용이 있어 뇌 기능을 지연시키며 인식, 반사 및 균형에 변화를 야기하며, 언어가 불명료하게 한다. 중독의 진정효과를 방지하려는 시도로 마릭의 친구들 중에는 술을 에너지 음료와 섞기도 한다. 마릭은 린은 그만 마셔야 할 때를 각성하는 것을 개발해야 할 것이기 때문에 그녀가 이렇게 하는 것은 권하지 않을 것이다. 이는 중독의 진정 효과가 부분적으로 에너지 음료의 자극 효과로 인해서 가려진다면 더 어렵게 될 것이다.

노폐물을 다루는 것에 더하여 비뇨계는 혈액의 부피, 산성도, 염분 균형에도 중요한 조절작용을 한다. 신장은 오줌 형성의 분비와 재흡수 단계에서 능동적으로 산을 분비하고 염분을 재흡수하는 작용에 의해서 산성도와 염분 균형을 조절한다. 신장은 물의 배설을 조절함으로써 혈압을 유지하는 것을 돕는다. 혈압이 낮을 때에는 항이뇨호르몬(ADH)이 뇌하수체 샘에서 방출되어 집합관에서 물에 대한 투과도를 증가시켜 더 많은 물이 여과액에서 혈류로 되돌아가게 하여준다. 혈압이 높을 때에는 ADH 방출을 줄여서 더 많은 물이 배설된다.

쉬어가기 고혈압은 네프론의 여과 구조에 있는 세포들에게 손상을 야기하여 세포들 사이의 구멍이 훨씬 더 커지게 한다. 이와 같은 구조에 손상이 있는 사람의 오줌은 손상이 없는 사람의 오줌과 어떻게 다를 것으로 생각되는가?

알코올은 뇌하수체에서 ADH 분비가 덜 되게 작용한다. ADH가 감소하면 신장은 물의 재흡수를 덜하게 되어서 더 많은 오줌이 생산되게 한다. 그래서 술을 마시면 실제로 자신이 소비한 액체의 부피보다 더 큰 부피의 오줌을 누게 된다. 이는 부분적으로 과음 에피소드 후에 경험하는 탈수의 원인이 된다. 탈수는 또한 구토와 두통을 야기할 수도 있다. 이같은 이유로 마릭은 린에게 술과 물을 교대로 마실 것을 제안하려 한다.

마릭은 린이 대학에서 성폭력을 당한 20%의 여성 중 한 명이 되기를 원치 않는다.

술과 안전한 어울림

마릭의 연구는 적절한 알코올 소비는 일부 긍정적인 생리적 효과를 갖고 있다는 것도 분명하게 해 주었다. 그는 적절한 음주를 하는 사람은 심혈관과 뇌졸중 질환율이 더 낮음을 제안하는 증거를 린과 논의할 것이다. 이는 소량의 알코올은 심장근육을 완화시켜서 심장 박동 속도를 낮추어 혈압을 낮출 수 있기 때문일 것이다. 이것은 마신 술의 종류가 와인, 맥주, 또는 증류주 모두에서 사실이지만 이 이득은 적절한 음주일 경우에만 발생한다. 실제로 더 많은 양의 술을 마시면 몸이 증가된 호흡, 땀 및 소변을 통해서 독소를 제거하려는 시도로 혈압이 올라가면 심장 질환과 뇌졸중 위험이 증가하는 역효과가 있다. 그는 심장 건강 주제에 도달했을 때는 술을 마시지 않고 심혈관 운동을 하는 것이 적절히 마시고 운동을 하지 않거나 과다하게 마시는 것보다 더 좋다는 것이 린에게 분명해지기를 희망한다. 표 17.1은 더 안전하게 술과 어울리는 다른 방법의 예들을 보여준다.

순환계의 알코올은 폐로도 가며 폐에서 폐의 표면에서 증발하여 숨쉬기와 더불어 밖으로 나간다. 내쉰 공기 속의 알코올 농도는 혈액에 있는 알코올 양에 비례하기 때문에 음주검사기와 같은 검사 도구가 혈중 알코올 농도(BAC) 측정에 사용된다. BAC는 체중, 성별 및 소모 속도를 사용하여 대략 가늠할 수도 있다(표 17.2, 다음 쪽).

혈중 알코올 효과는 진행성이다. BAC 0.03 내지 0.04이면 긴장이 풀어지며, 부드러운 도취감이 생기며 억제력이 감소한다. 집중력은 약간 멍해진다. 0.05가 되면 망가짐이 증가하여 사고력과 움직임이 영향을 받는다. 0.08이면 그 사람은 법적으로 중독된 것이며 운전을 하지 말아야 한다. 0.1 이상이면 감정을 조절할 수 없으며 행동이 난폭해지며 반사, 반응 시간 및 말을 정상적으로 할 수 없다. 0.2가 되면 의식을 잃고 기억 상실을 경험한다. BAC 0.3 또는 그 이상이면 중추신경계 부진으로 호흡과 심장 박동 속도가 비정상으로 되어 사망에 이를 수 있다. 체중 140파운드(63.5 kg)인 여성 또는 남성이 빠르게 3잔을 이어서 마시면 각각 BAC 0.1과 0.08이 된다.

20대 중반에 도달하기 전 대부분 뇌 발달이 빠른 시기에 뇌는 특히 독소에 민감하다. 이 연령 시기에 사고력과 정보를 평가하는 능력과 같은 일생의 특성이 발달한다. 폭음과 과음은 뇌 활동을 교란하며 기억을 망가지게 하는 것으로 나타나 있으며 이와 같은 특성을 발달시킬 능력을 감소시킨다.

린에게 알코올이 몸에 미치는 생물학적 효과를 설명한 다음 마릭은 그녀에게 몇 가지 데이터를 제시할 계획이다. 그 이유는 린을 포함하여 생물학도들은 증거에 근거하여 결정하는 것을 알기 때문이다. 그는 그녀에게 술을 마시지 않거나 적당하게만 마시는 학생들은 점수도 높게 받고, 사회적 관계가 원만하고, 법적 제재에 연루되는 일도

표 17.1 술과 안전한 어울림

전략	이유
술마시기 전 식사를 하라.	알코올이 소장으로 더 천천히 내려가므로 순환계로 더 늦게 들어간다.
내 몸이 알코올에 반응하는 방식을 주목하라.	대부분 사람들이 시간당 한 잔을 대사하지만 나의 대사 속도는 더 늦을 수 있다.
술과 물을 교대로 마셔라.	감소된 ADH 분비로 인한 탈수의 심각성을 줄여줄 수 있다.
국가의 의학적 사면법을 이해하라.	일부 학생들은 술 취한 친구들이 기소될까 두려워서 119 신고를 미룬다. 의학적 사면법은 구조 요청을 한 사람과 조난자를 기소하는 것을 모두 금지한다.
술 취한 사람과 성행위를 절대 금지하라.	술 취한 사람과 성행위를 하는 것은 중범죄다. 술 취한 사람이 성행위에 관심을 표명하였더라도 술 취한 사람은 법적으로 동의를 할 수 없게 되어 있다.

표 17.2 여자(W)와 남자(M)의 혈중 알코올 농도

마신 지 40분마다 0.01%를 감해주라.

	체중 (파운드)									
잔수	90	100	120	140	160	180	200	220	240	조건
0	.00	.00	.00	.00	.00	.00	.00	.00	.00	안전 음주 제한
1 (W)	.05	.05	.04	.03	.03	.03	.02	.02	.02	
1 (M)		.04	.03	.03	.02	.02	.02	.02	.02	음주 기술에 상당한 영향을 받는다.
2 (W)	.10	.09	.08	.07	.06	.05	.05	.04	.04	
2 (M)		.08	.06	.05	.05	.04	.04	.03	.03	
3 (W)	.15	.14	.11	.10	.09	.08	.07	.06	.06	
3 (M)		.11	.09	.08	.07	.06	.06	.05	.05	
4 (W)	.20	.18	.15	.13	.11	.10	.09	.08	.08	법적 처벌 가능성
4 (M)		.15	.12	.11	.09	.08	.08	.07	.06	
5 (W)	.25	.23	.19	.16	.14	.13	.11	.10	.09	
5 (M)		.19	.16	.13	.12	.11	.09	.09	.08	
6 (W)	.30	.27	.23	.19	.17	.15	.14	.12	.11	법적으로 음주에 해당
6 (M)		.23	.19	.16	.14	.13	.11	.10	.09	
7 (W)	.35	.32	.27	.23	.20	.18	.16	.14	.13	
7 (M)		.26	.22	.19	.16	.15	.13	.12	.11	
8 (W)	.40	.36	.30	.26	.23	.20	.18	.17	.15	
8 (M)		.30	.25	.21	.19	.17	.15	.14	.13	법적 처벌
9 (W)	.45	.41	.34	.29	.26	.23	.20	.19	.17	
9 (M)		.34	.28	.24	.21	.19	.17	.15	.14	
10 (W)	.51	.45	.38	.32	.28	.25	.23	.21	.19	
10 (M)		.38	.31	.27	.23	.21	.19	.17	.16	사망 가능성

▲ 데이터로 해결하기

120파운드(54.43 kg) 여성이 법적인 음주 제재를 피하려면 2시간에 걸쳐 최대한 마실 수 있는 잔 수는 얼마인가? 당신이 음주 제재를 피하려면 4시간에 걸쳐 몇 잔을 마실 수 있는가?

적다는 것을 보여준 다음 그런 사람들은 잠도 더 잘 자고, 사고도 적고, 뜻하지 않은 또는 무방비 상태로 성행위에 연루될 가능성도 적다는 것을 보여주려고 한다. 과다한 음주로 야기되는 손상에 대한 생물학적 기초와 거기에 따른 부정적인 효과를 일단 이해하면(그림 17.7), 완전하게는 아니더라도 린이 술과 안전한 어울림을 선택할 것을 희망하고 있다.

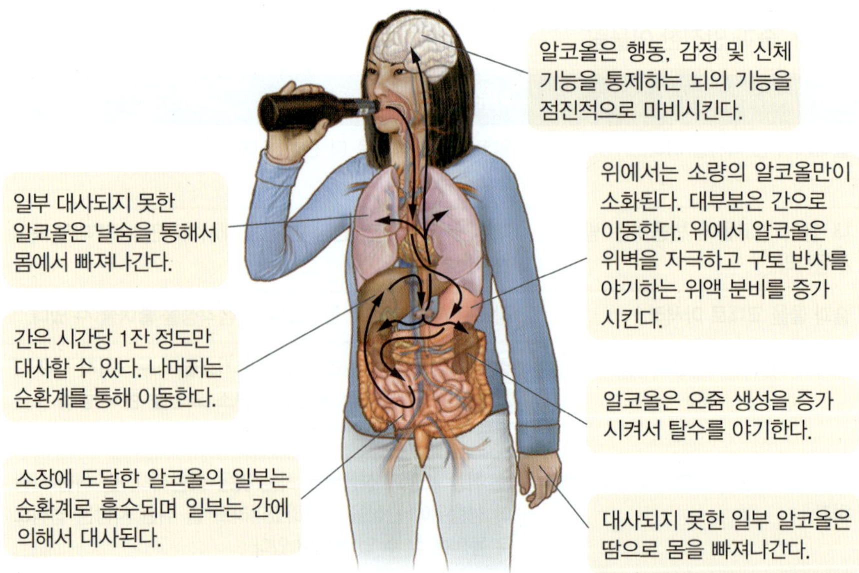

그림 17.7 알코올 제거 경로. 알코올은 쉽게 세포막을 통과하며 위와 소장을 빠져나가 간과 혈류로 들어간 다음 대사된다. 간이 알코올을 처리하는 것보다 더 빨리 술을 마시면 여분의 알코올이 온몸을 순환한다.

현명한 독자

대학 캠퍼스에서 성폭행

입학 예정자들에게 배송된 번쩍번쩍하는 대학 팸플릿은 학생들이 가질 수 있는 교육 경험을 극찬할 뿐만 아니라 캠퍼스의 안전에 대한 확신도 제공하고 있다. 이 서술문들은 미국과 캐나다의 여러 대학 당국이 내보낸 입학 팸플릿에서 발췌한 것이다.

- "우리 대학에 당신의 안전보다 더 중요한 것은 없습니다."
- "우리 대학은 당신을 보호하기 위하여 전력을 다할 것입니다."
- "캠퍼스 경찰이 24시간 보호 순찰을 합니다."
- "전 대학 안전 보행 프로그램이 여러분이 저녁 강의 및 캠퍼스 활동 후에 집으로 갈 때 남자 및 여자 에스코트를 제공합니다."

그러나 대학생들은 성폭력에 대하여 안전하지는 못하다. 대학 4년 동안 여성 5명 중에 1명, 남성 70명 중 1명 정도로 성폭력을 당한다. 이런데도 불구하고 대부분 사람들은 대학은 학생들에게 안전하다고 믿는다. 최근 한 텔레비전 기자가 "대학 캠퍼스에서 강간이란 말을 마지막으로 들은 것이 언제였습니까? 라는 질문으로 포문을 열었다.

흔치 않게 대학 캠퍼스에서 강간은 같은 대학의 학생에 의해서 저질러지며 알코올이 관련되어 있다.

1. 연방법은 대학이나 주변에서 일어나는 범죄에 대한 정보를 대학이 공개할 것을 요구한다. 경찰에 고발된 강간만 공개되고 대부분의 강간은 고발되지 않고 지나간다. 당신은 공개법이 대학 당국자들이 강간 피해자가 혐의를 강력하게 주장하지 못하게 압력을 가하는 것으로 생각하는가? 왜 그렇고 또는 그렇지 않은가?

2. 대부분 대학 캠퍼스 강간은 알코올이 관련되어 있다. 실제로 일부 강간범들은 고의적으로 피해자를 취하게 만들어서 폭행을 저지르기가 더 쉽다. 성폭행의 피해자인 여성들이 흔히 범죄 신고를 하지 않는다. 당신은 우리가 술 취한 남학생이 절도와 폭행을 당한 것과 여학생이 술 취해서 성폭행을 당한 것을 보는 견해에는 차이가 있다고 생각하는가? 왜 그렇고 또는 그렇지 않은가?

3. 대학이 팸플릿에서 하고 있는 안전에 대한 주장하는 대학의 어떤 행동으로 뒷받침되어야 하는가?

4. 당신은 외출을 하려고 할 때, 술을 마시기 전에, 친구에게 내가 술에 취하면 어떻게 하여 달라는 대화를 나누는가? 친구들이 파티에 당신을 남겨두고 가라든지 또는 친구와 더불어 집으로 갈 것인지 여부를 분명히 친구에게 말하라. 당신은 성폭행이 발생하는 것을 방지할 그 밖의 전략을 생각할 수 있는가?

그럴듯한 소린데 **그런가?**

파티에서 밤새 술을 마시고 친구인 룸메이트가 나가떨어진 것처럼 보인다. 그는 소파의 끝에 앉아서 팔걸이에 비스듬히 꼬부라져 있다. 한 손의 손가락은 반쯤 빈 술병의 목을 잡고 있는데 술병도 팔걸이에 기대어 있다. 새벽 2시다. 당신은 피곤하고 집으로 가고 싶다. 그가 깨는지 보려고 그를 약간 흔들어 보지만 깨지 않는다. 그는 떨어지기 전에 다소 밉살스럽기도 하였고 그를 집에 데리고 가면서 시비를 할 가능성도 있기 때문에 적이 안심이 된다. 함께 온 술이 깬 또는 덜 깬 사람들에게 도와 달라고 물어본다. 사람들은 그가 숨을 쉬고 있기 때문에 밤새 소파에 남겨둬도 괜찮을 것이라는 데 공감하였다. 친구들이 그가 구토할 것에 대비하여 그를 팔걸이에서 내려 소파에 옆으로 뉘는 동안 당신은 베개와 담요를 찾아온다. 당신이 꽤 잘 아는 남아 있는 파티족들에게 내일 아침에 그를 데리러 오겠다고 주의를 환기시킨다.

떨어진 주정뱅이는 숨을 쉬고 있고 모로 누어 있는 한 안전하다.

그럴듯한 소리이지만 그렇지 않다.

1. 친구가 밤에 계속 술을 마시고 나가떨어지기 직전에 두 잔을 거듭 마셨다면 그의 혈중 알코올 농도가 최고에 이르기까지 최소한 시간은 얼마인가?
2. 현재 숨을 쉬고 있다면 그의 혈중 알코올 농도가 최고치에 이를 때에도 숨을 쉬고 있을 것이 보장되는가?
3. 술 취한 사람이 반응하는지를 결정하려고 한다면 반응을 보기 위하여 약간 흔들어보는 것 이외에 무엇을 하겠는가?
4. 술 취한 사람이 반응이 없다면 무엇을 해야 하는가?
5. 1~4번 질문에 대한 답을 생각하고 위의 굵은 글씨로 쓴 문장이 그럴듯하지만 그렇지 않은 이유를 설명하라.

복습

요약

17.1

소화계의 구조와 기능을 설명하라.

- 소화계는 몸이 사용하거나 에너지 생산에 사용될 수 있게 음식물을 구성요소들로 분해하는 데 함께 작용하는 일군의 기관과 샘들이다.
- 음식물은 입으로부터 인두로, 그리고 식도를 통해서 위로 소장으로 이동한다. 소화된 영양소는 소장을 가로질러 혈류로 흡수되며 세포로 운반된다.

소화계의 부속 기관들을 나열하고 소화과정에서 그들의 역할을 요약하라.

- 췌장, 간, 담낭은 소화를 돕는 물질을 분비하는 부속 기관들이다.
- 췌장에서 생산된 소화효소들은 대부분의 음식물 분자들의 분해를 돕는다. 간에서 생산된 담즙은 지방의 분해를 촉진하며 담낭은 담즙을 저장하여 농축시킨 다음 소장으로 방출한다.

17.2

포유동물의 비뇨계를 구성하는 구조들을 나열하라.

- 비뇨계는 신장, 방광, 수뇨관, 요도로 구성되어 있다.

오줌 배설과정의 단계를 설명하라.

- 신장의 네프론에서 여과과정은 신장의 세뇨관으로 혈장의 대부분 액체는 거르지만 세포나 큰 분자들은 거르지 않는다. 여과액이 네프론을 통해서 이동하는 동안 물, 포도당 및 기타 유용한 분자들은 능동수송과 확산 메커니즘을 통해서 재흡수된다. 분비는 노폐물이 여과액으로 빠져나가지 않을 때 능동수송으로 주변의 모세혈관으로부터 네프론의 세뇨관으로 운반된다.
- 혈압을 조절하는 호르몬이 오줌의 물 함량을 조절한다. 오줌은 신우에 모아진 다음 수뇨관으로 내려가 방광에 저장된다. 배뇨에서 오줌은 방광에서 요도로 방출되어 몸 밖으로 나간다.

언어의 뿌리

다음 어원들은 주로 라틴어나 그리스어에서 기원하며 아래와 같은 뜻을 가지고 있어 용어를 해석하는 데 도움을 준다:

epi-	위에, 곁에, 또는 사이에를 의미한다. 용어: *epiglottis*
ex-	바깥 또는 바깥의를 의미한다. 용어: *excretion*
-itis	염증을 말한다. 용어: *pancreatitis*
peri-	둘레를 의미한다. 용어: *peristalsis*
renal	신장에 대한 그리스어이다. 용어: *renal arteries*
-stalsis	싸다 또는 둘러싸다를 의미한다. 용어: *peristalsis*

기본문제

1. 한 조각의 사과가 입에서 삼켜져서 항문으로 배설되기까지 소화계를 통해서 이동할 관모양 기관들을 설명하라.

2. 소화계에서 보조 기관들을 나열하라.

3. 신장의 주 기능을 설명하라.

4. 인두는 ______________

A. 소장과 대장 사이의 연결을 형성한다.
B. 삼킨 음식이 후두개로 들어가는 것을 방지한다.
C. 식도를 위에 연결한다.
D. 기관과 식도로 들어가는 가지이다.

5. 소화과정을 바른 순서로 나열한 것은?

A. 섭취, 흡수, 연동운동
B. 연동운동, 흡수, 섭취
C. 연동운동, 섭취, 흡수
D. 섭취, 연동운동, 흡수

6. 췌장은 __________

A. 담즙을 분비한다.
B. 위산을 생산한다.
C. 소화효소를 분비한다.
D. 모두.

7. 진(T)/위(F): 대부분 영양소의 소화는 위의 내벽을 이루는 막을 가로질러서 일어난다.

8. 영양소의 흡수를 돕는 융모는 _________의 내면에 있다.

A. 소장　　B. 대장
C. 위　　D. 인두

9. 신장으로 들어가는 혈관은?

A. 십이지장 정맥　　B. 네프론
C. 신동맥　　D. 담낭

10. 진(T)/위(F): 신장은 혈압의 조절을 돕는다.

응용문제

1. 연구에 의하면 아스피린은 알코올 탈수소효소군을 억제한다. 술을 마시기 전에 아스피린을 먹어야만 한다고 생각하는 친구에게 당신은 무슨 충고를 하겠는가?

2. 음식을 삼킨 다음에 잘못된 관으로 내려갔다면 어느 통로로 갔겠는가?

3. 음식물이 소화관에 있을 때 음식물은 실제로 우리 몸의 한 부분인가? 왜 그렇고 그렇지 않은가?

연관문제

1. 세포의 내부로 물이 들어가고 나오는 이동에 대한 이해를 근거로 탈수 효과를 완화시키는 데 도움이 될 가능성이 더 큰 것은 어느 것인가: 수돗물, 설탕물, 스포츠 음료인 이온음료? 왜?

2. 음주를 1주일에 하루 저녁, 그 저녁에 2시간 동안에 6잔을 마시는 것으로 제한하면 음주가 공부에 영향을 미치지는 않을 것으로 믿는 여자 친구에게 뭐라고 하겠는가? 그녀의 공부에 음주의 부정적 효과를 제한하기 위한 더 좋은 전략은 무엇일까?

CHAPTER 18

공기 정화

많은 공동체들이 식당과 술집을 비롯한 모든 공공장소에서 흡연을 금지한다.

호흡계와 심혈관계

2006년 미국 공중(公衆) 위생국 장관이 불붙은 담배, 파이프 및 시가의 끝에서 나오는 간접흡연이 동일한 환경에 있는 비흡연자에게 위험하다는 의학 및 과학적 합의를 요약한 보도를 내보냈다. 이 보도는 십 수 년 묵었던 모든 공공 기관의 내부 환경에서 흡연을 금지하는 지역 및 주 법령의 제정에 박차를 가하였다. 1993년에는 전국적으로 2개 지역에서 제정되었으나 2013년에는 24개 주와 수십 개의 시, 군을 포함해서 628개 지역에서 제정되었다. 오늘날 미국 인구의 80% 이상이 대부분 공공장소의 내부 공간에서 흡연을 제한하는 지역에 살고 있다. 일반 국민이 간접흡연에 노출되는 것을 금지하는 캠페인의 성공은 최근 주 및 지방법으로 공원과 운동장 같은 야외 공간에서 흡연도 일소시켰다.

흡연자를 비롯한 반대자들은 법적인 행동에 참여하면서 역차별당한다고 느낀다.

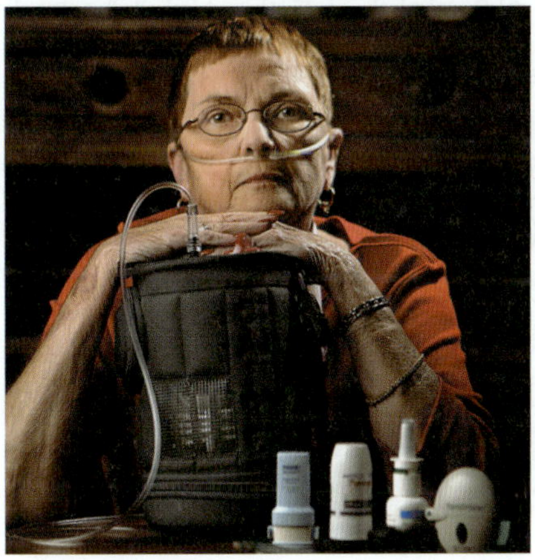

이 금지에 대한 지지자들은 담배의 간접흡연은 공공 시민의 건강을 위협한다고 말한다.

흡연에 제한이 없는 나머지 주와 시에서도 이제는 제한을 행사할 법령 제정에 대하여 조직적인 압력에 당면하고 있다. 공중위생국 장관의 보도가 있었음에도 법안 통과에는 논란이 없지 않다. 비흡연자들은 담배연기 없는 청정 공기에 대한 권리를 주장하는 반면, 흡연자들은 그들이 원하는 상소와 시기에 합법적인 활동을 할 수 있는 권리를 주장한다. 식당 종업원들은 간접흡연으로부터 안전한 작업 환경을 주장하는 반면, 술집 소유주는 금지의 영향으로 인한 마지노선을 염려한다. 전자담배의 인기가 높아지면서 전자담배의 사용이 또 다른 이슈로 추가되어서 금연지역에서는 전자담배도 금해야 한다는 의견이 자치 당국을 주도하고 있다. 모든 사회 공동체의 시민들은 금연 또는 전자담배 금지가 보호하는 국민 건강과 개인과 재산 소유주의 권리 존중 사이에서 올바른 균형을 찾기 위해서 노력해야만 한다.

흡연과 전자담배를 피울 공공장소가 있는가? 또는 이 두 가지의 위험성이 그 산물로 모든 비흡연자들이 담배연기와 전자담배에 노출되는 것으로부터 보호받을 것을 요구하는가? 이 장에서 간접흡연과 전자담배가 비흡연자의 폐와 몸으로 들어가는 경로를 살펴보고 이들 기체의 노출과 폐, 심장 및 기타 기관에 미치는 방지 가능한 질환과의 관련에 대한 증거를 조사해 보기로 한다.

술집 주인들도 금연이 그들의 사업에 미칠 영향을 염려한다.

18.1 흡연이 호흡계에 미치는 영향

담뱃불에 피어오르는 연기와 더불어 흡연자가 **내쉰(exhaled)** 연기에 대한 간접흡연은 엄밀히 말해서 **환경성 담배 연기(environmental tobacco smoke)** 또는 **ETS**라고 한다. 이 흡연은 담배를 들고 **들이마시는(inhaling) 흡연자(active smoker)**뿐만 아니라 그 환경에 있는 비흡연자에게도 영향을 미친다. ETS가 많은 환경에 있는 비흡연자를 **수동적 흡연자(passive smoker)**라고 한다. ETS는 흡연자가 들이마신 연기와 유사하지만 몇 가지 핵심적 차이가 있다.

-hale 숨을 쉬다를 의미한다.

담배, 파이프 및 시가 등의 담뱃불로부터 간접흡연은 동일한 환경에 있는 비흡연자에게 위협이 된다.

국립암연구소에 따르면 담배 연기에서 4500가지의 화합물이 확정적으로 동정되었다. 일반적으로 훨씬 낮은 농도이지만 수동적 흡연자도 흡연자와 똑같은 혼합 화합물에 노출된다. 놀랍게도 어떤 화합물들은 실제로 능동적으로 들이마신 연기에 보다 ETS에 더 높은 농도로 존재한다. 이 화합물들은 담배의 끝에서 담배가 불완전 연소될 때나 파이프 담배 한 모금과 다음 모금 사이에 만들어진다. 마치 연기나는 불을 입김으로 불 때처럼 흡연자가 담배를 빨 때는 연기나는 담배 잎에 산소가 공급되어서 연소가 더 완전하게 일어나게 한다.

일산화탄소는 불완전연소의 부산물이다. 이는 또한 ETS에 가장 풍부한 기체이다. 실제로는 일산화탄소는 담배를 피우는 사람이 들이마시는 연기보다 ETS에 포함된 것이 약 5배 많다. 집안에 있는 화덕이나 기타 가스를 태우는 가정용품에서 나오는 유독한 공기 오염물질로 일산화탄소를 들은 적이 있을 것이다. 수동적 흡연자에게 ETS에 있는 일산화탄소 수준만으로는 치명적이지 않지만 더 낮은 농도의 일산화탄소라도 장시간 노출된 효과는 심각한 결과를 초래할 수 있다.

또한 불완전 연소의 결과로 ETS는 직경이 사람 머리카락 굵기의 반 정도인 입자들로, 공중에 떠 있는 높은 농도의 **미립자들(particulates)**을 갖고 있다. 이 입자들이 ETS의 눈에 보이는 부분이며 담배를 피우는 사람들에게 타르라고 알려져 있는 것이다. 대부분 흡연자들은 담배 연기를 필터를 통해서 들이마시기 때문에 일차 흡연에서 들어가는 입자의 양은 줄어든다. 그러나 흡연자도 간접 흡연자도 필터를 통해서 숨을 쉬는 것은 아니기 때문에 모두 다 ETS에 포함된 입자의 농도에는 그대로 노출된다. 만성적으로 공기 중의 미립자들에 노출되면 폐기종과 암을 비롯한 몇 가지의 부정적 효과가 발생할 수 있다.

전자담배를 피워서 생산되는 증기는 ETS와는 매우 다르다. 가장 중요한 것은 이 기구에는 연소되는 것이 없고, 그래서 간접적인 증기는 사용자가 내쉬는 그대로이다. 이 증기는 몇 가지 다른 화학물질을 포함하고 있으며, 일산화탄소를 비롯한 불완전 연소 산물은 하나도 없지만, 현저하게 니코틴을 함유하고 있다. 증기 속에 미립자는 담배 연기에서 발견되는 미세 고형물이기보다는 액체이다.

떠 있는 미립자들은 입과 코를 통해서 사람의 몸으로 들어가며, **인두(pharynx)**와 **후두(larynx)**를 지나 **기관(trachea)**, **기관지(bronchi)**, **세기관지(bronchioles)**의 분배망을 통해 가스 교환이 일어나는 장소인 **폐(lungs)**로 들어가며(그림 18.1), 여기에서 가장 심각한 몇 가지 결과를 야기하게 된다. 그러나 이들 입자에 들어 있는 화학물질들은 일산화탄소와 마찬가지로 폐로부터 혈류로 들어가며 온몸으로 운반될 수 있다. 화학물질들이 어떻게 공기로부터 우리 몸으로 들어가는지 이해하려면 우리는 먼저 폐의 구조와 기능을 이해하여야 한다.

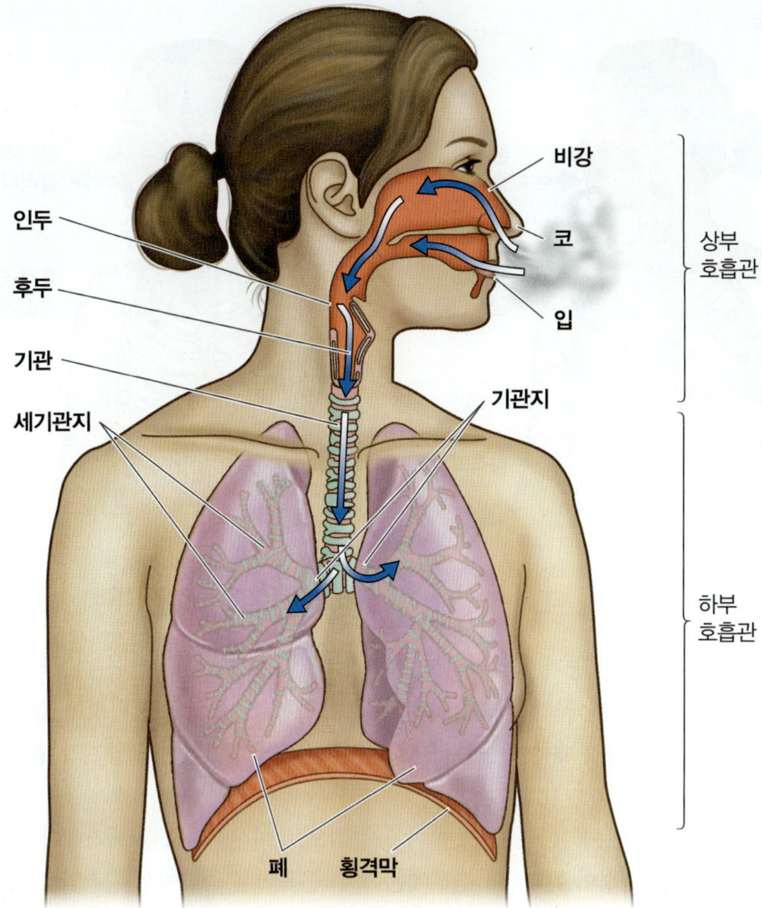

그림 18.1 사람의 호흡계. 연기는 비강이나 입을 통해서 상부 호흡계로 들어가며, 인두와 후두를 거쳐 하부 호흡계로 들어간다. 여기서 연기는 폐 내부의 점진적으로 작아지는 관들로 흘러가며 마침내 순환하는 혈액과 가깝게 접촉한다.

숨을 쉬면 무슨 일이 일어나는가?

우리는 1분에 약 12번 숨을 쉬며, 그다지 생각하지도 않지만 1년에 6백만 번 넘게 쉰다. 휴식 상태에서 1회 정상적인 숨쉬기에서 약 500 mL, 대략 2컵의 공기를 들이마시고 동일한 양을 내쉰다. 1분이 경과하는 동안 약 6 L의 공기가 우리의 폐 표면과 직접 접촉하게 된다.

횡격막. 다른 많은 동물들과 대조적으로 인간과 기타 포유류들에서 호흡은 능동적 과정이다. 사람의 호흡계는 소화계와 생식계를 구성하는 기관들로부터 **횡격막(diaphragm)**이라는 강한 돔 모양의 근육에 의해서 분리되어 있다. 휴식 상태에서 들이마실 때 횡격막은 수축하여 편평해지며 흉강의 부피를 증가시킨다(그림 18.2a, 다음 쪽). 횡격막이 수축하는 같은 시점에 흉곽은 갈비뼈 사이에 위치한 근육에 의해서 위와 바깥으로 들려 흉강의 부피를 더욱 증가시킨다. 부피 증가는 가슴 내부의 기압을 낮춰주어서 폐 속으로 공기가 흐르게 한다.

들숨 동안 우리의 흉강에 압력이 변하는 것은 주사기의 플런저를 뒤로 당겼을 때 공기압이 변하는 것과 유사하다. 주사기가 액체 속에 있다면, 공기가 기압이 낮은 폐 안으로 흐르는 것과 마찬가지로, 주사기 내부의 압력이 낮은 쪽으로 물이 흐르는 것을 볼 수 있을 것이다.

휴식을 하고 있을 때에는 날숨은 근수축을 필요로 하지 않는다. 횡격막은 이완되고 흉강의 부피는 감소한다(그림 18.2b). 폐로 밀고 들어갔던 공기는 더 작은 부피로 압착

시각화▶

횡격막의 무의식적인 수축인 딸꾹질은 정상 호흡에 어떤 영향을 미치는가?

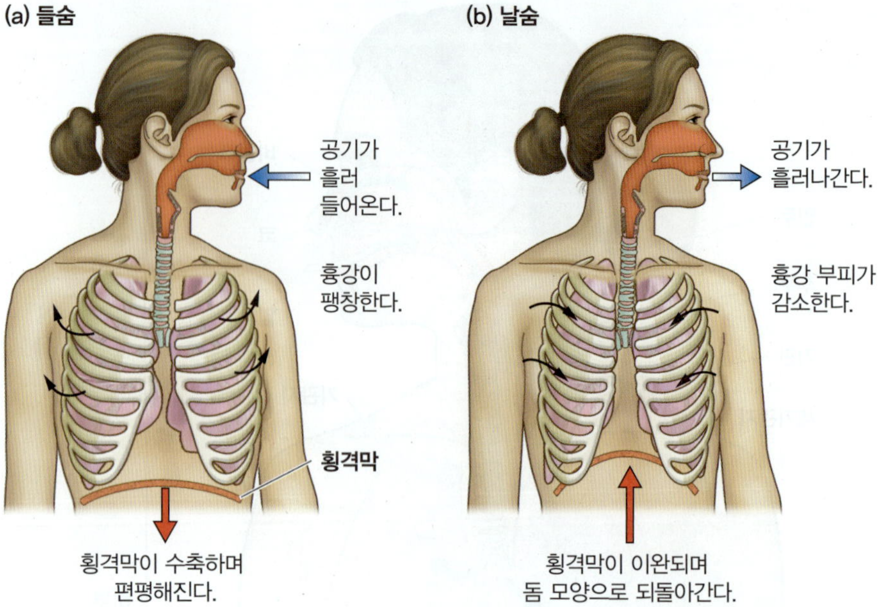

그림 18.2 **횡격막의 작용 방식.** (a) 돔 모양의 횡격막이 수축하여 편평하게 되면 흉강의 부피가 증가하면서 공기압이 감소한다. (b) 횡격막의 이완은 흉강의 부피를 감소시키며 공기압을 증가시킨다.

되며, 압력이 증가하면 공기가 역류하여 기관과 비강으로 나가게 한다. 수동적 날숨은 부풀었던 풍선으로부터 공기가 방출되는 것과 유사하다. 풍선의 탄력성이 있는 벽이 내용물에 압력을 가하기 때문에 능동적으로 풍선을 쥐어짜지 않아도 공기가 열린 주둥이로 돌진한다.

격렬한 유산소 운동을 하는 동안 몸이 능동적으로 이산화탄소를 제거해야 할 때에는 날숨은 능동적 과정이 된다. 이 경우에는 복부 근육이 수축하여서 횡격막을 위로 밀며, 흉벽에 있는 근육이 단단하게 흉강을 더욱 조인다. 플런저를 눌러서 주사기의 액체를 밀어 냄으로써 부피를 감소시키는 것이 능동적인 날숨 과정과 아주 유사하다. 그림 18.3의 그래프는 호흡의 메커니즘이 폐의 부피 변화와 그에 따른 폐의 공기 양과 어떻게 일치하는지를 보여주고 있다.

> **쉬어가기** 하임리히 요법(Heimlich maneuver)은 숨 막힌 사람의 흉곽 아래 복부를 직접적으로 강하게 압착하여 기관에 있는 장애물을 힘으로 내보내는 전략이다. 이 요법이 유효한 이유를 들숨과 날숨에 대한 이해를 바탕으로 설명하라.

데이터로 해결하기▶

그래프에 따르면 휴식 상태에서 단 1회 들숨과 날숨 동안 얼마나 많은 공기가 교환되는가?

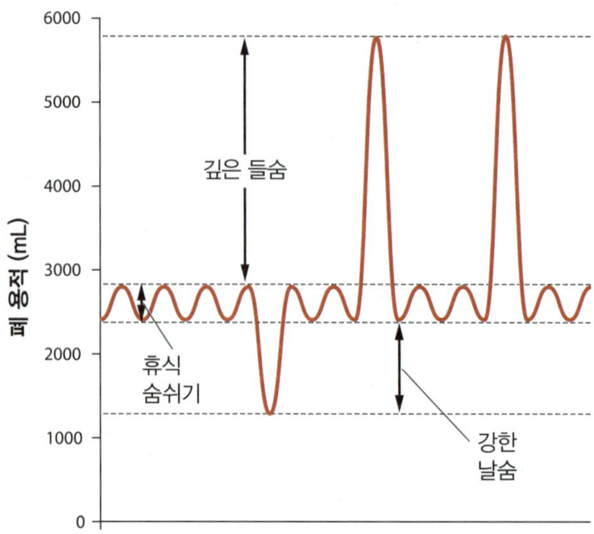

그림 18.3 **폐활량과 숨쉬기.** 가슴과 복부 벽의 근육 운동은 폐의 부피를 변화시킨다. 더 깊은 들숨은 횡격막과 늑간근의 강력한 수축으로 더 깊은 들숨을 쉴 수 있어 더 큰 폐 용적을 갖게 된다.

숨쉬기 속도는 뇌간이라고 하는 뇌의 가장 원시적인 부분에 있는 조절 중추에 의해서 조절된다. 뇌간은 혈중 이산화탄소의 수준에 반응하여 횡격막에 수축 신호를 보낸다. 운동을 할 때와 같이 몸속에 이산화탄소의 수준이 증가할 때 호흡 속도가 증가한다. 빠르게 숨을 쉬면 이산화탄소를 몸 밖으로 빠르게 내보내며 또한 최상의 ATP 생산을 위한 산소가 공급된다.

횡격막의 수축은 수의적으로 조절될 수도 있다. 숨을 멈추려면 최소한 잠시라도 뇌간의 신호를 의식적으로 무시해야만 한다. 담배나 전자담배를 한 번 빨려면 정상적인 숨쉬기보다 더 강한 횡격막 수축으로 공기를 기구를 통해서 입과 폐로 끌어들여야 한다.

말하거나 목소리를 내려면 공기를 후두에 있는 성대를 통해서 힘으로 내보내어 이들 구조가 진동하여 소리를 내므로 능동적 날숨이 요구된다. 힘에 의해서 성대를 통과하는 공기의 양이 목소리의 크기를 결정하는 반면, 성대의 길이를 조절하는 근육이 소리의 높이를 결정하는 데 도움을 준다. 입, 입술 및 혀의 모양과 치아의 위치가 실제 생산되는 소리를 결정한다. 담배 연기에 지속적으로 노출되면 인두의 일부가 상처 흔적으로 덮이게 되며 흔히 오래 담배를 피운 사람들은 완전히 쉰 목소리가 나게 한다. 규칙적으로 환경성 담배 연기에 노출된 비흡연자는 다른 비흡연자에 비하여 성대에 약간의 변화를 보이기도 하지만 이 변화가 목소리에 영향을 미치기에 충분한 것인지는 분명하지 않다.

횡격막은 예를 들어 기침을 하기 전에 깊이 들이마실 때처럼 다른 이유로 무의식적으로 수축하기도 한다. 기침을 하는 것은 기관에서 자극물질을 제거하는 것을 돕기 위한 반사작용이다. 폐로 들어가는 통로를 깨끗하게 유지하는 것은 적절한 산소 섭취를 유지하는 데 결정적이다.

폐. 건강한 폐는 분홍색이며 둥그스름하며 감촉이 폭신폭신하다(그림 18.4a). 휴식 상태에도 이 기관들은 흉강을 거의 완전히 채우고 있다. 폐의 바깥 표면은 하나는 폐를 덮고 하나는 흉벽의 면을 이루는 2개의 얇은 막에 의해서 흉강의 벽에 연결되어 있다. 이들 막은 습기 차 있기 때문에 서로 달라붙어 있는데 마치 젖은 플라스틱 포장지 두 장이 서로 달라붙는 것과 같다. 이것이 흉강이 커질 때 폐가 확실하게 팽창하게 해준다. 흉벽에 손상 같은 것으로 인해서 이 두 막이 분리되면 두 막 사이에 공기가 들어가 때로는 그 내부의 폐가 찌부러지게 한다.

일단 폐에 공기가 들어가면 공기는 기관지와 세기관지를 통해서 이들 각각은 **폐포(alveoli)**라는 막다른 끝으로 흐른다. 폐포는 폐의 내부에 있는 3억 개의 미세한 주머니들로 **호흡 표면(respiratory surface)**을 가지고 있어서 그 조직을 가로질러 신체의 내

(a) 사람의 폐

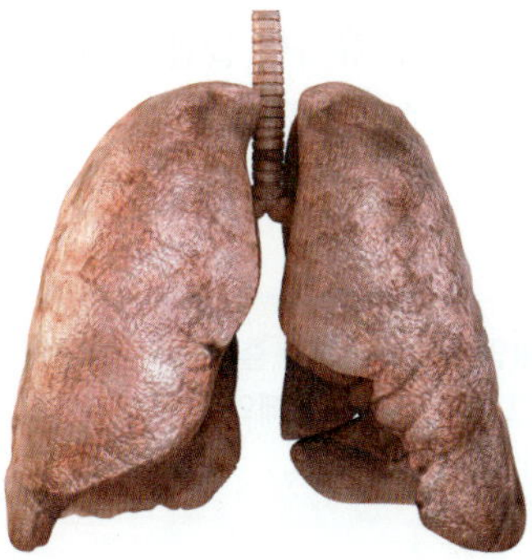

(b) 테니스장

그림 18.4 인체의 호흡 표면. (a) 폐는 몸과 환경 사이에서 기체가 교환될 표면을 갖고 있다. (b) 한 쌍의 건강한 사람 폐는 테니스장 크기 정도의 호흡 표면적을 갖고 있다.

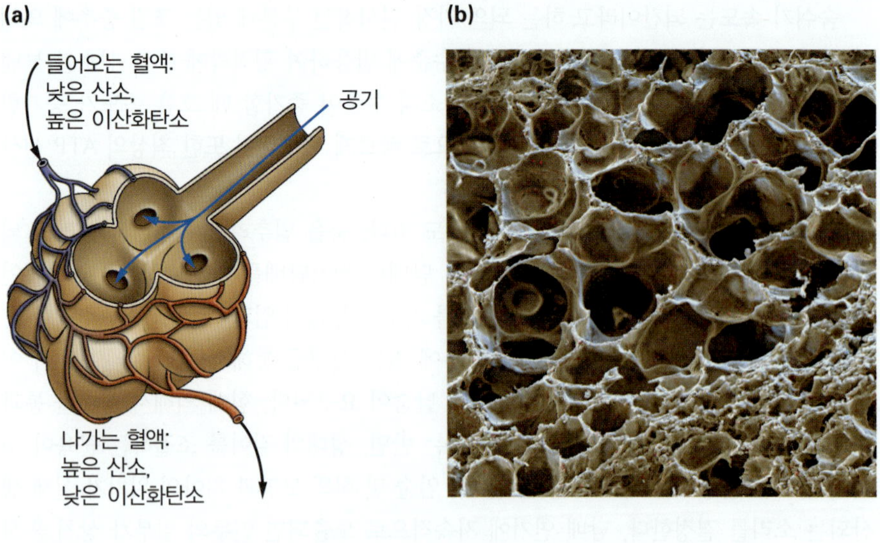

그림 18.5 **폐포.** (a) 폐포는 기관지의 끝에 송이로 나타난다. 송이들은 혈액을 폐포에 있는 기체 가까이 운반하는 얇은 벽을 가진 조밀한 모세혈관 망에 싸여 있다. (b) 폐포의 전자현미경 사진.

부로부터 기체가 교환된다. 사람에서 이 호흡 표면은 약 160 m^2이며 대략 테니스장 크기이다(그림 18.4b). 큰 몸체를 가진 활동적인 포유동물로부터 이산화탄소를 제거하고 산소를 공급하려면 큰 표면적이 필요하다. 포도송이 모양의 폐포들은 **모세혈관(capillaries)**이라는 가는 혈관 망에 싸여 있으며, 혈관망은 이들 구조에서 교환된 가스를 온몸으로 연결시킨다(그림 18.5).

담배 연기에 노출되면 폐포의 호흡 표면이 손상되며 궁극적으로 파괴될 수 있다. 호흡 면적의 총량이 감소하면 숨이 가빠지며, 쌕쌕거리며 웬만한 활동에도 참여할 수 없게 된다. 이들 증세는 모두 폐에서 가스 교환 용량 감소로 인해서 야기된다.

가스 교환

폐의 일차적 기능은 **가스 교환(gas exchange)**이며, 이 과정으로 세포호흡에 필요한 산소를 얻고 호흡의 노폐물 중 하나인 이산화탄소를 내보낸다. 가스 교환은 폐포의 기체 공간과 인접한 모세혈관에 들어 있는 혈액 사이에서 일어난다. 교환은 혈관을 싸고 있는 얇은 막과 폐포의 벽을 가로지르는 단순 확산에 의해서 이루어진다. 확산은 농도가 높은 곳으로부터 농도가 낮은 곳으로 수동적인 물질의 이동임을 기억하자. 모세혈관 내부에 높은 농도인 이산화탄소는 날숨에 의해서 그 농도가 낮게 유지되는 폐포로 확산에 의해서 나간다. 들숨에 의해서 높은 농도로 유지되는 산소는 폐포로부터 모세혈관 속에 탈산소화된 혈액으로 확산에 의해서 들어간다(그림 18.6).

이산화탄소와 산소는 세포막을 가로질러 확산하기에 앞서 호흡 표면을 덮고 있는 액체에 녹아들어간다. 폐포의 크기가 1회 숨쉬기 과정을 통해서 증가하고 감소하기 때문에 이 액체 층은 다소 잘 미끄러져야만 일정한 표면적을 유지하면서 폐포의 벽이 서로 달라붙는 것을 방지할 수 있다. 계면활성제라고 하는 비누 유사한 물질이 이 미끄러짐 일관성을 제공한다. 계면활성제의 조성, 그에 따른 폐 조직 자체의 유연성에 담배 연기는 부정적인 효과를 야기한다.

시각화 ▼

높은 고도에서는 대기의 산소 수준이 낮다. 이것은 폐에서 가스 교환 속도에 어떤 영향을 미칠 것으로 생각되는가?

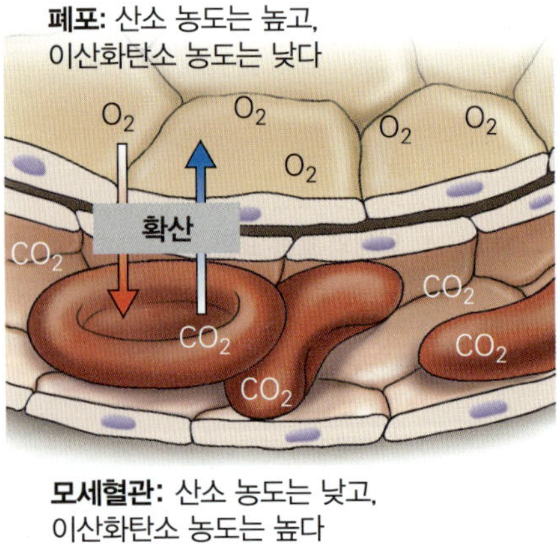

그림 18.6 **폐에서 가스 교환.** 호흡 표면에서 산소와 이산화탄소 가스의 이동은 단순 확산을 통해서 일어난다.

쉬어가기 호흡 곤란 증후군(RDS)은 가장 흔한 미숙 유아(임신 7개월 미만 출생) 사망의 원인이다. RDS를 가진 아기는 폐에 낮은 수준의 계면활성제를 갖고 있다. 계면활성제의 감소가 어떻게 폐의 유연성에 변화를 야기하여 들숨과 날숨을 어렵게 하는지 설명하라.

가스 교환에서 헤모글로빈의 역할

대기 중에는 이산화탄소의 농도가 비교적 낮아서 혈액으로부터 폐포로 쉽게 이동하여 대기로 나간다. 그러나 산소는 공기로부터 혈액으로 쉽게 녹아들어가지 않는다. 그래서 대부분 육상 동물들(일부 식물에서도)은 산소와 결합할 수 있는 특수한 단백질을 생산한다.

헤모글로빈(hemoglobin)은 사람과 거의 모든 다른 척추동물에서 산소를 받아들여서 운반하는 단백질이다. 실제로 헤모글로빈은 4개의 분리된 단백질 사슬로 구성되어 있으며, 각 사슬은 한 분자의 산소가 결합할 수 있는 한 원자의 철을 갖고 있다(그림 18.7). 우리의 각 적혈구는 약 2억 5000만 개의 헤모글로빈 분자들을 갖고 있기 때문에 각 적혈구는 10억의 산소 분자를 운반한다.

몸에서 산소 수준이 낮고 이산화탄소 생산이 많은 곳에서 헤모글로빈은 산소 분자를 방출한다. 이처럼 적혈구는 폐에서 산소로 충전된 다음 높은 수준으로 세포호흡이 일어나는 장소에서 산소를 내려놓는다. 헤모글로빈은 산소와 효과적으로 결합하지만 놀랍게도 담배 연기의 부산물인 일산화탄소와는 200배나 더 강하게 결합한다. 담배 연기를 마셔서 들어온 일산화탄소는 호흡 표면에서 적혈구로 들어가 우선적으로 적재된다. 일산화탄소의 결합은 강하기 때문에 헤모글로빈은 일산화탄소를 느리게 방출한다. 그 결과로 산소를 운반할 수 있는 헤모글로빈 분자들이 더 적어진다. 비록 적은 양의 일산화탄소일지라도 몸에서 많은 양의 헤모글로빈을 결속할 수 있어서 신체 조직에 심각한 산소 결핍을 초래한다. ETS에 일산화탄소의 양이 산소 결핍으로 죽음을 야기하기에 충분하지는 않을지라도 산소 박탈로 인한 만성적인 낮은 산소 수준은 조직과 기관을 손상시킬 수 있다.

일산화탄소는 발생 중인 배아와 태아에게 특히 해를 입히는데 그 이유는 이들은 필요한 산소를 어머니가 공급한 혈액과 교환을 통해서 획득해야 하기 때문이다. 흡연자인 어머니에서 태어난 신생아의 평균 체중이 더 낮은 것은 상대적인 산소 결핍 때문일 것이다. 장기간 ETS의 낮은 수준의 일산화탄소에 노출시키면 산소 결핍이란 동일한 이유가 영아와 어린이들의 뇌 기능 감퇴에도 기여할 것이라는 일부 동물 연구의 증거도 있다.

ETS가 호흡 기능에 제기하는 가장 큰 위협이 헤모글로빈과 일산화탄소 사이의 상호작용에서 나온 것은 아니다. 그 대신 그 위협은 연기의 미세한 입자에 의해서 야기되는 폐의 손상에서 나온 것이다.

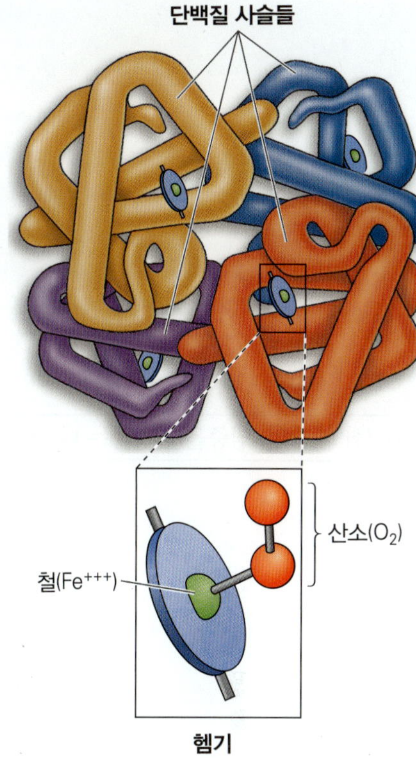

그림 18.7 헤모글로빈, 혈액의 산소 셔틀. 단 한 분자 헤모글로빈에 있는 4개의 단백질 사슬을 다른 색깔로 나타내었지만 기능은 동일하다. 각 사슬에서 헴기가 산소결합 위치이다.

연기 입자와 폐의 기능

ETS의 미립자들은 유아 및 어린이에게 상당한 위험요소이며 만성적으로 미립자가 적재된 공기에 노출된 사람들을 비롯하여 폐 기능이 망가진 사람들에게도 마찬가지이다. 전자담배에서 나오는 액체 미립자들은 담배 연기에서 나오는 고체 미립자보다 손상을 덜 야기하는 것으로 보이지만 수동적 증기 흡입에서 증기 미립자의 영향에 대한 연구는 아직 부족하다.

기관지염과 천식. 폐는 외래 물질을 제거하거나 물리칠 다양한 메커니즘을 갖고 있다. 기침은 큰 입자 또는 방울이 기관으로 들어온 것에 대한 첫째 반응이다. 기침을 촉발하기에 너무 작은 입자들은 상부 호흡 통로인 기관 또는 큰 기관지에 잡힐 수 있다.

이들 입자는 이들 구조의 표면 조직에 의해서 생산되는 점액에 갇힌다. 점액과 입자들은 조직 표면의 섬모라는 가는 털의 작용에 의해서 입과 코로 쓸려 올라간다. 점액 덩어리가 후두의 끝에 도달하면 기침으로, 코와 입을 통해서 방출하거나 삼킨다.

담배 연기 속에 떠 있는 입자들은 점액의 생산을 증가시킬 뿐만 아니라 기관지 내면의 섬모를 손상시켜서 이 입자들의 배출을 더 어렵게 한다. 이와 같은 손상은 이어서 **기관지염(bronchitis)**이라고 하는 염증을 야기한다. 흡연자에게는 만성적 기관지염이 발생할 수도 있으며, 이는 흔히 염증에 의해서 많은 점액이 생산되기 때문에 오래가는 기침으로 나타나기도 한다. 전자담배 증기의 액체 입자의 미립자들도 **천식(asthma)**을 악화시키는 것으로 알려져 있다. 천식은 기관지 벽의 근육 수축과 점액 과다분비를 수반하는 알레르기 반응이다. 급성 천식의 증상은 흔히 숨을 쉬는 동안 쌕쌕하는 소리가 나며 공기 흐름이 크게 제한되어 진동음을 내는 특징이 있다. 미국 환경보호국(EPA)에 따르면 미국에서 어린이들 중 ETS에 의한 원인으로 추가적인 천식 사례수가 매년 26,000건이나 된다. 전자담배 증기의 노출도 추가적인 천식 사례를 야기하는지는 분명치 않다.

-itis (한 기관의) 염증을 설명하는 데 사용된다.

폐기종. 만성 기관지염과 천식의 신체적 결과는 폐에 상처 조직을 형성하게 될 수 있어 영구적으로 기관지가 막히게 된다. 염증은 또한 폐포 벽을 손상시키며, 많은 작은 폐포들이 더 적은 수의 큰 주머니가 만들어지게 한다(그림 18.8). 이와 같은 폐포들의 융합은 전체적인 호흡 표면적을 감소시켜서 가스 교환을 방해한다. 폐포 주머니 자체는 두터운 상처 조직에 싸이게 되며 모세혈관으로 산소의 통행을 방해한다. 상처 조직의 증가는 또한 폐의 탄력을 감소시켜서 수동적인 날숨 과정이 효과적으로 일어나지 못하게 된다. 더욱이 폐에는 “정체 공기”가 남아 지나치게 팽창하면서 가슴의 크기를 점차 증가시키게 된다. 원통형 가슴은 **폐기종(emphysema)**이라는 근원적인 질환의 신체적 신호가 될 수 있다.

폐포는 재생될 수가 없기 때문에 폐기종에 이르는 폐 손상은 영구적이며 비가역적이다. 폐기종이 있는 사람은 만성적으로 숨이 가쁘며 격한 활동에 참여할 수가 없다. 증세가 가장 심한 사람은 단순히 일상적인 활동에 종사하는데 추가적인 산소 보충을 요구한다. EPA는 ETS에 노출되지 않은 비흡연자에 비하여 ETS에 노출된 성인 비흡연자들이 폐기종, 천식 및 기관지염 발생률이 30~60%가 더 높다고 추정한다.

시각화 ▼

더 작고 더 많은 수의 폐포가 호흡 표면적을 더욱 증가시킨다. 더 많고 더 작은 폐포의 불리한 점은 무엇이라고 생각하는가?

그림 18.8 만성적 연기 노출이 폐포에 미치는 영향. (a) 정상적인 폐의 단면에서 폐포는 미세하다. 각각의 공기 주머니를 싸고 있는 벽이 가스 교환이 일어나는 장소이다. (b) 흡연자의 폐에는 많은 폐포의 벽이 파괴되어 공기 주머니가 더 커졌으며 가스 교환 면적이 감소하였다. 이들 두 그림은 같은 배율로 사진 찍은 것이다.

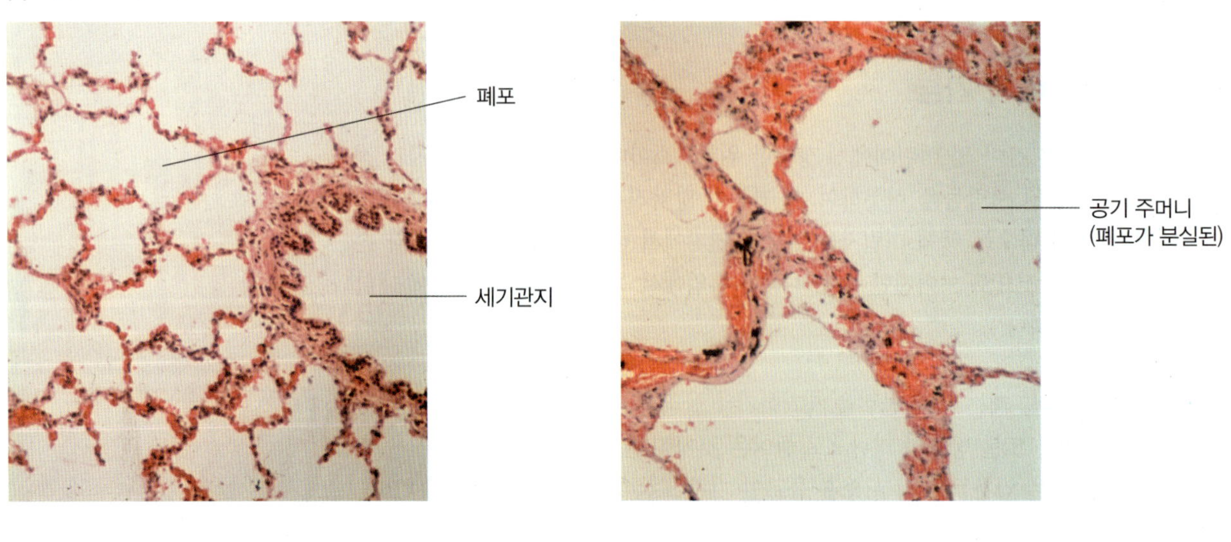

쉬어가기 폐기종을 야기하는 손상의 성질을 생각해보자. 이 질환에 대한 강력한 치료법이 있는가?

폐암. ETS에 가장 미세한 미립자들은 폐 깊은 곳, 폐포까지도 끌려들어갈 수 있다. 폐포에는 섬모가 없기 때문에 외래 물질을 내보내기가 훨씬 더 어렵다. 작은 입자들은 오랜 기간 폐포에 남아 있을 수 있다. 장기간 흡연자의 폐에서 축적된 입자들을 볼 수 있으며 때로는 폐포 내부에 갇힌 타르가 있어 검게 보인다(그림 18.9). 축적된 입자들은 염증과 액체의 축적을 촉진하며 일반적으로 가스 교환을 감소시킨다. 더욱 심각하게 많은 담배 연기의 구성요소들은 발암원으로 돌연변이를 유발하는 것으로 알려져 있으며, 폐 세포들은 담배 흡연을 중단한 한참 후에도 암세포로 변환되기 쉽다.

미국에서 매년 약 170,000명의 새로운 암환자가 진단되며 90%는 지금도 흡연자거나 과거에 흡연자들이다. 그러나 폐암의 17,000건 사례는 흡연 때문이 아니며, 국립보건원(NIH)의 역학자들은 3000건 사례 정도는 ETS에 노출된 것과 직접관련이 있으며, 노출되지 않은 비흡연자보다 수동적 흡연자들이 폐암 위험도가 20~30% 더 높다고 추정하였다.

ETS 노출과 암 위험성의 연관과 같은 역학 연구는 다른 모든 상관관계처럼 동일한 문제점을 갖고 있어서 연구에서 개인들 간의 다른 어떤 차이가 실제에서 집단 간의 차이를 야기하는 확률을 추정하는 것은 불가능하다(1장). ETS와 폐암 사례에서 가설적인 연관성이 간접흡연에 발암원이 존재한다는 것이 ETS 노출된 개체에서 높은 암 발생률을 보인 동물을 사용한 실험에 의해서 지지되었으며, 수백 건의 흡연과 폐암 사이의 연관성 연구에 의해서도 지지되었다.

전자담배는 너무나 새로운 것이기 때문에 간접 증기 노출과 이들 폐 증후군들 사이에 상관관계에 대한 데이터가 훨씬 적다. 간접흡연 노출과 다른 기관 및 기관계의 질환 사이의 상관관계 또한 수집된 데이터로는 덜 명확하다. 그러나 폐와 혈류 사이의 연결을 인정한다면 누구나 수동적인 흡연자는 노출되지 않은 개인보다 흡연자에게 흔히 있는 모든 질환에 대하여 더 높은 위험을 갖는 것으로 예측한다. 숨쉬기로 폐로 들어간 연기와 증기가 어떻게 온몸에 영향을 미치는지 이해하기 위해서는 먼저 혈액과 그 구성요소들이 어떻게 혈류를 따라 이동하는지 이해해야만 한다.

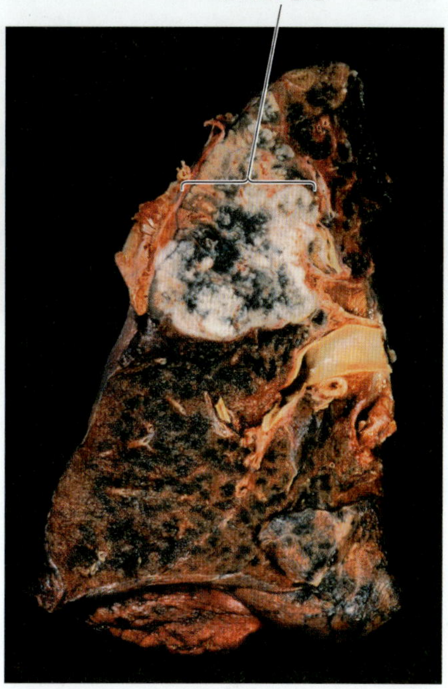

그림 18.9 폐에 갇힌 담배 타르. 이 폐는 미립자들의 축적에 의해서 야기된 거무스름한 얼룩으로 보인다. 더 밝은 덩어리는 암화된 종양이다.

18.2 흡연 효과의 전파: 심혈관계

흡연의 위험은 폐와 기도의 손상에 더하여 목구멍, 방광 및 췌장암 발병률도 증가시키며, 심장마비, 뇌졸중, 고혈압, 조숙한 피부 노화까지 증가시킨다. 이 모든 효과는 담배 연기의 많은 구성요소가 폐포의 얇은 벽을 가로지를 수 있고 온몸을 통해서 이동하기 때문이다.

심혈관계의 구조

심혈관계에 의해서 가스와 기타 물질들이 대부분 동물들의 온몸에 배달되며, **심혈관계(cardiovascular system)**는 순환하는 액체(흔히 혈액), 펌프(대부분 경우 심장) 및 혈관계(혈관과 모세혈관)의 3가지 주요소로 구성된다.

card- 와 **cardio-** 심장과 관련이 있다.

vascul- 도관을 의미한다.

(a) 혈장 (b) 적혈구 (c) 백혈구 (d) 혈소판

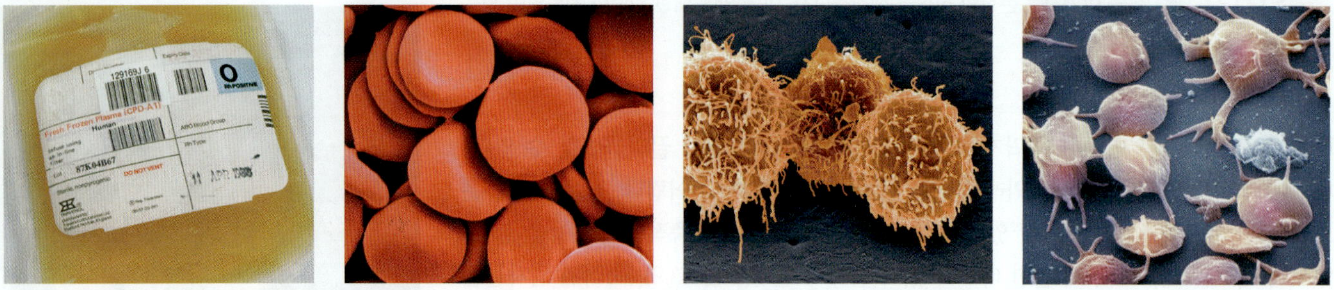

그림 18.10 **혈액의 구성요소.** 혈액은 액체인 혈장, 많은 양의 적혈구와 소량의 백혈구 및 혈소판으로 구성되어 있다.

혈액. 성인의 혈관계에 있는 5 L의 혈액은 액체 및 고형(세포성) 성분으로 구성되어 있다. 액체 성분은 혈장이라고 하며 물에 용해된 단백질, 염분 및 기체들로 구성되어 있다. 세포 또는 고형 성분은 주로 적혈구(혈액이 적색을 띠게 하는)와 훨씬 더 적은 수의 백혈구와 혈소판으로 되어 있다(그림 18.10). 성인에서 혈액의 모든 세포 성분은 특정한 뼈의 내강에서 발견되는 조직인 조혈 줄기세포에 의해서 생산된다. 줄기세포는 성체의 세포들 중에 특이한 것으로 신경, 피부와 같은 단일 세포 종류로 완전히 분화되지 않고, 다양한 세포 종류를 생산할 능력을 가진 세포들이다. 조혈 줄기세포는 좀

시각화 ▶

백혈병은 조혈 줄기세포의 조절 불가능한 분열에 의해서 야기되는 일종의 암이다. 백혈병은 혈액에 주로 어떤 형태로 나타날 것으로 생각하는가?

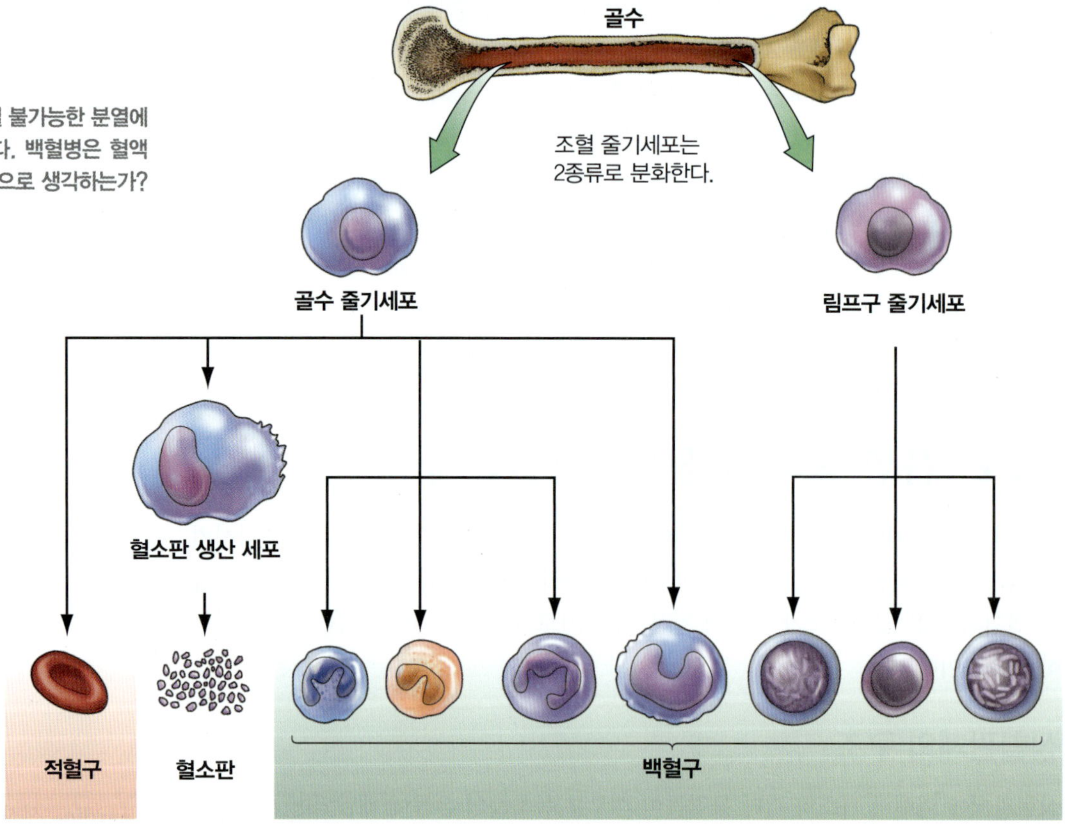

그림 18.11 **조혈 줄기세포.** 혈구들은 큰 뼈의 골수에 있는 줄기세포에 의해서 생산된다. 혈액의 모든 세포 성분은 이들 줄기세포로부터 온다는 데 주목하자.

더 특수화된 2종류의 줄기세포를 생산하며 이들이 더불어 9가지 다른 혈구 세포를 생산한다(그림 18.11).

적혈구(red blood cells)는 폐로부터 신체의 나머지 부분으로 산소를 운반하는 적혈구의 주된 역할에 독특하게 적응되어 있다. 적혈구는 헤모글로빈 분자들로 채워져 있으며 핵이나 다른 세포소기관들이 없다. 또한 적혈구는 작으며 가운데가 오목하여서 세포 부피에 비하여 표면적이 크게 되어 있어 세포의 안팎으로 산소가 빠르게 확산할 수 있다. **백혈구(white blood cells)**는 많은 다른 변이형이 있으며 침입해오는 병원체를 공격하고, 온몸에 독소, 노폐물 및 손상된 세포를 제거하는 면역계 기능의 필수적 구성요소이다. **혈소판(platelets)**의 주된 기능은 혈액 손실을 방지하는 것이다. 이 세포 유사한 구조물은 실제로는 막에 싸인 큰 세포의 조각이다.

혈소판은 혈액의 단백질들과 작용하여 손상된 혈관의 밖으로 혈액의 흐름을 차단하는 지혈작용을 한다. 손상 발생 직후에 손상된 혈관의 벽에 있는 근육이 수축하여 혈류를 제한한다. 바로 이어서 점착성 혈소판이 혈관의 모든 파괴된 부위에 달라붙어 혈액의 흐름을 차단하는 데 도움이 되도록 일시적인 마개를 형성한다. 동시에 손상된 조직에 의해서 방출된 화학적 신호로 복잡한 **혈액응고(blood clotting)** 과정이 시작된다. 피떡은 피브린 단백질이 만든 망으로 구성되어 있으며 상처 부위에 패치를 만든다(그림 18.12). 손상된 혈관의 벽과 주변 조직의 세포분열로 베인 부분이 봉해지고 패치는 용해된다.

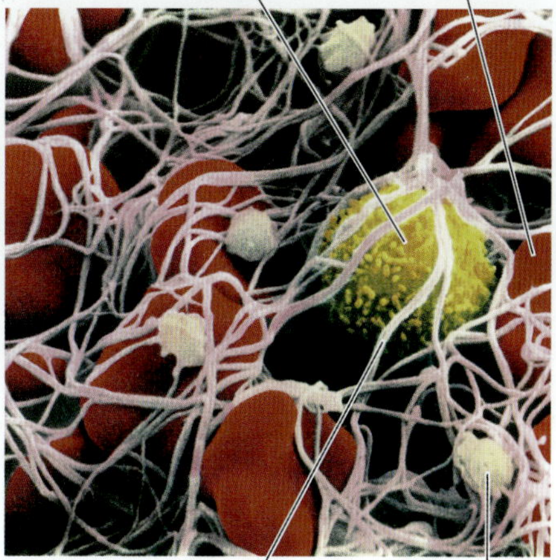

그림 18.12 **피떡.** 피떡은 적혈구를 가두고 있는 단백질 섬유망으로 구성되며 손상된 혈관 위에 일시적인 패치를 형성한다.

담배 연기의 한 물질로 니코틴은 혈소판의 점성을 증가시켜서 피브린의 선구물질인 피브리노겐의 생산을 촉진한다. 이들 두 가지는 모두 피떡의 위험을 증가시키는 효과를 가진다. 혈관 내부에서 피떡이 만들어지면 그것이 만들어진 장소에서 혈류를 차단하거나(혈전증이라 함) 부서져서 혈류를 통해서 이동하다가 다른 혈관을 막는다(색전증이라 함). 혈전증이나 색전증이 심장이나 다른 기관의 혈관에 생기면 인접한 세포에 산소의 흐름을 제한할 수 있으며, 세포들이 죽게 되어 기관에 심각한 손상이 초래된다.

심장. 주먹 크기인 사람의 심장은 2개의 근육성 펌프로 구성되어 있으며, 이 펌프들은 협조적이지만 또한 다소 독립적이다. 심장의 오른쪽 펌프는 산소가 빈약한 혈액을 몸으로부터 받아들여서 폐로 보내는데 비해 왼쪽은 폐로부터 산소가 풍부한 혈액을 받아서 신체의 일반 순환으로 혈액을 내보낸다. 양쪽 각각은 2개의 방으로 비교적 얇은 벽으로 된 심방과 두꺼운 벽으로 된 심실 나누어져 있다. 심장의 각 쪽은 또한 혈액의 이동을 조절하기 위하여 2개의 판막을 갖고 있다. **방실판[AV(atrioventricular) valve]**은 심방과 심실 사이에 그리고 **반월판(semilunar valve)**은 심실과 혈액이 나가는 주요 동맥 사이에 있다(그림 18.13).

심장 근육은 우심방의 벽에 있는 작은 근육조직 패치에 의해

시각화 ▼

매회 심장박동에 좌심실과 우심실은 동일한 양의 혈액을 펌프하지만 좌심실 벽은 더 두껍고 더 힘차다. 왜 이럴 필요가 있는가?

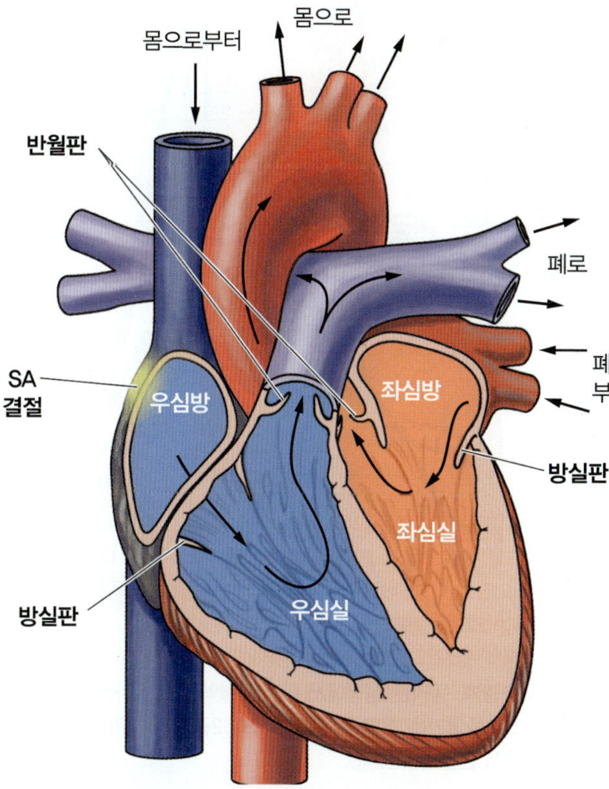

그림 18.13 **사람의 심장.** 심장은 2개의 독립적인 펌프를 형성하는 4개의 방으로 구성되어 있다. 한 펌프는 탈산소화된 혈액을 폐로 보내며 다른 펌프는 폐에서 되돌아온 혈액을 신체의 나머지 부분으로 보낸다.

서 결정되는 내인성 리듬에 맞추어 수축한다. **동방결절[sinoatrial(SA) node]**이라고 하는 이 패치는 먼저 좌우 심방의 수축을 야기하고, 이어서 1/10초 뒤에 두 심실 수축을 야기하는 전기적 신호를 내보낸다. 심장 내에 혈액을 채우고 이어서 펌프하는 완전한 연쇄를 **심장주기(cardiac cycle)**라 하며, 이는 **이완기(diastole)**와 **수축기(systole)**를 교대로 반복한다.

수축기에는 심실이 수축하면서 방실판이 닫힌다(첫 번 심장소리로 "러브"). 이완기가 시작되면 심실이 이완되면서 반월판이 닫힌다("더브"). 이와 같은 수축과 이완 주기가 심장 박동 소리를 낸다(러브-더브, 러브-더브).

심장주기의 속도는 심장 박동률로도 알려져 있으며 일차적으로 내재적인 박동원으로 기능하는 동방결절에 의해서 조절된다(그 기능이 이식한 인공 박동원에 의해서 대체될 수도 있다). 박동원의 속도는 또한 휴식 상태에서 뇌간과 척수에서 오는 신호와 위험을 당하거나 격앙된 감정에 대한 뇌의 다른 부위에서 오는 신호에 의해서도 영향을 받는다. 니코틴과 같은 특정한 약물은 심장 박동률에도 영향을 미친다.

쉬어가기 피떡이 산소 운반을 제한하였을 때, 심장 이외에 무슨 기관이 건강과 생존에 가장 심각한 영향을 받을 것으로 기대되는가?

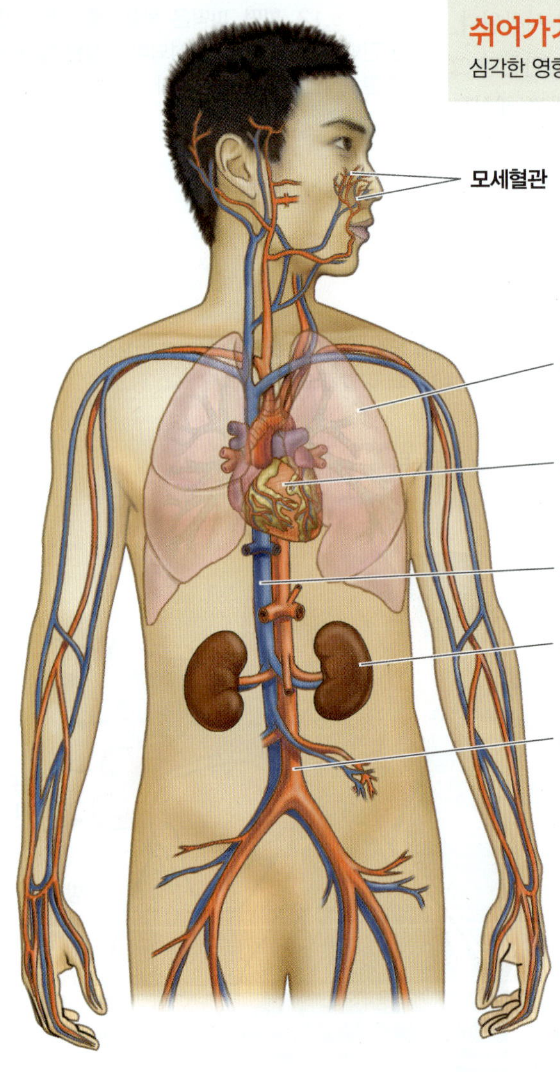

그림 18.14 혈관계. 동맥은 심장에서 나가는 혈액을 운반하는 데 비해 정맥은 심장으로 들어가는 혈액을 운반한다. 이 2종류의 혈관들은 모세혈관 망에 의해서 연결되어 있다.

혈관. 심장으로 들어가거나 나오는 혈액을 운반하는 관계를 일반적으로 혈관계라고 한다. 혈관계의 구성요소는 넓은 의미에서 혈관으로 동맥, 정맥 및 모세혈관을 포함한다(그림 18.14). 동맥은 심장에서 나오는 혈액을 운반하면서 가지치고 있는 혈관이며 정맥은 혈액을 되돌리면서 모아가는 관계이다. 폐에서처럼 온몸의 모세혈관은 얇은 벽을 가진 혈관이며 가장 작은 동맥(소동맥)과 가장 작은 정맥(소정맥) 사이의 채널망을 형성한다.

동맥은 심실 수축으로 일단의 혈액이 흘러들어오면 부풀어 나오고 일단 혈액이 통과하고 나면 휴식 상태의 크기로 딱하고 되돌아가는 두껍고 탄력적인 벽을 갖고 있다. **맥박(pulse)**이라고 하는 혈액의 파동은 피부의 표면 가까이에서 동맥을 통과하는 혈액의 맥박을 느껴서 심장 박동률로 측정할 수 있다. 동맥의 근육성 벽은 또한 혈류 속도를 조절하는 데 도움을 준다. 동맥이 수축하면 내부의 혈액은 압력을 받아 더 빠르게 이동하며, 이완하면 혈류가 느려진다.

순환하는 액체와 신체의 조직 및 기관 사이에 가스와 기타 물질의 교환은 모세혈관의 구멍 난 벽을 통해서 일어난다. 모세혈관은 극히 넓게 퍼져 있으며 풍부하다. 성인의 몸은 100,000 km로 추정되는 모세혈관을 갖고 있으며, 살아 있는 세포가 모세혈관에서 0.1 mm 이상 떨어져 있는 것은 없다.

이들 혈관에서 액체와 물질들은 **모세혈관망(capillary bed)**의 동맥 쪽 끝 가까운 곳에서는 더 높은 혈압 때문에 모세혈관의 밖으로 밀려나간다. 이어서 신체 조직으로부터 물질과 액체는 모세혈관망의 정맥 쪽 끝에서는 농도 차이로 인해서 되돌아 흘러들어온다(그림 18.15). 모세혈관망의 동맥 끝을 싸고 있는 근육은 더 중요한 영역에 혈액과 영양분이 효과적으로 운반되고 덜 필요한 기관으로 혈류를 차단하기 위하여 수축할 수 있다. 피부에 공급하는 모세혈관은 흔히 다른 기관의 위기에 대한 반응으로 수축된다. 흔한 병 증상으로 피부가 창백해지는 것은 바로 이것 때문이다(눈 안과 입 안 조직이 가장 뚜렷하다). 피부 모세혈관은 체온 조절에도 중요한 역할을 하며, 체온이 올라가면 열어서 몸의 열이 발산되게 하고 추운 온도에서는 닫아서 열을 보존한다.

정맥은 동맥보다 훨씬 얇고 탄성이 약한 벽을 갖고 있으며 혈액이 정맥에 이르면 혈압이 훨씬 더 낮다. 정맥에는 혈액이 고이는 경향이 있다. 그 사실은 손을 몸 옆으로 내려 보면 쉽게 관찰할 수 있다. 손등의 정맥에 혈액 정체는 그 정맥들이 팽창되게 하여 들어나게 한다. 정맥으로부터 심장으로 혈액의 이동은 골격근 수축에 의해서 촉진된다. 골격근 수축은 정맥을 압박하여 정맥을 통해서 혈액을 짜낸다. 정맥에는 일방통행 판막이 있기 때문에 혈액은 심장으로 한 방향으로만 흐른다(그림 18.16).

신체의 조직으로 산소와 물질이 효과적으로 흐르기 위해서는 혈액이 물질을 혈관계를 통해서 이동시키기에 충분할 정도의 혈압 하에 있어야만 한다. **혈압(blood pressure)**은 혈관 벽에 미치는 혈

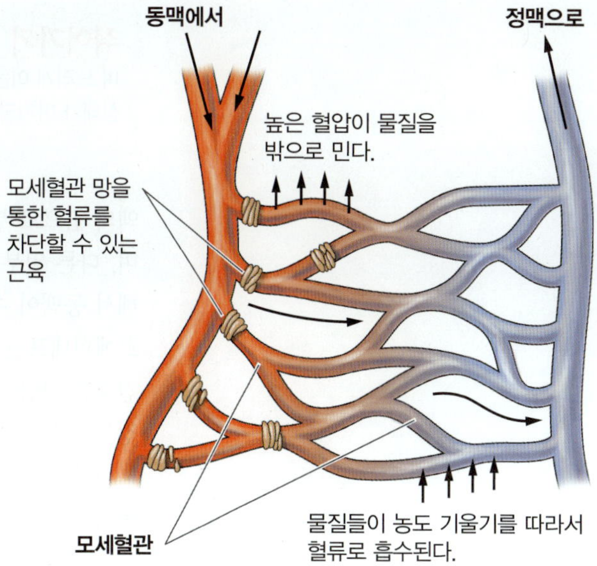

그림 18.15 모세혈관의 기능. 모세혈관망의 상류 끝에서 밀려나간 산소와 영양소를 조직으로 운반한다. 노폐물과 기타 물질들은 하류 끝에서 혈액으로 흡수된다. 상류 쪽의 근육은 혈관망으로 혈류를 차단하기 위하여 수축할 수 있다.

시각화▼

많은 운동선수들은 경기를 하는 동안 압착 양말을 착용하기 위해서 가지고 다닌다. 이 양말은 장딴지와 정강이 근육을 압착한다. 압착 양말은 다리 근육에 혈액 순환과 산소 운반에 어떻게 영향을 미칠까?

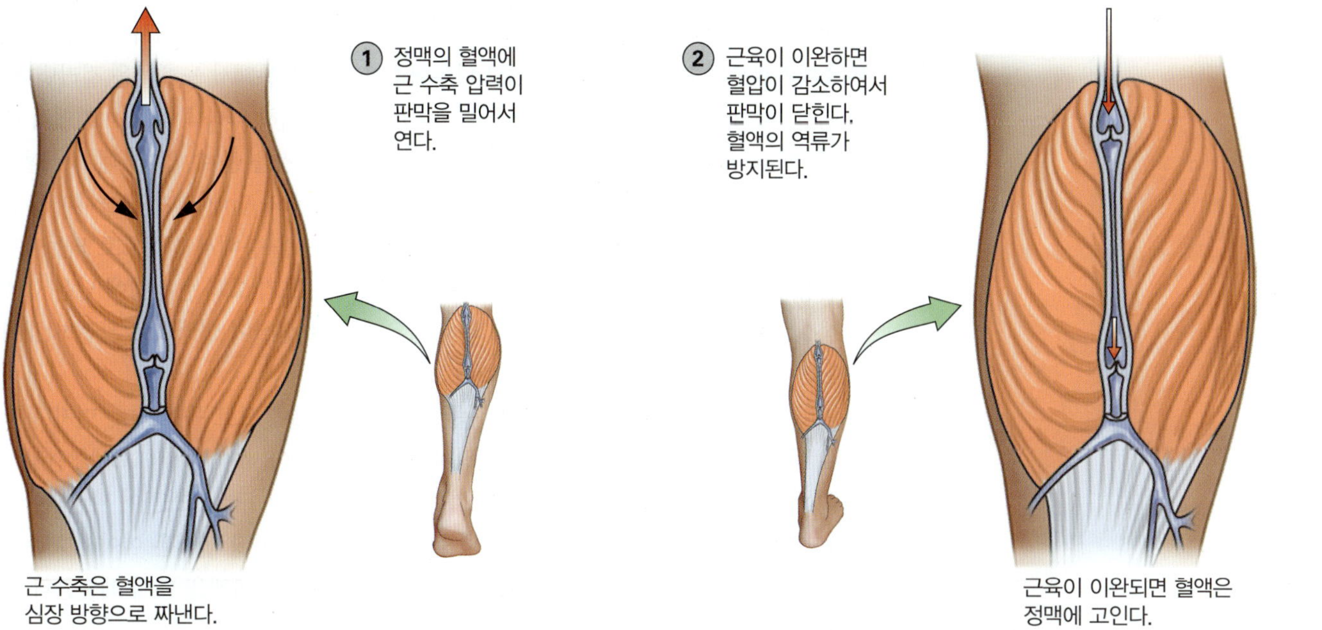

그림 18.16 정맥에서 혈액의 흐름. 정맥에서 혈액은 낮은 혈압 하에 있으며 골격근 수축으로 심장으로 돌아간다. 일방통행 판막이 있는 덕분에 혈액은 한 방향으로 흐른다.

쉬어가기 정맥류는 혈액이 정체되어 부풀어진 정맥이다. 정맥류는 전형적으로 다리에 생기며 느리게 이동하는 혈액의 중력이 정맥 내부의 해부학적 구조에 손상을 야기하여 형성된다. 이런 상태가 야기되려면 정맥의 무슨 부분이 손상되어야 하는가?

액의 힘으로 부분적으로는 수축하는 심장에서 온 혈액의 파동에 의해서 만들어진 것이며, 다른 일부는 동맥의 직경에 의한 것이다. 혈압은 혈관 벽에 있는 근육의 작용에 의해서 동맥이 수축될 때 올라간다. 예를 들어 이는 스트레스 호르몬인 에피네프린과 노르에피네프린 방출로 근육에 신속한 산소 공급의 필요가 나타났을 때 일어날 수 있다. 건강한 사람에서 혈압은 격렬한 활동이나 흥분에 반응하여 올라가지만 휴식 상태에는 정상으로 되돌아간다.

고혈압(hypertension)이라고 하는 만성적인 고혈압은 지속적인 심리적 스트레스나 동맥의 벽 내부에 지방질의 축적에 의해서 동맥이 좁아져서 야기될 수 있다. 후자의 경우를 **죽상경화증(atherosclerosis)**이라고 하며 노화와 고지방 섭취로 인해서 야기되며 담배 연기의 노출도 원인이다. 고혈압은 혈관 벽에 손상을 일으키며, 이는 동맥을 통해서 혈액을 밀기 위하여 심장이 더 심하게 일하도록 만든다.

심혈관계를 통한 물질의 이동

담배 연기의 구성요소는 호흡 표면을 가로지른 물질들이 혈류로 들어가고, 혈류는 온몸으로 그 물질들을 순환시키기 때문에 모든 기관계에 영향을 미칠 수 있다.

사람에서 폐와 심혈관계는 2가지의 다른 회로지만 혈액이 연관되어 있는 2중의 순환계에 의해서 연결되어 있다. 폐로 혈액을 순환시키는 **폐순환(pulmonary circuit)**에서는 공기에 들이마신 산소와 기타 요소들을 받아들이고 이산화탄소를 방출한다. 폐순환은 이어서 이 혈액을 심장으로 되돌려보내며, 거기에서 2차의 다른 순환으로 들어간다. 이 **체순환(systemic circuit)**은 신체의 나머지 부분으로 혈액을 펌프하며, 거기에서 혈액은 산소를 떨어뜨리고 이산화탄소를 받아온다. 체순환을 통해서 흐르는 혈액은 소화계로부터도 물질을 받아들이고 나누어주며 신장을 통해서 노폐물을 걸러낸다.

심장, 폐 및 신체 사이의 순환 경로를 그림 18.17에 자세히 나타내었다. 여기에서 폐순환에서 심장의 오른쪽에서 나온 혈액이 폐로 펌프되는 것을 볼 수 있다. 폐에서 혈액은 이산화탄소를 내보내고 산소와 마찬가지로 일산화탄소와 담배 연기와 들이마신 증기의 다른 물질도 받아들인다. 그 혈액은 한 쌍의 큰 정맥을 통해서 심장으로 되돌아가며 심장의 왼쪽으로 들어간다. 심장이 처음 수축할 때는 초기 효과는 심방에 남은 혈액을 심실로 미는 데 있다. 심실 수축에 앞서 짧은 지체로 심실이 혈액으로 완전히 채워지게 하여 심장박동의 효율을 증가시킨다.

일단 좌측 심실이 수축하면 혈액은 높은 압력으로 체순환으로 들어가며, 먼저 동맥으로, 동맥을 계속적으로 가지를 치고 점차 직경이 더 작아지며 이어서 모세혈관망으로 들어간다. 모세혈관에서 혈액에 농도가 높은 산소와 기타 구성요소들이 확산되어서 나가고 이산화탄소와 노폐물들이 확산해 들어온다. 탈산소화된 혈액은 이이서 체순환 정맥으로 가며 심장의 우측으로 들어온다. 우심실의 수축은 혈액을 다시 폐순환의 동맥과 모세혈관망으로 보낸다.

장전된 산소 또는 일산화탄소를 운반하는 단 한 개의 적혈구는 약 1분이면 모든 순환계를 돌 수 있다. 그러므로 ETS에 존재하는 화학물질은 몸에 거의 즉각적인 효과

시각화▼

일부 어린이들은 "심장에 구멍"을 갖고 태어나며, 이는 좌심방과 우심방 사이에 통로가 존재할 때 일어난다. 이 그림에서 혈류의 통로를 참고하여 심장에 있는 구멍이 몸의 조직에 산소 운반을 어떻게 감소시키는지 설명하여라.

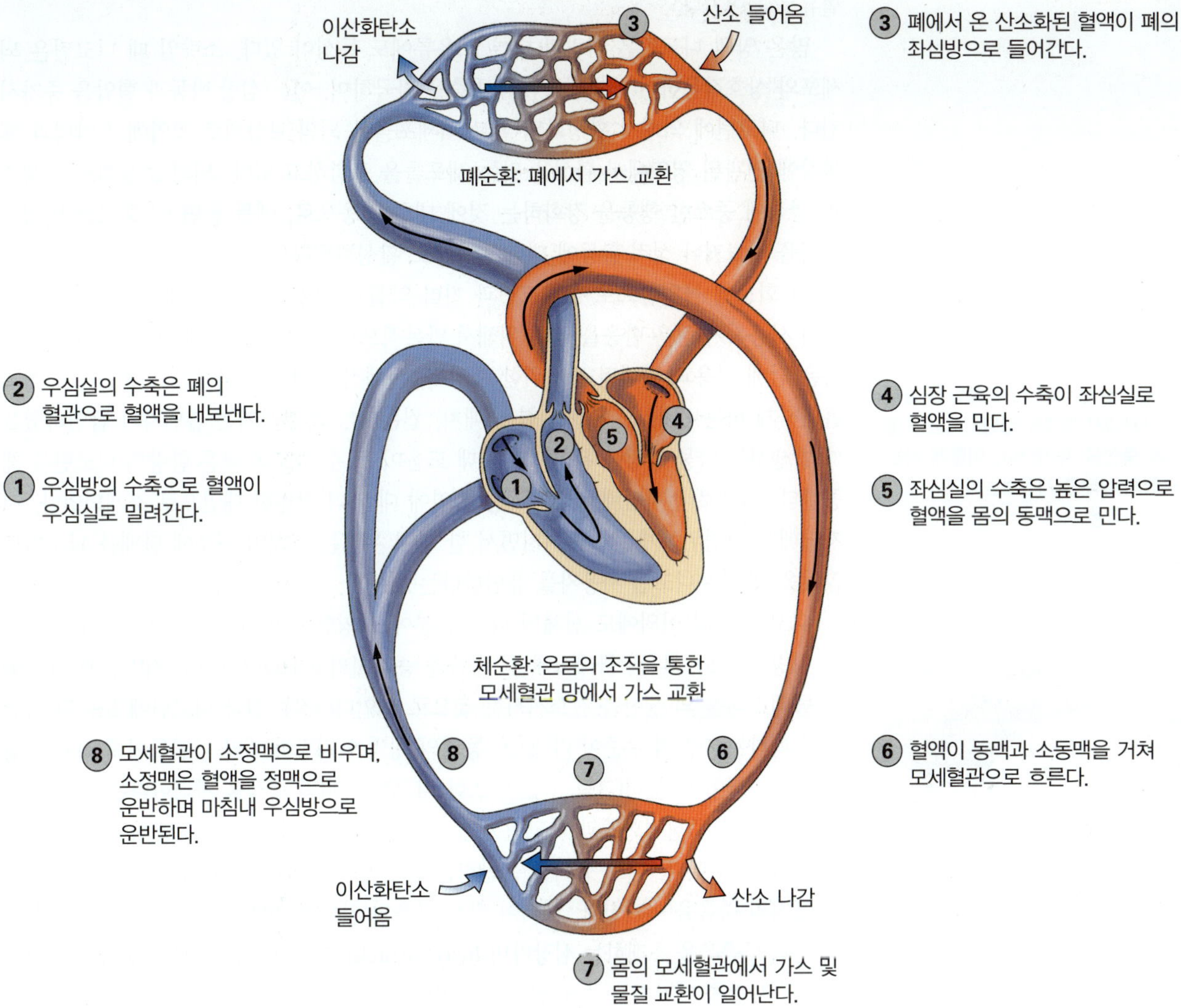

그림 18.17 **호흡계와 순환계의 연결.** 폐는 심장과 혈관을 통해서 다른 기관계와 연결되어 있다.

를 미칠 수 있다. 이렇게 빠르게 나타나는 효과는 더 심각한 장기적 손상을 야기할 수도 있다.

흡연과 심혈관계 질환

대부분 사람들은 폐암과 기타 폐질환이 일차적으로 담배 연기에 노출과 연관이 있는 것으로 생각한다. 실제에 있어서 흡연으로 인한 사망은 심장과 혈관계 손상 또는 **심혈관계 질환(cardiovascular disease)**의 결과이다.

전자담배를 반대하는 사람들은 담배 연기에 의해서 야기된 심혈관계의 손상이 **니코틴(nicotine)**에 의해서 야기된 것이란 증거를 지적한다. 니코틴은 담배와 전자담배

흡연 또는 전자담배를 피우는 공공장소가 있는가?

에 의해서 운반된 약물 중에 가장 활성적인 요소이다. 니코틴은 담배 식물에 의해서 생산된 천연 살충제로서, 실제로 니코틴 황산염 스프레이는 유기농업자들이 진드기와 기타 곤충을 박멸하는 데 사용하기 위해서 상업적으로 판매되고 있다. 담배 연기와 전자담배 증기에 포함된 니코틴은 폐포 벽을 가로질러 쉽게 흡수되며 폐로 들어오는 즉시 혈류로 들어간다.

많은 양의 니코틴은 사람과 다른 포유류에도 독성이 있다. 소량일 때 니코틴은 뇌세포와 상호작용하며 에피네프린의 방출을 자극하며, 이는 심장 박동과 혈압을 증가시킨다. 니코틴에 의해서 활성화된 일부 뇌세포들은 뇌의 보상회로 영역에서 안녕과 행복감에 연관된 영역에서 활성을 갖는 세포들을 포함하고 있다. 뇌의 보상회로는 생존과 생식에 중요한 행동을 강화하는 것에 대한 적응으로, 예를 들면 이 회로는 맛있는 음식을 맛보거나 성적 활동에 대한 반응으로 활성화된다.

이 회로에 몰입함으로써 니코틴과 기타 약물로 코카인, 메스암페타민은 습관성이 되며 사용자가 같은 반응을 얻기 위해서 반복적으로 이 약물을 찾게 만든다. 니코틴 중독은 담배 사용과 관련된 광범위한 재정적, 신체적 대가에도 불구하고 흡연자가 계속 흡연하게 하는 것이다. 니코틴 함유 패치, 씹는 검, 코 분무기는 흡연자가 금연하였을 때 발생하는 약물 갈망을 둔화시키는 데 도움이 될 수 있도록 낮은 함량의 니코틴을 제공한다. 실제로 전자담배는 처음에는 흡연에 대한 더 안전한 대안으로 소개되었다. 전자담배가 광범위하게 받아들여지면서 한 가지 우려는 그것이 애초에 담배를 피우지도 않았을 새로운 니코틴 사용자를 유인한다는 것이다.

니코틴은 뇌 이외에도 신체의 다른 부분에도 영향을 미친다. 니코틴은 LDL(저밀도 지방단백질), "나쁜 콜레스테롤" 생산을 증가시키고 HDL(고밀도 지방단백질), "좋은 콜레스테롤"의 생산을 감소시키는 것으로 보인다(3장). 결국 니코틴에 노출된 사람은 순환하는 지질의 수준이 더 높고, 동맥의 내벽에 지방과 기타 파편들이 축적된 죽상경화증 위험이 더 높다(그림 18.18). 또한 니코틴은 피떡 형성을 자극한다는 것을 기억하자. 피떡은 죽상경화증과 니코틴 유도 고혈압에 의해서 좁아진 동맥에 혈액의 흐름을 차단할 수 있다. 뇌로 혈액을 운반하는 동맥에 폐색이 생기면 뇌졸중이 되며, 이는 뇌 조직의 죽음을 야기한다. 폐색이 심장 근육의 일부에 혈액의 흐름을 정지시키면 심장 근육의 죽음을 초래하는 **심장마비(heart attack)**가 된다. 뇌졸중과 심장마비는 걸린 사람의 사망을 야기하는 주요 심혈관계 질환이다.

니코틴 소비로 동맥 손상과 피떡 유도의 결과에 흡입한 일산화탄소의 산소 탈취 증가를 종합하면 담배 연기에 노출은 심장기능에 심각한 위험의 표본이다. 미국의 질병통제예방센터(CDC)에 따르면 흡연자 중 심장 질환 사망자가 매년 약 147,000명이나 된다. 비흡연자에 비하여 흡연자는 심장 질환으로 사망할 확률이 200~300% 더 크다. 또한 CDC는 환경성 담배 연기에서 일산화탄소에 노출된 결과 비흡연자 중 심장 질환 사망자는 매년 35,000명으로 추정한다. 수동적 흡연자에게 담배 연기 노출로 인한 동맥 손상 효과도 충분히 의문이 가지만, 역학적 연구로 그 연관을 납득할 만큼 증명하지는 못하였다. 전자담배를 통한 니코틴 흡입 효과에 대한 연구는 극미한 상태이다.

담배 연기로 야기된 영구적인 폐의 변화와는 달리 니코틴과 일산화탄소가 심혈관 건강에 미치는 효과는 훨씬 더 회복이 가능하다. 세계보건기구(WHO)에 따르면 금연한 지 1년이면 심장 질환의 위험성이 50% 감소하며, 금연한 지 15년이면 금연자의 위험도는 전혀 담배를 피우지 않은 사람과 똑같다.

우리의 호흡계와 심혈관계 사이의 연결은 우리가 들이마신 것이 우리 몸의 모든 기

시각화 ▼

혈관 성형술은 좁아진 동맥에 작은 풍선을 장착하여서 플라크 근처에서 동맥을 팽창시키는 수술이다. 그 다음에 풍선을 제거한다. 이렇게 하는 것이 어떻게 동맥의 상태를 개선하는가?

(a) 정상 동맥

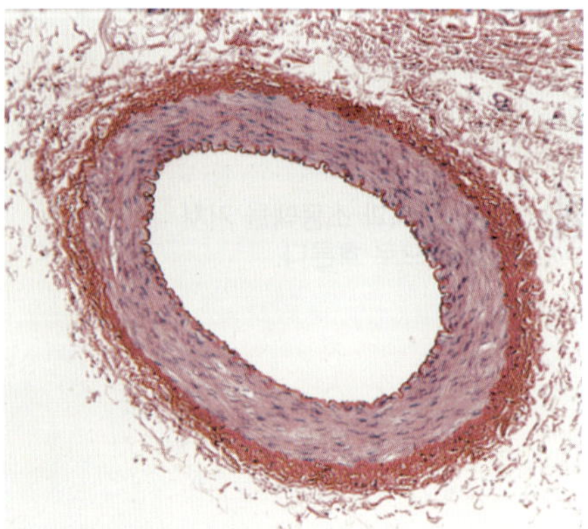

(b) 죽상경화성 동맥

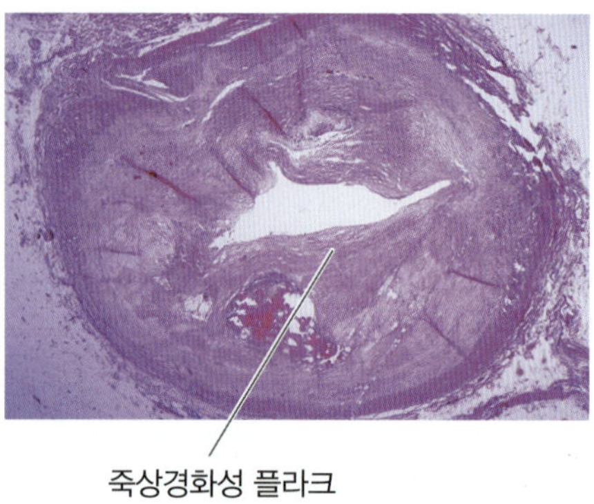

그림 18.18 **죽상경화증.** 지방과 콜레스테롤이 동맥의 벽에 축적되어서 동맥의 직경과 혈액 운반 능력이 감소한다.

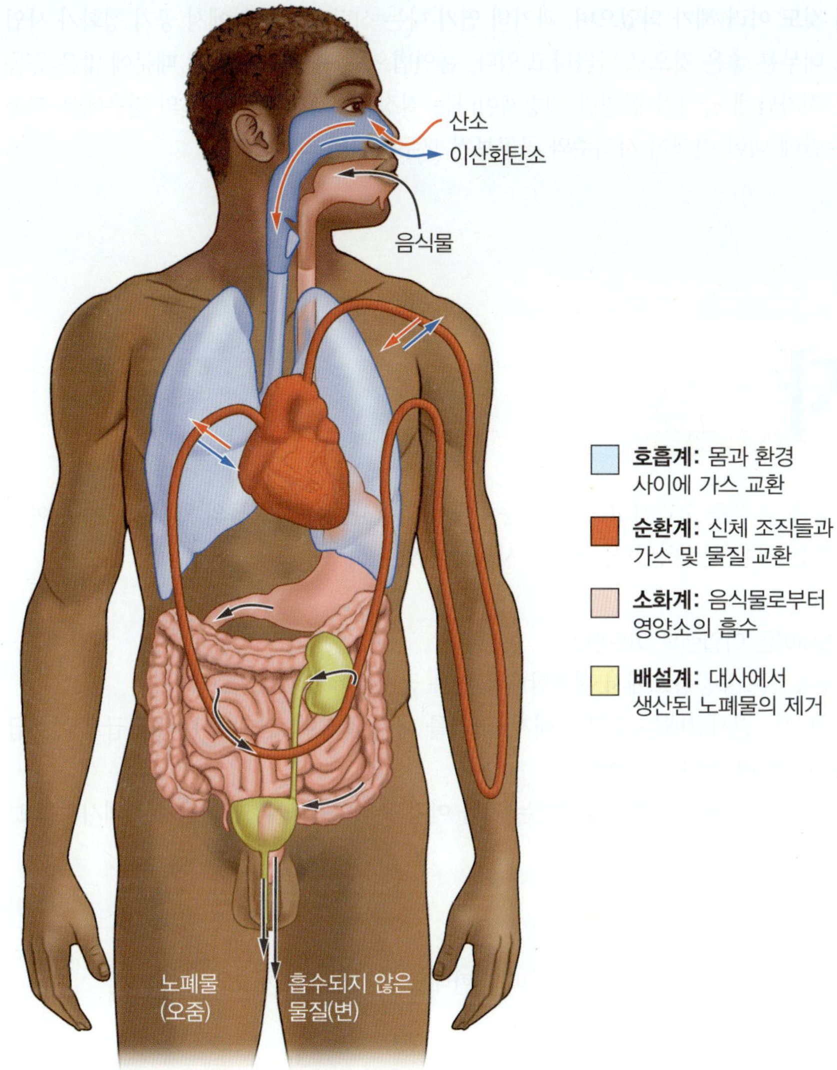

그림 18.19 소화, 호흡, 순환 및 배설. 이 그림은 최근 2장들에서 설명한 4가지 기능들 사이의 상관관계를 유관 기관의 실제 구조를 단순화하여 나타낸 것이다. 이들 기관계는 물질이 몸으로 들어가고, 나오고, 통하는 주된 경로를 제공한다.

관에 영향을 미치는 메커니즘을 제공한다. 이 기관계들은 18장에서 논의한 배설계와 소화계와 연합하여 우리 몸이 환경과 상호작용하는 주요 경로를 구성한다(그림 18.19). 환경성 담배 연기와 질환 사이의 많은 상관이 의심의 여지가 없이 증명되지는 못하였지만 우리 자신의 경험으로 우리 몸속에 무엇은 넣을 것인지에 대한 선택이 우리 건강에 직접 영향을 줄 수 있음을 안다. 물질을 몸으로 가져오는데 있어서 호흡계의 역할은 담배 연기, 전자담배 증기, 기타 우리가 걱정하는 오염물질에 환경적으로 노출되어야만 한다. 누적된 역학 증거와 밝혀진 흡연의 위험 증거 모두가 ETS는 위험하다는 가설에 대하여 추가적인 지지를 제공하며, 공중보건이 간접적인 전기담배 증기 노출의 비용 부담 가능성에 대한 경계를 주장하게 한다.

공중보건을 보호하는 것과 개인의 권리를 존중하는 것 사이에서 무엇이 올바른 균형인가?

시민으로서 우리는 흔히 완벽한 지식이 결여된 상태에서 결정할 것을 요구받는다. 금연을 강제할 것을 고려하였던 대부분 공동체에서 투표자들은 ETS의 위험성은 흡연자를 제지하는 것을 정당화할 만큼 충분히 크다는 것에 단호하였다. 이제는 금연이 시행된 것도 여러 해가 되었으며, 과거의 연기 나는 식당과 연회장에서 공기 정화가 사업에도 대부분 좋은 것으로 나타나고 있다. 흡연법으로 이 경험이 있기 때문에 많은 공동체는 전자담배 금지가 현명한 예방책이라는 결정을 하고 있다. 금연의 경우에는 최소한 논란에 대한 결정이 사업주와 공공보건 모두에게 승리였다.

현명한 독자

여론조사

전자담배 금지를 고려하고 있는 공동체에서 언론사들이 자신들의 웹사이트에서 여론조사하는 것을 선택하였다. 여기에 사례들이 있다.

스테이튼 아일랜드 어드밴스

뉴욕시는 공공장소에서 전자담배 흡연을 금지해야 할까요?

아니오. 전자담배는 증기를 내지, 연기를 내지 않으며, 담배와 똑같은 급으로 취급하지는 말아야 한다. 72.55%

예. 전자담배는 금연을 강제하는 것을 어렵게 하며 흡연이 안전하다는 메시지를 보낸다. 27.45%

오리거니언

오리건은 미성년자에게 전자담배의 판매를 금지해야 할까요?

예 69.88%

아니오 29.73%

시러큐스 포스트 스탠더드

당신은 전자담배가 안전하다고 생각합니까?

예 41.41%

아니오 34.21%

모름 24%

1. 이 결과들을 요약하라. 뉴욕시의 시민은 전자담배 금지를 지지하는 것으로 보이는가? 오리건은 미성년자에게 판매 금지를 해야 하는가? 시러큐스는 전자담배가 위험하다고 믿는가?
2. 이들 각 설문조사의 참여는 자의적인가? 이는 이 설문의 결과를 해석하는데 어떤 영향을 미치는가? 사람들이 흡연에 대한 설문에 본인 선택으로 참여를 결정하게 하는 것은 사례에 어떤 형향을 미치는가?
3. 이 주제에 대하여 더 잘 이해된 의견을 제공하려면 이 설문 조사를 어떻게 개선할 수 있는가?

그럴듯한 소린데 **그런가?**

지속적인 공중보건 캠페인 덕분에 대부분 사람들이 흡연은 상당한 위험을 수반한다는 것을 이해한다. 그 결과 지난 수십 년 동안 흡연율이 감소하고 있다. 그러나 무연담배(씹는담배와 코담배)율은 그대로이다. 이 현상은 다음 같은 확신이 널리 퍼져 있기 때문이다:

무연담배는 연기 나는 담배보다 더 안전하다.

그럴듯한 소리이지만 그렇지 않다.

그 이유를 이해하기 위해서 다음 질문에 답하라.

1. 담배를 태우지 않더라도 그 속에 포함되어 있는 유해 성분은 무엇인가?
2. 무연담배는 니코틴을 함유하고 있다. 순환계에 니코틴의 효과는 무엇인가?
3. 흡입하지 않더라도 담배의 구성요소는 혈류로 들어간다. 17장으로 돌아가 생각해보라. 입, 위, 소장과 같은 소화계의 기관들에서 물질들은 어떻게 혈류로 들어가는가?
4. 1~3번 질문에 대한 답을 생각하고 위의 굵은 글씨로 쓴 문장이 그럴듯하지만 그렇지 않은 이유를 설명하라.

복습

요약

18.1

포유류의 호흡계의 구성요소를 나열하고 공기가 몸속으로 들어가는 경로를 설명하라.

- 공기는 입과 코를 통해서 몸으로 흘러들어가며 인두와 기관을 통해서 호흡계로 들어간다. 폐에서 공기는 기관시를 통해서 폐포로 가며, 폐포에서 가스 교환이 일어난다.

횡격막을 비롯한 숨쉬기에 참여하는 근육들을 설명하고 그들의 운동이 어떻게 폐로 들어가고 나오는 공기의 이동을 촉진하는지 설명하라.

- 폐로 공기가 들어가고 나오는 이동은 주로 폐의 바로 아래에 있는 둥근 근육인 횡격막의 작용에 의존한다.
- 횡격막의 수축은 흉강의 부피를 증가시키고 공기 압력을 감소시켜서 공기가 흘러들어오게 한다. 횡격막의 이완은 반대 효과를 야기한다. 흉곽을 둘러싸는 근육들과 복부 근육들도 흉강 부피의 변화를 야기하며 수축 또는 이완한다.

가스 교환에서 헤모글로빈의 역할을 설명하라.

- 폐를 통해서 혈액이 흐르면, 헤모글로빈은 가역적으로 농도가 높은 폐에서는 산소 분자들과 결합한다. 신체 조직에서 헤모글로빈은 활동적인 조직에 공급하기 위하여 운반한 일부 산소를 방출한다.

흡연이 호흡계에 미치는 효과를 설명하라.

- 담배 연기의 작은 입자들이 폐로 들어가며 세포에 손상을 일으켜 궁극적으로 만성적인 기관지염을 초래한다. 만성 기관지염은 폐기종으로 이어진다. 아주 작은 연기 입자들은 폐포로 들어가서 오랫동안 남아 있으면서 폐포 세포들이 연기 입자에 들어 있는 발암원에 노출되게 한다.

18.2

순환계의 기관과 조직들을 나열하고 각각의 기능을 설명하라.

- 동물에서 순환계는 가스와 물질의 교환을 위한 액체(혈액), 몸을 통한 액체의 운반을 위한 관(정맥과 동맥), 그리고 액체의 흐름을 촉진하는 펌프(심장)로 구성되어 있다.

혈액이 심장의 2중 순환 시스템을 통해서 어떻게 이동하는지 설명하라.

- 혈액은 혈장이라는 액체 부분과 적혈구, 백혈구, 혈소판으로 구성된 세포 성분으로 구성되어 있다.
- 심장은 2개의 심방과 2개의 심실, 4방으로 구성된 2중 펌프이다. 오른쪽 펌프는 산소가 희박한 혈액을 폐로 보내며 왼쪽 펌프는 산소가 풍부한 혈액을 몸으로 보낸다.
- 혈액은 폐로부터 심장으로 흐르며, 심장에서 혈액은 체순환으로 펌프된다. 조직에 운반한 산소를 떨어뜨린 다음 이산화탄소를 받아들이며 혈액은 심장으로 돌아간 다음 폐로 펌프된다.

심장의 전기적 시스템의 역할을 포함하여 심장 주기의 단계를 설명하라.

- 심장은 SA 결절의 전기적 활동을 통해서 스스로 박동할 수 있다. SA 결절의 신호는 심방으로 전달되며 이들 방이 수축하여 혈액을 심실로 민다. 신호는 전도 섬유에 의해서 심실로 전달되며, 이어서 심실은 혈액을 심장 밖으로 내보내 순환으로 가도록 혈액에 힘을 가하기 위하여 수축한다.

흡연이 심혈관계에 미치는 영향을 설명하라.

- 담배 연기의 니코틴은 심장 박동률과 혈압을 증가시키고 심장 근육에 긴장을 부여한다. 또한 니코틴은 LDL(나쁜 콜레스테롤)의 생산을 증가시켜 죽상경화증을 야기하며 피떡 형성을 증가시키며 혈류가 차단되게 한다.

언어의 뿌리

다음 어원들은 주로 라틴어나 그리스어에서 기원하며 아래와 같은 뜻을 가지고 있어 용어를 해석하는 데 도움을 준다:

card- 와 **cardio-**	심장에 관련된다. 용어: *cardiovascular*
-hale	숨쉬다를 의미한다. 용어: *inhale, exhale*
-itis	염증을 설명하는 데 사용된다(기관의). 용어: *bronchitis*
vascul-	관을 의미한다. 용어: *vascular*

기본문제

1. 횡격막의 수축이 어떻게 폐를 채우는지 그리고 들이마신 공기의 산소가 어떻게 폐로 들어가는지를 설명하라.

2. 심장의 4방으로 통한 혈액의 이동을 설명하라. 혈액은 어디에서 들어오며 어디로 가는가?

3. 폐포는 __________

A. 폐의 기관지 끝에 있는 작은 공기 주머니.
B. 포유류에서 호흡표면.
C. 모세혈관 망으로 싸여 있다.
D. 담배 연기에 노출되기 때문에 손상을 받기 쉽다.
E. 맞는 것이 1개 이상이다.

4. 다음 서술 중 헤모글로빈에 대한 것으로 옳지 않은 것은?

A. 산소와 결합할 수 있는 단백질이다.
B. 적혈구에 의해서 운반된다.
C. 이산화탄소와 결합할 수 있다.
D. 신체 조직에서 산소를 받아들이고 폐에서 산소를 방출한다.
E. 철을 함유하며 그래서 적색이다.

5. 심장으로부터 혈액을 운반하는 혈관은?

A. 동맥　　B. 정맥
C. 죽상경화증　　D. 모세혈관
E. 심실

6. 청진기로 들을 수 있는 심장 박동의 소리를 생성하는 것은?

A. SA 결절로부터 전기적 신호
B. 심실로 들어가고 심방으로부터 나오는 혈액의 돌진
C. 횡격막이 수축하면서 갈비뼈의 팽창
D. 심실과 혈관 사이의 판막 닫힘
E. 동맥을 통하여 흐르고 있는 혈액의 맥박

7. 신체 조직으로부터 심장으로 흐르는 혈액은 __________

A. 이어서 정맥을 통해서 온 몸으로 펌프된다.
B. 이어서 동맥을 통해서 폐로 펌프된다.
C. 심장을 떠나는 혈액에 비하여 비교적 높은 압력 하에 있다.
D. 심장의 2개 심방에 직접 연결된 수백만의 모세혈관으로 되돌아간다.
E. 모든 헤모글로빈을 다 사용하였다.

8. 몸으로부터 오는 탈산소화된 혈액은 먼저 심장의 ______(으)로 들어가고 폐로부터 산소화된 혈액은 ________에 의해서 몸으로 펌프된다.

A. 우심방, 우심실　　B. 우심방, 좌심방
C. 좌심방, 우심실　　D. 우심방, 좌심실
E. 우심실, 좌심방

9. 심장마비는 __________

A. 주로 혈류가 막혀서 야기된다.
B. 심장 조직의 죽음을 초래한다.
C. 15년 전에 금연한 흡연자에게는 전혀 흡연한 적이 없는 사람처럼 흔하게 발병한다.
D. A와 B가 옳다.
E. A, B, C가 옳다.

10. 담배 연기에 대한 노출과 관련이 있는 질환은?

A. 심장병　　B. 폐암　　C. 뇌졸중
D. 천식　　E. 위의 모두

응용문제

1. 자전거 선수와 같은 일부 지구력 운동경기자들은 경기 직전에 포장해 두었던 적혈구를 혈액에 주사하는 "혈액 도핑"을 시행한다. 적혈구 부피를 증가시키는 것이 어떻게 하여 경기자에 이점을 제공하는가? 이와 같은 시술의 위험은 무엇이라고 생각하는가?

2. 심장 손상이 심각하게 약화된 심장 근육에 발생하면 출혈성 심부전이 일어난다. 심장의 기능에 대한 이해를 바탕으로 이 병에 대하여 추측 가능한 증상을 설명하라.

3. 담배 식물은 자라면서 토양에서 발견되는 방사성 무기염류가 식물의 잎에 달라붙는다. 인산비료에서 발견되는 라디움, 납-210, 폴로니움-210 같은 무기염류도 담배 잎에 축적될 수 있다. 담배로 권련 담배를 만드는 과정에서 담배의 방사성 물질을 제거하지 않는다. 그러므로 한 개피의 담배는 니코틴 1회분과 더불어 방사선 1회분도 날라다 준다. 하루에 1.5갑 담배를 피우는 사람은 1년 동안에 300회 흉부 X선에 상응하는 방사선에 노출된다. 담배에 포함된 방사성 무기염류는 인체를 통하여 어떻게 질환을 발생시킬 수 있는가?

연관문제

1. 담배 연기에 노출은 조기 사망을 야기하지만 수년 또는 수십 년 불구인 폐기종과 폐암과 같은 만성적 건강 문제를 야기하기도 한다. 일부 사람들은 흡연자 수를 줄이는 가장 좋은 방법은 담배를 피우게 만드는 것이며, 흡연자와 관련된 건강 보험이 더 비싸게 먹힌다고 주장한다. 이 전략은 담배와 기타 담배 산물에 높은 세금을 부과하고 현재 흡연자와 앞서 흡연자들의 의료 보조를 제한할 것을 포함한다. 이 전략을 어떻게 생각하는가? 성공할 것으로 생각하는가? 그들이 불공정하다고 생각되는가?

2. 담배는 더 많은 장기간에 걸친 불구 사례를 야기하지만 알코올은 자동차 및 기타 사고 때문에 담배보다 더 많은 젊은 남자와 여자들을 사망에 이르게 한다. 금연 정책의 성공은 알코올 제한을 더 강화시킬 것으로 생각하는가? 이것을 좋은 정책이라고 생각하는가? 왜?

CHAPTER **19**

예방접종: 보호와 예방 또는 위험?

가까이 살고 있는 사람끼리는 감염성 질환을 상호간에 전달할 수 있다.

면역계, 세균, 바이러스 및 기타 병원체

독감에 대한 예방접종을 할 것인지에 대한 결정은 흔히 부모님 없이 대학 신입생들이 처음으로 맞는 건강 문제에 대한 결정이다. 늦가을이 시작되면 대학 보건진료소 간호사들은 가능한 많은 학생들에게 예방접종을 하려고 한다. 많은 학생들은 몇 분 동안 그리고 예방 때문에 약간의 불편을 감수하면 그 병으로부터 구해 줄 것이라는 기대를 갖고 예방접종을 맞는다. 그러나 일부 학생들은 동의하는데 마음이 내키지 않는다. 예방접종을 맞는 시간 낭비를 원치 않고 독감에 걸리지 않을 것이라는 기대를 하면서 자기 시간을 가진다. 또 다른 학생들은 독감 예방주사가 병에 걸리게 하고, 그렇지 않으면 자신의 건강을 해칠 것이라고 믿기 때문에 예방접종을 거절한다.

독감 예방접종과 기타 권장된 예방접종에 대하여 정보에 근거한 결정을 하는 데 도움이 되게 하기 위하여 먼저 예방접종으로 예방하려는 질환들의 원인에 대하여 학습할 것이다. 예방접종을 하기로 결심을 한다면 독감 예방접종은 그 질환을 예방하는 데 도움을 줄 가능성이 크다. 불행하게도 모든 질환에 대하여 그런 것이 아닌 경우도 있다는 것이 에볼라 바이러스로 인한 치명적 유행병으로 입증되고 있다. 에볼라에 대해서는 아직까지도 유효한 백신이 없다.

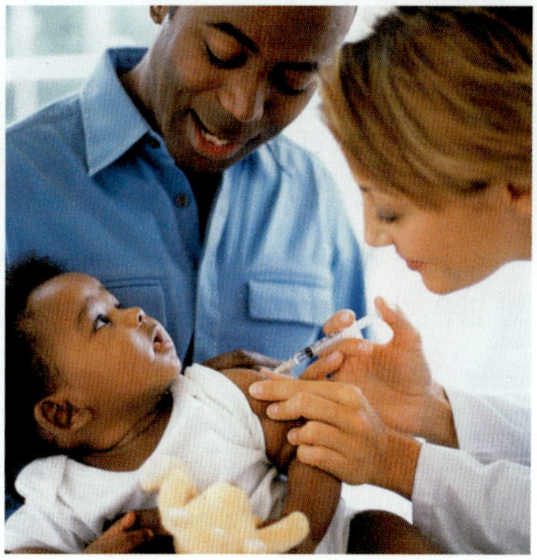

부모님은 내게 어떤 질환에 대한 예방주사를 맞게 해 주었는가?

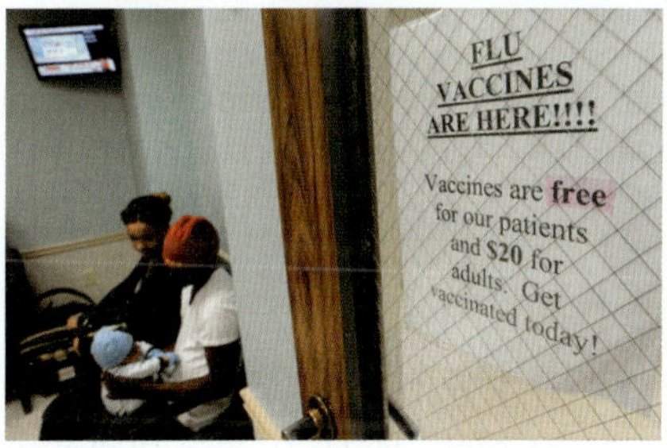

일부 질환에 대해서는 백신이 있다.

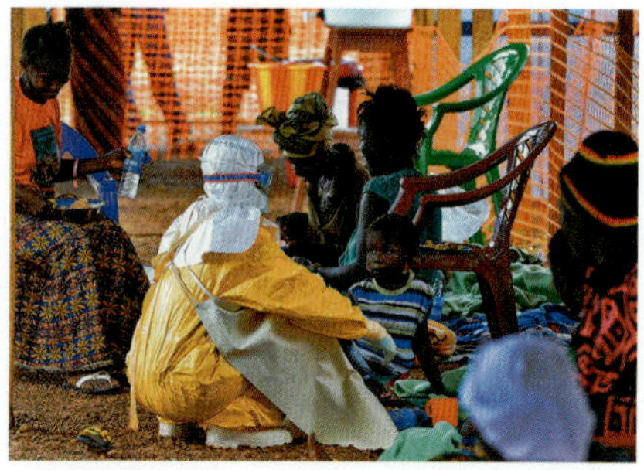

예방접종을 하지 않은 사람들 사이에 질환이 퍼지기 시작할 때 무슨 일이 생기는가?

19.1 감염원

조직들은 감염원에 의한 침범으로 손상을 당할 수 있다. 일단 초래되면, 일부 감염은 한 사람으로부터 다른 사람에게 전염될 수 있어서 병이 퍼지게 된다. 이와 같은 전염성 질환은 잘못된 기능성 유전자에 의한 것이 아니라 생물에 의해서 야기된다는 점이 유전적 질환과 다른 점이다. 잘못된 기능성 유전자가 한 생물체가 감염에 더 민감하게 만들 수는 있다.

질환을 야기하는 생물체를 **병원체(pathogens)**라고 한다. 바이러스와 세균을 비롯한 많은 다른 종류의 병원체가 있으며, 마찬가지로 다양한 진핵생물 병원체도 있다. 병원체가 한 생물체로부터 다른 생물체로 퍼지면 **전염성(contagious)**이 있다고 한다. 생장과 발생에 필요한 영양분과 보금자리를 다른 생물체에서 얻으면서 숙주의 생존에 아무런 도움도 주지 못하는 생물체를 **기생충(parasite)**이라고 한다. 대부분 감염원들이 기생충이다. 일부 생물체들은 한 개인에게 감염을 일으키지만 감염된 개체가 그 감염을 다른 개체에게 전달할 수 없다면 전염성이 없다.

-path- 또는 **patho-** 질환과 관련이 있다.

쉬어가기 라임병은 감염된 진드기에 물려서 생기지만 한 사람으로부터 다른 사람에게 직접 전파될 수는 없다. 이 질환은 감염병, 전염병 또는 둘 모두인가?

오직 현미경으로만 관찰될 수 있는 생물들을 **현미경적 생물**(microscopic organisms) 또는 **미생물(microbe)**이라고 한다. 세균과 바이러스는 가장 흔한 감염성 미생물이다.

세균

세균(bacteria)은 다양한 분류군을 포함하는 아주 작은 단세포 원핵생물이다. 사람의 입속에는 지구상의 인구보다 더 많은 수의 세균들이 있다. 세균들은 흔히 막대형(간균), 구형(구균), 또는 나선형(나선균)이다(그림 19.1). 우리는 흔히 세균들을 질환의 감염원으로만 생각하지만, 많은 종류의 세균들은 생물체의 생존과 환경에 유익하다.

다른 원핵세포와 마찬가지로 세균은 핵을 갖고 있지 않다. 그 대신에 세균은 2중 가닥의 환상 DNA 염색체를 갖고 있는 **핵양체 영역(nucleoid region)**을 갖고 있다. 이 커다란 DNA 염색체 이외에 세균은 **플라스미드(plasmid)**라는 작은 원형의 염색체 외의

시각화

세균 세포는 골지체나 소포체 같은 막으로 싸인 세포소기관을 전혀 갖고 있지 않음을 유의하자. 이 원핵세포가 리보솜을 갖고 있을 것으로 기대하는가? 왜 그렇고, 또는 그렇지 않은가?

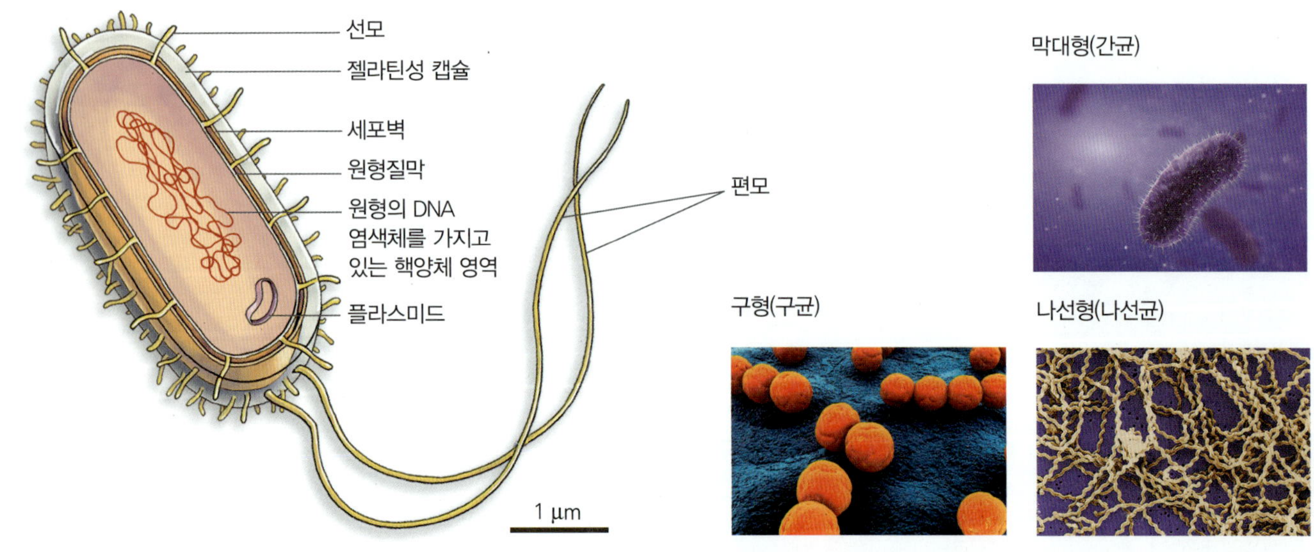

그림 19.1 세균. 그림은 전형적인 세균을 나타낸 것이다. 사진은 3가지 특징적인 세균들의 모양을 보여주고 있다.

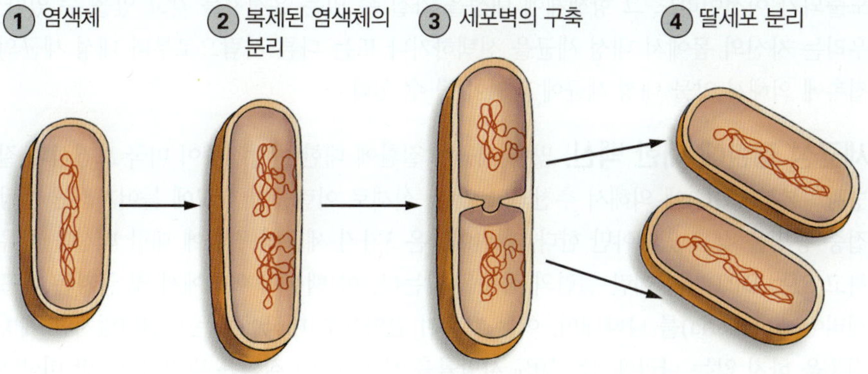

그림 19.2 이분법. (1) 세균은 그 스스로 꼬여 있는 하나의 원형 DNA 염색체를 가지고 시작한다. (2) 원형 염색체는 복제되고, 각각의 사본은 세포막에 결합되어 있다. 생장이 계속되면 2개의 염색체가 나뉘게 된다. (3) 세포막은 가운데에서 안쪽으로 함몰되며, 새로운 세포벽이 생겨난다. (4) 딸세포들이 분리된다.

DNA(염색체와는 다른 DNA)를 가지고 있다. 플라스미드는 세균의 생존에 도움이 되는 몇 개의 유전자를 운반하며, 한 세균으로부터 다른 세균으로 전달될 수 있다.

대부분의 세균 세포들은 견고성과 보호작용을 부여하는 **세포벽(cell wall)**으로 둘러싸여 있다. 세포벽은 탄수화물과 단백질 분자들로 구성되어 있다. 많은 세균들의 세포벽은 젤라틴 모양의 **캡슐(capsule)**에 싸여 있는데, 이는 세균이 감염할 조직 내에서 세포에 부착하는 데 도움을 준다. 또한 이 캡슐은 면역계의 세포들에 의한 파괴를 피하는 데 도움을 준다. 세균들은 또한 운동성에 도움을 주는 외부의 **편모(flagella)**와 일부 세균 세포들이 유전자를 상호 교환하는 데 도움을 주는 **선모(pili)**를 가지고 있다.

세균은 **이분법(binary fission)**이라는 과정에 의해 증식하며(그림 19.2), 단일 세균 모세포가 유전적으로 동일한 2개의 딸세포를 생산한다. 세균 세포가 이분법으로 나누어질 때, 세포벽의 내부에 있는 세포막에 부착된 하나의 원형 염색체가 복제된다. 복제된 염색체는 세포막의 다른 위치에 부착되어 있으며, 그 부착된 위치들 사이에 존재하는 막이 자람으로써 2개의 분리된 딸세포가 만들어질 때까지 2개의 복사체를 분리시킨다.

세균은 좋은 조건에서는 빠르게 증식하여 20분 정도면 집단의 개체수가 2배로 늘어난다. 이러한 기하급수적인 생장으로 실온에서 8시간 후면 수백만 세균 세포를 생산할 수 있게 된다(그림 19.3). 다행히 냉장을 하면 세균이 분열하는 속도가 느려진다.

데이터로 해결하기 ▼

1:00시에는 얼마나 많은 박테리아가 있을까? 8시간 동안 세균의 생장률에 근접한 선 그래프를 그려라. 동일한 시간 동안 냉장고에 두었을 경우 박테리아의 생장에 근접한 두 번째 선을 그래프에 추가하라.

세균 감염. 세균 감염이 발생되면, 빠르게 생장하는 세균의 증식을 위하여 숙주세포의 양분이 세균에 의해 사용되기 때문에 숙주세포들이 정상적인 기능을 할 수 없게 된다. 세균 감염의 실제적 증상은 몸속에 세균의 숫자가 많은 것만의 문제가 아니다. 증상은 세균이 분비하는 **독소(toxin)**라는 분자들의 효과 때문에 생기는 것이며, 세포의 죽음을 야기할 수 있다. 세균에 의해서 야기되는 몇 가지 질환의 예들이 표 19.1에 나열되어 있다.

많은 세균 감염은 일상적으로 **항생제(antibiotics)**라는 약물로 치료한다. 불행하게도 세균 감염이 쉽게 치료되던 날이 곧 끝나가고 있다. 그 이유는 결핵, 귀의 감염, 임질을 비롯한 많은 질환을 야기하던 세균들이 그들을 죽일 수 있었던 항생제에 내성을 갖게 되었기 때문이다.

항생제 내성은 세균 집단에서 자연선택의 결과로 생겨난다. 세균 집단을 비롯하여 어느 집단에나 변이형은 존재한다. 일부 세균들은 항생제에

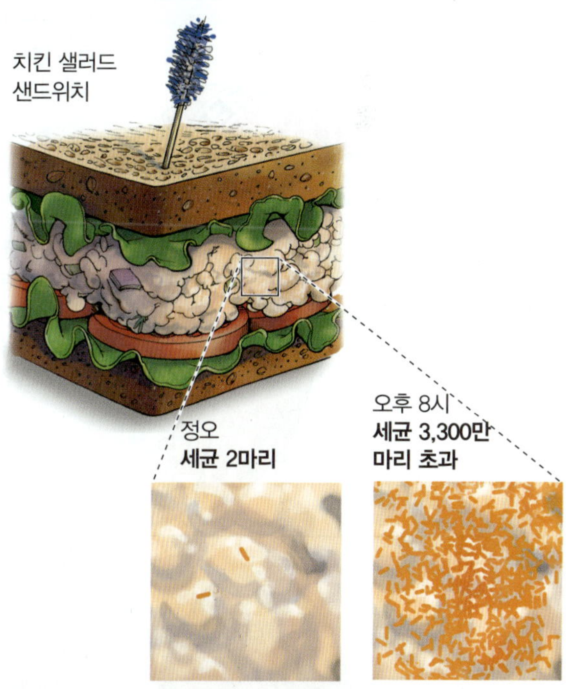

그림 19.3 세균의 기하급수적인 성장. 식중독을 일으키는 일종의 세균이 20분마다 증식한다. 2개의 균이 들어 있는 샌드위치를 20분 동안 방치한다면 각각의 균은 증식하여 결국 4개의 세균을 생성하게 된다. 8시간 후에는 3,300만 마리의 세균이 생길 것이다.

노출되기 이전이라도 그 항생제에 내성을 가질 수 있는 유전자를 갖고 있을 수 있다. 우리는 자신의 몸에서 내성 세균을 선택하거나 또는 다른 사람으로부터 내성 세균의 접촉에 의해서 약물 내성 세균에 감염이 될 수 있다.

세균성 질환에 대한 백신. 많은 세균성 질환에 대한 예방접종이 미국 보건성과 질병관리본부(CDC)에 의해서 추천되고 있다. 실제로 어린들이 학교에 들어가려면 예방접종 증명을 갖고 있어야만 한다. 어린이들은 3가지 세균성 질환에 대한 백신을 함유하고 있는 DPT 백신이란 일련의 접종을 맞는다. 이 백신의 이름에서 첫 글자는 디프테리아(diphtheria)를 나타내며, 이는 호흡기 감염으로 미국에서는 박멸되었지만 예방접종을 하지 않는 나라에서는 10% 사망률을 보인다. 이 질환은 박멸되었지만 미국에

표 19.1 세균에 의해서 야기된 질병의 사례들

질환	질환 정보
탄저병 	*Bacillus anthracis*는 주로 토양에서 살며, 생활사의 일부로 포자라는 단단하고 내성적인 구조로 생존할 수 있다. 탄저균 포자를 마시면 치명적이다. 탄저균은 감염성은 있지만 전염성은 없다.
보툴리누스 중독 	*Clostridium botulinum*은 호흡 근육과 안면 근육에 마비를 야기하는 신경계에 작용하는 강한 독성물질을 생산한다. 이 세균에 의해서 생산된 독성물질인 보톡스 주사는 일시적으로 안면 근육을 마비시킴으로써 늘어짐을 막고 얼굴의 주름살을 펴준다. 이 토양 세균은 야채에 달라붙을 수 있다. 멸균을 완전히 못한 경우 세균이 증식하여서 가스를 생산하므로 통조림 음식이 확연히 부푼다.
Escherichia coli 감염 	*E. coli*는 사람과 기타 동물들의 내장 속에서 산다. 이 질환은 사람 배설물이나 동물 노폐물이 식수원을 오염시켰을 때 생길 수 있다. *E. coli* 감염은 충분히 조리되지 못한 음식, 오염된 육류나 음료, 저온살균하지 않은 우유 등을 섭취해서 발생할 수도 있다.
Staphylococcus (흔히 포도상 구균 감염으로 알려져 있다) 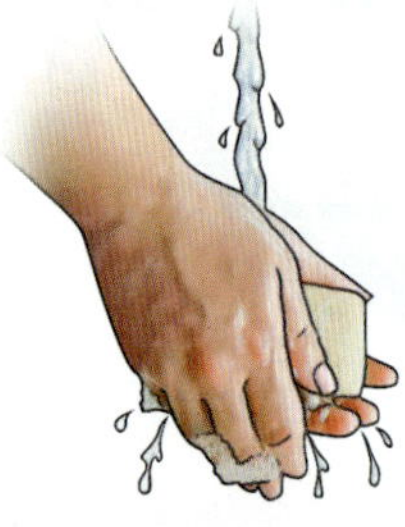	포도상구균은 사람의 피부와 점막에 살고 있으며, 피부의 구멍을 통해서 감염하며 조직을 파괴한다. 세균이 충분히 자랄 만큼 지혈마개(탐폰)를 방치해두면 *S. aureus*는 독성물질 쇼크 증세를 일으킬 수 있다. 메티실린 내성 *S. aureus(MRSA)* 감염은 이들 세균은 항생제 내성을 진화시켰기 때문에 치명적이다. 라커룸 마루나 공동으로 사용하는 운동기구에 있던 내성 세균이 베이거나 긁힌 피부를 통해서 들어가면 건강한 젊은 운동선수들도 죽을 수 있다.
결핵 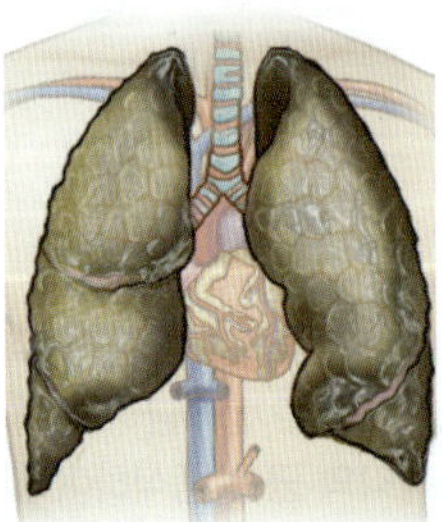	결핵은 세균인 *Mycobacterium tuberculosis*에 의해서 야기된다. 이 감염성 병원체는 감염된 사람이 기침이나 재채기를 할 때 전염될 수 있다. 체내로 들어가고 나면 세균은 폐에서 자리를 확보한다. 면역계는 딱지를 형성하는 것처럼 세균에 벽을 만들어서 봉한다. 세균은 이 벽 속에서 수년 동안 살 수 있으며, 그 동안 감염은 활성이 없으며 전염되지도 않는다. 세균이 면역계의 통제 시도를 탈피하게 되면 감염이 활성화된다.

서는 계속적인 예방접종이 필요한데 그 이유는 여행자들이 질병을 국내로 운반해올 수 있기 때문이다. DPT 백신은 또한 다른 호흡관 감염균인 백일해(pertussis)에 대한 예방을 한다. 잠재적으로 치명적인 이 감염은 격렬한 기침을 야기하여서 숨쉬기가 극히 어렵게 한다. 들숨 동안 그르렁거리는 소리가 이 질환 증세의 특징이다. DPT에서 T는 파상풍(tetanus)을 나타내며 이 질환은 *Clostridium tetani* 세균에 의해서 생산된 독소에 의해서 야기된다. 이 세균은 토양에 내성 포자로 존속할 수 있다. 토양으로 오염된 물체에 찔리는 상처를 받으면 세균이 조직으로 들어오며, 세균이 자라서 지독한 독소를 생산하면 때로는 치명적이며, 신경과 근육계에 영향을 미친다.

대부분 대학 캠퍼스에서 독감 예방접종은 늦은 가을에 시작된다.

뇌를 싸고 있는 막에 염증을 야기하는 세균에 의해서 야기되는 질환인 세균성 수막염에 대한 백신도 있다. 수막염에 걸린 사람들 중 10%가 사망하며, 더 많은 사람들이 영구적인 불구로 고생하게 된다. 이 질환은 감염된 사람이 재채기나 기침을 하면 전염될 수 있기 때문에 수막염 발발은 대학 기숙사처럼 많은 사람들이 근접해 사는 곳에 가장 흔하다. 이런 이유로 질병관리본부는 젊은이들에게 수막염에 대한 예방접종을 추천한다. 만일 수막염 예방접종을 하지 않았다면, 의사 선생님과 논의해 볼 필요가 있다.

바이러스

CDC가 추천하는 많은 백신은 바이러스성 질환에 대한 예방이다. **바이러스(virus,** 그림 19.4)는 단백질 피막에 싸인 핵산(DNA 또는 RNA) 포장 물건에 불과하다. 바이러스는 두 가지 이유에서 생물체로 보지 않는다. (1) 숙주의 도움 없이는 그들 스스로 복제할 수 없으며, (2) 그들 자체가 세포로 구성되어 있지 않다. 바이러스는 대사과정을 수행할 효소를 가지고 있지 않으며 리보솜도 없기 때문에 자신이 단백질을 만들 수가 없다. 이들은 또한 세포질이 없고 막으로 둘러싸인 세포소기관들도 가지고 있지 않다. 뿐만 아니라 이들은 세균처럼 독소를 생산할 수도 없다.

바이러스의 유전물질 또는 **유전체(genome)**는 DNA나 RNA가 될 수 있으며, 이중가닥 또는 단일가닥일 수 있으며, 선형 구조일 수도 있고 원형 구조일 수도 있다. 예를 들어, 포진바이러스(herpes virus)는 이중나선 DNA 유전체를 가지고 있고, 소아마비 바이러스(polio virus)는 단일가닥 RNA 유전체를 가지고 있다. 바이러스의 유전자는 숙주세포 내에서 바이러스의 증식에 필요한 모든 단백질들을 암호화하고 있다. **레트로바이러스(retroviruses)**라고 하는 RNA 바이러스는 정상적인 유전자 전사에서 DNA로부터 RNA 사본이 만들어지는 것과는 반대로 RNA 유전체로부터 DNA를 합성하는 역전사효소와 함께 포장되어 있다.

바이러스 주변을 둘러싸고 있는 단백질 피막을 **캡시드(capsid)**라고 한다. 동물들을 감염시키는 많은 바이러스는 캡시드 바깥에 **바이러스막(viral envelope)**이라고 하는 추가적인 구조물을 가지고 있다. 이 막은 숙주의 세포막으로부터 생겨나며, 바이러스의 유전체에 의해 암호화되어 있는 일부 부가적 단백질들을 포함하고 있다. 막으로 둘러싸인 바이러스를 **껍질보유 바이러스(enveloped viruses)**라고 한다.

시각화 ▼

이 그림에 나타난 구조에만 근거하여 바이러스의 어떤 구조가 바이러스가 세포에 부착하는 데 가장 도움이 될 것으로 보이는가?

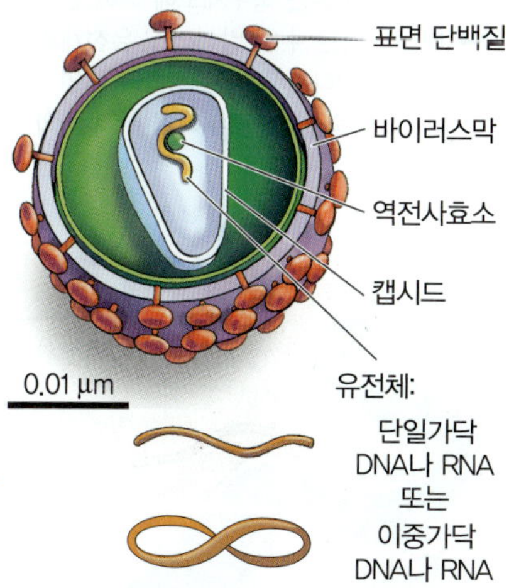

그림 19.4 바이러스의 구조. 바이러스는 단백질 피막으로 싸인 유전물질로 구성되어 있다. 그림에서 보는 바와 같은 일부 바이러스는 또한 바이러스막으로 싸여 있다.

바이러스 감염. 껍질보유 바이러스에 의한 감염은 바이러스의 막이 숙주의 세포막과 융합하는 것에 의해서 이루어진다(그림 19.5). 막이 없는 바이러스는 숙주의 세포막에 존재하는 수용체 단백질에 결합하기 위해 캡시드 단백질을 사용한다. 일부 캡시드 단백질은 효소로 작용하여 세포막을 분해하여 구멍을 낸 다음 이를 통해 바이러스의 유전체가 세포 안으로 들어가도록 한다. 일단 숙주세포 안으로 들어가면 캡시드는

대학에 오기 전에는 15가지 다른 질환에 대한 예방접종을 맞을 것인지를 우리 부모님들이 결정하였다.

제거된다.

바이러스막이 있건 없건 유전체가 숙주세포 안으로 들어가면, 감염은 바이러스가 복제하면서 계속해서 일어난다. 먼저 유전체가 복제되고, 이어서 바이러스는 새로운 캡시드를 만들며 일부 막단백질을 합성하는 데 숙주의 리보솜과 아미노산을 사용한다. 일단 조립이 되면, 새로운 바이러스는 숙주의 세포막에 일부 바이러스 단백질을 남기고 세포를 빠져나간다. 새로 만들어진 바이러스는 이어서 또 다른 세포로 이동하여 감염을 확산시킨다.

일부 바이러스들은 체내에서 휴면상태로 되는데 이를 **잠재바이러스(latent virus)**라고 한다. 휴면 동안 바이러스들은 복제되지 않는다. 예를 들어, 입과 생식기에 통증과 물집을 발발하는 단순포진 바이러스는 오랜 기간 동안 휴면상태로 머물 수 있으며, 몸속에 있기는 하지만 증세를 나타내지 않는다. 단순포진 바이러스는 많은 바이러스들처럼 성 접촉으로 전염된다. 바이러스에 의한 질환의 예들이 표 19.2에 나열되어 있다.

바이러스성 질환에 대한 백신. 신생아는 B형 간염에 대한 예방접종을 맞는다. 이 질환은 성 전염 바이러스로, 바이러스를 갖고 있는지 인지하지도 못한 어머니로부터 질환이 분만 동안에 아기에게 쉽게 전염된다. 치명적인 잠재성 감염 바이러스는 간을 공격하여 간 기능 장애를 야기한다. 유아는 심한 설사, 열, 복부 통증, 탈수를 야기하며 세계적으로 5세 이하 어린이 50만 명을 사망에 이르게 하는 로터바이러스(rotavirus)에 대한 예방접종도 한다. 어린이는 마비와 사망을 야기하는 질환인 소아마비(polio)에 대한 예방접종도 한다. 또한 어린이들은 MMR 3중 백신도 맞는다. 이는 심한 발진을 일으키는 열병으로 세계 곳곳에서 아직까지도 흔한 홍역(measles), 침샘이 붓고 드물기는 하지만 귀머거리가 되거나 생식적 불구를 야기하는 이하선염(mumps), 열과 발진을 야기하는 질환으로 임신부가 감염되면 출산 결함을 야기할 수 있는 풍진(rubella)에 대한 백신이다.

이 MMR 3중 백신은 15개월 정도에 맞히는데 이 시기는 우연하게도 자폐증의 첫 증세가 나타나는 시기와 일치한다. 이 상관관계로 인해서 많은 자폐증 어린이의 부모들은 백신이 자폐증을 야기할 수 있다고 생각한다. 그러나 이 가설을 검증하기 위해서 많은 과학적 연구가 수행되었으며 이를 지지하는 증거는 나타난 것이 없다. 1998년에 발표된 한 연구는 백신과 자폐증 사이에 거짓 상관관계를 보여주기 위하여 위조된 데이터를 사용하였다. 이 연구는 그 논문을 발간한 전문 학술지에 의해서 철회되었으며 그 연구의 저자들은 개업의를 금지당했다.

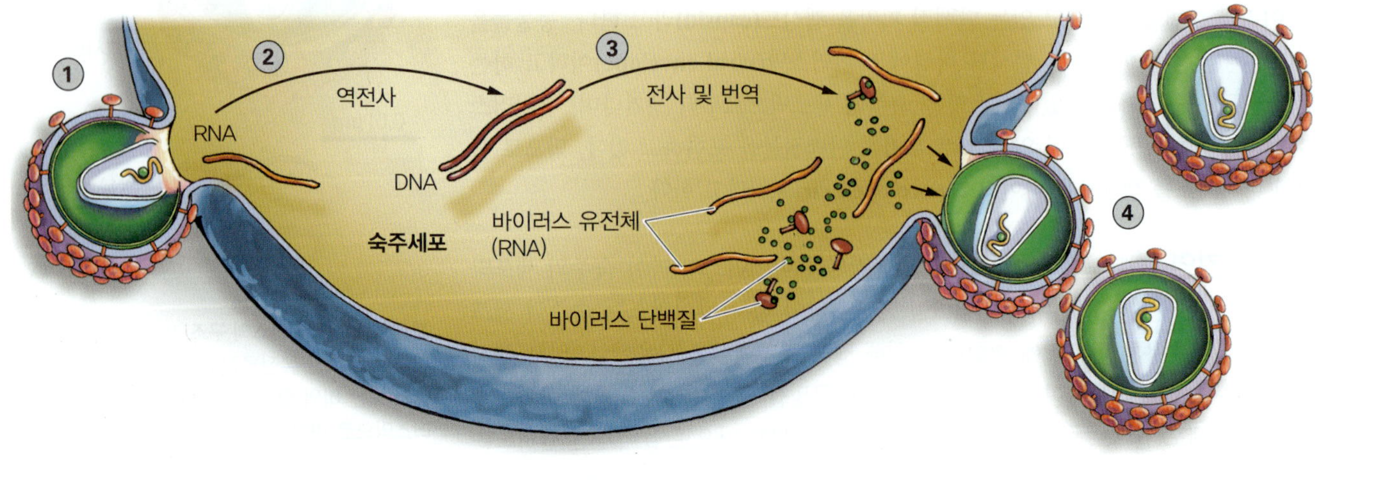

그림 19.5 바이러스의 증식. (1) 바이러스막이 숙주세포와 융합하고, 캡시드가 제거된 다음 유전체가 안으로 들어간다. (2) AIDS 바이러스와 같은 RNA 바이러스는 바이러스의 유전체가 역전사효소에 의해서 많은 DNA 사본을 만드는 데 사용된다. (3) DNA는 숙주세포에 의해 전사 및 번역되며, 더 많은 수의 바이러스 유전체와 단백질들이 생성된다. (4) 일단 조립이 되면 새로운 바이러스가 숙주세포로부터 떨어져 나와 다른 세포들을 감염한다.

표 19.2 바이러스가 야기하는 질환들의 예

질환	질환 정보
AIDS 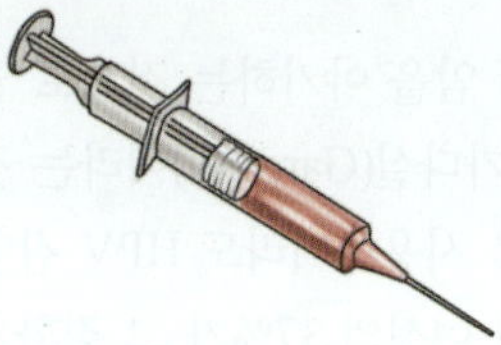	AIDS는 사람 면역결핍 바이러스(HIV)에 의해서 야기된다. 허약한 바이러스인 HIV는 주로 혈액, 정액 또는 질액과 같은 체액과 직접 접촉을 통해서만 전염된다. 이 바이러스가 눈물, 땀, 기침 또는 재채기로 퍼진다는 증거는 없다. 감염된 사람의 의복, 전화기, 좌변기에 접촉한 것으로 전파되지 않으며, 곤충에 물려서 전염되지도 않는다. 상처부위가 있거나 베이지 않았다면 키스로 전염될 가능성도 없다. HIV는 흔히 약물 주사를 하는 사람들 사이에서 바늘을 공동 사용하는 동안에 감염되지만, HIV 감염은 주로 감염된 상대와 구강 성교를 비롯한 무방비 성교를 통해서 감염된다.
보통 감기 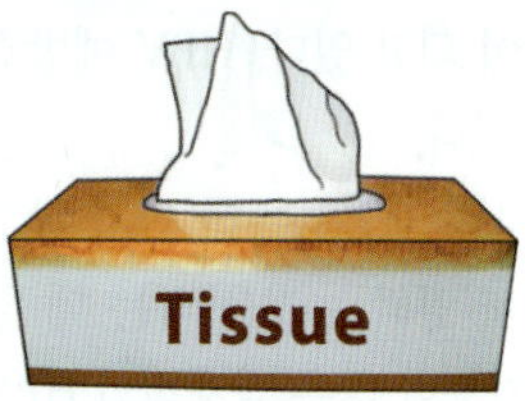	"감기"를 일으키는 바이러스는 가장 흔한 리노바이러스(rhinovirus)를 비롯하여 200여 종이나 된다. 감기바이러스는 콧물, 기침 방울이나, 감염된 사람이 오염시킨 문고리와 부엌용품을 통해서 쉽게 전파된다.
에볼라 	사람은 감염된 야생동물을 다루거나 야생동물 분비물에 노출되었을 때 감염된다. 사람에서 사람으로 감염은 감염된 사람이 최근에 죽었을지라도 체액과 직접 접촉을 통해서 감염된다. 감염은 감염된 사람을 처치하는 데 사용된 의료 보급품에 남아 있는 체액에 노출된 것으로도 일어날 수 있다.
단구증가증 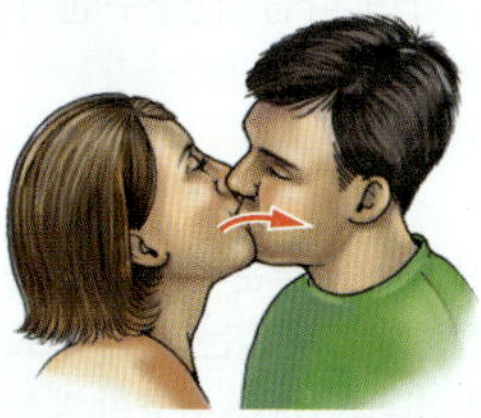	단구증가증은 일반적으로 젊은 성인에 영향을 미치는 질환으로 엡스타인바 바이러스에 의해서 야기된다. 피로, 허약, 열, 두통, 목 쓰림 증세가 있으며 증세가 심할 수 있으며 1달 또는 2달 지속될 수 있다. 키스할 때 침을 통해 감염될 수 있으며 기침 재채기 또는 감염자에 의해서 오염된 물체를 만져서 전염될 수 있다.
광견병 	광견병은 일반적으로 감염된 동물에 물려서 사람에게 전파되는 바이러스성 질환이다. 감염 초기 증세는 독감 유사한 증상을 보이지만 더 심각한 증세로 진전되어 마비, 경련, 환각 상태를 보인다. 대부분 길들여진 동물들은 광견병 예방접종을 하기 때문에 야생동물에 물려서 전염되는 경우가 가장 흔하다.
웨스트나일 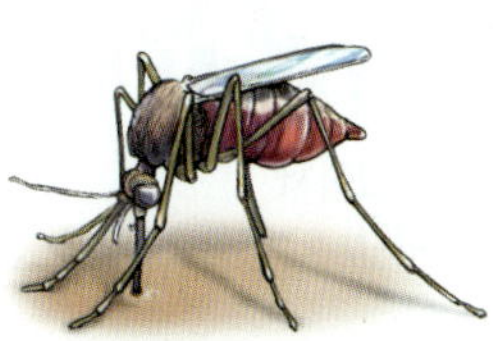	웨스트나일(West Nile) 바이러스는 감염된 모기에 사람이 물렸을 때 전염된다. 이 바이러스는 미국 뉴욕에서 처음 출현하여서 빠르게 서부와 남부, 전국으로 확산되었다. 감염된 사람은 뇌와 척수에 염증이 생기며, 마비와 사망에 이른다.

좀 더 최근에 CDC는 수두(chicken pox)에 대한 어린이 예방접종을 추천하였다. 수두는 피부 발진으로 물집 같은 병변이 일반적으로 저절로 소멸되지만, 뇌가 부어오르게 하는 **뇌염(encephalitis)** 및 나이 든 어린이가 질환을 앓고 나면 폐렴이 야기될 수도 있다.

대학생들에게 특히 관심이 가는 백신은 여성에서 생식기 암을 야기하는 것으로 알려진 인간 유두종 바이러스(HPV)에 대한 면역을 제공하는 가다실(Gardasil)이라는 것이다. 경부라고 하는 자궁의 아래쪽 3분의 1은 콘돔을 사용하더라도 HPV 감염에 매우 민감하다. 치료를 잘 하더라도 경부암을 가진 여성의 37%가 그 질환으로 인해서 사망한다. 가난한 나라에서 사망자 수는 더욱 많으며 개발도상국에서 경부암은 매년 300,000명이 사망에 이르며 주요 암 사망의 원인이 되고 있다. HPV 예방접종 인구 비율이 높을수록 대부분 경부 암 사망은 예방될 수 있다.

enceph- 와 **encephalo-** 뇌를 의미한다.

예방접종 프로그램의 성공은 모든 민감성 개인에게 면역을 제공하는데 있지 않고 전체적인 민감성 개인의 수를 감소시킴으로써 질환이 쉽게 전염되는 것을 막는 데 있다(그림 19.6). 경부암의 사망자 수를 효과적으로 줄이려면 가능한 많은 잠재적인 HPV 보균자에게 예방접종을 하여야 한다. 달리 말해서 여자와 마찬가지로 남자도 가다실을 맞아야 하는데 그 이유는 이것이 인구의 감염률을 낮추는 데 도움이 되기 때문이다. 가다실은 생식기 혹을 야기하는 바이러스에 의한 감염도 예방해주므로 이것이 남성에게 더 관심을 끌 수도 있다. 이 예방접종을 하지 않았다면, 그리고 현재 성적 활동을 하고 있거나 앞으로 성적 활동을 할 계획이라면 이 예방접종에 대하여 의사의 조언을 받을 필요가 있다.

CDC는 어린이와 성인들에게 독감 예방접종도 매년 맞을 것을 추천한다. 3 또는 4가지 바이러스로 구성된 독감 접종은 우리 몸의 면역계를 자극하여 다음 인플루엔자의 노출에 대비하여 한발 앞선 출발을 제공한다.

쉬어가기 많은 사람들은 예방접종을 할 수가 없다. 예를 들어 신생아는 대부분 질환에 대하여 예방접종을 하지 않았으며, 암 치료를 받고 있는 사람도 독감 예방접종을 하지 않는다. 암 치료를 받은 어린이들도 어린이 질환에 대한 예방접종을 하지 않는다. 뿐만 아니라 100% 유효한 백신도 없다. 유아 또는 건강을 잃은 사람들이 예방접종을 거절하고 병에 걸려 있는 사람에게 노출되었다면 무슨 일이 일어나겠는가?

시각화 ▶

많은 수의 사람들이 예방접종을 거절한다면 더 광범위한 발생 또는 전염병 발생에 무슨 효과가 미칠 것으로 보이는가?

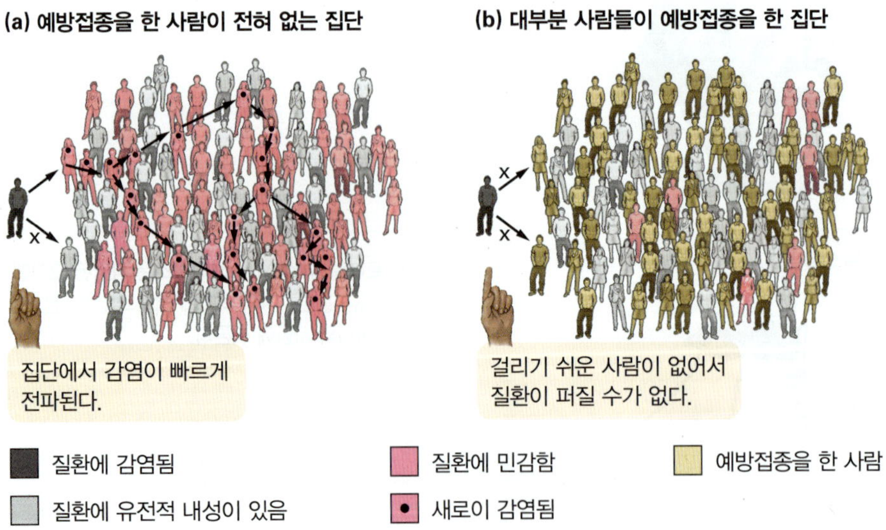

그림 19.6 질환 박멸. 질환을 박멸하기 위하여 집단의 모든 구성원이 예방접종을 할 필요는 없다. 충분한 개인들이 예방되어 있으면 감염된 한 사람이 그 질환을 다른 사람에게 효과적으로 전파시킬 수가 없으므로 병원체가 증식을 할 수가 없다.

진핵생물 병원체

많은 감염성 질환이 세균 또는 바이러스에 의해서 야기되지만 일부는 진핵생물에 의해서도 야기된다. 단세포 원생동물과 같은 진핵생물 병원체들은 기생충과 일부 균류에 이르기까지 세계적으로 막심한 인간의 고통과 사망을 야기한다. 원생동물들은 동물의 배설물로 오염된 물과 음식물에 의해서 전파된다. 대부분 기생충은 빈약한 위생 시설이나, 오염된 육류나 생선을 섭취하는 데 따라서 몸으로 들어온다. 내장이나 기타 기관에 장소를 확보한 기생충들은 내부 조직에 심각한 손상을 야기할 수 있다. 균류는 피부와 내장 기관의 질환을 야기한다. 이들은 조직에 소화효소를 분비하고, 그 소화산물을 섭취함으로써 조직을 손상시킨다. 진핵 병원체에 의한 질환들의 예를 표 19.3에서 볼 수 있다. 미국에서는 이들 병원체에 의해서 야기되는 질환에 대해서 일상적으로 제공하는 백신이 없다.

표 19.3 진핵생물 병원체에 의한 질환들의 예

질환		질환 정보
편모충증	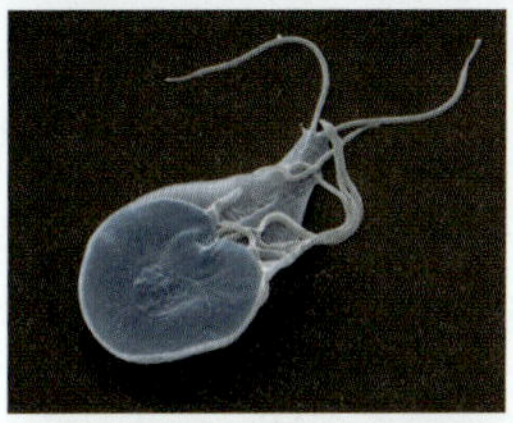	편모충증은 물을 통한 *Giardia lamblia*에 의해서 야기된다. 생활사의 일부 시기 동안 *Giardia*는 피낭체라는 단단한 내성 구조로 생존한다. 이 피낭체가 배설물로 오염된 물이나 음식물 공급원으로 들어간다. 이 생물체는 감염된 사람의 내장에서 생활사를 완성하며, 심한 설사와 가스의 원인이 된다.
말라리아	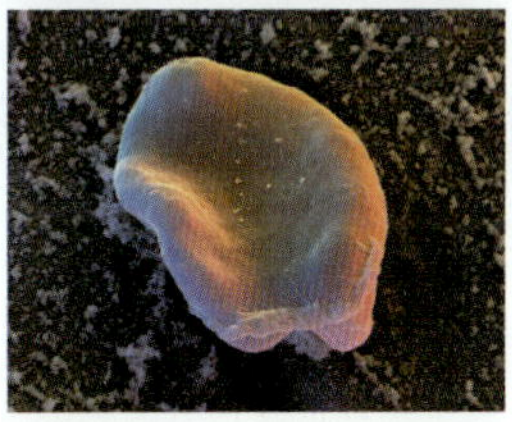	말라리아는 *Plasmodium*속의 원생동물들에 의해서 야기된다. 이 원생동물은 감염된 모기가 사람을 물었을 때 감염한다. 이 질환으로, 대부분 아프리카에서 연간 200만여 명이 사망한다.
주혈흡충증		이 기생충 질환은 민물 달팽이가 중간숙주이며, 편형동물에 의해서 야기된다. 이 질환에 감염된 사람들은 아시아, 아프리카 및 남미에서 흔히 발견되며, 오염된 물 근처에 살고 있다.
촌충	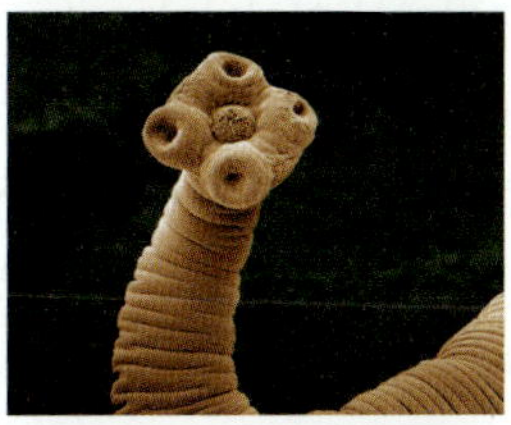	촌충 감염은 흔히 생고기 또는 덜 익은 돼지고기나 쇠고기를 섭취함으로써 야기된다. 이 기생충은 내장에서 살며 복통 및 설사를 일으킬 수 있다.
무좀과 완선	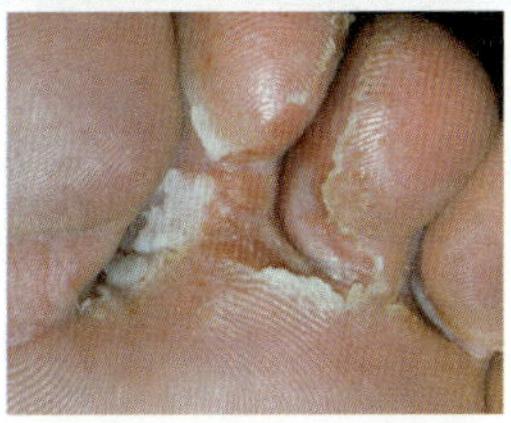	무좀과 완선은 모두 피부의 상층부에 영향을 미치는 균류의 감염이다. 무좀은 일반적으로 발가락 사이에서 자란다. 완선은 생식기와 대퇴부의 안쪽 피부에 영향을 미친다. 이 균류는 라커룸이나 공동 샤워실 바닥 같은 곳에 쉽게 확산된다. 땀을 많이 흘리면 피부에 존재하는 자연 발생적인 균류 살해 오일이 씻겨나간다. 일상적으로 라커룸과 샤워실 바닥에 노출되고, 운동 중에 땀을 흘리는 버릇으로 운동선수들은 이에 곧잘 감염된다.

그림 19.7 **3가지 방어선.** (1) 피부와 점막은 감염에 대한 비특이적 장벽으로서 작용한다. (2) 대식세포는 체내로 들어온 병원체를 공격하며 면역반응을 야기한다. (3) 림프구는 특정한 병원체를 표적으로 하며 그들을 제압하기 위하여 특이적 반응을 개시한다.

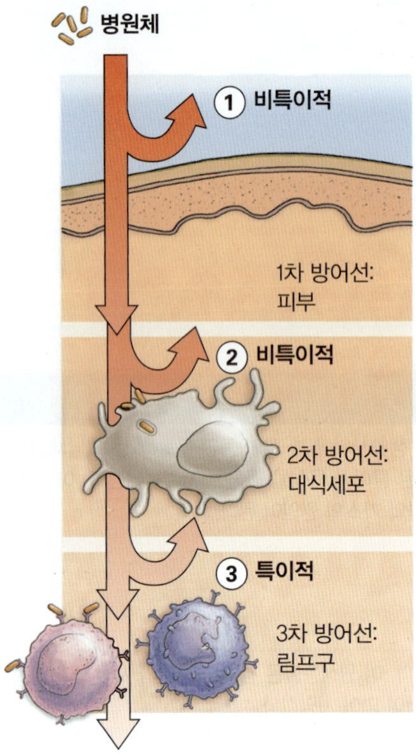

19.2 감염에 대한 몸의 반응: 면역계

사람과 대부분 척추동물들에서 면역계의 역할은 감염에 대한 방어이다. 면역계는 3가지의 서로 다른 방어선으로 구성되어 있다(그림 19.7). 1차 방어선은 체내로 들어가는 것을 방지하는 데 비하여 나머지 두 방어선은 병원체가 1차 방어선을 통과하였을 때 작동한다.

1차 방어선: 피부와 점막

피부와 점막 분비물이 병원체에 대한 1차 방어선을 구성한다. 이들 외부의 물리 및 화학적 장벽은 비특이적 방어이다. 즉, 이는 한 병원체와 다른 병원체를 구분하지 않는다.

몸의 표면에서 사는 생물들은 피부에 의해서 안으로 들어오지 못한다. 물리적인 장벽인 데 더하여, 피부는 떨어져 나가면서 병원체를 함께 제거하며, 낮은 pH를 갖고 있어서 미생물들을 쫓아내는 데 도움이 된다. 피부에 있는 샘들은 세균의 생장을 지연시키는 화학물질을 분비하기도 한다. 눈물과 침은 세균의 세포를 파괴하는 효소들을 분비하며, 귀지는 미생물들을 가둔다.

호흡기, 소화기, 비뇨기 및 생식기의 관 안쪽 점막은 또한 병원체를 가두어 둘 수 있게 점액을 분비하고, 이들은 기침이나 재채기로 몸 밖으로 내보내며, 위에서 파괴시키거나 오줌이나 배변으로 내보낸다. 구토도 독성물질이나 병원체를 몸으로부터 내보낸다. 이 1차 방어선을 피할 수 있는 병원체들은 이어서 내부의 2차 방어선을 만나게 된다.

2차 방어선: 식세포와 대식세포, 염증반응, 방어 단백질 및 발열

병원체가 1차 방어선을 통과할 수 있다면 내부의 2차 방어선이 흔히 그 감염을 중단시킬 수 있다. 2차 방어선에 참여하는 요소들은 특정한 병원체를 표적으로 하지 않는다.

식세포와 대식세포. 식세포는 무분별하게 침입자를 공격하여서 잡아먹고 소화하는 백혈구들이다. 대식세포들은 식작용을 하는 백혈구이며, 이는 림프액을 통하여 이동하며 죽거나 손상된 세포들을 청소한다(그림 19.8). 대식세포 내의 효소들이 침입자의 분해를 돕는다. 대식세포들은 또한 낡은 혈구, 죽은 조직의 단편 및 기타 세포 조각들을 청소할 수 있다. 이들은 또한 더 많은 백혈구의 생산을 자극하는 화학물질을 분비한다. 공격하는 세포를 파괴하는 대부분의 작용은 림프절에서 일어난다.

침입자가 식작용으로 삼키기에 너무 큰 경우(원생동물 및 기생충)에는 다른 백혈구들이 침입자의 주변으로 몰려와서 소화효소를 분비함으로써 그 생물을 자극하거나 파괴한다.

혈액과 림프를 순환하면서 침입자를 파괴하는 추가적인 백혈구로 **자연살생세포 (natural killer cell)**가 있다. 이들 비특이적 세포들은 처음으로 발각된 암세포와 바이러스에 감염된 체세포들을 공격한다. 이 세포들은 표적세포들의 원형질막을 파괴시키는 화학물질을 방출함으로써 그 세포들이 터지게 한다. 감염 부위에 조직액, 죽은 세포들 및 미생물들이 축적되어서 고름(pus)을 만든다. 고름이 빠져나가지 못하면 우리 몸은 이를 결합조직으로 감싸서 종기(abscess)를 만든다. 2차 방어선의 또 다른 구성요소는 염증반응이다.

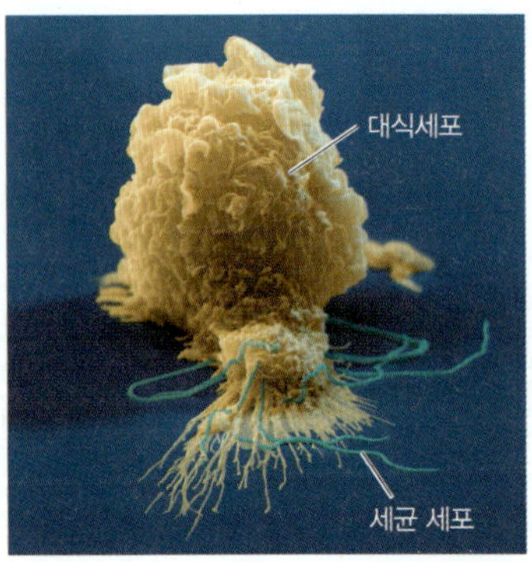

그림 19.8 **식세포작용.** 대식세포가 세균 세포를 공격한다.

염증반응. 조직 손상이 발생하면 언제나 염증반응이 시작된다. 염증반응은 발적(빨갛게 됨), 열나기, 붓기 및 통증이 나게 하는 반응이다. 손상된 세포들은 화학물질을 방출하여 히스타민(histamine)을 방출하는 특수한 세포를 자극한다. 히스타민은 상처 부위의 혈관 이완으로 혈관 크기를 증가시킨다. 감염 부위에 더 많은 혈액과 혈구들이 도착함으로 청소 작업과 복구가 촉진되고, 발적이 생기며, 온도가 올라가고, 붓는다. 여분의 혈류는 또한 조직의 치유에 필요한 산소와 영양분을 운반한다.

방어 단백질. 백혈구에 더하여 일부 단백질들도 비특이적 방어자로 작용한다. **인터페론(interferons)**은 바이러스에 감염된 체세포에 의해서 생산되며 감염되지 않은 세포들이 감염에 저항하는 것을 돕는다. 감염된 세포들이 죽으면서 인터페론을 방출하면 인터페론은 감염되지 않은 세포들의 수용체에 결합하여서 건강한 세포들로 하여금 바이러스의 증식을 억제하는 단백질들을 생산하도록 자극한다.

또 다른 종류의 방어 단백질로 20여 종의 단백질로 구성된 보체계가 있다. **보체 단백질(complement protein)**은 혈액을 순환하며 다른 방어 메커니즘을 돕거나 보충하는 작용을 한다. 이 단백질들은 미생물의 표면을 둘러쌀 수 있으며, 대식세포가 삼키기 쉽게 해준다. 보체 단백질들은 또한 미생물을 싸고 있는 막에 구멍을 내어서 파괴할 수 있으며(그림 19.9), 또한 염증반응을 증폭시킨다.

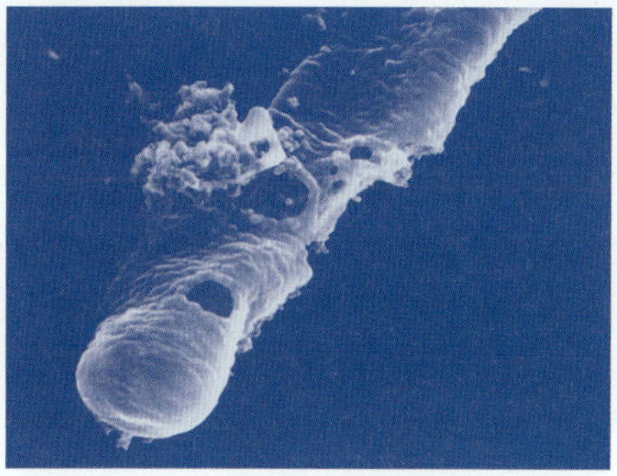

그림 19.9 **보체 단백질에 노출된 세균 세포.** 보체 단백질들은 세균의 세포에 구멍이 생기게 하며, 세포벽과 세포막을 파고들어가 세균이 액체로 꽉 차서 터지게 한다.

발열. 정상 범위인 36.1~37.2℃를 넘는 체온을 발열이라고 한다. 대식세포는 침입자에 대한 공격 무기로 발열원이라는 화학물질을 방출한다. 정상 온도보다 약간 더 높으면 세균의 생장을 감소시키며 건강한 체세포의 대사 속도를 증가시킨다. 이들 두 가지 과정은 병원체의 증식을 지연시키고 조직의 복구가 더 빨리 일어나도록 하여줌으로써 감염에 대한 공격에 도움을 준다. 감염이 통제되면 대식세포는 발열원의 방출을 중단하며 체온이 정상으로 되돌아온다.

3차 방어선: 림프구

병원체가 처음 두 가지의 비특이적 방어 시스템을 통과하면, 면역계는 제3의 방어선을 작동시킨다. 면역계의 세포들은 외래성으로 인지되는 특정한 미생물들을 인식하여서 공격한다. 이 **특이적 방어(specific defense)** 시스템은 **림프구(lymphocyte)**라는 수많은 백혈구들로 구성되어 있다. 림프구들은 세포와 조직들의 사이로 빠져서 이동하거나 혈액 및 림프계를 통한 수송으로 온몸을 돌아다닌다(그림 19.10).

면역계에 의해서 생성되는 이 특이적

시각화 ▼

감염이 의심된다면 혈액 시료를 분석할 수 있다. 모든 병원체를 검사할 수는 없기 때문에 혈액에서 감염 동안에 수가 증가하는 세포를 검사한다. 감염 동안 증식하는 세포는 무슨 종류인가?

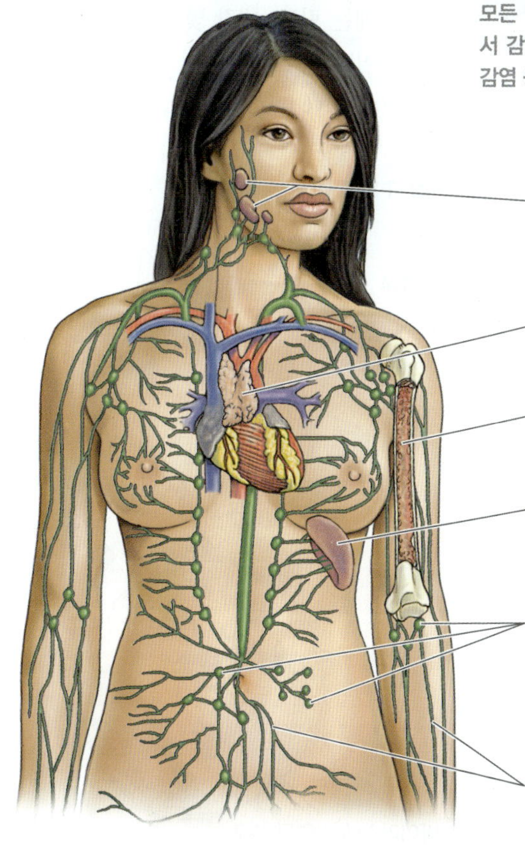

그림 19.10 **림프계.** 병원체는 림프계에 의한 반응을 유발한다. 림프계의 여러 기관들이 감염을 극복하기 위해 작용한다.

반응은 병원체 또는 병원체에 의해서 감염된 세포들의 표면에 존재하는 단백질과 탄수화물에 의해서 작동된다. 숙주에게 외래성이면서 면역계가 반응하도록 자극하는 분자들을 **항원(antigen)**이라고 한다. 항원의 예로는 감염하는 바이러스, 세균, 균류, 원생동물 및 기생충에서 발견되는 분자들과 먼지, 꽃가루, 이식된 조직과 같은 외래성 물질의 표면에 존재하는 분자들이 있다.

출처에 관계없이 항원이 몸속에 나타나면 두 가지 유형의 림프구, 즉 **B 림프구[B lymphocyte, B 세포(B cell)]**와 **T 림프구[T lymphocyte, T 세포(T cell)]**의 생산이 촉진된다. 대식세포처럼 이 림프구들은 혈액과 림프계를 순환하고, 비장과 림프절에 집결하여 있다. 림프구들은 특정한 항원을 인지하기 때문에 이들은 **특이성(specificity)**을 보인다고 말한다.

림프구의 특이성은 **항원 수용체(antigen receptor)**라는 단백질의 존재에 근거하고 있으며, 그 모양이 외래 분자의 한 부분과 완벽하게 맞게 되어 있다. 수용체는 마치 열쇠와 자물쇠가 맞는 것처럼 항원에 결합할 수 있다. 이 수용체들은 림프구의 표면에 부착되어 있거나 림프구에 의해서 분비된다. B 세포와 T 세포는 서로 다른 종류의 항원을 인지한다. B 세포는 작고, 세균과 같은 자생하는 미생물과 세균이 생산한 독성물질을 인지하여 반응한다(그림 19.11a). T 세포는 암세포나 바이러스에 감염된 세포들처럼 잘못된 체세포들을 인지하여서 반응한다. T 세포는 또한 이식된 조직과 균류나 기생충처럼 큰 생물체에 대하여 반응한다(그림 19.11b).

B 세포와 T 세포는 모두 항원을 인지하여 제거하는 데 도움을 주지만 이들이 그렇게 하는 방식은 서로 다르다. B 세포는 항원에 결합하여서 항원을 불활성화시키는 **항체(antibody)**라는 단백질을 생산한다. 이와는 대조적으로 T 세포는 항체를 생산하지는 않는 대신에 침입자를 직접 공격한다.

항체는 림프, 내장 및 조직액에서 발견된다. 항체는 젖에도 발견된다. 아기에게 젖을 먹이면 일부 항체들이 어머니로부터 아기에게 전달되어서 아기에게 단기적인 **수동면역(passive immunity)**을 제공한다. 아기는 자기 스스로 항체를 만들지 않았기 때문에 이 면역은 아기의 혈액에 그 항체들이 존재하는 동안만 지속된다. 어린 아기의 수동면역은 한 항원에 노출됨에 따라서 주어지는 면역과는 다르다. 항원에 노출되면 개인의 일생 동안 감염을 물리칠 수 있는 항체의 생산이 야기되며, 이를 **능동면역(active immunity)**이라 한다.

알레르기. **알레르기(allergy)**는 병원체가 없는 데도 불구하고 나타나는 면역반응이다. 몸이 유해하지 않은 물질에 대하여 병원체가 나타난 것처럼 단순히 반응을 한다. 예를 들면, 일부 사람들은 땅콩이나 돼지풀 꽃가루에 대하여 알레르기 반응을 갖고 있다. 천식도 알레르기 반응의 일종이다.

요즘 유아들은 30년 전에 비하여 약

그림 19.11 **B 세포와 T 세포.** (a) B 세포에 의해서 생산된 수용체는 세포 표면 항원 수용체로 작용하거나 분비된 다음 체액에 존재하는 항체로 작용한다. (b) T 세포는 표면 항원 수용체만을 가지고 있다. 이들은 항체를 분비하지 않는다. B 세포와 T 세포는 그들이 반응하는 세포와 생물체의 종류가 서로 다르다.

(a) B 림프구 (b) T 림프구

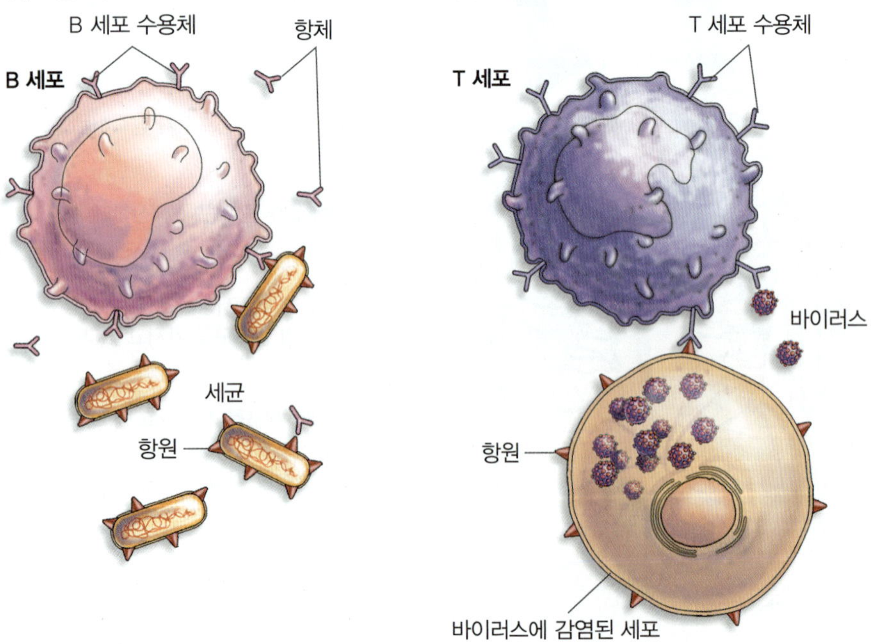

2배의 예방접종을 한다는 사실은 많은 사람들이 예방접종률의 증가는 알레르기와 천식의 증가율이 원인이라는 추측을 하게 한다. 그러나 의료국(IOM)과 같은 독립적인 비영리 기구에 의해서 수행된 많은 잘 대조된 과학적 연구는 알레르기나 천식과 예방접종율 사이에는 아무런 연관이 없음을 보여준다.

감염의 예측. 몸의 B 세포와 T 세포가 특정 항원에 반응하는 능력은 태어나기 전부터 시작된다. 그래서 우리는 감염원에 처음 노출되어도 이에 대응할 수 있다. 이와 같은 세포는 일생을 통하여 하루에 약 1억 개가 생산되기 때문에 이 대응 능력은 성인이 되어서도 계속 유지된다. 감염에 반응하는 능력, 즉 **면역반응(immune response)**은 B 세포와 T 세포의 생산 증가에 따른 것이다.

림프구는 성체의 세포로 분화할 수 있는 미성숙 세포인 **줄기세포(stem cell)**로부터 만들어진다. 골수를 포함하여 몸의 많은 부분들은 특정한 세포로 분화 가능한 줄기세포의 공급을 계속 받고 있다. 골수의 줄기세포는 일생 동안 골수가 혈구세포를 생산할 수 있게 해준다. 림프구는 골수의 줄기세포로부터 만들어져 혈액으로 방출된다.

일부 림프구는 골수에서 분화를 계속한 다음 B 세포가 된다. 다른 일부 림프구들은 **가슴샘(thymus)**에 자리를 잡는다. 가슴샘은 흉골 윗부분의 뒤쪽에 위치하며 T 세포의 분화를 유도한다. 면역세포가 골수에서 발달이 끝났을 때 B 세포라고 부르고, 가슴샘에서 성숙되었을 때 T 세포라고 부른다(그림 19.12).

림프구들은 무수하게 서로 다른 항원들을 인지할 수 있다. 이 비상한 능력은 B 세포와 T 세포에 의해서 생산되는 무수히 다른 항원 수용체가 있기 때문이다. 이 엄청난 수용체들의 다양성은 어떻게 하여 생산될 수 있을까?

항원 수용체 다양성. 각 항원 수용체가 그 자신의 유전자에 의해서 암호화되어 있다면 이들 면역계 단백질만을 암호하기 위하여 수많은 유전자들이 필요할 것이다. 그

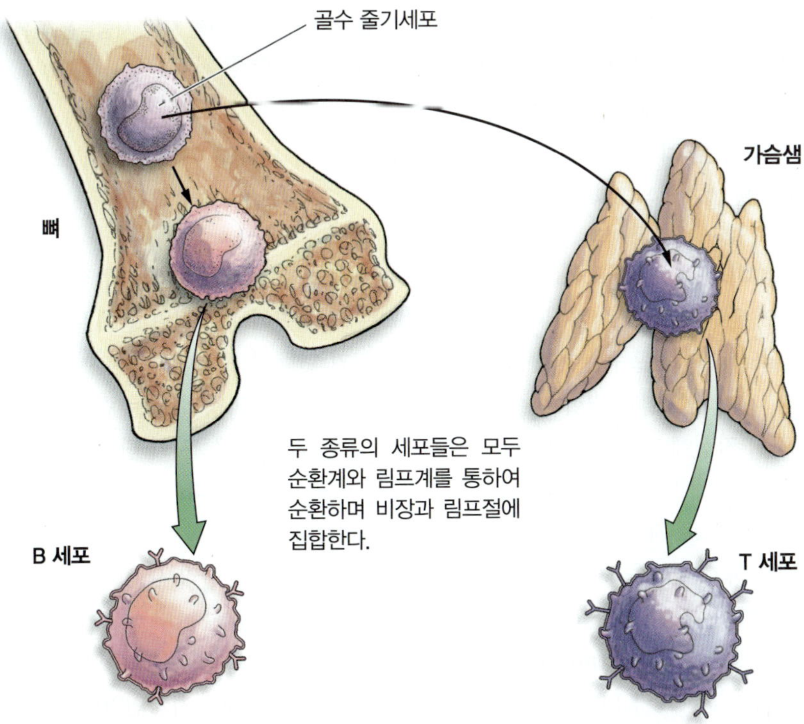

그림 19.12 림프구의 발달. 림프구는 골수에 있는 세포로부터 발달한다. 골수에서 발달을 계속한 림프구는 B 세포가 된다. 발달을 계속하기 위하여 가슴샘으로 이동한 림프구들은 T 세포가 된다.

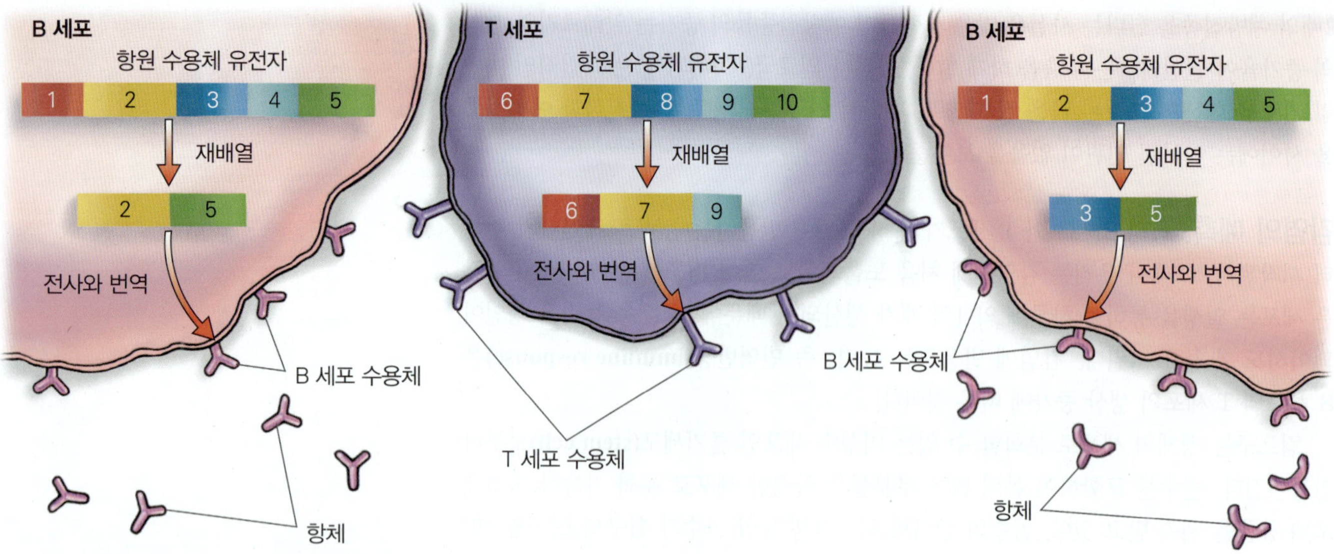

그림 19.13 **유전적 재배열이 무수히 다른 항원 수용체의 생산을 가능하게 한다.** 항체 구조를 암호하는 유전정보가 작은 조각으로 저장되어 있다. 항체 생산 세포들의 발달 과정에서 이 작은 조각들이 여러 가지 순서로 재배열된다. 다양한 DNA 토막을 제거함으로써 다양한 항원 수용체가 생산되며 우리 개인이 각각 반응할 수 있는 항원의 수를 증가시킨다.

러나 인간의 유전체는 약 20,000개의 유전자를 가지고 있으므로 그럴 수는 없다. 그 대신 B 세포와 T 세포는 제한된 수의 유전자로부터 엄청나게 다양한 수용체를 생성할 수 있는 메커니즘을 진화시켰다.

태아에서 B 세포와 T 세포가 발달하면서 각 세포의 항체 생산을 암호하는 DNA 토막들은 그들 스스로가 재배열되면서 평상시와는 매우 다른 행동을 한다. 일부분은 잘려나가고 나머지 DNA 토막들은 서로 연결된다(그림 19.13). 각 세포에 의해서 생성된 각각 고유한 DNA의 배열이 서로 다른 수용체 단백질을 암호한다. 일단 합성된 단백질은 B 세포 및 T 세포의 표면으로 이동하여서 항원 수용체로서 작용한다. 그러므로 수백 개의 유전자 풀에서 무한정 다양한 항원 수용체가 만들어질 수 있다.

그림 19.14 **자기 단백질에 대한 림프구 검사.** 세포들은 표면에 항원으로 작용하는 단백질과 분자들을 가지고 있다. 발달 중인 림프구들은 인지하는 상대가 자기인지 비자기인지를 결정하기 위해 검사를 받는다. 검사 세포의 항원에 결합하는 림프구는 파괴되며, 결합하지 않는 림프구들은 발달이 허용된다.

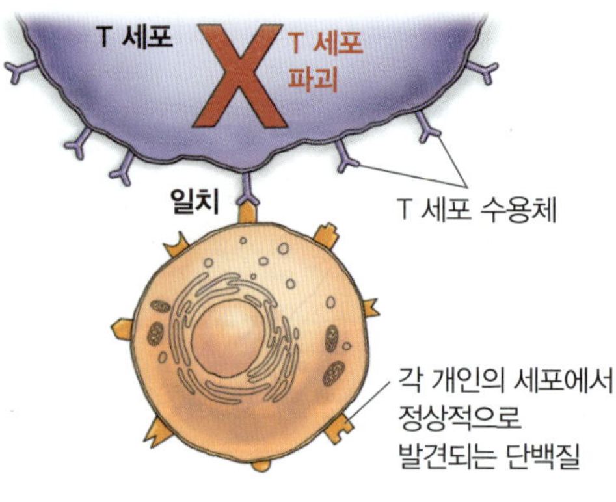

쉬어가기 항원 다양성에 대하여 아는 바에 근거하여 집단 내의 다른 모든 사람들은 극복할 수 있는 감염에 대하여 특정한 개인은 그 감염으로 아프게 되는 이유를 설명하여라.

면역계의 또 다른 흥미로운 일면은 한 분자가 자기 세포의 한 부분인지 또는 외래 분자인지를 결정하는 능력에 있다.

자기와 비자기. B 세포와 T 세포는 성숙하는 동안 항원 수용체가 잠정적으로 자기 반응성이 있는지 검사를 거친다. 각각의 세포는 그 표면에 특징적인 단백질을 가지고 있고, 발달 중인 림프구는 가슴샘에서 그들이 자기 단백질과 결합하는지 여부를 검사받는다. 자기 단백질과 결합하는 항원 수용체를 가진 발달 과정의 모든 림프구는 제거되어 자기 자신에 대한 면역반응이 일어날 가능성이 없게 한다. 자기 단백질과 결합하지 않는 수용체를 가진 림프구들은 성숙되도록 발달이 허용된다(그림 19.14). 따라서 몸은 일반적으로 자기 단백질에 대해 반응하는 성숙한 림프구를 가지고 있지 않으며, 면역계는 자기 내성을 보인다. 이러한 자기 내성이 없게 되면 면역 시스템이 자신의 세포를 공격하는 **자가면역병(autoimmune diseases)**이 발생한다.

auto- 자기를 의미한다.

다발성경화증(multiple sclerosis)은 신경세포의 단백질에 특이적으로 반응하는 T 세포가 뇌에 있는 신경세포를 공격할 때 일어나는 자가면역병이다. **인슐**

린 의존성 당뇨병(insulin-dependent diabetes)에서 T 세포와 B 세포는 췌장에서 인슐린 호르몬을 생산하는 세포들을 공격한다.

우리는 비록 하나의 면역계를 가지고 있지만, 이는 두 개의 하위 시스템으로 다양화되어 있어서 우리가 일생 동안 마주치는 수많은 병원체와 싸울 수 있다. 이러한 다양화는 B 세포와 T 세포가 발견한 병원체를 제거하는 접근 방식의 차이에 근거한 것이다.

세포성 면역과 항체매개 면역

T 세포는 항체보다는 세포의 관여에 의존하는 면역을 제공하는데 이를 **세포성 면역(cell-mediated immunity)**이라고 한다. B 세포에 의하여 제공되는 면역을 **항체매개 면역(antibody-mediated immunity)**이라고 한다.

세포성 면역. T 세포는 감염에 반응하여 기억세포를 생산하기 위해 빠르게 세포분열을 하며, 이들은 이어서 직접 다른 세포들을 공격하는 특수화된 세포가 된다(그림 19.15). 이러한 공격 세포에는 2가지 종류로 **세포독성T세포(cytotoxic T cells)**와 **보조T세포(helper T cells)**가 있다. 세포독성 T 세포는 바이러스에 감염된 체세포를 공격하여서 죽인다. 체세포가 바이러스에 감염되면 숙주세포의 표면에 바이러스의 단백질이 나타난다. 세포독성T세포는 이러한 단백질을 외래성인 것으로 인지하고 그것에 결합하여 세포 전체를 파괴한다. 이들 T 세포는 표적세포의 원형질막이 새도록 하는 화학물질을 분비하여 바이러스가 증식도 하기 전에 세포를 파괴시킨다.

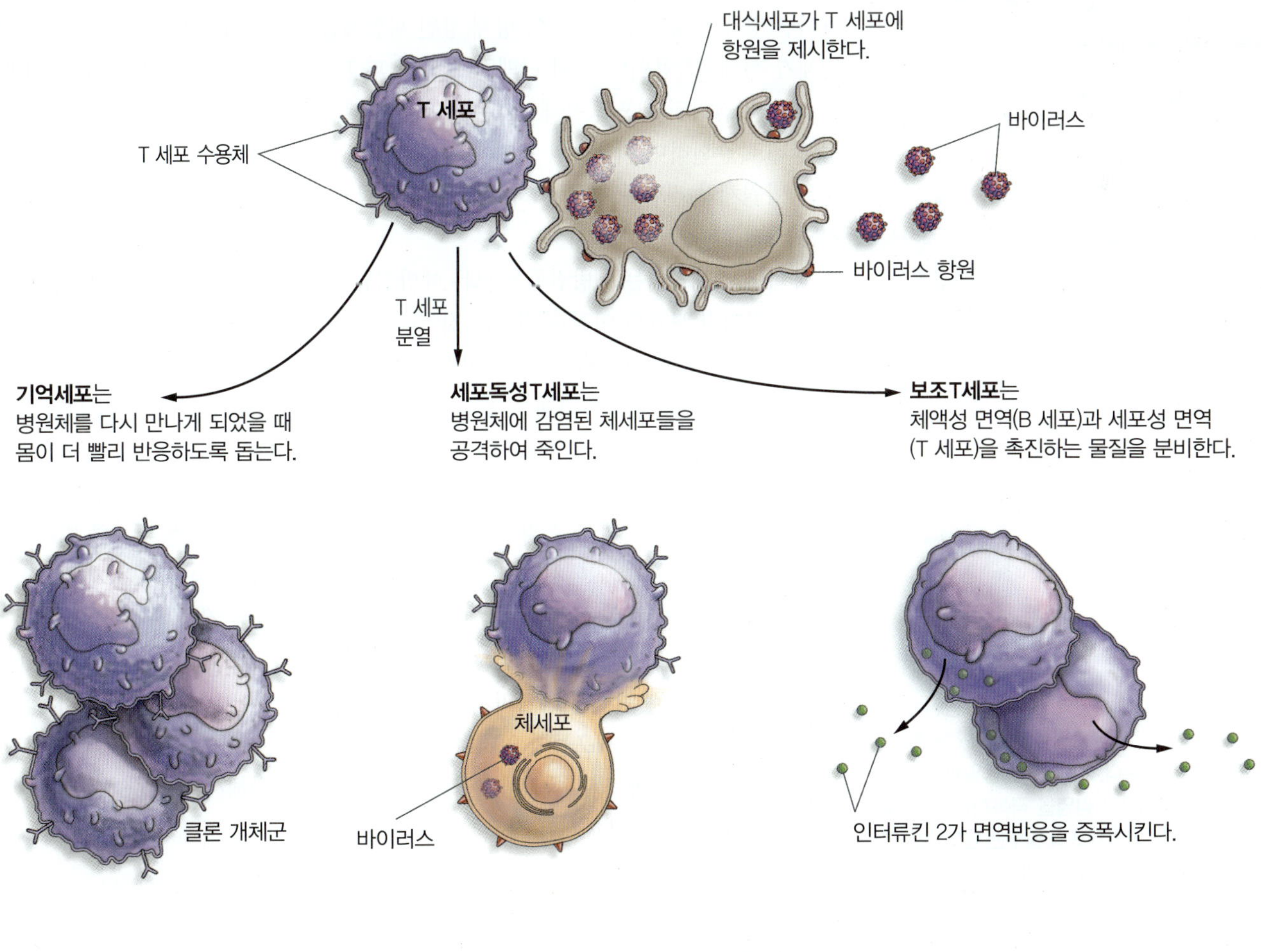

그림 19.15 세포성 면역. T 림프구가 분열하여서 다른 세포 집단을 생산한다. 기억세포는 특정한 항원 수용체를 가지고 있다. 세포독성T세포는 감염된 체세포를 공격하여서 분해한다. 보조T세포는 면역반응을 촉진한다.

현재로는 에볼라를 야기하는 바이러스에 유효한 백신이 없다.

보조T세포(helper T cell)는 T4 세포라고도 하는데, 면역반응의 촉진자로 생각할 수 있다. 이들 세포는 침입자를 감지하여 B 세포와 T 세포에게 감염이 일어나고 있음을 알린다. 보조T세포가 없다면 면역반응이 거의 일어나지 않을 수 있다. HIV는 감염하여서 보조T세포를 죽임으로써, 모든 감염에 대해 반응하는 몸의 능력에 타격을 준다. 사람 면역결핍증 바이러스(HIV)에 대한 백신을 생산하기 위하여 집중적인 노력을 하였지만 쓸모 있는 것이 없다. HIV는 **후천성 면역결핍증(acquired immunodeficiency syndrome, AIDS)**을 야기한다.

항체매개 면역. T 세포와는 달리 B 세포는 항원을 갖고 있는 세포를 직접 죽이지는 않는다. 그 대신에 이들은 항원성 세포 집단을 제거하는 데 도움을 주는 항체를 만들어서 분비한다. B 세포는 특정 항원에 대하여 반응을 할 때 즉시 자기 자신을 증식하여서, 감염에 대하여 싸울 수 있는 **기억세포(memory cells)**라는 동일한 세포 집단을 만든다(그림 19.16). 이 세포 집단을 **클론 개체군(clonal population)**이라고 한다. 클론 개체군에서 단순한 세포들의 수만으로도 대부분 감염원을 제거할 수 있는 면역계의 능력이 강화된다.

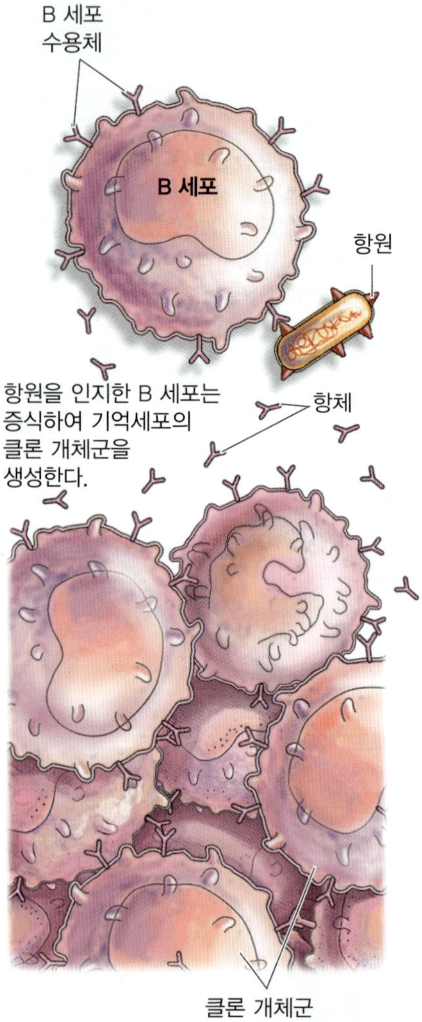

그림 19.16 항체매개 면역. B 세포가 항원에 결합할 때 B 세포는 모두 동일한 항체의 정보를 가진 기억세포를 만든다. 이와 같은 동일한 세포로 구성된 클론 개체군은 감염을 극복하는 데 도움을 준다. 감염 후 기억세포의 일부는 남아 있으면서 미래에 항원을 인지할 수 있다.

클론 개체군을 이루는 모든 세포들은 동일한 DNA 배열을 가지고 있다. 그러므로 모든 세포들은 세포막에 동일한 항원 수용체를 가지고 있으며, 동일한 항체를 분비한다. 기억세포라고 하는 클론 개체군의 일부 세포들은 감염원과 다시 마주쳤을 때 몸이 좀 더 빨리 반응하도록 돕는다. 그러므로 다시 감염이 발생하였을 경우 기억세포들의 존재로 더욱 빠른 면역반응이 촉진된다.

감염원의 불활성화는 항체가 가변영역에 일치하는 병원체를 만났을 때 일어난다. 그러면 항체는 항원에 결합하여 항체-항원 복합체를 형성한다. 이 복합체의 형성은 병원체가 식세포작용이나 보체 단백질에 의한 파괴의 표적임을 표시한다. 보체 단백질은 외래의 감염된 세포를 용해시키는 작용을 한다. 보체 단백질은 혈액과 림프에 불활성 상태로 순환하며 미생물의 표면에 결합된 항체를 만났을 때 활성화된다. 일부 항체들은 병원체와 결합한 항체가 서로 응집되게 함으로써 병원체가 다른 세포에 감염하지 못하게 한다.

대학에서 제공하는 예방접종은 모든 예방접종처럼 항체 생산 기억세포에 의해서 제공되는 장기적 보호의 이점을 취하는 것이다. 예방주사는 세균 세포막의 단백질, 바이러스의 일부, 또는 불활성화시킨 바이러스와 같은 질환을 야기하는 생물체의 구성 성분으로 이루어져 있다. 면역계는 예방접종에 반응하여 실제 감염이 이루어졌을 때에 대비하여 기억세포의 클론 개체군을 만드는 반응을 보인다.

사람 유두종 바이러스에 대한 가다실 백신과 세균성 수막염에 대한 백신은 모두 충분한 반응이 생성되기까지 소위 보강접종이라는 방식으로 여러 번 주사를 맞아야 한다. 중학교 또는 고등학교에서 예방접종을 하였더라도 보강접종이 필요한지 여부를 건강관리 제공자에게 확인을 받아야 한다. 독감 예방주사 같은 것은 독감바이러스가 그 유전서열을 빠르게 재배치하기 때문에 매년 맞아야 한다. 이 유전서열의 변화는 바이러스의 표면에 있는 단백질이 달라지게 하여서, 앞서 만났던 바이러스를 인지하는 몸속에 있던 기존의 기억세포들이 인지하기 못하게 한다. 독감바이러스의 표면 단백질은 빠르게 바뀌기 때문에 작년 독감바이러스에 대한 보호를 위해서 준비하였던 백신이 금년의 독감바이러스에 대해서는 작용하지를 못한다.

현명한 독자

HIV와 AIDS

타보 음베키(Thabo Mbeki)는 1999년부터 2008년까지 남아프리카공화국 대통령이었다. 그의 임기 동안 그는 AIDS가 바이러스에 의한 것이 아니라는 것과 이 질환을 치료하기 위해서 항바이러스 약물을 사용하지 말아야 한다는 것을 확신하게 되었다.

남아공의 더반에서 개최된 제13차 국제 AIDS 학술대회 연설에서 그는 "세계의 최대 살인자와 가장 큰 병마로 남아공을 비롯하여 전 지구에 고통을 야기하는 것은 극단적인 빈곤이다"라고 하였다. 또한 음베키는 AIDS는 빈곤으로 인한 "면역계의 몰락"에 의해서 야기된다고 하였다. 음베키는 AIDS가 바이러스에 의해 야기된다는 것을 믿지 않았기 때문에 보건 기구가 제공하는 무료 항레트로바이러스 의약품을 거절하였다.

2008년 *Journal of Acquired Immune Deficiency Syndrome*에 발표된 한 연구에서 하버드 대학의 연구자들은 AIDS에 대한 음베키의 정책이 남아공에서 300,000명 이상 막을 수 있는 사망자를 낳게 하였다고 추정하였다. 많은 사망자는 어린이였으며 출산과정에서 적절한 의약품으로 예방할 수 있는 전염 형태인 어머니로부터 감염된 것이었다.

1. 과학 문헌에 대한 광범위한 종설은 발표된 과학에 대하여 다른 해석이 도출될 수 있게 하는 것이 가능한가? 이것이 HIV가 AIDS를 야기하지 않는다는 음베키의 의견과 같은 것인가?
2. 정부 당국자들은 구성원의 건강에 영향을 미치는 결정을 할 때 유력한 과학적 견해를 받아들여야 할 책임이 있다고 생각하는가?
3. 다른 과학적 주장도 정부에 의해서 부정되고 있다. 예를 들어 기후 변화는 많은 미국 정치가들에 의해서 부정되고 있다. 이와 같은 다른 견해가 발생하였을 때 과학적 증거에 대한 목소리가 비과학자의 의견을 압도해야 하는가? 왜 그렇고 또는 그렇지 않은가?

그럴듯한 소리인데 **그런가?**

좋은 친구가 몇 개월 내로 첫째 아기를 가지려고 한다. 젖을 먹일지, 함께 데리고 잘지, 고무젖꼭지를 사용할 것인지를 결정하는 데 더하여 그들은 아이에게 무슨 예방접종을 할 것인지도 생각을 한다. 백신과 관련된 많은 질문들은 의사와 상의하거나 믿을 만한 인터넷 사이트에서 찾아보아 답을 얻었지만 아직도 미심적은 한 가지 의문이 남아 있다. 그 부부는 요즘 어린이들에게 제공하는 백신은 과거에 주어졌던 수보다 훨씬 더 많다는 정보를 얻었다. 또한 백신 반대 운동 웹사이트에서 신생아나 어린아이들의 발달 중인 면역계는 이렇게 많은 백신을 다룰 준비가 되어 있지 않다는 것을 읽었다.

요즘 어린이들에게 제공하는 예방접종의 수는 평균적인 면역계가 다루기에는 지나치게 많다.

그럴듯한 소리이지만 그렇지 않다.

1. 우리는 사람 뇌가 영아 및 유아기에 빨리 발달한다는 것을 안다. 실제로 신생아는 두개골 사이에 정문(頂門) 또는 연부라는 막으로 덮인 틈새를 갖고 있으며, 이것이 새로운 뼈가 형성되는 것보다 뇌가 더 빨리 자라는 것을 수용할 수 있게 해준다. 면역계는 출생 후에 변하는 구조를 갖고 있는가? 또는 그 구조는 출생할 때 완전히 형성된 것인가?
2. 질병과 싸우면서, 나이가 들면서, 또는 면역반응을 야기하는 물질에 노출되면서 면역계는 어떻게 더 좋아지는가?
3. 수십 년 전에 제공된 백신들은 바이러스를 열 또는 화학물질에 노출시켜서 불활성화시킨 전체로 온전한 바이러스를 함유하고 있었다. 현대적인 대부분 백신은 완전한 바이러스를 함유하고 있는가, 또는 세포막 단백질과 같은 바이러스의 일부분을 함유하고 있는가?
4. 옛날 백신의 온전한 바이러스와 현대 백신의 부분적 바이러스 중 어느 것이 더 많은 종류의 항체 생성을 야기하는가?
5. 1~4번 질문에 대한 답을 생각하고 위의 굵은 글씨로 쓴 문장이 그럴듯하지만 그렇지 않은 이유를 설명하라.

복습

요약

19.1

세균의 구조와 바이러스의 구조를 비교하라.

- 세균은 핵이나 막으로 싸인 세포소기관이 없는 단세포 생물이다. 세균은 세포벽으로 싸여 있다.
- 바이러스는 캡시드에 때로는 바이러스막에 들어 있는 핵산으로 구성되어 있다.

세균의 증식과 바이러스의 증식을 대조해보라.

- 세균은 이분법으로 증식한다.
- 바이러스는 숙주세포 내에서 유전체를 복제한다. 바이러스 유전체는 이어서 바이러스 구성요소의 합성을 지시한다.

19.2

감염에 대한 1차 방어선에 관여하는 구조들을 나열하고, 그들이 병원체의 방어에서 어떤 기능을 하는지 설명하라.

- 피부, 그 분비물 및 점막은 비특이적 방어로 감염에 대한 1차 방어선을 구성한다.

감염에 대한 2차 방어선에 참여하는 것들을 나열하고 그들의 기능을 설명하라.

- 2차 방어선은 비특이적인 내부 방어로 구성되어 있으며 식작용을 하는 대식세포 같은 백혈구는 외래 세포를 삼켜서 소화하며, 자연살생세포는 종양세포와 바이러스 감염된 세포의 세포막을 분해하는 화학물질을 방출한다.
- 염증은 식세포들을 유인하며 조직의 치유를 촉진한다.
- 인터페론을 비롯한 방어 단백질은 감염되지 않은 세포들이 감염되는 것으로부터 보호하는 데 도움을 준다. 보체 단백질은 미생물을 둘러싸서 대식세포가 섭취하기 쉽게 해준다.

감염에 대한 3차 방어선에 관여하는 2종류의 세포들을 나열하고 그들이 어떻게 항원을 인지하고 제거하는지 비교하라.

- 병원체의 표면에 있는 항원에 대한 반응으로 림프구는 3차의 특이적 방어선을 구성하는 것을 돕는다. 항원에 노출되면 B 세포와 T 세포의 생산이 증가한다. B 세포는 병원체에 대한 항체를 분비하며, T 세포는 침입자를 공격한다.

알레르기 반응이 일어나는 메커니즘을 설명하라.

- 알레르기 반응은 정상적인 병원체가 아닌 항원성 물질에 대한 면역계의 반응이다.

면역 세포들이 수많은 다른 항원들에게 반응할 수 있게 되기 위하여 거쳐야하는 과정을 설명하라.

- 림프구는 태아의 발생 과정에서 생산되며 면역계가 수많은 다른 항원에 대하여 반응을 할 수 있게 해준다.
- 면역세포의 표면에 있는 항원 수용체는 유전자 토막의 재배열에 의해서 생성된다.

세포가 외부의 것인지 원래 몸에 있는지를 결정하는 데 사용되는 과정을 설명하라. 이 과정이 실패하면 무슨 일이 일어나는가?

- B 세포와 T 세포의 항원 수용체는 자기 반응성 검사를 거치며, 자기에 반응하는 것들은 제거된다.

감염에 대한 방어에 도움을 주는 기억세포의 역할을 설명하라.

- 기억세포는 항원 수용체의 사본을 갖고 있으며 앞서 대항하였던 병원체에 대한 항체를 분비한다.

백신이 면역을 제공하는 데 도움을 주는 메커니즘을 설명하라.

- 백신은 병을 야기하는 생물체의 일부 또는 불활성화시킨 전 생물체를 함유하고 있다. 면역계는 예방접종에 반응하여 기억세포를 생산하며, 그로 인해서 실제 감염이 이루어졌을 경우에 방어를 할 수 있게 된다.

언어의 뿌리

다음 어원들은 주로 라틴어나 그리스어에서 기원하며 아래와 같은 뜻을 가지고 있어 용어를 해석하는 데 도움을 준다:

auto-	자기를 의미한다. 용어: *autoimmune*
enceph- 와 **encephalo-**	뇌를 의미한다. 용어: *encephalitis*
-path- 또는 **patho-**	질환과 관련이 있다. 용어: *pathogen*

기본문제

1. 일반적인 세균과 바이러스의 구조를 설명하여라.

2. 신체의 분비는 감염에 대한 보호에 어떻게 도움이 되는가?

3. 면역 반응에서 B 세포와 T 세포는 무슨 역할을 하는가?

4. 이분법은 ________

A. 세균 세포들이 더 많은 플라스미드를 생산하게 해준다.
B. 바이러스가 수행하는 유성 세포분열의 한 종류이다.
C. 면역 세포들이 증식하게 해준다.
D. 세균이 증식하는 방법이다.

5. 바이러스 증식은 ________

A. 살아 있는 세포 내에서만 일어난다.
B. 생산할 바이러스 유전체 사본이 필요하다.

C. 합성할 바이러스 단백질 사본이 필요하다.
D. 위의 모두.

6. 면역계는 ________

A. 각 항원에 대한 유전자를 갖고 있다.
B. 다른 항원에 대한 반응으로 유전적 재배열을 한다.
C. 면역세포의 DNA 재배열에 의해서 많은 항원 수용체를 만들 수 있다.
D. 항상 항원에 결합할 항체를 고안할 수 있다.

7. 자가면역병이 생기는 경우는 ________.

A. 개인의 내분비계가 정상 기능을 못할 때
B. 간 효소의 비정상 기능 때문
C. B 세포가 T 세포를 공격할 때
D. 면역계가 자기와 비자기를 구분하지 못할 때

8. 다음 중 어느 세포가 항체를 만드는 세포를 생산하기 위하여 분열하는가?

A. 보조T세포　　B. B 세포
C. 세포독성T세포　　D. 앞의 모든 것

9. 보조T세포가 분비하는 물질은 ________.

A. 백혈병 방지를 돕는다.
B. 세균이 세포로 들어가는 것을 방지한다.
C. B 세포와 세포독성T세포의 반응을 촉진한다.
D. 역전사효소를 억제한다.
E. 가슴샘이 더 많은 B 세포를 만들도록 자극한다.

10. 면역계가 한번도 노출된 적이 있는 바이러스를 인지하게 되는 이유는 ________

A. 몸이 바이러스를 여러 해 동안 보유한다.
B. 우리는 각종 바이러스를 공격할 유전자를 가지고 있다.
C. 바이러스에 노출 시 바이러스에 대한 수용체를 만드는 세포가 증식되어서 기억세포를 만든다.
D. 바이러스 유전체의 사본 하나가 기억세포에 삽입된다.

11. 다음 중 2차 방어선에 관여하지 않는 것은?

A. 자연살생세포　　B. 염증　　C. 보체 단백질
D. 대식세포　　E. T 림프구

12. 진(T)/위(F): 알레르기 반응은 몸이 항원에 대한 항체를 만들 수 없을 때 일어난다.

응용문제

1. 바이러스는 왜 살아 있는 생물체라고 생각하지 않는가?

2. 독감 예방주사는 매년 맞아야 하지만 다른 일부 병에 대한 예방접종은 한번만 하는 이유는?

3. 대체로 면역계는 왜 병원체에 두 번째로 노출되었을 때 감염에 대하여 더 효과적으로 싸울 수 있는가?

연관문제

1. 많은 주들은 부모들이 학교를 들어가는데 요구되는 예방접종을 시키지 않는 것을 허용한다. 부모님들이 아이들에게 예방접종을 시키지 않는 것을 허용해야 하는가? 그 이유를 설명하라.

2. 작년에 예방접종을 않고도 아프지 않았다는 이유로 독감 예방접종을 거부하는 친구에게 무어라고 말하겠는가?

CHAPTER 20

사람의 성 차이

왜 2014년까지 여자는 올림픽 스키 점핑을 못하게 하였을까?

내분비, 골격 및 근육계

여자 스키 점프는 2014년 동계 올림픽에서 첫 출전을 하였으며, 소치 올림픽이 남녀가 모든 종목에서 경쟁하는 첫 동계 올림픽이 되었다. 남자는 1924년 이래로 올림픽 스키 점프 경기를 해왔다. 왜 여성은 그렇게 오랫동안 경기가 승인되지 않았을까? 한 가지 이유는 일부 스포츠 당국자와 코치들이 스키 점프와 같은 스포츠의 반복된 충격이 여성의 생식기관에 손상을 미칠 것으로 생각했던 것인데, 그 쟁점은 의학적으로 전혀 지지된 바가 없음에도 수십 년 동안 여성이 올림픽 수준에서 경쟁하지 못하게 가로막고 있었다.

한 성에 다른 성보다 더 흔한 부상이 있는가?

알코올은 성별에 따라 다르게 영향을 미치는가?

성 차이에 대한 모든 아이디어, 또는 남자와 여자 사이의 평균적 차이는 그 근거가 희박하다. 예를 들어 성별에 따라서 알코올을 분해하는 방식이나 기대수명에 차이는 있다. 일부 성 차이로 생식기 구조의 차이 같은 것은 생물학적 결과일 뿐이다. 생물학적 차이로 인한 그 밖에 성 차이는 문화적인 기대로 인해서 과장된 것이다. 예로써 남자 운동선수에 비하여 여자 운동선수들에게 무릎 부상률이 높은 것을 생각해보자. 이 성 차이는 부분적으로 골격 구조에서 생물학적 차이에 의해서 야기되는 것으로 생각되었다. 그러나 문화적 기대가 이 성 차이에 영향을 미칠 수도 있다. 지난 몇 년까지만 해도 여성들은 무릎 부상률에서 성 차이에 역할이 있는 또 다른 한 요소인 무릎 관절을 안정화시키는 다리 근육을 강화하는 운동을 하기 위하여 웨이트트레이닝 룸에 나타나는 경우가 드물었다. 이 장에서 개략적으로 살펴볼 많은 것 중에 이 성 차이는 내분비계의 작용에 의해서 생기며 유지된다.

왜 한 성이 다른 성보다 더 오래 사는가?

20.1 내분비계

내분비계(endocrine system)는 호르몬, 호르몬을 분비하는 샘, 그리고 호르몬에 반응하는 특정한 세포들이 관여하는 신체 내부의 조절과 의사소통을 위한 기관계이다. 내분비계는 생식과 발생을 비롯한 많은 다른 과정의 조절을 감독한다.

호르몬

호르몬(hormones)은 순환계를 통해 이동하고 **표적세포(targeted cells)**에서 반응을 유도하는 화학물질이다. 호르몬이 반응을 유도하는 데에는 두 가지의 메커니즘이 있다. 호르몬은 표적세포의 표면 수용체에 결합하여 세포 내부에 변화를 촉진하거나, 세포막을 가로질러 세포 내부에서 수용체와 결합한다.

단백질 호르몬들(그림 20.1a)은 세포막을 통과할 수가 없다. 이들은 표적세포의 표면 수용체에 결합하며, 이 수용체가 세포 내부로 메시지를 중계하는 일련의 다른 단백질들을 자극하여서 특정한 세포반응을 유도한다. 세포 외부로부터 내부로 신호를 중계하거나 전달하는 연쇄반응을 **신호전달(signal transduction)**이라고 한다.

스테로이드(steroid) 호르몬은 지용성이며, 세포막을 가로질러 표적세포 내부에서 수용체에 결합하여, 특정한 유전자를 작동시키거나 중지시킨다(그림 20.1b). 해부학적인 성 차이를 형성하는 데 관련된 호르몬들을 **성호르몬(sex hormone)**이라고 한다. 남성 호르몬으로 **테스토스테론(testosterone)**과 여성 호르몬으로 **에스트로겐(estrogen)**이 있다. 성호르몬이 세포로 들어가 수용체에 결합한 다음 세포의 핵에 있는 DNA에 결합하여서 다른 유전자의 발현을 촉진하거나 억제한다(그림 20.2).

남성과 여성은 두 가지 성호르몬을 모두 합성하고 사용하지만, 남성에서는 테스토스테론이 주도적이며 여성에서는 에스트로겐이 주도적이다. 많은 성 형질에 대하여 성 차이를 유지하는 것은 두 호르몬의 균형 때문이다. 한 예로 체모를 생각해보자. 사춘기 이전에는 성호르몬의 수준이 남자 여자 모두 낮다. 그래서 어린이들은 가늘고 밝은 체모를 갖고 있다. 일단 모낭이 테스토스테론에 노출되면 굵고 거친 모발을 생산하도록 자극되며, 이후 모낭에서 생산되는 모든 모발은 같은 종류다. 에스트로겐이 주도적인 경우에는 테스토스테론의 작용을 반대로 하여 모낭이 자극되지 않게 한다. 그래서 여성의 얼굴, 가슴 및 복부는 일반적으로 미세한 가는 털로 덮여 있다. 폐경기에 에스트로겐이 감소하면 테스토스테론의 작용이 더 뚜렷해지며 일부 여성은 얼굴에 털이 증가하는데 이는 모낭이 테스토스테론 대하여 반응하기 때문이다.

사람 체모의 길이, 굵기 및 위치의 차이는 생물학적 현상과 문화적 현상 모두에 따른 결과이다. 체모는 남자와 여자의 피부에 동수로 존재하는 모낭에서 자란다. 이들 차이는 돌보는 풍습에 영향을 미치는 문화적 영향력에 의해서 과장된다. 남성에서 가득하게 자란 턱수염은 일부 사람들에게는 남자다운 모습이다. 마찬가지로 많은 여성들은 체모를 보기 흉하게 생각하기 때문에 면도하고, 왁스하고, 뽑아낸다.

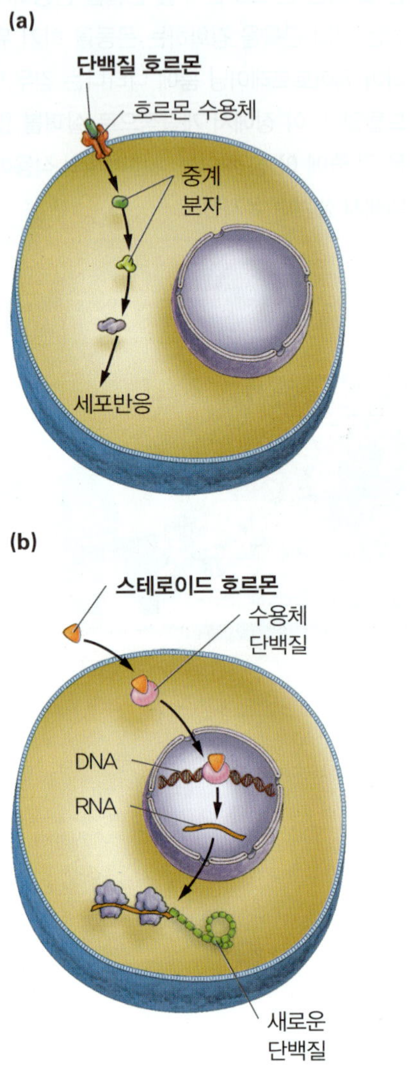

그림 20.1 **호르몬의 작용.** (a) 단백질 호르몬은 표적세포의 세포막에 있는 수용체에 결합한다. 이 결합은 수용체 분자의 모양 변화를 유도할 수 있으며, 어떤 반응을 필요로 하는 세포의 내부로 신호를 전달하는 수단으로 사용된다. (b) 스테로이드 호르몬은 막을 가로질러 확산되어 수용체에 결합하며, 이것이 그 다음에 유전자의 발현을 조절한다.

내분비샘

내분비샘(endocrine glands)은 호르몬을 분비하는 일군의 세포 또는 기관이다. 내분비계에는 직접적으로 성 차이에 영향을 미치지 않는 많은 기관들이 있다. 그림 20.3은 가장 잘 알려진 내분비 기관들의 위치를 보여주고 있다.

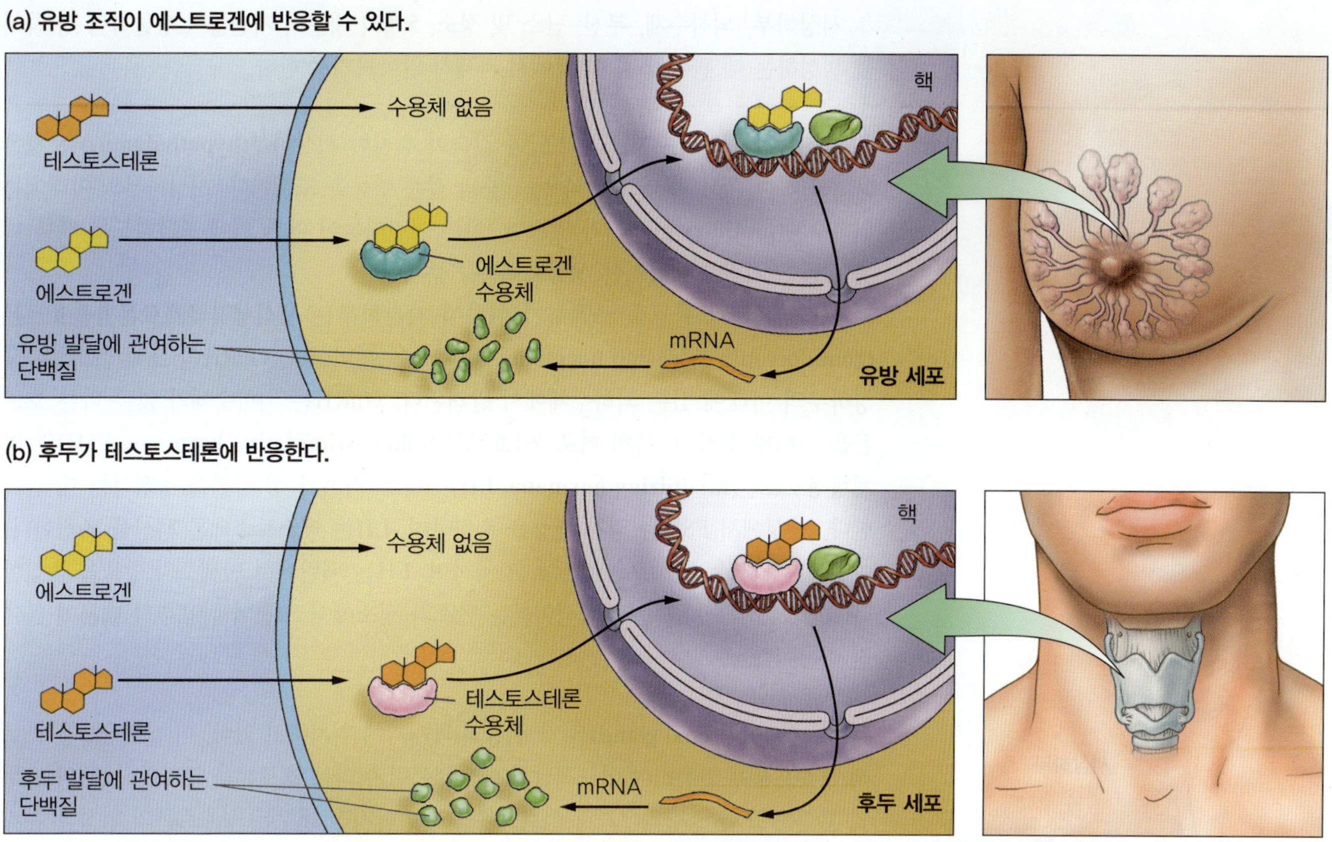

그림 20.2 성호르몬. (a) 여성에서 생산된 에스트로겐은 유방 조직을 구성하는 세포로 들어가서 그 수용체에 결합한다. 에스트로겐과 그 수용체는 함께 DNA에 결합하여서 사춘기에 유방의 생장과 발달에 필요한 유전자들의 전사를 증가시킨다. (b) 남성에서 테스토스테론은 후두의 세포에 들어가서 수용체에 결합하며, 이는 후두의 구조를 변화시키는 단백질의 생산을 증가시켜서, 후두가 만드는 소리가 바뀌고 결과적으로 남성의 목소리가 굵어지게 된다.

시각화 ▲

여성의 유방과 후두 조직은 테스토스테론의 존재에 대하여 어떻게 반응하는가?

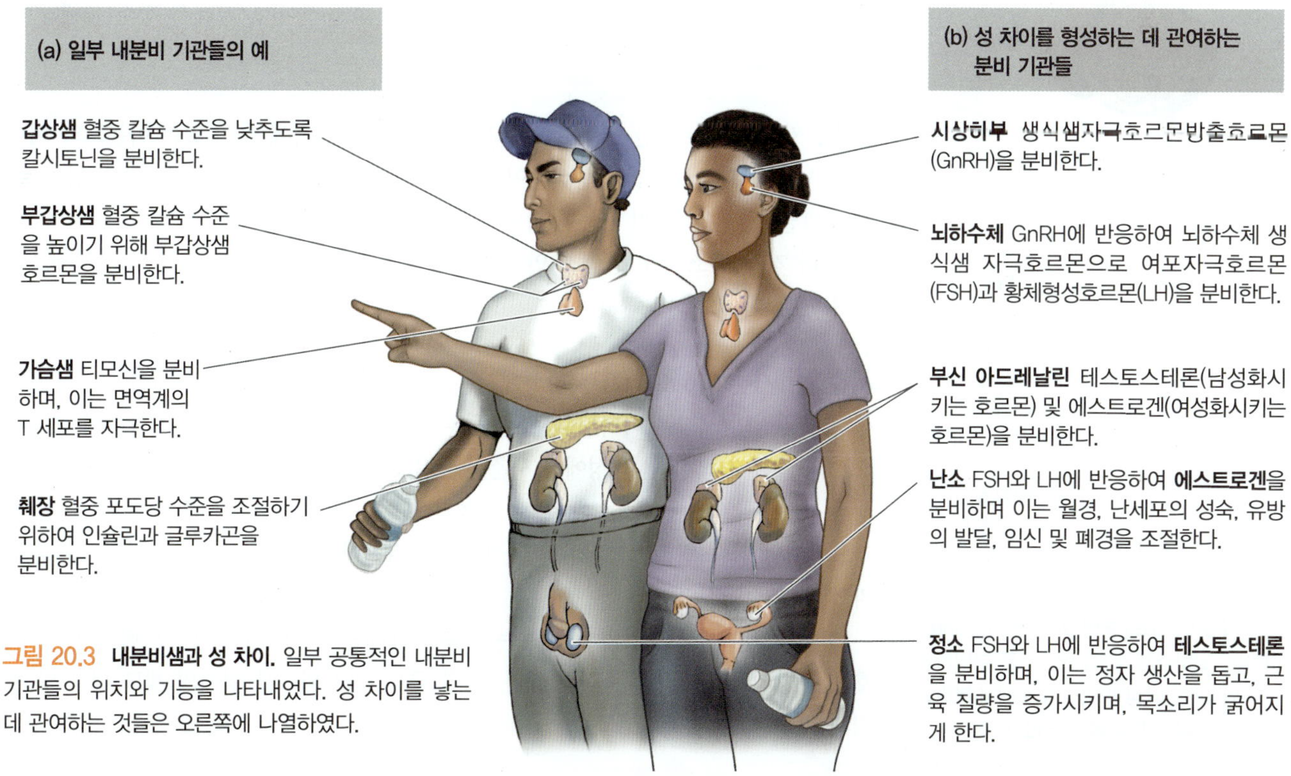

그림 20.3 내분비샘과 성 차이. 일부 공통적인 내분비 기관들의 위치와 기능을 나타내었다. 성 차이를 낳는 데 관여하는 것들은 오른쪽에 나열하였다.

시상하부, 뇌하수체, 부신, 난소 및 정소, 5개의 내분비 기관들이 생물학적 성 차이를 생성하는 데 관여하며, 이 장에서 자세히 알아보기로 한다.

시상하부와 뇌하수체. 뇌의 안쪽 깊숙이 위치한 **시상하부(hypothalamus)**는 체온을 조절하며, 생식과 더불어 식욕, 갈증과 같은 행동을 조절한다. 시상하부의 아래에는 **뇌하수체(pituitary gland)**가 있으며, 이는 어린이들이 어른 키에 도달하도록 뼈를 비롯한 많은 기관에 작용하는 생장호르몬을 분비한다.

생식계(통)의 활동을 조절하기 위하여 시상하부는 **생식샘자극호르몬방출호르몬(gonadotropin-releasing hormone, GnRH)**을 분비한다. GnRH의 표적세포들은 시상하부의 아래에 있는 뇌하수체에서 발견된다. GnRH는 뇌하수체가 많은 다른 호르몬을 분비하게 하며, 특히 **여포자극호르몬(follicle-stimulating hormone, FSH)**과 **황체형성호르몬(luteinizing hormone, LH)**, 이 두 가지가 성 차이를 형성하는 데 관여한다. 남성에서 FSH는 정자 생산을 촉진하며, LH는 테스토스테론 생산을 촉진한다. 여성에서 FSH는 난세포의 발달을 자극하며, LH는 배란에서 난세포의 방출을 촉진한다(그림 20.4). GnRH는 생식샘이라는 난소와 정소에서 그것이 작용하기 때문에 붙여진 이름이다.

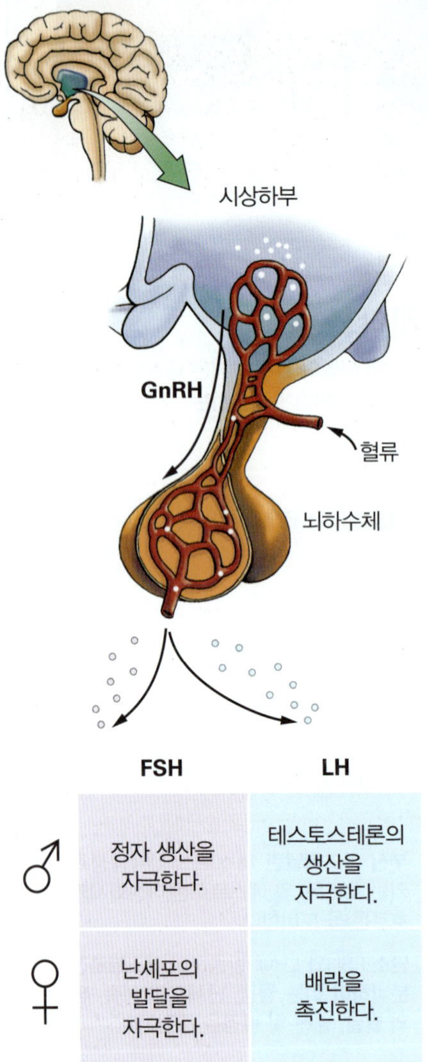

그림 20.4 FSH와 LH의 분비. 시상하부는 GnRH를 분비하며, 뇌하수체가 FSH와 LH를 분비하게 한다. FSH와 LH는 남성과 여성 모두에서 분비되지만 각 성에서 다른 반응을 자극한다.

부신. **부신(adrenal gland)**은 각 신장의 꼭대기에 위치하고 있다. 이 분비샘들은 스트레스나 흥분에 반응하여 아드레날린(에피네프린)이라는 호르몬을 분비한다. 남녀 모두의 부신은 또한 소량의 2가지 성호르몬을 분비하지만 대부분 성호르몬의 합성과 분비는 생식샘에서 일어난다.

정소. 쌍으로 이루어진 **정소(testes)**는 인간과 다른 포유류 수컷에 달린 음낭에 들어 있는 타원형의 기관이다. 정소는 웅성호르몬 또는 **안드로겐(androgen)**으로 테스토스테론을 분비한다. 테스토스테론은 정자 생산, 근육 질량 증가 및 굵은 목소리를 야기한다. 정자 생산은 체온보다 낮은 온도에서 가장 효율적이다. 그래서 정소는 체강 밖에 음낭에 들어 있다.

난소. 쌍으로 이루어진 난소의 모양과 크기는 껍데기 속에 들어 있는 아몬드와 비슷하다. 난소는 에스트로겐을 생산하여 분비한다. 에스트로겐은 월경, 난세포의 성숙, 유방의 발달, 임신, 생식이 가능한 나이 이후에 폐경기라고 하는 월경의 단절 등 여성 몸의 여러 기능을 조절한다. 난소 안에는 배란될 난세포로 성숙할 수 있는 모든 세포가 들어 있다.

사춘기. **사춘기(puberty)**는 남성에서는 정자 생산의 시작을, 여성에서는 난세포의 성숙과 월경의 시작을 나타낸다. 소년들은 9~14세 사이에 사춘기를 시작하며 평균적으로 13세에 시작한다. 남성에서 사춘기는 음경과 정소의 확대를 비롯하여, 전체적인 생장 급등, 골격과 근육의 생장으로 어깨가 넓어지고 히프가 좁아진다. 그리고 음모, 겨드랑이와 가슴 털 및 수염의 모발 생장이 달라진다. 또한 목소리가 굵어지도록 후두와 성대가 길어진다.

소녀에 있어서 사춘기의 첫 신호는 보통은 11세쯤, 8~13세 사이에 나타난다. 그 신호는 유방의 발달, 지방 축적의 증가, 생장 급등, 음부와 겨드랑이의 체모 생장 및 월경의 시작이다.

없다. 이 피부 아래에는 불수의적인 평활근육이 있으며, 이는 신체에 대한 정소의 상대적 위치를 조절하여서 정소의 온도가 정자의 생산에 가장 적합하게 해준다. 추우면 음낭은 수축하여서 정소가 몸에 더 가깝게 해준다.

이외에 정소는 또한 **안드로겐(androgen)**을 생산한다. 각 정소 내부에는 **세정관(seminiferous tubule)**이라고 하는 많은 고도로 꼬인 관들로 구성되어 있으며, 여기에서 정자가 생산된다. 세정관은 **라이디히세포(Leydig cell**, 간질세포**)**라고 하는 호르몬을 생산하는 세포들이 풍부한 결합조직에 의해서 고정되어 있다. 정자를 형성하는 과정은 약 60일이 소요되며 세정관에서 시작된다. 세정관에서부터 정자들은 꼬인 **부정소(epididymis)**로 들어가며, 이는 약 6 m 관으로 각 정소의 상단에 놓여 있다. 정자가 20여 일 동안 부정소를 통과하면서 정자들은 움직일 수 있게 된다.

사정을 하는 동안 정자들은 부정소로부터 **수정관(vas deferens)**이라는 정자를 운반하는 관으로 밀려나간다. 각각의 관은 평활근으로 덮여 있으며 연동수축(파동수축)을 할 수 있어서 관을 통하여 정자를 몰아낸다.

몇 가지의 샘들이 발달 중인 정자가 생식계의 관을 통과하는 동안 분비물을 첨가한다. **정낭(seminal vesicle)**은 샘으로 점액과 정자가 에너지로 사용할 당을 분비한다. **전립샘(prostate)**은 영양소가 풍부한 묽은 우유 빛 흰 액체를 요도로 분비한다. **요도구샘(bulbourethral gland)**은 한 쌍의 작은 샘으로 전립샘과 음경 사이의 요도의 아래에 놓여 있다. 사정이 일어나기 전에 이 샘들은 맑은 점액을 분비하여 요도에 혹시 남아 있는 산성 오줌을 중화시키는 것을 돕는다. 정자와 이 분비물들이 **정액(semen)**을 이루며, 정자는 여성의 생식계 내부에서 5일까지 생존할 수 있다.

여성 생식계의 해부학적 구조. 그림 21.3은 여성 생식계의 해부학적 구조를 보여주고 있다. 여성의 외부 생식기의 가장 뚜렷한 특징은 **음문(vulva)**이라는 구조이다. 음문은 두 세트의 **음순(labia)**으로, 바깥쪽에 지방질이며 털이 난 외표면을 가진 **대음순(labia majora)** 그리고 안쪽에 지방도 털도 없는 **소음순(labia minora)**을 가지고 있다. 음문의 앞쪽에는 여성의 성적 각성에 중요한 기관인 **음핵(clitoris)** 주변에서 소음순이 나누어진다.

접힌 음순들 사이에는 요도의 개구가 있어서 여성에서 방광으로부터 오줌의 통로로 사용된다. 여성에서 요도(평균 4 cm)는 남성(평균 18 cm)에 비하여 짧다. 부분적으로 이 길이 차이로 인해서 여성은 방광 감염에 민감한데 그 이유는 세균이 외부로부터 들어가는 거리가 더 짧기 때문이다. 요도 개구의 몇 cm 아래에 질구가 있다.

내부 생식기를 구성하는 기관으로는 난소, 질, 자궁 및 난관이 있다. 난소는 배우자를 생산하며,

시각화 ▼

여성은 남성보다 골반 감염이 더 잘 발생한다. 세균이 외부로부터 난관을 통해서 골반강의 개구로 가는 통로를 추적하라.

(a) 측면도

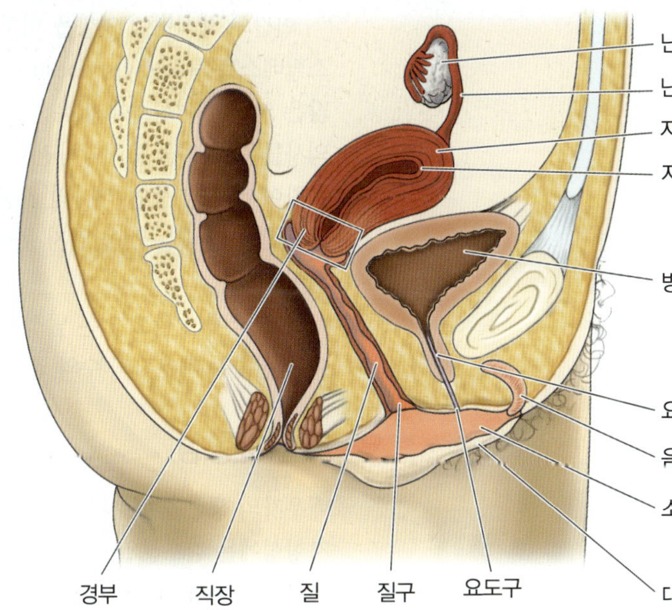

(b) 전면도

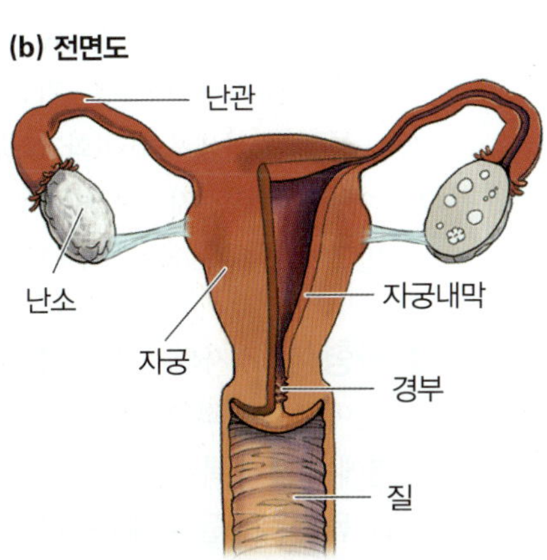

그림 21.3 **여성 생식계의 해부학적 구조.** 여성 생식계의 (a) 측면도와 (b) 전면도.

생식기간 동안 여성의 온몸을 순환하는 성호르몬을 분비한다. 난소의 크기는 호두 정도이지만, 출생 시에 각각 약 100만 개의 난자를 가지고 있다. 각 월경주기마다 한두 개의 난자가 성숙하여서 **여포(follicle)**라는 구조로부터 방출된다. 여포는 액체로 채워진 주머니로 발달 중인 난자를 가지고 있으며, 호르몬으로 에스트로겐을 분비한다. 배란시기에는 여포가 물집처럼 터지면서 난자를 방출한다. 난자를 방출한 여포의 나머지 부분은 **황체(corpus luteum)**라고 하며, 황체는 에스트로겐과 황체호르몬을 분비한다.

질(vagina)은 주로 자궁으로 들어가고 나오는 통로로서 작용하는 근육질 기관이다. **자궁(uterus)**은 주먹만한 크기이다. 자궁벽은 약 1 cm로 두터우며 인체에서 가장 강력한 근육으로 구성되어 있다. 이 근육질 벽은 산통과 출산이나 오르가즘 동안에는 율동적인 수축을 한다. 자궁벽의 안쪽 표면을 **자궁내막(endometrium)**이라고 하며, 이는 월경주기 동안에 그 두께가 변한다. 자궁의 아래쪽 삼분의 일 정도는 윗부분에 비하여 좁은데 이를 **경부(cervix)**라고 한다.

난관(oviduct, 수란관)은 자궁 상부 표면의 확장 구조이다. 이 관들은 자궁의 몸통으로부터 난소를 향하여 확장된 것이며, 난소는 복강 내에 달려 있다. 난관은 난소에 직접 부착되어 있지는 않으며, 그 끝이 난소의 표면을 쓰다듬는 솔과 같은 구조로 되어 있다. 이 동작은 난관 내의 빨아들이는 작용과 더불어 난소에서 방출된 난자를 난관 속으로 운반한다.

인간의 생식력에 영향을 미치는 내분비 교란물질로 가장 잘 연구된 사례는 디에틸스틸베스트롤(diethylstylbestrol, DES)이라는 화학물질이다. 1938년에서 1971년까지 많은 임신한 여성들에게 유산을 방지하기 위하여 이 합성 약물을 투여하였다. 그러나 의사들은 이 약물을 처방하면서도 이 약물이 여성 호르몬인 에스트로겐의 모사물로 작용하여서 발생 중인 태아의 자궁 발달에 변형을 야기하여 임신 유지를 더 못하는 자궁 기형이 된다는 것을 알지 못하였다. 이 약물을 섭취한 여성의 딸들은 약 24%가 불임이다.

선진국에서 살고 있는 남성에서 정자 수가 감소하고 있다. 내분비 교란물질이 사람이 생산하는 배우자의 수와 질에 영향을 미칠 수 있을까?

배우자형성

배우자의 생산을 **배우자형성(gametogenesis)**이라고 한다. 남자와 여자에 있어서 배우자형성에는 감수분열 과정이 관여하며, 이는 세포분열의 한 종류로 염색체의 수가 반으로 줄어든다. 사람의 체세포는 46개의 염색체를 가지고 있기 때문에 사람에서 감수분열은 23개의 염색체를 가진 배우자를 생산한다. 46개의 염색체를 가진 사람의 체세포는 2배수체(2n)이며, 감수분열로 생산된 배우자는 반수체(n)이다.

감수분열 자체만으로는 기능적인 배우자를 생산하기에 충분하지 못하다. 배우자형성을 통하여 성세포에 변화가 생겨서 이들이 수정에 참여할 수 있는 배우자로 성숙한다. 예를 들어, 정자세포들은 운동성을 갖게 되고, 난자세포들은 크기가 자라고 초기배의 발달에 필요한 영양분의 함량을 증가시킨다.

정자형성. 정자의 생산을 **정자형성(spermatogenesis)**이라고 하며 사춘기에 정소에서 일어나기 시작한다(그림 21.4a). 세정관의 벽을 이루고 있는 세포들은 먼저 체세포분열에 의해서 복제되며, 생산된 두 딸세포 중 하나가 감수분열을 진행한다. 정자의 발달을 돕는 세포들을 **세르톨리세포(sertoli cell)**라 하며, 이 역시 세정관에 위치하고 있

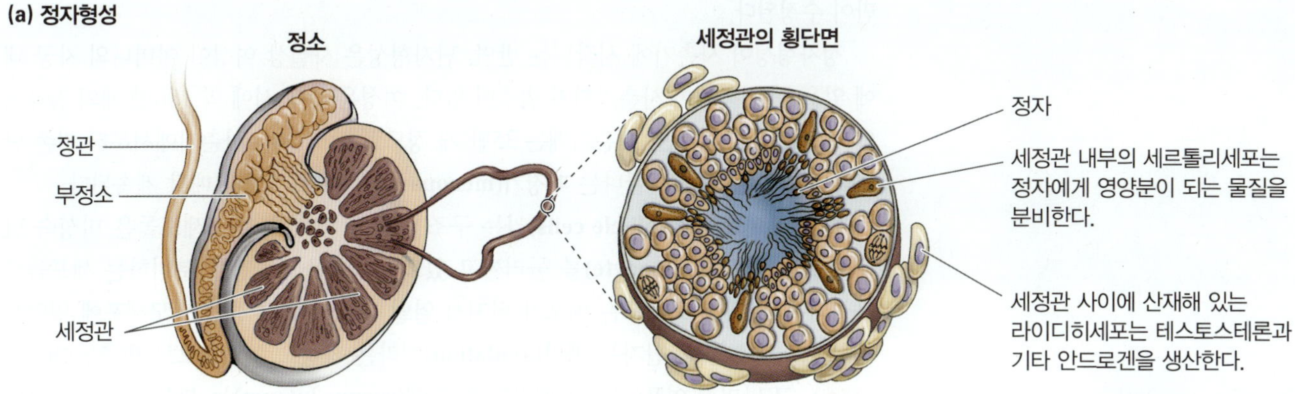

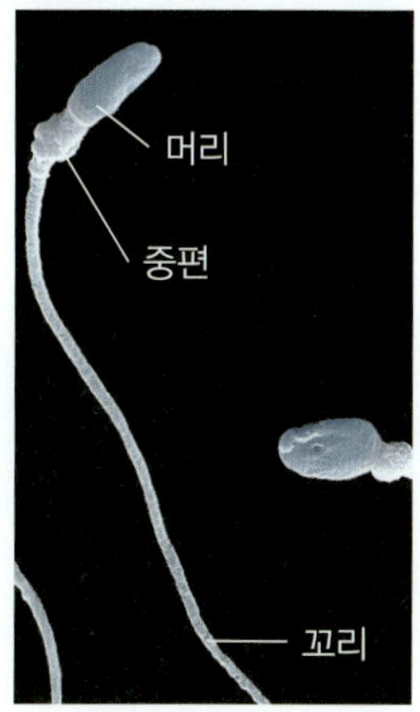

그림 21.4 정자형성. (a) 정자는 각 정소의 세정관에서 생산된다. (b) 정자의 머리는 DNA를 가지고 있다. 중편은 편모 또는 꼬리에 에너지를 공급하기 위한 미토콘드리아를 가지고 있다.

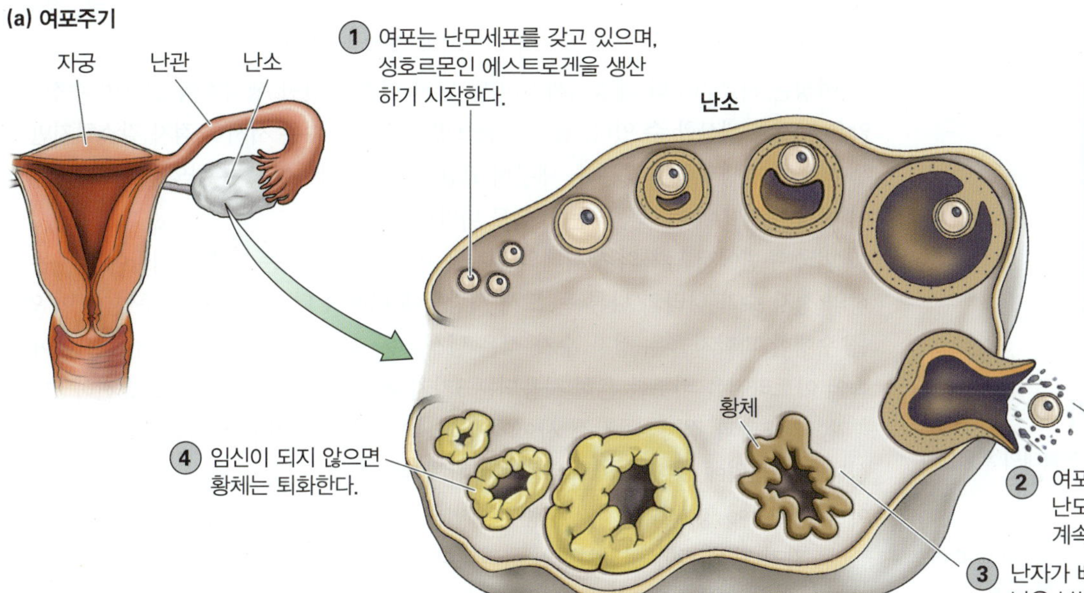

시각화 ▲

이 그림에서 여포의 발달은 난소 내에서 시계방향으로 이동하면서 일어나는 것으로 보인다. 당신은 이것이 실제로 발달이 일어나는 방식을 보여준다고 생각하는가? 아니면 이것은 시간이 가면서 일어나는 변화를 보여주기 위한 방편으로 그렇게 묘사한 것인가?

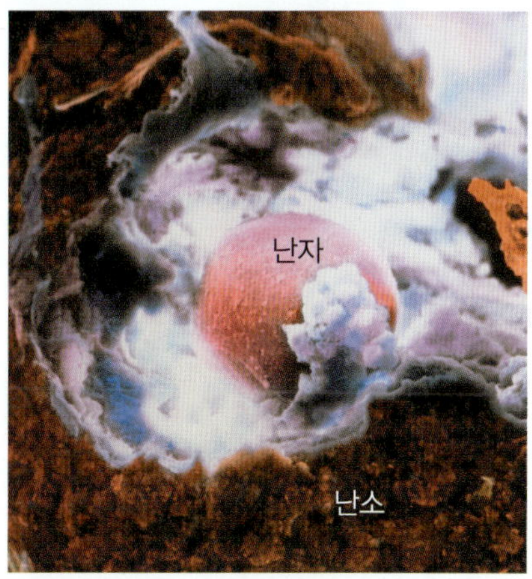

그림 21.5 난자형성. (a) 한 월경주기 과정을 통해 1개의 여포가 배란을 위해서 자라고 발달한다. (b) 배란하는 동안 난자는 난소에서 터져 나온다.

다. 이 세포들은 이어서 정자가 성숙하는 데 도움을 주는 물질을 분비한다. 성숙한 정자는 DNA를 함유하는 작은 머리, 정자가 수란관까지 도달하는 데 에너지를 공급하는 미토콘드리아를 안쪽에 가지고 있는 중편, 정자를 움직이게 하는 꼬리(편모)로 이루어져 있다(그림 21.4b). 정자 머리의 끝부분에는 **첨체(acrosome)**가 있다. 첨체는 정자가 난자세포로 들어가는 통로를 확보하는 데 도움을 주는 소화효소를 함유하고 있다.

난자형성. **난자형성(oogenesis)**이라고 하는 여성 배우자의 형성과 발달은 난소에서 일어나며 결국 난자세포가 만들어진다(그림 21.5a). 여성의 생식 수명을 통하여 이 난세포들 중 매우 적은 일부분만이 배란되며, 그보다 더욱 적은 일부분

oo- 그리스어의 알에서 유래하였다.

-genesis 세대 또는 출생을 의미한다.

만이 수정된다.

정자형성이 사춘기에 시작되는 반면, 난자형성은 사실상 여성이 어머니의 자궁 내에 있을 때 시작되어 사춘기까지 멈추어 있다. 여성은 출생 시에 약 100만 개의 잠재적인 난모세포를 갖지만, 사춘기에는 35만 개 정도로 감소한다. 사춘기에서부터 기존 난자들의 발달은 월경이 끝나는 **폐경기(menopause)**에 이르기까지 매달 계속된다.

난소는 **여포세포(follicle cells)**라는 구조를 갖고 있으며, 여포세포들은 미성숙 난세포 또는 **난모세포(oocyte)**를 둘러싸고 있으면서 에스트로겐을 분비하는 세포들로 구성되어 있다. 여포세포는 여포가 터져서 열릴 때까지 발달 중인 난모세포에 영양을 공급하고 보호한다. 난자는 **배란(ovulation)**이라는 과정으로 난관으로 방출된다(그림 21.5b). 그 나머지 여포(난자가 배란된)인 **황체(corpus luteum)**는 생식 호르몬을 분비하지만 수정이 일어나지 않으면 약 10일 후에 퇴화한다.

배란 후에 난자는 난관 속으로 이동하며, 거기에 정자가 있다면 수정이 일어날 수 있다. 수정이 되지 않으면 핀의 머리만한 제2난모세포가 난소에서 난관, 자궁, 경부를 통과하여 이동하는데 3일이 걸리며 월경액과 함께 몸 밖으로 배출된다.

여성은 사춘기부터 폐경기까지 매달 단지 며칠 동안만 생식력이 있으며 수정되지 않은 난자를 생산할 수 있다. 남성은 늙으면서 정자의 수는 서서히 점차 감소하지만 일생을 통하여 생식력을 갖는다. 내분비 교란물질을 포함하여 많은 다양한 화학물질들이 이 정자 수의 감소를 촉진하는 것으로 나타나 있다.

미국 주변에서 남자의 생식계의 건강을 비교한 한 연구는 미주리 시골에서 사는 남성의 정자 수가 나라의 다른 큰 도시 사람들에 비하여 더 적음을 보여주었다. 이 연구를 수행한 과학자들은 정자 수가 적은 남성들은 정자 수가 많은 사람들에 비하여 몸속에 아트라진을 비롯한 흔히 사용되는 3가지 농약의 수준이 더 높음을 발견하였다.

농약 노출과 정자 수 감소 사이에 인과관계가 발견되기는 하지만 정자 수 감소가 실제로 생식력에 영향을 미치는지를 확립해야만 한다. 농약 노출이 그 사람들이 가진 아이들 숫자에 영향을 미치기에 충분할 만큼 정자 수를 감소시키지는 않을 수도 있다.

두 가지 가장 흔한 성전염병인 클라미디아와 임질은 수정 능력 저하와도 관련이 있다(그림 21.6). 성적으로 활동적인 사람들, 특히 여성에 있어서 이들 두 질환은 현저한 증세가 없기 때문에 그 원인 세균에 감염된 것을 모르는 것이 보통이다. 이로 인해서 치료가 지연되면 세균이 경부와 자궁 상부를 통해서 난관까지 올라갈 시간을 주게 되며, 조직을 손상시키는 감염을 일으켜서 영구적인 흉터 형성과 막힘이 발생한다. 이 질환을 골반염이라 하며 감염자 중 10% 이상이 영구적 불임이 된다. 다른 성전염병에 대하여 알아보려면 표 21.1을 참조하라.

내분비 교란물질에 노출과는 관련이 없지만 클라미디아와 임질은 가장 예방 가능한 불임의 원인이다. 내분비 교란물질 노출에 의해서 영향을 받는 불임의 원인중 하나는 월경주기와 관련된 것이다.

월경주기

월경주기(menstrual cycle)라는 용어는 특히 자궁 내에서 일어나는 변화를 일컫는다. 월경주기를 한 번 맞이할 때마다 여성의 몸은 수정에 대비하여 하나의 난자를 준비하고, 임신 가능성을 위해 자궁을 준비시킨다. 임신이 되지 않으면 자궁 내면은 **월경(menstruation)** 동안 밖으로 배설되며 새로운 주기가 시작된다.

그림 21.7은 28일 주기로 일어나는 호르몬 함량, 난소 및 자궁내막의 상태 변화를

데이터로 해결하기

이들 각 질병에 대하여 어느 연령대의 위험도가 가장 높은가?

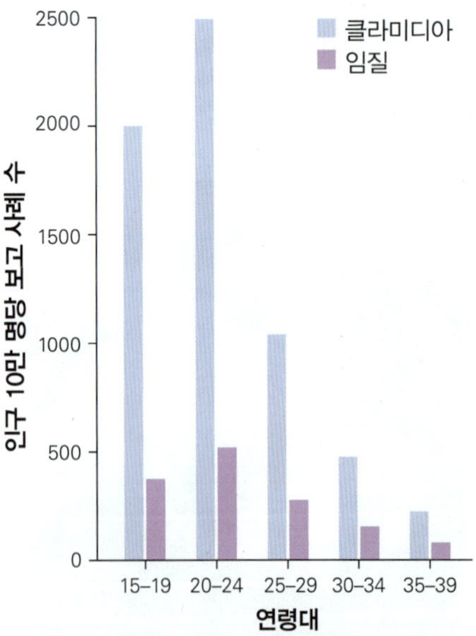

그림 21.6 **2012년 클라미디아와 임질 감염률.** 질병관리본부가 제공한 데이터로 미국에서 보고된 인구 100,000명당 클라미디아와 임질 감염 사례 수를 보여주고 있다.

표 21.1 성병 감염. 흔한 성전염병의 원인, 증상, 처방 및 예방

세균성 병원체	일반 정보	증세	처방과 예방
클라미디아 **원인:** ***Chlamydia trachomatis*** 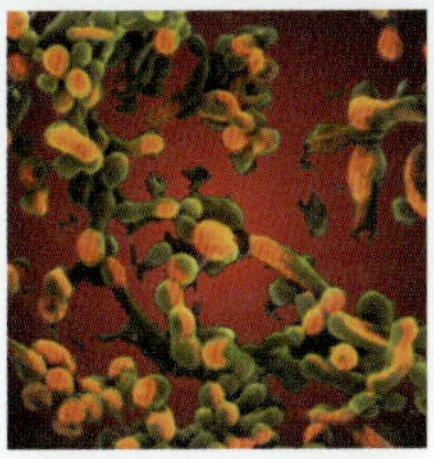	여성의 요도, 경부 및 난관과 남성의 요도에 감염	골반 통증, 액체 분비	• 항생제로 치료 • 콘돔 사용으로 전염 감소
임질 **원인:** ***Neisseria gonorrhoeae*** 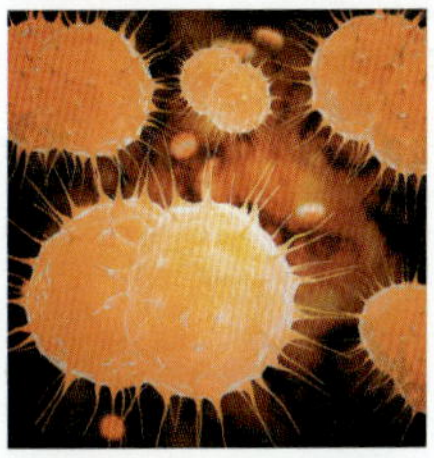	"성병"으로 알려져 있으며 출생 동안 어머니로부터 신생아로 전염 가능	음경 또는 질로부터 끈적한 분비물	• 항생제로 치료 • 콘돔 사용으로 전염 감소
매독 **원인:** ***Treponema pallidum*** 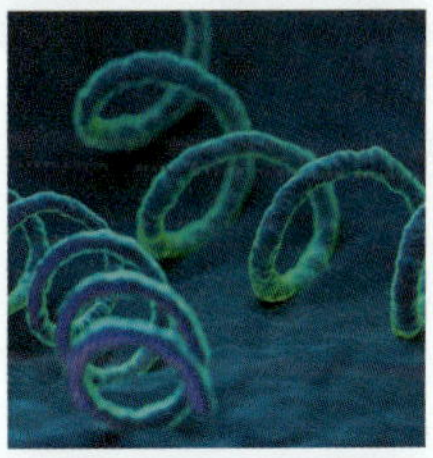	감염 통증 또는 하감 질, 음경, 항문, 직장, 입술 및 구강에서 발견됨	치료하지 않을 경우, 신경계 문제 발생, 마비상태 및 사망 가능성이 있음.	조기 발견 시 항생제로 치료 가능
바이러스성 병원체	**일반 정보**	**증세**	**처방과 예방**
AIDS **원인: 사람 면역결핍 바이러스(HIV)** 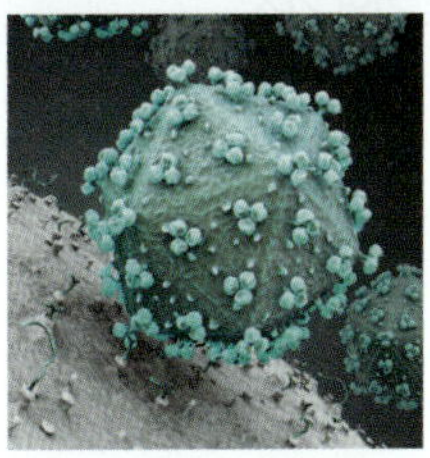	구강, 항문, 질 성교 및 수혈로 전염	시간이 가면서 면역계를 약화시키며 마지막에는 심각한 조직 및 기관 손상	• 복합 약물 처방으로 질환의 진전을 중지시킬 수 있지만, 치유 불가능 • 콘돔을 사용하면 전염 가능성 감소
생식기 혹 **원인: 사람 유두종 바이러스(HPV)** 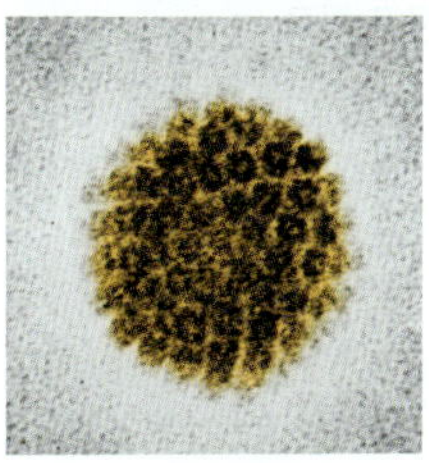	구강, 항문 및 질 성교로 전염	• 음부, 음경, 음문, 또는 질에 종양 또는 혹 • 일부 HPV는 생식기 혹을 다른 종류는 경부 암을 야기	• 많은 균주가 백신으로 예방 가능 • 콘돔 사용으로 전염 감소

계속

표 21.1 성병 감염. (계속)

바이러스성 병원체	일반 정보	증세	처방과 예방
B형 간염 **원인: B형 간염 바이러스(HBV)** 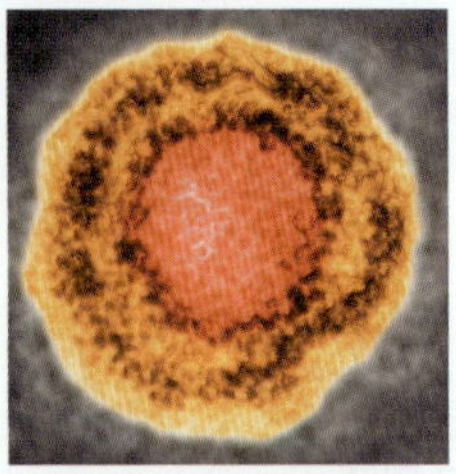	• 혈액과 기타 체액을 통하여 전염 • 출산 동안 산모로부터 신생아로 감염 가능	염증과 간에 흉터형성(경변), 치명적임.	• 예방접종으로 방지 • 콘돔 사용으로 전염 감소
포진 **원인: 2종의 단순 포진 바이러스** 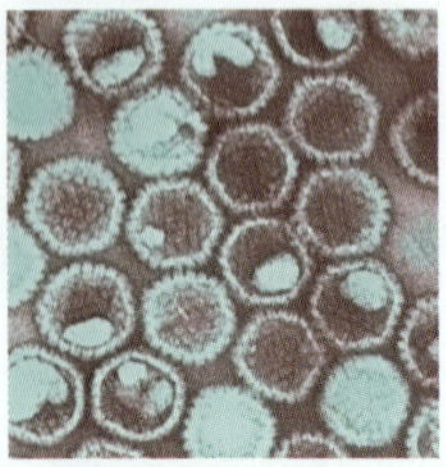	키스 또는 구강, 질 및 항문 성교에 의한 피부간 접촉으로 전염	• 구강 또는 얼굴에 단순 포진 • 음부 포진은 음부에 포진	• 항바이러스 약물로 증세 약화; 완치는 불가 • 콘돔으로 전염 감소
곤충, 원생동물 및 진균성 병원체	**일반 정보**	**증세**	**처방과 예방**
사면발이 **원인: *Pediculus pubis*(곤충)** 	피부간 접촉 또는 오염된 수건이나 옷을 통해 전염	감염 후 약 5일부터 음부 가려움증	이를 죽이는 약물로 감염 부위를 세척하여 치료
트리코모나스증 **원인: *Trichomonas vaginalis*(원생동물)** 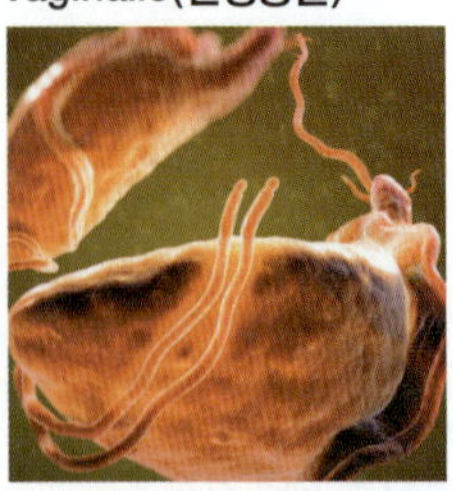	구강, 항문 및 질 성교로 전염	• 여성에서 질로부터 황록색 거품이 나오며, 질 가려움증 • 일부 남성에서 배뇨 또는 사정 후 요도에 염증 감지	• 항생제로 처치 • 콘돔으로 감염 감소
효모 감염 **원인: *Candida albicans*(곰팡이)** 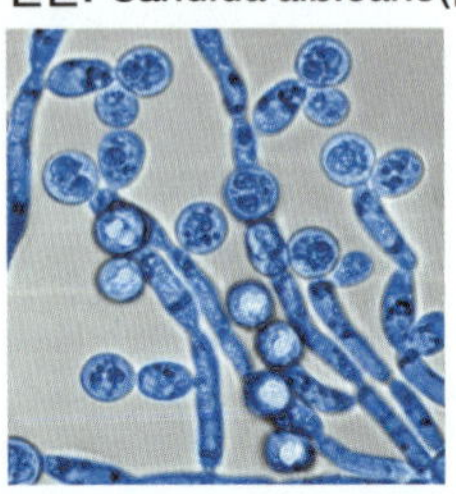	• 여성의 생식 통로에 정상적인 서식자 • 항생제 사용으로 질의 정상적인 생물상이 고갈되면 효모가 급증됨	여성에서 질로부터 짙은 흰색 분비물, 질 가려움증	항진균 약물로 치료

나타낸 것이다. 대부분 여성의 몸은 정확히 28일 주기에 고정되어 있지는 않고, 일부 여성은 더 긴 주기를 갖고 다른 여성은 더 짧은 주기를 갖기도 한다. 월경주기의 첫날은 실제 출혈이 있는 첫날로 계산한다.

우리는 20장에서 뇌에 위치하고 있는 시상하부는 생식샘자극호르몬 방출호르몬(GnRH)을 분비하며, 이것이 뇌의 다른 내분비구조인 뇌하수체를 자극하여서 여포자극호르몬(FSH)과 황체형성호르몬(LH)을 방출하게 한다는 것을 배웠다. 남성에서 FSH와 LH는 정자의 생산에 관여하며, 여성에서 이 호르몬들은 난자세포의 발달과 배란을 조절하는 것을 돕는다.

다른 많은 생물학적 과정과 마찬가지로 월경주기는 자기 조절되며 되먹임(feedback)에 반응하여서 작동된다. 높은 수준의 에스트로겐은 시상하부에 양성되먹임을 제공한다. 시상하부는 GnRH를 방출하며, 이는 뇌하수체에 작용하여 FSH와 LH의 분비

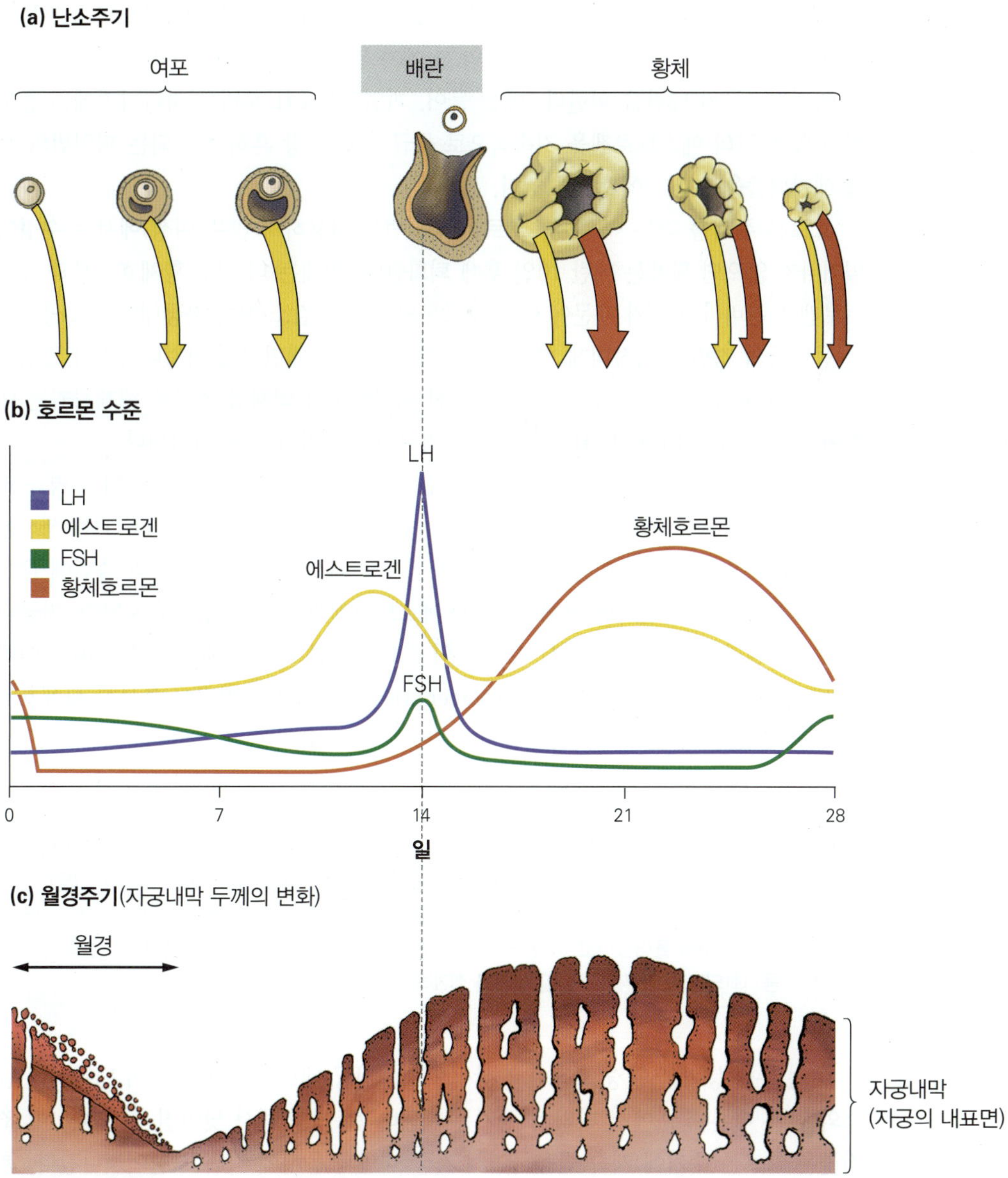

그림 21.7 **월경주기.** 월경주기 과정을 통하여 호르몬 수준의 변화가 (a) 난소 여포의 상태, (b) 호르몬의 수준 및 (c) 자궁의 상태와 연관되어 있다.

를 증가시킨다. 이와 같은 방식으로 FSH와 LH의 농도가 점진적으로 증가한다. 반대로, 높은 수준의 **황체호르몬(progestrone)**은 시상하부에 음성되먹임 효과를 가지고 있어서 GnRH 분비를 감소시키며, FSH와 LH의 농도가 감소하게 된다.

여성이 월경을 할 때는 자궁내막 조직이 떨어져 나가며 경부와 질을 통하여 방출된다. 난소 내에서 여포는 FSH의 영향에 따라서 자라기 시작한다. 여포는 자라면서 에스트로겐을 생산한다.

여포의 크기가 충분히 자라면 GnRH의 방출을 자극하기에 충분한 에스트로겐을 생산한다. 이에 따라서 FSH와 LH의 농도가 모두 정점에 도달하며 그 상태가 24시간 정도 유지된다. 배란은 LH의 정점 후 10~12시간에서 일어나며, 일반적인 28일 주기에서 월경으로부터 약 14일 전에 일어난다.

배란 후 황체는 에스트로겐과 황체호르몬을 생산한다. 황체호르몬은 초기 배아의 발달을 지지하기 위하여 자궁 내면으로 혈류를 유지하는 데 도움을 준다. 또한 황체호르몬은 LH 생산이 계속되는 것을 억제함으로써, 결국 LH가 자극한 난소의 호르몬에 의해 LH 파도가 억제되는 음성되먹임의 한 예가 된다. 일부 호르몬 피임법은 LH 파도를 방지함으로써 배란을 피한다. 예를 들어, 피임약은 LH 분비를 자극하기에는 충분하지 않은 양의 에스트로겐을 지속적으로 공급한다. 가장 흔히 사용되는 피임법의 작용 메커니즘을 표 21.2에 논의하였다.

호르몬 주기를 갖는 여성(즉, 호르몬 피임법을 사용하지 않는 여성)에서는 수정이 일어나지 않으면 황체는 배란 10일 후에 퇴화한다. 황체는 더 이상 황체호르몬과 에스트로겐을 분비하지 않기 때문에 이들 호르몬의 농도가 감소하며, 자궁내막으로 공급되는 동맥들의 경련이 시작되게 한다. 이에 따라서 자궁 내면이 떨어져나가면서 월경통의 원인이 된다. 황체호르몬의 감소는 또한 시상하부의 억제성 조절을 해제시키는 데 기여한다. 그래서 LH와 FSH의 농도가 증가하면서 주기가 다시 시작된다.

수정이 일어나면 자궁내막의 분해 과정은 정지된다. 초기 배아가 황체의 수명을 연장하는 사람융모성생식선자극호르몬(human chorionic gonadotropin, hCG)을 생산한다. 의사의 처방 없이 팔리는 대부분 임신 검사는 여성에서 이 호르몬의 출현에 대한 검사이다. 황체가 온전하면 황체호르몬과 에스트로겐의 농도가 높게 유지되며, 자궁내막이 유지된다. 임신한 여성에서 황체는 임신 12주이면 호르몬 생산을 중단하며, 이때가 되면 임신기간 동안 형성된 **태반(placenta)**이라는 내분비 기관이 충분한 황체호르몬을 생산하기 시작하여서 자궁내막의 표면을 스스로 유지한다.

쉬어가기 함께 사는 여성들은 흔히 월경주기가 동기화되었다는 보고를 한다. 달리 말하면, 매월 같은 시기 전후로 동시에 월경을 한다. 과학자들은 이것이 실제로 일어나는 것인지, 그렇다면 왜 그런지를 결정하기 위해서 노력하였지만 결과는 결론 단계에 이르지 못하고 있다. 4명의 가임 여성이 함께 이사해 들어왔다고 하자. 적절한 대조군을 포함해서, 시간이 경과하면서 이들의 월경주기가 동기화되는지 여부를 측정할 실험을 설계해 보라.

여성 수태 능력은 월경 조직이 정상적으로는 자궁 내면을 이루는 것이 난관이나 난소와 같은 다른 장소에서 자라서 생기는 **자궁내막증**에 의해서 낮아질 수 있다. 이 조직들은 호르몬 주기에 계속 반응하여서 자궁 내면과 동시에 자라고 떨어져나간다. 통증이 심할 뿐만 아니라 자궁내막증은 난관에 흉터를 만들고 염증을 일으킬 수 있으며 배란을 교란시킬 수 있다. 다낭성 **난소증후군**은 또 다른 수태 능력 저조 요인으로 난

표 21.2 피임법. 다양한 피임법의 메커니즘, 위험도 및 효율. 뜻하지 않은 임신율은 방법을 지시된 대로 정확히 일관되게 사용한 것으로 가정한다. 퍼센트는 100명 여성 중 1년에 뜻하지 않은 임신을 한 수를 나타낸다.

	방법		작용 양식	위험률 및 효율
금욕	금욕		정자와 난자가 결코 마주치지 않는다.	• 위험 전혀 없음 • 뜻하지 않은 임신율 0%
호르몬법	복합 피임약		합성 에스트로겐과 황체호르몬의 계속 투여로 배란 방지	• 심장질환 증가 및 35세 이상 흡연 여성에서 태아 혈액 응고 위험 증가. 유방암 가능성 약간 증가. 성병 방지 못함 • 뜻하지 않은 임신율 6%
	미니 피임약	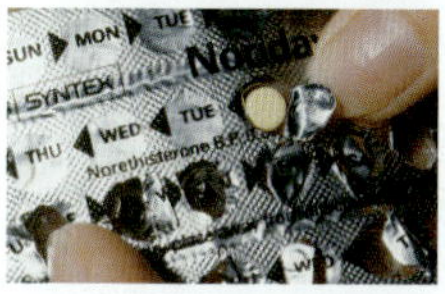	황체호르몬만을 함유. 경부 점액이 진하여서 정자가 올라가는 것을 방해하며, 자궁이 임신을 지지하도록 허용하지 않음.	• 난소 낭종 가능성 증가 • 성병 방지 못함 • 뜻하지 않은 임신율 6%
	비상 피임약		높은 함량의 호르몬이 정자가 난자에 도달하는 것을 방지, 수정된 난자가 자궁벽에 착상하는 것을 방지, 또는 배란을 방지한다. 이는 소위 "아침마다 먹는 약"으로 중절약인 미페프리스톤과 같지는 않다. 비상 피임약은 임신을 방지하지만 미페프리스톤은 확립된 임신을 중단시킨다.	• 성병 방지 못함 • 메스꺼움, 구토, 복부 통증, 피로, 두통 • 뜻하지 않은 임신율 20%
	패치	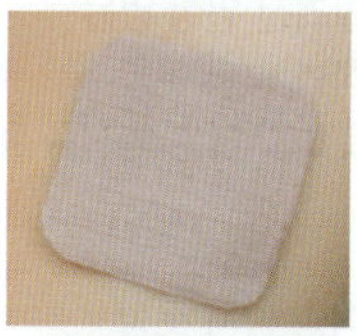	피부에 부착하면 배란을 억제하고 경부 점액이 짙어지게 하는 황체호르몬과 에스트로겐이 공급됨.	• 복합 피임약과 동일 • 성병 방지 못함 • 뜻하지 않은 임신율 9%
	질 고리	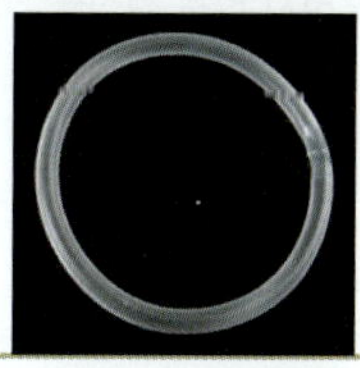	질에 삽입하면 배란을 방지하고 경부 점액이 짙어지게 황체호르몬과 에스트로겐을 공급함.	• 복합 피임약과 동일 • 성병 방지 못함 • 뜻하지 않은 임신율 9%
	주사법	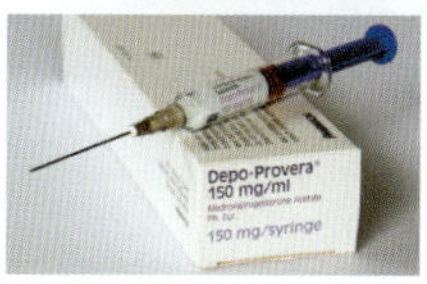	사용자들은 매 3개월마다 황체호르몬 주사를 맞아야 한다. 미니 피임약과 동일한 작용	• 불규칙한 질 출혈 • 성병 방지 못함 • 뜻하지 않은 임신율 6%
	임플란트	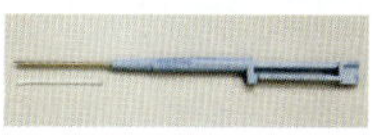	임플레논 같은 임플란트는 배란을 방지하고 경부 점액이 짙게 하는 황체호르몬이 분비됨.	• 불규칙한 질 출혈 • 성병 방지 못함 • 뜻하지 않은 임신율 1%

계속

표 21.2 피임법. (계속)

	방법		작용 양식	위험률 및 효율
차단법	경부 캡		성교 전에 경구에 씌우면 정자와 난자의 접촉 방지. 일반적으로 살정자제와 함께 사용	• 알려진 위험 없음 • 성병 방지 못함 • 뜻하지 않은 임신율 15%
	격막		성교 전에 질에 삽입하면 정자와 난자의 접촉 방지	• 알려진 위험 없음 • 성병 방지 못함 • 뜻하지 않은 임신율 12%
	스펀지		살정자제에 적신 스펀지를 정자와 난자의 접촉을 막기 위하여 경부에 맞춘다.	뜻하지 않은 임신율은 아이를 가진 적이 없는 여성에서 12%, 아이를 가진 적이 있는 여성에서 24%
	여성 콘돔	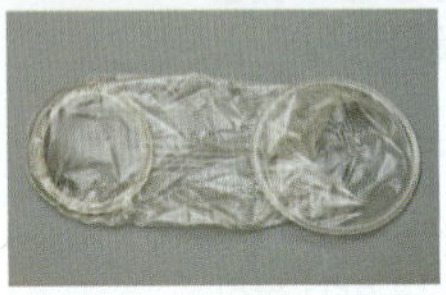	여성 콘돔은 유연한 고리로 경부에 고정시켜, 정자와 난자의 접촉 방지	• 알려진 위험 없음 • 뜻하지 않은 임신율 21%
	남성 콘돔		남성 콘돔은 음경에 씌워서 정자와 난자 접촉 방지	• 알려진 위험 없음 • 뜻하지 않은 임신율 18%
기타	살정자제	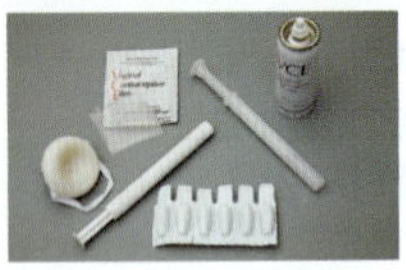	성교 1시간 전에 질에 삽입하면 정자를 죽임.	• 알려진 위험 없음 • 성병 방지 못함 • 뜻하지 않은 임신율 28%
	임신 경각심	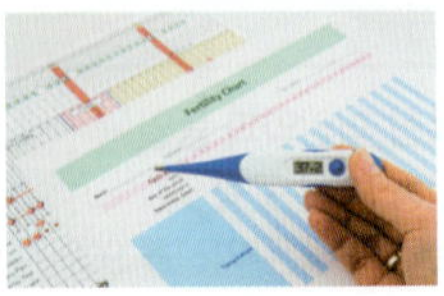	임신 경각심은 배란 시점 4일 전부터, 배란일, 배란 후 며칠간까지 금욕을 요함.	• 성병 방지 못함 • 뜻하지 않은 임신율 24%
	자궁내 피임기구	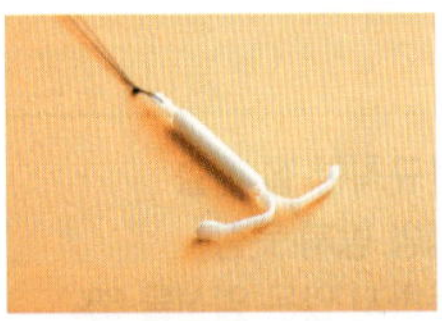	의사에 의해서 이 작은 플라스틱 기구를 자궁에 삽입하면 제거할 때까지 수정이 방지되며, 자궁이 임신을 지지하는 것을 방지함.	• 골반 염증질환의 증가 위험이 있음 • 임신이 되면 유산 또는 자궁외 임신 위험이 증가됨 • 뜻하지 않은 임신율 1%
	여성 불임법	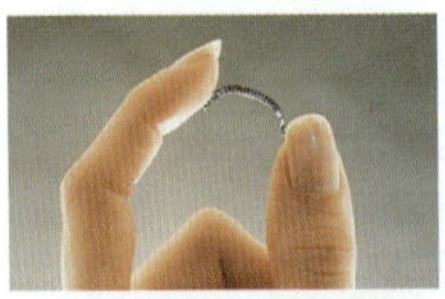	심하게 꼬인 관으로 난관을 영구적으로 봉쇄	• 성병 방지 못함 • 뜻하지 않은 임신율 0.5%
	남성 불임법 (정관절제)	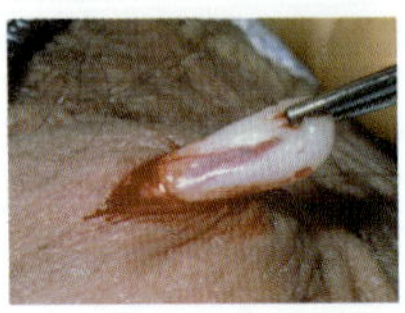	정관을 절단 또는 봉쇄하여 정액으로 정자가 사정되는 것을 방지	• 성병 방지 못함 • 뜻하지 않은 임신율 0.15%

소에 물주머니가 생겨 배란이 교란되었을 때 일어난다. 대부분 인간의 실험에서 예비적 증거는 가소제라는 플라스틱에 첨가하여 유연성과 휨을 유지하는 화학물질에 대한 노출과 이 증세 사이에 상관관계가 있는 것으로 보인다. 이 증세에서 가소제의 역할에 대한 과학적인 합의는 없는데도 불구하고 일부 사람들은 플라스틱 병에 물을 마시거나 플라스틱 용기에 음식을 가열하면 가소제에 노출이 증가될 것을 염려하고 있다.

생식의 문제는 일생 동안 한 사람이 경험한 독소에 대한 노출로 인해서 야기될 수 있다. 이 문제는 또한 발생 동안 생식 구조와 기타 구조가 형성되는 태내에서 경험한 노출의 결과로 생겨날 수도 있다.

21.3 인간의 발생

발생(development)은 수정 다음에 일어나는 일련의 사건으로 새로운 다세포 생물체의 형성을 유도한다.

수정

사정된 약 3억 개의 정자들 중 약 200개만이 난관에 있는 수정 위치까지 도달한다. 당초에 정자는 질 상부의 산성(낮은 pH) 조건에서 생존해야만 한다. 상부 질의 자연 산성도는 여성에서 세균 감염을 방지하는 데 도움을 주지만 정자를 죽일 수도 있다. 일부 정자들은 경부의 주름과 자궁벽에 달라붙고, 약 반 정도의 정자들이 자궁을 통과하여 배란된 난자가 들어 있는 난관으로 들어간다.

난관은 배란이 이루어지는 동안 스스로 근육이 수축하며, 이들 수축은 정자가 난관의 상부로 이동하여서 난자세포가 배란되기를 기다리게 한다. 정자 하나가 질의 상부에서 난관까지 이동하는 데 약 반 시간 정도가 걸린다.

수정이 일어나는 과정. 난관에 정자와 난자 모두가 존재하면 수정이 일어날 수 있다(그림 21.8). 먼저 정자세포들이 여포세포들을 통과하여 이동해야 하며, 그런 다음 정자들은 **투명대**라는 난자세포의 투명한 외피막을 통과해야 한다. 이 보호막층은 종 특이한 장벽의 역할을 한다. 난자를 생산한 암컷과 동일한 종의 수컷에 의해서 생산된 정자만이 투명대를 지나갈 수 있다. 그 이유는 투명대를 지나가려면 정자 머리에 특정한 수용체가 결합을 하여야 하기 때문이다. 정자 머리와 투명대의 결합은 정자 머리의 첨체에 존재하는 효소의 방출을 촉발한다. 첨체의 효소는 난자세포

시각화 ▼

정자와 난자가 서로 다른 종에서 왔을 경우 이 과정은 어느 단계에서 정지될까?

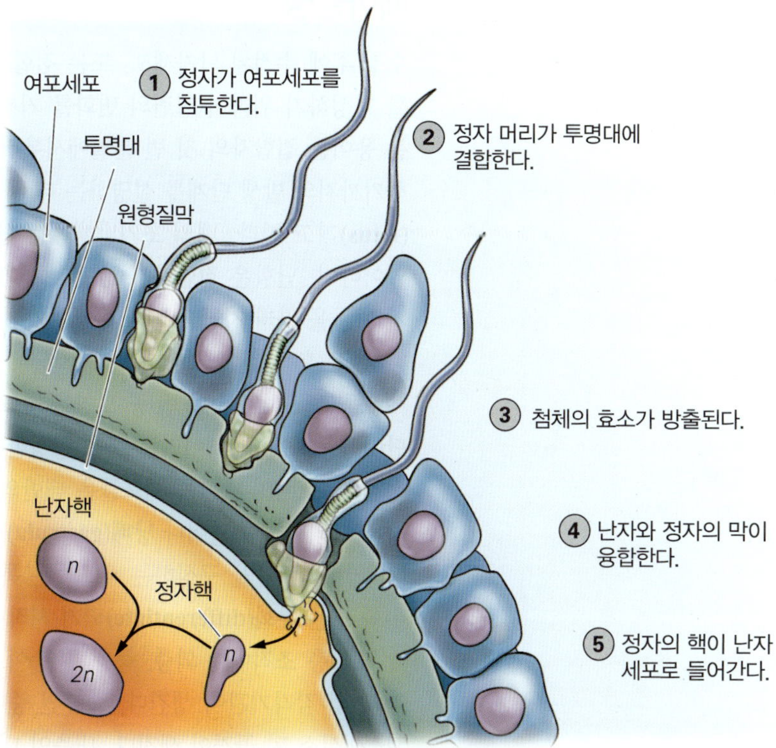

그림 21.8 **수정.** 정자세포들은 여포세포와 투명대를 통과해야만 원형질막과 융합하여 그 염색체를 넣어줄 수 있다.

의 투명대에 작용하여 투명대를 통과하여 난자세포의 원형질막에 도달하는 터널을 만들어준다. 일단 정자가 투명대를 통과하면 정자의 원형질막과 난자의 원형질막이 융합하며, 난자세포가 정자세포의 핵을 안으로 끌어들인다. 수정된 난자는 이제 초기발생을 위한 분열을 시작할 준비가 완료되었다.

환경의 화학물질은 수정 동안 정자가 난자에 결합하는 능력에 영향을 미칠 수 있다. 트리클로로에틸렌(trichloroethylene, TCE)은 공업용 용매로 금속에서 그리스를 제거하는 데 사용되며 많은 가정용품에서 발견된다. 이 화학물질은 금속-그리스 제거 공장의 공기 분사를 통해서 그리고 금속, 페인트, 세척용품, 전자제품 및 고무산업 공장의 폐수를 통해서 대량이 상수도로 들어간다. 연구를 통해서 기술자로 일하거나 세탁소에 근무하면서 TCE에 노출된 남성들은 TCE에 노출되지 않은 사람들에 비하여 비정상적인 모양을 한 정자의 수가 많음을 보여주었다. 비정상적인 정자들은 난자세포를 잘 수정하지 못한다.

쉬어가기 시골 남성에서 내분비 교란물질과 관련되지 않고, 낮은 정자 수와 농약 노출 사이의 상관관계를 설명할 대안 가설을 제시하라.

상관관계 연구는 상수도의 내분비 교란 화학물질이 사람 건강에 손상을 미친다는 결정적인 증거를 제공하지는 못하지만 여전히 관심과 주의가 요구되는 이유가 있을 것이다. 다음 절에서는 과학자들이 더 확신하고 있는 것으로 발생의 결정적인 시간대에는 미량의 화학물질에 대한 노출도 발생 중인 태아에게 엄청난 효과를 미칠 수 있음을 보여준다.

배아발생

수정 후에 수정된 난자세포, 또는 접합자는 성체 조직을 생산할 수 있는 다세포 구조를 형성하기 위하여 일련의 변화를 거친다(그림 21.9). 사람에서 **배(배아, embryo)**라는 용어는 접합자의 첫 번 분열에서부터 약 9주에 이르러 몸의 구조가 나타나기 시작하기까지의 발생 단계를 설명하는 데 사용된다. 이 이후부터는 발생 중인 인간을 **태아(fetus)**라고 한다. 배의 초기발생에는 **난할(cleavage)**이라는 일련의 빠른 세포분열이 일어나며, 난할은 접합자가 난관 내에 있는 동안에 시작된다. 이 분열은 다세포의 배가 난관을 따라 자궁으로 밀려 내려가면서 계속된다.

수정 후 며칠이 지나서 배가 자궁에 도착할 때에 배는 **포배(blastocyst)**라고 하는 세포들로 구성된 속이 빈 공 모양을 하고 있다. 포배 내부에 일군의 세포들이 **내세포집단(inner cell mass)**이라는 것을 형성한다. 이 내세포집단의 일부 세포들이 배아를 생성한다. 포배의 바깥쪽 세포들은 태반의 일부를 형성한다. 내세포집단은 현격한 세포들의 자리바꿈이 일어나 **낭배(gastrula)**라고 하는 세포들로 구성된 3층 구조를 생성한다. 낭배의 3층을 구성하는 세포들은 특정한 기능을 가진 성체세포 또는 조직으로 특수화 또는 **분화(differentiate)**되기 시작한다.

이 3층 조직에는 외층, 중층, 내층이 있다. 외층인 **외배엽(ectoderm)**에서 피부, 신경계 및 감각기관이 생긴다. 중층인 **중배엽(mesoderm)**에서 근육, 배설기관, 순환기관, 생식소 및 골격이 생긴다. 내층인 **내배엽(endoderm)**은 소화 및 호흡 기관의 내면을 이룬다.

이 분화는 서로 다른 세포층과 인접한 세포들 사이를 통과하는 화학적 신호에 대한

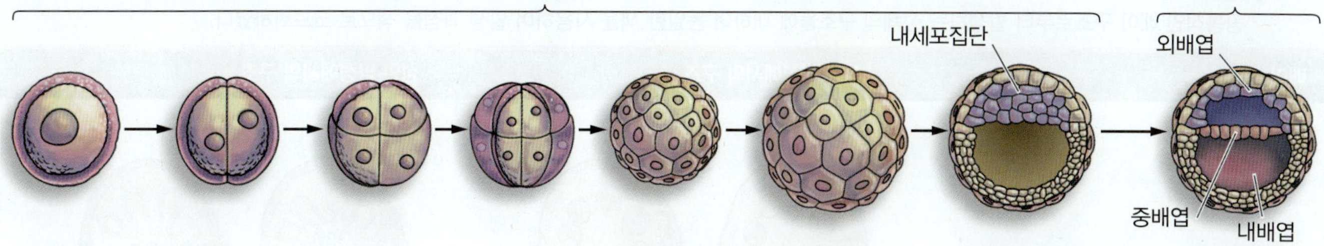

그림 21.9 초기배의 발생. 사람의 접합자는 포배를 형성하기 위하여 난할을 수행하며, 포배는 자궁에 착상한다. 계속적인 세포분열과 분화로 3층 구조의 낭배를 형성하게 된다.

반응으로 일어나며, 해당 세포에서 일부의 유전자는 작동시키면서 다른 일부 유전자는 작동하지 않게 한다. 이와 같은 방법으로 성체를 구성하는 특수화된 세포들은 모두 단 하나의 수정된 난자세포가 유사분열과 세포분화를 거쳐 생겨난다.

어떤 종류의 독성물질이건 아주 이른 발생 초기에 노출되면 전부 또는 전무(all or nothing) 영향으로 나타나는 경향이 있다. 노출로 인한 손상이 클 경우에는 많은 세포들이 죽게 되며 초기 배아가 자연 유산되며, 흔히 여성이 임신하였는지 여부를 인식하지도 못한다. 반대로 세포들이 빠르게 분열하며 노출로 인해서 몇몇 세포가 죽더라도 빠르게 보충되기 때문에 노출이 미치는 영향이 아주 적을 수도 있다. 크게 문제가 되는 노출은 기관의 발생이 이루어질 때이다. 내분비 교란 화학물질에 대한 노출로 특히 생식기관의 발생이 일탈할 수가 있다.

사람 생식 기관의 발생. 임신 7주 이전에는 염색체 수준이 아니면 남자 배아와 여자 배아의 생식 기관은 구분이 불가능하다.

초기 배아에서 생식샘으로 발달할 구조는 복강 내에 위치하고 있다. 똑같은 초기 물질이 여자에서 한 쌍의 난소를 만들거나 남자에서 한 쌍의 정소를 만드는 데 사용된다. 배아의 생식샘이 난소 또는 정소로 분화되는 것은 성 특이적인 유전자의 발현에 의해서 결정된다. 일단 분화가 이루어지면, 남자의 생식샘은 안드로겐을 생산하지만 여성 생식샘은 사춘기가 되기 이전에는 에스트로겐 생산을 시작하지 않는다.

배아 정소의 세포들은 안드로겐으로 테스토스테론을 만들며, 이는 내부에서 배우자를 운반하는 관 구조의 발달을 유도한다. 발생 중인 배아에는 2개의 서로 다른 관 구조들이 나란히 존재한다. 각 성에서 안드로겐의 유무에 따라서 하나의 배아 관 구조는 존속하지만 다른 하나는 퇴화된다. 남자에서는 존속하는 관 구조가 정자를 운반하는 정관, 부정소 및 요도로 발달한다. 여자 배아에서는 존속하는 관 구조가 난관, 자궁, 경부 및 질로 발달한다.

안드로겐은 외부 생식기의 발달에도 영향을 미친다. 남자와 여자 배아에서 하나의 배아 구조가 남자 또는 여자의 외부 생식기로 형성될 수 있다. 실제로 음경과 음핵은 음낭과 음문이 그런 것처럼 동일한 초기 조직에서 생겨난다. 표 21.3은 남자와 여자 배아에 의해서 수행되는 서로 다른 발달 경로를 요약한 것이다.

이 장의 앞부분에서 우리는 DES의 이야기로 1960년대와 1970년대에 여성들에 의해서 섭취된 합성 에스트로겐이 그들의 딸에게 자궁 불구를 야기한 것과 관련이 있

한 떼의 물고기가 모두 암수 생식기관을 갖고 있는 것은 더 이상 이례적인 것이 아니다.

표 21.3 생식구조의 발생.

공통적인 배아 구조로부터 발생하는 성체의 구조들에 대하여 동일한 색을 사용하여 발생 과정을 색으로 코드화하였다.

<table>
<tr><th>배아 구조</th><th>성인 여성에서의 구조</th><th>성인 남성에서의 구조</th></tr>
<tr><td>생식소</td><td>난소
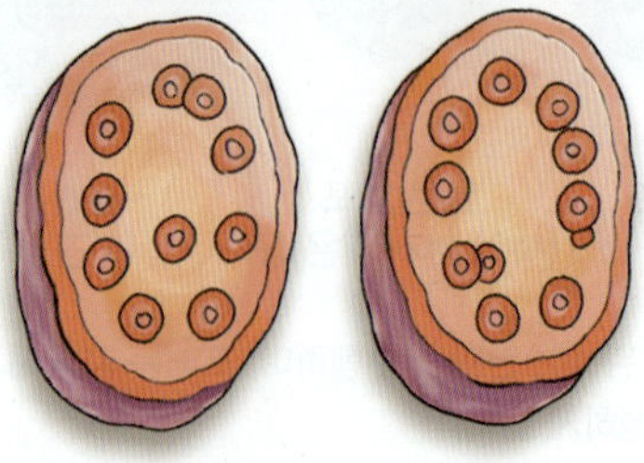</td><td>정소
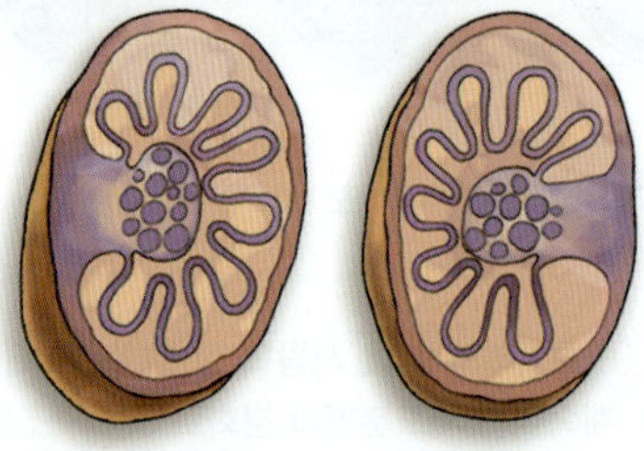</td></tr>
<tr><td>배우자를 운반하는 관
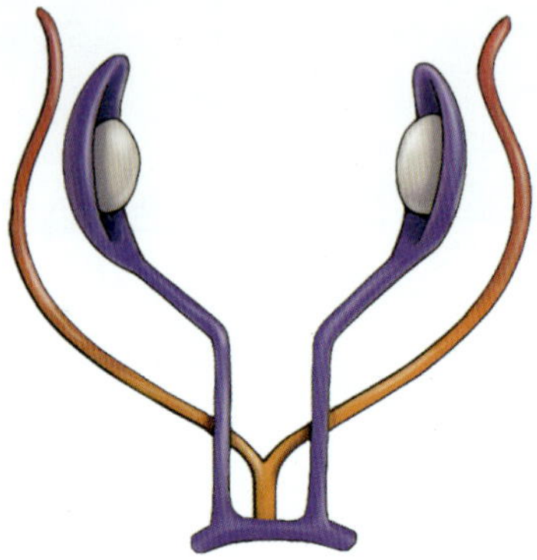</td><td>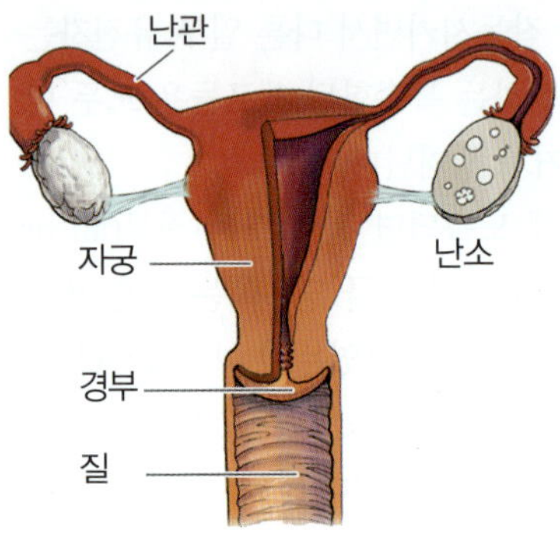
</td><td>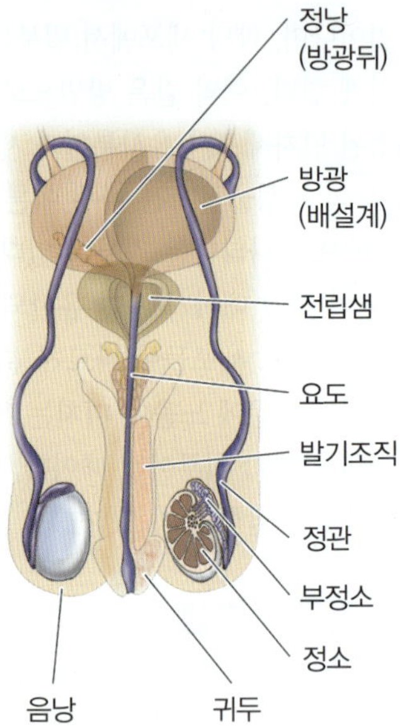
</td></tr>
<tr><td>외부 생식기
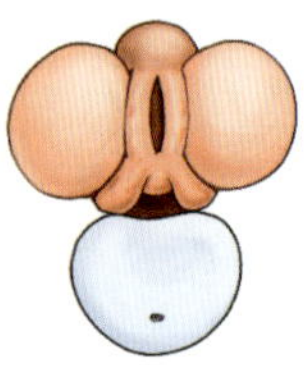</td><td>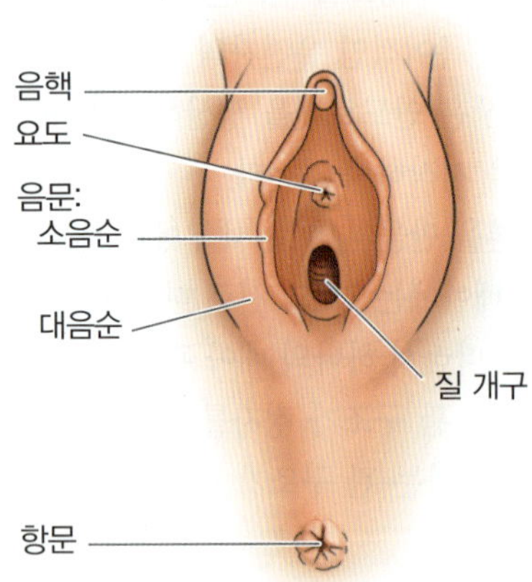
</td><td>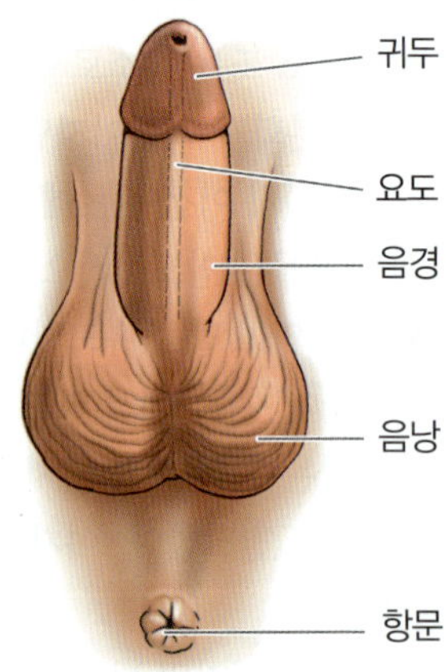
</td></tr>
</table>

다고 하였다. 남성의 생식기 구조도 환경오염의 영향에 민감한 것으로 보인다.

몇몇 동물 연구에 따르면, 흔히 사용하는 살균제나 제초제 노출로 **잠복고환증(cryptorchidism)**이라는 정소의 하강 불량률이 평균보다 더 높아졌다. 이 이형은 생식력 감퇴를 야기하는데 그 이유는 이 증세를 가진 수컷은 정자의 발생에 최적인 온도보다 더 높은 복강 내에 정자를 유지하기 때문이다. 이들 살충제와 제초제는 안드로겐 수용체를 봉쇄함으로써 내분비 교란물질로 작용하는 것으로 생각되었다.

잠복고환증은 신생남아의 2~4%에서 발생하며, 수술로 바로잡아 왔다. 어떤 특정한 화학물질에 대한 노출도 그 증세의 원인인 것이 알려진 바는 없지만, 내분비 교란물질은 잠복고환증의 몇 가지 원인 중 하나인 것으로 제시되었다.

사람에서 생식구조 또는 다른 구조의 기형은 임신 동안 특정한 화학물질이 모체의 혈류로부터 발생 중인 자손에게로 건너가는 통로를 가지고 있기 때문이다. 이것이 바로 임신부들은 독물질을 가까이 하지 않도록 주의해야 하는 이유이다.

임신

임신에는 발생 중인 태아를 여성의 생식관 내에 운반하는 일이 수반된다. 사람에서 임신은 수정에서부터 출산에 이르기까지 약 38주가 소요된다.

임신을 유지하려면 자궁 내부에 태반이 형성되어야 한다. 태반은 배아와 어머니의 자궁이 협력하여서 만들어진다. 배아가 자궁에 도달할 쯤이면 배아는 내세포집단으로 구성되어 있으며 이는 태아가 될 것이며, 그 바깥에 있는 **영양막(trophoblast)**이라는 세포 환은 태반의 일부가 된다. 영양막의 세포들은 배아가 자궁의 벽 속에 착상할 수 있는 효소를 분비한다.

마침내 착상한 영약막이 자궁 내면을 침투해 들어가기 시작하면서 혈액을 운반할 수 있는 손가락처럼 생긴 돌기들을 형성한다. 모체의 자궁 혈관들은 침식되면서 태아의 혈액을 운반하는 돌기를 둘러싸는 혈동을 형성한다. 이처럼 태아와 모체의 혈액이 근접함으로써 영양분과 노폐물의 교환이 이루어질 수 있게 된다. 혈구와 세균은 태아와 모체 사이의 혈액 공급 통로를 정상적으로는 통과하지 못한다. 태아와 모체 사이에서 자유롭게 교환될 수 있는 물질에는 산소, 이산화탄소, 물, 염분, 호르몬, 바이러스 및 많은 약물들이 있다.

초기 영양막의 세포들은 난자세포를 배란한 다음 난소에 남아 있는 파괴된 여포인 황체의 유지에 관여하는 hCG를 합성한다. 황체의 지속적인 작용은 임신 10주에 이르기까지 황체호르몬과 에스트로겐의 농도를 계속 증가시킨다. 인간과 많은 다른 포유류에서 일단 태반이 자신의 호르몬 생산을 확립하면 황체는 이제 더 이상 필요가 없다. 결국 hCG는 임신 초기 몇 달 동안만 분비된다.

태반에 의해서 추가적으로 분비되는 호르몬은 **몸젖샘발육호르몬(somatomammotropin)**으로 이는 에스트로겐, 황체호르몬 및 **젖분비호르몬(prolactin)**과 함께 작용하여 모체의 유선 발달을 자극한다. 출산 예정일이 가까워지면 모체의 에스트로겐 수준이 감소하며, 젖분비호르몬이 뇌의 뇌하수체에서 생산된다. 젖분비호르몬은 젖을 먹이는 **수유(lactation)** 동안 젖의 생산과 분비를 계속 자극한다.

배아는 자궁내막에 착상한 다음부터 엄청난 생장과 발달을 하게 된다. 1개월 된 배아는 길이가 약 7 mm이며 뇌와 척수의 발달을 시작한다. 이는 사지를 생성할 싹을 가지고 있다(그림 21.10). 9주 된 태아는 각 위치에 모든 기관과 사지를 갖고 있다(그림

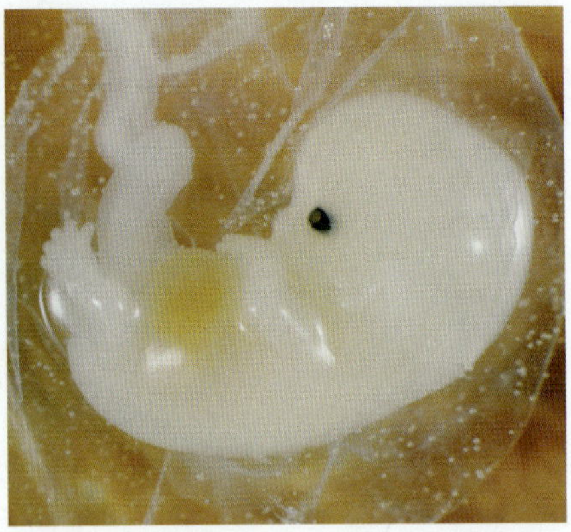

그림 21.10 1개월 된 인간의 배아.

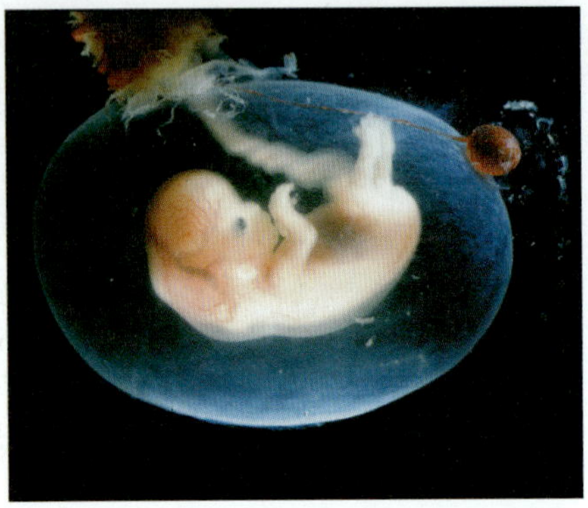

그림 21.11 9주 된 태아.

20.11). 태아는 팔과 다리를 움직이며 머리를 돌린다. 임신 나머지 기간 동안에는 아기는 더 커지며, 눈썹, 속눈썹, 손톱, 발톱과 같은 것이 발달하면서 그 모양이 더욱 다듬어진다. 발생의 마지막 단계 동안 태아가 공기를 호흡할 수 있게 태아의 순환계와 호흡계가 변화를 거친다.

임신 동안 여성은 발달 중인 태아가 많은 다른 화학물질에 노출되는 것과 관련하여 매우 주의를 해야 한다. 환경 화학물질이 태아의 발달에 부정적인 효과를 가질 수 있다는 것은 분명한 사실이다. 예를 들어, 간접흡연은 신생아의 체중 감소를 야기하는 것으로 알려져 있다. 저체중 신생아는 출생 시에 2500 g 이하이며, 출생에서 호흡과 신장 문제 위험이 높으며, 뇌성마비와 자라면서 학습에 문제가 있다. 마찬가지로 알코올에 대한 노출은 심각한 발생 문제를 야기할 수 있다. 내분비 교란물질에 대한 노출도 부정적인 영향을 미친다. 이제는 미국에서 금지되었지만, 다염소비페닐(PCBs)이 플라스틱, 고무제품, 페인트 및 염료를 비롯한 많은 소비자 상품 생산에 사용되었다. 태아의 PCB 노출은 저체중 출산과 상관관계가 있다. 출산은 호르몬으로 조절되기 때문에 제조 후에 오래도록 남아 있는 PCB에 노출은 미숙아를 낳을 위험성을 증가시킬 우려가 있다.

출산

출산에는 산고와 분만이 따른다. **산고(labor)**는 자궁의 강력하고 율동적인 수축이 수반되어 아기가 태어나게 한다. 출산의 유도는 호르몬에 의해서 조절된다(그림 21.12). 임신 말기가 되면 모체의 에스트로겐 농도가 증가하며, 자궁에는 자궁내벽의 평활근 수축을 자극하는 **옥시토신(oxytocin)**이라는 호르몬에 대한 수용체의 형성이 촉진된다. 옥시토신은 태아세포와 모체의 뇌하수체에 의해서 생산된다. 출산이 유도되는 동안 옥시토신과 에스트로겐은 양성되먹임에 의해서 조절된다. 옥시토신은 자궁 수축을 야기한다. 자궁 수축은 더 많은 옥시토신의 방출을 자극하여서 갈수록 강력한 근수축이 이루어져 궁극적으로 아기를 자궁으로부터 배출하게 된다. 옥시토신은 또한 뇌에 작용하여서 쾌감, 관대함 및 유대감을 증가시킨다.

자궁 수축은 정상적인 출산의 시삭을 신호한다. 임신 동안 경부를 막고 있던 진한 점액 마개가 빠져나가는 것 또한 출산이 임박함을 알려주는 신호이다. 경부가 팽창하여 넓어지기 시작하면 마개가 헐거워져서 질을 통하여 빠져나오게 된다. 출산의 시작은 태아를 둘러싸서 보호하는 **양막(amnion)**이라는 액체로 채워진 주머니의 파열에 의해서 알 수도 있다. 이렇게 되면 액체가 분출하거나 서서히 새어나감으로써 액체의 손실이 발생한다. 이것이 흔히 분만 전에 "물이 터졌다"고 하는 것이다.

출산의 단계. 출산은 3단계를 거쳐서 일어나는 것으로 생각할 수 있다(그림 21.13). 출산의 1단계 동안에는 경부의 개구가 커지거나 팽창하면서 연필심 정도이던 개구가 10 cm로 된다. 자궁 근육조직의 수축은 아기에게 압력을 가하기 때문에 경부의 팽창을 돕는다. 아기는 경부의 개구로 밀리며 그에 따라서 개구가 커지게 된다. 출산 2단계에는 좁은 골반 개구와 산도를 통하여 아기의 분만이 이루어지며, 흔히 산모의 능동적인 "밀어내기"(복근의 수축)의 도움을 받는다. 출산의 3단계는 태반의 분만이다.

모든 새 부모들이 아는 바와 같이 독성 화학물질에 대한 노출에 대한 염려는 아기가 태어나는 것으로 끝나는 것이 아니다. 신생아도 독성물질에 노출되는 것으로부터 마찬가지로 보호되어야 하며 이 우려의 상당부분이 가소제에 집중되고 있다. 플라스틱에서

수서 생물들에서 내분비 교란 증거는 사람이 마시는 물에 대한 우려를 자아낸다.

시각화 ▼

임신한 환자에게 인공적으로 출산을 유도하려면 의사들은 옥시토신 유사 약물을 제공할 것이다. 약물은 무슨 효과를 갖고 있는가?

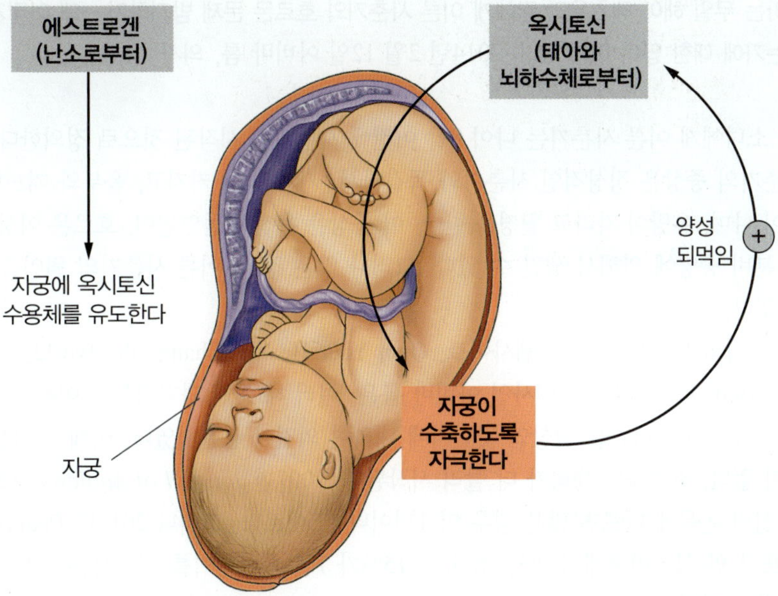

그림 21.12 **출산의 유도.** 출산을 자극하는 되먹임 고리에 에스트로겐과 옥시토신이 관여한다.

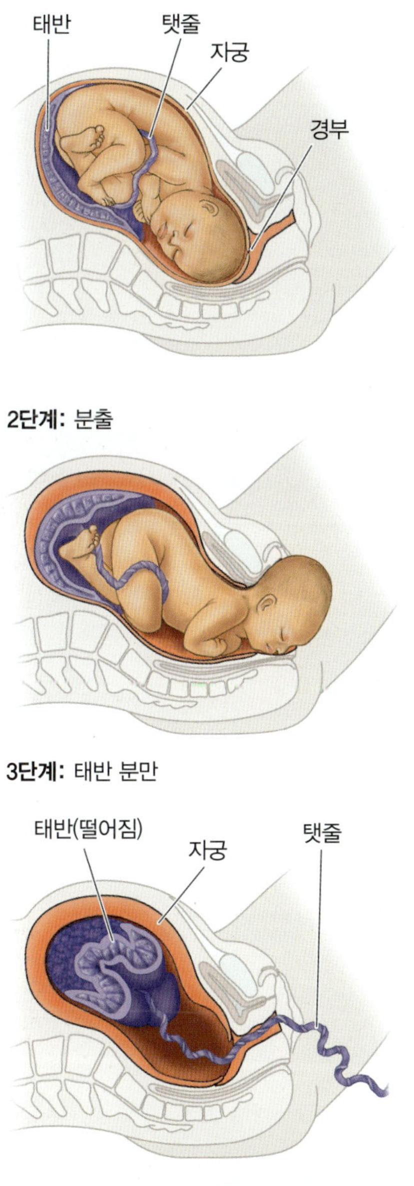

그림 21.13 **출산의 3단계.** 출산 동안 (1) 경부가 팽창하며, (2) 아기가 분출되고, (3) 태반이 분만된다.

나오는 물질에 대한 우려로 소비자제품안전위원회는 부모들이 가소제 DEHP가 함유된 고무젖꼭지나 치아발육기와 같은 모든 연한 유아용 비닐 제품을 사용하지 말 것을 권고한다. 사람에서 DEHP가 내분비 교란물질로 작용한다는 것을 결정적으로 보여주지는 못하였지만 DEHP 노출의 부정적 효과가 아직까지 해소된 것도 아니다. 부모들은 비스페놀 A(BPA)가 함유된 플라스틱 병과 식기용 컵으로 아기를 먹이는 것에 대해서도 주의가 요구된다. 이 화학물질이 딱딱한 플라스틱 병에서 새어나와 먹게 되는 것을 보여준 적이 있다. 낮은 수준의 BPA를 섭취한 사람에 대한 독성 연구는 아직까지는 그 화학물질이 안전함을 보여주었지만, 더 최근 연구는 더 미묘한 효과를 검증할 수 있어서 영아와 유아의 뇌와 행동 발달에 미치는 BPA의 효과에 우려를 제기하고 있다.

상수도의 내분비 교란물질이 사람의 생식 건강을 해친다는 데 대한 결론적인 증거는 없지만 이 가설을 무시할 어떤 이유도 없다. 인간의 생식 건강에서 내분비 교란물질의 역할이 확고하게 확립되기 위해서는 더 많은 연구가 이루어져야 한다.

현명한 독자

내분비 교란과 이른 사춘기

엄마는 무얼 해야 해? 우리 딸에게 이른 사춘기와 호르몬 문제 방지하기—왜 어떻게 해야 하는가에 대한 답이 여기 있다. 2014년 2월 12일 아비바 롬, 의사

소녀에게 이른 사춘기는 나이 8살 이전에 사춘기가 시작된 것으로 정의한다. 이른 사춘기의 증상은 정상적인 사춘기와 똑같아서, 키가 많이 커지고, 음부와 겨드랑이에 털이 나며, 유방이 자라고 월경을 한다. 이 증상은 유전적 돌연변이, 호르몬 이상, 호르몬 분비 종양에 의해서 생길 수 있다. 그러나 많은 경우, 이른 사춘기의 원인을 알 수가 없다.

여자와 어린이를 위한 웹사이트, Own Your Health, Change the World, Integrative Medicine의 글에서 의사인 아비바 롬은 "여러 해 동안 과학자들은 이른 사춘기가 진정 새로이 나타나는 현상인 것인지에 대하여 의견이 분분하였다. 이제는 의심의 여지가 없다. 소녀들의 생리가 더 빨리 시작된다. 2007년 *Journal of Adolescent Health*에 실린 논문에 따르면 많은 경우 약 1년이나 더 이르다. 그러나 2011년 *Pediatrics*에 발표된 연구는 미국에서 미국 소녀 중 15%가 7살에 사춘기를 시작하는 것을 발견하였다"고 하였다.

이른 사춘기를 예방하는 데 도움이 되도록 롬은 여러 가지 중에서 어린 소녀들이 플라스틱 병에 든 것을 마시지 말고 플라스틱 포장된 음식이나 플라스틱 용기에서 다시 덥힌 음식을 먹지 말 것을 제안하였다. 그녀가 이 우려에 대하여 말한 이유는 플라스틱은 우리 몸에서 에스트로겐 비슷한 효과를 미칠 수 있다는 것이다.

1. 의사 롬은 미국에서 15%의 소녀들이 7살에 사춘기를 시작하다고 했다. 주어진 정보에서 이른 사춘기가 증가하고 있는지를 결정할 수 있는가? 그럴 수 없다면 이른 사춘기가 증가하고 있는지 결정하려면 무슨 정보가 더 필요한가?
2. 1840년과 1950년 사이에 10년마다 약 4개월씩 사춘기의 시작 연령이 감소하였다는 증거가 있다. 이것이 사실이라면, 그리고 저자의 주장은 플라스틱 같은 내분비 교란물질이 그 원인 중의 일부라면, 이 시기 동안 진정한 플라스틱 사용률은 얼마나 되어야 하는가?
3. 플라스틱에 대한 노출과 이른 사춘기 사이의 연관성에 대하여 더 알아볼 흥미가 있다면, 당신은 무엇을 할 수 있겠는가?
4. 이 글은 의사에 의해서 작성되었으며 그의 웹사이트는 환자를 유혹하는 방편으로도 사용된다. 롬이 환자들을 유혹한다는 사실이 플라스틱과 이른 사춘기에 대한 그녀의 주장에 대한 믿음이 덜 가게 하는가? 왜 또는 왜 아닌가?

http://avivaromm.com/preventing-early-puberty-and-hormone-problems-in-our-daughters-heres-the-why-and-how

그럴듯한 소리인데 **그런가?**

렉시와 요나는 신혼부부이며, 같은 대학에서 대학원 과정을 시작하고 있다. 그들은 한 가족으로 출발한 것이 흥분되지만 아이를 가지는 것은 둘 모두 직장을 가질 때까지 기다리기로 했다. 렉시는 호르몬 피임법은 결단코 좋아하지 않으며, 일회용품으로 스펀지나 콘돔은 가격 감당이 안 된다. 연구를 하면서 그녀는 난자는 배란 후 단지 12 내지 24시간만 생존할 수 있다고 하는 몇몇 고급 과학 정보를 접하게 되었다. 그녀는 또한 호르몬 상태에 반응하여 경부 분비물이 변화한다는 것도 알았다. 황체호르몬이 높을 때는 점액이 진하며 많지 않고 정자가 위로 올라가는 것이 느려진다. 그러나 에스트로겐이 높을 때는 배란 직전처럼 경부 점액이 많고 실오리처럼 늘어나며, 날개란 흰자처럼 균질이어서 정자가 생식관을 통하여 난자로 이동하는 데 도움을 준다. 모두가 옳은 이와 같은 정보에 근거하여 그녀와 요나는 렉시가 경부 분비물에 세밀한 주의를 기울이고, 그들이 안전하게 정자가 난관을 이동하는 것을 촉진하는 유형으로 경부 점액이 변한 다음 24시간 동안 성교를 금한다면 임신을 피할 수 있을 것이라는 결론에 도달하였다.

여성은 매월 단 한번 24시간 동안만 임신될 수 있다.

그럴듯한 소리이지만 그렇지 않다.

1. 월경주기를 나타낸 그림을 다시 보자. 에스트로겐 정점은 월경주기 어느 날인가?
2. 에스트로겐이 경부 점액이 미끈거리는 수정-촉진 점액으로 변하게 한다면 그 시기는 언제인가?
3. 이상적인 월경주기에서 배란은 어느 날 일어나는가?
4. 정자는 여성의 생식관 내에서 5일 동안 생존할 수 있음을 회상하여보라. 부부가 월경주기 12일에 무방비 성교를 하고 배란이 14일에 일어났다면 그 여성은 임신이 될 수 있는가?
5. 1~4번 질문에 대한 답을 생각하고 위의 굵은 글씨로 쓴 문장이 그럴듯하지만 그렇지 않은 이유를 설명하라.

복습

요약

21.1

무성생식과 유성생식을 비교 및 대조하라.

- 무성생식은 한 부모가 유전적으로 동일한 자손을 생산하는 생식 방법이다. 많은 수의 자손이 무성생식에 의해서 증식될 수 있지만 유전적 다양성이 결여되어 있어 자손들이 환경 변화에 적응을 잘 할 수 없다.
- 유성생식은 두 부모 사이에 교배를 필요로 한다. 수컷과 암컷은 생식샘이라는 구조에서 배우자를 생산한다. 배우자는 수정으로 결합하여 유전적으로 독특한 자손을 생산한다.

21.2

남자 생식계의 구조와 기능을 나열하라.

- 남자 생식계의 음경은 정자 배달에 필요하다; 요도는 정자와 오줌 두 가지를 배달한다. 음낭은 안드로겐을 생산하는 정소를 담고 있다. 정자는 각 정소의 내부에 있는 세정관에서 생산되며, 정관을 통해서 요도로 이동하기 전까지 부정소에 저장된다. 정낭, 전립샘 및 요도구샘은 정자에 분비물을 첨가하여 발달에 도움을 주며 에너지원을 공급한다. 정액은 이들 샘에서 나온 분비물과 정자가 섞여서 만들어진다.

여성의 생식계 구조와 기능을 나열하라.

- 여성의 생식계는 외부 음문과 음핵, 내부의 질 통로, 출산 동안 열리는 자궁의 바닥에 있는 경부, 발생 중인 아기를 담고 있는 자궁, 배우자의 통로인 난관 그리고 난자세포와 호르몬을 생산하는 난소로 구성되어 있다.

정자형성과 난자형성의 과정을 비교하라.

- 정자형성은 정소의 세정관에서 일어나며 사춘기에 시작된다. 성숙한 정자는 DNA를 함유한 작은 머리, 난관을 이동하는 데 필요한 에너지를 제공하기 위한 미토콘드리아를 가진 중편 및 편모로 구성되어 있다. 정자의 머리에 있는 첨체는 난자로 접근하는 데 도움을 주는 효소를 갖고 있다.
- 난자형성은 난소에서 일어나며 난자세포를 생산한다. 이 과정은 여성이 그 어머니의 자궁에 있을 때 시작된 다음 사춘기가 될 때까지 정지해 있다. 기존의 난자의 발달이 사춘기부터 폐경기에 이를 때까지 매월 계속된다.

월경주기 동안 일어나는 사건과 그들이 어떻게 호르몬으로 조절되는지 설명하라.

- 여포에 의해서 생산된 에스트로겐은 월경기 동안 증가하기 시작하여서 궁극적으로 GnRH의 방출을 자극하며 FSH와 LH의 수준이 정점에 도달하게 한다. LH는 배란이 일어나게 한다.
- 배란 후에 난소에 남은 여포의 나머지 부분이 황체이며, 이는 황체호르몬과 에스트로겐을 분비한다. 수정이 일어나지 않으면 황체는 퇴화되며, 황체호르몬과 에스트로겐의 수준이 감소하며 월경이 야기된다. 이어서 LH와 FSH의 수준이 증가하며 주기

는 다시 시작된다. 수정이 일어나면 배아는 자신을 자궁 내에 착상시키며 hCG를 분비하여 황체의 수명을 연장시킨다. 황체 호르몬과 에스트로겐의 수준이 높게 유지된다. 마침내 태반이 이들 호르몬을 생산하기 시작한다.

21.3

수정이 일어나기 위해서 정자와 난자가 따라야할 통로를 요약하라.

- 일단 난관 내에서 정자는 난자를 싸고 있는 여포세포들 사이를 뚫고 들어가 투명대에 도달하여야 하며, 첨체의 효소 방출이 촉발되어, 이 효소가 투명대를 분해하여서 정자가 난자세포의 원형질막에 도달할 수 있게 한다. 난자와 정자의 원형질막이 융합한 다음 정자의 핵이 난자 세포로 들어가며, 접합자가 발생을 시작할 수 있게 된다.

빠른 초기 분열에서부터 초기 조직 분화를 통한 초기 발생의 단계를 설명하라.

- 접합자는 빠르게 난할을 수행하여서 포배를 만든다. 포배의 내 세포집단은 배아가 되고 마침내 태아로 된다. 포배는 3층의 낭배가 된다. 낭배의 각 층(외배엽, 중배엽, 내배엽)은 특정한 조직으로 분화된다.

남자와 여자 생식기관의 분화에 이르는 경과를 비교하라.

- 배아의 생식샘은 정소 또는 난소로 된다. 남자 및 여자 배아에는 관계가 나란히 존재한다. 성별에 따라서 하나가 퇴화된다. 남성과 여성의 외부 생식기는 동일한 배아의 조직에서 만들어진다. 성별 특이한 유전자의 발현과 호르몬이 특정한 배아가 남자 또는 여자가 되는 것을 결정한다.

임신과 출산을 통제하는 호르몬 조절을 요약하라.

- 임신 호르몬은 자궁 내에 배반포의 영양막 세포로부터 유래되어 형성된 태반에 의해서 생산된다. 이들 호르몬은 자궁을 유지하고, 배란을 방지하며, 유방의 젖 분비를 준비하게 한다. 출산은 산고와 분만을 수반한다. 산고는 자궁으로부터 아기를 밀어내는 데 도움을 주는 수축이 수반된다. 산고가 이루어지는 동안 경부가 팽창하여서 아기가 자궁 밖으로 빠져나가게 된다. 아기가 태어난데 이어서 모체에서 태반이 분만되어 나온다.

언어의 뿌리

다음 어원들은 주로 라틴어나 그리스어에서 기원하며 아래와 같은 뜻을 가지고 있어 용어를 해석하는 데 도움을 준다:

-genesis	세대 또는 출생을 의미한다. 용어: *oogenesis, spermatogenesis*
gon-, gono- 와 gonado-	종자 또는 세대를 의미한다. 용어: *gonad*
oo-	그리스어의 알에서 유래하였다. 용어: *oocyte, oogenesis*

기본문제

1. 유성생식과 무성생식은 어떻게 서로 다른가?

2. 남성과 여성의 생식기 구조를 설명하여라.

3. 남성과 여성에서 배우자 형성을 설명하여라.

4. 정자는 어떤 경로를 거치는가?

A. 세정관, 부정소, 정관, 요도
B. 요도, 정관, 세정관, 부정소
C. 세정관, 정관, 부정소, 요도
D. 부정소, 세정관, 정관, 요도
E. 부정소, 정관, 세정관, 요도

5. 수정되지 않은 난자세포가 거치는 경로는?

A. 난소, 난관, 자궁, 경부
B. 난소, 자궁, 난관, 경부, 질
C. 난관, 난소, 경부, 자궁
D. 난관, 난소, 자궁, 경부
E. 난소, 난관, 경부, 자궁

6. 다음 중 짝이 맞지 않는 것은?

A. 요도: 정자 통로
B. 라이디히세포: 안드로겐 생산
C. 정관: 정자생산
D. 세정관: 정자생산

7. 배우자형성은 ________________

A. 남성과 여성에서 사춘기에 시작된다.
B. 남성의 라이디히세포가 정액을 생산하는 것을 필요로 한다.
C. 반수체 세포로부터 2배수체 세포를 생산하는 결과를 가져온다.
D. 여성에서 사춘기에 시작된다.
E. 감수분열이 염색체의 수를 반으로 줄여서 정자와 난자가 비배우자의 반수의 염색체를 운반하는 데 필요하다.

8. 여포로부터 난모세포의 방출이 일어나게 하는 것은?

A. 에스트로겐의 감소　B. FSH의 증가
C. LH의 증가　D. 황체호르몬의 증가

9. 월경이 조절되는 방식에 해당되는 것은?

A. 에스트로겐의 수준 증가는 FSH와 LH에 양성되먹임 효과를 갖는다.
B. FSH의 수준 증가는 배란을 유도한다.
C. 황체호르몬의 수준이 증가하면, FSH와 LH의 수준도 증가한다.
D. 배란은 주기의 5일째 날에 일어난다.
E. 태반은 FSH를 생산하며 이는 배란을 촉진한다.

10. 수정이 일어날 때 정자의 경로는 ______________.

A. 여포세포, 난자의 원형질막, 투명대

B. 난자의 원형질막, 투명대, 여포세포
C. 난자의 원형질막, 여포세포, 투명대
D. 투명대, 여포세포, 난자의 원형질막
E. 여포세포, 투명대, 난자의 원형질막

응용문제

1. 일부 식물들은 종자로 번식해야 하지만 포인세티아 같은 다른 식물들은 한 식물체의 줄기를 잘라내어 새로운 식물로 자라게 함으로써 번식시킬 수 있다. 무슨 종류의 생식이 일어나고 있는가?

2. 여성의 외부 생식기는 흔히 잘못된 표현으로 질이라고 하는데 이는 경부로 연결된 내부 통로이다. 여성의 외부 생식기에 대한 바른 용어는 무엇인가?

3. 일반적인 피임약 포장은 21개의 호르몬 함유 환과 7개의 불활성 위약 환으로 구성되어 있다. 월경은 여성이 위약을 먹기 시작한 며칠 후에 일어난다. 일부 여성은 주기를 늦추기 위하여 위약을 먹지 않고 대신에 새로운 포장의 약을 먹기 시작한다. 위약을 먹지 않는 것으로 왜 월경이 일어나는 것이 방지되는가?

연관문제

1. 대부분 피임법은 여자를 상대로 설계되고 거래되고 있다. 왜 이렇게 되었다고 생각하는가? 남성을 위한 피임법을 더 개발하는 것이 가지는 장점들을 나열하라.

2. 과학자들은 접합자에서부터 초기 배아, 태아, 아기에 이르는 자궁 발달 단계를 설명하는데 다른 용어들을 사용한다. 이 발생과정 어느 시점에서 발생 중인 생물체가 "인간"이 된다고 생각하는가? 답에 대한 근거를 제시하라.

CHAPTER 22

공부 약물: 브레인 부스트 아니면 브레인 드레인?

헤로인을 사용하는 대학생은 많지 않다.

뇌의 구조와 기능

공부하는 데 도움이 되게 하려고, 또는 파티에서 늦도록 서서 버티기 위해서 친구의 주의력 결핍 장애(ADD) 약물을 사용하는 것은 얼마나 위험한가? 헤로인, 메스암페타민, 코카인, 단백동화 스테로이드, 고 카페인 에너지 음료를 사용하는 것과 비교해서 비의학적 ADD 약물의 남용과 중독의 위험 정도는 얼마나 되는가? 만일 당신이 대부분 대학생과 같다면 이 처방 약물을 비의학적으로 사용하는 것은 에너지 음료를 마시는 것보다는 더 위험하고, 스테로이드를 사용하는 것보다는 덜 위험할 것이며 메스암페타민, 코카인이나 헤로인을 사용하는 것보다는 훨씬 덜 위험하다고 평가할 것이다. 미국 마약 단속국(DEA)에 따르면 비의학적 ADD 약물의 사용은 메스암페타민이나 코카인 남용이나 중독 결과와 비슷하고, 헤로인 사용보다 약간 덜 위험하다고 평가해야만 한다.

그러나 많은 사람들이 비의학적 ADD 약물을 밤샘을 하기 위해서 사용한다.

또는 파티에서 늦게까지 깨어 있기 위해서.

애더럴, 바이벤스, 리탈린, 콘서타와 같은 ADD 약물 사용은 ADD 또는 ADHD(주의력 결핍 행동과다 장애)로 진단된 사람에 대해서는 적법하다. 이 약물들을 적절하게 사용하면 건망증, 충동적이고, 혼란하고, 안절부절 못하며, 참을성이 없고, 침착하지 못한 성벽이 있는 사람들이 적절한 기능을 하는 데 도움이 될 수 있다.

그러나 더욱더 많은 학생들이 소위 공부 약물로 열정, 집중, 생산성 향상 또는 늦도록 깨어 있는 데 도움을 얻기 위해서 이 약물을 섭취한다. 이 행위는 경쟁이 심한 최상위권 대학에서 시작된 것으로 보이는데 지금은 지방 대학에, 사립대학, 모든 하위권 대학에서까지 자행되고 있다. 연구 결과 처방받은 친구에게서, 또는 처방을 받기 위해서 보건 진료소에 거짓 진술을 하여서 이 약을 받은 최소한 미국 대학생의 1/3이 이 약물을 남용하는 것으로 나타났다.

ADD를 갖고 있지 않으면서 이 공부 약물을 섭취하는 잠재적 이득이 잠재적 희생에 상응하는가? 이를 이해하기 위해서 우리는 먼저 사람의 신경계에 대한 생물학을 공부해야만 한다.

이 모든 행위는 불법이며 놀랄 정도로 비슷한 부정적인 건강 문제를 야기한다.

22.1 신경계

시시각각 수백만의 신호들이 뇌로 들어가서 몸이 하고 있는 작용과 느낌을 뇌에 알려준다. 우리의 **신경계(nervous system)**는 이러한 메시지를 해석하고 어떻게 대응할 것인지를 결정한다. 여기에는 **뉴런(neuron)**이라는 특별한 세포의 작용이 필요하다. 뉴런은 뇌와 몸의 다른 부분들 사이에 전기적 메시지와 화학적 메시지를 앞뒤로 운반한다. 이러한 전기화학적 메시지를 전달하는 세포들은 함께 다발을 형성할 수 있으며, **신경(nerve)**이라는 구조를 만든다.

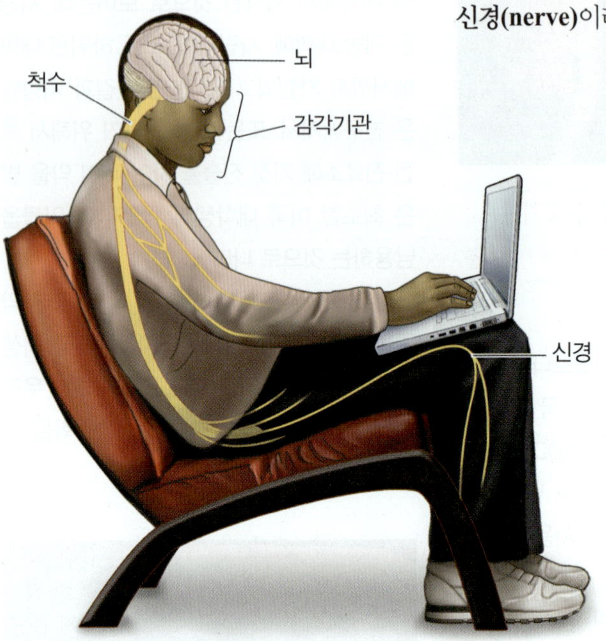

그림 22.1 **신경계.** 신경계는 뇌, 척수, 감각기관 그리고 이들 기관을 상호 연결하는 신경들로 구성되어 있다.

중추신경계와 말초신경계

뇌와 척수는 더불어 **중추신경계(central nervous system, CNS)**를 형성한다. 눈, 귀, 피부의 뉴런들은 중추신경계로 정보를 전달한다. CNS에서 정보는 처리 과정을 거쳐서 적절한 반응이 다른 뉴런들에 의해서 CNS로부터 몸으로 중계된다(그림 22.1).

CNS는 지성, 학습, 기억 및 감정이 자리하고 있다. CNS의 구성요소들은 신경계의 두 번째 세부 구조로, CNS로 중계하기 위해서 정보를 모으는, 뇌와 척수에서 나온 신경망을 비롯한 **말초신경계(peripheral nervous system, PNS)**와 더불어 작용한다.

정보를 운반하기 위하여 신경계의 세포들은 서로 간에 전기적 신호와 화학적 신호를 보낸다. 신호는 한 뉴런의 한 쪽 끝에서부터 다른 끝으로, 뉴런들 사이에서, 그리고 뉴런에서부터 신경의 신호에 반응하는 조직, 기관 또는 샘의 세포들로 전달된다. 이 반응하는 조직들을 **효과기(effector)**라고 한다. 정보는 일반적으로 신경을 따라서 **신경충격(nerve impulse)**이라고 하는 전기적 변화에 의해서 운반되며, 이온 교환 또는 신경세포에서 방출되는 **신경전달물질(neurotransmitter)**이라는 화학물질에 의해서 전달된다.

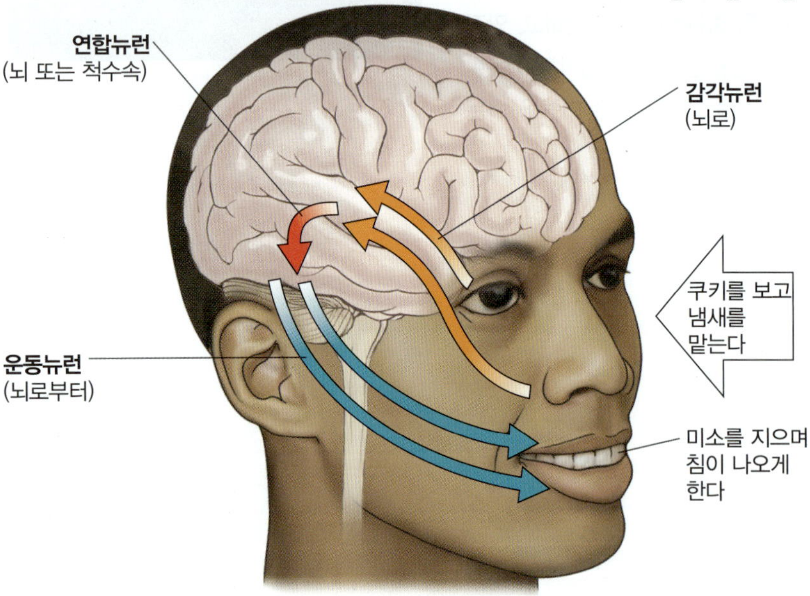

그림 22.2 **뉴런.** 신경계의 세 가지 주 기능은 감각 입력, 통합, 운동 출력이다. 쿠키를 먹고 싶은 것과 같은 대부분의 작용은 감각뉴런의 입력이 관여하며, 연합뉴런에 의한 통합과 운동뉴런으로부터 운동 출력으로 이어진다.

뉴런은 (1) 정보를 CNS로 운반하는 **감각뉴런(sensory neuron)**, (2) 정보를 CNS로부터 효과기 조직으로 운반하는 **운동뉴런(motor neuron)**, (3) 뇌 또는 척수에서 감각뉴런과 운동뉴런 사이에 위치한 **연합뉴런(interneuron)**의 3가지 종류로 나눌 수 있다(그림 22.2). 대부분의 작용은 모든 구성원에서 입력이 있어야 하며, 감각 입력은 연합과 운동 출력으로 이어진다.

감각 입력은 **감각 수용기(sensory receptor)**에 의해서 감지된다. 수용기는 몸 안팎의 조건 변화를 감지한다. 수용기가 자극을 받으면 신호가 발생하여서 뇌로 전달된다.

감각

일반 감각(general sense)은 온도, 통증, 접촉, 압력

표 22.1 감각기관. 감각에는 일반 감각과 특수 감각, 두 종류가 있다. 이 모든 감각기들의 특수화된 수용기들은 뇌로 정보를 중계한다.

	감각과 감각의 위치	감각 수용기	설명
전신에 분포하는 일반 감각	온도, 통증, 압력, 접촉 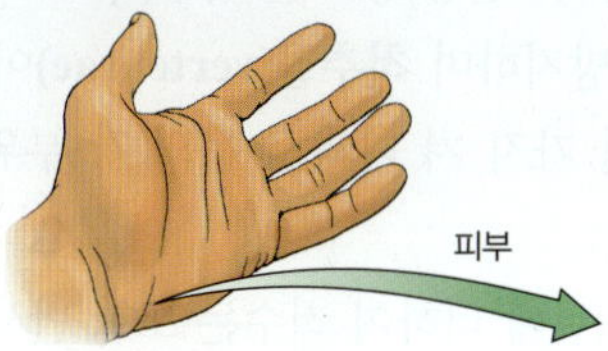	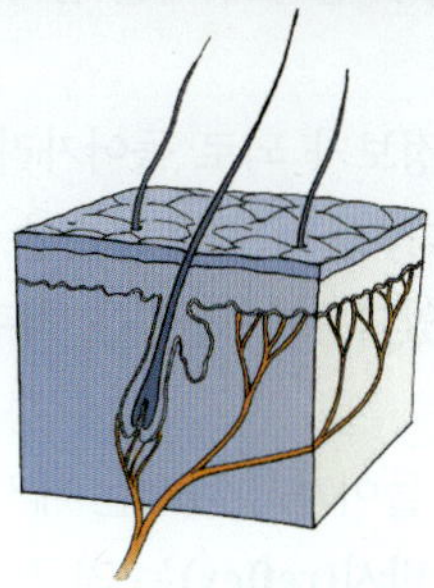	피부의 감각신경 말단들은 약간 추운 것과 얼 정도로 추운 것 같은 자극의 강도에 따라 반응을 조정할 수 있다.
	자기수용성 감각 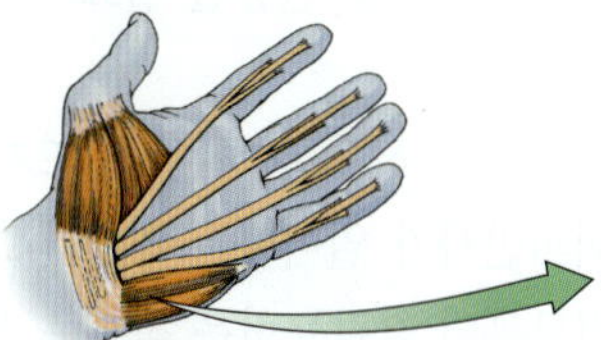		특수한 뉴런들이 관절의 위치, 관절과 인대의 장력 및 근육의 수축을 감지한다.
복잡한 감각기관에서 발견되는 특수 감각	냄새 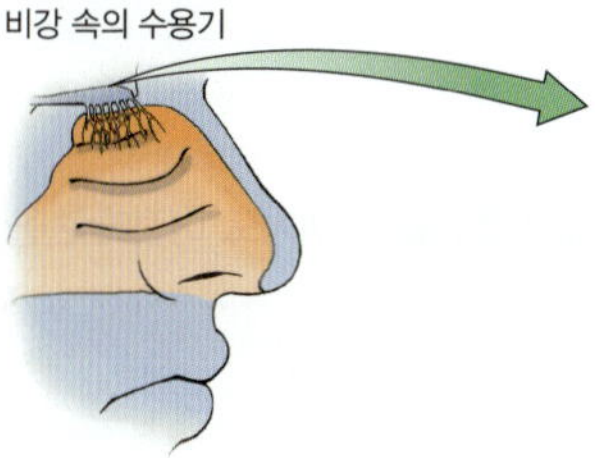	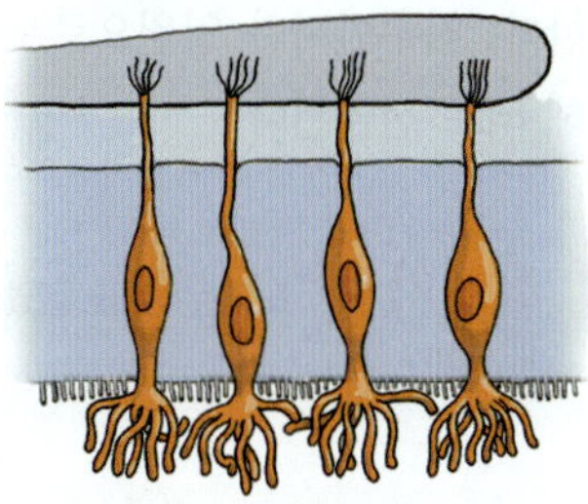	비강 내의 특수화된 수용기를 가진 후각기관은 섬모라는 머리카락 같은 돌기로 자극을 받아들인다.
	맛 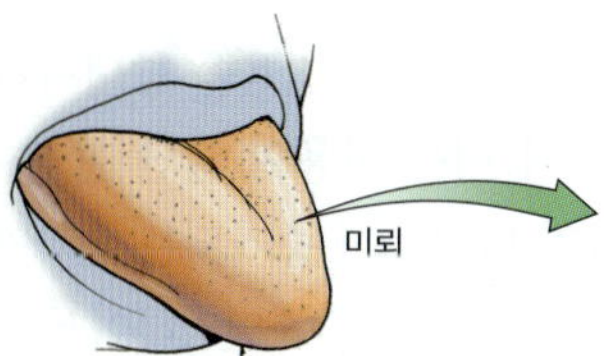	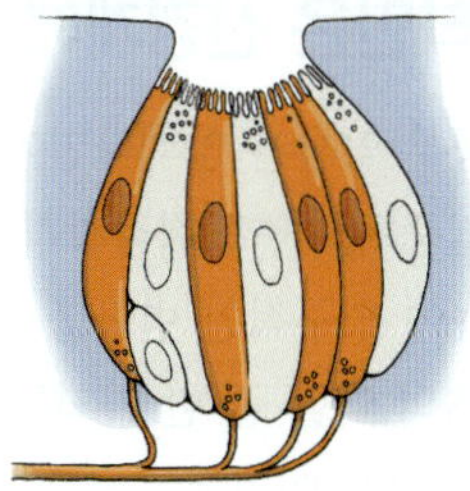	혀의 표면에 있는 미뢰는 5가지 기본 맛으로, 단맛, 짠맛, 신맛, 쓴맛, 또는 풍미(고기맛) 중 하나에 반응하도록 특수화되어 있다.
	시각 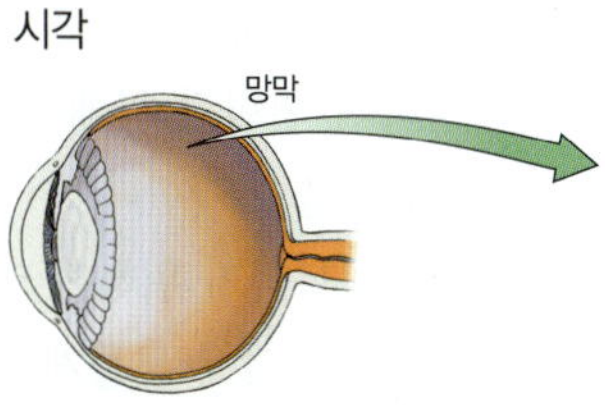	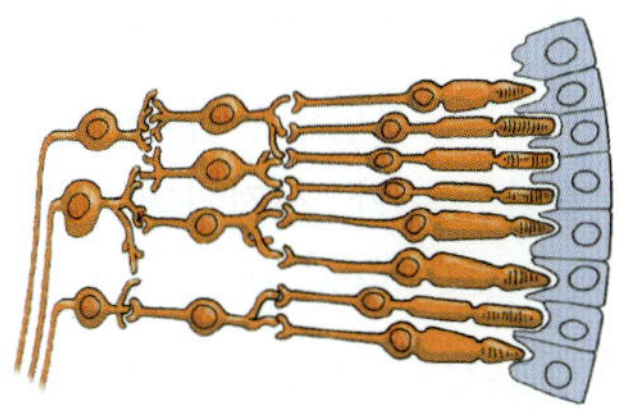	눈의 망막에 있는 수용기가 시각을 담당하며 빛의 양 변화에 대한 반응을 조정한다.
	평형과 듣기 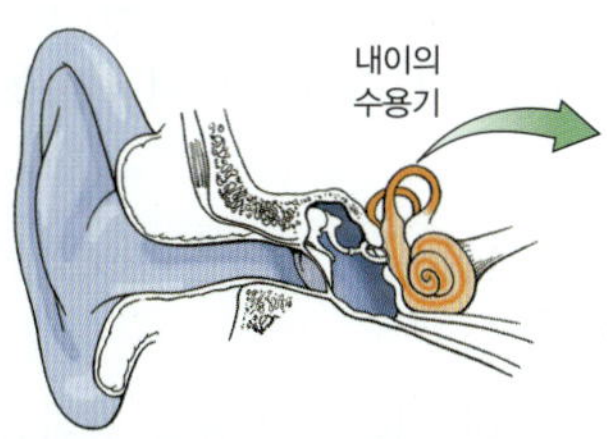	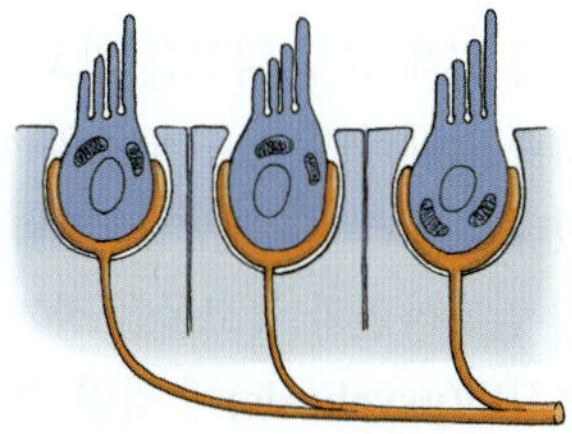	내이의 섬모에 자리하고 있는 수용기들이 공간에서 몸의 위치를 결정하며 음파를 감지하고 해석한다.

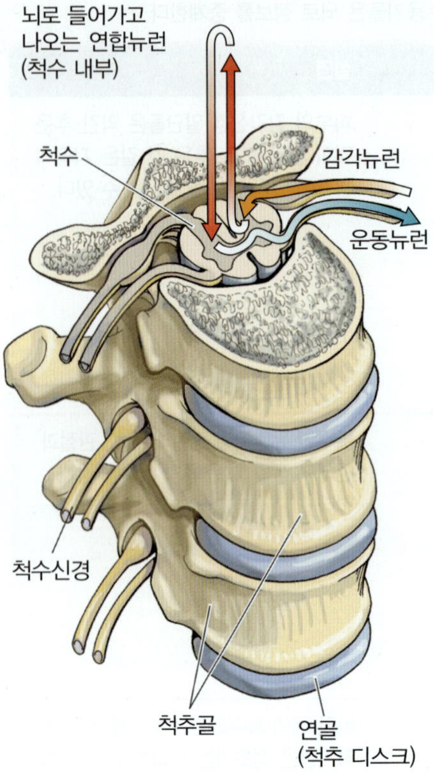

그림 22.3 **척수와 척추골.** 척수는 척추골 사이에서 가지쳐 나와 신체의 모든 부분으로 나간다.

그리고 몸의 위치(자기수용) 감각이 있다. 일반 감각에 대한 감각 수용기는 온몸에 퍼져 있다. **특수 감각(special sense)**에는 냄새, 맛, 평형, 듣기 및 보기가 있다. 이들 5가지 특수 감각에 대한 감각 수용기는 두부의 복잡한 감각 기관에서 찾을 수 있다(표 22.1).

감각정보가 뇌로 들어가려면 그 정보는 주 신경 통로인 **척수(spinal cord)**를 통과해야 한다. 등뼈는 척수가 손상되는 것을 방지하며 **척추골(vertebrae)**이라는 뼈로 만들어져 있다. 척수신경은 척추골 사이에서 가지 쳐 나와서 몸의 각 부위로 간다(그림 22.3).

뇌로 들어가고 나오는 메시지를 전달하는 데 더하여 척수는 또한 반사 중추로서 작용한다. **반사(reflex)**는 자극에 대한 자동적 반응이다. 이는 **반사궁(reflex arc)**이라고 하는 뉴런의 회로로 사전에 배선되어 있으며, 이는 대체적으로 감각 수용기에서 정보를 받아들이는 감각뉴런, 정보를 전달하는 연합뉴런 및 반응할 필요가 있는 근육으로 메시지를 보내는 운동뉴런으로 구성되어 있다.

반사는 사람이 위험한 자극에 대해 재빨리 반응하도록 해준다. 뜨거운 물체를 만졌을 때와 같은 위험한 자극을 만났을 때 회피반사가 일어나는 경우가 그 예이다(그림 22.4). 뜨거운 물체를 만졌을 때 촉각 수용기로부터 감각뉴런은 척수로 신호를 보낸다. 척수 안에서 연합뉴런은 운동뉴런에게 신호를 전달하여 뜨거운 물체에서 손을 떼도록 한다. 척수반사가 열원으로부터 손을 피하게 하는 동안에 통증신호는 또한 척수를 통해 뇌로 전달된다.

쉬어가기 뜨거운 것에 닿았을 때 우리는 실제로 통증을 느끼기도 이전에 손을 뗀다. 왜 이렇게 될까?

암페타민은 신경계에 작용한다

많은 공부 약물은 암페타민이다. 암페타민 사용은 CNS 반응을 증대시켜서 각성도 및 정신 집중 증가, 도취감까지 야기한다. 그러나 이는 사용이 끝난 한참 후에 CNS 조절 기능에 영구적인 변화를 일으켜 울병, 불안 발생률이 증가되는 결과가 초래된다.

PNS의 역할 중 한 가지는 위험하거나 긴장되는 상황을 인지하여서 CNS에 경고를 하는 것이다. 여기에는 소위 싸움 혹은 도주반응이 수반될 수 있다. 이 과다각성 상태에 있을 때는 진짜 위협에 의하던 또는 암페타민 사용에 의해서 소화가 지연되고(그래서 식욕 결핍), 혈압과 심박동은 증가한다. 이들 생리적 변화가 암페타민 사용자들이 경험한 불안, 신경과민, 불면증, 과민성, 적개심, 망상증을 야기한다.

일부 학생들은 집중과 의욕에 공부 약물 효과를 최대화하기 위하여 커피 또는 에너지 음료를 마시는데 이는 심박동을 위험 수준으로 증가시켜서 드물게는 심장마비 또는 뇌졸중까지 발생할 수 있다. 학생들은 늦도록 서서 파티에 더 오래 머물 수 있도록 하기 위해 공부 약물을 알코올과 섞기도 한다. 암페타민을 알코올과 섞으면 알코올 독성과 암페타민 과용 모두의 생리적 변화를 사용자가 더욱더 의식하지 못하게 만들 수 있다.

암페타민과 알코올을 장기적으로 사용하면 현실 감각 상실을 비롯한 정신적 장애인 **정신병(psychosis)**에 걸릴 수 있다.

ADD로 진단된 사람들은 ADD 아닌 친구보다 이들 부작용을 경험할 가능성이 훨씬 적다는 것을 유념하는 것이 중요하다. 이는 약을 먹는 방식 때문일 수 있다. 의사는 일반적으로 처음에는 소량 처방을 하고 점차 많은 양으로 올려 처방하여 신경계가 적응할 시간을 주며, 부작용이 심하면 의사가 되돌아가는 선택을 한다.

ADD인 사람의 뇌는 ADD 아닌 친구의 뇌와 구조적으로 차이가 있기 때문에 공부 약물이 ADD인 사람에서 다르게 작용한다는 것도 사실일 수 있다. 다음 절에서 뇌의 구조와 기능을 살펴보고 ADD인 사람과 그렇지 않은 사람들 사이에 뇌의 차이에 대하여 과학적으로 무슨 말을 할 수 있는지 공부할 것이다.

22.2 사람의 뇌

뇌는 결정을 하고, 몸의 활동을 명령하며 조절하는 신체의 한 부분이다. 뇌는 두개골 안에 자리잡고 있으며 보호 및 쿠션 역할을 하는 **뇌척수액(cerebrospinal fluid)**이라는 액체에 잠겨 있다.

뇌의 기능은 좌반구와 우반구 사이에 나누어져 있다. 많은 신경섬유들이 반대편으로 상호 교차하기 때문에, 뇌의 좌반구는 신체의 우측 반을 통제하고 역도 또한 같다. 말하기, 읽기, 수학 문제 풀기 능력을 통제하는 영역은 좌반구에 위치하고 있는 데 비하여 공간 지각(모양과 형태 이해력)을 통제하고 음악과 예술적 창작 중추는 우반구에

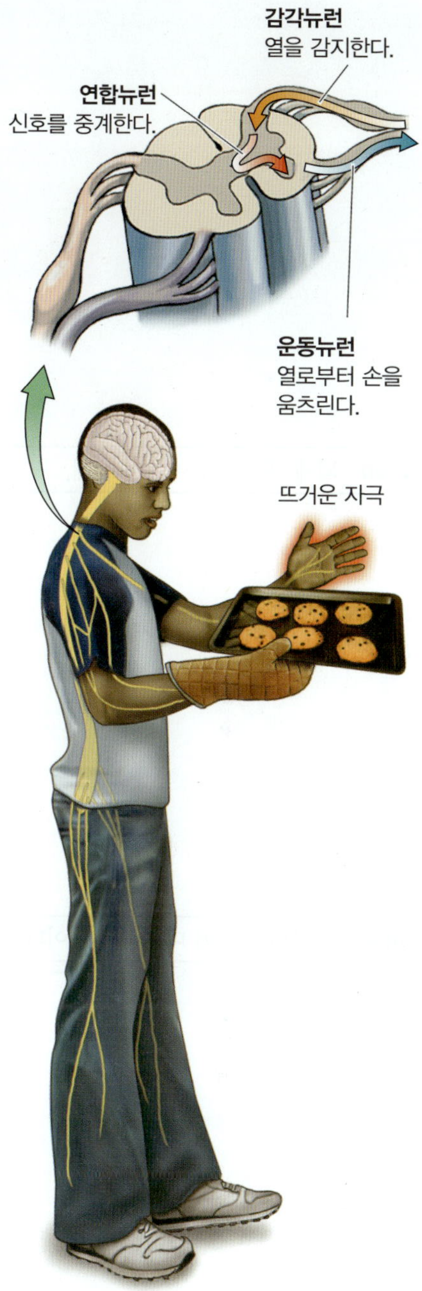

그림 22.4 **반사궁.** 반사궁은 감각 수용기, 감각뉴런, 연합뉴런, 운동뉴런 및 효과기로 구성되어 있다. 빵을 굽는 뜨거운 판에 손이 닿으면 회피 반응을 일으킨다.

(a)

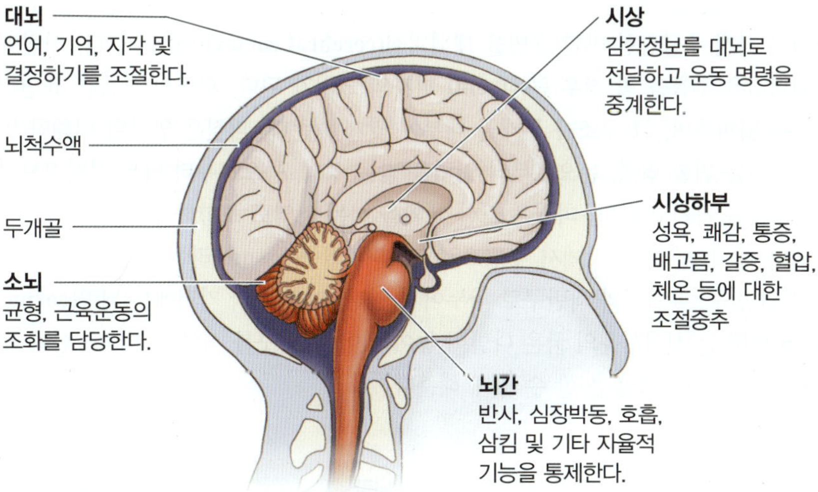

(b)

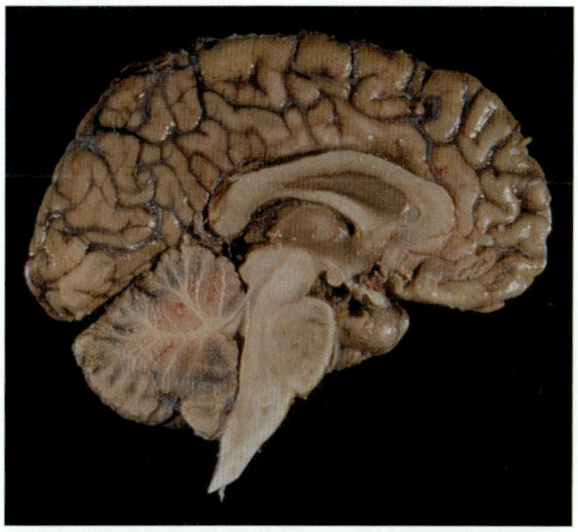

◀ 시각화

이 사진에서 대뇌, 시상, 시상하부, 뇌간 및 소뇌의 위치를 찾아보라.

그림 22.5 **사람 뇌의 해부.** (a) 대뇌, 시상, 시상하부, 뇌간 및 소뇌의 위치와 기능을 보여준다. (b) 사람 뇌의 횡단면 사진.

자리하고 있다.

1,000억~2,000억 뉴런을 가진데 더하여 뇌는 **교세포(glial cell)**라는 다른 세포들과 더불어 구성되어 있다. 뇌에는 뉴런의 수에 비하여 10배나 되는 많은 교세포가 있다. 뉴런과는 대조적으로 교세포는 메시지를 운반하지 않는다. 그 대신 이들은 영양분을 공급하고, 손상 시에 뇌의 수선을 도우며, 감염하는 세균들을 공격함으로써 뉴런을 지지한다. 구조적으로 뇌는 대뇌, 시상, 시상하부, 소뇌, 뇌간을 포함하는 많은 중요한 해부학적 영역으로 세분한다(그림 22.5).

대뇌

cereb- 뇌에 대한 라틴어에서 유래.

대뇌(cerebrum)는 두개골의 윗부분 전체를 채우고 있다. 뇌의 이 부분은 언어, 기억, 수의적 운동, 지각과 의사 결정을 조절한다. 대뇌는 두 개의 반구로 되어 있으며, 반구 각각은 4엽으로 나누어져 있다(그림 22.6).

- **두정엽(parietal lobe)**은 촉각에 대한 정보를 처리하며 자각에 관여한다.
- **전두엽(frontal lobe)**은 수의 근육운동을 관장하며 계획 수립, 작동 기억 및 충동 조절에 관여한다.
- **측두엽(temporal lobe)**은 청각 정보와 후각 정보 처리에 관여하며, 기억과 감정에도 중요하다.
- **후두엽(occipital lobe)**은 눈으로부터 오는 시각 정보를 처리한다.

cortex 나무의 수피에 대한 라틴어이다.

대뇌의 깊게 주름잡힌 바깥 표면을 **대뇌피질(cerebral cortex)**이라고 한다. 사람에서 대뇌피질은 주름을 펼 경우 큰(40 cm) 피자의 크기가 된다. 피질의 주름은 표면적을 넓혀주며, 그 구조가 두개골 내부에 맞게 해준다. 피질은 언어의 이해와 말하기를 위한 영역, 눈으로부터 입력을 받는 영역, 몸으로부터 다른 감각정보를 받는 영역들을 가지고 있다. 피질은 또한 계획을 하는 영역도 포함하고 있다.

대뇌와 대뇌피질은 전방에서 후방으로 가면서 열구(fissure)라는 깊은 골에 의해서 두 개의 반구, 우반구와 좌반구로 나누어져 있다. 이 열구의 기저에는 **뇌량(corpus callosum)**이라는 신경섬유의 굵은 다발이 놓여 있어 두 반구를 서로 연결하고 한쪽 뇌로부터 다른 쪽 뇌로 소통을 할 수 있게 해준다.

시각화 ▶

충동 또는 생각보다 행동이 앞서는 것은 ADD와 관련된 증세이다. 나열된 기능에 근거하여 어느 구조의 비정상이 충동으로 이어질 것으로 생각되는가?

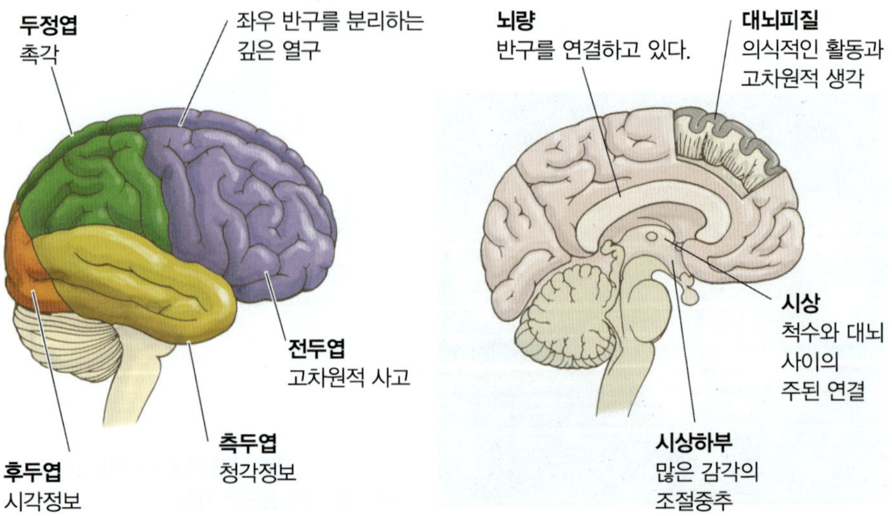

그림 22.6 **대뇌의 구조.** 대뇌의 우반구와 좌반구는 각각 4엽으로 나누어지며 뇌량에 의해 서로 연결되어 있다. 두 대뇌반구 사이 깊은 안쪽에 시상과 시상하부가 있다.

쉬어가기 뇌의 전두엽은 약 25세 이전까지는 충분히 발달하지 못하는 것으로 생각되었다. 뇌 전두엽의 기능에 대한 이해를 바탕으로 충분히 발달한 뇌를 가진 사람들보다 25세 미만 사람들이 약물을 더 열심히 사용하려고 하는 이유에 대한 설명을 제시하라.

방심 않고 집중하는 데 도움을 얻기 위하여 친구의 ADD 약물을 사용하는 것은 어떤 위험이 있는가?

시상과 시상하부

뇌의 깊은 곳에 두 대뇌 반구들 사이에 놓여 있는 것이 시상과 시상하부이다. **시상(thalamus)**은 척수와 대뇌 사이에서 정보를 중계하는 역할을 한다. 시상은 통증, 압력, 온도와 같은 감각 메시지 신호를 수용하는 뇌의 첫 번째 영역이다. 시상은 일부 신호들은 억제하고, 다른 신호는 증폭시킨 다음 대뇌로 전달한다. 대뇌는 이 메시지들을 처리하여서 행동이 필요한 경우 척수와 근육에 분포하는 뉴런에 신호를 보낸다. **시상하부(hypothalamus)**는 시상의 바로 아래에 위치해 있으며, 강낭콩 정도의 크기이며, 성적 충동, 기쁨, 고통, 배고픔, 갈증, 혈압 및 체온의 조절 중추이다. 시상하부는 또한 정자와 난자 세포의 생산과 월경주기를 조절하는 호르몬을 방출한다.

hypo- 아래 또는 밑을 의미한다.

소뇌와 뇌간

소뇌(cerebellum)는 균형, 근육운동 및 근육운동의 조화를 조절한다(그림 22.7). 이 뇌의 영역은 근육이 수축과 이완을 부드럽게 할 수 있도록 해주기 때문에 소뇌가 손상되면 움직임이 경직되고, 심한 경우 경련이 일어날 수 있다. 소뇌는 대뇌의 축소판처럼 보인다. 대뇌 반구의 밑에 자리하고 있으며 대뇌처럼 두 개의 반구가 굵은 신경다발에 의해서 서로 연결되어 있다.

뇌간(brain stem)은 시상과 시상하부 아래에 놓여 있다. 뇌간은 반사 및 심장박동, 호흡, 음식물 삼킴, 기침과 같은 자발적인 기능들을 지배한다.

뇌간은 중뇌, 뇌교, 연수로 구성되어 있다. 뇌간의 가장 상부에 있는 것이 **중뇌(midbrain)**인데, 이는 빛에 대한 눈의 민감도와 소리에 대한 귀의 감수성을 조절한다. 중뇌의 아래에 **뇌교(pons)**가 있다. 뇌교는 뇌와 척수 사이에 신호가 전달될 수 있도록 기교 역할을 한다. **연수(medulla oblongata)**는 뇌간의 아랫부분이다. 이는 심장 박동률을 조절하고 척수와 뇌의 다른 부분 사이에서 정보를 전달한다.

일부 과학적 연구는 ADD를 가진 사람과 그렇지 않은 사람들 사이에, ADD인 사람은 전두 피질이 더 작은 것으로, 전두 피질에 차이가 있음이 제시되고 있다. 이것이

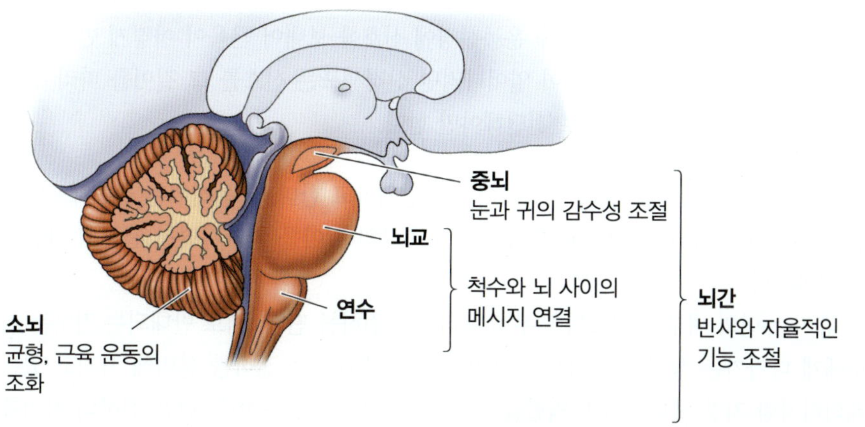

그림 22.7 **소뇌와 뇌간.** 소뇌는 대뇌 아래쪽에 자리하고 있다. 뇌간은 중뇌, 뇌교, 연수로 구성되어 있다.

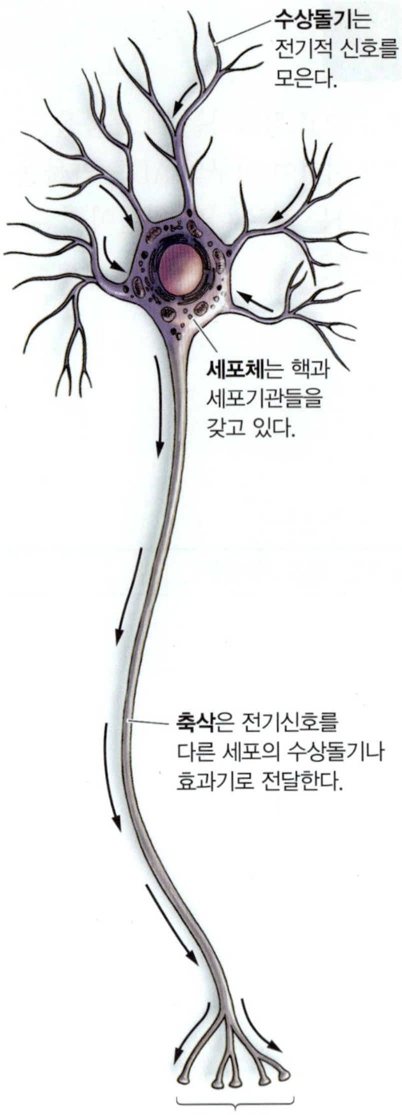

그림 22.8 일반적인 뉴런의 구조. 뉴런은 가지를 치고 있는 수상돌기, 세포체, 축삭, 축삭말단으로 구성되어 있다. 신경충격은 화살표 방향으로 전파된다.

ADD 약물이 ADD인 사람은 정상을 느끼는데 도움이 되지만 비의료적 사유로 약물을 사용하는 사람들에게는 과장 반응이 나타나게 하는 한 이유일 것이다.

뇌 구조에서 근원적인 차이가 뉴런이 정상적인 기능을 하는 능력에 있어서의 차이이다.

22.3 뉴런

뉴런은 대개 더 이상 분열하지 않는 고도로 분화된 세포이다. 그러므로 뉴런이 손상되면 세포분열에 의해 복구될 수 없고, 때로는 영구적인 손상을 초래하기도 한다. 예를 들어, 척수의 운동뉴런 손상은 영구적인 마비를 야기하는데 이는 CNS에서 근육으로 메시지를 더 이상 전달할 수 없기 때문이다. 마찬가지로 뇌의 상처로 뇌의 뉴런이 해를 입게 되면 영구적인 뇌 손상이 초래될 수 있다.

뉴런의 구조와 기능

뉴런은 핵과 세포기관들을 담고 있는 두툼한 **세포체(cell body)**에서 뻗어 나와 가지를 친 **수상돌기(dendrite)**와 **축삭말단(terminal bouton)**이라고 하는 혹처럼 생긴 구조에서 끝나는 긴 전선 모양의 **축삭(axon)**으로 구성되어 있다(그림 22.8). 신경충격은 일반적으로 한 뉴런의 축삭을 따라 전파되며, 다른 뉴런의 수상돌기로 전달된다.

많은 뉴런들의 축삭은 **미엘린초(myelin sheath)**라고 하는 보호층으로 덮여 있다(그림 22.9a). 미엘린초는 축삭을 싸고 있어서 미엘린으로 피복된 조직에 **백질(white matter)**이라는 반짝이는 흰색이 나게 하는 지질이 풍부한 **시반세포(Schwann cell)**라고 하는 뉴런-지지세포로 구성되어 있다. 미엘린초는 전선의 절연 피막과 같이 메시지가 측면으로 빠져나가는 것을 방지함으로써 전기화학적 충격이 축삭을 따라 전파되는 속도를 높여주는 역할을 한다.

미엘린초의 긴 확장부는 시반세포들 사이에 **랑비에결절(node of Ranvier)**이라고 하는 미엘린화되지 않은 미세한 패치에 의해서 분리되어 있다. 신경충격은 한 랑비에결절에서 다음 결절로 연속적으로 점프하며(그림 22.9b), 이는 미엘린화되지 않은 축삭에서 일어나는 것보다 훨씬 더 빠르다. 미엘린화되지 않은 축삭들은 다른 뉴런들의 수상돌기 및 세포체와 연합하여 횡단면이 회색으로 보이기 때문에 **회백질(gray matter)**이라고 한다.

뉴런은 신체의 한 부분에서 다른 부분으로 충격을 전달한다. 촉각, 소리, 빛, 맛, 온도, 냄새와 같은 많은 종류의 자극들은 뉴런의 반응을 야기한다. 어떤 것을 만질 때 촉각 수용기로부터의 신호는 피부의 감각신경을 따라 전파되며, 척수를 거쳐서 뇌로 전달된다. 그러면 뇌는 척수를 통해 운동신경에 신호를 보내어 근육이 어떻게 반응할 것인지를 명령한다. 이러한 반응이 일어나려면 신경세포는 신호를 그 길이를 따라 전파하고, 한 세포에서 다음 세포로 전달해야만 한다.

활동전위. 신경충격을 달리 명명하여 활동전위라고 한다. 활동전위는 신경세포막의 전하가 잠시 역위되는 것이다. 활동전위는 축삭의 길이를 따라가면서 전류의 파동으로 전파된다.

휴지 뉴런의 내부는 세포의 외부에 비하여 음전하를 띤다. 서로 반대되는 전하는 서로에게 다가가는 성질이 있어서 세포막은 서로 반대되는 전하를 분리해 가지고 있는 배터리처럼 저장 에너지원의 역할을 한다. 막을 가로지르는 이와 같은 전하의 차이를

(a) 미엘린초로 덮인 축삭

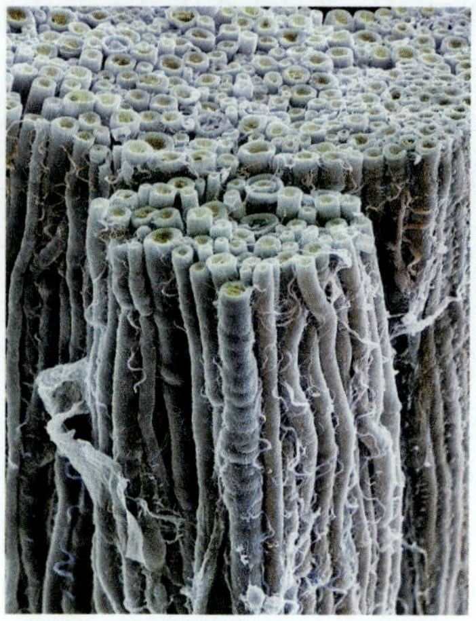

(b) 신경충격은 미엘린화되지 않은 신경보다 미엘린화된 신경에서 보다 빠르게 전파된다.

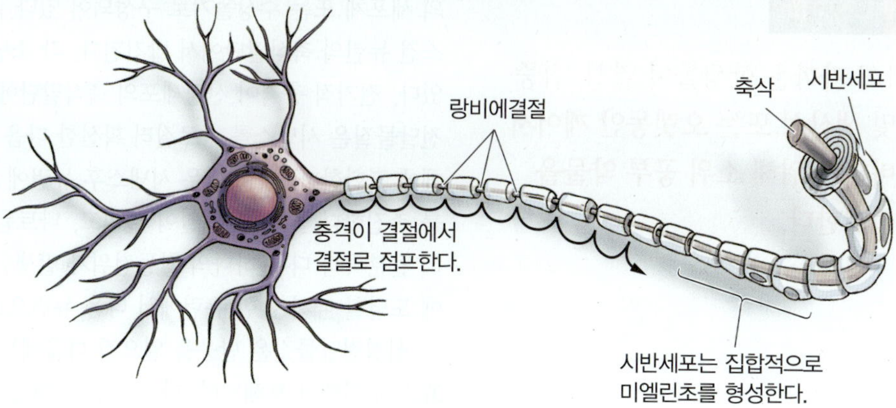

그림 22.9 **미엘린화.** (a) 이 사진은 신경섬유 다발의 단면을 보여주고 있다. 각각의 신경은 미엘린(흰색) 절연층으로 덮인 신경세포의 축삭(초록)으로 구성되어 있다. (b) 미엘린화된 세포에서 신경충격은 한 랑비에결절에서 다음 결절로 도약함으로써 미엘린화되지 않은 신경에서 보다 더 빠르게 전파된다.

데이터로 해결하기 ▲

신경 충격은 미엘린초가 있는 축삭을 따라서 초당 100미터를, 미엘린초가 없는 축삭에서는 1미터를 이동한다. 키 2미터인 사람에서 머리에서 발끝까지 (a) 미엘린초가 있는 뉴런과 (b) 미엘린 초가 없는 뉴런에서 신경 충격이 이동하는 데 얼마나 걸리겠는가?

분극(polarization)이라고 한다. 신호를 보낼 때는 축삭의 길이를 따라 개폐성 단백질 통로가 열려서 양전하를 띤 나트륨과 칼륨 이온이 막을 가로질러 이동할 수 있게 해 준다. 양전하를 띤 나트륨이온의 유입은 신경세포를 탈분극시킨다. 이온이 전하를 연속적인 전압 감지형 단백질 통로로 퍼지면 도미노 효과가 일어나서 통로들이 각각 열리면서 더 많은 나트륨이 들어오게 되면서 신경의 길이를 따라서 탈분극이 전파된다. 이 충격은 축삭말단 쪽으로 한 방향으로만 이동한다(그림 22.10). 재분극은 칼륨이온이 세포 밖으로 확산되어서 세포의 내부가 바깥보다 더 음전하를 띠게 되었을 때 일어난다.

> **쉬어가기** 복어가 가지고 있는 신경독은 나트륨 통로에 결합하여 이온의 흐름을 차단한다. 이 독을 섭취한 사람의 신경계에 이 신경독은 무슨 효과를 미치겠는가?

시냅스 전달. 신호가 축삭의 길이를 따라서 전달되고 나면, 신호는 반드시 다음 뉴런으로 또는 근육이나 샘과 같은 효과기로 전달되어야 한다. 대부분 뉴런들은 서로 간에 직접 연결되어 있지 않기 때문에 신호는 **시냅스(synapse)**라는 두 뉴런 사이의 간격을 건너서 다음 뉴런으로 전달되어야 한다(그림 22.11a). 시냅

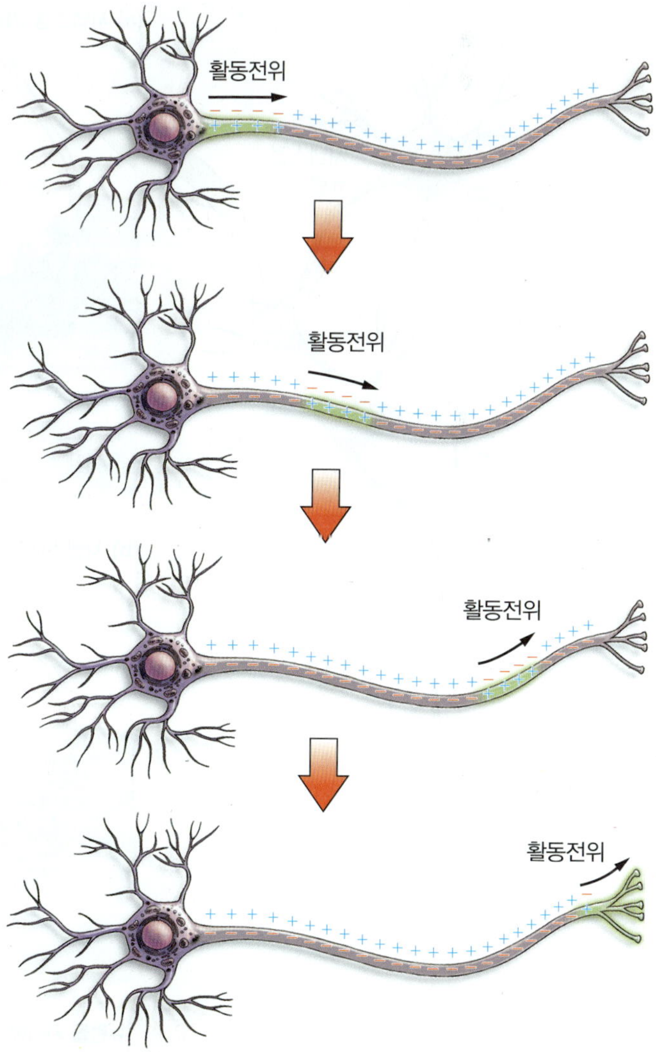

그림 22.10 **활동전위.** 막 전위의 순간적 상승과 낙하로 축삭의 길이를 따라 이동하며, 신호를 근육과 샘 같은 효과 기관 또는 다음 뉴런으로 중계한다.

1/3 가까운 학생들이 열성, 집중 및 생산성 또는 오랫동안 깨어서 버티기 위해 소위 공부 약물을 섭취한다.

스는 시냅스전 뉴런의 축삭말단, 인접한 두 뉴런 사이의 공간, 그리고 시냅스후 뉴런의 세포체 또는 수상돌기로 구성되어 있다. 소낭이라고 하는 주머니 유사 구조가 시냅스전 뉴런의 축삭말단에서 발견된다. 각 소낭은 특수한 화학적 신경전달물질로 채워져 있다. 전기적 충격이 신경세포의 축삭말단에 도착하면 신경전달물질이 방출되며, 신경전달물질은 시냅스를 가로질러 확산한 다음 시냅스후 뉴런의 세포막에 있는 특정 수용체에 결합한다. 이 결합은 시냅스후 뉴런에 의한 나트륨이온의 유입에 있어 빠른 변화를 촉진한다. 나트륨 채널이 열리고, 나트륨이온이 안으로 흘러들어오면서 다른 하나의 탈분극과 다른 하나의 활동전위가 발생한다. 신경충격은 그 신호가 영향을 줄 조직에 도달할 때까지 한 뉴런에서 다음 뉴런으로 전달된다.

신경전달물질은 반응을 일으킨 다음에는 스냅스에서 제거된다. 일부는 시냅스에서 효소에 의해서 분해되며, 다른 것들은 **재흡수(reuptake)**라는 과정에 의해서 뉴런에 의해서 흡수된다(그림 22.11b). 재흡수는 시냅스전 세포의 신경전달물질에 대한 수용체가 신경전달물질이 세포 내로 다시 들어오도록 허용하였을 때 일어난다. 이는 신경전달물질을 방출하였던 뉴런이 이를 재사용할 수 있게 해준다. 효소에 의한 분해나 수용

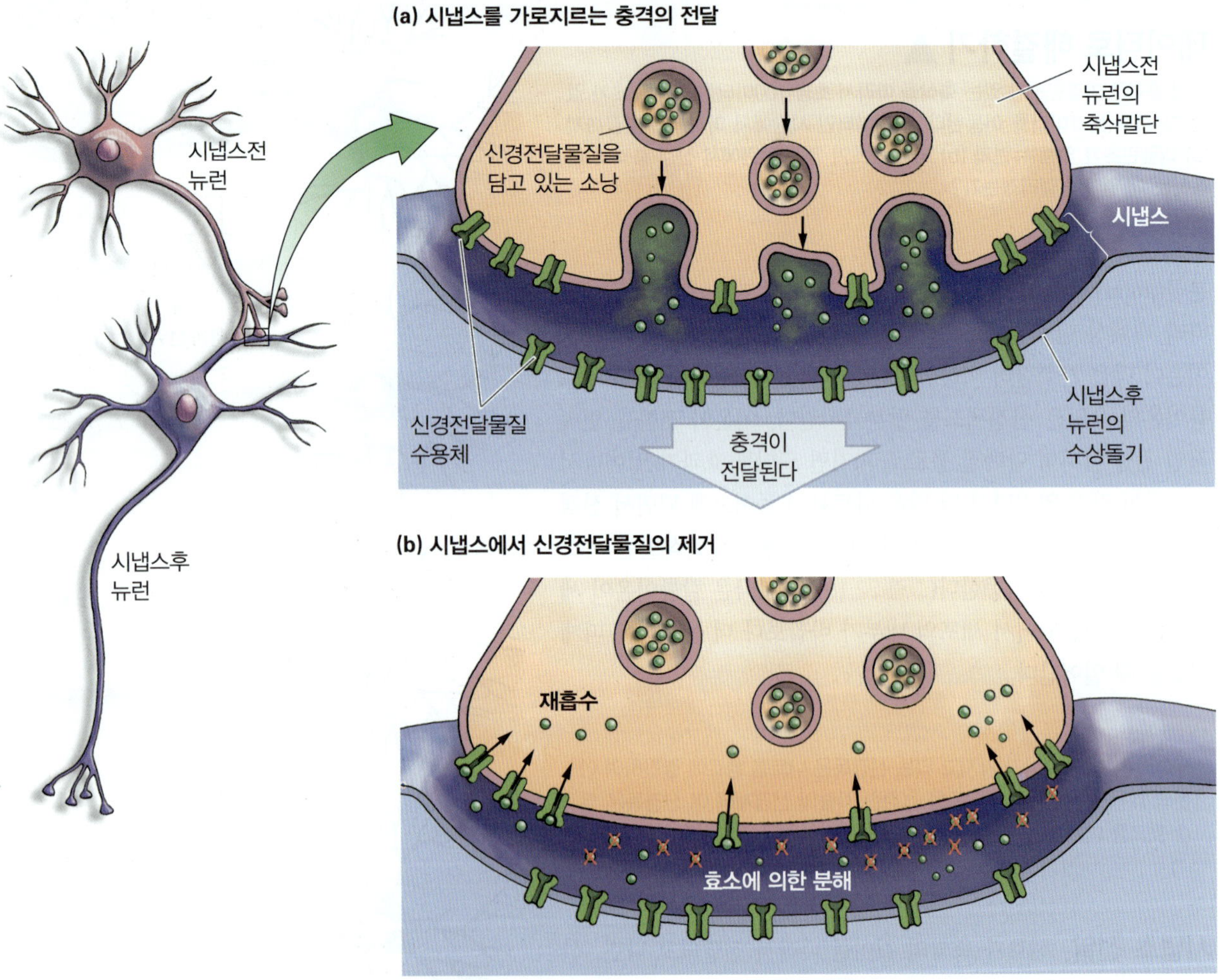

그림 22.11 뉴런들 사이에 신경충격의 전달. (a) 신경충격은 한 뉴런의 축삭말단에서 다음 뉴런의 수상돌기로 전달된다. 신경전달물질은 시냅스전 뉴런에서 방출되어 시냅스를 가로질러 시냅스후 뉴런으로 이동한 다음 시냅스후 뉴런의 수상돌기에 있는 수용체에 결합한다. (b) 신경전달물질은 반응을 일으킨 후 시냅스에서 신경전달물질을 분해하는 효소에 의해서 분해되거나, 시냅스전 세포로 재흡수됨으로써 제거된다.

체에 의한 재흡수는 모두 시냅스후 세포의 지속적인 자극을 방지한다.

신경전달 장애가 다양한 질환과 연관되어 있다는 증거가 있다. 예를 들어, 신체의 기능 조절 상실과 더불어 기억상실로 마침내 죽음에 이르는 진행성 정신 황폐를 보이는 **알츠하이머병(Alzheimer's disease)**은 일부 뉴런에서 신경전달물질인 **아세틸콜린(acetylcholine)**의 기능부전과 관련된 것으로 생각된다. **우울증(depression)**은 어떻게도 할 수 없는 절망적이며 자살충동을 느끼게 하는 질환이다. 3가지의 신경전달물질로 세로토닌, 도파민 및 노르에피네프린이 우울증에 역할을 하는 것으로 보인다. **파킨슨병(Parkinson's disease)**은 도파민 수준 저하에 의해서 떨림, 굳음, 느린 동작이 야기되는 것으로 생각된다.

신경전달물질 **도파민(dopamine)**과 **노르에피네프린(norepinephrine)**의 비정상적인 수준이 ADD 증상을 나타내는 데 관련이 있는 것으로 보인다. 도파민은 복잡한 동작과 더불어 감정을 조절하는 데 비하여 노르에피네프린은 스트레스에 대한 반응을 조절하는 데 도움을 주며 주의력과 집중력을 조절한다. 그러므로 도파민 농도가 낮은 사람은 입력 정보를 더 효과적으로 처리하기 위해서 쉼이 필요한 상황에 충격적으로 반응할 것이다. 노르에피네프린이 낮은 사람은 집중하는 데 어려움을 가지고 있을 것이다.

ADD를 가진 사람에서 이들 신경전달물질의 수준을 낮추는 것이 무엇인지 아무도

(a) ADD 약물이 도파민 재흡수를 차단할 수 있다.

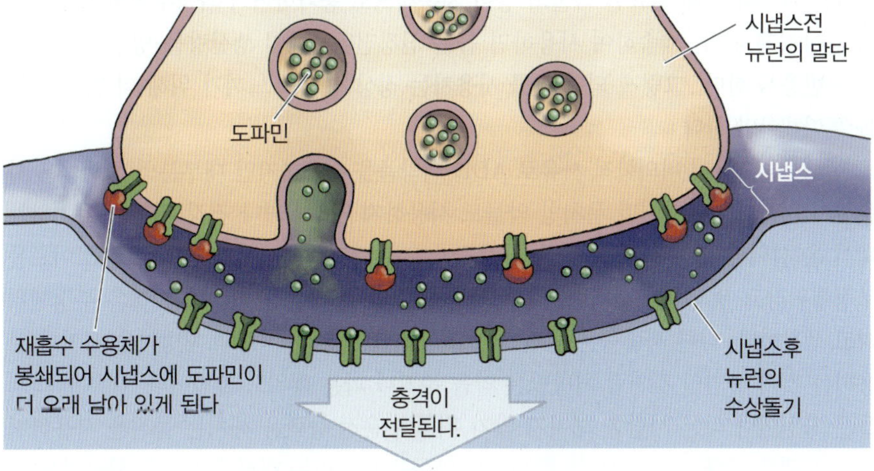

(b) ADD 약물이 시냅스로 방출된 도파민의 양을 증가시킬 수 있다.

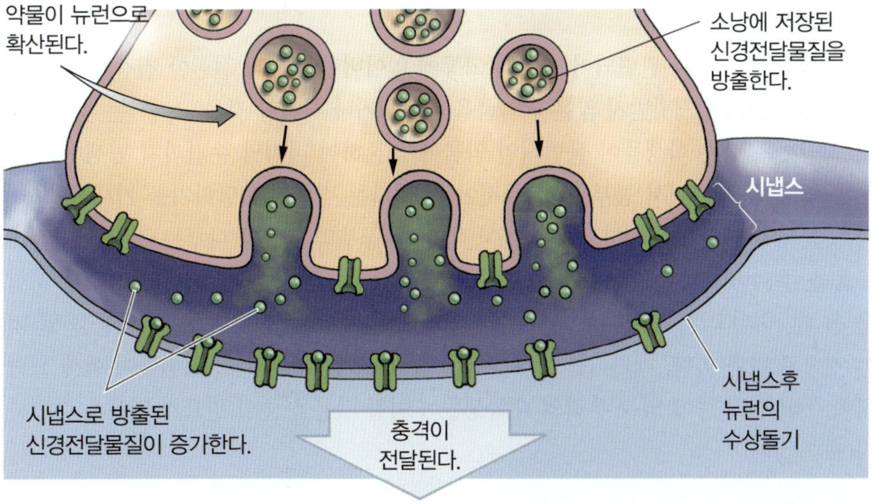

그림 22.12 ADD 처방 약물의 작용 메커니즘. 일부 ADD 약물은 (a) 신경전달물질의 재흡수를 방지하거나 (b) 신경전달물질의 방출을 증가시켜서 시냅스후 뉴런의 자극을 더 길게 해준다.

불법적인 ADD 의약품 사용은 정말 공부에 도움이 되는가? 또는 기진맥진하고 뇌가 텅 비게 하는가?

확실하게 알지는 못하지만, ADD 증세를 처치하는 데 사용된 약물은 시냅스에 신경전달물질의 수준을 증가시킴으로써 이들 결핍의 충격을 감소시키는 작용을 한다. 이는 더 많은 신경전달물질이 방출되게 하거나(그림 22.12b) 또는 재흡수 수용체의 작용을 차단함으로써 달성될 수 있다(그림 22.12a).

비의학적 ADD 약물 사용

ADD 의약품을 비의학적 사유를 목적으로 섭취하면 뇌는 그렇지 않으면 수일간에 걸쳐서 천천히 활용할 신경전달물질을 빠르게 소모시킨다. 새로운 신경전달물질 합성은 손실을 단지 느리게 보충하는 속도로 일어난다. 신경전달물질이 사용된 후 몸에 재충전이 되기 전 시간 동안에 사용자는 "크래시(crash)"라고 하는 증세를 경험할 것이다. 이 증세는 무력증, 집중력 상실, 노염, 공격성, 불안, 울보 등이 포함된다.

일부 사용자들은 공부 약물 섭취 전략이 시험 도중에 크래시를 경험함으로 즉각 실패한다. 다른 사람들도 한 번의 크래시는 더 이상 사용을 단념시키기에 충분하다. 최악의 결과는 사용자가 원하는 증세를 즉각적으로 다시 얻기 위해서 또는 그 증세를 강화시키기 위하여 또는 크래시 증세를 해소하겠다고 약물을 더 사용할 때 초래된다. 증가된 신경전달물질의 출현에 대한 신체의 반응 방식은 시냅스후 뉴런의 수용체의 수를 증가시킴으로 약물의 효과를 제한하는 것이다. 이처럼 약물 축적에 대한 내성, 처음의 효과를 달성하는 데 필요한 약물의 양이 지속적으로 증가하여서 과잉투여의 위험도가 더 높아지게 된다. 계속하여 사용하면 몸은 신경전달물질의 생산량을 영구적으로 낮추는 반응을 한다. 그렇게 되면 약물 사용자는 정상 상태를 느끼기 위해 더 많은 약물을 투여해야만 한다.

학생들의 1/3이 비의학적 사유로 ADD 의약품을 사용하지만 대부분의 학생들은 사용하지 않는다. 이는 어떤 무처방 약물도 사용하지 않겠다거나 건강 위험을 우려하는 데서 온 선택일 것이다. 또한 많은 사람들이 운동 경기력 향상을 위해서 스테로이드를 부정행위라고 생각하는 것처럼, 일부 학생들은 ADD 약물을 섭취하는 것은 부정행위라고 생각한다. 다른 사람들은 법적 결말을 우려한다. 다른 사람의 처방약을 사거나 사용하는 것이 불법인 것처럼 처방받은 약을 주거나 파는 행위도 불법이다. 대부분 학생들은 자신이나 다른 사람을 해치지 않기 위하여 운전 능력을 해치는 물질을 사용하지 않는 선택을 한다. 또한 대부분 학생들은 약물을 터트리는 대신에 시간을 활용하는 기술을 발전시키고 수양을 하는 것이 대학을 졸업하였을 때 훨씬 도움이 된다는 것을 이해하고 있다.

공부 약물 사용과 관련되어 크래시 고통에 잃어버린 시간과 절실한 건강 위험을 연계하여, 학생들이 처방받지 않은 의약품을 사용하거나 사용할 것을 고려하는 것으로부터 희망하는 바는 학생들이 불법적인 약물에 의존하여 마지막 순간까지 밤샘하는 대신 매일 시간을 내어서 공부를 하는 것이 더 좋다는 결론에 도달하기를 기대한다. 대학도 문제의 범위를 이해하고 학생들이 해야 할 공부의 분량을 다루는 전략을 찾는데 도움을 주는 것도 도움이 된다. 연구에 의하면 학생들은 큰 시험에 비하여 작은 시험을 볼 때, 하나의 긴 보고서보다는 여러 개의 짧은 보고서를 낼 때, 공부 약물을 덜 먹는 것으로 나와 있다. 메커니즘이 무엇이든 학생, 교수, 보건 관련 요원들이 함께 노력하여 두뇌 발달 중에 있는 우리의 대학생들이 약물 사용을 줄일 필요가 있음은 분명하다(표 22.2).

표 22.2 기분전환 약물과 신경계

약물	작용 메커니즘	원하는 정신적 효과	부작용
알코올은 발효의 부산물이다. 	• 세포막을 가로질러 쉽게 확산하는 진정제 • 신경전달을 억제하며, 뇌 전체에 걸쳐 뉴런의 활성을 방해한다.	불안감소, 기분 좋은 느낌, 사회적 속박에서 탈피	• 판단 장애, 어눌한 말투, 불안한 걸음걸이, 반응 지연, 감정 불안정 • 만성적인 알코올 남용은 전두엽의 신경세포를 손상시켜 지적 능력, 판단, 생각과 이성의 결손을 초래한다. 간의 손상 가능성이 있다.
암페타민은 비만, 천식, ADD, 발작 처치에 합법적으로 사용된다. 메스암페타민은 불법 암페타민이다. 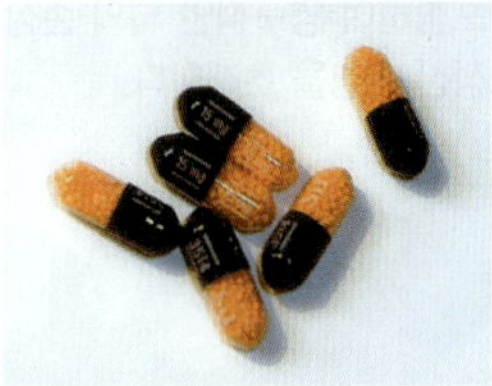	• 도파민과 노르에피네프린 방출을 증가시킨다. • 신경전달물질의 재흡수를 방지하고 분해를 억제한다.	소량은 사람에게 원기 감각, 경각심 및 자신감을 갖게 해준다.	• 효과가 빨리 떨어지며 저장된 전달물질이 고갈되면 급작스러운 크래시로 우울증 및 무력증을 나타낸다. • 장기적인 사용은 공격성, 망상증, 환각증이 나타나고, 폭력적 행동과 사망에 이른다.
카페인은 자연산 화학물질이며 커피, 차, 코코아에서 발견된다. 	중추신경계뿐만 아니라 모든 세포에 일반적인 흥분제이다.	정신적 각성, 원기의 증가	불면증, 불안, 조급증 및 심장 박동률의 증가
코카인은 남미의 코카 식물의 잎에서 추출된다. 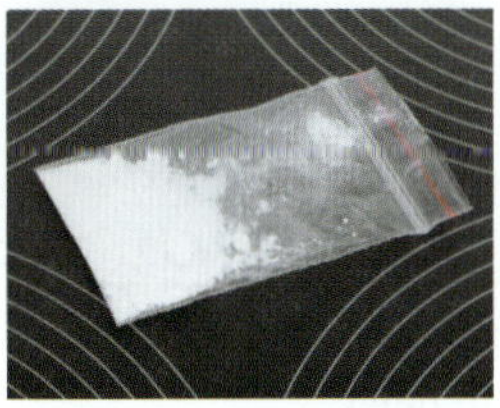	재흡수를 감소시켜서 도파민과 노르에피네프린의 수준을 높이는 흥분제이다.	빠른 희열감, 자신감 증대, 신체적 역량 증대	• 심장 박동률과 혈압 증가 • 크래시로 깊은 절망감, 불안, 무력증 초래 • 남용은 뉴런을 변화시켜 약이 없이는 긍정적인 느낌을 가질 수 없게 한다.

(계속)

표 22.2 기분전환 약물과 신경계. (계속)

약물	작용 메커니즘	원하는 정신적 효과	부작용
엑스타시 MDMA 알약; Molly는 MDMA 흰색의 결정 또는 분말 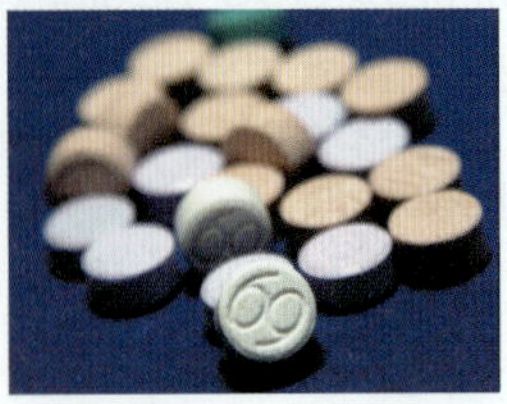	흥분제 및 환각제로 세로토닌의 재흡수를 방해하는 작용을 하며 뉴런에 다른 신경전달물질이 넘치게 한다.	도취감, 정서 및 정신적 명쾌함, 원기 및 성적 반응 증대, 촉각에 대한 고도의 감각성.	• 심각한 탈수증, 혼란, 불안, 망상증, 우울증, 며칠 동안 계속되는 불면증 • 영구적인 기억력 손상
리제르그산 디에틸아미드(LSD) 및 버섯: LSD는 호밀에서 자라는 *Claviceps purpurea*라는 버섯 유래물이다. 	환각제로 뇌의 세로토닌 수용체에 결합하며, 세로토닌에 대한 정상적인 반응을 증가시킨다.	감각적 인지력 고조, 사고와 정서의 환상적 변화, 환각	• 환각은 위험한 행동을 유발시킨다. • 과다 사용은 기억력과 주의 지속 시간 감퇴를 포함하여 영구적인 뇌의 손상, 그리고 정신 이상을 초래한다.
마리화나는 *Cannabis sativa*라는 식물에서 유래하며 델타-9-테트라하이드로카나비놀(THC)을 함유한다. 	• 감정, 기쁨, 기억, 통각 및 식욕에 영향을 주는 뇌의 영역에 THC의 수용체가 있다. • THC는 도파민의 방출을 증가시키는 작용을 하는 것으로 생각된다.	• 시간 초월감, 다른 사람에 대한 친밀감 및 자극 감수성 증가 • 과다 사용은 환각을 초래한다.	• 반응 시간 지연, 조정능력 감퇴 • 단기기억 손상, 학습 지연, 집중력 감소, 정보의 저장 및 획득 능력 감퇴 • 테스토스테론 생산 감소와 월경불순
니코틴은 담배식물에서 발견된다. 	대뇌피질 뉴런들의 아세틸콜린, 에피네프린, 노르에피네프린 생산을 촉진하는 흥분제	경각심 및 자각 증가, 식욕 억제, 휴식	• 대부분 암 발생률을 증가시킨다. • 심장 박동률과 혈압을 증가시킨다.
헤로인, 모르핀, 코데인을 비롯한 아편은 양귀비에서 추출된다. 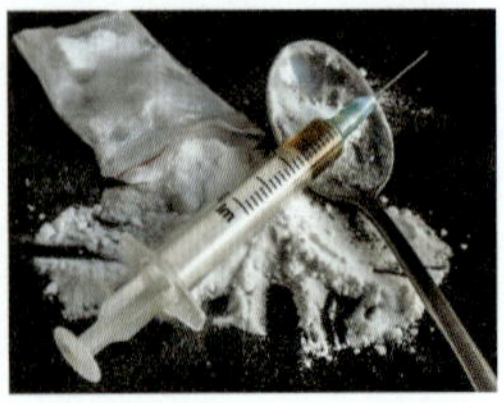	운동으로 생산된 엔도르핀처럼 오피에이트는 쾌감을 조절하는 뉴런의 수용체에 결합한다.	신속하고도 강력한 쾌감, 이어서 안락함과 졸음	• 운동신경 불일치, 우울증, 혼수 및 치사를 야기한다. • 정상적인 기쁨에 대한 뇌의 반응 능력을 변화시킬 수 있다.

현명한 독자

처방 약물 남용

미국 대학생들 사이에 처방 흥분제의 비의학적 사용: 전국적 조사에서 보급률과 상관

동료 심사된 이 논문은 약물을 처방받지 않은 미국 대학생들에 의한 리탈린과 아데랄 같은 처방 주의력 결핍 의약품의 불법적 사용에 대한 연구 결과를 보고한다. 조사 설문은 미국에서 100여 개의 4년제 대학에서 무작위로 선택된 1만 명 이상의 학생들에게 우편으로 배달되었다. 통계 분석 결과 백인 남학생 사교클럽 회원들 사이에서 사용이 가장 많았으며 더 엄격한 입학 기준을 가진 학교에서 이들 약물을 사용하는 학생들이 더 많았다.

이 논문의 저자는 이들 흥분제를 사용하는 학생들이 합법 및 불법적인 다른 약물을 사용할 가능성도 더 많다는 증거도 제시하였다.

1. 이 동료 심사된 연구의 저자들에 의해서 사용된 몇 가지 대조군을 나열하여라.
2. 통계적 분석을 적용한 것이 왜 중요한가?
3. 저자들은 제시한 데이터 이외에 추정한 어떤 것이라도 있는가?

McCabe SE, Knight JR, Teter CJ, Wechsler H. *Addiction 2005*, Jan; 100(1):96–106

그럴듯한 소리데 **그런가?**

잡지를 뒤적거리다가 내가 우뇌형인지 좌뇌형인지를 알아보는 퀴즈를 보게 되었다. 퀴즈의 머리말에 사람의 뇌는 뇌 한 쪽, 또는 반구가 특정한 유형의 생각에 전문화된 기능 편중 현상을 보인다고 설명되어 있었다. 이 학설에 따르면 우뇌형인 사람은 우뇌가 우세하기 때문에 더 창의적이며, 직관적이며, 상상력이 풍부하고, 감정을 더 잘 읽고 표현한다. 좌뇌 우세인 사람은 좀 더 분석적, 논리적이며, 수학, 추리 및 비판적인 사고를 더 잘한다.

창의적 또는 논리적인 것과 같은 형질은 뇌의 한 쪽 반구가 다른 쪽 반구를 지배할 때 야기된다.

그럴듯한 소리이지만 그렇지 않다.

1. 한 반구에는 다른 반구에는 없는 구조가 있는가?
2. 뇌의 두 반구는 어떻게 서로 소통하는가?
3. 수학 문제를 풀고 있는 사람의 뇌 영상을 스캔한 결과 뇌의 양쪽이 모두 활동적이었다. 이것은 좌뇌 우뇌 가설에 지지를 제공하는가? 왜 또는 왜 아닌가?
4. 말을 듣고 있는 사람에 대한 신경생물학적 연구 결과 좌반구는 어느 소리가 단어를 형성하는가를 결정하는 반면에 우측 반구는 그 단어가 감정 또는 강조를 전달하는 의도인지를 분류한다는 증거가 제시되었다. 언어와 관련하여 좌반구와 우반구의 상호관계를 어떻게 설명하겠는가?
5. 뇌 기능 편중 가설은 매우 창의적인 사람과 수학을 매우 잘하는 사람을 설명해 주는가?
6. 1~5번 질문에 대한 답을 생각하고 위의 굵은 글씨로 쓴 문장이 그럴듯하지만 그렇지 않은 이유를 설명하라.

복습

요약

22.1

신경계의 구성요소를 나열하고 중추신경계와 말초신경계의 차이를 설명하라.

- 신경계는 중추신경계인 뇌와 척수 그리고 뇌로 들어가고 나오는 정보를 운반하는 말초신경계의 신경들로 구성되어 있다.

신경계에서 감각뉴런, 운동뉴런, 연합뉴런이 하는 역할을 설명하라.

- 뉴런은 화학적 메시지와 전기적 메시지를 운반하는 신경계의 특수화된 세포이다.
- 감각뉴런은 뇌로 정보를 운반하고, 운동뉴런은 뇌에서 나가는 정보를 운반한다.
- 연합뉴런은 감각뉴런과 운동뉴런의 사이에 위치해 있다.

일반 감각과 특수 감각을 비교하라.

- 일반적인 감각에 대한 감각 수용기는 온몸에서 발견되며 뇌로 정보를 보낸다. 특별한 감각에 대한 수용기는 더 복잡한 감각기관에서 발견된다.

반사 작용 방식을 설명하라.

- 반사는 반응을 위하여 감각뉴런으로부터 메시지를 연합뉴런으로, 운동뉴런으로 운반하는 짜여진 회로의 반응이다.

22.2

대뇌, 시상, 시상하부, 소뇌 및 뇌간의 구조와 기능을 요약하라.

- 대뇌는 대부분의 생각이 일어나는 장소이다. 대뇌의 두 반구는 측두엽, 후두엽, 두정엽, 전두엽의 4엽으로 구성되어 있다. 대뇌의 바깥 표면은 피질이다.
- 시상과 시상하부는 두 반구의 사이에 위치해 있다. 시상은 척수와 대뇌 사이에 정보를 전달하며, 시상하부는 많은 치명적인 신체기능을 조절한다.
- 소뇌는 뇌의 하부에, 대뇌 반구의 아래에 위치하며, 균형과 조화를 조절한다.
- 뇌간은 시상과 시상하부의 아래에 위치하며 많은 무의식적 기능을 조절한다.

22.3

뉴런의 구조를 설명하라.

- 뉴런은 특수화된 세포로 그 구조는 가지를 친 수상돌기, 세포체 및 축삭말단으로 구성되어 있다.

백질과 회백질을 구성하는 뉴런들의 차이를 설명하라.

- 미엘린으로 덮인 축삭은 더 빠른 속도로 충격을 전파하며 백질을 구성한다.
- 미엘린화되지 않은 축삭은 더 느리게 충격을 전파하며 회백질을 구성한다.

활동전위를 발생시키는 데 관여하는 사건들을 설명하라.

- 신경충격 또는 활동전위는 세포막에 탈분극이 일어났을 때 생성된다.
- 휴지상태의 뉴런은 세포의 바깥에 비하여 음전하를 띤 의미에서 분극되어 있다. 뉴런에서 자극은 막에 있는 나트륨 통로 단백질의 문을 열리게 하여 나트륨이 세포로 확산하여 들어와 세포가 탈분극되게 한다.
- 탈분극은 파동으로 세포를 따라 이동하며, 막의 인접한 부위에 있는 나트륨 통로를 활성화시킴으로써 충격이 뉴런의 길이를 따라서 이동하게 한다.

활동전위가 시냅스를 가로질러 전달되는 방법을 설명하라.

- 전기적 충격은 축삭의 말단으로 전파되며, 말단은 화학적 신경전달물질을 가지고 있다.
- 신경충격은 신경전달물질이 시냅스로 방출되게 하며, 시냅스에서 다음 뉴런의 수용체에 결합할 수 있다.

언어의 뿌리

다음 어원들은 주로 라틴어나 그리스어에서 기원하며 아래와 같은 뜻을 가지고 있어 용어를 해석하는 데 도움을 준다:

cereb- 뇌에 대한 라틴어에서 유래. 용어: *cerebrum*

cortex 나무의 수피에 대한 라틴어이다. 용어: *cerebral cortex*

hypo- 아래 또는 밑을 의미한다. 용어: *hypothalamus*

기본문제

1. 중추신경계와 말초신경계는 어떻게 다른가?

2. 감각뉴런, 운동뉴런, 연합뉴런은 어떻게 다른가?

3. 일반 감각은 무엇인가?

4. 뇌의 어느 구조가 언어, 기억, 감각 및 결심을 조절하는가?

A. 대뇌 B. 시상 C. 시상하부
D. 소뇌 E. 뇌간

5. 시상은 뇌의 어디에 위치하는가?

A. 뇌교에 B. 연수에
C. 대뇌피질에 D. 대뇌 반구들 사이에
E. 후두엽에

6. 미엘린은 __________

A. 일부 뉴런을 덮고 있는 보호층이다.
B. 뉴런에 흰색이 나게 한다.
C. 신경의 측면 전달을 방지함으로써 전달 속도를 증가시킨다.
D. 위의 모든 것.

7. 활동전위는 __________

A. 뉴런의 막에 일시적인 온도의 역위 현상이다.
B. 말단으로부터 세포체로 전파된다.
C. 자극에 대한 반응으로 나트륨 통로가 닫히면 시작된다.
D. 뉴런의 길이를 따라 가면서 이동하는 탈분극의 파동으로 전파된다.

8. 신경전달물질은__________

A. 미엘린화된 축삭을 따라서 이동하여 내려가는 전하이다.
B. 신경충격의 전달이 빨라지도록 랑비에결절을 가로질러 방출된다.
C. 전기적 충격이 시냅스후 뉴런의 축삭말단에 도달하였을 때 방출된다.
D. 시냅스를 가로질러 확산하며 시냅스후 뉴런의 세포막에 있는 수용체에 결합한다.

9. 신경전달물질의 효과가 증가될 수 있는 것은?

A. 시냅스후 세포에 수용체의 수를 증가시킨다.
B. 재흡수를 방지한다.
C. 신경전달물질의 합성에 관여하는 효소의 공급을 늘린다.
D. 시냅스에서 신경전달물질의 분해에 관여하는 효소를 억제한다.
E. 위의 모든 것.

10. 진(T)/위(F): 반사궁은 열과 같은 부정적인 자극에 여러 번 노출된 다음에 생성되는 것이다.

응용문제

1. ADD가 다른 사람에 비하여 일부 사람에서 더 심각한지 그 이유에 대한 신경생물학적인 가설을 설정해 보라.

2. 신경충격은 더 따뜻한 온도에서, 직경이 더 큰 축삭에서 더 빠르게 축삭을 따라서 이동한다. 아주 추운 깊은 바다에 서식하는 오징어의 축삭에서 무엇을 예측할 수 있는가?

3. 반사는 신경계의 다른 반응과 어떻게 다른지 설명하라.

연관문제

1. 대학들은 대학의 부정행위에 대한 정책에 학력 증진을 목적으로 처방 의약품을 승인받지 않고 사용하는 것에 대한 설명을 포함하기 시작하였다. 이 약물들을 사용하는 것이 부정행위라고 생각하는가? 이는 체력적 장점을 얻기 위하여 스테로이드를 사용하는 것과 어떻게 다른가?

2. 대학의 보건 관련 요원들은 잃어버리거나 도둑맞은 ADD 의약품을 다시 채우기 위하여 빨리 다시 보충해주는 것을 허용해야 하나? 만약 대학의 임상의사가 학생이 처방한 대로 약을 먹지 않는 것이 의심된다면 의약품을 더 처방하기 전에 소변검사를 요청하는 것을 허용해야 하나?

부록

측정단위변환

미터법 단위를	변환요소로 곱하면	영어권 단위가 된다.
길이		
센티미터 (cm)	0.3937	인치 (in)
미터 (m)	3.2808	피트 (ft)
미터 (m)	1.0936	야드 (yd)
킬로미터 (km)	0.6214	마일 (mi)
면적		
제곱센티미터 (cm^2)	0.155	제곱인치 (in^2)
제곱미터 (m^2)	10.7639	제곱피트 (ft^2)
제곱미터 (m^2)	1.196	제곱야드 (yd^2)
제곱킬로미터 (km^2)	0.3831	제곱마일 (mi^2)
헥타르 (ha) (10,000 m^2)	2.471	에이커 (a)
부피		
세제곱센티미터 (cm^3)	0.06	세제곱인치 (in^3)
세제곱미터 (m^3)	35.30	세제곱피트 (ft^3)
세제곱미터 (m^3)	1.3079	세제곱야드 (yd^3)
세제곱킬로미터 (km^3)	0.24	세제곱마일 (mi^3)
리터 (L)	1.0567	쿼트 (qt), U.S.
리터 (L)	0.26	갤론 (gal), U.S.
무게		
그램 (g)	0.03527	온스 (oz)
킬로그램 (kg)	2.2046	파운드 (lb)
톤 (t)	1.10	톤 (tn), U.S.
속도		
미터/초 (mps)	2.24	마일/시간 (mph)
킬로미터/시간 (kmph)	0.62	마일/시간 (mph)

영어권 단위를	변환요소로 곱하면	미터법 단위가 된다.
길이		
인치 (in)	2.54	센티미터 (cm)
피트 (ft)	0.3048	미터 (m)
야드 (yd)	0.9144	미터 (m)
마일 (mi)	1.6094	킬로미터 (km)
면적		
제곱인치 (in^2)	6.45	제곱센티미터 (cm^2)
제곱피트 (ft^2)	0.0929	제곱미터 (m^2)
제곱야드 (yd^2)	0.8361	제곱미터 (m^2)
제곱마일 (mi^2)	2.5900	제곱킬로미터 (km^2)
에이커 (a)	0.4047	헥타르 (ha) (10,000m^2)
부피		
세제곱인치 (in^3)	16.39	세제곱센티미터 (cm^3)
세제곱피트 (ft^3)	0.028	세제곱미터 (m^3)
세제곱야드 (yd^3)	0.765	세제곱미터 (m^3)
세제곱마일 (mi^3)	4.17	세제곱킬로미터 (km^3)
쿼트 (qt), US	0.9463	리터 (L)
갤론 (gal), US	3.8	리터 (L)
무게		
온스 (oz)	28.3495	그램 (g)
파운드 (lb)	0.4536	킬로그램 (kg)
톤 (tn), US	0.91	톤 (t)
속도		
마일/시간 (mph)	0.448	미터/초 (mps)
마일/시간 (mph)	1.6094	킬로미터/시간 (kmph)

측정기준의 접두사		
접두사		**의미**
giga-	G	10^9 = 1,000,000,000
mega-	M	10^6 = 1,000,000
kilo-	k	10^3 = 1,000
hecto-	h	10^2 = 100
deka-	da	10^1 = 10
		10^0 = 1
deci-	d	10^{-1} = 0.1
centi-	c	10^{-2} = 0.01
milli-	m	10^{-3} = 0.001
micro-	μ	10^{-6} = 0.000001

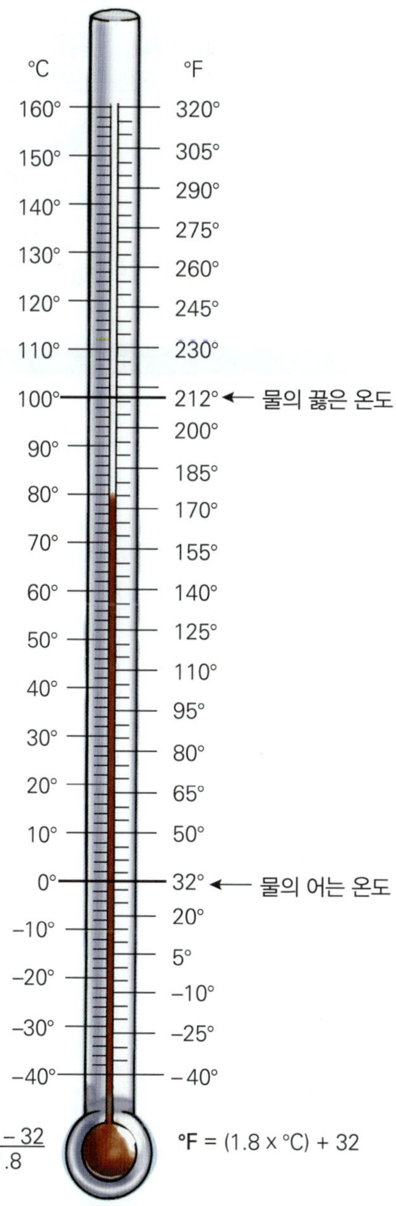

$$°C = \frac{°F - 32}{1.8}$$

$$°F = (1.8 \times °C) + 32$$

원소의 주기율표

- 금속
- 준금속
- 비금속

(족번호, 원자번호)

주기	1	2						전이원소					3	4	5	6	7	8
1	1 H 1.008																	2 He 4.003
2	3 Li 6.941	4 Be 9.012											5 B 10.81	6 C 12.01	7 N 14.01	8 O 16.00	9 F 19.00	10 Ne 20.18
3	11 Na 22.99	12 Mg 24.31											13 Al 26.98	14 Si 28.09	15 P 30.97	16 S 32.07	17 Cl 35.45	18 Ar 39.95
4	19 K 39.10	20 Ca 40.08	21 Sc 44.96	22 Ti 47.87	23 V 50.94	24 Cr 52.00	25 Mn 54.94	26 Fe 55.85	27 Co 58.93	28 Ni 58.69	29 Cu 63.55	30 Zn 65.41	31 Ga 69.72	32 Ge 72.64	33 As 74.92	34 Se 78.96	35 Br 79.90	36 Kr 83.80
5	37 Rb 85.47	38 Sr 87.62	39 Y 88.91	40 Zr 91.22	41 Nb 92.91	42 Mo 95.94	43 Tc (98)	44 Ru 101.1	45 Rh 102.9	46 Pd 106.4	47 Ag 107.9	48 Cd 112.4	49 In 114.8	50 Sn 118.7	51 Sb 121.8	52 Te 127.6	53 I 126.9	54 Xe 131.3
6	55 Cs 132.9	56 Ba 137.3	57 La 138.9	72 Hf 178.5	73 Ta 180.9	74 W 183.8	75 Re 186.2	76 Os 190.2	77 Ir 192.2	78 Pt 195.1	79 Au 197.0	80 Hg 200.6	81 Tl 204.4	82 Pb 207.2	83 Bi 209.0	84 Po (209)	85 At (210)	86 Rn (222)
7	87 Fr (223)	88 Ra (226)	89 Ac (227)	104 Rf (261)	105 Db (262)	106 Sg (266)	107 Bh (264)	108 Hs (269)	109 Mt (268)	110 Ds (271)	111 — (272)	112 — (285)	113 — (284)	114 — (289)	115 — (288)			

란탄족	58 Ce 140.1	59 Pr 140.9	60 Nd 144.2	61 Pm (145)	62 Sm 150.4	63 Eu 152.0	64 Gd 157.3	65 Tb 158.9	66 Dy 162.5	67 Ho 164.9	68 Er 167.3	69 Tm 168.9	70 Yb 173.0	71 Lu 175.0
악티늄족	90 Th 232.0	91 Pa 231.0	92 U 238.0	93 Np (237)	94 Pu (244)	95 Am (243)	96 Cm (247)	97 Bk (247)	98 Cf (251)	99 Es 252	100 Fm 257	101 Md 258	102 No 259	103 Lr 260

기호	이름	기호	이름	기호	이름	기호	이름
악티늄	Ac	아인시타이늄	Es	멘델레븀	Md	사마륨	Sm
알루미늄	Al	에르븀	Er	수은	Hg	스칸듐	Sc
아메리슘	Am	유로퓸	Eu	몰리브덴	Mo	시보귬	Sg
안티몬	Sb	페르뮴	Fm	네오디뮴	Nd	셀렌	Se
아르곤	Ar	플루오르	F	네온	Ne	규소	Si
비소	As	프랑슘	Fr	넵투늄	Np	은	Ag
아스타틴	At	가돌리늄	Gd	니켈	Ni	나트륨	Na
바륨	Ba	갈륨	Ga	니오브	Nb	스트론튬	Sr
버클륨	Bk	게르마늄	Ge	질소	N	황	S
베릴륨	Be	금	Au	노벨륨	No	탄탈	Ta
비스무트	Bi	히프늄	Hf	오스뮴	Os	테크네튬	Tc
보륨	Bh	하슘	Hs	산소	O	텔루르	Te
붕소	B	헬륨	He	팔라듐	Pd	테르븀	Tb
브롬	Br	홀뮴	Ho	인	P	탈륨	Tl
카드뮴	Cd	수소	H	백금	Pt	토륨	Th
칼슘	Ca	인듐	In	플루토늄	Pu	툴륨	Tm
칼리포르늄	Cf	요오드	I	폴로늄	Po	주석	Sn
탄소	C	이리듐	Ir	칼륨	K	티탄	Ti
세륨	Ce	철	Fe	프라세오디뮴	Pr	텅스텐	W
세슘	Cs	크립톤	Kr	프로메튬	Pm	우라늄	U
염소	Cl	란탄	La	프로트악티늄	Pa	바나듐	V
크롬	Cr	로렌슘	Lr	라듐	Ra	크세논	Xe
코발트	Co	납	Pb	라돈	Rn	이테르븀	Yb
구리	Cu	리튬	Li	레늄	Re	이리듐	Y
퀴륨	Cm	루테튬	Lu	로듐	Rh	아연	Zn
담스타튬	Ds	마그네슘	Mg	루비듐	Rb	지르코늄	Zr
두브늄	Db	망간	Mn	루테늄	Ru		
디스프로슘	Dy	메이트네륨	Mt	루더포듐	Rf		

해답

1장

쉬어가기

6쪽: 이곳에 주어진 정보로 보면, 누군가 같이 먹으려고 도넛 한 상자를 사왔고 호모가 도넛을 많이 먹었다. 이 가설은 귀납적 사고에 기반한다.

7쪽: 아니다. 호모가 범인일 가능성이 높지만 직장의 다른 사람들이 도넛의 일부 혹은 전부를 먹을 수 있다.

10쪽: 독립변수는 *H. pylori* 감염이고, 종속변수는 동물당 궤양의 수다.

11쪽: 참가자는 다른 감기바이러스에 노출되었을 수 있다: 빨리 온 사람들은 병원에 퍼진 독한 바이러스에 감염되고 늦게 온 사람들은 약한 바이러스에 의해 감염되었을 수 있다.

13쪽: 독립변수는 스트레스이고 종속변수는 바이러스에 노출되었을 시 감기에 걸릴 감수성이다.

17쪽: 아니다. 만일 결과가 통계적으로 의미가 없다면 머리형이 2015년에 더 길다고 결론지을 수 없다.

22쪽: 보다 추상적인 일부 정보보다 개인의 경험에 대해 언급하는 것이 더 쉽다. 일화증거는 사람들이 역사를 통해서 서로로부터 배워온 방식이다. 여론 조사나 통계 자료는 보다 최근이다.

24쪽: 학술도서관의 검색 서비스를 통해 데이터베이스를 이용할 수 있다. 선택한 데이터베이스가 당신을 동료-심사 연구로 이끌도록 하라.

시각화

그림 1.1: 좋은 과학자는 좋은 가설을 생성한다. 이는 과학에 대한 이해는 물론이고 상상, 경험, 통찰을 요구한다. 이 특성들은 광범위한 비과학 강좌를 택함으로써 배양될 수 있다.

그림 1.3: 잘 고안된 실험이라도 대체 요인이 결과를 설명할 수 있는 가능성이 있다. 그래서 연구자는 그들의 실험도 그런 경우가 아닌지 고려할 필요가 있다.

그림 1.4: 바이러스의 세포 부착과 침입 방지. 면역계 반응 활성화의 방지. 다른 답도 가능함.

그림 1.11: 운동이 스트레스의 느낌을 줄이고 면역계(아마도 혈류 순환 증진을 통해)를 강화시킬 수 있다. 따라서 낮은 수준의 운동은 높은 스트레스와 감기 감수성 모두에 공헌할 수 있다.

그림 1.12: 인종적, 민족적 다양성이 없는 실험 표본은 표본이 체계적으로 집단과 다름을 의미하기 때문에 연구의 결과와 해석에 영향을 줄 수 있다. 이 경우, 학급의 평균 머리길이는 다른 하부집단이 대표되지 않았기 때문에 전체 집단을 반영하지 않을 수 있다.

그림 1.14: 밖에 있는 것(비정상적으로 높거나 낮은 자료 점)은 표본에 더 많은 측정점이 있다면 적은 영향을 갖는다.

그림 1.15: 가설: 사실. 대조군과 실험군 사이의 차이: 크다. 이 결과는 통계적으로나 실제적으로 의미가 있을 가능성이 매우 높다.

그림 1.16: 검토자는 실험의 결과에 아무런 이해관계가 없으며 원 연구자가 놓쳤을지 모르는 해석이나 실험 설계의 잘못을 잡아낼 수 있다

데이터로 해결하기

그림 1.7: 학생들은 도표의 이 변화가 자주천인국 차를 더욱 더 효과적이게 함을 깨달아야 한다.

그림 1.10: 특정 스트레스 수준의 참가자가 효과적으로 상관관계를 분석하기에는 충분하지 않을 수 있다. 만일 스트레스 수준 3의 사람들이 스트레스 수준 4의 사람들과 같은 감기 감수성을 가졌다면 스트레스 수준 4의 사람들이 더 큰 감수성을 가질 것으로 기대했기 때문에 상관관계를 의심해야만 한다

그림 1.13: 두 측정점은 서로 연결되지 않는다, 즉 하나가 다른 것을 따르지 않는다, 그들은 단지 두 다른 그룹에서의 같은 측정이다.

현명한 독자

질문 1, 2, 9, 10 및 11에 붉은 기. 검토 목록의 다른 대부분 질문은 이 발췌와 특정 관계가 없다.

그럴듯한 소린데 그런가?

1. 실험은 이중맹검, 무작위 배치, 위약-대조된 연구일 것이다. 이 경우 여드름 환자는 여드름 수준에서 결과를 볼 수 있을 만큼 충분한 시간 동안 크림과 위약을 사용하도록 무작위 배치된다. 환자와 평가자는 사용하는 크림이 활성 성분을 가지고 있는지 알지 못한다.
2. 모른다. 통계적 의미는 실제적 의미와 같지 않다. 처리와 위약 사이에 얼마나 차이가 있는지에 대한 정보 없이 크림의 효과가 얼마나 큰지 알지 못한다.
3. 소비자나 혹은 결과를 기록하는 치료사에 의해 편견에 기울 가능성이 높다, 위약 대조가 없는 이 형태의 실험은 또한 크림 사용에 따르는 피부 치료의 다른 면을 포함해서 처리된 사람과 처리되지 않은 사람들 사이의 다른 차이를 설명할 수 없다.
4. 아니다. 한 번의 실험은 순전히 표본 편차의 우연 때문에 통계적으로 의미 있는 결과를 줄 수 있다. 덧붙여 잘 대조된 실험조차도

처치와 위약 사이의 여드름 수준의 차이에 대한 다른 설명이 있을 수 있다. 예를 들어 위약의 성분 하나가 실제로 추가적인 여드름을 치료하였다. 가설에 대한 다수의 검정 후에만 그것을 증명하는 데 근접할 수 있다.

5. 꼭 그런 건 아니다. 그것은 여드름 양 평균이 실험군에서 적다는 것을 의미한다. 만일 이 결과에 상당한 변이가 있다면 진짜 크림을 쓰는 사람이 처치 후에 여드름이 많던지 혹은 변화가 없을 수 있다.
6. "임상적으로 증명된"이란 서술 자체로는 실험이 편견을 없애고 실제적으로 의미 있는 결과를 보였는지에 대해 알지 못한다. 또한 가설이 대체가설을 거부하도록 하는 다수의 검증 없이 증명되었는지 확신할 수 없다. 마지막으로 어떤 이는 아주 큰 이익을 보고 다른 이는 이익이 전혀 없을 정도로 결과에 상당한 변이가 있었는지를 이 서술로부터 말할 수 없다.

기본문제

1. 위약은 대조군 구성원이 독립 변수에 노출된 것을 제외하고는 정확히 실험군 구성원과 동일하게 처리되게 한다.
2. B; **3.** B; **4.** D; **5.** A; **6.** D; **7.** E; **8.** C; **9.** B; **10.** C; **11.** B; **12.** E

응용문제

1. 아니다. 2형 당뇨병을 일으키는 다른 요인이 비만에도 이르게 할 수 있거나, 혹은 2형 당뇨병이 비만을 일으킬 수 있으나, 그 반대는 아니다.
2. 참가자나 연구자 모두 맹검처리되지 않았으며, 대상자 기대와 관찰자 편견 모두가 결과에 영향을 미쳤음을 의미한다. 만일 참가자가 비타민 C가 효과적인 갈이 느꼈다면 그들의 감기 증상을 낮게 보고할 수 있다. 만일 진료소 종사자가 처치가 효과가 적다고 생각했다면 그들이 환자에게 말할 때 그 편견을 보여주어 결과에 영향을 미칠 것이다.
3. 1번의 답을 참조하라. BDNF가 운동의 결과로 증가하거나 혹은 BDNF가 운동에 대한 흥미를 증가시킬 수 있다.

2장

쉬어가기

32쪽: 좀비들은 먹이로 하기 위하여 인간이 필요하다. 좀비의 종말이 온다면 좀비들은 먹이인 인간이 없어서 죽고 말 것이다.

35쪽: 시험 점수에 더 관심이 많은 학생들이 먼저 생각하고 물을 가지고 올 가능성이 있다. 마찬가지로 더 잘 준비된 학생들이 이와 같은 세세한 것에 집중할 시간을 더 많이 가질 수 있는 데 비하여 공부하는데 모든 시간을 보낼 것이다.

37쪽: 각 탄소는 하나가 아니라 2개의 수소에 결합해야만 원자가 껍질이 충족된다.

42쪽: 파티 또는 다른 흥겨운 축하가 있을 때는 아이들에게는 간식과 마실 것이 주어진다. 하나의 대체가설은 단 음료수와 간식이 있건 없건 파티에 참가하는 것은 아이들이 과다행동을 하게 한다는 것이다.

45쪽: 당신과 당신의 사촌은 당신의 조상들 중에 더 최근의 공통조상을 공유한다. 더 먼 친척들은 예를 들어 6촌은 더 이전의 조상을 공유하기 때문에 유전적 유사성이 더 적을 것이다. 6촌들 사이의 공통조상은 증조부모들이다.

시각화

그림 2.4: 산소.

그림 2.9: 다른 지역에서도 버뮤다 삼각지대와 마찬가지로 실종률이 비슷해야만 한다.

그림 2.12: 100배.

그림 2.16: 적색 공은 당을, 보라색은 인산을 나타낸다. 질소 염기의 2가지 색과 크기는 이중 고리(청색)는 푸린을, 단일 고리(황색)는 피리미딘을 나타낸다.

데이터로 해결하기

그림 2.2: 종속변수는 시험 평균 점수이다.

현명한 독자

1. 실제로 그렇지 않다; 음전하가 어떻게 수산화이온을 만들까? 수산화이온은 음전하를 띠는 것은 사실이지만 물에서 수산화이온을 제거하면 양전하를 띤 수소이온만 남게 될 것이다. 수산화이온은 수소이온과 결합하여 다시 물을 형성할 것이다.
2. 적색 깃발—재정적 이익을 얻으려는 사람들이 내세우는 검증되지 않은 주장
3. 놀랍다, 엄청 증가시킨다, 등등.
4. 아니다, 도표는 암 발생률을 측정한 것이 아니다.
5. 오차 막대.

그럴듯한 소리데 그런가?

1. 컴퓨터는 생장도, 생식도, 움직일 수도 없다. 그들은 대사작용도 항상성을 유지할 수도 없다.
2. 그럴 수도 있지만 그럴 것으로 보이지는 않는다.
3. 기억은 새로운 질문에 대한 쉬운 부연도 허용하지 못한다.
4. 지식을 새로운 상황에 적용할 때는 일반적으로 이해력이 기억력을 능가한다.
5. 컴퓨터가 학습을 할 수 있을 때까지 컴퓨터는 인간의 입력을 요구할 것이다.

기본문제

1. 탄수화물, 지질, 단백질, 핵산
2. 유전물질, 세포벽, 세포막, 리보솜
3. 생물체들은 공통조상을 공유한다. 생물체들은 시간이 지나면서

발생한 변화로 인해서 차이가 난다.

4. B; **5.** A; **6.** A; **7.** D; **8.** D; **9.** D; **10.** D; **11.** B; **12.** C

응용문제

1. 아니다. 생물은 생식을 할 수 있지만 바이러스는 자기 스스로 생식을 할 수 없다.
2. 물은 좋은 용매이기 때문에 화학반응을 촉진한다.
3. 핵산과 단백질

3장

쉬어가기

53쪽: 이 음식 짝짓기는 함께 먹을 때 모든 필수 아미노산을 공급한다. 따라서 음식은 단백질이 완전하다.

62쪽: 단백질로서 효소는 위에서 아미노산으로 소화되고, 혈류로 흡수되며, 다른 조직에서 촉매 효과를 가지지 않는다.

63쪽: 전해질과 포도당이 수송체를 필요로 한다.

시각화

그림 3.3: b부분에 있는 지질의 첫 번 꼬리가 다중불포화되었다.

그림 3.4: 식물 세포는 세포벽, 엽록체 및 큰 중심액포를 가지고 있고 동물 세포는 안 가지고 있다.

그림 3.18: 콜레스테롤 분자의 소수성 부분은 인지질의 머리기와 상호작용하고 친수성 부분은 이중층의 지방산과 상호작용한다.

데이터로 해결하기

그림 3.17: 엽록소 당의정을 삼키는 것은 상처에 국부적으로 용액을 바르는 것과 다르다. 섭취한 엽록소는 혈류로 가기 전에 소화될 수 있다. 덧붙여 사용할 엽록소의 농도에 대한 말도 없다. 엽록소를 마시기 전에 잠재적인 모순에 대해 의사와 상의해야 할 것이다.

현명한 독자

1. 동료-심사된 연구, 자료를 평가하는 독립적 과학자 사용.
2. 일반 국민을 위해 데이터베이스를 수합하는 대학이 개인 회사보다 덜 회의적인 것은 이치에 맞다. 대학은 특정 결론에 도달하는 데 대해 많은 것을 얻지 않는다. 보충제를 제조하는 개인회사는 보충제가 도움이 된다는 결론으로부터만 이득이 될 것이다.
3. 무언가 얻는 것이 있으면 더 회의적이 되는 것이 이치에 맞다.

그럴듯한 소린데 그런가?

1. 비료는 높은 농도의 용해된 용질을 갖는다.
2. 비료를 주면 식물 세포 밖의 용해된 용질 농도가 증가할 것이다.
3. 물은 식물 세포 밖으로 이동할 것이다.
4. 식물은 시들 것이다.
5. 시든 식물은 비료가 아니고 물을 주어야 한다.

기본문제

1. 영양소는 에너지 저장 및 세포 구조의 구성단위로 작용한다.
2. 이산화탄소, 산소, 물

3. D; **4.** B; **5.** B; **6.** B; **7.** D; **8.** D; **9.** E; **10.** B

응용문제

1. 그녀는 콩 같은 단백질이 풍부한 음식을 많이 먹을 수 있다.
2. 심장병을 x축에 표시하고 트랜스지방 소비를 y축에 표시하면 이 관계를 보여주는 선은 대각선이어야 한다.
3. 다른 비타민, 무기물 및 섬유

4장

쉬어가기

74쪽: 체중과 운동 중 연소된 칼로리는 양성 상관관계다. 체중이 나갈수록 더 많은 에너지를 운동 중 태운다.

80쪽: 젖산이 피루브산으로 전환하는데 더 많은 산소가 이용 가능하다.

82쪽: 1급 비만은 빈약한 건강 결과와 연관되지 않고 2급은 그렇다. 그래서 이 두 범주를 함께 합치는 것은 이치에 맞지 않는다.

시각화

그림 4.2: 아니다.

그림 4.3: 3개의 음전하는 자석 사이에 강력한 반발을 일으킬 것이다.

그림 4.10: 2 전자

그림 4.12: 포도당의 6개 탄소 중 4개를 방출하기 위해서는 회로가 2번 돌아야 할 것이다. 포도당 분자는 3탄소인 피루브산 2개로 전환되고 회로에 들어가기 전에 각각은 탈카복실화(탄소 1개를 잃음)된다. 따라서 회로가 한 번 회전하면 탄소 2개를 방출한다.

그림 4.13: 산소는 세포에서 산소 분자(O_2)로 존재한다. 물을 만들기 위해 단 하나의 산소 원자가 필요하므로 전환은 O_2 앞에 분수 1/2를 놓는다.

데이터로 해결하기

표 4.1: 28

그림 4.16: 고도비만—저체중—중도비만—과체중—정상 체중

현명한 독자

1. 아니다. 병원성 세균, 식물 독성물질, 뱀 독, 허리케인 및 진눈깨비는 모두 자연적이나 인간에는 매우 나쁠 수 있다.
2. 아니다. 의사와 상의하라.
3. 아니다. 잘 조절된 과학적 연구로부터 제공된 증거가 필요하다.

그럴듯한 소린데 그런가?

1. 아니다.
2. 아니다.
3. 이산화탄소
4. 운동은 심장 박동률을 증가시킨다. 체중을 감소시키는 것은 실제로 한때 지방의 부분이었던 탄소와 산소 원자의 손실이다.
5. 체중 감소는 지방이 이산화탄소로 대사되고 몸에서 방출될 때 일어난다. 완하제는 대장에 있는 신체의 부분이 결코 될 수 없는 물질에만 작용한다.

기본문제

1. 세포에서 일어나는 화합물의 분해와 생성의 모든 반응
2. 기질이 효소의 활성부위에 결합하면 효소는 표면에서 내려 눌러서 기질을 잡고 있는 결합에 증가된 스트레스를 가한다.
3. 호흡의 반응물은 산소와 포도당이다. 호흡의 산물은 이산화탄소와 물이다.
4. C; **5.** B; **6.** D; **7.** C; **8.** E; **9.** B; **10.** C

응용문제

1. 아니다. 지방과 단백질도 회로의 여러 지점에서 세포호흡으로 들어간다. 지방은 실제로 탄수화물보다 많은 에너지를 저장한다.
2. 탄소 원자는 당신 몸 안의 세포 구조가 되거나 혹은 이산화탄소로 방출된다.
3. 하고 있는 일을 계속하라—당신 체중은 건강하고 당신이 근육질이라면 체질량지수 분류는 오해의 소지가 있다.

5장

쉬어가기

89쪽: 달에는 온실가스가 아주 적거나 없기 때문에 태양으로부터의 열은 밤 동안 다시 복사되도록 보유되지 않으며, 그것이 밤이 기온이 추운 이유이다. 낮 동안의 따뜻한 기온은 온도 변화 없이 열에너지의 일부를 흡수하는 물이 없기 때문이다.

92쪽: 통나무나 톱밥을 태워서 방출되는 이산화탄소는 이들을 생산한 식물의 대체 식물이 다시 자랄 때 근본적으로 재활용된다. 이는 이산화탄소의 순 증가가 없게 한다. 화석연료의 연소는 수백만 년 전 대기로부터 제거된 탄소를 방출하여 현재의 순 증가를 일으킨다.

94쪽: 엽록소는 식물에게 유용하므로 다시 흡수된다. 그 성분은 저장될 수 있고 봄에 엽록소가 다시 생산될 수 있다.

97쪽: 가능한 답은 질소와 황(단백질의 중요 성분), 인(핵산에서 중요) 및 철(광합성 색소에서)을 포함한다. 칼륨 또한 중요하지만 덜 구조적이다.

98쪽: 루비스코의 산소결합 능력을 감소시키는 모든 돌연변이는 이산화탄소 결합 능력 또한 감소시킬 수 있다. 혹은 이 돌연변이들이 캘빈회로에서 이 효소의 작용 능력에 영향을 줄 수 있다. 다른 말로 루비스코 변화의 이익은 광호흡의 비용보다 낮음에 틀림 없다.

100쪽: 아니다. 스웨덴 사람은 생활수준이 높지만 사람당 이산화탄소 배출이 미국인의 1/4이다.

시각화

그림 5.1: 그림의 붉은 온실가스 부분이 굵어지고 지구로 다시 복사되는 열의 양이 증가(더 많은 열 화살로 표시)될 것이다.

그림 5.2: 해수면이 오르고 해안선이 침식될 것이다.

그림 5.3: 물 분자가 가운데 상자의 공기 부분에 나타나야 한다. 물이 따뜻해지면 수소결합의 결여가 분자를 액체 형태에서 탈출하도록 허용하기 때문에 증산이 보다 빨리 일어난다.

그림 5.4: 인간 활동

그림 5.11: 이산화탄소, 물 및 빛 에너지는 환경으로부터 얻는다, 산소와 탄수화물이 방출된다. ATP/ADP와 $NADP^+$는 엽록체 안에 들어 있다.

그림 5.12: 반응들은 활성화된 전자가 수소이온의 구배를 만들기 위해 사용되고 그것이 다시 ATP를 생성하기 위해 사용된다는 점에서 유사하다. 그러나 광합성의 활성화된 전자는 태양에 의해 활성화된 엽록소로부터 오지만, 호흡에서 전자는 당의 분해로 생산된 NADP로부터 온다. 회로의 끝에서, 광합성의 전자는 당 생산을 위해 사용되지만, 호흡에서는 산소에 의해 잡히고, 산소는 다시 수소와 반응하여 물을 생산한다.

그림 5.13: 태양 없이는, 명반응으로부터 ATP와 NADPH의 투입이 없을 것이고 회로가 작용하지 않을 것이다.

그림 5.15: 기공은 아마도 낮 동안 이산화탄소 유입을 위해 열릴 가능성이 크다, 광합성이 진행되려면 빛이 필요하기 때문이다.

데이터로 해결하기

그림 5.6: 농도의 증가가 1960~1970년과 비교하여 2000~2005년 동안 더 가파르다.

그림 5.8: 왼쪽 축은 청색을, 오른편 축은 붉은 선을 나타낸다. 이는 시간에 걸친 이산화탄소 수준과 온도 사이의 관계를 더 잘 나타내기 위해 같은 도표에 있다.

그림 5.10: 빛의 흡수는 긴 파장(붉은색)에서 적을 것이다. 고로 선은 도표의 오른편 x축에 더 가까울 것이다. 빛의 흡수는 중간 파장과 아마도 가장 짧은 파장에서 더 많을 것이고 그래서 선은 도표의 중간과 왼편의 x축에서 멀리 떨어질 것이다.

현명한 독자

1. 기후변화는 경제체제, 생태계, 재정체제 및 인도주의적 우려에 영향을 미칠 수 있다. 연구는 주로 경제체제를 다룬다.
2. 합의는 일반적인 동의를 의미한다. 저자는 기후변화의 경제적 이익과 비용 질문에 대한 14편의 연구를 평가하였고 그의 분석을

선도적인 경제학자에 의해 동료 심사받았다. 이는 세계 경제학자의 합의를 대변하는 것 같지 않다.

3. 여럿이 가능하다. 과학자의 자금 출처를 모르며, 보고자는 결과를 이해할 수 있게 표시하지 않았고, 다른 과학자의 언급을 포함하지 않았다.

그럴듯한 소린데 그런가?

1. 생장, 생식, 항상성 유지하기 위해
2. ATP
3. $6CO_2 + 6H_2O$ + 빛 에너지—$C_6H_{12}O_6 + 6O_2$
4. 아니다. 광합성 동안 생성된 ATP는 당을 생성하는 데 사용된다.
5. 유기호흡
6. $C_6H_{12}O_6 + 6O_2$—$6CO_2 + 6H_2O$ + 에너지 (ATP)
7. 동물과 달리 식물이 광합성의 과정에서 이산화탄소를 소비하고 산소를 방출함에도 불구하고, 식물이 세포활동을 위한 ATP를 생산하기 위해 유기호흡을 할 필요가 있기 때문에 그들은 또한 동물처럼 산소를 소비하고 이산화탄소를 방출한다. 따라서 식물이 서술이 의미하는 일종의 "반대호흡"을 수행한다고 말하는 것은 옳지 않다

기본문제

1. 광합성의 반응물은 이산화탄소와 물이며, 생성물은 산소와 포도당이다.
2. C; **3.** D; **4.** E; **5.** D; **6.** A; **7.** C; **8.** A; **9.** D; **10.** D

응용문제

1. 차거운 물이 물 분자가 대기로 증발하기 전에 더 많은 열을 흡수하는 능력이 있기 때문에 차거운 온도는 물순환에서 적은 물이 순환한다는 것을 의미한다.
2. 물 순환은 기본적으로 변하지 않게 될 것이다. 그러나 탄소 순환은 아주 다를 것이다. 이산화탄소가 대기로부터 지구 표면으로 이동하는 유일한 방법은 물에 의한 흡수 및 바위로의 통합일 것이다. 이산화탄소는 물로부터 확산과 화산 활동을 통해 대기로 돌아올 것이다.
3. 높은 광합성율은 지속적으로 산소를 대기로 퍼붓는다. 그래서 산소가 다른 화합물과의 반응을 통해 소모되지만 산소의 지속적인 생산이 대기에서 높은 농도를 보증한다.

6장

쉬어가기

109쪽: 120; 이보다 훨씬 높다(~870)

111쪽: ~23,000

114쪽: S기의 끝에 8pg

118쪽: 다중충돌은 세포가 모든 조절을 벗어나서 암으로 가도록 하기 위해서는 여러 개의 돌연변이(충돌)가 일어나야 한다는 것을 의미한다.

119쪽: 방사선 치료가 정상세포의 세포주기조절 유전자를 손상시키기 때문에 이 세포들이 암세포로 될 수 있다.

123쪽: 제1감수분열과 체세포 분열은 두 개의 딸세포를 만든다. 제1감수분열은 상동염색체 쌍이 분리되는 반면, 체세포분열은 그렇지 않다는 점이 다르다.

시각화

그림 6.4: (a) 2; (b) 무성생식은 하나의 큰 식물체를 만드는 것이 아니라, 2개의 줄기와 잎을 만들 것이다.

그림 6.6: 2 분자의 DNA—하나는 100% 보라색, 다른 하나는 50% 보라색

그림 6.12: 중기의 검문점

그림 6.17: X 염색체

그림 6.20: 아니다. 제1감수분열과 제2감수분열 사이에 DNA 복제가 일어나지 않는다.

그림 6.22: 중기 I에서 8개의 서로 다른 배열이 가능하다.

데이터로 해결하기

그림 6.2: 곱하기이다. 흡연은 단지 위험도를 10%만 올려주며 음주도 2%만 올려준다. 흡연과 음주를 동시에 하면 위험도는 20%이다. $10 \times 2 = 20$.

현명한 독자

1. 의사에게 문의하거나 Google Scholar나 다른 믿을 수 있는 출처를 사용하여 스스로 연구하라.
2. 동료심사를 받지 않은 논문집은 받는 것보다 신뢰성이 떨어진다.
3. 이 약을 먹지 않은 암환자 중 몇 %가 1년 뒤에 생존해 있는가.
4. 그렇다, 회의를 가지게 한다.
5. 아니다.
6. 절망감이 하나의 이유가 될 것이다.

그럴듯한 소린데 그런가?

1. 아니다. 그런 행동이 안전한지를 결정하기 전에 햇볕에 몇 시간 동안 노출되는 것의 암에 대한 위험성을 알 필요가 있을 것이다.
2. 살갗을 태우는(tan)데 좀 더 많은 시간이 걸릴 것이다. 따라서 사람들은 좀 더 많은 돈을 지불해야 할 것이고 더 오랜 시간 동안 태워야 할 것이다.
3. 그렇지 않다.
4. 비타민 D가 풍부한 과일과 야채를 먹을 것. 비타민 D 영양제를 먹을 것.
5. 썬탠기구는 안전하지 않다. 피부를 손상시키고 암의 위험도를 높일 것이다. 건강한 음식을 먹음으로써 안전하게 비타민 D의 양

을 높였을 때의 혜택을 얻을 것이다.

기본문제

1. 체세포분열은 체세포에서 일어나고 감수분열은 배우자를 만드는 세포에서 일어난다. 체세포분열은 어버이 세포와 유전적으로 똑같은 딸세포를 만들며, 감수분열은 새로운 염색체 조합을 가진 딸세포를 만들고 어버이 세포의 반 만큼의 염색체를 가진다.
2. 빠른 세포분열
3. D; **4.** A; **5.** C; **6.** D; **7.** B; **8.** C; **9.** D
10. 무작위 정렬과 교차.
11. 세포주기를 조절하는 원암유전자. 암유전자는 원암유전자의 돌연변이본이다.
12. 식물 세포나 동물 세포 모두 M기로 가기 전에 간기가 있다.
13. 암세포는 분열하지 않아야 할 때 분열하고 주위 조직에 침투하고 신체의 다른 부위로 이동한다.

응용문제

1. 아니다. 배우자를 만드는 세포에서의 돌연변이만. 피부암에서 돌연변이가 생겼으며 암에 걸린 세포에서만 발견될 것이다.
2. 아니다. 몇몇 종양은 양성이다.
3. 방사선은 특정 위치의 암에만 사용될 것이며 이것의 효과는 특정 부위에 한정된다. 화학치료는 전신에 퍼져서 빠르게 분열하는 세포를 공격한다.

7장

쉬어가기

137쪽: DNA의 프로모터 자리에 돌연변이가 일어나면 유전자의 전사와 번역에 영향을 줄 수 있다. 돌연변이가 구조조절 부위에 일어나면 염색체를 약하게 하거나 전사능력을 약화시킬 것이다. "무의미(nonsense)" DNA에 돌연변이가 일어나면 아무 영향이 없다.

138쪽: 8개의 서로 다른 생식세포. 관계는 2^n이며 여기서 n은 염색체 쌍의 수이다.

143쪽: 그 효과는 아기를 낳은 뒤에 성인이 된 지 한참 뒤에까지 나타나지 않을 것이다.

145쪽: 8개의 가능한 배우자의 형태(예를 들어, TYR; TyR; tYr, 등) 그리고 퍼넷 사각형에 64개의 방(박스).

148쪽: 평균 신장이 작은 나라에서 이민 왔다면 미국 사람들의 키에 대한 유전적 변화를 가져와서 오늘날은 과거보다 더 많은 수의 "작은" 대립유전자가 존재할 것이다. 식생활의 변화도 성장을 감소시키거나 사춘기에 일찍 다다르게 하거나 하여 신장의 성장을 멈추게 할 수 있다.

152쪽: 비록 높은 유전력을 가진 형질도 환경에 의해 강하게 영향을 받을 수 있다. 만약 현재의 환경이 어떤 사람의 IQ를 다른 사람보다 훨씬 낮게 하였다면, 환경을 바꿈으로써 사람들 간의 IQ의 차이를 줄일 수 있을 것이다. 미로-우둔한 쥐와 미로-영리한 쥐의 경우를 보라.

시각화

그림 7.1: 대부분의 돌연변이의 영향은 수정란 단계에서 일어난 경우에 나타난다. 왜냐하면 모든 세포가 그 돌연변이를 가지기 때문이다. 최소의 효과는 성체 단계에서 나타나며, 돌연변이가 일어난 세포가 자손세포를 매우 적거나 거의 만들지 않을 때 나타난다.

그림 7.3: 많은 가능성

그림 7.4: 무의미 돌연변이(nonsense mutation) (c)는 일어날 가능성이 높은 돌연변이다. 왜냐하면 대부분의 무작위 실수들이 "단어" 전체가 아닌 오타로 되기 때문이다.

그림 7.6: 아버지로부터 온 혈액형 유전자와 아버지로부터 온 눈 색깔 유전자; 어머니로부터 온 혈액형 유전자와 어머니로부터 온 눈 색깔 유전자.

그림 7.7: 1란성 쌍생아는 2란성 쌍생아보다 결합력이 높을 가능성이 있다. 왜냐하면 그들의 세포의 유전적인 유사성 배의 융합을 촉진시킬 수 있기 때문이다.

그림 7.9: 아니다. 그들은 서로 다른 형제자매다. 왜냐하면 하나의 난자에 있는 유전자들은 다른 난자에 있는 유전자들과 다르고 각각은 유전적으로 독특한 꽃가루와 수정하기 때문이다.

그림 7.13: 두 개의 돌연변이 대립인자를 가진 아이를 가능성이 감소될 것이다.

그림 7.22: 그들은 그림의 맨 위에서 "정상적" 크기로 되돌아갈 것이다.

데이터로 해결하기

그림 7.14: 50%

그림 7.15: 9/16 혹은 56%

그림 7.16: 아니다. 남자의 대부분은 5피트 10인치가 아니다. 이 집단에는 키의 범위가 크다.

그림 7.19: 점들이 좀 더 넓게 흩어져 분포할 것이며 상관계수 선이 편평하게 될 것이다.

현명한 독자

1. 아니다. 아들은 1란성 쌍생아이고 따라서 동일한 유전자를 가진다.
2. 유전자의 메틸화는 유전자의 발현에 여향을 준다. 즉 유전자에 의해 얼마나 많은 단백질이 만들어지는지에 영향을 준다. 만약 두 사람이 동일한 유전자를 가지지만 이들의 메틸화가 다르다면, 이들이 생산하는 단백질의 양은 다르게 되고 따라서 그들의 세포는 동일하지 않을 것이다.

3. 두 가지 이유가 있다: 1) 증가된 SERT 메틸화와 괴롭힘의 위험성의 증가는 두 쌍둥이를 다르게 하는 다른 요인(예를 들어, 자궁의 발달의 차이에 의한 신생아 체중의 차이)과 관련이 있을 수 있고, 아니면 실제로 증가된 SERT 메틸화가 그 아이로 하여금 가해자가 목표로 하는(좋아하는) 성격을 가지게 할 수 있기 때문에 괴롭힘의 위험성을 증가시킬 것이다. 2) 기술된 SERT의 변화가, 적어도 이 글에 의하면, 행동의 차이와 연결되어 있지 않다.

그럴듯한 소린데 그런가?

1. 많은 유전자에 의해 결정되는 것 같다.
2. 그렇다.
3. 그렇다.
4. 부모 양쪽에서 온 유전자들이 눈의 색깔과 모양에 영향을 주는 것 같다.
5. 해리의 눈은 그가 발생되는 동안 그의 아버지와 어머니로부터 온 유전정보의 산물이다. 그가 이 형질에 대해 어머니와 동일한 유전정보를 가지는 것은 불가능하다. 즉 그의 눈이 비슷한 색을 가졌지만 동일하지는 않다. (그리고 만약 당신이 해리 포터의 팬이라면, 이것이 사실이라는 것을 알 것이다. 즉 릴리 포터는 안경을 쓰지 않았지만 해리는 써야만 한다!)

기본문제

1. 유전자형은 당신이 가지고 있는 특정 유전자 혹은 유전자 군에 대한 대립유전자를 말한다. 표현형은 외적으로 나타나는 형질을 말하는 것으로 유전자형이나 환경에 의해 영향을 받는다.
2. 형질에 영향을 주는 여러 개의 유전자나 대립인자, 형질의 발현에 영향을 주는 환경적 요인, 혹은 이 두 요인이 섞여서.
3. B; **4.** A; **5.** B; **6.** A; **7.** B; **8.** C; **9.** E; **10.** D

유전학 문제

1. 모두 유전자형 Tt을 가지고 키가 크다.
2. 25%가 유전자형 TT를 가지고 키가 크다.
   50%가 유전자형 Tt를 가지고 키가 크다.
   25%가 유전자형 tt를 가지고 키가 작다.
3. 둘 다 동일한 형질을 가지는 대립유전자이다: P는 우성이고 p는 열성이다.
4. 양 부모는 모두 이형접합자(Aa)이어야 한다.
5. 50%
6. A. 노란색 B. YY(노란색)와 yy(녹색)
7. 노란색 둥근 부모는 Yy Rr, 녹색 주름진 부모는 yy rr.
8. A. 50%; B. 50%; C. 25%; D. 그렇다
9. A.우성, B. 대립유전자가 있을 때, 표현형이 반드시 밖으로 나타나는 것은 아니다.

응용문제

1. 그 형질은 열성이고 그 부모는 모두 이형접합자일 것이다. 만일 어떤 형질이 두 개의 대립유전자로 된 하나의 유전자에 의해 암호화되어 있다면 25%(1/4)의 자녀가 푸른 눈을 가질 것이다. 50%(2/4)가 푸른 눈을 가진다는 사실은 유전자형이 독립적이고 그의 형제자매의 유전자형에 의해 영향을 받지 않으므로 멘델의 법칙을 벗어난다고 할 수 없다. (어떤 가족이 4명의 아들을 가지고 딸이 없는 경우를 가정해 보라. 이것이 남자의 정자의 50%가 Y 염색체를 가진다는 것을 부인하지는 않는다).
2. 아니다. 대부분의 양적 형질은 환경에 의해 영향을 받는다. 비록 유전자의 차이가 개인 간의 형질의 차이가 유전자의 차이로 설명한다고 해도, 만약 환경이 변한다면, 형질도 따라서 변할 것이다.
3. 아니다. 유전력은 왜 두 개인이 다른지에 대해 설명해 주지 않는다. 예를 들어, 존과 제리가 1란성 쌍생아일지라도 제리가 가벼운 사고로 머리를 다쳤다면 그의 IQ가 낮아질 수 있을 것이다.

8장

쉬어가기

162쪽: I^CI^C C형, I^AI^C AC형, I^BI^C BC형; I^CI C형; 이전에 언급된 AB형과 함께.

164쪽: 그녀의 아버지는 질병을 가져야 하고 어머니는 보인자이거나 질병을 가져야 한다.

166쪽: 빅토리아 여왕의 어머니의 난소에서 돌연변이가 일어났을 가능성이 훨씬 높다. 빅토리아 여왕의 어머니가 돌연변이를 가진 난세포를 생산했을 때, 그 난세포로부터 생긴 모든 세포들은 그 돌연변이를 가질 것이다. 따라서 빅토리아 여왕은 혈우병 대립유전자를 자녀에게 물려줄 확률이 50%이다. 빅토리아 여왕의 난소에서 3번의 돌연변이가 일어났을 가능성은 희박하다.

170쪽: 형제자매들은 50%를 서로 서로 공통으로 가질 것이므로, 4개의 밴드가 일치할 것이다. 일란성 쌍생아들은 8개 밴드 모두가 일치할 것이다.

시각화

그림 8.1: 붉은색

그림 8.3: 3.2

그림 8.4: 1개의 X 염색체가 그림의 여성이 그녀의 어머니의 난세포에서 온 X 염색체와 동일할 것이다. 그림의 여성은 다른 X 염색체를 그녀의 아버지의 정자가 어머니의 난세포와 수정할 때, 물려받았을 것이다.

그림 8.5: 혈우병을 가진 여성을 포함한 교배.

그림 8.6: 제1세대에서는 원-사각형-원으로 연결한 그림을 그리고 제2세대에서는 첫 번째 연결선 아래는 하나의 사각형을 그리고 두 번째 연결선 아래로는 두 개의 사각형을 그린다. (역자 주: 원본의 해답이 틀렸음)

그림 8.16: 조지 왕자는 혈우병에 걸릴 위험이 없다. 왜냐하면 그의 어머니와 할머니 쪽의 사람들(황후의 자매들까지 올라가서) 중 아무도 그 병을 가지고 있지 않기 때문이다. 황후의 여동생이 그 대립유전자를 물려받지 않았고 그녀의 상속자 아무도 그것을 가지지 않았다.

데이터로 해결하기

그림 8.9: 이 가능성을 계산하기 위해서, 10을 13번 곱하라 즉 10^{13}. 따라서 어떤 두 명의 비일란성 쌍생아가(즉, 두 형제자매가) 동일한 DNA 프로파일을 가질 확률은 10조분의 1인 바, 지구상에 70억의 인구가 있기 때문에 불가능하다!

현명한 독자

1. 특정 생물학적 성을 가질 확률은 50%이다. 그 제품은 60%이기 때문에 10% 높인다고 주장한다.
2. 아니다. 제조사가 의해 제공되는 데이터가 실제적인 차이를 나타내는지 아니면 샘플선택의 오류인지 등에 대한 통계학적 분석이 필요하다.
3. 아니다.
4. 아니다.
5. 남성들이 생식을 할 배우자를 찾는 것이 불가능함.

그럴듯한 소린데 그런가?

1. $1/2 \times 1/2 \times 1/2 = 1/8^{th}$
2. $1/2 \times 1/2 \times 1/2 = 1/8^{th}$
3. 3명 모두 딸, 2명의 딸과 1명의 아들, 혹은 2명의 아들과 1명의 딸.
4. 이 부부는 이미 2명의 아들을 낳았다. 이것이 그들로 하여금 딸 셋을 낳거나 딸 둘 아들 하나를 가지게 하는 가능성을 배제하였다.
5. 이 부부가 딸을 가질 확률은 이들이 얼마나 많은 아들을 가졌는지에 상관없이 50%이다.

기본문제

1. 두 개의 대립유전자가 모두 표현형으로 나타날 때, 공동우성이라 한다. 이형접합자에서 우성 대립유전자가 열성 대립유전자의 영향을 완전히 가리지 못할 때, 불완전 우성이라 한다.
2. 복대립유전자는 어떤 유전자에 대한 대립유전자가 두 개 이상을 가진다. 각 개체는 오직 두 개의 서로 다른 대립유전자만을 가진다.
3. 여성과 남성은 하나의 X 염색체를 그들의 어머니의 난세포로부터 물려받는다. 여성은 다른 X 염색체를 아버지의 정자로부터 물려받는다. 반면에 남성들은 Y염색체를 그들의 아버지로부터 물려받는다.
4. DNA를 분리하고 PCR을 이용해서 증폭한다. DNA를 제한효소로 자르고 겔에 걸고 전기영동을 하여 조각들을 길이에 따라 분리한다.
5. I^Ai (아버지), I^Bi (어머니)
6. 2/8 A+; 2/8 A−; 1/8 AB+; 1/8 AB−; 1/8 B+; 1/8B−
7. C, **8.** B, **9.** E, **10.** D, **11.** B

응용문제

1. DNA 프로파일링은 어떤 사람을 명확하게 동정하게 한다. 혈액형은 어떤 사람을 배제하는 경우에만 사용된다.
2. 부모의 밴드 패턴은 대부분 서로서로 달라야 한다. 아이에 있는 각 밴드는 부모 중 한쪽에서 나타나야 하며 자매의 프로파일에서 약 50%의 밴드가 일치해야 한다.
3. 가계도는 달라질 수 있다. 그러나 사촌들은 그들의 조부모가 같을 것이다. 만약 증조부모가 희귀 열성 대립유전자의 보인자라면 이것은 가계도의 양쪽에 모두 전달되어 내려오며 각 사촌들은 열성 대립유전자를 가질 수 있을 것이다. 만약 사촌끼리 결혼한다면, 그들의 자녀는 희귀열성 대립유전자에 의해 발병되는 질병에 걸릴 수 있게 된다.

9장

쉬어가기

183쪽: Pro-ASN. 그렇다. Pro는 CCC, CCA, CCG 코돈에 의해 암호화될 수 있다. ASP도 AAC 코돈에 의해 암호화될 수 있다.

189쪽: 답은 달라질 것이다. 그러나 대부분의 사람들은 호르몬 혹은 rBGH가 없는 것이 더 안전하다고 추정한다.

192쪽: 큰 물고기가 먹이 경쟁에서 적은 물고기를 이길 것이다.

193쪽: 어떤 사람들은 배(embryo)가 사람이라고 생각하거나 사람이 될 수 있다고 생각하기 때문에 이것을 과학적 연구에 사용되지 말아야 한다고 믿는다. 다른 사람들은 배가 단지 세포 덩어리일 뿐 아직 사람이 아니라고 생각하기 때문에 과학적 연구에 사용하는 것을 허용할 수 있다고 믿는다.

시각화

그림 9.1: 당(리보오스)에 있는 2′ 탄소가 −OH기를 가지고 있다. 반면에 데옥시리보오스의 동일한 탄소는 수소가 결합되어 있다. 티민에 있는 메틸기(−CH3)가 우라실에는 없다.

그림 9.2: 12/4 = 3

그림 9.3: 예를 들어 전사가 되는 부분의 DNA 서열이 AGCTGG GCAGGTAC라면 mRNA의 서열은 UCGACCCGUCCAUG일 것이다.

그림 9.5: 아데닌이 우라실과 그리고 시토신이 구아닌과 쌍을 이룰 것이다.

그림 9.22: 복제된 아기는 그의 쌍둥이 형제와 동일할 것이다.

데이터로 해결하기

그림 9.16: 사용이 약 20% 증가시켰다. 초기에는 해충이 살충제에

의해 죽었으며 제초제 사용도 감소하였다. 그 이후에, 잡초들이 저항성을 띠게 되면서 살충에 사용이 증가하게 되었다.

현명한 독자

1. 아마도 사람들이 클로닝에 식물과 생물을 사용하는 대신에 박테리아나 바이러스를 사용하는 것에 더 놀라는 경향이 있기 때문일 것이다.
2. DNA가 위에서 소화되어서 바이러스나 박테리아의 단백질을 만드는 데 사용되지 않을 것이다.
3. 좀 더 믿을 만한 기사가 적어도 이에 대한 반대 주장을 할 것이다.
4. 당신이 좀 더 균형 있고 데이터에 입각한 접근을 선호하기 바란다.

그럴듯한 소린데 그런가?

1. 여성의 자궁 안에서 발생되어야 한다.
2. 이 과정은 처음에는 하나의 수정된 세포를 만들고 이것이 만약에 여성의 자궁에서 발생되고 태어나게 한다면 다른 어린이와 마찬가지로 어른이 될 것이다.
3. 아마도 아닐 것이다. 몇몇은 작고 다른 사람은 클 것이다.
4. 사회 경제학적 위치, 가족경험, 다른 취미에 노출되고 즐기는 것 등.
5. 복제인간은 유전적으로는 동일하나 모든 형질은 환경적 요인 혹은 유전과 환경의 조합에 의해 달라질 수 있다.

기본문제

1. GCUAAUGAAU
2. gln, arg, ile, leu
3. 핵을 핵을 제거한 난세포에 전달한다.
4. B; **5.** C; **6.** B; **7.** C; **8.** C; **9.** D; **10.** D; **11.** T; **12.** F

응용문제

1. 동일한 아미노산이 코돈의 3번째 염기의 서열이 달라도 암호화될 수 있다. 예를 들어, UUU와 UUC는 모두 페닐알라닌을 암호화한다.
2. 그 세포에서 전사가 느려지거나 정지될 것이다.
3. GAATTC; CTTAAG

10장

쉬어가기

202쪽: 이것은 유전된 집단 내에서의 유전적 변화로 생긴 진화적 변화일 가능성이 희박하다. 2008년도의 십대들은 1982년도의 십대들에 비하여 특별한 유전적 차이가 없었을 것이나 치아교정술이 가능한 치과가 늘어나고 관심도 늘어나면서 교정술 치료가 증가하였다.

207쪽: 신앙은 어떤 사실을 물리적 증거가 없다고 하더라도 진리인 것으로 믿는 신념이다; 과학은 자연 세계의 관찰에 근거한 것이다. 신앙의 진술들은 반복될 수 없고 대부분 관찰되지 않은 현상에 근거한 것이므로 입증될 수 없다. 그러므로 그들은 과학적 가설 검증에 사용될 수 없다.

213쪽: 과거 인간의 음식은 더 단단하여 치아가 부서져 손실되면 사랑니가 나올 여지가 생겼었다. 이들 사랑니는 손실된 어금니의 역할을 대신하여 유용했을지도 모른다.

220쪽: 차이가 거의 없다. 가장 오래된 인간 조상은 예상대로 침팬지와 인간 사이의 추정되는 분기 시점보다 조금 이후에 출현했다.

226쪽: 핵, 리보솜, 세포골격, 원형질막, 소포체, 골지체, 해당과정, 유기호흡, 유사분열 등.

시각화하기

그림 10.1: 모든 이들은 살충제로 제거되었을 것이며 집단은 진화하지 않았을 것이다.

그림 10.2: 이들 분지는 멸종된 생물들을 나타낸다.

그림 10.7: 아마도 섬의 식물 섭취 거북의 존재로 인해 긴 줄기를 지닌 선인장(거북이 닿는 범위를 벗어날 수 있음)이 보다 잘 생존하였고 이는 보다 긴 줄기로 진화하도록 하였다. 섬에는 다른 나무들이 적어서 보다 키가 큰 선인장이 더 많은 햇빛을 받을 수 있었으며 그 결과 작은 식물들보다 더욱 잘 번식할 수 있었음을 의미한다.

그림 10.10: 털로 덮인 몸, 살아 있는 새끼를 낳음, 모든 포유류의 다른 특징들(또한 전방면 눈 그리고 마주 보는 엄지손가락)

그림 10.11: 다람쥐는 포유류 조상 위에서 유래하는 가장 왼쪽의 가지일 것이다. 공통조상은 접합점에 위치한다.

그림 10.12: 박쥐와 강치에서는 녹색 뼈가 더욱 길며 사지를 노 모양으로 만드는 역할을 한다. 사자들은 초록색 뼈가 매우 짧으며 대부분 안정된 발 역할을 한다. 침팬지나 인간에서는 뼈가 중간 길이이며 각 손가락들의 미세한 동작을 가능하게 한다.

그림 10.19: 무기염류가 부패하는 조직에 의해 남겨진 공간에 충분히 빨리 축적될 수 없으므로 화석은 구조를 상실하게 된다.

데이터로 해결하기

그림 10.16: 보다 유사한 형태, 그리고 더 나아가 설득력이 있는 DNA 서열에 의하여 입증된 것처럼 검은꼬마도요는 붉은부리큰제비갈매기보다는 붉은가슴도요와 더 최근의 공통조상을 공유한다.

그림 10.17: 백분율은 인간과 이들 두 종 간의 차이를 나타낸다. 유추를 하면 도움이 될 것이다: 커피가 콜라와 99.01% 유사하며 차와는 89.90% 유사하다고 해도, 이는 콜라와 차가 각각 커피에 유사한 정도로 콜라와 차가 서로 유사한 정도를 드러내지는

않는다.

그림 10.21: 약 2백만 년 전

그림 10.22: 3백만 년

현명한 독자

1. 논쟁의 본질은 수백 명의 과학자들이 진화론에 대하여 회의적이므로 그 이론이 의심스럽다는 점이다.
2. 과학은 민주적 과정이 아니며, 증거에 근거하고 있다. 진화론은 생물학의 여러 다른 하위 분야와 화학 및 지질학의 지지를 받고 있다. 보다 효과적으로 증거에 들어맞는 과학적 이론은 이러한 회의론자들에 의하여 제시된 적이 없다. 게다가 기사는 회의론자들이 진화론의 전문가들이라는 증거를 거의 제시하지 않는다. 예를 들어, 인용된 과학자는 인간 의학의 전문가이다.
3. 에그노어 박사는 신경외과와 소아과의 교수이다—그는 진화에 대하여 전문가는 아닌 것 같으므로 그 기사는 진화를 연구한 전문가들 간의 논쟁이라는 설득력이 없다.
4. 이 기관의 임무에 관하여 배우려면 인터넷 사이트의 "About"쪽을 보라. 특정 의도를 지닌 기관은 문제의 균형 잡힌 의견을 나타내기 보다는 자신의 의도를 지지하는 자료를 고르는 경향이 더욱 많다.

그럴듯한 소린데 그런가?

1. 아니다. 생물다양성의 기원에 관한 자연 세계의 관찰은 과학자들로 하여금 다른 가능한 이론들을 거절하게 하였다.
2. 아니다.
3. 아니다. 자연 현상에 대한 초자연적인 원인들은 틀렸다고 입증할 수는 없다—자연법칙에 구속되지 않고 전능한 실체의 존재를 거절하게 할 수 있게 하는 자연세계의 관찰이 없다. 따라서 초자연적이라는 설명은 과학의 영역 안에 있지 않다.
4. 확실하지 않다. "반대를 가르치는" 교사들은 틀린 것으로 밝혀진 이론에 대한 증거나 진화론이 틀렸다고 하는 오해의 소지가 있는 증거, 혹은 비과학적 대체이론들을 제시할 것 같다.
5. 비과학적 대체 설명을 도입하거나 체계화된 과학 이해를 거부하면서 이 사안을 과학적인 논쟁으로 제시하는 것은 학생들로 하여금 과학의 본질에 대하여, 그리고 과학적 연구가 우리의 질문에 과연 답을 줄 수 있는지 혼란스럽게 만들 뿐이다.

기본문제

1. 공통계보설은 생물종들 간의 유사성은 그들이 공통조상의 자손이라는 사실로 설명될 수 있다고 기술한다.

2. B; **3.** D; **4.** D; **5.** B; **6.** E;

7. B; **8.** A; **9.** D; **10.** D

응용문제

1. 괄호로 묶인 그룹은 공통조상을 공유한다. ((((목장장미, 찔레나무) 봄뱀무) 자주평의비름) 봄나비나물)
2. 

3. 인간과 이들 생물과의 비교는 유전적 서열에 의한 것이다. 생물들 간의 유사도 정도에 대한 비교가 제시되어 있지 않다. 인간과 효모의 유전적 차이는 인간과 조류의 유전적 차이와 완전히 다른 DNA 조각에 있을지도 모른다.

11장

쉬어가기

236쪽: 결핵균은 계속 증식하여 폐를 손상시키고 더 큰 집단을 형성한다. 더 많은 결핵세포는 내성변이체가 있을 가능성이 높으며, 질병에서 완치되는 것도 더 힘듦을 의미한다.

240쪽: 인간이 발명한 기술과 약품은 서로 다른 유전자를 지닌 사람 간에 발생하는 적응도의 차이를 감소시켰다(교정렌즈가 시력이 떨어지는 사람의 생존을 높인 것이 그 예이다). 하지만 기술력의 영향을 덜 받는 형질이나 심지어 기술에 대응할 수 있는 우리의 능력은 아직도 자연선택의 영향을 받는다.

244쪽: 낭포성섬유증 대립유전자는 도시환경에서 더 빈번히 발생하는 질병으로부터 보호해 주는 것으로 보인다. 이런 환경에서 이 대립유전자를 지니고 있는 개체가 더 잘 생존하였기 때문에 이 대립유전자가 더 흔해진 것이다.

249쪽: 돌연변이는 우연적으로 발생하며 환경이 변하지 않는 한 적응도에 큰 영향을 미치지 않을 수도 있다. 내성 대립유전자는 무작위로 발생한다.

시각화

그림 11.6: 만약 거리상 먼 다른 꽃들이 피고 있다면, 유연관계가 먼 화분을 받을 수 있어서 이 식물의 후손이 유리할 수도 있는 새로운 대립유전자들을 지니게 되는 것이 이득이 될 수 있다.

그림 11.8: 코끼리들이 3세대에서 대부분의 자원을 사용하여, 4세대에서는 일부 굶어 죽을 것이다.

그림 11.11: 집단은 올바른 조건하에서의 그러한 행동을 보여주는 방향으로 변화할 것이다.

그림 11.13: 이 경우 빠른 알코올 분해 속도를 가진 개체가 이 대립유전자가 없는 개체보다 비례적으로 더 많은 자손을 생산하지는

않을 것이며, 따라서 각 칸에 있는 빠른 분해자와 느린 분해자의 비율은 그대로 남아 있을 것이다.

데이터로 해결하기

그림 11.9: 크기가 대량으로 감소했다.

그림 11.12: X축은 1부터 60까지의 "세대수"의 눈금을 가진다. Y축은 현 시점과 동일한 눈금을 가진다. 빠른 분해 대립유전자를 지닌 파리의 백분율을 두 집단에 대하여 제1세대와 제57세대에 표시하고 각 집단의 두 점을 연결한다. 이들 두 선을 서로 구분하기 위하여 범례가 필요할 것이다.

그림 11.16: 붉은색 꽃들의 적응도는 보다 낮을 것이며, 따라서 집단은 전반적으로 방향성 선택의 결과 흰색 방향으로 이동할 것이다.

현명한 독자

1. 비행기 공기는 탁하여 바이러스 전파가 잘 이루어진다. 앤드류 스피커는 고의로 그의 신부와 다른 탑승객들이 위험한 형태의 결핵에 걸릴 위험에 처하게 했다. 이 두 문장을 뒷받침할 증거는 제시되지 않았다.
2. 저자가 쓴 다른 포스팅; 저자가 기술한 사실을 신뢰할 만한 사이트로 뒷받침하고 있는지 알아본다.
3. 가능한 답변이 많음.

그럴듯한 소린데 그런가?

1. 유전적 돌연변이
2. $10,000 \times 3 = 30,000$
3. 아니다, 자연선택은 변이들을 구별해 낸다—보다 우수한 생존 및 생식을 야기하는 변화들은 유전되고 더욱 일반화되며 생존과 생식을 감소시키는 변화들은 소실된다.
4. 엄지손가락은 손목뼈로부터 진화하였다.
5. 아니다.
6. 그렇다.
7. 집단 내에서 일어날 수 있는 유전성 변이들의 숫자는 크다. 이들 변이체들의 일부가 보다 많은 생존과 생식을 야기하면, 이들은 집단 내에 많아질 것이다. 시간이 경과하면 변화들의 축적이 생기면서 구조들은 더욱 변경되고 복잡화될 것이며 새로운 구조들과 기능들을 지닐 것이다.

기본문제

1. 항생제는 결핵으로 인한 사망자 수를 감소시키는 데 도움이 되었으나 항생제 내성 결핵균의 균주들이 인간 집단들 내에서 나타나면서 덜 효과적이 되었다.
2. 인위선택은 집단 내 개체들의 생존과 생식을 조절하는 인간이 선호하는 형질들의 빈도를 높이기 위하여 식물과 동물을 선택하는 과정이다. 인위선택도 자연선택과 마찬가지로 진화를 일으키지만, 인위선택은 인간이 번식시킬 생물을 직접 선택하는 점이 다르다. 자연선택은 환경 상황에 따라 한 변이체가 다른 변이체보다 높은 적응도를 지니게 한다.
3. *Mycobacterium tuberculosis*는 단일 환자 내에서 많은 수의 유전적 변이체들을 지닐 수 있다. 이들 변이체는 특정 항생제에 대한 감수성을 포함하여 서로 다른 여러 형질들을 지니고 있다. 환자가 항생제를 복용할 때, 약제내성이 더 큰 세균 개체가 더 높은 적응도를 지니며, 자연선택은 약제내성이 큰 세균 집단의 진화를 유도한다.
4. C; **5.** D; **6.** E; **7.** E; **8.** B; **9.** C; **10.** D

응용문제

1. 더 큰 딸기를 원하는 농부들은 가장 큰 딸기를 생산한 야생 식물의 씨앗을 보관했을 것이다. 재배 딸기에 대한 동일한 선택 과정이 세대를 거듭하면서 딸기의 평균 크기는 급속히 커졌다. 이에 대한 균형으로 야생 딸기와 비교해 재배 딸기는 뿌리와 잎으로 가는 에너지 공급이 줄어들고, 물과 영양분의 더 많은 공급이 필요하며, 곤충 등의 포식자에 대항하는 화학적 방어가 줄어들었을 수도 있다.
2. 줄무늬가 있는 개체들은 없는 개체들에 비해 생존 가능성이 높았을 것이다. 이러한 선택 과정이 많은 세대를 거듭하면서 집단 내 개체들은 인상적인 줄무늬를 지닌 형태로 진화하였다.
3. 아니다. 모든 특징이 적응형질은 아니다. 어떤 형질은 우연히 발생한다. 특정 형질을 가지고 있는 개체가 그렇지 않은 개체에 비해 적응도가 더 높으면 그 형질은 적응형질이다. 한 형질이 적응도를 어떻게 높이는지 조사해 보거나 그 형질이 없는 개체 혹은 약하게 나타난 개체를 조사하여 적응도에 어느 정도 영향을 미치는지 측정할 수 있다.

12장

쉬어가기

258쪽: 사자는 광활하고 건조한 초원에서 산다—담갈색의 몸은 초원의 환경에 보다 잘 섞여들 수 있을 것이다.

260쪽: 아니다. 변종들은 동일종이므로 염색체의 숫자는 양쪽 부모들 모두에서 동일하다.

266쪽: 형태학적 종개념, 그들은 교배 습관이나 유전적 유연성에 대한 정보 없이 보이는 것으로(그리고 들리는 것으로) 새들을 동정할 것이기 때문이다.

273쪽: 예를 들어, 평균 키는 그 차이가 크지만 유사 그룹을 동정하는 데는 일반적으로 쓰이지 않는다. 이 항목을 더한다면 인종은 더 많은 그룹으로 나누어질 것이다.

278쪽: '마'나 '엄'음은 신생아가 처음 발음할 수 있는 음 중의 하나이다. 어머니가 아이를 돌보는데 많은 시간을 할애하므로 이 음이 어머니와 연관된 것이다. ('다'나 '빠'음도 초기에 발음 가능한 음이다.)

281쪽: 암컷은 수컷에 비해 자손에 더 많은 투자(에너지)를 하므로 자손의 최대 생존과 후기 생식을 확실시하기 위해 더욱 의욕적이다.

시각화

그림 12.2: 아니다. 다른 두 부모들에게서 온 염색체는 상동성이 아니므로 제대로 쌍을 이루지 못한다.

그림 12.3: 아니다. 자연선택 또는 진화의 다른 기작들은 형태와 관련되지 않은 다른 형질의 차이를 나타낼 수도 있다.

그림 12.14: 사하라 남부 아프리카 혈통의 흑인들과 이탈리아계, 그리스계, 터키계, 인도계 및 일부 아랍계 미국인 그룹, 그리고 발칸 반도 사람의 후예.

그림 12.16: 어뢰 모양, 물갈퀴 덕분에 물속에서 자유롭게 이동함, 빠른 헤엄, 밝은 색의 복부와 검은 등.

그림 12.18: 낮은 자외선 환경에서 검은 피부를 가진 사람은 알맞은 뼈 성장을 위하여 비타민 D를 섭취할 수 있으며, 높은 자외선 환경에서 밝은 피부를 가진 사람은 태양 노출을 피하고, 자외선 차단제를 사용하거나 엽산 보충제를 섭취할 수 있다.

데이터로 해결하기

그림 12.5: 꽃이 늦게 피는 Honeycrisp 나무에서 새로 출현한 산사나무 파리들이 이후에 출현하는 사과 파리들과 혼합될 수 있으므로, 분기 과정이 지연될 수 있다.

그림 12.9: 20명 중 6명 또는 0.3

그림 12.10: 이형접합자는 (p) 남성 × (q) 여성 그리고 (p) 여성 × (q) 남성을 통해 나올 수 있기 때문이다.

그림 12.13: O 혈액형의 빈도는 아시아에서 멀어짐에 따라 증가할지도 모른다.

그림 12.17: 그래프에 표시되어 있는 것처럼 여러 가지 가능성들이 있음(첫 질문에 대해서는 Y축에서 서로 떨어진 동일한 색깔의 점들; 두 번째 질문에 대해서는 Y축에 서로 가까이 있는 다른 색의 점들).

현명한 독자

1. 제시된 주요 증거는 미국 흑인들이 미국 백인들보다 고혈압 비율이 더 높다는 것이다; 연구 결과 흑인들 간의 연령보정 유병률은 41.8%이며 백인들에 대해서는 29.8%였다.
2. 미국 백인들은 나이지리아 사람들보다 고혈압 유병률이 높은 반면, 미국 흑인들은 독일인이나 핀란드인보다 낮은 유병률을 보여주는데 이는 그 차이가 흑인들 간의 근본적인 생물학적 유사성과 백인들과의 일관된 차이 때문이 아님을 보여준다.
3. 미국 흑인들의 고혈압은 심장병 위험과도 연관되어 있는가? (그렇지 않으면, 혈압의 차이는 실제적으로 중요하지 않을 것이다.) 소금 섭취량의 감소는 아프리카계 미국인들의 고혈압에 의미 있는 효과를 미치는가? (그렇지 않으면, 식습관 지침은 건강 이익을 주는 것 보다 단순히 추가 부담만 줄 것이다—기사는 소수의 성인들만이 추천된 양만큼의 낮은 나트륨 섭취를 했다고 적고 있었다.) 이들 두 질문에 대한 답은 "그렇다"일 것이지만 이 기사 인용문은 이에 대한 답을 주지 않는다.

그럴듯한 소린데 그런가?

1. 그렇다, 모든 신체적 형질들의 경우처럼 그것은 아마도 이 형질에 대해 존재한 변이일 것이다.
2. 그렇다, 대부분의 행동 형질들의 경우처럼 그것은 먹이를 찾는 행동에 존재한 변이일 것이다.
3. 아니다, 다른 부리 모양이나 다른 행동을 암호화하는 대립유전자들을 지닌 개체들에게만 존재한다.
4. 그렇다, 이들 형질은 이를 지닌 개체들의 생존과 생식을 증가시킬 수 있었을 것이다.
5. 보다 높은 진화적 적응도를 지닌 개체들은 더 많은 자손들을 남길 것이다. 따라서 그들이 지닌 형질들은 시간이 지남에 따라 집단 내에서 보다 많아질 것이다.
6. "…위하여"라는 말은 목표를 향한 일종의 노력을 의미한다. 대신, 꿀을 먹는 꿀먹이새의 진화는 집단 내에 존재하는 변이에 작용하는 자연선택의 결과로 일어났다. 보다 길고 구부러진 부리—적응도를 증가시키게 된 형질—를 가진 개체들은 보다 많은 자손을 남겼고, 따라서 집단의 일부는 시간의 경과와 더불어 보다 특정 꽃들을 먹이로 하는 길고 구부러진 부리를 가진 개체들로 구성되도록 변했다.

기본문제

1. 집단의 유전자풀은 서로 격리되어야 하며, 격리되어 있는 상태에서 분기되어야 하고(자연선택 또는 유전적 부동의 결과), 생식적 부적합성이 진화되어야 한다.
2. 돌연변이가 집단 그리고/또는 종 내에 축적되는데 시간이 걸리기 때문에 상대적으로 적은 돌연변이는 최근에 유래되었다는 증거이다.
3. 유전적 부동은 소형의 격리된 유전자풀에서의 창시자효과(이동하는 소집단이 본래 유전자풀의 비전형적인 대립유전자를 포함함), 병목현상(재난의 소수 생존자들이 본래 유전자풀의 비전형적인 대립유전자를 지님), 또는 대립유전자의 우연한 손실(유전자에 의하여 암호화된 형질과는 무관한 사망 또는 생식 부재)의 결과로 일어날 수 있다. 대립유전자 빈도의 변화로 이들 사건은 모두 집단의 진화로 이어질 수 있다.
4. D; **5.** B; **6.** A; **7.** C; **8.** C; **9.** D; **10.** C

응용문제

1. 종을 어떻게 정의하는지에 따라 다르다. 두 집단의 늑대들은 같은 생물학적 종이지만 다른 혈통학적 종—"품종"에 해당하는 정의—일 수 있다. 이 두 집단들이 서로 다른 품종인지 확인하기 위해서 각 집단의 독특한 대립유전자 또는 독특한 대립유전자 빈도와 같은 기본적인 증거가 관찰되는지 알아본다.

2. 아일랜드는 0.01, 영국은 0.007, 스칸디나비아는 0.005이다. 대립유전자 빈도는 유전적 부동, 특히 이 경우에는 창시자효과로 인해 차이가 날 수 있다. 다른 가능성으로 이 대립유전자가 영국이나 스칸디나비아의 환경에 비해 아일랜드 환경에서 적응도를 높이는 요소를 가지고 있을 수 있다.
3. 조기 개화 돌연변이가 널리 퍼지면, 보통 집단과 개화 시기의 차이로 생식적 격리가 일어날 수 있다. 연장 개화 돌연변이도 보통 집단보다 일찍 피어나는 개체가 특정 매개체와 연관되면서 동일 현상이 나타날 수 있다.

13장

쉬어가기

293쪽: 식성의 유사성에 따른 종 분류는 생물학자들이 관심 있는 종들의 일반적인 필요를 이해하고 아마도 자연자원관리를 단순화하는 데 도움이 될 것이다. 서식지 필요의 유사성에 따른 종 분류는 유사한 서식지의 종들이 서식지 손실에 따른 절멸의 위험성이 있는지를 확인하는 데 도움이 될 것이다.

297쪽: 식물 및 동물 세포 내의 미토콘드리아는 동일하므로 식물과 동물이 분기하기 전에 진화되었음을 알 수 있다.

311쪽: 고기를 뜯을 수 있는 부리, 긴 날개, 커다란 몸, 그리고 솟아오르는 능력

시각화

그림 13.7: 세균을 삼켰을 때 숙주 세포막이 접히면서 유래된 2차 세포막

그림 13.12: 이미 사용되고 있는 식량원에서 떨어진 곳에 포자를 퍼뜨리기 위함.

그림 13.16: 배는 거친 환경 속에서 적어도 단기간 내의 생존을 위해 필요로 하는 모든 자원을 함유한 강인한 외부 코팅 내에 보호되어 있다는 점에서 우주비행사와 같다. 우주비행사는 우주 생활로부터 어떤 필요 물질도 얻을 수 없는 반면에 환경으로부터 여전히 물질교환(예를 들어 가스)을 할 수 있다는 점을 포함하여 여러 가지 면에서 다르다.

데이터로 해결하기

그림 13.2: 예상되는 8,750여 개 속 중에 약 8,400 속이 기재되었다.

그림 13.3: 계통도에서 동물과 이 원생생물 그룹간의 공통조상을 나타내는 추가 분지를 그려야만 한다. 원생생물문의 "문"도 역시 결국은 나누일 것이다.

그림 13.4: 과학자들은 기본틀로서 모든 그룹에 공통인 염기들을 사용하며 오래된 종들은 보다 젊은 종들보다 조상형 염기들을 지닐 가능성이 높다고 추론한다.

그림 13.19: 검은눈방울새처럼 아마도 머리에 줄무늬는 적지만 모든 참새들처럼 참새 색깔의 몸(갈색 줄무늬)을 지녔을 것이다.

현명한 독자

1. 중년 나이의 여성들은 여분의 지방을 지니고 있으며, 이는 먹지 않고도 일정 기간 생존하며 자식들에게 여분의 음식을 남겨주는 것을 가능케 한다. 게다가 중년들은 "세상을 경영한다."
2. 여분의 지방을 저장한 여성들은 어려운 시기에 오랫동안 생존하며 지방을 저장하지 않은 자들처럼 음식을 두고 많이 경쟁하지 않는 반면, 가족 내의 어린 식구들을 부양할 수 있었다. 이들 여성들의 가족들은 지방을 효과적으로 저장하지 않은 여성들의 가족들보다 음식이 부족한 기간 동안 보다 성공적으로 생존할 수 있었으므로 그 형질은 그 집단 내에서 보다 일반화되었다.
3. 더 많은 지방을 저장하는 것이 선택적인 이점을 지녔다는 증거는 기사에 제시되지 않았다.
4. 중년의 사람들은 아마 그들의 적응도를 감소시킬 수도 있는—허리 문제, 청력과 시력의 감소를 포함하여—심각한 문제들과 더불어 살아갈 가능성이 많다(즉 이들은 남들에게 별로 줄 수 없으나 여전히 자원을 필요로 한다). 본 장에서는 자신의 환경에 보다 잘 적응한 것으로 보이는 다른 종들의 예를 보여주고 있다.

그럴듯한 소린데 그런가?

1. 대략 맞다.
2. 비행, 변태, 우리는 감지할 수 없는 약품이나 빛 파장들을 감지하는 능력
3. 불가사리
4. 아니다, 그 계통도는 여전히 구성원들 간의 동일한 진화적 관계를 나타낼 것이다—인간과 불가사리는 최근의 공통조상을 그리고 인간과 곤충은 보다 오래된 공통조상을 공유한다.
5. 인간은 첫 동물로부터—현대의 모든 동물과 마찬가지로—수백만 년 된 진화의 산물이다. 인간은 많은 복잡한 구조들과 형질들을 지니고 있으나 다른 동물들은 또 다른 복잡한 구조들과 형질들을 지니고 있다. 진화 계통도는 동일한 유연관계를 나타내기 위하여 여러 가지 다른 방법으로 그릴 수 있다. 이 계통도에서 인간은 최정상에만 있어야 할 필요는 없다.

기본문제

1. 과학자들은 150만 이상의 종들을 동정하였으나 적어도 1,000만 종, 그리고 어쩌면 1억 종 이상의 다른 종들이 이 지구상에 존재할 지도 모른다.
2. 꽃이 진화한 이래, 각종 현화식물 종류의 숫자가 급격하게 증가하였다. 이 일이 일어난 데에 대한 하나의 가설은 현화식물이 건조한 환경에 보다 잘 적응되었다는 것이고, 다른 하나는 식물과 동물(수분매개자와 전파자) 간의 관계가 공진화를 통하여 다양한 형태들로 발전하는 데 기여하였다는 것이다.
3. 유사성과 차별성의 양상이 예상한 대로 인지 확인하기 위하여 생물의 DNA 서열을 비교하거나, 화석기록을 검사하여 생물군의 진화적 변화의 기록을 찾아 검증한다.
4. B; **5.** E; **6.** E; **7.** D; **8.** C; **9.** D; **10.** B

응용문제

1. 산소에 민감한 세포가 산소를 이용하는 원핵생물을 세포 내에 남겨두었을 때 산소로 인한 피해에서 보호받을 수 있다. 이러한 점은 이 원핵생물을 지니고 있지 않은 세포에 비해 더 유리하다.
2. 이 생물은 움직임이 활발하지는 않지만 다른 생물을 섭취하는 것으로 보아(광합성이 아님) 동물일 것이다.
3. 이들 엽록체는 2차 세포내공생 과정을 거쳐 진화해온 것 같으며, 이 과정에서 조상 유글레나 세포가 진핵녹조세포를 삼켰으나 소화하지 못했다. 이 경우, 원래의 세균막은 삼켜진 세포의 2차 세포막에 의하여 둘러싸이며 두 막 모두 조상 유글레나의 액포막에 의하여 둘러싸인다.

14장

쉬어가기

319쪽: 10,000 (식: 1/100 = 100/x)

321쪽: 평균 수명은 사망 시의 나이의 합을 사망자 수로 나눈 것이다. 그러므로 유아 사망은 평균 수명을 크게 줄이는 반면, 비록 전체 개체군의 건강상태가 변하지 않을지라도 유아 사망을 줄이는 것은 평균 수명을 크게 늘리게 된다.

324쪽: 전염병은 생존과 번성을 위해서 이 병에 약한 개체로 구성된 개체군을 필요로 한다. 만일 개체군이 작다면 감염된 개체군은 유지될 수 없다.

328쪽: 높은 출생률을 가진 큰 개체군은 잠재적으로 수용능력을 넘어서는 많은 수의 자손을 낳는다. 낮은 출생률을 가진 큰 개체군은 수용능력에 점진적으로 접근하면서 조금 적은 자손을 낳는다.

시각화

그림 14.1: 잡히는 것을 좋아하게 되면 덫으로 다시 돌아오는 개체수가 많아져 개체군을 과소평가하게 된다. 덫을 싫어하는 경우에는 표시된 개체가 덜 돌아오는 반대 효과를 가진다.

그림 14.14: 몇 가지 이유: 유입률이 더 클 때, 평균적으로 더 젊은 개체군, 대가족을 장려하는 종교적 전통.

데이터로 해결하기

그림 14.3: 그렇다. 성장은 전체와 관련하여 지속되지만 성장률은 작다.

그림 14.4: 약 23년(개체군 성장률이 1.5%일 때의 절반의 시간이 걸린다. 또는 1%일 때인 70 나누기 3)

그림 14.5: 출생률과 사망률이 같을 때, 즉 전이가 일어나기 전과 후(그래프에서 면적 1과 3).

그림 14.6: 선이 수직에 가장 가까운 곳. 즉, S가 올라가는 것에서 편평해지는 것으로 변하는 지점. 여기에서는 개체군 크기가 약 450인 지점.

그림 14.8: 낮은 성장률 시나리오에서 개체군 크기 그래프가 편평해지기 시작하는 지점.

그림 14.11: 개체군 변동의 동일한 기본 유형이 수용능력보다 높은 지점에서 즉각적으로 일어날 것이다.

그림 14.13: 미국의 인구는 인도 인구의 1/4에 해당한다.

현명한 독자

1. 크리스마스 조류 동시 조사와 번식 조류 조사와 같은 "시민과학 프로그램"(즉, 탐조인들이 데이터 수집에 참여한다.)
2. 다음과 같은 여러 대답이 있을 수 있다. 조류협회가 제시하게 된 원인이 되는 증거, 필요한 활동 유형, 조류 개체군을 보존하는 데 이 활동이 얼마나 효과적이었는가? 등.

그럴듯한 소린데 그런가?

1. 현재 전체에 비례하여 일어나는 성장
2. (b), 일일당 1센트에 시작하는 제안
3. 30,000달러
4. 167,772.16달러
5. 임금 상승은 항상 전날의 임금과 관련되기 때문에 벌어들인 임금은 매우 빠르게 증가하고 결국 일정한 일당을 훨씬 초과하게 된다. 지수적 성장은 개체군과 수입 모두 단순한 기하적 성장보다 훨씬 더 빠르게 증가하는 원인이 된다. 이러한 원리는 수영장에서의 녹조현상, 새로운 장소에 침입하는 종, 또는 퇴직연금의 증가와 같은 많은 상황에 적용될 수 있다.

기본문제

1. 사망률 특히 유아 사망률의 감소는 성장률의 증가를 가져왔다. 이에 더하여 지수적인 증가의 과정은 인구폭발을 이끌었다. 이는 한 해 동안 더해지는 사람 수가 전해의 사람 수에 의해 결정되기 때문이다.
2. 대부분의 개체군에서, 개체군이 자원을 모두 사용할 때 사망률이 증가하거나 출생률이 감소하기 때문에 성장률은 감소한다.

3. B; **4.** C; **5.** B; **6.** A; **7.** B; **8.** D; **9.** D; **10.** D

응용문제

1. 2500. 식: 1/50 = 50/x
2. −0.002 (r = 출생률 − 사망률 = 25/1000 − 27/1000). 이 개체군은 개체수가 더 이상 늘어나지 않고, 사실 자원이 제한된 것처럼 약간 줄기 때문에 수용능력 근처에 있는 것 같다.
3. 더 많은 자원이 이용 가능하다면 수용능력은 증가할 것으로 기대된다. 그러나 파리는 제한된 환경(배양병)에 있기 때문에 노폐물의 축적이 문제가 될 것이다. 그리고 파리의 큰 개체군은 이 축적물로 인해 살 수가 없을 것이다. 파리의 행동에 의존하여 더 밀집된 환경에서 공격적인 행동이 있을 수 있거나 짝짓기가 감소할 수도 있다.

15장

쉬어가기

343쪽: 서식지 파괴, 오염, 외래종의 도입, 심지어 화려하거나 환상적인 종의 남획. 결정되어야 할 위험에 처한 많은 종의 환경상황을 아는 것이 도움이 될 것이다. 그들의 독특한 생물학적 특성으로 인하여 특히 이 동물들이 모든 위협에 민감할 것이다.

348쪽: 쌍으로 제시한 모든 종들은 경쟁자이다. 그들은 a) 물고기, b) 크릴새우, c) 펭귄, d) 오징어, e) 초식성 동물플랑크톤이다. 경쟁을 하고 있는지를 알기 위한 가장 직접적인 방법은 경쟁한다고 생각되는 한 종을 제거하고 남아 있는 종의 개체군 크기가 커지는지를 확인하는 것이다.

351쪽: 대기의 질소를 이용하여 비료를 만들고 이를 농장에 뿌릴 수록 더 많은 질소가 이용되기 때문에 순환은 변한다. 이에 더하여 질소는 뿌려진 밭에 머무르지 않고 인간의 폐기물과 함께 물로 방출된다. 그래서 순환은 더 지구 전체적으로 일어나며 물길이 질소의 중요한 저장소가 된다.

357쪽: 매우 사회적이고, 큰 무리가 없을 때 짝짓기나 사냥을 하지 않고, 성공적으로 자손을 낳을 수도 없는 생물은 일정 수 이상의 다른 개체들이 존재하지 않는다면 번식을 하지 못할 것이다. 짝을 찾을 때 짝고르기가 매우 어려운 생물 또한 작은 무리에서는 번식을 하지 못할 것이다.

시각화

그림 15.9: 답은 학생의 위치에 따라 변할 것이다.

그림 15.12: 만일 수염고래가 사라진다면 크릴 개체군은 증가하여 수염고래와 크릴을 두고 경쟁하는 물고기와 다른 육식성 동물플랑크톤의 개체군이 증가할 것이다. 그러나 이것은 수염고래를 잡아먹는 이빨을 가진 더 작은 고래의 수를 감소시킬 것이다.

그림 15.16: 모든 박테리아가 환경(즉, 내장)의 수용능력에 도달하였기 때문이다. 그것은 변하는 박테리아 군집을 보충할 따름이다.

그림 15.18: 현대의 인간체계에서 양분은 전형적으로 한쪽 방향으로만 흐른다(농작물에서 인간으로, 인간은 노폐물과 묘지로). 그래서 우리는 그 과정을 더 이상 양분 순환이라 부를 수 없다.

그림 15.21: 적도에 더 가까울수록 더 많이 존재한다.

그림 15.24: 정상적인 대립유전자는 병을 일으키지 않기 때문에 문제가 되는 것은 상동 열성을 가졌을 때이다. 돌연변이 대립유전자에 대해 상동인 개체(병이 난)의 경우와는 다르다.

데이터로 해결하기

그림 15.2: 1,000만 년에서 5,000만 년

그림 15.3: 백만 년

그림 15.4: 1600~1849: 21; 1850~2000: 50

그림 15.7: 섬에서 서식지의 67%(15,000km^2 중에서 10,000km^2)가 사라진다면 약 25%의 종이 절멸할 것이다.

그림 15.8: 약 1000마리의 사자

그림 15.25: 약 50%를 잃는다.

현명한 독자

1. 대표자들은 늑대가 돌아왔다는 것에 동의한 전문가로서 익명의 "과학자와 늑대 보호론자"를 인용한다. 그들이 누구이고 이러한 결정을 할 자격이 있는가에 대한 귀기울임이 없다면 정치가들의 말은 확신을 주지 못한다.
2. 늑대의 귀환은 엘크와 무스를 모두 사라지게 할 것 같지는 않다. 자연에는 포식종보다 피식종의 생체량이 항상 더 많다. 옐로스톤에서의 경험을 통해 늑대는 피식자가 완전히 사라지게 하는 것이 아니라 피식자의 행동을 변화시킬 수 있다는 것을 제시한다.

그럴듯한 소린데 그런가?

1. a) 모기는 미생물의 포식자이다. b) 잠자리는 모기의 포식자이다. c) 모기와 식물은 상리공생자이다. 그리고 d) 모기는 인간의 포식자(기생자)이다.
2. 박테리아, 조류, 그리고 다른 물속 미생물은 증가할 것이고, 잠자리, 일부 물고기, 그리고 갑각류는 감소하며, 모기에 의해 수분이 이루어지는 식물은 감소하고, 인간은 증가할 것이다.
3. 다음과 같은 많은 답이 가능하다. 물속에 미생물이 더 많아지면 다른 포식자 개체군이 증가할 것이다. 또는 이 박테리아가 살아가는 숙주에게는 질병의 위험이 증가할 것이다. 잠자리의 감소는 이들을 섭식하는 새들에게 부정적인 영향을 줄 수 있다.
4. 핵심종은 먹이그물에서 다른 종에게 생체량 비율과 다르게 큰 영향을 주는 종이다. 달리 말하면, 핵심종이 사라지면 그 계의 나머지는 급격히 변하게 될 수 있다.
5. 알 수 없다. 한 종이 한 생태계에서 제거되기 이전에 그 계에 얼마나 중요한지를 결정하는 것은 불가능할 것이다.
6. 모기는 많은 다른 종과 연결되어 있어 모기가 사라지면 이 종들이 긍정적으로 또는 부정적으로 영향을 받을 것이다. 이 변화들이 다음으로 인간에게 부정적인 영향을 미치는지 아닌지는 복잡한 먹이그물이 주어진다면 예측하기가 거의 불가능하다.

기본문제

1. 서식지 단편화는 종들이 적절하지 못한 장소에서 적절한 서식지로 이동하는 그들의 능력을 방해하고 인간과 인간에 의해 변형된 환경에 종들을 노출시키기 때문에 종들을 위험에 처하게 한다. 매우 특별한 서식지를 요구하고 빠르게 이동하지 못하며 인간의 교란에 매우 민감한 종들은 서식지 단편화에 의하여 가장 부정적인 영향을 받게 된다.
2. 상리공생은 모두가 이익을 얻는 종들 사이의 관계이다. 포식은 한쪽은 이익을 얻고 다른 쪽은 잡혀 먹히는 종들 사이의 관계이다. 경쟁은 서로의 존재가 서로에게 해로운 종들 사이의 관계이다.

3. D; **4.** D; **5.** A; **6.** A; **7.** B; **8.** C; **9.** D; **10.** A; **11.** D; **12.** D

응용문제

1. 켈프 → 성게 → 수달. 켈프는 또한 물고기, 조개, 전복에게 서식지를 제공한다. 수달이 제거될 때 성게는 켈프숲을 황폐화시키고 켈프와 관계가 있는 이와 같은 종들은 사라진다. 그러므로 수달은 핵심종이라 할 수 있다.
2. 비록 (A)가 더 많은 개체를 가질지라도 다음 세대의 유전자에 기여하는 수놈의 숫자가 너무 적기 때문에 유전자 부동에 의해 대립인자 빈도가 더 많이 변할 것 같다(즉, 창시자 효과).
3. 환경상황이 얼마나 불확실한가? 즉, 밀도 비의존 요소가 그들에게 발생했을 때 얼마나 많은 개체가 죽게 되는가? 교배 시스템이 어떠한가? 몇 마리의 수컷이 대부분의 암컷과 교배하는가? 아니면 종들은 일부일처인가? 이 환경에서 긴부리물떼새의 수용능력은 얼마인가?

16장

쉬어가기

370쪽: 기울기가 감소하면 한 해 내내 한 지역에서는 동일한 일사량을 받기 때문에 계절성이 사라질 것이다. 기울기의 증가는 계절성이 나타나는 지역에서 연간 온도 변화가 더 심해질 것이다.

378쪽: 나무는 엽록소를 만드는 데 비용이 많이 들 것이다. 가장 비싼 비용은 질소일 것이다. 질소는 토양에서 부족하고 단순히 토양에 떨어진다면 쉽게 대체되지 않을 것이다.

384쪽: 습지에서의 물 흐름은 느리다. 그러므로 양분이 개방 수면에 도달하여 축적되기 이전에 많은 양분을 흡수할 수 있다.

387쪽: 만약 개체군의 2/3가 60억이라면 인구는 90억이 될 것이다.

388쪽: 화석연료는 땅을 파면 꺼낼 수 있다. 연료를 전기로 바꾸는 기술(연소와 증기의 발생), 엔진을 돌리는 힘으로 바꾸는 기술(조절된 폭발)은 태양빛을 전기로 바꾸는 데 필요한 기술보다 훨씬 더 단순하다. 바람과 태양열은 믿을만하지 못하다.

시각화

그림 16.2: 플로리다가 버몬트보다 적도에 더 가깝기 때문에 일사량은 플로리다에서 더 크다. 그래서 플로리다가 버몬트보다 더 덥다.

그림 16.3: 북반구는 태양에서 먼 쪽으로 기울었을 때 남반구는 태양 쪽으로 기울어졌기 때문에

그림 16.5: 위도 30° 부근과 적도 부근에서 공기는 수평으로 흐르기보다는 수직으로 이동할 것 같다. 그래서 편향풍이 생성되지 않을 것이다.

그림 16.7: 이 기간이 여름 중 가장 더울 때이다. 그리고 바다 근처의 지역이 내륙보다 더 시원하고 찬바람이 불어올 것이다.

그림 16.15: 소는 코끼리만큼 크지도 강하지도 못하여 나무를 뿌리째 뽑지 못한다.

데이터로 해결하기

그림 16.9: 추운 사막, 온대낙엽수림, 온대우림, 관목림 또는 초원. 강수에 따라 다르다.

그림 16.22: 초원과 온대림

그림 16.25: 각각 9,790만 톤, 1억 7,510만 톤, 그리고 1억 6,350만 톤

현명한 독자

1. 어떤 진술도 객관적 증거를 가지지 않는다. 다만 일부 진술에 회사가 그들의 주장을 지지할 증거를 가진다는 것을 내포한다.
2. 주장이 들어 있는 웹사이트. 각각의 주장을 지지하는 증거는 명백하고 쉽게 찾을 수 있어야 한다. 예를 들어 옆에 있는 링크 또는 명백히 표시된 메뉴 항목으로 제시되어야 한다.
3. 답은 다양할 것이다. 그러나 객관적인 증거에 중점을 두어야 한다.

그럴듯한 소린데 그런가?

1. 중서부: 1월은 겨울. 호주: 1월은 여름
2. 지표면 1제곱미터당 유입되는 에너지의 양
3. 일사량은 중서부에서 7월에 더 크다. 이때 북극이 태양을 향한다. 1월에는 극은 태양으로부터 먼 방향을 향해서 일사량은 더 적다. 호주에서 1월 동안 남극은 태양의 먼 방향을 향해서 1월에 비해 7월에 일사량이 더 적다.
4. 아니오.
5. 호주의 여름은 우리의 겨울이다. 만일 여름의 계절성이 태양까지의 거리에 의해 결정된다면 중서부와 호주 모두 같은 시기에는 여름과 겨울이 된다. 대신 한 지역의 평균 기온은 일사량에 의존한다. 지축이 기울어져 있다는 사실이 온도의 계절적 차이를 결정하는 데 태양까지의 거리보다 더 중요하다.

기본문제

1. 지축이 기울어져 있다는 것은 지구가 태양 주위를 돌 때 북반구는 1년 중 일정기간 태양을 향해 기울어지고 일정기간은 태양의 반대쪽으로 기울어짐을 의미한다. 지표면 일정 장소에서의 기온은 지표에 도달하는 일사량(햇빛의 세기)에 의해 대부분 결정된다. 북반구는 겨울에 태양의 반대쪽으로 기울어져 있기 때문에 일사량이 적고 기온이 낮다. 여름에는 반대 현상이 나타난다.
2. 물은 열을 얻고 잃는 데 느리므로 일사량의 감소로 주변의 육지가 냉각될 때 물 위를 지나온 따뜻한 공기로 인해 기온이 높게 유지된다. 일사량의 증가로 주변의 육지가 덥혀질 때는 반대 현상이 나타난다.
3. B; **4.** C; **5.** E; **6.** E; **7.** C; **8.** A; **9.** B; **10.** D

응용문제

1. 위도 때문에 건기와 우기를 가지는 아열대. 산맥의 바람이 불어오는 면에서는 상대적으로 비가 많이 온다.

2. 따뜻한 물이 유럽의 해안까지 이동하여 육지를 덥힐 것 같지 않으므로 온도는 덜 온화해질 것이다. 계절성은 더 심해지고 겨울은 더 춥고 길어질 것이다.
3. 벤드, 야키마, 그리고 아마 왈라왈라는 캐스케이드에서 바람이 불어 나가는 면에 있다. 반면 다른 도시들은 바람이 불어오는 면에 있다.

17장

쉬어가기

402쪽: HCl의 증가는 가스트린 방출을 느리게 하여서 다른 소화 효소의 분비를 감소시키게 된다. 이는 위의 pH가 심하게 내려가서 위벽이 손상되는 것을 방지한다.

404쪽: 큰 단백질이나 일부 혈구들 같은 더 큰 물질들을 함유하고 있을 것이다.

시각화

그림 17.1: 28. 3번째 어금니는 아래위턱의 양쪽 모두에 있다.

그림 17.5: 세균이 방광으로부터 수뇨관을 거쳐서 신장으로 이동할 수 있다.

그림 17.6: 신우를 거쳐서 방광으로.

데이터로 해결하기

표 17.2: 120 파운드(54.43 kg) 여성은 2시간에 3잔을 마시면 법적으로 음주에 해당하는 0.08이 되기 때문에 2시간에 2잔만 마실 수 있다. 두 번째 질문에 대한 답은 각 학생에 따라서 다르다.

현명한 독자

1. 그렇게 될 수 있다. 많은 대학들이 예비 학생들이 놀라서 입학하지 않을 것을 염려하기 때문에 강간 통계를 발표하는 것을 우려한다.
2. 답은 다양할 수 있다.
3. 답은 다양할 수 있다.
4. 답은 다양할 수 있다.

그럴듯한 소린데 그런가?

1. 최소한 2시간.
2. 아니다.
3. 찰싹 때리기, 꼬집기, 고함지르기
4. 119 전화하기.
5. 그의 혈중 알코올 농도가 정점에 가지 않았기 때문에 친구는 최소한 2시간 동안 세심한 주의가 요구된다.

기본문제

1. 입, 인두, 식도, 위, 소장, 대장
2. 간, 췌장, 담낭
3. 신장은 혈액으로부터 노폐물과 여분의 물을 제거하여 오줌을 생산한다.
4. D; **5.** D; **6.** C; **7.** F; **8.** A; **9.** C; **10.** T

응용문제

1. 음주에 앞서 아스피린을 먹으면 음주 후에 경험할 증세를 더 좋게 하는 것이 아니라 더 나쁘게 한다.
2. 음식물이 인두에서 식도로 들어가지 않고 기관으로 들어갔다.
3. 그렇지 않다—음식물은 몸속에 있는 관을 통해서 이동할 뿐이다.

18장

쉬어가기

414쪽: 격하게 횡격막을 위로 미는 것으로 폐의 부피가 빠르게 감소하면서 공기를 크게 내쉬게 된다.

416쪽: 계면활성제가 더 적다는 것은 폐포 벽의 유연성 부족으로 호흡표면까지 공기가 들어가게 하는데 더 큰 힘을 요구한다.

419쪽: 유일한 치료는 폐 이식이다. 그러나 폐활량을 증가시키면 (예: 호흡 근육의 힘) 폐로 더 많은 공기를 끌어들이므로 도움이 될 수 있다.

422쪽: 뇌

424쪽: 역류를 방지하는 판막

시각화

그림 18.2: 빠른 공기 흡입을 야기한다.

그림 18.6: 산소가 호흡 막을 더 적게 통과하며, 그 사람은 적절한 산소를 얻기 위해서 더 빠른 숨쉬기를 해야 함을 의미한다.

그림 18.8: 불리한 점은 폐포 벽이 서로 달라붙어 더 큰 마찰을 만들어 외부의 공기와 기체 교환을 방해할 가능성이 더 클 것이므로 폐에 폐포를 구축하는 데 더 많은 에너지를 소모하므로 다른 기관에 에너지 공급이 부족해진다.

그림 18.11: 하나 또는 그 이상 종류의 혈구들이 많아지며 전형적으로 충분히 분화되지 못한 세포들이 많아진다.

그림 18.13: 폐로 보내는 것보다 신체 말단부위로 혈액을 이동시키는데 더 큰 힘이 요구되며 폐로 혈액을 보내는데 너무 많은 힘을 사용하면 모세혈관으로부터 액체가 폐포로 세어나가 호흡을 방해한다.

그림 18.16: 압착 양말은 아랫다리의 정맥에 혈액이 고이는 것을 방지함으로써 혈액 순환을 증가시킬 수 있으며 따라서 산소 공급 속도가 증가된다.

그림 18.17: 우심방으로부터 탈산소화된 혈액이 좌심방으로 흐를 수 있다. 이는 온몸으로 펌프된 혈액이 전체적으로 더 낮은 함량의 산소를 갖게 됨을 의미한다.

그림 18.18: 동맥의 직경을 증가시키는 동안 풍선이 플라크를 뭉개어버린다.

데이터로 해결하기

그림 18.3: 휴식 상태에서 약 500 mL가 교환된다.

현명한 독자

1. 대부분 뉴욕 사람들은 전자담배 금지를 반대하는 것으로 보인다: 한편 오리건에서는 대다수가 미성년자에게 판매를 금지하기를 원한다; 시러큐스에서는 반 수 이하의 사람들이 전자담배가 안전하다고 생각한다.
2. 이 질문에 대하여 강하게 느끼는 사람들만 이 조사에 참여한 것으로 보인다. 이는 표본에 전자담배 사용자들이 과다 참여하였거나 불충분하게 대변되었음을 의미한다.
3. 답은 다양할 수 있다. 그러나 여론 조사를 적용함에 있어서 집단 가운데 무작위 표본 추출이 되도록 초점을 맞추어야 한다.

그럴듯한 소린데 그런가?

1. 식물 자체에 방사성 화합물을 비롯한 다양한 발암물질
2. 니코틴은 심박동률, 혈압, 나쁜 콜레스테롤 수준을 증가시키며 이들은 모두 심장마비와 뇌졸중의 위험도를 증가시킨다.
3. 기관의 내벽 세포들을 가로질러서 흡수된다.
4. 연기 없는 담배는 담배연기에서 발견되어 건강에 부정적인 결과를 초래하는 것으로 알려진 많은 화합물을 포함하고 있다. 이 화합물들은 여전히 혈액으로 흡수되며 운반 시스템과 무관하게 동일한 영향을 미칠 수 있다.

기본문제

1. 횡격막의 수축은 흉강의 바닥에 있는 이 돔 모양 근육을 편평하게 해준다. 이는 흉강의 크기를 증가시키는 효과를 야기하며 공기압을 낮추어서 바깥의 산소가 풍부한 공기가 상부 호흡계를 통해서 폐로 흘러들어오게 해준다.
2. 신체 조직으로부터 흘러온 혈액이 우심방으로 들어가며 판막을 통해서 우심실로 내려간다. 우심실에서 혈액은 폐동맥을 통해서 펌프되어 폐로 나간다. 폐로부터 산소가 풍부한 혈액이 좌심방으로 들어가며 판막을 통해서 좌심실로 내려간다. 좌심실로부터 혈액은 대동맥으로 펌프되어 온몸으로 나간다.
3. E; **4.** D; **5.** A; **6.** D; **7.** B; **8.** D; **9.** D; **10.** E

응용문제

1. 도핑 후에 혈액은 산소 운반 용량이 더 커지며 근육에 산소를 더 효과적으로 공급할 수 있다. 위험은 과다한 혈구들로 인해서 핏덩이 형성될 위험이 있다.
2. 조직으로 산소 운반이 신체의 요구를 충족시키지 못할 것이다. 이는 피로를 야기하며 숨을 길게 쉴 수 없게 된다(낮은 산소 수준에 반응하여 숨쉬기 속도가 증가하도록 촉진될 것이다).
3. 호흡 막에서 혈류로 가로질러 들어간 다음 순환계에 의해서 온몸으로 운반됨으로써 질환을 발생시킨다.

19장

쉬어가기

434쪽: 감염병이지만 전염병은 아니다.

440쪽: 감염되어 아플 수 있으며 죽을 수도 있다.

446쪽: 감염을 극복할 수 있는 사람은 그렇지 못한 사람에 비하여 약간 다른 유전자 세트를 갖고 있을 수 있다.

시각화

그림 19.1: 그렇다. 리보솜은 막에 싸여 있지 않기 때문이다.

그림 19.4: 표면 단백질

그림 19.6: 예방접종을 받은 사람의 수가 감소하면 전염병 가능성이 증가한다.

그림 19.10: 백혈구

데이터로 해결하기

그림 19.3: 정오에 존재한 2마리 세균이 12:20에는 4로, 12:40에는 8로 1시에는 16마리로 배가 된다. 지수 증식 곡선은 처음에는 직선이지만 세포가 번식하면서 빠른 증가(오목 곡선)를 보인다. 더 낮은 온도에서 생장을 보여주는 선은 이와 동일한 오목 곡선이지만 훨씬 더 느리게 자랄 것이다.

현명한 독자

1. 때로는 데이터의 해석에 있어서 미묘한 차이가 있다. 예를 들어 AIDS 같은 경우 HIV의 돌연변이 발생률에 대하여 일부 논란이 있다. 그러나 HIV가 AIDS를 야기한다는 더 큰 쟁점에 대해서는 논란이 없다.
2. 답은 다양할 수 있다.
3. 답은 다양할 수 있다.

그럴듯한 소린데 그런가?

1. 출생 시에 면역계가 충분히 형성되어 있다.
2. 면역계는 항원에 노출되면서 더 강하게 된다.
3. 현대 백신은 바이러스의 작은 일부를 함유하고 있다.
4. 온전한 바이러스는 더 많은 종류의 항체 생산을 야기할 것이다.
5. 현대 어린이들이 백신에 있는 더 많은 항원에 노출된다는 것은 참이 아니다. 그 이유는 옛날에 사용되었던 온전한 바이러스 백신은 현대 백신보다 더 많은 면역 공격을 제공하였기 때문이다.

기본문제

1. 세균은 핵이나 막으로 싸인 세포소기관을 갖고 있지 않는 단세포 생물체이다. 그들은 핵양체 영역에 DNA를 갖고 있으며 세

포벽으로 싸여 있다. 바이러스는 캡시드라는 단백질 외피에 싸인 유전물질로 구성되어 있다. 일부 바이러스는 또한 막성 겁질에 싸여 있다.

2. 감염한 조직으로부터 감염성 생물체를 제거할 수 있게 된다.
3. B세포는 세포 표면에서 발견되는 수용체를 생산하거나 항체를 분비하여서 침입자를 파괴한다. T세포도 수용체를 생산하지만 분비하지는 않는다.
4. D; **5.** B; **6.** C; **7.** D; **8.** B; **9.** C; **10.** c; **11.** E; **12.** F

응용문제

1. 숙주세포의 도움 없이 그들 자신은 증식할 수가 없다.
2. 감기 바이러스는 빠르게 돌연변이하는 바이러스이기 때문이다.
3. 기억세포의 존재는 더 강하고 더 빠른 반응을 할 수 있게 해주기 때문이다.

20장

쉬어가기

457쪽: 테스토스테론에 대한 단백질 수용체를 암호하는 유전자가 돌연변이를 일으켜 수용체를 만들지 못하거나 테스토스테론이 결합할 수 없는 수용체를 만든다.

458쪽: 에스트로겐은 파골세포에 의한 뼈의 흡수 활동을 억제한다.

463쪽: 그렇지 않다, 팔 길이와 근육 질량이 동일하다면 그렇지 않다.

463쪽: 폐경기에 에스트로겐이 감소할 때 여자는 남자처럼 복부에 지방 저장을 시작한다.

시각화

그림 20.2: 유방 조직은 덜 발달하고 후두 조직은 더 발달할 것이다.

그림 20.8: 대퇴골, 슬개골 및 경골

데이터로 해결하기

그림 20.12: (a) 성별 내에서; (b) 없다.

현명한 독자

1. 참여자를 무작위로 선별; 다른 연도에 동일한 세트의 대학에서 데이터 수집하기.
2. 스테로이드 남용 증세는 받아들이기가 어렵다. 약물 및 알코올 사용을 통해서 도피하거나 알코올 및 약물 남용하는 학생들이 스테로이드도 사용할 가능성이 있다.
3. 답은 다양할 수 있다. 그것은 장학금에 대한 경쟁이 증가하였거나 스테로이드 이용도가 증가하였을 수 있다.

그럴듯한 소린데 그런가?

1. 25일
2. 25 mg
3. 24 mg
4. 1.75 mg
5. 피임약은 정상적인 월경주기가 제공하는 만큼의 동일한 양의 월별 에스트로겐을 제공하도록 제조할 수 있다.

기본문제

1. 시상하부는 체온을 조절하며 배고픔, 갈증 및 생식과 같은 행동에 영향을 미친다. 뇌하수체는 성 차이를 형성하는 데 관여하는 두 가지 호르몬을 분비한다: 여포자극호르몬(FSH)은 정자 생산과 알세포의 발달에, 황체형성호르몬(LH)은 테스토스테론의 생산과 배란에서 알세포의 방출. 부신은 스트레스, 흥분에 반응하여 아드레날린(에피네프린)과 테스토스테론을 비롯한 안드로겐과 에스트로겐을 분비한다. 정소는 정자 생산, 체모의 굵기와 분포, 근육질량 증가와 낮은 목소리를 돕는 호르몬인 테스토스테론을 분비한다. 난소는 에스트로겐을 생산하고 분비하며, 에스트로겐은 월경, 알세포의 성숙, 유방 발달, 임신 및 폐경을 조절한다.
2. 뼈 조직은 조밀하게 또는 엉성하게 짜여질 수 있다. 치밀골은 뼈의 단단한 바깥 껍질을 형성하며 해면골은 다공질의 벌집과 같은 속뼈이다. 뼛속에는 혈관이 지나가고 있다. 뼛속 골수는 혈구의 생산을 돕는다.
3. 근육은 평행한 근섬유의 다발로 구성되어 있다. 각각의 근섬유속에는 근원섬유라는 실 같은 필라멘트들이 나란히 배열되어 있다. 각 근원섬유는 근절들의 직선적인 배열이다. 근절은 액틴 단백질로 된 가는 필라멘트와 미오신 단백질로 된 굵은 필라멘트로 구성되어 있다.
4. C; **5.** D; **6.** A; **7.** B; **8.** B; **9.** B; **10.** B

응용문제

1. 동일한 성 구성원들 사이의 차이가 일반화가 더 많은 의미를 가지지 못하게 방지한다.
2. 정자의 생산은 체온보다 약간 더 낮은 온도에서 가장 높다. 헐렁한 옷은 정소를 더 차게 유지해준다.
3. 테스토스테론 수준을 낮추면 남성에 존재하는 에스트로겐의 효과가 더 크게 해줄 수 있어서 남성의 유방 조직 발달을 야기한다.

21장

쉬어가기

471쪽: 전형적인 수로에서 발견되는 에스트로겐과 동일한 양을 사용한 것, 동일한 호수에서 처치 이전과 이후의 암컷화 물고기의 수를 비교한 것, 처치하지 않은 호수에서 물고기에 대한 수를 비교한 것. 결과로부터 처치한 호수에서 에스트로겐의 수준은 연구한 물고기에서 신체적 기형을 야기한다는 것으로만 결론할 수 있다. 더 이상의 연구를 하지 않고는 피임약으로부터 온 에스트로겐이 동일한 영향을 미친다고 결론할 수는 없다.

480쪽: 이 실험은 월경주기가 수렴하는지를 알아보기 위하여 1년 또는 그 이상 여성에서 월경주기의 시작 날짜를 단순히 추적한 것일 수 있다.

484쪽: 대체가설의 한 예는 시골의 남자들이 가지는 직업이 손으로 하는 노동 요소가 더 클 가능성이 있다. 수작업 노동자들이 경험하는 지속적으로 더 높은 체온이 정자 생산을 방해하여서 아트라진 노출이 별 영향을 미치지 못하였을 수 있다.

시각화

그림 21.1: 각각의 세포는, 최소한 잠정적으로, 대양의 바닥에 내려앉아 다른 해면을 생산하기 위하여 분열을 시작할 것이다.

그림 21.3: 세균은 음문으로부터 질로, 자궁으로, 난관으로 이동할 수 있다. 각 난관과 난소 사이의 개구는 세균이 복부로 들어갈 수 있게 해준다.

그림 21.5: 발달은 한 장소에서 일어난다. 변화가 일어나는 것을 단지 보여주기 위하여 난소에서 이동하는 것처럼 묘사하였다.

그림 21.8: 투명대에 정자 머리가 결합하는 것이 종-특이 단계이다.

그림 21.12: 약물은 자궁 수축을 야기하며 그에 따라서 양성되먹임으로 옥시토신 방출이 촉진될 것이다.

데이터로 해결하기

그림 21.6: 나이 20~24세가 가장 걸리기 쉽다.

현명한 독자

1. 다른 해의 이른 사춘기 비율을 요약한 데이터가 제시되지 않았다. 이 논문에 제시된 1년에 대한 데이터에 근거하여 비율이 증가하는지 감소하는지 또는 동일하게 유지되는지 결정할 수가 없다.
2. 플라스틱 사용률도 마찬가지로 증가해야 한다.
3. 평판이 좋은 의학 및 정부 웹사이트를 확인하라. 의사와 이야기해보라.
4. 웹사이트로는 확실하게 알 수 있는 방법이 없다. 그녀는 헌신적인 의사로 가능한 많은 사람들을 돕기에 헌신하고 있거나 또는 그녀는 파렴치한 의사로 사람들을 놀라게 하여서 두려움을 떨치기 위한 돈을 벌려고 하는 것일 수 있다.

그럴듯한 소린데 그런가?

1. 12일
2. 12일
3. 14일
4. 있다.
5. 난자는 단지 24시간 동안 생존하는 데 비하여 이미 생식관에 있는 정자는 난자가 배란되었을 때 수정을 할 수 있다. 그러므로 배란 후 24시간과 마찬가지로 배란 전 며칠 동안 무방비 성교로도 여성은 임신이 될 수 있다.

기본문제

1. 무성생식은 한 부모가 부모 및 자손들 상호간에 유전적으로 동일한 자손을 생산할 때 일어난다. 유성생식은 두 부모로부터 유전적 입력을 요구한다.
2. 그림 21.2와 21.3 참조.
3. 그림 21.4와 21.5 참조
4. A; **5.** A; **6.** C; **7.** E; **8.** C; **9.** A; **10.** E

응용문제

1. 무성생식
2. 음문
3. 피임약의 황체호르몬은 자궁내벽이 쓸려나가는 것을 허용하지 않고 대신에 두텁게 유지한다.

22장

쉬어가기

498쪽: 뇌까지의 거리가 척수까지의 거리보다 더 길다. 그러므로 통증 신호가 뇌에 도달할 시간이면 척수는 이미 손에 명령을 내려서 뜨거운 표면에서 손을 떼게 하였다.

501쪽: 전두엽이 잘 발달되지 못한 사람은 계획 능력이 떨어지고 충동 조절도 더 잘 못하게 될 수 있다.

503쪽: 나트륨 통로가 봉쇄되면 활동전위 발생이 차단된다.

시각화

그림 22.5: 그림의 (a) 참조.

그림 22.6: 대뇌피질, 이 구조에서 기능이 변경되면 일부 ADD의 증세로 이어질 수 있기 때문이다.

데이터로 해결하기

그림 22.9: a) 충격이 100 m/초로 전파된다면 2미터는 1/50초에 전파된다. b) 1/500초.

현명한 독자

1. 학생들을 무작위로 선택, 100개 다른 대학
2. 통계를 사용하지 않고는 측정된 모든 차이가 실제적인지 여부를 알 수가 없다.
3. 없다. 그들은 가지고 있는 데이터에 대한 정보만 언급하였다.

그럴듯한 소린데 그런가?

1. 없다.
2. 뇌의 두 반구를 연결하는 신경섬유 띠인 뇌량을 통하여.
3. 아니다. 수학적 기능이 뇌의 한 쪽에 의해서만 조정된다면 수학문제를 풀고 있을 때 뇌의 한 쪽만 활동적일 것으로 기대된다.

4. 두 반구는 상호 보완적이다.
5. 꼭 그렇지는 않다.
6. 뇌의 두 반구는 동일한 구조를 가지고 있으며, 상호간에 소통을 하며 상호 보완하는 기능을 수행한다.

기본문제

1. 중추신경계는 뇌와 척수로 구성되며, 감각기에서 들어오는 정보를 통합하고 처리하며 조정하는 기능을 담당한다. 또한 지성, 학습, 기억 및 감정 같은 기능이 자리하고 있다. 말초신경계는 뇌와 척수 바깥의 신경망을 포함하며 중추신경계와 감각기 및 효과기를 연결하는 기능을 한다.
2. 감각뉴런은 뇌로 정보를 운반한다. 감각뉴런은 연합뉴런에 의해서 운동뉴런에 연결되어 있으며, 운동뉴런은 뇌로부터 나가는 정보를 운반한다.
3. 일반 감각은 특정한 기관을 갖고 있지 않지만 온몸에서 발견된다. 촉각, 통각, 온각이 포함된다.
4. A; **5.** D; **6.** D; **7.** D; **8.** D; **9.** E; **10.** F

응용문제

1. 더 심한 사람은 도파민 또는 노르에피네프린(또는 둘 모두)이 더 적거나 도파민이나 노르에피네프린(또는 둘 모두) 수용체가 더 적을 것이다.
2. 직경이 더 큰 축삭을 가지고 있을 것이다.
3. 반사는 미리 짜인 회로에서 자동적인 반응인데 비하여 다른 신경계의 반응은 감각 활동에 이어서 통합과 운동신경 출력을 필요로 한다.

용어해설

1차 소비자(primary consumer) 식물을 먹고 사는 동물. (16장)
1차 순생산량(net primary production, NPP) 식물에 의해 화학에너지로 바뀐 빛에너지에서 식물이 살기 위하여 소비한 에너지량을 뺀 것. 일반적으로 1년 동안 이루어진 식물의 성장량. (14장)
1차출처(primary source) 연구자에 의해 작성되고 과학계에서 심사된 논문. (1장)
2당류(disaccharide) 글리코시드 결합에 의해서 서로 연결된 2개의 단당류로 구성된 물질. (2장)
2배체 세포(diploid cell) 상동 염색체 쌍(2n)을 갖고 있는 세포. (6, 21장)
2차 화합물(secondary compound) 식물과 일부 다른 생물에 의하여 정상 대사경로의 부반응으로 생산된 화합물로서 흔히 포식자의 억제나 항생제의 기능이 있다. (13장)
2차출처(secondary source) 과학적 정보의 출처로서의 책, 뉴스미디어, 광고 등. (1장)
ABO식 혈액형(ABO blood system) 적혈구세포의 표면에 탄수화물의 존재유무에 기초한 사람 혈액을 나누는 시스템. (8장)
ADD 주의력 결핍 장애 참조. (22장)
ATP 합성효소(ATP synthase) 미토콘드리아의 막에서 발견되는 효소이며, ATP 합성을 돕는다. (5장)
B림프구, B세포(B lymphocyte, B cell) 항체매개 면역을 담당하는 종류의 백혈구들. (19장)
C_3 식물(C_3 plant) 이산화탄소를 3-탄소 화합물로 결합시키기 위하여 캘빈회로를 사용하는 식물. (5장)
C_4 식물(C_4 plant) 궁극적으로는 캘빈회로에 이산화탄소를 내어주는 4-탄소 화합물로 이산화탄소를 결합시키는 반응을 수행하는 식물. (5장)
CAM 식물(CAM plant) 광합성의 변이형으로 다육식물 유기산 대사(Crassulacean acid metabolism)를 사용하는 식물이며, 이산화탄소를 밤 동안에는 당에 저장하고, 수분 손실을 방지하기 위하여 낮 동안에는 방출한다. (5장)
deoxyribonucleic acid(DNA) 세포에 필요한 모든 단백질을 만드는 정보를 가지고 있는 유전물질. (2, 3, 6, 8, 9장)
DNA deoxyribonucleic acid 참조. (2, 3, 6, 7, 8, 9장)
DNA 복제(DNA replication) 하나의 원래 DNA로부터 두 개의 딸 DNA분자를 합성하는 것. 간기의 S기에서 일어난다. (6장)
DNA 프로파일링(DNA profiling) DNA 서열에 기반하여 개인을 식별하는 기술. (8장)
DNA 중합효소(DNA polymerase) DNA 합성 시 염기쌍을 이루게 하는 효소. (6장)
HIV human immunodeficiency virus 참조. (11, 19장)
pH 0에서 14에 이르는 수소이온 농도의 로그 척도. 낮은 수는 높은 수소이온 농도를 나타낸다. (2장)
Q각(Q angle) 슬개골을 통하는 수직선에 대한 대퇴골의 각도. (19장)
Rh인자(Rh factor) 어떤 혈액세포에서 발견되는 표면분자. (8장)
RNA(ribonucleic acid) 뉴클레오타이드로 이루어진 정보운반 분자. (2, 9장)
RNA 중합효소(RNA polymerase) 전사가 일어나는 동안 DNA 주형으로부터 mRNA를 합성하게 하는 효소. (9장)
Taq 중합효소(Taq polymerase) 중합효소연쇄반응 동안 사용되는 중합효소로 고온에서 견딜 수 있다. (8장)
T림프구(T lymphocyte, T cell) 가슴샘에서 발생하는 면역계의 세포; 세포성 면역을 촉진한다. (20장)
X 연관 유전자(X-linked gene) X 염색체에 존재하는 유전자. (8장)
x축(x-axis) 도표의 수평축. 일반적으로 독립변수를 기술한다. (1장)
Y 연관 유전자(Y-linked gene) Y 염색체에 존재하는 유전자. (8장)
y축(y-axis) 도표의 수직축. 일반적으로 종속변수를 기술한다. (1장)
z반(Z disc) 근육에서 근절의 경계. (22장)

가계도(pedigree) 여러 세대 동안의 유전형질을 추적하여 그린 가족의 관계도. (7장)
가공식품(processed food) 유통기간, 수송성 및 기호를 증가시키기 위해 원래 형태로부터 변형된 음식
가설(hypothesis) 관찰에 대한 잠정적 설명으로 입증을 위한 검증이 요구된다. (1, 9, 11, 10, 12장)
가스 교환(gas exchange) 한 구획에서 다른 구획으로 확산의 결과로 기체의 수송. (19장)
가스트린(gastrin) 위산 분비를 촉진하는 호르몬. (17장)
가슴샘(thymus) 면역계의 확립을 돕는 목 부위에 있는 내분비 샘. (21장)
간기(interphase) 세포주기의 한 단계로서 세포가 분열에 필요한 준비를 하며 DNA가 복제된다. G_1, S, G_2기로 이루어져 있다. (6장)
간접효과(indirect effect) 생태학에서 한 종이 사이에 끼어 있는 종을 통하여 다른 종에게 영향을 미치는 상황. (15장)
감각 수용기(sensory receptor) 신체의 안팎의 환경에 대한 정보를 수집하여 그 정보를 뇌로 전달하는 모든 세포 시스템. (22장)
감각뉴런(sensory neuron) 감각기관에서 중추신경계로 신경충격을 전달하는 뉴런. (22장)
감수분열(meiosis) 2배수체 성세포가 반수체 딸세포를 생산하기 위하여 수행하는 과정. 배우자형성 과정에서 일어난다. (6, 7, 21장)
감염성(infectious) 생장을 지원해 줄 몸속의 조직을 찾은 병원체에 적용되는 말. (19장)
갑상샘(thyroid gland) 대사를 촉진하고 혈중 칼슘 수준을 조절하는 목 부위에 있는 내분비샘. (20장)
강(river) 흐르는 물이 특징인 수생물군계. (16장)

강수(precipitation) 대기 중의 수증기가 액체나 고체의 형태로 지면으로 내리는 것. (16장)

개체군 몰락(population crash) 개체군이 환경의 수용능력보다 더 크게 되었을 때 일어날 수 있는 개체수의 가파른 감소. (14장)

개체군 순환(population cycle) 일정 개체군에서 개체군 수용능력으로 개체군이 증가한 후 몰락하고, 다시 증가한 후 몰락하는 과정을 무한히 반복하는 것. (14장)

개체군 피라미드(population pyramid) 한 개체군을 나이별로 시각적으로 표시한 것. (14장)

개체군(population) 어느 정도 다른 집단으로부터 독립적인 한 종의 집단. (12, 14장)

개체형성능(totipotent) 어떤 세포가 어떤 종류의 조직으로도 분화될 수 있는 능력. 다분화능(multipotent) 및 전분화능(pluripotent)과 비교하라. (9장)

객관적(objective) 편견이 없는. (1장)

검문점(checkpoint) 세포분열시 세포분열이 정상적으로 일어나고 있는지를 검증하기 위해 중지하는 단계. (6장)

검증할 수 있는(testable) 측정할 수 있는 만물의 관찰을 통해 평가될 수 있는. (1장)

결핵(tuberculosis, TB) *Mycobacterium tuberculosis* 세균에 감염되어 나타나는 퇴행성 폐질환. (11장)

경부(cervix) 질의 위쪽 끝에 있는 자궁 하부의 좁은 부분. (21장)

경쟁 배제(competitive exclusion) 생태계 내에서 경쟁 중인 두 종 중에서 한 종이 다른 한 종을 완전히 몰아내는 것. (15장)

경첩관절(hinge joint) 앞뒤 운동이 가능한 관절. (20장)

계(kingdom) 어떤 분류체계에서는 가장 포괄적인 생물군; 생물은 전형적으로 5 또는 6개로 나뉜다. 다른 분류체계에서는 도메인(역) 다음 수준의 체계. (10, 13장)

계통발생(phylogeny) 생물군의 진화적 역사. (13장)

계통분류학자(systematist) 특정 생물군의 기재와 분류를 전문으로 하는 생물학자. (13장)

고관절골(ossa coxae) 골성 골반을 형성하는 쌍으로 된 뼈. (20장)

고름(pus) 감염 부위에 축적된 액체, 죽은 세포 및 미생물들. (19장)

고밀도 지방단백질(high-density lipoprotein, HDL) 혈액에서 단백질이 많고 콜레스테롤인 적은 콜레스테롤-운반 입자. (18장)

고분자(macromolecule) 탈수 합성에 의해 연결된 소단위들로 구성된 다당류, 단백질, 핵산을 비롯한 큰 분자들. (2장)

고생물학자(paleontologist) 고대 생물을 탐구하고, 기술하며, 연구하는 과학자. (11장)

고세균역(Archaea) 극한 환경에서 알려진 종들로 구성된 원핵생물의 도메인. (13장)

고혈압(hypertension) 높은 혈액 압력. (18장)

고형폐기물(solid waste) 쓰레기. (16장)

골다공증(osteoporosis) 뼈의 약화로 골절 위험이 증가된 증세. (3, 20장)

골세포(osteocyte) 뼛속에서 발견되는 고도로 가지를 친 세포. (20장)

골수(bone marrow) 뼈를 채우고 있는 연한 결합조직으로 적혈구 생산에 관여한다. (18, 20장)

곰팡이(mold) 빠른 무성생식이 특징인 균류형. (13장)

공간적 격리(spatial isolation) 집단의 지리적 분리로 일어나는 생식적 격리 기작. (12장)

공동우성(codominant) 이형접합자에서 동시에 발현되는 어떤 유전자의 서로 다른 두 대립인자. (7, 8장)

공변세포(guard cell) 기공의 크기를 조절하는 데 작용하는 기공을 둘러싸고 있는 쌍을 이루는 세포들로 건조한 조건에서 수분 손실을 최소화하고 습한 조건에서는 이산화탄소의 흡수를 최대화한다. (5장)

공생(symbiosis) 두 종 간의 관계. (13장)

공유결합(covalent bond) 두 원자들이 전자를 공유하는 강한 화학결합의 종류. (2장)

공진화(coevolution) 한 생물학적 종의 변화가 관련된 종의 변화를 야기할 때 일어난다. 공진화는 보통 포식자와 먹이 또는 기생생물과 숙주 간에 일어난다. (13장)

공통계보(common descent) 지구에 존재하는 모든 생물은 고대에 출현한 단일 공통조상의 후손이라는 이론. (10장)

과학적 방법(scientific method) 만일 가설이 정말 틀렸다면, 그것을 부정하도록 고안된 가설검증으로 구성된 연구의 체계적 방법. (1장)

과학학설(scientific theory) 자연 현상을 설명하는 과학적으로 인정된 일반 원리의 총합. (1, 10장)

관찰(observation) 자연에 대한 측정. (1, 10장)

광합성(photosynthesis) 조류, 일부 세균 및 식물에 의해서 빛에너지를 화학에너지로 전환하는 과정. (5장)

광호흡(photorespiration) 수분 손실을 방지하기 위해 기공의 개구를 닫음으로써 촉발되는 일련의 반응들. (5장)

교미(copulation) 성교. (21장)

교배(cross) 유전학에서 두 개체가 교배하는 것. (7장)

교차(crossing over) 상동염색체끼리 유전정보를 교환하는 것. (6장)

구아닌(guanine) DNA에 있는 질소함유 염기. 푸린의 일종. (2, 4, 5, 6, 8, 9장)

구와관절(ball and socket joint) 팔과 다리를 3차원으로 움직일 수 있게 하는 엉덩이와 어깨에 있는 유형의 관절. (20장)

군집(community) 일정한 지역에 살고 있는 서로 상호작용하는 종들의 무리. (15장)

귀납적 사고(inductive reasoning) 특정 사례로부터 일반적 결론을 주장하는 논리적 과정. (1장)

귀두(glans penis) 음경의 머리. (21장)

균등분포(uniform distribution) 한 개체군의 개체들이 서식지에서 균등하게 분포하는 것. (14장)

균류(Fungi) 운동성이 없고 다른 생물을 먹이로 삼으며, 환경으로 소화효소를 분비하여 분해된 물질을 흡수하는 균사로 이루어진 구성원을 포함하는 진핵생물의 계. (10, 13, 15장)

균류학자(mycologist) 균류 연구를 전문으로 하는 과학자. (13장)

균사(hyphae) 먹이 자원의 표면이나 내부로 성장하는 가는 실 같은 균류 물질. (13장)

그라나(grana) 엽록체에서 틸라코이드가 포개어진 더미. (3, 5장)

극(pole) 세포(6장)와 같은 구나 지구와 같은 행성(16장)의 양쪽 끝.

극상군집(climax community) 특별한 환경조건에서 오랫동안 안정된 상태로 존재하는 종들의 무리. (16장)

극성의(polar) 다른 전하를 띠는 부위를 갖고 있는 분자를 일컬음; 물에 녹아들어간다. (2장)

근섬유(muscle fiber) 다른 세포들과 더불어 근육을 형성하도록 평행한 다발로 배열하는 하나의 세포. (20장)

근원섬유(myofibril) 근육세포에서 발견되는 구조로 가는 액틴필라멘트와 굵은 미오신필라멘트로 구성되어 있다. (20장)

근절(sarcomere) 가로무늬근육에서 Z반에 의해서 경계를 이루는 근원섬유의 모든 반복되는 단위들. (20장)

근친교배(inbreeding) 가까운 친척 사이의 교배. (15장)

근친교배 침하(inbreeding depression) 한 개체군의 구성원들의 적합성에 대한 동형접합자의 나쁜 효과. (15장)

기계적 격리(mechanical isolation) 종이 다른 개체들 간의 생식기관의 부적합성으로 일어나는 일종의 종간 생식적 격리. (12장)

기관지(bronchi) 기관에서 폐로 가는 큰 공기 통로. (18장)

기관지염(bronchitis) 폐의 기관지와 세기관지의 염증. (18장)

기생충(parasite) 결합으로 해를 입는 다른 생물과 결합함으로 이익을 보는 생물체. (19장)

기억세포(memory cell) 클론 집단의 일부 세포로 특정한 항원에 반응하도록 프로그램되어 있어서 감염원을 다시 만나게 되었을 때 몸이 빨리 반응하는 데 도움을 준다. (19장)

기질(matrix) (1) 미토콘드리아에서 기질은 미토콘드리아의 내막 안쪽에 있는 반유동성 물질이며 크레브스회로의 효소를 담고 있다. (2, 5장)

기질(substrate) 효소가 촉매 반응하는 물질. (4장)

기초물질대사율(basal metabolic rate) 깨어 있고 의식 있는 사람의 휴식기의 에너지 사용. (4장)

기후(climate) 계절성뿐만 아니라 평균 기온과 강수량. (16장)

길항근(antagonistic muscle pair) 작용이 서로 반대인 한 쌍의 근육. (20장)

껍질보유 바이러스(enveloped viruses) 막으로 둘러싸인 바이러스. (19장)

나트륨 칼륨 펌프(sodium potassium pump) 둘 모두 농도 기울기를 역행하여 나트륨을 세포 밖으로 칼륨을 세포 안으로 이동시키는 세포막에 있는 단백질 펌프. (22장)

난관(oviduct) 알을 운반하는 관으로 알세포를 난소로부터 자궁으로 운반한다. (21장)

난세포(egg cell) 여성에게서 만들어진 생식세포. (6, 21장)

난소(ovary) (1) 포유류에서 알세포를 생산하고 여성 호르몬을 분비하는 복강에 쌍으로 된 구조. (6, 21장)

난자형성(oogenesis) 암배우자의 생성과 발달, 난소에서 일어나며 결과로 알세포를 생산한다. (21장)

난할(cleavage) 발생학에서 동물 발생 동안 빠른 세포분열이 일어나는 시기. (21장)

날씨(weather) 현재 기온과 강수 상태. (16장)

남벌(deforestation) 종종 농업을 개발하기 위해 삼림을 제거하는 것. (4, 15장)

남획(overexploitation) 인간이 사냥을 너무 많이 하거나 너무 많이 수확함으로써 발생하는 생물다양성에 대한 위협. (15장)

낭배(gastrula) 2층 컵 모양의 배 발생 단계. (21장)

낭종(cyst) 비암성의 액체로 찬 덩어리. (6장)

내배엽(endoderm) 동물 발생과정에서 생겨난 3 세포층 중에 가장 안쪽 층. (21장)

내분비 교란물질(endocrine disrupter) 호르몬을 생산하는 내분비계의 기능을 교란하는 화학물질. (21장)

내분비계(endocrine system) 호르몬이 관련된 화학적 신호와 호르몬을 생산하고 분비하는 기관과 샘 및 호르몬에 반응하는 표적 세포들로 구성된 내부 체계. (20장)

내분비샘(endocrine gland) 혈액으로 호르몬을 분비하는 모든 샘들. (20장)

내생포자(endospore) 특정 세균종들의 저항형. 세포가 어려운 환경을 견디어내기 위한 휴지기에 만들어짐. (13장)

내세포덩이(inner cell mass) 장차 배아로 발생할 포배 내부의 세포 덩어리. (21장)

네프론(nephron) 노폐물 여과와 오줌 농축이 일어나는 신장의 기능적 구조. (18장)

뇌간(brain stem) 시상과 시상하부의 아래에 위치한 뇌의 영역; 반사와 숨쉬기와 삼키기 같은 일부 무의식적인 기능을 지배한다. (22장)

뇌교(pons) 뇌와 척수 사이에 뇌간에 위치한 구조. (22장)

뇌량(corpus callosum) 대뇌 반구 사이에 소통 통로를 제공하는 대뇌의 열구 바닥에 있는 신경섬유의 다발. (22장)

뇌염(encephalitis) 뇌의 병증 또는 질환. (19장)

뇌졸중(stroke) 신체의 기관 또는 다른 부위로 혈류를 차단하는 혈병에 의해서 야기되는 급성 병. (18장)

뇌척수액(cerebrospinal fluid) 두개골 속의 뇌를 둘러싸고 보호하는 액체. (22장)

뇌하수체(pituitary gland) 생장호르몬, 생식호르몬 및 기타 호르몬을 분비하는 뇌의 기저부에 자루에 의해서 부착되어 있는 작은 샘. (20, 21장)

뉴런(neuron) 특수화되어 메시지를 운반하는 신경계의 세포. (22장)

뉴클레오타이드(nucleotide) 당분, 인산 및 질소 염기로 구성된 핵산의 구성단위. (2, 4, 5, 6, 7, 8, 10장)

뉴클레오타이드(nucleotides) 핵산을 구성하는 단위체로서 당, 인산, 그리고 질소함유 염기로 이루어진다. (2, 4, 6, 8, 9장)

능동면역(active immunity) 항체 생산을 가져오는 면역으로 수동면역과 구분된다. (20장)

능동수송(active transport) 농도구배에 역행하여 막을 통과하는 ATP를 요구하는 물질의 이동. (4장)

니코틴(nicotine) 뇌의 도파민 수용체를 자극하는 담배의 활성 약물. (19장)

니코틴아미드 아데닌 디뉴클레오타이드(nicotinamide adenine dinu-cleotide, NAD) 세포 내 전자운반체. 산화형은 NAD^+이고 환원형은 NADH이다. (5장)

다량영양소(macronutrient) 다량으로 요구되는 영양소. (4장)

다발성경화증(multiple sclerosis) 미엘린의 파괴로 야기되는 만성적인 퇴행성 신경계 질환. (19장)

다세포성(multicellular) 많은 세포들이 통합적으로 구성되어 있는 상태. (13장)

다양화 선택(diversifying selection) 표현형 범위의 "중간" 개체들 대신 양극의 개체들이 증가하는 자연선택의 유형. (11장)

다유전자 형질(polygenic trait) 여러 유전자에 의해 영향을 받는 형

질. (7, 8장)
다중 충격 모델(multiple hit model) 암이 발생되기 위해서 여러 다른 유전자에 돌연변이가 일어나야 한다는 개념. (6장)
다중불포화성(polyunsaturated) 수소 원자에 의해 포화되지 않은 많은 이중결합을 갖는 탄소사슬로 구성된 지방의 성질. (4장)
다형질발현(pleiotropy) 한 유전자가 여러 다른 기능에 영향을 주는 것. (7, 8장)
단당류(monosaccharide) 단일 당. (2장)
단량체(monomer) 중합체를 형성하기 위하여 다른 분자에 결하는 각각의 분자. (2장)
단백동화 스테로이드(anabolic steroid) 일반적으로 화학 합성한 스테로이드 호르몬인 테스토스테론 유도체. (20장)
단백질(protein) 유전자에 의해 암호화되는 아미노산으로 이루어진 세포의 구성요소. 단백질은 구조형성, 운반, 혹은 효소의 역할을 한다. (2, 3, 8, 9장)
단백질 합성(protein synthesis) 유전자의 지시에 따라 아미노산을 결합함으로써 단백질을 합성하는 것. (9장)
단세포성(unicellular) 단세포로 구성된. (4, 13장)
단일염기다형성(single nucleotide polymorphism, SNP) 종의 구성원들이 하나의 염기(A, T, C, 또는 G) 위치에서 서로 다를 때 일어나는 DNA 서열의 변이. (12장)
담즙(bile) 지방을 유화시켜 소화를 돕는 간에서 생산된 혼합물질. (18장)
당뇨(diabetes) 인슐린 호르몬 생산이나 반응 능력에 문제가 있는 탄수화물 대사의 질병. (4장)
당-인산 골격(sugar-phosphate backbone) DNA 나선의 길이를 따라서 당과 인산이 교대하는 직렬. (2장)
대뇌(cerebrum) 언어, 기억, 감각, 결심하기를 지배하는 뇌의 영역. 대뇌는 2 반구를 가지며, 각 반구는 4엽으로 되어 있다. (22장)
대뇌피질(cerebral cortex) 의식 활동과 고차원적인 사고가 이루어지는 깊은 주름을 가진 대뇌의 외표면. (22장)
대량절멸(mass extinction) 급격하고 전 지구적이며 많은 다양한 생물에 영향을 미치는 종의 상실. (15장)
대립유전자(allele) 동일한 유전자의 서로 다른 변형체; 돌연변이에 의해 생성된다. (6, 7, 9, 11, 15장)
대립유전자 빈도(allele frequency) 특정 유전자에 대한 집단 내의 대립유전자 개수의 퍼센트 (11, 14장)
대식세포(macrophage) 세균을 죽이기 위하여 부풀어 오르며 독소를 방출하는 식작용성 백혈구. (19장)
대양(ocean) 염수로 구성된 넓은 바다 생물군계. (16장)
대음순(labia majora) 음문의 소음순을 싸서 보호하는 쌍을 이루는 피부의 두터운 주름. (21장)
대조군(control) 실험 처치에 노출되지 않은 것을 제외하고 실험대상과 동일한 대상으로 비교의 기본값으로 이용된다. (1장)
대진화(macroevolution) 주로 신종의 기원을 논하는 대규모의 진화적 변화. (10장)
대체가설(alternative hypothesis) 검증된 가설 외에 관찰을 설명할 수 있는 요인. (1장)
대초원(prairie) 사초과나 화본과 초본으로 이루어진 생물군계. (16장)
대퇴골(femur) 골반에서 뻗어 나와 무릎에 이르는 뼈. (20장)
대후두공(foramen magnum) 척수의 관이 두개골로 들어가는 구멍. (10장)
도메인(역, domain) 가장 포괄적인 생물 범주. 생물학자들은 생물을 세 개의 주요 역으로 구분한다. (10, 13장)
도시 스프롤(urban sprawl) 사람들이 도심으로부터 점점 더 먼 곳에 집을 짓고 상업지를 만들게 됨에 따라 시간이 경과되면서 도시의 경계가 점점 더 커지는 경향. (16장)
도파민(dopamine) 감정과 복잡한 동작을 조절하는 경로에서 활성을 갖는 신경전달물질. (22장)
독립 분리(independent assortment) 감수분열과정에서 상동쌍의 염색체가 분리되어 서로 독립적으로 다른 생식세포에 들어가는 것. (7장)
독립변수(independent variable) 종속변수에 의해 영향을 받지 않지만 종속변수의 값에 영향을 주는 요인. 실험에서 조작되는 변수. (1장)
독소(toxin) 세균 또는 다른 세포에 의해서 생산되는 독성 물질. (21장)
돌연변이(mutation) DNA 서열상의 변화로서 변화된 단백질을 만들어 내기도 한다. (6, 7, 9장)
동료심사(peer review) 과학적 연구의 보고가 학술지에 발표되기 전에 다른 연구자에 의해 조사되고 비판되는 과정. (1장)
동류교배(assortative mating) 자신을 닮은 배우자와 교배하려는 경향. (12장)
동맥(artery) 산소화된 혈액을 심장으로부터 신체 조직으로 운반하는 혈관. (18장)
동물(animal) 다른 생물을 섭취하여 에너지와 탄소를 얻으며 전형적으로 생활사의 일부분이 운동성인 생물. (13장)
동물계(Animalia) 다른 생물을 먹이로 삼으며 생활사 중 적어도 한 부분은 운동성인 생물들을 포함하는 진핵생물계. (10, 13장)
동물학자(zoologist) 동물 연구를 전공하는 과학자. (13장)
동방결절[sinoatrial (SA) node] 심장 박동률을 조절하는 전기적 신호를 생성하는 심장 근육의 영역. 박동원 참조. (18장)
동소적(sympatric) 같은 지리적 영역에서. (12장)
동원체(centromere) 자매염색분체가 붙는 염색체상의 위치이며 여기에 미세소관도 결합한다. (3, 6장)
동형접합(homozygous) 어떤 유전자에 대하여 동일한 대립유전자를 가지는 것. (7, 15장)
두발보행의(bipedal) 두발로 직립하여 보행한다는 의미의 형용사. (10장)
두정엽(parietal lobe) 촉각 정보를 처리하는 뇌의 부분으로 자기인식에 관여한다. (22장)
디옥시리보오스(deoxyribose) DNA에 있는 5탄당. (2, 6, 8, 9장)
딸세포(daughter cells) 세포분열을 통하여 만들어진 세포. (6장)
라이디히세포(Leydig cell) 정소의 세정관 사이에 분산된 세포들로 테스토스테론과 기타 안드로겐을 생산한다. (21장)
락타아제(lactase) 2당류인 젖당을 포도당과 갈락토오스로 분해하는 효소. 젖당분해효소결핍증에 걸린 사람은 효소가 없거나 결핍된다. (4장)
랑비에결절(node of Ranvier) 미엘린초의 토막이 분리되도록 작게

움푹 들어간 곳. 신경 충격이 한 랑비에결절에서 다음 결절로 연속적으로 점프한다. (22장)
레트로바이러스(retrovirus) 역전사효소를 사용하여 DNA를 합성하는 RNA 바이러스. (19장)
렙틴(leptin) 식욕 조절에 관여할 수 있는 지방세포가 생산하는 호르몬. (4장)
로지스트형 성장(logistic growth) 주변에서 이용할 수 있는 자원에 의해 제한되는 개체군에서 나타나는 성장 유형. 시간에 대한 로지스트형 성장은 전형적으로 S자형 곡선으로 나타난다. (14장)
루비스코(rubisco) 광합성의 캘빈회로에서 첫 단계를 촉매하는 효소인 리불로오스 2인산 카르복실화효소 산소화 효소의 약자. (5장)
리보솜(ribosome) mRNA에 결합하여 작은 서열을 노출시킴으로써 유전물질을 번역하여 단백질 합성을 도와주는 준세포 구조. (3, 9, 13장)
리보오스(ribose) RNA에 있는 5탄당. (9장)
리소좀(lysosome) 많은 세포에서 발견되는 막으로 싸인 가수분해 효소의 주머니. (3장)
리탈린(Ritalin) ADD 처방에 사용되는 흥분제. (22장)
림프계(lymphatic system) 혈액으로 액체와 단백질을 되돌려 보내는 관과 절로 구성된 계. (19장)
림프구(lymphocyte) 면역계의 일부를 구성하는 백혈구. (19장)
림프절(lymph node) 림프를 걸러서 세균과 바이러스에 대한 방어에 도움을 주는 림프관을 따라서 분포하는 기관. (19장)
막간공간(intermembrane space) 두 막 사이의 공간; 예를 들어 미토콘드리아의 내막과 외막 사이의 공간. (3, 4장)
말기(telophase) 딸세포의 핵주위로 핵막이 생기고 염색체 응축이 풀리는 체세포분열의 단계. (6장)
말초신경계(peripheral nervous system, PNS) 중추신경계와 감각기관을 연결하는 뇌와 척수의 바깥에 있는 신경망. (22장)
매개체(vector) 웨스트나일 바이러스를 운반하는 모기처럼 한 숙주로부터 다른 숙주로 병원체를 옮기는 생물체. (19장)
맥박(pulse) 심장 수축의 결과로 혈액이 피부에 가까운 동맥을 통과할 때 느낄 수 있는 혈류의 파동. (18장)
맹검실험(blind experiment) 대상자가 어떤 경험을 할지 전혀 모르는 검사. (1장)
먹이그물(food web) 하나의 생태계에서 생물들 사이의 먹고 먹히는 관계. (15장)
먹이사슬(food chain) 생산자로부터 1차 소비자 등의 영양 단계 사이의 선상 관계. (15장)
면역계(immune system) 병원성 생물을 제거하는데 도움을 주는 항체와 같은 세포 및 세포 산물을 생산하는 기관계. (19장)
면역반응(immune response) B세포와 T세포의 생산을 증가시키는 결과로 감염에 반응하는 면역계의 능력. (19장)
멸종위기종법(Endangered Species Act, ESA) 1973년에 위협종과 절멸위기종의 개체군 성장을 증진시키고 보호하기 위하여 미국에서 제정된 법률. (15장)
명반응(light reaction) 광합성 동안에 틸라코이드막에서 일어나는 일련의 반응들로 태양에너지를 ATP의 결합에 저장된 에너지로 전환하는 데 기여하며 산소를 방출한다. (5장)
모델계(model systems) 인간과 유전자를 공유하기 때문에 인간 유전자 이해를 돕는 유전학 연구에 사용되는 인간 외의 모든 생물. (1장)
모세혈관(capillary) 심혈관계의 가장 작은 혈관으로 동맥과 정맥을 연결하며 얇은 벽을 가로지르는 물질 교환이 이루어지게 한다. (18장)
모세혈관망(capillary bed) 특정한 기관 또는 몸의 영역으로 공급되는 가지를 친 망상 모세혈관. (18장)
몸젖샘발육호르몬(somatomammotropin) 태반에서 생산되며 젖 생산을 촉진하는 데 작용하는 호르몬. (21장)
못(pond) 육지에 의해 완전히 둘러싸인 생물군계. (16장)
무기(혐기성)호흡(anaerobic respiration) 전자수용체로 산소 이외의 물질을 사용하는 에너지 생성 과정. (5장)
무기물(mineral) 많은 세포기능에 필수적인 무기 영양분. (4장)
무성생식(asexual reproduction) 하나의 부모가 자신과 유전적으로 동일한 자손을 만드는 생식과정의 형태. (6, 12, 21장)
무월경(amenorrhea) 비정상적인 월경주기의 중단. (4, 21장)
무작위 배정(random assignment) 대조군과 실험군 사이의 체계적 차이를 제거하기 위해 개체들을 두 군에 무작위적으로 배정하는 것. (1장)
무작위 분포(random distribution) 한 개체군 내의 개체들이 일정한 유형을 보이지 않고 분포하는 것. (14장)
무작위 수정(random fertilization) 유성생식 동안에 어느 생식세포가 수정할지를 정확하게 예측할 수 없는 것. (7장)
무작위 정렬(random alignment) 감수분열 중기에 어머니나 아버지로부터 온 상동염색체의 각 쌍이 적도판에 무작위로 배열되는 것. 따라서 자손의 유전적 다양성이 일어나게 된다. (6, 7장)
무척추동물(invertebrate) 척추가 없는 동물. (13장)
문(phyla; 단수: phylum) 계의 밑이고 강 위의 분류학적 범주. (10, 13장)
물(water) 한 분자의 물은 산소 하나와 수소 두 개로 구성되어 있다. (2장)
물의(수생의; aquatic) 물의, 물과 관련된. (16장)
물질대사(metabolism) 에너지를 생산하고 이용하는 모든 물리/화학적 반응. (2, 5장)
물질대사율(metabolic rate) 개인의 에너지 사용 척도. (4장)
미량영양소(micronutrient) 소량으로 요구되는 영양소. (3장)
미립자(particulate) 연기와 기타 오염물질에서 발견되는 미세한 공중에 떠 있는 입자. (18장)
미분화된(undifferentiated) 특정 세포로 분화되지 않은. (9장)
미생물(microbe, microorganism) 현미경적 생물로 특히 세균과 고세균. (13장)
미생물학자(microbiologist) 현미경적 생물, 특히 원핵생물을 연구하는 과학자. (13장)
미세소관(microtubule) 체세포분열과 감수분열 동안에 염색체를 이동시키는 단백질 구조. (2, 6장)
미엘린초(myelin sheath) 많은 축삭을 덮고 있는 보호층으로 시반세포와 같은 지지세포에 의해서 형성된다. 미엘린초는 축삭을 따라 전기화학적 충격의 전파 속도를 높여준다. (22장)
미오신(myosin) 단백질 필라멘트의 일종으로 액틴과 더불어 근육세포가 수축하게 한다. (20장)
미토콘드리아(mitochondria) 소화계의 산물이 ATP로 전환되는 세포소기관. (3, 4장)

밀도비의존요소(density-independent factor) 현재의 개체군 성장률에 영향을 주는 개체군의 크기와 관련되지 않은 요소. 예를 들면, 자연재해나 나쁜 날씨. (14장)

밀도의존요소(density-dependent factor) 현재의 개체군 성장률에 영향을 주는 개체군의 크기와 관련된 요소. 예를 들면, 전염성 질병이나 기아. (14장)

바이러스(virus) 세포에 기생하는 생물로써 자신의 유전물질을 가지며 숙주의 힘을 빌려서만 복제할 수 있다. (1, 9장)

바이러스막(viral envelope) 일부 바이러스 단백질 피막(캡시드) 둘레에 형성된 층으로 숙주세포의 세포막에서 유래하며 바이러스 유전체에서 암호화된 일부 단백질을 함유하고 있다. (19장)

박동원(pacemaker) 규칙적인 전기적 신호를 생산하여 심장주기의 리듬을 지정하는 심장 조직 패치 또는 이식 장치. (18장)

반감기(half-life) 방사성 원소가 낭핵종으로 붕괴되어 원래의 양이 반으로 줄어드는 데 소요되는 시간. (10장)

반보존적 복제(semiconservative replication) DNA 복제시 만들어진 2개의 DNA 분자 모두 한 가닥은 원래의 것을 가지고 다른 가닥은 새로 만들어진 것을 가지는 것. (6장)

반사(reflex) 자극에 대한 자동적 반응. (22장)

반사궁(reflex arc) 감각 수용기, 감각뉴런, 연합뉴런, 운동뉴런 및 효과기로 구성된 반사 과정에서 이어지는 신경 경로. (22장)

반수체(haploid) 각 상동염색체 쌍에 대하여 오직 하나씩만 가지고 있는 세포; 이들 세포는 사람에서 난자와 정자들이다. (6, 21장)

반월판(semilunar valve) 심실에서부터 혈관으로 심장에서 내보내는 혈류를 조절하는 심장 판막. (18장)

반응물(reactant) 화학 반응에서 모든 시작 물질. (2장)

반증될 수 있는(falsifiable) 잘못 된 것으로 증명될 수 있는. (1장)

반투성(semipermeable) 일부 물질은 통과시키지만 다른 물질의 통과는 억제하는 생물막. (3장)

발생(development) 한 생물체의 생성에 나타나는 모든 점진적 변화. (13, 20장)

발암원(carcinogen) 암을 야기하거나 암 발생률을 증가시키는 물질. (6, 19장)

발작(stroke) 기관이나 신체의 다른 부위로 혈액의 흐름을 막는 혈전에 의한 위급 상황. (4장)

발효(fermentation) 전자전달연쇄를 사용하지 않고 포도당으로부터 소량의 ATP를 만드는 과정. 이 과정에 의해 에틸알코올과 젖산이 생산된다. (4, 13장)

방광(urinary bladder) 신장에서 배설된 오줌을 저장하는 비뇨계의 기관. (18장)

방사선 치료(radiation therapy) 분열하는 세포를 죽이기 위하여 암 조직에 방사선을 쪼여주는 것. (6장)

방사성 붕괴(radioactive decay) 방사성 원소가 다른 원소 또는 낭핵종으로 자연 붕괴되는 현상. (10장)

방사성 연대측정(radiometric dating) 방사선 붕괴의 원리를 이용하여 화석의 연대를 측정하는 기술. (10, 12장)

방실판(AV valves) 심방과 심실 사이에 있는 심장 판막. (19장)

방어 단백질(defensive protein) 인터페론과 보체 단백질을 비롯한 면역계의 비특이적 단백질. (19장)

방향성 선택(directional selection) 표현형 범위의 한쪽 끝의 개체들이 증가하는 자연선택의 유형. (11장)

배(embryo) 접합자의 첫 체세포분열 다음부터 시작하여 신체의 구조가 나타나기 시작하면 끝나는 발생의 단계; 수정 후 약 2주에서부터 약 9주까지. (7, 10, 21장)

배경절멸률(background extinction rate) 종이 새로 형성되고 사라지는 정상적인 과정에서 나타나는 절멸률. (15장)

배뇨(micturation) 방광으로부터 오줌 방출. 오줌누기라고도 한다. (18장)

배란(ovulation) 난소로부터 알세포의 방출. (21장)

배반포(blastocyst) 속이 빈 공 모양의 세포들로 구성된 배의 단계. (22장)

배설(excretion) 신장으로부터 저장기관인 방광으로 오줌을 방출하는 것. (18장)

배수성(polyploidy) 염색체를 두 세트 이상 지니는 염색체 중복 현상. (12장)

배우자(gamete) 몸의 다른 세포의 반 수 염색체를 가져서 반수체인 특수화된 성세포(사람에서 정자와 난자). (6, 7, 21장)

배우자 부적합성(gamete incompatibility) 한 종의 정자와 다른 종의 난자가 수정할 수 없는 종간의 격리 기작. (12장)

배우자형성(gametogenesis) 배우자의 생산. (21장)

배종설(germ theory) 모든 감염성 질병이 미생물에 의해 일어난다는 과학 학설. (1장)

백질(white matter) 신경계의 조직으로 미엘린화된 세포들로 구성된 특히 뇌와 척수의 조직. (22장)

백혈구(white blood cell) 면역계의 세포에 대한 일반적 용어. (18장)

번역(translation) mRNA 서열을 사용하여 단백질을 합성하는 과정. (9장)

벌목(deforestation) 종종 농업을 개발하기 위해 삼림을 제거하는 것. (5, 15장)

변성(denature) 단백질에서, 단백질이 풀리거나 원래의 모양이 변하는 그래서 생물학적 기능을 상실하는 과정을 말하고, DNA에서는 이중가닥의 DNA 나선 사이의 수소결합이 끊어져서 단일가닥의 DNA로 되는 것. (4, 7장)

변성(denature) (1) 단백질에서, 단백질이 풀리거나 원래의 모양이 변하는 그래서 생물학적 기능을 상실하는 과정을 말하고, (2) DNA에서는, 이중가닥의 DNA 나선 사이의 수소결합이 끊어져서 단일가닥의 DNA로 되는 것. (8장)

변수(variable) 집단에서 혹은 시간에 따라 변하는 요인. (1장)

변이체(variant) 집단 내의 다른 개체들과 유전적으로 다른 개체. (11장)

병원체(pathogen) 병을 야기하는 생물체. (11, 19장)

보인자(carrier) 어떤 열성대립유전자를 가지고 있는 이형접합자인 사람. (7, 8장)

보조T세포(helper T cell) 면역 반응력을 증가시키는 물질을 분비함으로써 세포성 면역과 체액성 면역을 향상시키는 면역계 세포의 일종. T4 세포도 참조하라. (19장)

보체단백질(complement protein) 세균을 죽이기 위하여 항체-항원 복합체와 결합하는 혈액 단백질의 유형. 많은 수준에서 면역 반응을 촉진한다. (21장)

복강경(laparoscope) 복부에 삽입하여 골반강과 복부를 관찰하는 얇은 관모양의 기구. (5장)

복대립유전자성(multiple allelism) 집단 내에 2개 이상의 대립유전자를 가진 유전자. (8장)

복합 약물요법(combination drug therapy) 질병을 치료하기 위하여 하나 이상의 약들을 동시에 사용함. 신속히 돌연변이를 일으키거나 약제내성의 문제를 제어하거나 물리치기 힘든 질병 생물들에 사용됨. (11장)

복합탄수화물(complex carbohydrate) 두 개 이상의 단당류로 구성된 탄수화물. (4장)

부갑상샘(parathyroid gland) 갑상샘에 위치한 4개의 내분비샘으로 혈중 칼슘 수준을 조절하기 위하여 부갑상샘 호르몬을 분비한다. (20장)

부속기관(accessory organs) 췌장, 간, 담낭을 비롯한 소화계를 돕는 기관들. (17장)

부속지 골격(appendicular skeleton) 엉덩이 어깨 사지의 뼈로 구성된 골격 부분. (20장)

부신(adrenal gland) 각 신장의 꼭대기에 있는 내분비샘으로 스트레스 또는 흥분에 반응하여 아드레날린을 분비하며 수분과 염분 균형을 유지하는 것을 도우며 소량의 성호르몬도 분비한다. (20장)

부정소(epididymis) 정자가 저장되어 있는 정소에 근접하여 위치한 꼬인 관. (21장)

분극(polarization) 휴지 뉴런세포의 안팎 사이의 전하 차이. (22장)

분기(diverge, divergence) 두 집단들 간의 유전자 확산이 멈출 때 발생함. 시간이 지나면서 한 집단에서 발견되는 형질이 다른 집단에서 발견되는 것과 차이가 생기기 시작한다. (10, 12, 13장)

분류체계(classification system) 생물학적 다양성을 체계화하는 방법. (10, 13장)

분리(segregation) 생식세포가 만들어지는 동안 대립유전자가 분리되는 것. 생식세포가 한쪽의 대립유전자를 가질 확률은 50%이다. (7장)

분만(labor) 출산 과정에서 발생 중인 아기를 자궁으로부터 질을 통하여 밀어내는 강력하고 율동적인 수축. (21장)

분비(secretion) 신장에서 노폐물을 제거하는 한 단계로 혈액에 낮은 농도로 존재하는 오염물질을 오줌으로 능동적으로 내보내는 것. (17장)

분산(variance) 집단의 다양성의 양에 대한 수학적 용어. (7장)

분자(molecule) 공유결합으로 연결된 둘 또는 그 이상의 원자들. (2장)

분자시계(molecular clock) DNA의 돌연변이는 한 종의 유전체에서 일정한 속도로 축적된다는 원리로서, 두 종이 공통조상으로부터 분기되어 나온 시기를 측정하는 데 사용된다. (10장)

분지분석(cladistic analysis) 새롭게 진화된 형질을 동정하고 비교하여 생물 간의 진화관계를 결정하는 기술. (13장)

분해(decomposition) 유기물질을 더 작은 분자로 부서뜨리는 것. (16장)

분해자(decomposers) 복잡한 물질을 단순한 물질로 분해하는 토양 속의 박테리아나 곰팡이와 같은 생물. (15장)

분화(differentiation) 세포들이 특수화되면서 구조 및 기능적 다양화. (22장)

불완전 우성(incomplete dominant) 이형접합자가 두 동형접합자의 형질의 중간 형질을 나타내는 유전 형태. (8장)

불임증(infertility) 1년 이상 무방비 성교에도 임신 불능인 것. (21장)

불포화지방(unsaturated fat) 탄소간의 이중결합이 많은 지방; 실온에서 액체이다. (4장)

비극성(nonpolar) 물에 녹지 않는다. 소수성. (2장)

비뇨계(urinary system) 액체성 노폐물을 여과, 재흡수 및 분비하는 데 관여하는 기관계; 신장, 수뇨관, 방광 및 요도로 구성되어 있다. (17장)

비만(obesity) 체중지표가 30 이상인 상황. (4장)

비타민(vitamin) 소량으로 필요한 유기 영양분. 대부분은 조효소로 작용한다. (4장)

비특이적 방어(nonspecific defenses) 감염에 대하여 한 병원체와 다른 병원체를 구분하지 않는 방어 시스템. 피부, 분비 및 점막이 포함된다. (19장)

사람면역결핍바이러스(human immunodeficiency virus, HIV) AIDS 감염과 증세를 야기하는 것으로 동정된 병원체. (19장)

사막(desert) 강수량이 매우 적은 지역에서 나타나는 생물군계로 식물이 띄엄띄엄 존재하는 것이 특징이다. (16장)

사막화(desertification) 이전에는 생산적인 토지가 비생산적인 토지로 바뀌는 과정으로 전형적으로 소의 과방목이나 지속 가능하지 못한 농업에 의해 발생. 그러나 기후변화의 효과로 증가하기도 함. (16장)

사망률(death rate) 개체군 전체에 대한 평균 사망 수. (14장)

사바나(savanna) 드문드문 존재하는 나무가 특징적인 초원 생물군계. (16장)

사이비과학(pseudoscience) 과학적인 것처럼 제시되었지만 과학적 면밀성이 없는 정보. (2장)

사춘기(puberty) 체내에 남성 및 여성 호르몬이 촉발된 사람 발생의 시점. 남성은 이 시기에 정자를 생산하고 여성은 월경주기를 시작한다. (20장)

산(acid) 용액에서 수소이온 농도를 증가시키는 물질. (2장)

산성비(acid rain) 비정상적으로 산성인 비(또는 다른 강수): 황산과 이산화질소의 형태로 대기 오염이 원인. (16장)

산호초(coral reef) 따뜻하고 얕은 바닷물에서 발견되며 산호에 의해 만들어진 석회 구조가 우점하는 매우 다양한 생물군계. (13, 16장)

삼투(osmosis) 선택적 투과막을 통과하는 물의 확산. (4장)

상관(correlation) 두 요인 간의 상호 관계. (1, 6, 11장)

상관관계(correlation) 두 인자 간의 관계를 말함. (1, 7, 12장)

상동성(homology) 공통조상에서 유래된 특징들의 유사성. (10장)

상동쌍(homologous pairs) 같은 길이를 가지며 중심립의 위치가 같아서 같은 모양을 가지는 염색체 세트. 상동염색체를 나란히 세우면 같은 위치에 같은 유전자가 위치하나 서로 다른 대립유전자가 올 수 있다. (6, 7장)

상리공생(mutualism) 서로 이익이 되는 두 종 사이의 관계. (15장)

상보적(complementary) DNA 나선에서 서로 수소결합을 할 수 있는 질소함유 염기의 관계. DNA에서 아데닌은 티민과 상보적이고 시토신은 구아닌과 상보적이다. RNA에서 아데닌은 우라실과 상보적이다. (2, 9장)

상승적인, 시너지효과가 있는(synergistic) 어떤 것을 더했을 때보다 더 큰 효과를 나타내는. (6장)
상염색체(autosome) 비성염색체. 사람에는 22개의 상염색체 쌍이 있다. (6장)
생명애(biophilia) 자연경관과 사물에 의해 둘러싸이고 싶은 인간의 타고난 욕망. (15장)
생물군계(biome) 특별한 식생유형에 의해 구별되는 넓은 의미의 생태 군집으로(즉, 온대, 숲, 초원) 전형적으로 기후 요소에 의해 결정된다. (16장)
생물다양성(biodiversity) 생물 사이 그리고 생물들 내에서의 다양성. (13, 15장)
생물다양성(biological diversity) 생물의 전체 다양성. (13장)
생물분류(biological classification) 생물다양성을 별개의 논리적인 범주들로 조직화하려는 과학 분야. (10, 13장)
생물지리학(biogeography) 생물의 지리학적 분포를 연구하는 학문. (10장)
생물개체군(biological population) 같은 지리적 구역에 살며 교배하는 동일종의 개체들. (10, 12장)
생물축적(bioaccumulation) 먹이사슬의 상위 단계에 있는 동물의 몸에 분해가 느린 오염물질이 농축된 결과. (16장)
생물학(biology) 생물에 대한 연구. (1장)
생물학적 종개념(biological species concept) 서로 교배를 하며 생식력 있는 자손을 낳는 개체들의 그룹을 종으로 정의하는 개념. 전형적으로 다른 종의 개체들과는 교배할 수 없다. (12장)
생물학적 진화(biological evolution) "진화"를 참조. (10장)
생물학적 품종(biological race) 서로 분기된 단일 종의 집단들. 생물학자들 간에 "품종"에 대한 일치된 견해가 없다. "아종"도 참조. (12장)
생산자(producer) 전형적으로 광합성을 통하여 무기탄소를 가지고 탄수화물을 만드는 생물. (15장)
생성물(product) 화학 또는 효소 반응결과 변형된 화학물질. (2장)
생식 복제(reproductive cloning) 성인의 체세포의 핵을 핵이 제거된 난자에 넣어서 성체를 복제하는 것. (9장)
생식기관(reproductive organ) 배우자를 생산하고 운반하는 데 관여하는 내부 및 외부 생식기. (20, 21장)
생식력(fertility) 살아갈 수 있는 배우자를 생산하는 능력. (21장)
생식샘(gonads) 남자나 여자의 성기관; 남성은 정소로, 여성은 난소로 되어 있다. (19, 20, 21장)
생식샘자극호르몬방출호르몬(gonadotropin-releasing hormone, GnRH) 시상하부에서 생산된 호르몬으로 뇌하수체가 FSH와 LH를 방출하도록 자극하여 생식샘의 활성을 촉진한다. (20, 21장)
생식세포(gamete) (사람에 있어서 정자와 난자와 같이) 체세포 염색체의 반을 가지고 있는 특수한 성세포. (6, 7, 21장)
생식적 격리(reproductive isolation) 생물학적 종들 간에 생식력 있는 자손을 생산하지 못하여 유전자 확산이 방지되는 현상으로서, 수정전 장벽과 수정후 장벽이 있다. (12장)
생체량(biomass) 하나의 생태계 내에 존재하는 한 종의 모든 개체들의 무게 또는 먹이그물의 한 단계에 속하는 모든 개체들의 무게. (15, 16장)
생태계(ecosystem) 주어진 장소에 존재하는 생명체와 자연 모습을 모두 포함한 것. (15장)
생태관광(ecotourism) 동물과 식물 같은 자연의 볼거리에 관심 있는 여행자들이 특별한 장소를 방문하는 것. (15장)
생태발자국(ecological footprint) 인간 개체군이나 사회가 사용하는 자연자원의 측정치. (16장)
생태적 지위(ecological niche) 사용하는 자원과 다른 종간의 관계를 포함하여 군집 또는 생태계 내에서 한 종이 가지는 기능적인 역할. (15장)
생태학(ecology) 생물과 환경 사이의 상호작용에 중점을 둔 생물학 분야. (14, 15장)
생활주기(life cycle) 개체의 성장과 생식을 말함. (7장)
서식지 단편화(habitat fragmentation) 완전한 자연 서식지가 인간의 활동에 의해 나누어질 때 일어나는 인간에 의해 원인이 되는 생물다양성에 대한 위협. (15장)
서식지 파괴(habitat destruction) 인간에 의한 자연 숲, 초원, 습지, 물길의 변형과 파괴로 종 손실의 중요한 원인이 된다. (15장)
서식지(habitat) 한 생물이 사는 장소. (15장)
선진국(developed country) 1인당 수입이 높고 중요한 산업발전을 이룬 국가를 설명하는 데 유엔이 사용하는 용어. (14장)
섬유소(cellulose) 세포벽에서 발견되며 포도당 분자로 구성되는 다당류. (2, 4, 5장)
섬유소(fibrin) 혈액 응고 과정에서 생산되는 단백질로 손상된 혈관으로부터 혈액이 흐르는 것을 가두어서 방지하는 망상구조를 만든다. (18장)
성결정(sex determination) 자손의 생물학적 성을 결정하는 것. 사람은 염색체에 의해 성이 결정된다. 두 개의 X 염색체는 여성을 하나의 X 염색체와 Y 염색체는 남성을 결정한다. (8장)
성선택(sexual selection) 한 특징이 교배의 가능성에 영향을 줄 때 일어나는 자연선택의 유형. (12장)
성연관 유전자(sex-linked gene) X 염색체나 Y 염색체에서 발견되는 유전자. (8장)
성염색체(sex chromosome) 성을 결정하는 염색체. 사람에서 X 염색체와 Y 염색체. (6, 7장)
성장률(growth rate) 연간 출생률에서 연간 사망률은 뺀 것. (14장)
성호르몬(sex hormone) 생식기 구조와 2차적 성징의 발달에 영향을 미치는 모든 스테로이드 호르몬. (20, 21장)
세균(bacteria) 원핵생물 도메인. (2, 9, 13, 15, 19장)
세기관지(bronchiole) 폐의 내부에서 가지를 친 공기 통로. (18장)
세르톨리 세포(Sertoli cell) 성숙된 정자 발달을 돕는 물질을 분비하는 정소의 세포. (21장)
세정관(seminiferous tubule) 정소에서 심하게 꼬인 관으로 정자가 형성되는 장소이다. (21장)
세포골격(cytoskeleton) 세포질에 걸쳐 분지한 관과 섬유의 망. (3장)
세포기질(cytosol) 세포질의 반유동 부분. (3, 5장)
세포내공생설(endosymbiotic theory) 진핵세포의 미토콘드리아와 엽록체 같은 세포소기관들이 고대 진핵세포 내에 거주하게 된 원핵세포에서 진화되었다는 이론. (13장)
세포내섭취(endocytosis) 세포막을 안쪽으로 쥐어짜서 세포 안으로 물질을 흡수. (4장)

세포독성 T세포(cytotoxic T cell) 바이러스가 증식할 시간을 갖기 전에 바이러스로 감염된 체세포를 공격하여서 죽이는 면역계의 세포. (19장)

세포벽(cell wall) 식물이나 박테리아 세포막을 둘러싼 단단하지만 유연성이 있는 구조. (2, 3, 4, 5, 6, 16장)

세포분열(cell division) 세포가 자기 자신을 복사하는 과정. 원래의 어버이 세포로부터 딸세포를 만드는 것. (6장)

세포성 면역(cell-mediated immunity) T세포에 의해서 수행되는 특이적 면역반응의 한 종류. (19장)

세포소기관(organelle) 진핵세포의 세포질에서 발견되는 준세포 구조로 특정한 역할을 수행한다. (3장)

세포외분비(exocytosis) 막으로 싸인 소낭을 세포막과 융합하여 세포로부터 물질을 분비. (4장)

세포주기(cell cycle) 진핵세포가 하나의 세포로부터 두 개의 딸세포가 만들어지는 일련의 과정. M, G_1, S, G_2기(phase)가 있다. (6장)

세포질(cytoplasm) 원형질막에 싸여 있는 핵을 제외한 세포의 모든 내용물. (3장)

세포질분열(cytokinesis) 세포주기의 한 과정으로 세포질이 분열됨으로써 2개의 딸세포가 만들어지는 과정임. (6장)

세포체(cell body) 핵과 세포소기관을 가지고 있는 뉴런의 부분. (23장)

세포판(cell plate) 분열하는 식물 세포의 중간에 나타나며 세포질을 둘로 분리하는 새로운 세포막의 이중층. (6장)

세포호흡(cellular respiration) ATP를 생산하기 위해 고분자를 산화시키는 세포 내에서 일어나는 물질대사 반응. (5장)

소낭(vesicle) 막으로 싸인 주머니 같은 구조. 뉴런에서 이 구조들은 축삭말단에서 발견되며 신경전달물질을 저장한다. (22장)

소뇌(cerebellum) 균형, 근육 운동 및 조정을 조절하는 뇌의 영역. (22장)

소수성(hydrophobic) 물에 녹을 수 없는 성질. (2장)

소음순(labia minora) 음문에 짝을 이룬 얇은 주름; 요도와 질의 개구 및 음핵을 에워싸고 있다. (21장)

소진화(microevolution) 한 집단의 특징들에서 일어나는 변화. (10장)

소포체(endoplasmic reticulum, ER) 진핵세포에서 막의 망상구조. 리보솜이 박혀 있는 조면 소포체는 단백질 합성 장소이다. 리보솜이 없는 활면 소포체는 인지질과 스테로이드 합성 및 해독(독을 없애는)에 관여한다. (3장)

소화관(alimentary canal) 소화를 하는 동안 음식물이 지나가는 입에서 항문에 이르는 몸속의 관. (17장)

속(genus) 여러 유사종들이 속해 있는 보다 넓은 생물학적 범주. (10, 12장)

수뇨관(ureter) 신장으로부터 방광으로 오줌을 나르는 관. (17장)

수동면역(passive immunity) 젖을 먹이는 동안 어머니로부터 아이에게 가는 것처럼 한 개체에서 다른 개체로 항체가 전달되어서 얻어지는 면역. (20장)

수동수송(passive transport) 농도구배에 따라 막을 통과하는 물질의 확산으로 ATP를 요구하지 않는다. (4장)

수동적 흡연자(passive smoker) 활동적으로 담배를 소비하지 않지만 환경성 담배연기를 들이마시는 사람. (18장)

수렴진화(convergent evolution) 공통조상보다는 공통 환경조건에 의한 다른 집단들 내 동일 형질 또는 일련의 동일 형질들의 진화. (10, 12장)

수분매개자(pollinator) 한 꽃의 정자(꽃가루)를 다른 꽃의 암컷생식기관에 전달해 주는 벌과 같은 생물. (15장)

수상돌기(dendrite) 다른 세포로부터 신호를 받아들이는 뉴런의 짧은 신장 부위. (22장)

수소결합(hydrogen bond) 한 분자의 수소원자가 다른 분자의 전기적 음성 원자에 끌리는 약한 화학적 결합의 일종. (2, 16장)

수소 원자(hydrogen atom) 한 개의 음전하를 띤 전자와 한 개의 양전하를 띤 양성자. (3, 5장)

수소이온(hydrogen ion) 수소원자로부터 전자 제거에 의해 형성된 단일 양성자. (2, 4, 5장)

수소화(hydrogenation) 액상 기름을 보다 단단하게 하기 위해 압력하에서 수소가스를 첨가. (4장)

수용능력(carrying capacity) 환경이 수용할 수 있는 최대의 수. (14장)

수용체(receptor) (1) 특정한 화학적 신호를 인지하여 결합하는 세포의 표면에 있는 단백질. (20장) (2) 감각 수용기 참조. (22장)

수정(fertilization) 2배체 접합자를 생산하기 위한 반수체 배우자(사람의 정자와 난자)들의 융합. (6, 7, 21장)

수정란(zygote) 생식세포(정자와 난자)가 융합하여 하나로 된 세포. (6, 21장)

수축기혈압(systolic blood pressure) 심장이 수축할 때 동맥벽에 미치는 혈액의 힘. (4장)

순환계(circulatory system) 온몸에 혈액, 영양소와 노폐물을 운반하는 혈관. (17, 18장)

숲(forest) 나무가 존재하는 육상군집. (16장)

스모그(smog) 화석연료의 연소와 빛과의 조합으로 만들어지는 것으로 바람이 불지 않는 날 갈색의 연무로 나타난다. (16장)

스테로이드(steroid) 생리적 효과를 가진 자연적으로 생성되거나 유기 합성한 지용성 물질. (2, 20장)

스트로마(stroma) 엽록체 내부의 액체. (2, 5장)

습지(wetland) 식물의 뿌리가 잠길 정도의 낮은 정체된 물이 특징인 생물군계. (16장)

시간적 격리(temporal isolation) 교배 혹은 출현 시기의 차이에 의한 집단들 간의 생식적 격리. (12장)

시냅스(synapse) 시냅스전 뉴런의 말단, 인접한 두 뉴런 사이의 공간 및 시냅스후 뉴런의 막으로 구성된 뉴런들 사이의 틈새. (22장)

시냅스전(presynaptic) 시냅스로 신경전달물질을 방출하는 뉴런으로 신호를 전달한다. (22장)

시냅스후 뉴런(postsynaptic neuron) 시냅스전 뉴런으로부터 방출된 신경전달물질에 반응하는 뉴런. (22장)

시반세포(Schwann cell) 말초신경계에서 신경세포의 축삭을 따라가면서 미에린초를 형성하는 세포. (22장)

시상(thalamus) 척수와 대뇌 사이에서 주된 중계 센터. (22장)

시상하부(hypothalamus) 체온을 조절하는 것을 돕는 샘; 배고픔, 갈증, 생식과 같은 행동에 영향을 미친다; 생식샘의 활성을 촉진하는 호르몬(GnRH)을 분비한다. (20, 21장)

시토신(cytosine) DNA에 있는 질소함유 염기, 피리미딘의 일종임. (2, 9장)

시트르산회로(citric acid cycle) 당의 잔재를 분해하여 이산화탄소

를 만드는 미토콘드리아의 기질에서 일어나는 화학적 회로. (5장)
식균작용(phagocytosis) 세포에 의해서 먹이 또는 병원체를 섭취한다. (3장)
식물계(Plantae) 조류를 제외한 광합성을 하는 다세포성 진핵생물. (13장)
식물학자(botanist) 식물을 연구하는 생물학자. (13장)
식욕감퇴증(anorexia) 자체 기아. (4장)
식욕과다증(bulimia) 폭식 후 하제 사용. (4장)
신경(nerve) 신경의 다발; 신경은 뇌와 척수로부터 눈, 귀, 내장기관, 피부 및 뼈로 갈라져 나온다. (22장)
신경계(nervous system) 뇌, 척수, 감각기관 및 기관을 연결하고 이 기관계를 다른 기관계와 연결하는 신경들. (22장)
신경아교세포(glial cell) 메시지를 운반하지는 않지만 영양소 공급, 뇌 손상 회복, 감염한 세균을 공격함으로써 뉴런을 지지하는 뇌 속의 세포 유형. (22장)
신경전달물질(neurotransmitter) 시냅스로 시냅스전 뉴런에 의해서 방출된 많은 화학물질 중의 하나로 시냅스를 가로질러 확산한 다음 시냅스후 뉴런의 막에 있는 수용체에 결합한다. (22장)
신경조직(nervous tissue) 뉴런 및 관련된 세포들로 구성된 조직. (22장)
신경충격(nerve impulse) 근육, 샘, 기관 및 기관계의 활성을 조절하는 전기화학적 신호. (22장)
신동맥(renal artery) 여과를 위하여 신장으로 혈액을 운반하는 혈관. (17장)
신뢰구간(confident interval) 통계학에서 주어진 확률(보통 95%)로 진정한 집단의 평균값을 포함하는 구간의 값. (1장)
신장(kidney) 배설계의 주요기관으로 혈액으로부터 액체 노폐물을 거르는 작용을 한다. (20장)
신정맥(renal vein) 신장으로부터 여과된 혈액을 운반하는 혈관. (17장)
신호전달(signal transduction) 세포 또는 환경의 변화가 다양한 분자들을 통하여 중계되었을 때 야기되는 세포의 반응. (19장)
실험(experiment) 특정 가설을 검증하기 위해 고안된 상황. (1장)
심방(atrium) 신체 또는 폐로부터 혈액을 받아들이는 심장의 위쪽 방이며 혈액을 심실로 펌프한다. (18장)
심실(ventricle) 심장으로부터 폐 또는 체순환으로 혈액을 펌프하는 심장의 방. (18장)
심장(heart) 폐와 몸으로 순환계를 통하여 혈액을 펌프하는 근육성 기관. (18장)
심장 수축(systole) 심장이 수축하여 혈액을 동맥으로 미는 심장주기의 한 부분. (18장)
심장마비(heart attack) 위급한 상황으로 심장 근육 부분으로 가는 혈액의 흐름이 막혀 근육 일부가 죽거나 피해를 입음. (18장)
심장주기(cardiac cycle) 정상적인 기능을 하는 심장이 1회 심장 박동을 수행하는 과정에서 수축과 이완의 주기. (18장)
심혈관계 질환(cardiovascular disease) 심장마비, 뇌졸중, 고혈압을 비롯한 심혈관계의 기능 부전. (18장)
심혈관계(cardiovascular system) 심장과 동맥, 모세혈관 및 정맥을 포함하는 순환계로 구성된 기관계. (18장)
아가로스겔(agarose gel) 분자량에 기초하여 분자들을 분리하는 젤리모양의 얇은 판. (8장)
아데노신 2인산(adenosine diphosphate, ADP) 아데닌, 당 및 두 개의 인산기로 구성된 분자. ATP의 마지막 인산결합의 가수분해로 생산된다. (5장)
아데노신 3인산(adenosine triphosphate, ATP) 아데닌, 당 및 가수분해로 에너지를 방출하는 3개의 인산기로 구성된 분자. 세포가 사용할 에너지 형태이다. (4장)
아데닌(adenine) DNA에 존재하는 질소함유염기. 푸린의 일종. (2, 4, 5, 8, 9장)
아드레날린(adrenaline) 스트레스 또는 흥분에 반응하여 부신에서 분비되는 호르몬. (19장)
아미노산(amino acid) 단백질의 단량체 단위. 아미노기와 카르복시기 그리고 독특한 잔기를 포함한다. (2, 3, 8, 9장)
아세틸콜린(acetylcholine) 근육운동 촉진을 비롯한 많은 기능을 하는 신경전달물질이며 알츠하이머병의 발생에도 관여하는 것으로 생각된다. (22장)
아종(subspecies) 생식적으로 격리되지는 않았으나 고유한 진화적 역사를 지닌 하나의 집단 또는 일련의 집단을 나타내는 종의 하위 계급. "생물학적 품종"도 참조. (12장)
아쿠아포린(aquaporin) 동물과 식물 세포의 막에 있는 수송 단백질로 막을 통과하는 물의 확산(삼투)을 촉진시킨다. (4장)
악성(malignant) 주위의 조직들로 침투하거나 전이되는 암의 성질. (6장)
안드로겐(androgen) 부신에서 분비되는 테스토스테론과 같은 웅성화 호르몬. (20, 21장)
안정화 선택(stabilizing selection) 집단 내의 양극 표현형보다는 중간 표현형이 보편화되는 자연선택의 유형. (11장)
안티코돈(anticodon) mRNA의 코돈과 결합하는 tRNA상의 부위. (9장)
알(ovum) 난자; 암배우자. 난자형성 과정에서 대부분의 세포질 영양소와 세포소기관들을 물려받는 세포. (21장)
알레르기(allergy) 꽃가루나 미생물 같은 알레르기원에 대하여 비정상적으로 높은 감수성. 재채기, 가려움증, 콧물, 눈물 증세를 야기한다. (19장)
알세포(egg cell) 암 개체에 의해서 생산된 배우자. (6, 21장)
알츠하이머병(Alzheimer's disease) 신체 기능 조절 상실과 더불어 기억상실, 최종적으로 죽음에 이르는 진행성 정신 황폐. (22장)
암(cancer) 세포분열이 정상적인 조절에서 벗어날 때 생기는 질병. (6장)
암유전자(oncogene) 세포주기를 조절하는 역할을 하는 원암유전자에 돌연변이가 일어난 것. (6장)
액틴(actin) 미오신과 더불어 수축을 촉진하는 근육조직에서 발견되는 단백질. (20장)
양막(amnion) 발생 중인 배아가 떠 있는 액체로 채워진 주머니. (21장)
양분순환(nutrient cycling) 양분을 식물이 사용할 수 있게 되는 과정. 자연환경에서 양분순환은 토양 속의 건강한 분해자에 의존한다. (15장)
양성(benign) 한 군데 머물면서 주위의 조직에 영향을 주지 않는 암 조직. (6장)

양성자(proton) 양전하를 띤 준원자의 입자. (2, 5장)

양성잡종교배(dihybrid cross) 두 유전자 간의 유전적 교배. 예를 들어, AaBb × AaBb. (7장)

양적 형질(quantitative traits) 여러 가지 값을 나타낼 수 있는 형질. (7장)

억제인자(repressor) 어떤 유전자의 전사를 억제하는 단백질. (9장)

에스트로겐(estrogen) 여성의 난소와 남녀성의 부신에서 분비되는 여성화 호르몬. (20, 21장)

여과(filtration) 신장에서 네프론을 둘러싸고 있는 모세혈관을 통하여 혈액으로부터 혈장을 제거하는 것. (17장)

여포(follicle) 알세포를 함유하고 에스트로겐을 분비하는 난소에 있는 액체로 채워진 주머니. (21장)

여포자극호르몬(follicle-stimulating hormone, FSH) 정자 생산, 배란 조절 및 월경 조절에 관여하는 뇌하수체 샘에서 분비되는 호르몬. (20, 21장)

역전사효소(reverse transcriptase) 바이러스 RNA를 역전사하여서 DNA를 생산하는 RNA 바이러스의 효소. (19장)

역평행(antiparallel) 뉴클레오타이드가 나선의 한쪽 사슬에서는 위로, 다른 사슬에서는 아래로 향한 DNA 이중나선의 특징. (2장)

연간성장률(annual growth rate) 한 해에 걸친 개체군 크기의 변동 비율. 성장률은 출생률에서 사망률을 뺀 값이다. (14장)

연관유전자(linked gene) 동일한 염색체에 존재하는 유전자들. (6장)

연속변이(continuous variation) 집단 내에서 어떤 형질이 조금씩 다른 값을 가지는 것. (7장)

연수(medulla oblongata) 척수에 연장된 뇌간의 한 부위로 척수와 뇌의 다른 부분 사이에 정보를 전달한다. (22장)

연역적 사고(deductive reasoning) 조사의 결과에 대한 예측하기, "만일/그러면"의 기술. (1장)

연합뉴런(interneuron) 감각 입력과 운동 출력을 통합하는 작용을 하는 감각뉴런과 운동뉴런 사이에 위치한 뉴런. (22장)

열(fever) 비정상적으로 높은 체온. (19장)

열(heat) 한 물질에서 원자와 분자의 운동과 관련된 에너지의 총량. (5장)

열대림(tropical forest) 기온이 물의 어는점 이하로 절대로 떨어지지 않는 지역에서 발견되는 넓은 잎을 가진 상록수가 우점하는 생물군계. (16장)

열성(recessive) 이형접합자일 때 나타나지 않는 형질. (7장)

염(salt) 용액에서 이온화하는 전하를 띤 물질. (2장)

염기(base) 용액에서 수소이온 농도를 감소시키는 물질. (2장)

염기쌍 규칙(base-pairing rule) 질소함유 염기가 쌍을 이루게 하는 규칙. DNA에서는 아데닌은 티민과 그리고 시토신은 구아닌과 쌍을 이룬다. (2, 9장)

염색체(chromosome) 하나의 긴 DNA 분자와 이에 결합한 단백질로 이루어진 세포 내 구조로 핵 내부에 있다. (6, 7, 8, 9장)

염증반응(inflammatory response) 피부 또는 점막을 침투한 병원체에 의해서 유발되는 방어선. (19장)

엽록소(chlorophyll) 식물 세포의 엽록체에서 발견되는 녹색 색소. (5장)

엽록체(chloroplast) 햇빛을 흡수하여 끌어낸 에너지로 당분을 생산하는 식물 세포의 소기관. (5, 13장)

영구동토층(permafrost) 영원히 얼어붙은 땅. (16장)

영양막(trophoblast) 배아에게 영양분을 공급하는 발생 중인 배반포의 바깥층. (21장)

영양생식(vegetative reproduction) 식물의 무성 클론 만들기. (21장)

영양소(nutrients) 영양을 공급하는 물질. (4장)

영양피라미드(trophic pyramid) 각 단계의 먹이그물에 해당하는 개체군의 생물량 사이의 관계. (15장)

예방접종(vaccination) 장기적 방어에 대비하기 위해서 수용자의 면역계를 자극하는 약화 또는 죽인 병원체 또는 병원체의 일부로 만들어진 조제품. (19장)

예측(prediction) 만일 가설이 옳다면, 가설의 특정 조사로부터 예측되는 결과. (1장)

오염(pollution) 독약, 과잉의 양분, 그리고 쓰레기를 환경에 방출하는 것과 관련된 것으로 생물다양성에 대한 인간에 의한 위협. (15장)

오줌(urine) 신장에서 만들어지며, 대사작용의 수용성 노폐물을 함유하고 있는, 포유류의 방광에서 내보내는 액체. (17장)

옥시토신(oxytocin) 분만 시에 자궁의 평활근 수축을 자극하고 젖을 먹이는 동안 유방으로부터 젖 분비를 촉진하는 뇌하수체 호르몬. (21장)

온도(temperature) 열이나 운동에너지의 양을 측정한 것. (4, 5, 15, 16장)

온실효과(greenhouse effect) 이산화탄소와 다른 온실가스에 의한 열의 보유. (5장)

완전단백질(complete protein) 모든 필수아미노산을 포함하는 음식 단백질. (4장)

외래종(introduced species) 의도적으로 또는 의도하지 않았는데 인간에 의해 새로운 환경으로 옮겨진 본토 태생이 아닌 종. (15장)

외배엽(ectoderm) 동물 발생과정에 생겨나는 3 세포층 가운데 가장 바깥층. (21장)

요도(urethra) 오줌을 운반하는 관으로 남자에서 정자도 운반한다. (17, 19장)

용매(solvent) 용액을 만들기 위해서 용질이 녹아 있는 물과 같은 물질. (2장)

용액(solution) 둘 또는 그 이상 물질의 혼합액. (2장)

용질(solute) 용액에 녹아 있는 물질. (2장)

우라실(uracil) RNA의 질소함유 염기. 피리미딘의 일종이다. (2, 9장)

우성(dominant) 이형 접합자에서 표현형이 나타나는 대립유전자의 성질. (7장)

우울증(depression) 무력감과 절망, 때로는 자살 충동과 관련된 질환. (22장)

운동뉴런(motor neuron) 뇌 또는 척수로부터 근육 또는 샘으로 정보를 운반하는 뉴런. (22장)

운반 RNA(transfer RNA, tRNA) 아미노산을 운반하는 RNA 구조로서 mRNA에 결합하는 안티코돈을 가지고 있다. (9장)

원생생물계(Protista) 진핵생물 도메인 내의 생물계로 대부분이 단세포성인 다양한 진핵생물들을 포함한다. (13장)

원소(element) 다른 물질로 더 이상 쪼개어질 수 없는 물질. (2장)

원암유전자(proto-oncogenes) 세포주기를 조절하는 단백질을 암호화하는 유전자. 돌연변이가 일어난 원암유전자(암유전자)는 암이 생기게 할 수 있다. (6장)

원자(atom) 원소의 성질을 가진 물질의 최소 단위. (2장)

원자가껍질(valence shell) 원자가 전자들을 포함하고 있는 원자의 가장 바깥 에너지 껍질이며, 원자의 화학적 반응에 가장 많이 관여한다. (2장)

원자번호(atomic number) 원자의 핵에 있는 양성자의 수. 각 원소에 고유하며, 그 수는 원소 기호의 왼편에 첨자로 표시한다. (2장)

원핵생물(prokaryote) 핵이나 막으로 둘러싸인 세포소기관이 없는 세포. (2, 13장)

원형질막(plasma membrane) 세포를 둘러싸는 구조로서 세포의 외곽 경계를 정한다. (2, 3장)

월경(menstruation) 월경주기 동안 자궁의 내막이 피를 흘리며 떨어져 나가는 것. (21장)

월경주기(menstrual cycle) 자궁에서 나타나며, 뇌, 난소 및 자궁내막 사이에 복잡한 상호작용에 따른 변화. (21장)

위약(placebo) 실험의 가짜 처치. (1장)

위험인자(risk factor) 질병에 걸리게 하는 가능성을 증가시키는 행위나 물질. (6장)

유기호흡(aerobic respiration) 전자수용체로 산소를 이용하는 세포호흡. (5장)

유기화학(organic chemistry) 탄소 함유 물질의 화학. (2장)

유도적합(induced fit) 효소의 활성 부위가 기질과 단단히 결합하도록 모양이 변함. (4장)

유동 모자이크 모델(fluid mosaic model) 단백질이 인지질의 바다에 박힌 것처럼 구조화된 일반에게 인정된 막의 모델. (3장)

유성생식(sexual reproduction) 두 부모가 독특한 유전적 조합을 가진 자손을 낳는 생식 방법. (6, 21장)

유아 사망률(infant mortality) 5세 이하의 유아 또는 영아의 사망률. (14장)

유전력(heritability) 어떤 집단에서 개인 간의 유전적 차이에 의해 설명되어 질 수 있는 특정 형질에 대한 변이의 정도. (7장)

유전암호(genetic code) mRNA의 어떤 코돈이 어떤 아미노산을 암호화하는지를 나타내는 표. (9, 10장)

유전자(gene) 유전적 형질을 나타내게 하는 유전정보의 단위. 특정 단백질이나 단백질의 일부를 암호화하는 DNA 서열로 이루어진다. (6, 7장)

유전자 발현(gene expression) 어떤 유전자를 켜거나 끄게 하는 것. 유전자는 그것이 암호화하는 단백질이 합성될 때 발현된다. (9장)

유전자 총(gene gun) DNA를 입힌 입자를 쏘아서 식물 세포에 넣어주는 장치. (9장)

유전자 치료(gene therapy) 결함이 있는 유전자(혹은 이들의 단백질)를 정상적으로 기능을 하는 것으로 교환해 주는 것. (9장)

유전자변형생물(genetically modified organisms, GMOs) 유전체에 다른 생물의 유전자를 삽입시킨 생물체; 형질전환 혹은 유전자조작 생물이라고도 한다. (9장)

유전자풀(gene pool) 한 종의 모든 개체들에서 발견되는 총 대립유전자들. (12장)

유전자형(genotype) 개인의 유전적 조성. (7, 8장)

유전자확산(gene flow) 한 종 유전자풀 내에서의 대립유전자의 전파. (12장)

유전적 변이(genetic variation) 한 집단 내에서 개인들 사이에 존재하는 대립유전자의 차이. (7장)

유전적 변이성(genetic variability) 한 종 내에서 발견되는 유전자의 모든 유형과 이들 유형의 분포. (15장)

유전적 부동(genetic drift) 우연히 발생하는 대립유전자 빈도의 변화. (12, 15장)

유전체(genome) 한 개체에 존재하는 모든 유전자의 총체. (9장)

유해성(deleterious) 유전학에서 개체의 적응도를 줄이는 돌연변이를 말함. (15장)

유행병(epidemic) 많은 사람들에게 빠르고 광범위하게 퍼지는 전염성 질환. (19장)

융모(villus; 복수: villi) 영양분 흡수에 작용하는 소장의 내면에 작은 손가락 모양의 돌기들. (17장)

음경(penis) 남성의 교접기. (21장)

음낭(scrotum) 정소를 담고 있는 피부로 된 주머니. (20, 21장)

음문(vulva) 대음순, 소음순, 음핵, 질구와 요도구를 비롯한 여자의 외부생식기의 바깥부분. (21장)

음핵(clitoris) 성적 각성에 작용을 하는 여성의 외부 생식기에서 발견되는 민감한 발기 조직. (21장)

응집(cohesion) 동일한 물질의 분자들이 서로 들러붙는 성향. (2장)

이란성 쌍생아(dizygotic twins) 서로 다른 수정란으로부터 생겨난 형제(비동일) 쌍생아. (7장)

2배체 세포(diploid cell) 상동염색체 쌍을 가지고 있는 세포 (2n). (6, 21장)

2분법(binary fission) 세균 증식의 무성생식법. (19장)

이소적(allopatric) 같은 종의 한 집단과 다른 집단 간의 지리적 격리를 의미하며, 주로 종분화에 사용된다. (12장)

이온(ion) 전하를 띤 원자. (2장)

이온결합(ionic bond) 반대로 전하를 띤 이온들의 끄는 힘으로 생기는 화학결합. (2장)

이완기(diastole) 심장이 이완되면서 혈액을 채우는 심장주기의 단계. (18장)

이완기혈압(diastolic blood pressure) 심장순환의 이완기 동안 발생하는 동맥의 가장 낮은 혈압. (4장)

이중맹검(double blind) 연구대상과 측정을 수행하는 과학자 모두가 가설 혹은 누가 대조군과 실험군에 속하는지를 모르는 실험 설계안. (1장)

이형접합(heterozygous) 2개의 서로 다른 대립유전자를 가지고 있는 유전자형. (7장)

이형접합성 우세(heterozygous advantage) 더 많은 수의 유전자에 대해 이형접합성인 개체들이 더 높은 적응도를 가지는 경향. (15장)

이형접합자(heterozygote) 특정 유전자에 대해 두 개의 다른 대립유전자들을 지닌 개체. (7, 8, 12장)

인구통계적 전이(demographic transition) 기술의 발달로 사망률이 감소할 때와 자발적인 임신의 제한으로 출생률이 감소할 때 사이의 시간. (14장)

인구통계적 타성(demographic momentum) 인간이 출생률을 줄이는 시간과 인구가 이에 반응하는 사이의 지체. (14장)
인대(ligament) 뼈를 연결시키는 섬유성 결합조직의 띠. (20장)
인류(hominin) 인간과 인간 조상의 총칭. (10, 12장)
인산화(phosphorylation) 유기물질에 인산기의 첨가. (5장)
인슐린(insulin) 세포의 포도당 흡수와 간에서 글리코겐으로 저장을 촉진하여 혈당을 낮추는 췌장에서 분비되는 호르몬. (4장)
인슐린비의존성당뇨(non-insulin-dependent duabetes mellitus, NIDDM) 인슐린 주사를 필요로 하지 않는 제II형 당뇨. (4장)
인슐린의존성당뇨(insulin-dependent diabetes mellitus, IDDM) 인슐린을 생산하지 못해 발병하는 제I형 당뇨. (4장)
인위선택(artificial selection) 재배 동물과 식물의 유용한 형질 빈도를 증가시키기 위한 선택적 육종. (11장)
인종 차별주의(racism) 일부 인간 그룹들이 선천적으로 다른 그룹들보다 우세하다는 생각. (12장)
인지질(phospholipid) 세 형태의 지질 중 하나. 원형질막의 구성요소이다. (2, 3장)
인터페론(interferon) 바이러스에 감염된 세포가 생산한 화학적 메신저로 다른 세포들이 감염에 저항하는 데 도움을 주는 물질. (19장)
일란성 쌍생아(monozygotic twins) 하나의 수정란으로부터 발생한 쌍생아. (7장)
일반 감각(general sense) 고유감각이라고도 한다. 감각 수용기가 온몸에 퍼져 있는 온도, 통증, 접촉, 압력 및 몸의 위치를 포함하는 모든 감각. (22장)
일사량(solar irradiance) 일정 장소에서 지표면에 도달하는 태양에너지의 양. (16장)
일화증거(anecdotal evidence) 개인의 경험에 근거한 충고나 정보. (1장)
자가면역병(autoimmune disease) 정상적인 체세포에 대한 면역계의 공격으로 발생하는 모든 병. (19장)
자각증상이 없는(asymptomatic) 병의 증세가 없거나 알아보지 못하는 감염의 단계. (19장)
자궁(uterus) 여성에서 임신을 지탱하고, 내면이 떨어져 나가면서 월경을 일으키는 배 모양의 근육질 기관. (21장)
자궁내막(endometrium) 자궁의 내면, 월경 동안에 떨어져 나간다. (21장)
자궁내막증(endometriosis) 자궁 이외에 비정상적으로 생긴 기능적인 자궁내막 조직으로, 통증이 심한 월경주기를 갖게 한다. (21장)
자료(data) 가설검증 동안 과학자에 의해 얻어진 정보. (1장)
자매염색분체(sister chromatid) DNA 복제 후 만들어진 한 염색체의 2개의 동일한 사본 중의 하나. (6장)
자연살생세포(natural killer cell) 면역계의 세포 또는 항체에 의해서 활성화되지 않고 바이러스 감염 세포 또는 종양 세포를 공격하는 세포. (19장)
자연선택(natural selection) 특정 형질을 가진 개체가 이러한 형질이 없는 다른 개체보다 높은 생존율과 생식력을 지니며, 그 결과 성공적인 대립유전자의 빈도가 증가하고 부적합한 대립유전자의 빈도가 감소하는 현상(10, 11, 12, 20장)
자연식품(whole food) 처리를 거치지 않은 음식. 곡류, 콩류, 견과류, 종자, 과일 및 채소 등이 포함된다. (4장)
자연실험(natural experiments) 연구자가 미리 조작하지 않고 어떤 가설을 검증하는 것이 가능한 어떤 특수한 상황. (7장)
자웅동체(hermaphrodite) 암수 생식기관을 모두 가진 개체. (21장)
자유라디칼(free radical) 불안정하고 반응성이 매우 높아 세포에 피해를 입히는 짝이 없는 전자를 포함하는 물질. (4장)
잠복고환증(cryptorchidism) 정소가 음낭으로 내려오지 못하는 발생학적 결함. (21장)
잠재바이러스(latent virus) 잠복 바이러스. (19장)
재분극(repolarization) 막을 가로지르는 전하 차이의 회복. (22장)
재생불가능한 자원(nonrenewable resources) 한 번 사용되고 쉽게 대체되지 않는 자원. (14장)
재조합 소 생장호르몬(recombinant bovine growth hormone, rBGH) 실험실에서 만든 생장호르몬. 젖소에 주사하여 소의 크기와 우유 생산량을 늘리게 한다. (9장)
재조합(recombinant) DNA 서열을 조작하여 만들어진. (9장)
재흡수(reabsorption) 신장으로 처음에 걸러진 여과물로부터 네프론에 의해서 물과 기타 필요한 물질을 다시 흡수하는 것. (17장)
재흡수(reuptake) 신경에서 신경전달물질을 분비한 세포에 의하여 신경전달물질을 다시 흡수하는 과정. (22장)
저밀도 지방단백질(low-density lipoprotein, LDL) 혈액에서 콜레스테롤이 많고 단백질이 적은 콜레스테롤 운반 물질. (18장)
적도(equator) 양극에서 동일한 거리에 있는 지구를 도는 원. (16장)
적응도(fitness) 동일 집단에서 다른 변이와 비교한 한 변이의 상대적인 생존과 생식 능력. (11, 15장)
적응방산(adaptive radiation) 한 종 혹은 몇몇 종들이 많고 다양한 후손 종으로 되는 분기. (13장)
적응형질(adaptation) 자연선택에 의해 선호되며, 주어진 환경 내에서 개체의 적응도를 증가시키는 형질. (11, 12, 13장)
적혈구(red blood cell) 혈액의 주된 세포 요소이며 몸으로 산소를 운반하는 역할을 한다. (18장)
전기(prophase) 체세포분열의 단계로서 복제된 염색체가 응축됨. (6장)
전기영동(gel electrophoresis) 생물학적 물질을 전장을 통하여 이동하는 속도를 측정함으로써 크기와 전하에 따라 분리하는 것. (8장)
전기음성도(electronegative) 화학결합을 이루도록 전자를 유인하는 경향성. (2장)
전두골(frontal bone) 두개골의 위 전방 부분 또는 앞이마. (20장)
전두엽(frontal lobe) 각 대뇌 반구의 가장 크고 가장 앞쪽 부분. (20장)
전령 RNA(messenger RNA, mRNA) DNA 유전자와 상보적인 서열을 가진 RNA로서 전사에 의해 만들어진다. mRNA는 단백질을 만들기 위하여 번역과정을 거친다. (9장)
전립샘(prostate) 정액으로 산을 중화시키는 액체를 분비하는 샘. (21장)
전사(transcription) 단백질을 암호화하는 DNA 유전자 서열의 RNA 사본을 합성하는 것. (7, 9장)
전염성(contagious) 한 생물체에서 다른 생물체로 퍼짐. (19장)
전이(metastasis) 암으로부터 세포들이 떨어져 나와 멀리 이동하는 것. (6장)

전자(electron) 음으로 하전된 준원자의 입자. (2, 5장)

전자껍질(electron shell) 원자의 핵으로부터 전자의 거리를 나타내는 에너지 수준. (2장)

전자전달연쇄(electron transfer chain) ATP를 생산하기 위하여 에너지를 방출하는 산화환원반응 동안에 전자를 전달하는 미토콘드리아와 엽록체의 막에 있는 일련의 단백질들. (5장)

절멸(extinction) 한 종이 완전히 사라짐. (15장)

절멸의 소용돌이(extinction vortex) 멸종위험의 개체군이 유전적 다양성의 소실을 통해 밀도비의존요소의 효과에 더 민감해지고 근친교배 침하를 통해 절멸로 이르는 과정. (15장)

점진진화(gradualism) 작은 변화들이 오랜 기간을 거쳐 증가하면서 진화적 변화가 일어난다는 가설. (12장)

접합자(zygote) 배우자(난자와 정자)의 융합으로 만들어진 단세포. (6, 21장)

정관(vas deferens) 남자에서 부정소에서 요도로 정자를 운반하는 2개의 관. (21장)

정규분포(normal distribution) 집단 내에서 정량적 형질의 분포를 설명할 때 사용되는 것과 같은 종 모양의 곡선. (7장)

정낭(seminal vesicle) 사정에 앞서 정액에 과당이 풍부한 액체를 첨가하는 방광의 양쪽에 위치한 2개의 주머니 같은 샘. (21장)

정맥(vein) 신체 조직으로부터 심장으로 혈액을 되돌려 보내는 혈관. (19장)

정소(testicle, 복수: testes) 배우자 형성과 생식 호르몬 분비에 관여하는 짝을 이루는 남자 정소. (20, 21장)

정신병(psychosis) 정신이 비정상적인 상태. (22장)

정액(semen) 정자와 연합된 에너지 풍부한 액체. (21장)

정자(sperm) 남성에 의해 만들어진 생식세포. (6, 7, 21장)

정자형성(spermatogenesis) 정자의 생산. (21장)

정충(spermatozoa) DNA를 함유한 작은 머리, 미토콘드리아를 함유한 중편부와 꼬리(편모)로 구성된 성숙한 정자. (21장)

젖당비내성(lactose intolerance) 젖당을 분해하지 못하여 팽창, 가스, 설사를 일으킨다. (4장)

젖분비(lactation) 자식에게 먹이기 위한 젖의 생산. (21장)

제한효소(restriction enzyme) DNA를 특정 뉴클레오티이드 순서에서 절단하는 효소. (9, 13장)

조간대(intertidal zone) 밀물과 썰물 사이에 바닷가에 형성되는 생물군계. (16장)

조골세포(osteoblast) 콜라겐을 침착시키는 역할을 하는 골형성 세포. (20장)

조류(algae) 광합성을 하는 원생생물. (13장)

조면소포체(rough endoplasmic reticulum) 세포질에서 발견되는 리보솜이 박힌 준세포 막으로 일부 단백질 합성을 담당한다. (3장)

조직검사(biopsy) 세포나 조직 혹은 혈액 등을 떼어내어 그 세포가 암에 걸렸는지를 조사하는 것. (6장)

조효소(coenzyme) 효소가 촉매작용을 하도록 돕는 비타민 같은 분자. (4장)

종(species) 정기적으로 함께 새끼를 낳을 수 있으며, 외형이나 행동이 다른 종들과 구별되는 개체들의 집단. (10, 12, 13, 15장)

종간잡종(interspecies hybrid) 다른 두 종을 부모로 둔 생물. (12장)

종결코돈(stop codon) 아미노산을 암호화하지 않고 아미노산 사슬이 세포질로 떨어져 나오게 하는 mRNA의 코돈. (9장)

종-면적 곡선(species-area curve) 자연경관의 크기와 그곳에 존재하는 종들의 상대적인 수 사이의 관계를 나타내는 그래프. (15장)

종분화(speciation) 하나의 조상형으로부터 하나 이상의 종들이 형성되는 진화; 대진화. (12장)

종속변수(dependent variable) 연구에서 독립변수의 변화에 반응하여 변할 것으로 기대되는 변수. (1장)

종양(tumor) 신체에서 분명한 기능이 없는 세포덩어리. (6장)

종양억제자(tumor suppressor) 세포분열을 억제함으로써 종양의 생성을 정지시키는 단백질로서 돌연변이가 일어났을 때 암의 발생 확률을 높인다. (6장)

주의력 결핍 장애(attention deficit disorder, ADD) 잘 잊는; 주의 산만, 안절부절; 조급함; 일, 놀이 또는 대화에 주의 집중이 어려움; 지시를 따라서 한 번 이상 시도로 일을 완성하기 어려움을 특징으로 하는 증후군. (22장)

죽상경화증(atherosclerosis) 혈관 내에 지질 침전의 축적; 동맥의 경화. (18장)

줄기세포(stem cell) 무한정 분열하고 다른 여러 종류의 세포로 분화할 수 있는 세포. (9장)

중기(metaphase) 체세포분열의 단계로서 복제된 염색체가 세포의 중앙에 정렬한다. (6장)

중뇌(midbrain) 뇌간의 가장 위쪽 부위로 빛에 대한 눈의 감도와 소리에 대한 귀의 감도를 조정한다. (22장)

중단평형(punctuated equilibrium) 진화적 변화는 신속히 단시간 내에 폭발적으로 일어난 후 오랫동안 거의 변하지 않은 상태가 이어지며 진행된다는 가설. (12장)

중배엽(mesoderm) 동물 발생과정에 생겨나는 3 세포층 중에 중간층. (21장)

중성 돌연변이(neutral mutation) 선택적 이점이나 불리한 점이 없는 유전적 돌연변이. (9, 12장)

중성자(neutron) 한 원자의 핵에서 발견되는 전기적으로 중성인 입자. (2장)

중심립(centriole) 체세포분열기에 미세소관을 고정시키는 데 도움을 주는 동물 세포의 구조. (3, 6장)

중추신경계(central nervous system, CNS) 뇌와 척수를 포함하며 감각으로 들어온 정보를 연합하고, 가공하며, 조정하는 기능을 수행한다. 사고, 학습, 정서와 같은 기능이 이루어지는 장소이다. (22장)

중축골격(axial skeleton) 신체의 몸통을 지지하는 골격 부분이며 주로 척주, 돌기, 두개골을 이루는 뼈들로 구성된다. (20장)

중합체(polymer) 많은 단량체들의 화학 결합으로 만들어진 고분자의 일반적 용어. (2장)

중합효소 연쇄반응(polymerase chain reaction, PCR) 많은 동일한 DNA 분자를 만드는 실험실의 기술. (8장)

중합효소(polymerase) 뉴클레오타이드들 사이에 인산디에스테르 결합의 형성을 촉매하는 효소. (6, 8장)

증산과정(transpiration) 식물의 뿌리에서 잎으로 물의 이동이며, 동력은 잎에서 물의 증발과 물의 응집 및 접착 특성에 의해 부여된다. (5장)

지구온난화(global warming) 대기 중으로 방출되는 이산화탄소와 다른 온실가스의 증가로 인하여 평균 기온이 증가하는 것. (4, 5, 15장)

지방(fat) 3-탄소 글리세롤 골격과 결합한 3개의 지방산으로 구성된 소수성 분자. (2, 3, 5장)

지방산(fatty acid) 글리세롤에 부착된 긴 산성 탄화수소 사슬. 지방산은 2중결합의 수와 위치에 따라 다르다. (2, 3장)

지수적 성장(exponential growth) 현재의 전체 개체수에 비례하여 일어나는 개체군 성장. (14장)

지점(solstice) 태양의 고도가 가장 높게 도달했을 때와 낮게 도달했을 때. (16장)

지중해성 관목림(chaparral) 덥고 건조한 여름과 온화하고 습한 겨울이 나타나는 기후적 특징과 방향성 관목이 우점하는 생물군계. (16장)

지질(lipid) 지방, 인지질 및 스테로이드를 포함하는 소수성 분자. (2, 4장)

지질연대(geologic period) 당시 고유의 암석과 화석을 바탕으로 정의된 연대. (13장)

진핵생물(eukaryote) 핵과 막으로 둘러싸인 세포소기관들을 갖는 세포. (2, 13장)

진화(evolution) 생물 집단에서 세대를 거치면서 일어나는 개체 형질들의 변화. "진화론"도 참조. (1, 2, 9, 10, 11장)

진화론(theory of evolution) 현재 지구의 모든 생물은 고대에 생긴 단일 조상의 후손이라는 이론. "진화"도 참조. (1, 2, 10장)

진화적 분류(evolutionary classification) 생물의 진화적 관계에 따라 생물다양성을 편성한 체계. (13장)

질(vagina) 경부에서 음부에 이르는 여성의 근육질 도관. (21장)

질소함유 염기(nitrogenous base) DNA에서 발견되는 질소를 함유하는 염기들. DNA는 A, C, G, T가 있고 RNA에는 A, C, G, U가 있다. (2, 8, 9장)

집단 병목현상(population bottleneck) 집단 크기의 극적이면서 일시적인 감소에 이어지는 집단의 증가 현상. (12장)

집단 유전학(population genetics) 집단 내의 대립유전자 빈도를 결정하는 요인과 시간의 경과에 따른 빈도의 변화를 연구하는 학문. (12장)

집중분포(clumped distribution) 많은 수가 좁은 지역에 밀집되었고 그들 사이에 개체가 별로 없는 지역이 존재하는 개체군의 공간적 분포.(14장)

집합관(collecting duct) 복수의 네프론으로부터 여과액을 받아서 신우로 전달하는 신장의 구조. 각 신장은 수백 개의 집합관을 가지고 있다. 신장에 의해서 회수되는 물의 양은 주로 집합관에서 조절된다. (18장)

짧은 연속반복순서(short tandem repeat, STR) DNA 프로파일링에 사용되는 짧은 반복 DNA 서열. (8장)

창시자 가설(founder hypothesis) 격리된 서식처들의 다양하고 독특한 종들은 단일 창시자 집단에서 분기되어 나온 결과라는 가설. (12장)

창시자효과(founder effect) 한 소집단의 개체들이 모집단에서 이주해 나와 새 집단을 세울 때 생기는 일종의 표본오차로서, 두 집단들의 유전자풀에 차이를 가져온다. (12장)

척삭(notochord) 미래의 척수 위치에서 추체 축을 관통하여 달리는 길고 유연한 막대. (22장)

척수(spinal cord) 뇌의 하부에서부터 척주를 통해서 뻗어 있는 신경조직의 굵은 끈. (22장)

척주(vertebral column) 등뼈라고도 한다; 뇌에서부터 골반에 이르는 일련의 추골과 연골 디스크. (21장)

척추(vertebra, 복수: vertebrae) 척수가 지나가는 척주의 뼈. (21장)

척추동물(vertebrates) 척추뼈가 있는 동물. (13장)

천식(asthma) 폐에서 공기 통로의 경련성 염증과 점액 과다생산 특징을 가진 호흡기 질환. 흔히 공기 오염에 의해서 촉발된다. (18, 19장)

첨체(acrosome) 정자가 난자세포를 침투하는 것을 돕는 효소를 함유하고 있는 정자세포의 끝에 있는 소기관. (21장)

체내수정(internal fertilization) 암컷의 체내에서 배우자들의 결합. (21장)

체세포(somatic cell) 생물체 몸에 있는 세포. 생식세포가 아닌 모든 세포. (6장)

체세포분열(mitosis) 어버이와 유전적으로 동일한 딸세포를 생산하는 세포분열의 일종. 또한 DNA가 2개의 딸세포로 나뉘어 들어가는 세포주기의 한 부분. (6장)

체세포 유전자 치료(somatic cell gene therapy) 체세포에서 고장난 유전자를 바꾸는 것. 이때 생긴 변화들은 자손에게 전달되지 않는다. (9장)

체순환(systemic circuit) 심장으로부터 신체의 모세혈관으로 그리고 심장으로 되돌아가는 혈류. (18장)

체액성 면역(humoral immunity) B 세포 수용체가 항원과 결합하였을 때 일어나는 B 세포에 매개된 면역. 기억세포의 클론 집단을 생산하도록 B 세포가 분열한다. 이 세포들은 형질세포도 생산한다. (20장)

체외수정(external fertilization) 부모들의 상호간 신체적 접촉을 전혀 요구하지 않는 수정. 많은 수생 무척추동물과 대부분의 어류와 양서류에서 볼 수 있다. (21장)

체외 수정(in vitro fertilization) 정자나 난자를 유리접시나 시험관에서 수정시키는 것. (9장)

체질량지수(body mass index, BMI) 신장과 체중을 이용해 예상 체지방과 건강위험 사이의 상관관계 지수를 계산하는 방법. (4장)

초원(grassland) 보통 강수량이 낮은 지역에 나타나는 벼과나 사초과 초본이 우점하는 생물군계. (16장)

초자연적(supernatural) 자연의 법칙에 제한받지 않는. (1장)

촉매(catalyst) 화학반응의 활성화 에너지를 낮추어 반응을 촉진하는 물질. (4장)

촉매하다(catalyze) 화학반응률을 촉진하다. 효소는 생물학적 촉매이다. (4장)

촉진확산(facilitated diffusion) 농도구배에 따라 막단백질을 통한 분자의 자연발생적 수송. (4장)

축삭(axon) 축삭말단으로 끝나는 뉴런의 긴 전선과 같은 부분. (22장)

축삭말단(terminal bouton) 축삭의 끝에 마디와 같은 구조. (22장)

출아(budding) 무성생식법으로 모체에서 싹튼 다음 떨어져 나와서

새로운 개체가 된다. (21장)
췌장(pancreas) 소화효소와 인슐린을 분비하는 샘. (20장)
측두골(temporal bone) 두개골의 측면과 하부를 형성하는 짝을 이루는 뼈. (20장)
측두엽(temporal lobe) 청각 및 시각 정보, 기억 및 감정을 처리하는 대뇌반구의 부분. 후두엽 앞에 위치하고 있다. (22장)
치료용 복제(therapeutic cloning) 어떤 다른 사람의 손상된 조직이나 기관을 대체하기 위한 줄기세포를 만들기 위하여 발생초기의 배아를 사용하는 것. (9장)
치밀골(compact bone) 뼈의 단단한 바깥 껍질. (20장)
친수성(hydrophilic) 물에 쉽게 녹는 성질. (2장)
침엽수림(boreal forests) 길고 추운 겨울 그리고 서늘하고 짧은 여름이 나타나는 지역에서 발달한 생물군계. (16장)
칼로리(calorie) 1그램 물의 온도를 섭씨 1도 올리는 데 필요한 에너지량. (4장)
칼슘(calcium) 식물의 세포벽 생산과 인간의 골 강도 및 혈액 응고에 필요한 영양소. (4장)
캄브리아기폭발(Cambrian explosion) 약 5억 5,000만 년 전에 일어난 다세포 현대형 생물의 비교적 급속한 진화. (13장)
캘빈회로(Calvin cycle) 광합성 동안에 식물의 스트로마에서 일어나는 일련의 반응들로 이산화탄소를 환원하여 당을 생성하기 위하여 NADPH와 ATP를 사용한다. (5장)
캡시드(capsid) 바이러스를 싸고 있는 단백질 껍데기. (19장)
코돈(codon) mRNA상의 3개의 뉴클레오타이드로 된 서열. 단백질합성 동안에 tRNA가 코돈에 결합한다. (9장)
콜레스테롤(cholesterol) 동물 세포의 막에서 발견되며 막의 유동성에 영향을 미치는 스테로이드. 에스트로겐과 테스토스테론의 선구물질로 사용된다. (2, 3, 4, 18장)
쿠퍼샘(bulbourethral gland) 음경의 기저부에 있는 2개의 샘으로 산을 중화시키는 액체를 정액으로 분비한다. (21장)
클로닝, 복제(cloning) 유전적으로 동일한 유전자나 생물체를 복제하는 것. (9장)
클론 집단(clonal population) 처음 항원을 인지한 면역세포로부터 복제된 동일한 세포들의 집단, 모든 클론 집단은 동일한 DNA 배열을 가지며, 클론 집단의 모든 세포들은 세포막에 동일한 수용체를 가지고 있다. (19장)
킬로칼로리(Calorie) 1000칼로리. (4장)
탄수화물(carbohydrate) 세포의 주요 에너지원이며 에너지가 풍부한 분자. 탄소, 수소 및 산소를 CH_2O의 비율로 포함한다. (2, 3장)
탄화수소(hydrocarbon) 탄소와 수소로 구성된 화합물. (2장)
탈분극(depolarization) 뉴런의 막을 가로지르는 전하 차이의 감소. (22장)
탈수(dehydration) 물의 상실. (4장)
태반(placenta) 황체의 수명을 연장하기 위하여 호르몬을 방출하는 발생 중인 태아에 의해서 생산된 막. (21장)
태아(fetus) 9주에서부터 출산까지 발생 중인 인간을 설명하는 데 사용되는 용어. (21장)
테스토스테론(testosterone) 정소에서 분비되는 웅성화 호르몬. (20, 21장)
통계검정(statistical test) 한 실험의 결과가 처치의 효과를 보여주는지를 평가하는 것을 돕는 수학적 공식. (1장)
통계적으로 유의하다(statistically significant) 실험군이 단지 우연에 의해 다를 수 있는 확률이 낮은 결과임. (1장)
통계학(statistics) 실험 자료 평가에 이용되는 특수한 수학 분야. (1장)
통섭(consilience) 지식의 일치를 뜻하며, 여러 출처로부터 지지를 받는 과학적 이론을 표현하는 데 쓰인다. (10장)
퇴행성 질환(degenerative disease) 점진적 기능상실의 성질을 가진 질환. (9장)
투명대(zona pellucida) 수정이 일어나기 위해서 정자가 침투해야만 하는 난자를 둘러싸고 있는 물질. (21장)
툰드라(tundra) 기온이 매우 낮은 곳에 나타나는 생물군계로 식물은 낮게 자라는 특징이 있다. (16장)
트랜스 지방(trans fat) 지방을 액체에서 실온에서 고체로 바꾸는 수소화 과정을 거친 불포화지방산을 포함하고 있다. (4장)
특수 감각(special senses) 특수한 기관이 가지는 감각. 시각, 청각, 평형감각, 미각 및 후각이 포함된다. (22장)
특수창조설(special creation) 지상의 모든 생물은 초자연적인 창조자의 작용으로 만들어졌다는 가설. (10장)
특이성(specificity) 효소 모양이 효소가 촉매하는 반응을 결정하는 현상. (4장)
특이적 면역(specific defense) 병원체에 대하여 면역계의 백혈구들을 활용하는 방어. (19장)
틀이동 돌연변이(frameshift mutation) DNA 서열에 뉴클레오타이드가 첨가되거나 결손되어 코돈의 해독틀을 바꾸게 하는 돌연변이. (9장)
티민(thymine) DNA의 질소함유 염기, 피리미딘의 일종. (2, 4, 5, 8, 9장)
틸라코이드(thylacoid) 엽록체의 스트로마에 존재하는 편평한 막성 주머니이며 광합성에서 작용한다. (2, 5장)
파골세포(osteoclast) 칼슘을 방출하는 뼈를 흡수하는 세포. (20장)
파킨슨병(Parkinson's disease) 전율, 굳고 느린 동작에 이르는 질병. 도파민 생산 결함이 원인일 수 있다. (22장)
퍼넷 사각형(Punnett square) 어떤 유전자에 대하여 부모가 생산할 수 있는 정자나 난자 그리고 부모의 교배의 결과로 나타나는 결과를 예상하는 표. (7장)
펩타이드 결합(peptide bond) 인접한 아미노산의 아미노기와 카르복실기를 연결하는 공유결합. (2장)
편견(bias) 실험 참여자의 의견이 실험 결과에 미치는 영향. (1장)
편리공생(commensalism) 생태학에서 한 종은 이익을 얻고 다른 종은 이익을 얻지도 해를 받지도 않은 두 종 사이의 관계. (15장)
편모(flagellum, 복수: flagella) 운동에 도움을 주도록 세포에서 나온 긴 돌기. (19장)
평균치(mean) 측정치들의 평균 값. (1장)
폐(lung) 호흡계의 주요 기관; 가스 교환이 일어나는 장소. (18장)
폐경기(menopause) 월경의 정지. (21장)
폐기종(emphysema) 폐포 벽의 파괴로 야기되는 폐 질환; 짧은 숨과 흉강 확장의 특징을 갖는다. (18장)
폐순환(pulmonary circuit) 심장에서 나온 혈관을 통과하고, 폐를 통하여 다시 심장으로 되돌아가는 혈액의 경로. (18장)

폐포(alveoli, 단수: alveolus) 육상 척추동물과 일부 어류에서 호흡 표면을 이루는 폐 속의 주머니. (18장)

포식(predation) 다른 종의 개체를 잡아먹는 행위. (15장)

포식자(predator) 다른 생물을 잡아먹는 자. (15장)

포화지방(saturated fat) 단일결합이 풍부한 지방. 실온에서 고체인 버터와 다른 지방에서 발견됨. 이 지방은 높은 혈액 콜레스테롤 수준과 연관된다. (4장)

폭음(binge drinking) 2시간 동안에 4잔 이상을 마시는 것. (17장)

표본(sample) 실험 조사에 이용되는 집단의 작은 소군. (1장)

표본오차(sampling error) 실험 결과에 대한 우연의 영향. (1장)

표본크기(sample size) 실험군과 대조군의 개체수. (1장)

표적세포(target cell) 호르몬과 같은 조절 신호에 반응하는 세포. (20장)

표준편차(standard error) 표본 변이의 측정치로, 근본적으로 표본의 평균치로부터 자료의 평균 거리이다. (1장)

표지재포획법(mark-recapture method) 개체군의 크기를 추정하기 위한 한 방법으로 일정수의 개체를 잡아 표지한 후 놓아준 후 개체들을 다시 잡아 표지된 개체의 비율로부터 전체 개체수를 추정한다. (14장)

표현형(phenotype) 개체의 물리적이고 생리적인 형질. (6, 7, 8장)

푸린(purine) 2개의 고리 구조를 가진 질소 염기(A 또는 G). (2장)

품종/인종(race) "생물학적 품종"을 참조 (12장)

프라이머(primers) 핵산의 복제를 개시하는 데 사용되는 짧은 뉴클레오타이드 서열. (8장)

프로락틴(prolactin) 뇌하수체에서 생산되며 유선의 발달을 촉진하는 호르몬. (21장)

프로모터(promoter) 전사가 개시되기 위하여 RNA 중합효소가 결합하는 염기서열. (9장)

플라스미드(plasmid) 박테리아의 염색체와는 분리되어서 복제되는 원형의 박테리아 DNA. (9장)

피루브산(pyruvic acid) 해당과정에 생성된 3-탄소 분자. (5장)

피리미딘(pyrimidine) 단일 고리 구조를 가진 질소 염기(C, T 또는 U). (2장)

피막(capsule) 감염할 때 숙주에 부착하는 데 도움을 주는 세균 세포의 젤라틴 모양의 외피. (19장)

필수아미노산(essential amino acid) 사람이 생산하지 못하여 음식으로부터 얻어야만 하는 아미노산. (4장)

필수지방산(essential fatty acid) 동물이 생산하지 못하여 음식으로부터 얻어야만 하는 지방. (4장)

하구(estuary) 호수나 대양과 같은 큰 수체로 강의 어귀에 형성된 수생 생물군계. (16장)

하디-바인베르크 법칙(Hardy-Weinberg theorem) 크기가 크고, 무작위로 교배하며, 이주나 자연선택이 일어나지 않는 집단에서는 대립유전자의 빈도가 안정적으로 유지된다는 원리로서, 법칙의 가정들 중 어느 하나에 위배되었을 경우 대립유전자의 빈도가 어떻게 변하는지에 대한 기준으로 사용된다. (12장)

하수(wastewater) 사람이 발생시킨 액체 폐기물 또는 노폐물. (16장)

하악골(mandible) 아래턱의 뼈. (20장)

하천(stream) 때로는 계절성을 나타내며 흐르는 물이 특징인 생물군계. 일반적으로 강보다 작다. (16장)

하층식생(understory) 수관부의 목본과 관목 아래에 있는 임상에 나는 전형적으로 다년생 초본과 교목과 관목의 유묘가 자라는 층. (16장)

학설(theory) "과학학설"을 참조. (1, 10장)

항산화제(antioxidant) 자유라디칼 산소의 피해 효과로부터 신체를 보호하는 일부 비타민을 포함하는 물질. (4장)

항생제 내성(antibiotic resistant) 일부 세균의 특성; 특정 항생제의 존재하에서도 생존 가능케 하는 생리적 특성. (11장)

항생제(antibiotic) 세균을 죽이거나 무력화시키는 화학물질(11, 13, 19장)

항원(antigen) 항체 생산 물질의 준말; 항원은 숙주에게 외래 물질이며 면역계의 반응을 촉진하는 분자이다. (19장)

항원 수용체(antigen receptor) B세포와 T세포막에서 특정한 항원에 결합하는 단백질. (19장)

항체(antibody) 외래 물질 또는 항원의 출현에 반응하여 면역계에 의해서 만들어지는 단백질. B세포 수용체로 작용할 수 있으며, 또는 형질세포에 의해서 분비된다. (19장)

항체매개면역(antibody-mediated immunity) 분비된 항체를 통해서 이루어지는 면역으로 T세포 매개 면역과 구분된다. (19장)

해당작용(glycolysis) 포도당을 피루브산으로 분해하는 과정이며 소량의 ATP를 합성하도록 한다. (5장)

해독틀(reading frame) mRNA를 번역하기 위하여 3염기 코돈으로 그룹화시키는 것. (9장)

해면골(spongy bone) 내부 뼈의 다공질의 벌집 같은 물질. (20장)

핵(nucleus) DNA를 가지고 있는 세포 구조. 진핵생물에서 발견된다. (2, 3, 6, 8, 9장)

핵막(nuclear envelope) 진핵생물에서 핵을 둘러싼 이중막. (3, 6장)

핵산(nucleic acids) DNA와 RNA를 구성하는 뉴클레오타이드 중합체. (2, 6, 8, 9장)

핵심종(keystone species) 한 장소에 서식하는 종들 중에서 군집의 구조에 특별히 강한 영향을 주는 종. (15장)

핵양체 영역(nucleoid region) DNA가 위치하고 있는 원핵세포의 영역. (2, 19장)

핵이식(nuclear transfer) 핵이 제거된 세포에 다른 세포에서 분리한 새로운 핵을 이식시키는 것. (9장)

핵형(karyotype) 세포가 가지고 있는 염색체를 길이에 따라 상동쌍을 배열한 것. (6장)

행동격리(behavioral isolation) 행동적 차이로 인한 두 다른 집단들의 개체들 간의 교배 단절. (11장)

헤모글로빈(hemoglobin) 적혈구에서 산소를 운반하는 철을 함유한 단백질. (18장)

현화식물(angiosperm, flowering plants) 현화식물문에 속하는 식물로 꽃과 열매를 생산한다. (13장)

혈관(blood vessel) 온몸으로 순환계를 통해서 혈액을 운반하는 구조; 동맥, 모세혈관, 정맥. (18장)

혈소판(platelet) 지혈 반응에 필요한 물질을 운반하는 혈액의 세포. (18장)

혈압(blood pressure) 동맥을 통하여 흐르는 혈액의 힘; 동맥 직경과 탄력에 의해서 부분적으로 결정된다. (18장)

혈액(blood) 심혈관계의 혈관을 통해서 흐르는 세포와 액체 집합체; 적혈구, 혈장, 백혈구, 혈소판으로 구성되어 있다. (18장)
혈액 응고(blood clotting) 혈액이 응고하는 과정으로 단백질인 피브린과 죽은 혈구들 덩어리가 손상된 혈관 부위에 형성된다. (18장)
혈우병(hemophilia) 정상적으로 혈액을 응고시키지 못하는 희귀 유전병으로 성연관된 열성 대립유전자에 의해 발생된다. (8장)
혈장(plasma) 혈액의 액체 성분. (18장)
혈통학적 종개념(genealogical species concept) 단일 혈통의 모든 집단들을 별도의 종들로 동정하는 개념. (12장)
혐기성(anaerobic) 산소를 필요로 하지 않는 생물, 환경 혹은 세포의 과정. (5장)
형질세포(plasma cell) 클론 집단에 의해서 만들어진 항원에 특이한 항체를 분비하는 세포. (19장)
형질전환생물(transgenic organism) 유전체에 다른 종의 유전자가 삽입된 생물체. 유전자변형생물(GMO)이라고도 한다. (9장)
형태(morphology) 외모 또는 외형적 특징들. (12장)
형태학적 종개념(morphological species concept) 종들 간의 외형적 특징의 차이에 근거한 종의 개념. (12장)
호기성(aerobic) 산소를 필요로 하는 생물, 환경 또는 세포의 과정. (5장)
호르몬(hormones) 한 조직에서 생산된 단백질 또는 스테로이드로서 순환계를 통해서 운반되며 다른 조직에 작용하여 생리적 효과를 야기한다. (20장)
호수(lake) 육지에 완전히 둘러싸인 수생물군계. (16장)
호흡계(respiratory system) 동물과 환경 사이에 가스 교환에 관여하는 기관계. 사람에서 폐와 공기 통로. (18장)
호흡표면(respiratory surface) 가로질러 가스 교환이 일어나는 몸의 표면. (18장)
화석(fossil) 한때 존재했던 동물 또는 식물이 토양이나 바위에 남아 있는 잔해. (10, 13, 15장)
화석 기록(fossil record) 과거에 존재했던 생물이 남긴 물질적 증거. (10장)
화석연료(fossil fuel) 열과 압력에 의해 석탄과 석유로 변성된 고대 식물의 잔해로 구성된 재생 불가능한 자원. (4, 5, 15, 16장)
화학반응(chemical reaction) 하나 또는 더 많은 화학물질이 하나 또는 더 많은 다른 화학물질로 변형되는 과정. (2장)
화학요법(chemotherapy) 빠르게 분열하는 암세포를 조속히 죽이기 위해 화학약품을 처리하는 것. (6장)
화합물(compound) 둘 또는 그 이상 원소들이 일정한 비율로 구성된 물질. (2장)
확률(probability) 어떤 것이 사실이거나 일어날 수 있는 가능성. (1장)
확산(diffusion) 고농도 지역에서 저농도 지역으로 물질의 자연발생적 이동. (4장)
환경성 담배연기(environmental tobacco smoke, ETS) 공기 속에 담배를 피운 사람이 내쉰 담배연기와 담배와 파이프의 불이 붙은 끝에서 나오는 담배연기. (18장)
활동전위(action potential) 축삭의 말단까지 전파되는 신경충격이라는 뉴런의 탈분극 파동. (22장)
활면소포체(smooth endoplasmic reticulum) 지질과 스테로이드 합성을 담당하는 준세포 세포 내막계. (3장)
활성 부위(active site) 효소의 기질결합 부위. (4장)
활성인자(activator) 유전자의 전사를 향상시키는 단백질. (9장)
활성화 에너지(activation energy) 화학반응에서 반응이 시작하기 전에 반응물이 흡수해야 하는 에너지량. (4장)
활주필라멘트 모델(sliding filament model) 액틴 필라멘트가 미오신 필라멘트를 가로질러 활주하면서 근절이 짧아지면서 근육이 수축한다는 학설. (20장)
황체(corpus luteum) 황체호르몬과 에스트론겐을 만드는 호르몬 생산 조직(배란 후의 난소 여포)으로 수정이 일어나지 않으면 배란 후 약 12일에 퇴화한다. (21장)
황체형성 호르몬(luteinizing hormone, LH) 정자 생산, 배란 조절 및 월경 조절에 관련된 호르몬. (20, 21장)
황체호르몬(progesterone) 난소 호르몬. 높은 수준은 시상하부에 음성되먹임으로 GnRH 분비 감소를 야기한다. (21장)
회백질(gray matter) 횡단면이 회색인 다른 뉴런들의 수상돌기 및 세포체와 결합된 미엘린화되지 않은 축삭. (22장)
회전관절(pivot joint) 운동의 자유를 허용하는 유형의 관절. (20장)
횡격막(diaphragm) (1) 흉강 바닥의 돔 모양 근육. 이 근육의 수축은 폐로 공기를 끌어들이는 데 도움을 준다. (18장) (2) 정자의 유입을 방지하기 위해서 경부에 씌우는 유연한 피임 원반으로 구성된 피임 도구. (21장)
효과기(effector) 신경에 의해서 자극되는 근육, 샘 또는 기관. (22장)
효모(yeast) 빵 반죽에서 발견되는 단세포 진핵생물. 종종 모델생물로 유전공학에 이용된다. (4, 9, 10, 12, 13장)
효소(enzyme) 대사반응을 촉매하고 속도를 조절하는 단백질. (2, 3, 4장)
후기(anaphase) 체세포분열 중의 한 단계로서, 미세소관이 수축하고 자매염색분체가 분리된다. (6장)
후두(larynx) 주로 뻣뻣한 연골로 만들어진 상부 호흡관의 일부. (18장)
후두엽(occipital lobe) 각 대뇌 반구의 후부의 엽으로 뇌의 시각 중추를 갖고 있다. (22장)
후진국(less developed country) 1인당 소득이 적고 종종 인구의 건강상태와 경제적인 부가 낮은 나라를 설명하기 위해 유엔이 사용하는 용어. (14장)
후천성면역 결핍증(acquired immune deficiency syndrome, AIDS) 심각하게 감소한 면역계 기능과 다양한 기회 감염 특징을 보이는 증세. HIV 감염으로 초래된다. (19장)
흔적형질(vestigial trait) 같은 조상의 다른 자손들 내의 기능과 비교하여 기능이 없거나 상대적으로 퇴화된 형질. (10장)
흡연자(active smoker) 담배를 피우는 사람. (18장)
히스타민(histamine) 알레르기 반응 동안 비만세포에서 방출되는 화학물질. 혈관을 이완시켜 투과성을 증가시키며, 혈압이 내려가게 한다. (19장)

영문 찾아보기

A

B

C

D

E

Q

R

S

국문 찾아보기

ㄷ

ㄹ

ㅁ

ㅂ

ㅅ

ㅇ

ㅈ

ㅊ

ㅋ

ㅌ

ㅍ

ㅎ